教育部高等学校电子信息类专业教学指导委员会规划教材
高等学校电子信息类专业系列教材·新形态教材

电磁场与电磁波
教学、学习与考研指导
（第4版）

张洪欣　沈远茂　杨晨　编著

清華大学出版社
北京

内容简介

本书为国家级首批一流本科课程"电磁场与电磁波"配套教材、北京市优质本科教材和北京邮电大学"十四五"规划教材《电磁场与电磁波》(第4版)(张洪欣等编著,清华大学出版社出版)的配套教学辅导用书。本书章节安排与主教材一致,每章包括内容提要及学习要点、典型例题解析、主教材习题解答、典型考研试题解析4部分。在总结和介绍"电磁场与电磁波"课程的基本概念、规律及其应用的基础上,对重点和难点内容作了剖析,提炼知识要点、把握逻辑要素、透析解题技巧。选题与教学大纲和研究生入学考试大纲紧密结合,在解题过程中注重凝练解题方法,突出物理概念和数学工具的融合,通过归纳、类比、演绎等方法梳理知识脉络和解题思路,创新教学方法,便于教师教学、学生学习和知识巩固。

本书共分为9章。第1章介绍正交坐标系和矢量分析的基本原理;第2章介绍静电场、恒定电场的基本方程及其性质;第3章介绍恒定磁场的基本方程及其性质;第4章介绍静态场的边值问题及应用;第5章介绍麦克斯韦方程组及其性质;第6章介绍平面电磁波在无界媒质中的传播及其应用;第7章分析电磁波在不同媒质分界面的反射和折射;第8章介绍导行电磁波的种类及基本应用;第9章介绍电磁波的辐射及基本应用等。本书共收录了500余道习题,包括典型例题、主教材习题和考研题。

本书可以作为高等院校通信工程、电子信息类和电气信息类专业"电磁场基础理论"课程的辅助参考用书、研究生入学考试复习指导用书等。

图书在版编目(CIP)数据

电磁场与电磁波教学、学习与考研指导 / 张洪欣,沈远茂,杨晨编著. -- 4版. -- 北京 : 清华大学出版社,2024. 10. --(高等学校电子信息类专业系列教材)(新形态教材). -- ISBN 978-7-302-66987-6

Ⅰ. O441.4

中国国家版本馆CIP数据核字第20245CS151号

策划编辑: 盛东亮
责任编辑: 曾 珊
封面设计: 李召霞
责任校对: 李建庄
责任印制: 沈 露

出版发行: 清华大学出版社
网 址: https://www.tup.com.cn, https://www.wqxuetang.com
地 址: 北京清华大学学研大厦A座 **邮 编:** 100084
社 总 机: 010-83470000 **邮 购:** 010-62786544
投稿与读者服务: 010-62776969, c-service@tup.tsinghua.edu.cn
质量反馈: 010-62772015, zhiliang@tup.tsinghua.edu.cn
课件下载: https://www.tup.com.cn,010-83470236
印 装 者: 三河市龙大印装有限公司
经 销: 全国新华书店
开 本: 185mm×260mm **印 张:** 28 **字 数:** 678千字
版 次: 2014年12月第1版 2024年10月第4版 **印 次:** 2024年10月第1次印刷
印 数: 1~1500
定 价: 89.00元

产品编号:106944-01

高等学校电子信息类专业系列教材

序

FOREWORD

我国电子信息产业占工业总体比重已经超过10%。电子信息产业在工业经济中的支撑作用凸显，更加促进了信息化和工业化的高层次深度融合。随着移动互联网、云计算、物联网、大数据和石墨烯等新兴产业的爆发式增长，电子信息产业的发展呈现了新的特点，电子信息产业的人才培养面临着新的挑战。

(1) 随着控制、通信、人机交互和网络互联等新兴电子信息技术的不断发展，传统工业设备融合了大量最新的电子信息技术，它们一起构成了庞大而复杂的系统，派生出大量新兴的电子信息技术应用需求。这些“系统级”的应用需求，迫切要求具有系统级设计能力的电子信息技术人才。

(2) 电子信息系统设备的功能越来越复杂，系统的集成度越来越高。因此，要求未来的设计者应该具备更扎实的理论基础知识和更宽广的专业视野。未来电子信息系统的设计越来越要求软件和硬件的协同规划、协同设计和协同调试。

(3) 新兴电子信息技术的发展依赖于半导体产业的不断推动，半导体厂商为设计者提供了越来越丰富的生态资源，系统集成厂商的全方位配合又加速了这种生态资源的进一步完善。半导体厂商和系统集成厂商所建立的这种生态系统，为未来的设计者提供了更加便捷却又必须依赖的设计资源。

教育部2020年颁布了新版《高等学校本科专业目录》，将电子信息类专业进行了整合，为各高校建立系统化的人才培养体系，培养具有扎实理论基础和宽广专业技能的、兼顾“基础”和“系统”的高层次电子信息人才给出了指引。

传统的电子信息学科专业课程体系呈现“自底向上”的特点，这种课程体系偏重对底层元器件的分析与设计，较少涉及系统级的集成与设计。近年来，国内很多高校对电子信息类专业课程体系进行了大力度的改革，这些改革顺应时代潮流，从系统集成的角度，更加科学合理地构建了课程体系。

为了进一步提高普通高校电子信息类专业教育与教学质量，推动教育与教学高质量发展，教育部高等学校电子信息类专业教学指导委员会开展了“高等学校电子信息类专业课程体系”的立项研究工作，并启动了《高等学校电子信息类专业系列教材》(教育部高等学校电子信息类专业教学指导委员会规划教材)的建设工作。其目的是推进高等教育内涵式发展，提高教学水平，满足高等学校对电子信息类专业人才培养、教学改革与课程改革的需要。

本系列教材定位于高等学校电子信息类专业的专业课程，适用于电子信息类的电子信息工程、电子科学与技术、通信工程、微电子科学与工程、光电信息科学与工程、信息工程及其相近专业。经过编审委员会与众多高校多次沟通，初步拟定分批次建设约100门核心课程教材。本系列教材将力求在保证基础的前提下，突出技术的先进性和科学的前沿性，体现创新教学和工程实践教学；将重视系统集成思想在教学中的体现，鼓励推陈出新，采用“自顶向下”的方法编写教材；将注重反映优秀的教学改革成果，推广优秀的教学经验与理念。

为了保证本系列教材的科学性、系统性及编写质量，本系列教材设立顾问委员会及编审委员会。顾问委员会由教指委高级顾问、特约高级顾问和国家级教学名师担任，编审委员会由教育部高等学校电子信息类专业教学指导委员会委员和一线教学名师组成。同时，清华大学出版社为本系列教材配置优秀的编辑团队，力求高水准出版。本系列教材的建设，不仅有众多高校教师参与，也有大量知名的电子信息类企业支持。在此，谨向参与本系列教材策划、组织、编写与出版的广大教师、企业代表及出版人员致以诚挚的感谢，并殷切希望本系列教材在我国高等学校电子信息类专业人才培养与课程体系建设中发挥切实的作用。

吕志伟 教授

前言

PREFACE

“电磁场与电磁波”为电磁场理论的核心知识单元，也是电磁工程、射频与微波网络、天线技术、微波电路与器件等领域的基础知识单元。该书在编写过程中，紧密围绕电子信息类专业培养目标和要求、电子信息类专业知识体系的内涵和规律，遵循教学和认识规律，体现“知识、能力、素质”协调发展的原则，注重创新意识的培养，以适应电子信息科学领域的发展趋势。

本书凝聚了编者多年从事“电磁场与电磁波”教学的心得体会，在编写过程中突出数学方法与物理概念的融合，采用归纳法、比拟法、演绎法等，便于学生理解和掌握电磁场与电磁波的知识，培养分析和解决复杂电磁工程问题的能力；对重点和难点问题作了通俗化处理，在概念、规律及定律的阐释，以及解题方法上均有独到之处。例如，赋予“三度”、边界条件、镜像法、电磁辐射过程等形象的物理描述，提出了“追赶法”与“不等式法”等对电磁波极化和波导模式进行分析，以相位为纽带理解电磁波的性质和电磁能量传播过程等；在内容组织上，对知识脉络、重要公式、基本定理、经典实例等逐次展开、依次剖析，使学生循序渐进地提高认识水平，提升理解层次。

本书的主要内容不仅包括主教材对应的内容提要、重点与难点分析、习题解答等，还针对经典的例题和典型考研试题进行剖析。旨在帮助学生掌握该门课程的主要内容，对前后知识融会贯通，掌握重点、突破难点；掌握典型电磁问题的基本分析思路和方法，掌握解题技巧，提高解题能力。所选题目均来自经典实例、著名高校的考试真题，具有很强的代表性，能够满足学生复习的需求。可以帮助考生在短期内更好地掌握该课程的内容，提高对电磁场理论的应用能力。

本书共分 9 章，每章包括内容提要及学习要点、典型例题分析、主教材习题解答、典型考研试题分析等四部分。第 1 章介绍常用正交坐标系和矢量分析，重点分析通量、环量、方向导数，以及标量场的梯度、矢量场的散度和旋度的定义及其计算，介绍亥姆霍兹定理的内容及其应用。第 2 章介绍静态电场的基本方程及其性质，重点分析静电场与恒定电场基本方程的积分和微分形式及其应用，使读者掌握静态电场的边界条件，介质的极化，电位、电场能量及电场力的计算等；第 3 章介绍恒定磁场的基本方程及其性质，重点分析恒定磁场的基本方程的积分和微分形式，使读者掌握恒定磁场的边界条件、介质的磁化、矢量磁位、电感、磁场能量及磁场力的计算等；第 4 章介绍静态场的边值问题，重点分析镜像法与分离变量法的应用，使读者掌握利用镜像法、分离变量法求解典型电磁问题的规律；第 5 章介绍麦克斯韦方程组，重点分析时变电磁场的性质和变化规律，使读者掌握麦克斯韦方程组及交变场位的求解，电磁场的复数形式、电磁能量密度、能流密度矢量等的物理意义与计算等；第 6 章介绍平面电磁波在无界媒质中的传播，重点分析平面波的性质、波动的本质，使读者掌握电磁波基本参数的物理意义与表达式、电磁波的极化、平面波在良介质及良导体中的传播特性、趋肤效应、功率损耗等；第 7 章分析电磁波在理想导体表面、理想介质分界面的反射和折射，重点分析入射空间及折射空间场的分布规律及性质，使读者掌握反射、折射的含义及行波、驻波的概念及能量分配，全反射和全折射现象的物理意义等；第 8 章介绍导行电磁波的种类，重点分析电磁波在矩形波导的传播特性，使读者掌握波导的截止参数和传播特性参数、同轴线与常用导波系统的主要特点、谐振腔的工作原理等；第 9 章介绍电磁波的辐射，重点分析电流元、偶极天线的辐射特性，近场区与远场区划分及特点，使读者理解天线基本参数及应用等。

本书由张洪欣、沈远茂、杨晨编写，其中张洪欣编写了各章的内容提要及学习要点、典型例题分析、典型考研试题分析等部分，以及第 5 章、第 8 章、第 9 章的主教材习题解答，并完成统稿；沈远茂编写了第 2 章、第 6 章、第 7 章的主教材习题解答，杨晨编写了第 1 章、第 3 章、第 4 章的主教材习题解答，并对全书习题进行了校订。

本书修订了第 1、2、3 版存在的错误与不当之处，增编了典型例题分析和关键知识点解析。

本书的出版得到了北京邮电大学电子工程学院及清华大学出版社的大力支持，在此一并表示诚挚的感谢。

限于编者学识有限，书中难免存在一些缺点、疏漏和不足，敬请广大读者批评指正。

编　者

2024 年 3 月于北京邮电大学

目录

CONTENTS

第1章 矢量分析

CHAPTER 1

1.1 内容提要及学习要点

本章主要掌握标量场和矢量场的基本性质及其运算。掌握矢量在3种常见正交坐标系中的运算及相互表示，理解标量积和矢量积的物理意义，掌握基本矢量的运算法则。掌握通量、环量及方向导数的概念及计算，牢固掌握“三度”(梯度、散度、旋度)的基本概念、物理意义，以及在3种常用坐标系(直角坐标系、圆柱坐标系和球坐标系)中的计算和运算规则。理解亥姆霍兹定理及矢量场的唯一性定理，了解格林定理。

1.1.1 矢量代数

1. 矢量的点积

两个矢量 $\boldsymbol{A}$ 和 $\boldsymbol{B}$ 的点积 $\boldsymbol{A}\cdot\boldsymbol{B}$ 是一个标量，即 $\boldsymbol{A}\cdot\boldsymbol{B}=AB\cos\theta$。

理解点积的物理意义在于理解“投影”，即一个矢量在另一个矢量上的投影，点积表征两矢量(信号)间含有平行分量成分的多少。如果两矢量正交(垂直)，则其点积为零；如果两矢量平行，则其点积的绝对值为最大值。

2. 矢量的叉积

两个矢量 $\boldsymbol{A}$ 和 $\boldsymbol{B}$ 的叉积 $\boldsymbol{A}\times\boldsymbol{B}$ 是一个矢量，即 $\boldsymbol{A}\times\boldsymbol{B}=\boldsymbol{e}_{\mathrm{n}}AB\sin\theta$。

注意：矢量的叉积不满足交换律，但是服从分配律。利用矢量的叉积可以表征两矢量间含有垂直分量(正交分量)成分的多少。如果两矢量正交，则其叉积有最大值；如果两矢量平行，则其叉积为零。

常用公式如下：

$$\boldsymbol{A}\times\boldsymbol{B}=-\boldsymbol{B}\times\boldsymbol{A} \tag{1-1}$$

$$\boldsymbol{A}\times(\boldsymbol{B}+\boldsymbol{C})=\boldsymbol{A}\times\boldsymbol{B}+\boldsymbol{A}\times\boldsymbol{C} \tag{1-2}$$

$$\boldsymbol{A}\cdot(\boldsymbol{B}\times\boldsymbol{C})=\boldsymbol{B}\cdot(\boldsymbol{C}\times\boldsymbol{A})=\boldsymbol{C}\cdot(\boldsymbol{A}\times\boldsymbol{B}) \tag{1-3}$$

$$\boldsymbol{A}\times(\boldsymbol{B}\times\boldsymbol{C})=\boldsymbol{B}\cdot(\boldsymbol{A}\cdot\boldsymbol{C})-\boldsymbol{C}\cdot(\boldsymbol{A}\cdot\boldsymbol{B}) \tag{1-4}$$

1.1.2 3种常用的坐标系

3种常用的正交坐标系为直角坐标系、圆柱坐标系和球坐标系。它们的坐标变量分别为 (x,y,z)、(ρ,ϕ,z) 和 (r,θ,ϕ)。

注意：在圆柱坐标系中的 $\boldsymbol{e}_\rho$、$\boldsymbol{e}_\phi$ 和球坐标系中的坐标单位矢量都不是常矢量，因为其方向随空间坐标变化。因此，在圆柱坐标系或者球坐标系下对矢量的积分运算通常都转化到直角坐标系下进行，掌握坐标系之间的转换具有重要意义。

直角坐标系、圆柱坐标系和球坐标系之间的转换关系为

$$x=\rho\cos\phi,\quad y=\rho\sin\phi,\quad z=z \tag{1-5}$$

$$x=r\sin\theta\cos\phi,\quad y=r\sin\theta\sin\phi,\quad z=r\cos\theta \tag{1-6}$$

1. 3 种常用坐标系中的积分元

在直角坐标系中，线元、面积元、体积元分别表示为

$$\mathrm{d}\boldsymbol{r}=\boldsymbol{e}_x\mathrm{d}x+\boldsymbol{e}_y\mathrm{d}y+\boldsymbol{e}_z\mathrm{d}z \tag{1-7}$$

$$\mathrm{d}\boldsymbol{S}_x=\boldsymbol{e}_x(\mathrm{d}y\mathrm{d}z),\quad \mathrm{d}\boldsymbol{S}_y=\boldsymbol{e}_y(\mathrm{d}z\mathrm{d}x),\quad \mathrm{d}\boldsymbol{S}_z=\boldsymbol{e}_z(\mathrm{d}x\mathrm{d}y) \tag{1-8}$$

$$\mathrm{d}V=\mathrm{d}x\mathrm{d}y\mathrm{d}z \tag{1-9}$$

在圆柱坐标系中，线元、面积元、体积元分别表示为

$$\mathrm{d}\boldsymbol{r}=\boldsymbol{e}_\rho\mathrm{d}\rho+\boldsymbol{e}_\phi\rho\mathrm{d}\phi+\boldsymbol{e}_z\mathrm{d}z \tag{1-10}$$

$$\mathrm{d}\boldsymbol{S}_\rho=\boldsymbol{e}_\rho\rho\mathrm{d}\phi\mathrm{d}z,\quad \mathrm{d}\boldsymbol{S}_\phi=\boldsymbol{e}_\phi\mathrm{d}\rho\mathrm{d}z,\quad \mathrm{d}\boldsymbol{S}_z=\boldsymbol{e}_z\rho\mathrm{d}\rho\mathrm{d}\phi \tag{1-11}$$

$$\mathrm{d}V=\rho\mathrm{d}\rho\mathrm{d}\phi\mathrm{d}z \tag{1-12}$$

在球坐标系中，线元、面积元、体积元分别表示为

$$\mathrm{d}\boldsymbol{r}=\boldsymbol{e}_r\mathrm{d}r+\boldsymbol{e}_\theta r\mathrm{d}\theta+\boldsymbol{e}_\phi r\sin\theta\mathrm{d}\phi \tag{1-13}$$

$$\mathrm{d}\boldsymbol{S}_r=\boldsymbol{e}_r r^2\sin\theta\mathrm{d}\theta\mathrm{d}\phi,\quad \mathrm{d}\boldsymbol{S}_\theta=\boldsymbol{e}_\theta r\sin\theta\mathrm{d}r\mathrm{d}\phi,\quad \mathrm{d}\boldsymbol{S}_\phi=\boldsymbol{e}_\phi r\mathrm{d}r\mathrm{d}\theta \tag{1-14}$$

$$\mathrm{d}V=r^2\sin\theta\mathrm{d}r\mathrm{d}\theta\mathrm{d}\phi \tag{1-15}$$

2. 矢量表示在 3 种常用坐标系中的转换表示

矢量在圆柱坐标系与直角坐标系中的变换矩阵为

$$\begin{bmatrix}A_x\\A_y\\A_z\end{bmatrix}=\begin{bmatrix}\cos\phi & -\sin\phi & 0\\ \sin\phi & \cos\phi & 0\\ 0 & 0 & 1\end{bmatrix}\begin{bmatrix}A_\rho\\A_\phi\\A_z\end{bmatrix},\quad \begin{bmatrix}A_\rho\\A_\phi\\A_z\end{bmatrix}=\begin{bmatrix}\cos\phi & \sin\phi & 0\\ -\sin\phi & \cos\phi & 0\\ 0 & 0 & 1\end{bmatrix}\begin{bmatrix}A_x\\A_y\\A_z\end{bmatrix} \tag{1-16}$$

矢量在球坐标系与直角坐标系中的变换矩阵为

$$\begin{bmatrix}A_x\\A_y\\A_z\end{bmatrix}=\begin{bmatrix}\sin\theta\cos\phi & \cos\theta\cos\phi & -\sin\phi\\ \sin\theta\sin\phi & \cos\theta\sin\phi & \cos\phi\\ \cos\theta & -\sin\theta & 0\end{bmatrix}\begin{bmatrix}A_r\\A_\theta\\A_\phi\end{bmatrix}$$

$$\begin{bmatrix}A_r\\A_\theta\\A_\phi\end{bmatrix}=\begin{bmatrix}\sin\theta\cos\phi & \sin\theta\sin\phi & \cos\theta\\ \cos\theta\cos\phi & \cos\theta\sin\phi & -\sin\theta\\ -\sin\phi & \cos\phi & 0\end{bmatrix}\begin{bmatrix}A_x\\A_y\\A_z\end{bmatrix} \tag{1-17}$$

3. 3 种常用坐标系中的矢量运算表示

在直角坐标系中

$$\boldsymbol{A}\cdot\boldsymbol{B}=A_xB_x+A_yB_y+A_zB_z \tag{1-18}$$

$$\boldsymbol{A}\times\boldsymbol{B}=\begin{vmatrix}\boldsymbol{e}_x & \boldsymbol{e}_y & \boldsymbol{e}_z\\ A_x & A_y & A_z\\ B_x & B_y & B_z\end{vmatrix} \tag{1-19}$$

在圆柱坐标系中

$$\boldsymbol{A} \cdot \boldsymbol{B} = A_\rho B_\rho + A_\phi B_\phi + A_z B_z \tag{1-20}$$

$$\boldsymbol{A} \times \boldsymbol{B} = \begin{vmatrix} \boldsymbol{e}_\rho & \boldsymbol{e}_\phi & \boldsymbol{e}_z \\ A_\rho & A_\phi & A_z \\ B_\rho & B_\phi & B_z \end{vmatrix} \tag{1-21}$$

在球坐标系中

$$\boldsymbol{A} \cdot \boldsymbol{B} = A_r B_r + A_\theta B_\theta + A_\phi B_\phi \tag{1-22}$$

$$\boldsymbol{A} \times \boldsymbol{B} = \begin{vmatrix} \boldsymbol{e}_r & \boldsymbol{e}_\theta & \boldsymbol{e}_\phi \\ A_r & A_\theta & A_\phi \\ B_r & B_\theta & B_\phi \end{vmatrix} \tag{1-23}$$

1.1.3 标量场的梯度

1. 方向导数

标量场 $u(P)$的方向导数是一个标量，它表示在某点处沿某一方向的变化率。

$$\frac{\mathrm{d}u}{\mathrm{d}l} = \frac{\partial u}{\partial x}\cos\alpha + \frac{\partial u}{\partial y}\cos\beta + \frac{\partial u}{\partial z}\cos\gamma \tag{1-24}$$

其中，$\cos\alpha$、$\cos\beta$ 和 $\cos\gamma$ 是方向余弦。

2. 梯度的概念

标量场在某点处可以有多个方向导数。梯度是一个矢量，其模就是在给定点处的最大方向导数，其方向就是该点处具有最大方向导数的方向。梯度的方向也称为最陡下降方向，与等值面垂直。对于三维函数，梯度方向与法向一致；在直角坐标系下，对二元函数，梯度的方向与法向矢量在 Oxy 平面上投影的方向平行。

梯度与方向导数的关系：方向导数等于矢量场的梯度在该方向的投影。

3. 哈密尔顿算符及梯度运算

梯度表示为$\nabla u = \boldsymbol{e}_\mathrm{n} \dfrac{\mathrm{d}u}{\mathrm{d}n}$。其中，哈密尔顿算符$\nabla$兼有矢量与微分运算的双重作用，其方向可以认为沿“法向”，刻画了物理量的空间变化率。在直角坐标系、圆柱坐标系和球坐标系中，哈密尔顿算符分别表示为

$$\nabla u = \boldsymbol{e}_x \frac{\partial u}{\partial x} + \boldsymbol{e}_y \frac{\partial u}{\partial y} + \boldsymbol{e}_z \frac{\partial u}{\partial z} \tag{1-25}$$

$$\nabla u = \boldsymbol{e}_\rho \frac{\partial u}{\partial \rho} + \boldsymbol{e}_\phi \frac{\partial u}{\rho \partial \phi} + \boldsymbol{e}_z \frac{\partial u}{\partial z} \tag{1-26}$$

$$\nabla u = \boldsymbol{e}_r \frac{\partial u}{\partial r} + \boldsymbol{e}_\theta \frac{1}{r}\frac{\partial u}{\partial \theta} + \boldsymbol{e}_\phi \frac{1}{r\sin\theta}\frac{\partial u}{\partial \phi} \tag{1-27}$$

注意：通常∇'表示对带撇坐标(x',y',z')作微分运算(带撇坐标通常对应动点，不带撇坐标通常对应定点)，且$\nabla' = \boldsymbol{e}_x \dfrac{\partial}{\partial x'} + \boldsymbol{e}_y \dfrac{\partial}{\partial y'} + \boldsymbol{e}_z \dfrac{\partial}{\partial z'}$。

拉普拉斯算符∇^2：

$$\nabla \cdot (\nabla u) = \nabla^2 u \tag{1-28}$$

在直角坐标系、圆柱坐标系和球坐标系中，标量场 u 的拉普拉斯运算分别为

$$\nabla^2 u = \nabla\cdot\left(\frac{\partial u}{\partial x}\boldsymbol{e}_x + \frac{\partial u}{\partial y}\boldsymbol{e}_y + \frac{\partial u}{\partial z}\boldsymbol{e}_z\right) = \frac{\partial^2 u}{\partial x^2} + \frac{\partial^2 u}{\partial y^2} + \frac{\partial^2 u}{\partial z^2} \tag{1-29}$$

$$\nabla^2 u = \frac{1}{\rho}\frac{\partial}{\partial\rho}\left(\rho\frac{\partial u}{\partial\rho}\right) + \frac{1}{\rho^2}\frac{\partial^2 u}{\partial\phi^2} + \frac{\partial^2 u}{\partial z^2} \tag{1-30}$$

$$\nabla^2 u = \frac{1}{r^2}\frac{\partial}{\partial r}\left(r^2\frac{\partial u}{\partial r}\right) + \frac{1}{r^2\sin\theta}\frac{\partial}{\partial\theta}\left(\sin\theta\frac{\partial u}{\partial\theta}\right) + \frac{1}{r^2\sin^2\theta}\frac{\partial^2 u}{\partial\phi^2} \tag{1-31}$$

矢量场的拉普拉斯算符运算为

$$\nabla^2\boldsymbol{F} = \nabla(\nabla\cdot\boldsymbol{F}) - \nabla\times\nabla\times\boldsymbol{F}$$

可以证明，在直角坐标系中，矢量场的拉普拉斯算符运算简化为

$$\nabla^2\boldsymbol{F} = \boldsymbol{e}_x\nabla^2 F_x + \boldsymbol{e}_y\nabla^2 F_y + \boldsymbol{e}_z\nabla^2 F_z \tag{1-32}$$

1.1.4 矢量场的通量与散度

1. 矢量场的通量

矢量场的通量是从物理量中抽象出来的一个数学概念，通常具有若干物理意义，如磁通量、电通量、热量、流量等。矢量场 $\boldsymbol{F}$ 穿过曲面 $\boldsymbol{S}$ 的通量为

$$\Psi = \iint_S \boldsymbol{F}\cdot d\boldsymbol{S} = \iint_S \boldsymbol{F}\cdot\boldsymbol{e}_n dS = \iint_S F\,dS\cos\theta \tag{1-33}$$

通量描述了矢量场的发散性质，即“膨胀”或穿越曲面的“突围”能力，体现了矢量在曲面法线方向的分量的量度。当 $\Psi = \oint\!\!\!\oint_S \boldsymbol{F}\cdot d\boldsymbol{S} > 0$ 时说明闭合曲面 S 内有源(正通量源)；$\Psi = \oint\!\!\!\oint_S \boldsymbol{F}\cdot d\boldsymbol{S} < 0$ 时表示闭合曲面 S 内有洞(负通量源)；当 $\Psi = \oint\!\!\!\oint_S \boldsymbol{F}\cdot d\boldsymbol{S} = 0$ 时，则闭合曲面内无通量源。

2. 矢量场的散度

矢量场 $\boldsymbol{F}$ 的散度是标量，表示通过某点处单位体积的通量(通量体密度)。

$$\text{div }\boldsymbol{F} = \lim_{\Delta V\to 0}\frac{\oint\!\!\!\oint_S \boldsymbol{F}\cdot d\boldsymbol{S}}{\Delta V} \tag{1-34}$$

在直角坐标系、圆柱坐标系和球坐标系下，散度的计算公式分别为

$$\nabla\cdot\boldsymbol{F} = \frac{\partial F_x}{\partial x} + \frac{\partial F_y}{\partial y} + \frac{\partial F_z}{\partial z} \tag{1-35}$$

$$\nabla\cdot\boldsymbol{F} = \frac{1}{\rho}\frac{\partial}{\partial\rho}(\rho F_\rho) + \frac{1}{\rho}\frac{\partial F_\phi}{\partial\phi} + \frac{\partial F_z}{\partial z} \tag{1-36}$$

$$\nabla\cdot\boldsymbol{F} = \frac{1}{r^2}\frac{\partial}{\partial r}(r^2 F_r) + \frac{1}{r\sin\theta}\frac{\partial}{\partial\theta}(\sin\theta F_\theta) + \frac{1}{r\sin\theta}\frac{\partial F_\phi}{\partial\phi} \tag{1-37}$$

散度描述的是矢量场中各点的场量与通量源之间的关系，刻画了矢量场沿等值面法线方向的变化率，是矢量在法向投影的(体)密度，体现了法向投影强度。若在矢量场存在的全部区域中其散度处处为零，则称该场为无散场(无源场)或管形场。

3. 散度定理

散度定理表明，矢量场 $\boldsymbol{F}$ 的散度在体积 V 的体积分，等于矢量场 $\boldsymbol{F}$ 在限定该体积的闭

合面 $\boldsymbol{S}$ 上的面积分，即

$$\oiint_S \boldsymbol{F} \cdot \mathrm{d}\boldsymbol{S} = \iiint_V \nabla \cdot \boldsymbol{F} \mathrm{d}V \tag{1-38}$$

利用散度定理可将矢量散度的体积分转化为该矢量的封闭曲面的面积分，或反之。

1.1.5　矢量场的环量与旋度

1. 矢量场的环量

矢量场的环量也是从物理量中抽象出来的一个数学概念，通常具有若干物理意义，如电流、功、环流等。环量是矢量沿一个闭合曲线积分，即

$$\Gamma = \oint_C \boldsymbol{F} \cdot \mathrm{d}\boldsymbol{l} \tag{1-39}$$

环量描述了矢量场的涡旋性，即矢量场围绕曲线的“缠绕”或者“闭合”能力，体现了矢量在闭合路径切线方向分量的量度，是矢量在切向投影的(面)密度，刻画了切向投影强度。

2. 矢量场的旋度

将矢量场 $\boldsymbol{F}$ 在某点处对应的环量面密度最大值定义为旋度，它是一个矢量。

$$\mathrm{curl}\boldsymbol{F} = \boldsymbol{e}_\mathrm{n}\left(\lim_{\Delta S \to 0} \frac{\oint_l \boldsymbol{F} \cdot \mathrm{d}\boldsymbol{l}}{\Delta \boldsymbol{S}}\right)_{\max} \tag{1-40}$$

注意，环量面密度也是一个矢量，某点处具有无穷多个不同方向的环量面密度。旋度的方向为取得环量面密度最大值时的闭合曲线包围面元的法线方向。任一方向上的环量面密度的大小就是旋度在该方向上的投影。

旋度描述的是矢量场中各点的场量与涡旋源之间的关系，刻画了矢量场沿等值面(线)切线方向的变化率。若在矢量场存在的全部区域中其旋度处处为零，则称该场为无旋场或保守场。

在直角坐标系、圆柱坐标系、球坐标系中，矢量场 $\boldsymbol{F}$ 旋度的表达式分别为

$$\nabla \times \boldsymbol{F} = \begin{vmatrix} \boldsymbol{e}_x & \boldsymbol{e}_y & \boldsymbol{e}_z \\ \dfrac{\partial}{\partial x} & \dfrac{\partial}{\partial y} & \dfrac{\partial}{\partial z} \\ F_x & F_y & F_z \end{vmatrix} \tag{1-41}$$

$$\nabla \times \boldsymbol{F} = \frac{1}{\rho}\begin{vmatrix} \boldsymbol{e}_\rho & \rho\boldsymbol{e}_\phi & \boldsymbol{e}_z \\ \dfrac{\partial}{\partial \rho} & \dfrac{\partial}{\partial \phi} & \dfrac{\partial}{\partial z} \\ F_\rho & \rho F_\phi & F_z \end{vmatrix} \tag{1-42}$$

$$\nabla \times \boldsymbol{F} = \frac{1}{r^2 \sin\theta}\begin{vmatrix} \boldsymbol{e}_r & r\boldsymbol{e}_\theta & r\sin\theta\boldsymbol{e}_\phi \\ \dfrac{\partial}{\partial r} & \dfrac{\partial}{\partial \theta} & \dfrac{\partial}{\partial \phi} \\ F_r & rF_\theta & r\sin\theta F_\phi \end{vmatrix} \tag{1-43}$$

3. 斯托克斯定理

斯托克斯定理描述的是矢量场旋度的曲面积分与该矢量沿闭合曲线积分之间的一个变

换关系。

$$\iint_S (\nabla\times \boldsymbol{F})\cdot \mathrm{d}\boldsymbol{S} = \oint_C \boldsymbol{F}\cdot \mathrm{d}\boldsymbol{l} \tag{1-44}$$

1.1.6 格林定理

格林定理包括两个等式:

$$\iiint_V (\varphi\, \nabla^2 \psi + \nabla\psi \cdot \nabla\varphi)\mathrm{d}V = \oiint_S (\varphi\, \nabla\psi)\cdot \boldsymbol{e}_{\mathrm{n}}\mathrm{d}S = \oiint_S \varphi \frac{\partial \psi}{\partial n}\mathrm{d}S \tag{1-45}$$

$$\iiint_V (\psi\, \nabla^2 \varphi + \nabla\psi \cdot \nabla\varphi)\mathrm{d}V = \oiint_S (\psi\, \nabla\varphi)\cdot \boldsymbol{e}_{\mathrm{n}}\mathrm{d}S = \oiint_S \psi \frac{\partial \varphi}{\partial n}\mathrm{d}S \tag{1-46}$$

1.1.7 亥姆霍兹定理及矢量场的唯一性定理

矢量场可表示为一个标量函数 u 的梯度和一个矢量函数 $\boldsymbol{A}$ 的旋度之和,即

$$\boldsymbol{F} = -\nabla u + \nabla\times \boldsymbol{A} \tag{1-47}$$

式中的标量函数由 $\boldsymbol{F}$ 的散度和 $\boldsymbol{F}$ 在边界 S 上的法向分量完全确定;而矢量函数则由 $\boldsymbol{F}$ 的旋度和 $\boldsymbol{F}$ 在边界面 S 上的切向分量完全确定。

矢量场的唯一性定理:如果矢量场在某空间区域处处单值,且其导数连续有界,则该矢量场由它的散度、旋度以及边界上矢量场的切向分量或法向分量唯一确定。

无旋场和无散场:在无界空间中,散度与旋度均处处为零的矢量场是不存在的,源是产生场的起因,矢量场由其散度及旋度确定,可分为无旋场和无散场;而在有界空间中,矢量场根据散度及旋度是否为零,可分为 4 类,其中散度和旋度为零的场又称为调和场。因为 $\nabla\times\boldsymbol{F}=0$,故调和场 $\boldsymbol{F}$ 也是有势场。

重要公式:

$$\nabla\times(\nabla u) \equiv 0, \quad \nabla\cdot(\nabla\times \boldsymbol{A}) = 0 \tag{1-48}$$

结合"∇"的方向沿"法向",以上公式则不难理解和记忆,即法向上没有旋度,切向上没有散度。

因此,无旋场和无散场可以表示为

$$\boldsymbol{F} = -\nabla u, \quad \boldsymbol{F} = \nabla\times \boldsymbol{A} \tag{1-49}$$

1.2 典型例题解析

【例题 1-1】 将圆柱坐标系中的矢量场 $\boldsymbol{F}(\rho,\phi,z)=2\boldsymbol{e}_\rho+3\boldsymbol{e}_\phi$ 在直角坐标系下表示。

解:

$$\begin{bmatrix} F_x \\ F_y \\ F_z \end{bmatrix} = \begin{bmatrix} \cos\phi & -\sin\phi & 0 \\ \sin\phi & \cos\phi & 0 \\ 0 & 0 & 1 \end{bmatrix} \begin{bmatrix} A_\rho \\ A_\phi \\ A_z \end{bmatrix} = \begin{bmatrix} \cos\phi & -\sin\phi & 0 \\ \sin\phi & \cos\phi & 0 \\ 0 & 0 & 1 \end{bmatrix} \begin{bmatrix} 2 \\ 3 \\ 0 \end{bmatrix} = \begin{bmatrix} 2\cos\phi - 3\sin\phi \\ 2\sin\phi + 3\cos\phi \\ 0 \end{bmatrix}$$

因为

$$\cos\phi = \frac{x}{\sqrt{x^2+y^2}}, \quad \sin\phi = \frac{y}{\sqrt{x^2+y^2}}, \quad z = z$$

所以

$$F(x,y,z)=\frac{1}{\sqrt{x^2+y^2}}[(2x-3y)\boldsymbol{e}_x+(2y+3x)\boldsymbol{e}_y]$$

【例题 1-2】 已知圆柱坐标系中的矢量 $\boldsymbol{A}=4\boldsymbol{e}_\rho+3\boldsymbol{e}_\phi+2\boldsymbol{e}_z$，$\boldsymbol{B}=-3\boldsymbol{e}_\rho+2\boldsymbol{e}_\phi+2\boldsymbol{e}_z$ 的起点坐标分别为点 $P(4,\pi/6,2)$ 和点 $Q(2,\pi/3,2)$。求起点坐标在点 $M(1,\pi/4,2)$ 处的矢量 $\boldsymbol{C}=\boldsymbol{A}+\boldsymbol{B}$。

解：由于 $\boldsymbol{A}$、$\boldsymbol{B}$ 并非定义在同一 $\phi=C$(常数)平面上，故在圆柱坐标系下不能直接求和。需要变换到直角坐标系中求和。对于起点坐标为 $P(4,\pi/6,2)$ 的矢量 $\boldsymbol{A}=4\boldsymbol{e}_\rho+3\boldsymbol{e}_\phi+2\boldsymbol{e}_z$，有

$$\begin{bmatrix}A_x\\A_y\\A_z\end{bmatrix}=\begin{bmatrix}\cos\phi & -\sin\phi & 0\\ \sin\phi & \cos\phi & 0\\ 0 & 0 & 1\end{bmatrix}\begin{bmatrix}A_\rho\\A_\phi\\A_z\end{bmatrix}=\begin{bmatrix}\cos\pi/6 & -\sin\pi/6 & 0\\ \sin\pi/6 & \cos\pi/6 & 0\\ 0 & 0 & 1\end{bmatrix}\begin{bmatrix}4\\3\\2\end{bmatrix}=\begin{bmatrix}1.964\\4.598\\2\end{bmatrix}$$

对于起点坐标为 $Q(2,\pi/3,2)$ 的矢量 $\boldsymbol{B}=-3\boldsymbol{e}_\rho+2\boldsymbol{e}_\phi+2\boldsymbol{e}_z$，有

$$\begin{bmatrix}B_x\\B_y\\B_z\end{bmatrix}=\begin{bmatrix}\cos\phi & -\sin\phi & 0\\ \sin\phi & \cos\phi & 0\\ 0 & 0 & 1\end{bmatrix}\begin{bmatrix}B_\rho\\B_\phi\\B_z\end{bmatrix}=\begin{bmatrix}\cos\pi/3 & -\sin\pi/3 & 0\\ \sin\pi/3 & \cos\pi/3 & 0\\ 0 & 0 & 1\end{bmatrix}\begin{bmatrix}-3\\2\\2\end{bmatrix}=\begin{bmatrix}-3.232\\-1.598\\2\end{bmatrix}$$

于是，在直角坐标系下

$$\begin{bmatrix}C_x\\C_y\\C_z\end{bmatrix}=\begin{bmatrix}A_x\\A_y\\A_z\end{bmatrix}+\begin{bmatrix}B_x\\B_y\\B_z\end{bmatrix}=\begin{bmatrix}-1.268\\3\\4\end{bmatrix}$$

再将其变换到圆柱坐标系下为

$$\begin{bmatrix}C_\rho\\C_\phi\\C_z\end{bmatrix}=\begin{bmatrix}\cos\phi & \sin\phi & 0\\ -\sin\phi & \cos\phi & 0\\ 0 & 0 & 1\end{bmatrix}\begin{bmatrix}C_x\\C_y\\C_z\end{bmatrix}=\begin{bmatrix}\cos\pi/4 & \sin\pi/4 & 0\\ -\sin\pi/4 & \cos\pi/4 & 0\\ 0 & 0 & 1\end{bmatrix}\begin{bmatrix}-1.268\\3\\4\end{bmatrix}=\begin{bmatrix}1.225\\3.017\\4\end{bmatrix}$$

故在圆柱坐标系下

$$\boldsymbol{C}=\boldsymbol{A}+\boldsymbol{B}=1.225\boldsymbol{e}_\rho+3.017\boldsymbol{e}_\phi+4\boldsymbol{e}_z$$

【例题 1-3】 三角形的 3 个顶点为 $P_1(0,1,-2)$、$P_2(4,1,-3)$、$P_3(6,2,5)$。

(1) 判断 $\triangle P_1P_2P_3$ 是否为一直角三角形；

(2) 求三角形的面积。

解：(1) 设 $\boldsymbol{r}_1$ 为原点到点 P_1 的矢量，$\boldsymbol{r}_2$ 为原点到点 P_2 的矢量，$\boldsymbol{r}_3$ 为原点到点 P_3 的矢量，则

$$\boldsymbol{r}_1=\boldsymbol{e}_y-\boldsymbol{e}_z2,\quad \boldsymbol{r}_2=\boldsymbol{e}_x4+\boldsymbol{e}_y-\boldsymbol{e}_z3,\quad \boldsymbol{r}_3=\boldsymbol{e}_x6+\boldsymbol{e}_y2+\boldsymbol{e}_z5$$

$$\boldsymbol{R}_{12}=\boldsymbol{r}_1-\boldsymbol{r}_2=-\boldsymbol{e}_x4+\boldsymbol{e}_z,\quad \boldsymbol{R}_{23}=-\boldsymbol{e}_x2-\boldsymbol{e}_y-\boldsymbol{e}_z8$$

而

$$\boldsymbol{R}_{12}\cdot\boldsymbol{R}_{23}=(-\boldsymbol{e}_x4+\boldsymbol{e}_z)\cdot(-\boldsymbol{e}_x2-\boldsymbol{e}_y-\boldsymbol{e}_z8)=0$$

由此可知 $\boldsymbol{R}_{12}\perp\boldsymbol{R}_{23}$，也就是说 P_2 角为直角，故 $\triangle P_1P_2P_3$ 为直角三角形。

(2) 三角形面积：

$$S=\frac{1}{2}|\boldsymbol{R}_{12}\times\boldsymbol{R}_{23}|=\frac{1}{2}|R_{12}||R_{23}|\sin\theta=\frac{1}{2}|R_{12}||R_{23}|$$

$$=\frac{1}{2}\times\sqrt{4^2+1^2}\times\sqrt{2^2+1^2+8^2}=17.13$$

【例题 1-4】 试判断下列矢量场 $\boldsymbol{F}$ 是否为均匀矢量场。

(1) 圆柱坐标系中，$\boldsymbol{F}=\boldsymbol{e}_r F_1\sin\phi+\boldsymbol{e}_\phi F_1\cos\phi+\boldsymbol{e}_z F_2$，其中 F_1、F_2 都是常数；

(2) 球坐标系中，$\boldsymbol{F}=\boldsymbol{e}_r F_0$，其中 F_0 为常数。

解：(1) 圆柱坐标与直角坐标单位矢量关系为

$$\begin{cases}\boldsymbol{e}_r=\boldsymbol{e}_x\cos\phi+\boldsymbol{e}_y\sin\phi\\ \boldsymbol{e}_\phi=-\boldsymbol{e}_x\sin\phi+\boldsymbol{e}_y\cos\phi\\ \boldsymbol{e}_z=\boldsymbol{e}_z\end{cases}$$

则

$$\boldsymbol{F}=(\boldsymbol{e}_x\cos\phi+\boldsymbol{e}_y\sin\phi)F_1\sin\phi+(-\boldsymbol{e}_x\sin\phi+\boldsymbol{e}_y\cos\phi)F_1\cos\phi+\boldsymbol{e}_zF_2=\boldsymbol{e}_yF_1+\boldsymbol{e}_zF_2$$

$\boldsymbol{F}$ 的模为

$$|\boldsymbol{F}|=\sqrt{F_1^2+F_2^2}=\text{常数}$$

$$\alpha=\arctan\frac{F_2}{F_1}=C\quad(C\text{ 为常数})$$

即 $\boldsymbol{F}$ 的大小和方向均不随空间坐标的变化而变化，故为均匀场。

(2) 球坐标系中，$\boldsymbol{F}=\boldsymbol{e}_rF$。尽管 $\boldsymbol{F}$ 的大小不变，但方向为 $\boldsymbol{e}_r$，不同点 $\boldsymbol{e}_r$ 的方向不同，故不是均匀场。事实上，由单位矢量的变换关系

$$\boldsymbol{e}_r=\boldsymbol{e}_x\sin\theta\cos\phi+\boldsymbol{e}_y\sin\theta\sin\phi+\boldsymbol{e}_z\cos\theta$$

可知 $\boldsymbol{e}_r$ 是 θ、ϕ 的函数，不同的点 (r,θ,ϕ)，$\boldsymbol{F}$ 有不同的方向，故 $\boldsymbol{e}_r$ 并非常矢量。

【例题 1-5】 一无限长直导线沿 z 轴放置，载有电流 I，其周围产生的磁场为一平面矢量场

$$\boldsymbol{B}=\frac{\mu_0 I}{2\pi\rho^2}(-y\boldsymbol{e}_x+x\boldsymbol{e}_y)$$

其中，$\rho=\sqrt{x^2+y^2}$，μ_0 为磁导率。求其矢量场线方程。

解：将矢量 $\boldsymbol{B}$ 写成

$$\boldsymbol{B}=\frac{\mu_0 I}{2\pi\rho^2}(-y\boldsymbol{e}_x+x\boldsymbol{e}_y+0\boldsymbol{e}_z)$$

则其矢量线所满足的微分方程为

$$\frac{\mathrm{d}x}{-y}=\frac{\mathrm{d}y}{x}=\frac{\mathrm{d}z}{0}$$

由 $\dfrac{\mathrm{d}x}{-y}=\dfrac{\mathrm{d}y}{x}$，解得

$$x^2+y^2=C_1$$

由 $\mathrm{d}z=0$，解得

$$z=C_2$$

因此，磁场矢量场线方程为

$$\begin{cases}x^2+y^2=C_1\\ z=C_2\end{cases}$$

【例题 1-6】 自由空间中某标量场为 $u=xy$。

(1) 求该标量场的梯度。

(2) 在 xy 平面上有一半径为 2,圆心在(2,0)处的圆,求该梯度沿圆弧从坐标原点到(2,2)的线积分。

(3) 求标量场中在点(1,1,2)处沿矢量 $\boldsymbol{l}=\boldsymbol{e}_x xy+\boldsymbol{e}_y yz+\boldsymbol{e}_z x^2 z$ 方向的变化率。

解:(1) $\nabla u=\boldsymbol{e}_x\dfrac{\partial u}{\partial x}+\boldsymbol{e}_y\dfrac{\partial u}{\partial y}+\boldsymbol{e}_z\dfrac{\partial u}{\partial z}=\boldsymbol{e}_x y+\boldsymbol{e}_y x$

(2) 由于$\nabla\times(\nabla u)\equiv 0$,因此,梯度的积分与路径无关。选积分路径先沿 x 轴从(0,0)到(2,0),再沿 $x=2$ 直线到点(2,2)积分,因此有

$$\int_l \nabla u\cdot \mathrm{d}\boldsymbol{l}=\int_{y=0}(\boldsymbol{e}_x y+\boldsymbol{e}_y x)\cdot\boldsymbol{e}_x\mathrm{d}x+\int_{x=2}(\boldsymbol{e}_x y+\boldsymbol{e}_y x)\cdot\boldsymbol{e}_y\mathrm{d}y=\int_0^2 2\mathrm{d}y=4$$

(3) 根据梯度与方向导数的关系,即可求得沿 l 方向的变化率

$$\left.\frac{\partial u}{\partial l}\right|_{(1,1,2)}=\nabla u\cdot\boldsymbol{e}_l\big|_{(1,1,2)}=(\boldsymbol{e}_x+\boldsymbol{e}_y)\cdot\frac{\boldsymbol{e}_x+2\boldsymbol{e}_y+2\boldsymbol{e}_z}{3}=1$$

【例题 1-7】 求 $u=3x^2y-y^2$ 在点 $M(2,3)$处沿曲线 $y=x^2-1$ 朝 x 增大一方的方向导数。

解:函数 u 在某点沿曲线的某一方向导数为沿曲线切线方向的方向导数。曲线 $y=x^2-1$ 在点 M 处的切线斜率为

$$y'\big|_M=2x\big|_M=4$$

因此,切线正切为 $\tan\alpha=4$,故 $\cos\alpha=\dfrac{1}{\sqrt{17}}$,$\cos\beta=\dfrac{4}{\sqrt{17}}$,有

$$\left.\frac{\partial u}{\partial l}\right|_M=\left.\frac{\partial u}{\partial x}\cos\alpha+\frac{\partial u}{\partial y}\cos\beta\right|_M=36\times\frac{1}{\sqrt{17}}+6\times\frac{4}{\sqrt{17}}=\frac{60}{\sqrt{17}}$$

【例题 1-8】 已知 $\boldsymbol{A}=(axz+x^2)\boldsymbol{e}_x+(by+xy^2)\boldsymbol{e}_y+(z-z^2+cxz-2xyz)\boldsymbol{e}_z$,试确定 a,b,c,使得 $\boldsymbol{A}$ 是一个无源场。

解:$\nabla\cdot\boldsymbol{A}=az+2x+b+2xy+1-2z+cx-2xy=(a-2)z+(2+c)x+b+1$

因此,欲使得$\nabla\cdot\boldsymbol{A}=0$,必须 $a=2,b=-1,c=-2$。

【例题 1-9】 已知自由空间中两矢量的表达式为

$$\boldsymbol{A}=\rho^2\sin\phi\boldsymbol{e}_\rho+4\rho^2\cos\phi\boldsymbol{e}_\phi+\rho z\sin\phi\boldsymbol{e}_z$$

$$\boldsymbol{B}=x^2\boldsymbol{e}_x+2y\boldsymbol{e}_y+z\boldsymbol{e}_z$$

试分析两矢量场的性质,并给出产生矢量场的源分布。

解:在圆柱坐标系下,矢量场 $\boldsymbol{A}$ 的散度和旋度分别为

$$\nabla\cdot\boldsymbol{A}=\frac{1}{\rho}\frac{\partial}{\partial\rho}(\rho^3\sin\phi)+\frac{1}{\rho}\frac{\partial}{\partial\phi}(4\rho^2\cos\phi)+\frac{\partial}{\partial z}(\rho z\sin\phi)=0$$

$$\nabla\times\boldsymbol{A}=\frac{1}{\rho}\begin{vmatrix}\boldsymbol{e}_\rho & \rho\boldsymbol{e}_\phi & \boldsymbol{e}_z\\ \dfrac{\partial}{\partial\rho} & \dfrac{\partial}{\partial\phi} & \dfrac{\partial}{\partial z}\\ \rho^2\sin\phi & 4\rho^3\cos\phi & \rho z\sin\phi\end{vmatrix}=\boldsymbol{e}_\rho z\cos\phi-\boldsymbol{e}_\phi z\sin\phi+\boldsymbol{e}_z 11\rho\cos\phi$$

由于 $\boldsymbol{A}$ 的散度为零,故其为无散场;$\boldsymbol{A}$ 的旋度不为零,故其涡旋源为

$$\boldsymbol{J}=\boldsymbol{e}_\rho z\cos\phi-\boldsymbol{e}_\phi z\sin\phi+\boldsymbol{e}_z 11\rho\cos\phi$$

在直角坐标系下,矢量场 $\boldsymbol{B}$ 的散度和旋度分别为

$$\nabla\cdot\boldsymbol{B}=\frac{\partial}{\partial x}x^2+\frac{\partial}{\partial y}2y\boldsymbol{e}+\frac{\partial}{\partial z}z=2x+3$$

$$\nabla\times\boldsymbol{B}=\begin{vmatrix}\boldsymbol{e}_x & \boldsymbol{e}_y & \boldsymbol{e}_z\\ \dfrac{\partial}{\partial x} & \dfrac{\partial}{\partial y} & \dfrac{\partial}{\partial z}\\ x^2 & 2y & z\end{vmatrix}=0$$

由于 $\boldsymbol{B}$ 的旋度为零,故其为无旋场;$\boldsymbol{B}$ 的散度不为零,故其通量源为 $u=2x+3$。

【例题 1-10】 已知 $u=1/\sqrt{x^2+y^2+z^2}$,在点 $M(1,1,1)$处,试求:

(1) 方向导数的最大值及其方向;

(2) 方向导数的最小值及其方向。

解:(1) 方向导数的最大值就是梯度的模,其方向为梯度方向。

因为

$$\nabla u\left|_M=-\frac{x\boldsymbol{e}_x+y\boldsymbol{e}_y+z\boldsymbol{e}_z}{\sqrt{(x^2+y^2+z^2)^3}}\right|_M=-\frac{\boldsymbol{e}_x+\boldsymbol{e}_y+\boldsymbol{e}_z}{3\sqrt{3}}=-\frac{\boldsymbol{e}_r}{3}$$

所以 $|\nabla u|_M=\dfrac{1}{3}$,方向为 $-\boldsymbol{e}_r$ 方向。

(2) 沿梯度的负方向 $\boldsymbol{e}_r$,即可取得方向导数的最小值,大小为 $-1/3$。

【例题 1-11】 已知矢量场 $\boldsymbol{F}=\boldsymbol{e}_r\dfrac{1}{4\pi r^2}$,试求其散度。

解:当 $r\neq0$ 时,利用散度的计算公式得

$$\nabla\cdot\boldsymbol{F}=\frac{1}{r^2}\frac{\partial}{\partial r}(r^2F_r)+\frac{1}{r\sin\theta}\frac{\partial}{\partial\theta}(\sin\theta F_\theta)+\frac{1}{r\sin\theta}\frac{\partial F_\phi}{\partial\phi}=0$$

当 $r=0$ 时,$\boldsymbol{F}$ 趋于无穷大,可利用高斯定理来求解。选择半径为 a,球心在原点的球形区域 V,则

$$\iiint_V\nabla\cdot\boldsymbol{F}\mathrm{d}V=\oiint_S\boldsymbol{F}\cdot\mathrm{d}\boldsymbol{S}=\int_0^{2\pi}\mathrm{d}\phi\int_0^{\pi}\boldsymbol{F}\cdot\boldsymbol{e}_r r^2\sin\theta\mathrm{d}\theta\,|_{r=a}=1$$

由以上可知,当区域 V 不包含坐标原点时

$$\iiint_V\nabla\cdot\boldsymbol{F}\mathrm{d}V=0$$

所以

$$\iiint_V\nabla\cdot\boldsymbol{F}\mathrm{d}V=\begin{cases}1, & r=0\in V\\ 0, & r=0\notin V\end{cases}$$

即

$$\iiint_V\nabla\cdot\boldsymbol{F}\mathrm{d}V=\delta(r)$$

【例题 1-12】 一径向矢量场用 $\boldsymbol{F}=\boldsymbol{e}_r f(r)$表示,如果$\nabla\cdot\boldsymbol{F}=0$,那么函数 $f(r)$会有什么特点呢?

解：在圆柱坐标系中$\nabla\cdot\boldsymbol{F}=0$，则$\frac{1}{r}\frac{\partial}{\partial r}[rf(r)]=0$，即$rf(r)=C$（$C$为常数）。则$f(r)=\frac{C}{r}$。

在球坐标系中，$\nabla\cdot\boldsymbol{F}=0$，有$\frac{1}{r^2}\frac{\partial}{\partial r}[r^2f(r)]=0$，或$r^2f(r)=C$，则$f(r)=\frac{C}{r^2}$。

【例题 1-13】 在球坐标系中证明$\boldsymbol{A}=\frac{1}{r^3}\boldsymbol{r}$为有势场，并求其势函数$u$。

解：在球坐标系中

$$\boldsymbol{A}=\boldsymbol{e}_r\frac{1}{r^2}+\boldsymbol{e}_\theta 0+\boldsymbol{e}_\phi 0$$

故有

$$\nabla\times\boldsymbol{A}=\frac{1}{r^2\sin\theta}\begin{vmatrix}\boldsymbol{e}_r & \boldsymbol{e}_\theta r & \boldsymbol{e}_\phi r\sin\theta\\ \frac{\partial}{\partial r} & \frac{\partial}{\partial\theta} & \frac{\partial}{\partial\phi}\\ \frac{1}{r^2} & 0 & 0\end{vmatrix}=0$$

故$\boldsymbol{A}$为有势场，并且势函数满足

$$\boldsymbol{A}=-\nabla u$$

即有

$$\boldsymbol{e}_r\frac{1}{r^2}=-\left(\boldsymbol{e}_r\frac{\partial u}{\partial r}+\boldsymbol{e}_\theta\frac{1}{r}\frac{\partial u}{\partial\theta}+\boldsymbol{e}_\phi\frac{1}{r\sin\theta}\frac{\partial u}{\partial\phi}\right)$$

$$\frac{\partial u}{\partial r}=-\frac{1}{r^2}\quad\frac{\partial u}{\partial\theta}=0\quad\frac{\partial u}{\partial\phi}=0$$

则

$$u=\frac{1}{r}+C\quad(C\text{ 为任意常数})$$

【例题 1-14】 证明矢量斯托克斯定理$\iiint_V(\nabla\times\boldsymbol{A})\mathrm{d}V=-\oint_S\boldsymbol{A}\times\mathrm{d}\boldsymbol{S}$，式中，$\boldsymbol{A}$为任意矢量，$\boldsymbol{S}$为包围体积$V$的闭合曲面。

证明：设$\boldsymbol{C}$为任一非零常矢量，则

$$\nabla\cdot(\boldsymbol{C}\times\boldsymbol{A})=\boldsymbol{A}\cdot(\nabla\times\boldsymbol{C})-\boldsymbol{C}\cdot(\nabla\times\boldsymbol{A})=-\boldsymbol{C}\cdot(\nabla\times\boldsymbol{A})$$

因此

$$\iiint_V\nabla\cdot(\boldsymbol{C}\times\boldsymbol{A})\mathrm{d}V=-\boldsymbol{C}\cdot\iiint_V(\nabla\times\boldsymbol{A})\mathrm{d}V$$

利用高斯定理得

$$\iiint_V\nabla\cdot(\boldsymbol{C}\times\boldsymbol{A})\mathrm{d}V=\oint_S(\boldsymbol{C}\times\boldsymbol{A})\cdot\mathrm{d}\boldsymbol{S}=\boldsymbol{C}\cdot\oint_S\boldsymbol{A}\times\mathrm{d}\boldsymbol{S}$$

比较以上两式，由于常矢量$\boldsymbol{C}$具有任意性，故有

$$\iiint_V(\nabla\times\boldsymbol{A})\mathrm{d}V=-\oint_S\boldsymbol{A}\times\mathrm{d}\boldsymbol{S}$$

【例题 1-15】 证明恒等式$\iint_S \nabla\varphi \times \mathrm{d}\boldsymbol{S} = -\oint_C \varphi \mathrm{d}\boldsymbol{l}$。

证明：在斯托克斯定理$\iint_S (\nabla\times \boldsymbol{F})\cdot \mathrm{d}\boldsymbol{S} = \oint_C \boldsymbol{F}\cdot \mathrm{d}\boldsymbol{l}$中，令$\boldsymbol{F}=\varphi\boldsymbol{C}$，$\boldsymbol{C}$为任意非零常矢量。则

$$\iint_S (\nabla\times \boldsymbol{F})\cdot \mathrm{d}\boldsymbol{S} = \iint_S (\nabla\times \varphi\boldsymbol{C})\cdot \mathrm{d}\boldsymbol{S} = \oint_C \varphi\boldsymbol{C}\cdot \mathrm{d}\boldsymbol{l} = \boldsymbol{C}\cdot\oint_C \varphi \mathrm{d}\boldsymbol{l}$$

利用恒等式$\nabla\times\varphi\boldsymbol{C}=\varphi\,\nabla\times\boldsymbol{C}+\nabla\varphi\times\boldsymbol{C}=\nabla\varphi\times\boldsymbol{C}$，因此上式为

$$\iint_S (\nabla\times \varphi\boldsymbol{C})\cdot \mathrm{d}\boldsymbol{S} = \iint_S (\nabla\varphi\times \boldsymbol{C})\cdot \mathrm{d}\boldsymbol{S} = \iint_S \boldsymbol{C}\cdot(\mathrm{d}\boldsymbol{S}\times\nabla\varphi) = -\boldsymbol{C}\cdot\iint_S \nabla\varphi\times \mathrm{d}\boldsymbol{S}$$

比较以上两式，由于常矢量$\boldsymbol{C}$具有任意性，故有

$$\iint_S \nabla\varphi \times \mathrm{d}\boldsymbol{S} = -\oint_C \varphi \mathrm{d}\boldsymbol{l}$$

【例题 1-16】 已知函数f沿封闭曲面S外法线的方向导数为常数c，A为S的面积，试证明$\iiint_V \nabla\cdot(\nabla f)\mathrm{d}V = cA$。

证明：利用高斯定理

$$\iiint_V \nabla\cdot(\nabla f)\mathrm{d}V = \oiint_S \nabla f\cdot \boldsymbol{e}_\mathrm{n}\mathrm{d}S = \oiint_S \frac{\partial f}{\partial n}\cdot \mathrm{d}S = c\oiint_S \mathrm{d}S = cA$$

【例题 1-17】 S为上半球面$x^2+y^2+z^2=a^2(z\geqslant 0)$，求矢量场$\boldsymbol{r}=x\boldsymbol{e}_x+y\boldsymbol{e}_y+z\boldsymbol{e}_z$向上穿过$S$的通量。

解：

$$\Phi = \iint_S \boldsymbol{r}\cdot \mathrm{d}\boldsymbol{S} = \iint_S \boldsymbol{r}\cdot \boldsymbol{e}_\mathrm{n}\mathrm{d}S = \iint_S r\mathrm{d}S$$

在上半球面处，$r=a$，故

$$\Phi = \iint_S a\mathrm{d}S = 2\pi a^2$$

【例题 1-18】 证明$\nabla u\times\nabla v$为管形场。

证明：根据矢量恒等式得

$$\nabla\cdot(\nabla u\times\nabla v) = \nabla v\cdot\nabla\times\nabla u - \nabla u\cdot(\nabla\times\nabla v)$$

再根据$\nabla\times\nabla u=0$，$\nabla\times\nabla v=0$，故有

$$\nabla\cdot(\nabla u\times\nabla v)=0$$

因此，$\nabla u\times\nabla v$为管形场。

【例题 1-19】 已知$\nabla\cdot\boldsymbol{F}=\delta(x)\delta(y)\delta(z)$，$\nabla\times\boldsymbol{F}=0$，计算$\boldsymbol{F}$。

解：根据亥姆霍兹定理

$$\boldsymbol{F} = -\nabla u + \nabla\times\boldsymbol{A}$$

其中

$$u(\boldsymbol{r}) = \frac{1}{4\pi}\iiint_{V'} \frac{\nabla'\cdot\boldsymbol{F}(r')}{|\boldsymbol{r}-\boldsymbol{r}'|}\mathrm{d}V',\quad \boldsymbol{A}(\boldsymbol{r}) = \frac{1}{4\pi}\iiint_{V'} \frac{\nabla'\times F(\boldsymbol{r}')}{|\boldsymbol{r}-\boldsymbol{r}'|}\mathrm{d}V'$$

根据$\nabla\times\boldsymbol{F}=0$，则$\boldsymbol{A}=0$；因此

$$u(\boldsymbol{r}) = \frac{1}{4\pi}\iiint_{V'} \frac{\nabla'\cdot\boldsymbol{F}(r')}{|\boldsymbol{r}-\boldsymbol{r}'|}\mathrm{d}V'$$

$$=\iiint_{V'}\frac{\delta(x')\delta(y')\delta(z')}{\sqrt{(x-x')^2+(y-y')^2+(z-z')^2}}\mathrm{d}x'\mathrm{d}y'\mathrm{d}z'$$

$$=\frac{1}{4\pi r}$$

所以

$$\boldsymbol{F}=-\nabla u(r)=\frac{\boldsymbol{e}_r}{4\pi r^2}$$

【例题 1-20】 证明,在直角坐标系中,矢量场的拉普拉斯算符可表示为

$$\nabla^2\boldsymbol{F}=\boldsymbol{e}_x\nabla^2F_x+\boldsymbol{e}_y\nabla^2F_y+\boldsymbol{e}_z\nabla^2F_z$$

证明:矢量场的拉普拉斯算符运算为

$$\nabla^2\boldsymbol{F}=\nabla(\nabla\cdot\boldsymbol{F})-\nabla\times\nabla\times\boldsymbol{F}$$

由于在直角坐标系下

$$\begin{aligned}\nabla(\nabla\cdot\boldsymbol{F})&=\nabla\left(\frac{\partial F_x}{\partial x}+\frac{\partial F_y}{\partial y}+\frac{\partial F_z}{\partial z}\right)\\&=\boldsymbol{e}_x\left(\frac{\partial^2F_x}{\partial x^2}+\frac{\partial^2F_y}{\partial y\partial x}+\frac{\partial^2F_z}{\partial z\partial x}\right)+\boldsymbol{e}_y\left(\frac{\partial^2F_x}{\partial x\partial y}+\frac{\partial^2F_y}{\partial y^2}+\frac{\partial^2F_z}{\partial z\partial y}\right)+\\&\quad\boldsymbol{e}_z\left(\frac{\partial^2F_x}{\partial x\partial z}+\frac{\partial^2F_y}{\partial y\partial z}+\frac{\partial^2F_z}{\partial z^2}\right)\end{aligned}$$

$$\begin{aligned}\nabla\times\nabla\times\boldsymbol{F}&=\nabla\times\begin{vmatrix}\boldsymbol{e}_x&\boldsymbol{e}_y&\boldsymbol{e}_z\\\frac{\partial}{\partial x}&\frac{\partial}{\partial y}&\frac{\partial}{\partial z}\\F_x&F_y&F_z\end{vmatrix}\\&=\nabla\times\left[\boldsymbol{e}_x\left(\frac{\partial F_z}{\partial y}-\frac{\partial F_y}{\partial z}\right)+\boldsymbol{e}_y\left(\frac{\partial F_x}{\partial z}-\frac{\partial F_z}{\partial x}\right)+\boldsymbol{e}_z\left(\frac{\partial F_y}{\partial x}-\frac{\partial F_x}{\partial y}\right)\right]\\&=\begin{vmatrix}\boldsymbol{e}_x&\boldsymbol{e}_y&\boldsymbol{e}_z\\\frac{\partial}{\partial x}&\frac{\partial}{\partial y}&\frac{\partial}{\partial z}\\\frac{\partial F_z}{\partial y}-\frac{\partial F_y}{\partial z}&\frac{\partial F_x}{\partial z}-\frac{\partial F_z}{\partial x}&\frac{\partial F_y}{\partial x}-\frac{\partial F_x}{\partial y}\end{vmatrix}\\&=\boldsymbol{e}_x\left(\frac{\partial^2F_y}{\partial y\partial x}-\frac{\partial^2F_x}{\partial y^2}-\frac{\partial^2F_x}{\partial z^2}+\frac{\partial^2F_z}{\partial z\partial x}\right)+\boldsymbol{e}_y\left(\frac{\partial^2F_z}{\partial z\partial y}-\frac{\partial^2F_y}{\partial z^2}-\frac{\partial^2F_y}{\partial x^2}+\frac{\partial^2F_x}{\partial x\partial y}\right)+\\&\quad\boldsymbol{e}_z\left(\frac{\partial^2F_x}{\partial x\partial z}-\frac{\partial^2F_z}{\partial x^2}-\frac{\partial^2F_z}{\partial y^2}+\frac{\partial^2F_y}{\partial y\partial z}\right)\end{aligned}$$

因此

$$\begin{aligned}\nabla^2\boldsymbol{F}&=\nabla(\nabla\cdot\boldsymbol{F})-\nabla\times\nabla\times\boldsymbol{F}\\&=\left(\frac{\partial^2F_x}{\partial x^2}+\frac{\partial^2F_x}{\partial y^2}+\frac{\partial^2F_x}{\partial z^2}\right)\boldsymbol{e}_x+\left(\frac{\partial^2F_y}{\partial x^2}+\frac{\partial^2F_y}{\partial y^2}+\frac{\partial^2F_y}{\partial z^2}\right)\boldsymbol{e}_y+\left(\frac{\partial^2F_z}{\partial x^2}+\frac{\partial^2F_z}{\partial y^2}+\frac{\partial^2F_z}{\partial z^2}\right)\boldsymbol{e}_z\\&=\boldsymbol{e}_x\nabla^2F_x+\boldsymbol{e}_y\nabla^2F_y+\boldsymbol{e}_z\nabla^2F_z\end{aligned}$$

证毕。

【例题 1-21】 求矢量场 $\boldsymbol{A}=x(z-y)\boldsymbol{e}_x+y(x-z)\boldsymbol{e}_y+z(y-x)\boldsymbol{e}_z$ 在点 $M(1,0,1)$ 处的旋度及沿 $2\boldsymbol{e}_x+6\boldsymbol{e}_y+3\boldsymbol{e}_z$ 方向的环量密度。

解：
$$\nabla\times\boldsymbol{A}=\begin{vmatrix}\boldsymbol{e}_x & \boldsymbol{e}_y & \boldsymbol{e}_z\\ \dfrac{\partial}{\partial x} & \dfrac{\partial}{\partial y} & \dfrac{\partial}{\partial z}\\ x(z-y) & y(x-z) & z(y-x)\end{vmatrix}=(z+y)\boldsymbol{e}_x+(x+z)\boldsymbol{e}_y+(x+y)\boldsymbol{e}_z$$

所以，$\boldsymbol{A}$ 在点 $M(1,0,1)$ 处的旋度为
$$\nabla\times\boldsymbol{A}\,|_M=(z+y)\boldsymbol{e}_x+(x+z)\boldsymbol{e}_y+(x+y)\boldsymbol{e}_z\,|_{(1,0,1)}=\boldsymbol{e}_x+2\boldsymbol{e}_y+\boldsymbol{e}_z$$

$2\boldsymbol{e}_x+6\boldsymbol{e}_y+3\boldsymbol{e}_z$ 的单位矢量为
$$\boldsymbol{e}_{\mathrm{n}}=\frac{2\boldsymbol{e}_x+6\boldsymbol{e}_y+3\boldsymbol{e}_z}{7}$$

沿 $2\boldsymbol{e}_x+6\boldsymbol{e}_y+3\boldsymbol{e}_z$ 方向的环量密度为
$$\Gamma=\nabla\times\boldsymbol{A}\,|_M\cdot\boldsymbol{e}_{\mathrm{n}}=(\boldsymbol{e}_x+2\boldsymbol{e}_y+\boldsymbol{e}_z)\cdot\frac{2\boldsymbol{e}_x+6\boldsymbol{e}_y+3\boldsymbol{e}_z}{7}=\frac{17}{7}$$

【例题 1-22】 已知位置矢量 $\boldsymbol{r}=x\boldsymbol{e}_x+y\boldsymbol{e}_y+z\boldsymbol{e}_z$，其大小 $r=|\boldsymbol{r}|$。试求：

(1) 使 $\nabla\cdot[f(r)\boldsymbol{r}]=0$ 的 $f(r)$；

(2) 使 $\nabla\cdot[\nabla f(r)]=0$ 的 $f(r)$。

解：(1)
$$\nabla\cdot[f(r)\boldsymbol{r}]=\nabla f(r)\cdot\boldsymbol{r}+f(r)\nabla\cdot\boldsymbol{r}=f'(r)\nabla r\cdot\boldsymbol{r}+3f(r)$$
$$=f'(r)\frac{\boldsymbol{r}}{r}\cdot\boldsymbol{r}+3f(r)=rf'(r)+3f(r)=0$$

因此
$$\frac{f'(r)}{f(r)}=-\frac{3}{r}$$

所以
$$f(r)=cr^{-3}$$

其中，c 为常数。

(2)
$$\nabla\cdot[\nabla f(r)]=\nabla\cdot[f'(r)\nabla r]=\nabla\cdot\left[f'(r)\frac{\boldsymbol{r}}{r}\right]$$
$$=\nabla f'(r)\cdot\frac{\boldsymbol{r}}{r}+f'(r)\nabla\cdot\frac{\boldsymbol{r}}{r}=f''(r)\nabla r\cdot\frac{\boldsymbol{r}}{r}+f'(r)\cdot\left(\frac{r^2-x^2}{r^3}+\frac{r^2-y^2}{r^3}+\frac{r^2-z^2}{r^3}\right)$$
$$=f''(r)+\frac{2}{r}f'(r)=0$$

令 $r=\mathrm{e}^t$，可得 $f''(t)+f'(t)=0$，因此
$$f(t)=c_1\mathrm{e}^{-t}+c_2$$

所以
$$f(r)=c_3r^{-1}+c_4$$

其中，c_1、c_2、c_3、c_4 为常数。

【例题 1-23】 设 $\varphi(r,\theta,\phi)=\frac{1}{r}e^{-kr}$，其中 k 为常数，试求$\nabla^2\varphi$。

解：在球坐标系下

$$\nabla^2\varphi=\frac{1}{r^2}\frac{\partial}{\partial r}\left(r^2\frac{\partial\varphi}{\partial r}\right)+\frac{1}{r^2\sin\theta}\frac{\partial}{\partial\theta}\left(\sin\theta\frac{\partial\varphi}{\partial\theta}\right)+\frac{1}{r^2\sin^2\theta}\frac{\partial^2\varphi}{\partial\varphi^2}$$

将 $\varphi=\frac{1}{r}e^{-kr}$ 代入上式，可得

$$\nabla^2\varphi=\frac{1}{r^2}\frac{d}{dr}\left(r^2\frac{d\varphi}{dr}\right)=\frac{1}{r^2}\frac{d}{dr}\left[-(kr+1)e^{-kr}\right]=k^2\frac{e^{-kr}}{r}$$

1.3 主教材习题解答

【1-1】 给定 3 个矢量 $\boldsymbol{A}$、$\boldsymbol{B}$ 和 $\boldsymbol{C}$ 如下：$\boldsymbol{A}=\boldsymbol{e}_x+\boldsymbol{e}_y2-\boldsymbol{e}_z3$，$\boldsymbol{B}=-\boldsymbol{e}_y4+\boldsymbol{e}_z$，$\boldsymbol{C}=\boldsymbol{e}_x5-\boldsymbol{e}_z2$。试求：(1)$\boldsymbol{e}_A$；(2)$|\boldsymbol{A}-\boldsymbol{B}|$；(3)$\boldsymbol{A}\cdot\boldsymbol{B}$；(4)$\theta_{AB}$；(5)$\boldsymbol{A}$ 在 $\boldsymbol{B}$ 上的分量；(6)$\boldsymbol{A}\times\boldsymbol{C}$；(7)$\boldsymbol{A}\cdot(\boldsymbol{B}\times\boldsymbol{C})$和$(\boldsymbol{A}\times\boldsymbol{B})\cdot\boldsymbol{C}$；(8)$(\boldsymbol{A}\times\boldsymbol{B})\times\boldsymbol{C}$ 和 $\boldsymbol{A}\times(\boldsymbol{B}\times\boldsymbol{C})$。

解：(1) $\boldsymbol{e}_A=\frac{\boldsymbol{A}}{|\boldsymbol{A}|}=\frac{1}{\sqrt{14}}\boldsymbol{e}_x+\frac{2}{\sqrt{14}}\boldsymbol{e}_y-\frac{3}{\sqrt{14}}\boldsymbol{e}_z$

(2) $\boldsymbol{A}-\boldsymbol{B}=(\boldsymbol{e}_x+2\boldsymbol{e}_y-3\boldsymbol{e}_z)-(-4\boldsymbol{e}_y+\boldsymbol{e}_z)=\boldsymbol{e}_x+6\boldsymbol{e}_y-4\boldsymbol{e}_z$

故

$$|\boldsymbol{A}-\boldsymbol{B}|=\sqrt{1+6^2+4^2}=\sqrt{53}$$

(3) $\boldsymbol{A}\cdot\boldsymbol{B}=(\boldsymbol{e}_x+2\boldsymbol{e}_y-3\boldsymbol{e}_z)\cdot(-4\boldsymbol{e}_y+\boldsymbol{e}_z)=-8-3=-11$

(4) 因为

$$\boldsymbol{A}\cdot\boldsymbol{B}=|\boldsymbol{A}||\boldsymbol{B}|\cos\theta_{AB}$$

所以

$$\cos\theta_{AB}=\frac{\boldsymbol{A}\cdot\boldsymbol{B}}{|\boldsymbol{A}||\boldsymbol{B}|}=\frac{-11}{\sqrt{14}\cdot\sqrt{17}}=-\frac{11}{\sqrt{238}}$$

$$\theta_{AB}=135.5°$$

(5) $\boldsymbol{A}$ 在 $\boldsymbol{B}$ 上的分量为

$$A_B=|\boldsymbol{A}|\cos\theta_{AB}=|\boldsymbol{A}|\cdot\frac{\boldsymbol{A}\cdot\boldsymbol{B}}{|\boldsymbol{A}||\boldsymbol{B}|}=\frac{\boldsymbol{A}\cdot\boldsymbol{B}}{|\boldsymbol{B}|}=-\frac{11}{\sqrt{17}}$$

(6) $\boldsymbol{A}\times\boldsymbol{C}=\begin{vmatrix}\boldsymbol{e}_x & \boldsymbol{e}_y & \boldsymbol{e}_z\\ 1 & 2 & -3\\ 5 & 0 & -2\end{vmatrix}=-4\boldsymbol{e}_x-13\boldsymbol{e}_y-10\boldsymbol{e}_z$

(7) $\boldsymbol{B}\times\boldsymbol{C}=\begin{vmatrix}\boldsymbol{e}_x & \boldsymbol{e}_y & \boldsymbol{e}_z\\ 0 & -4 & 1\\ 5 & 0 & -2\end{vmatrix}=8\boldsymbol{e}_x+5\boldsymbol{e}_y+20\boldsymbol{e}_z$

$$\boldsymbol{A}\cdot(\boldsymbol{B}\times\boldsymbol{C})=(\boldsymbol{e}_x+2\boldsymbol{e}_y-3\boldsymbol{e}_z)\cdot(8\boldsymbol{e}_x+5\boldsymbol{e}_y+20\boldsymbol{e}_z)=8+10-60=-42$$

利用矢量混合积的运算规则 $\boldsymbol{A}\cdot(\boldsymbol{B}\times\boldsymbol{C})=\boldsymbol{C}\cdot(\boldsymbol{A}\times\boldsymbol{B})=(\boldsymbol{A}\times\boldsymbol{B})\cdot\boldsymbol{C}$，得

$$(\boldsymbol{A}\times\boldsymbol{B})\cdot\boldsymbol{C}=-42$$

(8) $\boldsymbol{A}\times\boldsymbol{B}=\begin{vmatrix}\boldsymbol{e}_x & \boldsymbol{e}_y & \boldsymbol{e}_z\\ 1 & 2 & -3\\ 0 & -4 & 1\end{vmatrix}=-10\boldsymbol{e}_x-\boldsymbol{e}_y-4\boldsymbol{e}_z$

$$(\boldsymbol{A}\times\boldsymbol{B})\times\boldsymbol{C}=\begin{vmatrix}\boldsymbol{e}_x & \boldsymbol{e}_y & \boldsymbol{e}_z\\ -10 & -1 & -4\\ 5 & 0 & -2\end{vmatrix}=2\boldsymbol{e}_x-40\boldsymbol{e}_y+5\boldsymbol{e}_z$$

$$\begin{aligned}\boldsymbol{A}\times(\boldsymbol{B}\times\boldsymbol{C})&=\boldsymbol{B}\cdot(\boldsymbol{A}\cdot\boldsymbol{C})-\boldsymbol{C}\cdot(\boldsymbol{A}\cdot\boldsymbol{B})\\&=11\boldsymbol{B}+11\boldsymbol{C}=11(-4\boldsymbol{e}_y+\boldsymbol{e}_z)+11(5\boldsymbol{e}_x-2\boldsymbol{e}_z)\\&=55\boldsymbol{e}_x-44\boldsymbol{e}_y-11\boldsymbol{e}_z\end{aligned}$$

【1-2】 求点 $P'(-3,1,4)$到点 $P(2,-2,3)$的距离矢量 $\boldsymbol{R}$ 及 $\boldsymbol{R}$ 的方向。

解：$\boldsymbol{R}=\boldsymbol{P}-\boldsymbol{P}'=(2+3)\boldsymbol{e}_x+(-2-1)\boldsymbol{e}_y+(3-4)\boldsymbol{e}_z=5\boldsymbol{e}_x-3\boldsymbol{e}_y-1\boldsymbol{e}_z$

则 $\boldsymbol{R}$ 与 x、y、z 轴之间的夹角分别为

$$\theta_x=\arccos\left(\frac{5}{\sqrt{5^2+3^2+1^2}}\right)=\arccos\left(\frac{5}{\sqrt{35}}\right)=32.31^\circ$$

$$\theta_y=\arccos\left(\frac{-3}{\sqrt{35}}\right)=120.47^\circ$$

$$\theta_z=\arccos\left(\frac{-1}{\sqrt{35}}\right)=99.73^\circ$$

【1-3】 **证明**：对于非零矢量 $\boldsymbol{A}$，如果 $\boldsymbol{A}\cdot\boldsymbol{B}=\boldsymbol{A}\cdot\boldsymbol{C}$ 和 $\boldsymbol{A}\times\boldsymbol{B}=\boldsymbol{A}\times\boldsymbol{C}$ 且，则 $\boldsymbol{B}=\boldsymbol{C}$。

证明：因为

$$\boldsymbol{A}\times\boldsymbol{B}=\boldsymbol{A}\times\boldsymbol{C}$$

所以

$$\boldsymbol{A}\times(\boldsymbol{A}\times\boldsymbol{B})=\boldsymbol{A}\times(\boldsymbol{A}\times\boldsymbol{C})$$

又因为

$$\begin{aligned}&\boldsymbol{A}\times(\boldsymbol{A}\times\boldsymbol{B})=\boldsymbol{A}\cdot(\boldsymbol{A}\cdot\boldsymbol{B})-\boldsymbol{B}\cdot(\boldsymbol{A}\cdot\boldsymbol{A})\\&\boldsymbol{A}\times(\boldsymbol{A}\times\boldsymbol{C})=\boldsymbol{A}\cdot(\boldsymbol{A}\cdot\boldsymbol{C})-\boldsymbol{C}\cdot(\boldsymbol{A}\cdot\boldsymbol{A})\\&\boldsymbol{A}\cdot\boldsymbol{B}=\boldsymbol{A}\cdot\boldsymbol{C}\end{aligned}$$

所以 $\boldsymbol{B}\cdot(\boldsymbol{A}\cdot\boldsymbol{A})=\boldsymbol{C}\cdot(\boldsymbol{A}\cdot\boldsymbol{A})$，即

$$\boldsymbol{B}=\boldsymbol{C}$$

【1-4】 (1) 已知两个矢量 $\boldsymbol{A}$ 和 $\boldsymbol{B}$，证明平行于 $\boldsymbol{A}$ 的 $\boldsymbol{B}$ 的分量为

$$\boldsymbol{B}_{\parallel}=\frac{\boldsymbol{B}\cdot\boldsymbol{A}}{\boldsymbol{A}\cdot\boldsymbol{A}}\boldsymbol{A}$$

(2) 如果矢量 $\boldsymbol{A}$ 和 $\boldsymbol{B}$ 分别为 $\boldsymbol{A}=\boldsymbol{e}_x-\boldsymbol{e}_y2+\boldsymbol{e}_z$，$\boldsymbol{B}=3\boldsymbol{e}_x+\boldsymbol{e}_y5-\boldsymbol{e}_z5$。问平行于和垂直于 $\boldsymbol{A}$ 的 $\boldsymbol{B}$ 的分量等于多少？

(1) **证明**：根据要求平行于 $\boldsymbol{A}$ 的分量其方向和 $\boldsymbol{A}$ 一致，因此

$$\boldsymbol{B}_{\parallel}=\alpha\boldsymbol{e}_A$$

又根据矢量点乘积的物理意义，矢量 $\boldsymbol{B}$ 在 $\boldsymbol{A}$ 方向的投影为

$$\alpha=\boldsymbol{B}\cdot\boldsymbol{A}/|\boldsymbol{A}|$$

而且单位矢量

$$\boldsymbol{e}_A=\frac{\boldsymbol{A}}{|\boldsymbol{A}|}$$

因此

$$\boldsymbol{B}_{\parallel}=\frac{\boldsymbol{B}\cdot\boldsymbol{A}}{\boldsymbol{A}\cdot\boldsymbol{A}}\boldsymbol{A}$$

(2) **解**:

$$\boldsymbol{B}_{\parallel}=\frac{(3\boldsymbol{e}_x+5\boldsymbol{e}_y-5\boldsymbol{e}_z)\cdot(\boldsymbol{e}_x-2\boldsymbol{e}_y+\boldsymbol{e}_z)}{(\boldsymbol{e}_x-2\boldsymbol{e}_y+\boldsymbol{e}_z)\cdot(\boldsymbol{e}_x-2\boldsymbol{e}_y+\boldsymbol{e}_z)}(\boldsymbol{e}_x-2\boldsymbol{e}_y+\boldsymbol{e}_z)=-2\boldsymbol{e}_x+4\boldsymbol{e}_y-2\boldsymbol{e}_z$$

$$\boldsymbol{B}_{\perp}=\boldsymbol{B}-\boldsymbol{B}_{\parallel}=5\boldsymbol{e}_x+\boldsymbol{e}_y-3\boldsymbol{e}_z$$

【1-5】 已知矢量 $\boldsymbol{A}=\boldsymbol{e}_xA_x+\boldsymbol{e}_yA_y+\boldsymbol{e}_zA_z$,方向余弦定义为 $\boldsymbol{A}$ 与各直角坐标轴之间的夹角余弦,可参考主教材图 1-11。证明下式成立。

$$\cos^2\alpha+\cos^2\beta+\cos^2\gamma=1$$

证明:根据方向余弦的定义可写出

$$\cos\alpha=\frac{A_x}{A},\quad \cos\beta=\frac{A_y}{A},\quad \cos\gamma=\frac{A_z}{A}$$

可求出

$$\cos^2\alpha+\cos^2\beta+\cos^2\gamma=\left(\frac{A_x}{A}\right)^2+\left(\frac{A_y}{A}\right)^2+\left(\frac{A_z}{A}\right)^2=\frac{A_x{}^2+A_y{}^2+A_z{}^2}{A^2}=1$$

【1-6】 有一个由 $\boldsymbol{A}$、$\boldsymbol{B}$ 和 $\boldsymbol{C}=\boldsymbol{A}-\boldsymbol{B}$ 三个矢量所构成的三角形。(1)利用 $\boldsymbol{A}$ 和 $\boldsymbol{B}$ 的长度及其内角 θ,求矢量 $\boldsymbol{C}$ 的长度,其结果称为余弦定理。(2)对于同样的三角形,证明正弦定理为 $\frac{\sin\theta_A}{A}=\frac{\sin\theta_B}{B}=\frac{\sin\theta_C}{C}$。

(1) **解**:不妨设矢量 $\boldsymbol{B}$ 位于 x 轴上,并且矢量 $\boldsymbol{A}$ 与 $\boldsymbol{B}$ 的夹角为 θ,则

$$\boldsymbol{A}=A\cos\theta\boldsymbol{e}_x+A\sin\theta\boldsymbol{e}_y,\quad \boldsymbol{B}=B\boldsymbol{e}_x$$

因此

$$\boldsymbol{C}=\boldsymbol{A}-\boldsymbol{B}=(A\cos\theta-B)\boldsymbol{e}_x+A\sin\theta\boldsymbol{e}_y$$

则矢量 $\boldsymbol{C}$ 的长度为

$$C=\sqrt{A^2+B^2-2AB\cos\theta}$$

此即余弦定理。

(2) **解**:设矢量 $\boldsymbol{A}$、$\boldsymbol{B}$ 和 $\boldsymbol{C}$ 如图 1-1 所示。则三矢量构成的三角形面积为

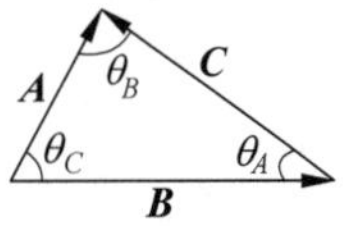

图 1-1 例 1-6 的图

$$S=\frac{1}{2}|\boldsymbol{A}\times\boldsymbol{B}|=\frac{1}{2}|\boldsymbol{C}\times\boldsymbol{B}|=\frac{1}{2}|\boldsymbol{C}\times\boldsymbol{A}|$$

$$=\frac{1}{2}AB\sin\theta_C=\frac{1}{2}AC\sin\theta_B=\frac{1}{2}BC\sin\theta_A$$

故有

$$\frac{\sin\theta_A}{A}=\frac{\sin\theta_B}{B}=\frac{\sin\theta_C}{C}$$

【1-7】 在圆柱坐标系中,一点的位置由 $\left(4,\frac{2\pi}{3},3\right)$ 定出,求该点在:(1)直角坐标系中的

坐标;(2)球坐标系中的坐标。

解:(1) 由题意知,在圆柱坐标系中 $r=4,\theta=2\pi/3,z=3$。所以该点在直角坐标系中的坐标为

$$x=r\cos\theta=4\times\cos\left(\frac{2}{3}\pi\right)=-2$$

$$y=r\sin\theta=4\times\sin\left(\frac{2}{3}\pi\right)=2\sqrt{3}$$

$$z=3$$

即$(-2,2\sqrt{3},3)$为该点在直角坐标系中的坐标。

(2) 利用直角坐标系和球坐标系坐标变量变换关系

$$x=r\sin\theta\cos\phi=-2$$
$$y=r\sin\theta\sin\phi=2\sqrt{3}$$
$$z=r\cos\theta=3$$

可写出

$$\tan\phi=-\sqrt{3}$$

因此

$$\phi=\frac{2}{3}\pi,\quad \tan\theta=\frac{4}{3}\rightarrow\theta=\arctan\left(\frac{4}{3}\right)$$

所以

$$r=\sqrt{3^2+4^2}=5$$

所以该点在球坐标系中的坐标为

$$\left(5,\arctan\left(\frac{4}{3}\right),\frac{2}{3}\pi\right)$$

【1-8】 用球坐标表示的场为 $\boldsymbol{E}=\boldsymbol{e}_r\dfrac{25}{r^2}$。(1)求在直角坐标中点$(-3,4,-5)$处的$|\boldsymbol{E}|$和 E_x;(2)求在直角坐标中点$(-3,4,-5)$处 $\boldsymbol{E}$ 与矢量$\boldsymbol{B}=\boldsymbol{e}_x2-\boldsymbol{e}_y2+\boldsymbol{e}_z$ 构成的夹角。

解:(1) 在点$(-3,4,-5)$处

$$r=\sqrt{(-3)^2+4^2+(-5)^2}=\sqrt{50}$$

所以

$$|\boldsymbol{E}|=\frac{25}{r^2}=\frac{25}{50}=\frac{1}{2}$$

$$E_x=|\boldsymbol{E}|\cos\theta_{rx}=\frac{1}{2}\cdot\left(-\frac{3}{5\sqrt{2}}\right)=-\frac{3}{10\sqrt{2}}=0.212$$

(2) 在点$(-3,4,-5)$处

$$\boldsymbol{r}=-3\boldsymbol{e}_x+4\boldsymbol{e}_y-5\boldsymbol{e}_z$$

$$\boldsymbol{E}=\boldsymbol{e}_r\frac{25}{r^2}=\frac{25}{r^3}\boldsymbol{r}=\frac{25}{(5\sqrt{2})^3}\cdot(-3\boldsymbol{e}_x+4\boldsymbol{e}_y-5\boldsymbol{e}_z)=\frac{-3\boldsymbol{e}_x+4\boldsymbol{e}_y-5\boldsymbol{e}_z}{10\sqrt{2}}$$

所以

$$\cos\theta_{EB}=\frac{\boldsymbol{E}\cdot\boldsymbol{B}}{|\boldsymbol{E}|\cdot|\boldsymbol{B}|}=-\frac{19}{15\sqrt{2}}$$

由此求出

$$\theta_{EB}=\arccos\left(-\frac{19}{15\sqrt{2}}\right)$$

【1-9】 球坐标中的两个点 $P_1(r_1,\theta_1,\phi_1)$和 $P_2(r_2,\theta_2,\phi_2)$定出两个位置矢量 $\boldsymbol{R}_1$ 和 $\boldsymbol{R}_2$。证明 $\boldsymbol{R}_1$ 和 $\boldsymbol{R}_2$ 间夹角的余弦为 $\cos\gamma=\cos\theta_1\cos\theta_2+\sin\theta_1\sin\theta_2\cos(\phi_1-\phi_2)$。

证明： 由题意知

$$\boldsymbol{R}_1=r_1\sin\theta_1\cos\phi_1\boldsymbol{e}_x+r_1\sin\theta_1\sin\phi_1\boldsymbol{e}_y+r_1\cos\theta_1\boldsymbol{e}_z$$

$$\boldsymbol{R}_2=r_2\sin\theta_2\cos\phi_2\boldsymbol{e}_x+r_2\sin\theta_2\sin\phi_2\boldsymbol{e}_y+r_2\cos\theta_2\boldsymbol{e}_z$$

所以

$$\begin{aligned}\cos\gamma&=\frac{\boldsymbol{R}_1\cdot\boldsymbol{R}_2}{|\boldsymbol{R}_1|\cdot|\boldsymbol{R}_2|}\\&=\frac{r_1r_2\sin\theta_1\sin\theta_2\cos\phi_1\cos\phi_2+r_1r_2\sin\theta_1\sin\theta_2\sin\phi_1\sin\phi_2+r_1r_2\cos\theta_1\cos\theta_2}{r_1r_2}\\&=\sin\theta_1\sin\theta_2(\cos\phi_1\cos\phi_2+\sin\phi_1\sin\phi_2)+\cos\theta_1\cos\theta_2\\&=\sin\theta_1\sin\theta_2\cos(\phi_1-\phi_2)+\cos\theta_1\cos\theta_2\end{aligned}$$

【1-10】 求下列各函数的梯度，其中 a 和 b 为常数：

(1) $f=axz+bx^3y$；

(2) $f=\left(\dfrac{a}{\rho}\right)\sin\phi+b\rho z^2\cos3\phi$；

(3) $f=ar\cos\theta+\left(\dfrac{b}{r^2}\right)\sin\phi$。

解： (1) 直角坐标系中

$$\nabla f=\frac{\partial f}{\partial x}\boldsymbol{e}_x+\frac{\partial f}{\partial y}\boldsymbol{e}_y+\frac{\partial f}{\partial z}\boldsymbol{e}_z=(az+3bx^2y)\boldsymbol{e}_x+bx^3\boldsymbol{e}_y+ax\boldsymbol{e}_z$$

(2) 圆柱坐标系中

$$\begin{aligned}\nabla f&=\frac{\partial f}{\partial\rho}\boldsymbol{e}_\rho+\frac{\partial f}{\rho\partial_\phi}\boldsymbol{e}_\phi+\frac{\partial f}{\partial z}\boldsymbol{e}_z\\&=\boldsymbol{e}_\rho\left(-\frac{a}{\rho^2}\sin\phi+bz^2\cos3\phi\right)+\boldsymbol{e}_\phi\frac{1}{\rho}\left(\frac{a}{\rho}\cos\phi-3b\rho z^2\sin3\phi\right)+\boldsymbol{e}_z(2b\rho z\cos3\phi)\end{aligned}$$

(3) 球坐标系中

$$\nabla f=\frac{\partial f}{\partial r}\boldsymbol{e}_r+\frac{\partial f}{r\partial\theta}\boldsymbol{e}_\theta+\frac{\partial f}{r\sin\theta\partial\phi}\boldsymbol{e}_\phi=\left(a\cos\theta-2\frac{b}{r^3}\sin\phi\right)\boldsymbol{e}_r-a\sin\theta\boldsymbol{e}_\theta+\frac{b}{r^3\sin\theta}\cos\phi\boldsymbol{e}_\phi$$

【1-11】 已知标量函数 $u=x^2yz$，求 u 在点(2,3,1)处沿指定方向 $\boldsymbol{e}_l=\boldsymbol{e}_x\dfrac{3}{\sqrt{50}}+\boldsymbol{e}_y\dfrac{4}{\sqrt{50}}+\boldsymbol{e}_z\dfrac{5}{\sqrt{50}}$的方向导数。

解： 首先求出标量函数梯度为

$$\nabla u = 2xyz\boldsymbol{e}_x + x^2 z\boldsymbol{e}_y + x^2 y\boldsymbol{e}_z = 12\boldsymbol{e}_x + 4\boldsymbol{e}_y + 12\boldsymbol{e}_z$$

所以∇u 在指定方向 $\boldsymbol{e}_l$ 的方向导数为

$$\nabla u \cdot \boldsymbol{e}_l = 12 \times \frac{3}{\sqrt{50}} + 4 \times \frac{4}{\sqrt{50}} + 12 \times \frac{5}{\sqrt{50}} = \frac{112}{\sqrt{50}}$$

【1-12】 已知标量函数 $u = x^2 + 2y^2 + 3z^2 + 3x - 2y - 6z$。(1)求$\nabla u$;(2)在哪些点上$\nabla u = 0$?

解:(1) $\nabla u = (2x+3)\boldsymbol{e}_x + (4y-2)\boldsymbol{e}_y + (6z-6)\boldsymbol{e}_z$。

(2) 要使$\nabla u = 0$,则 $x = -\frac{3}{2}, y = \frac{1}{2}, z = 1$,即在点$\left(-\frac{3}{2}, \frac{1}{2}, 1\right)$上$\nabla u = 0$。

【1-13】 方程 $u = \frac{x^2}{a^2} + \frac{y^2}{b^2} + \frac{z^2}{c^2}$给出一椭球簇,求椭球表面上任意点的单位方向矢量。

解:因为

$$u = \frac{x^2}{a^2} + \frac{y^2}{b^2} + \frac{z^2}{c^2}$$

所以

$$\nabla u = \frac{2x}{a^2}\boldsymbol{e}_x + \frac{2y}{b^2}\boldsymbol{e}_y + \frac{2z}{c^2}\boldsymbol{e}_z$$

$$|\nabla u| = \sqrt{\frac{4x^2}{a^4} + \frac{4y^2}{b^4} + \frac{4z^2}{c^4}} = 2\sqrt{\frac{x^2}{a^4} + \frac{y^2}{b^4} + \frac{z^2}{c^4}}$$

因为梯度方向沿函数等值面法向,所以椭球表面上任意点的单位法向矢量为

$$\boldsymbol{e}_0 = \frac{x}{a^2\sqrt{\frac{x^2}{a^4} + \frac{y^2}{b^4} + \frac{z^2}{c^4}}}\boldsymbol{e}_x + \frac{y}{b^2\sqrt{\frac{x^2}{a^4} + \frac{y^2}{b^4} + \frac{z^2}{c^4}}}\boldsymbol{e}_y + \frac{z}{c^2\sqrt{\frac{x^2}{a^4} + \frac{y^2}{b^4} + \frac{z^2}{c^4}}}\boldsymbol{e}_z$$

【1-14】 一球面 $\boldsymbol{S}$ 的半径为 5,球心在原点上,计算$\oint\!\!\!\oint_S (\boldsymbol{e}_r 3\sin\theta) \cdot \mathrm{d}\boldsymbol{S}$ 的值。

解:因为

$$\mathrm{d}S_r = r^2 \sin\theta \mathrm{d}\theta \mathrm{d}\phi = 25\sin\theta \mathrm{d}\theta \mathrm{d}\phi$$

所以

$$\oint\!\!\!\oint_S (\boldsymbol{e}_r 3\sin\theta) \cdot \mathrm{d}\boldsymbol{S} = \oint\!\!\!\oint_S (\boldsymbol{e}_r 3\sin\theta) \cdot \boldsymbol{e}_r 25\sin\theta \mathrm{d}\theta \mathrm{d}\phi = 75\iint_S \sin^2\theta \mathrm{d}\theta \mathrm{d}\phi$$

$$= 75\int_0^{2\pi} \mathrm{d}\phi \int_0^{2\pi} \frac{1-\cos 2\theta}{2} \mathrm{d}\theta = 75\pi^2$$

【1-15】 求下列矢量的散度:

(1) $\boldsymbol{A} = \boldsymbol{e}_x x + \boldsymbol{e}_y y + \boldsymbol{e}_z z = \boldsymbol{e}_r r$;

(2) $\boldsymbol{A} = (\boldsymbol{e}_x + \boldsymbol{e}_y + \boldsymbol{e}_z)(xy^2z^3)$;

(3) $\boldsymbol{A} = \boldsymbol{e}_r r\cos\phi + \left[\left(\frac{z}{r}\right)\sin\phi\right]\boldsymbol{e}_z$;

(4) $\boldsymbol{A} = r^2 \sin\theta\cos\phi(\boldsymbol{e}_r + \boldsymbol{e}_\theta + \boldsymbol{e}_\phi)$。

解:(1) $\nabla \cdot \boldsymbol{A} = \frac{\partial A_x}{\partial x} + \frac{\partial A_y}{\partial y} + \frac{\partial A_z}{\partial z} = 3$

(2) $\nabla \cdot \boldsymbol{A}=\frac{\partial A_x}{\partial x}+\frac{\partial A_y}{\partial y}+\frac{\partial A_z}{\partial z}=y^2z^3+2xyz^3+3xy^2z^2$

(3) $\nabla \cdot \boldsymbol{A}=\frac{1}{r}\frac{\partial rA_r}{\partial r}+\frac{1}{r}\frac{\partial A_\phi}{\partial \phi}+\frac{\partial A_z}{\partial z}=2\cos\phi+\frac{1}{r}\sin\phi$

(4) $$\nabla \cdot \boldsymbol{A}=\frac{1}{r^2}\frac{\partial}{\partial r}(r^2A_r)+\frac{1}{r\sin\theta}\frac{\partial}{\partial\theta}(\sin\theta A_\theta)+\frac{1}{r\sin\theta}\frac{\partial A_\phi}{\partial\phi}$$
$$=4r\sin\theta\cos\phi+2r\cos\theta\cos\phi-r\cos\phi$$

【1-16】 求下列矢量的旋度：

(1) $\boldsymbol{A}=\boldsymbol{e}_x x^2y+\boldsymbol{e}_y y^2z+\boldsymbol{e}_z xy$；

(2) $\boldsymbol{A}=\boldsymbol{e}_z r\cos\phi+\left[\left(\frac{z}{r}\right)\sin\phi\right]\boldsymbol{e}_r$；

(3) $\boldsymbol{A}=\boldsymbol{e}_r r\sin\theta\cos\phi+\boldsymbol{e}_\theta\frac{\cos\theta\sin\phi}{r^2}$。

解：(1)

$$\nabla\times\boldsymbol{A}=\begin{vmatrix}\boldsymbol{e}_x & \boldsymbol{e}_y & \boldsymbol{e}_z\\ \frac{\partial}{\partial x} & \frac{\partial}{\partial y} & \frac{\partial}{\partial z}\\ A_x & A_y & A_z\end{vmatrix}$$
$$=\boldsymbol{e}_x\left(\frac{\partial A_z}{\partial y}-\frac{\partial A_y}{\partial z}\right)+\boldsymbol{e}_y\left(\frac{\partial A_x}{\partial z}-\frac{\partial A_y}{\partial x}\right)+\boldsymbol{e}_z\left(\frac{\partial A_y}{\partial x}-\frac{\partial A_x}{\partial y}\right)$$
$$=\boldsymbol{e}_x(x-y^2)-y\boldsymbol{e}_y-x^2\boldsymbol{e}_z$$

(2) 在圆柱坐标系下

$$\nabla\times\boldsymbol{A}=\frac{1}{r}\begin{vmatrix}\boldsymbol{e}_r & r\boldsymbol{e}_\phi & \boldsymbol{e}_z\\ \frac{\partial}{\partial r} & \frac{\partial}{\partial \phi} & \frac{\partial}{\partial z}\\ A_r & rA_\phi & A_z\end{vmatrix}=-\sin\phi\boldsymbol{e}_r+\boldsymbol{e}_\phi\left(\frac{1}{r}\sin\phi-\cos\phi\right)-\frac{z}{r^2}\cos\phi\boldsymbol{e}_z$$

(3) 在球坐标系下

$$\nabla\times\boldsymbol{A}=\frac{1}{r^2\sin\theta}\begin{vmatrix}\boldsymbol{e}_r & r\boldsymbol{e}_\theta & r\sin\theta\boldsymbol{e}_\phi\\ \frac{\partial}{\partial r} & \frac{\partial}{\partial \theta} & \frac{\partial}{\partial \phi}\\ A_r & rA_\theta & r\sin\theta A_\phi\end{vmatrix}$$
$$=\boldsymbol{e}_r\left(-\frac{\cos\theta\cos\phi}{r^3\sin\theta}\right)-\sin\phi\boldsymbol{e}_\theta-\boldsymbol{e}_\phi\left(\frac{\cos\theta\sin\phi}{r^3}+\cos\theta\cos\phi\right)$$

【1-17】 (1) 求矢量 $\boldsymbol{A}=\boldsymbol{e}_x x^2+\boldsymbol{e}_y x^2y^2+\boldsymbol{e}_z 24x^2y^2z^3$ 的散度；(2)求 $\nabla\cdot\boldsymbol{A}$ 对中心在原点的一个单位立方体的积分；(3)求 $\boldsymbol{A}$ 对此立方体表面的积分，验证散度定理。

解：(1) $\nabla\cdot\boldsymbol{A}=2x+2x^2y+72x^2y^2z^2$

(2) $\nabla\cdot\boldsymbol{A}$ 对中心在原点的一个单位立方体的积分为

$$\iiint\nabla\cdot\boldsymbol{A}\mathrm{d}V=\iiint(2x+2x^2y+72x^2y^2z^2)\,\mathrm{d}x\mathrm{d}y\mathrm{d}z$$

$$=\int_{-\frac{1}{2}}^{\frac{1}{2}}\mathrm{d}y\int_{-\frac{1}{2}}^{\frac{1}{2}}\mathrm{d}z\int_{-\frac{1}{2}}^{\frac{1}{2}}2x\mathrm{d}x+\int_{-\frac{1}{2}}^{\frac{1}{2}}y\mathrm{d}y\int_{-\frac{1}{2}}^{\frac{1}{2}}\mathrm{d}z\int_{-\frac{1}{2}}^{\frac{1}{2}}2x^2\mathrm{d}x+72\int_{-\frac{1}{2}}^{\frac{1}{2}}y^2\mathrm{d}y\int_{-\frac{1}{2}}^{\frac{1}{2}}z^2\mathrm{d}z\int_{-\frac{1}{2}}^{\frac{1}{2}}x^2\mathrm{d}x$$

$$=0+0+\frac{1}{24}=\frac{1}{24}$$

(3) $$\oiint \boldsymbol{A}\cdot\mathrm{d}\boldsymbol{S}=\oiint(\boldsymbol{e}_x x^2+\boldsymbol{e}_y x^2y^2+\boldsymbol{e}_z x^2y^2z^3)\cdot(\boldsymbol{e}_x\mathrm{d}y\mathrm{d}z+\boldsymbol{e}_y\mathrm{d}x\mathrm{d}z+\boldsymbol{e}_z\mathrm{d}y\mathrm{d}x)$$

$$=\oiint x^2\mathrm{d}y\mathrm{d}z+x^2y^2\mathrm{d}x\mathrm{d}z+24x^2y^2z^3\mathrm{d}y\mathrm{d}x$$

$$=\int_{-\frac{1}{2}}^{\frac{1}{2}}\int_{-\frac{1}{2}}^{\frac{1}{2}}\left(\frac{1}{2}\right)^2\mathrm{d}y\mathrm{d}z-\int_{-\frac{1}{2}}^{\frac{1}{2}}\int_{-\frac{1}{2}}^{\frac{1}{2}}\left(-\frac{1}{2}\right)^2\mathrm{d}y\mathrm{d}z+\int_{-\frac{1}{2}}^{\frac{1}{2}}\int_{-\frac{1}{2}}^{\frac{1}{2}}\left(\frac{1}{2}\right)^2x^2\mathrm{d}x\mathrm{d}z-$$

$$\int_{-\frac{1}{2}}^{\frac{1}{2}}\int_{-\frac{1}{2}}^{\frac{1}{2}}\left(-\frac{1}{2}\right)^2x^2\mathrm{d}x\mathrm{d}z+24\int_{-\frac{1}{2}}^{\frac{1}{2}}\int_{-\frac{1}{2}}^{\frac{1}{2}}\left(\frac{1}{2}\right)^3x^2y^2\mathrm{d}y\mathrm{d}x-$$

$$24\int_{-\frac{1}{2}}^{\frac{1}{2}}\int_{-\frac{1}{2}}^{\frac{1}{2}}\left(-\frac{1}{2}\right)^3x^2y^2\mathrm{d}y\mathrm{d}x$$

$$=\frac{1}{24}$$

所以$\iiint\nabla\cdot\boldsymbol{A}\mathrm{d}V=\oiint\boldsymbol{A}\cdot\mathrm{d}\boldsymbol{S}$，即散度定理成立。

【1-18】 求矢量$\boldsymbol{A}=\boldsymbol{e}_x x+\boldsymbol{e}_y x^2+\boldsymbol{e}_z y^2 z$沿$xOy$平面上一个边长为2的正方形回路的线积分，此正方形的两边分别与x轴和y轴相重合。再求$\nabla\times\boldsymbol{A}$对此回路所包围的曲面的面积分，并验证斯托克斯定理。

解：$\boldsymbol{A}$在xy平面上边长为2的正方形回路的积分为

$$\oint\boldsymbol{A}\cdot\mathrm{d}\boldsymbol{l}=\int_0^2 x\mathrm{d}x+\int_0^2 2^2\mathrm{d}y+\int_2^0 x\mathrm{d}x+\int_2^0 0^2\mathrm{d}y=8$$

因为

$$\boldsymbol{A}=x\boldsymbol{e}_x+x^2\boldsymbol{e}_y+y^2z\boldsymbol{e}_z$$

所以

$$\nabla\times\boldsymbol{A}=\begin{vmatrix}\boldsymbol{e}_x & \boldsymbol{e}_y & \boldsymbol{e}_z\\ \frac{\partial}{\partial x} & \frac{\partial}{\partial y} & \frac{\partial}{\partial z}\\ x & x^2 & y^2z\end{vmatrix}=2yz\boldsymbol{e}_x+2x\boldsymbol{e}_z$$

$$\iint_S\nabla\times\boldsymbol{A}\cdot\mathrm{d}\boldsymbol{S}=\int(2yz\boldsymbol{e}_x+2x\boldsymbol{e}_z)\cdot\boldsymbol{e}_z\mathrm{d}x\mathrm{d}y=\int_0^2\mathrm{d}y\int_0^2 2x\mathrm{d}x=8$$

由此可推导出$\oint\boldsymbol{A}\cdot\mathrm{d}\boldsymbol{l}=\iint_S\nabla\times\boldsymbol{A}\cdot\mathrm{d}\boldsymbol{S}$，即斯托克斯定理成立。

【1-19】 证明对于函数$f=\dfrac{x^2\ln y}{y}$的如下混合二阶导数与求导顺序无关：

$$\frac{\partial}{\partial x}\left(\frac{\partial f}{\partial y}\right)=\frac{\partial}{\partial y}\left(\frac{\partial f}{\partial x}\right)$$

证明：将函数分别代入

$$\frac{\partial}{\partial x}\left(\frac{\partial f}{\partial y}\right)=\frac{\partial}{\partial x}\left(\frac{\partial x^2\ln y}{\partial y}\right)=\frac{\partial}{\partial x}\left(\frac{x^2}{y}\right)=\frac{2x}{y}$$

$$\frac{\partial}{\partial y}\left(\frac{\partial f}{\partial x}\right)=\frac{\partial}{\partial y}\left(\frac{\partial x^2\ln y}{\partial x}\right)=\frac{\partial}{\partial y}(2x\ln y)=\frac{2x}{y}$$

由此可证

$$\frac{\partial}{\partial x}\left(\frac{\partial f}{\partial y}\right)=\frac{\partial}{\partial y}\left(\frac{\partial f}{\partial x}\right)$$

【1-20】 因为圆柱坐标和球坐标系的一些单位矢量在空间改变方向，所以不同于直角坐标中的单位矢量为一常数。这意味着这些单位矢量的空间导数一般不为零。求所有这些单位矢量的散度和旋度。

解：在圆柱坐标系下

$$\nabla\cdot\boldsymbol{e}_\rho=\frac{1}{\rho}\frac{\partial}{\partial\rho}(\rho)=\frac{1}{\rho},\quad \nabla\cdot\boldsymbol{e}_\phi=\frac{1}{\rho}\frac{\partial}{\partial\phi}(1)=0,\quad \nabla\cdot\boldsymbol{e}_z=0$$

$$\nabla\times\boldsymbol{e}_\rho=\frac{1}{\rho}\begin{vmatrix}\boldsymbol{e}_\rho & \rho\boldsymbol{e}_\phi & \boldsymbol{e}_z\\ \dfrac{\partial}{\partial\rho} & \dfrac{\partial}{\partial\phi} & \dfrac{\partial}{\partial z}\\ 1 & 0 & 0\end{vmatrix}=0,\quad \nabla\times\boldsymbol{e}_\phi=\frac{1}{\rho}\begin{vmatrix}\boldsymbol{e}_\rho & \rho\boldsymbol{e}_\phi & \boldsymbol{e}_z\\ \dfrac{\partial}{\partial\rho} & \dfrac{\partial}{\partial\phi} & \dfrac{\partial}{\partial z}\\ 0 & \rho & 0\end{vmatrix}=\frac{1}{\rho}\boldsymbol{e}_z,$$

$$\nabla\times\boldsymbol{e}_z=\frac{1}{\rho}\begin{vmatrix}\boldsymbol{e}_\rho & \rho\boldsymbol{e}_\phi & \boldsymbol{e}_z\\ \dfrac{\partial}{\partial\rho} & \dfrac{\partial}{\partial\phi} & \dfrac{\partial}{\partial z}\\ 0 & 0 & 1\end{vmatrix}=0$$

在球坐标系下

$$\nabla\cdot\boldsymbol{e}_r=\frac{1}{r^2}\frac{\partial}{\partial r}(r^2)=\frac{2}{r},\quad \nabla\cdot\boldsymbol{e}_\theta=\frac{1}{r\sin\theta}\frac{\partial}{\partial\theta}(\sin\theta)=\frac{1}{r\tan\theta},\quad \nabla\cdot\boldsymbol{e}_\phi=0$$

$$\nabla\times\boldsymbol{e}_r=\frac{1}{r^2\sin\theta}\begin{vmatrix}\boldsymbol{e}_r & r\boldsymbol{e}_\theta & r\sin\theta\boldsymbol{e}_\phi\\ \dfrac{\partial}{\partial r} & \dfrac{\partial}{\partial\theta} & \dfrac{\partial}{\partial\phi}\\ 1 & 0 & 0\end{vmatrix}=0,\quad \nabla\times\boldsymbol{e}_\theta=\frac{1}{r^2\sin\theta}\begin{vmatrix}\boldsymbol{e}_r & r\boldsymbol{e}_\theta & r\sin\theta\boldsymbol{e}_\phi\\ \dfrac{\partial}{\partial r} & \dfrac{\partial}{\partial\theta} & \dfrac{\partial}{\partial\phi}\\ 0 & r & 0\end{vmatrix}=\frac{1}{r}\boldsymbol{e}_\phi$$

$$\nabla\times\boldsymbol{e}_\phi=\frac{1}{r^2\sin\theta}\begin{vmatrix}\boldsymbol{e}_r & r\boldsymbol{e}_\theta & r\sin\theta\boldsymbol{e}_\phi\\ \dfrac{\partial}{\partial r} & \dfrac{\partial}{\partial\theta} & \dfrac{\partial}{\partial\phi}\\ 0 & 0 & r\sin\theta\end{vmatrix}=\frac{1}{r\tan\theta}\boldsymbol{e}_r-\frac{1}{r}\boldsymbol{e}_\theta$$

【1-21】 求矢量 $\boldsymbol{A}=\boldsymbol{e}_x x+\boldsymbol{e}_y xy^2$ 沿圆周 $x^2+y^2=a^2$ 的线积分，再计算$\nabla\times\boldsymbol{A}$ 对此圆面积的积分。

解：$\oint\boldsymbol{A}\cdot\mathrm{d}\boldsymbol{l}=\oint(x\boldsymbol{e}_x+xy^2\boldsymbol{e}_y)\cdot\mathrm{d}\boldsymbol{l}=\int x\,\mathrm{d}x+xy^2\mathrm{d}y$

令

$$\begin{cases}x=a\cos\theta\\ y=a\sin\theta\end{cases}$$

则

$$\begin{cases}\mathrm{d}x=-a\sin\theta\mathrm{d}\theta\\ \mathrm{d}y=a\cos\theta\mathrm{d}\theta\end{cases}$$

所以

$$\oint \boldsymbol{A}\cdot \mathrm{d}\boldsymbol{l}=\int_0^{2\pi}-a^2\sin\theta\cos\theta\mathrm{d}\theta+\int_0^{2\pi}a^4\sin^2\theta\cos^2\theta\mathrm{d}\theta=\frac{\pi}{4}a^4$$

$$\nabla\times\boldsymbol{A}=\begin{vmatrix}\boldsymbol{e}_x & \boldsymbol{e}_y & \boldsymbol{e}_z\\ \dfrac{\partial}{\partial x} & \dfrac{\partial}{\partial y} & \dfrac{\partial}{\partial z}\\ x & xy^2 & 0\end{vmatrix}=y^2\boldsymbol{e}_z$$

$$\iint\nabla\times\boldsymbol{A}\cdot\mathrm{d}\boldsymbol{S}=\iint y^2\boldsymbol{e}_z\cdot\boldsymbol{e}_z\mathrm{d}x\mathrm{d}y=\iint y^2\mathrm{d}x\mathrm{d}y=\int_0^{2\pi}\int_0^a r^3\sin^2\theta\mathrm{d}r\mathrm{d}\theta=\frac{\pi}{4}a^4$$

所以

$$\oint\boldsymbol{A}\cdot\mathrm{d}\boldsymbol{l}=\iint\nabla\times\boldsymbol{A}\cdot\mathrm{d}\boldsymbol{S}$$

【1-22】 试采用与推导直角坐标中$\nabla\cdot\boldsymbol{A}=\dfrac{\partial A_x}{\partial x}+\dfrac{\partial A_y}{\partial y}+\dfrac{\partial A_z}{\partial z}$相似的方法推导圆柱坐标系下的公式$\nabla\cdot\boldsymbol{A}=\dfrac{1}{\rho}\dfrac{\partial}{\partial\rho}(\rho A_\rho)+\dfrac{\partial A_\phi}{\rho\partial\phi}+\dfrac{\partial A_z}{\partial z}$。

解：根据散度的定义，$\nabla\cdot\boldsymbol{A}$ 与体积元 ΔV 的形状无关，只要在取极限过程中所有尺寸都趋于 0 即可，即

$$\nabla\cdot\boldsymbol{A}=\lim_{\Delta V\to 0}\frac{\oiint_S\boldsymbol{A}\cdot\mathrm{d}\boldsymbol{S}}{\Delta V}$$

在圆柱坐标系中，以点 $M(\rho,\phi,z)$为顶点作一很小体积元，则

$$\begin{aligned}\boldsymbol{\Phi}&=\oiint_S\boldsymbol{A}\cdot\mathrm{d}\boldsymbol{S}\\&=\int_\phi^{\phi+\Delta\phi}\int_z^{z+\Delta z}A_\rho\,|_{\rho+\Delta\rho}(\rho+\Delta\rho)\mathrm{d}z\mathrm{d}\phi-\int_\phi^{\phi+\Delta\phi}\int_z^{z+\Delta z}A_\rho\,|_\rho\rho\mathrm{d}z\mathrm{d}\phi+\\&\quad\int_\rho^{\rho+\Delta\rho}\int_z^{z+\Delta z}A_\phi\,|_{\phi+\Delta\phi}\mathrm{d}z\mathrm{d}\rho-\int_\rho^{\rho+\Delta\rho}\int_z^{z+\Delta z}A_\phi\,|_\phi\mathrm{d}z\mathrm{d}\rho+\\&\quad\int_\rho^{\rho+\Delta\rho}\int_\phi^{\phi+\Delta\phi}A_z\,|_{z+\Delta z}\rho\mathrm{d}\rho\mathrm{d}\phi-\int_\rho^{\rho+\Delta\rho}\int_\phi^{\phi+\Delta\phi}A_z\,|_z\rho\mathrm{d}\rho\mathrm{d}\phi\end{aligned}$$

所以

$$\nabla\cdot\boldsymbol{A}=\lim_{\Delta V\to 0}\frac{\oiint_S\boldsymbol{A}\cdot\mathrm{d}\boldsymbol{S}}{\Delta V}=\frac{1}{\rho}\frac{\partial(\rho A_\rho)}{\partial\rho}+\frac{\partial A_z}{\partial z}+\frac{1}{\rho}\frac{\partial A_\phi}{\partial\phi}$$

【1-23】 给定矢量函数 $\boldsymbol{E}=\boldsymbol{e}_x y+\boldsymbol{e}_y x$，试求从点 $P_1(2,1,-1)$ 到点 $P_2(8,2,-1)$ 的线积分$\int\boldsymbol{E}\cdot\mathrm{d}\boldsymbol{l}$。(1)沿抛物线 $x=2y^2$；(2)沿连接该两点的直线。矢量场 $\boldsymbol{E}$ 是保守场吗？

解：

$$\int\boldsymbol{E}\cdot\mathrm{d}\boldsymbol{l}=\int(y\boldsymbol{e}_x+x\boldsymbol{e}_y)\cdot(\boldsymbol{e}_x\mathrm{d}x+\boldsymbol{e}_y\mathrm{d}y+\boldsymbol{e}_z\mathrm{d}z)=\int(y\mathrm{d}x+x\mathrm{d}y)$$

(1) 当沿抛物线 $x=2y^2$ 时，$\mathrm{d}x=4y\mathrm{d}y$，$P_1$ 到 P_2 点 y 的坐标变化为 1→2，所以有

$$\int\boldsymbol{E}\cdot\mathrm{d}\boldsymbol{l}=\int(y\mathrm{d}x+x\mathrm{d}y)=\int_1^2 6y^2\mathrm{d}y=2\times7=14$$

（2）当沿连接该两点的直线时，有

$$y-y_1=\frac{y_2-y_1}{x_2-x_1}(x-x_1)$$

即

$$x=6y-4$$

所以 $dx=6dy$，P_1 到 P_2 点 y 的坐标变化为 1→2，故有

$$\int \boldsymbol{E}\cdot d\boldsymbol{l}=\int(y\,dx+x\,dy)=\int_1^2(12y-4)dy=14$$

由以上两式可知，对 $\boldsymbol{E}$ 沿不同路径积分，其值相等，因此 $\boldsymbol{E}$ 为保守场。

【1-24】 证明下列矢量恒等式：

（1）$\nabla(fg)=f\,\nabla(g)+g\,\nabla(f)$。

（2）$\nabla(\boldsymbol{A}\cdot\boldsymbol{B})=(\boldsymbol{A}\cdot\nabla)\boldsymbol{B}+(\boldsymbol{B}\cdot\nabla)\boldsymbol{A}+\boldsymbol{A}\times(\nabla\times\boldsymbol{B})+\boldsymbol{B}\times(\nabla\times\boldsymbol{A})$。

（3）$\nabla\cdot(f\boldsymbol{A})=f\,\nabla\cdot\boldsymbol{A}+\boldsymbol{A}\cdot\nabla f$。

（4）$\nabla\cdot(\boldsymbol{A}\times\boldsymbol{B})=\boldsymbol{B}\cdot(\nabla\times\boldsymbol{A})-\boldsymbol{A}\cdot(\nabla\times\boldsymbol{B})$。

（5）$\nabla\times(\boldsymbol{A}\times\boldsymbol{B})=\boldsymbol{A}(\nabla\cdot\boldsymbol{B})-\boldsymbol{B}(\nabla\cdot\boldsymbol{A})+(\boldsymbol{B}\cdot\nabla)\boldsymbol{A}-(\boldsymbol{A}\cdot\nabla)\boldsymbol{B}$。

（6）$\nabla\times(f\boldsymbol{A})=\nabla f\times\boldsymbol{A}+f\,\nabla\times\boldsymbol{A}$。

（7）$(\nabla\times\boldsymbol{A})\times\boldsymbol{A}=(\boldsymbol{A}\cdot\nabla)\boldsymbol{A}-\frac{1}{2}\nabla(\boldsymbol{A}\cdot\boldsymbol{A})$。

（8）$\nabla\times(\nabla\times\boldsymbol{A})=\nabla(\nabla\cdot\boldsymbol{A})-\nabla^2\boldsymbol{A}$。

证明：（1）在直角坐标系中

$$\nabla=\frac{\partial}{\partial x}\boldsymbol{e}_x+\frac{\partial}{\partial y}\boldsymbol{e}_y+\frac{\partial}{\partial z}\boldsymbol{e}_z$$

故等式右边为

$$\begin{aligned}f\,\nabla g+g\,\nabla f&=f\left(\frac{\partial g}{\partial x}\boldsymbol{e}_x+\frac{\partial g}{\partial y}\boldsymbol{e}_y+\frac{\partial g}{\partial z}\boldsymbol{e}_z\right)+g\left(\frac{\partial f}{\partial x}\boldsymbol{e}_x+\frac{\partial f}{\partial y}\boldsymbol{e}_y+\frac{\partial f}{\partial z}\boldsymbol{e}_z\right)\\&=\boldsymbol{e}_x\left(f\,\frac{\partial g}{\partial x}+g\,\frac{\partial f}{\partial x}\right)+\boldsymbol{e}_y\left(f\,\frac{\partial g}{\partial y}+g\,\frac{\partial f}{\partial y}\right)+\boldsymbol{e}_z\left(f\,\frac{\partial g}{\partial z}+g\,\frac{\partial f}{\partial z}\right)\\&=\boldsymbol{e}_x\,\frac{\partial fg}{\partial x}+\boldsymbol{e}_y\,\frac{\partial fg}{\partial y}+\boldsymbol{e}_z\,\frac{\partial fg}{\partial z}=\nabla(fg)\end{aligned}$$

（2）根据矢量算符∇的微分性，将它分别作用于矢量 $\boldsymbol{A}$、$\boldsymbol{B}$ 之上：

$$\nabla(\boldsymbol{A}\cdot\boldsymbol{B})=\nabla_A(\boldsymbol{A}\cdot\boldsymbol{B})+\nabla_B(\boldsymbol{A}\cdot\boldsymbol{B})$$

由矢量代数公式

$$\boldsymbol{A}\times(\boldsymbol{B}\times\boldsymbol{C})=\boldsymbol{B}\cdot(\boldsymbol{A}\cdot\boldsymbol{C})-\boldsymbol{C}\cdot(\boldsymbol{A}\cdot\boldsymbol{B})$$

并将 ∇_B 看作一个矢量，得

$$\nabla_B(\boldsymbol{A}\cdot\boldsymbol{B})=\boldsymbol{A}\times(\nabla_B\times\boldsymbol{B})+\boldsymbol{B}(\boldsymbol{A}\cdot\nabla_B)$$

因为 ∇_B 是对 $\boldsymbol{B}$ 的微分运算，所以 $\boldsymbol{B}$ 应移到 ∇_B 之后，这样上式变为

$$\nabla_B(\boldsymbol{A}\cdot\boldsymbol{B})=\boldsymbol{A}\times(\nabla_B\times\boldsymbol{B})+(\boldsymbol{A}\cdot\nabla_B)\boldsymbol{B}$$

同理得

$$\nabla_A(\boldsymbol{A}\cdot\boldsymbol{B})=\nabla_A(\boldsymbol{B}\cdot\boldsymbol{A})=\boldsymbol{B}\times(\nabla_A\times\boldsymbol{A})+(\boldsymbol{B}\cdot\nabla_A)\boldsymbol{A}$$

所以有

$$\nabla(\boldsymbol{A}\cdot\boldsymbol{B})=\boldsymbol{A}\times(\nabla_B\times\boldsymbol{B})+(\boldsymbol{A}\cdot\nabla_B)\boldsymbol{B}+\boldsymbol{B}\times(\nabla_A\times\boldsymbol{A})+(\boldsymbol{B}\cdot\nabla_A)\boldsymbol{A}$$

省去∇的脚标

$$\nabla(\boldsymbol{A}\cdot\boldsymbol{B})=(\boldsymbol{A}\cdot\nabla)\boldsymbol{B}+(\boldsymbol{B}\cdot\nabla)\boldsymbol{A}+\boldsymbol{A}\times(\nabla\times\boldsymbol{B})+\boldsymbol{B}\times(\nabla\times\boldsymbol{A})$$

(3) 在直角坐标系下,$\boldsymbol{A}=A_x\boldsymbol{e}_x+A_y\boldsymbol{e}_y+A_z\boldsymbol{e}_z$,有

$$\nabla=\frac{\partial}{\partial x}\boldsymbol{e}_x+\frac{\partial}{\partial y}\boldsymbol{e}_y+\frac{\partial}{\partial z}\boldsymbol{e}_z$$

则

$$f\,\nabla\cdot\boldsymbol{A}+\boldsymbol{A}\cdot\nabla f=f\left(\frac{\partial A_x}{\partial x}+\frac{\partial A_y}{\partial y}+\frac{\partial z}{\partial z}\right)+A_x\frac{\partial f}{\partial x}+A_y\frac{\partial f}{\partial y}+A_z\frac{\partial f}{\partial z}=\nabla\cdot(f\boldsymbol{A})$$

(4) 在直角坐标系下,$\boldsymbol{A}=A_x\boldsymbol{e}_x+A_y\boldsymbol{e}_y+A_z\boldsymbol{e}_z$,有

$$\nabla=\frac{\partial}{\partial x}\boldsymbol{e}_x+\frac{\partial}{\partial y}\boldsymbol{e}_y+\frac{\partial}{\partial z}\boldsymbol{e}_z$$

$$\boldsymbol{B}=B_x\boldsymbol{e}_x+B_y\boldsymbol{e}_y+B_z\boldsymbol{e}_z$$

则

$$\begin{aligned}\boldsymbol{A}\times\boldsymbol{B}&=\begin{vmatrix}\boldsymbol{e}_x&\boldsymbol{e}_y&\boldsymbol{e}_z\\A_x&A_y&A_z\\B_x&B_y&B_z\end{vmatrix}\\&=(A_yB_z-A_zB_y)\boldsymbol{e}_x-(A_zB_x-A_xB_z)\boldsymbol{e}_y-(A_xB_y-A_yB_x)\boldsymbol{e}_z\end{aligned}$$

所以

$$\begin{aligned}\nabla\cdot(\boldsymbol{A}\times\boldsymbol{B})&=\frac{\partial}{\partial x}(A_yB_z-A_zB_y)+\frac{\partial}{\partial y}(A_zB_x-A_xB_z)+\frac{\partial}{\partial z}(A_xB_y-A_yB_x)\\&=B_x\left(\frac{\partial A_z}{\partial y}-\frac{\partial A_y}{\partial z}\right)+B_y\left(\frac{\partial A_x}{\partial z}-\frac{\partial A_z}{\partial x}\right)+B_z\left(\frac{\partial A_y}{\partial x}-\frac{\partial A_x}{\partial y}\right)+\\&\quad A_x\left(\frac{\partial B_y}{\partial z}-\frac{\partial B_z}{\partial y}\right)+A_y\left(\frac{\partial B_z}{\partial x}-\frac{\partial B_x}{\partial z}\right)+A_z\left(\frac{\partial B_x}{\partial y}-\frac{\partial B_y}{\partial x}\right)\\&=\boldsymbol{B}\cdot(\nabla\times\boldsymbol{A})-\boldsymbol{A}\cdot(\nabla\times\boldsymbol{B})\end{aligned}$$

(5) 将∇_A,∇_B看作矢量,得

$$\nabla\times(\boldsymbol{A}\times\boldsymbol{B})=\nabla_A\times(\boldsymbol{A}\times\boldsymbol{B})+\nabla_B\times(\boldsymbol{A}\times\boldsymbol{B})$$

由矢量代数公式

$$\boldsymbol{A}\times(\boldsymbol{B}\times\boldsymbol{C})=\boldsymbol{B}(\boldsymbol{A}\cdot\boldsymbol{C})-\boldsymbol{C}(\boldsymbol{A}\cdot\boldsymbol{B})$$

$$\nabla_A\times(\boldsymbol{A}\times\boldsymbol{B})=\boldsymbol{A}(\nabla_A\cdot\boldsymbol{B})-\boldsymbol{B}(\nabla_A\cdot\boldsymbol{A})$$

$$\nabla_B\times(\boldsymbol{A}\times\boldsymbol{B})=\boldsymbol{A}(\nabla_B\cdot\boldsymbol{B})-\boldsymbol{B}(\nabla_B\cdot\boldsymbol{A})$$

因为∇_B是对$\boldsymbol{B}$的微分运算,∇_A是对$\boldsymbol{A}$的微分运算,所以

$$\nabla_B\cdot\boldsymbol{A}=\boldsymbol{A}\cdot\nabla_B;\ \nabla_A\cdot\boldsymbol{B}=\boldsymbol{B}\cdot\nabla_A$$

省去∇的脚标

$$\nabla\times(\boldsymbol{A}\times\boldsymbol{B})=\boldsymbol{A}(\boldsymbol{B}\cdot\nabla)-\boldsymbol{B}(\nabla\cdot\boldsymbol{A})+\boldsymbol{A}(\nabla\cdot\boldsymbol{B})-\boldsymbol{B}(\boldsymbol{A}\cdot\nabla)$$

(6) 在直角坐标系下

$$\nabla=\frac{\partial}{\partial x}\boldsymbol{e}_x+\frac{\partial}{\partial y}\boldsymbol{e}_y+\frac{\partial}{\partial z}\boldsymbol{e}_z,\quad f\boldsymbol{A}=fA_x\boldsymbol{e}_x+fA_y\boldsymbol{e}_y+fA_z\boldsymbol{e}_z$$

因此

$$\nabla\times f\boldsymbol{A}=\begin{vmatrix}\boldsymbol{e}_x & \boldsymbol{e}_y & \boldsymbol{e}_z\\ \dfrac{\partial}{\partial x} & \dfrac{\partial}{\partial y} & \dfrac{\partial}{\partial z}\\ fA_x & fA_y & fA_z\end{vmatrix}$$

$$=\left(\frac{\partial fA_z}{\partial y}-\frac{\partial fA_y}{\partial z}\right)\boldsymbol{e}_x+\left(\frac{\partial fA_x}{\partial z}-\frac{\partial fA_z}{\partial x}\right)\boldsymbol{e}_y+\left(\frac{\partial fA_y}{\partial x}-\frac{\partial fA_x}{\partial y}\right)\boldsymbol{e}_z$$

$$f\ \nabla\times\boldsymbol{A}=f\begin{vmatrix}\boldsymbol{e}_x & \boldsymbol{e}_y & \boldsymbol{e}_z\\ \dfrac{\partial}{\partial x} & \dfrac{\partial}{\partial y} & \dfrac{\partial}{\partial z}\\ A_x & A_y & A_z\end{vmatrix}$$

$$=f\left[\left(\frac{\partial A_z}{\partial y}-\frac{\partial A}{\partial z}\right)\boldsymbol{e}_x+\left(\frac{\partial A_x}{\partial z}-\frac{\partial A_z}{\partial x}\right)\boldsymbol{e}_y+\left(\frac{\partial A_y}{\partial x}-\frac{\partial A_x}{\partial y}\right)\boldsymbol{e}_z\right]$$

$$\nabla f=\frac{\partial f}{\partial x}\boldsymbol{e}_x+\frac{\partial f}{\partial y}\boldsymbol{e}_y+\frac{\partial f}{\partial z}\boldsymbol{e}_z$$

$$\nabla f\times\boldsymbol{A}=\begin{vmatrix}\boldsymbol{e}_x & \boldsymbol{e}_y & \boldsymbol{e}_z\\ \dfrac{\partial f}{\partial x} & \dfrac{\partial f}{\partial y} & \dfrac{\partial f}{\partial z}\\ A_x & A_y & A_z\end{vmatrix}$$

$$=\left(\frac{\partial f}{\partial y}A_z-\frac{\partial f}{\partial z}A_y\right)\boldsymbol{e}_x+\left(\frac{\partial f}{\partial z}A_x-\frac{\partial f}{\partial x}A_z\right)\boldsymbol{e}_y+\left(\frac{\partial f}{\partial x}A_y-\frac{\partial f}{\partial y}A_x\right)\boldsymbol{e}_z$$

所以

$$\nabla\times f\boldsymbol{A}=f\ \nabla\times\boldsymbol{A}+\nabla f\times\boldsymbol{A}$$

(7) 由等式 $\nabla(\boldsymbol{A}\cdot\boldsymbol{B})=(\boldsymbol{A}\cdot\nabla)\boldsymbol{B}+(\boldsymbol{B}\cdot\nabla)\boldsymbol{A}+\boldsymbol{A}\times(\nabla\times\boldsymbol{B})+\boldsymbol{B}\times(\nabla\times\boldsymbol{A})$,当 $\boldsymbol{A}=\boldsymbol{B}$ 时

$$\nabla(\boldsymbol{A}\cdot\boldsymbol{A})=(\boldsymbol{A}\cdot\nabla)\boldsymbol{A}+(\boldsymbol{A}\cdot\nabla)\boldsymbol{A}+\boldsymbol{A}\times(\nabla\times\boldsymbol{A})+\boldsymbol{A}\times(\nabla\times\boldsymbol{A})$$

$$=2(\boldsymbol{A}\cdot\nabla)\boldsymbol{A}+2\boldsymbol{A}\times(\nabla\times\boldsymbol{A})$$

所以

$$(\nabla\times\boldsymbol{A})\times\boldsymbol{A}=(\boldsymbol{A}\cdot\nabla)\boldsymbol{A}-\frac{1}{2}\nabla(\boldsymbol{A}\cdot\boldsymbol{A})$$

(8) 由矢量代数公式

$$\boldsymbol{A}\times(\boldsymbol{B}\times\boldsymbol{C})=\boldsymbol{B}(\boldsymbol{A}\cdot\boldsymbol{C})-\boldsymbol{C}(\boldsymbol{A}\cdot\boldsymbol{B})$$

$$\nabla\times(\nabla\times\boldsymbol{A})=\nabla(\nabla\cdot\boldsymbol{A})-\boldsymbol{A}(\nabla\cdot\nabla)$$

因为∇是对 $\boldsymbol{A}$ 的微分运算,所以 $\boldsymbol{A}$ 应移到∇之后,这样上式变为

$$\nabla\times(\nabla\times\boldsymbol{A})=\nabla(\nabla\cdot\boldsymbol{A})-\nabla^2\boldsymbol{A}$$

1.4 典型考研试题解析

【考研题 1-1】 (华中理工大学 2001 年)设 u 是空间位置的函数,求$\nabla f(u)$。

解:$\nabla f(u)=\boldsymbol{e}_x\dfrac{\partial f(u)}{\partial u}\dfrac{\partial u}{\partial x}+\boldsymbol{e}_y\dfrac{\partial f(u)}{\partial u}\dfrac{\partial u}{\partial y}+\boldsymbol{e}_z\dfrac{\partial f(u)}{\partial u}\dfrac{\partial u}{\partial z}$

【考研题 1-2】 (华中理工大学 2001 年)设 $\boldsymbol{k}$、$\boldsymbol{E}_0$ 均为常矢量,$\boldsymbol{r}=x\boldsymbol{e}_x+y\boldsymbol{e}_y+z\boldsymbol{e}_z$,计

算$\nabla\cdot[\boldsymbol{E}_0\sin(\boldsymbol{k}\cdot\boldsymbol{r})]$。

解：设$\boldsymbol{k}=k_x\boldsymbol{e}_x+k_y\boldsymbol{e}_y+k_z\boldsymbol{e}_z$，令$\alpha=\boldsymbol{k}\cdot\boldsymbol{r}=k_xx+k_yy+k_zz$，则

$$\begin{aligned}\nabla\cdot[\boldsymbol{E}_0\sin(\boldsymbol{k}\cdot\boldsymbol{r})]&=\nabla\cdot[\boldsymbol{E}_0\sin\alpha]=\boldsymbol{E}_0\cdot\nabla\sin\alpha=\boldsymbol{E}_0\cdot\left[\frac{\partial\sin\alpha}{\partial x}\boldsymbol{e}_x+\frac{\partial\sin\alpha}{\partial y}\boldsymbol{e}_y+\frac{\partial\sin\alpha}{\partial z}\boldsymbol{e}_z\right]\\&=\boldsymbol{E}_0\cdot(k_x\cos\alpha\boldsymbol{e}_x+k_y\cos\alpha\boldsymbol{e}_y+k_z\cos\alpha\boldsymbol{e}_z)\\&=\boldsymbol{E}_0\cdot[k_x\cos(\boldsymbol{k}\cdot\boldsymbol{r})\boldsymbol{e}_x+k_y\cos(\boldsymbol{k}\cdot\boldsymbol{r})\boldsymbol{e}_y+k_z\cos(\boldsymbol{k}\cdot\boldsymbol{r})\boldsymbol{e}_z]\end{aligned}$$

【考研题 1-3】 (华中科技大学 2003 年)矢量$(yz-2x)\boldsymbol{e}_x+xz\boldsymbol{e}_y+xy\boldsymbol{e}_z$能否表示某静电场的电场强度？如能，则相应的位函数是什么；如不能，为什么？

解：因为$\nabla\times[(yz-2x)\boldsymbol{e}_x+xz\boldsymbol{e}_y+xy\boldsymbol{e}_z]=0$，故该矢量能表示某静电场的电场强度。

根据$\boldsymbol{E}=-\nabla\varphi=(yz-2x)\boldsymbol{e}_x+xz\boldsymbol{e}_y+xy\boldsymbol{e}_z$可知

$$\frac{\partial\varphi}{\partial x}=2x-yz,\quad\frac{\partial\varphi}{\partial y}=-xz,\quad\frac{\partial\varphi}{\partial z}=-xy$$

对$\frac{\partial\varphi}{\partial x}=2x-yz$两边积分，得

$$\varphi=x^2-xyz+f(y,z)$$

因此

$$\frac{\partial\varphi}{\partial y}=-xz+f'(y,z),\quad\frac{\partial\varphi}{\partial z}=-xy+f'(y,z)$$

故

$$f(y,z)=C\quad(\text{常数})$$

选取积分常数为零，得位函数为$\varphi=x^2-xyz$。

【考研题 1-4】 (石油大学 2000 年)已知：$\varphi(x,y,z)$为标量场，$\boldsymbol{A}(x,y,z)$为矢量场，$\boldsymbol{k}$、$\boldsymbol{E}_0$均为常矢量，$\boldsymbol{r}=x\boldsymbol{e}_x+y\boldsymbol{e}_y+z\boldsymbol{e}_z$。求证：(1) $\nabla\cdot[\varphi\boldsymbol{A}]=\varphi\nabla\cdot\boldsymbol{A}+\boldsymbol{A}\cdot\nabla\varphi$；(2) 当$\boldsymbol{E}=\boldsymbol{E}_0\exp(\mathrm{j}\boldsymbol{k}\cdot\boldsymbol{r})$时，$\nabla\times\boldsymbol{E}=\mathrm{j}\boldsymbol{k}\times\boldsymbol{E}$。

证明：(1) 设$\boldsymbol{A}(x,y,z)=\boldsymbol{A}_x\boldsymbol{e}_x+\boldsymbol{A}_y\boldsymbol{e}_y+\boldsymbol{A}_z\boldsymbol{e}_z$，则

$$\begin{aligned}\nabla\cdot[\varphi\boldsymbol{A}]&=\frac{\partial(\varphi A_x)}{\partial x}+\frac{\partial(\varphi A_y)}{\partial y}+\frac{\partial(\varphi A_z)}{\partial z}\\&=\varphi\frac{\partial A_x}{\partial x}+A_x\frac{\partial\varphi}{\partial x}+\varphi\frac{\partial A_y}{\partial y}+A_y\frac{\partial\varphi}{\partial y}+\varphi\frac{\partial A_z}{\partial z}+A_z\frac{\partial\varphi}{\partial z}\\&=\varphi\left[\frac{\partial A_x}{\partial x}+\frac{\partial A_y}{\partial y}+\frac{\partial A_z}{\partial z}\right]+A_x\frac{\partial\varphi}{\partial x}+A_y\frac{\partial\varphi}{\partial y}+A_z\frac{\partial\varphi}{\partial z}=\varphi\nabla\cdot\boldsymbol{A}+\boldsymbol{A}\cdot\nabla\varphi\end{aligned}$$

(2) 设$\boldsymbol{k}=k_x\boldsymbol{e}_x+k_y\boldsymbol{e}_y+k_z\boldsymbol{e}_z$，则

$$\boldsymbol{k}\cdot\boldsymbol{r}=k_xx+k_yy+k_zz$$

$$\begin{aligned}\nabla\times\boldsymbol{E}&=\nabla\times\boldsymbol{E}_0\exp(\mathrm{j}\boldsymbol{k}\cdot\boldsymbol{r})=\nabla\exp(\mathrm{j}\boldsymbol{k}\cdot\boldsymbol{r})\times\boldsymbol{E}_0=\Big\{\boldsymbol{e}_x\frac{\partial}{\partial x}\exp[\mathrm{j}(k_xx+k_yy+k_zz)]+\\&\quad\boldsymbol{e}_y\frac{\partial}{\partial y}\exp[\mathrm{j}(k_xx+k_yy+k_zz)]+\boldsymbol{e}_z\frac{\partial}{\partial z}\exp[\mathrm{j}(k_xx+k_yy+k_zz)]\Big\}\times\boldsymbol{E}_0\\&=\{\boldsymbol{e}_x\mathrm{j}k_x\exp[\mathrm{j}(k_xx+k_yy+k_zz)]+\boldsymbol{e}_y\mathrm{j}k_y\exp[\mathrm{j}(k_xx+k_yy+k_zz)]+\\&\quad\boldsymbol{e}_z\mathrm{j}k_z\exp[\mathrm{j}(k_xx+k_yy+k_zz)]\}\times\boldsymbol{E}_0=\mathrm{j}\boldsymbol{k}\exp(\mathrm{j}\boldsymbol{k}\cdot\boldsymbol{r})\times\boldsymbol{E}_0=\mathrm{j}\boldsymbol{k}\times\boldsymbol{E}\end{aligned}$$

【考研题 1-5】 (清华大学 2001 年)电场强度为$\boldsymbol{E}$，磁场强度为$\boldsymbol{H}$，角频率为ω的均匀平面波在真空中沿单位矢量方向$\boldsymbol{e}_\mathrm{n}$传播，令传播矢量$\boldsymbol{k}=\boldsymbol{e}_\mathrm{n}k$，证明：

(1)$\boldsymbol{k}\cdot\boldsymbol{E}=0$；(2)$\boldsymbol{k}\cdot\boldsymbol{H}=0$；(3)$\boldsymbol{k}\times\boldsymbol{E}-\omega\mu_0\boldsymbol{H}=0$；(4)$\boldsymbol{k}\times\boldsymbol{H}+\omega\varepsilon_0\boldsymbol{E}=0$。

证明：设时谐场的形式为 $\exp(-\mathrm{j}\boldsymbol{k}\cdot\boldsymbol{r})$，根据上题

$$\begin{aligned}\nabla\exp(-\mathrm{j}\boldsymbol{k}\cdot\boldsymbol{r}) &= \boldsymbol{e}_x\frac{\partial}{\partial x}\exp[-\mathrm{j}(k_x x+k_y y+k_z z)]+\boldsymbol{e}_y\frac{\partial}{\partial y}\exp[-\mathrm{j}(k_x x+k_y y+k_z z)]+\\ &\quad\ \boldsymbol{e}_z\frac{\partial}{\partial z}\exp[-\mathrm{j}(k_x x+k_y y+k_z z)]\\ &= -\boldsymbol{e}_x\mathrm{j}k_x\exp[-\mathrm{j}(k_x x+k_y y+k_z z)]-\boldsymbol{e}_y\mathrm{j}k_y\exp[-\mathrm{j}(k_x x+k_y y+k_z z)]-\\ &\quad\ \boldsymbol{e}_z\mathrm{j}k_z\exp[-\mathrm{j}(k_x x+k_y y+k_z z)]\\ &= -\mathrm{j}\boldsymbol{k}\exp(-\mathrm{j}\boldsymbol{k}\cdot\boldsymbol{r})\end{aligned}$$

因此，在时谐场的形式为 $\exp(-\mathrm{j}\boldsymbol{k}\cdot\boldsymbol{r})$时，$\nabla$算符等价于$-\mathrm{j}\boldsymbol{k}$，则$\nabla\times$算符等价于$-\mathrm{j}\boldsymbol{k}\times$，$\nabla\cdot$算符等价于$-\mathrm{j}\boldsymbol{k}\cdot$，根据真空中时谐形式的麦克斯韦方程组

$$\begin{cases}\nabla\times\boldsymbol{H}=\mathrm{j}\omega\varepsilon_0\boldsymbol{E}\\ \nabla\times\boldsymbol{E}=-\mathrm{j}\omega\mu_0\boldsymbol{H}\\ \nabla\cdot\boldsymbol{E}=0\\ \nabla\cdot\boldsymbol{H}=0\end{cases}$$

因此，有如下的等价关系：

$$\begin{cases}-\mathrm{j}\boldsymbol{k}\times\boldsymbol{H}=\mathrm{j}\omega\varepsilon_0\boldsymbol{E}\\ -\mathrm{j}\boldsymbol{k}\times\boldsymbol{E}=-\mathrm{j}\omega\mu_0\boldsymbol{H}\\ -\mathrm{j}\boldsymbol{k}\cdot\boldsymbol{E}=0\\ -\mathrm{j}\boldsymbol{k}\cdot\boldsymbol{H}=0\end{cases}$$

整理得

$$\begin{cases}\boldsymbol{k}\times\boldsymbol{H}+\omega\varepsilon_0\boldsymbol{E}=0\\ \boldsymbol{k}\times\boldsymbol{E}-\omega\mu_0\boldsymbol{H}=0\\ \boldsymbol{k}\cdot\boldsymbol{E}=0\\ \boldsymbol{k}\cdot\boldsymbol{H}=0\end{cases}$$

问题得证。

【考研题 1-6】 （华中科技大学 2003 年）证明$\nabla\cdot\nabla\times\boldsymbol{A}=0$。

证明：在直角坐标系中直接取$\nabla\times\boldsymbol{A}$ 的散度，有

$$\begin{aligned}\nabla\cdot\nabla\times\boldsymbol{A} &= \left(\frac{\partial}{\partial x}\boldsymbol{e}_x+\frac{\partial}{\partial y}\boldsymbol{e}_y+\frac{\partial}{\partial z}\boldsymbol{e}_z\right)\cdot\left[\left(\frac{\partial A_z}{\partial y}-\frac{\partial A_y}{\partial z}\right)\boldsymbol{e}_x+\left(\frac{\partial A_x}{\partial z}-\frac{\partial A_z}{\partial x}\right)\boldsymbol{e}_y+\left(\frac{\partial A_y}{\partial x}-\frac{\partial A_x}{\partial y}\right)\boldsymbol{e}_z\right]\\ &= \frac{\partial}{\partial x}\left(\frac{\partial A_z}{\partial y}-\frac{\partial A_y}{\partial z}\right)+\frac{\partial}{\partial y}\left(\frac{\partial A_x}{\partial z}-\frac{\partial A_z}{\partial x}\right)+\frac{\partial}{\partial z}\left(\frac{\partial A_y}{\partial x}-\frac{\partial A_x}{\partial y}\right)=0\end{aligned}$$

【考研题 1-7】 （北方交通大学 2001 年）计算在 $\boldsymbol{E}=\boldsymbol{e}_x y+\boldsymbol{e}_y x$ 的电场中把一个 $2\mu\mathrm{C}$ 的点电荷从(2,1,−1)点移动到(8,2,−1)点处，电场所做的功。(1)沿曲线 $x=2y^2$；(2)沿连接两点的直线。

解：该电场的旋度为

$$\nabla\times\boldsymbol{E}=\begin{vmatrix}\boldsymbol{e}_x & \boldsymbol{e}_y & \boldsymbol{e}_z\\ \dfrac{\partial}{\partial x} & \dfrac{\partial}{\partial y} & \dfrac{\partial}{\partial z}\\ y & x & 0\end{vmatrix}=0$$

故该电场为保守场，做功与路径无关。

解法一：根据 $\boldsymbol{E}=-\nabla\varphi=\boldsymbol{e}_x y+\boldsymbol{e}_y x$ 可知

$$\frac{\partial\varphi}{\partial x}=-y,\quad \frac{\partial\varphi}{\partial y}=-x$$

对 $\frac{\partial\varphi}{\partial x}=-y$ 两边积分，得

$$\varphi=-xy+f(y)$$

因此

$$\frac{\partial\varphi}{\partial y}=-x+f'(y)$$

故

$$f(y)=C\quad（常数）$$

选取积分常数为零，得位函数为

$$\varphi=-xy$$

于是，两种情况下把 $2\mu\text{C}$ 的点电荷从(2,1,−1)点移动到(8,2,−1)点处，电场所做的功为

$$W=qU_{ab}=-2\times10^{-6}(-xy\,|_{2,1}+xy\,|_{8,2})=-28\times10^{-6}\,\text{J}$$

解法二：先求从(2,1,−1)点移动到(8,2,−1)点处电压。

$$U_{ab}=\int_a^b\boldsymbol{E}\cdot\mathrm{d}\boldsymbol{l}=\int_a^b(\boldsymbol{e}_x y+\boldsymbol{e}_y x)\cdot(\boldsymbol{e}_x\mathrm{d}x+\boldsymbol{e}_y\mathrm{d}y+\boldsymbol{e}_z\mathrm{d}z)=\int_a^b(y\mathrm{d}x+x\mathrm{d}y)$$

(1) 当沿曲线 $x=2y^2$ 移动时，$\mathrm{d}x=4y\mathrm{d}y$

$$U_{ab}=\int_a^b(y\mathrm{d}x+x\mathrm{d}y)=\int_1^2(4y^2\mathrm{d}y+2y^2\mathrm{d}y)=14$$

故电场所做的功为

$$W=qU_{ab}=-2\times10^{-6}\times14=-28\times10^{-6}\,\text{J}$$

(2) 沿直线 $x=6y-4$，$\mathrm{d}x=6\mathrm{d}y$

$$U_{ab}=\int_a^b(y\mathrm{d}x+x\mathrm{d}y)=\int_1^2[6y\mathrm{d}y+(6y-4)\mathrm{d}y]=14$$

故电场所做的功为

$$W=qU_{ab}=-2\times10^{-6}\times14=-28\times10^{-6}\,\text{J}$$

【考研题 1-8】 （北京邮电大学 2002 年）(1)已知静电场的 $\boldsymbol{E}=3yz\boldsymbol{e}_x+(3xz-6y^2)\boldsymbol{e}_y+3xy\boldsymbol{e}_z$，试求其电位；(2)已知圆柱（半径为 a）中沿轴向的电流密度为 $\boldsymbol{J}=\boldsymbol{e}_z kr^2\,(r<a)$。试用两种方法求圆柱内的磁场强度。

解：(1) 电场的旋度为

$$\nabla\times\boldsymbol{E}=\begin{vmatrix}\boldsymbol{e}_x & \boldsymbol{e}_y & \boldsymbol{e}_z\\ \dfrac{\partial}{\partial x} & \dfrac{\partial}{\partial y} & \dfrac{\partial}{\partial z}\\ 3yz & 3xz-6y^2 & 3xy\end{vmatrix}=\boldsymbol{e}_x(3x-3x)+\boldsymbol{e}_x(3y-3y)+\boldsymbol{e}_x(3z-3z)=0$$

故该电场为保守场，做功与路径无关。设(0,0,0)点为零电位参考点。

$$\varphi=\int_{(x,y,z)}^{(0,0,0)}\boldsymbol{E}\cdot\mathrm{d}\boldsymbol{l}=\int_{(x,y,z)}^{(0,0,0)}(3yz\boldsymbol{e}_x+(3xz-6y^2)\boldsymbol{e}_y+3xy\boldsymbol{e}_z)\cdot(\boldsymbol{e}_x\mathrm{d}x+\boldsymbol{e}_y\mathrm{d}y+\boldsymbol{e}_z\mathrm{d}z)$$

$$=\int_{(x,y,z)}^{(x,y,0)} 3xy\,\mathrm{d}z+\int_{(x,y,0)}^{(x,0,0)}(3xz-6y^2)\,\mathrm{d}y+\int_{(x,0,0)}^{(0,0,0)} 3yz\,\mathrm{d}x=-3xyz+2y^3$$

对 $\boldsymbol{E}$ 求散度,得

$$\nabla\cdot\boldsymbol{E}=\nabla\cdot(3yz\boldsymbol{e}_x+(3xz-6y^2)\boldsymbol{e}_y+3xy\boldsymbol{e}_z)=-12y=\frac{\rho}{\varepsilon_0}$$

故电荷密度为

$$\rho=-12y\varepsilon_0$$

将 $\varphi=-3xyz+2y^3$ 代入泊松方程,得

$$\nabla^2\varphi=\nabla^2(-3xyz+2y^3)=12y=-\frac{\rho}{\varepsilon_0}$$

故电荷密度为

$$\rho=-12y\varepsilon_0$$

证实了电位的正确性。

(2) **解法一**:根据矢量磁位求解。

在圆柱坐标系下,根据轴对称性,$\boldsymbol{A}$ 磁场仅与 r 有关。

$$\nabla^2\boldsymbol{A}(\boldsymbol{r})=\begin{cases}-\mu_0\boldsymbol{J}=-\boldsymbol{e}_z\mu_0kr^2, & r<a\\ 0, & r>a\end{cases}$$

即

$$\frac{1}{r}\frac{\mathrm{d}}{\mathrm{d}r}\left(r\frac{\mathrm{d}A_z}{\mathrm{d}r}\right)=-\mu_0kr^2$$

解得

$$A_z=(\mu_0k/16)(a^4-r^4)$$

因此,磁场为

$$\boldsymbol{H}=\frac{1}{\mu_0}\nabla\times\boldsymbol{e}_zA_z=\nabla\times\boldsymbol{e}_z(k/16)(a^4-r^4)=\boldsymbol{e}_\phi kr^3/4$$

解法二:利用安培环路定理$\oint_c\boldsymbol{H}\cdot\mathrm{d}\boldsymbol{l}=\iint_S\boldsymbol{J}\cdot\mathrm{d}\boldsymbol{S}$,取半径为 r 的圆环,则

$$2\pi rH_\phi=\int_0^r J\,2\pi r\,\mathrm{d}r=\int_0^r 2\pi kr^3\,\mathrm{d}r=\frac{\pi}{2}kr^4$$

所以 $H_\phi=kr^3/4$,即

$$\boldsymbol{H}=\boldsymbol{e}_\phi kr^3/4$$

【考研题 1-9】 (北京理工大学 2008 年)调和场是如何定义的?试举出电磁场中一种调和场的例子。

解:旋度和散度均为零的矢量场称为调和场,如无源区域中的静电场、静磁场。

第2章 静电场和恒定电场

CHAPTER 2

2.1 内容提要及学习要点

静态场的电场量($\boldsymbol{E}$,$\boldsymbol{D}$)与磁场量($\boldsymbol{H}$,$\boldsymbol{B}$)之间没有耦合,可以单独研究静电场和静磁场的性质。本章主要掌握静态电场(静电场和恒定电场)的基本方程、基本性质及其应用；掌握静态电场的边界条件及其应用,掌握电场能、静电力、电容和电导的计算方法；理解电偶极子、电介质极化的含义,掌握极化电荷密度与极化强度、场的关系；理解利用虚位移法计算电场力；掌握利用静电比拟法求解静态场问题。

2.1.1 静电场的基本方程

1. 电场强度

激发静电场的源是静止电荷。分布电荷(线分布、面分布、体分布)产生的电场强度矢量表示为

$$\boldsymbol{E}=\frac{1}{4\pi\varepsilon_0}\int\frac{\rho_l\,\mathrm{d}l'}{R^2}\boldsymbol{e}_R,\quad \boldsymbol{E}=\frac{1}{4\pi\varepsilon_0}\iint\frac{\rho_s\,\mathrm{d}S'}{R^2}\boldsymbol{e}_R,\quad \boldsymbol{E}=\frac{1}{4\pi\varepsilon_0}\iiint\frac{\rho_v\,\mathrm{d}V'}{R^2}\boldsymbol{e}_R$$

注意：场点的表示 $P(x,y,z)$、$r(x,y,z)$ 等坐标不带撇；源点的表示 $P'(x',y',z')$、$\boldsymbol{r}'(x',y',z')$ 等坐标带撇。∇' 只对带撇坐标(x',y',z')作微分运算。

2. 静电场的基本方程

静电场是有源场,其散度源(通量源)是电荷,描述静电场发散性质的是高斯定理,即

$$\oint_S \boldsymbol{E}\cdot\mathrm{d}\boldsymbol{S}=\frac{q}{\varepsilon_0},\quad \nabla\cdot\boldsymbol{E}=\frac{\rho}{\varepsilon_0} \tag{2-1}$$

$$\oint_S \boldsymbol{D}\cdot\mathrm{d}\boldsymbol{S}=q,\quad \nabla\cdot\boldsymbol{D}=\rho \tag{2-2}$$

计算电场强度穿过任一闭合曲面的通量用高斯定理的积分形式；计算电场强度在任一点处的散度用高斯定理的微分形式。同时,高斯定理提供了在对称条件下计算电场的一种手段。由于有关电位移矢量 $\boldsymbol{D}$ 的积分与微分计算与极化电荷无关,因此式(2-2)应用起来更为方便。

静电场是无旋场(保守场),即

$$\oint_l \boldsymbol{E}\cdot\mathrm{d}\boldsymbol{l}=0,\quad \nabla\times\boldsymbol{E}=0 \tag{2-3}$$

静电场具有以下物理特性。①激发源是电荷,散度源;静电场是梯度场;静电场的旋度为零,是保守场,可以定义势能(电位)。②电场线非闭合,始于正电荷或无穷远,终于负电荷或无穷远。③与磁场无耦合。

注意,研究场与源的关系是电磁理论的基本问题之一。电荷及电流是产生电磁场唯一的源,可认为是"物质源";而变化的电场与变化的磁场之间又互为场和源,可认为是"转化源"。

2.1.2 电位

电位是单位正电荷的势能,为标量,比电场更易测量,并可以简化电场的求解过程。电场强度是电位函数的负梯度,电场强度与电位线(面)处正交,并且指向电位减小最快的方向。

$$\boldsymbol{E}=-\nabla\varphi,\quad \varphi_a=\int_a^{\infty}\boldsymbol{E}\cdot\mathrm{d}\boldsymbol{l} \tag{2-4}$$

线分布、面分布、体分布等分布电荷产生的电位表达式为

$$\varphi=\frac{1}{4\pi\varepsilon_0}\int_{l'}\frac{\rho_l\,\mathrm{d}l'}{R},\quad \varphi=\frac{1}{4\pi\varepsilon_0}\iint_{S'}\frac{\rho_S\,\mathrm{d}S'}{R},\quad \varphi=\frac{1}{4\pi\varepsilon_0}\iiint_{V'}\frac{\rho\mathrm{d}V'}{R} \tag{2-5}$$

电位的物理意义:任意一点的电位等于把单位正电荷从该点移到电位参考点(零电位点)处电场力所做的功,也即外力克服电场力把单位正电荷从电位参考点处移到该点所做的功。

电位参考点的选择:①电荷分布在有限区域,电位参考点通常选在无穷远处。②电荷分布到无穷远,通常根据分布情况将电位参考点选在有限区域内。③同一问题,参考点应该统一。④参考点的选择不影响电场,电场只与电位差有关。绝对电位没有意义,只有电位差才有意义。

通常计算电场强度有以下 3 种方法。

(1) 叠加原理:$\boldsymbol{E}=\sum_i\frac{q_i}{4\pi\varepsilon_0 R_i^2}\boldsymbol{e}_{R_i}$。

(2) 通过电位的梯度计算:$\boldsymbol{E}=-\nabla\varphi$。

(3) 高斯定理:$\oint\!\!\!\oint_S\boldsymbol{D}\cdot\mathrm{d}\boldsymbol{S}=q$,要求电场分布具有某种对称性。

2.1.3 电介质中的场

1. 电偶极子

电偶极子由电偶极矩 $\boldsymbol{P}_{\mathrm{e}}$ 描述,其方向则由负电荷指向正电荷,即

$$\boldsymbol{P}_{\mathrm{e}}=q\boldsymbol{l} \tag{2-6}$$

电偶极子的电位函数与电场强度:

$$\varphi=\frac{ql\cos\theta}{4\pi\varepsilon_0 r^2}=\frac{\boldsymbol{P}_{\mathrm{e}}\cdot\boldsymbol{e}_r}{4\pi\varepsilon_0 r^2} \tag{2-7}$$

$$\boldsymbol{E}=\boldsymbol{e}_r\frac{P_{\mathrm{e}}\cos\theta}{2\pi\varepsilon_0 r^3}+\boldsymbol{e}_\theta\frac{P_{\mathrm{e}}\sin\theta}{4\pi\varepsilon_0 r^3}=\boldsymbol{e}_r E_{\mathrm{r}}+\boldsymbol{e}_\theta E_\theta \tag{2-8}$$

电偶极子产生的电场(电位)比点电荷产生的电场(电位)随距离衰减更快。

2. 静电场中的导体和介质

静电场中的导体,内部电场处处为零,导体为等位体,其表面为等位面。

电介质在静电场中会出现极化现象。没有自由电荷的均匀介质内部不存在极化电荷，而自由电荷所在地会有极化电荷出现。在均匀极化时介质内部不会出现极化电荷，极化电荷只会出现在介质表面上。极化电荷(束缚电荷)体密度 ρ_p 和面密度 ρ_{ps} 与极化强度 $\boldsymbol{P}$ 有关，分别为

$$\rho_p = -\nabla\cdot\boldsymbol{P}, \quad \rho_{ps} = \boldsymbol{P}\cdot\boldsymbol{e}_n \tag{2-9}$$

注意，导体表面感应电荷产生的附加电场能够刚好抵消外电场的作用，因此导体内部电场处处为零；而极化电荷产生的附加电场 $\boldsymbol{E}'$ 虽然与外电场 $\boldsymbol{E}_0$ 相反(也可以从上式的负号来理解)，但是不足以完全抵消掉外电场的作用，只能在介质区域起到削弱电场的作用。

介质中的场方程与物质方程：

$$\nabla\cdot\boldsymbol{D} = \rho, \quad \oint_S \boldsymbol{D}\cdot\mathrm{d}\boldsymbol{S} = Q \tag{2-10}$$

$$\boldsymbol{D} = \varepsilon_0\boldsymbol{E} + \boldsymbol{P}, \quad \boldsymbol{P} = \varepsilon_0\chi_e\boldsymbol{E} = \varepsilon_0(\varepsilon_r - 1)\boldsymbol{E}, \quad \boldsymbol{D} = \varepsilon_0\varepsilon_r\boldsymbol{E} = \varepsilon\boldsymbol{E} \tag{2-11}$$

注意，一般情况下，电位移矢量 $\boldsymbol{D}$ 不仅与自由电荷分布有关，而且与极化电荷分布有关；而 $\boldsymbol{D}$ 的净通量和散度只与自由电荷分布有关。在线性、均匀、各向同性的介质中，$\boldsymbol{D}$ 只与自由电荷分布有关。

对于线性介质，$\boldsymbol{D}$、$\boldsymbol{E}$、$\boldsymbol{P}$ 之间为线性关系。$\boldsymbol{D}$ 线由正的自由电荷发出，终止于负的自由电荷；$\boldsymbol{E}$ 线的起点与终点既可以在自由电荷上，又可以在极化电荷上；而 $\boldsymbol{P}$ 线由负的极化电荷发出，终止于正的极化电荷。

3. 电位方程

电位方程满足泊松方程，在无源区 $\rho=0$，满足拉普拉斯方程，即

$$\nabla^2\varphi = -\frac{\rho}{\varepsilon}, \quad \nabla^2\varphi = 0 \tag{2-12}$$

2.1.4 静电场的边界条件

在研究电磁场量的边界条件时，由于交界面上某些场量不连续，故不能用散度和旋度等微分方程的形式去分析，只能用通量和环量等积分方程的形式。通量体现了矢量在曲面法向分量的量度，而环量体现了矢量在闭合曲线切向分量的量度。因此，分析各场量边界条件的共同特点是，对于通量密度矢量(如 $\boldsymbol{D}$、$\boldsymbol{B}$、$\boldsymbol{J}$ 等)，利用通量(闭合曲面积分)研究其法向分量的连续性；而对于场强度矢量(如 $\boldsymbol{E}$、$\boldsymbol{H}$ 等)，利用环量(闭合曲线积分)研究其切向分量的连续性。

$$\boldsymbol{e}_n\cdot(\boldsymbol{D}_1 - \boldsymbol{D}_2) = \rho_s, \quad \boldsymbol{e}_n\times(\boldsymbol{E}_1 - \boldsymbol{E}_2) = 0 \tag{2-13}$$

导体表面的边界条件：

$$E_t = 0, \quad D_n = \rho_s$$

如果理想导体表面有自由面电荷存在，则存在与理想导体表面垂直的电场，而导体表面没有切向电场。对于良导体，由于 $\sigma\gg1$，极小的电场就能驱动很大的电流，因此导体表面的切向电场极小，电场线近似垂直于导体表面。

电位函数的导数不连续，即

$$\varepsilon_1\frac{\partial\varphi_1}{\partial n} = \varepsilon_2\frac{\partial\varphi_2}{\partial n} \tag{2-14}$$

2.1.5　电容、电场的能量及电场力

电容是储藏电场能量的度量。多导体的电容相当于电路中的多个电容器的网络。单导体与双导体的电容分别为

$$C=Q/\varphi,\quad C=Q/U \tag{2-15}$$

电场能量的计算公式为

$$W_e=\frac{1}{2}\iiint_V \rho\varphi \mathrm{d}V,\quad W_e=\frac{1}{2}\iiint_V \boldsymbol{D}\cdot\boldsymbol{E}\mathrm{d}V \tag{2-16}$$

静电场的能量密度为

$$\omega_e=\frac{1}{2}\boldsymbol{D}\cdot\boldsymbol{E} \tag{2-17}$$

式(2-17)表明电场能量储藏在有场强的空间，无电荷的区域也可能有能量。

可以利用库仑定律计算静电力。利用虚位移法计算电场力的公式为

$$F=\left.\frac{\partial W_e}{\partial x}\right|_{\varphi=\text{常量}},\quad F=-\left.\frac{\partial W_e}{\partial x}\right|_{q=\text{常量}} \tag{2-18}$$

2.1.6　恒定电场

恒定电场的源是(运动)电荷，恒定分布的运动电荷的场与静电荷产生的场无区别，在均匀导电媒质中，恒定电场满足的基本方程为

$$\nabla\times\boldsymbol{E}=0,\quad \oint_l \boldsymbol{E}\cdot\mathrm{d}\boldsymbol{l}=0,\quad \nabla\cdot\boldsymbol{E}=0,\quad \boldsymbol{J}=\sigma\boldsymbol{E} \tag{2-19}$$

在均匀导电媒质内部，电荷体密度为零，恒定电荷(静电荷、自由电荷)只能分布在导电媒质的表面上。注意非均匀导电媒质内部将出现自由电荷。可见，均匀导电媒质中的恒定电场是无散场、无旋场。但是，由于恒定电场由分布不变的运动电荷产生，故恒定电场的源仍是散度源，并且该散度源的电场是无旋电场。

在电源内部，除了恒定电场 $\boldsymbol{E}$ 外，还存在非库仑场 $\boldsymbol{E}'$，非库仑场对电荷做功形成感应电动势。

根据电荷守恒定律，电流连续性方程的微分形式为

$$\nabla\cdot\boldsymbol{J}=-\frac{\partial\rho}{\partial t} \tag{2-20}$$

对于恒定电场，电流连续性方程的微分与积分形式为

$$\nabla\cdot\boldsymbol{J}=0,\quad \oiint_S \boldsymbol{J}\cdot\mathrm{d}\boldsymbol{S}=0 \tag{2-21}$$

恒定电场的边界条件

$$(\boldsymbol{J}_1-\boldsymbol{J}_2)\cdot\boldsymbol{e}_n=0,\quad \boldsymbol{e}_n\times(\boldsymbol{E}_1-\boldsymbol{E}_2)=0 \tag{2-22}$$

2.1.7　静电场比拟法

静电场中的 $\boldsymbol{D}$、ε、q 与恒定电场中的 $\boldsymbol{J}$、σ、I 存在比拟关系，即

$$\boldsymbol{E}\leftrightarrow\boldsymbol{E},\quad \boldsymbol{J}\leftrightarrow\boldsymbol{D},\quad \sigma\leftrightarrow\varepsilon, I\leftrightarrow q,\quad \varphi\leftrightarrow\varphi \tag{2-23}$$

并且，电容和电导之间也存在着对应的关联关系，即

$$\frac{G}{C}=\frac{\sigma}{\varepsilon} \tag{2-24}$$

通过静电场比拟,可以由一种情况的解导出另一种情况的解。

2.2 典型例题解析

【例题 2-1】 一个半径为 a 的半圆上均匀分布着线电荷密度 ρ_l,求垂直于圆平面的轴线上 $z=a$ 处的电场强度。

解:利用叠加原理计算如下:

$$\boldsymbol{E}=\frac{1}{4\pi\varepsilon_0}\int\frac{\rho_l \mathrm{d}l'}{R^2}\boldsymbol{e}_R$$

将 $\mathrm{d}l'=a\mathrm{d}\phi, R=\sqrt{2}a, \boldsymbol{e}_R=\boldsymbol{e}_z\cos\frac{\pi}{4}-\boldsymbol{e}_x\sin\frac{\pi}{4}\cos\phi-\boldsymbol{e}_y\sin\frac{\pi}{4}\sin\phi$ 代入上式,可得

$$\boldsymbol{E}=\frac{1}{4\pi\varepsilon_0}\int\frac{\rho_l \mathrm{d}l'}{R^2}\boldsymbol{e}_R=\frac{1}{4\pi\varepsilon_0}\int_{-\frac{\pi}{2}}^{\frac{\pi}{2}}\frac{\rho_l}{2a^2}\mathrm{d}\phi\left[\boldsymbol{e}_z\cos\frac{\pi}{4}-\boldsymbol{e}_x\sin\frac{\pi}{4}\cos\phi-\boldsymbol{e}_y\sin\frac{\pi}{4}\sin\phi\right]$$

$$=\frac{\rho_l}{8\sqrt{2}\pi\varepsilon_0 a}\left[\boldsymbol{e}_z\pi-\boldsymbol{e}_x 2\right]$$

【例题 2-2】 在相对介电常数为 ε_r 的无限大介质中,电场强度为 $\boldsymbol{E}$。如果存在如下空腔,求空腔内的电场强度和电通量密度:(1)平行于 $\boldsymbol{E}$ 的针形空腔;(2)底面垂直于 $\boldsymbol{E}$ 的薄盘形空腔。

解:(1) 对于平行于 $\boldsymbol{E}$ 的针形空腔,根据电场强度切向分量的边界条件,得

$$\boldsymbol{E}_1=\boldsymbol{E},\quad \boldsymbol{D}_1=\varepsilon_0\boldsymbol{E}$$

(2) 对于底面垂直于 $\boldsymbol{E}$ 的薄盘形空腔,根据电位移矢量法向分量的边界条件,得

$$\boldsymbol{D}_2=\varepsilon_0\varepsilon_r\boldsymbol{E},\quad \boldsymbol{E}_2=\boldsymbol{D}_2/\varepsilon_0=\varepsilon_r\boldsymbol{E}$$

【例题 2-3】 设 $z>0$ 半空间介质的介电常数为 ε_1,$z<0$ 半空间介质的介电常数为 ε_2。试求在下列情况下空间的电场强度。(1)电量为 q 的点电荷放置在介质的分界面上;(2)电荷线密度为 ρ_l 的均匀线电荷放置在介质的分界面上。

解:(1) 由点电荷为中心作半径为 r 的球面,设上下半球面上的电位移矢量为 $\boldsymbol{D}_1$、$\boldsymbol{D}_2$,根据高斯定理 $\oint_S\boldsymbol{D}\cdot\mathrm{d}\boldsymbol{S}=q$,考虑到对称性,得

$$\frac{\pi r^2}{2}(D_1+D_2)=q$$

根据边界条件 $E_{1t}=E_{2t}=E_r$,因此

$$\frac{\pi r^2}{2}(\varepsilon_1 E_r+\varepsilon_2 E_r)=q$$

$$E_r=\frac{2q}{\pi r^2(\varepsilon_1+\varepsilon_2)}$$

(2) 以线电荷为轴线作半径为 r 的单位长度的圆柱面,设上下半柱面上的电位移矢量为 $\boldsymbol{D}_1$、$\boldsymbol{D}_2$,根据高斯定理 $\oint_S\boldsymbol{D}\cdot\mathrm{d}\boldsymbol{S}=\rho_l$,考虑到对称性,则有

$$\pi r(D_1+D_2)=\rho_l$$

根据边界条件 $E_{1t}=E_{2t}=E_r$，因此

$$E_r=\frac{\rho_l}{\pi r(\varepsilon_1+\varepsilon_2)}$$

【例题 2-4】 真空中一半径为 b 的球体内充满密度为 $\rho=b^2-r^2$ 的电荷。(1)试计算球内和球外任一点的电场强度和电位；(2)在 $r=b$ 处验证边界条件。

解：(1) 电荷分布和电场分布均具有球对称性。作半径为 r 的球面为高斯面，利用高斯定理，则

$$\oiint_S \boldsymbol{E}\cdot \mathrm{d}\boldsymbol{S}=E(r)4\pi r^2=\frac{q}{\varepsilon_0}$$

当 $r\leqslant b$ 时，$q=\int_0^r(b^2-r^2)4\pi r^2\mathrm{d}r=4\pi\left(b^2\frac{r^3}{3}-\frac{r^5}{5}\right)$，故

$$\boldsymbol{E}_1=\frac{1}{\varepsilon_0}\left(b^2\frac{r}{3}-\frac{r^3}{5}\right)\boldsymbol{e}_r$$

当 $b<r$ 时，$q=\int_0^b(b^2-r^2)4\pi r^2\mathrm{d}r=4\pi\left(\frac{b^5}{3}-\frac{b^5}{5}\right)=\frac{8\pi}{15}b^5$，故

$$\boldsymbol{E}_2=\frac{1}{\varepsilon_0 r^2}\frac{2b^5}{15}\boldsymbol{e}_r$$

因此，电位分布为

当 $r\leqslant b$ 时

$$\begin{aligned}\varphi_1&=\int_r^b\boldsymbol{E}_1\cdot\mathrm{d}\boldsymbol{r}+\int_b^\infty\boldsymbol{E}_2\cdot\mathrm{d}\boldsymbol{r}\\&=\int_r^b\frac{1}{\varepsilon_0}\left(b^2\frac{r}{3}-\frac{r^3}{5}\right)\mathrm{d}r+\int_b^\infty\frac{1}{\varepsilon_0 r^2}\frac{2b^5}{15}\cdot\mathrm{d}r\\&=-\frac{b^2r^2}{6\varepsilon_0}+\frac{r^4}{20\varepsilon_0}+\frac{b^4}{4\varepsilon_0}\end{aligned}$$

当 $b<r$ 时

$$\varphi_2=\int_r^\infty\boldsymbol{E}_2\cdot\mathrm{d}\boldsymbol{r}=\int_r^\infty\frac{1}{\varepsilon_0 r^2}\frac{2b^5}{15}\cdot\mathrm{d}r=\frac{2b^5}{15\varepsilon_0 r}$$

(2) 由于电荷以体密度分布，因此在 $r=b$ 的边界上没有面电荷分布。

由于电场沿着径向，即法向，故在 $r=b$ 处有

$$D_{2n}=\varepsilon_0E_2=\frac{2b^3}{15},\quad D_{1n}=\varepsilon_0E_1=\frac{2b^3}{15}$$

所以

$$D_{2n}=D_{1n}$$

因此，在 $r=b$ 处满足电场的法向边界条件。

【例题 2-5】 试由电场强度的积分公式 $\boldsymbol{E}=\frac{1}{4\pi\varepsilon_0}\iiint_{V'}\frac{\rho\mathrm{d}V'}{R^2}\boldsymbol{e}_R$ 推导出高斯通量定理的积分形式。

解：

$$\oint_S \boldsymbol{E}\cdot \mathrm{d}\boldsymbol{S}=\frac{1}{4\pi\varepsilon_0}\oint_S\left[\iiint_{V'}\frac{\rho(r')\mathrm{d}V'}{R^2}\boldsymbol{e}_R\right]\cdot \mathrm{d}\boldsymbol{S}$$

将上式积分交换次序，得

$$\oint_S \boldsymbol{E}\cdot \mathrm{d}\boldsymbol{S}=\frac{1}{4\pi\varepsilon_0}\iiint_{V'}\rho(r')\oint_S\left[\frac{\boldsymbol{e}_R}{R^2}\cdot \mathrm{d}\boldsymbol{S}\right]\mathrm{d}V'=\frac{1}{4\pi\varepsilon_0}\iiint_{V'}\rho(r')\left(\oint_S \mathrm{d}\Omega\right)\mathrm{d}V'$$

式中，$\oint_S \mathrm{d}\Omega=4\pi$ 为 $\mathrm{d}V'$ 对 V 的包络面 S 所张的立体角。因此

$$\oint_S \boldsymbol{E}\cdot \mathrm{d}\boldsymbol{S}=\frac{1}{\varepsilon_0}\iiint_{V'}\rho(r')\mathrm{d}V'=\frac{1}{\varepsilon_0}\iiint_V\rho \mathrm{d}V$$

此即高斯定理的积分形式。当 V' 在 V 外时，$\oint_S \mathrm{d}\Omega=0$，则 $\oint_S \boldsymbol{E}\cdot \mathrm{d}\boldsymbol{S}=0$。

【例题 2-6】 试由电场强度的积分公式 $\boldsymbol{E}=\frac{1}{4\pi\varepsilon_0}\iiint_{V'}\frac{\rho \mathrm{d}V'}{R^2}\boldsymbol{e}_R$ 推导出高斯通量定理的微分形式。

解： $\nabla\cdot \boldsymbol{E}(r)=\frac{1}{4\pi\varepsilon_0}\nabla\cdot\iiint_{V'}\frac{\rho(r')\mathrm{d}V'}{R^2}\boldsymbol{e}_R=\frac{1}{4\pi\varepsilon_0}\nabla\cdot\iiint_{V'}\frac{\rho(r')\boldsymbol{R}\mathrm{d}V'}{R^3}$

由于 ∇ 只对坐标 r 作微分运算，故有

$$\nabla\cdot \boldsymbol{E}(r)=\frac{1}{4\pi\varepsilon_0}\iiint_{V'}\rho(r')\ \nabla\cdot\frac{\boldsymbol{R}}{R^3}\mathrm{d}V'$$

因为 $\nabla\left(\frac{1}{R}\right)=-\frac{\boldsymbol{R}}{R^3}$，而 $\nabla^2\left(\frac{1}{R}\right)=-4\pi\delta(\boldsymbol{r}-\boldsymbol{r}')$，所以

$$\nabla\cdot \boldsymbol{E}(r)=-\frac{1}{4\pi\varepsilon_0}\iiint_{V'}\rho(r')\ \nabla^2\left(\frac{1}{R}\right)\mathrm{d}V'=\frac{1}{\varepsilon_0}\iiint_{V'}\rho(r')\delta(\boldsymbol{r}-\boldsymbol{r}')\mathrm{d}V'=\frac{\rho(r)}{\varepsilon_0}$$

此即高斯通量定理的微分形式。

【例题 2-7】 设 $x<0$ 半空间为空气，$x>0$ 半空间介质的介电常数为 $3\varepsilon_0$。空气中的电场强度为 $\boldsymbol{E}_1=3\boldsymbol{e}_x+4\boldsymbol{e}_y+5\boldsymbol{e}_z$，单位是 V/m。求介质空间的电场强度。

解： 空气中电场强度的切向分量为

$$\boldsymbol{E}_{1\mathrm{t}}=4\boldsymbol{e}_y+5\boldsymbol{e}_z$$

因此，根据电场强度的切向分量的边界条件，介质空间的电场强度的切向分量为

$$\boldsymbol{E}_{2\mathrm{t}}=4\boldsymbol{e}_y+5\boldsymbol{e}_z$$

对于法向分量，利用电位移矢量的法向分量的边界条件，得

$$\varepsilon_0 E_{1x}=3\varepsilon_0 E_{2x}$$

所以，$E_{2x}=1$，故

$$\boldsymbol{E}_2=\boldsymbol{e}_x+4\boldsymbol{e}_y+5\boldsymbol{e}_z$$

【例题 2-8】 直径为 2mm 的导线，每 100m 长的电阻为 1Ω，当导线中通过电流 20A 时，试求导线中的电场强度。如果导线中除有上述电流通过外，导线表面还均匀分布着面电荷密度为 $\rho_s=5\times10^{-12}\mathrm{C/m^2}$ 的电荷，导线周围的介质为空气，试求导线表面上的场强大小和方向。

解： 在导体内部只存在切向场 E_t，并且

$$\int E_\mathrm{t}\cdot \mathrm{d}l=E_\mathrm{t}l=IR$$

因此

$$E_t = \frac{IR}{l} = \frac{20 \times 1}{100} \text{V/m} = 0.2\text{V/m}$$

因为在导体表面存在恒定电荷，所以产生的场强是

$$E_n = \frac{D_n}{\varepsilon_0} = \frac{\rho_s}{\varepsilon_0} = \frac{5 \times 10^{-12}}{8.85 \times 10^{-12}} \text{V/m} = 0.565\text{V/m}$$

故导体表面上总的场强为

$$E = \sqrt{E_t^2 + E_n^2} = 0.565\text{V/m}$$

电场强度与导体表面法向的夹角为

$$\alpha = \arctan \frac{E_t}{E_n} = 19.5°$$

【例题 2-9】 将介电常数为 ε、内外半径分别为 a 和 b 的介质球壳从无穷远处移到真空中点电荷 Q 的电场中，并设 Q 位于坐标原点处。设移动后球壳中心与原点重合，求该过程中电场力所做的功。

解：由高斯定理可求得点电荷 Q 产生的电场为

$$\boldsymbol{D} = \frac{Q}{4\pi r^2} \boldsymbol{e}_r$$

介质球壳移入前后，区域 $a \leqslant r \leqslant b$ 的静电能量密度分别为

$$\omega_{e1} = \frac{D^2}{2\varepsilon_0} = \frac{1}{2\varepsilon_0} \left(\frac{Q}{4\pi r^2} \right)^2 \boldsymbol{e}_r, \quad \omega_{e2} = \frac{D^2}{2\varepsilon} = \frac{1}{2\varepsilon} \left(\frac{Q}{4\pi r^2} \right)^2 \boldsymbol{e}_r$$

根据能量守恒，系统的功能关系为

$$\mathrm{d}W = F\mathrm{d}x + \mathrm{d}W_e$$

其中，电场力做功为 $\mathrm{d}A = F\mathrm{d}x$，系统的静电能量改变为 $\mathrm{d}W_e$，$\mathrm{d}W$ 是外电源所提供的能量。由题意，该过程中外电源提供的能量为零，即 $\mathrm{d}W = 0$，因此，系统能量的变化即为克服电场力做的功。介质球壳移入前后静电能量的变化为

$$\Delta W_e = \iiint_V (\omega_{e2} - \omega_{e1}) \mathrm{d}V = \int_a^b \frac{\varepsilon_0 - \varepsilon}{2\varepsilon_0 \varepsilon} \left(\frac{Q}{4\pi r^2} \right)^2 4\pi r^2 \mathrm{d}r = \frac{(\varepsilon_0 - \varepsilon) Q^2}{8\pi \varepsilon_0 \varepsilon} \left(\frac{1}{a} - \frac{1}{b} \right)$$

该过程中电场力所做的功为

$$\Delta W = -\Delta W_e = \frac{(\varepsilon - \varepsilon_0) Q^2}{8\pi \varepsilon_0 \varepsilon} \left(\frac{1}{a} - \frac{1}{b} \right)$$

【例题 2-10】 平行板电容器的电容是 $\varepsilon_0 \dfrac{S}{d}$，其中 S 为板面积，d 为板间距，忽略边缘效应。

(1) 当把一块厚度为 Δd、面积为 S 的不带电金属插入两板之间，但不与两极接触，如图 2-1(a)所示。则在原电容器电压 U_0 一定的条件下，电容器的能量及电容量如何变化？

(2) 在电荷 q 一定的条件下，将一块面积为 ΔS，厚度为 d，介电常数为 ε 的介质板，与两极垂直地插入电容器中，如图 2-1(b)所示，则电容器的能量及电容量又如何变化？

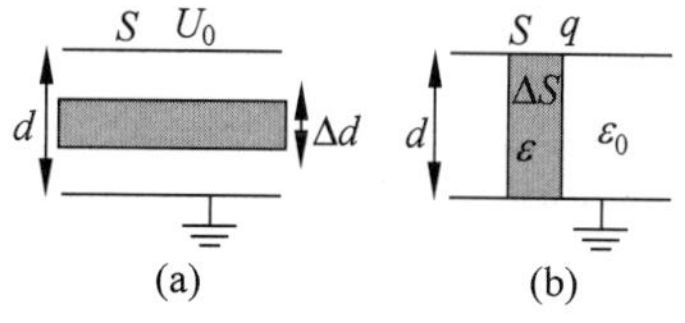

图 2-1　例题 2-10 图

解：(1) 在电压 U_0 一定的条件下，未插入金属板之

前,电容器的电场、能量分别为

$$E_0=\frac{U_0}{d},\quad W_{e0}=\frac{1}{2}C_0U_0^2=\frac{\varepsilon_0 SU_0^2}{2d}$$

插入金属板之后,电容器内金属板两侧的电场为

$$E_1=E_2=E$$

又根据 $E_1d_1+E_2d_2=U_0$,所以

$$E=\frac{U_0}{d_1+d_2}=\frac{U_0}{d-\Delta d}$$

因此,静电能量为

$$W_{e1}=\frac{1}{2}\varepsilon_0E^2S(d-\Delta d)=\frac{\varepsilon_0 SU_0^2}{2(d-\Delta d)}$$

电容为

$$C=\frac{2W_{e1}}{U_0^2}=\frac{\varepsilon_0 S}{d-\Delta d}$$

故电容器的能量及电容量变化为

$$\Delta W_e=W_{e1}-W_{e0}=\frac{\varepsilon_0 SU_0^2\Delta d}{2d(d-\Delta d)}$$

$$\Delta C=C-C_0=\frac{\varepsilon_0 S}{d-\Delta d}-\frac{\varepsilon_0 S}{d}=\frac{\varepsilon_0 S\Delta d}{d(d-\Delta d)}$$

(2) 在电荷 q 一定的条件下,未插入介质板之前,电容器的电场、能量分别为

$$E_0=\frac{\sigma}{\varepsilon_0}=\frac{q}{\varepsilon_0 S},\quad W_{e0}=\frac{1}{2}\frac{q^2}{C_0}=\frac{dq^2}{2\varepsilon_0 S}$$

在插入介质板之后,根据介质分界面上的边界条件 $E_1=E_2=E$,由高斯定理得

$$E\varepsilon\Delta S+E\varepsilon_0(S-\Delta S)=q$$

所以

$$E=\frac{q}{\varepsilon\Delta S+\varepsilon_0(S-\Delta S)}$$

两极电压为

$$U=Ed=\frac{qd}{\varepsilon\Delta S+\varepsilon_0(S-\Delta S)}$$

静电能量为

$$W_{e1}=\frac{1}{2}qU=\frac{1}{2}\frac{q^2d}{\varepsilon\Delta S+\varepsilon_0(S-\Delta)S}$$

电容为

$$C=\frac{\varepsilon\Delta S+\varepsilon_0(S-\Delta)S}{d}$$

故电容器的能量及电容量变化为

$$\Delta W=W_{e1}-W_{e0}=\frac{1}{2}\frac{-(\varepsilon-\varepsilon_0)q^2d}{\varepsilon_0 S[\varepsilon\Delta S+\varepsilon_0(S-\Delta)S]}$$

$$\Delta C = C - C_0 = \frac{(\varepsilon - \varepsilon_0)\Delta S}{d}$$

【例题 2-11】 一点电荷 q 放在半径为 a 的接地细圆环的轴线上，该点电荷距离圆环中心为 b，这时环上的感应电荷为 $-Q$。若周围介质为空气，确定此环的电容。

解：设圆环的电容为 C，q 在圆环上产生电位，该电位亦即圆环带电量为 q 时在点电荷所在处的电位，即

$$\varphi = \frac{q}{4\pi\varepsilon_0\sqrt{a^2+b^2}}$$

由于圆环接地，并且感应电荷为 $-Q$，因此，利用叠加原理得

$$\frac{-Q}{C} + \frac{q}{4\pi\varepsilon_0\sqrt{a^2+b^2}} = 0$$

所以，圆环的电容为

$$C = 4\pi\varepsilon_0\sqrt{a^2+b^2}\,\frac{Q}{q}$$

【例题 2-12】 某静电场的电场线方程是 $(x-3)\mathrm{d}y-(y+2)\mathrm{d}x=0$，试确定该电场电位的表达式。

解：根据题意，在 xOy 平面内设电场为 $\boldsymbol{E}=E_x\boldsymbol{e}_x+E_y\boldsymbol{e}_y$，$\mathrm{d}\boldsymbol{l}=\mathrm{d}x\boldsymbol{e}_x+\mathrm{d}y\boldsymbol{e}_y$，根据 $\boldsymbol{E}\times\mathrm{d}\boldsymbol{l}=0$，得到电场线的标准形式是

$$E_x\mathrm{d}y - E_y\mathrm{d}x = 0$$

因此，将上式和电场线方程比较得

$$E_x = x-3,\quad E_y = y+2$$

又

$$E_x = -\frac{\partial\varphi}{\partial x},\quad E_y = -\frac{\partial\varphi}{\partial y}$$

故

$$\frac{\partial\varphi}{\partial x} = 3-x$$

对上式积分得

$$\varphi = -\left(\frac{1}{2}x^2-3x\right)+f(y)$$

由 $y+2=-\dfrac{\partial\varphi}{\partial y}=-f'(y)$ 得

$$f(y) = -\left(\frac{1}{2}y^2+2y\right)+C$$

从而电位函数为

$$\varphi = -\frac{1}{2}(x^2+y^2)+3x-2y+C$$

【例题 2-13】 在无限大真空中，已知 $\varphi=\dfrac{Q}{4\pi\varepsilon_0 r}\mathrm{e}^{-r/\lambda}$，求对应的电场及电荷分布。

解：(1) 电场分布。

$$\boldsymbol{E} = -\nabla\varphi = -\boldsymbol{e}_r\frac{\mathrm{d}}{\mathrm{d}r}\left(\frac{Q}{4\pi\varepsilon_0 r}\mathrm{e}^{-r/\lambda}\right) = \frac{Q}{4\pi\varepsilon_0}\mathrm{e}^{-r/\lambda}\left(\frac{1}{r^2}+\frac{1}{r\lambda}\right)\boldsymbol{e}_r$$

(2) 电荷分布。

根据$\nabla^2\varphi=-\frac{\rho}{\varepsilon_0}$可以求得电荷分布。注意 $r=0$ 为奇点。

当 $r\neq 0$ 时,

$$\rho=-\varepsilon_0\nabla^2\varphi=-\varepsilon_0\frac{1}{r^2}\frac{\mathrm{d}}{\mathrm{d}r}\left(r^2\frac{\mathrm{d}\varphi}{\mathrm{d}r}\right)=-\frac{Q}{4\pi\lambda^2 r\varepsilon_0}\mathrm{e}^{-r/\lambda}$$

当 $r=0$ 时,应有点电荷分布。先利用高斯定理求出半径为 r 的球面包围的总电量为

$$Q'=\varepsilon_0\oint\!\!\oint_S E\cdot\mathrm{d}S=4\pi\varepsilon_0 r^2 E=Q\mathrm{e}^{-r/\lambda}\left(1+\frac{r}{\lambda}\right)$$

再利用电荷密度积分得到总体电荷为

$$Q''=\iiint_V\rho\mathrm{d}V=-\int_0^r\frac{Q}{4\pi\lambda^2 r\varepsilon_0}\mathrm{e}^{-r/\lambda}4\pi r^2\mathrm{d}r=Q\mathrm{e}^{-r/\lambda}\left(1+\frac{r}{\lambda}\right)-Q$$

所以,$r=0$ 时的点电荷为

$$q=Q'-Q''=Q$$

故电荷分布的情况为

$$\rho=-\frac{Q}{4\pi\lambda^2 r\varepsilon_0}\mathrm{e}^{-r/\lambda}+Q\delta(r)$$

【例题 2-14】 将一个带电量为 q、半径为 a 的导体球切成两半,求两半球之间的电场力。

解:导体球的静电能量为

$$W_\mathrm{e}=\frac{1}{2}\frac{q^2}{C}=\frac{q^2}{8\pi\varepsilon_0 a}$$

根据虚位移法,导体表面单位面积的电荷受到的静电力为

$$\boldsymbol{f}=-\frac{1}{4\pi a^2}\frac{\partial W_\mathrm{e}}{\partial a}\boldsymbol{e}_r=\frac{q^2}{32\pi^2\varepsilon_0 a^4}\boldsymbol{e}_r$$

因此,在半球上对 $\boldsymbol{f}$ 积分,可得两半球之间的电场力为

$$\boldsymbol{F}=\iint\boldsymbol{f}\mathrm{d}S=\int_0^{2\pi}\int_0^{\pi/2}\boldsymbol{e}_r\frac{q^2}{32\pi^2\varepsilon_0 a^4}a^4\sin\theta\mathrm{d}\theta\mathrm{d}\phi$$

$$=\boldsymbol{e}_z\int_0^{2\pi}\int_0^{\pi/2}\frac{q^2}{32\pi^2\varepsilon_0 a^4}a^4\sin\theta\cos\theta\mathrm{d}\theta\mathrm{d}\phi=\frac{q^2}{32\pi^2\varepsilon_0 a^2}\boldsymbol{e}_z$$

【例题 2-15】 两个平行共轴的细导体圆环,半径均为 a,相距为 b,移动电荷 q 至两圆环中心所做的功分别为 W_1 和 W_2。试证明两圆环所带的电荷分别为

$$q_1=\frac{4\pi\varepsilon_0 a}{b^2 q}(a^2+b^2)^{1/2}[(a^2+b^2)^{1/2}W_1-aW_2]$$

$$q_2=\frac{4\pi\varepsilon_0 a}{b^2 q}(a^2+b^2)^{1/2}[(a^2+b^2)^{1/2}W_2-aW_1]$$

证明:一个半径为 a,均匀带电(密度为 ρ_l)的圆环,其轴上任一 z 处的电位为

$$\varphi=\frac{q}{4\pi\varepsilon_0(z^2+a^2)^{1/2}}$$

根据上式，在第一个圆环中心处的电位为

$$\varphi_1=\frac{q_1}{4\pi\varepsilon_0 a}+\frac{q_2}{4\pi\varepsilon_0(b^2+a^2)^{1/2}}$$

将点电荷 q 从无穷远移至线圈 1 中心处所做的功为

$$W_1=q\varphi_1=q\left[\frac{q_1}{4\pi\varepsilon_0 a}+\frac{q_2}{4\pi\varepsilon_0(b^2+a^2)^{1/2}}\right] \tag{2-25}$$

在第二个圆环中心处的电位为

$$\varphi_2=\frac{q_2}{4\pi\varepsilon_0 a}+\frac{q_1}{4\pi\varepsilon_0(b^2+a^2)^{1/2}}$$

将点电荷 q 从无穷远移至圆环 2 中心处所做的功为

$$W_2=q\varphi_2=q\left[\frac{q_2}{4\pi\varepsilon_0 a}+\frac{q_1}{4\pi\varepsilon_0(b^2+a^2)^{1/2}}\right] \tag{2-26}$$

联立式(2-25)和式(2-26)，可得

$$q_1=\frac{4\pi\varepsilon_0 a}{b^2 q}(a^2+b^2)^{1/2}[(a^2+b^2)^{1/2}W_1-aW_2]$$

$$q_2=\frac{4\pi\varepsilon_0 a}{b^2 q}(a^2+b^2)^{1/2}[(a^2+b^2)^{1/2}W_2-aW_1]$$

【例题 2-16】 如图 2-2 所示，双线传输线的导线半径为 a，两轴线的距离为 d，传输线周围的介质电导率为 σ。求双线单位长度的漏电导。

解：设 $d\gg a$，导线所带电荷密度为 $\pm\rho$，则利用叠加原理得到距离左侧导线的轴线 r 处的电场为

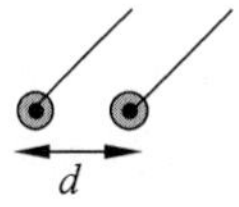

图 2-2　例题 2-16 图

$$E=\frac{\rho}{2\pi\varepsilon r}+\frac{\rho}{2\pi\varepsilon(d-r)}$$

因此，双导线之间的电压为

$$U=\int_a^{d-a}E\,\mathrm{d}r=\int_a^{d-a}\frac{\rho}{2\pi\varepsilon r}\mathrm{d}r+\int_a^{d-a}\frac{\rho}{2\pi\varepsilon(d-r)}\mathrm{d}r$$

$$=\frac{\rho}{2\pi\varepsilon}\ln\frac{d-a}{a}-\frac{\rho}{2\pi\varepsilon}\ln\frac{a}{d-a}\approx\frac{\rho}{\pi\varepsilon}\ln\frac{d}{a}$$

由此求得单位长度双导线之间的电容为

$$C=\frac{q}{U}=\frac{\rho}{U}=\frac{\pi\varepsilon}{\ln\dfrac{d}{a}}$$

再利用静电比拟法，得到双线单位长度的漏电导为

$$G=\frac{\pi\sigma}{\ln\dfrac{d}{a}}$$

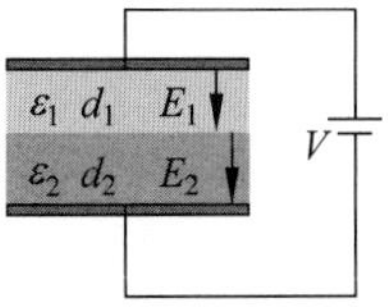

图 2-3　例题 2-17 图

【例题 2-17】 平行板电容器填充介电常数分别为 ε_1 和 ε_2 的两层介质，厚度分别为 d_1 和 d_2，如图 2-3 所示。已知加在两平行板间的电压为 V，计算平行板间的电场及电荷分布。

解：忽略边缘效应，导体板上电荷均匀分布，则板间电场均匀，电

场线为平行的直线。设两层介质的电场分别为 E_1 和 E_2，方向向下，根据电位移矢量的边界条件，有

$$\varepsilon_1 E_1 = \varepsilon_2 E_2$$

又 $d_1 E_1 + d_2 E_2 = V$，由此可得电场为

$$E_1 = \frac{\varepsilon_2 V}{\varepsilon_1 d_2 + \varepsilon_2 d_1}, \quad E_2 = \frac{\varepsilon_1 V}{\varepsilon_1 d_2 + \varepsilon_2 d_1}$$

正负极板的电荷面密度为

$$\rho'_{s1} = D_{1n} = \varepsilon_1 E_{1n} = \frac{\varepsilon_1 \varepsilon_2 V}{\varepsilon_1 d_2 + \varepsilon_2 d_1} = -\rho'_{s2}$$

两介质分界面的极化电荷面密度为

$$\begin{aligned}\rho'_{ps} &= p_1 - p_2 = \varepsilon_0(\varepsilon_{r1} - 1)E_{1n} - \varepsilon_0(\varepsilon_{r2} - 1)E_{2n} \\ &= D_{1n} - D_{2n} + \varepsilon_0(E_{2n} - E_{1n}) = \varepsilon_0(E_{2n} - E_{1n}) = \varepsilon_0(E_2 - E_1)\end{aligned}$$

所以

$$\rho'_{ps} = \frac{\varepsilon_0 V}{\varepsilon_1 d_2 + \varepsilon_2 d_1}(\varepsilon_2 - \varepsilon_1)$$

【例题 2-18】 试证明导体表面电荷元 $\rho_s \mathrm{d}S$ 受到的电场力为$\frac{\varepsilon E^2}{2}$。

证明：电荷元 $\rho_s \mathrm{d}S$ 本身产生的电场垂直于导体表面，在导体两边都有，方向相反，大小相等，由高斯定理计算得到电场为

$$E' = \rho_s / 2\varepsilon$$

要保证导体内部电场为零，导体上其他电荷产生的电场的方向也一定垂直向外，大小也为 $\rho_s/2\varepsilon$，因此，导体外部的总电场为 $E = \rho_s/\varepsilon$。故 $\rho_s \mathrm{d}S$ 受到的电场力大小为(计算时不能包括电荷元 $\rho_s \mathrm{d}S$ 本身产生的电场)

$$\mathrm{d}F = E' \cdot \rho_s \mathrm{d}S = \frac{\rho_s}{2\varepsilon} \cdot \rho_s \mathrm{d}S = \frac{\rho_s^2}{2\varepsilon} \cdot \mathrm{d}S = \frac{\varepsilon}{2} \cdot \left(\frac{\rho_s}{\varepsilon}\right)^2 \cdot \mathrm{d}S = \frac{\varepsilon}{2} \cdot E^2 \cdot \mathrm{d}S$$

因此，导体表面单位面积受到的力(压强)为

$$\frac{\mathrm{d}F}{\mathrm{d}S} = \frac{\varepsilon E^2}{2} = \omega_e$$

由此可见，作用在导体上的电场力对导体施负压，压强就等于电场能量密度。

【例题 2-19】 面电荷密度为 $\rho_s = 1\mathrm{nC/m^2}$ 的电荷均匀分布在平面 $-x + 3y - 6z = 6$ 上。求包含坐标原点一侧空间中的电场强度。

解：利用高斯定理，均匀分布在平面上的面电荷产生的电场强度为

$$\boldsymbol{E} = \boldsymbol{e}_n \rho_s / 2\varepsilon_0$$

而平面的法向单位矢量为

$$\boldsymbol{e}_n = \frac{-\boldsymbol{e}_x + 3\boldsymbol{e}_y - 6\boldsymbol{e}_z}{\sqrt{46}}$$

故

$$\boldsymbol{E} = \boldsymbol{e}_n \rho_s / 2\varepsilon_0 = \frac{-\boldsymbol{e}_x + 3\boldsymbol{e}_y - 6\boldsymbol{e}_z}{\sqrt{46}}\left(\frac{10^{-9}}{2 \times 8.85 \times 10^{-12}}\right)\mathrm{V/m} = -8.34(\boldsymbol{e}_x - 3\boldsymbol{e}_y + 6\boldsymbol{e}_z)\mathrm{V/m}$$

【例题 2-20】 半径为 R_1 和 $R_2(R_1<R_2)$ 的两个同心球面之间充满了电导率为 $\sigma=\sigma_0\left(\frac{1+K}{r}\right)$ 的材料，其中 K 为常数。试求两理想导体球面间的电阻。

解：设两理想导体球面间的总电流大小为 I，则电流密度为

$$J=\frac{I}{4\pi r^2}$$

两导体球面间的电场强度为

$$E=\frac{J}{\sigma}=\frac{I}{4\pi\sigma_0(1+K)r}$$

两导体球面间的电压为

$$U=\int_{R_1}^{R_2}E\,\mathrm{d}r=\frac{I}{4\pi\sigma_0(1+K)}\ln\frac{R_2}{R_1}$$

所以，两导体球面间的电阻为

$$R=\frac{U}{I}=\frac{1}{4\pi\sigma_0(1+K)}\ln\frac{R_2}{R_1}$$

【例题 2-21】 两接地器均由半径为 a 的半球形金属体构成，相距为 $D(D\gg a)$。设接地器间所加的电压为 U，大地的电导率为 σ。试求：

(1) 两电极之间的电阻；

(2) 流经大地中的电流。

解：当 $D\gg a$ 时，可以采用孤立导体球电位的计算方法。利用镜像法作出半球的镜像，当流入半球的电流为 I 时，则流入全球的电流为 $2I$。两个孤立导体球的电流分布为

$$\boldsymbol{J}_1=\frac{2I}{4\pi r_1^2}\boldsymbol{e}_r=\frac{I}{2\pi r_1^2}\boldsymbol{e}_r,\quad \boldsymbol{J}_2=-\frac{I}{2\pi r_2^2}\boldsymbol{e}_r$$

电场强度为

$$\boldsymbol{E}_1=\frac{I}{2\pi\sigma r_1^2}\boldsymbol{e}_r,\quad \boldsymbol{E}_2=-\frac{I}{2\pi\sigma r_2^2}\boldsymbol{e}_r$$

设无穷远处为零电位参考点，则两接地器的电位分别为

$$\varphi_1=\int_a^{\infty}E_1\mathrm{d}r_1+\int_{D-a}^{\infty}E_2\mathrm{d}r_2=\frac{I}{2\pi\sigma}\left(\frac{1}{a}-\frac{1}{D-a}\right)$$

$$\varphi_2=\int_{D-a}^{\infty}E_1\mathrm{d}r_1+\int_a^{\infty}E_2\mathrm{d}r_2=\frac{I}{2\pi\sigma}\left(\frac{1}{D-a}-\frac{1}{a}\right)$$

因此，两接地器之间的电压为

$$U=\varphi_1-\varphi_2=\frac{I}{\pi\sigma}\left(\frac{1}{a}-\frac{1}{D-a}\right)$$

(1) 两接地器之间的电阻为

$$R=\frac{U}{I}=\frac{1}{\pi\sigma}\left(\frac{1}{a}-\frac{1}{D-a}\right)$$

(2) 流经大地中的电流为

$$I=\frac{U}{R}=\frac{\pi\sigma Ua(D-a)}{D-2a}$$

【例题 2-22】 同轴电缆横截面如图 2-4 所示，内导体半径为 a，外导体内半径为 b，其间 1/3 填充 ε_r 的介质，其余 2/3 为空气，内外导体的电压为 U_0。试计算：

(1) 介质中的电场强度；

(2) 同轴线单位长度的电容；

(3) 束缚电荷面密度。

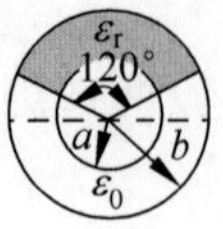

图 2-4　例题 2-22 图

解：(1) 计算电场强度。

两介质中的电场均沿径向，依据切向电场的边界条件 $E_r = E_{r1} = E_{r2}$，设单位长度的电荷密度为 ρ_l，根据高斯定理

$$2\pi r \cdot \frac{2}{3}\varepsilon_0 E_r + 2\pi r \cdot \frac{1}{3}\varepsilon_0\varepsilon_r E_r = \rho_l$$

所以

$$E_r = \frac{\rho_l}{2\pi r\varepsilon_0\left(\frac{2}{3}+\frac{1}{3}\varepsilon_r\right)}$$

因为

$$U_0 = \int_a^b E_r \mathrm{d}r = \int_a^b \frac{\rho_l}{2\pi r\varepsilon_0\left(\frac{2}{3}+\frac{1}{3}\varepsilon_r\right)}\mathrm{d}r = \frac{\rho_l}{2\pi\varepsilon_0\left(\frac{2}{3}+\frac{1}{3}\varepsilon_r\right)}\ln\left(\frac{b}{a}\right)$$

故

$$\rho_l = \frac{U_0\,\frac{2}{3}\pi\varepsilon_0(2+\varepsilon_r)}{\ln\left(\frac{b}{a}\right)}$$

即

$$E_r = \frac{U_0}{r\ln\left(\frac{b}{a}\right)}$$

(2) 同轴线单位长度的电容。

空气介质区域的电容为

$$C_0 = \frac{\rho_l}{U_0} = \frac{\varepsilon_0 E_r\big|_{r=a} \times \frac{2}{3}2\pi a}{U_0} = \frac{4}{3}\,\frac{\pi\varepsilon_0}{\ln\left(\frac{b}{a}\right)}$$

ε_r 介质区域的电容为

$$C_1 = \frac{\rho_{l2}}{U_0} = \frac{\varepsilon_0\varepsilon_r E_r\big|_{r=a} \times \frac{1}{3}2\pi a}{U_0} = \frac{2}{3}\,\frac{\pi\varepsilon_r\varepsilon_0}{\ln\left(\frac{b}{a}\right)}$$

两个区域的电容并联，因此

$$C = C_0 + C_1 = \frac{2}{3}\left[\frac{\pi\varepsilon_0}{\ln\left(\frac{b}{a}\right)}(2+\varepsilon_r)\right]$$

(3) 束缚电荷面密度。

因为 $\rho_{ps}=\boldsymbol{P}\cdot\boldsymbol{e}_n=\varepsilon_0(\varepsilon_r-1)\boldsymbol{E}_r\cdot\boldsymbol{e}_n$，所以束缚电荷只出现在 ε_r 介质区域与径向垂直的面上。

$r=a$ 界面处

$$\rho_{ps1}=\varepsilon_0(\varepsilon_r-1)\boldsymbol{E}_r\big|_{r=a}\cdot(-\boldsymbol{e}_r)=-\varepsilon_0(\varepsilon_r-1)\frac{U_0}{a\ln\left(\dfrac{b}{a}\right)}$$

$r=b$ 界面处

$$\rho_{ps2}=\varepsilon_0(\varepsilon_r-1)\boldsymbol{E}_r\big|_{r=b}\cdot\boldsymbol{e}_r=\varepsilon_0(\varepsilon_r-1)\frac{U_0}{b\ln\left(\dfrac{b}{a}\right)}$$

【例题 2-23】 求非均匀介质(介电常数和电导率非均匀)中存在恒定电流 J 的情况下，自由电荷的体密度和束缚电荷体密度。

解：自由电荷的体密度为

$$\rho=\nabla\cdot\boldsymbol{D}=\nabla\cdot(\varepsilon\boldsymbol{E})=\boldsymbol{E}\cdot\nabla\varepsilon+\varepsilon\,\nabla\cdot\boldsymbol{E}=\frac{\boldsymbol{J}}{\sigma}\cdot\nabla\varepsilon+\varepsilon\,\nabla\cdot\left(\frac{\boldsymbol{J}}{\sigma}\right)$$

$$=\frac{\boldsymbol{J}}{\sigma}\cdot\nabla\varepsilon+\varepsilon\boldsymbol{J}\cdot\nabla\left(\frac{1}{\sigma}\right)+\varepsilon\frac{1}{\sigma}\nabla\cdot\boldsymbol{J}$$

由于 $\nabla\cdot\boldsymbol{J}=0$，故有

$$\rho=\frac{\boldsymbol{J}}{\sigma}\cdot\nabla\varepsilon+\varepsilon\boldsymbol{J}\cdot\nabla\left(\frac{1}{\sigma}\right)=\boldsymbol{J}\cdot\nabla\left(\frac{\varepsilon}{\sigma}\right)$$

因此，束缚电荷体密度

$$\rho_p=-\nabla\cdot\boldsymbol{P}=-\nabla\cdot(\boldsymbol{D}-\varepsilon_0\boldsymbol{E})=-\nabla\cdot\boldsymbol{D}+\varepsilon_0\,\nabla\cdot\boldsymbol{E}=-\rho+\varepsilon_0\,\nabla\cdot\left(\frac{\boldsymbol{J}}{\sigma}\right)$$

$$=-\boldsymbol{J}\cdot\nabla\left(\frac{\varepsilon}{\sigma}\right)+\varepsilon_0\boldsymbol{J}\cdot\nabla\left(\frac{1}{\sigma}\right)=\boldsymbol{J}\cdot\left[\varepsilon_0\,\nabla\left(\frac{1}{\sigma}\right)-\nabla\left(\frac{\varepsilon}{\sigma}\right)\right]$$

【例题 2-24】 空气中一半径为 a 的介质球内极化强度为 $\boldsymbol{P}=\boldsymbol{e}_rK/r$，其中 K 是一个常数，介质的相对介电常数为 ε_r。试求：

(1) 介质球的束缚电荷的体密度和面密度；

(2) 介质球的自由电荷体密度；

(3) 球内外的电场强度。

解：(1) 在球坐标系下，介质球的束缚电荷的体密度和面密度分别为

$$\rho_p=-\nabla\cdot\boldsymbol{P}=-\nabla\cdot(\boldsymbol{e}_rK/r)=-\frac{1}{r^2}\left(\frac{\mathrm{d}}{\mathrm{d}r}r^2\cdot K/r\right)=-K\frac{1}{r^2}$$

$$\rho_{ps}=\boldsymbol{P}\cdot\boldsymbol{e}_r\big|_{r=a}=\boldsymbol{e}_r\cdot(\boldsymbol{e}_rK/r)=K\frac{1}{a}$$

(2) 由于

$$\boldsymbol{P}=\varepsilon_0\chi_e\boldsymbol{E}=\varepsilon_0(\varepsilon_r-1)\boldsymbol{E}=(\varepsilon_r-1)\frac{\boldsymbol{D}}{\varepsilon_r}$$

因此，电位移矢量为

$$\boldsymbol{D}=\frac{\varepsilon_{\mathrm{r}}}{\varepsilon_{\mathrm{r}}-1}\boldsymbol{P}=\boldsymbol{e}_r\frac{\varepsilon_{\mathrm{r}}}{\varepsilon_{\mathrm{r}}-1}K/r$$

故介质球的自由电荷体密度为

$$\rho=\nabla\cdot\boldsymbol{D}=\nabla\cdot\left[\boldsymbol{e}_r\frac{\varepsilon_{\mathrm{r}}}{\varepsilon_{\mathrm{r}}-1}K/r\right]=\frac{\varepsilon_{\mathrm{r}}}{\varepsilon_{\mathrm{r}}-1}K/r^2$$

(3) 在介质球内,作一半径为 r 的球面,根据高斯定理 $\oint_S\boldsymbol{D}\cdot\mathrm{d}\boldsymbol{S}=Q$ 得

$$4\pi r^2D=\int_0^r\rho4\pi r^2\mathrm{d}r=\int_0^r\frac{\varepsilon_{\mathrm{r}}}{\varepsilon_{\mathrm{r}}-1}K\frac{1}{r^2}\cdot4\pi r^2\mathrm{d}r=\frac{4\pi\varepsilon_{\mathrm{r}}}{\varepsilon_{\mathrm{r}}-1}Kr$$

故

$$D=\frac{\varepsilon_{\mathrm{r}}}{(\varepsilon_{\mathrm{r}}-1)r}K$$

因此,球内的电场强度为

$$\boldsymbol{E}=\frac{\boldsymbol{D}}{\varepsilon_0\varepsilon_{\mathrm{r}}}=\frac{K}{\varepsilon_0(\varepsilon_{\mathrm{r}}-1)r}\boldsymbol{e}_r\qquad(r<a)$$

在介质球外,作一半径为 r 的球面,根据高斯定理 $\oint_S\boldsymbol{D}\cdot\mathrm{d}\boldsymbol{S}=Q$ 得

$$4\pi r^2D=\int_0^r\rho4\pi r^2\mathrm{d}r=\int_0^a\frac{\varepsilon_{\mathrm{r}}}{\varepsilon_{\mathrm{r}}-1}K\frac{1}{r^2}\cdot4\pi r^2\mathrm{d}r=\frac{4\pi\varepsilon_{\mathrm{r}}}{\varepsilon_{\mathrm{r}}-1}Ka$$

故

$$D=\frac{\varepsilon_{\mathrm{r}}a}{(\varepsilon_{\mathrm{r}}-1)r^2}K$$

因此,球外的电场强度为

$$\boldsymbol{E}=\frac{\boldsymbol{D}}{\varepsilon_0}=\frac{\varepsilon_{\mathrm{r}}Ka}{\varepsilon_0(\varepsilon_{\mathrm{r}}-1)r^2}\boldsymbol{e}_r\qquad(r\geqslant a)$$

【例题 2-25】 试证明,在电场 $\boldsymbol{E}$ 中旋转一个偶极矩为 $\boldsymbol{p}_{\mathrm{e}}$ 的电偶极子所需要的能量为 $-\boldsymbol{p}_{\mathrm{e}}\cdot\boldsymbol{E}$,其中取电偶极子与电场垂直时的相应能量为零。

解:在电场 $\boldsymbol{E}$ 中旋转一个电偶极子,所需要的能量为

$$W_{\mathrm{e}}=-q\boldsymbol{E}\cdot\boldsymbol{R}=-\boldsymbol{E}\cdot(q\boldsymbol{R})=-\boldsymbol{E}\cdot\boldsymbol{p}_{\mathrm{e}}=-\boldsymbol{p}_{\mathrm{e}}\cdot\boldsymbol{E}$$

得证。

而当电偶极子与电场垂直时,能量为零,即

$$W_{\mathrm{e}}=-\boldsymbol{p}_{\mathrm{e}}\cdot\boldsymbol{E}=0$$

【例题 2-26】 证明,在均匀介质内部,极化体电荷密度是自由电荷密度的$(\varepsilon_0/\varepsilon-1)$倍。

证明:自由电荷的体密度为

$$\rho_{\mathrm{f}}=\nabla\cdot\boldsymbol{D}=\nabla\cdot(\varepsilon\boldsymbol{E})=\varepsilon\nabla\cdot\boldsymbol{E}$$

而束缚电荷体密度为

$$\rho_{\mathrm{p}}=-\nabla\cdot\boldsymbol{P}=-\nabla\cdot(\boldsymbol{D}-\varepsilon_0\boldsymbol{E})=-\nabla\cdot\boldsymbol{D}+\varepsilon_0\nabla\cdot\boldsymbol{E}=-\rho_{\mathrm{f}}+\varepsilon_0\nabla\cdot\boldsymbol{E}$$

所以

$$\rho_{\mathrm{p}}=-\varepsilon\nabla\cdot\boldsymbol{E}+\varepsilon_0\nabla\cdot\boldsymbol{E}=(-\varepsilon+\varepsilon_0)\nabla\cdot\boldsymbol{E}$$

于是

$$\frac{\rho_p}{\rho_f}=\frac{(-\varepsilon+\varepsilon_0)\ \nabla\cdot \boldsymbol{E}}{\varepsilon\ \nabla\cdot \boldsymbol{E}}=\varepsilon_0/\varepsilon-1$$

得证。

【例题 2-27】 厚度为 t 的无限大介质板(相对介电常数为 $\varepsilon_r=4$)，放置于均匀电场 $\boldsymbol{E}_0$ 中，板与 $\boldsymbol{E}_0$ 的夹角为 θ_1，如图 2-5 所示，求使 $\theta_2=\pi/4$ 的 θ_1 值；求板的两表面的束缚电荷面密度。

解：在分界面处有

$$\frac{\tan\theta_1}{\tan\theta_2}=\frac{\varepsilon_1}{\varepsilon_2}$$

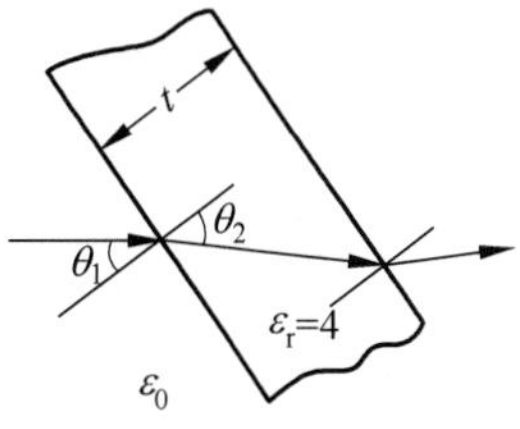

图 2-5　例题 2-27 图

即

$$\theta_1=\arctan\frac{\varepsilon_1\tan\theta_2}{\varepsilon_2}=\arctan\frac{\varepsilon_0}{\varepsilon}=\arctan\frac{1}{\varepsilon_r}$$

由于 $\varepsilon_r=4$，则 $\theta_1=14°$。

板的两表面的束缚电荷面密度为

$$\sigma_p=(E_{2n}-E_{1n})\varepsilon_0$$

根据分界面处的边界条件 $D_{1n}=D_{2n}$，即 $\varepsilon_1E_{1n}=\varepsilon_2E_{2n}$，于是

$$\varepsilon_0E_0\cos\theta_1=\varepsilon E_{2n}$$

$$\varepsilon_0E_0\cos14°=4\varepsilon_0E_{2n}$$

所以

$$E_{2n}=\frac{1}{4}E_0\cos14°$$

故介质板左边界面的束缚电荷密度为

$$\sigma_p=\left(\frac{1}{4}E_0\cos14°-E_0\cos14°\right)\varepsilon_0=-0.728E_0\varepsilon_0$$

同理，右边界面的束缚电荷密度为

$$\sigma_p=0.728E_0\varepsilon_0$$

【例题 2-28】 偶极矩为 $\boldsymbol{p}_1$ 和 $\boldsymbol{p}_2$ 的两个电偶极子相距为 $\boldsymbol{r}$，求这两个偶极子之间的相互作用能和相互作用力。

解：设两偶极子同时处在 z 轴上，偶极矩 $\boldsymbol{p}_1$ 在偶极矩 $\boldsymbol{p}_2$ 处产生的电位为

$$\varphi=\frac{\boldsymbol{p}_1\cdot\boldsymbol{r}}{4\pi\varepsilon_0r^3}$$

电场强度为

$$\boldsymbol{E}_{21}=-\nabla\varphi=-\nabla\left(\frac{\boldsymbol{p}_1\cdot\boldsymbol{r}}{4\pi\varepsilon_0r^3}\right)=\frac{1}{4\pi\varepsilon_0}\left[\frac{3(\boldsymbol{p}_1\cdot\boldsymbol{r})\boldsymbol{r}}{r^5}-\frac{\boldsymbol{p}_1}{r^3}\right]$$

相互作用能为

$$W=-\boldsymbol{p}_2\cdot\boldsymbol{E}_{21}=\frac{1}{4\pi\varepsilon_0}\left[\frac{\boldsymbol{p}_1\cdot\boldsymbol{p}_2}{r^3}-\frac{3(\boldsymbol{p}_1\cdot\boldsymbol{r})(\boldsymbol{p}_2\cdot\boldsymbol{r})}{r^5}\right]$$

根据虚功原理，相互作用力为

$$\boldsymbol{F}=-\nabla W=-\nabla\left\{\frac{1}{4\pi\varepsilon_0}\left[\frac{\boldsymbol{p}_1\cdot\boldsymbol{p}_2}{r^3}-\frac{3(\boldsymbol{p}_1\cdot\boldsymbol{r})(\boldsymbol{p}_2\cdot\boldsymbol{r})}{r^5}\right]\right\}$$

$$=\frac{1}{4\pi\varepsilon_0}\left[\frac{3(\boldsymbol{p}_1\cdot\boldsymbol{r})\boldsymbol{p}_2}{r^5}+\frac{3(\boldsymbol{p}_2\cdot\boldsymbol{r})\boldsymbol{p}_1}{r^5}+\frac{3(\boldsymbol{p}_1\cdot\boldsymbol{p}_2)\boldsymbol{r}}{r^5}-\frac{15(\boldsymbol{p}_1\cdot\boldsymbol{r})(\boldsymbol{p}_2\cdot\boldsymbol{r})\boldsymbol{r}}{r^7}\right]$$

【例题 2-29】 已知半径 $r_0=6.91\text{mm}$ 的铜质平行双线传输线，线间距离 $d=50\text{cm}$，外加电压 $U_0=100\text{V}$，导线中流过的电流 $I_0=300\text{A}$，铜的电导率 $\sigma=5.8\times10^7\text{S/m}$，试求导线内部和表面的场强值。

解：如图 2-6 所示，设导体内的电场为 E_1，导线外的电场为 E_2。在导线内部的电场只有沿 z 轴的分量，即

$$E_1=\frac{J}{\sigma}=\frac{I}{\sigma S}=\frac{I}{\pi r_0^2\sigma}$$

在导线的外表面附近，电场的切向分量为

$$E_{2t}=E_{1t}=E_1=\frac{I}{\pi r_0^2\sigma}$$

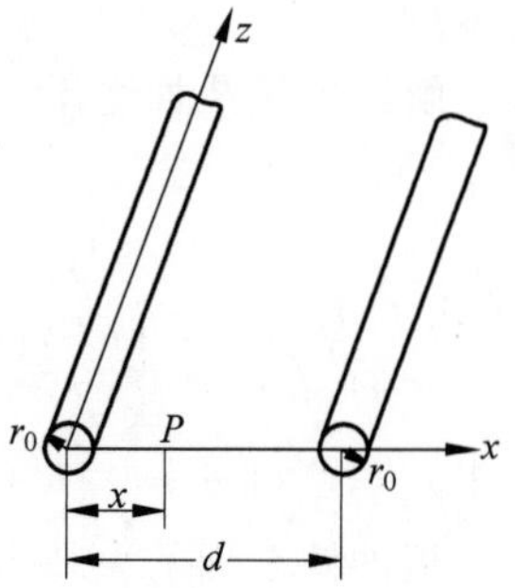

图 2-6 例题 2-29 图

电场表面的法向分量，可按静电场的方法来求。由于 $d\gg r_0$，可认为电荷集中在导线的轴线上。在两导线的平面上任一点 P 的电场为

$$E_{2n}=\frac{\rho_l}{2\pi\varepsilon_0}\left(\frac{1}{x}+\frac{1}{d-x}\right)=\frac{U_0}{2\ln\frac{d-r_0}{r_0}}\left(\frac{1}{x}+\frac{1}{d-x}\right)\approx\frac{U_0}{2\ln\frac{d}{r_0}}\left(\frac{1}{x}+\frac{1}{d-x}\right)$$

所以在导线表面上，即 $x=r_0$ 处，有

$$E_{2n}=\frac{U_0}{2\ln\frac{d}{r_0}}\left(\frac{1}{r_0}+\frac{1}{d-r_0}\right)\approx\frac{U_0}{2\ln\frac{d}{r_0}}\left(\frac{1}{r_0}+\frac{1}{d}\right)$$

于是，导线表面上的电场为

$$E_2=\sqrt{E_{2t}^2+E_{2n}^2}$$

将数据代入，得

$$E_{2t}=E_{1t}=E_1=\frac{I}{\pi r_0^2\sigma}=\frac{300}{3.14\times(6.91\times10^{-3})^2\times5.8\times10^7}\text{V/m}=0.035\text{V/m}$$

$$E_{2n}=\frac{U_0}{2\ln\frac{d}{r_0}}\left(\frac{1}{r_0}+\frac{1}{d}\right)=\frac{100}{2\ln\frac{500}{6.91}}\left(\frac{10^3}{6.91}+\frac{10}{5}\right)\text{V/m}=1700\text{V/m}$$

可见，$E_{2n}\gg E_{2t}$，表面的电场

$$E_2\approx E_{2n}=1700\text{V/m}$$

2.3 主教材习题解答

【2-1】 自由空间中点电荷 q 位于$(-5,0,0)$，点电荷 $-\frac{q}{2}$ 位于$(0,5,0)$。试确定坐标原点位置处的电场强度。

解：根据题意可知，点电荷 q 的位置矢量为 $\boldsymbol{r}_1=-5\boldsymbol{e}_x$，点电荷 $-\frac{q}{2}$ 的位置矢量为 $\boldsymbol{r}_2=$

$5\boldsymbol{e}_y$。根据库仑定律，前者在坐标原点所产生的电场强度矢量为

$$\boldsymbol{E}_1=\frac{q}{4\pi\varepsilon_0}\frac{1}{|\boldsymbol{R}_1|^3}\boldsymbol{R}_1=\frac{q}{4\pi\varepsilon_0}\frac{1}{r_1^3}(0-\boldsymbol{r}_1)=\frac{q}{100\pi\varepsilon_0}\boldsymbol{e}_x$$

同理，后者在坐标原点所产生的电场强度矢量为

$$\boldsymbol{E}_2=\frac{-q/2}{4\pi\varepsilon_0}\frac{1}{|\boldsymbol{R}_2|^3}\boldsymbol{R}_2=-\frac{1}{2}\cdot\frac{q}{4\pi\varepsilon_0}\frac{1}{r_2^3}(0-\boldsymbol{r}_2)=\frac{1}{2}\cdot\frac{q}{100\pi\varepsilon_0}\boldsymbol{e}_y$$

根据矢量叠加原理，两个点电荷在坐标原点处所形成的合成电场强度矢量为

$$\boldsymbol{E}=\boldsymbol{E}_1+\boldsymbol{E}_2=\frac{q}{100\pi\varepsilon_0}\left(\boldsymbol{e}_x+\frac{1}{2}\boldsymbol{e}_y\right)$$

【2-2】 在空气中 xOy 平面上有一半径为1的圆环，其上有电荷分布，该圆环的圆心与坐标原点重合，线电荷密度为 $\rho_l(\phi)=\cos\phi$。试计算此时 z 轴上任一点处电场强度的表达式。

解：在柱坐标系中，z 轴上任一点 $P(0,0,z)$ 的位置矢量为 $z\boldsymbol{e}_z$，分布电荷所在圆环上各点的位置矢量为 $\boldsymbol{e}_r$。根据电场强度的矢量叠加原理可得

$$\begin{aligned}\boldsymbol{E}&=\int_0^{2\pi}\frac{\rho\,\mathrm{d}\phi}{4\pi\varepsilon_0(1+z^2)^{3/2}}(z\boldsymbol{e}_z-\boldsymbol{e}_r)\\&=\frac{1}{4\pi\varepsilon_0(1+z^2)^{3/2}}\left[z\boldsymbol{e}_z\left(\int_0^{2\pi}\cos\phi\,\mathrm{d}\phi\right)-\left(\int_0^{2\pi}\boldsymbol{e}_r\cos\phi\,\mathrm{d}\phi\right)\right]\\&=\frac{1}{4\pi\varepsilon_0(1+z^2)^{3/2}}\left(\int_0^{2\pi}\boldsymbol{e}_r\cos\phi\,\mathrm{d}\phi\right)\end{aligned}$$

将 $\boldsymbol{e}_r=\cos\phi\boldsymbol{e}_x+\sin\phi\boldsymbol{e}_y$ 代入上式，可得

$$\begin{aligned}\boldsymbol{E}&=-\frac{1}{4\pi\varepsilon_0(1+z^2)^{3/2}}\left(\boldsymbol{e}_x\int_0^{2\pi}\cos\phi\cos\phi\,\mathrm{d}\phi+\boldsymbol{e}_y\int_0^{2\pi}\cos\phi\sin\phi\,\mathrm{d}\phi\right)\\&=-\frac{1}{4\pi\varepsilon_0(1+z^2)^{3/2}}(\boldsymbol{e}_x\pi+0)=-\frac{1}{4\varepsilon_0(1+z^2)^{3/2}}\boldsymbol{e}_x\end{aligned}$$

【2-3】 自由空间中有体密度为 ρ 的电荷均匀分布在 $a<r<b$ 的区域中。(1)试分析空间各区域中的电场分布情况；(2)在 $r=a$，$r=b$ 处验证边界条件。

解：(1) 根据自由空间中静电场的高斯定理易得

$$\boldsymbol{E}=\begin{cases}0, & r<a\\ \dfrac{\frac{4}{3}\pi(r^3-a^3)\rho}{4\pi\varepsilon_0r^2}\boldsymbol{e}_r=\dfrac{\rho}{3\varepsilon_0}\dfrac{r^3-a^3}{r^2}\boldsymbol{e}_r, & a<r<b\\ \dfrac{\frac{4}{3}\pi(b^3-a^3)\rho}{4\pi\varepsilon_0r^2}\boldsymbol{e}_r=\dfrac{\rho}{3\varepsilon_0}\dfrac{b^3-a^3}{r^2}\boldsymbol{e}_r, & b<r\end{cases}$$

(2) 由于电荷以体密度分布，因此在 $r=a$ 及 $r=b$ 的边界上没有面电荷分布。

在 $r=a$ 处

$$D_{2\mathrm{n}}=D_{1\mathrm{n}}=0$$

因此，在 $r=a$ 处满足电场的法向边界条件。

在 $r=b$ 处

$$D_{2n}=\varepsilon_0 E_2=\frac{\rho}{3}\frac{b^3-a^3}{b^2},\quad D_{1n}=\varepsilon_0 E_1=\frac{\rho}{3}\frac{b^3-a^3}{b^2}$$

所以

$$D_{2n}=D_{1n}$$

因此,在 $r=b$ 处满足电场的法向边界条件。

【2-4】 自由空间中半径分别为 3m、4m、5m 的无限长同轴圆柱面上有面电荷均匀分布,而且已知前两个圆柱的面电荷密度分别为 4nC/m^2 和 -6nC/m^2。如果观察发现半径为 5m 的圆柱体之外的电场为零,试确定最外侧圆柱面上的电荷面密度。

解:根据自由空间中静电场高斯定理可知,对于半径大于 5m 的圆柱面,其内部的净电荷为零,即

$$2\pi\times3\times4+2\pi\times4\times(-6)+2\pi\times5\times\rho=0$$

显然

$$\rho=\frac{12}{5}=2.4\text{nC/m}^2$$

【2-5】 如图 2-7 所示,自由空间中两偏心球面的半径分别为 a、b,其间均匀分布着密度为 ρ 的体电荷,试分析半径为 a 的小球体空腔中的电场强度。

解:如果将小球内填充密度为 ρ 的体电荷,则此时小球内 P 点的电场强度矢量为

$$\boldsymbol{E}_1=\frac{\frac{4}{3}\pi r^3\rho}{4\pi\varepsilon_0 r^2}\boldsymbol{e}_r=\frac{r\rho}{3\varepsilon_0}\boldsymbol{e}_r$$

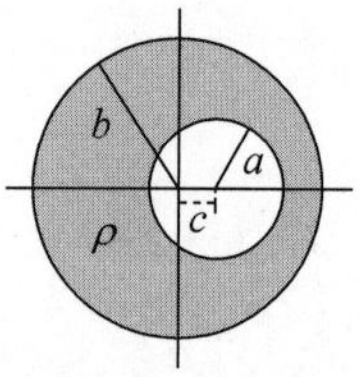

图 2-7 习题 2-5 图

上式所对应的坐标原点与大球球心重合,P 点的位置矢量为 $r\boldsymbol{e}_r$。

为抵消填充电荷给电场带来的影响,可在小球内再填充密度为 $-\rho$ 的体电荷。此时密度为 $-\rho$ 的体电荷在小球内产生的电场分布为

$$\boldsymbol{E}_2=-\frac{\frac{4}{3}\pi r'^3\rho}{4\pi\varepsilon_0 r'^2}\boldsymbol{e}_{r'}=-\frac{r'\rho}{3\varepsilon_0}\boldsymbol{e}_{r'}$$

同理,上式所对应的坐标原点与小球球心重合,因此 P 点的位置矢量会重新表示为 $r'\boldsymbol{e}_{r'}$。

根据叠加原理,小球内的电场分布为

$$\boldsymbol{E}=\boldsymbol{E}_1+\boldsymbol{E}_2=\frac{r\rho}{3\varepsilon_0}\boldsymbol{e}_r-\frac{r'\rho}{3\varepsilon_0}\boldsymbol{e}_{r'}=\frac{\rho}{3\varepsilon_0}(r\boldsymbol{e}_r-r'\boldsymbol{e}_{r'})=\frac{\rho}{3\varepsilon_0}\boldsymbol{C}$$

其中,$\boldsymbol{C}$ 代表从大球球心指向小球球心的距离矢量。

【2-6】 对矢量 $\mathrm{e}^{4x}\mathrm{e}^{-5y}\mathrm{e}^{-4z}(2\boldsymbol{e}_x-2.5\boldsymbol{e}_y-2\boldsymbol{e}_z)$ 而言,首先判断其是否有可能代表自由空间中某静电场的电场强度。如果有可能,试求出与之相应的电荷和电位分布。

解:静电场电场强度矢量的旋度必须等于零,因此通过验证其旋度情况就能做出判断,即

$$\nabla\times[\mathrm{e}^{4x}\mathrm{e}^{-5y}\mathrm{e}^{-4z}(2\boldsymbol{e}_x-2.5\boldsymbol{e}_y-2\boldsymbol{e}_z)]=0$$

因此,题设给出的矢量函数表达式有可能代表了静电场的电场强度矢量。此时,其对应的电荷分布可通过高斯定理获得,即

$$\rho=\varepsilon_0\ \nabla\cdot[e^{4x}e^{-5y}e^{-4z}(2\boldsymbol{e}_x-2.5\boldsymbol{e}_y-2\boldsymbol{e}_z)]$$
$$=\varepsilon_0\cdot(8+2.5\times5+8)\cdot e^{4x}e^{-5y}e^{-4z}$$
$$=28.5\varepsilon_0\cdot e^{4x}e^{-5y}e^{-4z}\ \mathrm{C/m^3}$$

考虑到负的电位梯度等于电场强度，因此

$$\begin{cases}\dfrac{d\varphi}{dx}=-2e^{4x}e^{-5y}e^{-4z}\Rightarrow\varphi=-\dfrac{1}{2}e^{4x}e^{-5y}e^{-4z}+f_1(y,z)\\ \dfrac{d\varphi}{dy}=2.5e^{4x}e^{-5y}e^{-4z}\Rightarrow\varphi=-\dfrac{1}{2}e^{4x}e^{-5y}e^{-4z}+f_2(x,z)\\ \dfrac{d\varphi}{dz}=2e^{4x}e^{-5y}e^{-4z}\Rightarrow\varphi=-\dfrac{1}{2}e^{4x}e^{-5y}e^{-4z}+f_3(x,y)\end{cases}$$

显然，上述三未知函数可简单取为任意常数 C，即

$$\varphi=-\frac{1}{2}e^{4x}e^{-5y}e^{-4z}+C$$

【2-7】 自由空间中某个半径为 a 的球形区内电场强度为 $\boldsymbol{E}=\boldsymbol{e}_r 90r^3\ \mathrm{V/m}$。求该球体内的自由电荷体密度和球体外的电场强度。

解：根据高斯定理可得

$$\rho=\varepsilon_0\ \nabla\cdot E=\varepsilon_0\ \frac{1}{r^2}\ \frac{d}{dr}(r^2\cdot 90r^3)=450r^2\varepsilon_0$$

球体内电荷的电量为

$$Q=\int_0^a\rho\cdot 4\pi r^2 dr=\int_0^a 450\varepsilon_0\cdot 4\pi\cdot r^4 dr=360\pi\varepsilon_0 a^5\mathrm{C}$$

球外电场强度为

$$\boldsymbol{E}=\frac{Q}{4\pi\varepsilon_0 r^2}\boldsymbol{e}_r=\frac{360\pi\varepsilon_0 a^5}{4\pi\varepsilon_0 r^2}\boldsymbol{e}_r=\frac{90a^5}{r^2}\boldsymbol{e}_r\ \mathrm{V/m}$$

【2-8】 下列函数中哪些有可能代表静电场无源区域的电位？

(1) $e^{-y}\cos x$　　(2) $e^{-\sqrt{2}y}\cos x\cdot\sin x$　　(3) $\sin x\cdot\sin y\cdot\sin z$

解：静电场的电位函数满足拉普拉斯方程，可据此做出判断，即

(1) $\nabla^2\ (e^{-y}\cos x)=0$。可能。

(2) $\nabla^2\ (e^{-\sqrt{2}y}\cos x\cdot\sin x)\neq0$。不可能。

(3) $\nabla^2(\sin x\cdot\sin y\cdot\sin z)\neq0$。不可能。

【2-9】 某介质立方体中心位于坐标原点，边长为 L，极化强度 $\boldsymbol{P}=x\boldsymbol{e}_x+y\boldsymbol{e}_y+z\boldsymbol{e}_z$。

(1) 计算该介质立方体内的束缚电荷体密度、束缚电荷面密度。

(2) 证明总的束缚电荷等于零。

解：(1) 束缚电荷体密度

$$\rho_p=-\nabla\cdot\boldsymbol{P}=-3$$

束缚电荷面密度可依据 $\rho_{ps}=\boldsymbol{e}_n\cdot\boldsymbol{P}$ 进行计算，具体到 $x=\dfrac{L}{2}$ 和 $x=-\dfrac{L}{2}$ 两侧面，有

$$\rho_{ps}\Big|_{x=\frac{L}{2}}=\boldsymbol{e}_x\cdot\boldsymbol{P}\Big|_{x=\frac{L}{2}}=\frac{L}{2}\quad \rho_{ps}\Big|_{x=-\frac{L}{2}}=-\boldsymbol{e}_x\cdot\boldsymbol{P}\Big|_{x=-\frac{L}{2}}=\frac{L}{2}$$

其他束缚电荷面密度也可以进行如上分析，其结果都等于$\frac{L}{2}$。

（2）显然，总的束缚电荷应该等于束缚体电荷和束缚面电荷之和。根据上述分析结果不难得到

$$Q=V\cdot\rho_{\mathrm{p}}+S\cdot\rho_{\mathrm{ps}}=-3L^3+6L^2\cdot\frac{L}{2}=0$$

得证。

【2-10】 已知半径为a、介电常数为ε的介质球的带电量为q。

（1）如果电荷均匀分布在球体内，试分析球体内外的电场强度分布、球体内外的束缚电荷体密度分布、球体表面的束缚电荷面密度分布。

（2）如果电荷均匀分布在球体表面，试分析球体内外的电场强度分布、球体内外的束缚电荷体密度分布、球体表面的束缚电荷面密度分布。

（3）如果电荷集中于球心位置，试分析球体内外的电场强度分布、球体内外的束缚电荷体密度分布、球体表面的束缚电荷面密度分布、球心处束缚电荷的电量。

解：（1）球内的电场强度矢量为$\boldsymbol{E}=\frac{\frac{r^3}{a^3}q}{4\pi\varepsilon r^2}\boldsymbol{e}_r=\frac{qr}{4\pi\varepsilon a^3}\boldsymbol{e}_r$，据此可得球内介质的极化强度矢量为$\boldsymbol{P}=\boldsymbol{D}-\varepsilon_0\boldsymbol{E}=\varepsilon_0(\varepsilon_{\mathrm{r}}-1)\boldsymbol{E}=\frac{qr}{4\pi a^3}\left(1-\frac{1}{\varepsilon_{\mathrm{r}}}\right)\boldsymbol{e}_r$。

在球坐标系下，根据球内介质的极化强度矢量可以计算出束缚电荷的情况，即

$$\rho_{\mathrm{p}}=-\nabla\cdot\boldsymbol{P}=-\frac{3q}{4\pi a^3}\left(1-\frac{1}{\varepsilon_{\mathrm{r}}}\right)$$

$$\rho_{\mathrm{ps}}=\boldsymbol{e}_{\mathrm{n}}\cdot\boldsymbol{P}\Big|_{r=a}=\frac{q}{4\pi a^2}\left(1-\frac{1}{\varepsilon_{\mathrm{r}}}\right)$$

球外的电场强度矢量为$\boldsymbol{E}=\frac{q}{4\pi\varepsilon_0 r^2}\boldsymbol{e}_r$。另外，考虑到球外未填充介质，因此极化强度矢量为零，束缚电荷也等于零。

（2）球内没有电荷存在，因此根据高斯定理可得球内电场强度为零，其束缚电荷也等于零。

对球外而言，其电场分布为$\boldsymbol{E}=\frac{q}{4\pi\varepsilon_0 r^2}\boldsymbol{e}_r$。同样考虑到球外未填充介质，因此极化强度矢量为零，束缚电荷也等于零。

（3）球内的电场强度矢量为$\boldsymbol{E}=\frac{q}{4\pi\varepsilon r^2}\boldsymbol{e}_r$，据此可得球内介质的极化强度矢量为$\boldsymbol{P}=\boldsymbol{D}-\varepsilon_0\boldsymbol{E}=\varepsilon_0(\varepsilon_{\mathrm{r}}-1)\boldsymbol{E}=\frac{q}{4\pi r^2}\left(1-\frac{1}{\varepsilon_{\mathrm{r}}}\right)\boldsymbol{e}_r$。

根据球内介质的极化强度矢量可以计算出束缚电荷的情况。即

$$\rho_{\mathrm{p}}=-\nabla\cdot\boldsymbol{P}=0$$

$$\rho_{\mathrm{ps}}=\boldsymbol{e}_{\mathrm{n}}\cdot\boldsymbol{P}\Big|_{r=a}=\frac{q}{4\pi a^2}\left(1-\frac{1}{\varepsilon_{\mathrm{r}}}\right)$$

$$Q_p = \lim_{r \to 0} 4\pi r^2 (-\boldsymbol{e}_r \cdot \boldsymbol{P}|_r) = -q\left(1 - \frac{1}{\varepsilon_r}\right)$$

另外，球外的电场强度矢量为 $\boldsymbol{E} = \frac{q}{4\pi\varepsilon_0 r^2}\boldsymbol{e}_r$。考虑到球外未填充介质，因此极化强度矢量为零，束缚电荷也等于零。

【2-11】 某同轴线内外导体的半径分别为 a 和 b，电位差为 U，其间填充相对介电常数分别为 $\varepsilon_r = \frac{r}{a}$ 的电介质。求介质内的电场强度、电位移矢量和电位的分布。

解：令内导体单位长度所带电量为 q，则

$$\boldsymbol{D} = \frac{q}{2\pi r}\boldsymbol{e}_r \quad \boldsymbol{E} = \frac{\boldsymbol{D}}{\varepsilon_0 \varepsilon_r} = \frac{qa}{2\pi r^2 \varepsilon_0}\boldsymbol{e}_r$$

$$\boldsymbol{U} = \int_a^b \boldsymbol{E} \cdot \mathrm{d}\boldsymbol{r} = \int_a^b \frac{qa}{2\pi r^2 \varepsilon_0}\mathrm{d}r = \frac{qa}{2\pi\varepsilon_0}\left(\frac{1}{a} - \frac{1}{b}\right)$$

因此

$$q = \frac{2\pi U}{a}\left(\frac{\varepsilon_0}{\frac{1}{a} - \frac{1}{b}}\right)$$

依据高斯定理可得其电场分布如下：

$$\boldsymbol{D} = \frac{q}{2\pi r} = \frac{U}{r}\frac{\varepsilon_0}{1 - \frac{a}{b}}\boldsymbol{e}_r = \varepsilon_0 \frac{U}{r}\frac{b}{b-a}\boldsymbol{e}_r$$

$$\boldsymbol{E} = \frac{\boldsymbol{D}}{\varepsilon_0 \varepsilon_r} = \frac{U}{r^2}\frac{ab}{b-a}\boldsymbol{e}_r$$

$$\varphi = \int_r^b \boldsymbol{E} \cdot \mathrm{d}\boldsymbol{r} = U\frac{ab}{b-a}\int_r^b \frac{1}{r^2}\mathrm{d}r = U\frac{ab}{b-a}\left(\frac{1}{r} - \frac{1}{b}\right)$$

【2-12】 内外半径分别为 a 和 b 的同心导体球壳间所加电压为 U，其间填充相对介电常数分别为 $\varepsilon_r = \frac{r}{a}$ 的电介质。求介质内的电场强度、电位移矢量和电位的分布。

解：令内导体所带电量为 q。则

$$\boldsymbol{D} = \frac{q}{4\pi r^2}\boldsymbol{e}_r \quad \boldsymbol{E} = \frac{\boldsymbol{D}}{\varepsilon_0 \varepsilon_r} = \frac{qa}{4\pi r^3 \varepsilon_0}\boldsymbol{e}_r$$

$$\boldsymbol{U} = \int_a^b \boldsymbol{E} \cdot \mathrm{d}\boldsymbol{r} = \frac{qa}{8\pi\varepsilon_0}\left(\frac{1}{a^2} - \frac{1}{b^2}\right)$$

因此

$$q = \frac{8\pi\varepsilon_0 U}{a}\left(\frac{ab^2}{b^2 - a^2}\right)$$

依据高斯定理可得其电场分布如下：

$$\boldsymbol{D} = \frac{q}{4\pi r^2} = \varepsilon_0 \frac{2U}{r^2}\frac{ab^2}{b^2 - a^2}\boldsymbol{e}_r$$

$$\boldsymbol{E}=\frac{\boldsymbol{D}}{\varepsilon_0\varepsilon_r}=\frac{2U}{r^3}\frac{a^2b^2}{b^2-a^2}\boldsymbol{e}_r$$

$$\varphi=\int_r^b\boldsymbol{E}\cdot\mathrm{d}\boldsymbol{r}=2U\frac{a^2b^2}{b^2-a^2}\int_r^b\frac{1}{r^3}\mathrm{d}r=U\frac{a^2b^2}{b^2-a^2}\left(\frac{1}{r^2}-\frac{1}{b^2}\right)$$

【2-13】 平板电容器两导体板均可被近似视为无限大,其中 $x=0$ 位置处的极板电位为零,$x=d$ 位置处极板的电位为 φ。假设两极板间均匀填充介电常数为 ε 的理想介质,而且其中有体电荷 $\rho=\rho_0 x$ 分布,求两极板间的电位和电场强度分布。

解:对平板电容器内部区域而言,有如下的泊松方程成立:

$$\nabla\varphi=-\frac{\rho}{\varepsilon}$$

考虑到平板电容器的对称性,电位函数仅为自变量 x 的函数,即 $\varphi(x)$。另外,如果将 $\rho=\rho_0 x$ 代入上式,可得

$$\frac{\mathrm{d}^2\varphi}{\mathrm{d}x^2}=-\frac{\rho_0}{\varepsilon}x$$

对上式积分可得

$$\varphi=-\frac{\rho_0}{6\varepsilon}x^3+C_1x+C_2$$

根据边界条件确定上式中的待定系数,即

当 $x=0$ 时,有 $\varphi=0$,因此 $C_2=0$;

当 $x=d$ 时,有 $\varphi=-\frac{\rho_0}{6\varepsilon}d^3+C_1d$,因此 $C_1=\frac{\varphi}{d}+\frac{\rho_0}{6\varepsilon}d^2$。

将系数代入电位函数表达式,可得

$$\varphi=-\frac{\rho_0}{6\varepsilon}x^3+\left(\frac{\varphi}{d}+\frac{\rho_0}{6\varepsilon}d^2\right)x$$

其对应的电场强度为

$$\boldsymbol{E}=-\nabla\varphi=\left(\frac{\rho_0}{2\varepsilon}x^2-\frac{\varphi}{d}-\frac{\rho_0}{6\varepsilon}d^2\right)\boldsymbol{e}_x$$

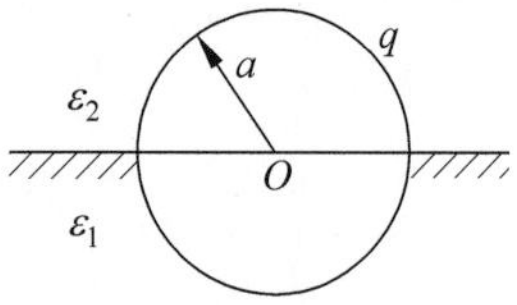

图 2-8 习题 2-14 图

【2-14】 如图 2-8 所示,半径为 a 的导体球带电荷 q,球心位于两种介质的分界面上。求:(1)空间各区域中的电场分布;(2)导体球面上的电荷分布;(3)导体球的电容;(4)总的静电场能量。

解:(1) 根据边界条件(切向电场强度连续)和场分布对称性可得,图中各区域的电场强度呈现出球对称、均匀分布,即

$$\boldsymbol{E}_1=\boldsymbol{E}_2=\boldsymbol{E}(r)\boldsymbol{e}_r$$

因此,不同区域的电位移矢量为 $\boldsymbol{D}_1=\varepsilon_1\boldsymbol{E}(r)\boldsymbol{e}_r$,$\boldsymbol{D}_2=\varepsilon_2\boldsymbol{E}(r)\boldsymbol{e}_r$。由于电荷分布在导体的表面上,故球内电场为零。根据高斯定理可得球外电场为

$$q=2\pi r^2\cdot D_1+2\pi r^2\cdot D_2=2\pi r^2(\varepsilon_1+\varepsilon_2)E(r)$$

因此,电场分布如下:

$$\boldsymbol{E}=\frac{q}{2\pi r^2(\varepsilon_1+\varepsilon_2)}\boldsymbol{e}_r,\quad r>a$$

(2) 导体球上、下表面的电荷分布可通过各自的面电荷密度来表示，而电荷面密度则可以根据边界条件通过电位移矢量的法向分量来计算，即

$$\boldsymbol{D}_1=\varepsilon_1\boldsymbol{E}_1=\frac{q}{2\pi r^2}\frac{\varepsilon_1}{\varepsilon_1+\varepsilon_2}\boldsymbol{e}_r,\quad \boldsymbol{D}_2=\varepsilon_2\boldsymbol{E}_2=\frac{q}{2\pi r^2}\frac{\varepsilon_2}{\varepsilon_1+\varepsilon_2}\boldsymbol{e}_r$$

$$\rho_{s1}=\boldsymbol{D}_1\cdot\boldsymbol{e}_r\Big|_{r=a}=\frac{q}{2\pi a^2}\frac{\varepsilon_1}{\varepsilon_1+\varepsilon_2},\quad \rho_{s2}=\boldsymbol{D}_2\cdot\boldsymbol{e}_r\Big|_{r=a}=\frac{q}{2\pi a^2}\frac{\varepsilon_2}{\varepsilon_1+\varepsilon_2}$$

(3) 导体球电位 $\varphi=\int_a^\infty \boldsymbol{E}\cdot d\boldsymbol{r}=\frac{q}{2\pi a(\varepsilon_1+\varepsilon_2)}$，电容 $C=\frac{q}{\varphi}=2\pi a(\varepsilon_1+\varepsilon_2)$。

(4) 静电场的能量 $W=\frac{1}{2}q\varphi=\frac{q^2}{4\pi a(\varepsilon_1+\varepsilon_2)}$。

【2-15】 如图2-9所示，介电常数分别为 ε_1 和 ε_2 的两种理想介质交界面两侧的电场强度分别为 $\boldsymbol{E}_1$ 和 $\boldsymbol{E}_2$。如果分界面上没有自由面电荷存在，试分析角度 θ_1 和 θ_2 间所满足的关系式。

解：根据边界条件可得，电场强度的切向分量连续，即

$$E_{1t}=E_{2t}\Rightarrow E_1\sin\theta_1=E_2\sin\theta_2$$

另外，无自由电荷边界两侧的电位移矢量法向分量连续，即

$$D_{1n}=D_{2n}\Rightarrow \varepsilon_1E_1\cos\theta_1=\varepsilon_2E_2\cos\theta_2$$

将以上两式相除，可得

$$\frac{\tan\theta_1}{\tan\theta_2}=\frac{\varepsilon_1}{\varepsilon_2}$$

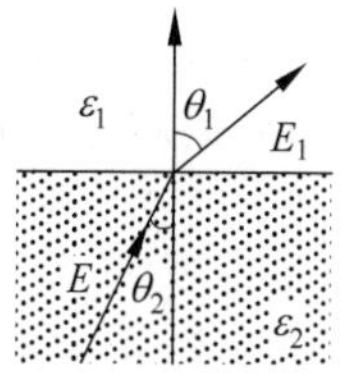

图2-9　习题2-15图

【2-16】 已知静电场中半径为 a 的介质球内外的电位函数如下：

$$\varphi_1=-E_0r\cos\theta+\frac{\varepsilon-\varepsilon_0}{\varepsilon+2\varepsilon_0}a^3E_0\frac{\cos\theta}{r^2},\quad r>a$$

$$\varphi_2=-\frac{3\varepsilon_0}{\varepsilon+2\varepsilon_0}E_0r\cos\theta,\quad r\leqslant a$$

试验证：介质球表面的电位、电场强度和电位移矢量所满足的边界条件。

解：根据题设可得边界处的电位如下：

$$\varphi_1\Big|_{r=a}=-E_0a\cos\theta+\frac{\varepsilon-\varepsilon_0}{\varepsilon+2\varepsilon_0}aE_0\cos\theta=\frac{-3\varepsilon_0}{\varepsilon+2\varepsilon_0}aE_0\cos\theta$$

$$\varphi_2\Big|_{r=a}=\frac{-3\varepsilon_0}{\varepsilon+2\varepsilon_0}aE_0\cos\theta$$

显然，$\varphi_1\Big|_{r=a}=\varphi_2\Big|_{r=a}$，电位连续。

另外，根据题设给出的电位函数可以得到球内外电场分布，即

$$\boldsymbol{E}_1=-\nabla\varphi_1=-\boldsymbol{e}_r\left[-E_0\cos\theta+(-2)\frac{\varepsilon-\varepsilon_0}{\varepsilon+2\varepsilon_0}a^3E_0\frac{\cos\theta}{r^3}\right]+$$

$$\frac{1}{r}\boldsymbol{e}_\theta\left(-E_0r\sin\theta+\frac{\varepsilon-\varepsilon_0}{\varepsilon+2\varepsilon_0}a^3E_0\frac{\sin\theta}{r^2}\right)$$

$$\boldsymbol{E}_2=-\nabla\varphi_2=-\boldsymbol{e}_r\left(-\frac{3\varepsilon_0}{\varepsilon+2\varepsilon_0}E_0\cos\theta\right)+\frac{1}{r}\boldsymbol{e}_\theta\left(\frac{-3\varepsilon_0}{\varepsilon+2\varepsilon_0}E_0 r\sin\theta\right)$$

如上所述,电场的 $\boldsymbol{e}_\theta$ 分量作为分界面的电场切向分量,其分布如下:

$$E_{\theta 1}\Big|_{r=a}=-E_0\sin\theta+\frac{\varepsilon-\varepsilon_0}{\varepsilon+2\varepsilon_0}E_0\sin\theta=-E_0\sin\theta\ \frac{3\varepsilon_0}{\varepsilon+2\varepsilon_0}$$

$$E_{\theta 2}\Big|_{r=a}=\frac{-3\varepsilon_0}{\varepsilon+2\varepsilon_0}E_0\sin\theta$$

显然,$E_{\theta 1}\Big|_{r=a}=E_{\theta 2}\Big|_{r=a}$,切向电场强度连续。

另外,电场的 $\boldsymbol{e}_r$ 分量作为分界面的电场法向分量,其分布如下:

$$D_{r1}\Big|_{r=a}=\varepsilon_0 E_{r1}\Big|_{r=a}=\varepsilon_0 E_0\cos\theta\left(1+2\ \frac{\varepsilon-\varepsilon_0}{\varepsilon+2\varepsilon_0}\ \frac{a^3}{r^3}\right)\Bigg|_{r=a}=\varepsilon_0 E_0\cos\theta\ \frac{3\varepsilon}{\varepsilon+2\varepsilon_0}$$

$$D_{r2}\Big|_{r=a}=\varepsilon E_{r2}\Big|_{r=a}=\varepsilon\ \frac{3\varepsilon_0}{\varepsilon+2\varepsilon_0}E_0\cos\theta$$

显然,$D_{r1}\Big|_{r=a}=D_{r2}\Big|_{r=a}$,无源边界两侧法向电位移矢量连续。

【2-17】 在面积为 S 的平行板电容器内填充介电常数线性变化的介质,即从极板($y=0$)处的 ε_1 线性变化到另一个极板($y=d$)处的 ε_2。求该平板电容器的电容。

解:据题意可得

$$\varepsilon=\varepsilon_1+\frac{\varepsilon_2-\varepsilon_1}{d}y$$

如果令电容器极板上的面电荷密度为 ρ_s,则极板间的电位移矢量 $\boldsymbol{D}$ 均匀分布,因此

$$E=\frac{\boldsymbol{D}}{\varepsilon}=\frac{\rho_s}{\varepsilon}$$

极板间的电位差为

$$U=\int_0^d E\,\mathrm{d}y=\int_0^d\frac{\rho_s}{\varepsilon}\mathrm{d}y=\int_0^d\frac{\rho_s}{\varepsilon_1+\dfrac{\varepsilon_2-\varepsilon_1}{d}y}\mathrm{d}y$$

$$=\frac{d}{\varepsilon_2-\varepsilon_1}\rho_s\ln\left(\varepsilon_1+\frac{\varepsilon_2-\varepsilon_1}{d}y\right)\Bigg|_0^d=\frac{d\rho_s}{\varepsilon_2-\varepsilon_1}\ln\frac{\varepsilon_2}{\varepsilon_1}$$

因此,该电容器的电容为

$$C=\frac{q}{U}=\frac{\rho_s\cdot S}{\dfrac{d\rho_s}{\varepsilon_2-\varepsilon_1}\ln\dfrac{\varepsilon_2}{\varepsilon_1}}=\frac{\varepsilon_2-\varepsilon_1}{\ln\dfrac{\varepsilon_2}{\varepsilon_1}}\ \frac{S}{d}$$

【2-18】 同轴电容器的内导体半径为 a,电位为 0;外导体半径为 b,电位为 U。如果在内外导体间 $0<\varphi<\dfrac{U}{2}$ 的部分填充了介电常数为 ε_1 的理想介质,而其他部分则填充介电常数为 ε_2 的理想介质。试计算该同轴电容器单位长度的电容。

解:令内导体单位长度所带的电荷量为 q,r_0 处电位为 $\dfrac{U}{2}$,则

$$\boldsymbol{D}=\frac{q}{2\pi r}\boldsymbol{e}_r$$

$0<r<r_0$ 区域，$\boldsymbol{E}_1=\dfrac{\boldsymbol{D}}{\varepsilon_1}=\dfrac{q}{2\pi\varepsilon_1 r}\boldsymbol{e}_r$；$r_0<r<b$ 区域，$\boldsymbol{E}_2=\dfrac{\boldsymbol{D}}{\varepsilon_2}=\dfrac{q}{2\pi\varepsilon_2 r}\boldsymbol{e}_r$；既然 r_0 处的电位为$\dfrac{U}{2}$，则

$$\frac{U}{2}=\int_a^{r_0}\boldsymbol{E}_1\cdot \mathrm{d}\boldsymbol{r}=\int_{r_0}^{b}\boldsymbol{E}_2\cdot \mathrm{d}\boldsymbol{r}$$

即

$$\frac{q}{2\pi\varepsilon_1}\ln\frac{r_0}{a}=\frac{q}{2\pi\varepsilon_2}\ln\frac{b}{r_0}=\frac{U}{2}\Rightarrow a=r_0\mathrm{e}^{-\frac{\pi\varepsilon_1 U}{q}},b=r_0\mathrm{e}^{\frac{\pi\varepsilon_2 U}{q}}$$

显然

$$\frac{b}{a}=\mathrm{e}^{\frac{\pi(\varepsilon_1+\varepsilon_2)U}{q}}\Rightarrow\ln\frac{b}{a}=\frac{\pi(\varepsilon_1+\varepsilon_2)U}{q}\Rightarrow C=\frac{q}{U}=\frac{\pi(\varepsilon_1+\varepsilon_2)}{\ln\dfrac{b}{a}}$$

【2-19】 同轴线内导体半径为 a，外导体半径为 b。试证明单位长度同轴线所储存的静电场能量中有一半分布在 $a<\rho<\sqrt{ab}$ 的区域中。

解：令内导体单位长度带电量为 q，则

$$\boldsymbol{D}=\frac{q}{2\pi r}\boldsymbol{e}_r\Rightarrow\boldsymbol{E}=\frac{\boldsymbol{D}}{\varepsilon}=\frac{q}{2\pi\varepsilon r}\boldsymbol{e}_r$$

同轴线内外导体间静电场的能量密度和能量分别为

$$\omega_{\mathrm{e}}=\frac{1}{2}\varepsilon E^2=\frac{1}{2}\varepsilon\left(\frac{q}{2\pi\varepsilon r}\right)^2=\frac{q^2}{8\pi^2\varepsilon r^2}$$

$$W=\iiint_V\omega_{\mathrm{e}}\mathrm{d}V=\int_a^b\frac{q^2}{8\pi^2\varepsilon r^2}\cdot 2\pi r\cdot \mathrm{d}r=\frac{q^2}{4\pi\varepsilon}\ln\frac{b}{a}$$

据题意，$a<\rho<\sqrt{ab}$ 的区域内的能量为

$$W'=\iiint_{V'}\omega_{\mathrm{e}}\mathrm{d}V'=\int_a^{\sqrt{ab}}\frac{q^2}{8\pi^2\varepsilon r^2}\cdot 2\pi r\cdot \mathrm{d}r=\frac{q^2}{4\pi\varepsilon}\ln\frac{\sqrt{ab}}{a}=\frac{1}{2}\,\frac{q^2}{4\pi\varepsilon}\ln\frac{b}{a}=\frac{1}{2}W$$

得证。

【2-20】 同轴线内导体半径为 a，外导体半径为 b，长度为 l，所加电压为 U。如果在内外导体之间插入一根长度为 d、介电常数为 ε 的电介质，如图 2-10 所示。在忽略边缘效应的前提下，试分析电介质所受到的电场力的大小和方向。

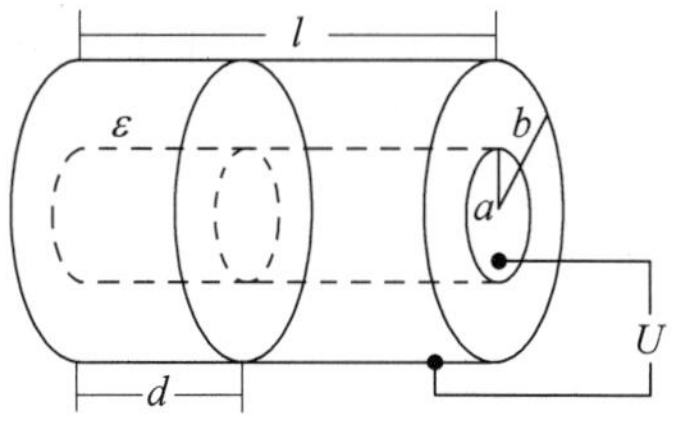

图 2-10　习题 2-20 图

解：令介质段长度为 x，则依据同轴电容器的电容计算式可得题设电容器的电容为

$$C=C_1+C_2=\frac{2\pi\varepsilon_0}{\ln\dfrac{b}{a}}(l-x)+\frac{2\pi\varepsilon}{\ln\dfrac{b}{a}}x$$

$$=\frac{2\pi}{\ln\dfrac{b}{a}}[\varepsilon_0(l-x)+\varepsilon x]$$

因此，该电容的能量为

$$W=\frac{1}{2}CU^2=\frac{U^2\pi}{\ln\frac{b}{a}}[\varepsilon_0(l-x)+\varepsilon x]$$

介质受力的情况为

$$\boldsymbol{F}=\frac{\mathrm{d}W}{\mathrm{d}x}\boldsymbol{e}_x=\frac{U^2\pi}{\ln\frac{b}{a}}(\varepsilon-\varepsilon_0)\boldsymbol{e}_x$$

【2-21】 已知 $\boldsymbol{J}=\boldsymbol{e}_x 10y^2-\boldsymbol{e}_y 2x^2+\boldsymbol{e}_z 2yz\ \mathrm{A/m^2}$。求：穿过面积 $y=3$，$2\leqslant x\leqslant 3$，$1\leqslant z\leqslant 2$ 的总电流大小，并指明该电流流动的方向。

解：题设给出的平面与 Y 轴垂直，如果令该面的正方向为 $\boldsymbol{e}_y$，则流过该面的电流（正参考方向为 $\boldsymbol{e}_y$）可以通过电流密度的矢量面积分得到，即

$$I=\iint_S \boldsymbol{J}\cdot\mathrm{d}\boldsymbol{S}=\int_1^2\int_2^3\boldsymbol{J}\cdot\mathrm{d}\boldsymbol{S}=\int_1^2\int_2^3(\boldsymbol{e}_x 10y^2-\boldsymbol{e}_y 2x^2+\boldsymbol{e}_z 2yz)\cdot\boldsymbol{e}_y\,\mathrm{d}x\,\mathrm{d}y=-\frac{38}{3}\mathrm{A}$$

显然，该电流大小为 $\frac{38}{3}$A，沿 $-\boldsymbol{e}_y$ 方向流动。

【2-22】 半径分别为 a 和 $b(a<b)$ 的两同心球面之间填充了电导率为 $\sigma=\sigma_0\left(1+\frac{1}{r}\right)$ 的损耗媒质，其中 σ_0 为常数。试求两导体球面之间的电阻。

解：令两导体球间的漏电流为 I（从内导体球流向外导体球），则其相应的漏电流密度为

$$\boldsymbol{J}=\frac{I}{4\pi r^2}\boldsymbol{e}_r$$

由此可得两导体球间的电场分布如下：

$$\boldsymbol{E}=\frac{\boldsymbol{J}}{\sigma}=\frac{I}{4\pi r^2\sigma_0\left(1+\frac{1}{r}\right)}\boldsymbol{e}_r$$

因此，导体球之间的电位差为

$$U=\int_a^b\boldsymbol{E}\cdot\mathrm{d}\boldsymbol{r}=\frac{I}{4\pi\sigma_0}\int_a^b\frac{1}{r(1+r)}\mathrm{d}r=\frac{I}{4\pi\sigma_0}\ln\frac{b(a+1)}{a(b+1)}$$

漏电阻为

$$R=\frac{U}{I}=\frac{1}{4\pi\sigma_0}\ln\frac{b(a+1)}{a(b+1)}$$

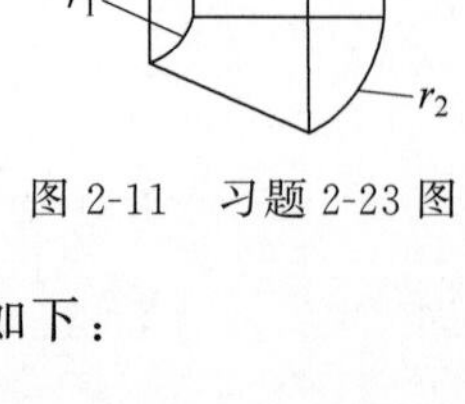

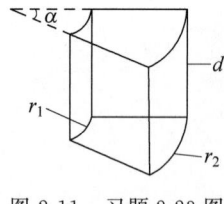

图 2-11 习题 2-23 图

【2-23】 在一块厚度为 d 的漏电媒质板上，由两个半径为 r_1 和 r_2 的圆弧割出的一块夹角为 α 的扇形体，如图 2-11 所示。假设该漏电介质的电导率为 σ，介电常数为 ε。试求：(1)沿厚度方向的漏电阻；(2)两圆弧面之间的漏电阻；(3)沿 α 方向的两电极之间的漏电阻。

解：(1) 沿厚度方向漏电流均匀分布，因此容易计算器漏电阻如下：

$$R=\frac{l}{\sigma S}=\frac{d}{\sigma\cdot\frac{\alpha}{2\pi}(\pi r_2^2-\pi r_1^2)}=\frac{2d}{\sigma\alpha(r_2^2-r_1^2)}$$

（2）令两弧面间的漏电流为 I（流向顺着 $\boldsymbol{e}_r$ 方向），则漏电流密度及电场分布可分别表示为

$$\boldsymbol{J}=\frac{I}{r\alpha d}\boldsymbol{e}_r,\quad \boldsymbol{E}=\frac{\boldsymbol{J}}{\sigma}=\frac{I}{r\alpha d\sigma}\boldsymbol{e}_r$$

因此，电位差为

$$U=\int_{r_1}^{r_2}\boldsymbol{E}\cdot \mathrm{d}\boldsymbol{r}=\frac{I}{\alpha d\sigma}\ln\frac{r_2}{r_1}$$

漏电阻为

$$R=\frac{U}{I}=\frac{1}{\alpha d\sigma}\ln\frac{r_2}{r_1}$$

（3）根据情况容易判断该区域中的电场强度沿 ϕ 方向，且大小与 r 成反比。因此，可假设其电位差为 U，相应的电场方向为 $\boldsymbol{e}_\phi$，则

$$\boldsymbol{E}=\frac{U}{r\alpha}\boldsymbol{e}_\phi,\quad \boldsymbol{J}=\sigma\boldsymbol{E}=\frac{U\sigma}{r\alpha}\boldsymbol{e}_\phi$$

显然，漏电流为

$$I=\iint_S\boldsymbol{J}\cdot \mathrm{d}\boldsymbol{S}=\int_{r_1}^{r_2}\frac{U\sigma}{r\alpha}\cdot d\cdot \mathrm{d}r=\frac{U\sigma d}{\alpha}\ln\frac{r_2}{r_1}$$

漏电阻为

$$R=\frac{U}{I}=\frac{\alpha}{\sigma d\ln\frac{r_2}{r_1}}$$

【2-24】 填充电导率为 σ 的损耗媒质的无限大空间中有两个半径分别为 a 和 b 的理想导体小球，球间距离 d 远远大于两球的半径。试求两球之间的电阻。

解：利用静电类比法，先求电容，再写出电阻。

令两导体球带等量异号电荷 q、$-q$，则两球的电位可分别表示为

$$\varphi_a=\frac{q}{4\pi\varepsilon a}-\frac{q}{4\pi\varepsilon(d-a)}\approx\frac{q}{4\pi\varepsilon a}-\frac{q}{4\pi\varepsilon d}$$

$$\varphi_b=\frac{-q}{4\pi\varepsilon b}+\frac{q}{4\pi\varepsilon(d-b)}\approx\frac{-q}{4\pi\varepsilon b}+\frac{q}{4\pi\varepsilon d}$$

因此，两球间的电位差可表示为

$$U=\varphi_a-\varphi_b=\frac{q}{4\pi\varepsilon a}+\frac{q}{4\pi\varepsilon b}-\frac{q}{2\pi\varepsilon d}$$

显然，球间电容为

$$C=\frac{q}{U}=\frac{q}{\frac{q}{4\pi\varepsilon a}+\frac{q}{4\pi\varepsilon b}-\frac{q}{2\pi\varepsilon d}}=\frac{1}{\frac{1}{4\pi\varepsilon a}+\frac{1}{4\pi\varepsilon b}-\frac{1}{2\pi\varepsilon d}}$$

通过电容和电阻的类比可得漏电阻表达式如下：

$$R=\frac{1}{G}=\frac{1}{4\pi\sigma a}+\frac{1}{4\pi\sigma b}-\frac{1}{2\pi\sigma d}$$

【2-25】 同心球电容器的内外球半径分别为 a 和 b,其中填充两种漏电媒质,其分界面为 $r=c\ (a<c<b)$,内、外层介质的介电常数及电导率分别为 ε_1、σ_1 和 ε_2、σ_2。如果内、外球之间的电压为 U_0,试求:(1)电流密度的分布;(2)$r=a$、b、c 处的自由电荷密度;(3)电容器的漏电阻;(4)电容器的电容。

解:(1) 令漏电流为 I(从内导体流向外导体),则其相应的漏电流密度为

$$\boldsymbol{J}=\frac{I}{4\pi r^2}\boldsymbol{e}_r$$

由此可得导体间不同区域的电场分布如下:

$$\boldsymbol{E}_1=\frac{\boldsymbol{J}}{\sigma_1}=\frac{I}{4\pi r^2\sigma_1}\boldsymbol{e}_r,\quad \boldsymbol{E}_2=\frac{\boldsymbol{J}}{\sigma_2}=\frac{I}{4\pi r^2\sigma_2}\boldsymbol{e}_r$$

因此,导体球之间的电位差可表示为

$$U_0=\int_a^c\boldsymbol{E}_1\cdot \mathrm{d}\boldsymbol{r}+\int_c^b\boldsymbol{E}_2\cdot \mathrm{d}\boldsymbol{r}=\frac{I}{4\pi}\left(\frac{1}{\sigma_1}\int_a^c\frac{1}{r^2}\mathrm{d}r+\frac{1}{\sigma_2}\int_c^b\frac{1}{r^2}\mathrm{d}r\right)$$

$$=\frac{I}{4\pi}\left[\frac{1}{\sigma_1}\left(\frac{1}{a}-\frac{1}{c}\right)+\frac{1}{\sigma_2}\left(\frac{1}{c}-\frac{1}{b}\right)\right]$$

显然,漏电流及其密度可利用电位差 U_0 做如下表示:

$$I=\frac{4\pi U_0}{\frac{1}{\sigma_1}\left(\frac{1}{a}-\frac{1}{c}\right)+\frac{1}{\sigma_2}\left(\frac{1}{c}-\frac{1}{b}\right)},\quad \boldsymbol{J}=\frac{I}{4\pi r^2}\boldsymbol{e}_r=\frac{U_0}{\frac{1}{\sigma_1}\left(\frac{1}{a}-\frac{1}{c}\right)+\frac{1}{\sigma_2}\left(\frac{1}{c}-\frac{1}{b}\right)}\frac{\boldsymbol{e}_r}{r^2}$$

(2) 根据上述分析结果可得

$$\boldsymbol{D}_1=\varepsilon_1\boldsymbol{E}_1=\frac{\boldsymbol{J}}{\sigma_1}\varepsilon_1=\frac{U_0}{\frac{1}{\sigma_1}\left(\frac{1}{a}-\frac{1}{c}\right)+\frac{1}{\sigma_2}\left(\frac{1}{c}-\frac{1}{b}\right)}\frac{\varepsilon_1}{\sigma_1}\frac{1}{r^2}\boldsymbol{e}_r$$

$$\boldsymbol{D}_2=\varepsilon_2\boldsymbol{E}_2=\frac{\boldsymbol{J}}{\sigma_2}\varepsilon_2=\frac{U_0}{\frac{1}{\sigma_1}\left(\frac{1}{a}-\frac{1}{c}\right)+\frac{1}{\sigma_2}\left(\frac{1}{c}-\frac{1}{b}\right)}\frac{\varepsilon_2}{\sigma_2}\frac{1}{r^2}\boldsymbol{e}_r$$

利用静电场边界条件可写出各分界面的面电荷密度分布如下:

$$r=a\Rightarrow\rho_\mathrm{s}=\boldsymbol{e}_r\cdot\boldsymbol{D}_1\big|_{r=a}=\frac{U_0}{\frac{1}{\sigma_1}\left(\frac{1}{a}-\frac{1}{c}\right)+\frac{1}{\sigma_2}\left(\frac{1}{c}-\frac{1}{b}\right)}\frac{\varepsilon_1}{\sigma_1}\frac{1}{a^2}$$

$$r=b\Rightarrow\rho_\mathrm{s}=-\boldsymbol{e}_r\cdot\boldsymbol{D}_2\big|_{r=b}=-\frac{U_0}{\frac{1}{\sigma_1}\left(\frac{1}{a}-\frac{1}{c}\right)+\frac{1}{\sigma_2}\left(\frac{1}{c}-\frac{1}{b}\right)}\frac{\varepsilon_2}{\sigma_2}\frac{1}{b^2}$$

$$r=c\Rightarrow\rho_\mathrm{s}=\boldsymbol{e}_r\cdot(\boldsymbol{D}_2\big|_{r=c}-\boldsymbol{D}_1\big|_{r=c})=-\frac{U_0}{\frac{1}{\sigma_1}\left(\frac{1}{a}-\frac{1}{c}\right)+\frac{1}{\sigma_2}\left(\frac{1}{c}-\frac{1}{b}\right)}\frac{1}{c^2}\left(\frac{\varepsilon_2}{\sigma_2}-\frac{\varepsilon_1}{\sigma_1}\right)$$

(3) 电容器的漏电阻为

$$R=\frac{U_0}{I}=\frac{1}{4\pi\sigma_1}\left(\frac{1}{a}-\frac{1}{c}\right)+\frac{1}{4\pi\sigma_2}\left(\frac{1}{c}-\frac{1}{b}\right)$$

(4) 电容器的电容可利用静电比拟法得到，即

$$C=\frac{4\pi}{\frac{1}{\varepsilon_1}\left(\frac{1}{a}-\frac{1}{c}\right)+\frac{1}{\varepsilon_2}\left(\frac{1}{c}-\frac{1}{b}\right)}$$

【2-26】 同轴线内外导体的半径分别为 a 和 b，其间填充两种漏电媒质，其分界面半径为 $c(a<c<b)$，内、外层介质的介电常数及电导率分别为 ε_1、σ_1 和 ε_2、σ_2。如果内、外导体之间的电压为 U_0，试求此时单位长度同轴线的损耗功率。

解：令单位长度同轴线的漏电流为 I（从内导体流向外导体），则其相应的漏电流密度为

$$\boldsymbol{J}=\frac{I}{2\pi r}\boldsymbol{e}_r$$

由此可得，导体间不同区域的电场分布如下：

$$\boldsymbol{E}_1=\frac{\boldsymbol{J}}{\sigma_1}=\frac{I}{2\pi r\sigma_1}\boldsymbol{e}_r,\quad \boldsymbol{E}_2=\frac{\boldsymbol{J}}{\sigma_2}=\frac{I}{2\pi r\sigma_2}\boldsymbol{e}_r$$

因此，内外导体之间的电位差可表示为

$$\begin{aligned}U_0&=\int_a^c\boldsymbol{E}_1\cdot\mathrm{d}\boldsymbol{r}+\int_c^b\boldsymbol{E}_2\cdot\mathrm{d}\boldsymbol{r}\\&=\frac{I}{2\pi}\left(\frac{1}{\sigma_1}\int_a^c\frac{1}{r}\mathrm{d}r+\frac{1}{\sigma_2}\int_c^b\frac{1}{r}\mathrm{d}r\right)=\frac{I}{2\pi}\left[\frac{1}{\sigma_1}\ln\frac{c}{a}+\frac{1}{\sigma_2}\ln\frac{b}{c}\right]\end{aligned}$$

显然，漏电流及电场分布可利用电位差 U_0 做如下表示：

$$I=\frac{2\pi U_0}{\frac{1}{\sigma_1}\ln\frac{c}{a}+\frac{1}{\sigma_2}\ln\frac{b}{c}}$$

$$\boldsymbol{E}_1=\frac{U_0}{\frac{1}{\sigma_1}\ln\frac{c}{a}+\frac{1}{\sigma_2}\ln\frac{b}{c}}\frac{I}{r\sigma_1}e_r,\quad \boldsymbol{E}_2=\frac{U_0}{\frac{1}{\sigma_1}\ln\frac{c}{a}+\frac{1}{\sigma_2}\ln\frac{b}{c}}\frac{I}{r\sigma_2}\boldsymbol{e}_r$$

根据微分焦耳定律可得损耗功率积分计算如下：

$$P_L=\int_a^c\sigma_1E_1^2\cdot 2\pi r\cdot\mathrm{d}r+\int_c^b\sigma_2E_2^2\cdot 2\pi r\cdot\mathrm{d}r=\frac{2\pi U_0^2}{\frac{1}{\sigma_1}\ln\frac{c}{a}+\frac{1}{\sigma_2}\ln\frac{b}{c}}$$

2.4 典型考研试题解析

【考研题 2-1】 （西安电子科技大学 2004 年）有半径为 a 的圆形线电荷，其密度为 ρ_l。求其中心轴 d 处的电场强度 $\boldsymbol{E}$，并讨论 $d=0$ 处的 $\boldsymbol{E}$。

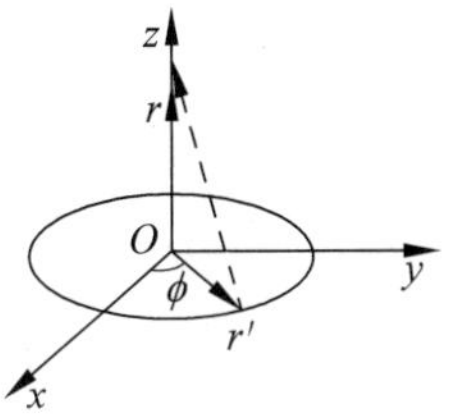

图 2-12　考研题 2-1 图

解：如图 2-12 所示，设带电圆环位于 xOy 平面，采用圆柱坐标系，取坐标原点位于圆环中心，则

$$\boldsymbol{E}=\frac{1}{4\pi\varepsilon_0}\int\frac{\rho_l\mathrm{d}l'}{R^2}\boldsymbol{e}_R=\frac{1}{4\pi\varepsilon_0}\int\frac{\rho_l(\boldsymbol{r}-\boldsymbol{r}')}{|\boldsymbol{r}-\boldsymbol{r}'|^3}\mathrm{d}l'$$

根据题意，$\boldsymbol{r}-\boldsymbol{r}'=z\boldsymbol{e}_z-a\cos\phi\boldsymbol{e}_x-a\sin\phi\boldsymbol{e}_y$，$\mathrm{d}l'=a\mathrm{d}\phi$，$|\boldsymbol{r}-\boldsymbol{r}'|=$

$\sqrt{a^2+z^2}$,故

$$\boldsymbol{E}=\frac{1}{4\pi\varepsilon_0}\int_0^{2\pi}\rho_l\frac{z\boldsymbol{e}_z-a\cos\phi\boldsymbol{e}_x-a\sin\phi\boldsymbol{e}_y}{(a^2+z^2)^{3/2}}a\,\mathrm{d}\phi$$

$$=\frac{1}{4\pi\varepsilon_0}\int_0^{2\pi}\frac{a\rho_l z\boldsymbol{e}_z}{(a^2+z^2)^{3/2}}\mathrm{d}\phi=\frac{1}{2\varepsilon_0}\frac{a\rho_l z}{(a^2+z^2)^{3/2}}\boldsymbol{e}_z$$

因此,在 $z=d$ 处,

$$\boldsymbol{E}=\frac{1}{2\varepsilon_0}\frac{a\rho_l d}{(a^2+d^2)^{3/2}}\boldsymbol{e}_z$$

在 $d=0$ 处,即 $z=0$ 时,$\boldsymbol{E}=0$。

注:该题也可以先求电位,再根据电位的负梯度求电场强度,见主教材例题 2-7。

【考研题 2-2】 (西安电子科技大学 2007 年)已知半径为 a、长度为 l 的均匀极化介质圆柱内的极化强度为 $\boldsymbol{P}=P_0\boldsymbol{e}_z$,圆柱轴线与坐标轴重合,试求:

(1) 圆柱上的极化电荷面密度;

(2) 在远离圆柱中心的任意一点 r 处($r\gg a, r\gg l$)的电位;

(3) 在远离圆柱中心的任意一点 r 处的电场强度 $\boldsymbol{E}$。

解:(1) 采用圆柱坐标系。因圆柱均匀极化,故极化电荷体密度为零。

圆柱体侧面的极化电荷面密度:$\rho_\mathrm{p}=\boldsymbol{P}\cdot\boldsymbol{e}_\mathrm{n}=P_0\boldsymbol{e}_z\cdot\boldsymbol{e}_\rho=0$

圆柱体上表面的极化电荷面密度:$\rho_\mathrm{p}=\boldsymbol{P}\cdot\boldsymbol{e}_\mathrm{n}=P_0\boldsymbol{e}_z\cdot\boldsymbol{e}_z=P_0$

圆柱体下表面的极化电荷面密度:$\rho_\mathrm{p}=\boldsymbol{P}\cdot\boldsymbol{e}_\mathrm{n}=P_0\boldsymbol{e}_z\cdot(-\boldsymbol{e}_z)=-P_0$

(2) 因为极化圆柱的上下表面带电,故可将其视作电偶极子,此时 $q=\pi a^2P_0$,电偶极矩 $\boldsymbol{P}_\mathrm{e}=ql\boldsymbol{e}_z$,在球坐标系下,其电位为

$$\varphi=\frac{ql\cos\theta}{4\pi\varepsilon_0 r^2}=\frac{a^2P_0l\cos\theta}{4\varepsilon_0 r^2}$$

(3) 其电场为

$$\boldsymbol{E}=-\nabla\varphi=\boldsymbol{e}_r\frac{a^2P_0l\cos\theta}{2\varepsilon_0 r^3}+\boldsymbol{e}_\theta\frac{a^2P_0l\sin\theta}{4\varepsilon_0 r^3}$$

【考研题 2-3】 (北京邮电大学 2000 年)均匀带电细棒长为 $2l$,带电总量为 q,求其自身端点延长线上的电场分布。

解:设细棒沿 x 轴放置,中心在原点。根据题意,元电荷为 $\mathrm{d}q=\frac{q}{2l}\mathrm{d}x'$,故电场强度为

$$\boldsymbol{E}=\int_{-l}^{l}\frac{\boldsymbol{e}_x}{4\pi\varepsilon_0(x-x')^2}\frac{q}{2l}\mathrm{d}x'=\boldsymbol{e}_x\frac{q}{8\pi\varepsilon_0 l}\int_{-l}^{l}\frac{1}{(x-x')^2}\mathrm{d}x'$$

$$=\boldsymbol{e}_x\frac{q}{4\pi\varepsilon_0 l}\frac{1}{x^2-l^2}$$

考虑到场点在 x 正、负半轴的情况,有

$$\boldsymbol{E}=\pm\boldsymbol{e}_x\frac{q}{4\pi\varepsilon_0}\frac{1}{x^2-l^2},\quad x>l\text{ 时取正号},x<-l\text{ 时取负号}$$

【考研题 2-4】 (北京交通大学 2002 年)有一内、外半径分别为 a、b 的空心介质球,介

电常数为 ε。使介质球均匀带电，电荷密度为 ρ_0。试求：

(1) 空间各点的电场；

(2) 极化电荷体密度和面密度。

解：(1) 利用高斯定理求球壳外的电场。球壳层的总电荷为

$$\boldsymbol{Q}=\int_a^b \rho_0 4\pi r^2 \mathrm{d}r=\frac{4\pi}{3}(b^3-a^3)\rho_0$$

因此，球壳外的电场为

$$\boldsymbol{E}_1=\frac{Q}{4\pi\varepsilon_0 r^2}\boldsymbol{e}_r=\boldsymbol{e}_r\frac{\rho_0}{3\varepsilon_0 r^2}(b^3-a^3),\quad r\geqslant b$$

再求球壳层内的电场，

$$\mathrm{d}q=\rho_0 4\pi r'^2 \mathrm{d}r'$$

$$\boldsymbol{E}_2=\boldsymbol{e}_r\frac{1}{4\pi\varepsilon}\int_a^r\frac{\mathrm{d}q}{r^2}=\boldsymbol{e}_r\frac{\rho_0}{\varepsilon}\int_a^r\frac{r'^2}{r^2}\mathrm{d}r'=\boldsymbol{e}_r\frac{\rho_0}{3\varepsilon}r\left[1-\left(\frac{a}{r}\right)^3\right],\quad a\leqslant r\leqslant b$$

最后求球壳内的电场。电荷密度为零，利用对称性，根据高斯定理，$r\leqslant a$ 时 $\boldsymbol{E}_3=0$。

(2) 极化电荷体密度和面密度。

极化电荷体密度存在于球壳层内。

$$\rho_{\mathrm{p}}=-\nabla\cdot\boldsymbol{P}_2=-\varepsilon_0\chi_{\mathrm{e}}\nabla\cdot\boldsymbol{E}_2=-(\varepsilon-\varepsilon_0)\nabla\cdot\boldsymbol{E}_2$$

$$=-(\varepsilon-\varepsilon_0)\left\{\frac{1}{r^2}\frac{\mathrm{d}}{\mathrm{d}r}\left[r^2\frac{\rho_0}{3\varepsilon}r\left(1-\left(\frac{a}{r}\right)^3\right)\right]\right.=-\frac{\varepsilon-\varepsilon_0}{\varepsilon}\rho_0$$

面密度为

$$r=b:\rho_{\mathrm{ps}}=\boldsymbol{P}_2\cdot\boldsymbol{e}_{\mathrm{n}}=(\varepsilon-\varepsilon_0)E_2=(\varepsilon-\varepsilon_0)\frac{\rho_0}{3\varepsilon}\frac{1}{b^2}(b^3-a^3)$$

【考研题 2-5】 (北京理工大学 2000 年)真空中有一半径为 a 的导体球，球上带有电荷 Q，其外套一个相对电容率为 ε_{r}，内外半径分别为 a 和 b 的电介质球壳。

(1) 求电介质球壳内和表面上的极化电荷分布。

(2) 若将此电介质球壳取下并搬动到无穷远处，求此过程中外力克服静电力做的功。

解：将电介质球壳移出前后静电能量的变化即外力所做的功，而该能量的变化体现在介质球壳区域静电能量的变化。

根据对称性，由高斯定理可以求出各部分的电场。

$$\boldsymbol{E}_1=\frac{Q}{4\pi\varepsilon_0\varepsilon_{\mathrm{r}}r^2}\boldsymbol{e}_r,\quad a\leqslant r\leqslant b$$

$$\boldsymbol{E}_2=\frac{Q}{4\pi\varepsilon_0 r^2}\boldsymbol{e}_r,\quad r>b$$

(1) 介质球壳区域的极化电荷的体密度为

$$\rho_{\mathrm{p}}=-\nabla\cdot\boldsymbol{P}_1=-\varepsilon_0\chi_{\mathrm{e}}\nabla\cdot\boldsymbol{E}_1=-\varepsilon_0(\varepsilon_{\mathrm{r}}-1)\nabla\cdot\boldsymbol{E}_1$$

$$=-\varepsilon_0(\varepsilon_{\mathrm{r}}-1)\left\{\frac{1}{r^2}\frac{\mathrm{d}}{\mathrm{d}r}\left[\frac{r^2 Q}{4\pi\varepsilon_0\varepsilon_{\mathrm{r}}r^2}\right]\right.=0$$

故介质球壳区域内无极化电荷分布。

$r=a$ 的导体球边界处

$$\rho_{ps}(a)=\boldsymbol{P}_1\cdot(-\boldsymbol{e}_r)=-\varepsilon_0(\varepsilon_r-1)E_1=-(\varepsilon_r-1)\frac{Q}{4\pi\varepsilon_r a^2}$$

$r=b$ 的导体球边界处

$$\rho_{ps}(b)=\boldsymbol{P}_1\cdot\boldsymbol{e}_r=\varepsilon_0(\varepsilon_r-1)\boldsymbol{E}_1=(\varepsilon_r-1)\frac{Q}{4\pi\varepsilon_r b^2}$$

两个表面总的极化电荷量为

$$Q_{ps}(a)=\rho_{ps}(a)\cdot 4\pi a^2=-(\varepsilon_r-1)\frac{Q}{\varepsilon_r}$$

$$Q_{ps}(b)=\rho_{ps}(b)\cdot 4\pi b^2=(\varepsilon_r-1)\frac{Q}{\varepsilon_r}=-Q_{ps}(a)$$

(2) 空间各部分的电位为

$$\varphi_1=\frac{Q}{4\pi\varepsilon_0\varepsilon_r r}+\frac{1}{4\pi\varepsilon_0 b}\left(1-\frac{1}{\varepsilon_r}\right),\quad a\leqslant r\leqslant b$$

$$\varphi_2=\frac{Q}{4\pi\varepsilon_0 r},\quad r>b$$

根据能量守恒,系统的功能关系为

$$\mathrm{d}W=F\mathrm{d}x+\mathrm{d}W_e$$

其中,电场力做功为 $\mathrm{d}A=F\mathrm{d}x$,系统的静电能量改变为 $\mathrm{d}W_e$,$\mathrm{d}W$ 是外电源所提供的能量。由题意,该过程中外电源提供的能量为零,即 $\mathrm{d}W=0$,因此,系统能量的变化即为克服电场力做的功。

静电系统的能量密度为 $\omega_e=\frac{1}{2}\varepsilon E^2=\frac{D^2}{2\varepsilon}$,因此,介质球壳移入前后静电能量的变化为

$$\Delta W_e=\iiint_V(\omega_{e2}-\omega_{e1})\mathrm{d}V=\int_a^b\frac{\varepsilon-\varepsilon_0}{2\varepsilon_0\varepsilon}\left(\frac{Q}{4\pi r^2}\right)^2 4\pi r^2\mathrm{d}r=\frac{(\varepsilon-\varepsilon_0)Q^2}{8\pi\varepsilon_0\varepsilon}\left(\frac{1}{a}-\frac{1}{b}\right)$$

此时外力克服静电力做的功为

$$W=\Delta W_e=\frac{(\varepsilon-\varepsilon_0)Q^2}{8\pi\varepsilon_0\varepsilon}\left(\frac{1}{a}-\frac{1}{b}\right)=\frac{\varepsilon_r-1}{\varepsilon_r}\frac{Q^2}{8\pi\varepsilon_0}\left(\frac{1}{a}-\frac{1}{b}\right)$$

【考研题 2-6】 (电子科技大学 2002 年)考虑一电导率 σ 不为零的介质,其介质特性和导电特性都是线性和各向同性的,但都是非均匀的。证明,当介质中有恒定电流 $\boldsymbol{J}$ 时体积中将出现自由电荷,其密度为 $\rho=\boldsymbol{J}\cdot\nabla(\varepsilon/\sigma)$。

证明: 由 $\boldsymbol{J}(r)=\sigma(r)E(r)$,$\boldsymbol{D}(r)=\varepsilon(r)\boldsymbol{E}(r)$得

$$\boldsymbol{D}(r)=\frac{\varepsilon(r)}{\sigma(r)}\sigma(r)\boldsymbol{E}(r)=\frac{\varepsilon(r)}{\sigma(r)}\boldsymbol{J}(r)$$

所以

$$\nabla\cdot\boldsymbol{D}(r)=\nabla\cdot\left[\frac{\varepsilon(r)}{\sigma(r)}\boldsymbol{J}(r)\right]=\boldsymbol{J}\cdot\nabla\left(\frac{\varepsilon}{\sigma}\right)+\frac{\varepsilon}{\sigma}\nabla\cdot\boldsymbol{J}$$

对于恒定电流,$\nabla\cdot\boldsymbol{J}(r)=0$,故有

$$\rho=\boldsymbol{J}\cdot\nabla(\varepsilon/\sigma)$$

【考研题 2-7】 (电子科技大学 2007 年)已知介电常数为 ε 的无限大均匀介质中存在均

匀电场分布 $\boldsymbol{E}$。介质中有一个底面垂直于电场、半径为 a、高度为 d 的圆柱形空腔。分别求出当 $a \gg d$ 和 $a \ll d$ 时，空间的电场强度 $\boldsymbol{E}$、电位移矢量 $\boldsymbol{D}$ 和极化电荷分布。

解：设介质中电场强度为 $\boldsymbol{E}$、电位移矢量为 $\boldsymbol{D}$，空腔中电场强度为 $\boldsymbol{E}_0$、电位移矢量为 $\boldsymbol{D}_0$。圆柱的轴线及电场均沿 z 轴。

当 $a \gg d$ 时，空腔相当于一个薄片，端面边界自由电荷密度为零，根据电位移矢量的边界条件 $\boldsymbol{e}_n \cdot (\boldsymbol{D}_1 - \boldsymbol{D}_2) = 0$，有

$$\boldsymbol{D}_0 = \boldsymbol{D} = \varepsilon \boldsymbol{E}, \quad \boldsymbol{E}_0 = \frac{\boldsymbol{D}_0}{\varepsilon_0} = \frac{\boldsymbol{D}}{\varepsilon_0} = \frac{\varepsilon \boldsymbol{E}}{\varepsilon_0}$$

上下端面的极化电荷分别为

$$\rho_{ps1} = \boldsymbol{P} \cdot (-\boldsymbol{e}_z) = -(\varepsilon - \varepsilon_0)E, \quad \rho_{ps2} = \boldsymbol{P} \cdot \boldsymbol{e}_z = (\varepsilon - \varepsilon_0)E$$

当 $a \ll d$ 时，空腔相当于一细长圆柱，对于圆柱侧面应有电场强度的边界条件 $\boldsymbol{e}_n \times (\boldsymbol{E}_1 - \boldsymbol{E}_2) = 0$，有

$$\boldsymbol{E}_0 = \boldsymbol{E}, \quad \boldsymbol{D}_0 = \varepsilon_0 \boldsymbol{E}_0 = \varepsilon_0 \boldsymbol{E}$$

由于圆柱侧面的法向与电场垂直，故其上的极化电荷为零。

【考研题 2-8】 （电子科技大学 2006 年）电荷均匀分布于两圆柱面间的区域，体密度为 ρ，两圆柱面的半径分别为 a 和 b，轴线相距为 $c(c < b-a)$，如图 2-13 所示。试求空间各部分的电场。

解：将半径为 a 的小圆柱面视为同时具有体电荷密度分别为 $\pm\rho$ 的电荷分布，则可以利用叠加原理求解空间各部分的电场。

设场点到大圆柱轴线的位移矢量为 $\boldsymbol{r}$，到小圆柱轴线的位移矢量为 $\boldsymbol{r}'$。

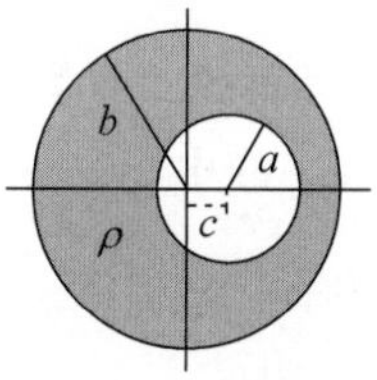

图 2-13　考研题 2-8 图

在 $r > b$ 的区域中：

$$\boldsymbol{E}_1 = \frac{\pi b^2 \rho}{2\pi\varepsilon_0 r}\boldsymbol{e}_r = \frac{b^2 \rho \boldsymbol{r}}{2\varepsilon_0 r^2}, \quad \boldsymbol{E}_2 = -\frac{\pi a^2 \rho}{2\pi\varepsilon_0 r'}\boldsymbol{e}_{r'} = -\frac{a^2 \rho \boldsymbol{r}'}{2\varepsilon_0 r'^2}$$

其中任一点的总电场为

$$\boldsymbol{E} = \boldsymbol{E}_1 + \boldsymbol{E}_2 = \frac{b^2 \rho \boldsymbol{r}}{2\varepsilon_0 r^2} - \frac{a^2 \rho \boldsymbol{r}'}{2\varepsilon_0 r'^2}$$

在 $r < b, r' > a$ 的区域中：

$$\boldsymbol{E}_1 = \frac{\pi r^2 \rho}{2\pi\varepsilon_0 r}\boldsymbol{e}_r = \frac{\rho \boldsymbol{r}}{2\varepsilon_0}, \quad \boldsymbol{E}_2 = -\frac{\pi a^2 \rho}{2\pi\varepsilon_0 r'}\boldsymbol{e}_{r'} = -\frac{a^2 \rho \boldsymbol{r}'}{2\varepsilon_0 r'^2}$$

其中任一点的总电场为

$$\boldsymbol{E} = \boldsymbol{E}_1 + \boldsymbol{E}_2 = \frac{\rho \boldsymbol{r}}{2\varepsilon_0} - \frac{a^2 \rho \boldsymbol{r}'}{2\varepsilon_0 r'^2}$$

在 $r' < a$ 的区域中：

$$\boldsymbol{E}_1 = \frac{\pi r^2 \rho}{2\pi\varepsilon_0 r}\boldsymbol{e}_r = \frac{\rho \boldsymbol{r}}{2\varepsilon_0}, \quad \boldsymbol{E}_2 = -\frac{\pi r'^2 \rho}{2\pi\varepsilon_0 r'}\boldsymbol{e}_{r'} = -\frac{\rho \boldsymbol{r}'}{2\varepsilon_0}$$

其中任一点的总电场为

$$\boldsymbol{E} = \boldsymbol{E}_1 + \boldsymbol{E}_2 = \frac{\rho \boldsymbol{r}}{2\varepsilon_0} - \frac{\rho \boldsymbol{r}'}{2\varepsilon_0} = \frac{\rho \boldsymbol{c}}{2\varepsilon_0}$$

【考研题 2-9】 (电子科技大学 2005 年)相对介电常数为 $\varepsilon_r=4$ 的无限大均匀电介质中有一个半径为 a 的导体球,导体球内有一个半径为 b 的偏心球形空腔,两球心的距离为 d。设球形空腔中心处有一点电荷 Q,如图 2-14 所示。试求:

(1) 任意一点的电场强度和电位;

(2) 导体球表面的极化电荷(束缚电荷)密度。

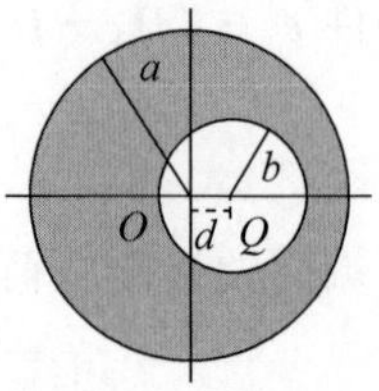

图 2-14 考研题 2-9 图

解:(1) 在导体球内部(除空腔外)电场为零,电位为 $\dfrac{Q}{16\pi\varepsilon_0 a}$。

导体球外的电场强度和电位分别为

$$\boldsymbol{E}_1=\frac{Q}{16\pi\varepsilon_0 r^2}\boldsymbol{e}_r,\quad \varphi_1=\frac{Q}{16\pi\varepsilon_0 r}$$

球形空腔内的电场强度和电位分别为

$$\boldsymbol{E}_2=\frac{Q}{4\pi\varepsilon_0 r'^2}\boldsymbol{e}_{r'},\quad \varphi_2=\frac{Q}{4\pi\varepsilon_0 r'}-\frac{Q}{4\pi\varepsilon_0 b}+\frac{Q}{16\pi\varepsilon_0 a}$$

其电位由点电荷 Q,导体球内外表面的感应电荷 $-Q$、Q 产生的电位叠加而成。其中,r' 为空腔内任意一点到空腔球心的距离。

(2) 导体球表面的极化电荷密度为

$$\rho_{ps}=-\boldsymbol{P}\cdot\boldsymbol{e}_r=-\varepsilon_0(\varepsilon_r-1)E_1=-\frac{3Q}{16\pi a^2}$$

【考研题 2-10】 (清华大学 2003 年)导致静电场是保守场的根本原因是什么?

解:静电场是保守场,静电力是保守力。静电力做功与路径无关。根据库仑定律,静电力为

$$\boldsymbol{F}(r)=\frac{q_1q_2}{4\pi\varepsilon_0 r^2}\boldsymbol{e}_r=f(r)\boldsymbol{e}_r$$

因此

$$\nabla\times\boldsymbol{F}(r)=\nabla\times[f(r)\boldsymbol{e}_r]=\nabla f(r)\times\boldsymbol{e}_r=\frac{\partial f(r)}{\partial r}\boldsymbol{e}_r\times\boldsymbol{e}_r=0$$

显然,对于任一闭合曲线,矢量场的环流量均为零,即 $\oint_c\boldsymbol{F}(r)\cdot \mathrm{d}\boldsymbol{l}=0$。根据保守场的定义,静电场为保守场。

【考研题 2-11】 (北京大学 2000 年)同轴线内外导体半径分别为 a 和 b,内外导体间填充均匀介质,介电常数为 ε 和 μ_0。设主波频率足够低而准稳态近似(TEM 波)成立。内外导体可视为理想导体,电流分布于导体表面。求同轴线单位长度的电容和电感。

解:设同轴线单位长度的线电荷为 ρ_l,根据高斯定理,有

$$\oiint_S\boldsymbol{E}\cdot\mathrm{d}\boldsymbol{S}=\frac{\rho_l}{\varepsilon}$$

$$\boldsymbol{E}(r)=\frac{\rho_l}{2\pi\varepsilon r}\boldsymbol{e}_r$$

由此求得内外导体之间的电压为

$$U=\int_a^b E(r)\mathrm{d}r=\int_a^b\frac{\rho_l}{2\pi\varepsilon r}\mathrm{d}r=\frac{\rho_l}{2\pi\varepsilon}\ln\left(\frac{b}{a}\right)$$

则同轴线单位长度的电容为

$$C_0=\frac{\rho_l}{U}=\frac{2\pi\varepsilon}{\ln\left(\dfrac{b}{a}\right)}$$

假定同轴线电流为 I,则可以根据安培环路定理求出磁场

$$\int_l H(r)\mathrm{d}l=I$$

$$\boldsymbol{H}(r)=\frac{I}{2\pi r}\boldsymbol{e}_\phi$$

同轴线单位长度的磁通为

$$\Phi=\int_a^b B(r)\mathrm{d}r=\int_a^b \mu_0 H(r)\mathrm{d}r=\int_a^b \frac{\mu_0 I}{2\pi r}\mathrm{d}r=\frac{\mu_0 I}{2\pi}\ln\left(\frac{b}{a}\right),\quad a<r<b$$

故单位长度的电感为

$$L=\frac{\Phi}{I}=\frac{\mu_0}{2\pi}\ln\left(\frac{b}{a}\right)$$

【考研题 2-12】 (华中科技大学 2003 年)一半径为 a 的导体球壳外充满介电常数为 ε、电导率为 σ 的均匀导电介质。在 $t=0$ 时,导体球壳上分布着总量为 Q_0 的电荷,并且导电媒质中无电流分布。求任一时刻 t 导电介质中的 E 和 J。

解:根据高斯定理、电流连续性方程等有如下关系:

$$\begin{cases} Q=Q_0-\displaystyle\int_0^t J(t)4\pi r^2\mathrm{d}t \\ E(t)=\dfrac{Q}{4\pi\varepsilon r^2} \\ J(t)=\sigma E(t) \end{cases}$$

求解上述方程可得

$$\left.\begin{aligned} \boldsymbol{E}(t)&=\frac{Q_0}{4\pi\varepsilon r^2}\mathrm{e}^{-\frac{\sigma}{\varepsilon}t}\boldsymbol{e}_r \\ J(t)&=\frac{\sigma Q_0}{4\pi\varepsilon r^2}\mathrm{e}^{-\frac{\sigma}{\varepsilon}t} \end{aligned}\right.,\quad r>a$$

【考研题 2-13】 (北京邮电大学 2011 年)如图 2-15 所示,空气中两尺寸为 $a\times a$ 的平行导电板之间的距离为 d,带电量分别为 $\pm q$。当将相对介电常数为 ε_r 的介质板插入导电板之间的深度为 x 时,求介质板所受到的沿 x 方向的电场力。

解:设空气填充部分和介质填充部分的导体板上的电荷密度为 $\pm\rho_{s1}$,$\pm\rho_{s2}$,则由边界条件可得:$D_1=\rho_{s1}$,$D_2=\rho_{s2}$,$E_1=E_2$,所以

$$\rho_{s2}=\rho_{s1}(\varepsilon/\varepsilon_0),\quad \varepsilon=\varepsilon_0\varepsilon_r$$

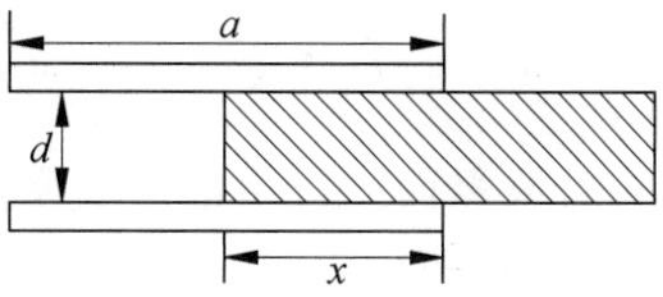

图 2-15 考研题 2-13 图

两部分导体板上的电荷为

$$q_1=S_1\rho_{s1}=a(a-x)\rho_{s1},\quad q_2=S_2\rho_{s2}=ax\rho_{s2}$$

又 $q=q_1+q_2$,因此

$$\rho_{s1}=\frac{\varepsilon_0 q}{a(a-x)\varepsilon_0+ax\varepsilon},\quad \rho_{s2}=\frac{\varepsilon q}{a(a-x)\varepsilon_0+ax\varepsilon}$$

两部分电容为 $C_1=\dfrac{\varepsilon_0 a(a-x)}{d}$,$C_2=\dfrac{\varepsilon ax}{d}$;平行导电板间的能量为

$$W_e=\frac{1}{2}\left(\frac{q_1^2}{C_1}+\frac{q_2^2}{C_2}\right)=\frac{1}{2}\frac{q^2 d}{a(a-x)\varepsilon_0+ax\varepsilon}$$

根据虚功原理得

$$F=-\left.\frac{\partial W_e}{\partial x}\right|_{q=c}=-\frac{1}{2}\frac{q^2 d(\varepsilon-\varepsilon_0)}{a[(a-x)\varepsilon_0+x\varepsilon]^2}$$

【考研题 2-14】 (北京邮电大学 2010 年)在平行板电容器的两极板之间,填充介电常数分别为 ε_1 和 ε_2,电导率分别为 σ_1 和 σ_2 的两层介质片,厚度分别为 d_1 和 d_2,如图 2-16 所示。已知加在两平行板间的电压为 U_0。求:

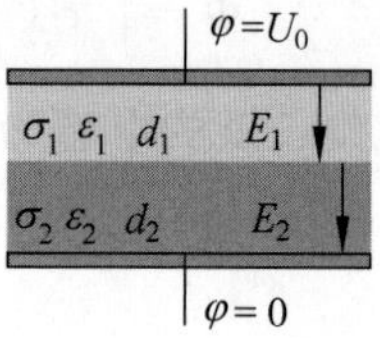

图 2-16 考研题 2-14 图

(1) 两层介质片中的 E、J;

(2) 每种介质片上的电压;

(3) 上下极板和介质分界面上的自由电荷密度。

解:

(1) 忽略边缘效应,导体板上电荷均匀分布,则每种介质内电场均匀,电场线为平行的直线。设两层介质的电场分别为 E_1 和 E_2,电流密度分别为 J_1 和 J_2,方向均向下。根据分界面电流密度矢量的边界条件,有 $J_1=J_2=J$,则

$$J=\sigma_1 E_1=\sigma_2 E_2$$

又 $d_1E_1+d_2E_2=U_0$,由此可得电流密度

$$J_1=J_2=\frac{\sigma_2\sigma_1 U_0}{\sigma_1 d_2+\sigma_2 d_1}$$

故电场大小分别为

$$E_1=\frac{\sigma_2 U_0}{\sigma_1 d_2+\sigma_2 d_1},\quad E_2=\frac{\sigma_1 U_0}{\sigma_1 d_2+\sigma_2 d_1}$$

(2) 两种介质片上的电压 U_1 和 U_2 分别为

$$U_1=d_1E_1=\frac{d_1\sigma_2 U_0}{\sigma_1 d_2+\sigma_2 d_1},\quad U_2=d_2E_2=\frac{d_2\sigma_1 U_0}{\sigma_1 d_2+\sigma_2 d_1}$$

(3) 正、负极板的自由电荷面密度为

$$\rho_{s1}'=D_{1n}=\varepsilon_1 E_1=\frac{\varepsilon_1\sigma_2 U_0}{\sigma_1 d_2+\sigma_2 d_1},\quad \rho_{s2}'=-D_{2n}=-\varepsilon_2 E_2=-\frac{\varepsilon_2\sigma_1 U_0}{\sigma_1 d_2+\sigma_2 d_1}$$

两介质分界面的自由电荷面密度为

$$\rho_s=D_1-D_2=\varepsilon_1E_1-\varepsilon_2E_2=\frac{\varepsilon_1\sigma_2 U_0}{\sigma_1 d_2+\sigma_2 d_1}-\frac{\varepsilon_2\sigma_1 U_0}{\sigma_1 d_2+\sigma_2 d_1}$$

【考研题 2-15】 (北京邮电大学 2008 年)两层介质的同轴电缆如图 2-17 所示,内导体半径为 a,外导体内半径为 b,内外导体间填充两种(ε_1、σ_1),(ε_2、σ_2)的电介质材料,介质分界面半径为 c,内外导体的电压为 U_0。试计算:

(1) 介质中的电场强度；

(2) 分界面上的自由电荷面密度；

(3) 单位长度的径向漏电导。

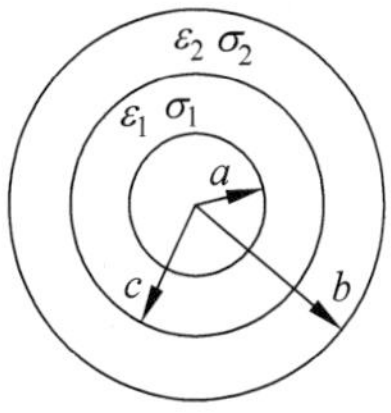

图 2-17 考研题 2-15 图

解：(1) 考察单位长度，两种介质中电场的方向沿径向，大小分别为 E_1、E_2。设漏电流为 I，则

$$E_1=\frac{J_r}{\sigma_1}=\frac{I}{2\pi r\sigma_1},\quad E_2=\frac{J_r}{\sigma_2}=\frac{I}{2\pi r\sigma_2}$$

$$U_0=\int_a^c E_1\mathrm{d}r+\int_c^b E_2\mathrm{d}r=\frac{I}{2\pi}\left(\frac{1}{\sigma_1}\ln\frac{c}{a}+\frac{1}{\sigma_2}\ln\frac{b}{c}\right)$$

故有

$$I=2\pi U_0\Big/\left(\frac{1}{\sigma_1}\ln\frac{c}{a}+\frac{1}{\sigma_2}\ln\frac{b}{c}\right)$$

因此，两种介质中的电场分别为

$$\boldsymbol{E}_1=\frac{U_0}{\left(\ln\frac{c}{a}+\frac{\sigma_1}{\sigma_2}\ln\frac{b}{c}\right)r}\boldsymbol{e}_r,\quad \boldsymbol{E}_2=\frac{U_0}{\left(\frac{\sigma_2}{\sigma_1}\ln\frac{c}{a}+\ln\frac{b}{c}\right)r}\boldsymbol{e}_r$$

(2) 分界面上的自由电荷。

内导体表面电荷密度：

$$\rho_{s1}=\boldsymbol{D}_1\cdot\boldsymbol{e}_r=\varepsilon_1E_1\Big|_{r=a}=\frac{\varepsilon_1U_0}{a\left(\ln\frac{c}{a}+\frac{\sigma_1}{\sigma_2}\ln\frac{b}{c}\right)}$$

外导体表面电荷密度：

$$\rho_{s2}=\boldsymbol{D}_2\cdot(-\boldsymbol{e}_r)=-\varepsilon_2E_{2r}\Big|_{r=b}=\frac{-\varepsilon_2U_0}{b\left(\frac{\sigma_2}{\sigma_1}\ln\frac{c}{a}+\ln\frac{b}{c}\right)}$$

介质分界面电荷密度：

$$\rho_{s2}=(\varepsilon_1E_1-\varepsilon_2E_2)\Big|_{r=c}=\frac{U_0}{c}\frac{\sigma_2\varepsilon_1-\sigma_1\varepsilon_2}{\sigma_2\ln\frac{c}{a}+\sigma_1\ln\frac{b}{c}}$$

(3) 单位长度的径向漏电导。

$$G=\frac{I}{U_0}=\frac{2\pi}{\frac{1}{\sigma_1}\ln\frac{c}{a}+\frac{1}{\sigma_2}\ln\frac{b}{c}}=\frac{2\pi\sigma_1\sigma_2}{\sigma_2\ln\frac{c}{a}+\sigma_1\ln\frac{b}{c}}$$

【考研题 2-16】 (北京邮电大学 2011 年)均匀大地上一点 O 发生电力线对地短路故障，电力线注入大地的电流为 $I=1000\mathrm{A}$，求到短路点多大距离时，人的跨步电压小于 36V？设人的平均步幅为 0.75m，大地的电阻率为 $100\Omega\cdot\mathrm{m}$。

解：电力线对地短路后，短路电流注入大地并以半球形式向大地流动，即电流密度为

$$J=\frac{I}{2\pi r^2}$$

则大地的恒定电场为

$$E=\frac{J}{\sigma}=\rho J=\frac{\rho I}{2\pi r^2}$$

因此,设人体距离短路点为 r_1,则人体双脚的电压为

$$\Delta V=\int_{r_1}^{r_1+0.75}E\mathrm{d}r=\int_{r_1}^{r_1+0.75}\frac{\rho I}{2\pi r^2}\mathrm{d}r=\frac{\rho I}{2\pi}\left(\frac{1}{r_1}-\frac{1}{r_1+0.75}\right)$$

根据题意,$\Delta V<36\mathrm{V}$,因此

$$\frac{100\times 1000}{2\pi}\left(\frac{1}{r_1}-\frac{1}{r_1+0.75}\right)<36\mathrm{V}$$

解得

$$r_1>17.84\mathrm{m}$$

【考研题 2-17】 (西安电子科技大学 2002 年)在两种介电常数分别为 ε_1 和 ε_2 的电介质分界面上,有密度为 ρ_s 的面电荷,界面处两种电介质中的电场强度分别为 $\boldsymbol{E}_1$ 和 $\boldsymbol{E}_2$。证明: $\boldsymbol{E}_1$ 和 $\boldsymbol{E}_2$ 与分界面法线矢量 $\boldsymbol{n}$(自介质 2 指向介质 1)间的夹角 θ_1 和 θ_2 间有如下关系:

$$\tan\theta_2=\frac{\varepsilon_2\tan\theta_1}{\varepsilon_1(1-\rho_s/\varepsilon_1E_1\cos\theta_1)}$$

证明: 根据电介质分界面两侧电位移矢量 $\boldsymbol{D}$ 的法向边界条件和电场强度 $\boldsymbol{E}$ 的切向边界条件,得

$$\varepsilon_1E_1\cos\theta_1-\varepsilon_2E_2\cos\theta_2=\rho_s \tag{2-27}$$

$$E_1\sin\theta_1=E_2\sin\theta_2 \tag{2-28}$$

由式(2-28)得

$$E_2=E_1\frac{\sin\theta_1}{\sin\theta_2}$$

将其代入式(2-27),得

$$\varepsilon_1E_1\cos\theta_1-\varepsilon_2E_1\frac{\sin\theta_1}{\tan\theta_2}=\rho_s$$

上式两边除以 $\cos\theta_1$,得

$$\varepsilon_1E_1-\varepsilon_2E_1\frac{\tan\theta_1}{\tan\theta_2}=\frac{\rho_s}{\cos\theta_1}$$

即

$$\tan\theta_2\varepsilon_1E_1-\varepsilon_2E_1\tan\theta_1=\frac{\rho_s\tan\theta_2}{\cos\theta_1}$$

移项,并整理得

$$\tan\theta_2=\frac{\varepsilon_2\tan\theta_1}{\varepsilon_1(1-\rho_s/\varepsilon_1E_1\cos\theta_1)}$$

【考研题 2-18】 (北京理工大学 2002 年)已知两种理想介质(ε_1、ε_2)的分界面上无自由电荷和极化电荷,试确定 ε_1 和 ε_2 的关系。

解: 设两种介质中的法向电场强度为 E_{1n}、E_{2n},根据电位移矢量法向分量的连接边界条件,由于分界面上无自由电荷分布,则

$$\varepsilon_1E_{1n}=\varepsilon_2E_{2n}$$

根据极化电荷分布为零，由 $\rho_{ps}=\boldsymbol{P}\cdot\boldsymbol{e}_n=\varepsilon_0\chi_e\boldsymbol{E}\cdot\boldsymbol{e}_n=(\varepsilon-\varepsilon_0)E_n$，则有

$$(\varepsilon_1-\varepsilon_0)E_{1n}-(\varepsilon_2-\varepsilon_0)E_{2n}=0$$

由于 $\varepsilon_1E_{1n}=\varepsilon_2E_{2n}$，于是根据上式得 $E_{1n}=E_{2n}$，因此

$$\varepsilon_1=\varepsilon_2$$

【考研题 2-19】 （清华大学 2000 年）真空中，在边长为 d 的等边三角形的三个顶点分别放置有一半径为 a 的导体球 A、B、C，球心与顶点重合，并且 $a\ll d$，如图 2-18 所示。设开始时每个球所带的电荷为 q，现在按照 A、B、C 的先后顺序，将每个球接地后断开，求最终每个球上所带的电荷量。

解法一： 当导体球 A 接地时，其带电量为 q_B，电位为零，即 $\varphi_A=0$，则有

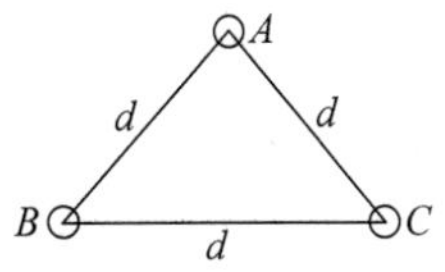

图 2-18　考研题 2-19 图

$$\varphi_A=\frac{q_A}{4\pi\varepsilon_0 a}+\frac{q}{4\pi\varepsilon_0 d}+\frac{q}{4\pi\varepsilon_0 d}=0$$

所以

$$q_A=-\frac{2a}{d}q$$

然后，导体球 B 接地时，其带电量为 q_B，电位为零，同样有

$$\varphi_B=\frac{q_B}{4\pi\varepsilon_0 a}-\frac{2aq}{d}\frac{1}{4\pi\varepsilon_0 d}+\frac{q}{4\pi\varepsilon_0 d}=0$$

所以

$$q_B=q\frac{a}{d^2}(2a-d)$$

同理，当导体球 C 再接地时，其带电量为 q_C，电位为零，即

$$\varphi_C=\frac{q_C}{4\pi\varepsilon_0 a}-\frac{2aq}{d}\frac{1}{4\pi\varepsilon_0 d}+\frac{a}{d^2}(2a-d)\cdot\frac{q}{4\pi\varepsilon_0 d}=0$$

所以

$$q_C=q\frac{a^2}{d^3}(3d-2a)$$

解法二： 首先导体球 A 接地时，q_A 是球 B、C 各自所带电荷 q 在球 A 的镜像电荷之和，即

$$q_A=-\frac{a}{d}q-\frac{a}{d}q=-\frac{2a}{d}q$$

然后，导体球 B 接地时，q_B 是球 A 带电量 $\left(-\frac{2a}{d}q\right)$ 与球 C 所带电荷 q 在球 B 的镜像电荷之和，即

$$q_B=\left[-\left(-\frac{2a}{d}q\right)\frac{a}{d}\right]-\frac{a}{d}q=q\frac{a}{d^2}(2a-d)$$

最后，导体球 C 再接地时，q_C 是球 A 带电量 $\left(-\frac{2a}{d}q\right)$ 与球 B 所带电荷 $\frac{a}{d^2}(2a-d)q$ 在球 C 的镜像电荷之和，即

$$q_C = \left[-\left(-\frac{2a}{d}q\right)\frac{a}{d}\right] - q\,\frac{a}{d^2}(2a-d)\,\frac{a}{d} = q\,\frac{a^2}{d^3}(3d-2a)$$

【考研题 2-20】 (北京邮电大学 2012 年)将外半径为 R_1 和内半径为 R_2 的长度为 a 的两个金属圆筒平行放置,平行圆筒间距为 d,维持恒定电位差为 V。当将相对介电常数为 ε_r、厚度为 d(外半径为 R_2 内半径为 R_1)的介质圆筒插入两个金属圆筒之间的深度为 x 时,如图 2-19 所示,求介质圆筒所受到的沿 x 方向的电场力。

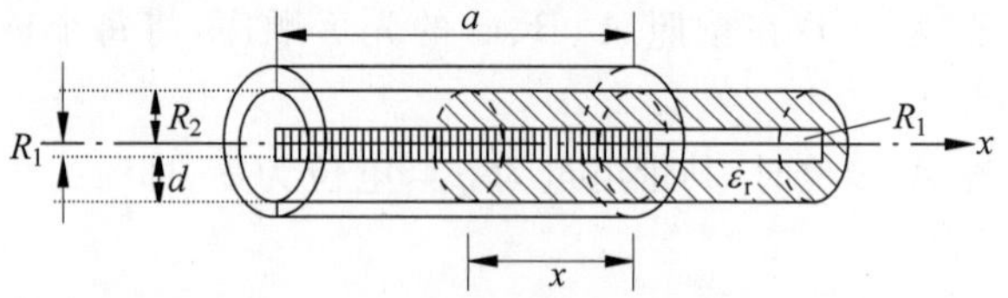

图 2-19 考研题 2-20 图

解:根据题意,金属圆筒之间的电场沿径向,在空气与介质的分界面上为切向分量。根据电场强度切向分量的连接边界条件可知,空气与介质中的电场强度相等,设为 $E_1 = E_1 = E$,则空气与介质中的电位移矢量分别为

$$\boldsymbol{D}_1 = \varepsilon_0 E \boldsymbol{e}_r \quad \boldsymbol{D}_2 = \varepsilon_0 \varepsilon_r E \boldsymbol{e}_r$$

又设内金属圆筒带有总电荷 q,在两金属铜之间做半径为 r、长度为 a 的高斯柱面,由于电场沿径向,则根据高斯定理得

$$2\pi r(a-x)\cdot\varepsilon_0 E + 2\pi r x\cdot\varepsilon_0\varepsilon_r E = q$$

所以

$$E = \frac{q}{2\pi r(a-x)\cdot\varepsilon_0 + 2\pi r x\cdot\varepsilon_0\varepsilon_r}$$

又因为

$$\int_{R_1}^{R_2} E\,\mathrm{d}r = \int_{R_1}^{R_2}\frac{q}{2\pi(a-x)\cdot\varepsilon_0 + 2\pi x\cdot\varepsilon_0\varepsilon_r}\frac{\mathrm{d}r}{r}$$

$$= \frac{q}{2\pi(a-x)\cdot\varepsilon_0 + 2\pi x\cdot\varepsilon_0\varepsilon_r}\ln\frac{R_2}{R_1} = V$$

所以

$$q = V[2\pi(a-x)\cdot\varepsilon_0 + 2\pi x\cdot\varepsilon_0\varepsilon_r]/\ln\frac{R_2}{R_1}$$

因此

$$E = \frac{V}{r\ln\dfrac{R_2}{R_1}}$$

故两圆筒之间的电容为

$$C = \frac{q}{V} = 2\pi\varepsilon_0[(a-x)+\varepsilon_r x]/\ln\frac{R_2}{R_1}$$

两圆筒之间的电场能量为

$$W_e = \frac{1}{2}CV^2 = \pi\varepsilon_0[(a-x)+\varepsilon_r x]V^2/\ln\frac{R_2}{R_1}$$

故介质圆筒所受到的沿 x 方向电场力的大小为

$$F_x = \frac{\partial W_e}{\partial x} = \pi\varepsilon_0[\varepsilon_r - 1]V^2/\ln\frac{R_2}{R_1}$$

【考研题 2-21】 (北京邮电大学 2013 年)通过测量介质板电容的方法,如图 2-20 所示,可以测得介质的相对介电常数 ε_r。假定已知介质的厚度 t,极板间距为 $d(d>t)$,极板的面积为 S,测得的电容值为 C,推导其工作原理并给出相对介电常数 ε_r 的测量公式。

解:电容取决于电容器的极板尺寸、形状、相对位置和填充的介质参数(介电常数)等,与电容器所带的电量和电压无关。因此,在已知电容器的极板尺寸、形状及相对位置的情况下,可以确定电容量与填充介质参数的关系,从而由电容量求得介质的介电常数。

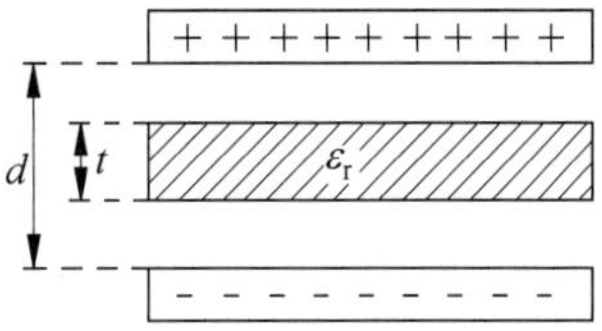

图 2-20 考研题 2-21 图

根据题意可忽略边缘效应,假定上下极板带电量分别为 Q 和 $-Q$,电荷密度为 $\sigma=\frac{Q}{S}$;极板间空气和介质中的电场为均匀电场,大小分别设为 E_1 和 E_2,方向由上极板指向下极板。设空气和介质中的电位移矢量分别为 D_1 和 D_2,方向垂直于分界面,由于边界面上不可能存在自由电荷分布,则根据边界处的电位移矢量法向分量的连接边界条件:$D_1=D_2=D=\sigma$。

根据电场强度,可求得两极板之间的电压为

$$U = E_1(d-t) + E_2 t = \frac{D}{\varepsilon_0}(d-t) + \frac{D}{\varepsilon_0\varepsilon_r}t$$

所以

$$D = U\Big/\left[\frac{d-t}{\varepsilon_0} + \frac{t}{\varepsilon_0\varepsilon_r}\right]$$

故极板的电荷量为

$$Q = \sigma S = DS = US\Big/\left[\frac{d-t}{\varepsilon_0} + \frac{t}{\varepsilon_0\varepsilon_r}\right]$$

因此,电容器的电容为

$$C = \frac{Q}{U} = S\Big/\left[\frac{d-t}{\varepsilon_0} + \frac{t}{\varepsilon_0\varepsilon_r}\right]$$

在测得电容 C 的值之后,可以由上式求得介质的相对介电常数 ε_r,即

$$\varepsilon_r = \frac{t}{\varepsilon_0}\Big/\left[\frac{S}{C} - \frac{d-t}{\varepsilon_0}\right]$$

【考研题 2-22】 (北京邮电大学 2016 年)某同轴线内外导体半径分别为 a 和 b,内导体电位为 U,外导体接地(电位为零),其间填充理想介质。求半径 $r=\frac{a+b}{2}$ 位置处的电位。

解:设同轴线单位长度的线电荷为 ρ_l,根据高斯定理,有

$$\oint_S \boldsymbol{E}\cdot d\boldsymbol{S} = \frac{\rho_l}{\varepsilon}$$

$$\boldsymbol{E}(r) = \frac{\rho_l}{2\pi\varepsilon r}\boldsymbol{e}_r$$

由此求得内外导体之间的电压为

$$U=\int_a^b E(r)\mathrm{d}r=\int_a^b \frac{\rho_l}{2\pi\varepsilon r}\mathrm{d}r=\frac{\rho_l}{2\pi\varepsilon}\ln\left(\frac{b}{a}\right)$$

因此

$$\rho_l=\frac{2\pi\varepsilon U}{\ln(b/a)}$$

所以

$$\boldsymbol{E}(r)=\frac{U}{\ln(b/a)r}\boldsymbol{e}_r$$

故半径 $r=\frac{a+b}{2}$ 位置处的电位为

$$\varphi=\int_{\frac{a+b}{2}}^b E(r)\mathrm{d}r=\int_{\frac{a+b}{2}}^b \frac{U}{\ln(b/a)r}\mathrm{d}r=\frac{U}{\ln(b/a)}\ln\left(\frac{2b}{a+b}\right)$$

【考研题 2-23】 (北京邮电大学 2021 年)图 2-21 为球心在两种介质的分界面上、半径为 a 的导体球。若导体球的带电量为 Q,两种介质的介电常数为 ε_1 和 ε_2。试求:

(1) 导体球外的电场强度 $\boldsymbol{E}$;

(2) 球面上的自由电荷面密度 ρ_s;

(3) 导体球的孤立电容 C_0。

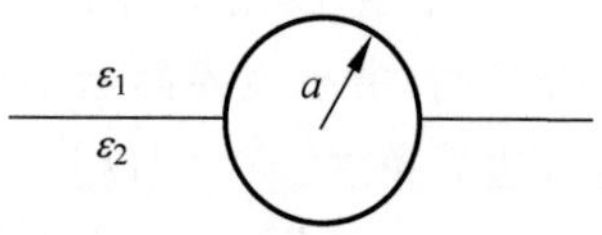

图 2-21 考研题 2-23 图

解:(1) 根据题意可知导体球外的场具有球对称性,电场沿径向分布,并且在介质分界面处为切向电场,根据电场强度的连续性边界条件,两个区域的电场强度大小相等,即

$$|\boldsymbol{E}_2|=|\boldsymbol{E}_1|=|\boldsymbol{E}|=E$$

根据高斯定理得

$$2\pi r^2 D_1+2\pi r^2 D_2=Q$$

即

$$2\pi r^2(\varepsilon_1+\varepsilon_2)E=Q$$

所以

$$E=\frac{Q}{2\pi r^2(\varepsilon_1+\varepsilon_2)}$$

(2) 上半球面的自由电荷密度

$$\rho_{s1}=\boldsymbol{e}_n\cdot\boldsymbol{D}_1=\boldsymbol{e}_r\cdot\boldsymbol{e}_r\frac{\varepsilon_1 Q}{2\pi r^2(\varepsilon_1+\varepsilon_2)}=\frac{\varepsilon_1 Q}{2\pi r^2(\varepsilon_1+\varepsilon_2)}$$

下半球面的自由电荷密度

$$\rho_{s2}=\boldsymbol{e}_n\cdot\boldsymbol{D}_2=\boldsymbol{e}_r\cdot\boldsymbol{e}_r\frac{\varepsilon_2 Q}{2\pi r^2(\varepsilon_1+\varepsilon_2)}=\frac{\varepsilon_2 Q}{2\pi r^2(\varepsilon_1+\varepsilon_2)}$$

(3) 导体球的电位为

$$\varphi=\int_a^\infty E\mathrm{d}r=\int_a^\infty \frac{Q}{2\pi r^2(\varepsilon_1+\varepsilon_2)}\mathrm{d}r=\frac{Q}{2\pi a(\varepsilon_1+\varepsilon_2)}$$

因此,导体球的孤立电容为

$$C_0=\frac{Q}{\varphi}=2\pi a(\varepsilon_1+\varepsilon_2)$$

【考研题 2-24】（西安电子科技大学 2009 年）$z=0$ 平面将无限大空间分为两个区域：$z<0$ 区域为空气，$z>0$ 区域为相对磁导率 $\mu_r=1$，相对介电常数 $\varepsilon_r=4$ 的理想介质。若知空气中的电场强度为 $\boldsymbol{E}_1=\boldsymbol{e}_x+4\boldsymbol{e}_z$(V/m)，试求：

（1）理想介质中的电场强度 $\boldsymbol{E}_2$；

（2）理想介质中电位移矢量 $\boldsymbol{D}_2$ 与界面的夹角 α；

（3）$z=0$ 平面上的极化电荷 ρ_{sp}。

解：（1）根据介质分界面电场强度切向分量的连续性边界条件

$$E_{2x}=E_{1x}=\boldsymbol{e}_x$$

由于理想介质分界面上没有自由电荷，因此电位移矢量的法向分量连续，故

$$\varepsilon_r\varepsilon_0E_{2z}=\varepsilon_0E_{1z}$$

得

$$E_{2z}=\boldsymbol{e}_z$$

所以

$$\boldsymbol{E}_2=\boldsymbol{e}_x+\boldsymbol{e}_z$$

（2）电位移矢量 $\boldsymbol{D}_2$ 与界面的夹角

$$\alpha=\arctan 1=\pi/4$$

（3）由于

$$\boldsymbol{P}=\varepsilon_0\chi\boldsymbol{E}_2=\varepsilon_0(\varepsilon_r-1)\boldsymbol{E}_2=3\varepsilon_0\boldsymbol{E}_2=3\varepsilon_0(\boldsymbol{e}_x+\boldsymbol{e}_z)$$

所以 $z=0$ 平面上的极化电荷为

$$\rho_{sp}=\boldsymbol{P}\cdot(-\boldsymbol{e}_z)=3\varepsilon_0(\boldsymbol{e}_x+\boldsymbol{e}_z)\cdot(-\boldsymbol{e}_z)=-3\varepsilon_0(\mathrm{C/m^2})$$

第 3 章 恒定磁场

CHAPTER 3

3.1 内容提要及学习要点

本章主要掌握恒定磁场的计算方法，恒定磁场的基本方程、性质及其应用；掌握利用恒定磁场的边界条件分析电磁场问题，掌握矢量磁位、磁场能量、磁场力、电感的计算，理解磁偶极子、磁介质磁化的含义，能够求解磁化电流的分布，了解聂以曼公式。

3.1.1 恒定磁场的基本方程

1. 安培力定律

两个载流元 $I\mathrm{d}\boldsymbol{l}'$ 与 $I_1\mathrm{d}\boldsymbol{l}$ 之间的相互作用力为

$$\mathrm{d}\boldsymbol{F}=\frac{\mu_0}{4\pi}\frac{I_1\mathrm{d}\boldsymbol{l}\times(I\mathrm{d}\boldsymbol{l}'\times\boldsymbol{e}_R)}{R^2} \tag{3-1}$$

通过对式(3-1)的积分，可以得到任意载流结构之间的磁场力。由于孤立的电流元并不存在，故它主要用于电流闭合回路安培力的计算。

2. 毕奥-萨伐尔定律

分布电流产生的磁场为

$$\boldsymbol{B}=\frac{\mu_0}{4\pi}\oint_{l'}\frac{I\mathrm{d}\boldsymbol{l}'\times\boldsymbol{R}}{R^3} \tag{3-2}$$

$$\boldsymbol{B}=\frac{\mu_0}{4\pi}\iint_{S'}\frac{\boldsymbol{J}_{\mathrm{s}}\times\boldsymbol{R}}{R^3}\mathrm{d}S' \tag{3-3}$$

$$\boldsymbol{B}=\frac{\mu_0}{4\pi}\iiint_{V'}\frac{\boldsymbol{J}(r')\times\boldsymbol{R}}{R^3}\mathrm{d}V' \tag{3-4}$$

3. 恒定磁场的基本方程

恒定电流不仅产生电场，也产生磁场。它们都不随时间变化，即$\frac{\partial}{\partial t}\to 0$，由此可以得到恒定磁场的基本方程，即磁通连续性原理和安培环路定律。

恒定磁场基本方程的微分形式：

$$\begin{cases}\nabla\times\boldsymbol{H}=\boldsymbol{J}\\ \nabla\cdot\boldsymbol{B}=0\\ \boldsymbol{B}=\mu\boldsymbol{H}\end{cases} \tag{3-5}$$

积分形式：

$$\begin{cases}\oint_l \boldsymbol{H}\cdot \mathrm{d}\boldsymbol{l}=\iint_S \boldsymbol{J}\cdot \mathrm{d}\boldsymbol{S}\\ \oiint_S \boldsymbol{B}\cdot \mathrm{d}\boldsymbol{S}=0\\ \boldsymbol{B}=\mu\boldsymbol{H}\end{cases} \tag{3-6}$$

恒定磁场的性质：恒定磁场的源是旋度(涡旋)源(恒定电流)，即磁场是有旋场；恒定磁场没有散度源，是无源场(无散场)；磁感线成闭合曲线，它围绕着恒定电流，两者呈右手螺旋关系。

安培环路定律提供了在对称情况下计算磁场的一种手段。

3.1.2 恒定磁场的位函数

理解标量磁位和矢量磁位的计算及物理意义，但它们一般不同时使用。前者用于无电流区域，后者用于有电流情况。

1. 标量磁位

在无电流区域，因为 $\boldsymbol{J}=0$，有 $\nabla\times\boldsymbol{H}=0$，故可以定义标量位函数，以简化磁场的计算。标量磁位没有物理意义，由式(3-7)定义

$$\boldsymbol{H}=-\nabla\varphi_{\mathrm{m}} \tag{3-7}$$

同样由 $\nabla\cdot\boldsymbol{B}=\mu\nabla\cdot\boldsymbol{H}=0$ 得

$$\nabla\cdot\boldsymbol{H}=-\nabla\cdot\nabla\varphi_{\mathrm{m}}=-\nabla^2\varphi_{\mathrm{m}}=0$$

可见，标量磁位满足拉普拉斯方程

$$\nabla^2\varphi_{\mathrm{m}}=0 \tag{3-8}$$

当区域中存在电流时，磁场是非保守场，标量磁位不是一个单值函数。

2. 矢量磁位

矢量磁位既可以用于无电流的区域，也可以用于有电流的区域。由于 $\nabla\cdot\boldsymbol{B}=0$，而 $\nabla\cdot\nabla\times\boldsymbol{A}\equiv 0$，由此定义矢量磁位 $\boldsymbol{A}$

$$\boldsymbol{B}=\nabla\times\boldsymbol{A} \tag{3-9}$$

分布电流产生的矢量磁位为

$$\begin{cases}\boldsymbol{A}=\dfrac{\mu_0}{4\pi}\displaystyle\int_{l'}\dfrac{\boldsymbol{I}}{R}\mathrm{d}l'\\ \boldsymbol{A}=\dfrac{\mu_0}{4\pi}\displaystyle\iint_{S'}\dfrac{\boldsymbol{J}_{\mathrm{s}}}{R}\mathrm{d}S'\\ \boldsymbol{A}=\dfrac{\mu_0}{4\pi}\displaystyle\iiint_{V'}\dfrac{\boldsymbol{J}(r')}{R}\mathrm{d}V'\end{cases} \tag{3-10}$$

矢量磁位 $\boldsymbol{A}$ 有旋度源，即磁场。根据矢量分析，在分析磁场时，通常还需要确定其散度源。规范 $\nabla\cdot\boldsymbol{A}$ 的值可以有不同的选择，即用于静态场的库仑规范 $\nabla\cdot\boldsymbol{A}=0$ 和用于时变电磁场的洛伦兹规范 $\nabla\cdot\boldsymbol{A}=-\dfrac{\partial\varphi}{\partial t}$。

1) 矢量磁位的计算

在静态场中，利用库仑规范得

$$\nabla^2 \boldsymbol{A} = -\mu \boldsymbol{J} \tag{3-11}$$

在直角坐标系，上述矢量泊松方程可分解为 3 个标量方程：

$$\begin{cases} \nabla^2 A_x = -\mu J_x \\ \nabla^2 A_y = -\mu J_y \\ \nabla^2 A_z = -\mu J_z \end{cases} \tag{3-12}$$

2) 结合“位”对“三度”的理解

梯度、散度和旋度的共同特点就是求场的空间变化率，即对空间坐标求偏导。注意，虽然对于某点的位(A、φ)可为零，但它可能是随空间变化的，因此，其导数不一定为零，即该点的场($\boldsymbol{B}$、$\boldsymbol{E}$)不一定为零。

3) 计算磁场的方法

通常计算磁场有如下 3 种方法。

(1) 直接积分法。$\boldsymbol{B} = \frac{\mu_0}{4\pi} \iiint_{V'} \frac{\boldsymbol{J}(r') \times \boldsymbol{R}}{R^3} \mathrm{d}V'$，积分时注意考虑矢量的方向性。

(2) 通过矢量位计算。$\boldsymbol{B} = \nabla \times \boldsymbol{A}$。

(2) 安培环路定理。$\oint_l \boldsymbol{H} \cdot \mathrm{d}\boldsymbol{l} = \iint_S \boldsymbol{J} \cdot \mathrm{d}\boldsymbol{S}$。要求磁场分布具有某种对称性。

3.1.3 磁偶极子与介质的磁化

1. 磁偶极子的矢量磁位

磁偶极子就是一个小载流圆环。定义磁偶极矩为 $\boldsymbol{m} = I\pi a^2 \boldsymbol{e}_z$，磁偶极子的矢量磁位为

$$\boldsymbol{A} = \frac{\mu_0}{4\pi R^2} \boldsymbol{m} \times \boldsymbol{e}_R = \frac{\mu_0}{4\pi \boldsymbol{R}^3} \boldsymbol{m} \times \boldsymbol{R} \tag{3-13}$$

磁介质中的磁感应强度 $\boldsymbol{B}$ 可以看作真空中传导电流产生的磁感应强度 $\boldsymbol{B}_0$ 与磁化电流产生的磁感应强度 $\boldsymbol{B}'$ 的叠加，即

$$\boldsymbol{B} = \boldsymbol{B}_0 + \boldsymbol{B}'$$

注意，与电介质极化产生的附加电场削弱原电场不同，磁介质磁化后磁化电流产生的磁场既可以削弱原磁场，也可以增强原磁场。

2. 介质的磁化

单位体积中磁偶极矩的统计平均值，即磁化强度

$$\boldsymbol{P}_\mathrm{m} = \lim_{\Delta V \to 0} \frac{\sum_{k=1}^{N} \boldsymbol{m}_k}{\Delta V} \tag{3-14}$$

磁化电流体密度：

$$\boldsymbol{J}_\mathrm{m} = \nabla \times \boldsymbol{P}_\mathrm{m} = \nabla \times [(\mu_\mathrm{r} - 1)\boldsymbol{H}] \tag{3-15}$$

磁化电流面密度：

$$\boldsymbol{J}_\mathrm{sm} = \boldsymbol{P}_\mathrm{m} \times \boldsymbol{e}_\mathrm{n} = [(\mu_\mathrm{r} - 1)\boldsymbol{H}] \times \boldsymbol{e}_\mathrm{n} \tag{3-16}$$

介质中的恒定磁场方程：

$$\begin{cases}\nabla\times \boldsymbol{H}=\boldsymbol{J}\\ \oint_l \boldsymbol{H}\cdot \mathrm{d}\boldsymbol{l}=\boldsymbol{I}\\ \oiint_S \boldsymbol{B}\cdot \mathrm{d}\boldsymbol{S}=0\\ \nabla\cdot \boldsymbol{B}=0\end{cases} \tag{3-17}$$

$$\begin{cases}\boldsymbol{P}_{\mathrm{m}}=\chi_{\mathrm{m}}\boldsymbol{H}\\ \boldsymbol{H}=\dfrac{\boldsymbol{B}}{\mu_0}-\boldsymbol{P}_{\mathrm{m}}\\ \boldsymbol{B}=\mu_0(1+\chi_{\mathrm{m}})\boldsymbol{H}=\mu_0\mu_{\mathrm{r}}\boldsymbol{H}=\mu\boldsymbol{H}\end{cases} \tag{3-18}$$

注意，一般情况下，磁场强度 $\boldsymbol{H}$ 不仅与自由电流分布有关，而且与磁化电流分布有关；而 $\boldsymbol{H}$ 的环量和旋度只与自由电流分布有关。在线性、均匀、各向同性的介质中，$\boldsymbol{H}$ 只与自由电流分布有关。

3.1.4 恒定磁场的边界条件

介质分界面两侧恒定磁场的边界条件为

$$\begin{cases}\boldsymbol{e}_{\mathrm{n}}\cdot(\boldsymbol{B}_1-\boldsymbol{B}_2)=0\\ \boldsymbol{e}_{\mathrm{n}}\times(\boldsymbol{H}_1-\boldsymbol{H}_2)=\boldsymbol{J}_{\mathrm{s}}\end{cases} \tag{3-19}$$

$$\boldsymbol{A}_1=\boldsymbol{A}_2,\quad \varphi_{\mathrm{m1}}=\varphi_{\mathrm{m2}} \tag{3-20}$$

3.1.5 电感

自感的计算：

$$L=\frac{\psi}{I}$$

互感的计算：

$$M_{21}=\frac{\psi_{21}}{I_1}$$

计算电感的聂以曼公式：

$$M=\frac{N_1N_2\mu_0}{4\pi}\oint_{l_1}\oint_{l_2}\frac{\mathrm{d}\boldsymbol{l}_2\cdot \mathrm{d}\boldsymbol{l}_1}{R}$$

电感的计算步骤为：

假定 I→计算磁感应强度 $\boldsymbol{B}$→在面上对 $\boldsymbol{B}$ 积分得到磁通 Φ(或者通过对矢量磁位 $\boldsymbol{A}$ 进行闭合曲线积分)→由 $\psi=N\Phi$ 得到磁链 ψ→计算出互感 $M=\dfrac{\psi}{I}$。

对磁通的计算有两种方法：

$$\begin{cases}\Phi_{\mathrm{m}}=\iint_s \boldsymbol{B}\cdot \mathrm{d}\boldsymbol{S}\\ \Phi_{\mathrm{m}}=\oint_l \boldsymbol{A}\cdot \mathrm{d}\boldsymbol{l}\end{cases} \tag{3-21}$$

3.1.6 恒定磁场的能量和磁场力

磁场的能量及能量密度分别为

$$\begin{cases} W_{\mathrm{m}} = \dfrac{1}{2}\sum_{j=1}^{N} I_j \psi_j \\ W_{\mathrm{m}} = \dfrac{1}{2}\iiint_V \boldsymbol{B} \cdot \boldsymbol{H}\,\mathrm{d}V \\ w_{\mathrm{m}} = \dfrac{1}{2}\boldsymbol{B} \cdot \boldsymbol{H} \end{cases} \tag{3-22}$$

可以利用虚位移法计算恒定磁场的磁场力

$$\begin{cases} F = \left.\dfrac{\partial W_{\mathrm{m}}}{\partial l}\right|_{I_j=\text{常量}} \\ F = -\left.\dfrac{\partial W_{\mathrm{m}}}{\partial l}\right|_{\psi_j=\text{常量}} \end{cases} \tag{3-23}$$

重要公式：

长直载流导线产生的矢量磁位 $\boldsymbol{A}$：

$$A_z \approx \frac{\mu_0 I}{4\pi}\ln\left(\frac{L}{r}\right)^2 = \frac{\mu_0 I}{2\pi}\ln\left(\frac{L}{r}\right) \xrightarrow{L\to\infty} \frac{\mu_0 I}{2\pi}\ln\left(\frac{r_0}{r}\right)$$

无限长双平行载流直导线产生的矢量磁位 $\boldsymbol{A}$：

$$A_z = \frac{\mu_0 I}{2\pi}\ln\left(\frac{r_-}{r_+}\right)$$

长度为 l 的导线内自感：

$$L_i = \frac{\psi_i}{I} = \frac{\mu_0 l}{8\pi}$$

3.2 典型例题解析

【例题 3-1】 (1) 如图 3-1(a)所示，在空气中有一载有直流电流 I，长为 L 的直导线。求空间任一点 P 处的磁场。

(2) 如图 3-1(b)所示，求电流 I 在点 P 处所产生的磁场强度。

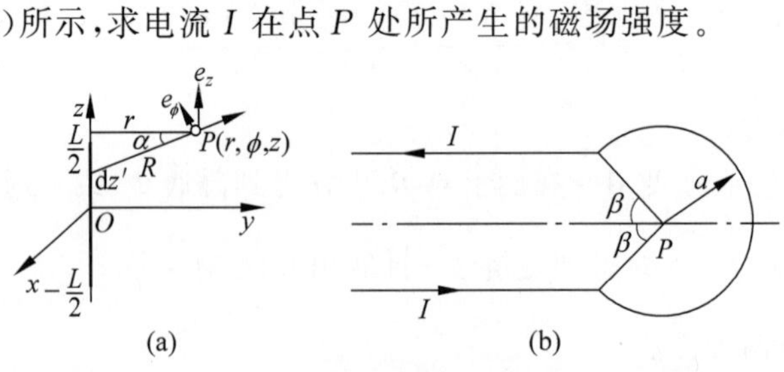

图 3-1 例题 3-1 图

解：(1) 如图 3-1(a)所示，取圆柱坐标系，设带电线段沿 z 轴排列。取电流元为 $I\mathrm{d}z'\boldsymbol{e}_z$，源点和场点分别为 $(0,0,z')$、$P(r,\phi,z)$。应用毕奥-萨伐尔定律，得到 $I\mathrm{d}z'\boldsymbol{e}_z$ 在场点的磁

感应强度 $\boldsymbol{B}$ 为

$$\mathrm{d}\boldsymbol{B}=\frac{\mu_0}{4\pi}\frac{I\mathrm{d}z'\boldsymbol{e}_z\times\boldsymbol{R}}{R^3}$$

由图 3-1 可知

$$\boldsymbol{R}=r\boldsymbol{e}_r+(z-z')\boldsymbol{e}_z,\quad z'=z-r\tan\alpha,\quad \mathrm{d}z'=-r\sec^2\alpha\,\mathrm{d}\alpha,\quad R=r\sec\alpha$$

并且

$$\mathrm{d}z'\boldsymbol{e}_z\times\boldsymbol{R}=\mathrm{d}z'\boldsymbol{e}_z\times[r\boldsymbol{e}_r+(z-z')\boldsymbol{e}_z]=\boldsymbol{e}_\phi r\mathrm{d}z'=-r^2\sec^2\alpha\,\mathrm{d}\alpha$$

所以,长直载流导线在观察点产生的磁场为

$$\boldsymbol{B}=\frac{\mu_0}{4\pi}\int_{-L/2}^{L/2}\frac{I\mathrm{d}z'\boldsymbol{e}_z\times\boldsymbol{R}}{R^3}\mathrm{d}z'=-\frac{\mu_0 I\boldsymbol{e}_\phi}{4\pi r}\int_{\alpha_1}^{\alpha_2}\cos\alpha\,\mathrm{d}\alpha=\boldsymbol{e}_\phi\frac{\mu_0 I}{4\pi r}(\sin\alpha_1-\sin\alpha_2)$$

其中

$$\sin\alpha_1=\frac{z+L/2}{[r^2+(z+L/2)^2]^{1/2}},\quad \sin\alpha_2=\frac{z-L/2}{[r^2+(z-L/2)^2]^{1/2}}$$

当长直载流导线区域无穷长时,$\alpha_1=\frac{\pi}{2}$,$\alpha_2=-\frac{\pi}{2}$,因此

$$\lim_{L\to\infty}\boldsymbol{B}=\boldsymbol{e}_\phi\frac{\mu_0 I}{2\pi r}$$

(2) 如图 3-1(b)所示,圆弧的电流在点 P 所产生的磁感应强度为

$$B_1=\frac{2(\pi-\beta)}{2\pi}\frac{\mu_0 I}{2a}=\frac{(\pi-\beta)\mu_0 I}{2\pi a}$$

两根半无限长线电流 I 在点 P 所产生的磁场强度为

$$B_2=2\frac{\mu_0 I}{4\pi a\sin\beta}\left[\sin 90^\circ-\sin\left(\frac{\pi}{2}-\beta\right)\right]=\frac{\mu_0 I(1-\cos\beta)}{2\pi a\sin\beta}$$

因此,点 P 处的磁场强度为

$$B=B_1+B_2=\frac{(\pi-\beta)\mu_0 I}{2\pi a}+\frac{\mu_0 I(1-\cos\beta)}{2\pi a\sin\beta}$$

【例题 3-2】 真空中有一个半径为 a 的载流线圈,电流强度大小为 I,将线圈沿直径折起来,并使两个半圆垂直,求半圆圆心处的磁通密度。

解:设原线圈位于 xOy 平面,则折起来后,一个半圆电流在 xOy 平面,一个半圆电流在 yOz 平面。在 xOy 平面的半圆,在圆心产生的磁场方向沿 z 轴,电流元为 $I\mathrm{d}\boldsymbol{l}'=\boldsymbol{e}_\phi Ia\,\mathrm{d}\phi$,$\boldsymbol{R}=-\boldsymbol{e}_r a$,并且场点位移矢量与电流垂直。因此,由 $\mathrm{d}\boldsymbol{B}=\frac{\mu_0}{4\pi}\frac{I\mathrm{d}\boldsymbol{l}'\times\boldsymbol{e}_R}{R^2}$ 得

$$\boldsymbol{B}=\boldsymbol{e}_z\frac{\mu_0}{4\pi}\int_0^\pi\frac{Ia^2\mathrm{d}\phi}{a^3}=\boldsymbol{e}_z\frac{\mu_0 I}{4a}$$

同理,电流在 yOz 平面的半圆,其在圆心产生的磁场方向沿 x 轴,即

$$\boldsymbol{B}=\boldsymbol{e}_x\frac{\mu_0}{4\pi}\int_0^\pi\frac{Ia^2\mathrm{d}\phi}{a^3}=\boldsymbol{e}_x\frac{\mu_0 I}{4a}$$

所以,半圆圆心处的磁通密度为

$$\boldsymbol{B}=\frac{\mu_0 I}{4a}(\boldsymbol{e}_z+\boldsymbol{e}_x)$$

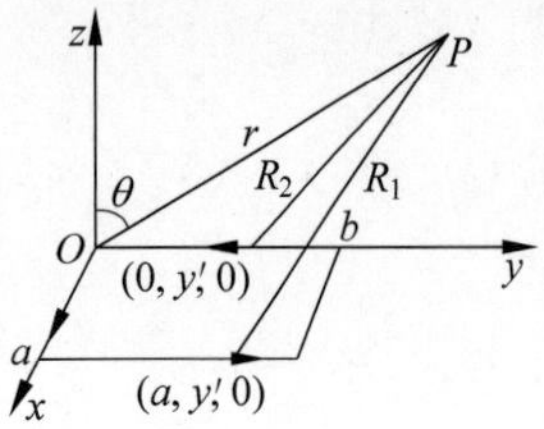

图 3-2　例题 3-3 图

【例题 3-3】 边长分别为 a 和 b 的载有电流 I 的小矩形回路,如图 3-2 所示,求远处一点 P 的矢量磁位。

解:首先考虑沿 y 方向的两电流边在点 P 产生的矢量磁位。取电流元所在位置的坐标为 $(a,y',0)$,$(0,y',0)$,则

$$\boldsymbol{A}_1=\frac{\mu_0}{4\pi}\int_{l'}\left(\frac{1}{R_1}-\frac{1}{R_2}\right)\boldsymbol{I}\,\mathrm{d}l'$$

其中,$R_1=\sqrt{(x-a)^2+(y-y')^2+z^2}$,$R_2=\sqrt{x^2+(y-y')^2+z^2}$,由于 $r\gg a$,则根据小变量近似

$$\frac{1}{R_1}\approx\frac{1}{r}\left(1+\frac{ax}{r^2}+\frac{yy'}{r^2}\right),\quad \frac{1}{R_2}\approx\frac{1}{r}\left(1+\frac{yy'}{r^2}\right)$$

因此

$$\boldsymbol{A}_1=\boldsymbol{e}_y\frac{\mu_0 ax}{4\pi r^3}\int_0^b I\,\mathrm{d}y'=\boldsymbol{e}_y\frac{\mu_0 abx}{4\pi r^3}I$$

同理,沿 x 方向的两电流边在点 P 产生的矢量磁位

$$\boldsymbol{A}_2=-\boldsymbol{e}_x\frac{\mu_0 by}{4\pi r^3}\int_0^a I\,\mathrm{d}x'=-\boldsymbol{e}_x\frac{\mu_0 aby}{4\pi r^3}I$$

故矩形回路在远处一点 P 产生的矢量磁位为

$$\boldsymbol{A}=\boldsymbol{A}_1+\boldsymbol{A}_2=\boldsymbol{e}_y\frac{\mu_0 abx}{4\pi r^3}I-\boldsymbol{e}_x\frac{\mu_0 aby}{4\pi r^3}I=\boldsymbol{e}_\phi\frac{\mu_0 ab\sin\theta}{4\pi r^2}I$$

可见,方形小环与圆形小环产生的场是一致的。

【例题 3-4】 无限长直线电流 I 垂直于磁导率分别为 μ_1 和 μ_2 的两种磁介质的交界面,如图 3-3 所示,试求两种媒质中的磁通量密度。

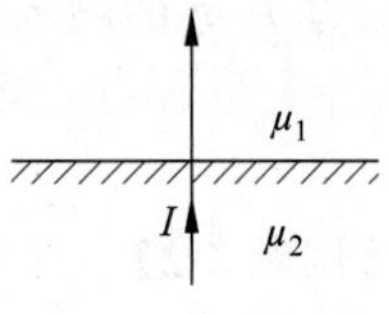

图 3-3　例题 3-4 图

解:电流 I 产生磁场方向沿 $\boldsymbol{e}_\phi$,根据磁场的边界条件,两种磁介质中的磁场强度相等,即 $\boldsymbol{H}_1=\boldsymbol{H}_2=H\boldsymbol{e}_\phi$;以 r 为半径作圆,根据安培环路定理 $\oint_c \boldsymbol{H}\cdot\mathrm{d}\boldsymbol{l}=\iint_s \boldsymbol{J}\cdot\mathrm{d}\boldsymbol{S}$,则磁场强度为

$$\boldsymbol{H}_1=\boldsymbol{H}_2=\boldsymbol{H}=\frac{I}{2\pi r}\boldsymbol{e}_\phi$$

因此,两种媒质中的磁通量密度分别为

$$\boldsymbol{B}_1=\frac{\mu_1 I}{2\pi r}\boldsymbol{e}_\phi$$

$$\boldsymbol{B}_2=\frac{\mu_2 I}{2\pi r}\boldsymbol{e}_\phi$$

【例题 3-5】 在均匀磁化的磁导率为 μ 的无限大磁介质中,磁通量密度为 $\boldsymbol{B}$,如果在媒质中存在如下空腔,求空腔内的磁场强度和磁通量密度。

(1) 平行于 $\boldsymbol{B}$ 的针形空腔。

(2) 底面垂直于 $\boldsymbol{B}$ 的薄盘形空腔。

解:(1) 对于平行于 $\boldsymbol{B}$ 的针形空腔,根据磁场强度切向分量的边界条件,得

$$\boldsymbol{H}_1=\boldsymbol{H},\quad \boldsymbol{B}_1=\mu_0\boldsymbol{H}$$

(2) 对于底面垂直于 $\boldsymbol{B}$ 的薄盘形空腔，根据 $\boldsymbol{B}$ 法向分量的边界条件，得

$$\boldsymbol{B}_2=\boldsymbol{B}=\mu\boldsymbol{H},\quad \boldsymbol{H}_2=\boldsymbol{B}_2/\mu_0=\mu_r\boldsymbol{H}$$

【例题 3-6】 一条宽度为 $2a$ 的无限长薄铜带，中心线与 z 轴重合，载有电流 I，如图 3-4 所示。求空间周围任一点的磁场强度。

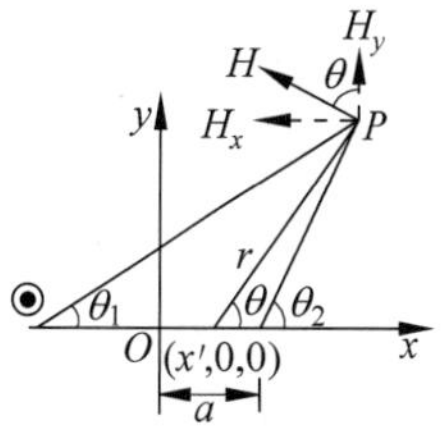

图 3-4　例题 3-6 图

解：薄铜带电流密度为

$$\boldsymbol{J}=\frac{I}{2a}\boldsymbol{e}_z$$

取电流元位于$(x',0,0)$处，以源点为中心，以 r 为半径作圆，根据安培环路定理，可以求得无限长线电流 $J\mathrm{d}x'$在 $P(x,y,z)$点产生的磁场强度为

$$\mathrm{d}\boldsymbol{H}=\frac{1}{2\pi r}\frac{I}{2a}\mathrm{d}x'\boldsymbol{e}_\theta$$

在直角坐标系下，对上式积分可得

$$\boldsymbol{H}=-\boldsymbol{e}_x\frac{I}{4\pi a}\int_{-a}^{a}\frac{\sin\theta}{r}\mathrm{d}x'+\boldsymbol{e}_y\frac{I}{4\pi a}\int_{-a}^{a}\frac{\cos\theta}{r}\mathrm{d}x'$$

由图 3-4 可知，$r=\dfrac{y}{\sin\theta}$，$x-x'=y\cot\theta$，因此 $\mathrm{d}x'=y\csc^2\theta\mathrm{d}\theta$，代入上式可得

$$\boldsymbol{H}=-\boldsymbol{e}_x\frac{I}{4\pi a}\int_{-a}^{a}\frac{\sin\theta}{r}\mathrm{d}x'+\boldsymbol{e}_y\frac{I}{4\pi a}\int_{-a}^{a}\frac{\cos\theta}{r}\mathrm{d}x'=-\boldsymbol{e}_x\frac{I}{4\pi a}\int_{\theta_1}^{\theta_2}\mathrm{d}\theta+\boldsymbol{e}_y\frac{I}{4\pi a}\int_{\theta_1}^{\theta_2}\frac{\cos\theta}{\sin\theta}\mathrm{d}\theta$$

$$=\boldsymbol{e}_x\frac{I}{4\pi a}(\theta_1-\theta_2)+\boldsymbol{e}_y\frac{I}{4\pi a}\ln\frac{\sin\theta_2}{\sin\theta_1}=\boldsymbol{e}_x\frac{I}{4\pi a}(\theta_1-\theta_2)+\boldsymbol{e}_y\frac{I}{8\pi a}\ln\frac{(x+a)^2+y^2}{(x-a)^2+y^2}$$

其中，$\theta_1=\arcsin\dfrac{y}{\sqrt{(x+a)^2+y^2}}$，$\theta_2=\arcsin\dfrac{y}{\sqrt{(x-a)^2+y^2}}$。

【例题 3-7】 由矢量磁位的表达式 $\boldsymbol{A}=\dfrac{\mu_0}{4\pi}\iiint_{V'}\dfrac{\boldsymbol{J}(r')}{R}\mathrm{d}V'$，应用库仑规范。证明：(1)$\nabla^2\boldsymbol{A}=-\mu_0\boldsymbol{J}$；(2)$\nabla\times\boldsymbol{B}=\mu_0\boldsymbol{J}$。

证明：(1) 现考虑

$$\nabla^2\boldsymbol{A}=\nabla^2\boldsymbol{A}_x\boldsymbol{e}_x+\nabla^2A_y\boldsymbol{e}_y+\nabla^2A_z\boldsymbol{e}_z$$

由于 $\nabla^2\dfrac{1}{R}=-4\pi\delta(\boldsymbol{r}-\boldsymbol{r}')$，并且 $J'_x(x',y',z')$不是(x,y,z)的函数，所以

$$\nabla^2A_x=\frac{\mu_0}{4\pi}\iiint_{V'}\nabla^2\left(\frac{J'_x}{R}\right)\mathrm{d}V'=\frac{\mu_0}{4\pi}\iiint_{V'}J'_x\nabla^2\frac{1}{R}\mathrm{d}V'$$

即

$$\nabla^2A_x=\frac{\mu_0}{4\pi}\iiint_{V'}J'_x(\boldsymbol{r}')\{-4\pi\delta(\boldsymbol{r}-\boldsymbol{r}')\}\mathrm{d}V'=-\mu_0J_x(\boldsymbol{r})$$

同理可得

$$\nabla^2A_y=-\mu_0J_y(\boldsymbol{r})$$

$$\nabla^2A_z=-\mu_0J_z(\boldsymbol{r})$$

故有

$$\nabla^2 \boldsymbol{A} = -\mu_0 \boldsymbol{J}$$

(2) 应用恒等式$\nabla\times\boldsymbol{B}=\nabla\times\nabla\times\boldsymbol{A}=\nabla(\nabla\cdot\boldsymbol{A})-\nabla^2\boldsymbol{A}$,及库仑规范$\nabla\cdot\boldsymbol{A}=0$,考虑到$\nabla^2\boldsymbol{A}=-\mu_0\boldsymbol{J}$,因此

$$\nabla\times\boldsymbol{B}=\mu_0\boldsymbol{J}$$

【例题 3-8】 两半径为 a,平行放置的长直圆柱导体,轴线间的距离为 d ($d<2a$),如图 3-5 所示。现将相交部分挖成一空洞,并且在相交处用绝缘纸隔开。设两导体分别通有面密度为 $\boldsymbol{J}_1=J_0\boldsymbol{e}_z$ 和 $\boldsymbol{J}_2=-J_0\boldsymbol{e}_z$ 的电流,试计算空洞中的磁场强度。

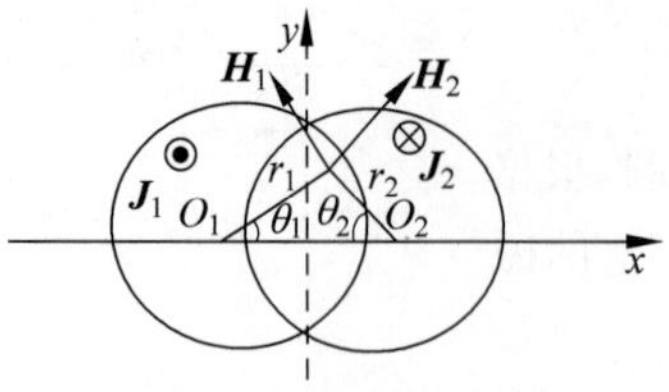

图 3-5 例题 3-8 图

解:将空洞中的电流视为 $\boldsymbol{J}_1$ 和 $\boldsymbol{J}_2$ 的叠加。则空洞中的磁场可视为两个分别载有 $\boldsymbol{J}_1$ 和 $\boldsymbol{J}_2$ 的电流的圆柱体在某点产生磁场的叠加。设两个载流圆柱体在周围产生的磁场分别为 H_1 和 H_2,利用安培环路定律,则

$$H_1=\frac{r_1J_1}{2}=\frac{r_1J_0}{2},\quad H_2=\frac{r_2J_2}{2}=\frac{r_2J_0}{2}$$

$$\boldsymbol{H}=\boldsymbol{H}_1+\boldsymbol{H}_2$$

结合图示,在直角坐标系下分解为

$$H_x=-H_1\sin\theta_1+H_2\sin\theta_2$$

$$H_y=H_1\cos\theta_1+H_2\cos\theta_2$$

由于

$$\sin\theta_1=\frac{y}{r_1},\quad \cos\theta_1=\frac{d/2+x}{r_1},\quad \sin\theta_2=\frac{y}{r_2},\quad \cos\theta_2=\frac{d/2-x}{r_2}$$

由此可得

$$H_x=-\frac{r_1J_0}{2}\cdot\frac{y}{r_1}+\frac{r_2J_0}{2}\cdot\frac{y}{r_2}=0$$

$$H_y=\frac{r_1J_0}{2}\cdot\frac{d/2+x}{r_1}+\frac{r_2J_0}{2}\cdot\frac{d/2-x}{r_2}=\frac{dJ_0}{2}$$

因此,空洞中的磁场强度为

$$\boldsymbol{H}=H_y\boldsymbol{e}_y=\frac{dJ_0}{2}\boldsymbol{e}_y$$

可见,空洞中的磁场是均匀的。

【例题 3-9】 已知有 3 条相互平行的长直导线,通有电流的大小均为 I,方向如图 3-6 所示。求空间任一点 P 的标量磁位。

解:P 的标量磁位可视为每条电流在该点产生的标量磁位的叠加。取 x 轴为磁屏障 $\varphi_{mx}=0$,第一条电流线在 P 点产生的标量磁位为

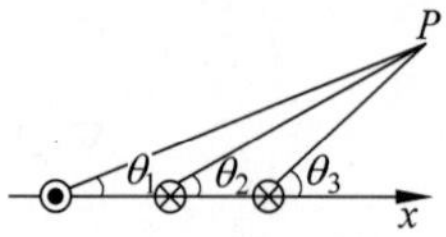

图 3-6 例题 3-9 图

$$\varphi_{m1}=\int_P^x\boldsymbol{H}\cdot d\boldsymbol{l}=\int_{\theta_1}^0\frac{I}{2\pi r_1}\cdot r_1 d\theta=-\frac{I}{2\pi}\theta_1$$

同理,其他两条电流线在 P 点产生的标量磁位分别为

$$\varphi_{m2}=\int_P^x \boldsymbol{H}\cdot d\boldsymbol{l}=-\int_{\theta_2}^0 \frac{I}{2\pi r_2}\cdot r_2 d\theta=\frac{I}{2\pi}\theta_2$$

$$\varphi_{m3}=\int_P^x \boldsymbol{H}\cdot d\boldsymbol{l}=-\int_{\theta_3}^0 \frac{I}{2\pi r_3}\cdot r_3 d\theta=\frac{I}{2\pi}\theta_3$$

因此,空间任一点 P 的标量磁位为

$$\varphi_m=\varphi_{m1}+\varphi_{m2}+\varphi_{m3}=\frac{I}{2\pi}(\theta_2+\theta_3-\theta_1)$$

【例题 3-10】 半径为 a 的长直螺线管,单位长度上绕有 N 匝线圈,在螺线管轴线处,有一半径为 b 的单匝小线圈,线圈平面的法线 $\boldsymbol{e}_n$ 与螺线管的轴线夹角为 θ,如图 3-7 所示。现忽略边缘效应,求螺线管与小环线圈之间的互感。

解:设螺线管通有电流 I,则其内的磁感应强度 $\boldsymbol{B}$ 为

$$\boldsymbol{B}=\mu_0 NI\boldsymbol{e}_z$$

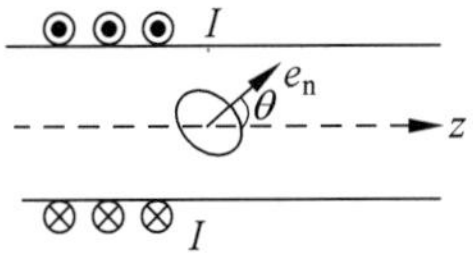

图 3-7　例题 3-10 图

因此,穿过小线圈的磁链(磁通)为

$$\Psi_m=\Phi_m=\boldsymbol{B}\cdot\boldsymbol{S}=BS\cos\theta=\mu_0 NI\pi b^2\cos\theta$$

故螺线管与小环线圈之间的互感

$$M=\frac{\Psi_m}{I}=\mu_0 N\pi b^2\cos\theta$$

【例题 3-11】 两组双线传输线 1—1′与 2—2′彼此平行放置,如图 3-8 所示。导线的半径为 a,设线间距离分别为 d_{12}、$d_{12'}$、$d_{1'2}$、$d_{1'2'}$,都远大于 a。试求双线传输线之间单位长度的互感。

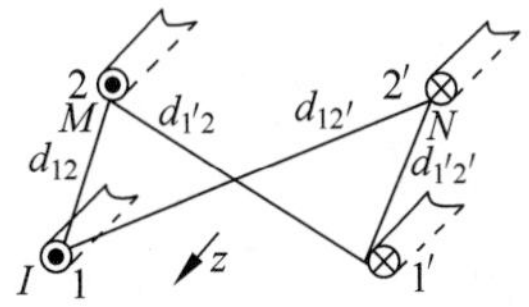

图 3-8　例题 3-11 图

解:设电流沿 z 方向,平行双线传输线在空间任意点产生的矢量位为

$$A_z=\frac{\mu_0 I}{2\pi}\ln\left(\frac{r_-}{r_+}\right)$$

由于线间距离都远大于 a,因此,传输线 1—1′的电流在 2—2′上的 M 及 N 点产生的矢量位分别为

$$\boldsymbol{A}_M=\boldsymbol{e}_z\frac{\mu_0 I}{2\pi}\ln\left(\frac{d_{1'2}}{d_{12}}\right),\quad \boldsymbol{A}_N=\boldsymbol{e}_z\frac{\mu_0 I}{2\pi}\ln\left(\frac{d_{1'2'}}{d_{12'}}\right)$$

沿回路 2—2′单位长度上作一矩形积分回路,则传输线 1—1′的电流在 2—2′单位长度上产生的磁通为

$$\begin{aligned}\Phi_{m12}&=\oint_{l_2}\boldsymbol{A}_{12}\cdot d\boldsymbol{l}=A_M-A_N=\frac{\mu_0 I}{2\pi}\ln\left(\frac{d_{1'2}}{d_{12}}\right)-\frac{\mu_0 I}{2\pi}\ln\left(\frac{d_{1'2'}}{d_{12'}}\right)\\&=\frac{\mu_0 I}{2\pi}\ln\left(\frac{d_{1'2}}{d_{12}}\cdot\frac{d_{12'}}{d_{1'2'}}\right)\end{aligned}$$

故互感为

$$M=\frac{\Phi_{m12}}{I}=\frac{\mu_0}{2\pi}\ln\left(\frac{d_{1'2}}{d_{12}}\cdot\frac{d_{12'}}{d_{1'2'}}\right)$$

【例题 3-12】 同轴线的内、外导体半径分别为 a 和 b,外导体的半径厚度可忽略不计。内外导体间分别填充磁导率为 μ_1 和 μ_2 的两种不同介质,如图 3-9 所示。设同轴线中流过的电流为 I,试求:

(1) 同轴线单位长度所存储的磁场能量；

(2) 单位长度的电感；

(3) 同轴线内部磁化电流密度的分布。

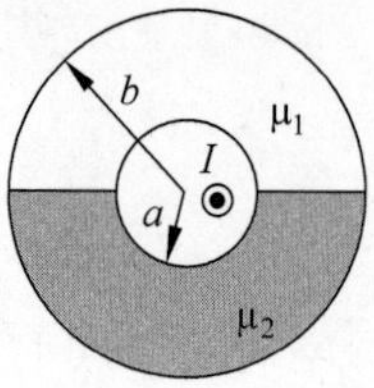

图 3-9 例题 3-12 图

解：(1) 由题意可知，轴向电流产生的磁场沿 ϕ 方向。因此，在两种媒质的分界面上，磁场只有法向分量，根据磁感应强度 B 法向分量的边界条件，$B_1=B_2=B$。

根据安培环路定理，当 $r<a$ 时，有

$$2\pi rH_0=\frac{I}{\pi a^2}\pi r^2=\frac{I}{a^2}r^2$$

即

$$H_0=\frac{I}{2\pi a^2}r,\quad r<a$$

当 $a<r<b$ 时，有

$$\pi r(H_1+H_2)=I$$

由于 $H_1=\dfrac{B_1}{\mu_1}=\dfrac{B}{\mu_1}$，$H_2=\dfrac{B_2}{\mu_2}=\dfrac{B}{\mu_2}$，代入上式得

$$B=\frac{\mu_1\mu_2 I}{\pi(\mu_1+\mu_2)r},\quad a<r<b$$

故同轴线中单位长度储存的能量为

$$\begin{aligned}W_{\mathrm{m}}&=\frac{1}{2}\int_0^a\frac{B_0^2}{\mu_0}2\pi r\,\mathrm{d}r+\frac{1}{2}\int_a^b\frac{B^2}{\mu_1}\pi r\,\mathrm{d}r+\frac{1}{2}\int_a^b\frac{B^2}{\mu_2}\pi r\,\mathrm{d}r\\&=\frac{1}{2}\int_0^a\frac{1}{\mu_0}\left(\frac{\mu_0 Ir}{2\pi a^2}\right)^2 2\pi r\,\mathrm{d}r+\frac{1}{2}\left(\frac{1}{\mu_1}+\frac{1}{\mu_2}\right)\int_a^b\left(\frac{\mu_1\mu_2 I}{\pi(\mu_1+\mu_2)r}\right)^2\pi r\,\mathrm{d}r\\&=\frac{\mu_0 I^2}{16\pi}+\frac{\mu_1\mu_2 I^2}{2\pi(\mu_1+\mu_2)}\ln\frac{b}{a}\end{aligned}$$

(2) 由 $W_{\mathrm{m}}=\dfrac{1}{2}LI^2$，得到单位长度的电感为

$$L=\frac{2W_{\mathrm{m}}}{I^2}=\frac{\mu_0}{8\pi}+\frac{\mu_1\mu_2}{\pi(\mu_1+\mu_2)}\ln\frac{b}{a}$$

(3) 当 $r<a$ 时，由于 $\chi_{\mathrm{m}}=(\mu_{\mathrm{r}}-1)=0$，故磁化电流密度为零。

当 $a<r<b$ 时，$H_1=\dfrac{B}{\mu_1}=\dfrac{\mu_2 I}{\pi(\mu_1+\mu_2)r}$，　$H_2=\dfrac{B}{\mu_2}=\dfrac{\mu_1 I}{\pi(\mu_1+\mu_2)r}$。

对于 μ_1 所在的区域，在圆柱坐标系下：

根据 $\boldsymbol{P}_{\mathrm{m1}}=\chi_{\mathrm{m}}\boldsymbol{H}_1=(\mu_{\mathrm{r1}}-1)\boldsymbol{H}_1=\boldsymbol{e}_\phi(\mu_{\mathrm{r1}}-1)\dfrac{\mu_2 I}{\pi(\mu_1+\mu_2)r}$，得

$$\boldsymbol{J}_{\mathrm{m1}}=\nabla\times\boldsymbol{P}_{\mathrm{m1}}=\frac{1}{r}\begin{vmatrix}\boldsymbol{e}_r & r\boldsymbol{e}_\phi & \boldsymbol{e}_z\\ \dfrac{\partial}{\partial r} & \dfrac{\partial}{\partial\phi} & \dfrac{\partial}{\partial z}\\ P_{\mathrm{m}r} & rP_{\mathrm{m}\phi} & P_{\mathrm{m}z}\end{vmatrix}=\frac{1}{r}\begin{vmatrix}\boldsymbol{e}_r & r\boldsymbol{e}_\phi & \boldsymbol{e}_z\\ \dfrac{\partial}{\partial r} & \dfrac{\partial}{\partial\phi} & \dfrac{\partial}{\partial z}\\ 0 & (\mu_{\mathrm{r1}}-1)\dfrac{\mu_2 I}{\pi(\mu_1+\mu_2)} & 0\end{vmatrix}=0$$

同理,对于 μ_2 所在的区域,$\boldsymbol{J}_{\mathrm{m2}}=0$。

对于 μ_1 所在的区域,$r=a$ 处:

$$\boldsymbol{J}_{sa1}=\boldsymbol{P}_{\mathrm{m1}}\times\boldsymbol{e}_{\mathrm{n}}=\boldsymbol{e}_{\phi}(\mu_{\mathrm{r1}}-1)\frac{\mu_2 I}{\pi(\mu_1+\mu_2)r}\Big|_{r=a}\times(-\boldsymbol{e}_r)=\boldsymbol{e}_z(\mu_{\mathrm{r1}}-1)\frac{\mu_2 I}{\pi(\mu_1+\mu_2)a}$$

对于 μ_1 所在的区域,$r=b$ 处:

$$\boldsymbol{J}_{sb1}=\boldsymbol{P}_{\mathrm{m1}}\times\boldsymbol{e}_{\mathrm{n}}=\boldsymbol{e}_{\phi}(\mu_{\mathrm{r1}}-1)\frac{\mu_2 I}{\pi(\mu_1+\mu_2)r}\Big|_{r=b}\times\boldsymbol{e}_r=-\boldsymbol{e}_z(\mu_{\mathrm{r1}}-1)\frac{\mu_2 I}{\pi(\mu_1+\mu_2)b}$$

对于 μ_2 所在的区域,$r=a$ 处:

$$\boldsymbol{J}_{sa2}=\boldsymbol{P}_{\mathrm{m2}}\times\boldsymbol{e}_{\mathrm{n}}=\boldsymbol{e}_{\phi}(\mu_{\mathrm{r2}}-1)\frac{\mu_1 I}{\pi(\mu_1+\mu_2)r}\Big|_{r=a}\times(-\boldsymbol{e}_r)=\boldsymbol{e}_z(\mu_{\mathrm{r2}}-1)\frac{\mu_1 I}{\pi(\mu_1+\mu_2)a}$$

对于 μ_2 所在的区域,$r=b$ 处:

$$\boldsymbol{J}_{sa2}=\boldsymbol{P}_{\mathrm{m2}}\times\boldsymbol{e}_{\mathrm{n}}=\boldsymbol{e}_{\phi}(\mu_{\mathrm{r2}}-1)\frac{\mu_1 I}{\pi(\mu_1+\mu_2)r}\Big|_{r=b}\times\boldsymbol{e}_r=-\boldsymbol{e}_z(\mu_{\mathrm{r2}}-1)\frac{\mu_1 I}{\pi(\mu_1+\mu_2)b}$$

在两种媒质的交界面上,磁化电流面密度为零,即 $\boldsymbol{J}_{\mathrm{sm}}=\boldsymbol{P}_{\mathrm{m}}\times\boldsymbol{e}_{\mathrm{n}}=P_{\mathrm{m}}\boldsymbol{e}_{\phi}\times\boldsymbol{e}_{\phi}=0$。

【例题 3-13】 一个带电荷为 q 的质点以角速度 ω 绕半径为 a 的圆周运动,求它的磁矩。

解:带电荷质点的圆周运动形成小电流圆环,半径为 a。

$$i=\frac{q}{T}=q\frac{\omega}{2\pi}$$

故它的磁矩为

$$\boldsymbol{P}=\pi a^2 i\boldsymbol{e}_{\mathrm{n}}=\frac{q}{2}a^2\omega\boldsymbol{e}_{\mathrm{n}}$$

其中,$\boldsymbol{e}_{\mathrm{n}}$ 为单位矢量,与电流成右手螺旋关系。

【例题 3-14】 下面的函数中,哪些可能是磁场的矢量?如是,求电流分布。

(1) $\boldsymbol{B}=\boldsymbol{e}_r Cr$(圆柱坐标系)。

(2) $\boldsymbol{B}=-\boldsymbol{e}_x Cy+\boldsymbol{e}_y Cx$。

解:(1) $\nabla\cdot\boldsymbol{B}=\nabla\cdot(\boldsymbol{e}_r Cr)=\frac{1}{r}\frac{\partial}{\partial r}(rCr)=2C\neq 0$,由于散度不为零,因而 $\boldsymbol{B}=\boldsymbol{e}_r Cr$ 不可能是磁场的矢量。

(2) $\nabla\cdot\boldsymbol{B}=\nabla\cdot(-\boldsymbol{e}_x Cy+\boldsymbol{e}_y Cx)=\frac{\partial}{\partial x}(-Cy)+\frac{\partial}{\partial y}(Cx)=0$,由于散度为零,故 $\boldsymbol{B}=-\boldsymbol{e}_x Cy+\boldsymbol{e}_y Cx$ 可能是磁场的矢量。

其对应的电流分布为

$$\boldsymbol{J}=\frac{1}{\mu}\nabla\times\boldsymbol{B}=\frac{1}{\mu}\begin{vmatrix}\boldsymbol{e}_x & \boldsymbol{e}_y & \boldsymbol{e}_z\\ \frac{\partial}{\partial x} & \frac{\partial}{\partial y} & \frac{\partial}{\partial z}\\ -Cy & Cx & 0\end{vmatrix}=\frac{2C}{\mu}\boldsymbol{e}_z$$

【例题 3-15】 一个正 n 边形(外接圆半径为 a)线圈中通过的电流为 I,试证明该线圈中心的磁感应强度为

$$B=\frac{\mu_0 nI}{2\pi a}\tan\frac{\pi}{n}$$

证明：对应有限长度的直导线在线圈中心产生的磁场为

$$B=\frac{\mu_0 I}{4\pi r}(\sin\alpha_1-\sin\alpha_2)$$

由于$\alpha_1=-\alpha_2=\frac{2\pi}{2n}=\frac{\pi}{n}$，设正 n 边形的外接圆半径是 a，则$\frac{r}{a}=\cos\frac{\pi}{n}$，故线圈中心的磁感应强度为

$$B=\frac{\mu_0 nI}{2\pi a}\tan\frac{\pi}{n}$$

【例题 3-16】 已知穿过某一半径为 a 的圆形区域的磁场为一个均匀磁场，即 $\boldsymbol{B}=\boldsymbol{e}_z B_0$，$B_0$ 为常数。试求环绕这个圆形区域边缘的矢量磁位 **A**。

解：取圆柱坐标系

$$\boldsymbol{B}=\nabla\times\boldsymbol{A}=\boldsymbol{e}_r\left(\frac{1}{r}\frac{\partial A_z}{\partial\phi}-\frac{\partial A_\phi}{\partial z}\right)+\boldsymbol{e}_\phi\left(\frac{\partial A_r}{\partial z}-\frac{\partial A_z}{\partial r}\right)+\boldsymbol{e}_z\frac{1}{r}\left(\frac{\partial}{\partial r}(rA_\phi)-\frac{\partial A_r}{\partial\phi}\right)$$

因此

$$\frac{1}{r}\left(\frac{\partial}{\partial r}(rA_\phi)-\frac{\partial A_r}{\partial\phi}\right)=B_0$$

对于环绕圆形区域的矢量磁位即 A_ϕ，因此

$$\frac{1}{r}\frac{\partial}{\partial r}(rA_\phi)=B_0$$

对上式积分，并取积分常数为零，得

$$A_\phi=\frac{B_0}{2}r$$

故环绕这个圆形区域边缘的矢量磁位

$$A_\phi=\frac{B_0}{2}a$$

【例题 3-17】 有一电流分布为 $\boldsymbol{J}(r)=\boldsymbol{e}_z rJ_0/a\ \ (r\leqslant a)$，求矢量磁位和磁感应强度。

解：由于电流只有 $\boldsymbol{e}_z$ 分量，故矢量磁位 $\mathbf{A}(r)$ 也只有 $\boldsymbol{e}_z$ 分量，并且仅为 r 的函数。由泊松方程得

$$\nabla^2 A_{z1}(r)=\frac{1}{r}\frac{\partial}{\partial r}\left(r\frac{\partial A_{z1}}{\partial r}\right)=-r\mu_0 J_0/a,\quad r\leqslant a$$

$$\nabla^2 A_{z2}(r)=\frac{1}{r}\frac{\partial}{\partial r}\left(r\frac{\partial A_{z2}}{\partial r}\right)=0,\quad r>a$$

由此解得

$$A_{z1}(r)=-\frac{\mu_0 J_0}{9a}r^3+C_1\ln r+D_1$$

$$A_{z2}(r)=C_2\ln r+D_2$$

考虑到边界条件如下：

(1) $r\to 0$ 时，$A_{z1}(r)$有限，故 $C_1=0$。

（2）$r=a$ 时，$A_{z1}(r)=A_{z2}(r)$，$\left.\dfrac{A_{z1}(r)}{\partial r}\right|_{r=a}=\left.\dfrac{A_{z2}(r)}{\partial r}\right|_{r=a}$，故有

$$-\frac{\mu_0 J_0}{9}a^2+D_1=C_2\ln a+D_2$$

$$-\frac{\mu_0 J_0}{3}a=C_2\ \frac{1}{a}$$

求解以上两个方程得

$$C_2=-\frac{\mu_0 J_0}{3}a^2;\quad D_2=-\frac{\mu_0 J_0}{3}a^2\left(\frac{1}{3}-\ln a\right)$$

因此

$$A_{z1}(r)=-\frac{\mu_0 J_0}{9a}r^3+D_1$$

$$A_{z2}(r)=-\frac{\mu_0 J_0}{3}a^2\ln r-\frac{\mu_0 J_0}{3}a^2\left(\frac{1}{3}-\ln a\right)$$

再令 $r=0$ 时，$A_{z1}(r)=0$，则有 $D_1=0$，因此空间的矢量磁位为

$$A_{z1}(r)=-\frac{\mu_0 J_0}{9a}r^3$$

$$A_{z2}(r)=-\frac{\mu_0 J_0}{3}a^2\ln r-\frac{\mu_0 J_0}{3}a^2\left(\frac{1}{3}-\ln a\right)$$

空间的磁感应强度为

$$\boldsymbol{B}_1(r)=\nabla\times\boldsymbol{A}_1(r)=\boldsymbol{e}_\phi\frac{\mu_0 J_0}{3a}r^2,\quad r\leqslant a$$

$$\boldsymbol{B}_2(r)=\nabla\times\boldsymbol{A}_2(r)=\boldsymbol{e}_\phi\frac{\mu_0 J_0}{3r}a^2,\quad r>a$$

【例题 3-18】 如图 3-10 所示，铁磁体槽内有一线电流 I。设铁磁体的磁导率 $\mu\to\infty$，槽和载流线均可视为无限长，忽略槽口的边缘效应。试给出槽内矢量磁位 **A** 所满足的微分方程及边界条件。

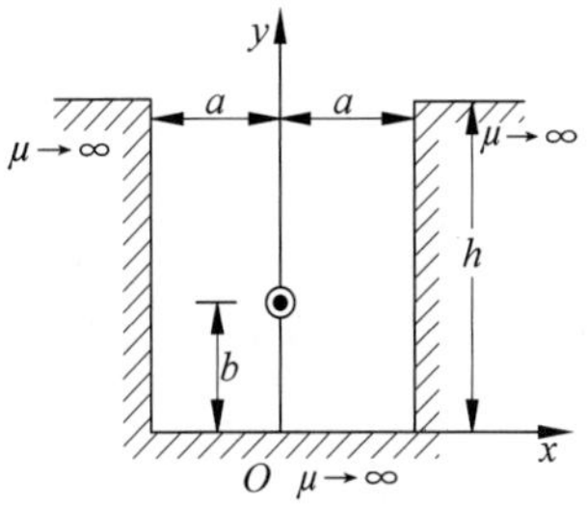

图 3-10　例题 3-18 图

解：设槽和载流线沿 z 方向无限长，在槽内除线电流位置外其他区域满足二维拉普拉斯方程。由于电流沿 z 方向，故矢量磁位 **A** 沿 z 方向。即有

$$\nabla^2 A_z=\frac{\partial^2 A_z}{\partial x^2}+\frac{\partial^2 A_z}{\partial y^2}=0$$

由于

$$\boldsymbol{B}=\nabla\times A_z\boldsymbol{e}_z=\frac{\partial A_z}{\partial y}\boldsymbol{e}_x-\frac{\partial A_z}{\partial x}\boldsymbol{e}_y$$

故有

$$B_x=\frac{\partial A_z}{\partial y},\quad B_y=-\frac{\partial A_z}{\partial x}$$

对于磁边界,根据槽体内的边界条件:$x=\pm a, 0<y<h$ 时,$H_y=0$,故有

$$\frac{\partial A_z}{\partial x}=0$$

而 $y=0, -a<x<a$ 时,$H_x=0$,故有

$$\frac{\partial A_z}{\partial y}=0$$

在 $y=h, -a<x<a$ 处,由于忽略边缘效应,可认为磁感线与 x 轴平行。由于槽内各边的切向磁场为零,根据安培环路定理,可知

$$\oint_c \boldsymbol{H}\cdot \mathrm{d}\boldsymbol{l}=\iint_s \boldsymbol{J}\cdot \mathrm{d}\boldsymbol{S}=I$$

故有

$$H_x=\frac{I}{2a}$$

即

$$\frac{\partial A_z}{\partial y}=\frac{\mu_0 I}{2a}$$

【例题 3-19】 如图 3-11 所示,有一半径为 a 的长直薄导体壳圆柱,在导体薄层中通有电流密度 $\boldsymbol{K}=K\boldsymbol{e}_\phi$ 的电流。求导体薄壳圆柱内外的矢量磁位及磁感应强度。

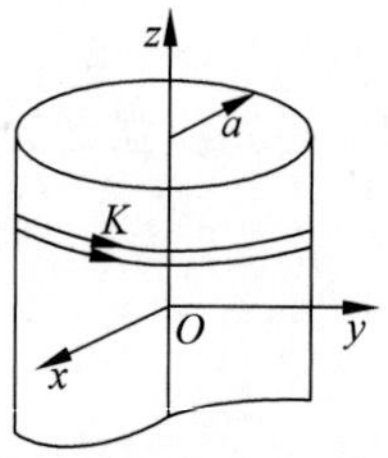

图 3-11 例题 3-19 图

解:根据电流的方向可知,矢量磁位沿 $\boldsymbol{e}_\phi$ 方向。根据轴对称性,$\boldsymbol{A}_\phi$ 仅与 r 坐标有关,设 $\boldsymbol{A}=A_\phi(r)\boldsymbol{e}_\phi$,在圆柱坐标系下,除薄导体壳外(即圆柱内外),$\boldsymbol{A}$ 所满足的拉普拉斯方程为

$$\nabla^2\boldsymbol{A}=\nabla^2(A_\phi\boldsymbol{e}_\phi)=0$$

由于在圆柱坐标系下 $\boldsymbol{e}_\phi$ 并非常矢量,故利用 $\nabla^2\boldsymbol{A}=\nabla(\nabla\cdot\boldsymbol{A})-\nabla\times\nabla\times\boldsymbol{A}$,即

$$\nabla^2(A_\phi\boldsymbol{e}_\phi)=\nabla(\nabla\cdot[A_\phi(r)\boldsymbol{e}_\phi])-\nabla\times\nabla\times[A_\phi(r)\boldsymbol{e}_\phi]$$

由于

$$\nabla\cdot[A_\phi(r)\boldsymbol{e}_\phi]=\frac{\partial A_\phi(r)}{\partial\phi}=0$$

而

$$\nabla\times\nabla\times[A_\phi(r)\boldsymbol{e}_\phi]=\nabla\times\frac{1}{r}\begin{vmatrix}\boldsymbol{e}_r & r\boldsymbol{e}_\phi & \boldsymbol{e}_z\\ \dfrac{\partial}{\partial r} & \dfrac{\partial}{\partial\phi} & \dfrac{\partial}{\partial z}\\ 0 & rA_\phi(r) & 0\end{vmatrix}=\nabla\times\boldsymbol{e}_z\left(\frac{A_\phi}{r}+\frac{\partial A_\phi}{\partial r}\right)$$

$$=\frac{1}{r}\begin{vmatrix}\boldsymbol{e}_r & r\boldsymbol{e}_\phi & \boldsymbol{e}_z\\ \dfrac{\partial}{\partial r} & \dfrac{\partial}{\partial\phi} & \dfrac{\partial}{\partial z}\\ 0 & 0 & \dfrac{A_\phi}{r}+\dfrac{\partial A_\phi}{\partial r}\end{vmatrix}=-\boldsymbol{e}_\phi\left[\frac{\partial A_\phi}{r\partial r}-\frac{A_\phi}{r^2}+\frac{\partial^2 A_\phi}{\partial r^2}\right]$$

所以

$$\nabla^2[A_\phi \boldsymbol{e}_\phi]=\frac{\partial^2 A_\phi}{\partial r^2}+\frac{1}{r}\frac{\partial A_\phi}{\partial r}-\frac{A_\phi}{r^2}=0$$

上式的通解为

$$A_{\phi1}=\frac{c_1}{2}r+\frac{c_2}{r},\quad 0<r<a$$
$$A_{\phi1}=\frac{c_3}{2}r+\frac{c_4}{r},\quad r>a \tag{3-24}$$

设 $r\to 0$ 时,$A_{\phi1}(r)$有限,故 $c_2=0$。

根据 $\boldsymbol{A}$ 的连续性,则边界条件为

$$A_{\phi1}\big|_{r=a}=A_{\phi2}\big|_{r=a} \tag{3-25}$$

又由于 $\boldsymbol{B}=\nabla\times(A_\phi \boldsymbol{e}_\phi)=\boldsymbol{e}_z\left(\frac{A_\phi}{r}+\frac{\partial A_\phi}{\partial r}\right)$,而在 $r=a$ 处 $A_{\phi1}|_{r=a}=A_{\phi2}|_{r=a}$,故根据切向磁场的边界条件得

$$B_{z1}-B_{z2}=\frac{\partial A_{\phi1}}{\partial r}\bigg|_{r=a}-\frac{\partial A_{\phi2}}{\partial r}\bigg|_{r=a}=\mu_0 K \tag{3-26}$$

由于 $c_2=0$,根据边界条件式(3-25)、式(3-26),由通解方程式(3-24)得

$$c_3=0, c_1=\mu_0 K,\quad c_4=\frac{\mu_0 K a^2}{2}$$

因此,导体薄壳圆柱内外的矢量磁位为

$$\boldsymbol{A}_1=\frac{\mu_0 K}{2}r\boldsymbol{e}_\phi,\quad 0<r<a$$
$$\boldsymbol{A}_2=\frac{\mu_0 K a^2}{2r}\boldsymbol{e}_\phi,\quad r>a$$

则磁感应强度为

$$\boldsymbol{B}_1=\nabla\times(A_{\phi1}\boldsymbol{e}_\phi)=\boldsymbol{e}_z\left(\frac{1}{r}\frac{\partial(rA_{\phi1})}{\partial r}\right)=\mu_0 K\boldsymbol{e}_z,\quad 0<r<a$$
$$\boldsymbol{B}_2=\nabla\times(A_{\phi2}\boldsymbol{e}_\phi)=\boldsymbol{e}_z\left(\frac{1}{r}\frac{\partial(rA_{\phi2})}{\partial r}\right)=0,\qquad r>a$$

【例题 3-20】 一长螺旋管,长度 $l\gg$ 半径 a,匝数为 N,通过电流 I,求轴线上任意点的 $\boldsymbol{B}$。

解:参见图 3-12。设单位长度匝数为 n,则 $n=\frac{N}{l}$,离 O 点 x' 远的 $\mathrm{d}x'$ 长度的线圈在 P 点产生的场强 $\mathrm{d}B$ 为

$$\mathrm{d}B=\frac{\mu_0}{2}\frac{a^2 nI\mathrm{d}x'}{[a^2+(x-x')^2]^{3/2}}$$

整个螺旋管在点 P 产生的总磁感应强度为

$$B=\frac{\mu_0}{2}\int_{-l/2}^{l/2}\frac{a^2 nI\mathrm{d}x'}{[a^2+(x-x')^2]^{3/2}} \tag{3-27}$$

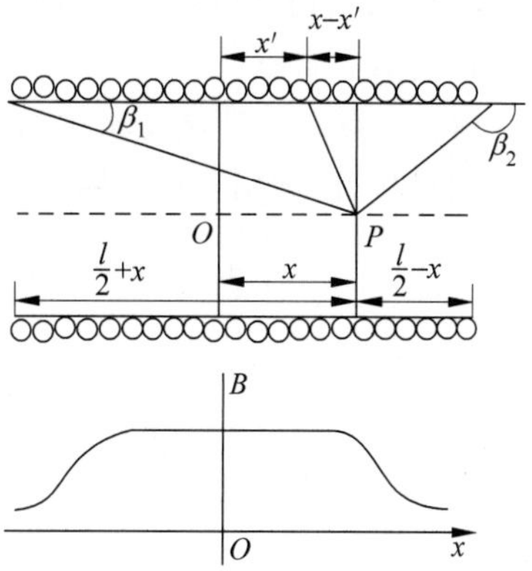

图 3-12　例题 3-20 图

由图 3-12 可知

$$r=\sqrt{a^2+(x-x')^2}=\frac{a}{\sin\beta} \tag{3-28}$$

$$x-x'=r\cos\beta \tag{3-29}$$

由式(3-28)、式(3-29)得

$$\frac{x-x'}{a}=\cot\beta$$

取微分得

$$\frac{\mathrm{d}x'}{a}=\frac{\mathrm{d}\beta}{\sin^2\beta} \tag{3-30}$$

将式(3-28)、式(3-30)代入式(3-27),得

$$B=\frac{\mu_0}{2}\int_{\beta_1}^{\beta_2} nI\sin\beta\mathrm{d}\beta=\frac{\mu_0}{2}nI(\cos\beta_1-\cos\beta_2)$$

这里

$$\cos\beta_1=\frac{x+\dfrac{l}{2}}{\left[a^2+\left(x+\dfrac{l}{2}\right)^2\right]^{1/2}}$$

$$\cos\beta_2=\frac{x-\dfrac{l}{2}}{\left[a^2+\left(x-\dfrac{l}{2}\right)^2\right]^{1/2}}$$

在两种特殊情况下:

(1) $l\to\infty,\beta_1=0,\beta_2=\pi$

则

$$B=\mu_0 nI=\frac{\mu_0 N}{l}I$$

(2) 在半无限长螺旋管口处,$\beta_1=0,\beta_2=\dfrac{\pi}{2}$;或 $\beta_1=\dfrac{\pi}{2},\beta_2=\pi$,都有 $B=\dfrac{\mu_0 N}{2l}I$。

【例题 3-21】 设空心长直导线外半径为 b,空心部分半径为 a,如图 3-13 所示,试求其单位长度的内自感。

解:设空心长直导线流过的电流为 I,均匀分布在导体内,则根据轴对称性,利用安培环路定理得

$$\oint_c \boldsymbol{H}\cdot\mathrm{d}\boldsymbol{l}=\iint_s \boldsymbol{J}\cdot\mathrm{d}\boldsymbol{S}=\frac{r^2-a^2}{b^2-a^2}I$$

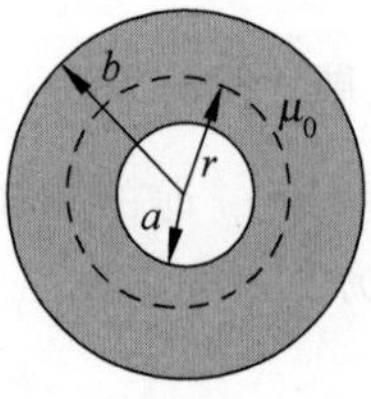

图 3-13　例题 3-21 图

因此,半径为 r 的圆周上,磁场强度为

$$H=\frac{r^2-a^2}{2\pi r(b^2-a^2)}I,\quad a\leqslant r\leqslant b$$

则磁感应强度为

$$B=\mu_0 H=\frac{\mu_0(r^2-a^2)I}{2\pi r(b^2-a^2)},\quad a\leqslant r\leqslant b$$

通过 dr 处单位长度的磁通为

$$d\Phi_m=\boldsymbol{B}\cdot d\boldsymbol{S}=\frac{\mu_0(r^2-a^2)I}{2\pi r(b^2-a^2)}dr$$

由于该磁通只与电流 $I'=\frac{r^2-a^2}{b^2-a^2}I$ 铰链，其相当的匝数为

$$N=\frac{I'}{I}=\frac{r^2-a^2}{b^2-a^2}$$

故总的磁链为

$$\begin{aligned}\boldsymbol{\Psi}_m&=\int N d\boldsymbol{\Phi}_m=\int_a^b \frac{\mu_0(r^2-a^2)^2 I}{2\pi r(b^2-a^2)^2}dr\\&=\frac{\mu_0 I}{2\pi(b^2-a^2)^2}\left[\frac{1}{4}(b^4-a^4)-a^2(b^2-a^2)+a^4\ln\frac{b}{a}\right]\end{aligned}$$

所以，空心长直导线单位长度的内自感为

$$L=\frac{\boldsymbol{\Psi}_m}{I}=\frac{\mu_0}{2\pi(b^2-a^2)^2}\left[\frac{1}{4}(b^4-a^4)-a^2(b^2-a^2)+a^4\ln\frac{b}{a}\right]$$

【例题 3-22】 半径为 a 的长直实心圆柱导体通有均匀分布的电流 I，另有一半径为 b 的长直薄导电圆柱，其筒壁厚度可以忽略，筒壁也均匀分布电流 I，电流的流向均沿轴线方向。如果要求两种情况下，单位长度存储的能量相等，试求这两个圆柱体的半径之比。

解：利用安培环路定理 $\oint_c \boldsymbol{H}\cdot d\boldsymbol{l}=I$，长直实心圆柱导体周围的磁场为

$$\boldsymbol{H}_1=\begin{cases}\dfrac{Ir}{2\pi a^2}\boldsymbol{e}_\phi, & 0\leqslant r\leqslant a\\ \dfrac{I}{2\pi r}\boldsymbol{e}_\phi, & r>a\end{cases}$$

长直薄导电圆柱周围的磁场为

$$\boldsymbol{H}_2=\begin{cases}0, & 0\leqslant r\leqslant a\\ \dfrac{I}{2\pi r}\boldsymbol{e}_\phi, & r>a\end{cases}$$

根据磁场能量的计算公式 $W_m=\frac{1}{2}\int_V \boldsymbol{B}\cdot\boldsymbol{H}dV=\frac{\mu_0}{2}\int_V H^2 dV$，单位长度实心圆柱导体存储的能量为

$$W_{m1}=\frac{\mu_0}{2}\iiint_V H_1^2 dV=\int_0^a \frac{\mu_0 I^2 r^2}{8\pi^2 a^4}2\pi r dr+\int_a^{r_\infty}\frac{\mu_0 I^2}{8\pi^2 r^2}2\pi r dr=\frac{\mu_0 I^2}{16\pi}+\frac{\mu_0 I^2}{4\pi}\ln\frac{r_\infty}{a}$$

单位长度薄导电圆柱存储的能量为

$$W_{m2}=\frac{\mu_0}{2}\iiint_V H_2^2 dV=\int_b^{r_\infty}\frac{\mu_0 I^2}{8\pi^2 r^2}2\pi r dr=\frac{\mu_0 I^2}{4\pi}\ln\frac{r_\infty}{b}$$

如果 $W_{m1}=W_{m2}$，则

$$\frac{\mu_0 I^2}{16\pi}+\frac{\mu_0 I^2}{4\pi}\ln\frac{r_\infty}{a}=\frac{\mu_0 I^2}{4\pi}\ln\frac{r_\infty}{b}$$

因此

$$\ln\frac{a}{b}=1/4$$

即

$$\frac{a}{b}=1.284$$

【例题 3-23】 一内外半径分别为 a、b，长为 $l(l\gg a,b)$的同轴空气填充电容器，内外导体间加恒定电流源，电流为 I。现将此空气电容器垂直地部分浸入磁导率为 μ、密度为 ρ_m 的液体中。设电容器外面溶液的高度为 h_1(h_1 也即从外面看电容器插入溶液的深度)不变，试求液体在电容器内上升的高度 h。

解：因为 $l\gg a,b$，根据安培环路定理，电容器内外导体间的磁场为

$$\boldsymbol{H}=\frac{I}{2\pi r}\boldsymbol{e}_\phi,\quad a<r<b$$

同轴电容器分为空气填充段与溶液填充段两部分，其长度分别为 $l-h-h_1$ 及 h_1+h。由此得到同轴电容器储存的磁场能量为

$$W_m=\frac{1}{2}\iiint_V \boldsymbol{B}\cdot\boldsymbol{H}\,\mathrm{d}V=\frac{\mu_0}{2}\int_a^b\left(\frac{I}{2\pi r}\right)^2 2\pi r(l-h-h_1)\mathrm{d}r+\frac{\mu}{2}\int_a^b\left(\frac{I}{2\pi r}\right)^2 2\pi r(h_1+h)\mathrm{d}r$$

$$=\frac{\mu_0 I^2(l-h-h_1)}{4\pi}\ln\frac{b}{a}+\frac{\mu I^2(h_1+h)}{4\pi}\ln\frac{b}{a}$$

由于电流 I 恒定，故由虚位移法求得液体受到的磁场力为

$$F_1=\left.\frac{\partial W_m}{\partial h}\right|_{I=\text{const}}=\frac{(\mu-\mu_0)I^2}{4\pi}\ln\frac{b}{a}$$

当电容器内液面达到平衡时，液体的重力 F_g 应与 F_1 大小相等，即

$$F_g=\pi(b^2-a^2)h\rho_m g$$

故有

$$\frac{(\mu-\mu_0)I^2}{4\pi}\ln\frac{b}{a}=\pi(b^2-a^2)h\rho_m g$$

因此，液体在电容器内上升的高度 h 为

$$h=\frac{(\mu-\mu_0)I^2}{4\pi^2(b^2-a^2)\rho_m g}\ln\frac{b}{a}$$

【例题 3-24】 证明，在均匀磁介质内部，在稳定情况下磁化电流密度总是等于传导电流密度的 μ/μ_0-1 倍。

证明：对于各向同性、线性的均匀磁介质，传导电流密度为

$$\boldsymbol{J}_c=\nabla\times\boldsymbol{H}$$

而磁化电流为

$$\boldsymbol{J}_m=\nabla\times\boldsymbol{P}_m=\nabla\times\chi_m\boldsymbol{H}=\left(\frac{\mu}{\mu_0}-1\right)\nabla\times\boldsymbol{H}$$

因此，磁化电流密度与传导电流密度的比值为

$$\frac{\boldsymbol{J}_{\mathrm{m}}}{\boldsymbol{J}_{\mathrm{c}}}=\frac{\left(\dfrac{\mu}{\mu_0}-1\right)\nabla\times\boldsymbol{H}}{\nabla\times\boldsymbol{H}}=\frac{\mu}{\mu_0}-1$$

得证。

【例题 3-25】 欲在一半径为 a 的球上绕线圈，使在球内产生均匀场，问线圈应如何绕法(即求绕线密度)。

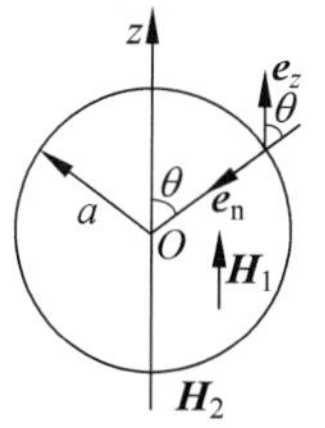

图 3-14　例题 3-25 图

解：如图 3-14 所示，设球内外的磁场分别为

$$\boldsymbol{H}_1=\boldsymbol{e}_zC$$

$$\boldsymbol{H}_2=0$$

则球面上所需的面电流 $\boldsymbol{J}_{\mathrm{s}}$ 为

$$\boldsymbol{J}_{\mathrm{s}}=\boldsymbol{e}_{\mathrm{n}}\times(\boldsymbol{H}_1-\boldsymbol{H}_2)=-\boldsymbol{e}_r\times\boldsymbol{H}_1=-C\boldsymbol{e}_r\times\boldsymbol{e}_z=\boldsymbol{e}_\phi C\sin\theta$$

在绕线圈时，面电流 $\boldsymbol{J}_{\mathrm{s}}$ 相当于“每米的安匝数”。故应有：每米的匝数正比于 $\sin\theta$。

【例题 3-26】 如图 3-15(a)所示的长为 l 的同轴电缆，其内导体半径为 R_1，外导体内半径为 R_2，外半径为 R_3，试求该同轴电缆的自感 L。

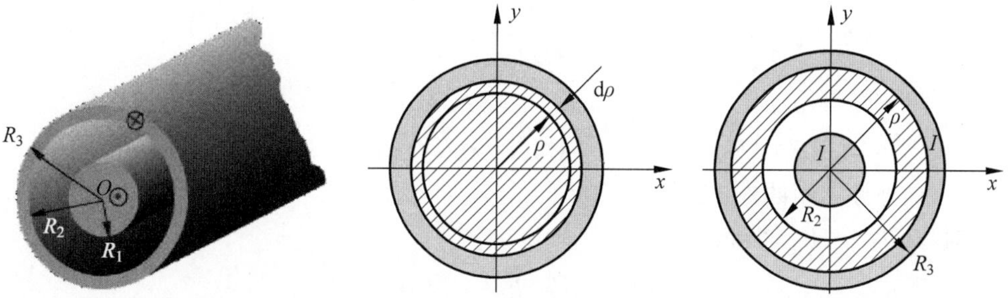

(a) 同轴电缆　(b) 内导体自感计算　(c) 外导体自感计算

图 3-15　例题 3-26 图

解：总自感包括内导体的内自感 L_{i1}，外导体内自感 L_{i2}，以及内、外导体间的外自感 L_0，则总自感为

$$L=L_{i1}+L_{i2}+L_0$$

(1) 内导体的内自感 L_{i1}($0<r<R_1$)。

如图 3-15(b)所示，流过同轴电缆内导体的总电流为 I，设半径为 ρ 的环路包围部分电流 I'，则

$$\oint_l \boldsymbol{H}\cdot \mathrm{d}\boldsymbol{l}=I'=\frac{I}{\pi R_1^2}\pi\rho^2=\frac{I}{R_1^2}\rho^2$$

因此

$$H_\phi=\frac{I}{2\pi R_1^2}\rho,\quad B_\phi=\frac{\mu_0 I}{2\pi R_1^2}\rho$$

由于 I' 对应的匝数为 $N'=\dfrac{\rho^2}{R_1^2}$，因此

$$\psi_1=\iint_S N'B_\phi\,\mathrm{d}S=\int_0^{R_1}\frac{\mu_0 I}{2\pi R_1^4}\rho^3\cdot l\,\mathrm{d}\rho=\frac{\mu_0 lI}{8\pi}$$

所以，内导体的内自感 L_{i1} 为

$$L_{i1}=\frac{\psi_1}{I}=\frac{\mu_0 l}{8\pi}$$

(2) 外导体内自感 L_{i2}。

如图 3-15(c)所示，此时 $R_2\leqslant\rho\leqslant R_3$，环路包围的总电流为

$$I'=I-I\frac{\pi\rho^2-\pi R_2^2}{\pi R_3^2-\pi R_2^2}=\frac{R_3^2-\rho^2}{R_3^2-R_2^2}I$$

因此

$$H_\phi=\frac{I'}{2\pi\rho}=\frac{R_3^2-\rho^2}{2\pi\rho(R_3^2-R_2^2)}I$$

$$\mathrm{d}\psi_2=B_\phi\mathrm{d}S=\frac{\mu_0 I(R_3^2-\rho^2)}{2\pi\rho(R_3^2-R_2^2)}l\,\mathrm{d}\rho$$

由于 I' 对应的匝数为 $N'=\dfrac{R_3^2-\rho^2}{R_3^2-R_2^2}$，因此

$$L_{i2}=\frac{\psi_2}{I}=\int_{R_2}^{R_3}\frac{\mu_0(R_3^2-\rho^2)^2}{2\pi\rho(R_3^2-R_2^2)^2}l\,\mathrm{d}\rho$$

$$=\frac{\mu_0 l}{2\pi}\left(\frac{R_3^2}{R_3^2-R_2^2}\right)^2\ln\frac{R_3}{R_2}+\frac{\mu_0 l(R_3^2+R_2^2)}{8\pi(R_3^2-R_2^2)}-\frac{\mu_0 lR_3^2}{2\pi(R_3^2-R_2^2)}$$

(3) 内、外导体间的外自感 L_0。

此时，$R_1<r<R_2$，因此

$$L_0=\frac{\psi_0}{I}=\int_{R_1}^{R_2}\frac{\mu_0 l}{2\pi\rho}\mathrm{d}\rho=\frac{\mu_0 l}{2\pi}\ln\frac{R_2}{R_1}$$

总电感为

$$L=L_{i1}+L_{i2}+L_0$$

3.3 主教材习题解答

【3-1】 设点电荷的运动速度为 $\boldsymbol{v}$，证明磁感应强度 $\boldsymbol{B}=\mu_0\varepsilon_0\boldsymbol{v}\times\boldsymbol{E}$，其中 $\boldsymbol{E}$ 为点电荷产生的电场强度。

证明：以速度 $\boldsymbol{v}$ 运动的点电荷 q，可以看成一电流元，则

$$I\mathrm{d}\boldsymbol{l}=\boldsymbol{J}\mathrm{d}V=\rho\boldsymbol{v}\mathrm{d}V=q\boldsymbol{v}$$

故电流元的磁场为

$$\boldsymbol{B}(\boldsymbol{r})=\frac{\mu_0}{4\pi}\frac{I\mathrm{d}\boldsymbol{l}\times\boldsymbol{R}}{\boldsymbol{R}^2}=\mu_0\boldsymbol{v}\times\frac{q}{4\pi}\frac{\boldsymbol{R}}{R^2}=\mu_0\varepsilon_0\boldsymbol{v}\times\boldsymbol{E}$$

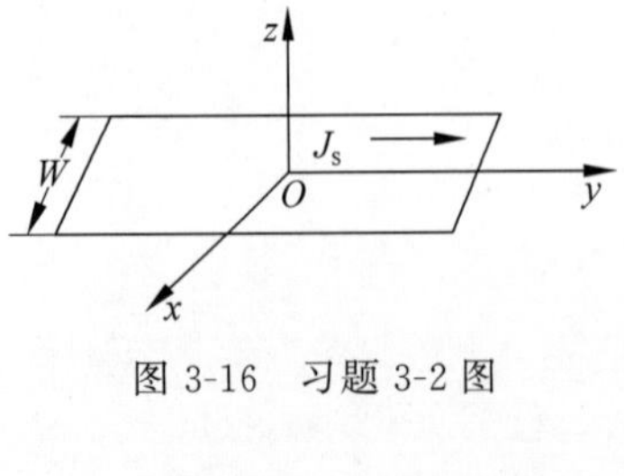

图 3-16 习题 3-2 图

【3-2】 在 xOy 平面有一宽度为 W 的无限长导电板，其上电流密度为 $\boldsymbol{J}_s=J_0\boldsymbol{e}_y$，求 xOz 平面任一点的磁感应强度，如图 3-16 所示。

解：在空间取场点(x,z)，在导电平板上x'位置取宽度为$\mathrm{d}x'$的细长电流，该细电流在场点产生的磁场为

$$\mathrm{d}\boldsymbol{B}=\frac{\mu_0\mathrm{d}I}{2\pi\rho^2}\boldsymbol{e}_y\times\boldsymbol{\rho}=\frac{\mu_0J_0\mathrm{d}x'}{2\pi[(x-x')^2+z^2]}\boldsymbol{e}_y\times[(x-x')\boldsymbol{e}_x+z\boldsymbol{e}_z]$$

导电平板上的电流产生的总场为

$$\boldsymbol{B}=\int\mathrm{d}\boldsymbol{B}=\frac{\mu_0J_0}{2\pi}\int_{-\frac{W}{2}}^{\frac{W}{2}}\frac{(-x+x')\boldsymbol{e}_z+z\boldsymbol{e}_x}{(x-x')^2+z^2}\mathrm{d}x'$$

$$=\frac{\mu_0J_0}{4\pi}\left[\boldsymbol{e}_z\ln\frac{(x-W/2)^2+z^2}{(x+W/2)^2+z^2}+2\boldsymbol{e}_x\left(\arctan\frac{x+W/2}{z}-\arctan\frac{x-W/2}{z}\right)\right]$$

【3-3】 在真空中，电流分布如下，求磁感应强度。

$$\boldsymbol{J}=0,\qquad 0\leqslant\rho\leqslant a$$

$$\boldsymbol{J}=\frac{\rho}{b}\boldsymbol{e}_z,\qquad a<\rho<b$$

$$\boldsymbol{J}_\mathrm{s}=J_0\boldsymbol{e}_z,\qquad \rho=b$$

$$\boldsymbol{J}=0,\qquad \rho>b$$

解：由题意，电流具有轴对称分布，磁场也具有轴对称分布，因此磁场可用安培环路定律计算。围绕z轴线作一半径为ρ的圆环，利用安培环路定律：

$$\oint\boldsymbol{B}\cdot\mathrm{d}\boldsymbol{l}=\mu_0I$$

等式左边

$$\oint\boldsymbol{B}\cdot\mathrm{d}\boldsymbol{l}=B_\phi2\pi\rho$$

等式右边

$$I=\begin{cases}0, & 0\leqslant\rho\leqslant a\\ \displaystyle\int_a^\rho\frac{\rho}{b}\cdot2\pi\rho\mathrm{d}\rho=\frac{2\pi(\rho^3-a^3)}{3b}, & a<\rho<b\\ \displaystyle\int_a^b\frac{\rho}{b}\cdot2\pi\rho\mathrm{d}\rho+J_0\cdot2\pi b=\frac{2\pi(b^3-a^3)}{3b}+2\pi bJ_0, & \rho\geqslant b\end{cases}$$

因此有

$$B_\phi=\begin{cases}0, & 0<\rho\leqslant a\\ \dfrac{\mu_0(\rho^3-a^3)}{3b\rho}, & a<\rho<b\\ \mu_0\left(\dfrac{b^3-a^3}{3b}+bJ_0\right)/\rho, & \rho\geqslant b\end{cases}$$

【3-4】 一个半径为a的导体球带电量为q，当球体以均匀角速度ω绕直径(z轴)旋转时，试求球心处的磁感应强度。

解：由题意知，导体球的电荷面密度$\rho_\mathrm{s}=q/(4\pi a^2)$，在球面上任取一点$P$，$OP$与$z$轴之间的夹角为$\theta$，则在$P$点的线速度$\boldsymbol{v}=\boldsymbol{\omega}\times\boldsymbol{r}=\omega a\sin\theta\boldsymbol{e}_\phi$，所以

$$\boldsymbol{J}_S=\rho_\mathrm{s}\boldsymbol{v}=\frac{q}{4\pi a^2}\omega a\sin\theta\boldsymbol{e}_\phi=\frac{q\omega\sin\theta}{4\pi a}\boldsymbol{e}_\phi$$

把球面划分为无限小宽度的细圆环$\mathrm{d}l=a\,\mathrm{d}\theta$，则每个小细圆环在球心处产生的磁感应强

度为

$$\mathrm{d}\boldsymbol{B}=\frac{\mu_0 a^2 \sin^2\theta J_S \mathrm{d}l}{2(a^2\sin^2\theta+a^2\cos^2\theta)^{\frac{3}{2}}}\boldsymbol{e}_z=\frac{\mu_0 q\omega\sin^3\theta}{8\pi a}\mathrm{d}\theta\boldsymbol{e}_z$$

所以

$$\boldsymbol{B}=\int\mathrm{d}\boldsymbol{B}=\frac{\mu_0 q\omega}{8\pi a}\boldsymbol{e}_z\int_0^{\pi}\sin^3\theta\mathrm{d}\theta=\frac{\mu_0 q\omega}{6\pi a}\boldsymbol{e}_z$$

【3-5】 已知无限长导体圆柱半径为 a,其内部有一半径为 b 的圆柱形空腔,导体圆柱的轴线与圆柱形空腔的轴线相距为 c,如图 3-17 所示。若导体中均匀分布的电流密度为 $\boldsymbol{J}=J_0\boldsymbol{e}_z$,试求空腔中的磁感应强度。

解:利用叠加原理,空腔中的磁感应强度为

$$\boldsymbol{B}=\boldsymbol{B}_1+\boldsymbol{B}_2$$

其中,$\boldsymbol{B}_1$ 为电流均匀分布的实圆柱的磁感应强度;$\boldsymbol{B}_2$ 为与此圆柱形空腔互补而电流密度与实圆柱的电流密度相反的载流圆柱的磁感应强度。利用安培环路定律:

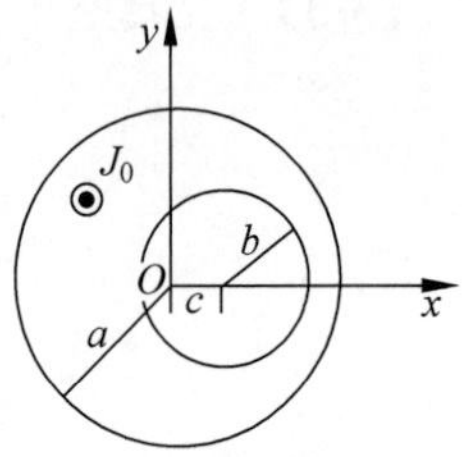

图 3-17　习题 3-5 图

$$\boldsymbol{B}_1=\frac{\mu_0 J_0}{2}\rho_1\boldsymbol{e}_{\phi 1}=\frac{\mu_0 J_0}{2}\boldsymbol{e}_z\times\boldsymbol{\rho}_1$$

$$\boldsymbol{B}_2=-\frac{\mu_0 J_0}{2}\rho_2\boldsymbol{e}_{\phi 2}=-\frac{\mu_0 J_0}{2}\boldsymbol{e}_z\times\boldsymbol{\rho}_2$$

其中,$\boldsymbol{\rho}_1$、$\boldsymbol{\rho}_2$ 分别为从圆柱中心轴和圆柱空腔中心轴指向场点的矢量。因此

$$\boldsymbol{B}=\frac{\mu_0 J_0}{2}\boldsymbol{e}_z\times(\boldsymbol{\rho}_1-\boldsymbol{\rho}_2)=\frac{\mu_0 J_0}{2}\boldsymbol{e}_z\times\boldsymbol{c}$$

其中,$\boldsymbol{c}$ 为从圆柱中心轴指向圆柱空腔中心轴的矢量。

【3-6】 两个平行无限长直导线的距离为 a,分别载有同向的电流 I_1、I_2,求单位长度所受到的力。

解:设两个导线的电流方向相同,导线 1 与 z 轴重合,根据安培环路定律,其在导线 2 处产生的磁感应强度为

$$\boldsymbol{B}=\frac{\mu_0 I_1}{2\pi a}\boldsymbol{e}_\phi$$

导线 2 上的电流元 $I_2\mathrm{d}l_2$ 受导线 1 的磁场力为

$$\mathrm{d}\boldsymbol{F}=I_2\mathrm{d}\boldsymbol{l}_2\times\boldsymbol{B}=\boldsymbol{e}_z\times\boldsymbol{e}_\phi\frac{\mu_0 I_1 I_2\mathrm{d}l_2}{2\pi a}=-\boldsymbol{e}_\rho\frac{\mu_0 I_1 I_2\mathrm{d}l_2}{2\pi a}$$

导线 2 单位长度受力为

$$\boldsymbol{F}=-\boldsymbol{e}_\rho\frac{\mu_0 I_1 I_2}{2\pi a}$$

【3-7】 在圆柱坐标系中,已知电流密度为 $\boldsymbol{J}=kr^2\boldsymbol{e}_z(r\leqslant a)$。(1)求磁感应强度;(2)证明$\nabla\times\boldsymbol{B}=\mu_0\boldsymbol{J}$。

解:(1) 求磁感应强度 $\boldsymbol{B}$。

方法一:利用安培环路定律求 $\boldsymbol{B}$。

$$\oint\boldsymbol{H}\cdot\mathrm{d}\boldsymbol{l}=\oint H_\phi\mathrm{d}l=2\pi rH_\phi$$

$$I=\iint_S \boldsymbol{J}\cdot \mathrm{d}\boldsymbol{S}=\iint_S J_z\,\mathrm{d}S=\int_0^r kr^2 2\pi r\,\mathrm{d}r=k\pi r^4/2$$

所以

$$\boldsymbol{B}_\phi=\boldsymbol{e}_\phi\mu_0 H_\phi=\boldsymbol{e}_\phi\frac{\mu_0 kr^3}{4}$$

方法二：由$\nabla\times\boldsymbol{H}=\boldsymbol{J}$求解$\boldsymbol{B}$。

由于圆柱对称性，可知H_ϕ仅为r的函数；或者说，由于仅有z方向的J，则$\nabla\times\boldsymbol{H}$仅有旋度的$z$分量，而磁场仅有$\boldsymbol{e}_\phi$分量，所以

$$\nabla\times\boldsymbol{H}=\boldsymbol{e}_z\frac{1}{r}\left[\frac{\partial}{\partial r}(rH_\phi)\right]=\boldsymbol{e}_z kr^2$$

得

$$\frac{1}{r}H_\phi+\frac{\partial H_\phi}{\partial r}=kr^2$$

解此微分方程可得

$$\boldsymbol{B}_\phi=\mu_0 H_\phi\boldsymbol{e}_\phi=\boldsymbol{e}_\phi\frac{\mu_0 kr^3}{4}$$

(2) 证明$\nabla\times\boldsymbol{B}=\mu_0\boldsymbol{J}$。

在圆柱坐标系中，由于磁场仅有$\boldsymbol{e}_\phi$分量，所以

$$\nabla\times\boldsymbol{B}=\boldsymbol{e}_r\frac{\mu_0}{r}\left[\frac{\partial}{\partial r}(rH_\phi)\right]-\boldsymbol{e}_r\mu_0\frac{\partial H_\phi}{\partial z}=\boldsymbol{e}_z\mu_0 kr^2$$

故

$$\nabla\times\boldsymbol{B}=\mu_0\boldsymbol{J}$$

【3-8】 一个沿z方向分布的电流为$J_z=r^2+4r(r\leqslant a)$，求磁感应强度。

解：用安培环路定律求解。在$r\leqslant a$处的磁场为

$$2\pi rB_\phi=\mu_0 I'=\mu_0\iint_{S'}\boldsymbol{J}\cdot\mathrm{d}\boldsymbol{S}'=\mu_0\int_0^r(r'^2+4r')2\pi r'\mathrm{d}r'=\mu_0 2\pi\left(\frac{r^4}{4}+\frac{4r^3}{3}\right)$$

所以

$$\boldsymbol{B}=\boldsymbol{e}_\phi\mu_0\left(\frac{r^3}{4}+\frac{4r^2}{3}\right)$$

在$r\geqslant a$处的磁场为

$$2\pi rB_\phi=\mu_0 I=\mu_0\iint_S\boldsymbol{J}\cdot\mathrm{d}\boldsymbol{S}=\mu_0\int_0^a(r^2+4r)2\pi r\,\mathrm{d}r=\mu_0 2\pi\left(\frac{a^4}{4}+\frac{4a^3}{3}\right)$$

所以

$$\boldsymbol{B}=\boldsymbol{e}_\phi\mu_0\left(\frac{a^4}{4}+\frac{4a^3}{3}\right)\Big/r$$

【3-9】 空心长直导体管的内半径为R_0，管壁厚度为d，管中电流为I。试求空间$(0\leqslant r<\infty)$中的磁感应强度$\boldsymbol{B}$和磁场强度$\boldsymbol{H}$，并验证分别满足的边界条件。

解：用安培环路定律求解，设电流I流出纸面。

(1) $r<R_0$时，$\boldsymbol{B}_1=0$，$\boldsymbol{H}_1=0$。

(2) $R_0\leqslant r<R_0+d$时，半径为r的圆内的电流I'为

$$I' = \frac{I}{[\pi(R_0+d)^2 - \pi R_0{}^2]}(\pi r^2 - \pi R_0{}^2)$$

则

$$\boldsymbol{B}_2 = \mu_0 \boldsymbol{H}_2$$

$$\boldsymbol{H}_2 = \boldsymbol{e}_\phi \frac{I(r^2 - R_0^2)}{2\pi r[(R_0+d)^2 - R_0^2]}$$

当 $r \geqslant R_0 + d$ 时

$$\boldsymbol{B}_3 = \mu_0 \boldsymbol{H}_3$$

$$\boldsymbol{H}_3 = \boldsymbol{e}_\phi \frac{I}{2\pi r}$$

验证边界条件：

在 $r=R_0$ 界面上，有 $H_{1\phi}=H_{2\phi}=0$，故满足 $H_{1t}=H_{2t}$ 的边界条件。

在 $r=R_0+d$ 界面上

$$H_{2\phi} = \frac{I}{2\pi(R_0+d)} = H_{3\phi}$$

可见

$$H_{2t} = H_{3t}$$

【3-10】 无线长直电流 I 垂直于磁导率分别为 μ_1($z>0$ 空间)、μ_2($z<0$ 空间)的两种磁介质的分界面($z=0$)，试求两种媒质中的磁感应强度 $\boldsymbol{B}_1$ 和 $\boldsymbol{B}_2$。

解：由安培环路定律，有

$$\boldsymbol{H} = \boldsymbol{e}_\phi H_\phi = \boldsymbol{e}_\phi \frac{I}{2\pi r}$$

利用边界条件 $H_{1t}=H_{2t}$，即 $H_{1t}=H_{2t}=H_\phi$，有

$$z>0: \boldsymbol{B}_1 = \mu_1 \boldsymbol{H}_1 = \boldsymbol{e}_\phi \frac{\mu_1 I}{2\pi r}$$

$$z<0: \boldsymbol{B}_2 = \mu_2 \boldsymbol{H}_2 = \boldsymbol{e}_\phi \frac{\mu_2 I}{2\pi r}$$

【3-11】 间距为 d 的相互平行的无限大金属板，分别流过大小相同、方向相反的均匀电流密度 $\boldsymbol{J}_s$。设电流沿 z 轴方向，试求空间各处的磁场强度 $\boldsymbol{H}$。

解：由于两块板都很大，因此，其电流密度 $\boldsymbol{J}_s$ 都分布于两板的内侧，依据边界条件 $\boldsymbol{n}\times\boldsymbol{H}=\boldsymbol{J}_s=\boldsymbol{e}_z J_s$，例如对于下板，则有

$$\boldsymbol{e}_y \times \boldsymbol{H} = -\boldsymbol{e}_z J_s$$

所以

$$H_x = J_s$$

由于板很大，板间磁场均匀分布，所以两板间磁场为

$$H_x = J_s$$

两板之外，$\boldsymbol{H}=0$。

【3-12】 在 $x<0$ 的半空间中充满磁导率为 μ 的均匀介质，$x>0$ 的半空间为真空，如图 3-18 所示。今有一电流沿 z 轴流动，求磁场强度 $\boldsymbol{H}$。

解：利用安培环路定律，有

$$\oint \boldsymbol{H} \cdot \mathrm{d}\boldsymbol{l} = \pi r H_{\phi 1} + \pi r H_{\phi 2} = I$$

且

$$\boldsymbol{B}_1 = \mu_0 \boldsymbol{H}_1, \quad x > 0$$

$$\boldsymbol{B}_2 = \mu \boldsymbol{H}_2, \quad x < 0$$

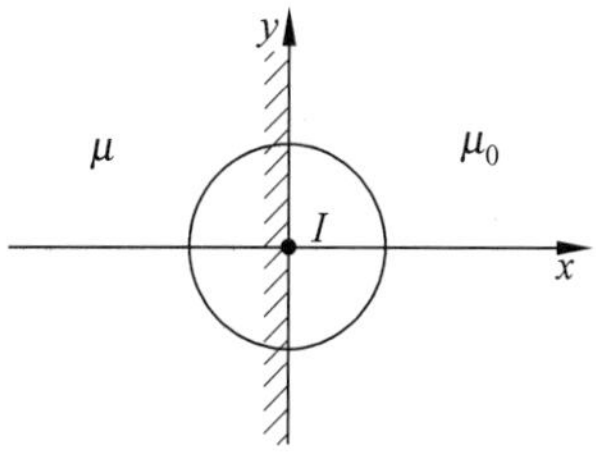

图 3-18　习题 3-12 图

利用边界条件 $B_{1n} = B_{2n}$，有

$$B_{\phi 1} = \mu_0 H_{\phi 1} = \mu H_{\phi 2} = B_{\phi 2}$$

故

$$\boldsymbol{H} = \begin{cases} \boldsymbol{e}_\phi \dfrac{\mu_0 I}{\pi(\mu_0 + \mu) r}, & x < 0 \\ \boldsymbol{e}_\phi \dfrac{\mu I}{\pi(\mu_0 + \mu) r}, & x > 0 \end{cases}$$

【3-13】 已知圆柱坐标系中磁感应强度 $\boldsymbol{B}$ 的分布为 $\boldsymbol{B}=0(0<r<a)$，$\boldsymbol{B}=\dfrac{\mu_0 I}{2\pi r}\boldsymbol{e}_\phi(r>b)$，$\boldsymbol{B}=\dfrac{\mu_0 I}{2\pi r}[(r^2-a^2)/(b^2-a^2)]\boldsymbol{e}_\phi(a<r<b)$。求空间各处的电流密度。

解：(1) 求 $0<r<a$ 处的 $\boldsymbol{J}$。

由于在 $0<r<a$ 区域 $\boldsymbol{B}=0$，所以

$$\boldsymbol{J} = 0, \quad 0 < r < a$$

(2) 求 $a<r<b$ 处的 $\boldsymbol{J}$。

由于在 $a<r<b$ 区域

$$H_\phi = \frac{I}{2\pi r}\left[\frac{r^2 - a^2}{b^2 - a^2}\right] = F(r)$$

所以

$$\nabla \times \boldsymbol{H} = \boldsymbol{e}_z \frac{1}{r}\frac{\partial}{\partial r}(r H_\phi) = \boldsymbol{e}_z \frac{1}{r}\frac{\partial}{\partial r}\left[\frac{I}{2\pi} \cdot \frac{r^2 - a^2}{b^2 - a^2}\right] = \boldsymbol{e}_z \frac{I}{\pi} \cdot \frac{1}{b^2 - a^2} = \boldsymbol{e}_z J_z$$

故

$$\boldsymbol{J} = \boldsymbol{e}_z J_z = \boldsymbol{e}_z \frac{I}{\pi(b^2 - a^2)}, \quad a < r < b$$

(3) 求 $r>b$ 处的 $\boldsymbol{J}$。

由于在 $r>b$ 区域

$$H_\phi = \frac{I}{2\pi r}$$

所以

$$\nabla \times \boldsymbol{H} = 0$$

故

$$\boldsymbol{J} = 0, \quad r > b$$

【3-14】 证明在两种媒质界面上的磁化电流面密度为 $J_{ms} = \boldsymbol{e}_n \times (\boldsymbol{M}_1 - \boldsymbol{M}_2)$。其中，$\boldsymbol{e}_n$ 的方向为从媒质 2 指向媒质 1 的单位法向矢量，$\boldsymbol{M}_1$、$\boldsymbol{M}_2$ 分别为两种媒质的磁化强度。

证明：考察两种不同导磁媒质的分界面，在媒质分界面上任意一点 P 处，取一矩形回路 $abcd$，ab 和 cd 两边平行于分界面，长度 Δl_1 足够小，使得磁化强度在各处可视为相同。

令 $\Delta l_2 \to 0$，根据 $\oint \boldsymbol{M} \cdot \mathrm{d}\boldsymbol{l} = I_{\mathrm{m}}$，当分界面上存在面磁化电流（磁化电流面密度 $\boldsymbol{J}_{\mathrm{ms}}$）时，则有

$$\oint \boldsymbol{M} \cdot \mathrm{d}\boldsymbol{l} = M_{\mathrm{t1}} \cdot \Delta l_1 - M_{\mathrm{t2}} \cdot \Delta l_2 = I_{\mathrm{m}}$$

$$M_{\mathrm{t1}} - M_{\mathrm{t2}} = \frac{I_{\mathrm{m}}}{\Delta l_1} = J_{\mathrm{m}}$$

写成矢量形式为

$$\boldsymbol{J}_{\mathrm{ms}} = \boldsymbol{e}_{\mathrm{n}} \times (\boldsymbol{M}_1 - \boldsymbol{M}_2)$$

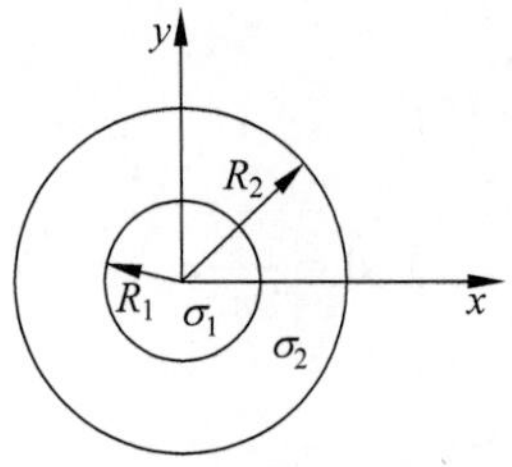

图 3-19 习题 3-15 图

【3-15】 由两层电导率不同的导体构成无限长同轴导电圆柱体，其中内层半径为 R_1，外层半径为 R_2，内外导体的电导率分别为 σ_1、σ_2，如图 3-19 所示。导体中总的轴向电流为 I，求导体圆柱内外的磁场分布。

解：由于有两层电导率不同的导体，应先确定导体柱内的电流分布，然后求 $\boldsymbol{B}$。在导体内电场只有 z 分量，根据边界条件 $E_{1z} = E_{2z}$，所以两层导体中电场相同，设为 E_z。于是两层导体中的电流密度为

$$\boldsymbol{J}_1 = \sigma_1 E_z \boldsymbol{a}_z, \quad r < R_1$$

$$\boldsymbol{J}_2 = \sigma_2 E_z \boldsymbol{a}_z, \quad R_1 < r < R_2$$

由 $I = \iint_S \boldsymbol{J} \cdot \mathrm{d}\boldsymbol{S} = \iint_S \boldsymbol{J}_1 \cdot \mathrm{d}\boldsymbol{S}_1 + \iint_S \boldsymbol{J}_2 \cdot \mathrm{d}\boldsymbol{S}_2 = [\pi R_1^2 \sigma_1 + \pi(R_2^2 - R_1^2)\sigma_2] E_z$，得

$$E_z = \frac{I}{\pi R_1^2 \sigma_1 + \pi(R_2^2 - R_1^2)\sigma_2}$$

由此得到电流分布

$$\boldsymbol{J}_1 = \sigma_1 E_z \boldsymbol{e}_z = \frac{\sigma_1 I}{\pi R_1^2 \sigma_1 + \pi(R_2^2 - R_1^2)\sigma_2} \boldsymbol{e}_z$$

$$\boldsymbol{J}_2 = \sigma_2 E_z \boldsymbol{e}_z = \frac{\sigma_2 I}{\pi R_1^2 \sigma_1 + \pi(R_2^2 - R_1^2)\sigma_2} \boldsymbol{e}_z$$

利用安培环路定律，可求出圆柱内外的 $\boldsymbol{B}$。

当 $r < R_1$ 时，$\oint \boldsymbol{B}_1 \cdot \mathrm{d}\boldsymbol{l} = 2\pi r B_1 = \mu_0 \iint_S \boldsymbol{J}_1 \cdot \mathrm{d}\boldsymbol{S}_1 = \mu_0 J_1 \pi r^2$，于是得

$$\boldsymbol{B}_1 = \boldsymbol{e}_\phi \frac{1}{2} \mu_0 J_1 r = \boldsymbol{e}_\phi \frac{\mu_0 r \sigma_1 I}{2[\pi R_1^2 \sigma_1 + \pi(R_2^2 - R_1^2)\sigma_2]}$$

当 $R_1 < r < R_2$ 时，$\oint \boldsymbol{B}_2 \cdot \mathrm{d}\boldsymbol{l} = 2\pi r B_2 = \mu_0 J_1 \pi R_1^2 + \mu_0 J_2 \pi(r^2 - R_1^2)$，于是得

$$\boldsymbol{B}_2 = \boldsymbol{e}_\phi \left\{ \frac{\mu_0 R_1^2 (\sigma_2 - \sigma_1) I}{2r[\pi R_1^2 \sigma_1 + \pi(R_2^2 - R_1^2)\sigma_2]} + \frac{\mu_0 r \sigma_2 I}{2[\pi R_1^2 \sigma_1 + \pi(R_2^2 - R_1^2)\sigma_2]} \right\}$$

$$= \boldsymbol{e}_\phi \frac{\mu_0 R_1^2(\sigma_2 - \sigma_1)I + \mu_0 r^2 \sigma_2 I}{2r[\pi R_1^2 \sigma_1 + \pi(R_2^2 - R_1^2)\sigma_2]}$$

当 $r > R_2$ 时，有 $\oint \boldsymbol{B}_3 \cdot \mathrm{d}\boldsymbol{l} = 2\pi r B_3 = \mu_0 I$，于是得

$$\boldsymbol{B}_3 = \boldsymbol{e}_\phi \frac{\mu_0 I}{2\pi r}$$

【3-16】 一根很细的圆铁杆和一个很薄的圆铁盘样品放在磁场 $\boldsymbol{B}_0$ 中，并使它们的轴与 $\boldsymbol{B}_0$ 平行（铁的磁导率为 μ）。求两样品的 $\boldsymbol{B}$、$\boldsymbol{H}$ 和磁化强度 $\boldsymbol{M}$。

解：对于很细的圆铁杆样品，根据边界条件 $H_{1t} = H_{2t}$，有

$$\boldsymbol{H} = \boldsymbol{H}_0 = \frac{\boldsymbol{B}_0}{\mu_0}; \quad \boldsymbol{B} = \mu \boldsymbol{H} = \frac{\mu \boldsymbol{B}_0}{\mu_0}$$

$$\boldsymbol{M} = \frac{\boldsymbol{B}}{\mu_0} - \boldsymbol{H} = \frac{1}{\mu_0}\left(\frac{\mu}{\mu_0} - 1\right)\boldsymbol{B}_0$$

对于很薄的圆铁盘样品，根据边界条件 $B_{1n} = B_{2n}$，有

$$\boldsymbol{B} = \boldsymbol{B}_0, \quad \boldsymbol{H} = \frac{\boldsymbol{B}}{\mu} = \frac{\boldsymbol{B}_0}{\mu}$$

$$\boldsymbol{M} = \frac{\boldsymbol{B}}{\mu_0} - \boldsymbol{H} = \left(\frac{1}{\mu_0} - \frac{1}{\mu}\right)\boldsymbol{B}_0$$

【3-17】 设双传输线的半径为 a，长度为 l，间距为 D，试求双线传输线的自感。

解：根据安培环路定理和叠加原理，可求出双导线之间的平面上距离左边传输线为 x 的任意一点的磁感应强度为

$$\boldsymbol{B}(x) = \frac{\mu_0 I}{2\pi}\left(\frac{1}{x} + \frac{1}{D - x}\right)\boldsymbol{e}_y$$

穿过两导线之间轴线方向的外磁链为

$$\Psi_0 = \int_a^{D-a} \boldsymbol{B}(x) \cdot \boldsymbol{e}_y l\,\mathrm{d}x = \frac{\mu_0 I l}{2\pi}\int_a^{D-a}\left(\frac{1}{x} + \frac{1}{D - x}\right)\mathrm{d}x = \frac{\mu_0 I l}{\pi}\ln\frac{D - a}{a}$$

由此得到平行双线传输线的外自感为

$$L_0 = \frac{\Psi_0}{I} = \frac{\mu_0 l}{\pi}\ln\frac{D - a}{a}$$

而两根导线的内自感为

$$L_i = 2 \times \frac{\mu_0 l}{8\pi} = \frac{\mu_0 l}{4\pi}$$

故得平行双线传输线的自感为

$$L = L_i + L_0 = \frac{\mu_0 l}{4\pi} + \frac{\mu_0 l}{\pi}\ln\frac{D - a}{a}$$

【3-18】 如图 3-20 所示，两个互相平行且共轴的圆线圈，半径分别为 a_1、a_2，中心相距为 d。设 $a_1 \ll d$，或者 $a_2 \ll d$。求两线圈之间的互感。

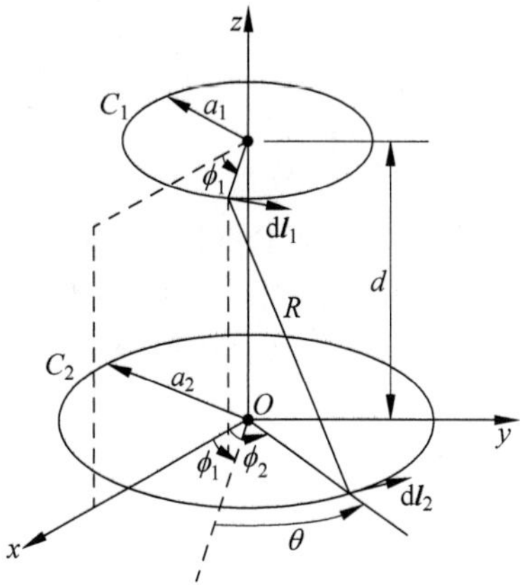

图 3-20　习题 3-18 图

解：$\mathrm{d}\boldsymbol{l}_1$ 与 $\mathrm{d}\boldsymbol{l}_2$ 之间的夹角 $\theta = \phi_2 - \phi_1$，$\mathrm{d}l_1 = a_1 \mathrm{d}\phi_1$，$\mathrm{d}l_2 = a_2 \mathrm{d}\phi_2$，以及

$$R=|\boldsymbol{r}_2-\boldsymbol{r}_1|=[d^2+a_1^2+a_2^2-2a_1a_2\cos(\phi_2-\phi_1)]^{1/2}$$

由聂以曼公式得

$$\begin{aligned}M&=\frac{\mu_0}{4\pi}\oint\oint\frac{\mathrm{d}\boldsymbol{l}_2\cdot\mathrm{d}\boldsymbol{l}_1}{|\boldsymbol{r}_2-\boldsymbol{r}_1|}=\frac{\mu_0}{4\pi}\oint\oint\frac{\mathrm{d}l_2\mathrm{d}l_1\cos\theta}{|\boldsymbol{r}_2-\boldsymbol{r}_1|}\\&=\frac{\mu_0}{4\pi}\int_0^{2\pi}\int_0^{2\pi}\frac{a_1a_2\cos(\phi_2-\phi_1)\mathrm{d}\phi_2\mathrm{d}\phi_1}{[d^2+a_1^2+a_2^2-2a_1a_2\cos(\phi_2-\phi_1)]^{1/2}}\\&=\frac{\mu_0a_1a_2}{2}\int_0^{2\pi}\frac{\cos\theta\mathrm{d}\theta}{[d^2+a_1^2+a_2^2-2a_1a_2\cos\theta]^{1/2}}\end{aligned}$$

根据已知条件 $d\gg a_1$，可进行近似

$$\begin{aligned}[d^2+a_1^2+a_2^2-2a_1a_2\cos\theta]^{-1/2}&\approx[d^2+a_2^2]^{-1/2}\left[1-\frac{2a_1a_2\cos\theta}{d^2+a_2^2}\right]^{-1/2}\\&\approx[d^2+a_2^2]^{-1/2}\left[1+\frac{a_1a_2\cos\theta}{d^2+a_2^2}\right]\end{aligned}$$

于是

$$M\approx\frac{\mu_0a_1a_2}{2\sqrt{d^2+a_2{}^2}}\int_0^{2\pi}\left[1+\frac{a_1a_2\cos\theta}{d^2+a_2{}^2}\right]\cos\theta\mathrm{d}\theta=\frac{\mu_0\pi a_1^2a_2^2}{2[d^2+a_2^2]^{3/2}}$$

【3-19】 利用磁场储存能量，确定具有内导体半径 a 和一层很薄的外导体内半径 b 的空气同轴传输线的单位长度电感。

解：用磁场能量储存，确定具有坚实的内导体半径 a 和一层很薄的外导体内半径 b 的空气同轴传输线的单位管长电感。

假设电流在内导体流动并在外导体返回，磁场能量储存在每单位长度导体内：

$$W'_{\mathrm{m1}}=\frac{1}{2\mu_0}\int_0^aB_{\phi1}^2 2\pi r\mathrm{d}r=\frac{\mu_0I^2}{4\pi a^4}\int_0^ar^3\mathrm{d}r=\frac{\mu_0I^2}{16\pi}$$

单位管长磁性能量储存在内外部导体之间的区域：

$$W'_{\mathrm{m2}}=\frac{1}{2\mu_0}\int_a^bB_{\phi2}^2 2\pi r\mathrm{d}r=\frac{\mu_0I^2}{4\pi}\int_a^b\frac{1}{r}\mathrm{d}r=\frac{\mu_0I^2}{4\pi}\ln\frac{b}{a}$$

因此有

$$L'=\frac{2}{I^2}(W'_{\mathrm{m1}}+W'_{\mathrm{m2}})=\frac{\mu_0}{8\pi}+\frac{\mu_0}{2\pi}\ln\frac{b}{a}$$

【3-20】 一铁磁芯环，内半径为 30cm，外半径为 40cm，截面为矩形，高为 5cm，相对磁导率为 500，均匀绕线圈 500 匝，电流强度为 1A。分别计算磁芯中的最大和最小磁感应强度，以及穿过磁芯截面的磁通量。

解：在铁磁芯环中取半径为 R 的同心圆环，对于该圆环回路利用安培环路定律，得

$$2\pi RH_\phi=NI$$

$$H_\phi=\frac{NI}{2\pi R}$$

$$\boldsymbol{B}=\boldsymbol{e}_\phi\mu\frac{NI}{2\pi R}$$

当 $R=30\text{cm}$ 时，磁感应强度最大，为

$$\boldsymbol{B}=\boldsymbol{e}_{\phi}\mu\frac{NI}{2\pi R}=\boldsymbol{e}_{\phi}\frac{4\pi\times10^{-7}\times500\times500\times1}{2\pi\times30\times10^{-2}}=0.1667\text{T}$$

当 $R=40\text{cm}$ 时，磁感应强度最小，为

$$\boldsymbol{B}=\boldsymbol{e}_{\phi}\mu\frac{NI}{2\pi R}=\boldsymbol{e}_{\phi}\frac{4\pi\times10^{-7}\times500\times500\times1}{2\pi\times40\times10^{-2}}=0.125\text{T}$$

穿过磁芯截面的磁通量为

$$\begin{aligned}\Phi^{\text{m}}&=\iint\boldsymbol{B}\cdot\text{d}\boldsymbol{S}=\int_{0.3}^{0.4}\frac{\mu NIh}{2\pi R}\text{d}R=\frac{\mu NI}{2\pi}\ln\frac{4}{3}\\&=2\times10^{-7}\times500\times500\times0.05\times0.2877\\&=7.2\times10^{-4}\,\text{Wb}\end{aligned}$$

【3-21】 在截面为正方形 $a\times a$，半径为 $R(R\gg a)$ 的磁环上，密绕了两个线圈，一个线圈为 m 匝，另一个线圈为 n 匝。磁芯的磁导率为 μ。试分别近似计算两个线圈的外自感及互感。

解：近似认为密绕在磁环上的线圈无漏磁及磁环中磁场相等。

根据安培环路定律：

$$\oint\boldsymbol{H}\cdot\text{d}\boldsymbol{l}=NI$$

式中，N 为线圈匝数。取闭合回路沿磁环中心线，则磁环中

$$H=\frac{NI}{2\pi R},\quad B=\frac{\mu NI}{2\pi R}$$

由于 $R\gg a$，穿过磁环截面的磁通近似为

$$\Phi^{\text{m}}=BS=Ba^2=\frac{\mu a^2NI}{2\pi R}$$

因此

$$\Psi_{11}^{\text{m}}=m\Phi_1^{\text{m}}=\frac{\mu a^2m^2I_1}{2\pi R},\quad L_1=\frac{\Psi_{11}^{\text{m}}}{I_1}=\frac{\mu a^2m^2}{2\pi R}$$

$$\Psi_{22}^{\text{m}}=n\Phi_2^{\text{m}}=\frac{\mu a^2n^2I_2}{2\pi R},\quad L_2=\frac{\Psi_{22}^{\text{m}}}{I_2}=\frac{\mu a^2n^2}{2\pi R}$$

$$\Psi_{21}^{\text{m}}=n\Phi_1^{\text{m}}=\frac{\mu a^2mnI_1}{2\pi R},\quad M=\frac{\Psi_{21}^{\text{m}}}{I_1}=\frac{\mu a^2mn}{2\pi R}$$

【3-22】 两个长的矩形线圈，放置于同一平面上，长度分别为 l_1 和 l_2，宽度分别为 w_1 和 w_2，两个线圈最近的边之间的距离为 S，如图 3-21 所示。设 $l_1\gg l_2$，$l_1\gg S$。

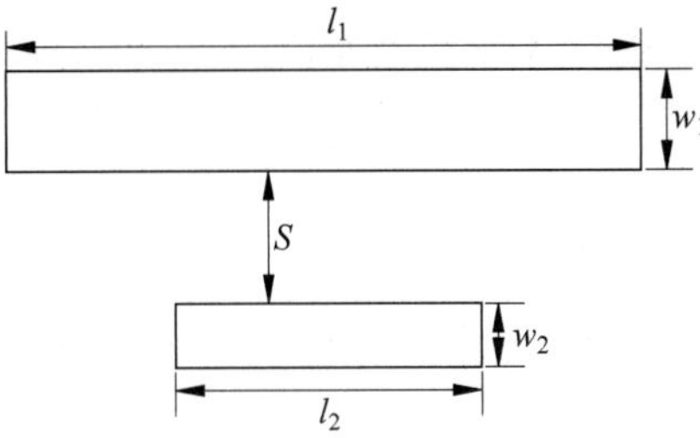

图 3-21　习题 3-22 图

证明：两线圈的互感为

$$M=\frac{\mu_0l_2}{2\pi}\ln\frac{S+w_2}{S\left[1+\dfrac{w_2}{S+w_1}\right]}$$

设上边回路内的电流为 I_1，它在下边回路内的 r

处产生的磁感应强度可以近似表示为

$$B=\frac{I_1\mu_0}{2\pi}\left(\frac{1}{r}-\frac{1}{r+w_1}\right)$$

与回路 2 相交链的磁链 Ψ_{12} 为

$$\Psi_{12}=\frac{\mu_0 I_1 l_2}{2\pi}\int_S^{S+w_2}\left(\frac{1}{r}-\frac{1}{r+w_1}\right)\mathrm{d}r=\frac{\mu_0 I_1 l_2}{2\pi}\left[\ln\frac{S+w_2}{S}-\ln\frac{S+w_2+w_1}{S+w_1}\right]$$

$$=\frac{\mu_0 I_1 l_2}{2\pi}\ln\frac{(S+w_2)(S+w_1)}{S(S+w_2+w_1)}=\frac{\mu_0 I_1 l_2}{2\pi}\ln\frac{S+w_2}{S\left(1+\dfrac{w_2}{S+w_1}\right)}$$

则

$$M_{12}=\frac{\Psi_{12}}{I_1}=\frac{\mu_0 l_2}{2\pi}\ln\frac{S+w_2}{S\left(1+\dfrac{w_2}{S+w_1}\right)}$$

同样地,可以对上边回路求出下边回路相同的值,即

$$M=M_{12}=M_{21}$$

【3-23】 已知两个相互平行,间隔为 d 的共轴线圈,其中一个线圈的半径为 $a(a\ll d)$,另一个线圈的半径为 b,如图 3-22 所示。求两线圈的互感。

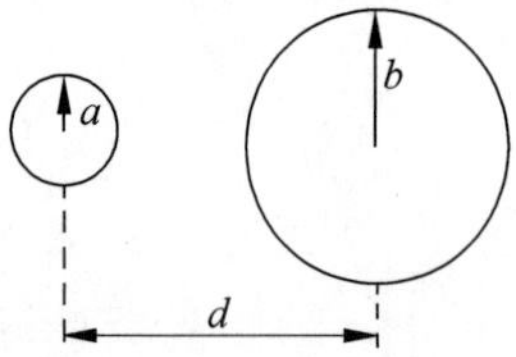

图 3-22　习题 3-23 图

解:设线圈 C_1 半径为 b,其中的电流为 I_1,在轴线上 d 处产生的磁场为

$$B_1=\frac{\mu_0 I_1 b^2}{2(b^2+d^2)^{3/2}}$$

因 $d\gg a$,可认为 B_1 在 C_2(半径为 a)包围的面积上是均匀的,所以 Ψ 的近似值为

$$\Psi_{12}=B_1 S_2=\frac{\mu_0 I_1 b^2}{2(b^2+d^2)^{3/2}}\pi a^2$$

根据互感系数的定义,得

$$M=\frac{\Psi_{12}}{I_1}=\frac{\mu_0\pi a^2 b^2}{2(b^2+d^2)^{3/2}}$$

【3-24】 一无限长直导线与一半径为 a 的圆环共面,圆环圆心到直导线的距离为 $d(a\ll d)$,如图 3-23 所示。求直导线与圆环之间的互感(提示:用圆环产生的矢量位在直导线回路的磁通计算更为方便)。

解:因为满足 $d\gg a$ 的条件,此题以半径为 a 的小圆环作为磁偶极子,用磁偶极子的矢量磁位 $\boldsymbol{A}$ 求互磁通,再求互感。设小圆环中的电流为 I,已知磁偶极子的矢量磁位为(选用球坐标系,原点在 O 点)

$$A_\phi=\frac{\mu_0 P_{\mathrm{m}}}{4\pi r^2}\sin\theta$$

式中,$P_{\mathrm{m}}=\pi I a^2$ 为磁偶极矩,$\sin\theta=\sin 90^\circ=1$(因为圆环和直导线共面,所以 $\theta=90^\circ$);$r^2=d^2+z^2$。

所以

$$A_{\phi}=\frac{\mu_0 I a^2}{4(d^2+z^2)}$$

小圆环与长直导线间的互磁通 Φ_{12} 为

$$\Phi_{12}=\oint \boldsymbol{A}\cdot \mathrm{d}\boldsymbol{l}=\int_{-\infty}^{\infty}A_z\,\mathrm{d}z=\int_{-\infty}^{\infty}A_{\phi}\cos\phi\,\mathrm{d}z=2\int_0^{\infty}\frac{\mu_0 I a^2}{4(d^2+z^2)}\frac{d}{\sqrt{d^2+z^2}}\mathrm{d}z=\frac{\mu_0 I a^2}{2d}$$

则互感 M_{12} 为

$$M_{12}=\frac{\Phi_{12}}{I}=\frac{\mu_0 a^2}{2d}$$

【3-25】 在上题中，假设长直导线的电流为 I_1，线圈的电流为 I_2，试证明：两电流间的相互作用力为 $F_{\mathrm{m}}=\mu_0 I_1 I_2(\sec\alpha-1)$。$\alpha$ 是圆环对直线最接近圆环的点所张的角，如图 3-23 所示。

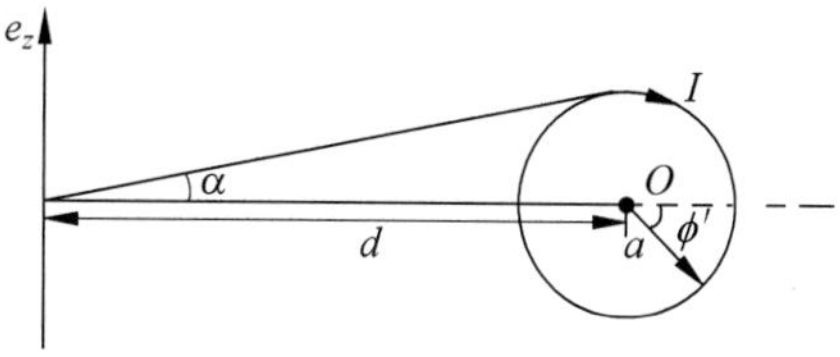

图 3-23　习题 3-24 和习题 3-25 图

解：用安培力公式 $\mathrm{d}\boldsymbol{F}=I_2\mathrm{d}\boldsymbol{l}_2\times\boldsymbol{B}_1$ 计算。将圆环置于 xOz 平面，取 $\mathrm{d}\boldsymbol{l}_2=a\,\mathrm{d}\phi'\boldsymbol{e}_{\phi}$ 在 $\mathrm{d}\boldsymbol{l}_2$ 处，由直导线电流 I_1 产生的磁感应强度 $\boldsymbol{B}_1$ 为

$$\boldsymbol{B}_1=\frac{\mu_0 I_1}{2\pi(d+a\cos\phi')}\boldsymbol{e}_y$$

元电流 $I_2\mathrm{d}\boldsymbol{l}_2$ 受力为

$$\mathrm{d}\boldsymbol{F}=I_2\mathrm{d}\boldsymbol{l}_2\times\boldsymbol{B}_1=\frac{\mu_0 I_1 I_2 a\,\mathrm{d}\phi'}{2\pi(d+a\cos\phi')}\boldsymbol{e}_r$$

其中，$a=d\sin\alpha$，$\mathrm{d}\boldsymbol{F}$ 在 x 轴上的分量 $\mathrm{d}F_x$ 为

$$\begin{aligned}\mathrm{d}F_x&=\frac{\mu_0 I_1 I_2 a\cos\phi'\mathrm{d}\phi'}{2\pi(d+a\cos\phi')}=\frac{\mu_0 I_1 I_2}{2\pi}\left(1-\frac{d}{d+d\sin\alpha\cos\phi'}\right)\mathrm{d}\phi'\\&=\frac{\mu_0 I_1 I_2}{2\pi}\left(1-\frac{1}{1+\sin\alpha\cos\phi'}\right)\mathrm{d}\phi'\end{aligned}$$

则

$$F_x=\frac{\mu_0 I_1 I_2}{2\pi}\int_0^{\pi}2\left(1-\frac{1}{1+\sin\alpha\cos\phi'}\right)\mathrm{d}\phi'$$

查积分表，可得上式积分为

$$\begin{aligned}F_x&=\frac{\mu_0 I_1 I_2}{\pi}\left[\phi'-\frac{2}{\sqrt{1-\sin^2\alpha}}\arctan\left(\sqrt{\frac{1-\sin\alpha}{1+\sin\alpha}}\tan\frac{\phi'}{2}\right)\right]_0^{\pi}\\&=\mu_0 I_1 I_2\left(1-\frac{1}{\cos\alpha}\right)=\mu_0 I_1 I_2(1-\sec\alpha)\end{aligned}$$

由于有 $0\leqslant\alpha\leqslant\pi/2$，$\sec\alpha\geqslant 1$，$1-\sec\alpha\leqslant 0$，即若 I_1 方向向上，I_2 方向顺时针旋转，则 F_x 为 $-\boldsymbol{e}_x$ 方向，是吸力；若 I_2 方向相反，则 F_x 为 $\boldsymbol{e}_x$ 方向，是斥力。但其总大小

$$F_x=\mu_0 I_1 I_2(\sec\alpha-1)$$

$\mathrm{d}\boldsymbol{F}$ 在 y 轴上的分量 $\mathrm{d}F_y$ 为

$$\mathrm{d}F_y=\frac{\mu_0 I_1 I_2 a\sin\phi'\mathrm{d}\phi'}{2\pi(d+a\cos\phi')}$$

则

$$F_y=\frac{\mu_0 I_1 I_2}{2\pi}\int_0^{2\pi}\frac{a\sin\phi'}{d+a\cos\phi'}\mathrm{d}\phi'=-\frac{\mu_0 I_1 I_2}{2\pi}[\ln(d+a\cos\phi')]_0^{2\pi}=0$$

即圆环所受的合力为 $\boldsymbol{F}=\boldsymbol{e}_x F_x$，也即直导线与圆环相互作用力 $\boldsymbol{F}$ 的大小为

$$F_x=\mu_0 I_1 I_2(\sec\alpha-1)$$

【3-26】 设一无限长直细导线与一矩形回路共面，其尺寸及电流方向如图 3-24 所示，其中电流单位为 A，D、b、a 单位均为 m。试利用虚位移法计算直导线和矩形回路之间的力。

解：设向下为沿 x 向，长直细导线与一矩形回路之间的互感为

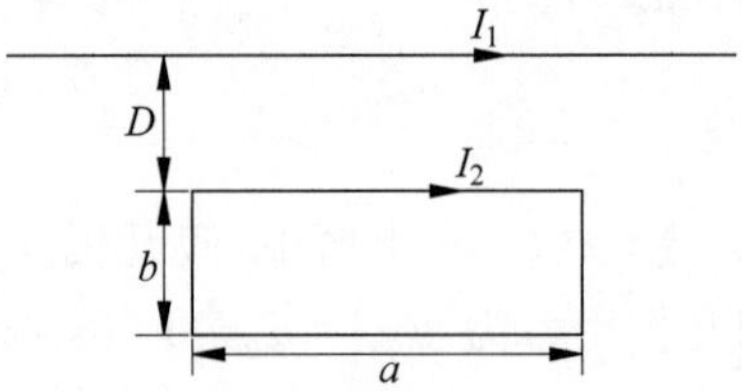

图 3-24　习题 3-26 图

$$M_{21}=\frac{1}{I_1}\int_D^{b+D}\frac{\mu_0 I_1}{2\pi x}a\,\mathrm{d}x=\frac{\mu_0 a}{2\pi}\ln\frac{b+D}{D}$$

由于 $M_{12}=M_{21}$，则系统的互感能量为

$$W_{21}=2\cdot\left(\frac{1}{2}M_{21}I_1 I_2\right)=\frac{\mu_0 a}{2\pi}\ln\frac{b+D}{D}I_1 I_2$$

由于自感能量不变，所以，利用虚位移法磁场对矩形回路的作用力为

$$F_x=\left.\frac{\mathrm{d}W_{21}}{\mathrm{d}D}\right|_{I=\text{const.}}=-\frac{\mu_0 abI_1 I_2}{2\pi D(b+D)}$$

此力为沿 $-\boldsymbol{e}_x$ 方向，即两回路表现为引力。

3.4　典型考研试题解析

【考研题 3-1】（北京交通大学 2000 年）半径为 R 的小球面上有沿 $\boldsymbol{e}_\phi$ 方向流动的均匀面电流，其密度为 J_s，求球心处的磁感应强度矢量 $\boldsymbol{B}$。

解：根据毕奥-萨伐尔定律，面分布电流产生的磁场为

$$\boldsymbol{B}=\frac{\mu_0}{4\pi}\iint_{S'}\frac{\boldsymbol{J}_s(r')\times\boldsymbol{e}_R}{R^2}\mathrm{d}S'$$

在球坐标系下，$\boldsymbol{J}_s(r')=J_s\boldsymbol{e}_\phi$，$\boldsymbol{e}_R=-\boldsymbol{e}_r$，$\mathrm{d}S'=r^2\sin\theta\mathrm{d}\phi\mathrm{d}\theta$，故

$$\boldsymbol{B}=\frac{\mu_0}{4\pi}\iint_{S'}\frac{J_s\boldsymbol{e}_\phi\times(-\boldsymbol{e}_r)}{r^2}r^2\sin\theta\mathrm{d}\phi\mathrm{d}\theta=-\frac{J_s\mu_0}{4\pi}\int_0^{2\pi}\int_{-\pi/2}^{\pi/2}\boldsymbol{e}_\theta\sin\theta\mathrm{d}\theta\mathrm{d}\phi$$

将积分转换到直角坐标系下，得

$$\begin{aligned}\boldsymbol{B}=&-\frac{J_s\mu_0}{4\pi}\left\{\boldsymbol{e}_x\int_0^{2\pi}\cos\phi\mathrm{d}\phi\int_{-\pi/2}^{\pi/2}\boldsymbol{e}_\theta\sin\theta\cos\theta\mathrm{d}\theta+\right.\\&\left.\boldsymbol{e}_y\int_0^{2\pi}\sin\phi\mathrm{d}\phi\int_{-\pi/2}^{\pi/2}\boldsymbol{e}_\theta\sin\theta\cos\theta\mathrm{d}\theta-\boldsymbol{e}_z\int_0^{2\pi}\mathrm{d}\phi\int_{-\pi/2}^{\pi/2}\boldsymbol{e}_\theta\sin^2\theta\mathrm{d}\theta\right\}\\=&\boldsymbol{e}_z\frac{J_s\mu_0}{4}\int_{-\pi/2}^{\pi/2}(1-\cos2\theta)\mathrm{d}\theta=\boldsymbol{e}_z\frac{J_s\mu_0\pi}{4}\end{aligned}$$

【考研题 3-2】（北京邮电大学 1999 年）试用两种方法计算同轴电缆传输线单位长度的电感。假设内导体的外直径为 $2a$，外导体的内直径为 $2b$，外导体的厚度可以忽略，同轴线由理想介质和理想导体构成。

解：假设同轴线通过的电流为 I，理想介质的磁导率为 μ。根据安培环路定理，磁场的分布为

$$\boldsymbol{H}=\begin{cases}\dfrac{Ir}{2\pi a^2}\boldsymbol{e}_\phi, & r\leqslant a\\ \dfrac{I}{2\pi r}\boldsymbol{e}_\phi, & a<r<b\end{cases}$$

方法一：单位长度同轴线的磁场能量为

$$W_m=\iiint_V \frac{1}{2}\mu H^2\mathrm{d}V=\frac{1}{2}\mu_0\int_0^a\left(\frac{Ir}{2\pi a^2}\right)^2 2\pi r\mathrm{d}r+\frac{1}{2}\mu\int_a^b\left(\frac{I}{2\pi r}\right)^2 2\pi r\mathrm{d}r=\frac{\mu_0 I^2}{16\pi}+\frac{\mu I^2}{4\pi}\ln\frac{b}{a}$$

根据 $W_m=\dfrac{1}{2}LI^2$，得

$$L=\frac{2W_m}{I^2}=\frac{\mu_0}{8\pi}+\frac{\mu}{2\pi}\ln\frac{b}{a}$$

方法二：穿过同轴线单位长度的磁通为

$$\mathrm{d}\Phi=\boldsymbol{B}\cdot\mathrm{d}\boldsymbol{S}=\begin{cases}\dfrac{\mu_0 Ir}{2\pi a^2}\mathrm{d}r, & r\leqslant a\\ \dfrac{\mu I}{2\pi r}\mathrm{d}r, & a<r<b\end{cases}$$

在 $r\leqslant a$ 区域，铰链的电流为 $I'=\dfrac{r^2 I}{a^2}$，在 r 处穿过单位长度的磁链积分元为

$$\mathrm{d}\Psi=\frac{\mu_0 Ir^3}{2\pi a^4}\mathrm{d}r$$

穿过单位长度的磁链

$$\Psi_0=\int_0^a\frac{\mu_0 Ir^3}{2\pi a^4}\mathrm{d}r=\frac{\mu_0 I}{8\pi}$$

在 $r>a$ 区域，铰链的电流为 I，故单位长度的磁链为

$$\Psi_1=\int_a^b\frac{\mu I}{2\pi r}\mathrm{d}r=\frac{\mu I}{2\pi}\ln\frac{b}{a}$$

根据 $\Psi=\Psi_0+\Psi_1=LI$，得

$$L=\frac{\Psi}{I}=\frac{\mu_0}{8\pi}+\frac{\mu}{2\pi}\ln\frac{b}{a}$$

【考研题 3-3】（电子科技大学 2007 年）两个自感分别为 L_1 和 L_2 的单匝长方形线圈放置在同一平面内，线圈的长度分别为 l_1 和 $l_2(l_1\gg l_2)$，宽度分别为 w_1 和 w_2，两个线圈中分别通有电流分别为 I_1 和 I_2。两线圈的距离 $d\ll l_1$，如图 3-25 所示。试求：

（1）两线圈间的互感；

（2）系统的磁场能量。

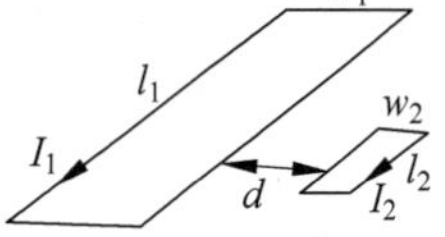

图 3-25　考研题 3-3 图

解：（1）由于两线圈的距离很近，并且 $l_1\gg l_2$，故线圈 2 处的磁场可以看作两根相距为 w_1，电流方向相反的无限长直导线（线圈 1）产生的磁场，即

$$\boldsymbol{B}=\frac{\mu_0 I_1}{2\pi}\left(\frac{1}{r-w_1}-\frac{1}{r}\right)\boldsymbol{e}_\phi$$

因此,两线圈的互感为

$$M=\frac{\Psi_{12}}{I_1}=\frac{1}{I_1}\int_{d+w_1}^{d+w_1+w_2}Bl_2\mathrm{d}r=\frac{\mu_0 l_2}{2\pi}\int_{d+w_1}^{d+w_1+w_2}\left(\frac{1}{r-w_1}-\frac{1}{r}\right)\mathrm{d}r$$

$$=\frac{\mu_0 l_2}{2\pi}\ln\frac{(d+w_1)(d+w_2)}{d(d+w_1+w_2)}$$

(2) 系统的磁场能量为

$$W_{\mathrm{m}}=\frac{1}{2}L_1I_1^2+\frac{1}{2}L_2I_2^2+MI_1I_2$$

【考研题 3-4】 (电子科技大学 2005 年)无限长直导线附近有一共面的矩形线框,尺寸为 $a\times b$,与直导线相距为 c。试求:

(1) 直导线与线框之间的互感;

(2) 若线框平面绕直导线旋转 θ 角度,试说明直导线与线框之间的互感有无变化。

(3) 若线框平面绕自身的中心轴旋转 θ 角度,试说明直导线与线框之间的互感有无变化。

解:(1) 设直导线中的电流为 I,则有

$$\boldsymbol{B}=\frac{\mu_0 I}{2\pi}\cdot\frac{1}{r}\boldsymbol{e}_\phi$$

$$\Psi=\frac{\mu_0 bI}{2\pi}\ln\frac{a+c}{c}$$

故长直导线与线框之间的互感为

$$M=\frac{\Psi}{I}=\frac{\mu_0 b}{2\pi}\ln\frac{a+c}{c}$$

(2) 当线框平面绕直导线旋转 θ 角度时,穿过线框的磁通没有发生变化,因此,直导线与线框之间的互感无变化。

(3) 当线框平面绕自身的中心轴旋转 θ 角度时,穿过线框的磁通发生变化,故直导线与线框之间的互感有变化。

【考研题 3-5】 (电子科技大学 2006 年)磁介质在外磁场作用下产生磁化的物理机制是什么?磁化介质一般具有什么样的宏观性质?

解:磁介质在外磁场作用下产生磁化的物理机制是:在外磁场的作用下,磁介质中的分子磁矩按一定方向有序排列,并产生附加磁场。磁介质受到磁化后会出现宏观电流,即磁化电流。

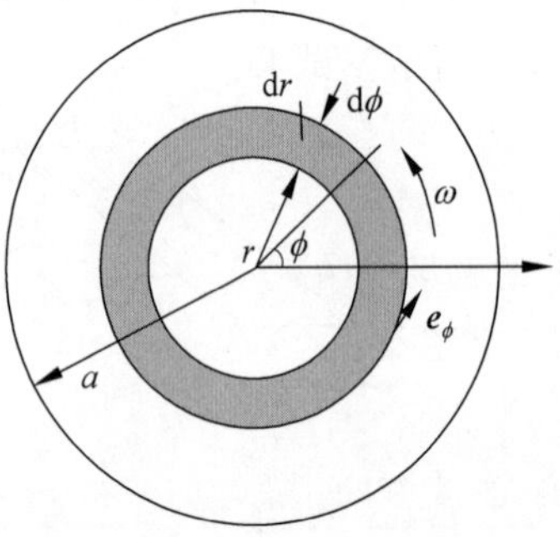

图 3-26 考研题 3-6 图

【考研题 3-6】 (北京邮电大学 2002 年)有一半径为 a 的圆盘,带电荷 Q。绕其中心以角速度 ω 旋转。求其中心处的磁感应强度 $\boldsymbol{B}$。

解:根据题意,电荷密度为 $\rho_{\mathrm{s}}=\dfrac{Q}{\pi a^2}$,$I=\dfrac{\mathrm{d}q}{\mathrm{d}t}=\dfrac{\rho_{\mathrm{s}}\mathrm{d}S}{\mathrm{d}t}=\dfrac{\rho_{\mathrm{s}}r\mathrm{d}r\mathrm{d}\phi}{\mathrm{d}t}=\rho_{\mathrm{s}}r\omega\mathrm{d}r$。

如图 3-26 所示,$\mathrm{d}\boldsymbol{l}=r\mathrm{d}\phi\boldsymbol{e}_\phi$,根据毕奥-萨伐尔定律,电流在圆盘中心处产生的磁场为

$$\boldsymbol{B}=\frac{\mu_0}{4\pi}\iint_{S'}\frac{I\mathrm{d}\boldsymbol{l}\times\boldsymbol{e}_R}{R^2}=\frac{\mu_0}{4\pi}\iint_{S'}\frac{I\mathrm{d}\boldsymbol{l}\times(-\boldsymbol{e}_r)}{r^2}$$

$$=\boldsymbol{e}_z\frac{\mu_0}{4\pi}\int_0^a\int_0^{2\pi}\rho_s\omega\mathrm{d}\phi\mathrm{d}r$$

$$=\boldsymbol{e}_z\frac{\mu_0 a}{2}\rho_s\omega=\boldsymbol{e}_z\frac{\mu_0\omega Q}{2\pi a}$$

【考研题 3-7】 (北京理工大学 2004 年)半径为 R 的无限长圆柱体内有一半径为 r 的平行圆柱形空洞,两圆柱的轴线相距为 a,如图 3-27 所示,今有电流 I 沿轴线方向流动并在横截面上均匀分布。试求:

(1) 圆柱轴线上的磁感应强度 $\boldsymbol{B}_1$;

(2) 空洞轴线上的磁感应强度 $\boldsymbol{B}_2$;

(3) 证明空腔内是均匀场。

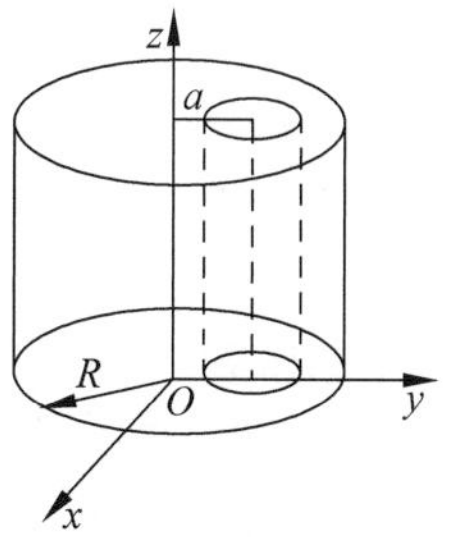

图 3-27 考研题 3-7 图

解:将半径为 r 的小圆柱体视为同时具有体电流密度分别为 $\pm\frac{I}{\pi(R^2-r^2)}$ 的电流分布,则可以利用叠加原理求解两轴线上的磁场。

(1) 设半径为 R 的无限长大圆柱体上的电流密度为 $J_{s1}=\frac{I}{\pi(R^2-r^2)}$,根据安培环路定理,则其在大圆柱轴线上产生的磁场为零。半径为 r 的无限长空洞圆柱体上的电流密度为 $J_{s2}=-\frac{I}{\pi(R^2-r^2)}$,则其上电流为 $I'=-\frac{Ir^2}{R^2-r^2}$。根据安培环路定理,它在大圆柱轴线上产生的磁场为

$$\boldsymbol{H}_1=\frac{I'}{2\pi a}\boldsymbol{e}_\phi=-\frac{Ir^2}{2\pi a(R^2-r^2)}\boldsymbol{e}_\phi$$

圆柱轴线上的磁感应强度 $\boldsymbol{B}_1$ 为

$$\boldsymbol{B}_1=-\frac{\mu Ir^2}{2\pi a(R^2-r^2)}\boldsymbol{e}_\phi$$

(2) 设半径为 r 的无限长空洞圆柱体上的电流密度为 $-\frac{I}{\pi(R^2-r^2)}$,其在空洞轴线处产生的磁场为零。半径为 R 的无限长大圆柱体上的电流密度为 $\frac{I}{\pi(R^2-r^2)}$,根据安培环路定理,它在空洞轴线处产生的磁场为

$$\boldsymbol{H}_2=\frac{I''}{2\pi a}\boldsymbol{e}_{\phi'}=\frac{1}{2\pi a}\frac{I\pi a^2}{\pi(R^2-r^2)}\boldsymbol{e}_{\phi'}=\frac{Ia}{2\pi(R^2-r^2)}\boldsymbol{e}_{\phi'}$$

则空洞轴线上的磁感应强度 $\boldsymbol{B}_2$ 为

$$\boldsymbol{B}_2=\frac{I\mu_0 a}{2\pi(R^2-r^2)}\boldsymbol{e}_{\phi'}$$

(3) 设空洞内一点到无限长大圆柱体轴线的距离为 ρ,则到空洞轴线的距离为 ρ'。则

根据叠加原理

$$\boldsymbol{H}=\frac{1}{2\pi\rho}J_{s1}\pi\rho^2\boldsymbol{e}_{\phi}+\frac{1}{2\pi\rho'}J_{s2}\pi\rho'^2\boldsymbol{e}_{\phi'}=\frac{I\rho}{2\pi(R^2-r^2)}\boldsymbol{e}_{\phi}-\frac{I\rho'}{2\pi(R^2-r^2)}\boldsymbol{e}_{\phi'}$$

$$=\frac{I(\rho\boldsymbol{e}_{\phi}-\rho'\boldsymbol{e}_{\phi'})}{2\pi(R^2-r^2)}=\frac{I\boldsymbol{e}_z\times\boldsymbol{a}}{2\pi(R^2-r^2)}$$

因此,空洞轴线上的磁感应强度 $\boldsymbol{B}$ 为

$$\boldsymbol{B}=\frac{\mu_0 I\boldsymbol{e}_z\times\boldsymbol{a}}{2\pi(R^2-r^2)}$$

$\boldsymbol{a}$ 为从大圆柱轴心指向空洞轴线的距离矢量。显然,该磁场为常数,因此空洞内为均匀磁场。

【考研题 3-8】 (北京邮电大学 2002 年)

(1) 已知静电场的 $\boldsymbol{E}=\boldsymbol{e}_x 3yz+\boldsymbol{e}_y(3xz-6y^2)+3xy\boldsymbol{e}_z$,求其电位。

(2) 已知圆柱(半径为 a)中沿轴向的电流密度为 $\boldsymbol{J}=kr^2\boldsymbol{e}_z(r\leqslant a)$。试用两种方法求出圆柱内的磁场强度。

解:(1) $\nabla\times\boldsymbol{E}=\nabla\times[\boldsymbol{e}_x 3yz+\boldsymbol{e}_y(3xz-6y^2)+3xy\boldsymbol{e}_z]=\begin{vmatrix}\boldsymbol{e}_x & \boldsymbol{e}_y & \boldsymbol{e}_z\\ \frac{\partial}{\partial x} & \frac{\partial}{\partial y} & \frac{\partial}{\partial z}\\ 3yz & 3xz-6y^2 & 3xy\end{vmatrix}=0$

因此,该场是保守场,积分与路径无关。设点(0,0,0)为零电位参考点,则电位为

$$\varphi(x,y,z)=\int_{(x,y,z)}^{(0,0,0)}\boldsymbol{E}\cdot\mathrm{d}\boldsymbol{l}=\int_{(x,y,z)}^{(0,0,0)}[3yz\mathrm{d}x+(3xz-6y^2)\mathrm{d}y+3xy\mathrm{d}z]=-9xyz+2y^3,$$

因为$\nabla\cdot\boldsymbol{E}=-12y=\frac{\rho}{\varepsilon_0}$,$\rho=-12y\varepsilon_0$,又$\nabla^2\varphi=12y=-\frac{\rho}{\varepsilon_0}$,$\rho=-12y\varepsilon_0$,因此电位得到验证。

(2) 方法一:利用安培环路定理求解。设电流沿 z 轴,取半径为 r 的圆环,则

由$\oint_c\boldsymbol{H}\cdot\mathrm{d}\boldsymbol{l}=\iint_S\boldsymbol{J}\cdot\mathrm{d}\boldsymbol{S}$ 得

$$\oint_c H\boldsymbol{e}_{\phi}\cdot r\mathrm{d}\varphi\boldsymbol{e}_{\phi}=\int_0^{2\pi}\int_0^r kr^2\boldsymbol{e}_z r\mathrm{d}\phi\mathrm{d}r$$

即

$$2\pi rH=\frac{2\pi}{4}kr^4$$

所以

$$H=\frac{1}{4}kr^3\boldsymbol{e}_{\phi}$$

方法二:利用矢量磁位求解。

由于

$$\nabla^2\mathbf{A}=-\mu_0\boldsymbol{J}=\begin{cases}-\mu_0 kr^2\boldsymbol{e}_z, & r\leqslant a\\ 0, & r>a\end{cases}$$

在圆柱坐标系下,对上式分解得

$$\frac{1}{r}\frac{\mathrm{d}}{\mathrm{d}r}\left[r\frac{\mathrm{d}}{\mathrm{d}r}A_z\right]=-\mu_0 kr^2$$

求其特解得

$$A(r)=\frac{\mu_0 k}{16}(a^4-r^4)$$

$A(r)$沿 $\boldsymbol{e}_z$ 方向，因此

$$\boldsymbol{H}=\frac{1}{\mu_0}\nabla\times A_z\boldsymbol{e}_z=\frac{1}{\mu_0}\nabla A_z\times\boldsymbol{e}_z=-\frac{1}{4r^3}k\boldsymbol{e}_r\times\boldsymbol{e}_z=\frac{1}{4}kr^3\boldsymbol{e}_\phi$$

【考研题 3-9】（南京航空航天大学 2008 年）铁质的无限长圆管中通过电流 I，圆管内外半径为 a 和 b，已知铁的磁导率为 μ，试求：

(1) $r<a$，$a\leqslant r\leqslant b$，$r>b$ 3 个区域内的磁场强度；

(2) $r=a$，$r=b$ 处的磁化面电流密度（束缚电流密度）。

解：(1) 根据安培环路定理，$r<a$ 时，$I_1=0$，$H_1=0$。

当 $a\leqslant r\leqslant b$ 时，由 $\oint_c \boldsymbol{H}_2\cdot\mathrm{d}\boldsymbol{l}=\iint_S \boldsymbol{J}\cdot\mathrm{d}\boldsymbol{S}$ 得

$$\oint_c H_2\boldsymbol{e}_\phi\cdot\mathrm{d}l\boldsymbol{e}_\phi=\int_S J\boldsymbol{e}_z\cdot\mathrm{d}S\boldsymbol{e}_z$$

即

$$2\pi rH_2=\frac{I\pi(r^2-a^2)}{\pi(b^2-a^2)},\quad \boldsymbol{H}_2=\frac{I(r^2-a^2)}{2\pi r(b^2-a^2)}\boldsymbol{e}_\phi$$

当 $r>b$ 时，

$$I_3=0,\quad \boldsymbol{H}_3=\frac{I}{2\pi r}\boldsymbol{e}_\phi$$

(2) 磁化强度：$\boldsymbol{P}_\mathrm{m}=\chi_\mathrm{m}\boldsymbol{H}_2=\left(\frac{\mu}{\mu_0}-1\right)\boldsymbol{H}_2=\left(\frac{\mu}{\mu_0}-1\right)\frac{I(r^2-a^2)}{2\pi r(b^2-a^2)}\boldsymbol{e}_\phi$

当 $r=a$ 时，

$$\boldsymbol{J}_{sa}=\boldsymbol{P}_\mathrm{m}\times(-\boldsymbol{e}_r)=0$$

当 $r=b$ 时，

$$\boldsymbol{J}_{sb}=\boldsymbol{P}_\mathrm{m}\times\boldsymbol{e}_r=\left(\frac{\mu}{\mu_0}-1\right)\frac{I}{2\pi b}\boldsymbol{e}_\phi\times\boldsymbol{e}_r=-\boldsymbol{e}_z\left(\frac{\mu}{\mu_0}-1\right)\frac{I}{2\pi b}$$

【考研题 3-10】（北京邮电大学 2009 年）无限长真空螺线管，每单位长度上紧密 n 匝（螺线管外磁场可忽略不计），匝半径为 a，求该螺线管单位长度上的自感。

解：设螺线管通有电流 I，根据安培环路定理 $\oint_c \boldsymbol{H}\cdot\mathrm{d}\boldsymbol{l}=\iint_S \boldsymbol{J}\cdot\mathrm{d}\boldsymbol{S}$，由于螺线管外磁场可忽略不计，管内磁场可视为均匀并沿螺线管轴向，则对于螺线管单位长度，有

$$H=nI$$

所以磁链为

$$\psi_\mathrm{m}=nBS=\mu_0 n^2 I\pi a^2$$

因此，螺线管单位长度上的自感为

$$L=\frac{\psi_\mathrm{m}}{I}=\mu_0 n^2\pi a^2$$

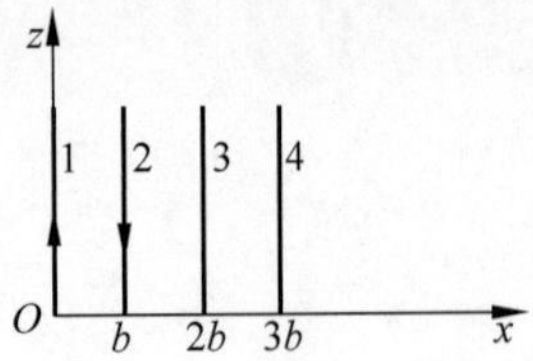

图 3-28　考研题 3-11 图

【考研题 3-11】（北京邮电大学 2010 年）空气中 4 根半径为 a 的无限长导线 1、2、3、4，其轴线分别与 x 轴上的 $x=0, x=b, x=2b, x=3b$ 点垂直相交，如图 3-28 所示。导线 1、2 形成回路 1，导线 3、4 形成回路 2，求两平行双线回路单位长度的互感。

解：设电流 I 沿 z 方向，如图 3-28 所示，平行双线传输线在空间任意点产生的矢量磁位为

$$A_z = \frac{\mu_0 I}{2\pi}\ln\left(\frac{r_-}{r_+}\right)$$

设线间距离都远大于 a，因此，回路 1 的电流在回路 2 上的 3 线及 4 线上的点产生的矢量磁位分别为

$$\boldsymbol{A}_M = \boldsymbol{e}_z \frac{\mu_0 I}{2\pi}\ln\left(\frac{b}{2b}\right) = \boldsymbol{e}_z \frac{\mu_0 I}{2\pi}\ln\left(\frac{1}{2}\right)$$

$$\boldsymbol{A}_N = \boldsymbol{e}_z \frac{\mu_0 I}{2\pi}\ln\left(\frac{2b}{3b}\right) = \boldsymbol{e}_z \frac{\mu_0 I}{2\pi}\ln\left(\frac{2}{3}\right)$$

沿回路 2 单位长度上作一矩形积分回路，则回路 1 的电流在回路 2 单位长度上产生的磁通为

$$\Phi_{\mathrm{m12}} = \oint_{l_2} \boldsymbol{A}_{12}\cdot \mathrm{d}\boldsymbol{l} = A_M - A_N = \frac{\mu_0 I}{2\pi}\ln\left(\frac{1}{2}\right) - \frac{\mu_0 I}{2\pi}\ln\left(\frac{2}{3}\right) = \frac{\mu_0 I}{2\pi}\ln\frac{3}{4}$$

故互感为

$$M = \frac{\Phi_{\mathrm{m12}}}{I} = \frac{\mu_0}{2\pi}\ln\frac{3}{4}$$

【考研题 3-12】（清华大学 2003 年）标量磁位是在什么条件下引入的？

解：在 $J=0$，即不存在传导电流的区域，根据安培环路定理得 $\nabla\times\boldsymbol{H}=0$。可见，此时磁场无旋，根据矢量恒等式 $\nabla\times\nabla\varphi=0$，因此可以引入 $\boldsymbol{H}=-\nabla\varphi_{\mathrm{m}}$，其中 φ_{m} 称为标量磁位。通过标量磁位可以计算不存在传导电流区域的磁场。

【考研题 3-13】（北京理工大学 2006 年）如图 3-29 所示，无限长直导线上有直流电流 I_0，附近有一共面的矩形导线回路。求：

(1) 矩形回路通过的磁通量；

(2) 长直导线与矩形回路的互感；

(3) 若将电流改成 $I=I_0\sin\omega t$，且已知矩形导线回路的电阻为 R，求矩形回路上的感应电流。

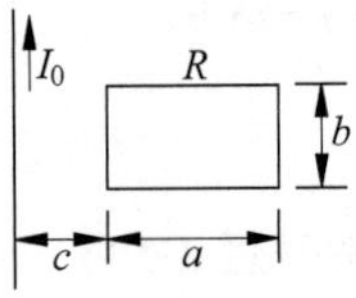

图 3-29　考研题 3-13 图

解：(1) 根据安培环路定理 $\oint_c \boldsymbol{H}\cdot\mathrm{d}\boldsymbol{l} = I_0 = 2\pi r H_\phi$，得

$$H_\phi = \frac{I_0}{2\pi r}$$

故矩形回路的磁通量为

$$\Phi_{\mathrm{m}} = \iint_c^{a+c} \boldsymbol{B}\cdot\mathrm{d}\boldsymbol{S} = \frac{\mu_0 I_0}{2\pi}\int_c^{a+c}\frac{1}{r}\cdot b\,\mathrm{d}r = \frac{\mu_0 I_0 b}{2\pi}\ln\frac{a+c}{c}$$

(2) 长直导线与矩形回路的互感为

$$M = \frac{\Phi_{\mathrm{m}}}{I_0} = \frac{\mu_0 b}{2\pi}\ln\frac{a+c}{c}$$

(3) 若将电流改成 $I=I_0\sin\omega t$，且已知矩形导线回路的电阻为 R，矩形回路的感应电动势为

$$U=-\frac{\mathrm{d}\Phi_{\mathrm{m}}}{\mathrm{d}t}=-\frac{\mu_0 I_0 b}{2\pi}\ln\frac{a+c}{c}\frac{\mathrm{d}(\sin\omega t)}{\mathrm{d}t}=-\frac{\omega\mu_0 I_0 b}{2\pi}\ln\frac{a+c}{c}\cos\omega t$$

故矩形回路上的感应电流为

$$I=\frac{U}{R}=-\frac{\omega\mu_0 I_0 b}{2\pi R}\ln\frac{a+c}{c}\cos\omega t$$

【考研题 3-14】 (武汉理工大学 2007 年)有一个磁场为

$$\boldsymbol{B}=\boldsymbol{e}_x(-y)+\boldsymbol{e}_y(x)$$

求磁力(磁感)线方程。

解：磁场的方向即磁力(磁感)线的切线方向，于是

$$\boldsymbol{B}\times \mathrm{d}\boldsymbol{l}=0$$

即

$$[\boldsymbol{e}_x(-y)+\boldsymbol{e}_y(x)]\times[\boldsymbol{e}_x\mathrm{d}x+\boldsymbol{e}_y\mathrm{d}y+\boldsymbol{e}_z\mathrm{d}z]=0$$

所以

$$-y\mathrm{d}y-x\mathrm{d}x=0$$

积分得

$$y^2=-x^2+C$$

【考研题 3-15】 (北京邮电大学 2007 年)同轴电缆的内外导体半径分别为 a、b，传输 TEM 波，内外导体间填充的介质参量为 ε、σ、μ，试求该同轴电缆：

(1) 单位长度的电容；

(2) 单位长度的电感；

(3) 单位长度的漏电导。

解：考察单位长度，设漏电流为 I，则媒质中电场 $\boldsymbol{E}$ 的方向沿径向，利用微分形式的欧姆定律

$$E=\frac{J_r}{\sigma}=\frac{I}{2\pi r\sigma}$$

则内外导体的电压为

$$U_0=\int_a^b E\mathrm{d}r=\int_a^b\frac{I}{2\pi r\sigma}\mathrm{d}r=\frac{I}{2\pi\sigma}\ln\frac{b}{a}$$

故单位长度的漏电导为

$$G=\frac{I}{U_0}=\frac{2\pi\sigma}{\ln\dfrac{b}{a}}$$

利用静电比拟，单位长度的电容为

$$C=\frac{Q}{U_0}=\frac{2\pi\varepsilon}{\ln\dfrac{b}{a}}$$

假设轴线电流为 I_0，则根据安培环路定理

$$\oint_c \boldsymbol{H} \cdot \mathrm{d}\boldsymbol{l} = I_0 = 2\pi r H_\phi$$

$$H_\phi = \frac{I_0}{2\pi r}$$

故单位长度内外导体间的磁通量为

$$\Phi_{\mathrm{m}} = \iint_S \boldsymbol{B} \cdot \mathrm{d}\boldsymbol{S} = \frac{\mu I_0}{2\pi}\int_a^b \frac{1}{r} \cdot \mathrm{d}r = \frac{\mu I_0}{2\pi}\ln\frac{b}{a}$$

因此,单位长度的外自感为

$$M = \frac{\Phi_{\mathrm{m}}}{I_0} = \frac{\mu}{2\pi}\ln\frac{b}{a}$$

考虑到单位长度导线的内自感为

$$L_{\mathrm{i}} = \frac{\mu}{8\pi}$$

故同轴电缆单位长度的总电感为

$$L = \frac{\mu}{2\pi}\ln\frac{b}{a} + \frac{\mu}{8\pi}$$

【考研题 3-16】 (北京理工大学 2006 年)一直流场源的远区矢量磁位为

$$\boldsymbol{A} = \boldsymbol{e}_\phi \frac{\mu_0 m}{4\pi r^2}\sin\theta$$

其中,r、θ 为球面坐标。

(1) 判断此场源的形式(即名称)。

(2) 求远区磁场 $\boldsymbol{B}$。

(3) 证明 $\boldsymbol{A}$ 满足库仑规范(即$\nabla \cdot \boldsymbol{A} = 0$)。

解:(1) 该场源为磁偶极子。

(2) 在球坐标系下

$$\boldsymbol{B} = \nabla \times \boldsymbol{A} = \frac{1}{r^2\sin\theta}\begin{vmatrix} \boldsymbol{e}_r & r\boldsymbol{e}_\theta & r\sin\theta\boldsymbol{e}_\phi \\ \dfrac{\partial}{\partial r} & \dfrac{\partial}{\partial\theta} & \dfrac{\partial}{\partial\phi} \\ 0 & 0 & \sin^2\theta\dfrac{\mu_0 m}{4\pi r} \end{vmatrix} = \frac{1}{r^2\sin\theta}\left(\boldsymbol{e}_r \frac{\mu_0 m}{4\pi r}\sin 2\theta + \boldsymbol{e}_\theta \sin^2\theta\frac{\mu_0 m}{4\pi r}\right)$$

$$= \boldsymbol{e}_r \frac{\mu_0 m}{2\pi r^3}\cos\theta + \boldsymbol{e}_\theta \sin\theta\frac{\mu_0 m}{4\pi r^3}$$

(3) 在球坐标系下

$$\nabla \cdot \boldsymbol{A} = \frac{1}{r\sin\theta}\frac{\partial A_\phi}{\partial\phi} = \frac{1}{r\sin\theta}\frac{\partial}{\partial\phi}\left(\frac{\mu_0 m}{4\pi r^2}\sin\theta\right) = 0$$

所以 $\boldsymbol{A}$ 满足库仑规范。

【考研题 3-17】 (北京邮电大学 2001 年)对于同轴线(内外导体半径分别为 a、b,填充空气介质),除利用 $\Phi_{\mathrm{m}} = \iint_S \boldsymbol{B} \cdot \mathrm{d}\boldsymbol{S}$ 求磁通,然后求其单位长度的电感 L_0 之外,请用另外两种方法求出 L_0 的表达式。

解：方法一，在填充空气介质的情况下，同轴线的特性阻抗为

$$Z_C=\frac{\eta_0}{2\pi}\ln\frac{b}{a}$$

其中，$\eta_0=\sqrt{\mu_0/\varepsilon_0}$，又根据无耗传输线理论，传输线的特性阻抗为

$$Z_C=\sqrt{\frac{L_0}{C_0}}$$

而行波的速度（光速）为 $c=1/\sqrt{L_0C_0}=1/\sqrt{\mu_0\varepsilon_0}$，因此

$$L_0=Z_C/c=\frac{\eta_0}{2\pi}\ln\frac{b}{a}\sqrt{\mu_0\varepsilon_0}=\frac{\mu_0}{2\pi}\ln\frac{b}{a}$$

方法二，根据长直载流导线产生的矢量磁位 **A** 的表达式

$$\boldsymbol{A}_z=\frac{\mu_0 I}{2\pi}\ln\left(\frac{r_0}{r}\right)$$

可以将同轴线的电流集中在轴线上，故对于单位长度的同轴线有

$$\Phi_{\mathrm{m}}=\oint_{l_2}\boldsymbol{A}\cdot\mathrm{d}\boldsymbol{l}=\frac{\mu_0 I}{2\pi}\ln\left(\frac{r_0}{a}\right)-\frac{\mu_0 I}{2\pi}\ln\left(\frac{r_0}{b}\right)=\frac{\mu_0 I}{2\pi}\ln\left(\frac{b}{a}\right)$$

所以单位长度的电感 L_0 为

$$L_0=\frac{\Phi_{\mathrm{m}}}{I}=\frac{\mu_0}{2\pi}\ln\left(\frac{b}{a}\right)$$

【考研题 3-18】 （北京邮电大学 2012 年）一根无限长直导线与半径为 a 的圆环共面，圆环圆心到直导线的距离为 $d(d\gg a)$，如图 3-30 所示。求直导线与圆环之间的互感。

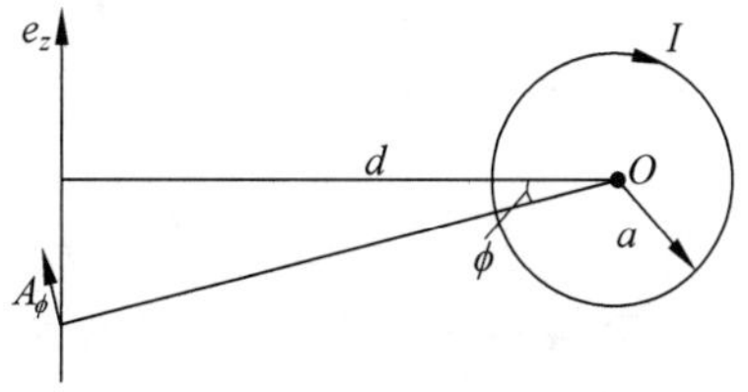

图 3-30 考研题 3-18 图

解：由于 $d\gg a$，因此半径为 a 的载流小圆环可以等效为磁偶极子。选取球坐标系，O 为原点，设小环中的电流为 I，则磁偶极子的矢量磁位为

$$\boldsymbol{A}=\frac{\mu_0}{4\pi r^2}\boldsymbol{m}\times\boldsymbol{e}_r=\frac{\mu_0 Ia^2\sin\theta}{4r^2}\boldsymbol{e}_\phi$$

因为长直导线与圆环共面，因此 $\theta=90°$。又因为 $r^2=d^2+z^2$，所以

$$A_\phi=\frac{\mu_0 Ia^2}{4(d^2+z^2)}$$

则圆环的矢量磁位在长直导线回路产生的磁通为

$$\Phi_{12}=\oint_l\boldsymbol{A}\cdot\mathrm{d}\boldsymbol{l}=\int_{-\infty}^{\infty}A_z\,\mathrm{d}z=\int_{-\infty}^{\infty}A_\phi\cos\phi\,\mathrm{d}z$$

$$=2\int_0^{\infty}\frac{\mu_0 Ia^2}{4(d^2+z^2)}\frac{d}{\sqrt{d^2+z^2}}\mathrm{d}z=\frac{\mu_0 Ia^2}{2d}$$

所以，直导线与圆环之间的互感为

$$M_{12}=\frac{\Phi_{12}}{I}=\frac{\mu_0 a^2}{2d}$$

【考研题 3-19】 (北京邮电大学 2013 年)如图 3-31 所示,在 r_0 处有一沿 z 轴方向流动的无限长均匀电流丝,求该电流丝产生的磁矢位与电磁场。

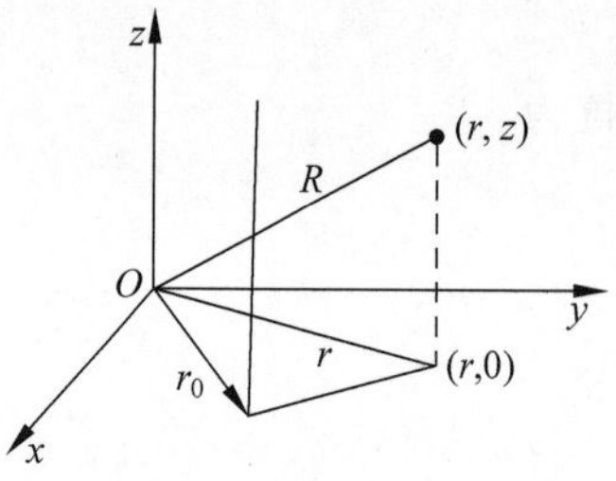

图 3-31 考研题 3-19 图

解:设电流丝的电流沿 z 方向,大小为 I。由图 3-31 可知,观察点到电流丝的垂直距离为

$$r' = |\boldsymbol{r} - \boldsymbol{r}_0|$$

取圆柱坐标系,选取源点(r_0, z')和场点(r, z)如图 3-31 所示,则

$$A_z = \frac{\mu_0 I}{4\pi}\int_{-\frac{L}{2}}^{\frac{L}{2}} \frac{\mathrm{d}z'}{[r'^2+(z-z')^2]^{1/2}}$$

$$= \frac{\mu_0 I}{4\pi r}\ln\left\{\frac{[r'^2+(L/2-z)^2]^{1/2}+(L/2-z)}{[r'^2+(L/2+z)^2]^{1/2}-(z+L/2)}\right\}$$

因此,对于无限长的均匀电流丝 $L\to\infty$,其产生的磁矢位为

$$\boldsymbol{A} = A_z\boldsymbol{e}_z \approx \boldsymbol{e}_z\frac{\mu_0 I}{4\pi}\ln\left(\frac{L}{r'}\right)^2 = \boldsymbol{e}_z\frac{\mu_0 I}{2\pi}\ln\left(\frac{L}{r'}\right)$$

即

$$\boldsymbol{A} = \boldsymbol{e}_z\frac{\mu_0 I}{2\pi}\ln\left(\frac{l_0}{r'}\right) = \boldsymbol{e}_z\frac{\mu_0 I}{2\pi}\ln\left(\frac{l_0}{|\boldsymbol{r}-\boldsymbol{r}_0|}\right)$$

其中,l_0 为矢量磁位 $\boldsymbol{A}$ 的零点参考距离。

根据安培环路定律,或者 $\boldsymbol{B}=\nabla\times\boldsymbol{A}$,无限长的均匀电流丝产生的磁场为

$$\boldsymbol{B} = \boldsymbol{e}_\phi\frac{\mu_0 I}{2\pi r'} = \boldsymbol{e}_\phi\frac{\mu_0 I}{2\pi|\boldsymbol{r}-\boldsymbol{r}_0|}$$

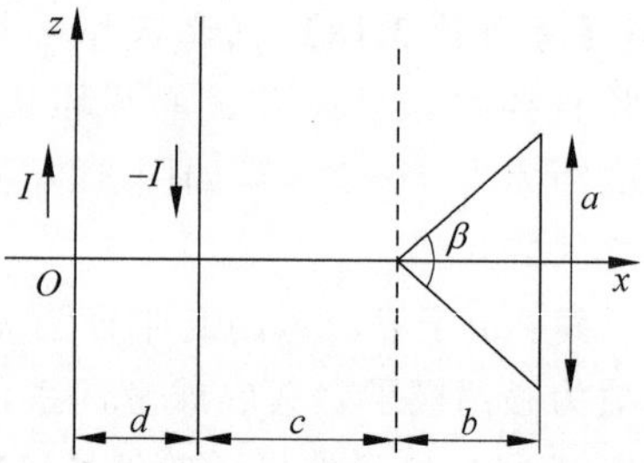

图 3-32 考研题 3-20 图

【考研题 3-20】 (北京邮电大学 2014 年)求如图 3-32 所示的平行双线传输线与底边平行且共面的等腰三角形回路间的互感系数 M。

解:先求电流 I 在等腰三角形回路产生的磁通 ψ_1。

根据电流 I 在距离 r 处产生的磁感应强度 $\boldsymbol{B}=\frac{\mu_0 I}{2\pi r}\boldsymbol{e}_\phi$,则

$$\psi_1 = \iint_S \boldsymbol{B}\cdot\mathrm{d}\boldsymbol{S} = \frac{\mu_0 I}{2\pi}\int_{d+c}^{d+c+b}\frac{2h}{x}\mathrm{d}x$$

而

$$h = (x-d-c)\tan(\beta/2)$$

所以

$$\psi_1 = \frac{\mu_0 I\tan(\beta/2)}{\pi}\int_{d+c}^{d+c+b}\frac{x-d-c}{x}\mathrm{d}x = \frac{\mu_0 I\tan(\beta/2)}{\pi}\left[b-(d+c)\ln\frac{d+c+b}{d+c}\right]$$

同理,电流 $-I$ 在等腰三角形回路产生的磁通 ψ_2 为

$$\psi_2 = \frac{-\mu_0 I\tan(\beta/2)}{\pi}\int_c^{c+b}\frac{x-c}{x}\mathrm{d}x = \frac{\mu_0 I\tan(\beta/2)}{\pi}\left[b-c\ln\frac{c+b}{c}\right]$$

因此,平行双线传输线在等腰三角形回路间产生的磁通为

$$\psi=\psi_1+\psi_2=\frac{\mu_0 I\tan(\beta/2)}{\pi}\left[c\ln\frac{c+b}{c}-(d+c)\ln\frac{d+c+b}{d+c}\right]$$

$$=\frac{\mu_0 I\tan(\beta/2)}{\pi}\left[c\ln\frac{(c+b)(d+c)}{c(d+c+b)}-d\ln\frac{d+c+b}{d+c}\right]$$

故平行双线传输线与底边平行且共面的等腰三角形回路间的互感系数为

$$M=\frac{\psi}{I}=\frac{\mu_0\tan(\beta/2)}{\pi}\left[c\ln\frac{(c+b)(d+c)}{c(d+c+b)}-d\ln\frac{d+c+b}{d+c}\right]$$

【考研题 3-21】 （北京邮电大学 2015 年）某空气填充的同轴传输线沿 z 轴放置，其内导体半径为 a，薄的外导体半径（不计外导体厚度）为 b，导体材料的相对磁导率为 1。假设电流 I 在内导体沿 z 轴方向均匀流过，并通过外导体沿 $-z$ 轴方向流回。

（1）计算同轴线内外各区域的磁场强度矢量分布。

（2）证明两个分界面处（$r=a$，$r=b$）的磁场强度满足相关边界条件。

（3）分析该同轴线单位长度的电感。

解：（1）根据安培环路定理，磁场的分布为

$$\boldsymbol{H}=\begin{cases}\dfrac{Ir}{2\pi a^2}\boldsymbol{e}_\phi, & r<a\\[2mm] \dfrac{I}{2\pi r}\boldsymbol{e}_\phi, & a<r<b\\[2mm] 0, & r>b\end{cases}$$

（2）在 $r=a$ 处，$\boldsymbol{H}=\dfrac{I}{2\pi a}\boldsymbol{e}_\phi$，即 $H_{a1\phi}=H_{a2\phi}$。由于 $r=a$ 处界面上没有面电流分布，因此分界面两侧切向磁场相等。

由于不计外导体厚度，因此在 $r=b$ 处电流以面电流形式分布，并且面电流密度为 $\dfrac{I}{2\pi b}$。而 $H_{b1\phi}=\dfrac{I}{2\pi b}$，$H_{b2\phi}=0$，因此，$H_{b1\phi}-H_{b2\phi}=\dfrac{I}{2\pi b}$，在分界面上存在面电流的情况下，分界面两侧的切向磁场发生了跳变。

（3）穿过同轴线单位长度的磁通为

$$\mathrm{d}\Phi=\boldsymbol{B}\cdot\mathrm{d}\boldsymbol{S}=\begin{cases}\dfrac{\mu_0 Ir}{2\pi a^2}\mathrm{d}r, & r<a\\[2mm] \dfrac{\mu I}{2\pi r}\mathrm{d}r, & a<r<b\end{cases}$$

在 $r\leqslant a$ 区域，铰链的电流为 $I'=\dfrac{r^2 I}{a^2}$，在 r 处穿过单位长度的磁链积分元为

$$\mathrm{d}\Psi=\frac{\mu_0 Ir^3}{2\pi a^4}\mathrm{d}r$$

穿过单位长度的磁链

$$\Psi_0=\int_0^a\frac{\mu_0 Ir^3}{2\pi a^4}\mathrm{d}r=\frac{\mu_0 I}{8\pi}$$

在 $r>a$ 区域，铰链的电流为 I，故单位长度的磁链为

$$\Psi_1=\int_a^b \frac{\mu I}{2\pi r}\mathrm{d}r=\frac{\mu I}{2\pi}\ln\frac{b}{a}$$

根据 $\Psi=\Psi_0+\Psi_1=LI$，求得同轴线单位长度的电感为

$$L=\frac{\Psi}{I}=\frac{\mu_0}{8\pi}+\frac{\mu}{2\pi}\ln\frac{b}{a}$$

【考研题 3-22】 (北京邮电大学 2021 年)考虑线性和非线性介质的情况，如何理解磁场强度 $\boldsymbol{H}$、磁感应强度 $\boldsymbol{B}$ 与自由电流、磁化电流之间的关系？可用公式表达并分析说明。

解：磁场的积分和微分方程为

$$\begin{cases}\oint_c \boldsymbol{H}\cdot\mathrm{d}\boldsymbol{l}=\int_s \boldsymbol{J}\cdot\mathrm{d}\boldsymbol{S}\\ \oint_s \boldsymbol{B}\cdot\mathrm{d}\boldsymbol{S}=0\end{cases},\quad \begin{cases}\nabla\times\boldsymbol{H}=\boldsymbol{J}\\ \nabla\cdot\boldsymbol{B}=0\end{cases}$$

$$\begin{cases}\boldsymbol{P}_{\mathrm{m}}=\chi_{\mathrm{m}}\boldsymbol{H}\\ \boldsymbol{H}=\dfrac{\boldsymbol{B}}{\mu_0}-\boldsymbol{P}_{\mathrm{m}}\\ \boldsymbol{B}=\mu_0(1+\chi_{\mathrm{m}})\boldsymbol{H}=\mu_0\mu_{\mathrm{r}}\boldsymbol{H}=\mu\boldsymbol{H}\end{cases}$$

磁场强度 $\boldsymbol{H}$ 和 $\boldsymbol{B}$ 是由自由电流和磁化电流共同激发产生的。在线性介质中，$\boldsymbol{H}$ 和 $\boldsymbol{B}$ 呈正比关系，磁场 $\boldsymbol{H}$ 的环量和旋度只与自由电流有关，但是一般情况下在非线性介质中 $\boldsymbol{H}$ 和 $\boldsymbol{B}$ 与自由电流和磁化电流都有关。在线性、均匀、各向同性的介质中，$\boldsymbol{H}$ 只与自由电流有关。

第 4 章 静态电磁场边值问题的解法

CHAPTER 4

4.1 内容提要及学习要点

前面几章在求解电场或磁场问题时大都采用直接积分法或用高斯定理、安培环路定理，虽然求解方便，但是在使用时受限制较多，如必须事先知道源的分布或要求有对称性等；而求解电磁场问题的一般方法是求解电位或矢量磁位的泊松方程或拉普拉斯方程。本章主要掌握利用泊松方程（或拉普拉斯方程）和边界条件求解电磁场问题，即求解电磁场的边值问题，熟练利用电位函数满足的微分方程求解场量。理解三类边界条件的含义，掌握分离变量法、镜像法等，掌握叠加原理、三角函数的正交性等在电磁场求解中的应用；理解静态电磁场的唯一性定理。

4.1.1 边值问题的分类

(1) 第一类边值问题（狄里赫利问题）给定未知函数在边界上的函数值。

(2) 第二类边值问题（诺伊曼问题）给定未知函数在边界上的法向导数值。

(3) 第三类边值问题（混合问题）在部分边界上给定未知函数的函数值，在其他边界上给定未知函数的法向导数值；或者给定边界上未知函数与其法向导数值的线性组合。

4.1.2 边界条件的分类

(1) 电场和磁场的不同媒质边界上的边界条件。

(2) 如果求解区域伸展到无穷远，必须包括无穷远条件。对电位或磁位，有 $\lim\limits_{r\to\infty} r\varphi=$ 有限值。

(3) 周期性边界条件。

4.1.3 静态电磁场的唯一性定理

唯一性定理是分离变量法、镜像法等边值问题求解方法的依据。即当电位满足泊松方程或拉普拉斯方程，并且在边界上满足三类边界条件之一时，问题的解是唯一的。

4.1.4 分离变量法

通过分离变量法可以将多变量函数分离成多个一维函数的乘积，每个函数仅与一个坐标变量有关。分离变量法就是把多个自变量函数分开后分别单独求解，然后再组合出总的解。具体到数学上，就是把偏微分方程转换为常微分方程求解。

1. 分离变量法的适用条件

(1) 边界面与坐标面平行或者重合。

(2) 对应的坐标系可分离变量。

其中，各个(自变量)函数之间的关系由分离常数决定，例如，在直角坐标系下必须满足

$$k_x^2+k_y^2+k_z^2=0 \tag{4-1}$$

2. 分离变量法的求解步骤

(1) 根据场域边界形状选择合适的坐标系。边界面与坐标面平行或者重合。

(2) 把待求函数表示成单变量函数的乘积，分离变量，求解泛定方程的通解。

根据边界条件的类型，选择特定形式的一般解。即决定每个自变量(坐标)对应解的分离常数 k_i 是实数还是虚数，每个自变量对应的解是三角函数、双曲函数，还是指数函数(衰减函数)的形式。

如果坐标对应的边界条件具有周期性或两边相等(如存在重复零点)，则应选择三角函数；如果坐标对应的边界条件是非周期性或两边不相等，则应选择双曲函数；若坐标对应的是无限区域，则应选择指数函数。

注意，对于不具备周期性的复杂边界问题，常利用叠加原理，将原问题等效为含有两个具有周期性边界问题的叠加，这样，有利于利用三角函数的正交性求解待定常数。

(3) 用边界条件求特解。

根据边界条件来确定通解中的积分常数。有时可能需要傅里叶级数，通过三角函数的正交性求解积分常数。

(4) 讨论解的适定性。

分离变量法可应用于直角坐标、圆柱坐标、球坐标等坐标系下。坐标系的不同只是导致一般解的形式不同(如圆柱坐标系径向坐标对应的一般解是贝塞尔函数)，但解是唯一的。

3. 直角坐标系中的分离变量法

拉普拉斯方程为

$$\frac{\partial^2\varphi}{\partial x^2}+\frac{\partial^2\varphi}{\partial y^2}+\frac{\partial^2\varphi}{\partial z^2}=0 \tag{4-2}$$

令 $\varphi(x,y,z)=X(x)Y(y)Z(z)$，则

$$\frac{X''}{X}=a^2,\quad \frac{Y''}{Y}=\beta^2,\quad \frac{Z''}{Z}=\gamma^2$$

位函数定解的形式：

$$\varphi(x,y,z)=(B_1\operatorname{ch}\alpha x+B_2\operatorname{sh}\alpha x)(B_3\operatorname{ch}\beta y+B_4\operatorname{sh}\beta y)(B_5\operatorname{ch}\gamma z+B_6\operatorname{sh}\gamma z) \tag{4-3}$$

$$\varphi(x,y,z)=(C_1\mathrm{e}^{\alpha x}+C_2\mathrm{e}^{-\alpha x})(C_3\mathrm{e}^{\beta y}+C_4\mathrm{e}^{-\beta y})(C_5\mathrm{e}^{\gamma z}+C_6\mathrm{e}^{-\gamma z}) \tag{4-4}$$

4. 圆柱坐标系中的分离变量法

拉普拉斯方程为

$$\frac{1}{r}\frac{\partial}{\partial r}\left(r\frac{\partial\varphi}{\partial r}\right)+\frac{1}{r^2}\frac{\partial^2\varphi}{\partial\phi^2}+\frac{\partial^2\varphi}{\partial z^2}=0 \tag{4-5}$$

1）一维边值问题

$$\nabla^2\varphi = \frac{1}{r}\frac{\partial}{\partial r}\left(r\frac{\partial\varphi}{\partial r}\right) = 0 \tag{4-6}$$

2）二维边值问题

（1）当 $\varphi = R(r)\Phi(\phi)$时，则

$$\frac{r}{R}\frac{\mathrm{d}}{\mathrm{d}r}\left(r\frac{\mathrm{d}R}{\mathrm{d}r}\right) + \frac{1}{\Phi}\frac{\mathrm{d}^2\varphi}{\mathrm{d}\phi^2} = 0 \tag{4-7}$$

$\varphi(r,\phi)$的解为

$$\varphi(r,\phi) = \sum_{n=1}^{\infty} r^n(A_n\cos n\phi + B_n\sin n\phi) + \sum_{n=1}^{\infty} r^{-n}(C_n\cos n\phi + D_n\sin n\phi) \tag{4-8}$$

（2）当 $\varphi = R(r)Z(z)$时，则

$$\frac{1}{R}\frac{\mathrm{d}^2R}{\mathrm{d}r^2} + \frac{1}{rR}\frac{\mathrm{d}R}{\mathrm{d}r} + \frac{1}{Z}\frac{\mathrm{d}^2Z}{\mathrm{d}z^2} = 0 \tag{4-9}$$

$\varphi(r,z)$的解为

$$\varphi(r,z) = [C_1J_0(Tr) + C_2N_0(Tr)]\,[C_3\mathrm{sh}Tz + C_4\mathrm{ch}Tz] \tag{4-10}$$

5. 球坐标系中的分离变量法

拉普拉斯方程为

$$\frac{r}{r^2}\frac{\partial}{\partial r}\left(r^2\frac{\partial\varphi}{\partial r}\right) + \frac{1}{r^2\sin\theta}\frac{\partial}{\partial r}\left(\sin\theta\frac{\partial\varphi}{\partial\theta}\right) + \frac{1}{r^2\sin^2\theta}\frac{\partial^2\varphi}{\partial\phi^2} = 0 \tag{4-11}$$

对于二维情况，即

$$\frac{r}{r^2}\frac{\partial}{\partial r}\left(r^2\frac{\partial\varphi}{\partial r}\right) + \frac{1}{r^2\sin\theta}\frac{\partial}{\partial\theta}\left(\sin\theta\frac{\partial\varphi}{\partial\theta}\right) = 0 \tag{4-12}$$

令 $\varphi = R(r)\Theta(\theta)$，则

$$\frac{1}{R}\frac{\mathrm{d}}{\mathrm{d}r}\left(r^2\frac{\mathrm{d}R}{\mathrm{d}r}\right) + \frac{1}{\Theta\sin\theta}\frac{\mathrm{d}}{\mathrm{d}\theta}\left(\sin\theta\frac{\mathrm{d}\Theta}{\mathrm{d}\theta}\right) = 0 \tag{4-13}$$

解的形式为

$$\varphi(r,\theta) = \sum_{n=0}^{\infty}(A_nr^n + B_nr^{-(n+1)})P_n(\cos\theta) \tag{4-14}$$

4.1.5 镜像法

镜像法的实质：用镜像电荷（或源）代替边界，使边界上的未知函数（电位/电场/磁位/磁场）值，或其法向导数值保持不变，即边界条件不变。也可以理解为电场线或磁感线在求解的区域保持不变。

在求解中，由于镜像空间的场源分布及介质参数已经改变，位函数所满足的微分方程也发生变化，上述等效性不存在，不能用镜像法求解，因此镜像源一定在求解区域的外边。能否使用镜像法的关键是能否找到镜像电荷，只有一些特殊结构和电荷分布才可以使用镜像法，也即该方法有局限性。

1. 平面镜像

1）理想导体平面镜像

特点：镜像电荷与原电荷关于边界面对称，大小相等，符号相反。镜像电荷代替感应电

荷和导体面。

使用条件：当两平面的夹角 θ 为 2π 的约数，且 $n=2\pi/\theta$ 为偶数时，镜像电荷数为 $n-1$，电荷总数为 n，最后一个镜像电荷与原电荷互为镜像关系；$n=2\pi/\theta$ 非偶数时不能用镜像法。

无限大导电平面的镜像包括以下情况。

(1) 点电荷。镜像电荷与原电荷关于边界对称，且大小相等、符号相反。

(2) 线电荷。镜像电荷与原电荷关于边界对称，且大小相等、符号相反。

(3) 线天线。水平放置时，成偶极子抵消。垂直放置时，电场加强一倍。

2) 无限大介质平面

利用镜像电荷代替感应电荷。对于点电荷，两个区域对应着两个镜像，每个区域的镜像电荷在求解区域外。

$$\begin{cases} Q'=\dfrac{\varepsilon_1-\varepsilon_2}{\varepsilon_1+\varepsilon_2}Q \\ Q''=-Q'=\dfrac{\varepsilon_2-\varepsilon_1}{\varepsilon_1+\varepsilon_2}Q \end{cases} \tag{4-15}$$

线电荷情况与之类似。

2. 球面镜像

点电荷位于接地导体球附近时，此时，镜像电荷的大小与原电荷不相等。利用三角形相似的关系推导镜像电荷的大小与位置，即

$$\begin{cases} d=\dfrac{a^2}{D} \\ q'=-\dfrac{a}{D}q \end{cases} \tag{4-16}$$

导体球不接地或者导体不接地又带电时，根据电荷守恒定律，用另一个位于球心的点电荷 q'' 维持导体球的电位，利用叠加原理求解电位和场。

3. 柱面镜像

同样可以利用三角形相似的关系推导镜像电荷的位置，但是镜像电荷与原电荷的大小相等、符号相反。镜像电荷的大小与位置为

$$\begin{cases} \rho_l'=-\rho_l \\ d=\dfrac{a^2}{D} \end{cases} \tag{4-17}$$

4.2 典型例题解析

【例题 4-1】 有一厚度为 $2a$ 的无限大平面层，其中充满着均匀电荷，其体密度为 ρ，如图 4-1 所示。试求平面层之内及平面层以外的各区域的电位和电场强度。

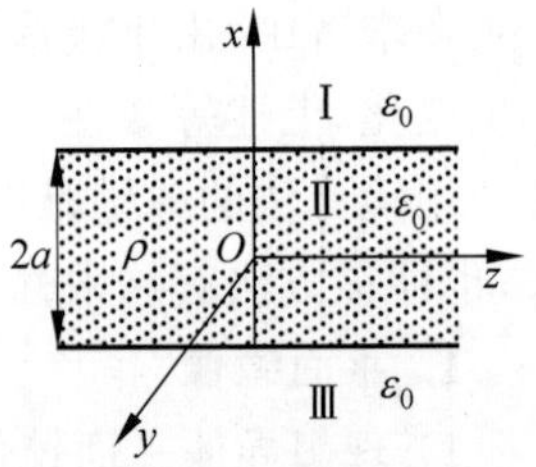

图 4-1 例题 4-1 图

解： 选取直角坐标系，坐标原点在带电层的中间。根据电荷分布的对称性，电位只是 x 的函数。

将整个区域分成 3 部分，如图 4-1 所示。3 个区域满足的方

程如下：

$$\frac{\mathrm{d}^2\varphi_1}{\mathrm{d}x^2}=0,\quad x>a$$

$$\frac{\mathrm{d}^2\varphi_2}{\mathrm{d}x^2}=-\frac{\rho}{\varepsilon_0},\quad -a<x<a$$

$$\frac{\mathrm{d}^2\varphi_3}{\mathrm{d}x^2}=0,\quad x<-a$$

其解分别为

$$\varphi_1=Ax+B$$

$$\varphi_2=-\frac{\rho}{2\varepsilon_0}x^2+Cx+D$$

$$\varphi_3=Ex+F$$

由于电荷分布延伸至无穷远处，故选 $x=0$ 处为零电位参考点。代入 φ_2 的表达式可得 $D=0$。

根据对称性，有

$$\begin{cases}-\dfrac{\rho}{2\varepsilon_0}x^2+Cx=-\dfrac{\rho}{2\varepsilon_0}x^2-Cx\\ Ax+B=-Ex+F\end{cases}$$

故有 $C=0, A=-E, B=F$。

由于电荷以体密度的形式存在，故在区域的分界面上没有电荷分布，在 $x=a$ 处有

$$\varphi_1\Big|_{x=a}=\varphi_2\Big|_{x=a},\quad \varepsilon_0\frac{\partial\varphi_1}{\partial x}\Big|_{x=a}=\varepsilon_0\frac{\partial\varphi_2}{\partial x}\Big|_{x=a}$$

由此得

$$-\frac{\rho}{2\varepsilon_0}a^2=Aa+B,\quad A=-\frac{\rho}{\varepsilon_0}a$$

从而

$$B=\frac{\rho}{2\varepsilon_0}a^2$$

因此，各区域中的电位分别为

$$\varphi_1=-\frac{\rho}{\varepsilon_0}ax+\frac{\rho}{2\varepsilon_0}a^2,\quad x>a$$

$$\varphi_2=-\frac{\rho}{2\varepsilon_0}x^2,\quad -a<x<a$$

$$\varphi_3=\frac{\rho}{\varepsilon_0}ax+\frac{\rho}{2\varepsilon_0}a^2,\quad x<-a$$

根据 $\boldsymbol{E}=-\nabla\varphi$ 可得

$$\boldsymbol{E}_1=\frac{\rho}{\varepsilon_0}a\boldsymbol{e}_x,\quad \boldsymbol{E}_2=\frac{\rho}{\varepsilon_0}x\boldsymbol{e}_x,\quad \boldsymbol{E}_3=-\frac{\rho}{\varepsilon_0}a\boldsymbol{e}_x$$

【例题 4-2】 求半径为 a、电量为 Q 的均匀带电球体所产生的电位和电场强度。已知

球内介质的介电常数为 ε，球外是真空。

解：结构和电荷均为球面对称。体电荷密度 $\rho=\dfrac{3Q}{4\pi a^3}$。以球心为原点选取球坐标系，则电位仅为 r 的函数，故球内外的电位分布为

$$\frac{1}{r^2}\frac{\mathrm{d}^2}{\mathrm{d}x^2}\left(r^2\frac{\mathrm{d}\varphi_1}{\mathrm{d}r}\right)=-\frac{\rho}{\varepsilon},\quad r<a$$

$$\frac{1}{r^2}\frac{\mathrm{d}^2}{\mathrm{d}x^2}\left(r^2\frac{\mathrm{d}\varphi_2}{\mathrm{d}r}\right)=0,\quad r>a$$

其解为

$$\varphi_1=-\frac{Qr^2}{8\pi\varepsilon a^3}+\frac{A}{r}+B,\quad r<a$$

$$\varphi_2=\frac{C}{r}+D,\quad r>a$$

令 $r\to\infty$，$\varphi_2=0$，则 $D=0$；$r\to 0$ 时电位为有限值，故 $A=0$。

在 $r=a$ 处有(注意，电荷为体分布，没有面电荷密度)

$$\varphi_1\Big|_{r=a}=\varphi_2\Big|_{r=a},\quad \varepsilon\frac{\partial\varphi_1}{\partial r}\Big|_{r=a}=\varepsilon_0\frac{\partial\varphi_2}{\partial r}\Big|_{r=a}$$

可得

$$-\frac{Q}{8\pi\varepsilon a}+B=\frac{C}{a},\quad C=\frac{Q}{4\pi\varepsilon_0}$$

于是

$$B=\frac{Q}{8\pi\varepsilon a}+\frac{Q}{4\pi\varepsilon_0 a}$$

因此，球内外的电位分别为

$$\varphi_1=-\frac{Q}{8\pi\varepsilon a^3}(a^2-r^2)+\frac{Q}{4\pi\varepsilon_0 a},\quad r<a$$

$$\varphi_2=\frac{Q}{4\pi\varepsilon_0 r},\quad r>a$$

根据 $\boldsymbol{E}=-\nabla\varphi$，可得球内外的电场分别为

$$\boldsymbol{E}_1=\frac{Qr}{4\pi\varepsilon a^3}\boldsymbol{e}_r,\quad r<a$$

$$\boldsymbol{E}_2=\frac{Q}{4\pi\varepsilon_0 r^2}\boldsymbol{e}_r,\quad r>a$$

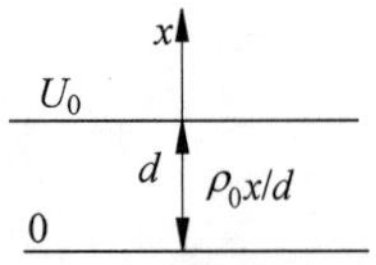

图 4-2　例题 4-3 图

【例题 4-3】 两无限大平行板电极，距离为 d，电位分别为 0 和 U_0，板间充满电荷密度为 $\rho_0 x/d$ 的电荷，如图 4-2 所示。求极板间的电位分布和极板上的电荷密度。

解：由题意可知，极板在 y、z 方向无限大，因此电位满足一维泊松方程。

$$\frac{\mathrm{d}^2\varphi}{\mathrm{d}x^2}=-\frac{\rho_0 x}{\varepsilon_0 d}$$

对上式积分得

$$\varphi=-\frac{\rho_0}{6\varepsilon_0 d}x^3+C_1x+C_2$$

根据边界条件 $\varphi|_{x=0}=0$，因此 $C_2=0$；由边界条件 $\varphi|_{x=d}=U_0$ 得 $C_1=\frac{U_0}{d}+\frac{\rho_0 d}{6\varepsilon_0}$，因此，极板间的电位为

$$\varphi=-\frac{\rho_0}{6\varepsilon_0 d}x^3+\left(\frac{U_0}{d}+\frac{\rho_0 d}{6\varepsilon_0}\right)x$$

上下极板上的电荷密度分别为

$$\rho_s\Big|_{x=d}=\varepsilon_0\frac{\partial\varphi}{\partial x}\Big|_{x=d}=\frac{\varepsilon_0U_0}{d}-\frac{\rho_0 d}{3}$$

$$\rho_s\Big|_{x=0}=-\varepsilon_0\frac{\partial\varphi}{\partial x}\Big|_{x=0}=-\frac{\varepsilon_0U_0}{d}-\frac{\rho_0 d}{6}$$

【例题 4-4】 电位为零的两块无限大接地平板间有一个无限大的带电薄片，距离下面板为 b，薄片与两极板平行，电荷密度为 ρ_s，如图 4-3 所示。求极板间的电位分布和极板上的电荷密度。

解：设两区域的电位分别为 φ_1、φ_2，它们满足拉普拉斯方程：

$$\frac{\mathrm{d}^2\varphi_1}{\mathrm{d}x^2}=0,\quad \frac{\mathrm{d}^2\varphi_2}{\mathrm{d}x^2}=0$$

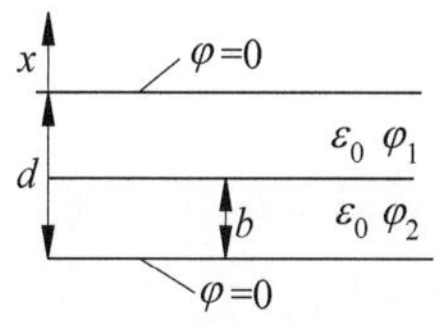

图 4-3　例题 4-4 图

其通解为

$$\varphi_1=C_1x+C_2,\quad \varphi_2=C_3x+C_4$$

由边界条件 $\varphi_1\Big|_{x=d}=0$，得 $C_2=-C_1d$；由边界条件 $\varphi_2\Big|_{x=0}=0$ 得 $C_4=0$；由边界条件 $\varphi_1\Big|_{x=b}=\varphi_2\Big|_{x=b}$，得 $C_1(b-d)=C_3b$；由边界条件 $-\varepsilon_0\frac{\partial\varphi_1}{\partial x}\Big|_{x=b}+\varepsilon_0\frac{\partial\varphi_2}{\partial x}\Big|_{x=b}=\rho_s$，得 $-\varepsilon_0C_1+\varepsilon_0C_3d=\rho_s$，因此

$$C_1=-\frac{\rho_s b}{d\varepsilon_0},\quad C_3=\frac{\rho_s(d-b)}{d\varepsilon_0}$$

故两区域的电位分别为

$$\varphi_1=-\frac{\rho_s b}{d\varepsilon_0}x+\frac{\rho_s b}{\varepsilon_0},\quad \varphi_2=\frac{\rho_s(d-b)}{d\varepsilon_0}x$$

两极板上的电荷密度分别为

$$\rho_{s1}=\boldsymbol{e}_x\varepsilon_0\frac{\mathrm{d}\varphi_1}{\mathrm{d}x}=-\boldsymbol{e}_x\frac{\rho_s b}{d\varepsilon_0},\quad \rho_{s2}=-\boldsymbol{e}_x\varepsilon_0\frac{\mathrm{d}\varphi_2}{\mathrm{d}x}=-\boldsymbol{e}_x\frac{\rho_s(d-b)}{d\varepsilon_0}$$

【例题 4-5】 由几块平行导体板构成的静电系统，如图 4-4 所示。给定的边界条件如下：

$$y=0,\quad \varphi=0$$

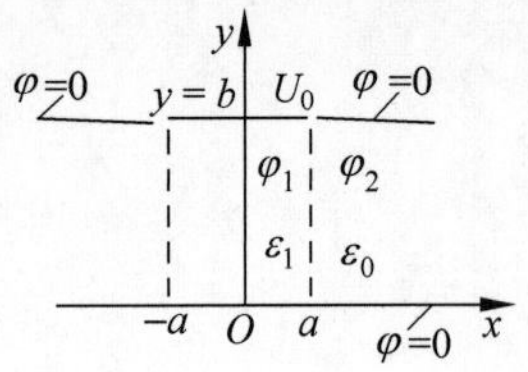

图 4-4 例题 4-5 图

$$y=b\begin{cases}|x|>a, & \varphi=0, & \varepsilon=\varepsilon_0\\ |x|\leqslant a, & \varphi=U_0, & \varepsilon=\varepsilon_1\end{cases}$$

试求平行导体板间的电位分布。

解：设介质中($|x|\leqslant a$)的电位为 φ_1，真空中的电位为 φ_2，考虑到对称性，现只考虑 $x\geqslant 0$ 的部分。设 $\varphi_1=\varphi_1'+\dfrac{U_0}{b}y$，即由平行板电容器产生的电位和两零电位导体板构成的电位 φ_1'，其中 $\varphi_1'\Big|_{y=0,b}=0$。显然，$\varphi_1'$ 的解为

$$\varphi_1'=\sum_{n=1}^{\infty}A_n\operatorname{ch}\frac{n\pi x}{b}\sin\frac{n\pi y}{b}$$

因此

$$\varphi_1=\sum_{n=1}^{\infty}A_n\operatorname{ch}\frac{n\pi x}{b}\sin\frac{n\pi y}{b}+\frac{U_0}{b}y$$

设 $\varphi_2=\sum\limits_{n=1}^{\infty}B_n\mathrm{e}^{-\frac{n\pi x}{b}}\sin\dfrac{n\pi y}{b}$，根据边界条件 $\varphi_1\Big|_{x=a}=\varphi_2\Big|_{x=a}$，$\varepsilon_1\dfrac{\partial\varphi_1}{\partial x}\Big|_{x=a}=\varepsilon_0\dfrac{\partial\varphi_2}{\partial x}{}_{x=a}$，得

$$\sum_{n=1}^{\infty}A_n\operatorname{ch}\frac{n\pi a}{b}\sin\frac{n\pi y}{b}+\frac{U_0}{b}y=\sum_{n=1}^{\infty}B_n\mathrm{e}^{-\frac{n\pi a}{b}}\sin\frac{n\pi y}{b}$$

$$\varepsilon_1\sum_{n=1}^{\infty}\frac{n\pi}{b}A_n\operatorname{sh}\frac{n\pi a}{b}\sin\frac{n\pi y}{b}=-\varepsilon_0\sum_{n=1}^{\infty}\frac{n\pi}{b}B_n\mathrm{e}^{-\frac{n\pi a}{b}}\sin\frac{n\pi y}{b}$$

对以上两式整理，并利用三角函数的正交性得

$$B_n\mathrm{e}^{-\frac{n\pi a}{b}}-A_n\operatorname{ch}\frac{n\pi a}{b}=\frac{2U_0}{n\pi}(-1)^{n+1}$$

$$\varepsilon_1A_n\operatorname{sh}\frac{n\pi a}{b}=-\varepsilon_0B_n\mathrm{e}^{-\frac{n\pi a}{b}}$$

解得

$$A_n=\frac{2\varepsilon_0U_0}{n\pi}(-1)^n\left(\varepsilon_1\operatorname{sh}\frac{n\pi a}{b}+\varepsilon_0\operatorname{ch}\frac{n\pi a}{b}\right)^{-1}$$

$$B_n=\frac{2U_0}{n\pi}(-1)^{n+1}\frac{\varepsilon_1\operatorname{sh}\frac{n\pi a}{b}\mathrm{e}^{\frac{n\pi a}{b}}}{\varepsilon_1\operatorname{sh}\frac{n\pi a}{b}+\varepsilon_0\operatorname{ch}\frac{n\pi a}{b}}$$

因此，得到 $x\geqslant 0$ 部分的电位为

$$\varphi_1=\sum_{n=1,3,5,\cdots}\frac{2\varepsilon_0U_0}{n\pi}(-1)^n\frac{\operatorname{ch}\frac{n\pi x}{b}\sin\frac{n\pi y}{b}}{\varepsilon_1\operatorname{sh}\frac{n\pi a}{b}+\varepsilon_0\operatorname{ch}\frac{n\pi a}{b}}+\frac{U_0}{b}y$$

$$\varphi_2=\sum_{n=1,3,5,\cdots}\frac{2U_0}{n\pi}(-1)^{n+1}\frac{\operatorname{ch}\frac{n\pi a}{b}\exp\left(\frac{n\pi a}{b}\right)}{\varepsilon_1\operatorname{sh}\frac{n\pi a}{b}+\varepsilon_0\operatorname{ch}\frac{n\pi a}{b}}\mathrm{e}^{-\frac{n\pi x}{b}}\sin\frac{n\pi y}{b}$$

同理,可以求出 $x\leqslant 0$ 部分的电位。

【例题 4-6】 介电常数为 ε 的无限大介质处于外加电场 $\boldsymbol{E}_0$ 中,其间有一半径为 a 的球形空腔,如图 4-5 所示。求球形空腔内外的电场强度和空腔表面的极化电荷密度。

解:根据球坐标系中的分离变量法,球形空腔内外的电位函数通解为

$$\varphi_1(r,\theta)=\sum_{m=0}^{\infty}[A_m r^m+B_m r^{-(m+1)}]P_m(\cos\theta),r\leqslant a,0\leqslant\theta\leqslant\pi$$

$$\varphi_2(r,\theta)=\sum_{m=0}^{\infty}[C_m r^m+D_m r^{-(m+1)}]P_m(\cos\theta),r\geqslant a,0\leqslant\theta\leqslant\pi$$

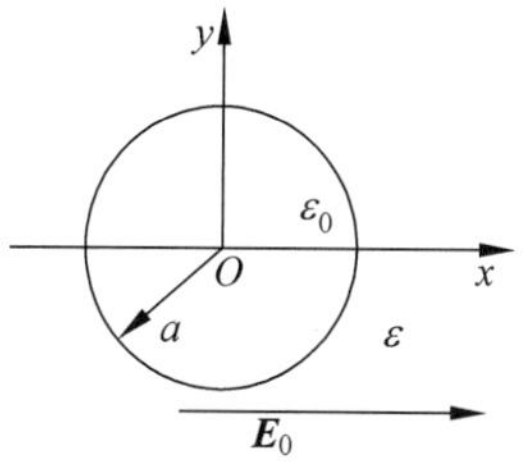

图 4-5　例题 4-6 图

边界条件为:

(1) 不妨设球心电位为零,则 $\varphi_1(r,\theta)|_{r=0}=0$;

(2) $r\to\infty$时,$\varphi_2=-E_0 r\cos\theta$;

(3) $r=a$ 时,$\varphi_1\big|_{r=a}=\varphi_2\big|_{r=a}$;

(4) $r=a$ 时,$\left.\dfrac{\partial\varphi_1}{\partial r}\right|_{r=a}=\left.\dfrac{\partial\varphi_2}{\partial r}\right|_{r=a}$。

由条件(1)得 $B_m=0$;由条件(2)得 $C_1=-E_0,C_m=0(m\neq 1)$,故有

$$\varphi_1(r,\theta)=\sum_{m=0}^{\infty}A_m r^m P_m(\cos\theta),\quad r\leqslant a,\quad 0\leqslant\theta\leqslant\pi$$

$$\varphi_2(r,\theta)=-E_0 r\cos\theta+\sum_{m=0}^{\infty}D_m r^{-(m+1)}P_m(\cos\theta),\quad r\geqslant a,\quad 0\leqslant\theta\leqslant\pi$$

再由条件(3)和(4)得

$$\sum_{m=0}^{\infty}A_m a^m P_m(\cos\theta)=-E_0 a\cos\theta+\sum_{m=0}^{\infty}D_m a^{-(m+1)}P_m(\cos\theta)$$

$$\sum_{m=0}^{\infty}\varepsilon_0 m A_m a^{m-1}P_m(\cos\theta)=-\varepsilon E_0 a\cos\theta+\sum_{m=0}^{\infty}\varepsilon(m+1)D_m a^{-(m+2)}P_m(\cos\theta)$$

直接比较同类项系数得,$A_m=0(m\neq 1),D_m=0(m\neq 1)$,并且

$$A_1 a=-E_0 a+D_1 a^{-2}$$

$$\varepsilon_0 A_1 a=-\varepsilon E_0 a-2\varepsilon D_1 a^{-3}$$

求解以上两式得

$$A_1=\frac{-3\varepsilon}{\varepsilon_0+2\varepsilon}E_0$$

$$D_1=\frac{\varepsilon_0-\varepsilon}{\varepsilon_0+2\varepsilon}E_0 a^3$$

所以,球形空腔内外的电位分别为

$$\varphi_1(r,\theta)=\frac{-3\varepsilon}{\varepsilon_0+2\varepsilon}E_0 r\cos\theta$$

$$\varphi_2(r,\theta)=-E_0 r\cos\theta+\frac{\varepsilon_0-\varepsilon}{\varepsilon_0+2\varepsilon}E_0\left(\frac{a}{r}\right)^3 r\cos\theta$$

球形空腔内外的电场强度分别为

$$\boldsymbol{E}_1=-\nabla\varphi_1(r,\theta)=\boldsymbol{e}_r\frac{3\varepsilon}{\varepsilon_0+2\varepsilon}E_0\cos\theta-\boldsymbol{e}_\theta\frac{3\varepsilon}{\varepsilon_0+2\varepsilon}E_0\sin\theta,\quad r\leqslant a$$

$$\boldsymbol{E}_2=-\nabla\varphi_2(r,\theta)=\boldsymbol{e}_rE_0\cos\theta\left[1+2\frac{\varepsilon_0-\varepsilon}{\varepsilon_0+2\varepsilon}\left(\frac{a}{r}\right)^3\right]-\boldsymbol{e}_\theta E_0\sin\theta\left[1-\frac{\varepsilon_0-\varepsilon}{\varepsilon_0+2\varepsilon}\left(\frac{a}{r}\right)^3\right],\quad r\geqslant a$$

介质中的极化强度为

$$\boldsymbol{P}_2=(\varepsilon-\varepsilon_0)\boldsymbol{E}_2=\boldsymbol{e}_rE_0\cos\theta(\varepsilon-\varepsilon_0)\left[1+2\frac{\varepsilon_0-\varepsilon}{\varepsilon_0+2\varepsilon}\left(\frac{a}{r}\right)^3\right]-$$

$$\boldsymbol{e}_\theta E_0\sin\theta(\varepsilon-\varepsilon_0)\left[1-\frac{\varepsilon_0-\varepsilon}{\varepsilon_0+2\varepsilon}\left(\frac{a}{r}\right)^3\right],\quad r\geqslant a$$

空腔表面的束缚电荷密度为

$$\boldsymbol{P}_2=-\boldsymbol{e}_r\cdot\boldsymbol{E}_2\big|_{r=a}=-3\varepsilon_0E_0\cos\theta\frac{1}{\varepsilon_0+2\varepsilon}$$

【例题 4-7】 在一半径为 a,磁导率为 μ 的均匀介质长圆柱外附近有一条与圆柱轴线平行的长直导线,其中流过的电流为 I,距离轴线为 h,如图 4-6(a)所示,试求线电流产生的磁场。

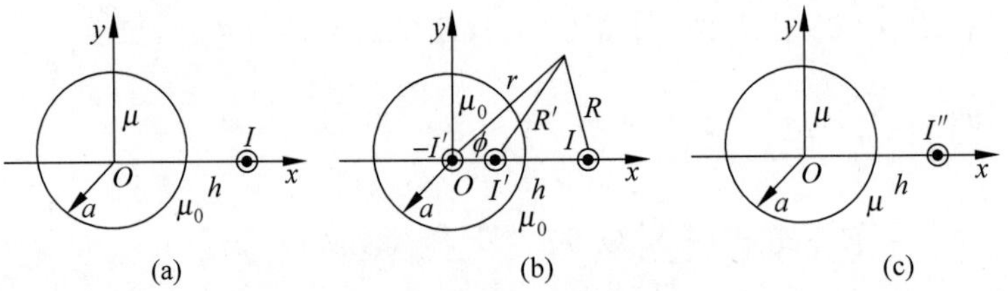

图 4-6 例题 4-7 图

解:设电流沿 z 方向。为了满足边界条件,在计算柱外空间的磁场时,引入镜像电流 I' 及 $-I'$,分别位于距离轴线 h' 及原点处,如图 4-6(b)所示,处于 μ_0 中。在计算柱内空间的磁场时,引入镜像电流 I'',如图 4-6(c)所示,处于 μ 中。圆柱内外的矢量磁位为

$$\boldsymbol{A}_1=\boldsymbol{e}_z\left(-\frac{\mu_0I}{2\pi}\ln R-\frac{\mu_0I'}{2\pi}\ln R'+\frac{\mu_0I'}{2\pi}\ln r\right),\quad r>a$$

$$\boldsymbol{A}_2=\boldsymbol{e}_z\left(-\frac{\mu I''}{2\pi}\ln R''\right),\quad r<a$$

其中,$R=\sqrt{r^2+h^2-2rh\cos\phi}$,$R'=\sqrt{r^2+h'^2-2rh'\cos\phi}$,$h'=\dfrac{a^2}{h}$,$R''$与 R 的形式相同。

在 $r=a$ 界面上,满足的边界条件为

$$B_{1\mathrm{n}}=B_{2\mathrm{n}},\quad \frac{\partial A_1}{\partial\phi}\bigg|_{r=a}=\frac{\partial A_2}{\partial\phi}\bigg|_{r=a}$$

$$B_{1\mathrm{t}}=B_{2\mathrm{t}},\quad \frac{1}{\mu_0}\frac{\partial A_1}{\partial r}\bigg|_{r=a}=\frac{1}{\mu}\frac{\partial A_2}{\partial r}\bigg|_{r=a}$$

因此

$$\mu_0(I+I')=\mu I''$$
$$I-I'=I''$$

由上两式解得

$$I' = \frac{\mu - \mu_0}{\mu + \mu_0} I, \quad I'' = \frac{2\mu_0}{\mu + \mu_0} I$$

因此，圆柱内外的矢量磁位分别为

$$\boldsymbol{A}_1 = \boldsymbol{e}_z \left(-\frac{\mu_0 I}{2\pi} \ln R - \frac{\mu_0}{2\pi} \frac{\mu - \mu_0}{\mu + \mu_0} I \ln R' + \frac{\mu_0}{2\pi} \frac{\mu - \mu_0}{\mu + \mu_0} I \ln r \right), \quad r > a$$

$$\boldsymbol{A}_2 = \boldsymbol{e}_z \left(-\frac{\mu}{\pi} \frac{\mu_0}{\mu + \mu_0} I \ln R'' \right), \quad r < a$$

圆柱内外的磁感应强度分别为

$$\boldsymbol{B}_1 = \nabla \times \boldsymbol{A}_1 = \boldsymbol{e}_r \frac{-\mu_0 I}{2\pi} \left(\frac{h \sin\phi}{R^2} - \frac{\mu - \mu_0}{\mu + \mu_0} \frac{h' \sin\phi}{R'^2} \right) +$$

$$\boldsymbol{e}_\phi \frac{\mu_0 I}{2\pi} \left[\frac{r - h\cos\phi}{R^2} - \frac{\mu - \mu_0}{\mu + \mu_0} \frac{r - h'\cos\phi}{R'^2} + \frac{1}{r} \right)$$

$$\boldsymbol{B}_2 = \nabla \times \boldsymbol{A}_2 = \frac{\mu}{\pi} \frac{\mu_0}{(\mu + \mu_0) R^2} I [-\boldsymbol{e}_r h \sin\phi + \boldsymbol{e}_\phi (r - h\cos\phi)]$$

【例题 4-8】 一直角扇形区域的两直角边电位为零，$r=a$ 的圆弧边的电位为 U_0，求区域内的电位分布。

解：如图 4-7 所示。

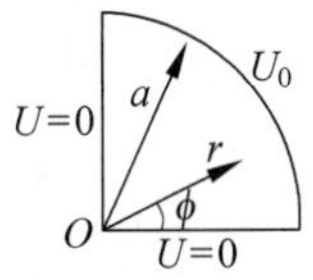

图 4-7　例题 4-8 图

由于在 $\boldsymbol{e}_\phi$ 方向电位有重合零点，因此取电位解的形式如下：

$$\varphi(r, \phi) = (A r^m + B r^{-m})(C \cos m\phi + D \sin m\phi)$$

考虑到 $r=0$ 时电位有限，故

$$\varphi(r, \phi) = \sum_{m=1}^{\infty} r^m (A_m \cos m\phi + B_m \sin m\phi)$$

根据边界条件，$\varphi\big|_{\phi=0} = 0, \varphi\big|_{\phi=\pi/2} = 0$ 得

$$A_m = 0, m = 2n, \quad n = 1, 2, 3, \cdots$$

因此

$$\varphi(r, \phi) = \sum_{n=1}^{\infty} r^{2n} B_n \sin 2n\phi$$

根据边界条件，$\varphi\big|_{r=a} = U_0$ 得

$$\varphi(a, \phi) = \sum_{n=1}^{\infty} a^{2n} B_n \sin 2n\phi = U_0$$

解得

$$B_n = \frac{4U_0}{n\pi a^{2n}}, \quad n \text{ 为奇数}$$

所以

$$\varphi(r, \phi) = \sum_{n=1,3,5,\cdots}^{\infty} \frac{4U_0}{n\pi} \left(\frac{r}{a} \right)^{2n} \sin 2n\phi$$

【例题 4-9】 半径为 a，高为 l 的圆筒的上下底电位均为零，侧面电位为 U_0，求筒内的电位分布。

解：取圆柱坐标系。解的形式与 ϕ 无关，因此

$$\varphi(r,z)=(A\mathrm{e}^{kz}+B\mathrm{e}^{-kz})J_0(kr)$$

由于在 z 方向上有重合的电位零点，故 k 应为虚数。因此

$$\varphi(r,z)=\sum_{n=1}^{\infty}C_n\sin\left(\frac{n\pi}{l}z\right)I_0\left(\frac{n\pi}{l}r\right)$$

当 $r=a$ 时，

$$\varphi(a,z)=\sum_{n=1}^{\infty}C_n\sin\left(\frac{n\pi}{l}z\right)I_0\left(\frac{n\pi}{l}a\right)=U_0$$

故

$$C_n=\frac{4U_0}{n\pi I_0\left(\frac{n\pi}{l}a\right)},\quad n=1,3,5,\cdots$$

所以

$$\varphi(r,z)=\sum_{n=1,3,5,\cdots}^{\infty}\frac{4U_0}{n\pi I_0\left(\frac{n\pi}{l}a\right)}\sin\left(\frac{n\pi}{l}z\right)I_0\left(\frac{n\pi}{l}r\right),\quad n=1,3,5,\cdots$$

【例题 4-10】 设两种各向同性的线性电介质各占半个空间，其分界面为无限大，介电常数分别为 ε_1 和 ε_2。现在分界面两侧分别对称放置点电荷 q_1 和 q_2，其间距离为 $2d$，如图 4-8 所示。试求点电荷 q_1 所受的力。

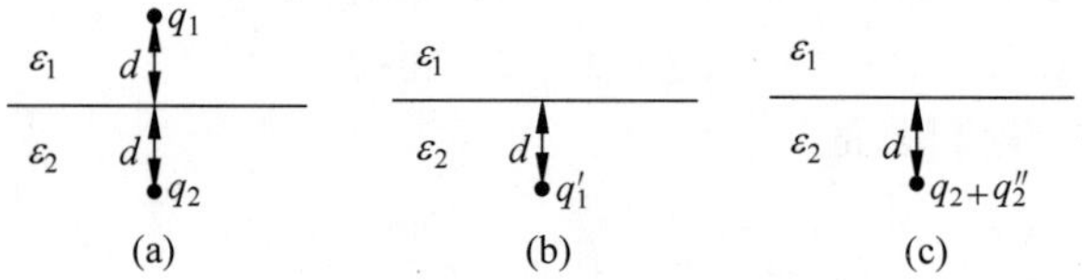

图 4-8 例题 4-10 图

解：由于在介质分界面上存在极化电荷，故 q_1 所受的力为 q_2 及 q_1 与 q_2 所产生的极化电荷等引起。根据镜像法，将下半空间视为镜像空间，则两镜像电荷分别如图 4-8(b)、(c) 所示。

$$q_1'=\frac{\varepsilon_1-\varepsilon_2}{\varepsilon_1+\varepsilon_2}q_1,\quad q_2''=\frac{\varepsilon_1-\varepsilon_2}{\varepsilon_1+\varepsilon_2}q_2$$

因此，根据库仑定律，q_1 所受的力为

$$f=\frac{q_1}{4\pi\varepsilon_1(2d)^2}(q_1'+q_2''+q_2)=\frac{q_1}{16\pi\varepsilon_1 d^2}\left(\frac{\varepsilon_1-\varepsilon_2}{\varepsilon_1+\varepsilon_2}q_1+\frac{2\varepsilon_1}{\varepsilon_1+\varepsilon_2}q_2\right)$$

【例题 4-11】 一半径为 R 的导体球上带有电量为 Q 的电荷，在距离球心 $D(D>R)$ 处有一点电荷 q，如图 4-9 所示。求：

(1) 导体球外空间的电位分布；

(2) 导体球对点电荷 q 的力。

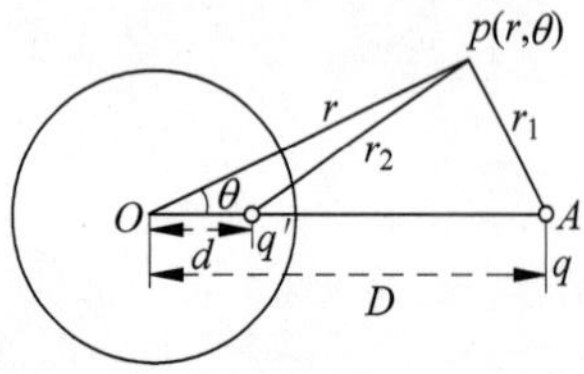

图 4-9 例题 4-11 图

解：(1) 导体电位不为零，球外任一点 P(到球心 O 距离为 r)的电位 φ 可分解为一个电位为 V 的导体产生的电位 φ_1，以及电位为零的导体的感应电荷 q' 与点电荷 q 共同产生的电

位 φ_2。$\varphi=\varphi_1+\varphi_2$。$q'$与可用镜像电荷代替，电位 φ_1 由放在球心的 $-q'$与 Q 产生。

利用球面镜像得

$$q'=-\frac{R}{D}q,\quad d=\frac{R^2}{D}$$

$$\varphi_1=\frac{Q-q'}{4\pi\varepsilon_0 r},\quad \varphi_2=\frac{q}{4\pi\varepsilon_0 r_1}+\frac{q'}{4\pi\varepsilon_0 r_2}$$

$$\varphi=\frac{Q-q'}{4\pi\varepsilon_0 r}+\frac{q}{4\pi\varepsilon_0 r_1}+\frac{q'}{4\pi\varepsilon_0 r_2}$$

因此，导体球外任一点的电位为

$$\varphi=\frac{1}{4\pi\varepsilon_0}\left[\frac{DQ+Rq}{Dr}-\frac{qR}{D\left(r^2+\frac{R^4}{D^2}-2r\frac{R^2}{D}\cos\theta\right)^{1/2}}+\frac{q}{(r^2+D^2-2rD\cos\theta)^{1/2}}\right]$$

导体球的电位为

$$\varphi_0=\frac{DQ+Rq}{4\pi\varepsilon_0 RD}$$

(2) 点电荷 q 所受到的力为 $Q-q'$和 q'对点电荷 q 的力，即

$$f=\frac{q}{4\pi\varepsilon_0}\left[\frac{Q-q'}{D^2}+\frac{q'}{(D-d)^2}\right]=\frac{q}{4\pi\varepsilon_0 D^2}\left[Q+\frac{R^3q(R^2-2D^2)}{D(D^2-R^2)^2}\right]$$

方向为电荷连线方向向外。

【例题 4-12】 一对无限长的平行导电圆柱体，间距为 D，半径分别为 a_1、a_2，所带电荷密度分别为 ρ_l、$-\rho_l$，如图 4-10 所示。试求：

(1) 电位分布；

(2) 两平行导体圆柱间单位长度的电容。

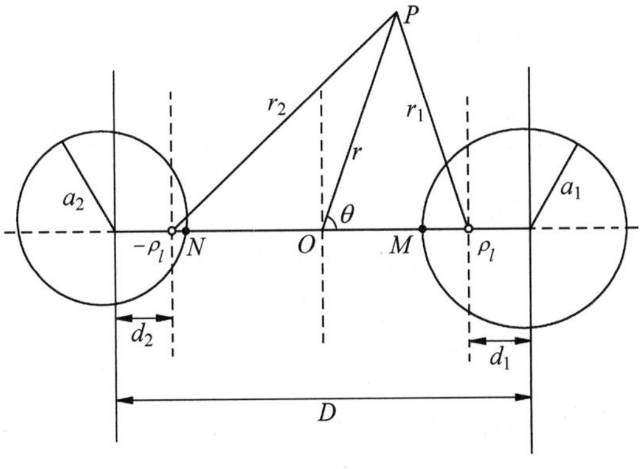

图 4-10 例题 4-12 图

解：(1) 设两平行导体圆柱所带的电荷密度分别为 ρ_l、$-\rho_l$。虽然两导体圆柱的几何轴线不关于 O 点对称，但是它们的电轴关于 O 点对称。设各电轴到其几何轴线的距离分别为 d_1、d_2，则根据柱面镜像法确定的电轴位置为

$$d_1=\frac{a_1^2}{D-d_2},\quad d_2=\frac{a_2^2}{D-d_1}$$

由此求得

$$d_1=\frac{a_1^2-a_2^2+D^2-N^2}{2D},\quad d_2=\frac{a_2^2-a_1^2+D^2-N^2}{2D}$$

其中，$N^2=\sqrt{a_1^2-a_2^2+D^2-4a_1^2D}$。

则空间任一点的电位为

$$\varphi=\frac{\rho_l}{2\pi\varepsilon_0}\ln\frac{r_2}{r_1}$$

其中

$$r_1=\sqrt{r^2+\left(\frac{D-d_1-d_2}{2}\right)^2-r(D-d_1-d_2)\cos\theta}$$

$$r_2=\sqrt{r^2+\left(\frac{D-d_1-d_2}{2}\right)^2+r(D-d_1-d_2)\cos\theta}$$

(2) 由于两电轴在 M、N 点产生的电位分别为

$$\varphi_M=\frac{\rho_l}{2\pi\varepsilon_0}\ln\frac{D-a_1-d_2}{a_1-d_1},\quad \varphi_N=\frac{\rho_l}{2\pi\varepsilon_0}\ln\frac{a_2-d_2}{D-a_2-d_1}$$

因此，两平行导体圆柱间单位长度的电容为

$$C=\frac{\rho_l}{\varphi_M-\varphi_N}=\frac{2\pi\varepsilon_0}{\ln\dfrac{(D-a_1-d_2)(D-a_2-d_1)}{(a_1-d_1)(a_2-d_2)}}$$

【例题 4-13】 设大地上方带有正电荷的雷云与地面之间形成均匀电场 E_0。

(1) 试求距离大地 $h_1=8\text{m}$ 处 A 点的电位，如图 4-11(a)所示；

(2) 若在 A 点上方放置有与地面平行的接地钢索，其半径为 $a=0.5\text{cm}$，距离地面高度 $h_2=10\text{m}$。试再求 A 点的电位，如图 4-11(b)所示。

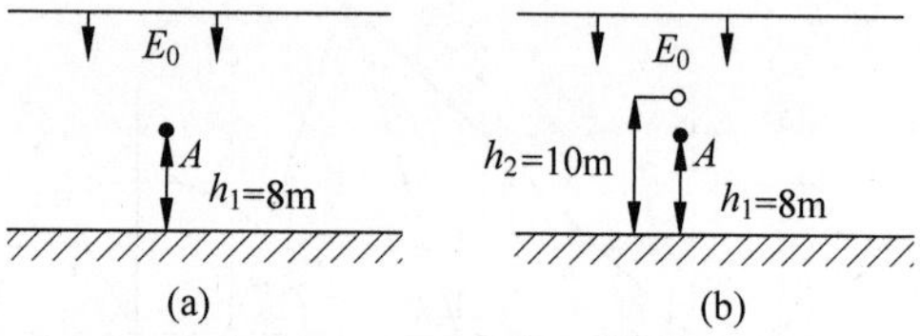

图 4-11　例题 4-13 图

解：(1) 在匀强电场中，A 点的电位为

$$\varphi_A=h_1E_0=8E_0$$

(2) 设钢索上的感应电荷密度集中在其轴线上，为 $-\rho$，考虑大地的影响，应用镜像法，镜像电荷的线密度为 ρ，在大地下方 h_2 处。则在钢索表面引起的电位为

$$\varphi_0=\frac{\rho}{2\pi\varepsilon_0}\ln\frac{a}{2h_2}$$

由于电场 E_0 在钢索处的电位为 $10E_0$，并且钢索接地，因此

$$\frac{\rho}{2\pi\varepsilon_0}\ln\frac{a}{2h_2}+10E_0=0$$

所以

$$\rho=\frac{2\pi\varepsilon_0\times 10E_0}{\ln\frac{a}{2h_2}}$$

因此，此时 A 点的电位为

$$\varphi=8E_0+\frac{\rho}{2\pi\varepsilon_0}\ln\frac{h_2-h_1}{h_2+h_1}=8E_0-\frac{10E_0}{\ln\frac{a}{2h_2}}\ln\frac{h_2-h_1}{h_2+h_1}=5.35E_0$$

【例题 4-14】 已知点电荷 q 位于介质 ε_1 与 ε_2 分界面上方距离 b 处，左边为一块很大的垂直导体壁，q 距离壁面为 a，并且 $a=\sqrt{3}b$。如图 4-12(a)所示，试求点电荷 q 所受到的力。

解：根据镜像法，所得的 3 个镜像电荷如图 4-12(b)所示。

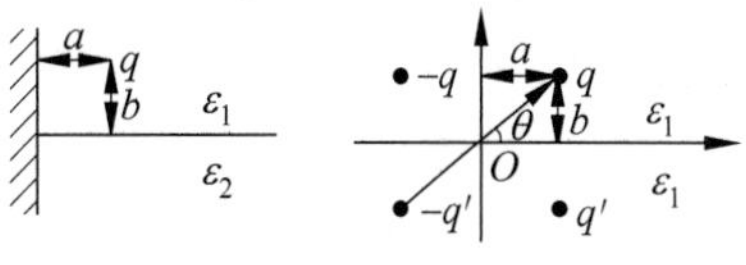

(a)　(b)

图 4-12　例题 4-14 图

$$q'=\frac{\varepsilon_1-\varepsilon_2}{\varepsilon_1+\varepsilon_2}q$$

因此，点电荷 q 所受到的力为

$$\boldsymbol{F}=-\frac{q^2}{4\pi\varepsilon_1(2a)^2}\boldsymbol{e}_x+\frac{qq'}{4\pi\varepsilon_1(2b)^2}\boldsymbol{e}_y-\frac{qq'}{4\pi\varepsilon_1(2\sqrt{a^2+b^2})^2}(\cos\theta\boldsymbol{e}_x+\sin\theta\boldsymbol{e}_y)$$

$$=\frac{q}{16\pi\varepsilon_1 b^2}\left[-\left(\frac{q}{3}+\frac{\sqrt{3}q'}{8}\right)\boldsymbol{e}_x+\frac{7q'}{8}\boldsymbol{e}_y\right]$$

【例题 4-15】 一半径为 a 的接地导体球壳，其内部一半充满电介质，如图 4-13(a)所示。在对称轴上离电介质平面 $a/3$ 处，点电荷 q 不受力的作用。试求电介质的相对介电常数。

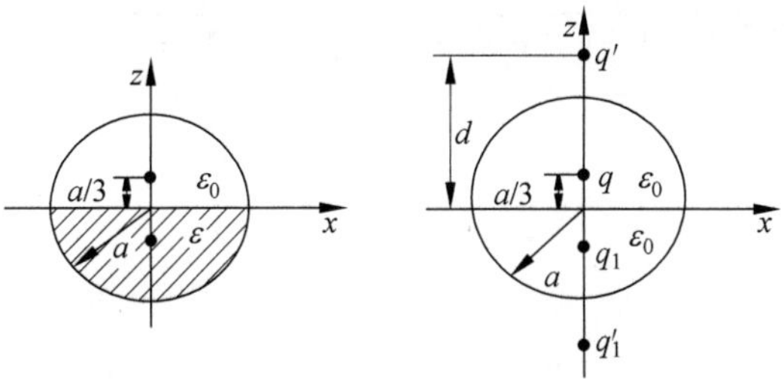

(a)　(b)

图 4-13　例题 4-15 图

解：如图 4-13(b)所示，设置镜像电荷 q'、q_1、q_1'，这些电荷及其位置分别为

$$d=\frac{a^2}{a/3}=3a$$

$$q'=-\frac{d}{a}q=-3q$$

$$q_1=\frac{\varepsilon_0-\varepsilon_2}{\varepsilon_0+\varepsilon_2}q=\frac{1-\varepsilon_r}{1+\varepsilon_r}q$$

$$q_1'=-\frac{d}{a}q_1=-\frac{1-\varepsilon_r}{1+\varepsilon_r}3q$$

q_1、q_1'的位置分别与 q、q'的位置关于分界面对称。

由于 q 所受到的力为零,即

$$\frac{q}{4\pi\varepsilon_0}\left[\frac{q_1}{(2a/3)^2}-\frac{q'}{(3a-a/3)^2}+\frac{q'_1}{(3a+a/3)^2}\right]=0$$

将 q'、q_1、q_1'代入上式,解得

$$\varepsilon_r=1.54$$

【例题 4-16】 在如图 4-14 所示的无限大接地导体上,有一内外半径分别为 a 和 b 的球壳,在球壳内外位于垂直于水平面的对称轴上(过球心)有点电荷 q_2 和 q_1,求球壳内外空间的电位。

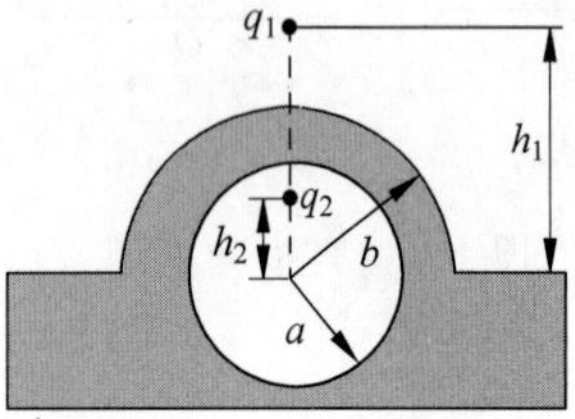

图 4-14 例题 4-16 图

解:利用镜像法。由于导体接地,因此导体内的电荷对外面没有影响。对于上半空间,球面镜像电荷为

$$q'_1=-\frac{b}{h_1}q_1,\quad d_1=\frac{b^2}{h_1}$$

q_1'关于平面的镜像电荷为 $q_1''=-q_1'$,与 q_1'关于平面对称。

q_1''关于球面的镜像电荷为 $q'''_1=-q_1$,q'''_1的位置与 q_1 关于平面对称。

因此,上半空间的电位为

$$\varphi=\frac{1}{4\pi\varepsilon_0}\left(\frac{q_1}{r_1}+\frac{q'_1}{r_2}+\frac{q''_1}{r_3}+\frac{q'''_1}{r_4}\right)=\frac{1}{4\pi\varepsilon_0}\left(\frac{q_1}{r_1}-\frac{bq_1}{r_2h_1}+\frac{bq_1}{r_3h_1}-\frac{q_1}{r_4}\right)$$

其中

$$r_1=\sqrt{x^2+y^2+(z-h_1)^2}\quad r_2=\sqrt{x^2+y^2+(z-d_1)^2}$$

$$r_3=\sqrt{x^2+y^2+(z+d_1)^2}\quad r_4=\sqrt{x^2+y^2+(z+h_1)^2}$$

球内镜像电荷为

$$q'_2=-\frac{a}{h_2}q_2,\quad d_2=\frac{a^2}{h_2}$$

球内电位为

$$\varphi=\frac{1}{4\pi\varepsilon_0}\left(\frac{q_2}{r_5}+\frac{q'_2}{r_6}\right)=\frac{1}{4\pi\varepsilon_0}\left(\frac{q_2}{r_5}-\frac{aq_2}{r_6h_2}\right)$$

其中,$r_5=\sqrt{x^2+y^2+(z-h_2)^2}$,$r_6=\sqrt{x^2+y^2+(z-d_2)^2}$。

【例题 4-17】 在一半径为 a 的接地导体球外有一段电荷密度为 ρ_l 的均匀带电线段。已知带电线段沿 z 轴放置,如图 4-15 所示,其近端与导体球心的距离为 b,长度为 l。试求:

(1) 镜像电荷的量值;

(2) 球外任一点 P 的电位表达式;

(3) 带电线段所受的电场力。

解:(1) 选取球坐标如图 4-15(b)所示。在线段上取元电荷 dq,距离球心为 z,$dq=\rho_l dz$,则根据球面镜像法,dq 的镜像电荷为

$$dq'=-\frac{a}{z}dq=-\frac{a}{z}\rho_l dz$$

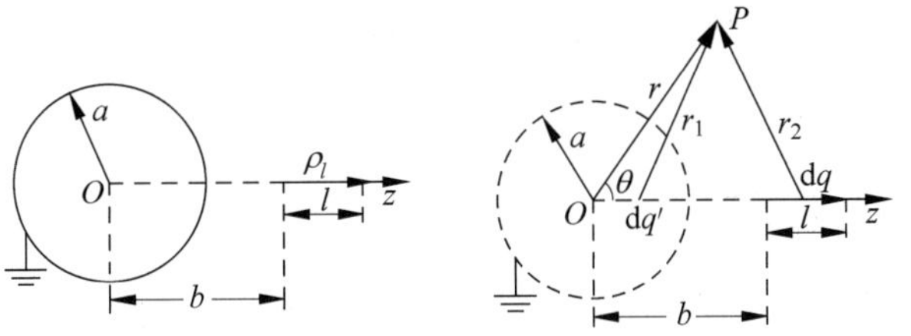

图 4-15　例题 4-17 图

因此,总镜像电荷为

$$q' = \int_b^{b+l} -\frac{a}{z}\rho_l \, \mathrm{d}z = -a\rho_l \ln\frac{b+l}{b}$$

(2) 镜像电荷 $\mathrm{d}q'$ 距离球心的位置为

$$d = \frac{a^2}{z}$$

故在球坐标系下,$\mathrm{d}q$ 和 $\mathrm{d}q'$ 在点 P 产生的电位为

$$\mathrm{d}\varphi = \frac{\rho_l \, \mathrm{d}z}{4\pi\varepsilon_0 r_1} - \frac{\rho_l \, \mathrm{d}z}{4\pi\varepsilon_0 r_2}\,\frac{a}{z}$$

其中,$r_1 = \sqrt{r^2 + z^2 - 2rz\cos\theta}$,$r_2 = \sqrt{r^2 + \left(\frac{a^2}{z}\right)^2 - 2r\frac{a^2}{z}\cos\theta}$,于是点 P 的电位表达式为

$$\begin{aligned}
\varphi &= \int_b^{b+l} \frac{\rho_l \, \mathrm{d}z}{4\pi\varepsilon_0 r_1} - \int_b^{b+l} \frac{a}{z}\,\frac{\rho_l \, \mathrm{d}z}{4\pi\varepsilon_0 r_2} \\
&= \int_b^{b+l} \frac{\rho_l \, \mathrm{d}z}{4\pi\varepsilon_0 \sqrt{r^2 + z^2 - 2rz\cos\theta}} - \int_b^{b+l} \frac{a}{z}\,\frac{\rho_l \, \mathrm{d}z}{4\pi\varepsilon_0 \sqrt{r^2 + \left(\frac{a^2}{z}\right)^2 - 2r\frac{a^2}{z}\cos\theta}} \\
&= \frac{\rho_l}{4\pi\varepsilon_0}\ln\frac{\sqrt{(b+l-r\cos\theta)^2 + (r\sin\theta)^2} + (b+l-r\cos\theta)}{\sqrt{(b-r\cos\theta)^2 + (r\sin\theta)^2} + (b-r\cos\theta)} - \\
&\quad \frac{a\rho_l}{4\pi\varepsilon_0 r}\ln\frac{\sqrt{(br+lr-a^2\cos\theta)^2 + (a^2\sin\theta)^2} + (rb+lr-a^2\cos\theta)}{\sqrt{(br-a^2\cos\theta)^2 + (a^2\sin\theta)^2} + (br-a^2\cos\theta)}
\end{aligned}$$

(3) 由于 $\mathrm{d}q'$ 对 $\mathrm{d}q$ 的作用力为

$$\mathrm{d}F = -\frac{\rho_l \, \mathrm{d}z \cdot \frac{a}{z'}\rho_l \, \mathrm{d}z'}{4\pi\varepsilon_0\left(z - \frac{a^2}{z'}\right)^2}$$

故带电线段所受的电场力的大小为

$$F = -\int_b^{b+l}\frac{\rho_l^2 a \, \mathrm{d}z}{4\pi\varepsilon_0}\int_b^{b+l}\frac{\mathrm{d}z'}{z'\left(z - \frac{a^2}{z'}\right)^2} = -\frac{\rho_l^2 a^2}{4\pi\varepsilon_0}\left[\frac{1}{b}\ln\frac{b^2 + bl - a^2}{b^2 - a^2} - \frac{1}{l+b}\ln\frac{(b+l)^2 - a^2}{b(b+l)^2 - a^2}\right]$$

方向沿 $-z$ 方向。

【例题 4-18】 一半径为 b 的中空长圆柱形导体,等分成 4 块,它们交错地保持电位 U_0 与 $-U_0$。试求:

(1) 圆筒内电位,并证明圆筒内电位又可表示成

$$\varphi(r,\phi)=\frac{4U_0}{\pi}\sum_{n=0}^{\infty}\left(\frac{r}{b}\right)^{4n+2}\frac{\sin[(4n+2)\cdot\phi]}{2n+1}$$

(2) 上式级数的和,并证明为

$$\varphi(r,\phi)=\frac{2U_0}{\pi}\arctan\left(\frac{2r^2b^2\sin2\phi}{b^4-r^4}\right)$$

解:(1) 如图 4-16 所示,由于边界面上的电位分布是 ϕ 的奇函数,所以,圆柱内的电位解可设为

$$\varphi(r,\phi)=\sum_{n=1}^{\infty}A_nr^n\sin n\phi,\quad r\leqslant a$$

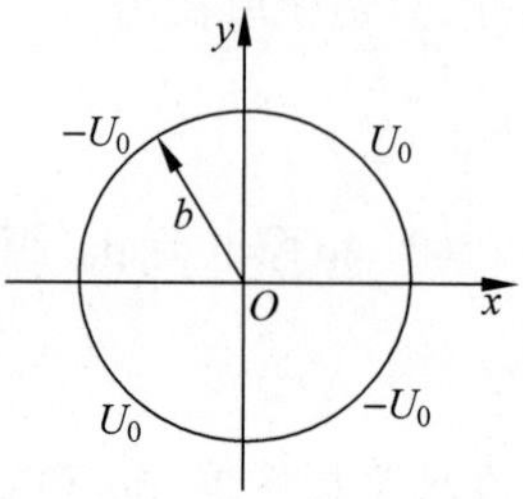

图 4-16　例题 4-18 图

在 $r=b$ 的圆柱面上

$$\sum_{n=1}^{\infty}A_nb^n\sin n\phi=\begin{cases}U_0, & 0<\phi<\dfrac{\pi}{2},\pi<\phi<\dfrac{3\pi}{2}\\ -U_0, & \dfrac{\pi}{2}<\phi<\pi,\dfrac{3\pi}{2}<\phi<2\pi\end{cases}$$

将上式两边同乘以 $\sin n\phi$,并对 ϕ 从 $0\sim2\pi$ 积分,得

$$A_n=\frac{1}{\pi b^n}\left[\int_0^{\frac{\pi}{2}}U_0\sin n\phi\,\mathrm{d}\phi+\int_{\frac{\pi}{2}}^{\pi}(-U_0)\sin n\phi\,\mathrm{d}\phi+\int_{\pi}^{\frac{3\pi}{2}}U_0\sin n\phi\,\mathrm{d}\phi+\int_{\frac{3\pi}{2}}^{2\pi}(-U_0)\sin n\phi\,\mathrm{d}\phi\right]$$

$$=\frac{2U_0}{n\pi b^n}\left(1+\cos n\pi-\cos\frac{n\pi}{2}-\cos\frac{3n\pi}{2}\right)=\begin{cases}\dfrac{8U_0}{n\pi b^n}, & n\text{ 为偶数}\\ 0, & n\text{ 为奇数}\end{cases}$$

故

$$\varphi=\sum_{n\text{为偶数}}^{\infty}r^n\frac{8U_0}{n\pi b^n}\sin n\phi$$

令 $n=4m+2$,再将 m 换回 n。则得

$$\varphi=\frac{4U_0}{\pi}\sum_{n=0}^{\infty}\left(\frac{r}{b}\right)^{4n+2}\frac{\sin(4n+2)\phi}{2n+1}$$

(2) 利用

$$\ln\frac{1+x}{1-x}=2\sum_{n=0}^{\infty}\frac{x^{2n+1}}{2n+1},\quad |x|<1$$

可得

$$\varphi(r,\phi)=\frac{4U_0}{\pi}\mathrm{Im}\left[\sum_{n=0}^{\infty}\frac{1}{2n+1}\left(\frac{r^2}{b^2}\mathrm{e}^{\mathrm{j}2\phi}\right)^{2n+1}\right]$$

$$=\frac{2U_0}{\pi}\mathrm{Im}\left[\ln\frac{1+\left(\frac{r^2}{b^2}\mathrm{e}^{\mathrm{j}2\phi}\right)}{1-\left(\frac{r^2}{b^2}\mathrm{e}^{\mathrm{j}2\phi}\right)}\right]$$

$$=\frac{2U_0}{\pi}\mathrm{Im}\left[\ln\frac{1-\dfrac{r^4}{b^4}+\mathrm{j}\dfrac{2r^2}{b^2}\sin 2\phi}{1+\dfrac{r^4}{b^4}-\dfrac{2r^2}{b^2}\cos 2\phi}\right]$$

$$=\frac{2U_0}{\pi}\arctan\left(\frac{2r^2b^2\sin 2\phi}{b^4-r^4}\right)$$

4.3　主教材习题解答

【4-1】 同轴线的内外导体半径分别为 a、b，并沿轴线方向无限伸长。设外导体接地，内导体电位为 U_0，求同轴线间的电位分布及电场分布。

解：这是一个轴对称的边值问题。因此，选择圆柱坐标。由于同轴线甚长，则电位 φ 与 z 坐标无关。又由于轴对称性，则电位 φ 与 ϕ 坐标无关。结果，电位 φ 仅为一维空间 r 的函数，于是拉普拉斯方程变为

$$\nabla^2=\frac{1}{r}\frac{\mathrm{d}}{\mathrm{d}r}\left(r\frac{\mathrm{d}\varphi}{\mathrm{d}r}\right)=0$$

将此式积分两次，得

$$\varphi=C_1\ln r+C_2$$

式中，C_1、C_2 为待定的积分常数。

利用所给定的两个边界条件，确定 C_1、C_2。两个边界条件为 $r=a$，$\varphi=U_0$，以及 $r=b$，$\varphi=0$。把这两个边界条件代入上式，得

$$C_1=U_0/\ln(a/b)$$

$$C_2=-U_0\ln b/\ln(a/b)$$

将 C_1、C_2 代回上式，得同轴线间的电位函数为

$$\varphi=\frac{U_0}{\ln(a/b)}\ln\frac{r}{b}$$

则同轴线间的电场强度

$$\boldsymbol{E}=-\nabla\varphi=-\boldsymbol{e}_r\frac{\partial\varphi}{\partial r}=\boldsymbol{e}_r\frac{-U_0}{r\ln(a/b)}$$

【4-2】 如图 4-17 所示的导体槽沿 y、z 方向无限长，底面电位保持为 U_0，其余两面电位为零，求其槽内电位。

解：由题意可知，电位函数满足的边界条件为

$$\begin{cases}x=0, & \varphi=0\\ x=a, & \varphi=0\\ y=0, & \varphi=U_0\\ y=\infty, & \varphi=0\end{cases}$$

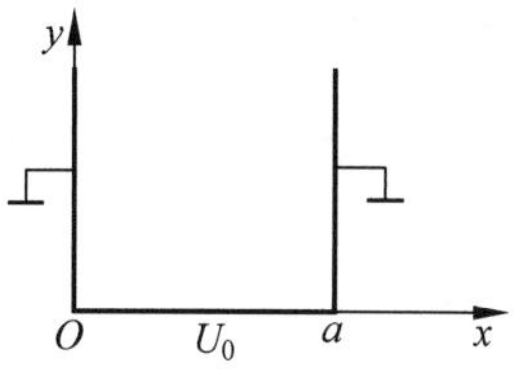

图 4-17　习题 4-2 图

所以设其通解为

$$\varphi=\sum_{n=1}^{\infty}A_n\sin\left(\frac{n\pi}{a}x\right)\mathrm{e}^{-\frac{n\pi}{a}y}$$

由边界条件可得

$$U_0=\sum_{n=1}^{\infty}\boldsymbol{A}_n\sin\left(\frac{n\pi}{a}x\right)$$

所以

$$\boldsymbol{A}_n=\frac{2}{a}\int_0^a U_0\sin\left(\frac{n\pi}{a}x\right)\mathrm{d}x=\frac{2U_0}{n\pi}(1-\cos(n\pi))=\begin{cases}\dfrac{4U_0}{n\pi}, & n\text{ 为奇数}\\ 0, & n\text{ 为偶数}\end{cases}$$

最后求出

$$\varphi=\frac{4U_0}{\pi}\sum_{n=1,3,5}^{\infty}\frac{1}{n}\sin\left(\frac{n\pi}{a}x\right)\mathrm{e}^{-\frac{n\pi}{a}y}$$

【4-3】 导体槽沿 y、z 方向无限延伸,其截面及边界上的电位如图 4-18 所示,一面电位保持为 U_0,其余两面电位为零。试求:(1)槽内电位;(2)导体板上的面电荷密度。

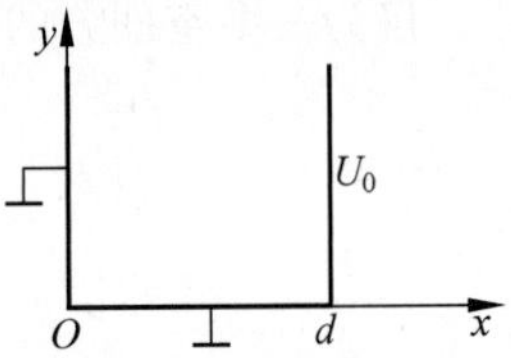

图 4-18 习题 4-3 图

解:将原电位分解为两部分 $\varphi=\varphi_1+\varphi_2$。视 φ_1 仅为加有电压 U_0 的平行板,则

$$\varphi_1=\frac{U_0}{d}x$$

φ_2 两板上的电位都为零。下面是求解拉普拉斯方程的过程。

(1) 求 φ_2 拉普拉斯方程的解。

φ_2 的边界

$$\begin{cases}x=0, & \varphi_2=0\\ x=d, & \varphi_2=0\end{cases}$$

且

$$y\to\infty,\quad \varphi_2=0$$

$$\varphi_2\big|_{y=0}=-\frac{U_0}{d}x$$

利用一类齐次边界:

$$\begin{cases}x=0, & \varphi_2=0\\ x=d, & \varphi_2=0\end{cases},\quad X(x)=\sin\frac{n\pi}{d}x$$

又

$$y\to\infty,\quad \varphi_2=0$$

所以

$$Y(y)=\mathrm{e}^{-\frac{n\pi}{d}y}$$

其通解为

$$\varphi_2=\sum_{n=1}^{\infty}A_n\sin\frac{n\pi}{d}x\cdot\mathrm{e}^{-\frac{n\pi}{d}y}$$

得

$$\varphi_2\big|_{y=0}=\sum_{n=1}^{\infty}A_n\sin\frac{n\pi}{d}x=-\frac{U_0}{d}x$$

$$A_n=\frac{2}{d}\int_0^d-\frac{U_0}{d}x\sin\frac{n\pi}{d}x\,\mathrm{d}x=(-1)^n\frac{2U_0}{n\pi}$$

所求总电位为

$$\varphi=\frac{2U_0}{\pi}\sum_{n=1}^{\infty}\frac{(-1)^n}{n}\sin\left(\frac{n\pi}{d}x\right)\exp\left(-\frac{n\pi}{d}y\right)+\frac{U_0}{d}x$$

(2) 面电荷密度由 $\rho_s=\varepsilon_0\boldsymbol{e}_n\cdot\boldsymbol{E}$ 计算。

左侧导体板：

$$x=0,\boldsymbol{e}_n=\boldsymbol{e}_x$$

$$\rho_s=\varepsilon_0\boldsymbol{e}_n\cdot\boldsymbol{E}=-\varepsilon_0\frac{\partial\varphi}{\partial x}\bigg|_{x=0}=-\varepsilon_0\left[\frac{2U_0}{d}\sum_{n=1}^{\infty}(-1)^n\exp\left(-\frac{n\pi}{d}y\right)+\frac{U_0}{d}\right]$$

右侧导体板：

$$x=d,\boldsymbol{e}_n=-\boldsymbol{e}_x$$

$$\rho_s=\varepsilon_0\boldsymbol{e}_n\cdot\boldsymbol{E}=\varepsilon_0\frac{\partial\varphi}{\partial x}\bigg|_{x=d}=\varepsilon_0\left[\frac{2U_0}{d}\sum_{n=1}^{\infty}\exp\left(-\frac{n\pi}{d}y\right)+\frac{U_0}{d}\right]$$

底部导体板：

$$y=0,\boldsymbol{e}_n=\boldsymbol{e}_y$$

$$\rho_s=\varepsilon_0\boldsymbol{e}_n\cdot\boldsymbol{E}=-\varepsilon_0\frac{\partial\varphi}{\partial y}\bigg|_{y=0}=\varepsilon_0\frac{2U_0}{d}\left[\sum_{n=1}^{\infty}(-1)^n\sin\frac{n\pi}{d}x\right]$$

【4-4】 有一截面为矩形($a\times b$)的无限长金属槽，其三面接地，另一面与其他三面绝缘且保持电位为 $V=U_0\sin\left(\frac{\pi}{a}x\right)$，如图4-19所示。求槽内电位的分布。

解： 根据题意，可知边界条件为

$$V|_{x=0}=0 \tag{4-18}$$

$$V|_{x=a}=0 \tag{4-19}$$

$$V|_{y=0}=0 \tag{4-20}$$

$$V|_{y=b}=U_0\sin\left(\frac{\pi}{a}x\right) \tag{4-21}$$

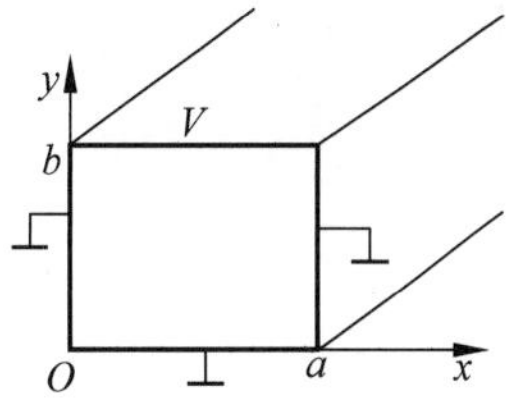

图4-19　习题4-4图

所以可以取 $X(x)$ 为三角函数形式，$Y(y)$ 为双曲函数形式，两个分离常数分别写作

$$-k_x^2=k_y^2=k^2$$

于是

$$U=\sum_n(A_{1n}\sin k_nx+A_{2n}\cos k_nx)(B_{1n}\mathrm{sh}k_ny+B_{2n}\mathrm{ch}k_ny) \tag{4-22}$$

将边界条件式(4-18)代入式(4-22)，得

$$0=\sum_nA_{2n}(B_{1n}\mathrm{sh}k_ny+B_{2n}\mathrm{ch}k_ny)$$

若对于任意 y 此式都成立，则有

$$A_{2n}=0$$

将边界条件式(4-19)代入式(4-22)，得

$$0=\sum_nA_{1n}\sin k_na(B_{1n}\mathrm{sh}k_ny+B_{2n}\mathrm{ch}k_ny)$$

若对于任意 y 此式都成立，则有

$$k_n=\frac{n\pi}{a}$$

再利用边界条件式(4-20)，得

$$0=\sum_n A_{1n}\sin k_n x B_{2n}$$

若对于任意 x 此式都成立，则有

$$B_{2n}=0$$

所以，满足边界条件式(4-18)、式(4-19)、式(4-20)的解为

$$U(x,y)=\sum_n A_{1n}\sin k_n x B_{1n}\operatorname{sh} k_n y=\sum_n C_n\sin k_n x\operatorname{sh} k_n y$$

式中

$$C_n=A_{1n}B_{1n}$$

将 $k_n=\frac{n\pi}{a}$ 代入上式，可得

$$U(x,y)=\sum_n C_n\sin\frac{n\pi}{a}x\operatorname{sh}\frac{n\pi}{a}y$$

再将边界条件式(4-21)代入上式，得

$$U_0\sin\left(\frac{\pi}{a}x\right)=\sum_n C_n\sin\frac{n\pi}{a}x\operatorname{sh}\frac{n\pi}{a}b$$

对比左右两边 $\sin\frac{n\pi}{a}x$ 的系数，得

$$C_1=\frac{U_0}{\operatorname{sh}\frac{\pi b}{a}}$$

$$C_n=0,\quad n=2,3,4,\cdots$$

因此

$$U(x,y)=\frac{U_0}{\operatorname{sh}\frac{\pi b}{a}}\sin\frac{\pi}{a}x\operatorname{sh}\frac{\pi}{a}y$$

【4-5】 一对无限大接地金属平行导体板，板间有一与 z 轴平行的线电荷，位置为 $(0,d)$，如图 4-20 所示。求板间电位。

解：设其解为

$$\varphi_1=\sum_{n=1}^{\infty}A_n\sin\frac{n\pi}{a}y\mathrm{e}^{-\frac{n\pi}{a}x},\quad 0<x<\infty$$

$$\varphi_2=\sum_{n=1}^{\infty}B_n\sin\frac{n\pi}{a}y\mathrm{e}^{\frac{n\pi}{a}x},\quad -\infty<x<0$$

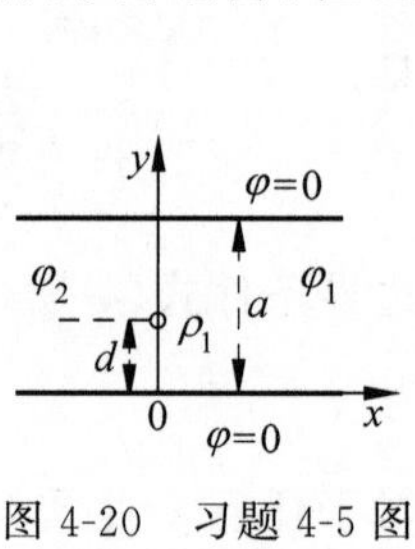

图 4-20　习题 4-5 图

式中，系数 A_n、B_n 由边界条件确定。

在 $x=0$ 时，$\varphi_1=\varphi_2$

$$-\frac{\partial\varphi_1}{\partial x}+\frac{\partial\varphi_2}{\partial x}=\frac{\rho_s}{\varepsilon_0}$$

可以将线电荷写成

$$\rho_s(y)=\rho_l\delta(y-d)$$

其中，一维 δ 函数 $\delta(y-d)$ 由下式定义：

$$\int_0^a \delta(y-d)\,\mathrm{d}y=1$$

$$\int_0^a f(y)\delta(y-d)\,\mathrm{d}y=f(d),\quad 0<d<a$$

由边界条件的两个表达式可确定 $A_n=B_n$，同时可写出

$$\frac{\rho_l}{\varepsilon_0}\delta(y-d)=\left(-\frac{\partial\varphi_1}{\partial x}+\frac{\partial\varphi_2}{\partial x}\right)\bigg|_{x=0}=\sum_{n=1}^{\infty}A_n\frac{2\pi n}{a}\sin\frac{n\pi}{a}y$$

上式两端同乘以 $\sin\frac{n\pi}{a}y$，并从 $0\sim a$ 积分，有

$$A_n=\frac{\rho_l}{\varepsilon_0\pi n}\sin\frac{n\pi d}{a}$$

故

$$\varphi_1=\frac{\rho_l}{\varepsilon_0\pi}\sum_{n=1}^{\infty}\frac{1}{n}\sin\frac{n\pi d}{a}\sin\frac{n\pi}{a}y\,\mathrm{e}^{-\frac{n\pi}{a}x},\quad 0<x<\infty$$

$$\varphi_2=\frac{\rho_l}{\varepsilon_0\pi}\sum_{n=1}^{\infty}\frac{1}{n}\sin\frac{n\pi d}{a}\sin\frac{n\pi}{a}y\,\mathrm{e}^{\frac{n\pi}{a}x},\quad -\infty<x<0$$

【4-6】 无限长的同心导体柱，内外半径分别为 a、b，若在内外导体之间加 100V 的电压（外导体接地）。(1)证明 $U_1=A/r+B$ 和 $U_2=C\ln r+D$ 均可满足边界条件，其中 A、B、C、D 为待定常数；(2)U_1 和 U_2 是否为该问题的正确解？

(1) **证明**：根据题意有

$$U|_{r=a}=100 \tag{4-23}$$

$$U|_{r=b}=0 \tag{4-24}$$

将式(4-23)、式(4-24)代入 U_1 中，得

$$\begin{cases}100=\dfrac{A}{a}+B\\[2mm] 0=\dfrac{A}{a}+B\end{cases}\Rightarrow\begin{cases}A=\dfrac{100ab}{b-a}\\[2mm] B=-\dfrac{100a}{b-a}\end{cases}$$

将式(4-23)、式(4-24)代入 U_2 中，得

$$\begin{cases}100=C\ln a+D\\ 0=C\ln b+D\end{cases}\Rightarrow\begin{cases}C=\dfrac{100}{\ln(a/b)}\\[2mm] D=-\dfrac{100\ln b}{b\ln(a/b)}\end{cases}$$

所以 U_1、U_2 表达式中的待定常数都有意义，U_1、U_2 满足边界条件。

(2) **解**：若要求得正确解，还需要考虑 U_1、U_2 在所求区域内是否满足拉普拉斯方程。

取极坐标系，则

$$\nabla^2U_1=\frac{1}{r}\left\{\frac{\partial}{\partial r}\left[r\frac{\partial}{\partial r}\left(\frac{A}{r}+B\right)\right]\right\}+\frac{\partial}{\partial\theta}\left[\frac{1}{r}\frac{\partial}{\partial\theta}\left(\frac{A}{r}+B\right)\right]$$

$$=\frac{1}{r}\left[\frac{\partial}{\partial r}\left(-\frac{A}{r}\right)\right]=\frac{A}{r^3}\neq 0$$

$$\nabla^2 U_2=\frac{1}{r}\left\{\frac{\partial}{\partial r}\left[r\frac{\partial}{\partial r}(C\ln r+D)\right]+\frac{\partial}{\partial \theta}\left[\frac{1}{r}\frac{\partial}{\partial \theta}(C\ln r+D)\right]\right\}$$

$$=\frac{1}{r}\left[\frac{\partial}{\partial r}\left(r\frac{C}{r}\right)\right]=\frac{1}{r}\left[\frac{\partial}{\partial r}C\right]=0$$

所以 U_2 是此问题的正确电位解。

【4-7】 一个半圆环区域的内、外半径为 a、b，边界条件如图 4-21 所示。求半圆环区域内的电位分布。

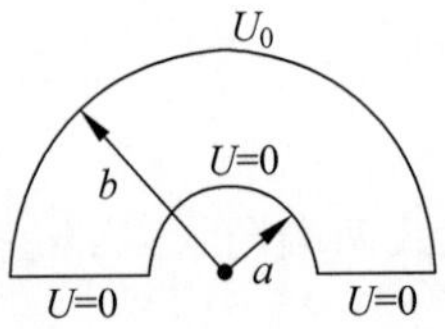

图 4-21 习题 4-7 图

解：以圆心为原点建立极坐标系，根据 ϕ 的周期性，可知分离常数 $n^2>0$，可取

$$g_n(\phi)=A_{1n}\sin n\phi+A_{2n}\cos n\phi$$

设轴向为 z 方向，又根据$\partial U/\partial z=0$，得 $k_z^2=0$，并可将 $f_n(r)$表示为

$$f_n(r)=B_{1n}r^n+B_{2n}r^{-n}$$

所以

$$U(r,\phi)=\sum_n f_n(r)g_n(\phi)=\sum_{n=1}^{\infty}(B_{1n}r^n+B_{2n}r^{-n})(A_{1n}\sin n\phi+A_{2n}\cos n\phi) \quad (4\text{-}25)$$

将 $U|_{\phi=0}=0$ 代入式(4-25)中，得

$$0=\sum_{n=1}^{\infty}(B_{1n}r^n+B_{2n}r^{-n})A_{2n}$$

若此式对于任意 r 都成立，则

$$A_{2n}=0$$

将 $U|_{r=a}=0$ 代入式(4-25)中，得

$$0=\sum_{n=1}^{\infty}(B_{1n}a^n+B_{2n}a^{-n})A_{1n}\sin n\phi$$

若此式对于任意 ϕ 都成立，则

$$B_{2n}=a^{2n}B_{1n}$$

所以

$$U(r,\phi)=\sum_{n=1}^{\infty}(B_{1n}r^n+a^{2n}B_{1n}r^{-n})A_{1n}\sin n\phi=\sum_{n=1}^{\infty}C_n(r^n+(a^2/r)^n)\sin n\phi \quad (4\text{-}26)$$

式中

$$C_n=A_{1n}B_{1n}$$

将$U|_{r=b}=U_0$ 代入式(4-26)中，得

$$U_0=\sum_{n=1}^{\infty}C_n(b^n+(a^2/b)^n)\sin n\phi$$

两边同时乘以 $\sin m\phi$，并从 0→π 积分，得

$$\int_0^{\pi}U_0\sin m\phi\,d\phi=\sum_{n=1}^{\infty}C_n(b^n+(a^2/b)^n)\int_0^{\pi}\sin n\phi\sin m\phi\,d\phi \quad (4\text{-}27)$$

利用三角函数的正交性，可得式(4-27)结果为

$$\frac{U_0}{n}(1-\cos n\pi)=C_n(b^n+(a^2/b)^n)\frac{\pi}{2}$$

故

$$C_n=\begin{cases}\dfrac{4U_0}{n\pi}\dfrac{1}{b^n+(a^2/b)^n}, & n=1,3,5,\cdots\\ 0, & n=2,4,6,\cdots\end{cases}$$

所以

$$U(r,\phi)=\sum_{n=1,3,5,\cdots}^{\infty}\frac{4U_0}{n\pi}\left[\frac{r^n+(a^2/r)^n}{b^n+(a^2/b)^n}\right]\sin n\phi$$

【4-8】 半径为 a 的无限长圆柱面被分割成两半,其上的电位为

$$U(a,\phi)=\begin{cases}-U_0, & 0<\phi<\pi\\ U_0, & \pi<\phi<2\pi\end{cases}$$

求 $r<a$ 的电位分布。

解:因假设柱面无限长,故电位与 z 无关,柱面内电位的通解为

$$U=\sum_{n=1}^{\infty}[(A_n\sin n\phi+B_n\cos n\phi)r^n+(C_n\sin n\phi+D_n\cos n\phi)r^{-n}]$$

边界条件为

$$r=0,\quad U\text{ 为有限值}$$

$$r=a,\quad U(a,\phi)=\begin{cases}-U_0, & 0<\phi<\pi\\ U_0, & \pi<\phi<2\pi\end{cases}$$

由条件 $r=0$,U 为有限值,得

$$C_n=D_n=0$$

又由边界条件可知,U 是 ϕ 的奇函数,所以 U 表达式中不该有余弦项,即 $B_n=0$。因此

$$U=\sum_{n=1}^{\infty}A_n a^n\sin n\phi$$

其中,A_n 可由边界条件式确定:

$$U(a,\phi)=\sum_{n=1}^{\infty}A_n a^n\sin n\phi=\begin{cases}-U_0, & 0<\phi<\pi\\ U_0, & \pi<\phi<2\pi\end{cases}$$

解得

$$A_n a^n=\begin{cases}0, & n\text{ 为偶数}\\ -\dfrac{4U_0}{n\pi}, & n\text{ 为奇数}\end{cases}$$

所以

$$U=-\sum_{n=1,3,5,\cdots}^{\infty}\frac{4U_0}{n\pi}(r/a)^n\sin n\phi$$

【4-9】 在电场强度为 $\boldsymbol{e}_x E_0$ 的均匀静电场中放入一个半径为 a 的导体圆柱,柱的轴线与电场互相垂直。求圆柱外的电位函数和柱面的感应电荷密度。

解：圆柱外电位通解

$$\varphi=\sum_{n=1}^{\infty}(A_n r^n+B_n r^{-n})(C_n\sin n\phi+D_n\cos n\phi)$$

边界条件

(1) $r\to\infty$，$\varphi=-E_0x=-E_0r\cos\phi$，物理含义是无穷远处导体柱不影响原电场。

(2) 设定 $\varphi(a)=0$，导体柱为等位体，则

$$C_n=0,\quad n=1,\quad A_1=-E_0$$

因此 φ 的表达式变为

$$\varphi=(-E_0r+B_1r^{-1})\cos\phi$$

代入边界条件(2)

$$\varphi(a)=(-E_0a+B_1/a)\cos\phi=0$$

$$B_1=a^2E_0$$

圆柱外电位为

$$\varphi(r,\phi)=\left(\frac{a^2}{r}-r\right)E_0\cos\phi,\quad r\geqslant a$$

圆柱表面的感应电荷密度为

$$\rho_s=-\varepsilon_0\frac{\partial\varphi}{\partial r}\bigg|_{r=a}=2\varepsilon_0E_0\cos\phi$$

【4-10】 半径为 a 的球面上的电位为 $U_1\cos\theta$，与之同心的另一半径为 b 的球面的电位为 U_2，其中 U_1、U_2 为常量。求两球面之间区域的电位分布。

解：考虑到电位 U 与 ϕ 无关，可知拉普拉斯方程的通解为

$$U(r,\theta)=\sum_{n=0}^{\infty}(A_nr^n+B_nr^{-n-1})P_n(\cos\theta)\tag{4-28}$$

将边界条件 $U|_{r=a}=U_1\cos\theta$ 代入式(4-28)，得

$$U_1\cos\theta=\sum_{n=0}^{\infty}(A_na^n+B_na^{-n-1})P_n(\cos\theta)$$

对比两边 $P_n(\cos\theta)$ 的系数，有

$$\begin{cases}A_na^n+B_na^{-n-1}=0\\ A_1a+B_1a^{-2}=U_1\end{cases},\quad n\neq1\tag{4-29}$$

将边界条件 $U|_{r=b}=U_2$ 代入式(4-28)，得

$$U_2=\sum_{n=0}^{\infty}(A_nb^n+B_nb^{-n-1})P_n(\cos\theta)$$

对比两边 $P_n(\cos\theta)$ 的系数，有

$$\begin{cases}A_nb^n+B_nb^{-n-1}=0\\ A_0+B_0b^{-1}=U_2\end{cases},\quad n\neq0\tag{4-30}$$

式(4-29)、式(4-30)联立得一组方程组

$$\begin{cases}A_0+B_0a^{-1}=0\\ A_0+B_0b^{-1}=U_2\end{cases},\quad\begin{cases}A_1+B_1a^{-2}=U_1\\ A_1+B_1b^{-2}=0\end{cases},\quad\begin{cases}A_na^n+B_na^{-n-1}=0\\ A_nb^n+B_nb^{-n-1}=0\end{cases},\quad n>1$$

解得

$$\begin{cases}A_0=\dfrac{bU_2}{b-a}\\B_0=-\dfrac{abU_2}{b-a}\end{cases},\quad\begin{cases}A_1=-\dfrac{a^2U_1}{b^3-a^3}\\B_1=\dfrac{a^2b^3U_1}{b^3-a^3}\end{cases},\quad\begin{cases}A_n=0\\B_n=0\end{cases},\quad n>1$$

所以区域 $a\leqslant r\leqslant b$ 内的电位分布为

$$\begin{aligned}U(r,\theta)&=A_0+B_0r^{-1}+(A_1r+B_1r^{-2})\cos\theta\\&=\frac{bU_2}{b-a}-\frac{bU_2(a/r)}{b-a}+\left[-\frac{a^2U_1r}{b^3-a^3}+\frac{b^3U_1(a/r)^2}{b^3-a^3}\right]\cos\theta\\&=\frac{1-a/r}{b-a}bU_2-\frac{a^2U_1(r-b^3/r^2)}{b^3-a^3}\cos\theta\end{aligned}$$

【4-11】 在磁场强度为 $\boldsymbol{e}_zH_0$ 的均匀磁场中放入一个半径为 a 的磁介质球(相对磁导率为 μ_r)。求球内外的标量磁位和磁场强度。

解:设磁介质球的球心置于球坐标的原点。令球外的标量磁位为 φ_{m1},球内为 φ_{m2},取球心为标量磁位的参考点。磁位是二维场,与 ϕ 无关。通解为

$$\varphi=\sum_{n=0}^{\infty}(A_nr^n+B_nr^{-(n+1)})P_n(\cos\theta)$$

问题的边界条件为

$$r\to\infty,\quad \varphi_{m1}=-H_0r\cos\theta \tag{4-31}$$

$$r=a,\quad\begin{cases}\varphi_{m1}=\varphi_{m2}\\\mu_0\dfrac{\partial\varphi_{m1}}{\partial n}=\mu_r\dfrac{\partial\varphi_{m2}}{\partial n}\end{cases} \tag{4-32}$$

$$r=0,\quad \varphi_{m2}=0 \tag{4-33}$$

由边界条件式(4-31)得 φ_{m1} 的通解中

$$n=1,\quad \varphi_{m1}=(A_1r+B_1r^{-2})\cos\theta$$

且

$$A_1=-H_0,\quad \varphi_{m1}=(-H_0r+B_1r^{-2})\cos\theta \tag{4-34}$$

由边界条件式(4-33)得 φ_{m2} 的通解中没有 $r^{-(n+1)}$ 项,由边界条件式(4-32)得 φ_{m2} 的通解中

$$n=1,\quad \varphi_{m2}=C_1r\cos\theta \tag{4-35}$$

再将边界条件式(4-32)代入式(4-34)、式(4-35),得

$$C_1a=-H_0a+B_1a^{-2}$$

$$\mu_rC_1=-\mu_0H_0-2\mu_0B_1a^{-3}$$

解得

$$C_1=-\frac{3H_0}{\mu_r+2},\quad B_1=\frac{\mu_r-1}{\mu_r+2}H_0a^3$$

$$\varphi_{m1}=-H_0r\cos\theta\left(1-\frac{\mu_r-1}{\mu_r+2}(a/r)^3\right),\quad r\geqslant a$$

$$\varphi_{m2}=-H_0 r\cos\theta\left(\frac{3}{\mu_r+2}\right),\quad r\leqslant a$$

磁场强度为 $\boldsymbol{H}=-\nabla\varphi_m$ 代入式(4-34)、式(4-35)中的 φ_{m1}、φ_{m2}，得

$$\begin{aligned}\boldsymbol{H}_1&=-\nabla\varphi_{m1}=\boldsymbol{e}_r\cos\theta(H_0+2B_1r^{-3})+\boldsymbol{e}_\theta\sin\theta(-H_0+B_1r^{-3})\\&=H_0(\boldsymbol{e}_r\cos\theta-\boldsymbol{e}_\theta\sin\theta)+B_1r^{-3}(\boldsymbol{e}_r2\cos\theta+\boldsymbol{e}_\theta\sin\theta)\\&=H_0\boldsymbol{e}_z+B_1r^{-3}(\boldsymbol{e}_r2\cos\theta+\boldsymbol{e}_\theta\sin\theta)\end{aligned}$$

$$\boldsymbol{H}_2=-\nabla\varphi_{m2}=-C_1(\boldsymbol{e}_r\cos\theta-\boldsymbol{e}_\theta\sin\theta)=-C_1\boldsymbol{e}_z$$

故

$$\boldsymbol{H}=\begin{cases}\boldsymbol{e}_zH_0\dfrac{3}{\mu_r+2}, & r<a\\ H_0\boldsymbol{e}_z+\dfrac{\mu_r-1}{\mu_r+2}H_0a^3r^{-3}(\boldsymbol{e}_r2\cos\theta+\boldsymbol{e}_\theta\sin\theta), & r>a\end{cases}$$

【4-12】 试画出如图 4-22 所示的几种不同方向放置的短天线对地面的镜像。

解：结果如图 4-23 所示。

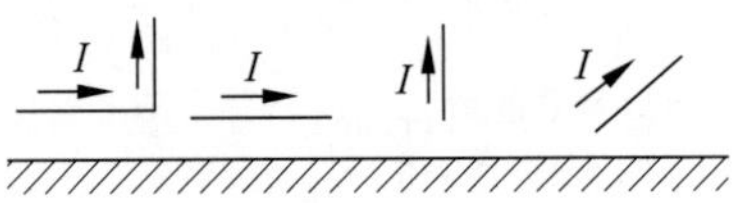

图 4-22 习题 4-12 图

图 4-23 习题 4-12 求解结果

【4-13】 一点电荷 q 与无限大接地导体平面距离为 h，如果把它移到无穷远处，需要做多少功？

解：方法一：有相互作用能的变化(点电荷的自能，运动中不变)，点电荷产生的电场对导体平面的作用能因导体电位为零而为零。导体平面上感应电荷的场对点电荷的作用能，可用其像电荷的场对点电荷的作用能代替，即

$$W_h=\frac{1}{2}q\cdot\frac{-q}{4\pi\varepsilon_0(2h)}=-\frac{q^2}{16\pi\varepsilon_0h}$$

当点电荷移到∞时，相互作用能

$$W_\infty=0$$

故

$$\Delta W=W_\infty-W_h=\frac{q^2}{16\pi\varepsilon_0h}$$

这个能量的增量就是外力做的功。

方法二：直接计算场力做功

$$W=\int qE\,\mathrm{d}r$$

这个电场应该是点电荷 q 的外场，即像电荷在上半平面的场。

$$\boldsymbol{E}=-\boldsymbol{e}_x\frac{q}{4\pi\varepsilon_0(2x)^2}$$

移动中，$\boldsymbol{E}$ 是变化的，因此

$$W=\int_h^{\infty}-\frac{qq}{4\pi\varepsilon_0(2x)^2}\mathrm{d}x=-\frac{q^2}{16\pi\varepsilon_0 h}$$

电场做负功，表明场能增加，其大小就是外力所做的功。

【4-14】 一点电荷 q 放在成 60°夹角的导体板内的 $x=1,y=1$ 点。(1)求出所有镜像电荷的位置和大小；(2)求 $x=2,y=1$ 点的电位。

解：设 q 所在点为 A，导体角板为电位参考点。根据镜像法，撤去导板 ON 后，为了使 ON 仍保持零电位，应在 A 对 ON 的对称点 $B(1,-1)$ 上设置镜像电荷 $-q$；同理，撤去 OM 后，应在 A 对 OM 的对称点 C 上设置镜像电荷 $-q$。为了使 OM 保持零电位，点 B 镜像电荷 $-q$ 应再对 OM 做镜像，即在点 E 处设 $+q$ 镜像。同理，位于点 C 的 $-q$ 和位于点 E 处的 $+q$ 也同样应对 ON 平面再做镜像，即在点 D 处设 $+q$ 及在点 F 设 $-q$。如此设置后，位于 B、C、D、E、F 的镜像电荷与位于 A 的原电荷 q 共同作用，使 ON、OM 平面仍保持零电位，则图中 $\angle MON$ 范围内的场可用一个原电荷和 5 个镜像电荷共同激发产生。

根据对称性，可得以上各点的坐标为：$A(1,1)$，$B(+1,-1)$，$C(0.366,1.366)$，$D(0.366,-1.366)$，$E(-1.366,0.366)$，$F(-1.366,-0.366)$，则点 $P(2,1)$处的电位为

$$\varphi=\frac{1}{4\pi\varepsilon_0}\sum_{i=1}^{6}\frac{q_i}{|r-r_i'|}=\frac{1}{4\pi\varepsilon_0}\sum_{i=1}^{6}\frac{q_i}{R_i}$$

其中，点 A：$q_1=q,R_1=|r-r_1'|=\sqrt{(2-1)^2+(1-1)^2}=1$

点 B：$q_2=-q,R_2=|r-r_2'|=\sqrt{(2-1)^2+(1+1)^2}=2.236$

点 C：$q_3=-q,R_3=|r-r_3'|=\sqrt{(2-0.366)^2+(1-1.366)^2}=1.674$

点 D：$q_4=-q,R_4=|r-r_4'|=\sqrt{(2-0.366)^2+(1+1.366)^2}=2.875$

点 E：$q_5=-q,R_5=|r-r_5'|=\sqrt{(2+1.366)^2+(1-0.366)^2}=3.425$

点 F：$q_6=-q,R_6=|r-r_6'|=\sqrt{(2+1.366)^2+(1+0.366)^2}=3.633$

则

$$\varphi=\frac{1}{4\pi\varepsilon_0}\left(1-\frac{1}{2.236}-\frac{1}{1.674}+\frac{1}{2.875}+\frac{1}{3.425}-\frac{1}{3.633}\right)\approx 2.88\times 10^9 q\,\mathrm{V}$$

【4-15】 在两无限大均匀介质 ε_1 和 ε_2 的分界面两边，放置两个点电荷 q_1 和 q_2，它们的连线与界面垂直，到分界面的距离分别是 h_1 和 h_2。求 q_1 和 q_2 分别受到的静电力。

解：以 q_1q_2 连线为 z 轴。依据 $\boldsymbol{F}=q\boldsymbol{E}$，可得 q_1 所受的静电力为 $\boldsymbol{F}_1=q\boldsymbol{E}_1$。$\boldsymbol{E}_1$ 应为除 q_1 以外的电荷在 q_1 所在处[即$(0,0,h_1)$]产生的电场强度，也即 $\boldsymbol{E}_1$ 为界面上的极化电荷和 q_2 在$(0,0,h_1)$处产生的场强。根据镜像法，当撤去界面并令整个区域都充满 ε_1 后，由 q_1 所引起的极化电荷的效应可由位于$(0,0,-h_1)$处的镜像电荷 q_1' 等效，而 q_2 及由 q_2 引起的极化电荷的作用可在$(0,0,-h_2)$处设置 q_2'' 等效，其中

$$q_1'=\frac{\varepsilon_1-\varepsilon_2}{\varepsilon_1+\varepsilon_2}q_1,\quad q_2''=\frac{2\varepsilon_1}{\varepsilon_1+\varepsilon_2}q_2$$

故

$$\boldsymbol{F}_1=\frac{q_1'q_1}{4\pi(2h_1)^2\varepsilon_1}\boldsymbol{e}_z+\frac{q_1q_2''}{4\pi(h_1+h_2)^2\varepsilon_1}\boldsymbol{e}_z$$

$$=\frac{q_1^2(\varepsilon_1-\varepsilon_2)}{16\pi h_1^2(\varepsilon_1+\varepsilon_2)\varepsilon_1}\boldsymbol{e}_z+\frac{q_1q_2}{2\pi(h_1+h_2)^2(\varepsilon_1+\varepsilon_2)}\boldsymbol{e}_z$$

同理，q_2 所受的静电力为 $\boldsymbol{F}_2=q_2\boldsymbol{E}_2$，$\boldsymbol{E}_2$ 可由位于$(0,0,h_2)$处的 q_2' 和位于$(0,0,h_1)$处的 q_1'' 求得，根据镜像法，

$$q_1''=\frac{2\varepsilon_2}{\varepsilon_1+\varepsilon_2}q_1,\quad q_2'=\frac{\varepsilon_2-\varepsilon_1}{\varepsilon_1+\varepsilon_2}q_2$$

则

$$\boldsymbol{F}_2=\frac{q_2'q_2}{4\pi(2h_2)^2\varepsilon_2}(-\boldsymbol{e}_z)+\frac{q_2q_1''}{4\pi(h_1+h_2)^2\varepsilon_2}(-\boldsymbol{e}_z)$$

$$=\frac{q_2^2(\varepsilon_1-\varepsilon_2)}{16\pi h_2^2(\varepsilon_1+\varepsilon_2)\varepsilon_2}\boldsymbol{e}_z-\frac{q_1q_2}{2\pi(h_1+h_2)^2(\varepsilon_1+\varepsilon_2)}\boldsymbol{e}_z$$

【4-16】 地下埋一个半径为 a 的金属球，地面上有一点电荷 q，如图 4-24 所示。求 P 点的电位及 O 点的感应电荷密度。

解：由于金属球埋于地下，对空中电位分布没有影响。空中电位由实电荷 q 和地面上的感应电荷共同产生。感应电荷用镜像电荷代替。

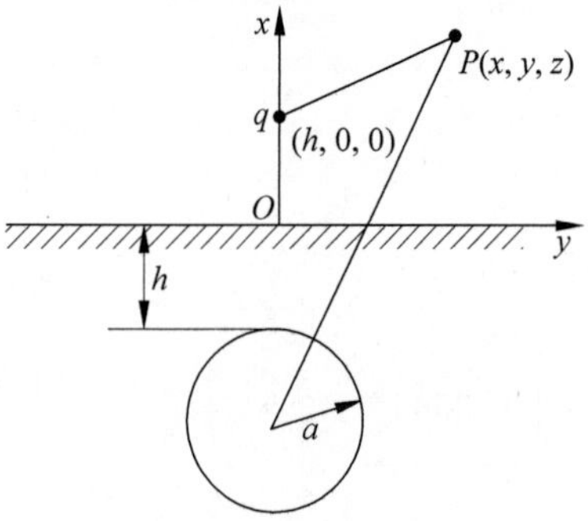

图 4-24　习题 4-16 图

镜像电荷位置和大小，在$(-h,0,0)$处，像电荷为$-q$，故 P 点的电位为

$$\varphi=\frac{q}{4\pi\varepsilon_0}\left(\frac{1}{R_+}-\frac{1}{R_-}\right)$$

$$=\frac{q}{4\pi\varepsilon_0}\left[\frac{1}{[(x-h)^2+y^2+z^2]^{1/2}}-\frac{1}{[(x+h)^2+y^2+z^2]^{1/2}}\right]$$

即为所给边值问题的解。

O 点的感应电荷面密度为

$$\rho_s=D_n=\varepsilon_0E_n=\varepsilon_0E_x$$

O 点的电场强度为

$$\boldsymbol{E}=-\boldsymbol{e}_x2\frac{q}{4\pi\varepsilon_0h^2}=-\boldsymbol{e}_x\frac{q}{2\pi\varepsilon_0h^2}$$

其感应电荷面密度为

$$\rho_s=-\frac{q}{2\pi h^2}$$

【4-17】 一个半径为 R 的导体球带电量为 Q，在球外距离球心 D 处放一点电荷 q。(1)求点电荷 q 与球体之间的静电力；(2)证明：当 q 与 Q 同号且$\frac{Q}{q}<\frac{RD^3}{(D^2-R^2)^2}-\frac{R}{D}$成立时，静电力表现为吸引力。

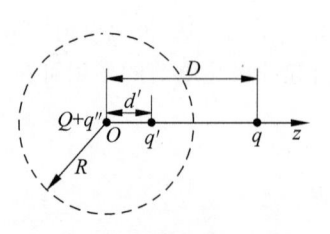

图 4-25　习题 4-17 图

解：(1) 如图 4-25 所示，由题意知，点电荷 q 在导体球内有两个镜像电荷：

$$q' = -\frac{R}{D}q, \quad d' = \frac{R^2}{D}$$

$$q'' = -q' = \frac{R}{D}q, \quad \text{位于球心处}$$

又因为导体球带电荷为 Q，则

$$F = \frac{q(Q+q'')}{4\pi\varepsilon_0 D^2} + \frac{qq'}{4\pi\varepsilon_0\left(D - \frac{R^2}{D}\right)^2} = \frac{q}{4\pi\varepsilon_0}\left[\frac{Q + \frac{R}{D}q}{D^2} - \frac{DRq}{(D^2 - R^2)^2}\right]$$

即点电荷 q 与导体球之间的静电力为

$$F = \frac{q}{4\pi\varepsilon_0}\left[\frac{Q + \frac{R}{D}q}{D^2} - \frac{DRq}{(D^2 - R^2)^2}\right]$$

(2) 若 $\frac{Q}{q} < \frac{RD^3}{(D^2 - R^2)^2} - \frac{R}{D}$，则

$$Q + \frac{R}{D}q < \frac{RD^3 q}{(D^2 - R^2)^2}$$

即

$$\frac{Q + \frac{R}{D}q}{D^2} < \frac{DRq}{(D^2 - R^2)^2}$$

又因为 q 与 Q 同号，所以

$$F = \frac{q}{4\pi\varepsilon_0}\left[\frac{Q + \frac{R}{D}q}{D^2} - \frac{DRq}{(D^2 - R^2)^2}\right] < 0$$

因此静电力 F 表现为吸引力。

【4-18】 求金属球的对地电容——无穷镜像问题。一个半径为 a 的金属球，带电荷 q，球心离地为 h，求金属球的对地电容。

解：如图 4-26(a)所示，此时金属球面为等位面，大地为零电位面。

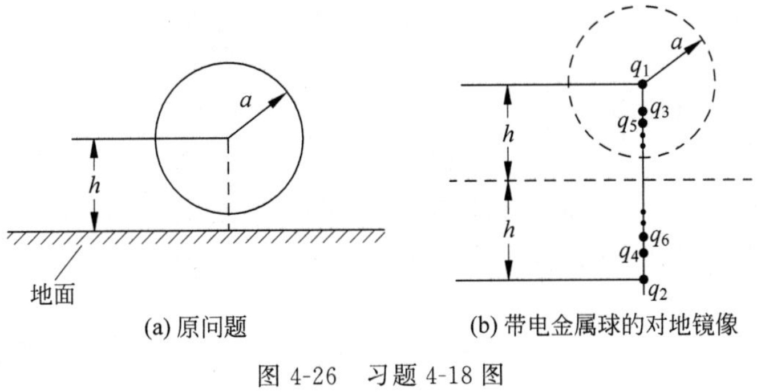

图 4-26　习题 4-18 图

首先将电荷集中在球心，设其电量为 q_1，用于维持金属球面为等位面，即 $\varphi = \frac{q_1}{4\pi\varepsilon_0 a}$；但

是，为了满足地面为零电位面的边界条件，如图 4-26(b)所示，q_1 对地面的镜像电荷 q_2 为

$$q_2=-q_1$$

q_2 满足了地面为零电位面的边界条件，但是又破坏了金属球面为等位面的边界条件，故按照球面镜像的方法，求出放置在球中的镜像电荷 q_3：

$$q_3=-q_2a/(2h)=q_1a/(2h)=q_1T$$

q_3 距离球心的距离为 $a^2/(2h)$，且 $T=a/(2h)$。

同理，q_3 的出现虽然维持了金属球面的等位面条件，但是破坏了地面为零电位面的条件，故需要求出 q_3 对地面的镜像电荷 q_4，即

$$q_4=-q_3$$

以此类推，球面镜像电荷和地面镜像电荷需要无限多个。例如，q_4 的球面镜像电荷 q_5 及 q_5 的地面镜像电荷 q_6 分别为

$$q_5=q_1T^2/(1-T^2),\quad q_6=-q_5$$

因此，球内的电荷总量 q 为

$$q=q_1+q_3+q_5+\cdots$$

虽然金属球的电位由 q_1、q_2、q_3、q_4 等众多电荷产生，但是金属球的电位只有 q_1 维持，其他电荷均用来维持金属球为零电位。则金属球的电容为

$$C=\frac{q}{\varphi}=4\pi\varepsilon_0a\left[1+\frac{a}{2h}+\frac{\left(\frac{a}{2h}\right)^2}{1-\left(\frac{a}{2h}\right)^2}+\cdots\right]$$

式中的第一项为孤立金属球的电容。

【4-19】 在真空中有一半径为 R_0 的导体球壳，且原来不带电。另有一与导体球壳同心的带电圆环，环的半径为 R_1，电荷线密度为 τ，如图 4-27 所示。试求导体球壳的电位。

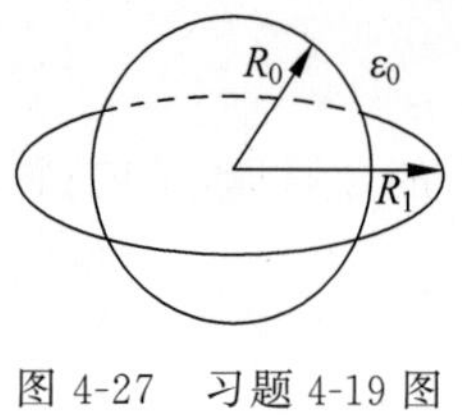

图 4-27 习题 4-19 图

解：为保持球壳为零等电位面，利用镜像法，可在球内放置一带电细圆环($R_1'<R_1$)，这一圆环的电荷线密度由下式求得：

$$\tau'R_1'\mathrm{d}\theta=-\frac{R_0}{R_1}\tau R_1\mathrm{d}\theta$$

所以

$$\tau'=-\frac{R_0}{R_1'}\tau$$

球内细圆环所带之总电荷为

$$q'=2\pi R_1'\tau'=-2\pi R_0\tau$$

根据电荷守恒定律，由于球壳不接地，又不带电，故还需在球心放一与 q'数值相等、而符号相反的电荷($-q'$)，才能使球保持等电位，因而导体球壳的电位

$$\varphi=-\frac{q'}{4\pi\varepsilon_0R_0}=\frac{\tau}{2\varepsilon_0}$$

【4-20】 在一半径为 a 的接地空心导体球壳内，点电荷 $q_1=q$，$q_2=-q$，分别位于 $z=a/3$ 和 $z=-a/3$ 处，如图 4-28

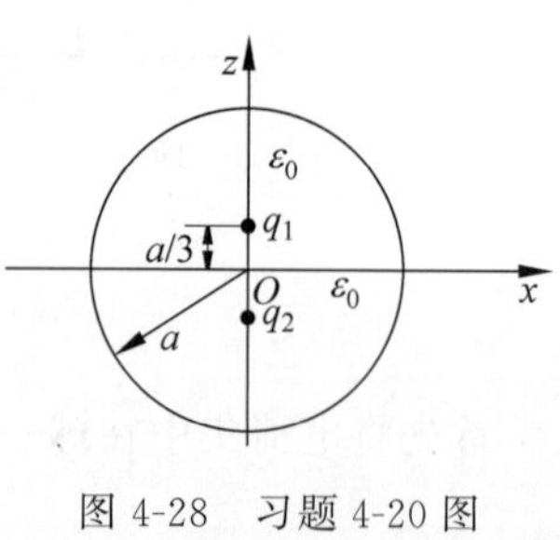

图 4-28 习题 4-20 图

所示。求球壳内的电位分布。

解：根据镜像电荷的选取原则，像电荷要在导体球壳外 Oq_2 的延长线上，其大小和位置为

$$q'_1=-3q,\quad 位于(0,0,3a)$$
$$q'_2=3q,\quad 位于(0,0,-3a)$$

则球壳内的电位分布为

$$\varphi(r,\theta,\phi)=\frac{1}{4\pi\varepsilon_0}\left(\frac{q_1}{R_1}+\frac{q_2}{R_2}+\frac{q'_1}{R'_1}+\frac{q'_2}{R'_2}\right)$$

式中

$$R_1=\left[r^2+\left(\frac{a}{3}\right)^2-2r\left(\frac{a}{3}\right)\cos\theta\right]^{1/2}$$
$$R_2=\left[r^2+\left(\frac{a}{3}\right)^2+2r\left(\frac{a}{3}\right)\cos\theta\right]^{1/2}$$
$$R'_1=[r^2+(3a)^2-2r(3a)\cos\theta]^{1/2}$$
$$R'_2=[r^2+(3a)^2+2r(3a)\cos\theta]^{1/2}$$

故

$$\varphi=\frac{3q}{4\pi\varepsilon_0}\left[(9r^2+a^2-6ar\cos\theta)^{-\frac{1}{2}}-(9r^2+a^2+6ar\cos\theta)^{-\frac{1}{2}}-\right.$$
$$\left.(r^2+9a^2-6ar\cos\theta)^{-\frac{1}{2}}+(r^2+9a^2+6ar\cos\theta)^{-\frac{1}{2}}\right]$$

其中，r 为球壳内一点到球心的距离，θ 为 r 与 z 轴的夹角。

【4-21】 设一平行大地的双导体传输线，距地面高度为 h，导体半径为 a，二轴线间的距离为 $d(a\ll d,a\ll h)$。考虑地面影响时，试计算两导线的单位长度电容。

解：如图 4-29 所示。设双导体传输线长度为 l，所带电荷量分别为 q、$-q$。

根据平面镜像，给出双导体传输线的镜像电荷如图 4-29 所示。则导线 1 表面 M 点的电位为

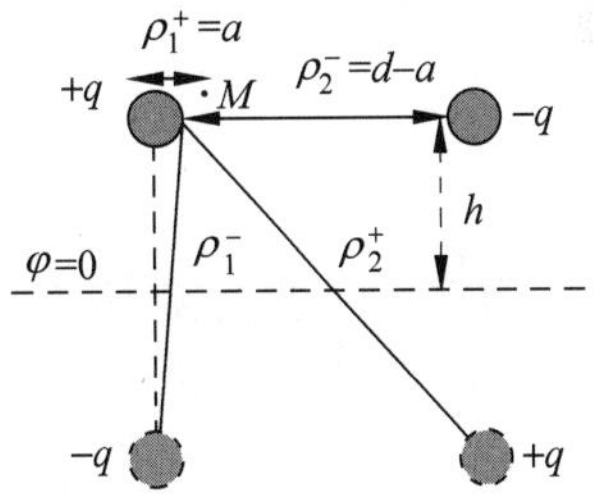

图 4-29　习题 4-21 图

$$\varphi_1=\frac{q}{2\pi\varepsilon_0 l}\ln\frac{\rho_1^-}{\rho_1^+}+\frac{q_l}{2\pi\varepsilon_0 l}\ln\frac{\rho_2^-}{\rho_2^+}$$
$$=\frac{q}{2\pi\varepsilon_0 l}\left\{\ln\frac{\sqrt{a^2+4h^2}}{a}+\ln\frac{d-a}{\sqrt{(d-a)^2+4h^2}}\right\}$$

注：由于理想导体是等势体，因此 M 点的选取是为计算方便而采取的一种近似。

由于 $a\ll h,a\ll d$，故

$$\varphi_1\approx\frac{q}{2\pi\varepsilon_0 l}\left[\ln\frac{2h}{a}+\ln\frac{d}{\sqrt{d^2+4h^2}}\right]$$

同理，可求得导线 2 的表面电位为

$$\varphi_2\approx\frac{q}{2\pi\varepsilon_0 l}\left[\ln\frac{\sqrt{a^2+4h^2}}{a^2}+\ln\frac{a}{2h}\right]$$

故，考虑大地影响后，双导线单位长度的电容为

$$C=\frac{q/l}{\varphi_1-\varphi_2}=\frac{\pi\varepsilon_0}{\ln\dfrac{2hd}{a\sqrt{a^2+4h^2}}}\quad \text{F/m}$$

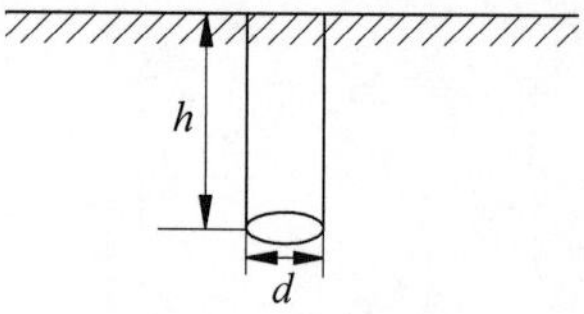

图 4-30　习题 4-22 图

【4-22】 长为 h 的圆柱形接地器埋在地中，圆柱体直径为 d，其中 $h\gg d/2$，如图 4-30 所示。设大地的电导率为 σ，求其接地电阻。

解：利用镜像法找出接地器的镜像，可视为长 $2h$，直径为 d 的圆柱。再利用静电比拟法，先计算该导体的电容。

设圆柱均匀带电，单位长度上的电量为 λ，则任一点 $P(\rho,z)$ 的电位为

$$\varphi=\int_{-h}^{h}\frac{\lambda\,\mathrm{d}z'}{4\pi\varepsilon r}=\int_{-h}^{h}\frac{\lambda\,\mathrm{d}z'}{4\pi\varepsilon\sqrt{(z-z')^2+\rho^2}}$$

$$=\frac{\lambda}{4\pi\varepsilon}\ln\frac{\sqrt{(h+z)^2+\rho^2}+z+h}{\sqrt{(h-z)^2+\rho^2}+z-h}$$

圆柱体表面($\rho=d/2,z=0$)的电位为

$$\varphi=\frac{\lambda}{4\pi\varepsilon}\ln\frac{(2h)^2}{(d/2)^2}=\frac{\lambda}{2\pi\varepsilon}\ln\frac{4h}{d}$$

其中，考虑到 $h\gg\dfrac{d}{2}$，若令 $q=2h\lambda$，则

$$\varphi=\frac{q}{4\pi\varepsilon h}\ln\frac{4h}{d}$$

长为 $2h$ 圆柱体的电容为

$$C=\frac{q}{\varphi}=\frac{4\pi\varepsilon h}{\ln\dfrac{4h}{d}}$$

再利用$\dfrac{C}{G}=\dfrac{\varepsilon}{\sigma}$的关系，长为 $2h$ 圆柱体的电导为

$$G=\frac{4\pi\sigma h}{\ln\dfrac{4h}{d}}$$

长为 h 的接地器的接地电阻为

$$R=2\times\frac{1}{G}=\frac{1}{2\pi\sigma h}\ln\frac{4h}{d}$$

【4-23】 半径为 a 的长直导线架在空中，导线与地面和墙都垂直，距离地面和墙面的距离分别为 b 和 c，且有 $a\ll b$，$a\ll c$，如图 4-31 所示。如果将地面和墙都视为理想导体，试求导线与地面之间的单位长度电容。

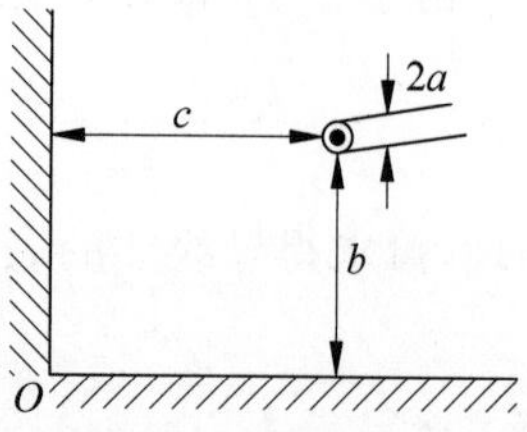

图 4-31　习题 4-22 图

解：设单位长度导线上带电荷 ρ_l，因为 $a\ll c$ 及 $a\ll b$，故应用镜像法撤去地面和墙面时，可近似认为 ρ_l 在导线的几何轴上。

其镜像线电荷分布针对坐标原点 O 点对称。导线表面的电位可用 A 点作为计算点，即

$$\varphi_{线}=\frac{\rho_l}{2\pi\varepsilon_0}\left[\ln\frac{\sqrt{(2b-a)^2+a^2}}{a}+\ln\frac{2c-a}{\sqrt{(2b-a)^2+(2c-a)^2}}\right]$$

$$\approx\frac{\rho_l}{2\pi\varepsilon_0}\ln\frac{2b\cdot 2c}{a\cdot 2\sqrt{b^2+c^2}}=\frac{\rho_l}{2\pi\varepsilon_0}\ln\frac{2bc}{a\sqrt{b^2+c^2}}$$

故单位长度的架空线对地电容 C_0 为

$$C_0=\frac{\rho_l}{\varphi_{线}}=\frac{2\pi\varepsilon_0}{\ln\frac{2bc}{a\sqrt{b^2+c^2}}}=\frac{2\pi\varepsilon_0}{\ln(2bc)-\ln\left(a\sqrt{b^2+c^2}\right)}$$

4.4　典型考研试题解析

【考研题 4-1】（西安电子科技大学 2006 年）一个横截面如图 4-32 所示的长槽，沿 z 轴和 y 轴方向无限伸长，两侧的电位为零，且在槽内当 $y\to\infty$ 时电位 $\varphi\to 0$。而槽底部的电位为 $\varphi(x,0)=V_0$，试求槽内的电位分布。

解：依据题意，槽内电位只是 x,y 的函数。取直角坐标系，则电位为

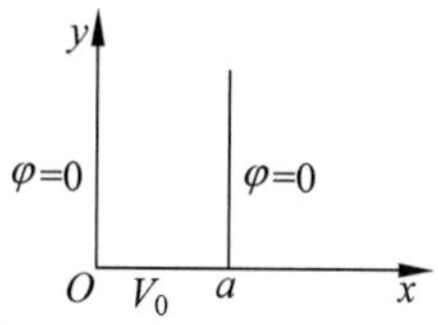

图 4-32　考研题 4-1 图

$$\varphi(x,y)=X(x)Y(y)$$

根据 $\varphi(0,y)=0$，$\varphi(a,y)=0$，选择

$$X(x)=A_n\sin\frac{n\pi}{a}x,\quad n=1,2,3,\cdots$$

当 $y\to\infty$ 时电位 $\varphi\to 0$，选择

$$Y(y)=B_n\mathrm{e}^{-\frac{n\pi}{a}y}$$

因此，槽内电位的通解为

$$\varphi(x,y)=\sum_{n=1}^{\infty}C_n\sin\frac{n\pi}{a}x\cdot\mathrm{e}^{-\frac{n\pi}{a}y},\quad n=1,2,3,\cdots$$

根据 $\varphi(x,0)=V_0$ 和三角函数的正交性，得

$$V_0=\sum_{n=1}^{\infty}C_n\sin\frac{n\pi}{a}x$$

所以

$$\int_0^a V_0\sin\frac{m\pi}{a}x\,\mathrm{d}x=\sum_{n=1}^{\infty}C_n\sin\frac{n\pi}{a}x\sin\frac{m\pi}{a}x\,\mathrm{d}x$$

$$C_n=\frac{4V_0}{n\pi},\quad n=1,3,5,\cdots$$

因此

$$\varphi(x,y)=\sum_{n=1,3,5,\cdots}^{\infty}\frac{4V_0}{n\pi}\sin\frac{n\pi}{a}x\cdot\mathrm{e}^{-\frac{n\pi}{a}y}$$

【考研题 4-2】（北方交通大学 2000 年）两无限大平板电极距离为 d，设在 $x=0$ 和 $x=d$

处的电位分别为0和U_0,板间充满着体密度为$\rho x/d$的电荷,如图4-33所示。试求电位分布和极板上的电荷面密度。

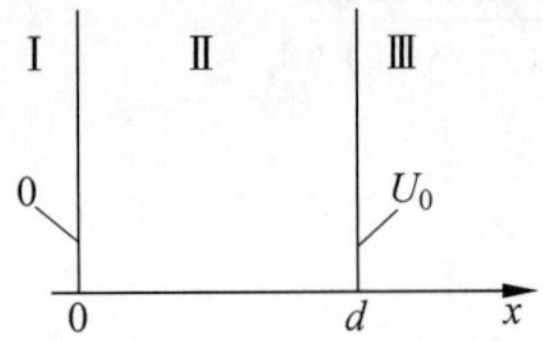

图4-33 考研题4-2图

解:选取直角坐标系,由于结构在y、z方向上无限大,因此电位只是x的函数。

设3个区域的电位分别为φ_1、φ_2、φ_3。φ_1和φ_3满足拉普拉斯方程,φ_2满足泊松方程。

因为$x=0$时,$\varphi_1=0$,$x=d$时,$\varphi_3=U_0$,根据电位的连续性,故$x\leqslant 0$时,$\varphi_1(x)=0$;$x\geqslant d$时,$\varphi_3(x)=U_0$。对于$\varphi_2(x)$,有

$$\frac{\mathrm{d}^2\varphi_2(x)}{\mathrm{d}x^2}=-\frac{\rho}{\varepsilon_0 d}x$$

对上式积分,得

$$\varphi_2(x)=-\left(\frac{\rho}{6\varepsilon_0 d}\right)x^3+B_1x+B_2$$

由于$x=0$时,$\varphi_1(0)=\varphi_2(0)=0$,故

$$B_2=0$$

由于$x=d$时,$\varphi_3(d)=\varphi_2(d)=U_0$,因此

$$-\left(\frac{\rho}{6\varepsilon_0 d}\right)d^3+B_1d=U_0$$

所以

$$B_1=\frac{U_0}{d}+\frac{\rho d}{6\varepsilon_0}$$

于是

$$\varphi_2(x)=-\left(\frac{\rho}{6\varepsilon_0 d}\right)x^3+\left(\frac{U_0}{d}+\frac{\rho d}{6\varepsilon_0}\right)x$$

因为

$$\boldsymbol{E}_2=-\nabla\varphi_2(x)=-\boldsymbol{e}_x\left[\left(\frac{\rho}{2\varepsilon_0 d}\right)x^2+\left(\frac{U_0}{d}+\frac{\rho d}{6\varepsilon_0}\right)\right]$$

所以,极板上的电荷面密度

$$\rho_s\Big|_{x=0}=\varepsilon_0E=-\frac{\varepsilon_0U_0}{d}+\frac{\rho d}{6}$$

$$\rho_s\Big|_{x=d}=-\varepsilon_0E=\frac{\varepsilon_0U_0}{d}-\frac{\rho d}{3}$$

【考研题4-3】 (西安电子科技大学2005年)如图4-34所示,有一$0\leqslant x\leqslant a$,$0\leqslant y\leqslant b$的矩形区域,其边界上的电位分布为$\varphi(0,y)=0$,$\varphi(a,y)=0$,$\varphi(x,0)=0$,$\varphi(x,b)=U_0\sin\left(\frac{3\pi x}{a}\right)$,式中$U_0$为常数。试求矩形区域的电位。

解:二维区域满足的拉普拉斯方程为

$$\nabla^2\varphi=\frac{\partial^2\varphi}{\partial x^2}+\frac{\partial^2\varphi}{\partial y^2}=0$$

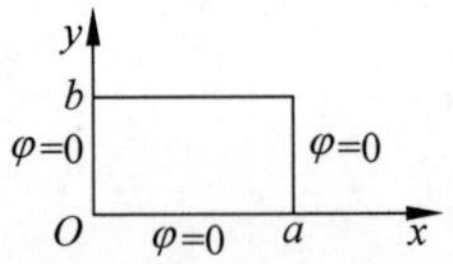

图4-34 考研题4-3图

边界条件为

$$\varphi(0,y)=0,\varphi(a,y)=0,\varphi(x,0)=0,\varphi(x,b)=U_0\sin\left(\frac{3\pi x}{a}\right)$$

由于在 x 方向有重复零点，故选取的通解形式为

$$\varphi(x,y)=(A_1\sin kx+A_2\cos kx)(C_1\text{sh}ky+C_2\text{ch}ky)$$

根据 $\varphi(0,y)=0,\varphi(a,y)=0$，得

$$A_2=0,\quad ka=n\pi$$

因此 $k=\dfrac{n\pi}{a}$。

根据 $\varphi(x,0)=0$ 得，$C_2=0$。

所以

$$\varphi(x,y)=\sum_{n=1}^{\infty}C_n\sin\left(\frac{n\pi}{a}x\right)\cdot\text{sh}\left(\frac{n\pi}{a}y\right)$$

再根据 $\varphi(x,b)=U_0\sin\left(\dfrac{3\pi x}{a}\right)$，得

$$U_0\sin\left(\frac{3\pi x}{a}\right)=\sum_{n=1}^{\infty}C_n\sin\left(\frac{n\pi}{a}x\right)\cdot\text{sh}\left(\frac{n\pi}{a}b\right)$$

上式左右两边同乘以 $\sin\left(\dfrac{m\pi}{a}x\right)$ 并积分，得

$$U_0\int_0^a\sin\left(\frac{3\pi x}{a}\right)\sin\left(\frac{m\pi}{a}x\right)\text{d}x=\sum_{n=1}^{\infty}\int_0^a C_n\,\text{sh}\left(\frac{n\pi}{a}b\right)\sin\left(\frac{n\pi}{a}x\right)\sin\left(\frac{m\pi}{a}x\right)\text{d}x$$

利用三角函数的正交性得，上式只有 $m=3$ 时才不为零，因此

$$\frac{U_0}{2}a=\sum_{n=1}^{\infty}\int_0^a C_n\,\text{sh}\left(\frac{n\pi}{a}b\right)\sin\left(\frac{n\pi}{a}x\right)\sin\left(\frac{3\pi}{a}x\right)\text{d}x$$

由上式可见，$n=3$，否则右边恒为零。故有

$$C_n=\frac{U_0}{\text{sh}\left(\dfrac{3\pi}{a}b\right)}$$

因此

$$\varphi(x,y)=\frac{U_0}{\text{sh}\left(\dfrac{3\pi}{a}b\right)}\sin\left(\frac{3\pi}{a}x\right)\cdot\text{sh}\left(\frac{3\pi}{a}y\right)$$

【考研题 4-4】（北京邮电大学 2004 年）如图 4-35 所示，求 3 块相互连接并接地的导体平面及左端具有恒定电位 U_0 的导体平面（与上下两导体板有微小缝隙）所包围区域的电位分布（令每块导体板平面沿 z 方向无限长）。

解：二维区域满足的拉普拉斯方程为

$$\nabla^2\varphi=\frac{\partial^2\varphi}{\partial x^2}+\frac{\partial^2\varphi}{\partial y^2}=0$$

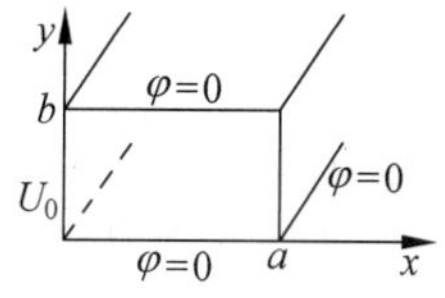

图 4-35 考研题 4-4 图

设 $\varphi(x,y)=X(x)Y(y)$，由于在 y 方向有重复零点，故选取 $Y(y)$ 的通解形式为

$$Y(y)=C_1\sin ky+C_2\cos ky$$

由边界条件 $\varphi(x,0)=0,\varphi(x,b)=0$ 得 $C_2=0,kb=n\pi$,因此

$$k=\frac{n\pi}{b}$$

由边界条件 $\phi(a,y)=0$,选取 $X(x)=A_1\mathrm{sh}k(a-x)$。因此

$$\varphi(x,y)=\sum_{n=1}^{\infty}B_n\mathrm{sh}\left[\frac{n\pi}{b}(a-x)\right]\sin\left[\frac{n\pi}{b}y\right]$$

再根据 $\varphi(0,y)=U_0$,得

$$U_0=\sum_{n=1}^{\infty}B_n\mathrm{sh}\left(\frac{an\pi}{b}\right)\sin\left(\frac{n\pi}{b}y\right)$$

上式左右两边同乘以 $\sin\left(\frac{m\pi}{b}y\right)$并积分,得

$$U_0\int_0^b\sin\left(\frac{m\pi}{b}y\right)\mathrm{d}y=\sum_{n=1}^{\infty}\int_0^b B_n\mathrm{sh}\left(\frac{an\pi}{b}\right)\sin\left(\frac{n\pi}{b}y\right)\sin\left(\frac{m\pi}{b}y\right)\mathrm{d}y$$

利用三角函数的正交性,得

$$B_n=\frac{4U_0}{n\pi\mathrm{sh}\left(\frac{an\pi}{b}\right)},\quad n=1,3,5,\cdots$$

所以,包围区域的电位分布为

$$\varphi(x,y)=\sum_{n=1}^{\infty}\frac{4U_0}{n\pi\mathrm{sh}\left(\frac{an\pi}{b}\right)}\mathrm{sh}\left[\frac{n\pi}{b}(a-x)\right]\sin\left[\frac{n\pi}{b}y\right]$$

【考研题 4-5】 (北京邮电大学 2002 年)在空气中的均匀电场中($\boldsymbol{E}_0=E_0\boldsymbol{e}_x$),放置半径为 a,沿 z 方向(轴线方向)极长的介质(ε_1,μ_0)圆柱,试求圆柱内外的电位。

解:设柱内电位为 φ_1,柱外电位为 φ_2,φ_1 和 φ_2 均与 z 无关,是圆柱坐标系二维场问题。取坐标原点为电位参考点,边界条件如下:

(1) $r\to\infty,\varphi_2=-E_0x=-E_0r\cos\phi$;

(2) $r=0,\varphi_1=0$;

(3) $r=a,\varphi_1=\varphi_2$;

(4) $r=a,\varepsilon\dfrac{\partial\varphi_1}{\partial r}=\varepsilon_0\dfrac{\partial\varphi_2}{\partial r}$。

于是,圆柱内、外电位的通解为

$$\varphi_1(r,\phi)=\sum_{n=1}^{\infty}r^n(A_n\cos n\phi+B_n\sin n\phi)+\sum_{n=1}^{\infty}r^{-n}(C_n\cos n\phi+D_n\sin n\phi)$$

$$\varphi_2(r,\phi)=\sum_{n=1}^{\infty}r^n(A'_n\cos n\phi+B'_n\sin n\phi)+\sum_{n=1}^{\infty}r^{-n}(C'_n\cos n\phi+D'_n\sin n\phi)$$

由外加电场的形式及问题的几何形状可知圆柱内外电位、极化面电荷均关于 x 轴对称,进一步考虑到边界条件(1)的形式,柱内、外的电位解只有余弦项,则

$$B_n=D_n=B'_n=D'_n=0$$

于是

$$\varphi_1(r,\phi)=\sum_{n=1}^{\infty}A_n r^n\cos n\phi+\sum_{n=1}^{\infty}C_n r^{-n}\cos n\phi$$

$$\varphi_2(r,\phi)=\sum_{n=1}^{\infty}A'_n r^n\cos n\phi+\sum_{n=1}^{\infty}C'_n r^{-n}\cos n\phi$$

由边界条件(1)得,$n\geqslant 2$ 时 $A'_n=0$,且 $A'_1=-E_0$;由边界条件(2)得 $C_n=0$。故有

$$\varphi_1(r,\phi)=\sum_{n=1}^{\infty}r^n A_n\cos n\phi$$

$$\varphi_2(r,\phi)=-E_0 r\cos\phi+\sum_{n=1}^{\infty}C'_n r^{-n}\cos n\phi$$

由边界条件(3)和(4),同幂次比较可得

$$\begin{cases}\displaystyle\sum_{n=1}^{\infty}A_n a^n\cos n\phi=-E_0 a\cos\phi+\sum_{n=1}^{\infty}C'_n a^{-n}\cos n\phi\\ \displaystyle\varepsilon\sum_{n=1}^{\infty}nA_n a^{n-1}\cos n\phi=-\varepsilon_0 E_0\cos\phi-\varepsilon_0\sum_{n=1}^{\infty}nC'_n a^{-n-1}\cos n\phi\end{cases}$$

$$A_1=-\frac{2E_0}{\varepsilon_r+1},\quad C'_1=E_0 a^2\frac{\varepsilon_r-1}{\varepsilon_r+1}$$

$$A_n=0,\quad C'_n=0,\quad n\geqslant 2$$

其中,$\varepsilon_r=\varepsilon/\varepsilon_0$ 是介质圆柱的相对介电常数。因此,柱内、外电位为

$$\varphi_1=-\frac{2\varepsilon_0}{\varepsilon_1+\varepsilon_0}E_0 r\cos\phi$$

$$\varphi_2=-\left(1-\frac{\varepsilon_1-\varepsilon_0}{\varepsilon_1+\varepsilon_0}\frac{a^2}{r^2}\right)E_0 r\cos\phi$$

【考研题 4-6】 (电子科技大学 2003 年)两个点电荷 $\pm q$ 分别位于半径为 a 的导体球的直径延长线上,分别距离球心 $\pm d(d>a)$。试求:

(1) 空间电位分布;

(2) 两个点电荷分别受到的静电力;

(3) 两个点电荷的镜像电荷所构成的中心位于球心的电偶极子的电偶极矩;

(4) 如果导体球接地,上面的 3 个问题如何改变?

解:(1) 设球心位于球坐标系的坐标原点,两个点电荷 $\pm q$ 所在的直径位于 x 轴,其镜像电荷分别为 $\pm q'$,其中 $q'=-\dfrac{a}{d}q$,分别距离球心 $\pm d'=\pm\dfrac{a^2}{d}$。

显然,当 $r<a$ 时,$\varphi=\varphi_0$(常数)。

当 $r>a$ 时,有

$$\varphi=\frac{1}{4\pi\varepsilon_0}\left(\frac{q}{r_{+q}}-\frac{q}{r_{-q}}+\frac{q'}{r_{+q'}}-\frac{q'}{r_{-q'}}\right)+\varphi_0$$

其中,r_{+q}、r_{-q}、$r_{+q'}$、$r_{-q'}$ 分别为观察点到 $+q$、$-q$、$+q'$、$-q'$ 的距离。

(2) 点电荷分别受到的静电力为

$$\boldsymbol{F}_{-q}=-\boldsymbol{F}_{+q}=\frac{q}{4\pi\varepsilon_0}\left(\frac{q}{4d^2}+\frac{q'}{(d-d')^2}-\frac{q'}{(d+d')^2}\right)\boldsymbol{e}_x$$

(3) 电偶极子的电偶极矩为

$$P = q'(d+d')\boldsymbol{e}_x = -\frac{a}{d}q(d'+d')\boldsymbol{e}_x = -\frac{2a^2}{d^2}q\boldsymbol{e}_x$$

(4) 如果导体球接地，$\varphi_0=0$。点电荷所受到的静电力和电偶极子的电偶极矩不变。因为不论是否接地，镜像电荷不会改变，只是接地球的电位发生改变。

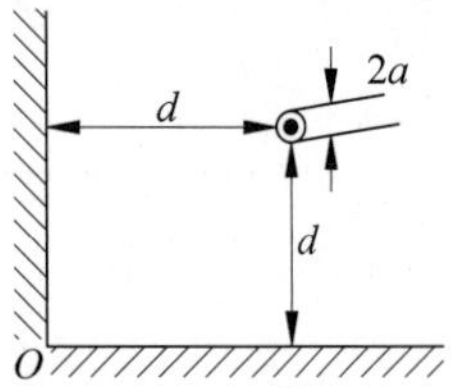

图 4-36　考研题 4-7 图

【考研题 4-7】（北京邮电大学 2002 年）如图 4-36 所示，相互垂直的两极大的接地金属平板间，沿 z 方向放置一半径为 a 的长直导线，试求该导线单位长度的对地电容($a \ll d$)。

解：根据镜像法，有 3 条导线分别在原导线的左侧 $2d$ 处、下方 $2d$ 处、左下方 $2\sqrt{2}d$ 处。线电荷密度为 ρ_l 的双平行载流直导线产生的电位为

$$\varphi = \frac{\rho_l}{2\pi\varepsilon_0}\ln\left(\frac{r_-}{r_+}\right)$$

因此，根据叠加原理，包括原导线在内的 4 条导线在原导线表面产生的电位为

$$\varphi = \frac{\rho_l}{2\pi\varepsilon_0}\ln\left(\frac{2d-a}{a}\right) + \frac{\rho_l}{2\pi\varepsilon_0}\ln\left(\frac{2d-a}{2\sqrt{2}d-a}\right) \approx \frac{\rho_l}{2\pi\varepsilon_0}\left[\ln\left(\frac{2d}{a}\right) - \ln\sqrt{2}\right]$$

于是，导线单位长度的对地电容为

$$C = \frac{\rho_l}{\varphi} = \frac{2\pi\varepsilon_0}{\ln\left(\frac{2d}{a}\right) - \ln\sqrt{2}}$$

【考研题 4-8】（北京航空航天大学 2000 年）证明：如果已知一个标量函数在某区域的泊松方程，在该区域边界上，该标量函数的值给定 $\varphi|_S = \varphi(r)$，则在该区域的标量函数有唯一解；如果在该区域的边界法向上，该标量函数的导数值给定$\left.\frac{\partial\varphi}{\partial n}\right|_S = f(r)$，则在该区域中，除一个常数外，标量函数也有唯一的解，该标量函数的梯度有唯一的解。

证明：利用反证法。设 φ、ψ 为两个标量函数，格林第一恒等式为

$$\iiint_V (\varphi\,\nabla^2\psi + \nabla\psi \cdot \nabla\varphi)\,\mathrm{d}V = \oiint_S \varphi\,\frac{\partial\psi}{\partial n}\mathrm{d}S$$

假定在给定的边界面 S 上电位函数有两个解，即

$$\nabla^2\varphi = -\frac{\rho}{\varepsilon_0},\quad \nabla^2\varphi' = -\frac{\rho}{\varepsilon_0}$$

设 $\delta\varphi = \varphi - \varphi'$，将两式相减得

$$\nabla^2(\varphi - \varphi') = \nabla^2\delta\varphi = 0$$

令 $\psi = \varphi = \delta\varphi$，代入格林第一恒等式得

$$\iiint_V (\nabla\delta\varphi)^2\,\mathrm{d}V = \oiint_S \delta\varphi\,\frac{\partial\delta\varphi}{\partial n}\mathrm{d}S$$

当上式在边界面 S 上时，$\varphi|_S = \varphi'|_S = \varphi(r)$，因此$\delta\varphi|_S = 0$，故有 $\oiint_S \delta\varphi\,\frac{\partial\delta\varphi}{\partial n}\mathrm{d}S = 0$，即

$$\iiint_V (\nabla\delta\phi)^2\,\mathrm{d}V = 0$$

因此，$\nabla\delta\varphi=0$。那么，$\delta\varphi$ 只能为常数，令 $\delta\varphi=C_1$。再考虑到在边界上电位是确定的，因此 $\delta\varphi=\varphi-\varphi'=0$，所以 $\varphi=\varphi'$，该区域的标量函数有唯一解。

若在边界上给定 $\left.\frac{\partial\varphi}{\partial n}\right|_S=f(r)$ 时，则 $\left.\frac{\partial\delta\varphi}{\partial n}\right|_S=0$，同样有 $\nabla\delta\varphi\equiv0$。此时令 $\delta\varphi=C_2$；而差值为常数的电位代表的是同一电场，即该标量函数的梯度有唯一的解。

【考研题 4-9】（北京理工大学 2000 年）镜像法中的镜像是否可以放置在所求解的区域之内，为什么？

解：镜像不可以放置在所求解的区域之内。因为引入镜像源后，所求解的区域之内的场源分布发生了变化，介质参数也发生了变化，从而位函数所满足的微分方程也发生了变化，所求得的解不是原问题的解。

【考研题 4-10】（清华大学 2003 年）如图 4-37 所示，设在 xz 平面上电位与 z 无关，而沿着 x 方向电位的分布为 $\pm V_0$ 交替，宽度为 a，求空间任一点的电位。

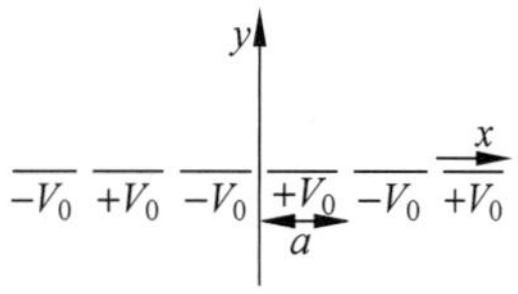

图 4-37　考研题 4-10 图

解：由于在 xz 平面上电位与 z 无关，可设电位的形式为

$$\varphi(x,y)=X(x)Y(y)$$

$$y\to\pm\infty,\quad \varphi(x,y)=0$$

首先考虑 $y>0$ 的区域。

沿 x 轴的电位 $g(x)$ 是以 $2a$ 为周期的函数。由于 $X(x)$ 具有周期性，而在 y 方向上衰减，因此电位的形式可以表示为

$$\varphi(x,y)=(A_1\sin kx+A_2\cos kx)\mathrm{e}^{-ky}$$

考虑到

$$y=0\text{ 时},\varphi(x,y)=X(x)Y(0)=g(x)=\begin{cases}+V_0, & 2ka<x<(2k+1)a\\ -V_0, & (2k-1)a<x<2ka\end{cases}$$

将上式展开为级数的形式，可得

$$g(x)=\sum_{n=1}^{\infty}c_n\sin\left(\frac{n\pi}{a}x\right),\quad c_n=\frac{2V_0}{n\pi}[1-(-1)^n]$$

所以

$$X(x)=\frac{g(x)}{Y(0)}=\sum_{n=1}^{\infty}B_n\sin\left(\frac{n\pi}{a}x\right)$$

不妨设 $x=0$ 时为零电位点，即 $\varphi(0,0)=0$，因此，$A_2=0$。故有

$$\varphi(x,y)=\sum_{n=1}^{\infty}A_n\sin\left(\frac{n\pi}{a}x\right)\mathrm{e}^{-ky}$$

再考虑到 $y=0$ 时的边界条件，

$$\varphi(x,0)=g(x)=\begin{cases}+V_0,2ka<x<(2k+1)a\\ -V_0,(2k-1)a<x<2ka\end{cases}$$

则

$$A_n=c_n$$

$$\varphi(x,y)=\sum_{n=1}^{\infty}c_n\sin\left(\frac{n\pi}{a}x\right)\mathrm{e}^{-\frac{n\pi}{a}y}=\sum_{n=1,3,5,\cdots}^{\infty}\frac{4V_0}{n\pi}\sin\left(\frac{n\pi}{a}x\right)\mathrm{e}^{-\frac{n\pi}{a}y},\quad y>0$$

同理，$y<0$ 区域的电位为

$$\varphi(x,y)=\sum_{n=1}^{\infty}c_n\sin\left(\frac{n\pi}{a}x\right)\mathrm{e}^{-\frac{n\pi}{a}y}=\sum_{n=1,3,5,\cdots}^{\infty}\frac{4V_0}{n\pi}\sin\left(\frac{n\pi}{a}x\right)\mathrm{e}^{\frac{n\pi}{a}y},\quad y<0$$

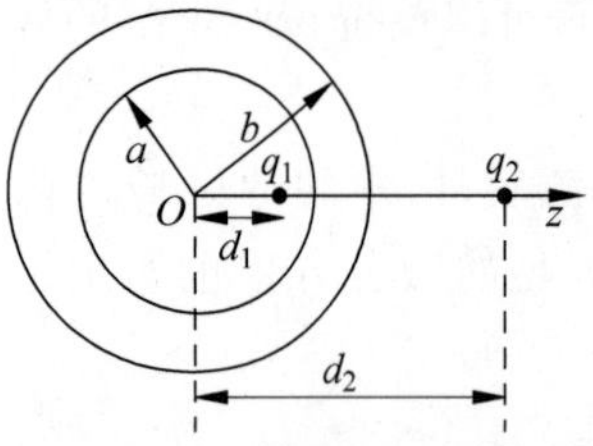

图 4-38 考研题 4-11 图

【考研题 4-11】 (电子科技大学 2006 年)不接地的空心导体球的内、外半径分别为 a、b，在空腔内距离球心为 $d_1(d_1<a)$处放置点电荷 q_1，在球外距离球心为 d_2 处放置点电荷 q_2，且 q_1、q_2 与球心共线，如图 4-38 所示。求点电荷 q_1、q_2 分别受到的电场力。

解：由于静电屏蔽，球外电荷对球内的场没有影响。根据镜像法，对于球内空间，其镜像电荷大小及位置为

$$q_1'=-\frac{a}{d_1}q_1,\quad d_1'=\frac{a^2}{d_1}$$

对于球外空间，其镜像电荷大小及位置为

$$q_2'=-\frac{b}{d_2}q_2,\quad d_2'=\frac{b^2}{d_2}$$

$$q_2''=-q_2'+q_1=\frac{b}{d_2}q_2+q_1$$

点电荷 q_1 受到的电场力

$$F_1=\frac{q_1q_1'}{4\pi\varepsilon_0(d_1'-d_1)^2}=-\frac{ad_1q_1^2}{4\pi\varepsilon_0(a^2-d_1^2)^2}$$

点电荷 q_2 受到的电场力

$$F_2=-\frac{q_2q_2'}{4\pi\varepsilon_0(d_2-d_2')^2}+\frac{q_2q_2''}{4\pi\varepsilon_0d_2^2}=\frac{q_2(bq_2+d_2q_1)}{4\pi\varepsilon_0d_2^3}-\frac{bd_2q_2^2}{4\pi\varepsilon_0(d_2^2-b^2)^2}$$

【考研题 4-12】 (西安交通大学 2003 年)真空中有一内外半径分别为 a、b 的导体球壳，球壳内距离球心为 $d(d<a)$处有一点电荷 q，当

(1) 导体球壳的电位为零；

(2) 导体球壳的电位保持为 U；

(3) 导体球壳上的总电量为 Q 时，分别求球壳内外空间区域的电位分布。

解：以球心为坐标原点建立球坐标系。

(1) 因为导体球壳电位为零，在 $r\geqslant b$ 时，$\varphi(r)=0$；在 $a\leqslant r\leqslant b$ 时，$\varphi(r)=0$。

在 $r\leqslant a$ 的区域，利用镜像法求解电位。镜像电荷的大小 $q'=-\frac{a}{d}q$，$d'=\frac{a^2}{d}$。

因此，导体球壳内的电位为

$$\varphi(r,\theta)=\frac{q}{4\pi\varepsilon_0}\left(\frac{1}{r_1}-\frac{a}{dr_2}\right)$$

其中，$r_1=\sqrt{d^2+r^2-2rd\cos\theta}$，$r_2=\sqrt{\left(\frac{a^2}{d}\right)^2+r^2-2r\frac{a^2}{d}\cos\theta}$；$\theta$ 为极角，即观察点到坐标

原点的连线与电荷 q 到坐标原点连线的夹角。

(2) 导体球壳的电位为 U。在 $r\geqslant b$ 时，电位相当于在球心的点电荷产生，因此 $\varphi(r)=\dfrac{Ub}{r}$。

在 $a\leqslant r\leqslant b$ 时，$\varphi(r)=U$。

在 $r\leqslant a$ 的区域，利用镜像法求解电位，与题目(1)类似，在考虑球壳电位保持为 U 的情况下，利用镜像法求解电位，得

$$\varphi(r,\theta)=\frac{q}{4\pi\varepsilon_0}\left(\frac{1}{r_1}-\frac{a}{dr_2}\right)+U$$

(3) 导体球壳上的总电量为 Q。当 $r\geqslant b$ 时，根据高斯定理，球壳外电位为

$$\varphi(r)=\frac{q+Q}{4\pi\varepsilon_0 r}$$

当 $a\leqslant r\leqslant b$ 时，球壳为等势体，$\varphi(r)=\dfrac{q+Q}{4\pi\varepsilon_0 b}$。

在 $r\leqslant a$ 的区域，利用镜像法求解电位，与题目(2)类似，利用镜像法求解电位，得

$$\varphi(r,\theta)=\frac{q}{4\pi\varepsilon_0}\left(\frac{1}{r_1}-\frac{a}{dr_2}\right)+\frac{q+Q}{4\pi\varepsilon_0 b}$$

【考研题 4-13】 （北京理工大学 2005 年）如图 4-39 所示，一平板电容器的极板面积为 S，两极板间的距离为 d，中间充满相对电容率为 ε_r 的均匀电介质和体密度为 ρ 的电荷。若两极板的电压为 V_0，忽略边缘效应，试求：

(1) 极板间的电场分布；

(2) 极板上的自由面电荷密度；

(3) 电介质内部和表面的极化电荷密度。

解：(1) 根据系统结构的对称性，电位只是 z 的函数，则泊松方程为

$$\frac{\mathrm{d}^2\varphi}{\mathrm{d}z^2}=-\frac{\rho}{\varepsilon}$$

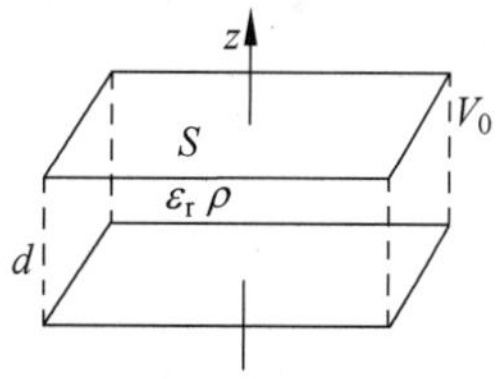

图 4-39　考研题 4-13 图

其通解为

$$\varphi=-\frac{\rho}{2\varepsilon_r\varepsilon_0}z^2+C_1 z+C_2$$

根据边界条件 $\varphi|_{z=0}=0,\varphi|_{z=d}=V_0$，得

$$C_2=0,C_1=\frac{V_0}{d}+\frac{\rho d}{2\varepsilon_r\varepsilon_0}$$

所以

$$\varphi=-\frac{\rho}{2\varepsilon_r\varepsilon_0}z^2+\left(\frac{V_0}{d}+\frac{\rho d}{2\varepsilon_r\varepsilon_0}\right)z$$

故电场为

$$\boldsymbol{E}=-\nabla\varphi=-\boldsymbol{e}_z\frac{\mathrm{d}^2}{\mathrm{d}z^2}\left[-\frac{\rho}{2\varepsilon_r\varepsilon_0}z^2+\left(\frac{V_0}{d}+\frac{\rho d}{2\varepsilon_r\varepsilon_0}\right)z\right]=\boldsymbol{e}_z\left(\frac{\rho}{\varepsilon_r\varepsilon_0}z-\frac{V_0}{d}-\frac{\rho d}{2\varepsilon_r\varepsilon_0}\right)$$

(2) 上极板的自由面电荷密度为

$$\rho_s = -D_n = -\varepsilon_r\varepsilon_0\left(\frac{\rho}{\varepsilon_r\varepsilon_0}d - \frac{V_0}{d} - \frac{\rho d}{2\varepsilon_r\varepsilon_0}\right) = \frac{\varepsilon_r\varepsilon_0 V_0}{d} - \frac{\rho d}{2}$$

下极板的自由面电荷密度为

$$\rho_s = D_n = -\varepsilon_r\varepsilon_0\left(\frac{V_0}{d} + \frac{\rho d}{2\varepsilon_r\varepsilon_0}\right) = -\frac{\varepsilon_r\varepsilon_0 V_0}{d} - \frac{\rho d}{2}$$

(3) 电介质的极化强度为

$$\boldsymbol{P} = \varepsilon_0(\varepsilon_r - 1)E\boldsymbol{e}_z = \boldsymbol{e}_z\varepsilon_0(\varepsilon_r - 1)\left(\frac{\rho}{\varepsilon_r\varepsilon_0}z - \frac{V_0}{d} - \frac{\rho d}{2\varepsilon_r\varepsilon_0}\right)$$

因此,电介质内部的极化电荷体密度为

$$\rho_p = -\nabla\cdot\boldsymbol{P} = -\varepsilon_0(\varepsilon_r - 1)\frac{\mathrm{d}}{\mathrm{d}z}\left(\frac{\rho}{\varepsilon_r\varepsilon_0}z - \frac{V_0}{d} - \frac{\rho d}{2\varepsilon_r\varepsilon_0}\right) = \varepsilon_0(1 - \varepsilon_r)\frac{\rho}{\varepsilon_r\varepsilon_0} = \frac{(1-\varepsilon_r)\rho}{\varepsilon_r}$$

电介质上表面的极化电荷面密度为

$$\rho_{ps} = \boldsymbol{P}\cdot\boldsymbol{e}_z = \varepsilon_0(\varepsilon_r - 1)\left(\frac{\rho}{\varepsilon_r\varepsilon_0}d - \frac{V_0}{d} - \frac{\rho d}{2\varepsilon_r\varepsilon_0}\right) = \varepsilon_0(\varepsilon_r - 1)\left(\frac{\rho d}{\varepsilon_r\varepsilon_0} - \frac{V_0}{d}\right)$$

电介质下表面的极化电荷面密度为

$$\rho_{ps} = \boldsymbol{P}\cdot(-\boldsymbol{e}_z) = \varepsilon_0(\varepsilon_r - 1)\left(\frac{V_0}{d} + \frac{\rho d}{2\varepsilon_r\varepsilon_0}\right) = \varepsilon_0(\varepsilon_r - 1)\left(\frac{\rho d}{\varepsilon_r\varepsilon_0} + \frac{V_0}{d}\right)$$

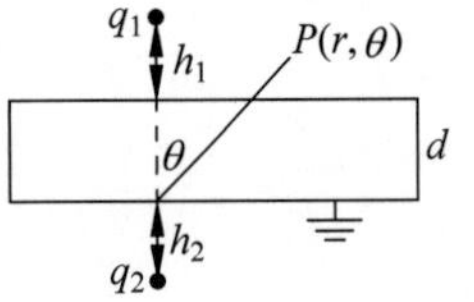

图 4-40 考研题 4-14 图

【考研题 4-14】 (西北工业大学 2002 年)如图 4-40 所示,在厚度为 d 的接地无限大导体平板两边各有一个点电荷 q_1 和 q_2,q_1 到平板的距离为 h_1,q_2 到平板的距离为 h_2。试求:(1)导电平板两边的电位分布;(2)q_1 和 q_2 受到平板的吸引力各为多大?

解:(1) 利用镜像法。由于导体接地,因此其内部电位为零。在给出 q_1 和 q_2 关于无限大接地平面的镜像后,即可求出上下空间的电位分布。

上半空间的电位:

$$\varphi_1 = \frac{q_1}{4\pi\varepsilon_0}\left(\frac{1}{r_1} - \frac{1}{r_1'}\right)$$

其中

$$r_1 = \sqrt{r^2 + (h_1 + d)^2 - 2r(h_1 + d)\cos\theta_1}, \quad r_1' = \sqrt{r^2 + (h_1 - d)^2 + 2r(h_1 - d)\cos\theta_1}$$

下半空间的电位:

$$\varphi_1 = \frac{q_1}{4\pi\varepsilon_0}\left(\frac{1}{r_2} - \frac{1}{r_2'}\right)$$

其中

$$r_2 = \sqrt{r^2 + h_2^2 - 2rh_2\cos\theta_2}, \quad r_2' = \sqrt{r^2 + h_2^2 + 2rh_2\cos\theta_2}$$

(2) q_1 和 q_2 分别受到各自在导体板上感应电荷的作用力,即镜像电荷的作用力。

$$F_1 = \frac{-q_1^2}{16\pi\varepsilon_0 h_1^2}, \quad F_2 = \frac{-q_2^2}{16\pi\varepsilon_0 h_2^2}$$

【考研题 4-15】（北京邮电大学 2008 年）导体槽如图 4-41 所示，侧面保持电位为 U_0，其余两面的电位为零，求槽内电位的解。

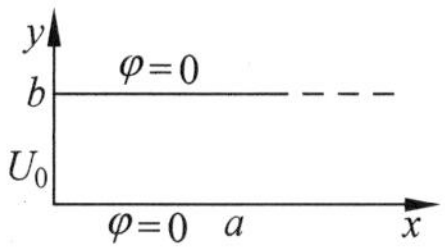

图 4-41　考研题 4-15 图

解：根据题意，槽内二维区域满足的拉普拉斯方程为

$$\nabla^2\varphi=\frac{\partial^2\varphi}{\partial x^2}+\frac{\partial^2\varphi}{\partial y^2}=0$$

应用分离变量法，设 $\varphi(x,y)=X(x)Y(y)$，由于在 y 方向有重复零点，故选取 $Y(y)$ 的通解形式为

$$Y(y)=C_1\sin ky+C_2\cos ky$$

由边界条件 $\varphi(x,0)=0,\varphi(x,b)=0$ 得 $C_2=0,kb=n\pi$，因此 $k=\frac{n\pi}{b}$。

由于 $x\to\infty,\varphi(\infty,y)=0$，故选取 $X(x)=e^{-\frac{n\pi}{b}x}$。因此

$$\varphi(x,y)=\sum_{n=1}^{\infty}C_n e^{-\frac{n\pi}{b}x}\sin\frac{n\pi}{b}y$$

由边界条件 $x=0,\varphi(0,y)=U_0$，因此

$$U_0=\sum_{n=1}^{\infty}C_n\sin\frac{n\pi}{b}y$$

上式两边同乘以 $\sin\frac{m\pi}{b}y$，积分，并利用三角函数的正交性，得

$$U_0\int_0^b\sin\frac{m\pi}{b}y\,dy=\sum_{n=1}^{\infty}\int_0^b C_n\sin\frac{n\pi}{b}y\sin\frac{m\pi}{b}y\,dy$$

于是

$$C_n=\frac{4U_0}{n\pi},\quad n=1,3,5,\cdots$$

$$\varphi(x,y)=\sum_{n=1,3,5,\cdots}^{\infty}\frac{4U_0}{n\pi}e^{-\frac{n\pi}{b}x}\sin\frac{n\pi}{b}y,\quad n=1,3,5,\cdots$$

【考研题 4-16】（北京邮电大学 2009 年）真空中有一半径为 a 的导体球带电荷 Q，在与球心相距为 d 的 P 点有一点电荷 q，$d>a$，试求：

(1) 除 P 点外，球外的电位分布；

(2) 导体球面上的电荷密度。

解：(1) 利用镜像法求解电位。镜像电荷的大小 $q'=-\frac{a}{d}q,d'=\frac{a^2}{d}$。球外除点 P 外任一点（到球心 O 距离为 r）的电位 φ 可分解为一个放在球心的 $-q'$ 与 Q 产生的电位 φ_1，以及电位为零的导体的感应电荷 q' 与点电荷 q 共同产生的电位 φ_2。$\varphi=\varphi_1+\varphi_2$。

$$\varphi_1=\frac{Q-q'}{4\pi\varepsilon_0 r},\quad \varphi_2=\frac{q}{4\pi\varepsilon_0 r_1}+\frac{q'}{4\pi\varepsilon_0 r_2}$$

$$\varphi=\frac{Q-q'}{4\pi\varepsilon_0 r}+\frac{q}{4\pi\varepsilon_0 r_1}+\frac{q'}{4\pi\varepsilon_0 r_2}$$

因此，导体球外任一点的电位为

$$\varphi=\frac{1}{4\pi\varepsilon_0}\left[\frac{dQ+aq}{dr}-\frac{qa}{d\left(r^2+\frac{a^2}{d^2}-2r\frac{a^2}{d}\cos\theta\right)^{1/2}}+\frac{q}{(r^2+d^2-2rd\cos\theta)^{1/2}}\right]$$

其中，θ 为极角，即观察点到球心的连线与电荷 q 到球心连线的夹角。

（2）导体球面上的电荷密度为

$$\rho_s = -\varepsilon_0 \frac{\partial \varphi}{\partial r}\Big|_{r=a}$$

$$= -\varepsilon_0 \frac{\partial}{\partial r}\left\{\frac{1}{4\pi\varepsilon_0}\left[\frac{dQ+aq}{dr} - \frac{qa}{d\left(r^2+\frac{a^2}{d^2}-2r\frac{a^2}{d}\cos\theta\right)^{1/2}} + \frac{q}{(r^2+d^2-2rd\cos\theta)^{1/2}}\right]\right\}\Bigg|_{r=a}$$

$$= \frac{q(a^2-d^2)}{4\pi a(a^2+d^2-2ad\cos\theta)^{3/2}} + \frac{aq+dQ}{4\pi a^2 d}$$

【考研题 4-17】（北京邮电大学 2010 年）由导体板构成一槽形区域，在 y、z 方向无限延伸，其截面如图 4-42(a)所示。试求：此区域中的电位。

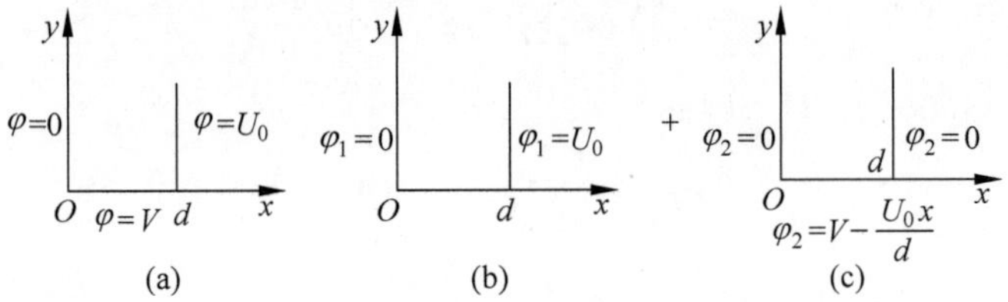

图 4-42 考研题 4-17 图

解：根据题意，槽内二维区域满足的拉普拉斯方程为

$$\nabla^2\varphi = \frac{\partial^2\varphi}{\partial x^2} + \frac{\partial^2\varphi}{\partial y^2} = 0$$

将原问题分解为两个电位的叠加，即图 4-42(b)中一个平行板电容器产生的电位 φ_1 与图 4-42(c)所产生的电位 φ_2 的叠加，$\varphi = \varphi_1 + \varphi_2$。

显然，$\varphi_1 = \dfrac{U_0 x}{d}$，下面求 φ_2。

根据唯一性原理，为维持原问题边界条件不变，对于图 4-42(c)，在 $y=0$ 时的边界条件为 $\varphi_2|_{y=0} = V - \dfrac{U_0 x}{d}$。

应用分离变量法，设 $\varphi_2(x,y) = X(x)Y(y)$，由于在 x 方向有重复零点，并且 $x=0$ 时，$\varphi_2(0,y)=0$，$x=d$ 时，$\varphi_2(d,y)=0$，故选取 $X(y)$的通解形式为

$$Y = \sum_{n=1}^{\infty} B_{1n} \sin\frac{n\pi}{d}x$$

由于在 y 方向 $y\to\infty$，$\varphi(x,\infty)=0$，故选取 $Y(y) = A_1 e^{-\frac{n\pi}{d}y}$，因此

$$\varphi_2(x,y) = \sum_{n=1}^{\infty} C_n \sin\left(\frac{n\pi}{d}x\right) e^{-\frac{n\pi}{d}y}$$

由边界条件 $\varphi_2|_{y=0} = V - \dfrac{U_0 x}{d}$，得

$$V - \frac{U_0 x}{d} = \sum_{n=1}^{\infty} C_n \sin\left(\frac{n\pi}{d}x\right)$$

上式两边同乘以 $\sin\frac{m\pi}{d}x$，积分，并利用三角函数的正交性，得

$$\int_0^d\left(V-\frac{U_0x}{d}\right)\sin\left(\frac{m\pi}{d}x\right)\mathrm{d}x=\sum_{n=1}^{\infty}\int_0^d C_n\sin\left(\frac{n\pi}{d}x\right)\sin\left(\frac{m\pi}{d}x\right)\mathrm{d}x$$

因此

$$\frac{d}{2}C_n=\int_0^d\left(V-\frac{U_0x}{d}\right)\sin\left(\frac{n\pi}{d}x\right)\mathrm{d}x=V\frac{2d}{m\pi}+(-1)^n\frac{dU_0}{n\pi},\quad m=2n-1,n=1,2,3\cdots$$

$$C_n=V\frac{4}{m\pi}+(-1)^n\frac{2U_0}{n\pi},\quad m=2n-1,n=1,2,3\cdots$$

故有

$$\varphi_2(x,y)=\sum_{n=1}^{\infty}\left(V\frac{4}{m\pi}+(-1)^n\frac{2U_0}{n\pi}\right)\sin\left(\frac{n\pi}{d}x\right)\mathrm{e}^{-\frac{n\pi}{d}y},\quad m=2n-1,n=1,2,3\cdots$$

$$\varphi(x,y)=\frac{U_0x}{d}+\sum_{n=1}^{\infty}\left(V\frac{4}{m\pi}+(-1)^n\frac{2U_0}{n\pi}\right)\sin\left(\frac{n\pi}{d}x\right)\mathrm{e}^{-\frac{n\pi}{d}y},\quad m=2n-1,n=1,2,3\cdots$$

【考研题 4-18】（北京邮电大学 2011 年）在介电常数为 ε 的无限大电介质空间中，在半径为 a 带有电荷 q_0 的金属球外 D 处放置点电荷 q，采用镜像法求介质中的电位。

解：选择球坐标系。对应接地的金属球，其表面电位为零，即

$$0=\frac{q}{4\pi\varepsilon(D-a)}+\frac{q'}{4\pi\varepsilon(a-d)}=\frac{q}{4\pi\varepsilon(D+a)}+\frac{q'}{4\pi\varepsilon(a+d)}$$

由此得到镜像电荷的大小及位置为

$$q'=-\frac{a}{D}q,\quad d=\frac{a^2}{D}$$

当金属球不接地并带有电荷 q_0 时，需要在球心放置电荷 q_0-q' 以维持导体球为等势体。故空间任一点的电位为

$$\varphi=\frac{1}{4\pi\varepsilon}\left(\frac{Dq_0+aq}{Dr}-\frac{qa}{Dr_1}+\frac{q}{r_2}\right)$$

其中，r 为观察点到坐标原点的距离，$r_1=\left(r^2+\frac{a^2}{D^2}-2r\frac{a^2}{D}\cos\theta\right)^{1/2}$，$r_2=(r^2+D^2-2rD\cos\theta)^{1/2}$，$\theta$ 为极角，即观察点到球心的连线与 q 到球心连线的夹角。

【考研题 4-19】（北京邮电大学 2011 年）具有均匀电场 $\boldsymbol{E}_0$ 的充满介电常数为 ε 的介质空间中，有一半径为 a 的空气(ε_0)气泡，用分离变量法求介质空间和气泡中的电位和电场分布规律。

解：导体球内电场为零，球外电场为感应电荷产生的电场与原均匀电场之和。

(1) 选择极轴(z 轴)与 $\boldsymbol{E}_0$ 平行，则电位在球坐标系中满足二维拉普拉斯方程

$$\frac{1}{r^2}\frac{\partial}{\partial r}\left(r^2\frac{\partial\varphi}{\partial r}\right)+\frac{1}{r^2\sin\theta}\frac{\partial}{\partial\theta}\left(\sin\theta\frac{\partial\varphi}{\partial\theta}\right)=0$$

(2) 上式的通解表示式为

$$\varphi_1(r,\theta)=\sum_{n=0}^{\infty}[C_{1n}r^nP_n(\cos\theta)+C_{2n}r^{-(n+1)}P_n(\cos\theta)]$$

$$\varphi_2(r,\theta)=\sum_{n=0}^{\infty}[C_{3n}r^nP_n(\cos\theta)+C_{4n}r^{-(n+1)}P_n(\cos\theta)]$$

(3) 边界条件。

① $r\to 0$ 时，$\varphi_1<\infty$，则

$$\varphi(a,\theta)=0$$

② 在 $r\to\infty$ 处，由 $\boldsymbol{E}=-\nabla\varphi_2=-\boldsymbol{e}_z\dfrac{\partial\varphi_2}{\partial z}=-\boldsymbol{e}_z\dfrac{\partial(-E_0 z)}{\partial z}=\boldsymbol{e}_z E_0$，则

$$\varphi_2(\infty,\theta)=-E_0 z=-E_0 r\cos\theta$$

③ $r=a$ 时，

$$\varphi_1=\varphi_2$$

④ $r=a$ 时，

$$D_{1\mathrm{n}}=D_{2\mathrm{n}}$$

(4) 由边界条件确定常数。

首先采用直接比较方法

① 由 $r\to\infty$，$\varphi_2(\infty,\theta)=-E_0 r\cos\theta$，且 $P_1(\cos\theta)=\cos\theta$，则 $n=1$，$C_{31}=-E_0$，因此

$$\varphi_2=-E_0 r\cos\theta+C_{41}r^{-2}\cos\theta$$

② 由 $r\to 0$ 时，$\varphi_1<\infty$，则 $C_{2n}=0$，得

$$\varphi_1=C_{11}r\cos\theta$$

③ 由 $r=a$ 时，$\varphi_1=\varphi_2$，利用 $P_n(\cos\theta)$的正交性，得

$$C_{11}a\cos\theta=-E_0 a\cos\theta+C_{41}a^{-2}\cos\theta$$

④ 由 $r=a$ 时，$D_{1\mathrm{n}}=D_{2\mathrm{n}}$，得

$$\varepsilon_0 C_{11}=-\varepsilon E_0-2\varepsilon C_{41}a^{-3}$$

联立以上两式，即得

$$C_{11}=\frac{-3\varepsilon}{\varepsilon_0+2\varepsilon}E_0,\quad C_{41}=\frac{\varepsilon_0-\varepsilon}{\varepsilon_0+2\varepsilon}E_0 a^3$$

于是，各区域的电位为

$$\varphi_1=\frac{-3\varepsilon}{\varepsilon_0+2\varepsilon}E_0 r\cos\theta,\quad \varphi_2=-E_0 r\cos\theta+\frac{\varepsilon_0-\varepsilon}{\varepsilon_0+2\varepsilon}E_0 a^3 r^{-2}\cos\theta$$

根据 $\boldsymbol{E}=-\nabla\varphi=-\boldsymbol{e}_r\dfrac{\partial\varphi}{\partial r}-\boldsymbol{e}_\theta\dfrac{1}{r}\dfrac{\partial\varphi}{\partial\theta}$，各区域的电场为

$$\boldsymbol{E}_1=\frac{3\varepsilon}{\varepsilon_0+2\varepsilon}E_0\boldsymbol{e}_z$$

$$\boldsymbol{E}_2=-\boldsymbol{e}_z E_0+\frac{\varepsilon_0-\varepsilon}{\varepsilon_0+2\varepsilon}E_0\left(\frac{a}{r}\right)^3(\boldsymbol{e}_r 2\cos\theta+\boldsymbol{e}_\theta\sin\theta)$$

【考研题 4-20】 (北京航空航天大学 2003 年)已知球坐标系中一个半径为 a 的球面具有电荷密度分布 $\eta=\eta_0\cos\theta$，球内外无电荷。求球内外的电场强度。

解：球坐标系下解的一般形式为

$$\varphi(r,\theta)=\sum_{n=0}^{\infty}(A_n r^n+B_n r^{-(n+1)})P_n(\cos\theta)$$

设球外电位为 φ_1，球内电位为 φ_2。根据球面上的电位移矢量法向分量的边界条件

$$r=a,\quad \frac{\partial\varphi_2}{\partial r}-\frac{\partial\varphi_1}{\partial r}=\frac{\eta_0\cos\theta}{\varepsilon_0}$$

又因为 $P_1(\cos\theta)=\cos\theta$，因此，选择试探解为

$$\varphi(r,\theta)=(Ar^n+Br^{-2})\cos\theta$$

故可考虑 $r\to0$ 时电位 φ_2 有限，$r\to\infty$ 时，$\varphi_1\to0$，因此

$$\varphi_1(r,\theta)=\frac{B_1}{r^2}\cos\theta,\quad \varphi_2(r,\theta)=A_2r\cos\theta$$

利用边界条件：$r=a,\varphi_1=\varphi_2$，得

$$\frac{B_1}{a^2}\cos\theta=A_2a\cos\theta$$

利用边界条件：$r=a,\dfrac{\partial\varphi_2}{\partial r}-\dfrac{\partial\varphi_1}{\partial r}=\dfrac{\eta_0\cos\theta}{\varepsilon_0}$，得

$$A_2\cos\theta+2\frac{B_1}{a^3}\cos\theta=\frac{\eta_0\cos\theta}{\varepsilon_0}$$

联立以上两式，得

$$B_1=\frac{\eta_0}{3\varepsilon_0}a^3,\quad A_2=\frac{\eta_0}{3\varepsilon_0}$$

因此，电位分布为

$$\varphi_1(r,\theta)=\frac{\eta_0}{3\varepsilon_0r^2}a^3\cos\theta,\quad r>a$$

$$\varphi_2(r,\theta)=\frac{\eta_0}{3\varepsilon_0}r\cos\theta,\quad r<a$$

故球内外电场分别为

$$\boldsymbol{E}_1=-\nabla\varphi_1=\frac{\eta_0}{3\varepsilon_0r^3}a^3[\boldsymbol{e}_r2\cos\theta+\boldsymbol{e}_\phi\sin\theta],\quad r>a$$

$$\boldsymbol{E}_2=-\nabla\varphi_2(r,\theta)=-\frac{\eta_0}{3\varepsilon_0}[\boldsymbol{e}_r2\cos\theta-\boldsymbol{e}_\phi\sin\theta],\quad r<a$$

【考研题 4-21】 (南京航空航天大学 2008 年)空气中有一个点电荷 q，离地面(认为是理想导体)高度为 h，求：

(1) 在地面引起的感应电荷密度；

(2) 地面上的感应电荷总量为多少？

解：(1) 利用镜像法。如图 4-43 所示。

设分界面上的点 M 距离原点为 x，该点的电场由电荷 q 及其镜像电荷 $-q$ 产生，电场的法向分量为

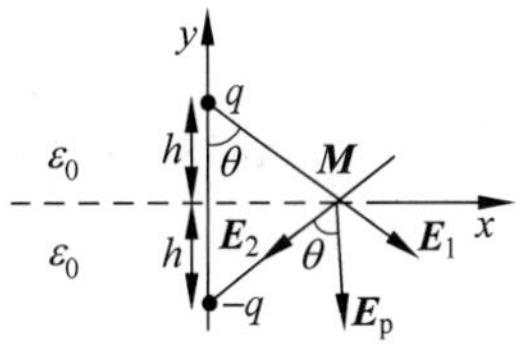

图 4-43 考研题 4-21 图

$$E_\text{p}=2\frac{q}{4\pi\varepsilon_0r^2}\cos\theta=\frac{qh}{2\pi\varepsilon_0(h^2+x^2)^{3/2}}$$

故在地面引起的感应电荷密度为

$$\sigma=\varepsilon_0 E_{\mathrm{p}}=-\frac{qh}{2\pi(h^2+x^2)^{3/2}}$$

(2) 地面上的感应电荷总量为

$$q'=\iint_S \sigma \mathrm{d}S=-\int_0^{\infty}\frac{qh}{2\pi(h^2+x^2)^{3/2}}2\pi x\,\mathrm{d}x=qh\left.\frac{1}{(h^2+x^2)^{1/2}}\right|_0^{\infty}=-q$$

【考研题 4-22】 (北京邮电大学 2001 年)半径分别为 r_1、r_2,厚度为 h,张角为 α_0 的扇形电阻片(其电导率为 σ),如图 4-44 所示。试求出两种不同极板(金属板,不计其电阻)放置方法对应的该电阻片的电阻 R。

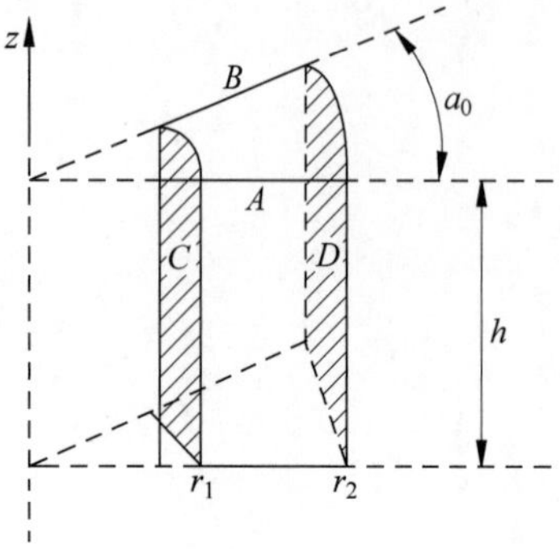

图 4-44 考研题 4-22 图

(1) 两极板分别置于 A、B 两平面上。

(2) 两极板分别置于 C、D 两平面上(圆弧面上)。

解:(1) 两极板分别置于 A 面($\alpha=0,\varphi=0$)、B 面($\alpha=\alpha_0,\varphi=U_0$)上,在柱坐标系下根据轴对称关系,电位及电场均为 α 的函数,于是,电位的拉普拉斯方程为

$$\nabla^2\varphi(\alpha)=\frac{1}{r^2}\frac{\mathrm{d}^2\varphi}{\mathrm{d}\alpha^2}=0$$

其解为

$$\varphi(\alpha)=C_1\alpha+C_2$$

其中,C_1、C_2 为待定常数。利用边界条件 $\alpha=0,\varphi=0$;$\alpha=\alpha_0,\varphi=U_0$,则

$$\varphi(\alpha)=\left(\frac{U_0}{\alpha_0}\right)\alpha$$

故电场为

$$\boldsymbol{E}=-\nabla\varphi(\alpha)=-\boldsymbol{e}_\alpha\frac{1}{r}\frac{\mathrm{d}\varphi}{\mathrm{d}\alpha}=-\frac{U_0}{\alpha_0 r}\boldsymbol{e}_\alpha$$

根据欧姆定律

$$\boldsymbol{J}=\sigma\boldsymbol{E}=-\sigma\frac{U_0}{\alpha_0 r}\boldsymbol{e}_\alpha$$

故电流为

$$I=\iint_S \boldsymbol{J}\,\mathrm{d}\boldsymbol{S}=-\int_{r_1}^{r_2}\frac{U_0}{\alpha_0 r}\sigma h\,\mathrm{d}r=-\frac{U_0}{\alpha_0}\sigma h\ln\frac{r_2}{r_1}$$

由于电场方向与 d$\boldsymbol{S}$ 法线方向相反故出现负号。因此,该电阻片的电阻为

$$R=-\frac{U_0}{I}=\frac{\alpha_0}{\sigma h\ln(r_2/r_1)}$$

(2) 当两极板分别置于 C、D 两平面上(圆弧面上)时,电位及电场均为 r 的函数,于是,电位的拉普拉斯方程为

$$\nabla^2\varphi(r)=\frac{1}{r}\frac{\mathrm{d}}{\mathrm{d}r}\left[r\frac{\mathrm{d}\varphi(r)}{\mathrm{d}r}\right]=0$$

其解为

$$\varphi(r)=D_1\ln r+D_2$$

设 $r=r_1$ 时,$\varphi(r_1)=D_1\ln r_1+D_2=U_0$;$r=r_2$ 时,$\varphi(r_2)=D_1\ln r_2+D_2=0$,则有

$$D_1=\frac{U_0}{\ln(r_1/r_2)},\quad D_2=-D_1\ln(r_2)$$

因此

$$\varphi(r)=\frac{U_0}{\ln(r_1/r_2)}\ln\frac{r}{r_2}$$

故电场为

$$\boldsymbol{E}=-\nabla\varphi(r)=-\boldsymbol{e}_r\frac{\mathrm{d}\varphi}{\mathrm{d}r}=-\frac{U_0}{\ln(r_1/r_2)}\frac{1}{r}\boldsymbol{e}_r$$

根据欧姆定律

$$\boldsymbol{J}=\sigma\boldsymbol{E}=-\frac{\sigma U_0}{\ln(r_1/r_2)}\frac{1}{r}\boldsymbol{e}_r$$

故电流为

$$I=\iint_S\boldsymbol{J}\cdot\mathrm{d}\boldsymbol{S}=\frac{\sigma U_0}{\ln(r_2/r_1)}\int_0^{\alpha_0}\frac{1}{r}\sigma hr\,\mathrm{d}\alpha=\frac{\sigma h\alpha_0U_0}{\ln(r_2/r_1)}$$

因此,该电阻片的电阻为

$$R=\frac{U_0}{I}=\frac{\ln(r_2/r_1)}{\sigma h\alpha_0}$$

【考研题 4-23】 (*石油大学 1998 年*)有一个无限大均匀带电平面,自由面密度为σ,平面上半空间与下半空间的介电常数分别为ε_1和ε_2,取平面的电位为零。试根据拉普拉斯方程求解电位分布和界面上的束缚电荷密度。

解:如图 4-45 所示,由于空间沿x、y方向无限大,电位仅为z的函数,故一维的拉普拉斯方程及其解为

$$\frac{\mathrm{d}^2\varphi}{\mathrm{d}z^2}=0,\quad \varphi=-Az+B$$

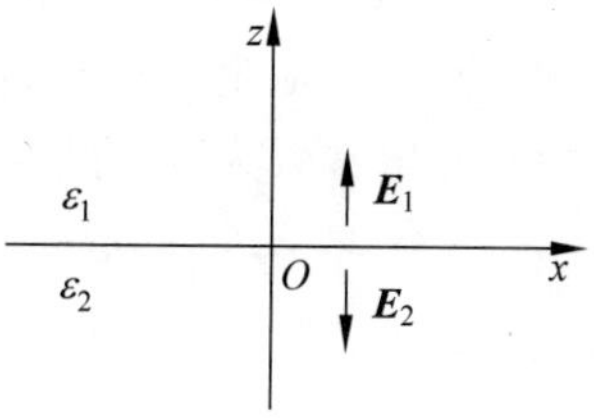

图 4-45 考研题 4-23 图

因为平面的电位为零,即$\varphi\big|_{z=0}=0$,故$B=0$。考虑到电位的连续性,则

$$\varphi_1=-Az,\quad z>0$$
$$\varphi_2=Az,\quad z<0$$

如图 4-45 所示,根据对称性,取上下空间的电场分别为

$$\boldsymbol{E}_1=-\frac{\mathrm{d}\varphi}{\mathrm{d}z}=A\boldsymbol{e}_z,\quad z>0$$

$$\boldsymbol{E}_2=-\frac{\mathrm{d}\varphi}{\mathrm{d}z}=-A\boldsymbol{e}_z,\quad z<0$$

应用电位移矢量的边界条件,有

$$\varepsilon_1E_1+\varepsilon_2E_2=\sigma$$

即

$$\varepsilon_1A+\varepsilon_2A=\sigma$$

所以

$$A=\frac{\sigma}{\varepsilon_1+\varepsilon_2}$$

故电位分布为

$$\varphi_1=-\frac{\sigma}{\varepsilon_1+\varepsilon_2}z,\quad z>0$$

$$\varphi_2=\frac{\sigma}{\varepsilon_1+\varepsilon_2}z,\quad z<0$$

因此,上下半空间的电场分别为

$$\boldsymbol{E}_1=\frac{\sigma}{\varepsilon_1+\varepsilon_2}\boldsymbol{e}_z,\quad z>0$$

$$\boldsymbol{E}_2=-\frac{\sigma}{\varepsilon_1+\varepsilon_2}\boldsymbol{e}_z,\quad z<0$$

上下半空间的极化强度分别为

$$\boldsymbol{P}_1=(\varepsilon_1-\varepsilon_0)\boldsymbol{E}_1=\frac{(\varepsilon_1-\varepsilon_0)\sigma}{\varepsilon_1+\varepsilon_2}\boldsymbol{e}_z,\quad z>0$$

$$\boldsymbol{P}_2=(\varepsilon_2-\varepsilon_0)\boldsymbol{E}_2=-\frac{(\varepsilon_2-\varepsilon_0)\sigma}{\varepsilon_1+\varepsilon_2}\boldsymbol{e}_z,\quad z<0$$

界面上的束缚电荷密度为

$$\sigma_{\mathrm{P1}}=\boldsymbol{P}_1\cdot(-\boldsymbol{e}_z)=-\frac{(\varepsilon_1-\varepsilon_0)\sigma}{\varepsilon_1+\varepsilon_2},\quad z=0_+$$

$$\sigma_{\mathrm{P2}}=\boldsymbol{P}_2\cdot\boldsymbol{e}_z=-\frac{(\varepsilon_2-\varepsilon_0)\sigma}{\varepsilon_1+\varepsilon_2}\boldsymbol{e}_z,\quad z=0_-$$

【考研题 4-24】 (北京邮电大学 2012 年)如图 4-46(a)所示,一接地导体由位于 yz 平面的无限大接地金属平板和半径为 a 的金属半球组成,球心位于坐标原点; xz 平面以下充满相对介电常数为 ε_r 的绝缘油质; 导体球外距球心 b 处的空气中有一点电荷 q 位于 x_0,y_0,z_0($x_0^2+y_0^2+z_0^2=b^2$),试写出决定球外任意点 $P(x,y,z)$处电位的电荷量(包括电荷和像电荷)及位置。

解:(1) 如果点 $P(x,y,z)$在 xz 平面以下的绝缘油质中,则根据镜像法,xz 平面以上应充满相对介电常数为 ε_r 的油质,如图 4-46(b)所示,$q(x_0,y_0,z_0)$在(x_0,y_0,z_0)处的镜像电荷为 $q''=\frac{\varepsilon_2-\varepsilon_1}{\varepsilon_1+\varepsilon_2}q$。因此,位于$(x_0,y_0,z_0)$处的总电荷为

$$Q=q+q''=q+\frac{\varepsilon_2-\varepsilon_1}{\varepsilon_1+\varepsilon_2}q=\frac{2\varepsilon_2}{\varepsilon_1+\varepsilon_2}q$$

考虑球面镜像,Q 的镜像电荷 Q_1' 在球心 O 与(x_0,y_0,z_0)的连线上,并距离球心$\frac{a^2}{b}$的位置,电荷量为 $Q_1'=-\frac{a}{b}Q$。

考虑平面镜像,Q 的镜像电荷 Q_2' 在$(-x_0,y_0,z_0)$处,$Q_2'=-Q$。

Q_1' 的平面镜像电荷 Q_3' 与 Q_1' 关于 yOz 平面对称,在球心与$(-x_0,y_0,z_0)$的连线上,并距离球心$\frac{a^2}{b}$,$Q_3'=-Q_1'=\frac{a}{b}Q$,并且 $Q_3'=-\frac{a}{b}Q_2'$。

(2) 如果点 $P(x,y,z)$在 xz 平面以上的空气中,则根据镜像法,xz 平面以下应充满空

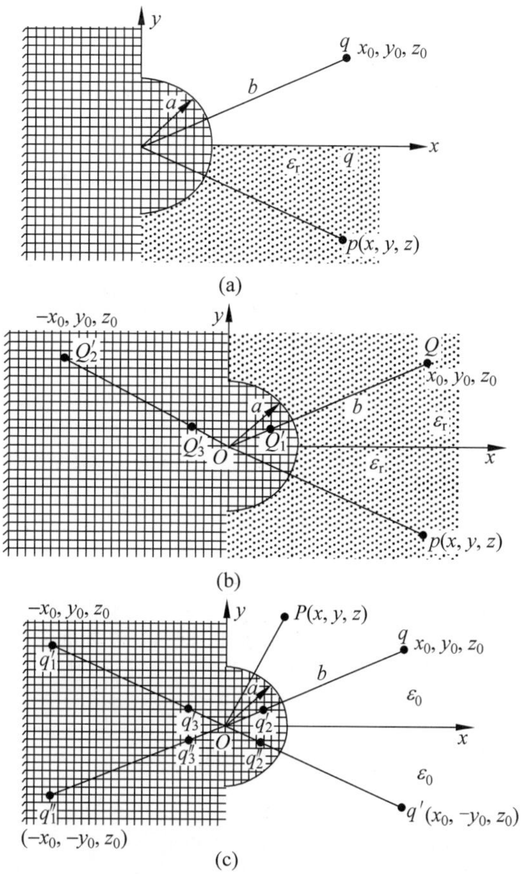

图 4-46 考研题 4-24 图

气，如图 4-46(c)所示，由介质镜像，$q(x_0, y_0, z_0)$在$(x_0, -y_0, z_0)$处的镜像电荷为 $q'=\dfrac{\varepsilon_1-\varepsilon_2}{\varepsilon_1+\varepsilon_2}q$。

考虑平面镜像，q 的镜像电荷 q_1'在$(-x_0, y_0, z_0)$处，$q_1'=-q$。

考虑球面镜像，q 的镜像电荷 q_2'在球心 O 与(x_0, y_0, z_0)的连线上，并距离球心$\dfrac{a^2}{b}$的位置，电荷量为 $q_2'=-\dfrac{a}{b}q$。

q_2'的平面镜像电荷 q_3'与 q_2'关于 yOz 平面对称，在球心与$(-x_0, y_0, z_0)$的连线上，并距离球心$\dfrac{a^2}{b}$，$q_3'=-q_2'=\dfrac{a}{b}q$，并且 $q_3'=-\dfrac{a}{b}q_1'=\dfrac{a}{b}q$。

考虑平面镜像，q'的镜像电荷 q_1''在$(-x_0, -y_0, z_0)$处，$q_1''=-q'$。

考虑球面镜像，q'的镜像电荷 q_2''在球心 O 与$(x_0, -y_0, z_0)$的连线上，并距离球心$\dfrac{a^2}{b}$的位置，电荷量为 $q_2''=-\dfrac{a}{b}q'$。

q_2''的平面镜像电荷 q_3''与 q_2''关于 yOz 平面对称，在球心与$(-x_0, -y_0, z_0)$的连线上，

并距离球心$\frac{a^2}{b}$，$q''_3=-q''_2=\frac{a}{b}q'$，并且 $q''_3=-\frac{a}{b}q''_1=\frac{a}{b}q'$。

【考研题 4-25】 (北京邮电大学 2014 年)回答如下问题：

(1) 设有无限长金属直圆柱截面半径为 a，距离圆柱轴线为 d 处有一电荷密度为 ρ 的线电荷平行于直圆柱轴线放置，如图 4-47(a)所示。请采用镜像法求出像线电荷及空间的电位分布。

(2) 两根平行无限长且截面半径都为 a 的轴线间距为 $D(D>2a)$ 的金属直圆柱，如图 4-47(b)所示。请采用镜像法求出两根金属直圆柱间的单位电容。

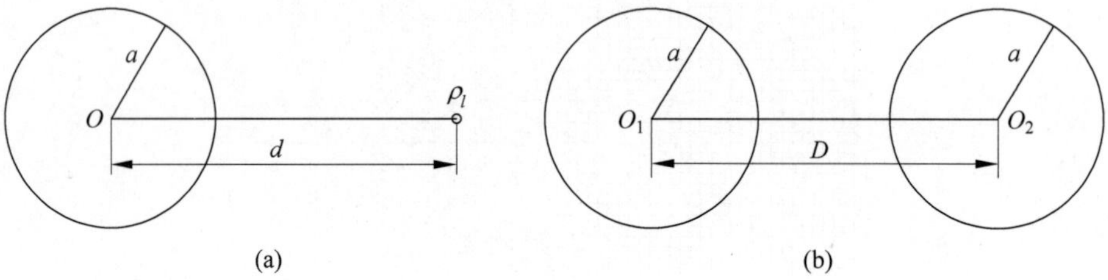

图 4-47 考研题 4-25 图 1

解：(1) 设镜像线电荷 ρ' 平行于导体直圆柱的轴线，距离轴线为 f，利用柱面镜像法，则

$$\rho'=-\rho,\quad f=\frac{a^2}{d}$$

导体直圆柱外任一点的电位由 ρ' 和 ρ 共同产生，即

$$\varphi=\frac{\rho}{2\pi\varepsilon_0}\ln\frac{r_2}{r_1}$$

其中，r_1 为观察点到线电荷 ρ 的距离，r_2 为观察点到线电荷 ρ' 的距离。

圆柱体为等势体，导体直圆柱内的电位为常数。

(2) 设两金属直圆柱间电位 V，如图 4-48 所示。

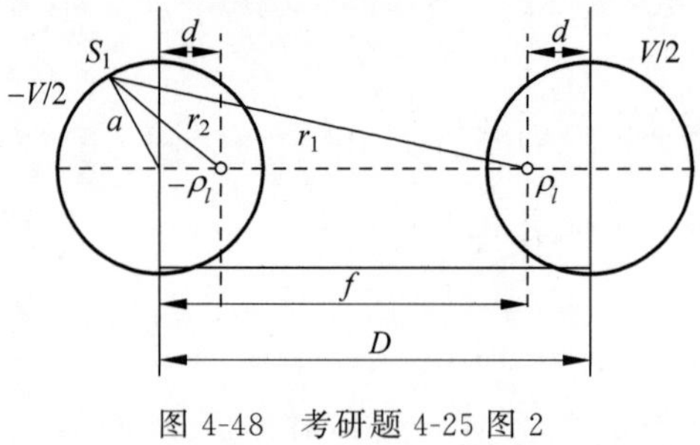

图 4-48 考研题 4-25 图 2

由于两导线均为等位面，且对称，故取电位零点在两导线中心。设两镜像电荷 $-\rho_l$ 及 ρ_l 到左边导线轴心的距离分别为 d、f，根据柱面镜像得到左、右两导线的电位为

$$\varphi_{S1}=\frac{\rho_l}{2\pi\varepsilon_0}\ln\frac{r_2}{r_1}=\frac{\rho_l}{2\pi\varepsilon_0}\ln\frac{a}{f}=-\frac{V}{2},\quad \varphi_{S2}=\frac{V}{2}$$

其中，r_1、r_2 分别为左边导线上任一点 S_1 到线电荷 ρ_l 及 $-\rho_l$ 的垂直距离，所以

$$\rho_l=\frac{\pi\varepsilon_0 V}{\ln\frac{f}{a}}$$

根据柱面镜像得 $d=\dfrac{a^2}{f}$，又 $f+d=D$，所以

$$f=\frac{D+\sqrt{D^2-4a^2}}{2},\quad d=\frac{D-\sqrt{D^2-4a^2}}{2}$$

因此，两导体直圆柱之间的单位长度电容为

$$C_0=\frac{\rho_l}{U}=\frac{\rho_l}{\varphi_{S1}-\varphi_{S2}}=\pi\varepsilon_0/\ln\left(\frac{f}{a}\right)=\pi\varepsilon_0/\ln\left(\frac{D+\sqrt{D^2-4a^2}}{2a}\right)$$

【考研题 4-26】 (北京邮电大学 2014 年)如图 4-49 所示，有一无限长半径为 b 的薄导体直圆筒(可以认为圆筒壁厚为零)等分为相互绝缘的两部分，各自带电 V_0 和 $-V_0$，试求出筒内外的电势分布。

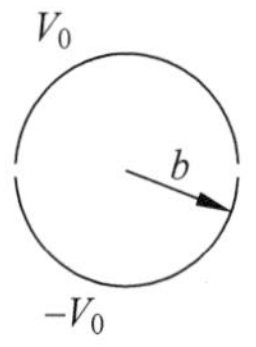

图 4-49 考研题 4-26 图

解：因导体圆筒面无限长，故电位与 z 无关，筒内电位的通解为

$$U=\sum_{n=1}^{\infty}[(A_n\sin n\phi+B_n\cos n\phi)r^n+(C_n\sin n\phi+D_n\cos n\phi)r^{-n}]$$

边界条件为

$$r=0,\quad U\text{ 为有限值}$$

$$r=a,\quad U(a,\phi)=\begin{cases}-V_0, & 0<\phi<\pi\\ V_0, & \pi<\phi<2\pi\end{cases}$$

由条件 $r=0$，U 为有限值，得

$$C_n=D_n=0$$

又由 $U(a,\phi)$ 的表达式知，U 是 ϕ 的奇函数，所以 U 表达式中不该有余弦项，即 $B_n=0$。因此

$$U=\sum_{n=1}^{\infty}A_n a^n\sin n\phi$$

其中，A_n 可由 $U(a,\phi)$ 的表达式确定：

$$U(a,\phi)=\sum_{n=1}^{\infty}A_n a^n\sin n\phi=\begin{cases}-V_0, & 0<\phi<\pi\\ V_0, & \pi<\phi<2\pi\end{cases}$$

解得

$$A_n a^n=\begin{cases}0, & n\text{ 为偶数}\\ -\dfrac{4U_0}{n\pi}, & n\text{ 为奇数}\end{cases}$$

所以

$$U=-\sum_{n=1,3,5,\cdots}^{\infty}\frac{4V_0}{n\pi}(r/a)^n\sin n\phi$$

由于电场线分布在筒内区域，无限远处电位为零，故筒外电位为零。

【考研题 4-27】 (西安电子科技大学 2011 年)一段由理想导体构成的同轴线，内导体半径为 a，外导体半径为 b，长度为 L，同轴线两端用理想导体板短路。已知在 $a\leqslant r\leqslant b$，$0\leqslant z\leqslant L$ 区域内的电磁场为 $\boldsymbol{E}=\boldsymbol{e}_r\dfrac{A}{r}\sin kz$，$\boldsymbol{H}=\boldsymbol{e}_\phi\dfrac{B}{r}\cos kz$。

(1) 确定 A、B 间的关系。

(2) 确定 k。

(3) 求 $r=a$，$r=b$ 面上的 ρ_s、$\boldsymbol{J}_s$。

解：(1) 在圆柱坐标系下，根据麦克斯韦第二方程 $\nabla\times\boldsymbol{E}=-\mathrm{j}\omega\mu\boldsymbol{H}$，得

$$\boldsymbol{H}=\frac{\mathrm{j}}{\omega\mu}\nabla\times\boldsymbol{E}=\boldsymbol{e}_\phi\frac{\mathrm{j}kA}{\omega\mu r}\cos kz$$

将上式与 $\boldsymbol{H}=\boldsymbol{e}_\phi\dfrac{B}{r}\cos kz$ 对比，并利用 $k=\omega\sqrt{\varepsilon\mu}$ 可得

$$A=\frac{\omega\mu}{\mathrm{j}k}B=-\mathrm{j}\sqrt{\frac{\mu}{\varepsilon}}B=-\mathrm{j}\eta B$$

其中，η 是同轴线的特性阻抗。

(2) 由于同轴线两端用理想导体板短路，故其两端的切向电场为零，即

$$\boldsymbol{E}\Big|_{z=L}=\boldsymbol{e}_r\frac{A}{r}\sin kL=0$$

因此可知 $k=\dfrac{n\pi}{L}$，$n=1,2,3,\cdots$。

(3) 在 $r=a$ 面上，有

$$\rho_s=\boldsymbol{e}_n\cdot D=\boldsymbol{e}_r\cdot\boldsymbol{e}_r\frac{\varepsilon A}{a}\sin kz=\frac{\varepsilon A}{a}\sin kz$$

$$\boldsymbol{J}_s=\boldsymbol{e}_n\times\boldsymbol{H}=\boldsymbol{e}_r\times\boldsymbol{e}_\phi\frac{B}{a}\cos kz=\boldsymbol{e}_z\frac{B}{a}\cos kz$$

在 $r=b$ 面上，有

$$\rho_s=\boldsymbol{e}_n\cdot D=-\boldsymbol{e}_r\cdot\boldsymbol{e}_r\frac{\varepsilon A}{b}\sin kz=-\frac{\varepsilon A}{b}\sin kz$$

$$\boldsymbol{J}_s=\boldsymbol{e}_n\times\boldsymbol{H}=-\boldsymbol{e}_r\times\boldsymbol{e}_\phi\frac{B}{b}\cos kz=-\boldsymbol{e}_z\frac{B}{b}\cos kz$$

【考研题 4-28】 (北京邮电大学 2021 年)空气中有一个半径为 5cm 的金属球，其上带有 1μC 的电荷，在距离球心 15cm 处，另有一带电量也为 1μC 的点电荷。试求：

(1) 球心处的电位；

(2) 球外点电荷受到的作用力。

解：设金属球半径为 a，带电为 $Q=1\mu\mathrm{C}$，球外点电荷为 $q=1\mu\mathrm{C}$，镜像电荷为 q'。

$$q'=-\frac{a}{d}q=-\frac{1}{3}\mu\mathrm{C}$$

(1) 导体球是一个等势体，其电位为

$$\varphi=\frac{1}{4\pi\varepsilon_0}\frac{Q-q'}{a}=2.39\times105\mathrm{V}$$

(2) 球外点电荷受到的作用力为

$$\varphi=\frac{q}{4\pi\varepsilon_0}\left[\frac{Q-q'}{d^2}+\frac{q'}{(d-b)^2}\right]=0.364\mathrm{N}$$

其中，$b=\dfrac{a^2}{d}=\dfrac{5}{3}\mathrm{cm}$。

第5章 时变电磁场

CHAPTER 5

5.1 内容提要及学习要点

时变的电场和磁场可以相互转换并摆脱源的束缚而向外传播，即电磁波。借助于波动方程可以融合电场与磁场的耦合；而借助于复矢量，可以简化对时间变量的分析。本章主要掌握麦克斯韦方程组的表述、物理意义及典型应用，掌握将矢量方程转化为标量方程的方法；理解时变电场和时变磁场的相互转化规律，掌握时变电磁场的复数形式及其在分析电磁场问题中的应用；熟练掌握坡印亭定理及其应用；理解电磁场的边界条件，理解能量守恒与转化定律、位函数及波动方程等；理解传导电流、运流电流和位移电流的含义。

5.1.1 麦克斯韦方程组

电磁波是电磁场的运动形式。麦克斯韦方程组描述了电磁场的变化规律，以及场与源的关系。麦克斯韦电磁理论的基础是库仑定律、毕奥-萨伐尔定律（或安培定律）及法拉第电磁感应定律等三大实验定律，其主要内容包括法拉第电磁感应定律、广义安培环路定律、高斯定律、磁通连续性原理及一些本构关系等。

散度定理和斯托克斯定理是建立联系麦克斯韦方程组微分形式和积分形式的桥梁。

1. 麦克斯韦方程组的积分形式

$$\begin{cases}\oint_l \boldsymbol{H}\cdot \mathrm{d}\boldsymbol{l}=\iint_S\left(\boldsymbol{J}+\dfrac{\partial \boldsymbol{D}}{\partial t}\right)\cdot \mathrm{d}\boldsymbol{S}\\ \oint_l \boldsymbol{E}\cdot \mathrm{d}\boldsymbol{l}=-\dfrac{\partial}{\partial t}\iint_S \boldsymbol{B}\cdot \mathrm{d}\boldsymbol{S}\\ \oiint_S \boldsymbol{D}\cdot \mathrm{d}\boldsymbol{S}=\iiint_V \rho \mathrm{d}V\\ \oiint_S \boldsymbol{B}\cdot \mathrm{d}\boldsymbol{S}=0\end{cases} \tag{5-1}$$

通常，无源的情况是指外加电流源 $\boldsymbol{J}$、电荷源 ρ 为零。但需注意，在有耗媒质中的 $\boldsymbol{J}=\sigma\boldsymbol{E}$ 不能视为源。

2. 麦克斯韦方程组的微分形式

$$\begin{cases}\nabla\times \boldsymbol{H}=\boldsymbol{J}+\dfrac{\partial \boldsymbol{D}}{\partial t}\\ \nabla\times \boldsymbol{E}=-\dfrac{\partial \boldsymbol{B}}{\partial t}\\ \nabla\cdot \boldsymbol{D}=\rho\\ \nabla\cdot \boldsymbol{B}=0\end{cases} \tag{5-2}$$

位移电流

$$\boldsymbol{J}_{\mathrm{d}}=\frac{\partial \boldsymbol{D}}{\partial t}=\varepsilon_0\frac{\partial \boldsymbol{E}}{\partial t}+\frac{\partial \boldsymbol{P}}{\partial t} \tag{5-3}$$

注意,位移电流 $\boldsymbol{J}_{\mathrm{d}}$ 由变化的电场产生,是一种电流密度。

通过麦克斯韦方程组可以得到结论:时变电场有旋也有散,电场线可以闭合,也可以不闭合;而时变磁场有旋无散,磁感线总是闭合的。闭合的电场线和闭合的磁感线相互铰链,不闭合的电场线从正电荷出发,而终止于负电荷或无穷远处。闭合的磁感线要么与电流铰链,要么与电场线铰链。在没有电荷及电流源的区域,时变电场和时变磁场都是有旋无散的,电场线和磁感线相互铰链,自行闭合。

3. 媒质的本构方程

$$\begin{cases}\boldsymbol{D}=\varepsilon_0\boldsymbol{E}+\boldsymbol{P}\\ \boldsymbol{B}=\mu_0(\boldsymbol{H}+\boldsymbol{P}_{\mathrm{m}})\\ \boldsymbol{J}=\sigma\boldsymbol{E}\end{cases} \tag{5-4}$$

在均匀、线性、各向同性的媒质中

$$\begin{cases}\boldsymbol{D}=\varepsilon\boldsymbol{E}\\ \boldsymbol{B}=\mu\boldsymbol{H}\\ \boldsymbol{J}=\sigma\boldsymbol{E}\end{cases} \tag{5-5}$$

4. 时变电磁场的特点

(1) 电场和磁场互为对方的涡旋(旋度)源。交变磁场的源包括交变的电场和电流(电流包括外加电流源和传导电流等),场源之间是右手螺旋关系;交变电场的源包括交变的磁场和电荷,场和涡旋源之间是左手螺旋关系。

(2) 电场和磁场共存,不可分割。

(3) 电场线和磁感线相互环绕。

5.1.2 时变电磁场的边界条件

边界条件包括法向和切向两类,记忆和理解方法与静态场的情况类似。

$$\begin{cases}\boldsymbol{e}_{\mathrm{n}}\cdot(\boldsymbol{D}_1-\boldsymbol{D}_2)=\rho_{\mathrm{s}}\\ \boldsymbol{e}_{\mathrm{n}}\cdot(\boldsymbol{B}_1-\boldsymbol{B}_2)=0\\ \boldsymbol{e}_{\mathrm{n}}\times(\boldsymbol{E}_1-\boldsymbol{E}_2)=0\\ \boldsymbol{e}_{\mathrm{n}}\times(\boldsymbol{H}_1-\boldsymbol{H}_2)=\boldsymbol{J}_{\mathrm{s}}\end{cases} \tag{5-6}$$

对于理想导体表面而言,其边界条件为

$$\begin{cases} \boldsymbol{e}_n \times \boldsymbol{E} = 0 \\ \boldsymbol{e}_n \times \boldsymbol{H} = \boldsymbol{J}_s \\ \boldsymbol{e}_n \cdot \boldsymbol{D} = \rho_s \\ \boldsymbol{e}_n \cdot \boldsymbol{B} = 0 \end{cases} \tag{5-7}$$

复矢量形式的边界条件与瞬时表示形式的边界条件在形式上完全一样。注意，电磁场法向分量的边界条件和电磁场切向分量的边界条件并不独立。

另外，磁场的切向分量与电流密度之间是相互铰链的关系，既同时位于分界面的切平面上，又相互垂直正交，因此，在应用磁场的切向分量的边界条件时还要注意方向，即积分回路的方向与电流方向呈右手螺旋关系。

5.1.3 时谐电磁场及麦克斯韦方程组的复数形式

麦克斯韦方程组的复数形式为

$$\begin{cases} \nabla\times \boldsymbol{H} = \boldsymbol{J} + \mathrm{j}\omega \boldsymbol{D} \\ \nabla\times \boldsymbol{E} = -\mathrm{j}\omega \boldsymbol{B} \\ \nabla\cdot \boldsymbol{D} = \rho \\ \nabla\cdot \boldsymbol{B} = 0 \\ \nabla\cdot \boldsymbol{J} + \mathrm{j}\omega\rho = 0 \end{cases} \tag{5-8}$$

常用运算符：$\dfrac{\partial}{\partial t}\to \mathrm{j}\omega$，$\dfrac{\partial^2}{\partial t^2}\to -\omega^2$。

5.1.4 时变电磁场的能量及功率

1. 坡印亭定理

坡印亭定理描述了电磁能量的流动和能量转化的关系，即

$$-\oiint_{S'}(\boldsymbol{E}\times \boldsymbol{H})\cdot \mathrm{d}\boldsymbol{S}' = \frac{\partial}{\partial t}\iiint_V \left(\frac{1}{2}\boldsymbol{B}\cdot \boldsymbol{H} + \frac{1}{2}\boldsymbol{D}\cdot \boldsymbol{E}\right)\mathrm{d}V + \iiint_V (\boldsymbol{J}\cdot \boldsymbol{E})\mathrm{d}V \tag{5-9}$$

物理意义：穿过闭合面 S' 流入体积 V 内的电磁功率，等于体积 V 内单位时间内增加的电磁能量与传导电流损耗的功率之和，是电磁场能量守恒的具体体现。

2. 坡印亭矢量

$$\boldsymbol{S} = \boldsymbol{E}\times \boldsymbol{H} \tag{5-10}$$

表示单位时间内通过垂直于电磁能量流动方向的单位面积的电磁能量，又称能量流密度(功率密度)。

复坡印亭矢量

$$\boldsymbol{S} = \frac{1}{2}\boldsymbol{E}\times \boldsymbol{H}^* \tag{5-11}$$

它与时间无关，表示复功率密度，其实部为平均功率密度(有功功率密度)，虚部为无功功率密度。式中的电场强度和磁场强度是复振幅值而不是有效值；平均能流密度矢量或平均坡印亭矢量为

$$\boldsymbol{S}_{\mathrm{av}} = \mathrm{Re}\left[\frac{1}{2}\boldsymbol{E}\times \boldsymbol{H}^*\right] = \mathrm{Re}[\boldsymbol{S}] \tag{5-12}$$

如果闭合曲面为导电壁，则

$$\frac{\partial W}{\partial t}+\iiint_V(\boldsymbol{J}\cdot\boldsymbol{E})\mathrm{d}V=0$$

这说明，体积 V 内的电磁功率等于传导电流的损耗功率，即等效为一个有耗的二阶RLC电路；如果 σ 等于零，则等效为无耗的 LC 振荡电路。

5.1.5 时变电磁场的唯一性定理、位函数及波动方程

1. 时变电磁场的唯一性定理

在以闭合曲面 S' 为边界的有界区域 V 中，如果给定 $t=0$ 时刻的电场强度和磁场强度的初始值，并且在 $t\geqslant 0$ 时，给定边界上电场强度的切向分量或者磁场强度的切向分量，那么在 $t>0$ 时，区域 V 中的电磁场由麦克斯韦方程唯一地确定。

2. 交变场的位函数

交变场与标量电位 φ、矢量磁位 $\boldsymbol{A}$ 等位函数的关系为

$$\boldsymbol{E}=-\nabla\varphi-\frac{\partial\boldsymbol{A}}{\partial t}\tag{5-13}$$

洛伦兹规范

$$\nabla\cdot\boldsymbol{A}=-\mu\varepsilon\frac{\partial\varphi}{\partial t}$$

矢量磁位 $\boldsymbol{A}$ 和标量电位 φ 的波动方程为

$$\begin{cases}\nabla^2\boldsymbol{A}-\mu\varepsilon\dfrac{\partial^2\boldsymbol{A}}{\partial t^2}=-\mu\boldsymbol{J}\\[2ex]\nabla^2\varphi-\mu\varepsilon\dfrac{\partial^2\varphi}{\partial t^2}=-\dfrac{\rho}{\varepsilon}\end{cases}\tag{5-14}$$

对于时谐场，上述达朗贝尔方程可以表示为

$$\begin{cases}\nabla^2\boldsymbol{A}+k^2\boldsymbol{A}=-\mu\boldsymbol{J}\\[1ex]\nabla^2\varphi+k^2\varphi=-\dfrac{\rho}{\varepsilon}\end{cases}\tag{5-15}$$

其中，$k^2=\omega^2\mu\varepsilon$。波动方程有时便于问题的求解，但方程的阶数比麦克斯韦方程高一阶。所以通常直接用麦克斯韦方程求解。

5.2 典型例题解析

【例题 5-1】 在直角坐标系中，$z>0$ 的区域为自由空间，$z\leqslant 0$ 的区域为理想导体。若在自由空间中存在的磁场为

$$\boldsymbol{H}=3\boldsymbol{e}_x\cos(3\times10^9t-10z)+4\boldsymbol{e}_y2.63\times10^{-5}\cos(3\times10^9t-10z)$$

试求理想导体表面的电流密度。

解：分界面的法向为 $\boldsymbol{e}_z$，因此理想导体表面的电流密度为

$$\boldsymbol{J}_s=\boldsymbol{e}_z\times\boldsymbol{H}=3\boldsymbol{e}_y\cos(3\times10^9t-10z)-4\boldsymbol{e}_x2.63\times10^{-5}\cos(3\times10^9t-10z)$$

【例题 5-2】 某无限大理想导体板放置在填充空气的无源空间中 $x=0$ 的平面上，在 $x>0$ 空间中时变电磁场为 $\boldsymbol{E}=\boldsymbol{e}_y\sin(4\pi x)\cos(15\pi\times10^8t-kz)\mathrm{V/m}$。试求：

(1) 相移常数 k；

(2) 导体板上的自由面电荷和自由电流分布；

(3) 平均坡印亭矢量。

解：(1) 电场的复数形式为

$$\boldsymbol{E}=\boldsymbol{e}_y\sin(4\pi x)\mathrm{e}^{-\mathrm{j}kz}\ \mathrm{V/m}$$

根据复数形式的麦克斯韦第二方程，得

$$\boldsymbol{H}=\frac{\nabla\times\boldsymbol{E}}{-\mathrm{j}\omega\mu_0}=-\boldsymbol{e}_x\frac{k}{\omega\mu_0}\sin(4\pi x)\mathrm{e}^{-\mathrm{j}kz}-\boldsymbol{e}_z\frac{4\pi}{\mathrm{j}\omega\mu_0}\cos(4\pi x)\mathrm{e}^{-\mathrm{j}kz}\ \mathrm{A/m}$$

再根据麦克斯韦第一方程 $\nabla\times\boldsymbol{H}=\mathrm{j}\omega\varepsilon\boldsymbol{E}$，则

$$\begin{aligned}\boldsymbol{E}&=\frac{\nabla\times\boldsymbol{H}}{\mathrm{j}\omega\varepsilon_0}=\frac{1}{\mathrm{j}\omega\varepsilon_0}\nabla\times\left\{-\boldsymbol{e}_x\frac{k}{\omega\mu_0}\sin(4\pi x)\mathrm{e}^{-\mathrm{j}kz}-\boldsymbol{e}_z\frac{4\pi}{\mathrm{j}\omega\mu_0}\cos(4\pi x)\mathrm{e}^{-\mathrm{j}kz}\right\}\\&=\frac{1}{\omega^2\varepsilon_0\mu_0}\left[\boldsymbol{e}_yk^2\sin(4\pi x)\mathrm{e}^{-\mathrm{j}kz}+\boldsymbol{e}_y(4\pi)^2\sin(4\pi x)\mathrm{e}^{-\mathrm{j}kz}\right]\\&=\boldsymbol{e}_y\frac{k^2+(4\pi)^2}{\omega^2\varepsilon_0\mu_0}\sin(4\pi x)\mathrm{e}^{-\mathrm{j}kz}\ \mathrm{V/m}\end{aligned}$$

因此，比较上面两个电场的系数，得

$$\omega^2\varepsilon_0\mu_0=k^2+(4\pi)^2$$

于是，相移常数为

$$k=\sqrt{\omega^2\varepsilon_0\mu_0-(4\pi)^2}=3\pi$$

(2) 由电场的表达式可知，在 $x=0$ 边界处电位移矢量的法向分量为零，因此导体板上的自由电荷密度为零。

在 $x=0$ 边界处，磁场的切向分量为

$$\boldsymbol{H}=-\boldsymbol{e}_z\frac{4\pi}{\mathrm{j}\omega\mu_0}\cos(4\pi x)\cos(15\pi\times10^8t-3\pi z)\ \mathrm{A/m}$$

所以，导体板上的自由电流密度为

$$\boldsymbol{J}_\mathrm{s}\big|_{x=0}=\boldsymbol{e}_x\times\boldsymbol{H}=\boldsymbol{e}_y\frac{1}{150\pi}\sin(15\pi\times10^8t-3\pi z)\ \mathrm{A/m}$$

(3) 平均坡印亭矢量。

因为

$$\boldsymbol{E}=\boldsymbol{e}_y\sin(4\pi x)\mathrm{e}^{-\mathrm{j}3\pi z}$$

$$\boldsymbol{H}=-\boldsymbol{e}_x\frac{3\pi}{\omega\mu_0}\sin(4\pi x)\mathrm{e}^{-\mathrm{j}3\pi z}-\boldsymbol{e}_z\frac{4\pi}{\mathrm{j}\omega\mu_0}\cos(4\pi x)\mathrm{e}^{-\mathrm{j}3\pi z}$$

所以平均坡印亭矢量为

$$S_{\mathrm{av}}=\mathrm{Re}\left[\frac{1}{2}\boldsymbol{E}\times\boldsymbol{H}^*\right]=\boldsymbol{e}_z\frac{3\pi}{2\omega\mu_0}\sin^2(4\pi x)=\boldsymbol{e}_z\frac{\sin^2(4\pi x)}{400\pi}\mathrm{W/m^2}$$

【例题 5-3】 已知自由空间中平面波的电场为 $\boldsymbol{E}=\boldsymbol{e}_z120\pi\mathrm{e}^{\mathrm{j}(\omega t+kx)}$。试求：

(1) 与之对应的磁场；

(2) 坡印亭矢量的瞬时值；

(3) 若电场存在于某一均匀的漏电介质中，其参量为 $(\varepsilon_0,\mu_0,\sigma)$，并且在频率为 9kHz

处其激发的传导电流与位移电流的幅度相等，此时电导率是多少？

解：(1) 根据复数形式的麦克斯韦第二方程，得

$$\boldsymbol{H}=\frac{\nabla\times\boldsymbol{E}}{-\mathrm{j}\omega\mu_0}=\boldsymbol{e}_y\frac{k}{\omega\mu_0}120\pi\mathrm{e}^{\mathrm{j}(\omega t+kx)}=\boldsymbol{e}_y\mathrm{e}^{\mathrm{j}(\omega t+kx)}$$

(2) 电场和磁场的瞬时表达式为

$$\boldsymbol{E}=\boldsymbol{e}_z120\pi\cos(\omega t+kx),\quad \boldsymbol{H}=\boldsymbol{e}_y\cos(\omega t+kx)$$

故有

$$\boldsymbol{S}=\boldsymbol{E}\times\boldsymbol{H}=-\boldsymbol{e}_x120\pi\cos^2(\omega t+kx)$$

(3) 当传导电流与位移电流的幅度相等时，

$$\sigma E=\omega\varepsilon_0 E$$

故有

$$\sigma=\omega\varepsilon_0=2\pi\times9\times10^3\times\frac{1}{36\pi}\times10^{-9}=5\times10^{-7}\ \mathrm{S/m}$$

【例题 5-4】 若无界理想媒质$(\varepsilon、\mu_0)$中的电场为$\boldsymbol{E}=\boldsymbol{e}_y2\mathrm{e}^{\mathrm{j}(6000\pi t+4\pi\times10^{-5}z)}$。试求：

(1) 该介质的相对介电常数；

(2) 与电场对应的磁场强度；

(3) 对应的坡印亭矢量平均值。

解：(1) 因为$k^2=\omega^2\mu\varepsilon$，因此

$$\sqrt{\varepsilon_\mathrm{r}}=k/(\omega\sqrt{\mu_0\varepsilon_0})=\frac{4\pi\times10^{-5}\times3\times10^8}{6000\pi}=2$$

故介质的相对介电常数$\varepsilon_\mathrm{r}=4$。

(2) 根据复数形式的麦克斯韦第二方程，得

$$\boldsymbol{H}=\frac{\nabla\times\boldsymbol{E}}{-\mathrm{j}\omega\mu_0}=\boldsymbol{e}_x\frac{k}{\omega\mu_0}2\mathrm{e}^{\mathrm{j}(6000\pi t+4\pi\times10^{-5}z)}=\boldsymbol{e}_x\frac{1}{30\pi}\mathrm{e}^{\mathrm{j}(6000\pi t+4\pi\times10^{-5}z)}$$

或者，由于传播方向$-\boldsymbol{e}_z$与电场方向$\boldsymbol{e}_y$垂直，结合表达式易知电磁波为均匀平面波，因此

$$\boldsymbol{H}=\frac{\sqrt{\varepsilon_\mathrm{r}}}{\eta_0}(-\boldsymbol{e}_z)\times E=\frac{2}{120\pi}(-\boldsymbol{e}_z)\times\boldsymbol{e}_y2\mathrm{e}^{\mathrm{j}(6000\pi t+4\pi\times10^{-5}z)}=\boldsymbol{e}_x\frac{1}{30\pi}\mathrm{e}^{\mathrm{j}(6000\pi t+4\pi\times10^{-5}z)}$$

(3) 坡印亭矢量平均值为

$$\begin{aligned}S_\mathrm{av}&=\mathrm{Re}\left[\frac{1}{2}\boldsymbol{E}\times\boldsymbol{H}^*\right]=\frac{1}{2}\mathrm{Re}[\boldsymbol{e}_y2\mathrm{e}^{\mathrm{j}(6000\pi t+4\pi\times10^{-5}z)}\times\boldsymbol{e}_x\frac{1}{30\pi}\mathrm{e}^{-\mathrm{j}(6000\pi t+4\pi\times10^{-5}z)}]\\&=\boldsymbol{e}_z\frac{-1}{30\pi}\end{aligned}$$

【例题 5-5】 在由$x=0$和$x=a$两个无限大理想导电板构成的区域内存在电场$\boldsymbol{E}=\boldsymbol{e}_yE_0\sin(k_xx)\cos(\omega t-\beta z)$。试求：

(1) 该区域中的磁场强度；

(2) 这个电磁场应满足的边界条件及k_x的值；

(3) 两导体表面的电流密度。

解：(1) 由复数形式的麦克斯韦第二方程，得

$$\boldsymbol{H}=\frac{\nabla\times\boldsymbol{E}}{-\mathrm{j}\omega\mu}=-\boldsymbol{e}_z\frac{k_xE_0}{\omega\mu_0}\cos(k_xx)\sin(\omega t-\beta z)-\boldsymbol{e}_x\frac{\beta E_0}{\omega\mu_0}\sin(k_xx)\cos(\omega t-\beta z)$$

(2) 由于理想导体表面电场的切向分量为零,磁场的法向分量为零,因此

$$k_x=\frac{\pi}{a}$$

(3) 导体表面的电流密度

$$\boldsymbol{J}_\mathrm{s}|_{x=0}=\boldsymbol{e}_x\times\boldsymbol{H}=3\boldsymbol{e}_y\frac{k_xE_0}{\omega\mu_0}\cos(k_xx)\sin(\omega t-\beta z)$$

$$\boldsymbol{J}_\mathrm{s}|_{x=a}=-\boldsymbol{e}_x\times\boldsymbol{H}=-3\boldsymbol{e}_y\frac{k_xE_0}{\omega\mu_0}\cos(k_xx)\sin(\omega t-\beta z)$$

【例题 5-6】 在理想导体壁($\sigma=\infty$)上限定的区域内($0\leqslant x\leqslant a$)存在如下的电磁场:

$$E_y=H_0\omega\mu\frac{a}{\pi}\sin\left(\frac{\pi}{a}x\right)\sin(kz-\omega t)$$

$$H_x=H_0k\frac{a}{\pi}\sin\left(\frac{\pi}{a}x\right)\sin(kz-\omega t)$$

$$H_z=H_0\cos\left(\frac{\pi}{a}x\right)\cos(kz-\omega t)$$

试问:

(1) 该电磁场所满足的边界条件如何?

(2) 导电壁上的电流密度的值如何?

解:在 $x=0$ 处,$E_y=0,H_x=0,H_z=H_0\cos(kz-\omega t)$,得

$$\boldsymbol{J}_\mathrm{s}|_{x=0}=\boldsymbol{e}_x\times\boldsymbol{H}=-\boldsymbol{e}_yH_0\cos(kz-\omega t)$$

$$\rho_\mathrm{s}|_{x=0}=\boldsymbol{e}_x\cdot\boldsymbol{e}_y\varepsilon E_y=0$$

在 $x=0$ 处,$\boldsymbol{e}_\mathrm{n}=\boldsymbol{e}_x$ 电磁场所满足的边界条件为

$$\boldsymbol{e}_\mathrm{n}\times\boldsymbol{H}=-\boldsymbol{e}_yH_0\cos(kz-\omega t),\quad \boldsymbol{e}_\mathrm{n}\times\boldsymbol{E}=0$$

$$\boldsymbol{e}_\mathrm{n}\cdot\boldsymbol{B}=0,\quad \boldsymbol{e}_\mathrm{n}\cdot\boldsymbol{D}=0$$

同理,在 $x=a$ 处,$\boldsymbol{e}_\mathrm{n}=-\boldsymbol{e}_x$,得

$$\boldsymbol{J}_\mathrm{s}|_{x=a}=-\boldsymbol{e}_x\times\boldsymbol{H}=-\boldsymbol{e}_yH_0\cos(kz-\omega t)$$

$$\rho_\mathrm{s}|_{x=a}=-\boldsymbol{e}_x\cdot\boldsymbol{D}=-\boldsymbol{e}_x\cdot\boldsymbol{e}_y\varepsilon E_y=0$$

$$\boldsymbol{e}_\mathrm{n}\times\boldsymbol{H}=-\boldsymbol{e}_yH_0\cos(kz-\omega t),\quad \boldsymbol{e}_\mathrm{n}\times\boldsymbol{E}=0$$

$$\boldsymbol{e}_\mathrm{n}\cdot\boldsymbol{B}=0,\quad \boldsymbol{e}_\mathrm{n}\cdot\boldsymbol{D}=0$$

【例题 5-7】 设 $z=0$ 为两种媒质的分界面,$z>0$ 为磁导率为 $\mu_1=3.0$ 的媒质 1,$z<0$ 为磁导率为 $\mu_2=2.0$ 的媒质 2。已知分界面上的电流密度为 $\boldsymbol{J}_\mathrm{s}=3\boldsymbol{e}_y$,媒质 1 中的磁场强度为 $\boldsymbol{H}_1=\boldsymbol{e}_x+3\boldsymbol{e}_y+2\boldsymbol{e}_z$,试求媒质 2 中的磁场强度。

解:设媒质 2 中的磁场强度为

$$\boldsymbol{H}_2=H_{2x}\boldsymbol{e}_x+H_{2y}\boldsymbol{e}_y+H_{2z}\boldsymbol{e}_z$$

根据磁感应强度法向分量的边界条件,有

$$B_{2z}=\mu_2H_{2z}=\mu_1H_{1z}$$

所以

$$H_{2z}=\frac{\mu_1}{\mu_2}H_{1z}=\frac{2\mu_1}{\mu_2}=3$$

根据磁场强度切向分量的边界条件,有

$$\boldsymbol{e}_z\times(\boldsymbol{H}_1-\boldsymbol{H}_2)=3\boldsymbol{e}_y$$

即

$$H_{1x}-H_{2x}=3,\quad H_{1y}-H_{2y}=0,\quad 故\ H_{2x}=-2,\quad H_{2y}=3$$

因此

$$\boldsymbol{H}_2=H_{2x}\boldsymbol{e}_x+H_{2y}\boldsymbol{e}_y+H_{2z}\boldsymbol{e}_z=-2\boldsymbol{e}_x+3\boldsymbol{e}_y+3\boldsymbol{e}_z$$

【例题 5-8】 有一同轴线的内外导体半径分别为 a、b,长度为 L。假设同轴线内部填充理想介质,两端用理想导体短路。已知在 $a\leqslant r\leqslant b$,$0\leqslant z\leqslant L$ 的区域内的电磁场为:$\boldsymbol{E}=\boldsymbol{e}_r\dfrac{A}{r}\sin kz$,$\boldsymbol{H}=\dfrac{B}{r}\boldsymbol{e}_\theta\cos kz$。试求:

(1) A 与 B 之间的关系;

(2) k;

(3) 内外导体表面的电荷及电流密度。

解:(1) 由麦克斯韦第二方程$\nabla\times\boldsymbol{E}=-\mathrm{j}\omega\boldsymbol{B}$,得

$$\nabla\times\boldsymbol{E}=\boldsymbol{e}_\theta\frac{\partial E_r}{\partial z}=\boldsymbol{e}_\theta\frac{Ak}{r}\cos kz=-\mathrm{j}\omega\mu H\boldsymbol{e}_\theta$$

因此

$$\frac{A}{B}=\frac{-\mathrm{j}\omega\mu}{k}$$

(2) 根据麦克斯韦第一方程$\nabla\times\boldsymbol{H}=\boldsymbol{J}+\mathrm{j}\omega\boldsymbol{D}$,得

$$\nabla\times\boldsymbol{H}=\nabla\times\frac{B}{r}\boldsymbol{e}_\theta\cos kz=\frac{1}{r}\left[-\boldsymbol{e}_r\frac{\partial(rH_\theta)}{\partial z}+\boldsymbol{e}_z\frac{\partial(rH_\theta)}{\partial r}\right]=\boldsymbol{e}_r\frac{Bk}{r}\sin kz=\mathrm{j}\omega\varepsilon\boldsymbol{E}$$

所以

$$\frac{A}{B}=\frac{k}{\mathrm{j}\omega\varepsilon}$$

即

$$\frac{k}{\mathrm{j}\omega\varepsilon}=\frac{-\mathrm{j}\omega\mu}{k},\quad k=\omega\sqrt{\mu\varepsilon}$$

(3) 将同轴线的内外导体视为理想导体,则利用边界条件得

$$\boldsymbol{J}_\mathrm{s}\Big|_{r=a}=\boldsymbol{e}_r\times\boldsymbol{H}\Big|_{r=a}=\boldsymbol{e}_z\frac{B}{a}\cos kz$$

$$\rho_\mathrm{s}\Big|_{r=a}=\boldsymbol{e}_r\cdot\boldsymbol{D}\Big|_{r=a}=\frac{\varepsilon A}{a}\sin kz$$

$$\boldsymbol{J}_\mathrm{s}\Big|_{r=b}=-\boldsymbol{e}_r\times\boldsymbol{H}\Big|_{r=b}=-\boldsymbol{e}_z\frac{B}{b}\cos kz$$

$$\rho_\mathrm{s}\Big|_{r=b}=-\boldsymbol{e}_r\cdot\boldsymbol{D}\Big|_{r=b}=\frac{\varepsilon A}{b}\sin kz$$

【例题 5-9】 已知真空中的电场为 $E=\boldsymbol{e}_xE_0\cos k_0(z-ct)+\boldsymbol{e}_yE_0\sin k_0(z-ct)$,其中

$k_0=\frac{\omega}{c}$。试求：

(1) 磁场强度和坡印亭矢量的瞬时值；

(2) 确定电场的变化轨迹；

(3) 磁场能量密度、电场能量密度和坡印亭矢量的平均值。

解：(1) 由麦克斯韦第二方程$\nabla\times\boldsymbol{E}=-\frac{\partial \boldsymbol{B}}{\partial t}$，得

$$\nabla\times\boldsymbol{E}=-\boldsymbol{e}_x\frac{\partial E_y}{\partial z}+\boldsymbol{e}_y\frac{\partial E_x}{\partial z}=-\boldsymbol{e}_x k_0 E_0\cos[k_0(z-ct)]-\boldsymbol{e}_y k_0 E_0\sin[k_0(z-ct)]=-\mu_0\frac{\partial \boldsymbol{H}}{\partial t}$$

对上式积分，得到磁场为

$$\boldsymbol{H}=-\boldsymbol{e}_x\frac{E_0}{\mu_0 c}\sin[k_0(z-ct)]+\boldsymbol{e}_y\frac{E_0}{\mu_0 c}\cos[k_0(z-ct)]$$

因此，坡印亭矢量的瞬时值为

$$\boldsymbol{S}=\boldsymbol{E}\times\boldsymbol{H}=\boldsymbol{e}_z\frac{E_0^2}{\mu_0 c}$$

(2) 电场的变化轨迹。由于

$$|\boldsymbol{E}|=\sqrt{E_x^2+E_y^2}=E_0$$

$$\theta=\arctan\left(\frac{E_y}{E_x}\right)=k_0(z-ct)$$

故电场随时间变化的轨迹是圆。

(3) 磁场能量密度、电场能量密度和坡印亭矢量的平均值：

$$S_{\mathrm{av,e}}=\frac{1}{T}\int_0^T\frac{1}{2}\boldsymbol{D}(t)\boldsymbol{E}(t)\mathrm{d}t=\frac{1}{T}\int_0^T\frac{1}{2}\varepsilon_0\boldsymbol{E}(t)\cdot\boldsymbol{E}(t)\mathrm{d}t=\frac{1}{2}\varepsilon_0 E_0^2$$

$$S_{\mathrm{av,m}}=\frac{1}{T}\int_0^T\frac{1}{2}\boldsymbol{B}(t)\boldsymbol{H}(t)\mathrm{d}t=\frac{1}{T}\int_0^T\frac{1}{2\mu_0}\boldsymbol{H}(t)\cdot\boldsymbol{H}(t)\mathrm{d}t=\frac{1}{2}\varepsilon_0 E_0^2$$

将电场和磁场表示为复数形式，得

$$\boldsymbol{E}=\boldsymbol{e}_x E_0\mathrm{e}^{-\mathrm{j}k_0 z}+\boldsymbol{e}_y E_0\mathrm{e}^{\mathrm{j}\left(-\frac{\pi}{2}-k_0 z\right)},\quad \boldsymbol{H}=-\boldsymbol{e}_x\frac{E_0}{\mu_0 c}\mathrm{e}^{\mathrm{j}\left(-\frac{\pi}{2}-k_0 z\right)}+\boldsymbol{e}_y\frac{E_0}{\mu_0 c}\mathrm{e}^{-\mathrm{j}k_0 z}$$

因此，坡印亭矢量的平均值为

$$S_{\mathrm{av}}=\frac{1}{2}\mathrm{Re}[\boldsymbol{E}\times\boldsymbol{H}^*]=\boldsymbol{e}_z\frac{E_0^2}{\mu_0 c}$$

【例题 5-10】 半径为 a 的圆形平行板电容器，电极距离为 d，其间填充电导率为 σ、介电常数为 ε、磁导率为 μ 的非理想均匀电介质，极板间的电压为 $u=U_0\cos\omega t$，略去边缘效应。试用坡印亭定理计算电容器的储能和耗能。

解：在略去边缘效应的情况下，电场可以视为均匀分布，设电容器轴向为 z 方向，则

$$\boldsymbol{E}=\frac{U_0\cos\omega t}{d}\boldsymbol{e}_z$$

所以传导电流为

$$\boldsymbol{J}_{\mathrm{c}}=\sigma\boldsymbol{E}=\sigma\frac{U_0\cos\omega t}{d}\boldsymbol{e}_z$$

位移电流为

$$\boldsymbol{J}_{\mathrm{d}}=\frac{\partial \boldsymbol{D}}{\partial t}=-\varepsilon\omega\frac{U_0\sin\omega t}{d}\boldsymbol{e}_z$$

根据全电流定律$\oint_l \boldsymbol{H}\cdot \mathrm{d}\boldsymbol{l}=\iint_S\left(\boldsymbol{J}+\frac{\partial \boldsymbol{D}}{\partial t}\right)\cdot \mathrm{d}\boldsymbol{S}$，得

$$2\pi rH_\phi=(J_{\mathrm{d}}+J_{\mathrm{c}})\pi r^2=\left(\sigma\frac{U_0\cos\omega t}{d}-\varepsilon\omega\frac{U_0\sin\omega t}{d}\right)\pi r^2$$

故磁场为

$$\boldsymbol{H}=\boldsymbol{e}_\phi\frac{U_0}{2d}r\left[\sigma\cos\omega t-\varepsilon\omega\cos\left(\omega t-\frac{\pi}{2}\right)\right]$$

利用电场和磁场的复数形式

$$\boldsymbol{E}=\frac{U_0}{d}\boldsymbol{e}_z,\boldsymbol{H}=\boldsymbol{e}_\phi\frac{U_0}{2d}r[\sigma-\varepsilon\omega\mathrm{e}^{-\mathrm{j}\frac{\pi}{2}}]$$

因此，复坡印亭矢量为

$$\boldsymbol{S}=\frac{1}{2}\boldsymbol{E}\times\boldsymbol{H}^*=-\boldsymbol{e}_r\frac{U_0^2}{4d^2}r[\sigma-\mathrm{j}\varepsilon\omega]$$

则电容器吸收的功率为(考虑柱面围成的表面)

$$P=-\frac{1}{2}\iint_S\boldsymbol{S}\cdot\boldsymbol{e}_r\mathrm{d}S=\frac{U_0^2}{4d^2}a[\sigma-\mathrm{j}\varepsilon\omega](2\pi ad)$$

$$=\frac{\pi a^2U_0^2}{2d}[\sigma-\mathrm{j}\varepsilon\omega]=\frac{U_0^2}{2R}-\mathrm{j}\frac{1}{2}C\omega U_0^2$$

其中，$\frac{U_0^2}{2R}$为电容器电阻吸收的平均功率，而$\frac{1}{2}C\omega U_0^2$为无功功率，即平均储能。

【例题 5-11】 电力变压器由原边绕组、副边绕组和铁芯等构成，长度为 D。试用坡印亭定理说明变压器铁芯的能量传输情况。

解：设副边绕组的匝数为 N_2，电流为 i_2，则感应电动势为

$$\mathcal{E}_2=-N_2\frac{\mathrm{d}\Phi}{\mathrm{d}t}$$

于是，副边的输出功率为 $P=i_2\mathcal{E}_2$。原边的电场与副边的关系为

$$\oint_l\boldsymbol{E}\cdot\mathrm{d}\boldsymbol{l}=-\frac{\partial}{\partial t}\iint_S\boldsymbol{B}\cdot\mathrm{d}\boldsymbol{S}=-\frac{\mathrm{d}\Phi}{\mathrm{d}t}$$

其中，电场的方向与电流方向一致(线圈绕向 $\boldsymbol{e}_\phi$)，建立圆柱坐标系，设磁场沿 z 轴方向，则对上式左边积分得

$$\boldsymbol{E}=-\boldsymbol{e}_\phi\frac{1}{2\pi r}\frac{\mathrm{d}\Phi}{\mathrm{d}t}$$

原边的磁场为

$$\boldsymbol{H}=\boldsymbol{e}_z\frac{i_2N_2}{D}$$

因此，原边的功率密度为

$$S = E \times H = e_r \frac{i_2}{2\pi D r} \mathcal{E}_2$$

对圆柱面积分,得到原边到副边传输的功率为

$$P = \iint_S S \cdot e_r \mathrm{d}S = \int_0^D S \cdot 2\pi r \mathrm{d}z e_r = i_2 \mathcal{E}_2$$

因此,原边传输到副边的电磁能量等于副边的输出功率。

【例题 5-12】　一个由圆形极板构成的平行电容器,其半径为 a,极板间的距离为 $d(a \ll d)$。假设在极板上的电荷均匀分布,并且 $\rho_s = \pm\rho_0 \cos\omega t$,忽略边缘效应,求极板间的电场和磁场,该场是否满足电磁场基本方程?

解:设对称轴沿 z 轴方向,在忽略边缘效应时电场均匀分布,则对于上极板,根据电荷密度求得电场为

$$E = \frac{D}{\varepsilon_0} = -e_z \frac{\rho_s}{\varepsilon_0} = -e_z \frac{\rho_0}{\varepsilon_0} \cos\omega t$$

故位移电流为

$$J_d = \varepsilon_0 \frac{\partial E}{\partial t} = e_z \frac{\omega\rho_0}{\varepsilon_0} \sin\omega t$$

根据安培环路定理

$$\int_l H \cdot \mathrm{d}l = \pi r^2 J_d,\text{则 } H = e_\phi \frac{\omega\rho_0}{2\varepsilon_0} r \sin\omega t$$

由于

$$\nabla \times E = \frac{1}{r}\begin{vmatrix} e_r & \rho e_\phi & e_z \\ \dfrac{\partial}{\partial r} & \dfrac{\partial}{\partial \phi} & \dfrac{\partial}{\partial z} \\ 0 & 0 & -\dfrac{\rho_0}{\varepsilon_0}\cos\omega t \end{vmatrix} = 0$$

而

$$\frac{\partial B}{\partial t} = \mu_0 \frac{\partial H}{\partial t} = e_\phi \mu_0 \frac{\omega^2 \rho_0}{2\varepsilon_0} r \cos\omega t$$

所以$\nabla \times E \neq \dfrac{\partial B}{\partial t}$,因此该场不满足电磁场基本方程。

【例题 5-13】　在平行板电容器的两圆形极板之间,填充介电常数分别为 ε_1 和 ε_2,电导率分别为 σ_1 和 σ_2 的两层介质片,厚度分别为 d_1 和 d_2,如图 5-1 所示。已知加在两平行板间的电压为 $U = U_0 \cos\omega t$。求两层介质片中的磁场强度。

解:忽略边缘效应,设两层介质的电场分别为 E_1 和 E_2,电流密度分别为 J_1 和 J_2,方向均向下。根据分界面电流密度矢量的边界条件,有 $J_1 = J_2 = J$,则

$$J = \sigma_1 E_1 = \sigma_2 E_2$$

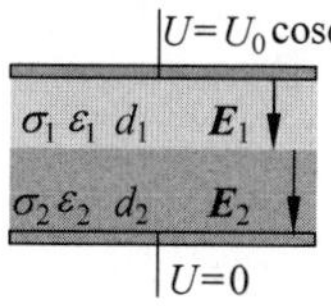

图 5-1　例题 5-13 图

又 $d_1 E_1 + d_2 E_2 = U$,由此可得电流密度大小为

$$J=\frac{\sigma_2\sigma_1 U}{\sigma_1 d_2+\sigma_2 d_1}$$

根据位移电流密度为 $\boldsymbol{J}_{\mathrm{d}}=\varepsilon\dfrac{\partial \boldsymbol{E}}{\partial t}$，因此两种介质中电流密度大小为

$$J_{\mathrm{d1}}=\varepsilon_1\frac{\partial E_1}{\partial t}=\frac{\varepsilon_1}{\sigma_1}\frac{\partial J}{\partial t}=-\frac{\varepsilon_1\sigma_2\omega U_0\sin\omega t}{\sigma_1 d_2+\sigma_2 d_1}$$

$$J_{\mathrm{d2}}=\varepsilon_2\frac{\partial E_2}{\partial t}=\frac{\varepsilon_2}{\sigma_2}\frac{\partial J}{\partial t}=-\frac{\varepsilon_2\sigma_1\omega U_0\sin\omega t}{\sigma_1 d_2+\sigma_2 d_1}$$

由于电场的旋度为零，因此根据积分形式的麦克斯韦第一方程

$$\oint_l \boldsymbol{H}\cdot\mathrm{d}\boldsymbol{l}=\iint_S\left(\boldsymbol{J}+\frac{\partial \boldsymbol{D}}{\partial t}\right)\cdot\mathrm{d}\boldsymbol{S}$$

由于磁场的方向为 $\boldsymbol{e}_\phi$，取半径为 r 的环路积分，可得到两种介质的磁场强度为

$$H_{\phi1}=\frac{\pi r^2}{2\pi r}(J+J_{\mathrm{d1}})=r\frac{\sigma_2 U_0(\sigma_1\cos\omega t-\varepsilon_1\omega\sin\omega t)}{2(\sigma_1 d_2+\sigma_2 d_1)}$$

$$H_{\phi2}=\frac{\pi r^2}{2\pi r}(J+J_{\mathrm{d2}})=r\frac{\sigma_1 U_0(\sigma_2\cos\omega t-\varepsilon_2\omega\sin\omega t)}{2(\sigma_1 d_2+\sigma_2 d_1)}$$

【例题 5-14】 对于线性、均匀和各向同性的导电媒质，设媒质参数为 ε、μ、σ。试证明在无源区中时谐场满足的波动方程为

$$\nabla^2\boldsymbol{E}+k^2\boldsymbol{E}=\mathrm{j}\omega\mu\sigma\boldsymbol{E}$$

$$\nabla^2\boldsymbol{H}+k^2\boldsymbol{H}=\mathrm{j}\omega\mu\sigma\boldsymbol{H}$$

证明：由于 $\nabla\times\nabla\times\boldsymbol{E}=\nabla\times(-\mathrm{j}\omega\mu\boldsymbol{H})=-\mathrm{j}\omega\mu(\nabla\times\boldsymbol{H})$，而 $\nabla\cdot\boldsymbol{E}=0$，左边利用恒等式 $\nabla\times\nabla\times\boldsymbol{E}=\nabla(\nabla\cdot\boldsymbol{E})-\nabla^2\boldsymbol{E}=-\nabla^2\boldsymbol{E}$，并将 $\nabla\times\boldsymbol{H}=\sigma\boldsymbol{E}+\mathrm{j}\omega\varepsilon\boldsymbol{E}$ 代入上式，得

$$-\nabla^2\boldsymbol{E}=-\mathrm{j}\omega\mu(\sigma\boldsymbol{E}+\mathrm{j}\omega\varepsilon\boldsymbol{E})=-\mathrm{j}\omega\mu\sigma\boldsymbol{E}+\omega^2\mu\varepsilon\boldsymbol{E}$$

由于 $k^2=\omega^2\mu\varepsilon$，因此

$$\nabla^2\boldsymbol{E}+k^2\boldsymbol{E}=\mathrm{j}\omega\mu\sigma\boldsymbol{E}$$

同理可得

$$\nabla^2\boldsymbol{H}+k^2\boldsymbol{H}=\mathrm{j}\omega\mu\sigma\boldsymbol{H}$$

【例题 5-15】 由麦克斯韦方程组出发，导出毕奥-萨伐尔定律。

解：由于

$$\nabla\times\boldsymbol{H}=\boldsymbol{J},\quad \nabla\cdot\boldsymbol{B}=0,\quad \boldsymbol{B}=\nabla\times\boldsymbol{A}$$

在库仑规范下，$\nabla\cdot\boldsymbol{A}=0$，因此

$$\nabla\times\nabla\times\boldsymbol{A}=\nabla(\nabla\cdot\boldsymbol{A})-\nabla^2\boldsymbol{A}=-\nabla^2\boldsymbol{A}$$

所以

$$\nabla\times\boldsymbol{B}=\nabla\times\nabla\times\boldsymbol{A}=-\nabla^2\boldsymbol{A}$$

又

$$\nabla\times\boldsymbol{B}=\nabla\times\mu\boldsymbol{H}=\mu\boldsymbol{J}$$

所以

$$\nabla^2\boldsymbol{A}=-\mu\boldsymbol{J}$$

考虑到 $\nabla^2\varphi=-\dfrac{\rho}{\varepsilon}$ 的解为 $\varphi=\dfrac{1}{4\pi\varepsilon}\iiint_V\dfrac{\rho}{r}\mathrm{d}V$，因此 $\nabla^2\boldsymbol{A}=-\mu\boldsymbol{J}$ 的解为

$$\boldsymbol{A}=\frac{\mu}{4\pi}\iiint_V \frac{\boldsymbol{J}}{r}\mathrm{d}V$$

对于线电流

$$\boldsymbol{A}=\frac{\mu}{4\pi}\oint_l \frac{I}{r}\mathrm{d}\boldsymbol{l}$$

于是

$$\boldsymbol{B}=\nabla\times\boldsymbol{A}=\nabla\times\frac{\mu}{4\pi}\oint_l \frac{I}{r}\mathrm{d}\boldsymbol{l}=\frac{\mu I}{4\pi}\oint_l \nabla\left(\frac{1}{r}\right)\times\mathrm{d}\boldsymbol{l}=-\frac{\mu I}{4\pi}\oint_l \boldsymbol{e}_r\frac{1}{r^2}\times\mathrm{d}\boldsymbol{l}=\frac{\mu I}{4\pi}\oint_l \frac{\mathrm{d}\boldsymbol{l}\times\boldsymbol{e}_r}{r^2}$$

即为毕奥-萨伐尔定律。

【例题 5-16】 设在真空中有一个导体球，半径为 a，电导率为 σ，介电常数为 ε，在 $t=0$ 时刻，导体球内在 $r\leqslant b(b<a)$ 的球内有一均匀的净体电荷分布，密度为 ρ_0，如图 5-2 所示。试求在 t 时刻：

(1) 导体球中各处的净体电荷密度 $\rho(t)$；

(2) 空间各点的电场强度；

(3) 导体球表面的电荷密度；

(4) 导体球中各处的传导电流密度。

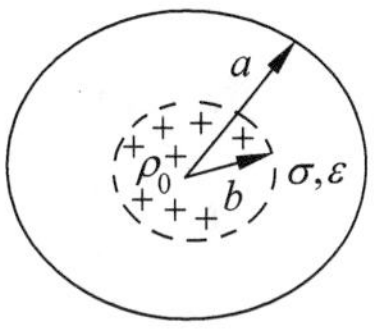

图 5-2 例题 5-16 图

解：根据电流连续性方程 $\nabla\cdot\boldsymbol{J}+\frac{\partial\rho}{\partial t}=0$、欧姆定律 $\boldsymbol{J}=\sigma\boldsymbol{E}$ 及高斯定理 $\nabla\cdot\boldsymbol{E}=\frac{\rho}{\varepsilon}$，可以得到关于电荷密度 ρ 的方程：

$$-\frac{\partial\rho}{\partial t}=\frac{\sigma}{\varepsilon}\rho$$

其解为

$$\rho=\rho_0\mathrm{e}^{-(\sigma/\varepsilon)t}$$

(1) 由于电荷分布是动态平衡的，所以在 a 和 b 之间的区域无静电荷分布。在 $r\leqslant b$ 区域

$$\rho=\rho_0\mathrm{e}^{-(\sigma/\varepsilon)t}$$

(2) 根据高斯定理 $\oiint_S \boldsymbol{E}\cdot\mathrm{d}\boldsymbol{S}=\frac{\iiint_V\rho\,\mathrm{d}V}{\varepsilon}=\frac{Q}{\varepsilon}$，得

$$\boldsymbol{E}_1(t)=\boldsymbol{e}_r\frac{r\rho_0\mathrm{e}^{-(\sigma/\varepsilon)t}}{3\varepsilon},\quad r\leqslant b$$

$$\boldsymbol{E}_2(t)=\boldsymbol{e}_r\frac{b^3\rho_0\mathrm{e}^{-(\sigma/\varepsilon)t}}{3\varepsilon r^2},\quad b<r\leqslant a$$

$$\boldsymbol{E}_3(t)=\boldsymbol{e}_r\frac{b^3\rho_0}{3\varepsilon_0 r^2},\quad r>a$$

(3) 在 $r=a$ 表面

$$\rho_\mathrm{s}(t)=D_{1\mathrm{n}}(t)-D_{2\mathrm{n}}(t)=\frac{b^3\rho_0}{3a^2}(1-\mathrm{e}^{-(\sigma/\varepsilon)t})$$

(4) 根据 $\boldsymbol{J}=\sigma\boldsymbol{E}$，传导电流密度为

$$\boldsymbol{J}_1(t)=\boldsymbol{e}_r\frac{\sigma r\rho_0\mathrm{e}^{-(\sigma/\varepsilon)t}}{3\varepsilon},\quad r\leqslant b$$

$$\boldsymbol{J}_2(t)=\boldsymbol{e}_r\frac{\sigma b^3\rho_0\mathrm{e}^{-(\sigma/\varepsilon)t}}{3\varepsilon r^2},\quad b<r\leqslant a$$

【例题 5-17】 设真空中电量为 q 的点电荷以速度 v 沿 z 轴方向匀速运动，在 $t=0$ 时刻经过坐标原点，计算任一点的位移电流密度。

解：点电荷在空间任一点产生的电位移矢量为

$$\boldsymbol{D}=\boldsymbol{R}\frac{q}{4\pi R^3}$$

而

$$\boldsymbol{R}=x\boldsymbol{e}_x+y\boldsymbol{e}_y+(z-vt)\boldsymbol{e}_z$$

因此

$$\boldsymbol{D}=\frac{q}{4\pi[x^2+y^2+(z-vt)^2]^{3/2}}[x\boldsymbol{e}_x+y\boldsymbol{e}_y+(z-vt)\boldsymbol{e}_z]$$

故任一点的位移电流密度为

$$\boldsymbol{J}=\frac{\partial\boldsymbol{D}}{\partial t}=\frac{\partial}{\partial t}\left\{\frac{q}{4\pi[x^2+y^2+(z-vt)^2]^{3/2}}[x\boldsymbol{e}_x+y\boldsymbol{e}_y+(z-vt)\boldsymbol{e}_z]\right\}$$
$$=\frac{q}{4\pi}\frac{3v(z-vt)(x\boldsymbol{e}_x+y\boldsymbol{e}_y)+[2v(z-vt)^2-vx^2-vy^2]\boldsymbol{e}_z}{[x^2+y^2+(z-vt)^2]^{5/2}}$$

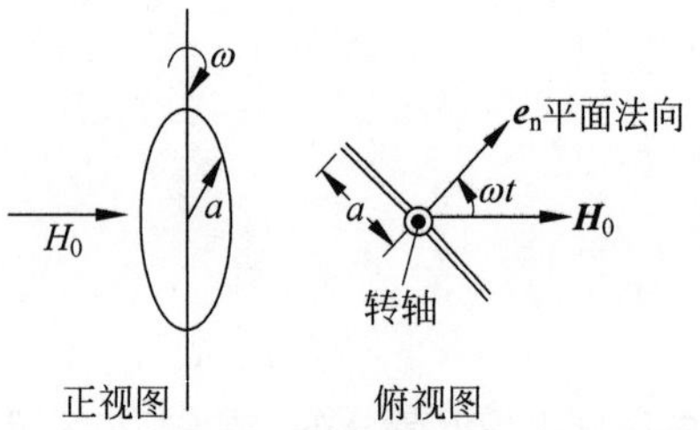

图 5-3 例题 5-18 图

【例题 5-18】 一个半径为 a 的圆金属线圈，在恒定磁场 $\boldsymbol{H}_0$ 中，以角速度 ω 绕自身的一个垂直于 $\boldsymbol{H}_0$ 的直径转动，试求金属线圈内的电流。

解：如图 5-3 所示，设 $t=0$ 时，线圈平面与 $\boldsymbol{H}_0$ 垂直，即 $\theta_0=0$，则此时磁通为

$$\Phi_0=BS=\mu_0H_0\pi a^2$$

任意时刻 t 的磁通为

$$\Phi=BS\cos\omega t=\mu_0H_0\pi a^2 t\cos\omega t$$

则产生的感应电动势为

$$\mathcal{E}=-\frac{\mathrm{d}\Phi}{\mathrm{d}t}-\frac{\mathrm{d}}{\mathrm{d}t}[BS\cos\omega t]=BS\omega\sin\omega t$$

把上式用复数表示，即

$$\mathcal{E}=\mathrm{Im}[\pi a^2\mu_0H_0\omega\mathrm{e}^{\mathrm{j}\omega t}]$$

设金属线圈的电阻为 R，自感为 L，则线圈的阻抗为 $Z=R+\mathrm{j}\omega L$，通过回路中的电流为

$$I=\mathrm{Im}[\mathcal{E}/Z]=\mathrm{Im}\left[\frac{\pi a^2\mu_0H_0\omega\mathrm{e}^{\mathrm{j}\omega t}}{R+\mathrm{j}\omega L}\right]=\mathrm{Im}\left\{\frac{\pi a^2\mu_0H_0\omega\mathrm{e}^{\mathrm{j}(\omega t-\varphi)}}{[R^2+(\omega L)^2]^{1/2}}\right\}=\frac{\pi a^2\mu_0H_0\omega\sin(\omega t-\varphi)}{[R^2+(\omega L)^2]^{1/2}}$$

式中，$\varphi=\arctan\dfrac{\omega L}{R}$。

【例题 5-19】 在无损耗的各向同性媒质中，$\boldsymbol{E}$ 的波动方程为

$$\nabla^2\boldsymbol{E}+\omega^2\mu\varepsilon\boldsymbol{E}=0$$

问：在满足什么条件时，$\boldsymbol{E}=\boldsymbol{A}\mathrm{e}^{\mathrm{j}k\cdot r}$ 是波动方程的解，该电场作为麦克斯韦方程的解的条件是什么？

解：令

$$r=e_x x+e_y y+e_z z$$

$$k=e_x k_x+e_y k_y+e_z k_z$$

则

$$k\cdot r=k_x x+k_y y+k_z z$$

因而

$$\nabla^2 E=\left(\frac{\partial^2}{\partial x^2}+\frac{\partial^2}{\partial y^2}+\frac{\partial^2}{\partial z^2}\right)A\mathrm{e}^{\mathrm{j}k\cdot r}=-A\mathrm{e}^{\mathrm{j}k\cdot r}(k_x^2+k_y^2+k_z^2)=-k^2 A\mathrm{e}^{\mathrm{j}k\cdot r}$$

可见，如果 $k^2=\omega^2\mu\varepsilon$，则 $E=A\mathrm{e}^{\mathrm{j}k\cdot r}$ 满足波动方程 $\nabla^2 E+\omega^2\mu\varepsilon E=0$。

因为该齐次波动方程是麦克斯韦方程在代入 $\nabla\cdot E=0$ 的条件下导出的，所以 E 作为麦克斯韦方程的解的条件是 $\nabla\cdot E=0$。

【例题 5-20】 设 E 为电场强度矢量，H 为磁场强度矢量，B 为磁感应强度矢量，D 为电位移矢量，P 为极化强度矢量，M 为磁化强度矢量。通常光纤中的线性均匀介质为非磁性介质，其中没有自由电流和自由电荷。已知光纤介质内部有如下关系：$D=\varepsilon_0 E+P$，$B=\mu_0 H+M$，试证明

$$\nabla\times\nabla\times E=-\frac{1}{c^2}\frac{\partial^2 E}{\partial t^2}-\mu_0\frac{\partial^2 P}{\partial t^2}$$

其中，c 为光速。

证明：由于光纤中的介质为非磁性介质，其中没有自由电流和自由电荷，因此 $M=0$。此时，介质中的麦克斯韦方程组为

$$\begin{cases}\nabla\times H=\dfrac{\partial D}{\partial t}=\varepsilon_0\dfrac{\partial E}{\partial t}+\dfrac{\partial P}{\partial t}\\ \nabla\times E=-\dfrac{\partial B}{\partial t}=-\mu_0\dfrac{\partial H}{\partial t}\\ \nabla\cdot D=0\\ \nabla\cdot B=0\end{cases}$$

因此

$$\begin{aligned}\nabla\times\nabla\times E&=-\mu_0\left(\nabla\times\frac{\partial H}{\partial t}\right)=-\mu_0\frac{\partial}{\partial t}(\nabla\times H)\\&=-\mu_0\frac{\partial}{\partial t}\left(\varepsilon_0\frac{\partial E}{\partial t}+\frac{\partial P}{\partial t}\right)=-\frac{1}{c^2}\frac{\partial^2 E}{\partial t^2}-\mu_0\frac{\partial^2 P}{\partial t^2}\end{aligned}$$

其中，$c=\sqrt{\dfrac{1}{\varepsilon_0\mu_0}}$。

5.3 主教材习题解答

【5-1】 试根据麦克斯韦方程导出电流连续性方程 $\nabla\cdot J=-\dfrac{\partial\rho}{\partial t}$。

解：对麦克斯韦第一方程 $\nabla\times H=J+\partial D/\partial t$ 两边取散度，得

$$\nabla\cdot(\nabla\times\boldsymbol{H})=\nabla\cdot\boldsymbol{J}+\nabla\cdot\frac{\partial\boldsymbol{D}}{\partial t}=0$$

又因为$\nabla\cdot\boldsymbol{D}=\rho$,所以

$$\nabla\cdot\boldsymbol{J}=-\frac{\partial\rho}{\partial t}$$

【5-2】 试根据麦克斯韦方程导出静电场中点电荷的电场强度公式和泊松方程。

解:对于静电场,不存在位移电流,由麦克斯韦方程,有

$$\nabla\times\boldsymbol{E}=0,\quad \nabla\cdot\boldsymbol{D}=\rho$$

即

$$\iiint_V\nabla\cdot\boldsymbol{D}\,\mathrm{d}V=\oint_S\boldsymbol{D}\cdot\mathrm{d}\boldsymbol{S}=\iiint_V\rho\,\mathrm{d}V=q$$

根据上式,利用球坐标,则对于孤立的、位于原点的点电荷q有$\varepsilon E\cdot4\pi r^2=q$,所以距离该点电荷$r$处的电场强度为

$$\boldsymbol{E}=\boldsymbol{e}_r\frac{q}{4\pi r^2\varepsilon}$$

静电场是无旋场,因此有$\boldsymbol{E}=-\nabla\varphi$,则

$$\nabla\cdot\boldsymbol{D}=\varepsilon\nabla\cdot\boldsymbol{E}=-\varepsilon\nabla\cdot\nabla\varphi=-\varepsilon\nabla^2\varphi=\rho$$

所以有

$$\nabla^2\varphi=-\frac{\rho}{\varepsilon}$$

即泊松方程。

【5-3】 已知在空气中电场强度矢量$\boldsymbol{E}=\boldsymbol{e}_y0.1\sin(10\pi x)\cos(6\pi\times10^9t-kz)$,求磁场强度矢量$\boldsymbol{H}$和常数$k$。

解:首先把电场强度写成复数形式$\boldsymbol{E}=\boldsymbol{e}_y0.1\sin(10\pi x)\mathrm{e}^{-\mathrm{j}kz}$,并求出磁场强度。

$$\boldsymbol{H}=-\frac{1}{\mathrm{j}\omega\mu_0}\nabla\times\boldsymbol{E}=-\frac{1}{\mathrm{j}\omega\mu_0}\begin{vmatrix}\boldsymbol{e}_x&\boldsymbol{e}_y&\boldsymbol{e}_z\\\frac{\partial}{\partial x}&\frac{\partial}{\partial y}&\frac{\partial}{\partial z}\\0&E_y&0\end{vmatrix}$$

$$=-\frac{1}{\mathrm{j}\omega\mu_0}[\boldsymbol{e}_x\mathrm{j}0.1k\sin(10\pi x)+\boldsymbol{e}_z0.1\times10\pi\cos(10\pi x)]\mathrm{e}^{-\mathrm{j}kz}$$

再对上式取旋度,由于空气中没有传导电流,则有

$$\boldsymbol{E}=\frac{1}{\mathrm{j}\omega\varepsilon_0}\nabla\times\boldsymbol{H}=\boldsymbol{e}_y\frac{0.1}{\omega^2\mu_0\varepsilon_0}[(10\pi)^2+k^2]\sin(10\pi x)\mathrm{e}^{-\mathrm{j}kz}$$

将此式与题中给出的$\boldsymbol{E}$的表达式相比,则有

$$(10\pi)^2+k^2=\omega^2\mu_0\varepsilon_0=\frac{(6\pi\times10^9)^2}{c^2}=400\pi^2$$

可以解得

$$k=\sqrt{300}\,\pi\approx54.41\mathrm{rad/m}$$

【5-4】 一长为l的圆柱形电容器,其内外导体半径分别为a、b,极板间理想介质的介电常数为ε。当外加电压为$U=U_\mathrm{m}\sin\omega t$时,求介质中的位移电流密度及穿过半径为$r(a<r<$

b)的圆柱面的位移电流。证明该位移电流等于电容器引线中的传导电流。

解：设内外导体间电流为 I,用恒定电场与静电场相比拟求 E_r。对于恒定电场,因为

$$E_r=\frac{J_r}{\sigma}=\frac{1}{\sigma}\frac{I}{2\pi rl}$$

所以

$$U=\int_a^b E_r\,\mathrm{d}r=\frac{I}{2\pi rl\sigma}r\ln\frac{b}{a}=E_r r\ln\frac{b}{a}$$

故

$$\boldsymbol{E}=\boldsymbol{e}_r\frac{U_\mathrm{m}\sin\omega t}{r\ln(b/a)}$$

因此位移电流密度为

$$\boldsymbol{J}_\mathrm{d}=\frac{\partial\boldsymbol{D}}{\partial t}=\varepsilon\frac{\partial\boldsymbol{E}}{\partial t}=\boldsymbol{e}_r\frac{\varepsilon\omega U_\mathrm{m}\cos\omega t}{r\ln(b/a)}$$

则穿过半径为 r 的柱面的位移电流为

$$I_\mathrm{d}=\iint_S\boldsymbol{J}_\mathrm{d}\cdot\mathrm{d}\boldsymbol{S}=\boldsymbol{J}_\mathrm{d}\cdot 2\pi rl=\frac{2\pi l\varepsilon\omega U_\mathrm{m}\cos\omega t}{\ln(b/a)}$$

又由于同轴电容器的电容 $C=2\pi l\varepsilon/\ln(b/a)$,则连线中的传导电流为

$$I_\mathrm{c}=\frac{\mathrm{d}q}{\mathrm{d}t}=C\frac{\mathrm{d}U}{\mathrm{d}t}=\frac{2\pi l\varepsilon\omega U_\mathrm{m}\cos\omega t}{\ln(b/a)}$$

所以有

$$I_\mathrm{d}=I_\mathrm{c}$$

【5-5】 设在有耗色散媒质中的物质本构方程为 $\boldsymbol{D}(\omega)=\varepsilon(\omega)\boldsymbol{E}(\omega)$,$\boldsymbol{J}(\omega)=\sigma(\omega)\boldsymbol{E}(\omega)$;对于等效复相对介电常数,试证明在时谐场的情况下有 $\varepsilon_\mathrm{r}^e=\varepsilon_\mathrm{r}-\dfrac{\mathrm{j}\sigma(\omega)}{\varepsilon_0\omega}$。

证明：根据复数形式的麦克斯韦第一方程的微分形式

$$\nabla\times\boldsymbol{H}=\boldsymbol{J}+\mathrm{j}\omega\boldsymbol{D}$$

将 $\boldsymbol{J}=\sigma(\omega)\boldsymbol{E}$、$\boldsymbol{D}=\varepsilon(\omega)\boldsymbol{E}$ 等方程代入上式,可得

$$\nabla\times\boldsymbol{H}=(\sigma(\omega)+\mathrm{j}\omega\varepsilon(\omega))\boldsymbol{E}=\mathrm{j}\omega\varepsilon^\mathrm{e}\boldsymbol{E}$$

则等效复介电常数为

$$\varepsilon^\mathrm{e}=\varepsilon(\omega)-\mathrm{j}\frac{\sigma(\omega)}{\omega}$$

因此,等效复相对介电常数为

$$\varepsilon_\mathrm{r}^\mathrm{e}(\omega)=\varepsilon_\mathrm{r}(\omega)-\mathrm{j}\frac{\sigma(\omega)}{\varepsilon_0\omega}$$

【5-6】 已知在金属铜($\varepsilon_\mathrm{r}=1$,$\sigma=5.8\times10^7\,\mathrm{S/m}$)中某处的电场强度为 $\boldsymbol{E}=\boldsymbol{e}_z\boldsymbol{E}_\mathrm{m}\cos(2\pi\times10^{10}t)$。试计算该点处的传导电流密度幅度与位移电流密度幅度之比;如果将铜换成淡水($\varepsilon_\mathrm{r}=81$,$\sigma=4\,\mathrm{S/m}$),重新计算传导电流密度幅度与位移电流密度幅度之比。

解：在铜中,传导电流密度为

$$J_\mathrm{c}=\sigma E=\sigma E_\mathrm{m}\cos(2\pi\times10\times10^9 t)$$

位移电流密度为

$$J_d=\frac{\partial D}{\partial t}=\varepsilon\frac{\partial E}{\partial t}=-\omega\varepsilon E_m\cos(2\pi\times 10\times 10^9 t)$$

传导电流密度幅度和位移电流密度幅度之比为

$$\frac{|J_{cm}|}{|J_{dm}|}=\frac{\sigma E_m}{\omega\varepsilon E_m}=\frac{\sigma}{\omega\varepsilon}=\frac{5.8\times 10^7}{2\pi\times 10^{10}\times 1\times 8.854\times 10^{-12}}=1.04\times 10^8$$

同理,在淡水中

$$\frac{|J_{cm}|}{|J_{dm}|}=\frac{\sigma}{\omega\varepsilon}=\frac{4}{2\pi\times 10^{10}\times 81\times 8.854\times 10^{-12}}=0.089$$

【5-7】 在线性、均匀、各向同性的导电媒质中,证明:$\nabla^2\boldsymbol{H}-\mu\varepsilon\frac{\partial^2\boldsymbol{H}}{\partial t^2}-\mu\sigma\frac{\partial\boldsymbol{H}}{\partial t}=0$。

证明:在线性、均匀、各向同性的导电媒质中,麦克斯韦旋度方程为

$$\nabla\times\boldsymbol{H}=\sigma\boldsymbol{E}+\varepsilon\frac{\partial\boldsymbol{E}}{\partial t}$$

两边取旋度得

$$\nabla\times\nabla\times\boldsymbol{H}=\sigma\nabla\times\boldsymbol{E}+\nabla\times\varepsilon\frac{\partial\boldsymbol{E}}{\partial t}$$

上式左边利用矢量恒等式$\nabla\times\nabla\times\boldsymbol{A}=\nabla\nabla\cdot\boldsymbol{A}-\nabla^2\boldsymbol{A}$,并考虑到在均匀导电媒质中$\nabla\cdot\boldsymbol{H}=0$,将上式右端代入麦克斯韦方程$\nabla\times\boldsymbol{E}=-\mu\frac{\partial\boldsymbol{H}}{\partial t}$,得

$$\nabla^2\boldsymbol{H}-\mu\varepsilon\frac{\partial^2\boldsymbol{H}}{\partial t^2}-\sigma\mu\frac{\partial\boldsymbol{H}}{\partial t}=0$$

【5-8】 设在法线方向为$\boldsymbol{e}_n=\boldsymbol{e}_x\cos\alpha+\boldsymbol{e}_y\sin\alpha$($\alpha$ 为法线与 x 轴的夹角),介质参数为ε_1,μ_1 和 ε_2,μ_2 的两种理想介质的分界面上有 $\boldsymbol{E}_1=E_{x1}\boldsymbol{e}_x+E_{y1}\boldsymbol{e}_y+E_{z1}\boldsymbol{e}_z$,求 $\boldsymbol{E}_2$。

解:设

$$\boldsymbol{E}_2=\boldsymbol{E}_{x2}\boldsymbol{e}_x+\boldsymbol{E}_{y2}\boldsymbol{e}_y+\boldsymbol{E}_{z2}\boldsymbol{e}_z$$

根据两种理想介质分界面上的电场强度的边界条件

$$\varepsilon_1\boldsymbol{E}_1\cdot\boldsymbol{e}_n=\varepsilon_2\boldsymbol{E}_2\cdot\boldsymbol{e}_n$$

$$\boldsymbol{E}_1\times\boldsymbol{e}_n=\boldsymbol{E}_2\times\boldsymbol{e}_n$$

由 $\varepsilon_1\boldsymbol{E}_1\cdot\boldsymbol{e}_n=\varepsilon_2\boldsymbol{E}_2\cdot\boldsymbol{e}_n$,$\boldsymbol{e}_n=\boldsymbol{e}_x\cos\alpha+\boldsymbol{e}_y\sin\alpha$,得

$$\frac{\varepsilon_1}{\varepsilon_2}(E_{x1}\cos\alpha+E_{y1}\sin\alpha)=E_{x2}\cos\alpha+E_{y2}\sin\alpha \tag{5-16}$$

由 $\boldsymbol{E}_1\times\boldsymbol{e}_n=\boldsymbol{E}_2\times\boldsymbol{e}_n$,$\boldsymbol{e}_n=\boldsymbol{e}_x\cos\alpha+\boldsymbol{e}_y\sin\alpha$,得

$$E_{z1}=E_{z2} \tag{5-17}$$

$$E_{x1}\sin\alpha-E_{y1}\cos\alpha=E_{x2}\sin\alpha-E_{y2}\cos\alpha \tag{5-18}$$

式(5-16)/sinα 加式(5-18)/cosα,得

$$E_{x2}=\frac{1}{\dfrac{\cos\alpha}{\sin\alpha}+\dfrac{\sin\alpha}{\cos\alpha}}\left[\left(\frac{\varepsilon_1}{\varepsilon_2}\frac{\cos\alpha}{\sin\alpha}+\frac{\sin\alpha}{\cos\alpha}\right)E_{x1}+\left(\frac{\varepsilon_1}{\varepsilon_2}-1\right)E_{y1}\right] \tag{5-19}$$

式(5-16)/cosα 减去式(5-18)/sinα,得

$$E_{y2}=\frac{1}{\dfrac{\cos\alpha}{\sin\alpha}+\dfrac{\sin\alpha}{\cos\alpha}}\left[\left(\frac{\varepsilon_1}{\varepsilon_2}-1\right)E_{x1}+\left(\frac{\varepsilon_1}{\varepsilon_2}\frac{\sin\alpha}{\cos\alpha}+\frac{\cos\alpha}{\sin\alpha}\right)E_{y1}\right]$$

由式(5-17)得

$$E_{z1}=E_{z2}$$

即

$$\boldsymbol{E}_2=\frac{1}{\dfrac{\cos\alpha}{\sin\alpha}+\dfrac{\sin\alpha}{\cos\alpha}}\left[\left(\frac{\varepsilon_1}{\varepsilon_2}\frac{\cos\alpha}{\sin\alpha}+\frac{\sin\alpha}{\cos\alpha}\right)E_{x1}+\left(\frac{\varepsilon_1}{\varepsilon_2}-1\right)E_{y1}\right]\boldsymbol{e}_x+$$

$$\frac{1}{\dfrac{\cos\alpha}{\sin\alpha}+\dfrac{\sin\alpha}{\cos\alpha}}\left[\left(\frac{\varepsilon_1}{\varepsilon_2}-1\right)E_{x1}+\left(\frac{\varepsilon_1}{\varepsilon_2}\frac{\sin\alpha}{\cos\alpha}+\frac{\cos\alpha}{\sin\alpha}\right)E_{y1}\right]\boldsymbol{e}_y+E_{z2}\boldsymbol{e}_z$$

【5-9】 在法线方向为 $\boldsymbol{e}_z$ 的理想导体表面上，电流密度为 $\boldsymbol{J}_s=\boldsymbol{e}_xJ_{x0}\sin\omega t-\boldsymbol{e}_yJ_{y0}\cos\omega t$，求导体表面的切向磁场。

解：设导体表面上的切向磁场 $\boldsymbol{H}_t$ 为

$$\boldsymbol{H}_t=\boldsymbol{e}_x\boldsymbol{H}_x+\boldsymbol{e}_y\boldsymbol{H}_y$$

由理想导体表面上的边界条件

$$\boldsymbol{e}_n\times\boldsymbol{H}=\boldsymbol{J}_s$$

得

$$H_x=J_{Sy}$$
$$H_y=-J_{Sx}$$

因此，导体表面上的 $\boldsymbol{H}_t$ 为

$$\boldsymbol{H}_t=-\boldsymbol{e}_xJ_{y0}\cos\omega t-\boldsymbol{e}_yJ_{x0}\sin\omega t$$

【5-10】 在真空中，已知电场强度的复数形式为 $\boldsymbol{E}=(E_{x0}\boldsymbol{e}_x+\mathrm{j}E_{y0}\boldsymbol{e}_y)\mathrm{e}^{\mathrm{j}kz}$，分别求出磁场强度和电场强度的瞬时表达式、能量密度及能量流密度的平均值。

解：由 $\boldsymbol{E}=(\boldsymbol{e}_xE_{x0}+\boldsymbol{e}_y\mathrm{j}\boldsymbol{H}_{y0})\mathrm{e}^{\mathrm{j}kz}$ 和$\nabla\times\boldsymbol{E}=-\mathrm{j}\omega\mu\boldsymbol{H}$ 得磁场强度的复数形式为

$$\boldsymbol{H}=-\frac{1}{\mathrm{j}\omega\mu}\nabla\times\boldsymbol{E}=\frac{k}{\omega\mu}(-\boldsymbol{e}_yE_{x0}+\boldsymbol{e}_x\mathrm{j}E_{y0})\mathrm{e}^{\mathrm{j}kz}$$

由 $\boldsymbol{E}=(\boldsymbol{e}_xE_{x0}+\boldsymbol{e}_y\mathrm{j}H_{y0})\mathrm{e}^{\mathrm{j}kz}$ 得电场强度的瞬时表达式为

$$\boldsymbol{E}(z,t)=\boldsymbol{e}_xE_{x0}\cos(\omega t+kz)-\boldsymbol{e}_yE_{y0}\sin(\omega t+kz)$$

由 $\boldsymbol{H}=\dfrac{k}{\omega\mu}(-\boldsymbol{e}_yE_{x0}+\boldsymbol{e}_x\mathrm{j}E_{y0})\mathrm{e}^{\mathrm{j}kz}$ 得磁场强度的瞬时表达式为

$$\boldsymbol{H}(z,t)=-\boldsymbol{e}_y\frac{k}{\omega\mu}E_{x0}\cos(\omega t+kz)-\boldsymbol{e}_x\frac{k}{\omega\mu}E_{y0}\sin(\omega t+kz)$$

能量密度的平均值为

$$\bar{\omega}=\bar{\omega}_e+\bar{\omega}_m=\frac{1}{4}\varepsilon_0|\boldsymbol{E}|^2+\frac{1}{4}\mu_0|\boldsymbol{H}|^2=\frac{1}{4}\varepsilon_0(E_{x0}^2+E_{y0}^2)+\frac{1}{4}\frac{k^2}{\omega^2\mu_0}(E_{x0}^2+E_{y0}^2)$$

能流密度矢量的平均值为

$$\boldsymbol{S}_{av}=\frac{1}{2}\mathrm{Re}[\boldsymbol{S}_c]=\frac{1}{2}\mathrm{Re}[\boldsymbol{E}\times\boldsymbol{H}^*]=-\boldsymbol{e}_z\frac{1}{2}\frac{k}{\omega\mu_0}(E_{x0}^2+E_{y0}^2)$$

【5-11】 半径为 a 的导线通以直流电流 I,导线单位长度的电阻为 R。试应用坡印亭矢量计算该导线单位长度的损耗功率。

解:由于 R 为导线单位长度的电阻,于是 IR 代表单位长度导线的电压降,即电场强度,所以

$$E_z = IR$$

而由电流 I 在导线表面产生的磁场强度按照安培环路定律可得

$$H_\phi = I/(2\pi a)$$

于是,相应的坡印亭矢量为

$$\boldsymbol{S} = \boldsymbol{e}_z E_z \times \boldsymbol{e}_\phi H_\phi = -\boldsymbol{e}_r E_z H_\phi = -\boldsymbol{e}_r \frac{I^2 R}{2\pi a}$$

该能流密度垂直穿过导线单位外表面积,流入导体内部而不是传向负载。这部分能量形成了导线传输中的热损耗。所以单位长度导线的损耗功率应为

$$P_L = -\oint\!\!\!\oint_S \boldsymbol{S} \cdot \mathrm{d}\boldsymbol{S} = \frac{I^2 R}{2\pi a} \cdot 2\pi a \cdot \boldsymbol{1} = I^2 R$$

【5-12】 已知无源($\rho=0, J=0$)自由空间($\mu_r=\varepsilon_r=1, \sigma=0$)中的电场为

$$\boldsymbol{E} = \boldsymbol{e}_y E_0 \sin(\omega t - kz)$$

(1) 求磁场强度。

(2) 试证明 ω/k 等于光速 c。

(3) 求平均功率密度。

解:(1) $\boldsymbol{E}$ 的复数形式为 $\boldsymbol{E} = -\mathrm{j}\boldsymbol{e}_y E_0 \mathrm{e}^{-\mathrm{j}kz}$,将 $\boldsymbol{E}$ 代入麦克斯韦第二方程,得

$$\boldsymbol{H} = -\frac{1}{\mathrm{j}\omega\mu_0} \nabla\times \boldsymbol{E} = \mathrm{j}\boldsymbol{e}_x \frac{k}{\omega\mu_0} E_0 \mathrm{e}^{-\mathrm{j}kz}$$

其瞬时值为

$$\boldsymbol{H} = \mathrm{Re}\left(\mathrm{j}\boldsymbol{e}_x \frac{k}{\omega\mu_0} E_0 \mathrm{e}^{-\mathrm{j}kz}\right) = -\boldsymbol{e}_x \frac{k}{\omega\mu_0} E_0 \sin(\omega t - kz)$$

(2) **证明**:自由空间中,只考虑位移电流,则将 $\boldsymbol{H}$ 代入麦克斯韦第一方程,得

$$\nabla\times \boldsymbol{H} = \nabla\times \left(\mathrm{j}\boldsymbol{e}_x \frac{k}{\omega\mu_0} E_0 \mathrm{e}^{-\mathrm{j}kz}\right) = \boldsymbol{e}_y \left(\frac{\partial H_x}{\partial z}\right) = \boldsymbol{e}_y k \frac{k}{\omega\mu_0} E_0 \mathrm{e}^{-\mathrm{j}kz} = \mathrm{j}\omega\varepsilon_0 \boldsymbol{E}$$

所以

$$\boldsymbol{E} = -\mathrm{j}\boldsymbol{e}_y \frac{k^2}{\omega^2 \mu_0 \varepsilon_0} E_0 \mathrm{e}^{-\mathrm{j}kz}$$

与已知的 $\boldsymbol{E}$ 表达式对照,可知 $k^2/(\omega^2\mu_0\varepsilon_0)=1$,所以

$$\frac{\omega}{k} = \frac{1}{\sqrt{\mu_0\varepsilon_0}} = c$$

(3) 坡印亭矢量的平均值即平均功率密度为

$$\boldsymbol{S}_{\mathrm{av}} = \frac{1}{2}\mathrm{Re}[\boldsymbol{E}\times\boldsymbol{H}^*] = \frac{1}{2}\mathrm{Re}\left[(-\mathrm{j}\boldsymbol{e}_y E_0 \mathrm{e}^{-\mathrm{j}kz}) \times \left(\mathrm{j}\boldsymbol{e}_x \frac{k}{\omega\mu_0} E_0 \mathrm{e}^{-\mathrm{j}kz}\right)^*\right]$$

$$= \boldsymbol{e}_z \frac{1}{2} \frac{k}{\omega\mu_0} E_0^2$$

【5-13】 半径为 a 的圆形平行板电容器,电极距离为 d,其间填充电导率为 σ 的非理想

均匀电介质，极板间的电压为 U_0，略去边缘效应。

（1）计算极板间的电磁场及能流密度。

（2）证明用坡印亭矢量和用电路理论计算出的损耗功率相同。

解：（1）在两极板间的电场强度为

$$\boldsymbol{E}=\boldsymbol{e}_z\frac{U_0}{d}$$

相应的电流密度可求得

$$\boldsymbol{J}=\sigma\boldsymbol{E}=\boldsymbol{e}_z\frac{\sigma U_0}{d}$$

根据安培环路定律

$$H(2\pi r)=J\pi r^2=\frac{\pi\sigma U_0 r^2}{d}$$

故两极板间的磁场强度为

$$\boldsymbol{H}=\boldsymbol{e}_\phi\frac{\sigma U_0 r}{2d}$$

能流密度

$$\boldsymbol{S}=\boldsymbol{E}\times\boldsymbol{H}=\boldsymbol{e}_z\frac{U_0}{d}\times\boldsymbol{e}_\phi\frac{\sigma U_0 r}{2d}=-\boldsymbol{e}_r\frac{\sigma U_0^2 r}{2d^2}$$

（2）根据题意可以求出两极板间的电阻

$$R=\frac{d}{\pi a^2\sigma}$$

由电路理论知，电容器的损耗功率为

$$P=\frac{U_0^2}{R}=\frac{\pi a^2\sigma}{d}U_0^2$$

再用坡印亭矢量计算损耗功率

$$P\big|_{r=a}=\int\boldsymbol{S}\cdot\mathrm{d}\boldsymbol{S}=\frac{\sigma U_0^2}{2d^2}a(2\pi ad)=\frac{\pi a^2\sigma}{d}U_0^2$$

所以，两种方法计算出的损耗功率相同。

【5-14】 证明无源自由空间中仅随时间变化的场 $\boldsymbol{B}=\boldsymbol{B}_0\sin\omega t$，不满足麦克斯韦方程。若将 t 换成$(t-y/c)$，则它可以满足麦克斯韦方程。

证明：根据麦克斯韦第一方程，在无源自由空间中

$$\nabla\times\boldsymbol{H}=\boldsymbol{J}+\frac{\partial\boldsymbol{D}}{\partial t}=\frac{\partial\boldsymbol{D}}{\partial t}$$

将 $\boldsymbol{B}=\boldsymbol{B}_0\sin\omega t$ 代入上式，并根据电磁场仅随时间变化的条件，得

$$\frac{\partial\boldsymbol{D}}{\partial t}=\nabla\times\boldsymbol{H}=\nabla\times\left(\frac{\boldsymbol{B}_0\sin\omega t}{\mu}\right)=0$$

积分得 $\boldsymbol{D}=\boldsymbol{D}_0$，为一常矢量，故

$$\nabla\times\boldsymbol{E}=\nabla\times\frac{\boldsymbol{D}}{\varepsilon}=0$$

又根据麦克斯韦第二方程

$$\nabla\times\boldsymbol{E}=-\frac{\partial\boldsymbol{B}}{\partial t}=-\boldsymbol{B}_0\omega\sin\omega t\neq 0$$

所以,这样的场不满足麦克斯韦方程。

若将 t 换成 $(t-y/c)$,则有

$$\boldsymbol{B}=\boldsymbol{B}_0\sin\omega(t-y/c)=\boldsymbol{e}_zB_0\sin(\omega t-ky)$$

其中,$\boldsymbol{B}_0=\boldsymbol{e}_zB_0$ 是为计算方便定为 $\boldsymbol{e}_z$ 方向,又 $k=\omega/c$,将上式代入,根据麦克斯韦第一方程,得

$$\varepsilon\frac{\partial\boldsymbol{E}}{\partial t}=\nabla\times\boldsymbol{H}=\nabla\times\left(\frac{\boldsymbol{e}_zB_0\sin(\omega t-ky)}{\mu}\right)=-\boldsymbol{e}_z\frac{k}{\mu}B_0\cos(\omega t-ky)$$

所以有

$$\boldsymbol{E}=-\boldsymbol{e}_z\frac{k}{\omega\mu\varepsilon}B_0\sin(\omega t-ky)=-\boldsymbol{e}_z\frac{B_0}{\sqrt{\mu\varepsilon}}\sin(\omega t-ky)$$

将 $\boldsymbol{E}$ 和 $\boldsymbol{B}$ 分别代入麦克斯韦第二方程 $\nabla\times\boldsymbol{E}=-\partial\boldsymbol{B}/\partial t$ 两边,得

$$\nabla\times\boldsymbol{E}=\frac{\partial}{\partial y}\left[-\boldsymbol{e}_z\frac{B_0}{\sqrt{\mu\varepsilon}}\sin(\omega t-ky)\right]=-\boldsymbol{e}_z\frac{kB_0}{\sqrt{\mu\varepsilon}}\cos(\omega t-ky)$$
$$=-\boldsymbol{e}_zB_0\omega\cos(\omega t-ky)$$

$$-\frac{\partial\boldsymbol{B}}{\partial t}=-\boldsymbol{e}_zB_0\omega\cos(\omega t-ky)=\nabla\times\boldsymbol{E}$$

可见,$\boldsymbol{E}$ 和 $\boldsymbol{B}$ 满足麦克斯韦第一、第二方程,很容易证明,它们也满足第三、第四方程。

【5-15】 已知空气中某一区域的电场为 $\boldsymbol{E}=\boldsymbol{e}_y10\sin(\pi x)\sin(3\pi\times10^8t-\pi z)$。

(1) 求复坡印亭矢量及有功功率密度。

(2) 计算平均电能密度和平均磁能密度。

解:(1) 将电场强度表达式写为

$$\boldsymbol{E}(\boldsymbol{r},t)=-\boldsymbol{e}_y10\sin(\pi x)\cos\left(3\pi\times10^8t-\pi z+\frac{\pi}{2}\right)$$

得到电场的复矢量

$$\boldsymbol{E}=-\boldsymbol{e}_y10\sin(\pi x)\,\mathrm{e}^{\mathrm{j}\left(\frac{\pi}{2}-\pi z\right)}$$

相应的磁场复矢量为

$$\boldsymbol{H}=-\frac{1}{\mathrm{j}\omega\mu_0}\nabla\times\boldsymbol{E}=-\frac{1}{\mathrm{j}\omega\mu_0}\begin{vmatrix}\boldsymbol{e}_x & \boldsymbol{e}_y & \boldsymbol{e}_z\\ \dfrac{\partial}{\partial x} & \dfrac{\partial}{\partial y} & \dfrac{\partial}{\partial z}\\ 0 & -10\sin(\pi x)\,\mathrm{e}^{\mathrm{j}\left(\frac{\pi}{2}-\pi z\right)} & 0\end{vmatrix}$$
$$=-\frac{1}{\mathrm{j}\omega\mu_0}\left[-\boldsymbol{e}_x10\mathrm{j}\pi\sin(\pi x)-\boldsymbol{e}_z10\pi\cos(\pi x)\right]\mathrm{e}^{\mathrm{j}\left(\frac{\pi}{2}-\pi z\right)}$$

所以

$$\boldsymbol{H}^*=\frac{1}{\omega\mu_0}\left[\boldsymbol{e}_x10\pi\sin(\pi x)+\boldsymbol{e}_z10\mathrm{j}\pi\cos(\pi x)\right]\mathrm{e}^{-\mathrm{j}\left(\frac{\pi}{2}-\pi z\right)}$$

复坡印亭矢量为

$$S=\frac{1}{2}E\times H^{*}=\frac{1}{2}\left[-e_{y}10\sin(\pi x)\right]\times\frac{1}{\omega\mu_{0}}\left[e_{x}10\pi\sin(\pi x)+e_{z}10\mathrm{j}\pi\cos(\pi x)\right]$$

$$=e_{z}\frac{50\pi}{\omega\mu_{0}}\sin^{2}(\pi x)-e_{x}\frac{\mathrm{j}50\pi}{\omega\mu_{0}}\sin(\pi x)\cos(\pi x)$$

$$=-e_{x}\frac{5\mathrm{j}}{24\pi}\sin(2\pi x)+e_{z}\frac{5}{12\pi}\sin^{2}(\pi x)$$

平均坡印亭矢量,即有功功率密度为

$$S_{\mathrm{av}}=\mathrm{Re}(S)=e_{z}\frac{5}{12\pi}\sin^{2}(\pi x)$$

(2) 平均能量密度为

$$\bar{\omega}_{\mathrm{e}}+\bar{\omega}_{\mathrm{m}}=\frac{1}{4}\varepsilon_{0}|E_{0}|^{2}+\frac{1}{4}\mu_{0}|H_{0}|^{2}$$

平均电能密度为

$$\bar{\omega}_{\mathrm{e}}=\frac{1}{4}\varepsilon_{0}|E_{0}|^{2}=25\varepsilon_{0}\sin^{2}(\pi x)$$

平均磁能密度为

$$\bar{\omega}_{\mathrm{m}}=\frac{1}{4}\mu_{0}|H_{0}|^{2}=\frac{\mu_{0}}{(24\pi)^{2}}$$

【5-16】 已知真空中正弦电磁场的磁场复矢量是 $H=e_{\phi}H_{\mathrm{m}}\frac{\sin\theta}{r}\mathrm{e}^{-\mathrm{j}kr}$,式中,$H_{\mathrm{m}}$、$k$ 均为实常数。试求坡印亭矢量的瞬时值和平均值。

解:根据磁场复矢量可以求出电场复矢量

$$E(r)=\frac{\nabla\times H}{\mathrm{j}\omega\varepsilon_{0}}=\frac{1}{\mathrm{j}\omega\varepsilon_{0}}\cdot\frac{H_{\mathrm{m}}}{r^{2}\sin\theta}\begin{vmatrix}e_{r} & re_{\theta} & r\sin\theta e_{\phi}\\ \frac{\partial}{\partial r} & \frac{\partial}{\partial\theta} & \frac{\partial}{\partial_{\phi}}\\ 0 & 0 & r\sin\theta\frac{\sin\theta}{r}\mathrm{e}^{-\mathrm{j}kr}\end{vmatrix}$$

$$=\frac{1}{\mathrm{j}\omega\varepsilon_{0}}\cdot\frac{H_{\mathrm{m}}}{r^{2}\sin\theta}\left[e_{r}2\cos\theta\sin\theta\mathrm{e}^{-\mathrm{j}kr}-e_{\theta}r(-\mathrm{j}k)\sin^{2}\theta\mathrm{e}^{-\mathrm{j}kr}\right]$$

$$=\frac{H_{\mathrm{m}}}{r^{2}\omega\varepsilon_{0}}\left[e_{r}(-2\mathrm{j})\cos\theta+e_{\theta}rk\sin\theta\right]\mathrm{e}^{-\mathrm{j}kr}$$

所以磁场强度和电场强度的瞬时值

$$H(r,t)=e_{\phi}H_{\mathrm{m}}\frac{\sin\theta}{r}\cos(\omega t-kr)$$

$$E(r,t)=\frac{H_{\mathrm{m}}}{r^{2}\omega\varepsilon_{0}}\left[e_{r}2\cos\theta\cos\left(\omega t-kr-\frac{\pi}{2}\right)+e_{\theta}kr\sin\theta\cos(\omega t-kr)\right]$$

坡印亭矢量的瞬时值

$$S=E\times H=\frac{H_{\mathrm{m}}^{2}}{r^{3}\omega\varepsilon_{0}}\left[-e_{\theta}\sin\theta\cos\theta\sin2(\omega t-kr)+e_{r}rk\sin^{2}\theta\cos^{2}(\omega t-kr)\right]$$

坡印亭矢量的平均值

$$\boldsymbol{S}_{\mathrm{av}}=\frac{1}{2}\mathrm{Re}[\boldsymbol{E}\times\boldsymbol{H}^*]=\frac{\mathrm{Re}}{2}\left\{\frac{H_{\mathrm{m}}^2\sin\theta}{r^3\omega\varepsilon_0}\{[\boldsymbol{e}_r(-2\mathrm{j})\cos\theta]\times\boldsymbol{e}_\phi+(\boldsymbol{e}_\theta rk\sin\theta)\times\boldsymbol{e}_\phi\}\right\}$$

$$=\frac{H_{\mathrm{m}}^2k\sin^2\theta}{2r^2\omega\varepsilon_0}\boldsymbol{e}_r$$

【5-17】 位于原点的天线所辐射的电磁场在球坐标系中表示为 $\boldsymbol{E}=\boldsymbol{e}_\theta\dfrac{120\pi}{r}\sin\theta\mathrm{e}^{-\mathrm{j}kr}$，$\boldsymbol{H}=\boldsymbol{e}_\phi\dfrac{\sin\theta}{r}\mathrm{e}^{-\mathrm{j}kr}$。求空间任一点的坡印亭矢量的瞬时值和穿过半球面($r=1\mathrm{km}$，$0\leqslant\theta\leqslant\pi/2$)的平均功率。

解：根据电场和磁场的复矢量可以得到相应的瞬时值：

$$\boldsymbol{E}(\boldsymbol{r},t)=\boldsymbol{e}_\theta\frac{120\pi}{r}\sin\theta\cos(\omega t-kr)$$

$$\boldsymbol{H}(\boldsymbol{r},t)=\boldsymbol{e}_\phi\frac{1}{r}\sin\theta\cos(\omega t-kr)$$

那么，空间任一点的坡印亭矢量的瞬时值

$$\boldsymbol{S}(t)=\boldsymbol{E}(t)\times\boldsymbol{H}(t)=\boldsymbol{e}_r\frac{120\pi}{r^2}\sin^2\theta\cos^2(\omega t-kr)$$

坡印亭矢量的平均值

$$\boldsymbol{S}_{\mathrm{av}}=\frac{1}{2}\mathrm{Re}[\boldsymbol{E}\times\boldsymbol{H}^*]=\frac{1}{2}\boldsymbol{e}_r\frac{120\pi}{r^2}\sin^2\theta=\boldsymbol{e}_r\frac{60\pi}{r^2}\sin^2\theta$$

所以穿过半球面的平均功率

$$\overline{P}=\int_0^{2\pi}\left(\int_0^{\frac{\pi}{2}}\frac{60\pi}{r^2}\sin^2\theta r^2\sin\theta\mathrm{d}\theta\right)\mathrm{d}\phi=120\pi^2\int_0^{\frac{\pi}{2}}\sin^2\theta\mathrm{d}(-\cos\theta)$$

$$=120\pi^2\int_0^{\frac{\pi}{2}}(\cos^2\theta-1)\mathrm{d}(\cos\theta)=80\pi^2$$

【5-18】 假设与 zOy 平面平行的相距为 d 的两无限大理想导体板之间的电场复矢量为 $\boldsymbol{E}=\boldsymbol{e}_xE_{\mathrm{m}}\mathrm{e}^{-\mathrm{j}kz}$。

(1) 求磁场强度矢量。

(2) 求导体板上的分布电荷及分布电流的瞬时值。

解：(1) 先由复麦克斯韦方程求出磁场强度的复矢量：

$$\boldsymbol{H}=-\frac{1}{\mathrm{j}\omega\mu_0}\nabla\times\boldsymbol{E}=\frac{\mathrm{j}}{\omega\mu_0}\begin{vmatrix}\boldsymbol{e}_x & \boldsymbol{e}_y & \boldsymbol{e}_z\\ \dfrac{\partial}{\partial x} & \dfrac{\partial}{\partial y} & \dfrac{\partial}{\partial z}\\ E_{\mathrm{m}}\mathrm{e}^{-\mathrm{j}kz} & 0 & 0\end{vmatrix}$$

$$=\frac{\mathrm{j}}{\omega\mu_0}[\boldsymbol{e}_yE_{\mathrm{m}}(-\mathrm{j}k)\mathrm{e}^{-\mathrm{j}kz}]=\boldsymbol{e}_y\frac{kE_{\mathrm{m}}}{\omega\mu_0}\mathrm{e}^{-\mathrm{j}kz}$$

所以磁场强度的瞬时值

$$\boldsymbol{H}(\boldsymbol{r},t)=\boldsymbol{e}_y\frac{kE_{\mathrm{m}}}{\omega\mu_0}\cos(\omega t-kz)$$

(2) 利用边界条件可以求得导体板上的分布电荷及分布电流的瞬时值：

$$\rho_s|_{x=0}=\boldsymbol{e}_n\cdot\boldsymbol{D}=\boldsymbol{e}_x\cdot[\varepsilon_0E_m\boldsymbol{e}_x\cos(\omega t-kz)]=\varepsilon_0E_m\cos(\omega t-kz)$$

$$\rho_s|_{x=d}=\boldsymbol{e}_n'\cdot\boldsymbol{D}=(-\boldsymbol{e}_x)\cdot[\varepsilon_0E_m\boldsymbol{e}_x\cos(\omega t-kz)]=-\varepsilon_0E_m\cos(\omega t-kz)$$

$$J_s|_{x=0}=\boldsymbol{e}_n\times\boldsymbol{H}=\boldsymbol{e}_x\times\left[\boldsymbol{e}_y\frac{kE_m}{\omega\mu_0}\cos(\omega t-kz)\right]=\boldsymbol{e}_z\frac{kE_m}{\omega\mu_0}\cos(\omega t-kz)$$

$$J_s|_{x=d}=\boldsymbol{e}_n'\times\boldsymbol{H}=(-\boldsymbol{e}_x)\times\left[\boldsymbol{e}_y\frac{kE_m}{\omega\mu_0}\cos(\omega t-kz)\right]=-\boldsymbol{e}_z\frac{kE_m}{\omega\mu_0}\cos(\omega t-kz)$$

【5-19】 已知在沿子轴无限长理想导体板所围成的区域内($0\leqslant x\leqslant a,0\leqslant y\leqslant b$)电场复矢量为 $\boldsymbol{E}=\boldsymbol{e}_yE_m\mathrm{e}^{-\mathrm{j}\pi/2}\sin\dfrac{m\pi x}{a}\mathrm{e}^{-\mathrm{j}\beta z}$，求：

(1) 磁场强度复矢量；

(2) 坡印亭矢量的瞬时值和平均值；

(3) 穿过任一横截面的平均功率。

解：(1) 利用复麦克斯韦方程求出磁场强度的复矢量：

$$\boldsymbol{H}=-\frac{1}{\mathrm{j}\omega\mu_0}\nabla\times\boldsymbol{E}=\frac{\mathrm{j}}{\omega\mu_0}\begin{vmatrix}\boldsymbol{e}_x & \boldsymbol{e}_y & \boldsymbol{e}_z\\ \dfrac{\partial}{\partial x} & \dfrac{\partial}{\partial y} & \dfrac{\partial}{\partial z}\\ 0 & E_m\mathrm{e}^{-\mathrm{j}\frac{\pi}{2}}\sin\dfrac{m\pi x}{a}\mathrm{e}^{-\mathrm{j}\beta z} & 0\end{vmatrix}$$

写成分量形式为

$$H_x=\frac{\mathrm{j}E_m\mathrm{e}^{-\mathrm{j}\frac{\pi}{2}}\sin\dfrac{m\pi x}{a}}{\omega\mu}[(+\mathrm{j}\beta)\mathrm{e}^{-\mathrm{j}\beta z}]=\frac{\mathrm{j}E_m\sin\dfrac{m\pi x}{a}}{\omega\mu}\beta\mathrm{e}^{-\mathrm{j}\beta z}$$

$$H_y=0$$

$$H_z=\frac{E_m\mathrm{e}^{-\mathrm{j}\beta z}}{\omega\mu}\left[\frac{m\pi}{a}\cos\frac{m\pi x}{a}\right]$$

所以

$$\boldsymbol{H}=E_m\left[\boldsymbol{e}_x\frac{\mathrm{j}\beta}{\omega\mu}\sin\frac{m\pi x}{a}+\boldsymbol{e}_z\frac{m\pi}{a\omega\mu}\cos\frac{m\pi x}{a}\right]\mathrm{e}^{-\mathrm{j}\beta z}$$

(2) 根据电场和磁场的复矢量可以得到相应的瞬时值：

$$\boldsymbol{E}(\boldsymbol{r},t)=\boldsymbol{e}_yE_m\sin\frac{m\pi x}{a}\cos\left(\omega t-\beta z-\frac{\pi}{2}\right)=\boldsymbol{e}_yE_m\sin\frac{m\pi x}{a}\sin(\omega t-\beta z)$$

$$\boldsymbol{H}(\boldsymbol{r},t)=-\boldsymbol{e}_x\frac{E_m\beta}{\omega\mu_0}\sin\frac{m\pi x}{a}\sin(\omega t-\beta z)+\boldsymbol{e}_z\frac{E_mm\pi}{a\omega\mu_0}\cos\frac{m\pi x}{a}\cos(\omega t-\beta z)$$

坡印亭矢量的瞬时值

$$\begin{aligned}\boldsymbol{S}(\boldsymbol{r},t)&=\boldsymbol{E}(\boldsymbol{r},t)\times\boldsymbol{H}(\boldsymbol{r},t)\\&=\boldsymbol{e}_z\frac{E_m^2\beta}{\omega\mu_0}\sin^2\frac{m\pi x}{a}\sin^2(\omega t-\beta z)+\boldsymbol{e}_x\frac{E_m^2m\pi}{2a\omega\mu_0}\sin\frac{m\pi x}{a}\cos\frac{m\pi x}{a}\sin2(\omega t-\beta z)\end{aligned}$$

坡印亭矢量的平均值

$$\boldsymbol{S}_{\mathrm{av}}=\frac{1}{2}\mathrm{Re}\left[\boldsymbol{E}\times\boldsymbol{H}^{*}\right]=\boldsymbol{e}_z\frac{E_{\mathrm{m}}^2\beta}{2\omega\mu_0}\sin^2\frac{m\pi x}{a}$$

(3) 穿过任一横截面的平均功率

$$P=\int_0^b\mathrm{d}y\int_0^a\boldsymbol{S}_{\mathrm{av}}\cdot\mathrm{d}x=b\int_0^a\frac{E_{\mathrm{m}}^2\beta}{2\omega\mu_0}\sin^2\frac{m\pi x}{a}\mathrm{d}x=\frac{E_{\mathrm{m}}^2\beta b}{2\omega\mu_0}\left(\frac{a}{2}\right)=\frac{E_{\mathrm{m}}^2\beta ab}{4\omega\mu_0}$$

【5-20】 已知 $\sigma=0$ 的均匀媒质中的矢量磁位为 $\boldsymbol{A}=\boldsymbol{e}_z\cos kx\cos\omega t$，试求：

(1) 标量电位；

(2) 电场强度；

(3) 磁场强度。

解：(1) 矢量磁位的复矢量为

$$\boldsymbol{A}(\boldsymbol{r})=\boldsymbol{e}_z\cos kx$$

于是，根据洛伦兹规范

$$\frac{\partial\varphi(\boldsymbol{r},t)}{\partial t}=-\frac{1}{\mu\varepsilon}\nabla\cdot\boldsymbol{A}(\boldsymbol{r},t)=0$$

又复标量电位

$$\varphi(\boldsymbol{r},t)=-\frac{1}{\mathrm{j}\omega\mu\varepsilon}\nabla\cdot\boldsymbol{A}(\boldsymbol{r})=-\frac{1}{\mathrm{j}\omega\mu\varepsilon}\nabla\cdot(\boldsymbol{e}_z\cos kx)=0$$

所以标量电位 φ 是与时间、空间都无关的常量。

(2) 电场强度

$$\boldsymbol{E}=-\nabla\varphi-\frac{\partial\boldsymbol{A}}{\partial t}=-\frac{\partial}{\partial t}(\boldsymbol{e}_z\cos kx\cos\omega t)=\boldsymbol{e}_z\omega\cos kx\sin\omega t$$

(3) 磁场强度

$$\boldsymbol{H}=\frac{\boldsymbol{B}}{\mu}=\frac{1}{\mu}\nabla\times\boldsymbol{A}=\frac{1}{\mu}\begin{vmatrix}\boldsymbol{e}_x & \boldsymbol{e}_y & \boldsymbol{e}_z\\ \dfrac{\partial}{\partial x} & \dfrac{\partial}{\partial y} & \dfrac{\partial}{\partial z}\\ 0 & 0 & \omega\cos kx\sin\omega t\end{vmatrix}=\boldsymbol{e}_y\frac{k}{\mu}\sin kx\cos\omega t$$

【5-21】 已知球坐标系中时谐场任意点的矢量磁位为 $\boldsymbol{A}=(\boldsymbol{e}_r\cos\theta-\boldsymbol{e}_\theta\sin\theta)\dfrac{A_0}{r}\mathrm{e}^{-\mathrm{j}kr}$，其中 A_0 为常数。试求电场强度和磁场强度矢量。

解：磁感应强度 $\boldsymbol{B}$ 的复矢量为

$$\boldsymbol{B}=\nabla\times\boldsymbol{A}=\frac{A_0}{r^2\sin\theta}\begin{vmatrix}\boldsymbol{e}_r & r\boldsymbol{e}_\theta & r\sin\theta\boldsymbol{e}_\phi\\ \dfrac{\partial}{\partial r} & \dfrac{\partial}{\partial\theta} & \dfrac{\partial}{\partial\phi}\\ \dfrac{\cos\theta}{r}\mathrm{e}^{-\mathrm{j}kr} & r\left(-\dfrac{\sin\theta}{r}\right)\mathrm{e}^{-\mathrm{j}kr} & 0\end{vmatrix}$$

$$=\frac{A_0}{r^2\sin\theta}r\sin\theta\boldsymbol{e}_\phi\left[\frac{\partial}{\partial r}(-\sin\theta\mathrm{e}^{-\mathrm{j}kr})-\frac{\partial}{\partial\theta}\left(\frac{\cos\theta}{r}\mathrm{e}^{-\mathrm{j}kr}\right)\right]$$

$$=\boldsymbol{e}_\phi\frac{A_0\sin\theta}{r}\left(\mathrm{j}k+\frac{1}{r}\right)\mathrm{e}^{-\mathrm{j}kr}$$

所以磁场强度的复矢量为

$$\boldsymbol{H}=\frac{\boldsymbol{B}}{\mu}=\boldsymbol{e}_\phi\frac{A_0\sin\theta}{\mu r}\left(\mathrm{j}k+\frac{1}{r}\right)\mathrm{e}^{-\mathrm{j}kr}$$

电场强度的复矢量可以根据复麦克斯韦方程求出：

$$\boldsymbol{E}(\boldsymbol{r})=\frac{1}{\mathrm{j}\omega\varepsilon}\nabla\times\boldsymbol{H}=\frac{1}{\mathrm{j}\omega\mu\varepsilon}\nabla\times\boldsymbol{B}=\frac{\omega}{\mathrm{j}k^2r^2\sin\theta}\begin{vmatrix}\boldsymbol{e}_r & r\boldsymbol{e}_\theta & r\sin\theta\boldsymbol{e}_\phi\\ \dfrac{\partial}{\partial r} & \dfrac{\partial}{\partial\theta} & \dfrac{\partial}{\partial\phi}\\ 0 & 0 & A_0\sin^2\theta\left(\mathrm{j}k+\dfrac{1}{r}\right)\mathrm{e}^{-\mathrm{j}kr}\end{vmatrix}$$

$$=\frac{\omega A_0}{\mathrm{j}k^2r^2\sin\theta}\left\{\boldsymbol{e}_r\frac{\partial}{\partial\theta}\left[\sin^2\theta\left(\mathrm{j}k+\frac{1}{r}\right)\mathrm{e}^{-\mathrm{j}kr}\right]-r\boldsymbol{e}_\theta\frac{\partial}{\partial r}\left[\sin^2\theta\left(\mathrm{j}k+\frac{1}{r}\right)\mathrm{e}^{-\mathrm{j}kr}\right]\right\}$$

$$=\frac{\omega A_0}{\mathrm{j}k^2r^2\sin\theta}\left\{\boldsymbol{e}_r2\sin\theta\cos\theta\left(\mathrm{j}k+\frac{1}{r}\right)\mathrm{e}^{-\mathrm{j}kr}+r\boldsymbol{e}_\theta\sin^2\theta\left(\frac{1}{r^2}-k^2+\frac{\mathrm{j}k}{r}\right)\mathrm{e}^{-\mathrm{j}kr}\right\}$$

$$=\frac{\omega A_0}{r}\mathrm{e}^{-\mathrm{j}kr}\left\{\boldsymbol{e}_r2\cos\theta\left(\frac{1}{kr}-\frac{\mathrm{j}}{kr^2}\right)+\boldsymbol{e}_\theta\sin\theta\left(\mathrm{j}+\frac{1}{kr}-\frac{\mathrm{j}}{k^2r^2}\right)\right\}$$

【5-22】 真空中有一点电荷 q 以速度 $v(v<c)$沿 z 轴匀速运动。试证明它产生的电磁场满足麦克斯韦方程组。

证明：根据题意知，除电荷所在点的空间任意点电荷密度和电流密度都有

$$\rho_e=0,\quad \boldsymbol{J}=0$$

于是问题就转化为证明由运动电荷产生的电磁场满足

$$\nabla\times\boldsymbol{H}=\frac{\partial\boldsymbol{D}}{\partial t}\qquad\nabla\times\boldsymbol{E}=-\frac{\partial\boldsymbol{B}}{\partial t}$$

$$\nabla\cdot\boldsymbol{D}=0\qquad\nabla\cdot\boldsymbol{B}=0$$

选取柱坐标系，设 $t=0$ 时，电荷位于坐标原点，则 t 时刻电荷位于$(0,0,vt)$处，那么空间点(ρ,ϕ,z)处的磁感应强度 $\boldsymbol{B}$ 和电位移矢量 $\boldsymbol{D}$ 为

$$\boldsymbol{B}=\frac{\mu_0}{4\pi}\cdot\frac{I\mathrm{d}\boldsymbol{l}\times\boldsymbol{R}}{R^3}=\frac{\mu_0}{4\pi}\cdot\frac{q\boldsymbol{v}\times\boldsymbol{R}}{R^3}=\frac{\mu_0qv\rho}{4\pi R^3}\boldsymbol{e}_\phi=\boldsymbol{e}_\phi\frac{\mu_0qv\rho}{4\pi\left[\rho^2+(z-vt)^2\right]^{3/2}}$$

$$\boldsymbol{D}=\frac{q}{4\pi\varepsilon_0}\cdot\frac{\boldsymbol{R}}{R^3}=\frac{q}{4\pi\varepsilon_0}\cdot\frac{\boldsymbol{e}_\rho\rho+\boldsymbol{e}_z(z-vt)}{\left[\rho^2+(z-vt)^2\right]^{3/2}}$$

那么磁场的旋度

$$\nabla\times\boldsymbol{H}=\nabla\times\frac{\boldsymbol{B}}{\mu_0}=\nabla\times\left(\frac{qv\rho}{4\pi R^3}\boldsymbol{e}_\phi\right)=\frac{qv}{4\pi}\nabla\times\left(\frac{\rho}{R^3}\boldsymbol{e}_\phi\right)$$

$$=\frac{qv}{4\pi}\left[-\boldsymbol{e}_\rho\frac{\partial}{\partial z}\left(\frac{\rho}{R^3}\right)+\boldsymbol{e}_z\frac{1}{\rho}\frac{\partial}{\partial\rho}\left(\rho\frac{\rho}{R^3}\right)\right]$$

$$=\frac{qv}{4\pi}\left[\boldsymbol{e}_\rho\frac{3\rho(z-vt)}{R^5}+\boldsymbol{e}_z\frac{2(z-vt)^2-\rho^2}{R^5}\right]$$

电位移矢量的变化率为

$$\frac{\partial\boldsymbol{D}}{\partial t}=\frac{qv}{4\pi}\left[\boldsymbol{e}_\rho\frac{3\rho(z-vt)}{R^5}+\boldsymbol{e}_z\frac{2(z-vt)^2-\rho^2}{R^5}\right]$$

所以，$\nabla\times\boldsymbol{H}=\partial\boldsymbol{D}/\partial t$，麦克斯韦第一方程得证。

电场强度的旋度为

$$\nabla\times \boldsymbol{E}=\nabla\times \frac{\boldsymbol{D}}{\varepsilon_0}=\frac{q}{4\pi\varepsilon_0}\nabla\times\left\{\frac{\boldsymbol{e}_\rho\rho+\boldsymbol{e}_z(z-vt)}{[\rho^2+(z-vt)^2]^{3/2}}\right\}$$

$$=\frac{q}{4\pi\varepsilon_0}\left[\boldsymbol{e}_\phi\left(\frac{\partial}{\partial z}\left(\frac{\rho}{R^3}\right)-\frac{\partial}{\partial \rho}\left(\frac{z-vt}{R^3}\right)\right)\right]$$

$$=\boldsymbol{e}_\phi\frac{q}{4\pi\varepsilon_0}\left[\frac{3\rho(z-vt)}{R^5}-\frac{3\rho(z-vt)}{R^5}\right]=0$$

磁感应强度的变化率为

$$\frac{\partial \boldsymbol{B}}{\partial t}=\boldsymbol{e}_\phi\frac{\mu_0 qv}{4\pi}\cdot\frac{\partial}{\partial t}\left(\frac{\rho}{R^3}\right)=\boldsymbol{e}_\phi\frac{\mu_0 qv}{4\pi}\cdot\frac{1}{R^6}\left[(-\rho)\cdot\frac{3}{2}R\cdot 2(z-vt)\cdot(-v)\right]$$

$$=\boldsymbol{e}_\phi\frac{(\varepsilon_0\mu_0)qv^2}{4\pi\varepsilon_0}\cdot\frac{3\rho(z-vt)}{R^5}=\boldsymbol{e}_\phi\frac{q}{4\pi\varepsilon_0}\cdot\frac{v^2}{c^2}\cdot\frac{3\rho(z-vt)}{R^5}$$

由 $v\ll c$,可得$\partial \boldsymbol{B}/\partial t=0$,即$\nabla\times \boldsymbol{E}=-\partial \boldsymbol{B}/\partial t$,麦克斯韦第二方程得证。磁感应强度的散度为

$$\nabla\cdot \boldsymbol{B}=\frac{\mu_0 qv}{4\pi}\nabla\cdot\left(\boldsymbol{e}_\phi\frac{\rho}{R^3}\right)=0$$

因此,麦克斯韦第三方程得证。

电位移矢量的散度为

$$\nabla\cdot \boldsymbol{D}=\frac{q}{4\pi}\nabla\cdot\left[\frac{\boldsymbol{e}_\rho\rho+\boldsymbol{e}_z(z-vt)}{R^3}\right]=\frac{q}{4\pi}\left[\frac{1}{\rho}\frac{\partial}{\partial\rho}\left(\frac{\rho}{R^3}\right)+\frac{\partial}{\partial z}\left(\frac{z-vt}{R^3}\right)\right]$$

$$=\frac{q}{4\pi}\left[\frac{2R^2-3\rho^2}{R^5}+\frac{R^2-3(z-vt)^2}{R^5}\right]=0$$

于是,麦克斯韦第四方程得证。

5.4 典型考研试题解析

【考研题 5-1】 (西安电子科技大学 2004 年)在真空中,已知电场 $\boldsymbol{E}=\boldsymbol{e}_y E_0\sin\left(\frac{\pi x}{a}\right)\mathrm{e}^{-\mathrm{j}\beta z}$,其中 $\boldsymbol{e}_y$ 为 y 方向单位矢量,求磁场 $\boldsymbol{H}$。

解:根据复数形式的麦克斯韦第二方程,得

$$\boldsymbol{H}=\frac{\nabla\times \boldsymbol{E}}{-\mathrm{j}\omega\mu_0}=\frac{1}{-\mathrm{j}\omega\mu_0}\left[\boldsymbol{e}_z\frac{\partial E_y}{\partial x}-\boldsymbol{e}_x\frac{\partial E_y}{\partial z}\right]=-\boldsymbol{e}_z\frac{E_0\frac{\pi}{a}\cos\left(\frac{\pi x}{a}\right)\mathrm{e}^{-\mathrm{j}\beta z}}{\mathrm{j}\omega\mu_0}-\boldsymbol{e}_x\frac{E_0\beta\sin\left(\frac{\pi x}{a}\right)\mathrm{e}^{-\mathrm{j}\beta z}}{\omega\mu_0}$$

【考研题 5-2】 (国防科技大学 2002 年)一个绕在空心骨架上的电感线圈,在不改变线圈匝数的前提条件下,如何使该线圈电感量增加或者减小,并说明理由。

解:由于铁芯是铁磁物质,在线圈通电时能够起到汇聚磁感线的作用,使得线圈的磁通量变大,因此,在空心骨架线圈中加入铁芯,可使线圈电感量增加。由于铜芯是抗磁物质,因此在空心骨架线圈中加入铜芯,可使线圈电感量减小。

【考研题 5-3】 (电子科技大学 2006 年)写出坡印亭定理的积分形式并说明其物理意义。

解：坡印亭定理的积分形式为

$$-\oiint_{S'}(\boldsymbol{E}\times\boldsymbol{H})\cdot \mathrm{d}\boldsymbol{S}'=\frac{\partial}{\partial t}\iiint_V\left(\frac{1}{2}\boldsymbol{B}\cdot\boldsymbol{H}+\frac{1}{2}\boldsymbol{D}\cdot\boldsymbol{E}\right)\mathrm{d}V+\iiint_V(\boldsymbol{J}\cdot\boldsymbol{E})\mathrm{d}V$$

物理意义：等式左边为穿过闭合面 S' 流入体积 V 内的电磁能量，它等于体积 V 内单位时间内增加的电磁能量（等式右边第一项）与传导电流损耗的功率之和（等式右边第二项），是电磁场能量守恒的具体体现。

【考研题 5-4】 （北京航空航天大学 2000 年）设在均匀理想介质（μ，ε）中的时谐电磁场量为 $\boldsymbol{E}=\boldsymbol{E}_0\mathrm{e}^{-\mathrm{j}kr}$，$\boldsymbol{H}=\boldsymbol{H}_0\mathrm{e}^{-\mathrm{j}kr}$。试导出 $\boldsymbol{E}$ 和 $\boldsymbol{H}$ 的关系式（式中，k 为常矢量）。

解：无源均匀理想介质中的时谐电磁场满足的麦克斯韦方程为

$$\nabla\times\boldsymbol{H}=\mathrm{j}\omega\varepsilon\boldsymbol{E}$$

$$\nabla\times\boldsymbol{E}=-\mathrm{j}\omega\mu\boldsymbol{H}$$

因此

$$\boldsymbol{H}=\frac{\nabla\times\boldsymbol{E}}{-\mathrm{j}\omega\mu}=\frac{1}{-\mathrm{j}\omega\mu}\nabla\times(\boldsymbol{E}_0\mathrm{e}^{-\mathrm{j}kr})=\frac{1}{-\mathrm{j}\omega\mu}\{\nabla\mathrm{e}^{-\mathrm{j}kr}\times\boldsymbol{E}_0+\mathrm{e}^{-\mathrm{j}kr}\,\nabla\times\boldsymbol{E}_0\}$$

在式中，由于 $\boldsymbol{E}_0$ 为常量，$\nabla\times\boldsymbol{E}_0=0$；又 $\boldsymbol{k}\cdot\boldsymbol{r}=kr=k_xx+k_yy+k_zz$，则

$$\boldsymbol{H}=\frac{1}{-\mathrm{j}\omega\mu}\nabla\mathrm{e}^{-\mathrm{j}kr}\times\boldsymbol{E}_0=\frac{\mathrm{j}}{\mathrm{j}\omega\mu}(k_x\boldsymbol{e}_x+k_y\boldsymbol{e}_y+k_z\boldsymbol{e}_z)\mathrm{e}^{-\mathrm{j}kr}\times\boldsymbol{E}_0=\frac{\mathrm{j}\omega\sqrt{\mu\varepsilon}}{\mathrm{j}\omega\mu}(\boldsymbol{e}_k\times\boldsymbol{E}_0\mathrm{e}^{-\mathrm{j}kr})$$

其中，$\omega\sqrt{\mu\varepsilon}=k$。因此

$$\boldsymbol{H}=\boldsymbol{H}_0\mathrm{e}^{-\mathrm{j}kr}=\sqrt{\frac{\varepsilon}{\mu}}(\boldsymbol{e}_k\times\boldsymbol{E}_0\mathrm{e}^{-\mathrm{j}kr})=\frac{1}{\eta}(\boldsymbol{e}_k\times\boldsymbol{E}_0\mathrm{e}^{-\mathrm{j}kr})$$

其中，$\eta=\sqrt{\frac{\mu}{\varepsilon}}$ 为波阻抗。

同理

$$\boldsymbol{E}=\eta\boldsymbol{H}_0\mathrm{e}^{-\mathrm{j}kr}\times\boldsymbol{e}_k$$

【考研题 5-5】 （清华大学 2003 年）证明：无损耗介质中，沿任意方向传输的均匀平面波在任何时刻、任何点处，电场储能密度等于磁场储能密度。

证明：不失一般性，设平面波沿 z 方向传播，磁场的表达式为

$$\boldsymbol{H}=(H_{0x}\boldsymbol{e}_x+H_{0y}\boldsymbol{e}_y)\mathrm{e}^{-\mathrm{j}kz}$$

其中，$k=\omega\sqrt{\mu\varepsilon}$ 为波数。则根据平面波电场和磁场的关系，电场的表达式为

$$\boldsymbol{E}=\eta\boldsymbol{H}\times\boldsymbol{e}_z=(\eta H_{0y}\boldsymbol{e}_x-\eta H_{0x}\boldsymbol{e}_y)\mathrm{e}^{-\mathrm{j}kz}$$

磁场和电场的瞬时值形式为

$$\boldsymbol{H}=(H_{0x}\boldsymbol{e}_x+H_{0y}\boldsymbol{e}_y)\cos(\omega t-kz)$$

$$\boldsymbol{E}=(\eta H_{0y}\boldsymbol{e}_x-\eta H_{0x}\boldsymbol{e}_y)\cos(\omega t-kz)=\sqrt{\frac{\mu}{\varepsilon}}(H_{0y}\boldsymbol{e}_x-H_{0x}\boldsymbol{e}_y)\cos(\omega t-kz)$$

因此，磁场的储能为

$$w_{\mathrm{m}}=\frac{1}{2}\mu|\boldsymbol{H}|^2=\frac{1}{2}\mu(H_{0x}^2+H_{0y}^2)\cos^2(\omega t-kz)$$

电场的储能为

$$w_e = \frac{1}{2}\varepsilon |\boldsymbol{E}|^2 = \frac{1}{2}\varepsilon \sqrt{\left(\frac{\mu}{\varepsilon}\right)}^2 (H_{0x}^2 + H_{0y}^2)\cos^2(\omega t - kz)$$
$$= \frac{1}{2}\mu(H_{0x}^2 + H_{0y}^2)\cos^2(\omega t - kz)$$

可见，$w_e = w_m$，故均匀平面波在任何时刻、任何点处，电场储能密度等于磁场储能密度。

【考研题 5-6】 （西安电子科技大学 2006 年）相对磁导率为 $\mu_r = 1$ 的理想介质中传播电场瞬时值为 $\boldsymbol{E}(r,t) = 30\pi(\sqrt{3}\boldsymbol{e}_x + \boldsymbol{e}_z)\cos[3\pi\times10^8 t - \pi(x - \sqrt{3}z)]\text{V/m}$。试求：

(1) 该波的波长；

(2) 理想介质的相对介电常数；

(3) 该波的坡印亭矢量平均值。

解：(1) 由题意知

$$\omega = 3\pi\times10^8,\quad f = 1.5\times10^8$$

因为 $\boldsymbol{k} = k\boldsymbol{e}_k = \pi(\boldsymbol{e}_x - \sqrt{3}\boldsymbol{e}_z)$，$k = 2\pi$，故波长为

$$\lambda = \frac{2\pi}{k} = 1\text{m}$$

(2) 因为 $k^2 = \omega^2\mu\varepsilon$，因此

$$\sqrt{\varepsilon_r} = k/(\omega\sqrt{\mu_0\varepsilon_0}) = \frac{2\pi\times3\times10^8}{3\pi\times10^8} = 2$$

故介质的相对介电常数 $\varepsilon_r = 4$。

(3) 根据复数形式的麦克斯韦第二方程，得

$$\boldsymbol{H} = \frac{\nabla\times\boldsymbol{E}}{-\mathrm{j}\omega\mu_0} = \frac{1}{-\mathrm{j}\omega\mu_0}\begin{vmatrix} \boldsymbol{e}_x & \boldsymbol{e}_y & \boldsymbol{e}_z \\ \dfrac{\partial}{\partial x} & \dfrac{\partial}{\partial y} & \dfrac{\partial}{\partial z} \\ E_x & 0 & E_z \end{vmatrix} = -\boldsymbol{e}_y \mathrm{e}^{-\mathrm{j}\pi(x-\sqrt{3}z)}\ \text{A/m}$$

因此，坡印亭矢量平均值为

$$\boldsymbol{S}_{av} = \mathrm{Re}\left[\frac{1}{2}\boldsymbol{E}\times\boldsymbol{H}^*\right] = \frac{1}{2}\mathrm{Re}\left[30\pi(\sqrt{3}\boldsymbol{e}_x + \boldsymbol{e}_z)\mathrm{e}^{-\mathrm{j}\pi(x-\sqrt{3}z)}\times(-\boldsymbol{e}_y\mathrm{e}^{\mathrm{j}\pi(x-\sqrt{3}z)})\right]$$
$$= 15\pi(\boldsymbol{e}_x - \sqrt{3}\boldsymbol{e}_z)\text{W/m}^2$$

【考研题 5-7】 （电子科技大学 2001 年）写出介质中的麦克斯韦方程组，简要叙述位移电流的引入过程，并说明位移电流的物理意义。

解：麦克斯韦方程组的积分形式如下：

$$\begin{cases} \oint_l \boldsymbol{H}\cdot\mathrm{d}\boldsymbol{l} = \iint_S \left(\boldsymbol{J} + \dfrac{\partial\boldsymbol{D}}{\partial t}\right)\cdot\mathrm{d}\boldsymbol{S} \\ \oint_l \boldsymbol{E}\cdot\mathrm{d}\boldsymbol{l} = -\dfrac{\partial}{\partial t}\iint_S \boldsymbol{B}\cdot\mathrm{d}\boldsymbol{S} \\ \oiint_S \boldsymbol{D}\cdot\mathrm{d}\boldsymbol{S} = \iiint_V \rho\,\mathrm{d}V \\ \oiint_S \boldsymbol{B}\cdot\mathrm{d}\boldsymbol{S} = 0 \end{cases}$$

位移电流的引入过程如下：麦克斯韦发现，将恒定场中的安培环路定理$\nabla\times\boldsymbol{H}=\boldsymbol{J}$，应用于时变电磁场时出现了矛盾，即

$$\nabla\cdot(\nabla\times\boldsymbol{H})=\nabla\cdot\boldsymbol{J}=0$$

而

$$\nabla\cdot\boldsymbol{J}=-\frac{\partial\rho}{\partial t}$$

因此，提出了位移电流的假设。即

$$\boldsymbol{J}_{\mathrm{d}}=\frac{\partial\boldsymbol{D}}{\partial t}$$

就是说变化的电场本身也是一种特殊的电流形式。例如，研究一个端接交流电源的电容器，设电路的电流为i，在电路的横截面上取两个不同截面，其中S_1与电路相截，而S_2穿过电容器极板。此时，通过S_1的电流为i；而通过S_2的电流为零，显然出现了矛盾。

麦克斯韦认为，在电容器极板间存在着另一种形式的电流，其大小等于i。根据电流连续性原理，有

$$\iint_S\boldsymbol{J}\cdot\mathrm{d}\boldsymbol{S}=-\frac{\mathrm{d}q}{\mathrm{d}t}$$

将$\oint\!\!\!\oint_S\boldsymbol{D}\cdot\mathrm{d}\boldsymbol{S}=q$代入上式，得

$$\iint_S\boldsymbol{J}\cdot\mathrm{d}\boldsymbol{S}=-\iint_S\frac{\partial\boldsymbol{D}}{\partial t}\cdot\mathrm{d}\boldsymbol{S}=-\iint_S\boldsymbol{J}_{\mathrm{d}}\cdot\mathrm{d}\boldsymbol{S}$$

其中，$\boldsymbol{J}_{\mathrm{d}}=\frac{\partial\boldsymbol{D}}{\partial t}=\varepsilon\frac{\partial\boldsymbol{E}}{\partial t}$称为位移电流密度$(\mathrm{A/m^2})$。它是由于电位移矢量的变化而引起的真实的电的流动。所以，一般情况下，空间同时存在由于电荷运动引起的电流和由于电场变化引起的电流。故安培环路定理修正如下：

$$\oint_l\boldsymbol{H}\cdot\mathrm{d}\boldsymbol{l}=\iint_S\left(\boldsymbol{J}+\frac{\partial\boldsymbol{D}}{\partial t}\right)\cdot\mathrm{d}\boldsymbol{S}$$

此即麦克斯韦第一方程式。位移电流的假设表明，变化的电场产生磁场，并在后来得到证实。位移电流由两部分组成，第一部分由变化的电场产生；第二部分由电介质极化后其变化的电偶极矩产生。

【考研题 5-8】 （北京邮电大学 2007 年）真空中平面波磁场的瞬时值为$\boldsymbol{H}=\boldsymbol{e}_y H_0\cos[\omega t+\pi x-\pi/4)]$，试求：

(1) 频率f；

(2) 电场的瞬时值形式及复数形式；

(3) 坡印亭矢量的平均值。

解：(1) 由题意可知，$\boldsymbol{k}\cdot\boldsymbol{r}=-\pi x$，所以

$$k\boldsymbol{e}_k=-\pi\boldsymbol{e}_x,\quad k=\pi$$

故有

$$\lambda=\frac{2\pi}{k}=\frac{2\pi}{\pi}=2\mathrm{m}$$

由于平面波在真空中传播，所以频率为

$$f=c/\lambda=\frac{3\times10^8}{2}=1.5\times10^8\,\mathrm{Hz}$$

(2) 磁场的复数形式为

$$\boldsymbol{H}=\boldsymbol{e}_y H_0 \mathrm{e}^{-\mathrm{j}\pi(-x+1/4)}$$

在真空中,根据$\nabla\times\boldsymbol{H}=\dfrac{\partial\boldsymbol{D}}{\partial t}$,得到电场的复数形式:

$$\boldsymbol{E}=\frac{\nabla\times\boldsymbol{H}}{\mathrm{j}\omega\varepsilon_0}=\frac{1}{\mathrm{j}\omega\varepsilon_0}\begin{vmatrix}\boldsymbol{e}_x & \boldsymbol{e}_y & \boldsymbol{e}_z\\ \dfrac{\partial}{\partial x} & \dfrac{\partial}{\partial y} & \dfrac{\partial}{\partial z}\\ 0 & H_y & 0\end{vmatrix}=\boldsymbol{e}_z\frac{\pi H_0}{\omega\varepsilon_0}\mathrm{e}^{-\mathrm{j}\pi(-x+1/4)}=\boldsymbol{e}_z\sqrt{\frac{\mu_0}{\varepsilon_0}}H_0\mathrm{e}^{-\mathrm{j}\pi(-x+1/4)}$$

于是,电场的瞬时值形式为

$$\boldsymbol{E}=\boldsymbol{e}_z\frac{\pi H_0}{\omega\varepsilon_0}\cos(3.0\times10^8\pi t+\pi x-\pi/4)$$

(3) 坡印亭矢量的平均值为

$$\boldsymbol{S}_{\mathrm{av}}=\mathrm{Re}\left(\frac{1}{2}\boldsymbol{E}\times\boldsymbol{H}^*\right)=\frac{1}{2}\mathrm{Re}\left(\boldsymbol{e}_z\sqrt{\frac{\mu_0}{\varepsilon_0}}H_0\mathrm{e}^{-\mathrm{j}\pi(-x+1/4)}\times\boldsymbol{e}_y H_0\mathrm{e}^{\mathrm{j}\pi(-x+1/4)}\right)=-\boldsymbol{e}_x\sqrt{\frac{\mu_0}{\varepsilon_0}}\frac{H_0^2}{2}$$

【考研题 5-9】 (北京邮电大学 2005 年)试写出:

(1) 静态电场及恒定磁场的场与位的关系式;

(2) 交变场的位与场的关系式;

(3) 理想导体边界条件的矢量表示式。

解:(1) 静态电场的电场与电位的关系:设电位参考点选无穷远处

$$\boldsymbol{E}=-\nabla\varphi,\quad \varphi_a=\int_a^{\infty}\boldsymbol{E}\cdot\mathrm{d}\boldsymbol{l}$$

其中,φ_a 表示 a 点的电位。电场强度是电位函数的负梯度,电场强度与电位线(面)处处正交,并且指向电位减小最快的方向。

矢量磁位 **A** 与磁感应强度的关系:$\boldsymbol{B}=\nabla\times\boldsymbol{A}$。

矢量磁位 **A** 的旋度源即磁场。在无电流区域,磁场强度与标量磁位的关系:$\boldsymbol{H}=-\nabla\varphi_{\mathrm{m}}$。

(2) 交变场的位与场的关系式:

交变场与标量电位 φ、矢量磁位 **A** 等位函数的关系为

$$\boldsymbol{E}=-\nabla\varphi-\frac{\partial\boldsymbol{A}}{\partial t}$$

$$\boldsymbol{B}=\nabla\times\boldsymbol{A}$$

(3) 理想导体边界条件的矢量表示式:

$$\begin{cases}\boldsymbol{e}_{\mathrm{n}}\times\boldsymbol{E}=0\\ \boldsymbol{e}_{\mathrm{n}}\times\boldsymbol{H}=\boldsymbol{J}_{\mathrm{s}}\\ \boldsymbol{e}_{\mathrm{n}}\cdot\boldsymbol{D}=\rho_{\mathrm{s}}\\ \boldsymbol{e}_{\mathrm{n}}\cdot\boldsymbol{B}=0\end{cases}$$

【考研题 5-10】 (北京邮电大学 2008 年)简答和推导题(注意:本题中每小题前后关联)。

(1) 写出均匀、各向同性、无源、无损耗的介质中微分形式的麦克斯韦方程;

(2) 若电场为 $\boldsymbol{E}=\boldsymbol{E}_{\mathrm{m}}(x,y)\mathrm{e}^{\mathrm{j}\omega t-\gamma z}$,仅用 **E** 和 **H** 分别表示电场和磁场,写出(1)小题中

两个旋度方程的复数形式，并将其展开成平面直角坐标系下的标量形式；

(3) 对于(2)小题中的电磁波，用 $\boldsymbol{E}$ 和 $\boldsymbol{H}$ 的 z 分量表示出其他分量。

解：(1) 均匀、各向同性、无源、无损耗的介质中微分形式的麦克斯韦方程：

$$\begin{cases}\nabla\times\boldsymbol{H}=\dfrac{\partial\boldsymbol{D}}{\partial t}\\ \nabla\times\boldsymbol{E}=-\dfrac{\partial\boldsymbol{B}}{\partial t}\\ \nabla\cdot\boldsymbol{D}=0\\ \nabla\cdot\boldsymbol{B}=0\end{cases}$$

(2) 若电场为 $\boldsymbol{E}=\boldsymbol{E}_{\mathrm{m}}(x,y)\mathrm{e}^{\mathrm{j}\omega t-\gamma z}$，则两个旋度方程的复数形式为

$$\nabla\times\boldsymbol{H}=\mathrm{j}\omega\varepsilon\boldsymbol{E}$$

$$\nabla\times\boldsymbol{E}=-\mathrm{j}\omega\mu\boldsymbol{H}$$

其平面直角坐标系下的标量形式为

$$\begin{cases}\dfrac{\partial E_z}{\partial y}+\gamma E_y=-\mathrm{j}\omega\mu H_x\\ \dfrac{\partial E_z}{\partial x}+\gamma E_x=\mathrm{j}\omega\mu H_y\\ \dfrac{\partial E_y}{\partial x}-\dfrac{\partial E_x}{\partial y}=-\mathrm{j}\omega\mu H_z\end{cases}$$

$$\begin{cases}\dfrac{\partial H_z}{\partial y}+\gamma H_y=\mathrm{j}\omega\varepsilon E_x\\ \dfrac{\partial H_z}{\partial x}+\gamma H_x=-\mathrm{j}\omega\varepsilon E_y\\ \dfrac{\partial H_y}{\partial x}-\dfrac{\partial H_x}{\partial y}=\mathrm{j}\omega\varepsilon E_z\end{cases}$$

(3) 用 $\boldsymbol{E}$ 和 $\boldsymbol{H}$ 的 z 分量表示出其他分量为

$$\begin{cases}H_x=\dfrac{1}{k_{\mathrm{c}}^2}\left(\mathrm{j}\omega\varepsilon\dfrac{\partial E_z}{\partial y}-\gamma\dfrac{\partial H_z}{\partial x}\right)\\ H_y=\dfrac{-1}{k_{\mathrm{c}}^2}\left(\mathrm{j}\omega\varepsilon\dfrac{\partial E_z}{\partial x}+\gamma\dfrac{\partial H_z}{\partial y}\right)\\ E_x=\dfrac{-1}{k_{\mathrm{c}}^2}\left(\mathrm{j}\omega\mu\dfrac{\partial H_z}{\partial y}+\gamma\dfrac{\partial E_z}{\partial x}\right)\\ E_y=\dfrac{1}{k_{\mathrm{c}}^2}\left(\mathrm{j}\omega\mu\dfrac{\partial H_z}{\partial x}-\gamma\dfrac{\partial E_z}{\partial y}\right)\end{cases}$$

【考研题 5-11】 (北京交通大学 2005 年)两块无限长的平行金属板相距为 a，如图 5-4 所示。已知其中传播的电磁波的电场、磁场各分量为

$$H_z=(A\cos k_{\mathrm{c}}x+B\sin k_{\mathrm{c}}x)\mathrm{e}^{-\mathrm{j}\beta z},\quad H_x=(C\cos k_{\mathrm{c}}x+D\sin k_{\mathrm{c}}x)\mathrm{e}^{-\mathrm{j}\beta z}$$

$$E_y=(E\cos k_{\mathrm{c}}x+F\sin k_{\mathrm{c}}x)\mathrm{e}^{-\mathrm{j}\beta z},\quad H_y=E_x=E_z=0$$

式中，A、B、C、D、E、F 是待定常数。

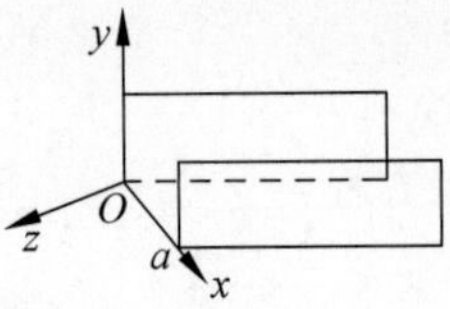

图 5-4 考研题 5-11 图

(1) 试利用边界条件和麦克斯韦方程确定 A(或 B)、C、D、E、F 及 k_c(其中 A、B 有一个取决于波源可不确定,作为已知量);

(2) 求金属板内表面的电流分布。

解:(1) 根据理想导体表面切向电场的边界条件,$E_y\big|_{x=0}=0$,故 $E=0$。根据理想导体表面法向磁场的边界条件,$H_x\big|_{x=0}=0$,故 $C=0$。当 $x=a$ 时,$E_y\big|_{x=a}=0$,故 $k_c a=n\pi,n=1,2,3,\cdots$,即

$$k_c=\frac{n\pi}{a},\quad n=1,2,3,\cdots$$

在理想导体表面,磁场为波腹,存在极大值,故其导数为零,即

$$\frac{\partial H_z}{\partial x}\bigg|_{x=0}=0,\quad \frac{\partial H_z}{\partial x}\bigg|_{x=a}=0$$

因为 A、B 为待定常数,故 $B=0$,所以电场、磁场各分量可表示为

$$H_z=A\cos k_c x\cdot \mathrm{e}^{-\mathrm{j}\beta z},\quad H_x=D\sin k_c x\,\mathrm{e}^{-\mathrm{j}\beta z}$$

$$E_y=F\sin k_c x\cdot \mathrm{e}^{-\mathrm{j}\beta z},\quad H_y=E_x=E_z=0$$

根据麦克斯韦方程组 $\nabla\times\boldsymbol{E}=-\mathrm{j}\omega\mu_0\boldsymbol{H}$,得

$$\nabla\times\boldsymbol{E}=\begin{vmatrix}\boldsymbol{e}_x & \boldsymbol{e}_y & \boldsymbol{e}_z\\ \dfrac{\partial}{\partial x} & \dfrac{\partial}{\partial y} & \dfrac{\partial}{\partial z}\\ 0 & F\sin k_c x\cdot \mathrm{e}^{-\mathrm{j}\beta z} & 0\end{vmatrix}=\mathrm{j}\beta F\sin k_c x\cdot \mathrm{e}^{-\mathrm{j}\beta z}\boldsymbol{e}_x+k_c F\cos k_c x\cdot \mathrm{e}^{-\mathrm{j}\beta z}\boldsymbol{e}_z$$

故有

$$\mathrm{j}\beta F\sin k_c x\cdot \mathrm{e}^{-\mathrm{j}\beta z}=-\mathrm{j}\omega\mu_0 D\sin k_c x\cdot \mathrm{e}^{-\mathrm{j}\beta z}$$

$$k_c F\cos k_c x\cdot \mathrm{e}^{-\mathrm{j}\beta z}=-\mathrm{j}\omega\mu_0 A\cos k_c x\cdot \mathrm{e}^{-\mathrm{j}\beta z}$$

根据题意,设 A 为已知量,则

$$F=-\frac{\mathrm{j}\omega\mu_0 A}{k_c}=-\frac{\mathrm{j}\omega\mu_0 Aa}{n\pi}$$

$$D=\frac{\mathrm{j}\beta Aa}{n\pi}$$

再由 $\nabla\times\boldsymbol{H}=\mathrm{j}\omega\varepsilon\boldsymbol{E}$,得

$$Ak_c\sin k_c x\cdot \mathrm{e}^{-\mathrm{j}\beta z}-\mathrm{j}\beta D\sin k_c x\cdot \mathrm{e}^{-\mathrm{j}\beta z}=\mathrm{j}\omega\varepsilon_0 F\sin k_c x\cdot \mathrm{e}^{-\mathrm{j}\beta z}$$

整理得

$$\omega^2\mu_0\varepsilon_0=\beta^2+\left(\frac{n\pi}{a}\right)^2$$

(2) 金属板内表面的电流分布为

$$x=0\ \text{时}:\quad \boldsymbol{J}_y=\boldsymbol{e}_x\times\boldsymbol{e}_z H_z\big|_{x=0}=-\boldsymbol{e}_y A\,\mathrm{e}^{-\mathrm{j}\beta z}$$

$$x=a\ \text{时}:\quad \boldsymbol{J}_y=-\boldsymbol{e}_x\times\boldsymbol{e}_z H_z\big|_{x=a}=\boldsymbol{e}_y A\cos(n\pi)\mathrm{e}^{-\mathrm{j}\beta z}=\boldsymbol{e}_y A(-1)^n\mathrm{e}^{-\mathrm{j}\beta z}$$

【考研题 5-12】 (西安电子科技大学 2003 年)证明均匀媒质内,有源区域电场强度、磁场强度满足以下的波动方程:

$$\nabla^2\boldsymbol{E}-\mu\varepsilon\frac{\partial^2\boldsymbol{E}}{\partial t^2}=\nabla\rho/\varepsilon+\mu\frac{\partial\boldsymbol{J}}{\partial t}$$

$$\nabla^2 \boldsymbol{H} - \mu\varepsilon \frac{\partial^2 \boldsymbol{H}}{\partial t^2} = -\nabla \times \boldsymbol{J}$$

证明：在有源空间，麦克斯韦方程组为

$$\begin{cases} \nabla \times \boldsymbol{E} = -\mu \dfrac{\partial \boldsymbol{H}}{\partial t} \\ \nabla \times \boldsymbol{H} = \boldsymbol{J} + \varepsilon \dfrac{\partial \boldsymbol{E}}{\partial t} \\ \nabla \cdot \boldsymbol{E} = \rho/\varepsilon \\ \nabla \cdot \boldsymbol{H} = 0 \end{cases}$$

对$\nabla \times \boldsymbol{E} = -\mu \dfrac{\partial \boldsymbol{H}}{\partial t}$两边取旋度，并将第二个旋度方程代入，得

$$\nabla \times \nabla \times \boldsymbol{E} = -\mu \frac{\partial}{\partial t}(\nabla \times \boldsymbol{H}) = -\mu \frac{\partial \boldsymbol{J}}{\partial t} - \mu\varepsilon \frac{\partial^2 \boldsymbol{E}}{\partial t^2}$$

因为$\nabla \times (\nabla \times \boldsymbol{E}) = \nabla\nabla \cdot \boldsymbol{E} - \nabla^2 \boldsymbol{E}$，而$\nabla \cdot \boldsymbol{E} = \rho/\varepsilon$，代入上式，得

$$\nabla \rho/\varepsilon - \nabla^2 \boldsymbol{E} = -\mu \frac{\partial \boldsymbol{J}}{\partial t} - \mu\varepsilon \frac{\partial^2 \boldsymbol{E}}{\partial t^2}$$

即

$$\nabla^2 \boldsymbol{E} - \mu\varepsilon \frac{\partial^2 \boldsymbol{E}}{\partial t^2} = \nabla \rho/\varepsilon + \mu \frac{\partial \boldsymbol{J}}{\partial t}$$

同理，将$\nabla \times \boldsymbol{H} = \boldsymbol{J} + \varepsilon \dfrac{\partial \boldsymbol{E}}{\partial t}$两边取旋度，并将$\nabla \times \boldsymbol{E} = -\mu \dfrac{\partial \boldsymbol{H}}{\partial t}$代入，得

$$\nabla \times \nabla \times \boldsymbol{H} = \nabla \times \boldsymbol{J} + \varepsilon \frac{\partial}{\partial t}(\nabla \times \boldsymbol{E}) = \nabla \times \boldsymbol{J} - \mu\varepsilon \frac{\partial^2 \boldsymbol{H}}{\partial t^2}$$

即

$$\nabla\nabla \cdot \boldsymbol{H} - \nabla^2 \boldsymbol{H} = \nabla \times \boldsymbol{J} - \mu\varepsilon \frac{\partial^2 \boldsymbol{H}}{\partial t^2}$$

而$\nabla \cdot \boldsymbol{H} = 0$，故有

$$\nabla^2 \boldsymbol{H} - \mu\varepsilon \frac{\partial^2 \boldsymbol{H}}{\partial t^2} = -\nabla \times \boldsymbol{J}$$

【考研题 5-13】 (北京理工大学 2008 年)写出传导电流密度 $\boldsymbol{J}_c$，磁化电流密度 $\boldsymbol{J}_m$ 和位移电流密度 $\boldsymbol{J}_d$ 与电场强度 $\boldsymbol{E}$ 或者磁场强度 $\boldsymbol{H}$ 的关系式，并简要说明 3 种电流密度物理意义的异同。

解：传导电流密度为

$$\boldsymbol{J}_c = \sigma \boldsymbol{E}$$

它是由导体内载流子的定向移动产生的。

磁化电流密度为

$$\boldsymbol{J}_m = \nabla \times \boldsymbol{P}_m = \nabla \times (\chi_m \boldsymbol{H}) = \nabla \times [(\mu_r - 1)\boldsymbol{H}]$$

它是磁介质在外磁场的作用下磁化后产生的等效电流。

位移电流为

$$\boldsymbol{J}_{\mathrm{d}}=\frac{\partial \boldsymbol{D}}{\partial t}=\varepsilon_0 \frac{\partial \boldsymbol{E}}{\partial t}+\frac{\partial \boldsymbol{P}}{\partial t}$$

位移电流由变化的电场产生。

3种电流的相同之处在于,它们都可以产生磁场。

【考研题 5-14】 (北京理工大学 2008 年)在理想导体内部是否存在时变电磁场?为什么?写出时变电磁场在理想导体表面外侧的电场和磁场的边界条件。

解:在理想导体内部不会存在时变电磁场。如果存在时变电磁场,由于理想导体的电导率 $\sigma\to\infty$,根据欧姆定律 $\boldsymbol{J}_{\mathrm{c}}=\sigma\boldsymbol{E}$,则会出现无穷大的电流,违背能量守恒定律。

理想导体表面的边界条件为

$$\begin{cases}\boldsymbol{e}_{\mathrm{n}}\times\boldsymbol{E}=0\\ \boldsymbol{e}_{\mathrm{n}}\times\boldsymbol{H}=\boldsymbol{J}_{\mathrm{s}}\\ \boldsymbol{e}_{\mathrm{n}}\cdot\boldsymbol{D}=\rho_{\mathrm{s}}\\ \boldsymbol{e}_{\mathrm{n}}\cdot\boldsymbol{B}=0\end{cases}$$

【考研题 5-15】 (北京理工大学 2008 年)写出恒定磁场中矢量磁位 $\boldsymbol{A}$ 和标量磁位 φ_{m} 的定义及它们各自满足的微分方程。

解:由于磁场是无散场,根据 $\nabla\cdot(\nabla\times\boldsymbol{A})\equiv0$,定义矢量磁位:$\boldsymbol{B}=\nabla\times\boldsymbol{A}$。

在恒定磁场中,$\boldsymbol{A}$ 服从库仑规范,$\nabla\cdot\boldsymbol{A}=0$,满足的微分方程为

$$\nabla^2\boldsymbol{A}-\mu\varepsilon\frac{\partial^2\boldsymbol{A}}{\partial t^2}=-\mu\boldsymbol{J}$$

在无电流区域,因为 $\boldsymbol{J}=0$,有 $\nabla\times\boldsymbol{H}=0$,定义标量磁位:$\boldsymbol{H}=-\nabla\varphi_{\mathrm{m}}$ 标量位满足拉普拉斯方程,即

$$\nabla^2\varphi_{\mathrm{m}}=0$$

【考研题 5-16】 (北京邮电大学 2015 年)对均匀理想介质(μ,ε)填充的无源区域中的交变电磁场而言,已知其磁感应强度矢量的表达式为 $\boldsymbol{B}=B_0\cos(\omega t-kz)\boldsymbol{e}_x$,其中角频率 ω 为已知参数。试根据上述条件计算:

(1) 该区域中的位移电流;

(2) 表达式中的参数 k。

解:(1) 根据麦克斯韦第一方程,在无源区域有

$$\varepsilon\frac{\partial\boldsymbol{E}}{\partial t}=\nabla\times\boldsymbol{H}=\nabla\times\left(\frac{\boldsymbol{e}_x B_0\cos(\omega t-kz)}{\mu}\right)$$

$$=\boldsymbol{e}_y\frac{k}{\mu}B_0\sin(\omega t-kz)$$

因此,位移电流密度为

$$\boldsymbol{J}_{\mathrm{d}}=\frac{\partial\boldsymbol{D}}{\partial t}=\varepsilon\frac{\partial\boldsymbol{E}}{\partial t}=\boldsymbol{e}_y\frac{k}{\mu}B_0\sin(\omega t-kz)$$

(2) 对上面的电场微分方程积分,在交变场中令积分常数为零,得

$$\boldsymbol{E}=-\boldsymbol{e}_y\frac{k}{\omega\mu\varepsilon}B_0\cos(\omega t-kz)$$

将 $\boldsymbol{E}$ 和 $\boldsymbol{B}$ 代入麦克斯韦第二方程 $\nabla\times\boldsymbol{E}=-\partial\boldsymbol{B}/\partial t$ 两边,得

$$\nabla\times \boldsymbol{E}=\boldsymbol{e}_x\frac{\partial}{\partial z}\left[\frac{k}{\omega\mu\varepsilon}B_0\cos(\omega t-kz)\right]=\boldsymbol{e}_x\frac{k^2B_0}{\omega\mu\varepsilon}\sin(\omega t-kz)=-\partial\boldsymbol{B}/\partial t$$

对上式积分，在交变场中令积分常数为零，得到磁感应强度为

$$\boldsymbol{B}=\boldsymbol{e}_x\frac{k^2}{\omega^2\mu\varepsilon}B_0\cos(\omega t-kz)$$

与已知其磁感应强度矢量的表达式 $\boldsymbol{B}=B_0\cos(\omega t-kz)\boldsymbol{e}_x$ 比较，得

$$k=\omega\sqrt{\mu\varepsilon}$$

【考研题 5-17】 （西安电子科技大学 2012 年）已知无源自由空间中的电场强度矢量为 $\boldsymbol{E}=\boldsymbol{e}_yE_{\mathrm{m}}\sin(\omega t-kz)$。

（1）试由麦克斯韦方程求磁场强度。

（2）证明 ω/k 等于光速。

（3）试求坡印亭矢量的时间平均值。

解：（1）由于 $\boldsymbol{E}=\boldsymbol{e}_yE_{\mathrm{m}}\sin(\omega t-kz)=\boldsymbol{e}_yE_{\mathrm{m}}\cos(\omega t-kz-\pi/2)$，所以电场强度矢量的复数形式为

$$\boldsymbol{E}=\boldsymbol{e}_yE_{\mathrm{m}}\mathrm{e}^{-\mathrm{j}(kz+\pi/2)}$$

根据麦克斯韦第二方程$\nabla\times\boldsymbol{E}=-\mathrm{j}\omega\mu_0\boldsymbol{H}$，得

$$\boldsymbol{H}=\frac{\mathrm{j}}{\omega\mu_0}\nabla\times\boldsymbol{E}=-\boldsymbol{e}_x\frac{k}{\omega\mu_0}E_{\mathrm{m}}\mathrm{e}^{-\mathrm{j}(kz+\pi/2)}$$

磁场强度的时域形式为

$$\boldsymbol{H}=-\boldsymbol{e}_x\frac{k}{\omega\mu_0}E_{\mathrm{m}}\sin(\omega t-kz) \tag{5-20}$$

（2）将以上磁场的表达式代入麦克斯韦第一方程$\nabla\times\boldsymbol{H}=\mathrm{j}\omega\varepsilon_0\boldsymbol{E}$，得

$$\boldsymbol{E}=\frac{1}{\mathrm{j}\omega\varepsilon_0}\nabla\times\boldsymbol{H}=\boldsymbol{e}_y\frac{k^2}{\omega^2\varepsilon_0\mu_0}E_{\mathrm{m}}\mathrm{e}^{-\mathrm{j}(kz+\pi/2)} \tag{5-21}$$

比较式(5-20)和式(5-21)可得，$\dfrac{k^2}{\omega^2\varepsilon_0\mu_0}=1$，即

$$\omega/k=\frac{1}{\sqrt{\varepsilon_0\mu_0}}=c$$

ω/k 等于光速。

（3）坡印亭矢量的时间平均值

$$\boldsymbol{S}_{\mathrm{av}}=\mathrm{Re}\left[\frac{1}{2}\boldsymbol{E}\times\boldsymbol{H}^*\right]=\boldsymbol{e}_z\frac{kE_{\mathrm{m}}^2}{2\omega\mu_0}$$

第 6 章 平面电磁波

CHAPTER 6

时变电磁场以电磁波的形式存在于时间和空间相统一的物理世界。本章重点介绍平面波的概念、性质，以及电磁波的表达式、波的极化、电磁波的传播规律；熟练掌握波长、波阻抗、相速度等概念及其计算；理解复介电常数、传播常数、衰减常数的含义，掌握良导体中平面波的传播特性及趋肤效应；理解波动方程、电介质的分类、良介质中电磁波的性质，能够分析良导体在高频或低频时的特性；掌握表面阻抗(率)的含义及计算方法，理解功率损耗、电磁波的色散、相速度与群速度等。

6.1 内容提要及学习要点

6.1.1 波动方程

在线性、均匀、各向同性非导电媒质的无源区域，电场和磁场的波动方程为齐次方程。

$$\nabla^2 \boldsymbol{E} - \mu\varepsilon \frac{\partial^2 \boldsymbol{E}}{\partial t^2} = 0 \tag{6-1}$$

$$\nabla^2 \boldsymbol{H} - \mu\varepsilon \frac{\partial^2 \boldsymbol{H}}{\partial t^2} = 0 \tag{6-2}$$

对于时谐电磁场，场量用复矢量表示，则

$$\nabla^2 \boldsymbol{E} + k^2 \boldsymbol{E} = 0 \tag{6-3}$$

$$\nabla^2 \boldsymbol{H} + k^2 \boldsymbol{H} = 0 \tag{6-4}$$

其中，$k = \omega\sqrt{\mu\varepsilon}$。以电场为例，在直角坐标系下上式对应的 3 个标量偏微分方程为

$$\begin{cases} \nabla^2 E_x + k^2 E_x = 0 \\ \nabla^2 E_y + k^2 E_y = 0 \\ \nabla^2 E_z + k^2 E_z = 0 \end{cases} \tag{6-5}$$

在线性、均匀、各向同性、导电媒质的无源区域，电磁场的波动方程也为齐次方程。

$$\nabla^2 \boldsymbol{E} - \mu\sigma \frac{\partial \boldsymbol{E}}{\partial t} - \mu\varepsilon \frac{\partial^2 \boldsymbol{E}}{\partial t^2} = 0 \tag{6-6}$$

$$\nabla^2 \boldsymbol{H} - \mu\sigma \frac{\partial \boldsymbol{H}}{\partial t} - \mu\varepsilon \frac{\partial^2 \boldsymbol{H}}{\partial t^2} = 0 \tag{6-7}$$

对于时谐电磁场，场量用复矢量表示，并采用复介电常数 $\varepsilon^{e} = \varepsilon - \mathrm{j}\dfrac{\sigma}{\omega}$，式(6-7)可写成

$$\nabla^2 \boldsymbol{E} + \omega^2 \mu \varepsilon^{e} \boldsymbol{E} = 0 \tag{6-8}$$

$$\nabla^2 \boldsymbol{H} + \omega^2 \mu \varepsilon^{e} \boldsymbol{H} = 0 \tag{6-9}$$

注意：介电常数是复数代表有损耗。要掌握以上公式的推导，需明确数学形式与物理意义的对应关系。

6.1.2 均匀平面电磁波

真实的物理世界不存在理想均匀平面波，因为只有无限大的波源才能激励出理想平面电磁波，这需要无限大的理想介质和无穷大的能量。但离场源很远的局部区域的电磁波可以近似视为均匀平面波。

对于沿 z 轴方向传播的均匀平面波，等相位面为无限大平面，在等相位面(xOy)上不仅相位相同，而且其幅度和方向也相同，即有如下关系：

$$\frac{\partial \boldsymbol{E}}{\partial x} = 0, \quad \frac{\partial \boldsymbol{E}}{\partial y} = 0, \quad \frac{\partial \boldsymbol{H}}{\partial x} = 0, \quad \frac{\partial \boldsymbol{H}}{\partial y} = 0$$

将以上关系代入麦克斯韦方程组的两个旋度方程，可得

$$\frac{\partial E_z}{\partial t} = 0, \quad \frac{\partial H_z}{\partial t} = 0 \tag{6-10}$$

因此，E_z、H_z 是不随时间变化的常量，相互之间没有耦合，既与时变电磁场无关，又不包含信息；在时变电磁场中可令其为零，即 $E_z = 0, H_z = 0$。可见，平面波是 TEM 波，即电场和磁场没有传播方向(z 轴方向)上的分量。

1. 均匀平面波的表达式

沿 z 轴方向(纵向)传播的均匀平面波的电场与磁场强度的复数形式和瞬时值表达式分别为

$$\begin{cases} \boldsymbol{E} = \boldsymbol{e}_x E_0 \mathrm{e}^{\mathrm{j}\varphi} \mathrm{e}^{-\mathrm{j}kz} = \boldsymbol{e}_x E_x \\ \boldsymbol{H} = \boldsymbol{e}_y \dfrac{E_0}{\eta} \mathrm{e}^{\mathrm{j}\varphi} \mathrm{e}^{-\mathrm{j}kz} = \boldsymbol{e}_y H_y \end{cases} \tag{6-11}$$

$$\begin{cases} \boldsymbol{E} = \boldsymbol{e}_x E_0 \cos(\omega t - kz + \varphi) \\ \boldsymbol{H} = \boldsymbol{e}_y \dfrac{E_0}{\sqrt{\mu/\varepsilon}} \cos(\omega t - kz + \varphi) \end{cases} \tag{6-12}$$

式中，φ 是初相。$\eta = \sqrt{\mu/\varepsilon}$ 为波阻抗(本征阻抗)。各参数之间的关系为

$$\lambda = \frac{T}{\sqrt{\mu\varepsilon}} = \frac{1}{f\sqrt{\mu\varepsilon}} = \frac{v}{f} \tag{6-13}$$

式中，$v = \dfrac{1}{\sqrt{\mu\varepsilon}} = \dfrac{c}{n}$ 为波速度，c 为光速，$n = \sqrt{\mu_r \varepsilon_r}$ 为折射率；波长为在传播方向上相位差为 2π 的两点之间的距离 $\lambda = \dfrac{2\pi}{k}$，$k$ 为波数，$k = w\sqrt{\mu\varepsilon}$。

2. 均匀平面波电场、磁场及电磁波传播方向三者之间的关系

沿任意方向传播的均匀平面波的一般形式为

$$\boldsymbol{E} = \boldsymbol{E}_0 \mathrm{e}^{-\mathrm{j}\boldsymbol{k} \cdot \boldsymbol{r}} \tag{6-14}$$

电场、磁场及电磁波传播方向三者之间的关系如下：

$$\begin{cases} \boldsymbol{H} = \dfrac{1}{\eta}\boldsymbol{e}_{\xi} \times \boldsymbol{E} \\ \boldsymbol{E} = \eta \boldsymbol{H} \times \boldsymbol{e}_{\xi} \end{cases} \tag{6-15}$$

式中，$\boldsymbol{e}_{\xi}$ 为传播方向的单位矢量。真空中的波阻抗为

$$\eta_0 = \sqrt{\frac{\mu_0}{\varepsilon_0}} = 120\pi \approx 377(\Omega) \tag{6-16}$$

因此，在真空中的均匀平面波，其电场方向、磁场方向及传播方向三者之间相互正交，满足右手螺旋关系；电场与磁场相位相等；电场与磁场的幅度之比等于波阻抗。电磁波在真空中的速度等于光速。注：只有电场与磁场同相，才表示电磁能量的传播，对应于行波——电磁波。

3．波动的本质

令等相位面为 $C=\omega t-kz+\varphi$，场量仅与等相位面方程常数 C 有关，C 的值决定场量的状态。可以看出，空间坐标的变化与时间坐标的变化可以相互补偿以保持相位或者场量的恒定；随着时间的推移，从而推动等相位面沿空间坐标发生位移，即引起波动。

在上述的等相位面方程中，时间 t 增加，欲保持相位不变，z 必须增加，因此等相位面是沿 z 增加的方向移动，也就是电磁波的传播方向是 $+z$ 方向。

注意理解波数和相移常数的含义。相移常数 β 是传输常数 k（波数，因平面波矢量的方向为传播方向，故通常又称为传输常数，这是一个通信的叫法，与后面的导电媒质中波的传播常数不同）的一部分，在均匀、线性、各向同性的无界媒质中行波的相位表示式中，β 和 k 是相关联的，此时传输常数就是相移常数，$k=\beta$。因此由 $k=\omega\sqrt{\mu\varepsilon}$ 的关系，在媒质参数已知的情况下知道了一个就可以求出另一个。在有界媒质中，由于 $\boldsymbol{k}=\boldsymbol{e}_x k_x+\boldsymbol{e}_y k_y+\boldsymbol{e}_z k_z$，其中的 k_x、k_y 或者 k_z，如果对应的是行波部分的传输常数，则为相移常数，但是如果对应的是驻波部分的传输常数，则不是相移常数（也可以理解为驻波没有等相位面的移动，相移常数为零）。例如后面 6.2 节的例题 6-17，对于非均匀平面波的电场强度

$$\boldsymbol{E} = \boldsymbol{e}_y 80\pi \sin(10\pi z)\cos(6\pi \times 10^9 t - \beta x)\,\mathrm{V/m}$$

此时的相移常数为 $\beta=k_x$，而 $k_z=10\pi$ 不是相移常数。而传输常数（波数）为

$$k = \omega\sqrt{\mu\varepsilon}$$

同理，在第 8 章波导中，只有在传播方向（纵向）才存在相移常数（此时的相移常数与波导参数有关），而在横向为驻波，不存在相移常数，并且此时的 k_x、k_y 与截至波数有关。在理想情况下传播常数 $\gamma=\mathrm{j}\beta$，因此有关系：

$$k^2=\beta^2+k_\mathrm{c}^2=\beta^2+k_x^2+k_y^2,\quad k=\omega\sqrt{\mu\varepsilon}$$

因而，波数 $k=\omega\sqrt{\mu\varepsilon}$ 又可以理解为“总传输常数”，β 为相移常数。

4．电磁能量

在无耗媒质中，沿 z 轴方向传播的均匀平面波的平均功率流密度为

$$\boldsymbol{S}_{\mathrm{av}} = \frac{1}{2}\mathrm{Re}(\boldsymbol{E}\times\boldsymbol{H}^*) = \frac{1}{2}\mathrm{Re}(E_x\boldsymbol{e}_x \times \boldsymbol{e}_y H_y^*) = \frac{1}{2}\frac{E_0^2}{\sqrt{\mu/\varepsilon}}\boldsymbol{e}_z \tag{6-17}$$

电场和磁场的能量密度为

$$\omega_\mathrm{e} = \frac{1}{2}\varepsilon E^2 = \frac{1}{2}\varepsilon(\eta H)^2 = \frac{1}{2}\mu H^2 = \omega_\mathrm{m} \tag{6-18}$$

电场能量密度与磁场能量密度相等。空间任一点电磁波的瞬时能量密度等于电场能量密度与磁场能量密度之和。

电场能量密度和磁场能量密度的平均值也相等，即

$$w_{ae}=\frac{1}{4}\varepsilon E_0^2=\frac{1}{4}\mu H_0^2=w_{am}$$

注意，能量密度的平均值与平均功率密度（平均坡印亭矢量）是不同的概念。

6.1.3 电磁波的极化

由于均匀平面波没有纵向场分量，只有两个横向电磁场分量。其中的横向电场可以分解为两个相互垂直的分量（例如沿坐标轴分解），并且这两个电场分量有各自的相位，故合成后总的电场的方向就取决于它们之间的相位差。据此可以定义电磁波的极化：空间任意一个固定点上电磁波电场强度矢量的方向随时间变化的方式。电场强度 $\boldsymbol{E}$ 的方向就是极化方向，极化方向与传播方向一起构成极化面。极化的应用包括目标的极化信息、极化隔离、极化复用、极化分集等。

设电场强度沿 x、y 轴方向的分量表达式为

$$\begin{cases}E_x=E_{x0}\cos(\omega t-kz+\varphi_x)\\ E_y=E_{y0}\cos(\omega t-kz+\varphi_y)\end{cases}\tag{6-19}$$

1. 线极化波：$\boldsymbol{E_x}$ 与 $\boldsymbol{E_y}$ 同相或反相

此时，$\varphi=\varphi_y-\varphi_x=0$，或 $\varphi=\pm\pi$，在空间任取一点（如 $z=0$），观察合成电场矢量，其幅度为

$$E=\sqrt{E_{x0}^2+E_{y0}^2}\cos\omega t\tag{6-20}$$

其幅角

$$\alpha=\arctan\frac{E_y}{E_x}=\pm\arctan\frac{E_{y0}}{E_{x0}}\tag{6-21}$$

合成电场矢量不随时间变化而指向一个固定方向，即线极化波。

2. 圆极化波：$\boldsymbol{E_x}$ 与 $\boldsymbol{E_y}$ 等幅，相位相差 $\boldsymbol{\frac{\pi}{2}}$

此时

$$|\varphi_x-\varphi_y|=\frac{\pi}{2},\quad \boldsymbol{E}=\boldsymbol{e}_xE_0\cos\omega t\pm\boldsymbol{e}_yE_0\sin\omega t$$

合成矢量的幅度

$$|\boldsymbol{E}|=\sqrt{E_x^2+E_y^2}=E\tag{6-22}$$

其幅角（$z=0$ 处观察）

$$\alpha=\arctan\frac{\pm E_0\sin\omega t}{E_0\cos\omega t}=\pm\omega t\tag{6-23}$$

因此，合成矢量 $\boldsymbol{E}$ 的幅度不变，这就是圆极化波。

3. 极化波的左旋与右旋、判断方法

圆极化波有不同的旋转方向。可以规定如果电场强度矢量 $\boldsymbol{E}$ 的旋向与电磁波传播方向符合右手螺旋关系，则其称为右旋极化波，反之称为左旋极化波。或者说，沿（顺）着波传播方

向的视角去观察,电场强度以角频率 ω 作顺时针旋转称为右旋圆极化波,反之称为左旋极化波。

如果电磁波的传播方向是 z 向,若电场 E_x 分量的相位超前 E_y,则为右旋极化波;反之为左旋极化波。

4. 椭圆极化波

除在某些特殊条件下会形成线极化和圆极化之外,一般的电磁波都属于椭圆极化波。在 $z=0$ 处观察,一般情况下的电场表达式为

$$\boldsymbol{E}=\boldsymbol{e}_xE_x+\boldsymbol{e}_yE_y=\boldsymbol{e}_xE_{x0}\cos(\omega t+\varphi)+\boldsymbol{e}_yE_{y0}\cos\omega t \tag{6-24}$$

消去 ωt 可得

$$\frac{E_x^2}{E_{x0}^2}-2\frac{E_xE_y}{E_{x0}E_{y0}}\cos\varphi+\frac{E_y^2}{E_{y0}^2}=\sin^2\varphi \tag{6-25}$$

这是个椭圆方程,故为椭圆极化波。E_{x0}、E_{y0} 分别为椭圆的两个轴长,其中长者称为长轴,短者称为短轴,长短轴之比称为轴比。椭圆极化波也有左旋、右旋之分,其旋向的规定和判断方法与圆极化波一样。当 $\varphi=0$ 或者 $\pm\pi$ 时,转化为线极化波;当 $\varphi=\pm\frac{\pi}{2}$ 且 $E_{x0}=E_{y0}$ 时,又可转化为圆方程,对应圆极化波。

总之,从极化的角度,平面电磁波可以分为椭圆极化波、圆极化波、线极化波;任意平面波可以分解为两个极化方向垂直的线极化波;各类极化波也可以互相表示。椭圆极化波、圆极化波可以分解为两个极化方向垂直的线极化波,同时线极化波也可以分解为两个幅度相等、旋向相反的圆极化波。

5. 沿其他方向传播的均匀平面波的极化判断

依据直角坐标系三坐标轴方向之间满足右手螺旋关系,可以判断沿其他方向传播的平面波的极化方式。

例如,电磁波的传播方向是 z 向,若电场 E_x 分量的相位超前 E_y,则为右旋极化波;反之为左旋极化波。当电磁波的传播方向是 y 向,若电场 E_z 分量的相位超前 E_x,则为右旋极化波;反之为左旋极化波。当电磁波的传播方向是 x 向,若电场 E_y 分量的相位超前 E_z,则为右旋极化波;反之为左旋极化波。

极化判断的追赶法:推而广之,令拇指指向平面波的传播方向,四指由相位超前的分量向相位落后的分量弯曲(相位超前的分量追赶落后的分量),如果为右手关系则为右旋极化波,反之为左旋极化波,称为追赶法。对于沿任意方向传播的平面波,其电场矢量可以分解为平行分量和垂直分量,仍然按照上述追赶法判断。

6.1.4 导电媒质中的均匀平面波

1. 导电媒质中均匀平面波的场方程

在线性、均匀、各向同性的无源区域的导电媒质中,时谐电磁场所满足的复数麦克斯韦方程组为

$$\begin{cases}\nabla\times\boldsymbol{H}=(\sigma+\mathrm{j}\omega\varepsilon)\boldsymbol{E}\\ \nabla\times\boldsymbol{E}=-\mathrm{j}\omega\mu\boldsymbol{H}\\ \nabla\cdot\boldsymbol{E}=0\\ \nabla\cdot\boldsymbol{H}=0\end{cases} \tag{6-26}$$

定义复介电常数 $\varepsilon^e=\varepsilon-\mathrm{j}\,\dfrac{\sigma}{\omega}$，则电场的波动方程为

$$\nabla^2\boldsymbol{E}+\omega^2\mu\varepsilon^e\boldsymbol{E}=0 \tag{6-27}$$

$k^e=\omega\sqrt{\mu\left(\varepsilon-\mathrm{j}\,\dfrac{\sigma}{\omega}\right)}=\beta-\mathrm{j}\alpha$ 为波数，$\gamma=\alpha+\mathrm{j}\beta$ 为传播常数。其中

$$\alpha=\omega\sqrt{\frac{\mu\varepsilon}{2}\left(\sqrt{1+\frac{\sigma^2}{\omega^2\varepsilon^2}}-1\right)},\quad \beta=\omega\sqrt{\frac{\mu\varepsilon}{2}\left(\sqrt{1+\frac{\sigma^2}{\omega^2\varepsilon^2}}+1\right)}$$

传播常数为复数意味着沿传播方向电磁波有衰减。这时称 β 为相位常数，α 为衰减常数。

沿 z 方向传播的均匀平面波的电场强度复数形式和瞬时值表达式为

$$\begin{cases}\boldsymbol{E}=\boldsymbol{e}_xE_0\mathrm{e}^{\mathrm{j}\varphi}\mathrm{e}^{-(\alpha+\mathrm{j}\beta)z}\\ \boldsymbol{E}=\boldsymbol{e}_xE_0\mathrm{e}^{-\alpha z}\cos(\omega t-\beta z+\varphi)\end{cases} \tag{6-28}$$

磁场强度为

$$\boldsymbol{H}=\boldsymbol{e}_y\frac{E_0}{\sqrt{\mu/\varepsilon^e}}\mathrm{e}^{\mathrm{j}\varphi}\mathrm{e}^{-(\alpha+\mathrm{j}\beta)z}=\boldsymbol{e}_yH_y \tag{6-29}$$

波阻抗为

$$\eta^e=\frac{E_x}{H_y}=\sqrt{\frac{\mu}{\varepsilon^e}}=\sqrt{\frac{\mu}{\varepsilon\left(1-\mathrm{j}\,\dfrac{\sigma}{\omega\varepsilon}\right)}}=\sqrt{\frac{\mu}{\varepsilon}}\left[1+\left(\frac{\sigma}{\omega\varepsilon}\right)^2\right]^{-\frac{1}{4}}\mathrm{e}^{\mathrm{j}\phi} \tag{6-30}$$

波阻抗的相角 $\phi\left(0<\phi<\dfrac{\pi}{4}\right)$ 表示磁场滞后于电场。波阻抗为复数表示电场与磁场在时间上不同步。

2. 导电媒质中均匀平面波的坡印亭矢量及能量密度

导电媒质中的均匀平面波的平均坡印亭矢量为

$$\boldsymbol{S}_{\mathrm{av}}=\frac{1}{2}\mathrm{Re}(\boldsymbol{E}\times\boldsymbol{H}^*)=\frac{1}{2}\mathrm{Re}(\boldsymbol{e}_xE_x\times\boldsymbol{e}_yH_y^*)=\frac{1}{2|\eta^e|}E_0^2\mathrm{e}^{-2\alpha z}\cos\phi\boldsymbol{e}_z \tag{6-31}$$

导电媒质中的均匀平面波的平均电场与平均磁场能量密度为

$$\boldsymbol{w}_{\mathrm{e,av}}=\frac{1}{4}\varepsilon E_0^2\mathrm{e}^{-2\alpha z} \tag{6-32}$$

$$\boldsymbol{w}_{\mathrm{m,av}}=\frac{1}{4}\varepsilon E_0^2\mathrm{e}^{-2\alpha z}\left|1-\mathrm{j}\,\frac{\sigma}{\omega\varepsilon}\right|=\boldsymbol{w}_{\mathrm{e,av}}\sqrt{1+\left(\frac{\sigma}{\omega\varepsilon}\right)^2}>\boldsymbol{w}_{\mathrm{e,av}} \tag{6-33}$$

由此可见，在导电媒质中电磁波功率流密度按指数规律衰减。并且平均磁场能量密度大于平均电场能量密度。

3. 良介质与良导体中的均匀平面波

为表征导电媒质的相对损耗程度，定义损耗角正切为

$$\tan\delta=\frac{\sigma}{\omega\varepsilon} \tag{6-34}$$

依据损耗角正切，对不同频率下的不同媒质进行分类，即

(1) $\tan\delta\to0$：理想介质。

(2) $\tan\delta < 0.01 \ll 1$：良介质(低损耗介质)。

(3) $\tan\delta > 100 \gg 1$：良导体。

(4) $\tan\delta \to \infty$：理想导体。

(5) $0.01 < \tan\delta < 100$：有损耗介质。

对良介质而言，其损耗角正切远小于1，因此其相对损耗程度很低，波在良介质中传播时的损耗也相对较小，其衰减常数、相位常数和波阻抗的表达式如下：

$$\alpha \approx \omega \sqrt{\frac{\mu\varepsilon}{2}\left(1+\frac{1}{2}\frac{\sigma^2}{\omega^2\varepsilon^2}-1\right)} = \frac{\sigma}{2}\sqrt{\frac{\mu}{\varepsilon}} = \frac{1}{2}\sigma\eta \tag{6-35}$$

$$\beta \approx \omega\sqrt{\mu\varepsilon}\left[1+\frac{1}{8}\left(\frac{\sigma^2}{\omega^2\varepsilon^2}\right)\right] \approx \omega\sqrt{\mu\varepsilon} \tag{6-36}$$

$$\eta^{\mathrm{e}} \approx \sqrt{\frac{\mu}{\varepsilon}}\left[1+\mathrm{j}\frac{\sigma}{2\omega\varepsilon}\right] \approx \sqrt{\frac{\mu}{\varepsilon}} \tag{6-37}$$

对于良导体，传导电流远大于位移电流，$\sigma \gg \omega\varepsilon$。相位常数和衰减常数为

$$\beta = \alpha = \sqrt{\frac{\omega\mu\sigma}{2}} = \sqrt{\pi f\mu\sigma} \tag{6-38}$$

波阻抗为

$$\eta^{\mathrm{e}} = \sqrt{\frac{\mu}{\varepsilon^{\mathrm{e}}}} \approx \sqrt{\mathrm{j}\frac{\omega\mu}{\sigma}} = \sqrt{\frac{\omega\mu}{\sigma}}\mathrm{e}^{\mathrm{j}45^\circ} = \sqrt{\frac{\pi f\mu}{\sigma}} + \mathrm{j}\sqrt{\frac{\pi f\mu}{\sigma}} = R + \mathrm{j}X \tag{6-39}$$

可见，良导体的阻抗呈感性。传播常数为

$$\begin{aligned} k^{\mathrm{e}} &= \omega\sqrt{\mu\varepsilon\left(1-\mathrm{j}\frac{\sigma}{\omega\varepsilon}\right)} \approx \omega\sqrt{\mu\varepsilon\left(-\mathrm{j}\frac{\sigma}{\omega\varepsilon}\right)} = \sqrt{\omega\mu\sigma}\,\mathrm{e}^{-\mathrm{j}\frac{\pi}{4}} \\ &= \sqrt{\frac{\omega\mu\sigma}{2}} - \mathrm{j}\sqrt{\frac{\omega\mu\sigma}{2}} = \beta - \mathrm{j}\alpha \end{aligned} \tag{6-40}$$

注：利用电磁波进行无线通信时，不一定选择良介质，如后文的例题6-24。

4. 趋肤效应和趋肤深度

在良导体中，由于存在传导电流，电磁波的能量将转换为热能，即电磁波有传播损耗。由良导体的衰减常数 $\alpha = \sqrt{\frac{\omega\mu\sigma}{2}}$ 可知，电磁波频率越高，衰减常数就越大，因此高频电磁波只能存在于导体表面附近的一个薄层内，高频电流($\boldsymbol{J} = \sigma\boldsymbol{E}$)也主要分布在这个薄层。这就是趋肤效应，频率越高，电导率越大，趋肤效应就越明显。

趋肤深度 δ 定义为电磁波场强衰减到表面场强值 $\frac{1}{\mathrm{e}}$ 时电磁波所穿透的距离。即有

$$E_0\mathrm{e}^{-\alpha\delta} = \frac{1}{\mathrm{e}}E_0$$

对于良导体，有

$$\delta = \frac{1}{\alpha} = \sqrt{\frac{2}{\omega\mu\sigma}} = \frac{1}{\sqrt{\pi f\mu\sigma}} \tag{6-41}$$

5. 导电媒质中的色散现象

导电媒质中电磁波的相速度为

$$v_p = \frac{\omega}{\beta} = \frac{1}{\sqrt{\frac{\mu\varepsilon}{2}\left(\sqrt{1+\frac{\sigma^2}{\omega^2\varepsilon^2}}+1\right)}} \tag{6-42}$$

如果$\frac{dv_p}{d\omega}=0$,则 $v_g=v_p$,即群速度等于相速度,无色散;如果$\frac{dv_p}{d\omega}<0$,则 $v_g<v_p$,即群速度小于相速度,称为正常色散;如果$\frac{dv_p}{d\omega}>0$,则 $v_g>v_p$,即群速度大于相速度,称为反常色散。

6. 表面电阻及表面阻抗

电磁波在良导体中的损耗功率就等于电磁波进入良导体表面的功率。设电磁波垂直入射到良导体表面,则进入良导体表面的平均功率流密度,即良导体表面单位面积所吸收的功率为

$$\boldsymbol{S}_{av} = \frac{1}{2}E_0 H_0 \cos\left(\frac{\pi}{4}\right) = \frac{1}{2}H_0^2 |\eta^e| \cos\left(\frac{\pi}{4}\right) = \frac{1}{2}H_0^2 R \tag{6-43}$$

电磁波进入良导体后,在良导体中就有电流

$$\boldsymbol{J} = \sigma\boldsymbol{E} = \boldsymbol{e}_x \sigma E_0 e^{j\varphi} e^{-(\alpha+j\beta)z} = \boldsymbol{e}_x J_0 e^{j\varphi} e^{-(\alpha+j\beta)z} = \boldsymbol{e}_x J_x \tag{6-44}$$

电磁波在良导体中的损耗功率可以看成 x 方向的电流密度在 y 方向单位长度的电流 J_s 流过一个等效电阻 R_s 所消耗的功率。而这个等效电阻 R_s 可以视为在 y 方向上的宽度为 1,在 x 方向上的长度为 1,在 z 方向上的深度无穷大的良导体的表面电阻(率),注意,这是个等效高频电阻,不能直接用电导率 σ 计算 R_s。

由于

$$\frac{1}{2}H_0^2 R = \frac{1}{2}J_s^2 R_s$$

$$J_s = \int_0^\infty J_x \, dz = \int_0^\infty \sigma E_0 e^{-\alpha z - j\beta z} \, dz = \frac{\sigma E_0}{\alpha + j\beta}$$

因为良导体有

$$\beta = \alpha = \sqrt{\frac{\omega\mu\sigma}{2}}$$

可得

$$J_s = H_0$$

因此

$$R_s = R = \sqrt{\frac{\omega\mu}{2\sigma}} = \frac{1}{\sigma}\sqrt{\frac{\omega\mu\sigma}{2}} = \frac{1}{\delta\sigma} \tag{6-45}$$

趋肤效应影响下的电流会集中分布在靠近良导体表面的有限区域内,因此其表面电阻(交流电阻)通常都会大于其直流电阻。即高频电阻要大于低频电阻。

表面阻抗(率)为

$$Z_s = \frac{E_t}{J_s} = \frac{\gamma}{\sigma} = \frac{\alpha + j\beta}{\sigma} = \frac{\alpha}{\sigma} + j\frac{\beta}{\sigma} \tag{6-46}$$

对长度为 l、宽度为 w 的矩形良导体(厚度远大于趋肤深度)而言,其表面电阻(交流电阻)为

$$R_{ac} = R_s \frac{l}{w} \tag{6-47}$$

对长度为 l、半径为 r 的圆柱形良导体(半径远大于趋肤深度)而言,其表面电阻(交流电阻)为

$$R_{ac}=R_s\frac{l}{2\pi r} \tag{6-48}$$

6.2 典型例题解析

【例题 6-1】 自由空间中一均匀平面波的磁场强度为

$$\boldsymbol{H}=(\boldsymbol{e}_y+\boldsymbol{e}_z)H_0\cos(\omega t-\pi x)\mathrm{A/m}$$

求:(1) 波的传播方向;

(2) 波长和频率;

(3) 电场强度;

(4) 瞬时坡印亭矢量。

解:(1) 由等相位面方程 $C=\omega t-\pi x$ 可知,随着 t 的增加,欲保持相位不变,x 必须增加,因此是电磁波的传播方向是 $+x$ 方向。

(2) 波长:$\lambda=\frac{2\pi}{k}=2\mathrm{m}$。

频率:

$$f=\frac{c}{\lambda}=1500\mathrm{MHz}$$

(3) $\boldsymbol{E}=\eta_0\boldsymbol{H}\times\boldsymbol{e}_x=\eta_0(\boldsymbol{e}_y+\boldsymbol{e}_z)H_0\cos(\omega t-\pi x)\times\boldsymbol{e}_x=\eta_0 H_0(\boldsymbol{e}_y-\boldsymbol{e}_z)H_0\cos(\omega t-\pi x)$ V/m。

(4) 瞬时坡印亭矢量

$$\boldsymbol{S}=\boldsymbol{E}\times\boldsymbol{H}=2\eta_0 H_0^2\cos^2(\omega t-\pi x)\boldsymbol{e}_x\,\mathrm{W/m^2}$$

【例题 6-2】 一均匀平面波从海水表面($x=0$)沿$+x$ 方向向海水中传播。在 $x=0$ 处,电场强度为 $\boldsymbol{E}=\boldsymbol{e}_y100\cos(10^7\pi t)\mathrm{V/m}$。若海水的 $\varepsilon_r=80$,$\mu_r=1$,$\sigma=4\mathrm{S/m}$。

(1) 求衰减常数、相位常数、波阻抗、相位速度、波长、趋肤深度。

(2) 给出海水中电场强度的表达式。

(3) 电场强度的振幅衰减到表面值的 1%时,求波传播的距离。

(4) $x=0.8\mathrm{m}$ 时,电场和磁场的表达式。

(5) 如果电磁波的频率为 50kHz,重复计算(3)的结果。比较两个结果会得到什么结论?

解:(1) 由题意知,$\omega=10^7\pi$,$\frac{\sigma}{\omega\varepsilon}=180\gg1$,属良导体。复介电常数为 $\varepsilon^e=\varepsilon\left(1-\mathrm{j}\frac{\sigma}{\varepsilon\omega}\right)\approx-\mathrm{j}\frac{\sigma}{\omega}$。

所以,衰减常数、相位常数为

$$\beta=\alpha=\sqrt{\frac{\omega\mu\sigma}{2}}=\sqrt{\pi f\mu\sigma}=2\sqrt{2}\pi$$

波阻抗为

$$\eta^{e}=\sqrt{\frac{\mu}{\varepsilon^{e}}}\approx\sqrt{\frac{\omega\mu}{\sigma}}e^{j45^{\circ}}=\pi<45^{\circ}$$

相位速度为

$$v_{p}=\frac{\omega}{\beta}=\frac{10^{7}\pi}{2\sqrt{2}\pi}=3.55\times10^{6}\mathrm{m/s}$$

波长为

$$\lambda=\frac{2\pi}{\beta}=\frac{2\pi}{2\sqrt{2}\pi}=\frac{1}{\sqrt{2}}\mathrm{m}$$

趋肤深度为

$$\delta=\frac{1}{\alpha}=\frac{1}{2\sqrt{2}\pi}=0.35\mathrm{m}$$

(2) 海水中电场强度的表达式为

$$\boldsymbol{E}=\boldsymbol{e}_{y}100e^{-2\sqrt{2}\pi x}\cos(10^{7}\pi t-2\sqrt{2}\pi x)\mathrm{V/m}$$

(3) 由 $e^{-2\sqrt{2}\pi x_{0}}=0.01$ 得 $x_{0}=0.518\mathrm{m}$。

(4) 当 $x=0.8\mathrm{m}$ 时,电场和磁场的表达式分别为

$$\boldsymbol{E}(x,t)=\boldsymbol{e}_{y}100e^{-2\sqrt{2}\pi\times0.8}\cos(10^{7}\pi t-2\sqrt{2}\pi\times0.8)=\boldsymbol{e}_{y}0.082\cos(10^{7}\pi t-7.11)\mathrm{V/m}$$

$$\boldsymbol{H}=\frac{1}{\eta^{e}}\boldsymbol{e}_{x}\times\boldsymbol{E}(x,t)=\boldsymbol{e}_{z}0.026\cos(10^{7}\pi t-7.89)\mathrm{V/m}$$

(5) 如果电磁波的频率为 50kHz,则衰减常数为

$$\beta=\alpha=\frac{\sqrt{2}\pi}{5}$$

此时,电场强度的振幅衰减到表面值的 1%时,传播的距离为

$$x_{0}=5.18\mathrm{m}$$

这说明,频率越高电磁波的衰减越快,低频的电磁波易于在海水中传播。

【例题 6-3】 设无线电装置中的屏蔽罩由铜制成,设铜的电导率为 $5.8\times10^{7}\mathrm{S/m}$。今要求铜的厚度至少为 5 个趋肤深度,为防止 200kHz～3GHz 的无线电干扰,求铜的厚度;若要屏蔽 10kHz～3GHz 的无线电干扰,铜的厚度又为多少?

解:屏蔽罩的厚度取决于低频部分,在 200kHz 时铜的趋肤深度为

$$\delta=\frac{1}{\sqrt{\pi f\mu_{0}\sigma}}=0.1478\mathrm{mm}$$

因此,屏蔽罩的厚度为 0.74mm。

若要屏蔽 10kHz～3GHz 的无线电干扰,在 10kHz 时铜的趋肤深度为

$$\delta=\frac{1}{\sqrt{\pi f\mu_{0}\sigma}}=0.66\mathrm{mm}$$

因此,屏蔽罩的厚度为 3.3mm。

【例题 6-4】 已知无界理想媒质($\varepsilon=9\varepsilon_{0},\mu=\mu_{0},\sigma=0$)中,正弦均匀平面电磁波的频率 $f=10^{8}\mathrm{Hz}$,电场强度 $\boldsymbol{E}=\boldsymbol{e}_{x}4e^{-jkz}+\boldsymbol{e}_{y}3e^{-jkz+j\frac{\pi}{3}}\mathrm{V/m}$。试求:

(1) 均匀平面电磁波的相速度 v_{p}、波长 λ、相移常数 k 和波阻抗 η;

(2) 电场强度和磁场强度的瞬时值表达式；

(3) 与电磁波传播方向垂直的单位面积上通过的平均功率。

解：(1) 相速度：

$$v_p=\frac{1}{\sqrt{\mu\varepsilon}}=\frac{c}{\sqrt{\mu_r\varepsilon_r}}=\frac{3\times10^8}{\sqrt{9}}=10^8\,\text{m/s}$$

波长：

$$\lambda=\frac{v_p}{f}=1\text{m}$$

相移常数及波阻抗：

$$k=\omega\sqrt{\mu\varepsilon}=\frac{\omega}{v_p}=2\pi\text{rad/m}$$

$$\eta=\sqrt{\frac{\mu}{\varepsilon}}=\eta_0\sqrt{\frac{u_r}{\varepsilon_r}}=120\pi\sqrt{\frac{1}{9}}=40\pi\Omega$$

(2) 磁场的复数形式为

$$\boldsymbol{H}=\frac{\text{j}}{\omega\mu}\nabla\times\boldsymbol{E}=\frac{1}{40\pi}(-\boldsymbol{e}_x3\text{e}^{-\text{j}kz+\text{j}\frac{\pi}{3}}+4\boldsymbol{e}_y\text{e}^{-\text{j}kz})\text{A/m}$$

电场强度和磁场强度的瞬时值表达式为

$$\boldsymbol{E}(t)=\text{Re}[E\text{e}^{\text{j}\omega t}]=\boldsymbol{e}_x4\cos(2\pi\times10^8t-2\pi z)+\boldsymbol{e}_y3\cos\left(2\pi\times10^8t-2\pi z+\frac{\pi}{3}\right)\text{V/m}$$

$$\begin{aligned}\boldsymbol{H}(t)&=\text{Re}[H\text{e}^{\text{j}\omega t}]\\&=-\boldsymbol{e}_x\frac{3}{40\pi}\cos\left(2\pi\times10^8t-2\pi z+\frac{\pi}{3}\right)+\boldsymbol{e}_y\frac{1}{10\pi}\cos(2\pi\times10^8t-2\pi z)\text{A/m}\end{aligned}$$

(3) 复坡印亭矢量为

$$\begin{aligned}\boldsymbol{S}&=\frac{1}{2}\boldsymbol{E}\times\boldsymbol{H}^*=\frac{1}{2}[\boldsymbol{e}_x4\text{e}^{-\text{j}kz}+\boldsymbol{e}_y3\text{e}^{-\text{j}\left(kz-\frac{\pi}{3}\right)}]\times\left[-\boldsymbol{e}_x\frac{3}{40\pi}\text{e}^{\text{j}\left(kz-\frac{\pi}{3}\right)}+\boldsymbol{e}_y\frac{1}{10\pi}\text{e}^{\text{j}kz}\right]\\&=\boldsymbol{e}_z\frac{5}{16\pi}\text{W/m}^2\end{aligned}$$

坡印亭矢量的时间平均值为

$$\boldsymbol{S}_{\text{av}}=\text{Re}[\boldsymbol{S}]=\boldsymbol{e}_z\frac{5}{16\pi}\text{W/m}^2$$

与电磁波传播方向垂直的单位面积上通过的平均功率为

$$P_{\text{av}}=\iint_S\boldsymbol{S}_{\text{av}}\cdot\text{d}\boldsymbol{S}=\frac{5}{16\pi}\text{W}$$

【例题 6-5】 设平面波的频率为 400MHz，当 $y=0.5\text{m}$，$t=0.2\text{ns}$ 时，电场 $\boldsymbol{E}$ 的最大值为 250V/m，表征其方向的单位矢量为 $\boldsymbol{e}_x0.6-\boldsymbol{e}_z0.8$。试用时间的函数表示该平面波在自由空间沿 $\boldsymbol{e}_y$ 方向传播的电场和磁场。

解：由题意可知，$E_0=250\text{V/m}$，$\omega=2\pi f=8\pi\times10^8\text{rad/s}$，$\beta=k=\omega\sqrt{\mu_0\varepsilon_0}=\frac{8\pi}{3}\text{rad/m}$，因此，可设电场为

$$\boldsymbol{E}=(\boldsymbol{e}_x0.6-\boldsymbol{e}_z0.8)250\cos\left(8\pi\times10^8t-\frac{8\pi}{3}y+\phi\right)$$

当 $8\pi\times10^8t-\frac{8\pi}{3}y+\phi=0$ 时，电场取得最大值，将 $y=0.5, t=0.2\times10^{-9}$ 代入，得

$$\phi=1.17\pi \text{ rad}$$

因此有

$$\boldsymbol{E}=(\boldsymbol{e}_x0.6-\boldsymbol{e}_z0.8)250\cos\left(8\pi\times10^8t-\frac{8\pi}{3}y+1.17\pi\right)\ \text{V/m}$$

则磁场为

$$\begin{aligned}\boldsymbol{H}&=\frac{1}{\eta_0}\boldsymbol{e}_y\times\boldsymbol{E}=\frac{1}{\eta_0}\boldsymbol{e}_y\times(\boldsymbol{e}_x0.6-\boldsymbol{e}_z0.8)\cos\left(8\pi\times10^8t-\frac{8\pi}{3}y+1.17\pi\right)\\&=-(\boldsymbol{e}_x0.531+\boldsymbol{e}_z0.398)\cos\left(8\pi\times10^8t-\frac{8\pi}{3}y+1.17\pi\right)\ \text{A/m}\end{aligned}$$

【例题 6-6】 写出在折射率为 n 的非磁性媒质中，沿 $-z$ 轴方向传播的左旋圆极化波的表达式。

解：由题意可知，$\mu=\mu_0, k=\frac{\omega}{c}n$，因此，可设

$$\begin{aligned}E_x&=E_0\text{Re}\left[e^{j\omega\left(t+\frac{n}{c}z\right)}\right]\\E_y&=E_0\text{Re}\left[e^{j\omega\left(t+\frac{n}{c}z-\frac{\pi}{2}\right)}\right]=E_0\text{Re}\left[-je^{j\omega\left(t+\frac{n}{c}z\right)}\right]\\E_z&=0\end{aligned}$$

则合成场的表达式为

$$\boldsymbol{E}=E_x\boldsymbol{e}_x+E_y\boldsymbol{e}_y=E_0\text{Re}\left[(\boldsymbol{e}_x-j\boldsymbol{e}_y)e^{j\omega\left(t+\frac{n}{c}z\right)}\right]$$

其瞬时值为

$$\boldsymbol{E}=E_0\left[\boldsymbol{e}_x\cos\left(\omega t+\omega\frac{n}{c}z\right)+\boldsymbol{e}_y\sin\left(\omega t+\omega\frac{n}{c}z\right)\right]$$

对应的磁场为

$$\begin{aligned}H_x&=-\frac{nE_0}{\eta_0}\text{Re}\left[e^{j\omega\left(t+\frac{n}{c}z-\frac{\pi}{2}\right)}\right]\\H_y&=\frac{nE_0}{\eta_0}\text{Re}\left[e^{j\omega\left(t+\frac{n}{c}z\right)}\right]\\H_z&=0\end{aligned}$$

【例题 6-7】 在无限空间中有一沿 z 轴方向传播的右旋圆极化波，并假定其由两个线极化波合成。已知其中一个线极化波的电场沿 x 轴方向，在 $z=0$ 处的电场幅度为 E_0 V/m，角频率为 ω。试写出该圆极化波的电场和磁场的表示式，并证明该波的时间平均能流密度矢量为两线极化波的时间平均能流密度矢量之和。

解：根据题意，沿 z 轴方向传播的右旋圆极化波可以表示为

$$\boldsymbol{E}=E_x\boldsymbol{e}_x+E_y\boldsymbol{e}_y=E_0\text{Re}\left[(\boldsymbol{e}_x-j\boldsymbol{e}_y)e^{j(\omega t-kz)}\right]$$

即其电场和磁场的瞬时形式为

$$\boldsymbol{E}=E_0\left[\boldsymbol{e}_x\cos(\omega t-kz)+\boldsymbol{e}_y\sin(\omega t-kz)\right]$$

$$\boldsymbol{H}=\frac{1}{\eta}\boldsymbol{e}_z\times\boldsymbol{E}=E_0\sqrt{\frac{\varepsilon}{\mu}}\left[-\boldsymbol{e}_x\sin(\omega t-kz)+\boldsymbol{e}_y\cos(\omega t-kz)\right]$$

故右旋圆极化波的平均能流密度为

$$\boldsymbol{S}=\frac{1}{2}\mathrm{Re}[\boldsymbol{E}\times\boldsymbol{H}^*]=\frac{1}{2}\mathrm{Re}\left\{E_0(\boldsymbol{e}_x-\mathrm{j}\boldsymbol{e}_y)\mathrm{e}^{-\mathrm{j}kz}\times E_0\sqrt{\frac{\varepsilon}{\mu}}\left[(\boldsymbol{e}_y+\mathrm{j}\boldsymbol{e}_x)\mathrm{e}^{-\mathrm{j}kz}\right]^*\right\}=\boldsymbol{e}_z\sqrt{\frac{\varepsilon}{\mu}}E_0^2$$

沿 x 轴方向的极化波为

$$E_x=E_0\mathrm{e}^{-\mathrm{j}kz},\quad H_y=E_0\sqrt{\frac{\varepsilon}{\mu}}\mathrm{e}^{-\mathrm{j}kz}$$

其时间平均能流密度矢量为

$$\boldsymbol{S}_x=\frac{1}{2}\mathrm{Re}[\boldsymbol{E}\times\boldsymbol{H}^*]=\frac{1}{2}\mathrm{Re}\left\{E_0\boldsymbol{e}_x\mathrm{e}^{-\mathrm{j}kz}\times E_0\sqrt{\frac{\varepsilon}{\mu}}\left[\boldsymbol{e}_y\mathrm{e}^{-\mathrm{j}kz}\right]^*\right\}=\boldsymbol{e}_z\frac{1}{2}\sqrt{\frac{\varepsilon}{\mu}}E_0^2$$

同理,沿 y 轴方向的极化波的时间平均能流密度矢量为

$$\boldsymbol{S}_y=\frac{1}{2}\mathrm{Re}[\boldsymbol{E}\times\boldsymbol{H}^*]=\frac{1}{2}\mathrm{Re}\left\{E_0\boldsymbol{e}_x\mathrm{e}^{-\mathrm{j}\left(kz+\frac{\pi}{2}\right)}\times E_0\sqrt{\frac{\varepsilon}{\mu}}\left[-\boldsymbol{e}_y\mathrm{e}^{-\mathrm{j}\left(kz+\frac{\pi}{2}\right)}\right]^*\right\}=\boldsymbol{e}_z\frac{1}{2}\sqrt{\frac{\varepsilon}{\mu}}E_0^2$$

因此

$$\boldsymbol{S}=\boldsymbol{S}_x+\boldsymbol{S}_y=\boldsymbol{e}_z\sqrt{\frac{\varepsilon}{\mu}}E_0^2$$

问题得证。

【例题 6-8】 一个线极化波表示为 $\boldsymbol{E}=\boldsymbol{e}_x6\cos(\omega t-kz-30^\circ)+\boldsymbol{e}_y8\cos(\omega t-kz-30^\circ)$,试将其分解为振幅相等、旋向相反的两个圆极化波。

解:取 $z=0$ 平面,则合成电场的模为

$$E=\sqrt{E_x^2+E_y^2}=10\cos(\omega t-30^\circ)$$

合成电场与 x 轴的夹角为

$$\theta=\arctan\frac{E_y}{E_x}=\arctan\frac{4}{3}=53.1^\circ$$

因此

$$\begin{aligned}E_x&=E\cos\theta=10\cos(\omega t-30^\circ)\cos53.1^\circ\\&=5\cos(\omega t+23.1^\circ)+5\cos(\omega t-83.1^\circ)=E_{1x}+E_{2x}\\E_y&=E\sin\theta=10\cos(\omega t-30^\circ)\sin53.1^\circ\\&=5\sin(\omega t+23.1^\circ)-5\sin(\omega t-83.1^\circ)=E_{1y}+E_{2y}\end{aligned}$$

所以,分解的右旋圆极化波为

$$\boldsymbol{E}_1=\boldsymbol{e}_xE_{1x}+\boldsymbol{e}_yE_{1y}=\boldsymbol{e}_x5\cos(\omega t+23.1^\circ)+\boldsymbol{e}_y5\sin(\omega t+23.1^\circ)$$

分解的左旋圆极化波为

$$\boldsymbol{E}_2=\boldsymbol{e}_xE_{2x}+\boldsymbol{e}_yE_{2y}=\boldsymbol{e}_x5\cos(\omega t-83.1^\circ)-\boldsymbol{e}_y5\sin(\omega t-83.1^\circ)$$

【例题 6-9】 频率为 100MHz 的均匀平面波在某一媒质中的波长为 1m,衰减常数为 2Np/m,本征阻抗为 200Ω,求媒质的相对介电常数、相对磁导率和电导率。

解:根据题意

$$\beta=\omega\sqrt{\frac{\mu\varepsilon}{2}\left(\sqrt{1+\frac{\sigma^2}{\omega^2\varepsilon^2}}+1\right)}=\frac{2\pi}{\lambda}=2\pi\tag{6-49}$$

$$\alpha = \omega\sqrt{\frac{\mu\varepsilon}{2}\left(\sqrt{1+\frac{\sigma^2}{\omega^2\varepsilon^2}}-1\right)} = 2 \tag{6-50}$$

$$|\eta^{e}| = \left|\sqrt{\frac{\mu}{\varepsilon\left(1-\mathrm{j}\frac{\sigma}{\omega\varepsilon}\right)}}\right| = 200 \tag{6-51}$$

由式(6-49)得

$$\omega^2\frac{\mu\varepsilon}{2}\left(\sqrt{1+\frac{\sigma}{\omega^2\varepsilon^2}}+1\right) = 4\pi^2 \tag{6-52}$$

由式(6-50)得

$$\omega^2\frac{\mu\varepsilon}{2}\left(\sqrt{1+\frac{\sigma^2}{\omega^2\varepsilon^2}}-1\right) = 4 \tag{6-53}$$

由式(6-51)得

$$\sqrt{\frac{\mu}{\varepsilon}}\left[1+\left(\frac{\sigma}{\omega\varepsilon}\right)^2\right]^{-\frac{1}{4}} = 200 \tag{6-54}$$

即

$$\sqrt{1+\left(\frac{\sigma}{\omega\varepsilon}\right)^2} = \frac{\mu}{4\times 10^4\varepsilon} \tag{6-55}$$

将式(6-55)代入式(6-52),得

$$\omega^2\left(\frac{\mu^2}{8\times 10^4}+\frac{\mu\varepsilon}{2}\right) = 4\pi^2 \tag{6-56}$$

将式(6-55)代入式(6-53),得

$$\omega^2\left(\frac{\mu^2}{8\times 10^4}-\frac{\mu\varepsilon}{2}\right) = 4 \tag{6-57}$$

式(6-56)加式(6-57),并将 $\omega=10^6$ 代入,得

$$\mu = \sqrt{\frac{4\pi^2+4}{\pi^2+10^{12}}} = 2.1\times 10^{-6}$$

故

$$\mu_r = \frac{2.1\times 10^{-6}}{4\pi\times 10^{-7}} = 1.67$$

式(6-56)减去式(6-57),并将 $\omega=10^6$ 代入,得

$$\varepsilon = \frac{4\pi^2-4}{\omega^2\mu} = 0.428\times 10^{-10}$$

故

$$\varepsilon_r = \frac{0.428\times 10^{-10}}{8.85\times 10^{-12}} = 4.84$$

又由式(6-55)得

$$\sigma^2 = \left[\left(\frac{\mu}{4\times 10^4\varepsilon}\right)^2-1\right](\omega\varepsilon)^2$$

因此

$$\sigma = 1.92 \times 10^{-2}\,\mathrm{S/m}$$

【例题 6-10】 已知空气中有一均匀平面电磁波的磁场强度为

$$\boldsymbol{H} = (-e_x A + e_y 2\sqrt{6} + e_z 4)\mathrm{e}^{-\mathrm{j}\pi(4x+3z)}\,\mathrm{mA/m}$$

试分析：

(1) 波长、传播方向的单位矢量及传播方向与 z 轴的夹角；

(2) 常数 A；

(3) 电场强度复矢量。

解：(1) 由题意可知

$$\boldsymbol{k} \cdot \boldsymbol{r} = \pi(4x + 3z)$$

显然，其波矢量为

$$\boldsymbol{k} = 4\pi \boldsymbol{e}_x + 3\pi \boldsymbol{e}_z$$

因此

$$\beta = |\boldsymbol{k}| = 5\pi\,\mathrm{rad/m}$$

波长为

$$\lambda = \frac{2\pi}{\beta} = 0.4\,\mathrm{m}$$

传播方向的单位矢量为

$$\boldsymbol{e}_\xi = \frac{\boldsymbol{k}}{|\boldsymbol{k}|} = \frac{4}{5}\boldsymbol{e}_x + \frac{3}{5}\boldsymbol{e}_z$$

因此传播方向与 z 轴的夹角

$$\theta_z = \arccos 0.6 = 53^\circ$$

(2) 根据$\nabla \cdot \boldsymbol{H} = 0$，即

$$\frac{\partial H_x}{\partial x} + \frac{\partial H_y}{\partial y} + \frac{\partial H_z}{\partial z} = \mathrm{j}4\pi A - \mathrm{j}12\pi = 0$$

故有

$$A = 3$$

(3) 电场强度复矢量为

$$\boldsymbol{E} = \eta_0 \boldsymbol{H} \times \boldsymbol{e}_\xi = 120\pi(-3\boldsymbol{e}_x + \boldsymbol{e}_y 2\sqrt{6} + \boldsymbol{e}_z 4)\mathrm{e}^{-\mathrm{j}\pi(4x+3z)} \times \left(\frac{4}{5}\boldsymbol{e}_x + \frac{3}{5}\boldsymbol{e}_z\right)$$

$$= 120\pi\left(\frac{6}{5}\sqrt{6}\boldsymbol{e}_x + 5\boldsymbol{e}_y - \frac{8}{5}\sqrt{6}\boldsymbol{e}_z\right)\mathrm{e}^{-\mathrm{j}\pi(4x+3z)}\,\mathrm{V/m}$$

【例题 6-11】 设理想无界媒质中，有电场强度复矢量 $\boldsymbol{E}_1 = \boldsymbol{e}_z E_{01}\mathrm{e}^{-\mathrm{j}kz}$，$\boldsymbol{E}_2 = \boldsymbol{e}_z E_{02}\mathrm{e}^{-\mathrm{j}kz}$，试问：(1)$\boldsymbol{E}_1$、$\boldsymbol{E}_2$ 是否满足$\nabla^2 \boldsymbol{E} + k^2 \boldsymbol{E} = 0$。(2)由 $\boldsymbol{E}_1$、$\boldsymbol{E}_2$ 求磁场强度矢量，并说明 $\boldsymbol{E}_1$、$\boldsymbol{E}_2$ 是否表示电磁波。

解：(1) 由于$\nabla^2 \boldsymbol{E}_1 = \boldsymbol{e}_x \nabla^2 E_{1x} + \boldsymbol{e}_y \nabla^2 E_{1y} + \boldsymbol{e}_z \nabla^2 E_{1z} = -k^2 \boldsymbol{e}_z E_{01}\mathrm{e}^{-\mathrm{j}kz} = -k^2 \boldsymbol{E}_1$

因此

$$\nabla^2 \boldsymbol{E}_1 + k^2 \boldsymbol{E}_1 = 0$$

同理

$$\nabla^2 \boldsymbol{E}_2 + k^2 \boldsymbol{E}_2 = 0$$

（2）根据平面波中电场与磁场的关系，得

$$\boldsymbol{H}_1=\frac{1}{\eta_0}\boldsymbol{e}_z\times\boldsymbol{E}_1=0,\quad \boldsymbol{H}_2=\frac{1}{\eta_0}\boldsymbol{e}_z\times\boldsymbol{E}_2=0$$

所以，空间不存在磁场，没有能量传播，故 $\boldsymbol{E}_1$、$\boldsymbol{E}_2$ 不能表示电磁波。

【例题 6-12】 微波炉利用磁控管输出的 2.45GHz 的微波加热食品。在该频率上，牛排的等效复介电常数 $\varepsilon'=40\varepsilon_0$，损耗角正切 $\tan\delta_e=0.3$。试求：

（1）微波传入牛排的趋肤深度 δ，在牛排内 8mm 处的微波场强是表面处的百分之几；

（2）微波炉中盛牛排的盘子是用发泡聚苯乙烯制成的，其等效复介电常数的损耗角正切为 $\varepsilon'=1.03\varepsilon_0$，$\tan\delta_e=0.3\times10^{-4}$。说明为何用微波加热时牛排被烧熟而盘子并没有被烧毁。

解：（1）根据牛排的损耗角正切可知，牛排为不良导体。微波传入牛排的趋肤深度为

$$\delta=\frac{1}{\alpha}=\frac{1}{\omega}\sqrt{\frac{2}{\mu\varepsilon}}\left[\sqrt{1+\left(\frac{\sigma}{\omega\varepsilon}\right)^2}-1\right]^{-1/2}=0.0208\mathrm{m}=20.8\mathrm{mm}$$

在牛排内 8mm 处的微波场强为表面处的百分比为

$$\frac{|E|}{|E_0|}=\mathrm{e}^{-z/\delta}=\mathrm{e}^{-8/20.8}=68\%$$

（2）发泡聚苯乙烯是低耗介质，所以其趋肤深度

$$\delta=\frac{1}{\alpha}=\frac{2}{\sigma}\sqrt{\frac{2}{\mu}}=\frac{2}{\omega\left(\frac{\sigma}{\omega\varepsilon}\right)}\sqrt{\frac{1}{\mu\varepsilon}}=\frac{2\times3\times10^8}{2\pi\times2.45\times10^9\times(0.3\times10^{-4})\times\sqrt{1.03}}$$

$$=1.28\times10^3\mathrm{m}$$

在微波加热时，由于牛排是导电媒质，且趋肤深度为厘米量级，微波进入牛排几厘米后电磁能量就全部转化为热能，从而牛排被加热并烧熟；而盘子是良介质，其趋肤深度很大，微波进入厚度很薄的盘子后几乎没有电磁能量的损失，因此盘子并没有被烧毁。

【例题 6-13】 证明均匀平面电磁波在良导体中传播时，每波长内场强的衰减约为 55dB。

证明：在良导体中 $\frac{\sigma}{\omega\varepsilon}\gg1$，衰减常数和相移常数相等，即

$$\alpha=\beta=\sqrt{\frac{\omega\mu\sigma}{2}}$$

设均匀平面电磁波的电场强度矢量为

$$E=E_0\mathrm{e}^{-\alpha z}\mathrm{e}^{-\mathrm{j}\beta z}$$

那么 $z=\lambda$ 处的电场强度与 $z=0$ 处的电场强度振幅比为

$$\frac{|E|}{|E_0|}=\mathrm{e}^{-\alpha z}\Big|_{z=\lambda}=\mathrm{e}^{-\alpha\lambda}=\mathrm{e}^{-\beta\frac{2\pi}{\beta}}=\mathrm{e}^{-2\pi}$$

即

$$20\log\frac{|E|}{|E_0|}\bigg|_{z=\lambda}=20\lg\mathrm{e}^{-2\pi}=-54.575\mathrm{dB}\approx-55\mathrm{dB}$$

【例题 6-14】 已知海水的电磁参量 $\sigma=51\Omega\cdot\mathrm{m}$，$\mu_r=1$，$\varepsilon_r=81$，作为良导体欲使 90%以上的电磁能量（紧靠海水表面下部）进入 1m 以下的深度，电磁波的频率应如何选择。

解：对于所给海水，当其视为良导体时，其中传播的均匀平面电磁波为

$$\boldsymbol{E}=\boldsymbol{e}_x E_0 \mathrm{e}^{-(1+\mathrm{j})\alpha z}, \quad \boldsymbol{H}=\boldsymbol{e}_y \frac{E_0}{\eta^{\mathrm{e}}} \mathrm{e}^{-(1+\mathrm{j})\alpha z}$$

式中，良导体海水的波阻抗为

$$\eta^{\mathrm{e}}=\sqrt{\frac{\omega\mu}{2\sigma}}(1+\mathrm{j})=\sqrt{\frac{\omega\mu}{2\sigma}}\mathrm{e}^{\mathrm{j}\frac{\pi}{4}}$$

因此，沿$+z$方向进入海水的平均电磁功率流密度为

$$\boldsymbol{S}_{\mathrm{av}}=\mathrm{Re}[\boldsymbol{S}]=\mathrm{Re}\left[\boldsymbol{e}_z \frac{1}{2}E_0^2 \mathrm{e}^{-2\alpha z}\sqrt{\frac{\sigma}{2\omega\mu}}(1+\mathrm{j})\right]=\boldsymbol{e}_z \frac{1}{2}E_0^2 \mathrm{e}^{-2\alpha z}\sqrt{\frac{\sigma}{2\omega\mu}}$$

故海水表面下部$z=l$处的平均电磁功率流密度与海水表面下部$z=0$处的平均电磁功率流密度之比为

$$\frac{|\boldsymbol{S}_{\mathrm{av}}|_{z=l}}{|\boldsymbol{S}_{\mathrm{av}}|_{z=0}}=\mathrm{e}^{-2\alpha l}$$

依题意

$$\frac{|\boldsymbol{S}_{\mathrm{av}}|_{z=l}}{|\boldsymbol{S}_{\mathrm{av}}|_{z=0}}=\mathrm{e}^{-2\alpha l}=0.9$$

考虑到良导体中衰减常数与相移常数有如下关系：

$$\alpha=\beta=\sqrt{\frac{\omega\mu\sigma}{2}}$$

从而

$$f<\frac{1}{\pi\mu\sigma}\left(\frac{\ln 0.9}{-2l}\right)^2\Bigg|_{l=1}=\frac{1}{\pi\cdot 4\pi\times 10^{-7}\cdot 51}\left(\frac{\ln 0.9}{-2\times 1}\right)^2=13.78\mathrm{Hz}$$

即，此时电磁波的频率应小于13.78Hz。

【例题 6-15】 电磁波在真空中传播，其电场强度矢量的复数表达式为

$$\boldsymbol{E}=(\boldsymbol{e}_x-\mathrm{j}\boldsymbol{e}_y)10^{-4}\mathrm{e}^{-\mathrm{j}20\pi z}\ \mathrm{V/m}$$

试求：

(1) 工作频率f；

(2) 磁场强度矢量的复数表达式及瞬时值表达式；

(3) 坡印亭矢量的瞬时值和时间平均值；

(4) 此电磁波是何种极化？旋向如何？

解：(1) 根据真空中传播的均匀平面电磁波的电场强度矢量的复数表达式

$$\boldsymbol{E}=(\boldsymbol{e}_x-\mathrm{j}\boldsymbol{e}_y)10^{-4}\mathrm{e}^{-\mathrm{j}20\pi z}\ \mathrm{V/m}$$

可知

$$k=20\pi, \quad v=\frac{1}{\sqrt{\mu_0\varepsilon_0}}=3\times 10^8\mathrm{m/s}, \quad \eta_0=\sqrt{\frac{\mu_0}{\varepsilon_0}}=120\pi$$

根据$k=\frac{2\pi}{\lambda}=20\pi$，$\lambda=0.1\mathrm{m}$，所以

$$f=\frac{v}{\lambda}=3\times 10^9\ \mathrm{Hz}$$

(2) 磁场强度复矢量为

$$\boldsymbol{H}=\frac{1}{\eta_0}\boldsymbol{e}_z\times\boldsymbol{E}=\frac{1}{\eta_0}(\boldsymbol{e}_y+\mathrm{j}\boldsymbol{e}_x)10^{-4}\mathrm{e}^{-\mathrm{j}20\pi z}\ \mathrm{A/m}$$

磁场强度的瞬时值表达式为

$$\boldsymbol{H}(z,t)=\mathrm{Re}[H(z)\mathrm{e}^{\mathrm{j}\omega t}]=\frac{10^{-4}}{\eta_0}[\boldsymbol{e}_y\cos(\omega t-20\pi z)-\boldsymbol{e}_x\sin(\omega t-20\pi z)]\mathrm{A/m}$$

(3) 坡印亭矢量的瞬时值为

$$\boldsymbol{S}(z,t)=\boldsymbol{E}(z,t)\times\boldsymbol{H}(z,t)=\frac{10^{-8}}{\eta_0}[\boldsymbol{e}_z\cos^2(\omega t-kz)+\boldsymbol{e}_z\sin^2(\omega t-kz)]=\frac{10^{-8}}{\eta_0}\boldsymbol{e}_z\ \mathrm{W/m^2}$$

坡印亭矢量的时间平均值为

$$\boldsymbol{S}_{\mathrm{av}}=\mathrm{Re}\left[\frac{1}{2}\boldsymbol{E}\times\boldsymbol{H}^*\right]=\boldsymbol{e}_z\ \frac{1}{2}\cdot\frac{10^{-8}}{\eta_0}\cdot(1+1)=\frac{10^{-8}}{\eta_0}\boldsymbol{e}_z\ \mathrm{W/m^2}$$

(4) 此均匀平面电磁波的电场强度矢量在 x 方向和 y 方向的分量振幅相等，且 x 方向的分量比 y 方向的分量相位超前 $\pi/2$，故为右旋圆极化波。

【例题 6-16】 由金属铜制成的圆导线，其半径为 $a=1.5\mathrm{mm}$，设铜的电导率为 $5.8\times10^7\mathrm{S/m}$。试求：

(1) 单位长度的直流电阻；

(2) $f=100\mathrm{MHz}$ 时的表面电阻率；

(3) $f=100\mathrm{MHz}$ 时单位长度的交流电阻。

解：(1) 单位长度的直流电阻

$$R_{\mathrm{D}}=\frac{l}{\sigma S}=\frac{1}{\sigma\pi a^2}=2.44\times10^{-3}\Omega$$

(2) $f=100\mathrm{MHz}$ 时铜的趋肤深度

$$\delta=\frac{1}{\alpha}=1/\sqrt{\pi f\mu\sigma}\approx6.61\times10^{-6}\mathrm{m}$$

则 $f=100\mathrm{MHz}$ 时的表面电阻率为

$$R_{\mathrm{S}}=\frac{1}{\sigma\delta}\approx2.61\times10^{-3}\Omega/\mathrm{m}^2$$

(3) 由于 $\delta\ll a$，故只考虑导线的表面电阻，则 $f=100\mathrm{MHz}$ 时单位长度的交流电阻为

$$R_{\mathrm{A}}=\frac{1}{\sigma\delta\times2\pi a}=R_{\mathrm{S}}/2\pi a\approx0.277\Omega$$

【例题 6-17】 已知空气中电场强度为

$$\boldsymbol{E}=\boldsymbol{e}_y80\pi\sin(10\pi z)\cos(6\pi\times10^9t-\beta x)\mathrm{V/m}$$

试求相移常数 β。

解：方法一：由于 $\omega=6\pi\times10^9$，因此传播常数为

$$k=\omega\sqrt{\mu_0\varepsilon_0}=\frac{\omega}{c}=20\pi$$

由于 $k_z=10\pi$，设沿 x 方向的传播常数为 k_x，则

$$k^2=k_z^2+k_x^2=100\pi^2+k_x^2=400\pi^2$$

故相移常数为

$$\beta=k_x=10\sqrt{3}\pi$$

方法二：由于电场的复数形式为

$$\boldsymbol{E}=\boldsymbol{e}_y 80\pi\sin(10\pi z)\mathrm{e}^{-\mathrm{j}\beta x}$$

因此，根据麦克斯韦第二方程，得

$$\boldsymbol{H}=\frac{\nabla\times\boldsymbol{E}}{-\mathrm{j}\omega\mu_0}=\frac{1}{-\mathrm{j}\omega\mu_0}\begin{vmatrix}\boldsymbol{e}_x & \boldsymbol{e}_y & \boldsymbol{e}_z\\ \dfrac{\partial}{\partial x} & \dfrac{\partial}{\partial y} & \dfrac{\partial}{\partial z}\\ 0 & 80\pi\sin(10\pi z)\mathrm{e}^{-\mathrm{j}\beta x} & 0\end{vmatrix}$$

$$=\frac{1}{\mathrm{j}\omega\mu_0}\boldsymbol{e}_x 800\pi^2\cos(10\pi z)\mathrm{e}^{-\mathrm{j}\beta x}+\boldsymbol{e}_z\frac{\beta}{\omega\mu_0}80\pi\sin(10\pi z)\mathrm{e}^{-\mathrm{j}\beta x}$$

再由麦克斯韦第一方程，得

$$\boldsymbol{E}=\frac{\nabla\times\boldsymbol{H}}{\mathrm{j}\omega\varepsilon_0}=\boldsymbol{e}_y\left(\frac{1}{\omega^2\varepsilon_0\mu_0}8000\pi^3+\frac{\beta^2}{\omega^2\varepsilon_0\mu_0}80\pi\right)\sin(10\pi z)\mathrm{e}^{-\mathrm{j}\beta x}$$

与 $\boldsymbol{E}=\boldsymbol{e}_y 80\pi\sin(10\pi z)\mathrm{e}^{-\mathrm{j}\beta x}$ 比较，得

$$\frac{1}{\omega^2\varepsilon_0\mu_0}8000\pi^3+\frac{\beta^2}{\omega^2\varepsilon_0\mu_0}80\pi=80\pi$$

因此

$$\beta=10\sqrt{3}\pi$$

【例题 6-18】 频率为 1GHz 的均匀平面波在导体铜内传播，已知铜的电导率为 $\sigma=5.8\times10^7\,\mathrm{S/m}$，$\varepsilon_r=1$，$\mu_r=1$。试求：

(1) 电磁波传播多长距离后，波的相位改变 $\frac{\pi}{2}$？

(2) 电磁波传播多长距离后，其振幅衰减 4Np？

解：铜的损耗角正切为

$$\frac{\sigma}{\varepsilon\omega}=\frac{5.8\times10^7}{2\pi\times10^9\times\dfrac{1}{36\pi}\times10^{-9}}\gg100$$

因此，铜可以视作良导体。

铜的相移常数和衰减常数为

$$\beta=\alpha=\sqrt{\pi f\mu\sigma}=\sqrt{\pi\times10^9\times4\pi\times10^{-7}\times5.8\times10^7}=4.785\times10^5\,\mathrm{rad/m}$$

故当波的相位改变 $\frac{\pi}{2}$ 时，电磁波传播的距离为

$$l=\frac{\pi}{2}/\beta=3.283\times10^{-6}\,\mathrm{m}$$

当波的振幅衰减 4Np 时，电磁波传播的距离为

$$l=4/a=8.359\times10^{-6}\,\mathrm{m}$$

【例题 6-19】 均匀导电媒质中电磁场方程一般表示为 $\boldsymbol{E}=\boldsymbol{E}_0\mathrm{e}^{-\mathrm{j}\boldsymbol{k}\cdot\boldsymbol{r}}$，$\boldsymbol{H}=\boldsymbol{H}_0\mathrm{e}^{-\mathrm{j}\boldsymbol{k}\cdot\boldsymbol{r}}$，其中 $\boldsymbol{E}_0$ 和 $\boldsymbol{H}_0$ 为复常矢量，$\boldsymbol{k}$ 为复波矢量，$\boldsymbol{k}=\boldsymbol{e}_k(\beta-\mathrm{j}\alpha)$，$\boldsymbol{e}_k$ 为单位波矢量。并且：$\boldsymbol{k}\cdot\boldsymbol{k}=\omega^2\mu\varepsilon-\mathrm{j}\omega\mu\sigma=\omega^2\mu\varepsilon^{\mathrm{e}}$。试证明：此时除了线极化波，一般电场、磁场的瞬时值并不垂直。

证明：设 $\boldsymbol{e}_k$ 沿 z 轴方向，电场的复数表示为

$$\boldsymbol{E}=(\boldsymbol{e}_x E_{x0}\mathrm{e}^{\mathrm{j}\varphi_x}+\boldsymbol{e}_y E_{y0}\mathrm{e}^{\mathrm{j}\varphi_y})\mathrm{e}^{-\mathrm{j}kz}=(\boldsymbol{e}_x E_{x0}\mathrm{e}^{\mathrm{j}\varphi_x}+\boldsymbol{e}_y E_{y0}\mathrm{e}^{\mathrm{j}\varphi_y})\mathrm{e}^{-\alpha z}\mathrm{e}^{-\mathrm{j}\beta z}$$

其瞬时值为

$$\boldsymbol{E}(r,t)=\boldsymbol{e}_x E_{x0}\mathrm{e}^{-\alpha z}\cos(\omega t-\beta z+\varphi_x)+\boldsymbol{e}_y E_{y0}\mathrm{e}^{-\alpha z}\cos(\omega t-\beta z+\varphi_y)$$

由此得到磁场的瞬时表达式为

$$\begin{aligned}\boldsymbol{H}(r,t)&=\frac{1}{|\eta^{\mathrm{e}}|}\boldsymbol{e}_z\times\boldsymbol{E}(r,t)\\&=-\boldsymbol{e}_x\frac{E_{y0}}{|\eta^{\mathrm{e}}|}\mathrm{e}^{-\alpha z}\cos(\omega t-\beta z+\varphi_y-\varphi)+\boldsymbol{e}_y\frac{E_{x0}}{|\eta^{\mathrm{e}}|}\mathrm{e}^{-\alpha z}\cos(\omega t-\beta z+\varphi_x-\varphi)\end{aligned}$$

当电场矢量和磁场矢量垂直时，有

$$\boldsymbol{E}(r,t)\cdot\boldsymbol{H}(r,t)=0$$

即

$$\begin{aligned}&\frac{E_{y0}E_{x0}}{|\eta^{\mathrm{e}}|}\mathrm{e}^{-2\alpha z}[\cos(\omega t-\beta z+\varphi_x)\cos(\omega t-\beta z+\varphi_y-\varphi)\\&-\cos(\omega t-\beta z+\varphi_y)\cos(\omega t-\beta z+\varphi_x-\varphi)]=0\end{aligned}$$

因此，必须有

$$\varphi_x=\varphi_y,\quad \text{或者}\ \varphi_x-\varphi_y=\pm\pi$$

即此时电磁波必须为线极化波，故问题得证。

【例题 6-20】 已知地球从太阳接收到的辐射能量密度大约是 $1.3\mathrm{kW/m^2}$，设太阳光为单色平面波，试求：

(1) 太阳光中电场强度及磁场强度的振幅；

(2) 太阳的辐射功率，已知日地距离为 $1.5\times10^{11}\mathrm{m}$；

(3) 估计太阳表面太阳光中电磁场的振幅，已知太阳半径为 $7\times10^{8}\mathrm{m}$。

解：(1) 空气中平面波的能流密度为

$$\boldsymbol{S}_{\mathrm{av}}=\frac{1}{2}\mathrm{Re}(\boldsymbol{E}\times\boldsymbol{H}^*)=\frac{1}{2}\mathrm{Re}(E_x\boldsymbol{e}_x\times\boldsymbol{e}_y H_y^*)=\frac{1}{2}\frac{E_0^2}{\sqrt{\mu_0/\varepsilon_0}}\boldsymbol{e}_z=\frac{1}{2}\frac{E_0^2}{\eta_0}\boldsymbol{e}_z\ \mathrm{W/m^2}$$

因此，电场的振幅为

$$E_0=\sqrt{2\eta_0 S_{\mathrm{av}}}=\sqrt{2\times120\pi\times1300}\approx989.7\mathrm{V/m}$$

磁场的振幅为

$$H_0=\frac{E_0}{\eta_0}=\frac{989.7}{377}=2.62\mathrm{A/m}$$

(2) 设以太阳为中心，日地距离为半径的地球面积为 S，则单位时间内太阳的辐射功率为

$$P=S\cdot S_{\mathrm{av}}=4\pi r^2 S_{\mathrm{av}}=4\pi\times(1.5\times10^{11})^2\times1300=3.68\times10^{26}\mathrm{W}$$

(3) 设太阳表面的面积为 S'，则太阳表面平均功率密度为

$$S'_{\mathrm{av}}=\frac{P}{S'}=\frac{P}{4\pi r'^2}=\frac{3.68\times10^{26}}{4\pi\times(7\times10^{8})^2}=0.59794\times10^{8}\mathrm{W/m^2}$$

故太阳表面电场的振幅为

$$E'_0=\sqrt{2\eta_0 S'_{\mathrm{av}}}=\sqrt{2\times120\pi\times0.59794\times10^{8}}\approx2.12\times10^{5}\mathrm{V/m}$$

太阳表面磁场的振幅为

$$H'_0=\frac{E'_0}{\eta_0}=\frac{2.12\times10^5}{377}=5.62\times10^2\,\text{A/m}$$

【例题 6-21】 证明良导体中均匀平面波的群速度为 $v_g=4\sqrt{\frac{\omega}{2\mu\sigma}}$。

证明：导电媒质中电磁波的相移常数为

$$\beta=\sqrt{\frac{\omega\mu\sigma}{2}}$$

导电媒质中电磁波的相速度为

$$v_p=\frac{\omega}{\beta}=\frac{\omega}{\sqrt{\frac{\omega\mu\sigma}{2}}}=\sqrt{\frac{2\omega}{\mu\sigma}}$$

故群速度为

$$v_g=\frac{v_p}{1-\frac{\omega}{v_p}\frac{\mathrm{d}v_p}{\mathrm{d}\omega}}=\frac{\sqrt{\frac{2\omega}{\mu\sigma}}}{1-\frac{\omega}{\sqrt{\frac{2\omega}{\mu\sigma}}}\frac{\mathrm{d}\sqrt{\frac{2\omega}{\mu\sigma}}}{\mathrm{d}\omega}}=\frac{\sqrt{\frac{2\omega}{\mu\sigma}}}{1-\sqrt{\frac{\omega\mu\sigma}{2}}\frac{1}{2}\left(\frac{2}{\mu\sigma}\right)\left(\frac{2\omega}{\mu\sigma}\right)^{-1/2}}$$

$$=\frac{\sqrt{\frac{2\omega}{\mu\sigma}}}{1-\sqrt{\frac{\omega}{2\mu\sigma}}\left(\frac{2\omega}{\mu\sigma}\right)^{-1/2}}=4\sqrt{\frac{\omega}{2\mu\sigma}}$$

【例题 6-22】 已知在空气中

$$\boldsymbol{H}=-\mathrm{j}\boldsymbol{e}_y2\cos(15\pi x)\mathrm{e}^{-\mathrm{j}\beta z},\quad f=3\times10^9\,\text{Hz}$$

试求 $\boldsymbol{E}$ 和 β。

解：由

$$\nabla^2\boldsymbol{H}+k^2\boldsymbol{H}=0$$

得

$$-[(15\pi)^2+\beta^2]+\omega^2\mu_0\varepsilon_0=0$$

故

$$\beta^2=\omega^2\mu_0\varepsilon_0-(15\pi)^2=(6\pi\times10^9)^2\frac{1}{(3\times10^3)^2}-(15\pi)^2$$

解得

$$\beta=\sqrt{400\pi^2-175\pi^2}=13.2\pi=41.6\text{rad/m}$$

$$\boldsymbol{E}=\frac{1}{\mathrm{j}\omega\varepsilon_0}\nabla\times\boldsymbol{H}=\frac{1}{\mathrm{j}\omega\varepsilon_0}\left(-\boldsymbol{e}_x\frac{\partial H_y}{\partial z}+\boldsymbol{e}_z\frac{\partial H_y}{\partial x}\right)$$

$$=\frac{1}{\mathrm{j}\omega\varepsilon_0}[\boldsymbol{e}_x2\beta\cos(15\pi x)\mathrm{e}^{-\mathrm{j}\beta z}+\boldsymbol{e}_z\mathrm{j}30\pi\sin(15\pi x)\mathrm{e}^{-\mathrm{j}\beta z}]$$

$$=-\mathrm{j}\boldsymbol{e}_x496\cos(15\pi x)\mathrm{e}^{-\mathrm{j}41.6z}+\boldsymbol{e}_z565\sin(15\pi x)\mathrm{e}^{-\mathrm{j}41.6z}$$

【例题 6-23】 均匀平面波从本质阻抗为 η 的介质垂直入射到电导率为 σ 的导体上，假定 $\eta \gg R_s$，求电磁波能量传入导体的百分数。

解：入射波功率为

$$S_1 = \eta_1 H_1^2 = \eta H_1^2$$

而导体吸收的功率为

$$S_l = \frac{1}{2} | H_t |^2 R_s$$

因为

$$\eta_2 = (1+\mathrm{j}) \sqrt{\frac{\pi f \mu_0}{\sigma}} = (1+\mathrm{j}) R_s \ll \eta$$

故有

$$T = \frac{2\eta_2}{\eta_2 + \eta_1} \approx \frac{2\eta_2}{\eta}$$

则

$$H_t = \frac{E_{m2}^+}{\eta_2} \approx \frac{2E_{m1}^+}{\eta} = 2H_1$$

因此

$$\frac{S_l}{S} = \frac{\frac{1}{2} | H_t |^2 R_s}{\eta H_1^2} = \frac{2R_s}{\eta}$$

【例题 6-24】 假设自由空间中某列电磁波的电场为

$$\boldsymbol{E} = [\boldsymbol{e}_x (2+\mathrm{j}3) + \boldsymbol{e}_y 4 + \boldsymbol{e}_z 3] \mathrm{e}^{-\mathrm{j}(-1.8y+2.4z)}$$

(1) 求波矢量的方向。

(2) 它是否为 TEM 波？

(3) 分析波的极化形式。

(4) 求该波坡印亭矢量的平均值。

解：(1) $\boldsymbol{k} = -1.8\boldsymbol{e}_y + 2.4\boldsymbol{e}_z$，因此，$k = \sqrt{1.8^2 + 2.4^2} = 3$

所以，波矢量的方向为

$$\boldsymbol{e}_k = \frac{\boldsymbol{k}}{k} = -0.6\boldsymbol{e}_y + 0.8\boldsymbol{e}_z$$

(2) $\boldsymbol{k} \cdot \boldsymbol{E}_0 = (-1.8\boldsymbol{e}_y + 2.4\boldsymbol{e}_z) \cdot [\boldsymbol{e}_x (2+\mathrm{j}3) + \boldsymbol{e}_y 4 + \boldsymbol{e}_z 3] = 0$

由于 $\omega = \dfrac{k}{\sqrt{\mu_0 \varepsilon_0}}$，$\eta_0 = \sqrt{\dfrac{\mu_0}{\varepsilon_0}}$，因此

$$\boldsymbol{H} = \mathrm{j} \frac{\nabla \times \boldsymbol{E}}{\omega \mu} = \mathrm{j} \frac{\nabla \times \boldsymbol{E}}{k \eta_0} = \mathrm{j} \frac{1}{360\pi} \cdot \nabla \times \{ [\boldsymbol{e}_x (2+\mathrm{j}3) + \boldsymbol{e}_y 4 + \boldsymbol{e}_z 3] \mathrm{e}^{-\mathrm{j}(-1.8y+2.4z)} \}$$

$$= \mathrm{j} \frac{1}{360\pi} \cdot [\boldsymbol{e}_x \mathrm{j}15 + \boldsymbol{e}_y (7.2 - \mathrm{j}4.8) + \boldsymbol{e}_z (5.4 - \mathrm{j}3.6)] \mathrm{e}^{-\mathrm{j}(-1.8y+2.4z)}$$

$$= \frac{1}{120\pi} \cdot [-\boldsymbol{e}_x 5 + \boldsymbol{e}_y (1.6 + \mathrm{j}2.4) + \boldsymbol{e}_z (1.2 + \mathrm{j}1.8)] \mathrm{e}^{-\mathrm{j}(-1.8y+2.4z)}$$

$$\boldsymbol{k}\cdot\boldsymbol{H}_0=(-1.8\boldsymbol{e}_y+2.4\boldsymbol{e}_z)\cdot[-\boldsymbol{e}_x5+\boldsymbol{e}_y(1.6+\mathrm{j}2.4)+\boldsymbol{e}_z(1.2+\mathrm{j}1.8)]=0$$

综上，该波为 TEM 波。

(3) 垂直分量为 $\boldsymbol{e}_x(2+\mathrm{j}3)$，超前平行分量为 $\boldsymbol{e}_y4+\boldsymbol{e}_z3$，相位为 $\arctan\dfrac{3}{2}$，四指由垂直分量向平行分量弯曲，拇指方向指向电磁波的传播方向，呈右手螺旋关系；而垂直分量与平行分量的大小不相等，且相位差不是 90°，因此为右旋椭圆极化波。

也可以这样理解，四指由虚部 $\boldsymbol{E}_\mathrm{I}=\mathrm{j}3\boldsymbol{e}_x$ 向实部 $E_\mathrm{R}=\boldsymbol{e}_x2+\boldsymbol{e}_y4+\boldsymbol{e}_z3$ 弯曲，拇指方向指向电磁波的传播方向，呈右手螺旋关系，因此为右旋极化波。但是，$\boldsymbol{E}_\mathrm{R}\cdot\boldsymbol{E}_\mathrm{I}\neq0$，为右旋椭圆极化波。

(4) 坡印亭矢量的平均值为

$$\boldsymbol{S}_\mathrm{av}=\frac{1}{2}\mathrm{Re}[\boldsymbol{E}\times\boldsymbol{H}^*]=\frac{E_0^2}{2\eta_0}\boldsymbol{e}_k=\frac{19}{120\pi}(-0.6\boldsymbol{e}_y+0.8\boldsymbol{e}_z)$$

【例题 6-25】 在自由空间中，平面电磁波的电场为

$$\boldsymbol{E}=[\boldsymbol{e}_x(-1+\mathrm{j}2)+\boldsymbol{e}_y(-2-\mathrm{j})]\mathrm{e}^{\mathrm{j}z}$$

(1) 请给出波的传播方向。

(2) 求与电场对应的磁场。

(3) 求波的波长。

(4) 分析波的极化状态。

解：(1) 电磁波沿 $-z$ 轴方向传播。

(2) 与电场对应的磁场为

$$\boldsymbol{H}=\boldsymbol{e}_k\times\frac{\boldsymbol{E}}{\eta_0}=-\boldsymbol{e}_z\times\frac{1}{120\pi}[\boldsymbol{e}_x(-1+\mathrm{j}2)+\boldsymbol{e}_y(-2-\mathrm{j})]\mathrm{e}^{\mathrm{j}z}$$

$$=\frac{1}{120\pi}[\boldsymbol{e}_x(-2-\mathrm{j})-\boldsymbol{e}_y(-1+\mathrm{j}2)]\mathrm{e}^{\mathrm{j}z}$$

(3) $k=1,\lambda=\dfrac{2\pi}{k}=2\pi$。

(4) $\boldsymbol{E}_x$ 的相位$(180-63.44)°$与 $\boldsymbol{E}_y$ 的相位$(180+26.56)°$相差 90°，幅度相等。由于 $\boldsymbol{E}_y$ 超前 $\boldsymbol{E}_x$ 90°，四指由 $\boldsymbol{E}_y$ 向 $\boldsymbol{E}_x$ 弯曲，和 $-\boldsymbol{e}_z$ 呈右手螺旋关系，为右旋圆极化波。

也可以理解为，$\boldsymbol{E}_\mathrm{I}=-\mathrm{j}\boldsymbol{e}_x-\mathrm{j}2\boldsymbol{e}_y$，$\boldsymbol{E}_\mathrm{R}=-2\boldsymbol{e}_x+\boldsymbol{e}_y$，$\boldsymbol{E}_\mathrm{R}\cdot\boldsymbol{E}_\mathrm{I}=0$，$E_\mathrm{R}=E_\mathrm{I}=5$，$\boldsymbol{E}_\mathrm{R}$、$\boldsymbol{E}_\mathrm{I}$ 和 $\boldsymbol{e}_k$ 呈右手螺旋关系，为右旋圆极化波。

【例题 6-26】 在自由空间中，均匀平面电磁波的电场为

$$\boldsymbol{E}=[(-5\boldsymbol{e}_x+\boldsymbol{e}_y)(1+\mathrm{j})+5\sqrt{2}(1-\mathrm{j})\boldsymbol{e}_z]\mathrm{e}^{-\mathrm{j}\sqrt{2}\pi(x+y)}$$

求电磁波的极化状态。

解：$\boldsymbol{E}=[(-5\boldsymbol{e}_x+\boldsymbol{e}_y)(1+\mathrm{j})+5\sqrt{2}(1-\mathrm{j})\boldsymbol{e}_z]\mathrm{e}^{-\mathrm{j}\sqrt{2}\pi(x+y)}$，即

$$\boldsymbol{E}=-(1+\mathrm{j})[5(\boldsymbol{e}_x-\boldsymbol{e}_y)+5\sqrt{2}\mathrm{j}\boldsymbol{e}_z]\mathrm{e}^{-\mathrm{j}\sqrt{2}\pi(x+y)}$$

由于垂直分量超前平行分量 90°，且幅度相等，四指由垂直分量向平行分量弯曲，并和传播方向呈右手螺旋关系，因此为右旋圆极化波。

【例题 6-27】 在自由空间中，均匀平面电磁波的电场为

$$\boldsymbol{E}=(-\boldsymbol{e}_x-\sqrt{5}\boldsymbol{e}_y+\sqrt{3}\boldsymbol{e}_z)\mathrm{e}^{-\mathrm{j}0.3\pi(2x-\sqrt{5}y-\sqrt{3}z)}$$

$$\boldsymbol{E}=5(\boldsymbol{e}_x+\sqrt{3}\boldsymbol{e}_y)\cos[6\pi\times10^7t-0.05\pi(3x-\sqrt{3}y+2z)]$$

求该电磁波的极化状态。

解：对于这两列电磁波，$\boldsymbol{k}\cdot\boldsymbol{E}_0=0$，为 TEM 波；两个相互垂直的分量相位相同，为线极化波。

【例题 6-28】 在自由空间中，均匀平面电磁波的电场为

$$\boldsymbol{E}=[3\boldsymbol{e}_x+4\boldsymbol{e}_y+(3-\mathrm{j}4)\boldsymbol{e}_z]\mathrm{e}^{-\mathrm{j}2\pi(0.8x-0.6y)}$$

求：(1) 相位常数和角频率；

(2) 与电场对应的磁场；

(3) 平均坡印亭矢量；

(4) 波的极化状态。

解：(1) $\boldsymbol{k}=1.6\pi\boldsymbol{e}_x-1.2\pi\boldsymbol{e}_y$，$\beta=k=2\pi$

$$\omega=kv=2\pi\times3\times10^8=6\pi\times10^8$$

(2) 由于 $\boldsymbol{e}_k=\dfrac{\boldsymbol{k}}{k}=0.8\boldsymbol{e}_x-0.6\boldsymbol{e}_y$，因此与电场对应的磁场为

$$\boldsymbol{H}=\boldsymbol{e}_k\times\frac{\boldsymbol{E}}{\eta_0}=(0.8\boldsymbol{e}_x-0.6\boldsymbol{e}_y)\times\frac{1}{120\pi}[3\boldsymbol{e}_x+4\boldsymbol{e}_y+(3-\mathrm{j}4)\boldsymbol{e}_z]\mathrm{e}^{-\mathrm{j}2\pi(0.8x-0.6y)}$$

$$=\frac{1}{120\pi}[\boldsymbol{e}_x(-1.8+2.4\mathrm{j})+\boldsymbol{e}_y(-2.4+3.2\mathrm{j})+5\boldsymbol{e}_z]\mathrm{e}^{-\mathrm{j}2\pi(0.8x-0.6y)}$$

$$=\frac{1}{120\pi}[3\boldsymbol{e}_x\mathrm{e}^{\mathrm{j}126.9^\circ}+4\boldsymbol{e}_y\mathrm{e}^{\mathrm{j}126.9^\circ}+5\boldsymbol{e}_z]\mathrm{e}^{-\mathrm{j}2\pi(0.8x-0.6y)}$$

$$\boldsymbol{H}(t)=\frac{1}{120\pi}[3\boldsymbol{e}_x\cos[\omega t-2\pi(0.8x-0.6y)+126.9^\circ]+$$

$$4\boldsymbol{e}_y\cos[\omega t-2\pi(0.8x-0.6y)+126.9^\circ]+5\boldsymbol{e}_z\cos[\omega t-2\pi(0.8x-0.6y)]]$$

(3) 平均坡印亭矢量为

$$\boldsymbol{S}_{\mathrm{av}}=\frac{1}{2}\mathrm{Re}[\boldsymbol{E}\times\boldsymbol{H}^*]=\frac{1}{240\pi}(40\boldsymbol{e}_x-30\boldsymbol{e}_y)$$

(4) 该波平行分量超前垂直分量 126.9°，但是相位差不是 90°。四指由平行分量向垂直分量弯曲，并和传播方向呈右手螺旋关系，因此该波为右旋椭圆极化波。

【例题 6-29】 设海水的电导率、相对磁导率和相对介电常数分别取为 4、1 和 81。

(1) 试计算在 1kHz、10GHz 频率下，电磁波在海水中传播的衰减常数和相移常数。

(2) 在海水中通信应选择哪个频段？利用电磁波进行远距离无线通信是否应选择良介质？为什么？

(3) 计算利用上述频段在海水中通信时，对应的相速度、波长、波阻抗，以及功率密度衰减 90%所对应的距离。

解：(1) 1kHz 时的损耗角正切为

$$\frac{\sigma}{\omega\varepsilon}=\frac{4}{2\pi\times10^3\times81\times1/36\pi\times10^{-9}}=\frac{8}{9}\times10^6\gg1$$

属于良导体，$\alpha=\beta\approx\sqrt{\pi f\mu\sigma}=\sqrt{10^3\pi\times4\pi\times10^{-7}\times4}=0.126$。

10GHz 时的损耗角正切为

$$\frac{\sigma}{\omega\varepsilon}=\frac{4}{2\pi\times10^{10}\times81\times1/36\pi\times10^{-9}}=\frac{8}{9}\times10^{-1}\ll1$$

属于良介质。$\alpha\approx\frac{\sigma}{2}\sqrt{\frac{\mu}{\varepsilon}}=26.6\pi\text{Np/m}$；$\beta\approx\omega\sqrt{\mu\varepsilon}\left[1+\left(\frac{\sigma}{\omega\varepsilon}\right)^2\right]=1.89\times10^3\text{rad/m}$。

(2) 根据损耗角正切，海水在低频情况下表现为良导体，而在高频的情况下可以表现为不良导体或者良介质。但是，因为 1kHz 时海水对应的衰减常数小，远小于 10GHz 时的减常数，因此通信应选择 1kHz 频段。海水在高频的情况下虽然损耗角正切较小，呈现良介质，但 α 很大，在 10GHz 以上近似为 26.7π。

因此，在海水中通信选择低频段。利用电磁波进行远距离无线通信不一定应选择良介质。

(3) 相速度

$$v_p=\frac{\omega}{\beta}=\frac{2\pi\times10^3}{0.126}=4.98\times10^4\text{m/s}$$

波长

$$\lambda=\frac{2\pi}{\beta}=49.8\text{m}$$

波阻抗

$$\eta^e=\sqrt{\frac{\mu}{\varepsilon^e}}\approx\sqrt{\frac{\omega\mu}{\sigma}}e^{j45^\circ}=\sqrt{\frac{2\pi\times10^3\times4\pi\times10^{-7}}{4}}e^{j45^\circ}=442.74e^{j45^\circ}$$

根据题意，$e^{-2\alpha d}=0.1$。功率密度衰减 90% 所对应的距离为 $d=9.13\text{m}$。

【例题 6-30】 设空气中的平面电磁波 $\boldsymbol{E}=\boldsymbol{e}_x E_m\cos(\omega t-kz)$ 沿着 z 轴方向传播，入射到长为 l、宽为 h 的矩形线圈上，如图 6-1 所示。求线圈中的耦合电压。当 $kl\ll1$ 时，由此得出什么结论？

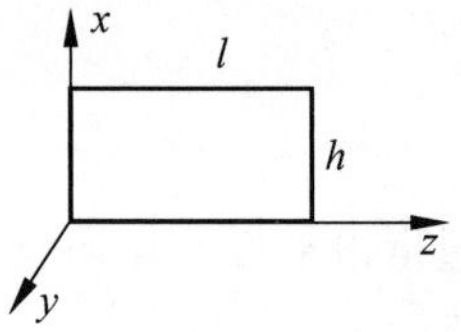

图 6-1 例题 6-30 图

解法一：由于电场沿着 x 方向，取电动势顺时针方向为正，因此

$$U=\oint_c\boldsymbol{E}\cdot d\boldsymbol{l}=hE_m\cos(\omega t)-hE_m\cos(\omega t-kl)$$
$$=-2hE_m\sin(\omega t-kl/2)\sin(kl/2)$$

当 $kl\ll1$ 时，耦合电压的大小为

$$U=2hE_m\sin(kl/2)\approx hE_m kl=\frac{hE_m l\omega}{c}$$

其中，c 为光速。可见，电磁耦合与回路的面积和电磁波的频率成正比。

解法二：用法拉第电磁感应定律求解。

根据法拉第电磁感应定律 $\nabla\times\boldsymbol{E}=-\frac{\partial\boldsymbol{B}}{\partial t}$

$$-\frac{\partial\boldsymbol{B}}{\partial t}=\nabla\times\boldsymbol{E}=\boldsymbol{e}_y kE_m\cos(\omega t-kz)$$

上式两边对时间积分，对于时变场可设待定常数为零，则

$$\boldsymbol{B}=\boldsymbol{e}_y kE_m\cos(\omega t-kz)=-\boldsymbol{e}_y\frac{k}{\omega}E_m\sin(\omega t-kz)$$

因此，耦合电压即感应电动势为

$$U(t)=-\frac{\mathrm{d}\psi}{\mathrm{d}t}=-\frac{\mathrm{d}(\boldsymbol{B}\cdot\boldsymbol{S})}{\mathrm{d}t}=khlE_{\mathrm{m}}\sin(\omega t-kz)$$

其大小为

$$U=hlkE_{\mathrm{m}}=\frac{hE_{\mathrm{m}}l\omega}{c}$$

6.3　主教材习题解答

【6-1】 自由空间中某电磁波的电场强度表达式如下，试分析该波的传播方向并判断其是否属于均匀平面波：

$$\boldsymbol{E}=\left(\frac{3}{2}\boldsymbol{e}_x+\boldsymbol{e}_y+\boldsymbol{e}_z\right)\cos\left[\omega t+\pi\left(x-y-\frac{1}{2}z\right)\right]\ \mathrm{V/m}$$

解：根据上述表达式可得该波的等相位面传播方向单位矢量为

$$\boldsymbol{e}=-\frac{2}{3}\boldsymbol{e}_x+\frac{2}{3}\boldsymbol{e}_y+\frac{1}{3}\boldsymbol{e}_z$$

既然均匀平面波属于横电磁波，那么就可以通过验证该电场在传播方向是否有分量，做出均匀平面波的判断，即

$$\boldsymbol{E}\cdot\boldsymbol{e}=\left(\frac{3}{2}\boldsymbol{e}_x+\boldsymbol{e}_y+\boldsymbol{e}_z\right)\cos\left[\omega t+\pi\left(x-y-\frac{1}{2}z\right)\right]\cdot\left(-\frac{2}{3}\boldsymbol{e}_x+\frac{2}{3}\boldsymbol{e}_y+\frac{1}{3}\boldsymbol{e}_z\right)=0$$

显然，该表达式有可能属于均匀平面波。

【6-2】 电磁波在自由空间中的波长为 0.1m，如果将其置于某种非磁性的理想介质($\varepsilon_r=9$)中，试计算其频率、相位常数、波长、相速度和波阻抗。

解：依据题意，有

$$\lambda_0=0.1=\frac{2\pi}{\beta_0}=\frac{2\pi}{\omega\sqrt{\mu_0\varepsilon_0}}=\frac{3\times10^8}{f}$$

显然，频率为

$$f=3\times10^9\,\mathrm{Hz}$$

由于理想介质的相对介电常数为 9，因此波在介质中的相位常数为

$$\beta=\omega\sqrt{\mu\varepsilon}=2\pi f\sqrt{\mu_0\varepsilon_0\varepsilon_r}=60\pi\,\mathrm{rad/m}$$

波在介质中的波长为

$$\lambda=\frac{2\pi}{\beta}=\frac{2\pi}{60\pi}=\frac{1}{30}\mathrm{m}$$

波在介质中的传播速度为

$$v=\frac{\omega}{\beta}=10^8\,\mathrm{m/s}$$

波在介质中的波阻抗为

$$\eta=\sqrt{\frac{\mu}{\varepsilon}}=120\pi\cdot\frac{1}{\sqrt{\varepsilon_r}}=40\pi\Omega$$

【6-3】 已知球坐标系下某区域中电场强度和磁场强度的表达式如下，试计算穿过上半

球壳的平均功率：

$$\boldsymbol{E}=\boldsymbol{e}_\theta\left(\frac{100}{r}\right)\sin\theta\cos(\omega t-kr)\,\mathrm{V/m}$$

$$\boldsymbol{H}=\boldsymbol{e}_\phi\left(\frac{0.265}{r}\right)\sin\theta\cos(\omega t-kr)\,\mathrm{A/m}$$

解：如上所述，平均坡印亭矢量为

$$\boldsymbol{S}_{\mathrm{av}}=\frac{1}{2}\mathrm{Re}(\boldsymbol{E}\times\boldsymbol{H}^*)=\frac{1}{2}\mathrm{Re}\left(\boldsymbol{e}_r\,\frac{26.5}{r^2}\sin^2\theta\right)=\boldsymbol{e}_r\,\frac{26.5}{2r^2}\sin^2\theta\,\mathrm{W/m^2}$$

平均功率等于平均坡印亭矢量的面积分，即

$$P=\iint_S\boldsymbol{S}_{\mathrm{av}}\cdot\mathrm{d}\boldsymbol{S}=\int_0^{\frac{\pi}{2}}\frac{26.5}{2r^2}\sin^2\theta\cdot r^2\sin\theta\cdot\mathrm{d}\theta=\int_0^{\frac{\pi}{2}}\frac{26.5}{2}\sin^3\theta\,\mathrm{d}\theta=\frac{53}{3}\pi=55.5\,\mathrm{W}$$

【6-4】 自由空间中某均匀平面波的电场强度为 $\boldsymbol{E}=\boldsymbol{e}_x100\sin(\omega t-ky)\,\mathrm{V/m}$。试计算穿过 $y=0$ 平面内边长为 10cm 的矩形面积上的瞬时功率和平均功率。

解：既然是自由空间的均匀平面波，其磁场强度可表示为

$$\boldsymbol{H}=-\boldsymbol{e}_z\,\frac{100}{120\pi}\sin(\omega t-ky)\,\mathrm{A/m}$$

瞬时功率密度和平均功率密度为

$$\boldsymbol{S}=\boldsymbol{E}\times\boldsymbol{H}=\boldsymbol{e}_y\,\frac{100^2}{120\pi}\sin^2(\omega t-ky)\,\mathrm{W/m^2}$$

$$\boldsymbol{S}_{\mathrm{av}}=\frac{1}{2}\mathrm{Re}(\boldsymbol{E}\times\boldsymbol{H}^*)=\boldsymbol{e}_y\,\frac{100^2}{2\times120\pi}\mathrm{W/m^2}$$

因此，穿过 $\boldsymbol{e}_y$ 方向、边长为 10cm 的矩形面积的瞬时功率和平均功率分别为

$$P=\boldsymbol{S}\cdot\boldsymbol{e}_y10^{-2}=\boldsymbol{e}_y\,\frac{100}{120\pi}\sin^2(\omega t-ky)=0.265\sin^2(\omega t-ky)\,\mathrm{W}$$

$$P_{\mathrm{av}}=\boldsymbol{S}_{\mathrm{av}}\cdot\boldsymbol{e}_y10^{-2}=\boldsymbol{e}_y\,\frac{100}{2\times120\pi}=0.133\,\mathrm{W}$$

【6-5】 已知均匀平面波在自由空间中的波长为 12cm，如果将其置于某种理想介质中，其波长将缩短为 8cm。如果理想介质中波的电场强度和磁场强度的幅度分别为 50V/m 和 0.1A/m，试求该平面波的频率和理想介质的相对磁导率、相对介电常数。

解：自由空间中的波长与频率的关系如下：

$$\lambda_0=0.12=\frac{2\pi}{\beta_0}=\frac{2\pi}{\omega\sqrt{\mu_0\varepsilon_0}}=\frac{3\times10^8}{f}$$

显然，频率为

$$f=\frac{3\times10^8}{0.12}=2.5\times10^9\,\mathrm{Hz}$$

同理，理想介质的波长表达式为

$$\lambda=0.08=\frac{2\pi}{\beta}=\frac{2\pi}{\omega\sqrt{\mu_0\varepsilon_0\mu_{\mathrm{r}}\varepsilon_{\mathrm{r}}}}=\frac{3\times10^8}{f\sqrt{\mu_{\mathrm{r}}\varepsilon_{\mathrm{r}}}}=\frac{0.12}{\sqrt{\mu_{\mathrm{r}}\varepsilon_{\mathrm{r}}}}$$

因此，有

$$\sqrt{\mu_{\mathrm{r}}\varepsilon_{\mathrm{r}}}=\frac{3}{2}$$

另外，根据介质中电场和磁场的幅度之比可得波阻抗为

$$\eta=\frac{50}{0.1}=\sqrt{\frac{\mu}{\varepsilon}}=\sqrt{\frac{\mu_0}{\varepsilon_0}\frac{\mu_r}{\varepsilon_r}}=120\pi\cdot\sqrt{\frac{\mu_r}{\varepsilon_r}}$$

显然，有

$$\sqrt{\frac{\mu_r}{\varepsilon_r}}=\frac{25}{6\pi}$$

联立上述结论，可得

$$\mu_r=\frac{25}{4\pi}=1.99,\quad \varepsilon_r=\frac{9\pi}{25}=1.13$$

【6-6】 已知理想介质中均匀平面波的电场强度和磁场强度的表达式如下，求该介质的相对磁导率和相对介电常数：

$$\boldsymbol{E}=\boldsymbol{e}_x 10\cos(6\pi\times10^7 t-0.8\pi z)\text{V/m}$$

$$\boldsymbol{H}=\boldsymbol{e}_y\left(\frac{1}{6\pi}\right)\cos(6\pi\times10^7 t-0.8\pi z)\text{A/m}$$

解：根据题设不难发现，该电磁波的角频率和相位常数分别为

$$\omega=6\pi\times10^7\text{rad/s},\quad \beta=0.8\pi\text{rad/m}$$

既然 $\beta=\omega\sqrt{\mu\varepsilon}=\omega\sqrt{\mu_0\varepsilon_0}\sqrt{\mu_r\varepsilon_r}$，则

$$\sqrt{\mu_r\varepsilon_r}=4$$

另外，该电磁波的波阻抗为

$$\eta=\frac{10}{1/6\pi}=\sqrt{\frac{\mu}{\varepsilon}}=\sqrt{\frac{\mu_0}{\varepsilon_0}\frac{\mu_r}{\varepsilon_r}}=120\pi\cdot\sqrt{\frac{\mu_r}{\varepsilon_r}}$$

因此，有

$$\frac{1}{2}=\sqrt{\frac{\mu_r}{\varepsilon_r}}$$

联立上述结论，可得

$$\mu_r=2,\quad \varepsilon_r=8$$

【6-7】 真空中某均匀平面波的磁场强度为 $\boldsymbol{H}=\boldsymbol{e}_x 10^{-5}\cos(\omega t+\pi y)\text{A/m}$。试求该平面波的波长、频率、相速度、波阻抗、电场强度矢量和平均坡印亭矢量。

解：依据题意可得，该电磁波的相位常数 $\beta=\pi\text{rad/m}$，则波长为

$$\lambda=\frac{2\pi}{\beta}=\frac{2\pi}{\pi}=2\text{m}$$

另外，根据相位常数和频率的关系式，有

$$\beta=\omega\sqrt{\mu\varepsilon}=2\pi f\sqrt{\mu_0\varepsilon_0}=\pi$$

故有

$$f=\frac{1}{2\sqrt{\mu_0\varepsilon_0}}=1.5\times10^8\text{Hz}$$

既然是在真空中传播，则波的传播速度和波阻抗为

$$v=3\times10^8\text{m/s},\quad \eta=120\pi\Omega$$

电场强度可通过磁场、波阻抗和传播方向矢量来表示，即

$$\boldsymbol{E}=120\pi\boldsymbol{H}\times(-\boldsymbol{e}_y)=120\pi\times10^{-5}\cos(\omega t+\pi y)\boldsymbol{e}_x\times(-\boldsymbol{e}_y)$$

$$=-1.2\pi\times10^{-3}\cos(\omega t+\pi y)\boldsymbol{e}_z\ \text{V/m}$$

据上式可写出平均坡印亭矢量如下：

$$\boldsymbol{S}_{\text{av}}=(-\boldsymbol{e}_y)\frac{1}{2}120\pi\times(10^{-5})^2=-\boldsymbol{e}_y\cdot60\pi\times10^{-10}\ \text{W/m}^2$$

【6-8】 某均匀平面波在无损耗媒质中沿正 z 轴方向传播，媒质的相对磁导率为 1，相对介电常数为 2.25。如果已知其电场强度为 $\boldsymbol{E}=\boldsymbol{e}_x e^{j(10^{10}t-kz)}$，试求：

(1) 频率；

(2) 相位常数；

(3) 磁场强度的瞬时值表达式；

(4) 坡印亭矢量瞬时值表达式。

解：(1) 根据电场表达式可知

$$\omega=10^{10}\text{rad/s}$$

因此，其频率为

$$f=\frac{\omega}{2\pi}=\frac{5}{\pi}\times10^9\ \text{Hz}$$

(2) 根据题设可将相位常数表示如下：

$$\beta=\omega\sqrt{\mu\varepsilon}=50\text{rad/s}$$

(3) 介质中波的波阻抗为

$$\eta=\sqrt{\mu/\varepsilon}=120\pi\sqrt{\mu_r/\varepsilon_r}=80\Omega$$

根据电场和波阻抗可将磁场表示如下：

$$\boldsymbol{H}=\frac{1}{80\pi}\boldsymbol{e}_z\times\boldsymbol{E}=\boldsymbol{e}_y\frac{1}{80\pi}e^{j(10^{10}t-50z)}\ \text{A/m}$$

即

$$\boldsymbol{H}=\boldsymbol{e}_y\frac{1}{80\pi}\cos(10^{10}t-50z)\ \text{A/m}$$

(4) 电场的瞬时值表达式为

$$\boldsymbol{E}=\boldsymbol{e}_x\cos(10^{10}t-50z)\ \text{V/m}$$

因此，该波的坡印亭矢量瞬时值为

$$\boldsymbol{S}=\boldsymbol{E}\times\boldsymbol{H}=\boldsymbol{e}_z\frac{1}{80\pi}\cos^2(10^{10}t-50z)\ \text{W/m}^2$$

【6-9】 已知理想介质中传播的均匀平面波的电场强度表达式如下：

$$\boldsymbol{E}=(\boldsymbol{e}_x+\boldsymbol{e}_y)\cos(4\pi\times10^8t-2\pi z)\ \text{V/m}$$

试计算：

(1) 该均匀平面波的相位常数、频率、相速度和波长；

(2) 若该介质的相对磁导率为 1，则该介质的相对介电常数应该为多少？

(3) 磁场强度表达式；

(4) 平均坡印亭矢量。

解：(1) 根据题设电场强度表达式可知

$$f=\frac{4\pi\times10^8}{2\pi}=2\times10^8\,\text{Hz},\quad \beta=2\pi\text{rad/m}$$

因此,其相速度和波长分别为

$$v_p=\frac{\omega}{\beta}=\frac{4\pi\times10^8}{2\pi}=2\times10^8\,\text{m/s},\quad \lambda=\frac{2\pi}{\beta}=\frac{2\pi}{2\pi}=1\text{m}$$

(2) 如上所述,该波的相位常数为 2π,因此有

$$2\pi=\beta=\omega\sqrt{\mu_0\varepsilon_0\varepsilon_r}=4\pi\times10^8\times\frac{1}{3\times10^8}\times\sqrt{\varepsilon_r}$$

即

$$\varepsilon_r=\frac{9}{4}$$

(3) 根据上述结论,波在介质中传播的波阻抗为

$$\eta=\sqrt{\frac{\mu}{\varepsilon}}=120\pi/\sqrt{\varepsilon_r}=120\pi/\frac{3}{2}=80\pi\Omega$$

据此可写出其磁场表达式如下:

$$\begin{aligned}\boldsymbol{H}&=\frac{1}{\eta}\boldsymbol{e}_z\times\boldsymbol{E}=\frac{1}{80\pi}\boldsymbol{e}_z\times(\boldsymbol{e}_x+\boldsymbol{e}_y)\cos(4\pi\times10^8t-2\pi z)\\&=\frac{1}{80\pi}(\boldsymbol{e}_y-\boldsymbol{e}_x)\cos(4\pi\times10^8t-2\pi z)\ \text{A/m}\end{aligned}$$

(4) 平均坡印亭矢量为

$$\boldsymbol{S}_{av}=\frac{1}{2}\text{Re}(\boldsymbol{E}\times\boldsymbol{H}^*)=\frac{1}{2}\cdot\frac{1}{80\pi}(\boldsymbol{e}_x+\boldsymbol{e}_y)\times(\boldsymbol{e}_y-\boldsymbol{e}_x)=\frac{1}{80\pi}\boldsymbol{e}_z\,\text{W/m}^2$$

【6-10】 试计算习题 6-1 所涉及电磁波的相位常数、波长、频率、相速度、波阻抗、磁场强度和平均坡印亭矢量。

解：据该波的电场强度表达式可得其波矢量为

$$\boldsymbol{k}=-\pi\left(\boldsymbol{e}_x-\boldsymbol{e}_y-\frac{1}{2}\boldsymbol{e}_z\right)$$

根据上述波矢量计算其模值可得相位常数,即

$$\beta=|\boldsymbol{k}|=\frac{3}{2}\pi\text{rad/m}$$

波长为

$$\lambda=\frac{2\pi}{\beta}=\frac{4}{3}\text{m}$$

由于

$$\beta=\omega\sqrt{\mu_0\varepsilon_0}=2\pi f\times\frac{1}{3\times10^8}=\frac{3}{2}\pi$$

故频率为

$$f=\frac{9}{4}\times10^8\,\text{Hz}$$

自由空间中电磁波的相速度和波阻抗可以直接写出,即

$$v_{\mathrm{p}}=3\times10^{8}\,\mathrm{m/s},\quad \eta=120\pi\Omega$$

磁场强度矢量为

$$\begin{aligned}\boldsymbol{H}&=\frac{1}{120\pi}\boldsymbol{e}_{k}\times\boldsymbol{E}\\&=\frac{1}{120\pi}\left(-\frac{2}{3}\boldsymbol{e}_{x}+\frac{2}{3}\boldsymbol{e}_{y}+\frac{1}{3}\boldsymbol{e}_{z}\right)\times\left(\frac{3}{2}\boldsymbol{e}_{x}+\boldsymbol{e}_{y}+\boldsymbol{e}_{z}\right)\cos\left[\omega t+\pi\left(x-y-\frac{1}{2}z\right)\right]\\&=\frac{1}{120\pi}\left(\frac{1}{3}\boldsymbol{e}_{x}+\frac{7}{6}\boldsymbol{e}_{y}-\frac{5}{3}\boldsymbol{e}_{z}\right)\cos\left[\frac{9}{2}\pi\times10^{8}t+\pi\left(x-y-\frac{1}{2}z\right)\right]\,\mathrm{A/m}\end{aligned}$$

平均坡印亭矢量为

$$\begin{aligned}\boldsymbol{S}_{\mathrm{av}}&=\frac{1}{2}\mathrm{Re}(\boldsymbol{E}\times\boldsymbol{H}^{*})=\frac{1}{120\pi}\times\frac{17}{8}\left(-\frac{2}{3}\boldsymbol{e}_{x}+\frac{2}{3}\boldsymbol{e}_{y}+\frac{1}{3}\boldsymbol{e}_{z}\right)\mathrm{W/m^2}\\&=5.64\times10^{-3}\times\left(-\frac{2}{3}e_{x}+\frac{2}{3}e_{y}+\frac{1}{3}e_{z}\right)\mathrm{W/m^2}\end{aligned}$$

【6-11】 某均匀平面波在非磁性的理想介质中传播，频率为50kHz，其电场强度的复数振幅为$\boldsymbol{E}=\boldsymbol{e}_x4-\boldsymbol{e}_y+\boldsymbol{e}_z2\mathrm{kV/m}$，其磁场强度的复数振幅为$\boldsymbol{H}=\boldsymbol{e}_x6+\boldsymbol{e}_y18-\boldsymbol{e}_z3\mathrm{A/m}$。试求：

(1) 波在传播方向上的单位矢量；

(2) 波的平均功率密度；

(3) 介质的相对介电常数。

解：(1) 理想介质中均匀平面波的传播方向和坡印亭矢量的方向一致，因此

$$\boldsymbol{e}_{k}=\frac{\boldsymbol{E}\times\boldsymbol{H}}{|\boldsymbol{E}\times\boldsymbol{H}|}=-0.375\boldsymbol{e}_{x}+0.273\boldsymbol{e}_{y}+0.886\boldsymbol{e}_{z}$$

(2) 波的平均功率密度为

$$\boldsymbol{S}_{\mathrm{av}}=\frac{1}{2}\mathrm{Re}(\boldsymbol{E}\times\boldsymbol{H}^{*})=-16.5\boldsymbol{e}_{x}+12\boldsymbol{e}_{y}+39\boldsymbol{e}_{z}\,\mathrm{kW/m^2}$$

(3) 根据题设，波的波阻抗为

$$\eta=\frac{|\boldsymbol{E}|}{|\boldsymbol{H}|}=1000\times\sqrt{\frac{21}{369}}$$

另外，波阻抗与介质有关，因此有

$$\eta=1000\times\sqrt{\frac{21}{369}}=\sqrt{\frac{\mu_0}{\varepsilon_0\varepsilon_{\mathrm{r}}}}=\frac{120\pi}{\sqrt{\varepsilon_{\mathrm{r}}}}$$

所以

$$\varepsilon_{\mathrm{r}}=2.5$$

【6-12】 自由空间中某均匀平面波的波矢量为$\boldsymbol{k}=(\boldsymbol{e}_z4-3\boldsymbol{e}_y)\pi\mathrm{rad/m}$，极化方向沿$x$轴方向。如果在$t=0$时刻，发现该平面波的电场强度在原点处的大小正好等于其振幅1V/m，试写出：

(1) 频率、相位常数、波长、相速度、波阻抗和传播方向；

(2) 电场强度和磁场强度的瞬时值表达式；

(3) 平均坡印亭矢量。

解：(1) 根据题设可写出该平面波的电场强度表达式如下：

$$\boldsymbol{E}=\boldsymbol{e}_x\cos[\omega t-\pi(-3y+4z)]=\boldsymbol{e}_x\cos(\omega t+3\pi y-4\pi z)\,\text{V/m}$$

既然相位常数可以根据波矢量得到，那么可据此计算频率如下：

$$\beta=|\boldsymbol{k}|=5\pi=\omega\sqrt{\mu_0\varepsilon_0}=2\pi f\times\frac{1}{3\times10^8}$$

故频率为

$$f=7.5\times10^8\,\text{Hz}$$

波长为

$$\lambda=\frac{2\pi}{\beta}=\frac{2\pi}{5\pi}=0.4\text{m}$$

既然波在自由空间中传播，则相速度和波阻抗分别为

$$v_{\text{p}}=3\times10^8\,\text{m/s},\quad \eta=120\pi\Omega$$

波的传播方向和波矢量的方向一致，因此

$$\boldsymbol{e}_k=\frac{\boldsymbol{k}}{|\boldsymbol{k}|}=-\frac{3}{5}\boldsymbol{e}_y+\frac{4}{5}\boldsymbol{e}_z$$

(2) 根据上述电场强度表达式、传播方向和波阻抗可得其磁场表达式

$$\boldsymbol{H}=\frac{1}{120\pi}\boldsymbol{e}_k\times\boldsymbol{E}=\frac{1}{120\pi}\left(\frac{3}{5}\boldsymbol{e}_z+\frac{4}{5}\boldsymbol{e}_y\right)\cos(\omega t+3\pi y-4\pi z)\,\text{A/m}$$

(3) 平均坡印亭矢量为

$$\boldsymbol{S}_{\text{av}}=\frac{1}{2}\text{Re}(\boldsymbol{E}\times\boldsymbol{H}^*)=\frac{1}{2}\times\frac{1}{120\pi}\left(-\frac{3}{5}\boldsymbol{e}_y+\frac{4}{5}\boldsymbol{e}_z\right)\text{W/m}^2$$

【6-13】 指出下列各均匀平面波的极化方式。

(1) $\boldsymbol{E}=\boldsymbol{e}_xE_0\sin(\omega t-kz)+\boldsymbol{e}_yE_0'\cos(\omega t-kz)$

(2) $\boldsymbol{E}=E_0(\boldsymbol{e}_x+\text{j}\boldsymbol{e}_y)\text{e}^{-\text{j}kz}$

(3) $\boldsymbol{E}=\boldsymbol{e}_xE_0\cos(\omega t-kz)+\boldsymbol{e}_yE_0\sin\left(\omega t-kz+\frac{\pi}{4}\right)$

(4) $\boldsymbol{E}=E_0(\boldsymbol{e}_x+3\text{j}\boldsymbol{e}_z)\text{e}^{-\text{j}ky}$

(5) $\boldsymbol{E}=E_0(\boldsymbol{e}_x-2\sqrt{3}\boldsymbol{e}_y+\sqrt{3}\boldsymbol{e}_z)\cos(\omega t+\sqrt{3}x+2y+3z)$

解：(1) 波沿正 z 轴方向传播，y 分量相位超前 x 分量相位，两分量大小不相等。因此，该波的极化方式为左旋椭圆极化。

(2) 波沿正 z 轴方向传播，y 分量相位超前 x 分量 90°，两分量大小相等。因此，该波的极化方式为左旋圆极化。

(3) 波沿正 z 轴方向传播，x 分量相位超前 y 分量 45°，两分量大小相等。因此，该波的极化方式为右旋椭圆极化。

(4) 波沿正 y 轴方向传播，z 分量相位超前 x 分量 90°，两分量大小不相等。因此，该波的极化方式为右旋椭圆极化。

(5) 各分量相位相等或相差 180°。因此，该波的极化方式为线极化。

【6-14】 自由空间中传播的均匀平面波的电场强度矢量为

$$\boldsymbol{E}=\boldsymbol{e}_x10^{-4}\text{e}^{-\text{j}20\pi z}+\boldsymbol{e}_y10^{-4}\text{e}^{-\text{j}\left(20\pi z-\frac{\pi}{2}\right)}\,\text{V/m}$$

试求：

(1) 平面波的传播方向和频率；

(2) 波的极化方式；

(3) 磁场强度；

(4) 通过与传播方向垂直的单位面积的平均功率。

解：(1) 根据题设给出的表达式可知其传播方向为 z 轴正方向，而其频率则可以根据相位常数来计算，即

$$\beta=20\pi=\omega\sqrt{\mu_0\varepsilon_0}=2\pi f\times\frac{1}{3\times10^8}$$

故频率为

$$f=3\times10^9\,\text{Hz}$$

(2) 从题设给出的电场表达式来看，其波沿正 z 轴方向传播，y 轴分量超前 x 轴分量 90°，两分量幅度相等，因此属于左旋圆极化。

(3) 根据电场强度表达式、传播方向和自由空间波阻抗(120π)可得其磁场表达式如下：

$$\boldsymbol{H}=\frac{1}{120\pi}\boldsymbol{e}_z\times\boldsymbol{E}=2.65\times10^{-7}\times[\boldsymbol{e}_y\mathrm{e}^{-\mathrm{j}20\pi z}-\boldsymbol{e}_x\mathrm{e}^{-\mathrm{j}\left(20\pi z-\frac{\pi}{2}\right)}]\,\text{A/m}$$

(4) 平均坡印亭矢量，即通过与传播方向垂直的单位面积的平均功率为

$$\boldsymbol{S}_{\text{av}}=\frac{1}{2}\text{Re}(\boldsymbol{E}\times\boldsymbol{H}^*)=\frac{10^{-8}}{120\pi}\boldsymbol{e}_z=2.65\times10^{-11}\,\text{W/m}^2$$

【6-15】 非磁性损耗媒质中某均匀平面波磁场的表达式如下：

$$\boldsymbol{H}=\boldsymbol{e}_x\mathrm{e}^{-77.485y}\cos(2\pi\times10^9t-203.8y)\,\text{A/m}$$

试计算该损耗媒质的相对介电常数和电导率，并写出其对应的电场强度和平均坡印亭矢量的表达式。

解：(1) 根据题意可得

$$\alpha=77.485=\omega\sqrt{\frac{\mu\varepsilon}{2}\left(\sqrt{1+\frac{\sigma^2}{\omega^2\varepsilon^2}}-1\right)},\quad \beta=203.8=\omega\sqrt{\frac{\mu\varepsilon}{2}\left(\sqrt{1+\frac{\sigma^2}{\omega^2\varepsilon^2}}+1\right)}$$

其中，角频率 $\omega=2\pi\times10^9\,\text{rad/s}$，磁导率 $\mu=\mu_0$，介电常数 $\varepsilon=\varepsilon_0\varepsilon_r$。将各已知参数代入上式，联立可得

$$\varepsilon_r=81,\quad \sigma=4$$

(2) 根据上述结论可写出复数等效介电常数如下：

$$\varepsilon^{\mathrm{e}}=\frac{-\gamma^2}{\omega^2\mu_0}=\frac{-(\alpha+\mathrm{j}\beta)^2}{\omega^2\mu_0}=9.59\times10^{-10}\angle41.6^\circ$$

因此，损耗媒质中波的复数波阻抗为

$$\eta=\sqrt{\frac{\mu_0}{\varepsilon^{\mathrm{e}}}}=36.2\angle20.8^\circ$$

显然，电场和磁场的幅度比值为 36.2，且电场的相位会超前磁场 20.8°。因此，根据磁场表达式可写出电场表达式如下：

$$\boldsymbol{E}=\boldsymbol{e}_z36.2\times\mathrm{e}^{-77.485y}\cos(2\pi\times10^9t-203.8y+20.8^\circ)\,\text{V/m}$$

(3) 平均坡印亭矢量为

$$\boldsymbol{S}_{\mathrm{av}}=\frac{1}{2}\mathrm{Re}(\boldsymbol{E}\times\boldsymbol{H}^{*})=\boldsymbol{e}_y\ \frac{1}{2}\mathrm{Re}(36.2\times \mathrm{e}^{-154.97y}\mathrm{e}^{\mathrm{j}20.8^{\circ}})$$

$$=\boldsymbol{e}_y\ \frac{36.2\times\cos 20.8^{\circ}}{2}\mathrm{e}^{-154.97y}=\boldsymbol{e}_y 16.9\mathrm{e}^{-154.97y}\ \mathrm{W/m^2}$$

【6-16】 频率为 20MHz 的均匀平面波在非磁性损耗媒质中传播。如果该电磁波沿传播方向传播单位距离后电场幅度会衰减 20%，而且电场会超前磁场 20°。试计算：

(1) 波在该损耗媒质中的传播常数；

(2) 趋肤深度和波阻抗。

解：(1) 根据题意可得

$$\mathrm{e}^{-\alpha}=0.8 \tag{6-58}$$

$$\tan 40^{\circ}=\frac{\sigma}{\omega\varepsilon}=0.84 \tag{6-59}$$

显然，根据式(6-58)可计算 $\alpha=0.22$。另外，衰减常数的表达式如下：

$$\alpha=0.22=\omega\sqrt{\frac{\mu\varepsilon}{2}\left(\sqrt{1+\frac{\sigma^2}{\omega^2\varepsilon^2}}-1\right)}=0.22$$

将式(6-59)代入上式，可得

$$\omega\sqrt{\frac{\mu\varepsilon}{2}}=0.4$$

将上式代入相位常数 β 的表达式如下，则

$$\beta=\omega\sqrt{\frac{\mu\varepsilon}{2}\left(\sqrt{1+\frac{\sigma^2}{\omega^2\varepsilon^2}}+1\right)}=0.61$$

综上所述，损耗媒质中波的传播常数如下：

$$\gamma=\alpha+\mathrm{j}\beta=0.22+\mathrm{j}0.61$$

(2) 趋肤深度为

$$\delta=\frac{1}{\alpha}=\frac{1}{0.22}=4.5\mathrm{m}$$

根据上述分析结论可知

$$\alpha=\mathrm{Re}(\alpha+\mathrm{j}\beta)=\mathrm{Re}(\gamma)=\mathrm{Re}\left(\mathrm{j}\omega\sqrt{\mu_0\varepsilon^{\mathrm{e}}}\right)=\mathrm{Re}\left(\mathrm{j}\omega\sqrt{\mu_0\,|\varepsilon^{\mathrm{e}}|\,\mathrm{e}^{-\mathrm{j}40^{\circ}}}\right)$$

$$=\mathrm{Re}\left(\mathrm{j}\omega\sqrt{\mu_0\,|\varepsilon^{\mathrm{e}}|}\,\mathrm{e}^{-\mathrm{j}20^{\circ}}\right)=\omega\sqrt{\mu_0\,|\varepsilon^{\mathrm{e}}|}\sin 20^{\circ}$$

将式(6-58)中 $\alpha=0.22$ 代入上式，可得

$$|\varepsilon^{\mathrm{e}}|=2.14\times 10^{-11}$$

将上式代入波阻抗表达式，可得

$$\eta=\sqrt{\frac{\mu_0}{\varepsilon^{\mathrm{e}}}}=\sqrt{\frac{\mu_0}{|\varepsilon^{\mathrm{e}}|}}\mathrm{e}^{\mathrm{j}20^{\circ}}=2.4\times 10^2\mathrm{e}^{\mathrm{j}20^{\circ}}\,\Omega$$

【6-17】 已知平面波在非磁性损耗媒质中传播的特性阻抗为 $60\pi\angle 30^{\circ}\Omega$，相位常数为 1.2rad/m。试计算：

(1) 该损耗媒质的相对介电常数；

(2) 频率;

(3) 衰减常数;

(4) 趋肤深度。

解:(1) 如题所述,特性阻抗(波阻抗)如下:

$$\eta = \sqrt{\frac{\mu_0}{\varepsilon^e}} = 60\pi\angle 30^\circ\Omega$$

显然,介电常数为

$$\varepsilon^e = \frac{\mu_0}{\eta^2} = \frac{4\pi\times 10^{-7}}{(60\pi)^2}e^{-j60^\circ}$$

即

$$\mathrm{Re}|\varepsilon^e| = \varepsilon_0\varepsilon_r = \frac{4\pi\times 10^{-7}}{(60\pi)^2}\cos 60^\circ$$

因此

$$\varepsilon_r = \frac{4\pi\times 10^{-7}}{(60\pi)^2}\ \frac{\cos 60^\circ}{\varepsilon_0} = 2$$

(2) 传播常数 $\gamma = \alpha + j\beta = j\omega\sqrt{\mu_0\varepsilon^e}$,因此

$$\beta = \mathrm{Im}(j\omega\sqrt{\mu_0\varepsilon^e}) = 1.2\mathrm{rad/m}$$

将题目(1)中所得的 ε^e 代入上式,可得

$$f = 33.1\mathrm{MHz}$$

(3) 如上所述,传播常数 $\gamma = \alpha + j\beta = j\omega\sqrt{\mu_0\varepsilon^e}$,因此

$$\gamma = \alpha + j\beta = j\omega\sqrt{\mu_0\varepsilon^e} = j\omega\sqrt{\mu_0|\varepsilon^e|e^{-j60^\circ}} = j\omega\sqrt{\mu_0|\varepsilon^e|}\ e^{-j30^\circ}$$

显然

$$\alpha = \omega\sqrt{\mu_0|\varepsilon^e|}\sin 30^\circ,\quad \beta = \omega\sqrt{\mu_0|\varepsilon^e|}\cos 30^\circ$$

既然相位常数已知,那么根据上式可得

$$\alpha = \frac{\beta}{\cos 30^\circ}\sin 30^\circ = \frac{1.2}{\sqrt{3}} = 0.693\mathrm{Np/m}$$

(4) 趋肤深度可依据衰减常数计算,即

$$\delta = \frac{1}{\alpha} = 1.44\mathrm{m}$$

【6-18】 频率为1.8MHz的均匀平面波在电磁参数分别为 $\mu_r = 1.6$、$\varepsilon_r = 25$、$\sigma = 2.5\mathrm{S/m}$ 的损耗媒质中传播,其电场强度的表达式如下:

$$\boldsymbol{E} = 0.1e^{-\alpha z}\cos(2\pi ft - \beta z)\boldsymbol{e}_x\ \mathrm{V/m}$$

试计算:

(1) 相位常数、波长和相速度;

(2) 衰减常数和趋肤深度;

(3) 本征阻抗;

(4) 磁场强度;

(5) 平均坡印亭矢量。

解：(1) 根据已知条件，有

$$\frac{\sigma}{\omega\varepsilon}=\frac{2.5}{1.8\times10^{6}\times2\pi\times\frac{1}{36\pi}\times10^{-9}\times25}\gg1$$

显然，该损耗媒质属于良导体。因此，其相位常数为

$$\beta=\sqrt{\pi f\mu\sigma}=5.33\text{rad/m}$$

另外，相速度为

$$v_{\mathrm{p}}=\frac{\omega}{\beta}=2.12\times10^{6}\text{ m/s}$$

(2) 对良导体而言，衰减常数和相位常数大小相等，因此

$$\alpha=\beta=\sqrt{\pi f\mu\sigma}=5.33\text{Np/m}$$

趋肤深度为

$$\delta=\frac{1}{\alpha}=0.188\text{m}$$

(3) 本征阻抗(波阻抗)的计算式如下：

$$\eta=\sqrt{\frac{\omega\mu}{\sigma}}\mathrm{e}^{\mathrm{j}45^{\circ}}=3.01\mathrm{e}^{\mathrm{j}45^{\circ}}\,\Omega$$

(4) 根据题目中给出的信息可知，该波沿 z 轴正方向传播，电场沿 $\boldsymbol{e}_x$ 方向，因此其对应的磁场应该沿 $\boldsymbol{e}_y$ 方向；另外，波阻抗给出了磁场相对于电场的幅度和相位变化，即大小为电场幅度的 1/3.01、相位滞后 45°。综合上述分析结论可写出磁场表达式如下：

$$\begin{aligned}\boldsymbol{H}&=\frac{0.1}{3.01}\mathrm{e}^{-5.33z}\cos(2\pi\times1.8\times10^{6}t-5.33z-45^{\circ})\boldsymbol{e}_y\\&=0.033\mathrm{e}^{-5.33z}\cos(2\pi\times1.8\times10^{6}t-5.33z-45^{\circ})\boldsymbol{e}_y\text{ A/m}\end{aligned}$$

(5) 根据上述电场和磁场表达式，可以计算其平均坡印亭矢量为

$$\boldsymbol{S}_{\mathrm{av}}=\frac{1}{2}\mathrm{Re}(\boldsymbol{E}\times\boldsymbol{H}^{*})=\boldsymbol{e}_z1.17\times10^{-3}\mathrm{e}^{-10.66z}\text{ W/m}^2$$

【6-19】 频率为 50MHz 的均匀平面波在潮湿土壤($\mu_{\mathrm{r}}=1,\varepsilon_{\mathrm{r}}=16,\sigma=0.02\text{S/m}$)中传播。如果地表电场强度的幅度为 120V/m，试计算：

(1) 传播常数、相位常数和衰减常数；

(2) 相速度、趋肤深度和本征阻抗；

(3) 平均功率密度；

(4) 电场强度的幅度衰减到 1V/m 所对应的传播距离。

解：(1) 根据已知条件，有

$$\frac{\sigma}{\omega\varepsilon}=\frac{0.02}{50\times10^{6}\times2\pi\times\frac{1}{36\pi}\times10^{-9}\times16}=0.45$$

显然，该损耗媒质属于一般损耗媒质。因此，其衰减常数和相位常数分别为

$$\alpha=\omega\sqrt{\frac{\mu\varepsilon}{2}\left(\sqrt{1+\frac{\sigma^{2}}{\omega^{2}\varepsilon^{2}}}-1\right)}=0.29\pi=0.9\text{Np/m}$$

$$\beta=\omega\sqrt{\frac{\mu\varepsilon}{2}\left(\sqrt{1+\frac{\sigma^2}{\omega^2\varepsilon^2}}+1\right)}=1.36\pi=4.3\text{rad/m}$$

因此,其传播常数为

$$\gamma=\alpha+\mathrm{j}\beta=0.9+\mathrm{j}4.3$$

(2) 根据相位常数和衰减常数,可计算相速度和趋肤深度分别为

$$v_{\mathrm{p}}=\frac{\omega}{\beta}=7.35\times10^7\,\text{m/s}$$

$$\delta=\frac{1}{\alpha}=1.1\text{m}$$

另外,本征阻抗(波阻抗)的计算式如下:

$$\eta=\sqrt{\frac{\mu}{\varepsilon^{\mathrm{e}}}}=\sqrt{\frac{\mu}{\varepsilon_0\varepsilon_{\mathrm{r}}\left(1-\mathrm{j}\frac{\sigma}{\omega\varepsilon_0\varepsilon_{\mathrm{r}}}\right)}}=\frac{120\pi}{4}\sqrt{\frac{1}{1-\mathrm{j}0.45}}=90\mathrm{e}^{\mathrm{j}12.1^\circ}\,\Omega$$

(3) 根据地表电场和波阻抗,可以计算其地表处的平均功率密度为

$$\boldsymbol{S}_{\mathrm{av}}=\frac{1}{2}\frac{1}{|\eta|}E^2\cos12.1^\circ=78.22\text{W/m}^2$$

(4) 如果要求电场幅度衰减为 1V/m,则传播距离应满足如下表达式:

$$120\mathrm{e}^{-\alpha l}=1$$

显然,对应的传输距离为

$$l=5.26\text{m}$$

【6-20】 频率为 3GHz、沿 y 轴方向极化的均匀平面波在相对介电常数为 2.5、损耗角正切为 0.01 的非磁性损耗媒质中沿 x 轴正方向传播。如果 $x=0$ 处的电场强度为 $\boldsymbol{E}=\boldsymbol{e}_y50\sin\left(60\pi\times10^8t+\frac{\pi}{3}\right)$,试计算:

(1) 波振幅衰减 90%所对应的传播距离;

(2) 媒质的本征阻抗、波长和相速度;

(3) 电场强度和磁场强度的瞬时值表达式;

(4) 平均坡印亭矢量。

解:(1) 根据题意可得,媒质属于低损耗媒质(良介质),其损耗角正切的表达式为

$$\tan\delta=\frac{\sigma}{\omega\varepsilon}=0.01$$

显然,可将角频率和介电常数代入上式计算出媒质的电导率,即

$$\sigma=0.00417\text{S/m}$$

另外,将相关参数代入低损耗媒质波的衰减常数表达式,可得

$$\alpha=\frac{\sigma}{2}\sqrt{\frac{\mu}{\varepsilon}}=\frac{\sigma}{2}\sqrt{\frac{\mu_0}{\varepsilon_0\varepsilon_{\mathrm{r}}}}=0.5\text{Np/m}$$

如果波振幅衰减 90%,则传播距离应满足如下表达式:

$$\mathrm{e}^{-\alpha l}=0.1$$

显然,对应的传输距离为

$$l = 4.6\text{m}$$

（2）将相关参数代入低损耗媒质波的波阻抗和相位常数的表达式，可得

$$\eta = \sqrt{\frac{\mu}{\varepsilon}}\left(1 + \text{j}\,\frac{\sigma}{2\omega\varepsilon}\right) = \sqrt{\frac{\mu_0}{\varepsilon_0\varepsilon_r}}\left(1 + \text{j}\,\frac{0.01}{2}\right) = 238.3\angle 0.286°\Omega$$

$$\beta = \omega\sqrt{\mu\varepsilon}\left[1 + \frac{1}{8}\left(\frac{\sigma}{\omega\varepsilon}\right)^2\right] = 31.6\pi\text{rad/m}$$

根据上式可计算波长和相速度如下：

$$v_p = \frac{\omega}{\beta} = 1.89 \times 10^8\text{m/s}$$

$$\lambda = \frac{2\pi}{\beta} = 0.063\text{m}$$

（3）根据题目给出的 $x=0$ 处的电场强度表达式，可得

$$\boldsymbol{E} = \boldsymbol{e}_y 50\text{e}^{-\alpha x}\sin\left(60\pi \times 10^8 t - \beta x + \frac{\pi}{3}\right)\text{V/m}$$

将衰减和相位常数代入上式，可得

$$\boldsymbol{E} = \boldsymbol{e}_y 50\text{e}^{-0.5x}\sin\left(60\pi \times 10^8 t - 31.6\pi x + \frac{\pi}{3}\right)\text{V/m}$$

另外，根据题目中给出的信息可知，该波沿 x 轴正方向传播，电场沿 $\boldsymbol{e}_y$ 方向，因此其对应的磁场应该沿 $\boldsymbol{e}_z$ 方向；另外，波阻抗给出了磁场相对于电场的幅度和相位变化。综合上述分析结论可写出磁场表达式如下：

$$\begin{aligned}\boldsymbol{H} &= \boldsymbol{e}_z\,\frac{50}{|\eta|}\text{e}^{-0.5x}\sin\left(60\pi \times 10^8 t - 31.6\pi x + \frac{\pi}{3} - 0.286°\right)\\ &= \boldsymbol{e}_z 0.21\text{e}^{-0.5x}\sin\left(60\pi \times 10^8 t - 31.6\pi x + \frac{\pi}{3} - 0.286°\right)\text{A/m}\end{aligned}$$

（4）平均坡印亭矢量为

$$\boldsymbol{S}_{av} = \boldsymbol{e}_x\,\frac{1}{2}\,\frac{1}{|\eta|}E^2\cos 0.286°\,\text{e}^{-x} = \boldsymbol{e}_x 5.24\text{e}^{-x}\,\text{W/m}^2$$

【6-21】 在非磁性的良导体内传播的均匀平面波的磁场表达式如下：

$$\boldsymbol{H} = \boldsymbol{e}_y\text{e}^{-15z}\cos(2\pi \times 10^8 t - 15z)\,\text{A/m}$$

试计算：

（1）导体的电导率；

（2）电场强度的表达式；

（3）该平面波从 $z=0$ 位置开始传播一个趋肤深度后，功率密度会损耗多少？

解：（1）既然是良导体，则

$$\alpha = \beta = \sqrt{\pi f\mu\sigma} = 15$$

另外，将题目给出的频率、磁导率等参数代入上式可计算出电导率，即

$$\sigma = \frac{15^2}{\pi f\mu} = 0.57\text{S/m}$$

（2）对题目给出的良导体而言，波阻抗为

$$\eta = \sqrt{\frac{\omega\mu}{\sigma}}\,\text{e}^{\text{j}45°} = 37.2\text{e}^{\text{j}45°}\,\Omega$$

根据上述波阻抗和磁场强度表达式,可得

$$\boldsymbol{E}=\boldsymbol{e}_x 37.2\mathrm{e}^{-15z}\cos(2\pi\times 10^8 t-15z+45^\circ)\ \mathrm{V/m}$$

(3) 平均功率密度表达式如下:

$$\boldsymbol{S}_{\mathrm{av}}=\frac{1}{2}EH\mathrm{e}^{-30z}\cos 45^\circ\ \mathrm{W/m^2}$$

波从 $z=0$ 位置开始传播一个趋肤深度前后的平均功率密度为

$$S_{\mathrm{av1}}=\frac{1}{2}EH\cos 45^\circ=\frac{1}{2}\times 37.2\times\cos 45^\circ=13.2\mathrm{W/m^2}$$

$$S_{\mathrm{av2}}=\frac{1}{2}EH\cos 45^\circ\mathrm{e}^{-2}=\frac{1}{2}\times 37.2\times\cos 45^\circ\times\mathrm{e}^{-2}=13.2\mathrm{e}^{-2}\,\mathrm{W/m^2}$$

显然,功率密度的损耗为

$$S_{\mathrm{av1}}-S_{\mathrm{av2}}=11.4\mathrm{W/m^2}$$

【6-22】 空气中某均匀平面波的波长为 0.1m,当该平面波在另一种非磁性的良导体中传播的时候,其波长会变为 4×10^{-5} m。试求:

(1) 波在该良导体中传播的相位常数及相速度;

(2) 该良导体的电导率及相应的衰减常数。

解:(1) 根据波长与相位常数的关系可得波在导体中的相位常数为

$$\lambda=\frac{2\pi}{\beta}\Rightarrow\beta=\frac{2\pi}{\lambda}=\frac{\pi}{2}\times 10^5\ \mathrm{rad/m}$$

另外,空气中波长为 0.1m,其相应的频率为

$$f=3\times 10^9\ \mathrm{Hz}$$

因此,波在良导体中的相速度为

$$v_{\mathrm{p}}=\frac{\omega}{\beta}=\frac{2\pi f}{\beta}=1.2\times 10^5\ \mathrm{m/s}$$

(2) 对良导体而言,其相位常数可以表示为

$$\beta=\sqrt{\pi f\mu\sigma}$$

据此可得,其电导率的表达式如下:

$$\sigma=\frac{\beta^2}{\pi f\mu}=2.08\times 10^6\ \mathrm{S/m}$$

最后,良导体的相位常数和衰减常数大小相等,因此

$$\alpha=\beta=\frac{\pi}{2}\times 10^5\ \mathrm{Np/m}$$

【6-23】 工作在频率 10^8 Hz 下的半径为 2mm 的金属圆导线(相对磁导率和相对介电常数都等于 1),如果其电导率为 $\sigma=10^7$ S/m,试计算其表面电阻率和单位长度的交流、直流电阻。

解:对工作在频率 10^8 Hz 下的金属圆导线而言,其损耗角正切为

$$\frac{\sigma}{\omega\varepsilon}=\frac{10^7}{10^8\times 2\pi\times\dfrac{1}{36\pi}\times 10^{-9}}\gg 1$$

显然,该金属属于良导体。因此,其表面电阻率为

$$R_s=\sqrt{\frac{\pi f\mu}{\sigma}}=2\pi\times 10^{-3}\Omega$$

另外,该金属的趋肤深度为

$$\delta=\frac{1}{\alpha}=\frac{1}{\sqrt{\pi f\mu\sigma}}\ll 2\text{mm}$$

因此,对于圆导线而言,其单位长度的交流电阻为

$$R_{ac}=R_s\frac{1}{2\pi a}=\frac{2\pi\times 10^{-3}}{2\pi\times 2\times 10^{-3}}=0.5\Omega$$

最后,该导线单位长度的直流电阻为

$$R_{dc}=\frac{1}{\sigma S}=\frac{1}{10^7\times\pi\times(2\times 10^{-3})^2}=\frac{1}{40\pi}\Omega$$

【6-24】 平面波在非磁性良导体中的相速度是其在真空中相速度的1/1000。如果已知该波在良导体中的波长为0.3mm,试求波的频率和良导体的电导率。

解:根据波在良导体中的相速度可知

$$v_p=\frac{1}{1000}\times 3\times 10^8=\frac{\omega}{\beta}=\frac{2\pi f}{\sqrt{\pi f\mu\sigma}}=2\sqrt{\frac{\pi f}{\mu\sigma}}$$

另外,根据波在良导体中的波长可得

$$\beta=\frac{2\pi}{\lambda}=\frac{2}{3}\pi\times 10^4=\sqrt{\pi f\mu\sigma}$$

综合上述结论可得

$$\frac{\beta}{v_p}=\frac{\mu\sigma}{2}=\frac{2}{9}\pi\times 10^{-1}$$

将$\mu=\mu_0$代入上式,可得良导体的电导率为

$$\sigma=\frac{1}{9}\times 10^6=1.1\times 10^5\text{S/m}$$

因而

$$v_p=\frac{\omega}{\beta}=\frac{2\pi f}{\beta}$$

因此波的频率为

$$f=\frac{v_p\cdot\beta}{2\pi}=10^9\text{Hz}$$

【6-25】 在空气中传播的线极化波的波长为60m,当其进入海水($\mu_r=1$、$\varepsilon_r=80$、$\sigma=4\text{S/m}$)后沿正z轴方向传播。如果在海平面($z=0$)以下1m深的位置处测量到的电场强度为$\boldsymbol{E}=\boldsymbol{e}_x\cos\omega t\ \text{V/m}$,试计算:

(1) 波在海水中的传播常数;

(2) 海水中电场强度和磁场强度的表达式。

解:(1) 对于在空气中波长为60m的电磁波而言,其频率为

$$f=\frac{3\times 10^8}{60}=5\times 10^6\text{Hz}$$

在该频率下，海水的损耗角正切为

$$\frac{\sigma}{\omega\varepsilon}=\frac{4}{5\times10^6\times2\pi\times80\times\dfrac{1}{36\pi}\times10^{-9}}=180\gg1$$

显然，此时的海水属于良导体。因此，其衰减和相位常数为

$$\alpha=\beta=\sqrt{\pi f\mu\sigma}=2.828\pi=8.9$$

因此，其传播常数为

$$\gamma=\alpha+\mathrm{j}\beta=8.9(1+\mathrm{j})$$

(2) 综合上述分析结果，其电场表达式为

$$\boldsymbol{E}=\boldsymbol{e}_x\mathrm{e}^{\alpha}\mathrm{e}^{-\alpha z}\cos(\omega t-\beta z+\beta)=\boldsymbol{e}_x\mathrm{e}^{8.9(1-z)}\cos(2\pi\times5\times10^6t-8.9z+8.9)\ \mathrm{V/m}$$

另外，波在海水中的特性阻抗为

$$\eta=\sqrt{\frac{\omega\mu}{\sigma}}\mathrm{e}^{\mathrm{j}45^\circ}=\pi\mathrm{e}^{\mathrm{j}45^\circ}\ \Omega$$

因此，其磁场表达式为

$$\begin{aligned}\boldsymbol{H}&=\boldsymbol{e}_y\frac{1}{\pi}\mathrm{e}^{8.9(1-z)}\cos(2\pi\times5\times10^6t-8.9z+8.9-45^\circ)\\&=\boldsymbol{e}_y\frac{1}{\pi}\mathrm{e}^{8.9(1-z)}\cos(2\pi\times5\times10^6t-8.9z+8.1)\ \mathrm{A/m}\end{aligned}$$

6.4 典型考研试题解析

【考研题 6-1】 (西安电子科技大学 2007 年)已知真空中传播的均匀平面电磁波的磁场强度矢量为 $\boldsymbol{H}(r)=\frac{1}{377}(\boldsymbol{e}_x+\mathrm{j}0.8\boldsymbol{e}_y+\mathrm{j}0.6\boldsymbol{e}_z)\mathrm{e}^{-\mathrm{j}\pi(3y-4z)}\ \mathrm{A/m}$。试求：

(1) 电磁波传播方向的单位矢量 $\boldsymbol{n}$；

(2) 电磁波的电场强度矢量 $\boldsymbol{E}(r)$；

(3) 电磁波的角频率 ω。

解：(1) 依题意，根据 $\mathrm{e}^{-\mathrm{j}\pi(3y-4z)}$，有

$$\boldsymbol{k}\cdot\boldsymbol{r}=\pi(3y-4z)=k_x x+k_y y+k_z z$$

显然，其波矢量为

$$\boldsymbol{k}=3\pi\boldsymbol{e}_y-4\pi\boldsymbol{e}_z=k\boldsymbol{n}$$

因此

$$k=5\pi\mathrm{rad/m}$$

传播方向的单位矢量为

$$\boldsymbol{n}=\frac{\boldsymbol{k}}{|\boldsymbol{k}|}=\frac{3}{5}\boldsymbol{e}_y-\frac{4}{5}\boldsymbol{e}_z$$

(2) 电场强度矢量 $\boldsymbol{E}(r)$ 为

$$\boldsymbol{E}(r)=\eta_0\boldsymbol{H}\times\boldsymbol{n}=\eta_0\frac{1}{377}(\boldsymbol{e}_x+\mathrm{j}0.8\boldsymbol{e}_y+\mathrm{j}0.6\boldsymbol{e}_z)\mathrm{e}^{-\mathrm{j}\pi(3y-4z)}\times\left(\frac{3}{5}\boldsymbol{e}_y-\frac{4}{5}\boldsymbol{e}_z\right)$$

$$=\left(-\mathrm{j}\boldsymbol{e}_x+\frac{4}{5}\boldsymbol{e}_y+\frac{3}{5}\boldsymbol{e}_z\right)\mathrm{e}^{-\mathrm{j}\pi(3y-4z)}\ \mathrm{V/m}$$

(3) 由于$\lambda=\dfrac{2\pi}{k}=0.4$,因此电磁波的角频率为

$$\omega=2\pi f=2\pi\frac{c}{\lambda}=15\pi\times10^8\ \mathrm{rad/s}$$

【考研题 6-2】 (西安电子科技大学 2007 年)频率 $f=10^8\ \mathrm{Hz}$ 的均匀平面波在 $\mu_r=1$ 的理想介质中传播,其电场矢量为 $\boldsymbol{E}(r)=\boldsymbol{e}_x\mathrm{e}^{-\mathrm{j}\left(2\pi z-\frac{\pi}{5}\right)}\ \mathrm{V/m}$。试求:

(1) 该理想介质的相对介电常数 ε_r;

(2) 平面电磁波在理想介质中传播的相速度 v_p;

(3) 平面电磁波坡印亭矢量的平均值 $\boldsymbol{S}_{av}$。

解:由题意可知,电磁波沿 z 方向传播,$k=2\pi$,$\omega=2\pi f=2\pi\times10^8$,根据 $k=\omega\sqrt{\mu\varepsilon}$,因此

$$v_p=\frac{1}{\sqrt{\mu\varepsilon}}=\frac{\omega}{k}=\frac{2\pi\times10^8}{2\pi}=10^8\ \mathrm{m/s}$$

又因为

$$v_p=\frac{c}{n}=\frac{c}{\sqrt{\mu_r\varepsilon_r}}=\frac{3\times10^8}{\sqrt{\varepsilon_r}}=10^8\ \mathrm{m/s}$$

所以理想介质的相对介电常数为

$$\varepsilon_r=9$$

由于

$$\boldsymbol{H}=\frac{1}{\eta}\boldsymbol{e}_z\times\boldsymbol{E}=\frac{\sqrt{\varepsilon_r}}{\eta_0}\boldsymbol{e}_z\times\boldsymbol{e}_x\mathrm{e}^{-\mathrm{j}\left(2\pi z-\frac{\pi}{5}\right)}=\boldsymbol{e}_y\frac{1}{40\pi}\mathrm{e}^{-\mathrm{j}\left(2\pi z-\frac{\pi}{5}\right)}\ \mathrm{A/m}$$

因此,平面电磁波坡印亭矢量的平均值为

$$\boldsymbol{S}_{av}=\mathrm{Re}\left[\frac{1}{2}\boldsymbol{E}\times\boldsymbol{H}^*\right]=\frac{1}{2}\mathrm{Re}\left[\boldsymbol{e}_x\mathrm{e}^{-\mathrm{j}\left(2\pi z-\frac{\pi}{5}\right)}\times\boldsymbol{e}_y\frac{1}{40\pi}\mathrm{e}^{\mathrm{j}\left(2\pi z-\frac{\pi}{5}\right)}\right]=\boldsymbol{e}_z\frac{1}{80\pi}\mathrm{W/m^2}$$

【考研题 6-3】 (电子科技大学 2005 年)有一沿正 z 轴方向传播的均匀平面波,其电场的复振幅为 $\boldsymbol{E}(z)=(\boldsymbol{e}_xE_{x0}+\boldsymbol{e}_y\mathrm{j}E_{y0})\mathrm{e}^{-\mathrm{j}kz}$,式中 E_{x0}、E_{y0} 均为实常数。试求:

(1) 此电磁波的极化状态;

(2) 瞬时坡印亭矢量 $\boldsymbol{S}(z,t)$和平均坡印亭矢量 $\boldsymbol{S}_{av}$。

解:(1) 根据电场复振幅,电磁波的极化状态有以下情况:

① 当 $E_{x0}=0$,或者 $E_{y0}=0$ 时为线极化波。

② 当 $E_{x0}=E_{y0}$ 时为左旋圆极化波。

③ 当 $E_{x0}=-E_{y0}$ 时为右旋圆极化波。

④ 当 $E_{x0}\neq E_{y0}$,并且 $E_{x0}\cdot E_{y0}>0$ 时为左旋椭圆极化波。

⑤ 当 $E_{x0}\neq E_{y0}$,并且 $E_{x0}\cdot E_{y0}<0$ 时为右旋椭圆极化波。

(2) 磁场的复数形式为

$$\boldsymbol{H}=\frac{1}{\eta}\boldsymbol{e}_z\times\boldsymbol{E}=\frac{1}{\eta}\boldsymbol{e}_z\times(\boldsymbol{e}_xE_{x0}+\boldsymbol{e}_y\mathrm{j}E_{y0})\mathrm{e}^{-\mathrm{j}kz}=\frac{1}{\eta}(-\boldsymbol{e}_x\mathrm{j}E_{y0}+\boldsymbol{e}_yE_{x0})\mathrm{e}^{-\mathrm{j}kz}$$

其中，$\eta=\sqrt{\frac{\mu}{\varepsilon}}$为介质的波阻抗。根据电磁场的复数形式，得到其瞬时值形式为

$$\boldsymbol{E}(z)=\boldsymbol{e}_x E_{x0}\cos(\omega t-kz)-\boldsymbol{e}_y E_{y0}\sin(\omega t-kz)$$

$$\boldsymbol{H}(z)=\boldsymbol{e}_x\frac{1}{\eta}E_{y0}\sin(\omega t-kz)+\boldsymbol{e}_y\frac{1}{\eta}E_{x0}\cos(\omega t-kz)$$

因此，瞬时坡印亭矢量为

$$\boldsymbol{S}(z,t)=\boldsymbol{E}(z,t)\times\boldsymbol{H}(z,t)=\boldsymbol{e}_z\frac{1}{\eta}[E_{x0}^2\cos^2(\omega t-kz)+E_{y0}^2\sin^2(\omega t-kz)]$$

平均坡印亭矢量为

$$\boldsymbol{S}_{\mathrm{av}}=\mathrm{Re}\left[\frac{1}{2}\boldsymbol{E}\times\boldsymbol{H}^*\right]=\boldsymbol{e}_z\frac{1}{2\eta}(E_{x0}^2+E_{y0}^2)$$

【考研题 6-4】 （北京邮电大学 2004 年）一均匀平面波在自由空间中的波长为 12cm，进入一种参数未知的介质后，其波长变为 8cm，电场幅度为 50V/m，磁场幅度为 0.1A/m，求该未知材料的 ε_{r} 和 μ_{r}。

解：根据平面电磁波的性质，有

$$\frac{E}{H}=\eta=\sqrt{\frac{\mu}{\varepsilon}}=120\pi\sqrt{\frac{\mu_{\mathrm{r}}}{\varepsilon_{\mathrm{r}}}}=500$$

又根据

$$\frac{\lambda_0}{\lambda}=\frac{c}{v}=n=\sqrt{\varepsilon_{\mathrm{r}}\mu_{\mathrm{r}}}=\frac{12}{8}=1.5$$

由以上两式，解得

$$\mu_{\mathrm{r}}=1.99,\quad \varepsilon_{\mathrm{r}}=1.13$$

【考研题 6-5】 （北京航空航天大学 2002 年）自由空间中，均匀平面波的电场为 $\boldsymbol{E}(r)=(-\boldsymbol{e}_x-\boldsymbol{e}_y+\mathrm{j}\sqrt{5}\boldsymbol{e}_z)\exp[\mathrm{j}(x+by+cz)]\mathrm{V/m}$。试求解该波的传播方向、波长和极化状态。

解：由题意知

$$\boldsymbol{E}_0=-\boldsymbol{e}_x-\boldsymbol{e}_y+\mathrm{j}\sqrt{5}\boldsymbol{e}_z$$

$$\boldsymbol{k}\cdot\boldsymbol{r}=-(x+by+cz)=k_x x+k_y y+k_z z$$

$$\boldsymbol{k}=-\boldsymbol{e}_x-b\boldsymbol{e}_y-c\boldsymbol{e}_z$$

根据平面波的性质，电场矢量与传播方向垂直，因此

$$\boldsymbol{k}\cdot\boldsymbol{E}_0=(-\boldsymbol{e}_x-b\boldsymbol{e}_y-c\boldsymbol{e}_z)\cdot(-\boldsymbol{e}_x-\boldsymbol{e}_y+\mathrm{j}\sqrt{5}\boldsymbol{e}_z)=0$$

故有

$$b=-1,\quad c=0$$

因此

$$\boldsymbol{k}=-\boldsymbol{e}_x+\boldsymbol{e}_y$$

平面波的传播方向为

$$\boldsymbol{e}_k=\frac{1}{\sqrt{2}}(-\boldsymbol{e}_x+\boldsymbol{e}_y)$$

由于传播方向在 xOy 平面，因此电场矢量的平行分量和垂直分量分别为

$$\boldsymbol{E}_P=-\boldsymbol{e}_x-\boldsymbol{e}_y,\quad \boldsymbol{E}_T=\mathrm{j}\sqrt{5}\boldsymbol{e}_z$$

显然，垂直分量超前平行分量$\frac{\pi}{2}$，并且 $|\boldsymbol{E}_P|\neq|\boldsymbol{E}_T|$，故为椭圆极化波。

在直角坐标系中画出传播方向、电场的平行及垂直分量，如图 6-2 所示。

显然，利用追赶法 $\boldsymbol{E}_T$ 向 $\boldsymbol{E}_P$ 方向的旋转与传播方向呈左手螺旋，故该平面波为左旋椭圆极化波。

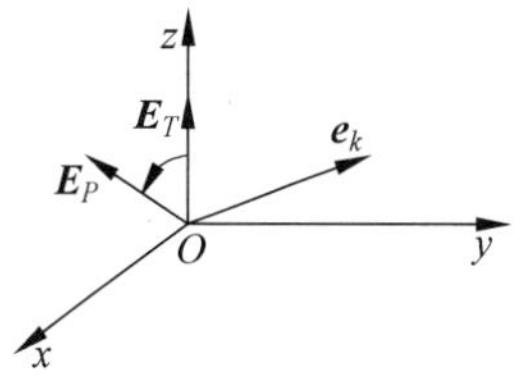

图 6-2　考研题 6-5 图

根据 $\boldsymbol{k}=-\boldsymbol{e}_x+\boldsymbol{e}_y$，可知

$$k=\sqrt{2}$$

因此，波长为

$$\lambda=\frac{2\pi}{k}=\frac{2\pi}{\sqrt{2}}=4.44\mathrm{m}$$

【考研题 6-6】（东南大学 2002 年）当用一个通电线圈激励较高频电磁场时，为了减少线圈的发热，通常采用多股细导线代替单股粗导线，试解释其原因。

解：根据金属趋肤深度的表达式

$$\delta=\frac{1}{\sqrt{\pi f\mu\sigma}}$$

可见，频率越高，趋肤效应越显著。当高频电流通过线圈时，可以认为电流只是在导线表面的很薄一层中流过，因此相当于导线的横截面积减小，交流电阻增大。这样，可以将粗导线的中间挖空，以节约材料。

设材料的电导率为 σ，单股粗导线的半径为 a，多股细导线的半径为 b，在工作频率下的趋肤深度为 δ。并设单股粗导线的横截面积与 N 股细导线的横截面积相等，则

$$\pi a^2=N\pi b^2,\quad 即\ N=a^2/b^2$$

单股粗导线的单位长度的交流电阻为

$$R_A=\frac{1}{2\pi a\sigma\delta}$$

N 股细导线的交流电阻为

$$R_B=\frac{1}{2\pi Nb\sigma\delta}$$

因此，两个阻值的比值为

$$\frac{R_A}{R_B}=\frac{Nb}{a}=\frac{a}{b}>1$$

显然，在激励相同强度的高频电磁场时，单股粗导线的电阻要比多股细导线的电阻大，热损耗要大，故通常采用多股细导线代替单股粗导线。

【考研题 6-7】（东南大学 2003 年）两个均匀平面电磁波沿自由空间 $\boldsymbol{e}_z$ 方向传播，其频率分别为 920kHz 和 930kHz。当 $z=0$ 时，两个平面波的电场在原点都达到最大值 1000V/m，方向为正 x 轴方向。

(1) 经过多长时间后两个平面波电场在原点再次达到最大值？

(2) 求出与某些时刻对应的正 z 轴上的点，在这些时刻和空间点上两个平面波的合成

电场强度为 $\boldsymbol{E}_{\text{total}}=2000\boldsymbol{e}_x\ \text{V/m}$。

解：由题意可知

$$\omega_1=2\pi f_1=1.84\pi\times10^6\ \text{rad/s}$$

$$\omega_2=2\pi f_2=1.86\pi\times10^6\ \text{rad/s}$$

$$k_1=\frac{\omega_1}{c}=\frac{1.84\pi}{3}\times10^{-2}\ \text{rad/m}$$

$$k_2=\frac{\omega_2}{c}=\frac{1.86\pi}{3}\times10^{-2}\ \text{rad/m}$$

两个平面波电场的表达式分别为

$$E_{1x}=1000\cos\left(1.84\pi\times10^6 t-\frac{1.84\pi}{3}\times10^{-2}z\right)\ \text{V/m}$$

$$E_{2x}=1000\cos\left(1.86\pi\times10^6 t-\frac{1.86\pi}{3}\times10^{-2}z\right)\ \text{V/m}$$

(1) 当电场在原点再次达到最大值时

$$1.84\pi\times10^6 t+2m'\pi=1.86\pi\times10^6 t+2n'\pi$$

故

$$t=m\times10^{-4}\ \text{s},\quad m=1,2,3,\cdots$$

(2) 合成电场为

$$E_x=E_{1x}+E_{2x}=1000\left[\cos\left(1.84\pi\times10^6 t-\frac{1.84\pi}{3}\times10^{-2}z\right)+\cos\left(1.86\pi\times10^6 t-\frac{1.86\pi}{3}\times10^{-2}z\right)\right]\ \text{V/m}$$

当 $t=0$ 时，欲使合成电场达到最大值，必须有

$$-\frac{1.84\pi}{3}\times10^{-2}z-2m'\pi=-\frac{1.86\pi}{3}\times10^{-2}z-2n'\pi$$

故有

$$z=3n\times10^4\ \text{m},\quad n=0,1,2,3,\cdots$$

【考研题 6-8】 (北京理工大学 2006 年)已知真空中一均匀平面电磁波的电场瞬时表达式为 $\boldsymbol{E}(r,t)=\boldsymbol{e}_y30\pi\cos(\omega t+4\pi x)+\boldsymbol{e}_z30\pi\sin(\omega t+4\pi x)$，求：

(1) 电磁波的传播方向、工作频率、极化方式；

(2) 电场的复矢量表达式；

(3) 磁场的瞬时表达式；

(4) 平均能流密度。

解：(1) 根据等相位面方程 $C=\omega t+4\pi x$，随着时间的增加，x 应该减小才能保持相位不变，因此该平面电磁波沿 $-x$ 方向传播。由题意可知

$$k=4\pi,\quad \lambda=\frac{2\pi}{k}=\frac{2\pi}{4\pi}=0.5\text{m}$$

所以，频率为

$$f=\frac{c}{\lambda}=6\times10^8\ \text{Hz}$$

因为

$$\boldsymbol{E}(r,t)=\boldsymbol{e}_y 30\pi\cos(\omega t+4\pi x)+\boldsymbol{e}_z 30\pi\cos\left(\omega t+4\pi x-\frac{\pi}{2}\right)$$

可见，$\boldsymbol{E}_y$ 超前 $\boldsymbol{E}_z$ 的相位 $\frac{\pi}{2}$，且 $|\boldsymbol{E}_y|=|\boldsymbol{E}_z|$，平面电磁波沿 $-x$ 方向传播，故为左旋圆极化波。

(2) 场的复矢量表达式为

$$\boldsymbol{E}=\boldsymbol{e}_y 30\pi e^{j4\pi x}-j\boldsymbol{e}_z 30\pi e^{j4\pi x}$$

(3) 根据磁场的复数形式

$$\boldsymbol{H}=-\frac{1}{\eta_0}\boldsymbol{e}_x\times\boldsymbol{E}=-\frac{1}{120\pi}\boldsymbol{e}_x\times(\boldsymbol{e}_y 30\pi e^{j4\pi x}-j\boldsymbol{e}_z 30\pi e^{j4\pi x})=\frac{1}{4}(-\boldsymbol{e}_y j-\boldsymbol{e}_z)e^{j4\pi x}$$

得到磁场的瞬时表达式为

$$\boldsymbol{H}(r,t)=\frac{1}{4}\sin(\omega t+4\pi x)-\frac{1}{4}\cos(\omega t+4\pi x)$$

(4) 平均能流密度为

$$\boldsymbol{S}_{av}=\frac{1}{2}\mathrm{Re}[\boldsymbol{E}\times\boldsymbol{H}^*]=\frac{1}{2}\mathrm{Re}\left[(\boldsymbol{e}_y 30\pi e^{j4\pi x}-j\boldsymbol{e}_z 30\pi e^{j4\pi x})\times\frac{1}{4}(\boldsymbol{e}_y j-\boldsymbol{e}_z)e^{-j4\pi x}\right]$$
$$=-\frac{15\pi}{2}\boldsymbol{e}_x$$

【考研题 6-9】 (北京邮电大学 2006 年)同轴硬电缆由铜(电导率为 5.8×10^7 S/m)制成，内导体半径为 $a(a=2\text{mm})$，外导体半径为 $b(b=4.6\text{mm})$，外壁厚度为 1mm，内外导体间为空气介质。试求该硬电缆单位长度的：

(1) 直流电阻 $R_{0(\text{D-C})}$；

(2) $f=1000\text{MHz}$ 时的交流电阻 $R_{0(\text{A-C})}$。

解：同轴硬电缆内外导体构成串联回路。

(1) 单位长度的直流电阻

$$R_{0(\text{D-C})}=\frac{l}{\sigma S_1}+\frac{l}{\sigma S_2}=\frac{1}{\sigma\pi a^2}+\frac{1}{\sigma\pi[(b+1)^2-b^2]}=1.91\times10^{-3}\Omega$$

(2) 铜的趋肤深度

$$\delta=\frac{1}{\alpha}=1/\sqrt{\pi f\mu\sigma}\approx2.09\times10^{-6}\text{m}$$

由于 $\delta\ll a$，$\delta\ll1\text{mm}$，故只考虑导线的表面电阻，则 $f=1000\text{MHz}$ 时单位长度的交流电阻为

$$R_{0(\text{A-C})}=\frac{1}{\sigma\delta\times2\pi a}+\frac{1}{\sigma\delta\times2\pi b}\approx0.956\Omega$$

【考研题 6-10】 (北京邮电大学 2007 年)真空中平面电磁波磁场强度为 $\boldsymbol{H}=10^{-6}\left(\boldsymbol{e}_x\frac{3}{2}+\boldsymbol{e}_y+\boldsymbol{e}_z\right)\cos\left(\omega t+\pi x-\pi y-\frac{\pi}{2}z\right)$，试求：

(1) k_x, k_y, k_z, k；

(2) 波长 λ；

(3) 频率 f；

(4) 电场强度;

(5) 坡印亭矢量平均值。

解:(1) 由题意可知,$\boldsymbol{k}\cdot\boldsymbol{r}=-\left(\pi x-\pi y-\dfrac{\pi}{2}z\right)=k_x x+k_y y+k_z z$,因此

$$k_x=-\pi,\quad k_y=\pi,\quad k_z=\frac{\pi}{2},\quad k=\sqrt{\pi^2+\pi^2+\frac{\pi^2}{4}}=\frac{3}{2}\pi$$

(2) 波长为

$$\lambda=\frac{2\pi}{k}=\frac{4\pi}{3\pi}=\frac{4}{3}\mathrm{m}$$

(3) 频率为

$$f=\frac{c}{\lambda}=\frac{9\times10^8}{4}=2.25\times10^8\,\mathrm{Hz}$$

(4) 平面波传播方向为

$$\boldsymbol{e}_k=\left(-\pi\boldsymbol{e}_x+\pi\boldsymbol{e}_y+\frac{\pi}{2}\boldsymbol{e}_z\right)\Big/\frac{3}{2}\pi=\left(-\frac{2}{3}\boldsymbol{e}_x+\frac{2}{3}\boldsymbol{e}_y+\frac{1}{3}\boldsymbol{e}_z\right)$$

故电场强度为

$$\begin{aligned}\boldsymbol{E}&=\eta_0\boldsymbol{H}\times\boldsymbol{e}_k\\&=120\pi\times10^{-6}\left(\boldsymbol{e}_x\frac{3}{2}+\boldsymbol{e}_y+\boldsymbol{e}_z\right)\cos\left(\omega t+\pi x-\pi y-\frac{\pi}{2}z\right)\times\left(-\frac{2}{3}\boldsymbol{e}_x+\frac{2}{3}\boldsymbol{e}_y+\frac{1}{3}\boldsymbol{e}_z\right)\\&=3.77\times10^{-4}\left(-\frac{1}{3}\boldsymbol{e}_x-\frac{7}{6}\boldsymbol{e}_y+\frac{5}{3}\boldsymbol{e}_z\right)\cos\left(\omega t+\pi x-\pi y-\frac{\pi}{2}z\right)\end{aligned}$$

(5) 电场强度和磁场强度的复数形式为

$$\boldsymbol{E}=3.77\times10^{-4}\left(-\frac{1}{3}\boldsymbol{e}_x-\frac{7}{6}\boldsymbol{e}_y+\frac{5}{3}\boldsymbol{e}_z\right)\mathrm{e}^{\mathrm{j}\left(\pi x-\pi y-\frac{\pi}{2}z\right)}$$

$$\boldsymbol{H}=10^{-6}\left(\boldsymbol{e}_x\frac{3}{2}+\boldsymbol{e}_y+\boldsymbol{e}_z\right)\mathrm{e}^{\mathrm{j}\left(\pi x-\pi y-\frac{\pi}{2}z\right)}$$

因此,坡印亭矢量平均值为

$$\begin{aligned}\boldsymbol{S}_{\mathrm{av}}&=\frac{1}{2}\mathrm{Re}[\boldsymbol{E}\times\boldsymbol{H}^*]\\&=\frac{1}{2}\mathrm{Re}\Bigg[3.77\times10^{-4}\left(-\frac{1}{3}\boldsymbol{e}_x-\frac{7}{6}\boldsymbol{e}_y+\frac{5}{3}\boldsymbol{e}_z\right)\mathrm{e}^{\mathrm{j}\left(\pi x-\pi y-\frac{\pi}{2}z\right)}\times\\&\qquad10^{-6}\left(\boldsymbol{e}_x\frac{3}{2}+\boldsymbol{e}_y+\boldsymbol{e}_z\right)\mathrm{e}^{-\mathrm{j}\left(\pi x-\pi y-\frac{\pi}{2}z\right)}\\&=\left(-\frac{17}{6}\boldsymbol{e}_x+\frac{17}{6}\boldsymbol{e}_y+\frac{17}{12}\boldsymbol{e}_z\right)\times3.77\times10^{-10}\end{aligned}$$

【考研题 6-11】 (北京邮电大学 2009 年)在均匀、各向同性、无损耗介质中,沿 k 方向传播的平面波的电场或者磁场用下式表示:

$$\boldsymbol{A}=\boldsymbol{A}_0\mathrm{e}^{\mathrm{j}(\omega t-\boldsymbol{k}\cdot\boldsymbol{r})}$$

其中,波矢量 $\boldsymbol{k}$ 为常矢量,$\boldsymbol{r}$ 为坐标原点到观察点的位置矢量,复指数项称为相位因子。

(1) 若该电磁波在真空中传播,已知波长 λ_0,写出 $|\boldsymbol{k}|$ 的表达式和单位。

(2) 证明 k 的方向与相位因子的梯度相同。

(3) 若 $\boldsymbol{k}=\boldsymbol{e}_x(A-\mathrm{j}B)+(C-\mathrm{j}D)\boldsymbol{e}_z$，$A$、$B$、$C$、$D$ 皆为非零实数，$\boldsymbol{e}_x$、$\boldsymbol{e}_z$ 指单位矢量。下列结论成立的有________。

(a) 波沿着 x 方向有相位变化；

(b) 波沿着 z 方向有幅度变化；

(c) 电场的偏振方向为 y 方向；

(d) 波沿着 z 方向没有相位变化；

(e) 波沿着 y 方向没有能量流动。

解：(1) $|\boldsymbol{k}|=\dfrac{2\pi}{\lambda_0}$，单位 rad/m。

(2) 由于梯度是对空间坐标的运算，因此求相位因子的梯度时，只考虑空间相位因子的形式 $\exp(-\mathrm{j}\boldsymbol{k}\cdot\boldsymbol{r})$ 即可。

$$\begin{aligned}\nabla\exp(-\mathrm{j}\boldsymbol{k}\cdot\boldsymbol{r}) &= \boldsymbol{e}_x\frac{\partial}{\partial x}\exp[-\mathrm{j}(k_x x+k_y y+k_z z)]+\boldsymbol{e}_y\frac{\partial}{\partial y}\exp[-\mathrm{j}(k_x x+k_y y+k_z z)]+\\ &\quad\ \boldsymbol{e}_z\frac{\partial}{\partial z}\exp[-\mathrm{j}(k_x x+k_y y+k_z z)]\\ &=-\boldsymbol{e}_x\mathrm{j}k_x\exp[-\mathrm{j}(k_x x+k_y y+k_z z)]-\boldsymbol{e}_y\mathrm{j}k_y\exp[-\mathrm{j}(k_x x+k_y y+k_z z)]-\\ &\quad\ \boldsymbol{e}_z\mathrm{j}k_z\exp[-\mathrm{j}(k_x x+k_y y+k_z z)]\\ &=-\mathrm{j}\boldsymbol{k}\exp(-\mathrm{j}\boldsymbol{k}\cdot\boldsymbol{r})\end{aligned}$$

由此可见，$\boldsymbol{k}$ 的方向与相位因子的梯度相同。

(3) 由于 $\boldsymbol{k}=\boldsymbol{e}_x(A-\mathrm{j}B)+(C-\mathrm{j}D)\boldsymbol{e}_z$，因此平面波的传播方向在 xOz 平面，故波沿 x、z 方向均有相位和幅度的变化，有能量的流动和传播。根据平面波的性质，电场矢量的方向与传播方向即 xOz 平面垂直，即电场矢量沿 y 方向，在该方向上没有能量的流动。故选择(a)，(b)，(c)，(e)。

【考研题 6-12】 （北京邮电大学 2008 年）在理想介质($\varepsilon_r\varepsilon_0,\mu_0$)中平面波的电场为

$$\boldsymbol{E}=(\boldsymbol{e}_x E_{01}-\mathrm{j}\boldsymbol{e}_y E_{02})\exp[\mathrm{j}(2\pi\times10^6 t-2\pi\times10^{-2}z)]$$

求：(1) 空气中的波长 λ_0；

(2) 介质中的波长 λ_g；

(3) 相对介电常数 ε_r；

(4) 电场极化(偏振)类型；

(5) 该平面波的磁场强度。

解：(1) 平面波的频率在真空和介质中不变。由题意知，$f=\dfrac{\omega}{2\pi}=10^6\,\mathrm{Hz}$，因此真空中的波长为

$$\lambda=\frac{c}{f}=\frac{3\times10^8}{10^6}=300\mathrm{m}$$

(2) 由题意知，在介质中，$k=2\pi\times10^{-2}$，因此

$$\lambda_g=\frac{2\pi}{k}=\frac{2\pi}{2\pi\times10^{-2}}=100\mathrm{m}$$

(3) 由于 $k=\omega\sqrt{\varepsilon_r\varepsilon_0\mu_0}=2\pi\times10^6\dfrac{\sqrt{\varepsilon_r}}{c}=\dfrac{2\pi\sqrt{\varepsilon_r}}{3}\times10^{-2}$ 而 $k=2\pi\times10^{-2}$，因此 $\varepsilon_r=9$。

(4) 由题意知，平面波沿 z 方向传播，电磁波的极化状态有以下情况：

① 当 $E_{01}=0$，或者 $E_{02}=0$ 时为线极化波。

② 当 $E_{01}=E_{02}$ 时为右旋圆极化波。

③ 当 $E_{01}=-E_{02}$ 时为左旋圆极化波。

④ 当 $E_{01}\neq E_{02}$，并且 $E_{01}\cdot E_{02}>0$ 时为右旋椭圆极化波。

⑤ 当 $E_{01}\neq E_{02}$，并且 $E_{01}\cdot E_{02}<0$ 时为左旋椭圆极化波。

(5) 该平面波的磁场强度为

$$\boldsymbol{H}=\frac{\sqrt{\varepsilon_r}}{\eta_0}\boldsymbol{e}_z\times\boldsymbol{E}=\frac{1}{40\pi}\boldsymbol{e}_z\times(\boldsymbol{e}_xE_{01}-\mathrm{j}\boldsymbol{e}_yE_{02})\exp[\mathrm{j}(2\pi\times10^6t-2\pi\times10^{-2}z)]$$

$$=\frac{1}{40\pi}(\boldsymbol{e}_x\mathrm{j}E_{02}+\boldsymbol{e}_yE_{01})\exp[\mathrm{j}(2\pi\times10^6t-2\pi\times10^{-2}z)]$$

【考研题 6-13】 (北京邮电大学 2009 年)证明下面两个方程组的解是均匀平面波。

$$\begin{cases}k_zE_y=-\omega\mu_0H_x\\ \dfrac{\partial E_y}{\partial x}=-\mathrm{j}\omega\mu_0H_z\\ -\dfrac{\partial H_z}{\partial x}-\mathrm{j}k_zH_x=\mathrm{j}\omega\varepsilon E_y\end{cases}\qquad\begin{cases}k_zH_y=\omega\varepsilon E_x\\ \dfrac{\partial H_y}{\partial x}=\mathrm{j}\omega\varepsilon E_z\\ \mathrm{j}k_zE_x+\dfrac{\partial E_z}{\partial x}=\mathrm{j}\omega\mu_0H_y\end{cases}$$

证明：将上式与下面的两组标量形式的麦克斯韦方程组比较：

$$\begin{cases}\dfrac{\partial E_z}{\partial y}+\gamma E_y=-\mathrm{j}\omega\mu H_x\\ \dfrac{\partial E_z}{\partial x}+\gamma E_x=\mathrm{j}\omega\mu H_y\\ \dfrac{\partial E_y}{\partial x}-\dfrac{\partial E_x}{\partial y}=-\mathrm{j}\omega\mu H_z\end{cases}\qquad\begin{cases}\dfrac{\partial H_z}{\partial y}+\gamma H_y=\mathrm{j}\omega\varepsilon E_x\\ \dfrac{\partial H_z}{\partial x}+\gamma H_x=-\mathrm{j}\omega\varepsilon E_y\\ \dfrac{\partial H_y}{\partial x}-\dfrac{\partial H_x}{\partial y}=\mathrm{j}\omega\varepsilon E_z\end{cases}$$

可得

$$\gamma=\mathrm{j}k_z,\quad \frac{\partial E_z}{\partial y}=0,\quad \frac{\partial E_x}{\partial y}=0,\quad \frac{\partial H_z}{\partial y}=0,\quad \frac{\partial H_x}{\partial y}=0$$

因此，电磁场的形式可设为

$$\boldsymbol{E}(x,y,z)=\boldsymbol{E}_0(x,y)\mathrm{e}^{-\mathrm{j}k_zz}$$

$$\boldsymbol{H}(x,y,z)=\boldsymbol{H}_0(x,y)\mathrm{e}^{-\mathrm{j}k_zz}$$

由 $k_zH_y=\omega\varepsilon E_x$ 得

$$H_y=\frac{\omega\varepsilon}{k_z}E_x$$

将其代入 $\mathrm{j}k_zE_x+\dfrac{\partial E_z}{\partial x}=\mathrm{j}\omega\mu_0H_y$，得

$$\frac{\partial E_z}{\partial x}=\mathrm{j}\left(\frac{\omega^2\varepsilon\mu_0}{k_z}-k_z\right)E_x$$

考虑到 $k_z^2=\omega^2\varepsilon\mu_0$，代入上式可得

$$\frac{\partial E_z}{\partial x}=0$$

由 $k_z H_y=\omega\varepsilon E_x$ 两边对 x 求偏导，得

$$\frac{\partial^2 E_x}{\partial x^2}=\frac{k_z}{\omega\varepsilon}\frac{\partial^2 H_y}{\partial x^2}$$

利用$\frac{\partial H_y}{\partial x}=\mathrm{j}\omega\varepsilon E_z$ 及$\frac{\partial E_z}{\partial x}=0$，上式为

$$\frac{\partial^2 E_x}{\partial x^2}=\mathrm{j}k_z\frac{\partial E_z}{\partial x}=0 \tag{6-60}$$

利用$\frac{\partial E_x}{\partial y}=0$，得

$$\frac{\partial^2 E_x}{\partial y^2}=\frac{\partial}{\partial y}\frac{\partial E_x}{\partial y}=0 \tag{6-61}$$

将式 $k_z E_y=-\omega\mu_0 H_x$ 代入 $-\frac{\partial H_z}{\partial x}-\mathrm{j}k_z H_x=\mathrm{j}\omega\varepsilon E_y$，得

$$\frac{\partial H_z}{\partial x}=\mathrm{j}\left(\frac{k_z^2}{\omega\mu_0}-\omega\varepsilon\right)E_y$$

考虑到 $k_z^2=\omega^2\varepsilon\mu_0$，代入上式可得

$$\frac{\partial H_z}{\partial x}=0$$

利用上式对$\frac{\partial E_y}{\partial x}=-\mathrm{j}\omega\mu_0 H_z$ 两边对 x 求偏导，得

$$\frac{\partial^2 E_y}{\partial x^2}=-\mathrm{j}\omega\mu_0\frac{\partial H_z}{\partial x}=0 \tag{6-62}$$

由 $k_z E_y=-\omega\mu_0 H_x$，得

$$E_y=-\frac{\omega\mu_0}{k_z}H_x$$

利用$\frac{\partial H_x}{\partial y}=0$，得

$$\frac{\partial^2 E_y}{\partial y^2}=-\frac{\omega\mu_0}{k_z}\frac{\partial^2 H_x}{\partial y^2}=0 \tag{6-63}$$

由$\frac{\partial E_z}{\partial x}=0$，得

$$\frac{\partial^2 E_z}{\partial x^2}=0 \tag{6-64}$$

由$\frac{\partial E_z}{\partial y}=0$，得

$$\frac{\partial^2 E_z}{\partial y^2}=0 \tag{6-65}$$

由式(6-60)～式(6-65)，可得

$$\frac{\partial^2 E_x}{\partial x^2}+\frac{\partial^2 E_x}{\partial y^2}=0$$

$$\frac{\partial^2 E_y}{\partial x^2}+\frac{\partial^2 E_y}{\partial y^2}=0$$

$$\frac{\partial^2 E_z}{\partial x^2}+\frac{\partial^2 E_z}{\partial y^2}=0$$

即

$$\nabla_T^2\boldsymbol{E}=0$$

其中，∇_T 表示对横向坐标 x,y 求偏导。

由 $\nabla^2\boldsymbol{E}+k^2\boldsymbol{E}=0$，根据 $\boldsymbol{E}(x,y,z)=\boldsymbol{E}_0(x,y)\mathrm{e}^{-\mathrm{j}k_z z}$，得

$$\nabla_T^2\boldsymbol{E}+\frac{\partial^2 E}{\partial z^2}+k^2\boldsymbol{E}=\nabla_T^2\boldsymbol{E}+(\gamma^2+k^2)\boldsymbol{E}=\nabla_T^2\boldsymbol{E}+k_\mathrm{c}^2\boldsymbol{E}=0$$

其中，$\gamma=\mathrm{j}k_z$，因此

$$k_\mathrm{c}^2=0$$

故有

$$E_z=0$$

同理可得

$$\nabla_T^2\boldsymbol{H}=0,\quad H_z=0$$

方程式 $\nabla_T^2\boldsymbol{E}=0$，$\nabla_T^2\boldsymbol{H}=0$，即 TEM 波在横截面上满足的拉普拉斯方程。

由 $k_z H_y=\omega\varepsilon E_x$ 两边对 y 求偏导，得

$$\frac{\partial H_y}{\partial y}=\frac{\omega\varepsilon}{k_z}\frac{\partial E_x}{\partial y}$$

由于 $\frac{\partial E_x}{\partial y}=0$，因此

$$\frac{\partial H_y}{\partial y}=0$$

因为 $\nabla\cdot\boldsymbol{B}=\mu_0\nabla\cdot\boldsymbol{H}=0$，即 $\frac{\partial H_x}{\partial x}+\frac{\partial H_y}{\partial y}+\frac{\partial H_z}{\partial z}=0$，由于 $H_z=0$，所以

$$\frac{\partial H_x}{\partial x}=0$$

同理可得

$$\frac{\partial E_x}{\partial x}=0,\quad \frac{\partial E_y}{\partial x}=0$$

因此所给出的两个方程组的解是均匀平面波。

【考研题 6-14】 (北京邮电大学 2010 年)已知空气中

$$E=\boldsymbol{e}_y 0.8\sin(4\pi x)\cos(6\pi\times10^9 t-kz)\,\mathrm{V/m}$$

(1) 判断此波的传播方向及是否为均匀平面波。

(2) 求传播常数 k。

(3) 求磁场 H 的瞬时值表达式。

解：(1) 根据等相位面方程 $C=6\pi\times10^9t-kz$，随着 t 的增加，欲保持相位不变，z 必须增加，因此电磁波的传播方向是 $+z$ 方向。

此波是行驻波，在等相位面上电场幅度与 x 有关，不均匀，因此该波虽为平面波，但不是均匀平面波。

(2) 由于 $\omega=6\pi\times10^9$，因此总传播常数为

$$k'=\omega\sqrt{\mu_0\varepsilon_0}=\frac{\omega}{c}=20\pi$$

由于 $k_x=4\pi$，设沿 z 方向的相移常数为 k_z 则

$$k'^2=k_x^2+k_z^2=16\pi^2+k_z^2=400\pi^2$$

即

$$k=k_z=8\sqrt{6}\pi$$

(3) 电场的复数形式为

$$\boldsymbol{E}=\boldsymbol{e}_y0.8\sin(4\pi x)\mathrm{e}^{-\mathrm{j}8\sqrt{6}\pi z}\ \mathrm{V/m}$$

因此，根据麦克斯韦第二方程，有

$$\boldsymbol{H}=\frac{\nabla\times\boldsymbol{E}}{-\mathrm{j}\omega\mu_0}=\frac{1}{-\mathrm{j}\omega\mu_0}\begin{vmatrix}\boldsymbol{e}_x & \boldsymbol{e}_y & \boldsymbol{e}_z\\ \dfrac{\partial}{\partial x} & \dfrac{\partial}{\partial y} & \dfrac{\partial}{\partial z}\\ 0 & 0.8\sin(4\pi x)\mathrm{e}^{-\mathrm{j}8\sqrt{6}\pi z} & 0\end{vmatrix}$$

$$=-\boldsymbol{e}_x\frac{\sqrt{6}}{3750\pi}\sin(4\pi x)\mathrm{e}^{-\mathrm{j}8\sqrt{6}\pi z}+\mathrm{j}\boldsymbol{e}_z\frac{1}{750\pi}\cos(4\pi x)\mathrm{e}^{-\mathrm{j}8\sqrt{6}\pi z}\ \mathrm{A/m}$$

故根据上式，磁场 H 的瞬时值表达式为

$$\boldsymbol{H}=-\boldsymbol{e}_x\frac{\sqrt{6}}{3750\pi}\sin(4\pi x)\cos(6\pi\times10^9t-8\sqrt{6}z)-$$

$$\boldsymbol{e}_z\frac{1}{750\pi}\cos(4\pi x)\sin(6\pi\times10^9t-8\sqrt{6}z)\ \mathrm{A/m}$$

【考研题 6-15】 (北京邮电大学 2010 年)已知海水的 $\sigma=4\mathrm{S/m}$。$\varepsilon_r=80$，$\mu_r=1$。一频率为 $f=2.5\times10^6\mathrm{Hz}$ 的均匀平面波在海水中沿 z 方向传播，在 $z=1$ 处，电场为 $\boldsymbol{E}=(3\boldsymbol{e}_x+\boldsymbol{e}_y4\mathrm{e}^{\mathrm{j}\frac{\pi}{3}})\mathrm{V/m}$。求海水中波的相速度、波长及任一点电场 $\boldsymbol{E}$ 的表达式。

解：由题意知，$\dfrac{\sigma}{\varepsilon\omega}=\dfrac{4}{8.85\times10^{-12}\times80\times2.5\times10^6}=2.26\times10^3\gg1$，海水在该频率下属良导体。复介电常数为 $\varepsilon^e=\varepsilon\left(1-\mathrm{j}\dfrac{\sigma}{\varepsilon\omega}\right)\approx-\mathrm{j}\dfrac{\sigma}{\omega}$。

所以，衰减常数、相位常数为

$$\beta=\alpha=\sqrt{\pi f\mu\sigma}=2\pi$$

因此，相位速度为

$$v_p=\frac{\omega}{\beta}=\frac{2\pi\times2.5\times10^6}{2\pi}=2.5\times10^6\mathrm{m/s}$$

波长为

$$\lambda=\frac{2\pi}{\beta}=\frac{2\pi}{2\pi}=1\mathrm{m}$$

设海水中电场强度的表达式为

$$\boldsymbol{E}=(\boldsymbol{e}_xA_1\mathrm{e}^{-2\pi z}\mathrm{e}^{-\mathrm{j}2\pi z+\phi_1}+\boldsymbol{e}_yA_2\mathrm{e}^{-2\pi z}\mathrm{e}^{-\mathrm{j}2\pi z+\phi_2})\mathrm{V/m}$$

由 $z=1$ 处,电场为 $\boldsymbol{E}=(3\boldsymbol{e}_x+\boldsymbol{e}_y4\mathrm{e}^{\mathrm{j}\frac{\pi}{3}})$,得

$$\boldsymbol{e}_xA_1\mathrm{e}^{-2\pi}\mathrm{e}^{-\mathrm{j}2\pi+\phi_1}+\boldsymbol{e}_yA_2\mathrm{e}^{-2\pi}\mathrm{e}^{-\mathrm{j}2\pi+\phi_2}=3\boldsymbol{e}_x+\boldsymbol{e}_y4\mathrm{e}^{\mathrm{j}\frac{\pi}{3}}$$

即

$$A_1\mathrm{e}^{-2\pi}\mathrm{e}^{-\mathrm{j}2\pi+\phi_1}=3,\quad A_2\mathrm{e}^{-2\pi}\mathrm{e}^{-\mathrm{j}2\pi+\phi_2}=4\mathrm{e}^{\mathrm{j}\frac{\pi}{3}}$$

解得

$$A_1=3\mathrm{e}^{2\pi},\quad \phi_1=\mathrm{j}2\pi,\quad A_2=4\mathrm{e}^{2\pi},\quad \phi_2=\mathrm{j}\,\frac{7\pi}{3}$$

$$\boldsymbol{E}=\boldsymbol{e}_x3\mathrm{e}^{2\pi(1-z)}\mathrm{e}^{\mathrm{j}2\pi(1-z)}+\boldsymbol{e}_y4\mathrm{e}^{2\pi(1-z)}\mathrm{e}^{\mathrm{j}2\pi\left(\frac{7}{6}-z\right)}\ \mathrm{V/m}$$

其瞬时形式为

$$\boldsymbol{E}=\boldsymbol{e}_x3\mathrm{e}^{2\pi(1-z)}\cos(5\pi\times10^6t-2\pi z)+\boldsymbol{e}_y4\mathrm{e}^{2\pi(1-z)}\cos(5\pi\times10^6t-2\pi z+\pi/3)\mathrm{V/m}$$

【考研题 6-16】 (北京邮电大学 2011 年)频率为 10MHz 电场幅度为 100V/m 的均匀平面波,由空气垂直入射到海面上,海水的 $\sigma=4\mathrm{S/m}$,$\varepsilon_\mathrm{r}=72$,$\mu_\mathrm{r}=1$。求每平方米的海水表面所吸收的平均功率和距离海面 0.5m 处的海水中的电场强度。

解:在海面上,根据电场幅度为 100V/m,得到磁场为

$$H_0^+=\frac{E_0^+}{\eta_0}=\frac{100}{120\pi}=\frac{5}{6\pi}\mathrm{A/m}$$

在频率为 10MHz 时

$$\frac{\sigma}{\varepsilon\omega}=\frac{4}{2\pi\times10^7\times\frac{1}{36\pi}\times10^{-9}\times72}=100\gg1$$

因此,海水为良导体,而对电场的反射系数 $|R|\approx1$。故海水面上的合成磁场为 $2H_0^+$。则海面单位宽度上的电流为

$$J_\mathrm{s}=2H_0^+=\frac{5}{3\pi}$$

而表面电阻为

$$R_\mathrm{s}=\frac{1}{\delta\sigma}=\sqrt{\frac{\omega\mu}{2\sigma}}=\sqrt{\frac{\pi f\mu}{\sigma}}=\sqrt{\frac{\pi\times10^7\times4\pi\times10^{-7}}{4}}=\pi$$

因此,每平方米的海水表面所吸收的平均功率为

$$P=\frac{1}{2}|J_\mathrm{s}|^2R_\mathrm{s}=\frac{1}{2}\left(\frac{5}{3\pi}\right)^2\pi=\frac{25}{18\pi}\mathrm{W/m^2}$$

由于

$$\beta=\alpha=\sqrt{\pi f\mu\sigma}=\sqrt{\pi\times10^7\times4\pi\times10^{-7}\times4}=4\pi$$

因此,距离海面 0.5m 处的海水中的电场强度为

$$E=E_0e^{-\alpha z}=100e^{-4\pi\times0.5}=100e^{-2\pi}=0.1866\text{V/m}$$

【考研题 6-17】 (北京邮电大学 2001 年)频率 $f=900\text{MHz}$,$\boldsymbol{S}_{\text{av}}=60\pi\times10^{-6}\text{W/m}^2$ 的平面波,由空气垂直入射向厚度为 2mm 的铜板(其表面为极大的平面),求进入铜的 S'_{av}等于多少?

解:铜的电导率为 $\sigma=5.8\times10^7\text{S/m}$,则电磁波在铜的趋肤深度为

$$\delta=\frac{1}{\alpha}=\frac{1}{\sqrt{\pi f\mu\sigma}}=\frac{1}{\sqrt{\pi\times900\times10^6\times4\pi\times10^{-7}\times5.8\times10^7}}=22\times10^{-6}\text{m}$$

趋肤深度小于铜板的厚度,因此,铜为良导体,该电磁波在铜的表面近似发生全反射。

设入射波沿 z 方向入射铜板的表面,其电场和磁场分别为

$$\boldsymbol{E}_i=\boldsymbol{e}_xE_0e^{-jkz}\text{V/m}$$

$$\boldsymbol{H}_i=\boldsymbol{e}_y\frac{E_0}{\eta_0}e^{-jkz}\text{A/m}$$

于是

$$\boldsymbol{S}_{\text{av}}=\frac{1}{2}\mid\text{Re}(\boldsymbol{E}\times\boldsymbol{H}^*)\mid=\frac{1}{2\eta_0}E_0^2=60\pi\times10^{-6}\text{W/m}^2$$

由于电磁波在铜的表面近似发生全反射,故在导体表面引起的感应电流为

$$\boldsymbol{J}_s(0)=(-\boldsymbol{e}_z)\times\boldsymbol{e}_y2H_i(0)=\boldsymbol{e}_x2\frac{E_0}{\eta_0}\text{A/m}$$

而表面电阻为

$$R_s=\sqrt{\frac{\omega\mu}{2\sigma}}=\frac{1}{\sigma}\sqrt{\frac{\omega\mu\sigma}{2}}=\frac{1}{\delta\sigma}\Omega$$

表面感应电流 $\boldsymbol{J}_s(0)$由表面电阻引起的焦耳热便是入射波透入铜板内的电磁功率 S'_{av},即

$$S'_{\text{av}}=\frac{1}{2}J_s^2R_s=\frac{1}{2}(2H_0)^2R_s=\frac{1}{2}\times\left(2\frac{E_0}{\eta_0}\right)^2\sqrt{\frac{\omega\mu}{2\sigma}}$$

$$=4S_{\text{av}}\sqrt{\frac{\omega\mu}{2\sigma}}=3.6\times120\pi^2\times10^{-9}\text{W/m}^2$$

【考研题 6-18】 (北京邮电大学 2012 年)一个均匀平面波由空气中向理想介质 $\mu=\mu_0$,$\varepsilon=3\varepsilon_0$ 表面($z=0$ 处)斜入射,若已知入射波磁场为

$$\boldsymbol{H}^+=(\sqrt{3}\boldsymbol{e}_x-\boldsymbol{e}_y+\boldsymbol{e}_z)\sin(\omega t-Ax-2\sqrt{3}z)\text{A/m}$$

试求:

(1) $\boldsymbol{H}^+$表示式中的常数 A、入射角 θ_i、ω;

(2) 入射波电场 $\boldsymbol{E}^+$。

解:(1) 由题意可知,磁场强度的复数形式为

$$\boldsymbol{H}^+=-j(\sqrt{3}\boldsymbol{e}_x-\boldsymbol{e}_y+\boldsymbol{e}_z)e^{-j(Ax+2\sqrt{3}z)}\text{A/m}$$

故

$$\boldsymbol{k}\cdot\boldsymbol{r}=Ax+2\sqrt{3}z$$

显然,其波矢量为

$$\boldsymbol{k}=A\boldsymbol{e}_x+2\sqrt{3}\boldsymbol{e}_z$$

对于平面波而言,传播方向与磁场方向垂直,因此 $\boldsymbol{H}^{+}\cdot\boldsymbol{k}=0$,即

$$-\mathrm{j}(\sqrt{3}\boldsymbol{e}_x-\boldsymbol{e}_y+\boldsymbol{e}_z)\cdot(A\boldsymbol{e}_x+2\sqrt{3}\boldsymbol{e}_z)=0$$

由此得

$$A=-2$$

因此 $\boldsymbol{k}=-2\boldsymbol{e}_x+2\sqrt{3}\boldsymbol{e}_z$

$$k=|\boldsymbol{k}|=4\text{rad/m}$$

传播方向单位矢量为

$$\boldsymbol{e}_k=\frac{\boldsymbol{k}}{|\boldsymbol{k}|}=-\frac{1}{2}\boldsymbol{e}_x+\frac{\sqrt{3}}{2}\boldsymbol{e}_z$$

故入射角为

$$\theta_{\mathrm{i}}=\arctan\left|\frac{k_x}{k_z}\right|=\arctan\frac{1}{\sqrt{3}}=30^\circ$$

由 $k=4$ 得

$$\omega=k/\sqrt{\varepsilon_0\mu_0}=12\times10^8\text{rad/s}$$

(2) 电场强度复矢量为

$$\boldsymbol{E}^{+}=\eta_0\boldsymbol{H}^{+}\times\boldsymbol{e}_k=-\mathrm{j}120\pi(\sqrt{3}\boldsymbol{e}_x-\boldsymbol{e}_y+\boldsymbol{e}_z)\mathrm{e}^{-\mathrm{j}(-2x+2\sqrt{3}z)}\times\left(-\frac{1}{2}\boldsymbol{e}_x+\frac{\sqrt{3}}{2}\boldsymbol{e}_z\right)$$

$$=\mathrm{j}120\pi\left(\frac{\sqrt{3}}{2}\boldsymbol{e}_x+2\boldsymbol{e}_y+\frac{1}{2}\boldsymbol{e}_z\right)\mathrm{e}^{-\mathrm{j}(-2x+2\sqrt{3}z)}\text{V/m}$$

其瞬时值表达式为

$$\boldsymbol{E}^{+}(t)=-60\pi(\sqrt{3}e_x+4e_y+e_z)\sin(\omega t+2x-2\sqrt{3}z)\text{ V/m}$$

【考研题 6-19】 (北京邮电大学 2014 年)试证明自由空间中电场矢量 $\boldsymbol{E}=\boldsymbol{E}_0\mathrm{e}^{-\mathrm{j}(\omega t-\boldsymbol{k}\cdot\boldsymbol{r})}$ 表示一个朝 $\boldsymbol{k}$ 方向传输的均匀平面波,而且是 TEM 波。其中,$\boldsymbol{E}_0$ 和 $\boldsymbol{k}$ 是常矢量,$k=\omega\sqrt{\mu_0\varepsilon_0}$。

证明:根据沿任意方向传播的电磁波表达式可知,该电场沿 $\boldsymbol{k}$ 方向传输。不失一般性,在直角坐标系下,设 $\boldsymbol{k}=k_x\boldsymbol{e}_x+k_y\boldsymbol{e}_y+k_z\boldsymbol{e}_z$,则 $\boldsymbol{k}\cdot\boldsymbol{r}=k_xx+k_yy+k_zz$,因此

$$\nabla\times\boldsymbol{E}=\nabla\times\boldsymbol{E}_0\exp[-\mathrm{j}(\omega t-\boldsymbol{k}\cdot\boldsymbol{r})]=\nabla\exp[-\mathrm{j}(\omega t-\boldsymbol{k}\cdot\boldsymbol{r})]\times\boldsymbol{E}_0$$

$$=\mathrm{e}^{-\mathrm{j}\omega t}\left\{\boldsymbol{e}_x\frac{\partial}{\partial x}\exp[\mathrm{j}(k_xx+k_yy+k_zz)]+\right.$$

$$\left.\boldsymbol{e}_y\frac{\partial}{\partial y}\exp[\mathrm{j}(k_xx+k_yy+k_zz)]+\boldsymbol{e}_z\frac{\partial}{\partial z}\exp[\mathrm{j}(k_xx+k_yy+k_zz)]\right\}\times\boldsymbol{E}_0$$

$$=\mathrm{e}^{-\mathrm{j}\omega t}\{\boldsymbol{e}_x\mathrm{j}k_x\exp[\mathrm{j}(k_xx+k_yy+k_zz)]+\boldsymbol{e}_y\mathrm{j}k_y\exp[\mathrm{j}(k_xx+k_yy+k_zz)]+$$

$$\boldsymbol{e}_z\mathrm{j}k_z\exp[\mathrm{j}(k_xx+k_yy+k_zz)]\}\times\boldsymbol{E}_0=\mathrm{j}\boldsymbol{k}\exp[-\mathrm{j}(\omega t-\boldsymbol{k}\cdot\boldsymbol{r})]\times\boldsymbol{E}_0=\mathrm{j}\boldsymbol{k}\times\boldsymbol{E}$$

将 $\boldsymbol{E}=\boldsymbol{E}_0\mathrm{e}^{-\mathrm{j}(\omega t-\boldsymbol{k}\cdot\boldsymbol{r})}$ 代入复数形式的麦克斯韦方程组

$$\begin{cases}\nabla\times\boldsymbol{H}=\mathrm{j}\omega\varepsilon_0\boldsymbol{E}\\\nabla\times\boldsymbol{E}=-\mathrm{j}\omega\mu_0\boldsymbol{H}\\\nabla\cdot\boldsymbol{E}=0\\\nabla\cdot\boldsymbol{H}=0\end{cases}$$

则有等价关系

$$\begin{cases} \mathrm{j}\boldsymbol{k}\times\boldsymbol{H}=\mathrm{j}\omega\varepsilon_0\boldsymbol{E} \\ \mathrm{j}\boldsymbol{k}\times\boldsymbol{E}=-\mathrm{j}\omega\mu_0\boldsymbol{H} \\ \mathrm{j}\boldsymbol{k}\cdot\boldsymbol{E}=0 \\ \mathrm{j}\boldsymbol{k}\cdot\boldsymbol{H}=0 \end{cases}$$

整理即得

$$\begin{cases} \boldsymbol{k}\times\boldsymbol{H}-\omega\varepsilon_0\boldsymbol{E}=0 \\ \boldsymbol{k}\times\boldsymbol{E}+\omega\mu_0\boldsymbol{H}=0 \\ \boldsymbol{k}\cdot\boldsymbol{E}=0 \\ \boldsymbol{k}\cdot\boldsymbol{H}=0 \end{cases}$$

由上式易见，传播方向 $\boldsymbol{k}$ 与电场$\boldsymbol{E}$、磁场$\boldsymbol{H}$ 均垂直，并且电场 $\boldsymbol{E}$ 和磁场$\boldsymbol{H}$ 垂直。由于$\boldsymbol{E}_0$ 是常矢量，因此电场的幅度不随空间变化，因此$\boldsymbol{E}=\boldsymbol{E}_0\mathrm{e}^{-\mathrm{j}(\omega t-\boldsymbol{k}\cdot\boldsymbol{r})}$为朝 $\boldsymbol{k}$ 方向传输的均匀平面波，并且是 TEM 波。

【考研题 6-20】 （北京邮电大学 2014 年）写出均匀有耗媒质(σ,μ,ε)中平面波电场的一般表示形式并给出传播常数的具体表达式，说明与无损耗媒质中的波相比，损耗媒质中波的波长和速度的变化情况。

解：均匀有耗媒质(σ,μ,ε)中平面波电场的一般表示形式为

$$\boldsymbol{E}=\boldsymbol{e}_x E_0\mathrm{e}^{\mathrm{j}\varphi}\mathrm{e}^{-(\alpha+\mathrm{j}\beta)z}$$

传播常数 γ 为

$$\gamma=\alpha+\mathrm{j}\beta$$

波长为

$$\lambda=\frac{2\pi}{\beta}=\frac{1}{f\sqrt{\frac{\mu\varepsilon}{2}\left(\sqrt{1+\frac{\sigma^2}{\omega^2\varepsilon^2}}+1\right)}}<\frac{v}{f}$$

即波长比无损耗媒质中的波长变小。

相速度为

$$v_{\mathrm{p}}=\frac{\omega}{\beta}=\frac{1}{\sqrt{\frac{\mu\varepsilon}{2}\left(\sqrt{1+\frac{\sigma^2}{\omega^2\varepsilon^2}}+1\right)}}<v$$

即相速度比无损耗媒质中的速度变小。波长和速度随频率变化，具有色散特性。

【考研题 6-21】 （北京邮电大学 2015 年）设良导体的电导率为 σ，表面电阻率为 R_{s}，单位宽度的总电流为 J_{s}。试求：经表面($z=0$)垂直穿过单位面积良导体内的平均功率。

解：经良导体表面($z=0$)流入的电磁波平均功率流密度等于该良导体的损耗功率，即

$$\boldsymbol{S}_{\mathrm{av}}=\frac{1}{2}\mathrm{Re}(\boldsymbol{E}\mid_{z=0}\times\boldsymbol{H}^*\mid_{z=0})=\boldsymbol{e}_z\frac{1}{2}\mathrm{Re}\left[E_0\times\left(\frac{E_0}{\sqrt{\mu/\varepsilon^{\mathrm{e}}}}\right)^*\right]=\boldsymbol{e}_z\frac{1}{2}\mathrm{Re}\left[E_0^2\left(\frac{1}{\eta^{\mathrm{e}}}\right)^*\right]$$

由于

$$\eta^{\mathrm{e}}=Z_{\mathrm{s}}=\sqrt{\frac{\pi f\mu}{\sigma}}+\mathrm{j}\sqrt{\frac{\pi f\mu}{\sigma}}$$

因此

$$P_L = S_{av} = \frac{1}{2}E_0^2 / \sqrt{\frac{2\omega\mu}{\sigma}} = \frac{1}{2}H_0^2\sqrt{\frac{\pi f\mu}{\sigma}} = \frac{1}{2}H_0^2 R_s$$

良导体内的传导电流近似视为仅分布在良导体表面的表面电流，则根据边界条件可得

$$H_0 \approx |J_s|$$

所以

$$P_L = \frac{1}{2}|J_s|^2 R_s$$

【考研题 6-22】 (西安电子科技大学 2008 年)均匀平面电磁波在 $\mu_r = 1$ 的理想介质中传播，若电磁波的电场瞬时值为 $\boldsymbol{E}(r,t) = \boldsymbol{e}_x 30\pi\cos\left[2\pi(10^8 t - 0.5z) + \frac{\pi}{3}\right]$(V/m)，试求：

(1) 该理想介质的波阻抗；

(2) 理想介质中单位体积内电磁能量的平均功率 W_{av}；

(3) 电磁波平均坡印亭矢量的平均值 $\boldsymbol{S}_{av}(r)$。

解：(1) 根据电场矢量表达式可知，$k = \pi$，$\omega = 2\pi \times 10^8$ rad/s。

$$k = \omega\sqrt{\mu\varepsilon} = \sqrt{\varepsilon_r}\,\omega/c = \pi$$

所以

$$\sqrt{\varepsilon_r} = 1.5$$

因此波阻抗为

$$\eta = \eta_0\sqrt{\frac{\mu_r}{\varepsilon_r}} = 80\pi(\Omega)$$

(2) 在理想介质中电场能量密度的平均值和磁场能量密度的平均值相等，故

$$W_{av} = \frac{1}{4}\mathrm{Re}[\boldsymbol{D}\cdot\boldsymbol{E}^*] + \frac{1}{4}\mathrm{Re}[\boldsymbol{B}\cdot\boldsymbol{H}^*] = 2\times\frac{1}{4}\mathrm{Re}[\boldsymbol{D}\cdot\boldsymbol{E}^*] = \frac{1}{2}\varepsilon E^2 = \frac{9\pi}{32}\times 10^{-7}(\mathrm{J/m^3})$$

(3) 电磁波平均坡印亭矢量的平均值

$$\boldsymbol{S}_{av} = \mathrm{Re}\left[\frac{1}{2}\boldsymbol{E}\times\boldsymbol{H}^*\right] = \boldsymbol{e}_z\frac{E^2}{2\eta} = \frac{45\pi}{8}\boldsymbol{e}_z(\mathrm{J/m^2})$$

【考研题 6-23】 (西安电子科技大学 2009 年)均匀平面电磁波在相对磁导率 $\mu_r = 1$ 的理想介质中传播，其电场强度的瞬时表达式为

$\boldsymbol{E}(r,t) = \boldsymbol{e}_x\cdot 5\sin[2\pi(10^8 t - z)] + \boldsymbol{e}_y\cdot 5\cos[2\pi(10^8 t - z)]$(mV/m)，试求：

(1) 该理想介质的相对介电常数 ε_r；

(2) 平面电磁波在该理想介质中的相速度 v_p；

(3) 平面电磁波的极化状态。

解：(1) 由电场强度的瞬时表达式可知，$k = 2\pi$，$\omega = 2\pi\times 10^8$ rad/s。

根据 $k = \omega\sqrt{\mu\varepsilon} = \sqrt{\varepsilon_r}\,\omega/c = 2\pi$，可得

$$\varepsilon_r = 9$$

(2) $v_p = \omega/k = 10^8$ m/s。

(3) $\boldsymbol{E}(r,t) = \boldsymbol{e}_x\cdot 5\cos[2\pi(10^8 t - z) - \pi/2] + \boldsymbol{e}_y\cdot 5\cos[2\pi(10^8 t - z)]$。

可见，电磁波沿着 z 轴方向传播，且 $|E_{xm}| = |E_{ym}|$，$\phi_y - \phi_x = \pi/2$，利用追赶法判断，

该波为左旋圆极化波。

【考研题 6-24】（西安电子科技大学 2011 年）假设真空中均匀平面电磁波的电场强度矢量为 $\boldsymbol{E}=3(\boldsymbol{e}_x-\sqrt{2}\boldsymbol{e}_y)\mathrm{e}^{-\mathrm{j}\frac{\pi}{6}(2x+\sqrt{2}y-\sqrt{3}z)}$ (V/m)。试求：

(1) 电场强度矢量的复振幅、波矢量和波长；

(2) 电场强度矢量和磁场强度矢量的瞬时表达式。

解：(1) 电场强度矢量的复振幅为

$$E_{\mathrm{m}}=|\boldsymbol{E}|=3\sqrt{3}\,\mathrm{V/m}$$

波矢量为

$$\boldsymbol{k}=\frac{\pi}{6}(2\boldsymbol{e}_x+\sqrt{2}\boldsymbol{e}_y-\sqrt{3}\boldsymbol{e}_z)$$

单位波矢量为

$$\boldsymbol{e}_{\mathrm{k}}=\frac{1}{3}(2\boldsymbol{e}_x+\sqrt{2}\boldsymbol{e}_y-\sqrt{3}\boldsymbol{e}_z)$$

因为 $k=\omega\sqrt{\varepsilon_0\mu_0}=\frac{2\pi}{\lambda}=\frac{\pi}{2}$，所以，$\lambda=4\mathrm{m}$。

(2) 因为 $\omega=\frac{3\pi}{2}\times10^8 t$，所以

$$\boldsymbol{E}(r,t)=\mathrm{Re}[\boldsymbol{E}\mathrm{e}^{\mathrm{j}\omega t}]=3(\boldsymbol{e}_x-\sqrt{2}\boldsymbol{e}_y)\cos\left[\frac{3\pi}{2}\times10^8 t-\frac{\pi}{6}(2x+\sqrt{2}y-\sqrt{3}z)\right]\ (\mathrm{V/m})$$

$$\boldsymbol{H}=\frac{\boldsymbol{e}_{\mathrm{k}}\times\boldsymbol{E}}{\eta_0}=-\frac{1}{120\pi}(\sqrt{6}\boldsymbol{e}_x+\sqrt{3}\boldsymbol{e}_y+3\sqrt{2}\boldsymbol{e}_z)\mathrm{e}^{-\mathrm{j}\frac{\pi}{6}(2x+\sqrt{2}y-\sqrt{3}z)}\ (\mathrm{A/m})$$

$$\boldsymbol{H}(r,t)=\mathrm{Re}[\boldsymbol{H}\mathrm{e}^{\mathrm{j}\omega t}]=-\frac{1}{120\pi}(\sqrt{6}\boldsymbol{e}_x+\sqrt{3}\boldsymbol{e}_y+3\sqrt{2}\boldsymbol{e}_z)$$

$$\cos\left[\frac{3\pi}{2}\times10^8 t-\frac{\pi}{6}(2x+\sqrt{2}y-\sqrt{3}z)\right]\ (\mathrm{A/m})$$

第 7 章

CHAPTER 7

平面电磁波在媒质界面上的反射与折射

7.1 内容提要及学习要点

本章重点掌握时谐平面波在不同媒质界面上反射、折射的一般规律。由于任意平面波可以分解为两个极化方向垂直的线极化波的合成，因此在讨论平面波的反射与折射时，只考虑线极化波即可。掌握均匀平面波对边界垂直入射、斜入射时电磁波的传播规律及特点，能够根据边界条件和平面波的性质分析媒质分界面两侧的电磁场分布，掌握反射系数、透射(折射)系数的概念及计算；深刻理解行波、驻波、行驻波的形成机理及特点，辨别行波、驻波的主要特征；理解反射系数、透射系数与电磁能流分配的关系；理解反射波与折射波的极化特征，理解菲涅耳公式、全透射、全反射的概念及特点；了解反射波的相位变化。

7.1.1 反射系数、折射系数

反射系数、折射系数与场矢量的参考方向有关，本书取切向场的反射系数与折射系数。注意，计算反射系数、折射系数时必须结合图示，不同图示表示的同一场的反射系数、折射系数在计算中可能会相差一个负号。

通常将边界面处反射波的切向电场强度与入射波的切向电场强度的复振幅之比定义为电场反射系数 R(注意方向，见 7.1.3 节分析)，即

$$R=\frac{E_0^-}{E_0^+}$$

又将边界面处折射波的切向电场强度与入射波的切向电场强度的复振幅之比定义为电场传输(折射)系数 T，即

$$T=\frac{E_0^T}{E_0^+}$$

电磁波在经过两种媒质的交界面时，如果交界面为平面，且其尺寸远大于电磁波波长，则会发射反射和折射现象。

7.1.2 行波、驻波与行驻波

行波：空间相位与时间相位之间存在耦合，即空间坐标的变化与时间坐标的变化可以相互补偿以保持相位或者场量的恒定；随着时间的推移，从而推动等相位面沿空间坐标发

生位移，即引起波动。典型的行波形式为

$$\boldsymbol{E}=\boldsymbol{e}_x E_0\cos(\omega t-kz+\varphi)$$

驻波：空间相位与时间相位之间没有耦合，即时间相位与空间相位不能相互补偿，随着时间的推移，可以认为是不动的波——驻波，其波腹、波节的空间坐标位置不变，也就是没有能量的流动。典型的电场与磁场驻波的瞬时表示式为

$$\boldsymbol{E}=\boldsymbol{e}_x E_0\sin kz\sin\omega t$$

$$\boldsymbol{H}=\boldsymbol{e}_y H_0\cos kz\cos\omega t$$

驻波系数是衡量射频、微波系统最重要的指标之一，也是信号完整性(SI)中的主要指标之一。

行驻波：在某一方向表现为行波与驻波的合成；或者在某一方向表现为行波，在另一方向表现为驻波。行驻波的典型形式为

$$\boldsymbol{E}=\boldsymbol{e}_x E_1\cos(\omega t-kz+\varphi)+\boldsymbol{e}_x E_2\sin kz\sin\omega t$$

$$\boldsymbol{E}=\boldsymbol{e}_y E_0\sin k_1 z\cos(\omega t-k_2 x+\varphi)$$

7.1.3 时谐平面波在不同媒质分界平面上反射、折射的一般规律

该规律来源于电磁场的边界条件，是边界条件在时谐平面波情况下的具体表现形式。设分界面为 $z=0$ 平面，电磁波从 $z<0$ 媒质 1 的一面向 $z>0$ 媒质 2 的一面入射。可写出入射波、反射波、折射波电场的表达式分别为

$$\boldsymbol{E}^{+}=E_0^{+}\mathrm{e}^{-\mathrm{j}\boldsymbol{k}^{+}\cdot\boldsymbol{r}}=E_0^{+}\mathrm{e}^{-\mathrm{j}(k_x^{+}x+k_y^{+}y+k_z^{+}z)},\quad z\leqslant 0 \tag{7-1}$$

$$\boldsymbol{E}^{-}=E_0^{-}\mathrm{e}^{-\mathrm{j}\boldsymbol{k}^{-}\cdot\boldsymbol{r}}=E_0^{-}\mathrm{e}^{-\mathrm{j}(k_x^{-}x+k_y^{-}y+k_z^{-}z)},\quad z\leqslant 0 \tag{7-2}$$

$$\boldsymbol{E}^{T}=E_0^{T}\mathrm{e}^{-\mathrm{j}\boldsymbol{k}^{T}\cdot\boldsymbol{r}}=E_0^{T}\mathrm{e}^{-\mathrm{j}(k_x^{T}x+k_y^{T}y+k_z^{T}z)},\quad z\geqslant 0 \tag{7-3}$$

其中，$k^{+}=k^{-}=\beta_1=\omega\sqrt{\mu_1\varepsilon_1}$ 和 $k^{T}=\beta_2=\omega\sqrt{\mu_2\varepsilon_2}$。

根据电场与磁场的关系写出入射波、反射波、折射波磁场的表达式为

$$\boldsymbol{H}^{+}=\boldsymbol{e}_{k^{+}}\times\frac{\boldsymbol{E}^{+}}{\eta_1} \tag{7-4}$$

$$\boldsymbol{H}^{-}=\boldsymbol{e}_{k^{-}}\times\frac{\boldsymbol{E}^{-}}{\eta_1} \tag{7-5}$$

$$\boldsymbol{H}^{T}=\boldsymbol{e}_{k^{T}}\times\frac{\boldsymbol{E}^{T}}{\eta_2} \tag{7-6}$$

在媒质 1($z<0$)中，合成场为 $\boldsymbol{E}_1=\boldsymbol{E}^{+}+\boldsymbol{E}^{-}$，$\boldsymbol{H}_1=\boldsymbol{H}^{+}+\boldsymbol{H}^{-}$。

在媒质 2($z>0$)中，合成场为 $\boldsymbol{E}_2=\boldsymbol{E}^{T}$，$\boldsymbol{H}_2=\boldsymbol{H}^{T}$。

在分析中必须明确入射波、反射波、折射波的传播方向及其表达式，例如，如图 7-1 所示，则

$$\boldsymbol{k}^{+}=\beta_1\boldsymbol{e}^{+}=\boldsymbol{e}_x\beta_1\sin\theta_{\mathrm{i}}+\boldsymbol{e}_z\beta_1\cos\theta_{\mathrm{i}}$$

$$\boldsymbol{k}^{-}=\beta_1\boldsymbol{e}^{-}=\boldsymbol{e}_x\beta_1\sin\theta_{\mathrm{r}}-\boldsymbol{e}_z\beta_1\cos\theta_{\mathrm{r}}$$

$$\boldsymbol{k}^{T}=\beta_2\boldsymbol{e}^{T}=\boldsymbol{e}_x\beta_2\sin\theta_{\mathrm{T}}+\boldsymbol{e}_z\beta_2\cos\theta_{\mathrm{T}}$$

确定斜入射时反射波的电场矢量方向及传播方向是一个难点。对于更一般的情况，通

常将电场矢量分为平行极化分量和垂直极化分量两部分，在给定反射波和入射波的磁场/电场矢量的方向后，根据电场矢量、磁场矢量及传播方向之间的右手螺旋关系，给出其他电场/磁场矢量的参考方向(如图 7-1 所示)。

例如，分析平面波对理想导体表面的斜入射时，对于垂直极化波的情况，其反射系数为 $R_N=-1$，因此反射波的电场矢量表达式容易给出；而对于平行极化波，如图 7-2 所示，相对于入射波电场的参考方向而言，反射波的切向反射系数也为-1，即 $R_P=-1$，但是此时必须结合图示分析。也就是说，根据图 7-2 所示，由边界条件得 $E_0^-=E_0^+$，而此时反射波电场的切向分量与入射波电场的切向分量方向相反，故计算切向分量反射系数时，$R_P=R_\tau=\dfrac{-E_0^-\cos\theta_r}{E_0^+\cos\theta_i}=-1$；反射波电场的法向分量与入射波电场的法向分量方向相同，故法向分量反射系数为 1。如果按照图 7-1 所示给出的诸场量的参考方向分析理想导体表面的斜入射，由边界条件得 $E_0^-=-E_0^+$，则 $R_\tau=\dfrac{E_0^-}{E_0^+}=-1$，即切向电场的反射系数也为$-1$，此时法向分量反射系数也为 1。总起来讲，根据边界条件计算出反射电场的振幅与入射波电场的振幅，再结合切向分量和法向分量，并与入射波场分量的参考方向进行比较而确定反射系数的符号。这也是有些教材提到的平行极化波斜入射到理想导体表面时电场反射系数为 1 的原因(未考虑图示中参考方向引起的差异)。

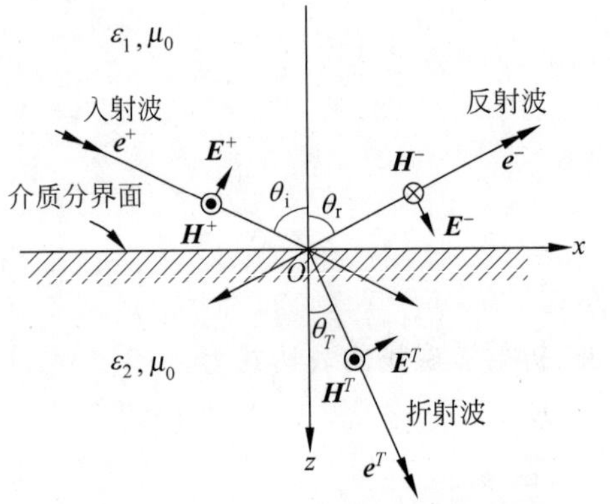

图 7-1 平行极化波斜入射到理想介质分界面

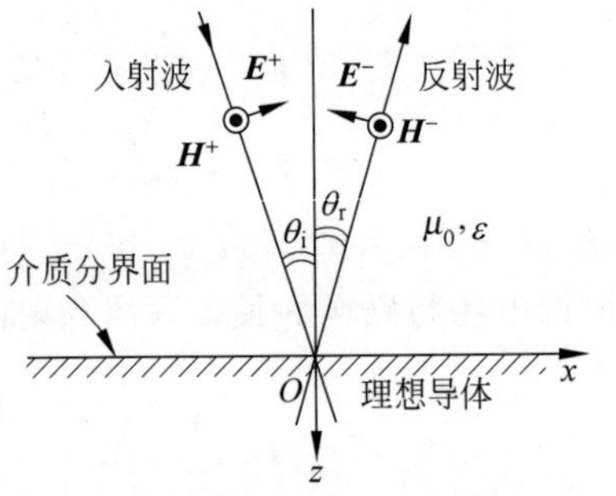

图 7-2 平行极化波斜入射到理想导体

当然，在分析平面波对理想导体表面的斜入射时，如果不结合图示，根据切向电场的反射系数为-1，法向分量反射系数为 1，直接在反射波公式中给出场矢量方向，也能得出正确结论。但是判断波的极化方向一定要根据图示，所以建议根据图示写出平面波的具体表达式。

根据电场边界条件，在分界面 $z=0$ 两侧，电场的切向分量应该连续，即

$$\boldsymbol{E}_t^+\Big|_{z=0}+\boldsymbol{E}_t^-\Big|_{z=0}=(\boldsymbol{E}_t^T)\Big|_{z=0} \tag{7-7}$$

故

$$E_{0t}^+e^{-j(k_x^+x+k_y^+y)}+E_{0t}^-e^{-j(k_x^-x+k_y^-y)}=E_{0t}^Te^{-j(k_x^Tx+k_y^Ty)} \tag{7-8}$$

欲使上式在分界面上对任意一点坐标$(x,y,0)$都成立，式中指数项必须相等，即

$$k_x^+x+k_y^+y=k_x^-x+k_y^-y=k_x^Tx+k_y^Ty$$

欲上式对任意的 x,y 都成立，必须

$$k_x^+ = k_x^- = k_x^T, \quad k_y^+ = k_y^- = k_y^T$$

上面两式说明：入射波、反射波和折射波的波矢量在分界面 $z=0$ 上的分量相等、投影相等(重合)，即它们在同一个平面上，这个平面与分界面垂直，称为入射面(即反射面或折射面)。一般设波矢量 $\boldsymbol{k}^+$、$\boldsymbol{k}^-$、$\boldsymbol{k}^T$ 与分界面法线的夹角分别为 θ_i、θ_r、θ_T，并称为入射角、反射角、折射角。

不失一般性，令入射面与 $y=0$ 面重合，这样 $k_y^+ = k_y^- = k_y^T = 0$，

$$k_x^+ = k^+ \sin\theta_i = \beta_1 \sin\theta_i$$

$$k_x^- = k^- \sin\theta_r = \beta_1 \sin\theta_r$$

$$k_x^T = k^T \sin\theta_T = \beta_2 \sin\theta_r$$

故有

$$\theta_i = \theta_r \tag{7-9}$$

和 $\beta_1 \sin\theta_i = \beta_2 \sin\theta_T$，即

$$\sqrt{\mu_1 \varepsilon_1} \sin\theta_i = \sqrt{\mu_2 \varepsilon_2} \sin\theta_T \tag{7-10}$$

或者

$$n_1 \sin\theta_i = n_2 \sin\theta_T \tag{7-11}$$

其中，n_1、n_2 分别为分界面两侧媒质的折射率。以上两式即折射定律，与光学中的折射定律一样。

对应理想介质分界面，磁场的切向分量也应该连续，即

$$\boldsymbol{H}_t^+ \big|_{z=0} + \boldsymbol{H}_t^- \big|_{z=0} = (\boldsymbol{H}_t^T) \big|_{z=0} \tag{7-12}$$

利用式(7-1)～式(7-7)即可求出平面波入射到理想导体表面时的反射系数，再结合式(7-12)即可求出平面波入射到理想介质表面(或者有限电导率媒质表面)时的反射系数、折射系数，并可以进一步分析媒质分界面两侧的电磁场传播及分布规律。

7.1.4 时谐平面波向不同媒质界面的垂直入射

垂直入射是斜入射时入射角等于零的情况。在计算时只要注意所取的切向场的方向，并在斜入射时令 $\theta_1=0$ 就可以得到垂直入射的结果。

1. 时谐平面波向理想导体表面的垂直入射

1) 边界条件

分界面上电场切向分量等于零(注意，不是整个媒质 1 区域电场在该方向的分量为零，而只限于分界面)，即

$$E_0^+ + E_0^- = 0$$

可得反射系数

$$R = \frac{E_0^-}{E_0^+} = -1 \tag{7-13}$$

2) 在媒质 1 中的场量表示式

$$\boldsymbol{E}_1 = \boldsymbol{E}^+ + \boldsymbol{E}^- = \boldsymbol{e}_x (E_0^+ \mathrm{e}^{-\mathrm{j}\beta z} + E_0^- \mathrm{e}^{\mathrm{j}\beta z}) = -\boldsymbol{e}_x \mathrm{j}2E_0^+ \sin(\beta z) \tag{7-14}$$

$$\boldsymbol{H}_1 = \boldsymbol{H}^+ + \boldsymbol{H}^- = \boldsymbol{e}_y (H_0^+ \mathrm{e}^{-\mathrm{j}\beta z} + H_0^- \mathrm{e}^{\mathrm{j}\beta z}) = \boldsymbol{e}_y \left(\frac{E_0^+}{\eta} \mathrm{e}^{-\mathrm{j}\beta z} - \frac{E_0^-}{\eta} \mathrm{e}^{\mathrm{j}\beta z} \right)$$

$$=\boldsymbol{e}_y 2\frac{E_0^+}{\eta}\cos(\beta z) \tag{7-15}$$

物理现象：时谐平面波垂直入射到理想导体表面时发生全反射，合成场为驻波。电场的波节点出现在 $z=-\frac{n\lambda}{2}(n=0,1,2,\cdots)$ 处，这也是磁场的波腹点。电场(磁场)相邻波节点的间距为 $\frac{\lambda}{2}$，相邻波腹点的间距也为 $\frac{\lambda}{2}$，而相邻波节点与波腹点的间距为 $\frac{\lambda}{4}$。

3）理想导体表面面电流密度

$$\boldsymbol{J}_s=(-\boldsymbol{e}_z)\times\boldsymbol{H}_1\big|_{z=0}=\boldsymbol{e}_x 2H_0^+=\boldsymbol{e}_x 2\frac{E_0^+}{\eta} \tag{7-16}$$

注意：依据欧姆定律，对应一般金属表面，(趋肤)电流方向与表面上的电场方向应一致；虽然理想导体表面电场为零，但表面电流与表面附近的电场方向一致，这也说明理想导体是良导体的极限情况。

2. 时谐平面波向理想介质表面的垂直入射

所利用的边界条件为式(7-7)和式(7-12)。

电场的反射系数为

$$R=\frac{E_0^-}{E_0^+}=\frac{\eta_2-\eta_1}{\eta_2+\eta_1}$$

电场传输(折射)系数为

$$T=\frac{2\eta_2}{\eta_2+\eta_1}$$

在区域 1 中的合成电场强度为

$$\begin{aligned}\boldsymbol{E}_1&=\boldsymbol{e}_x E_0^+(\mathrm{e}^{-\mathrm{j}\beta_1 z}+R\mathrm{e}^{\mathrm{j}\beta_1 z})=\boldsymbol{e}_x E_0^+[(1+R)\mathrm{e}^{-\mathrm{j}\beta_1 z}+R(\mathrm{e}^{\mathrm{j}\beta_1 z}-\mathrm{e}^{-\mathrm{j}\beta_1 z})]\\&=\boldsymbol{e}_x E_0^+[(1+R)\mathrm{e}^{-\mathrm{j}\beta_1 z}+\mathrm{j}2R\sin\beta_1 z]\end{aligned} \tag{7-17}$$

合成电场的振幅为

$$\begin{aligned}|\boldsymbol{E}_1|&=|E_0^+||1+R\mathrm{e}^{\mathrm{j}2\beta_1 z}|=|E_0^+||1+R\cos(2\beta_1 z)+\mathrm{j}R\sin(2\beta_1 z)|\\&=|E_0^+|\sqrt{1+R^2+2R\cos(2\beta_1 z)}\end{aligned}$$

可见，当 $R>0$ 时，在 $2z\beta_1=-2n\pi(n=0,1,2,\cdots)$ 处有最大值 $|E_0^+||1+R|$，在介质表面形成波腹；在 $2z\beta_1=-(2n+1)\pi(n=0,1,2,\cdots)$ 处有最小值 $|E_0^+||1-R|$，在介质表面形成波节。当 $R<0$ 时，在 $2z\beta_1=-(2n+1)\pi(n=0,1,2,\cdots)$ 处形成波腹；在 $2z\beta_1=-2n\pi(n=0,1,2,\cdots)$ 处形成波节。

注意，在解题过程中，通常给出介质表面出现波腹或者波节的条件，并由此确定 $R>0$ 或者 $R<0$，如例题 7-11 所示。

区域 2 中的折射波的电场强度和磁场强度为行波，即

$$\boldsymbol{E}^T=\boldsymbol{e}_x TE_0^+\mathrm{e}^{-\mathrm{j}\beta_2 z},\quad \boldsymbol{H}^T=\boldsymbol{e}_x\frac{T}{\eta_2}E_0^+\mathrm{e}^{-\mathrm{j}\beta_2 z} \tag{7-18}$$

入射波的平均功率流密度等于反射波和折射波的平均功率流密度之和，这与能量守恒定理一致，即

$$S_{av}^{-}+S_{av}^{T}=R^{2}S_{av}^{+}+\frac{\eta_1}{\eta_2}T^{2}S_{av}^{+}=S_{av}^{+} \tag{7-19}$$

7.1.5 时谐平面波向不同媒质界面的斜入射

1. 时谐平面波向理想导体表面的斜入射

电磁波不能进入理想导体内部，故透射波为零，发生全反射，但是理想导体表面存在表面电流。

1）垂直极化波在理想导体表面的斜入射

根据理想导体表面切向电场强度等于零的边界条件，反射系数为

$$R=\frac{E_0^{-}}{E_0^{+}}=-1 \tag{7-20}$$

合成电场和磁场的表达式为

$$\boldsymbol{E}=\boldsymbol{e}_y(-\mathrm{j}2)E_0^{+}\sin(\beta z\cos\theta)\mathrm{e}^{-\mathrm{j}\beta x\sin\theta} \tag{7-21}$$

$$\boldsymbol{H}=-\frac{2E_0^{+}}{\eta}[\boldsymbol{e}_z\mathrm{j}\sin\theta\sin(\beta z\cos\theta)+\boldsymbol{e}_x\cos\theta\cos(\beta z\cos\theta)]\mathrm{e}^{-\mathrm{j}\beta x\sin\theta} \tag{7-22}$$

对应的瞬时表达式（设初始相位为零）为

$$\boldsymbol{E}=\boldsymbol{e}_y 2E_0^{+}\sin(\beta z\cos\theta)\sin(\omega t-\beta x\sin\theta) \tag{7-23}$$

$$\boldsymbol{H}_x=-2H_0^{+}\boldsymbol{e}_x\cos\theta\cos(\beta z\cos\theta)\cos(\omega t-\beta x\sin\theta) \tag{7-24}$$

$$\boldsymbol{H}_z=2\boldsymbol{e}_z H_0^{+}\sin\theta\sin(\beta z\cos\theta)\sin(\omega t-\beta x\sin\theta) \tag{7-25}$$

特点：合成波平行于表面方向（x 方向）为行波，垂直于表面方向（z 方向）为驻波。

(1) 从波速看：合成波等相位面方程 $\omega t-\beta x\sin\theta=$ 常数，等相位面速度即相速 $v_{px}=\frac{\omega}{\beta\sin\theta}$，有可能大于光速。相速大于光速的波称为快波，反之称为慢波。

(2) 从幅度看：首先，等相位面上场强分布不均匀，是驻波，因此合成波为非均匀平面波；其次，等幅度面（$z=$ 常数）与等相位面（$x=$ 常数）垂直。

(3) 从场强纵向分量看：在电磁波的传播方向（x 方向）有磁场分量，故不再是 TEM 波，是 TE 波或 H 波。

2）平行极化波在理想导体表面的斜入射

特点：与垂直极化波类似，切向反射系数为 -1。不同点是在电磁波的传播方向（x 方向）有电场分量，故称为 TM 波或 E 波。

2. 平面波向理想介质表面的斜入射

在平面电磁波斜入射到不同媒质界面上时，为了运用边界条件，必须分解出电场的切向分量或磁场的切向分量。因此，一般将平面波分解为两个线极化波 $\boldsymbol{E}_i=\boldsymbol{E}_{i\perp}+\boldsymbol{E}_{i/\!/}$。一个是垂直极化波 $\boldsymbol{E}_{i\perp}$，电场矢量垂直于入射面；另一个是水平极化波 $\boldsymbol{E}_{i/\!/}$，电场矢量平行于入射面。分析步骤如下：

(1) 根据场矢量和传播方向的参考方向写出媒质 1 和媒质 2 中的入射波、反射波、折射波。并根据反射、折射定律，以及平面波电场与磁场之间方向、幅度的关系，画出入射波、反射波、折射波等波矢量的传播方向，以及电场、磁场方向与分界面的几何关系图。注意，电

场、磁场与波矢量之间的方向关系非常重要。

(2) 写出媒质 1 和媒质 2 中合成电磁场的表示式。

在媒质 1,总电磁场为入射波与反射波的叠加;在媒质 2,总电磁场即为折射波场。

(3) 写出分界面上电磁场的切向分量,并应用边界条件,导出反射波、折射波与入射波幅度之间的关系。

在分界面 $z=0$ 上,电场、磁场的切向分量应该相等,并考虑磁场与电场幅值之间的关系(波阻抗)可得反射波、折射波与入射波幅度之间的比值关系,并由此求得反射系数、折射系数。

(4) 用反射系数、折射系数重新写出媒质 1、媒质 2 中的电磁场表示式。

1) 平行极化波向理想介质表面的斜入射

平行极化波斜入射到理想介质分界面的电场、磁场与波矢量之间的几何关系图如图 7-1 所示。以磁场为参考,即

$$\boldsymbol{H}^{+}=\boldsymbol{e}_y H_0^{+}\mathrm{e}^{-\mathrm{j}(\boldsymbol{k}^{+}\cdot\boldsymbol{r})}=\boldsymbol{e}_y H_0^{+}\mathrm{e}^{-\mathrm{j}(\beta_1\cos\theta_{\mathrm{i}}z+\beta_1\sin\theta_{\mathrm{i}}x)}$$

$$\boldsymbol{H}^{-}=(-\boldsymbol{e}_y)H_0^{-}\mathrm{e}^{-\mathrm{j}(\boldsymbol{k}^{-}\cdot\boldsymbol{r})}=(-\boldsymbol{e}_y)H_0^{-}\mathrm{e}^{-\mathrm{j}(-\beta_1\cos\theta_{\mathrm{r}}z+\beta_1\sin\theta_{\mathrm{r}}x)}$$

$$\boldsymbol{H}^{T}=\boldsymbol{e}_y H_0^{T}\mathrm{e}^{-\mathrm{j}(\boldsymbol{k}^{T}\cdot\boldsymbol{r})}=\boldsymbol{e}_y H_0^{T}\mathrm{e}^{-\mathrm{j}(\beta_2\cos\theta_{\mathrm{T}}z+\beta_2\sin\theta_{\mathrm{T}}x)}$$

根据以上分析步骤,利用磁场和电场切向分量的边界条件得到

$$H_0^{+}\mathrm{e}^{-\mathrm{j}\beta_1\sin\theta_{\mathrm{i}}x}-H_0^{-}\mathrm{e}^{-\mathrm{j}\beta_1\sin\theta_{\mathrm{r}}x}=H_0^{T}\mathrm{e}^{-\mathrm{j}\beta_2\sin\theta_{\mathrm{T}}x}$$

$$E_0^{+}\cos\theta_{\mathrm{i}}\mathrm{e}^{-\mathrm{j}\beta_1\sin\theta_{\mathrm{i}}x}+E_0^{-}\cos\theta_{\mathrm{r}}\mathrm{e}^{-\mathrm{j}\beta_1\sin\theta_{\mathrm{r}}x}=E_0^{T}\cos\theta_{\mathrm{T}}\mathrm{e}^{-\mathrm{j}\beta_2\sin\theta_{\mathrm{T}}x}$$

由此求得切向电场反射系数为

$$|R_{\mathrm{P}}|=\frac{\eta_2\cos\theta_{\mathrm{T}}-\eta_1\cos\theta_{\mathrm{i}}}{\eta_2\cos\theta_{\mathrm{T}}+\eta_1\cos\theta_{\mathrm{i}}}=\frac{-\left(\dfrac{\varepsilon_2}{\varepsilon_1}\right)\cos\theta_{\mathrm{i}}+\sqrt{\left(\dfrac{\varepsilon_2}{\varepsilon_1}\right)-\sin^2\theta_{\mathrm{i}}}}{\left(\dfrac{\varepsilon_2}{\varepsilon_1}\right)\cos\theta_{\mathrm{i}}+\sqrt{\left(\dfrac{\varepsilon_2}{\varepsilon_1}\right)-\sin^2\theta_{\mathrm{i}}}} \tag{7-26}$$

切向电场传输系数为

$$T_{\mathrm{P}}=1+R_{\mathrm{P}}=\frac{2\eta_2\cos\theta_{\mathrm{i}}}{\eta_2\cos\theta_{\mathrm{T}}+\eta_1\cos\theta_{\mathrm{i}}}=\frac{2\sqrt{\left(\dfrac{\varepsilon_2}{\varepsilon_1}\right)-\sin^2\theta_{\mathrm{i}}}}{\left(\dfrac{\varepsilon_2}{\varepsilon_1}\right)\cos\theta_{\mathrm{i}}+\sqrt{\left(\dfrac{\varepsilon_2}{\varepsilon_1}\right)-\sin^2\theta_{\mathrm{i}}}} \tag{7-27-1}$$

而折射波与入射波电场的复振幅之比的总电场传输系数 T_{P}^{z} 为

$$|T_{\mathrm{P}}^{z}|=\frac{E_0^{T}}{E_0^{+}}=\frac{2\sqrt{\left(\dfrac{\varepsilon_2}{\varepsilon_1}\right)}\cos\theta_{\mathrm{i}}}{\left(\dfrac{\varepsilon_2}{\varepsilon_1}\right)\cos\theta_{\mathrm{i}}+\sqrt{\left(\dfrac{\varepsilon_2}{\varepsilon_1}\right)-\sin^2\theta_{\mathrm{i}}}} \tag{7-27-2}$$

平行极化波的反射系数 $|R_{\mathrm{P}}|$ 与透射系数 $|T_{\mathrm{P}}^{z}|$ 如图 7-3 所示。

2) 垂直极化波向理想介质表面的斜入射

与垂直极化波情况类似,只要方向不同即可。

以入射波、反射波、折射波的电场强度为参考,如图 7-4 所示。

$$\boldsymbol{E}^{+}=(-\boldsymbol{e}_y)E_0^{+}\cdot \mathrm{e}^{-\mathrm{j}(\beta_1 x\sin\theta_{\mathrm{i}}+\beta_1 z\cos\theta_{\mathrm{i}})}$$

$$\boldsymbol{E}^{-}=(-\boldsymbol{e}_y)E_0^{-}\cdot \mathrm{e}^{-\mathrm{j}(\beta_1 x\sin\theta_{\mathrm{r}}-\beta_1 z\cos\theta_{\mathrm{r}})}$$

$$\boldsymbol{E}^{T}=(-\boldsymbol{e}_y)E_0^{T}\cdot \mathrm{e}^{-\mathrm{j}(\beta_2 x\sin\theta_{\mathrm{T}}+\beta_2 z\cos\theta_{\mathrm{T}})}$$

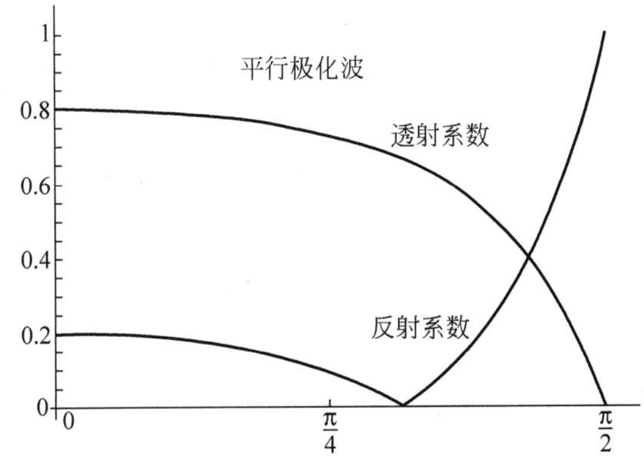

图 7-3　平行极化波的反射系数与透射系数

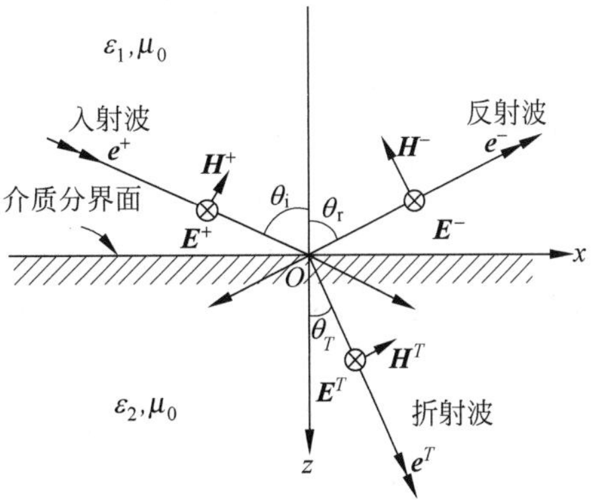

图 7-4　垂直极化波斜入射到理想介质分界面

利用磁场和电场切向分量的边界条件得到电场反射系数及传输系数分别为

$$R_{\mathrm{N}}=\frac{\eta_2\cos\theta_{\mathrm{i}}-\eta_1\cos\theta_{\mathrm{T}}}{\eta_2\cos\theta_{\mathrm{i}}+\eta_1\cos\theta_{\mathrm{T}}}=\frac{\cos\theta_{\mathrm{i}}-\sqrt{\left(\frac{\varepsilon_2}{\varepsilon_1}\right)-\sin^2\theta_{\mathrm{i}}}}{\cos\theta_{\mathrm{i}}+\sqrt{\left(\frac{\varepsilon_2}{\varepsilon_1}\right)-\sin^2\theta_{\mathrm{i}}}} \tag{7-28}$$

$$T_{\mathrm{N}}=1+R_{\mathrm{N}}=\frac{2\eta_2\cos\theta_{\mathrm{i}}}{\eta_2\cos\theta_{\mathrm{i}}+\eta_1\cos\theta_{\mathrm{T}}}=\frac{2\cos\theta_{\mathrm{i}}}{\cos\theta_{\mathrm{i}}+\sqrt{\left(\frac{\varepsilon_2}{\varepsilon_1}\right)-\sin^2\theta_{\mathrm{i}}}} \tag{7-29}$$

垂直极化波的反射系数$|R_{\mathrm{N}}|$与透射系数$|T_{\mathrm{N}}|$如图 7-5 所示。

3）全反射与全透射

全反射：此时没有透射波，入射波全部被反射形成反射波，反射系数幅值等于 1，反射波能量等于入射波能量。当平面波从折射率高的介质入射到折射率相对较低的介质($\varepsilon_{\mathrm{r1}}>\varepsilon_{\mathrm{r2}}$)时，如果$\theta_{\mathrm{c}}>\pi/2$，则发生全反射。不论是平行极化波，还是垂直极化波，只要入射角大于临界角就会出现全反射的现象。临界角为

$$\theta_{\mathrm{c}}=\arcsin\sqrt{\frac{\mu_2\varepsilon_2}{\mu_1\varepsilon_1}} \tag{7-30}$$

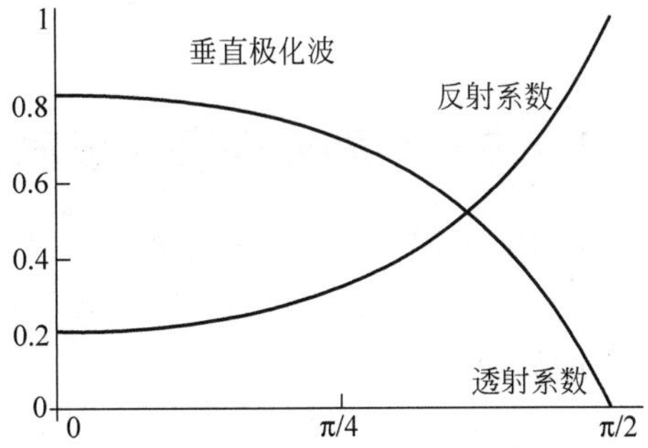

图 7-5　垂直极化波的反射系数与透射系数

全反射的典型应用——光纤通信。注意，发生全反射时，透射波虽然在垂直于分界面的方向上会按照指数规律衰减，但是它能够沿分界面传播，称为表面波。

全透射：平行极化波以布鲁斯特角 θ_{B} 入射时，反射系数等于零。入射波全部进入媒质 2。注意，只有平行极化波才有可能发生全透射现象。布鲁斯特角为

$$\theta_B = \arcsin\sqrt{\frac{\varepsilon_2}{\varepsilon_2+\varepsilon_1}} = \arctan\sqrt{\frac{\varepsilon_2}{\varepsilon_1}} \tag{7-31}$$

全透射的典型应用——偏振片。

7.1.6 平面波在导电媒质分界面的反射与折射

以上导出的反射定律、折射定律，以及菲涅耳公式仍然可以用于导电媒质分界面的情况。设媒质 2 的介电常数 ε_2^e 与波阻抗 η_2 均为复数，即

$$\varepsilon_2^e = \varepsilon_2 - j\frac{\sigma}{\omega},\quad \eta_2 = \sqrt{\frac{\mu}{\varepsilon_2^e}} = \sqrt{\frac{j\omega\mu}{\sigma + j\omega\varepsilon_2}}$$

根据菲涅耳公式，有

$$\left.\begin{aligned} R_P &= \frac{-\eta_1\cos\theta_i + \eta_2\cos\theta_T}{\eta_1\cos\theta_i + \eta_2\cos\theta_T} \\ T_P &= \frac{2\eta_2\cos\theta_i}{\eta_1\cos\theta_i + \eta_2\cos\theta_T} \end{aligned}\right\} \tag{7-32}$$

$$\left.\begin{aligned} R_N &= \frac{\eta_2\cos\theta_i - \eta_1\cos\theta_T}{\eta_2\cos\theta_i + \eta_1\cos\theta_T} \\ T_N &= \frac{2\eta_2\cos\theta_i}{\eta_2\cos\theta_i + \eta_1\cos\theta_T} \end{aligned}\right\} \tag{7-33}$$

(1) 当媒质 2 为理想导体时，$\eta_2 \to 0$，因此

$$R_P = R_N = -1,\quad T_P = T_N = 0$$

由此可见，利用式(7-32)和式(7-33)分析平面波在理想导体表面的入射更为简便。

(2) 当媒质 2 为良导体时，$|\varepsilon_2^e| \gg \varepsilon_1$，由折射定律可得

$$\sin\theta_T = \frac{\sqrt{\varepsilon_1}}{\sqrt{\varepsilon_2^e}}\sin\theta_i \approx 0$$

$$R_P \approx -1,\quad T_P \ll 1,\quad R_N \approx -1,\quad T_N \ll 1$$

7.1.7 平面波在多层媒质分界面的垂直入射

设沿 z 方向传播的平面电磁波垂直入射到由 3 种媒质(电磁参数依次为 $\varepsilon_1,\mu_1,\varepsilon_2,\mu_2,\varepsilon_3,\mu_3$)构成的区域，如图 7-6 所示，两个交界面分别位于 $z=0$ 和 $z=d$ 处。

区域 1 中的入射波：

$$\boldsymbol{E}_1^+ = \boldsymbol{e}_x E_{10}^+ e^{-jk_1 z},\quad \boldsymbol{H}_1^+ = \boldsymbol{e}_y \frac{E_{10}^+}{\eta_1} e^{-jk_1 z}$$

区域 1 中的反射波：

$$\boldsymbol{E}_1^- = \boldsymbol{e}_x E_{10}^- e^{jk_1 z},\quad \boldsymbol{H}_1^- = -\boldsymbol{e}_y \frac{E_{10}^-}{\eta_1} e^{jk_1 z}$$

区域 1($z \leqslant 0$)中的合成波：

$$\boldsymbol{E}_1 = \boldsymbol{e}_x (E_{10}^+ e^{-jk_1 z} + E_{10}^- e^{jk_1 z}),\quad \boldsymbol{H}_1 = \boldsymbol{e}_y \frac{1}{\eta_1}(E_{10}^+ e^{-jk_1 z} - E_{10}^- e^{jk_1 z})$$

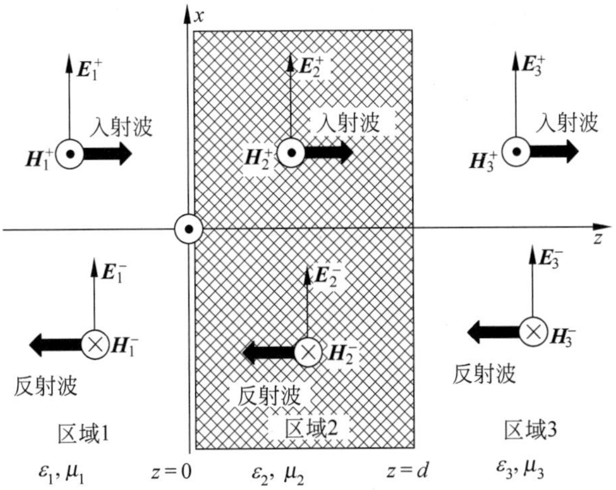

图 7-6 平面波在多层媒质分界面的垂直入射

区域 2($0 \leqslant z \leqslant d$)中的合成波：

$$\boldsymbol{E}_2=\boldsymbol{e}_x[E_{20}^+ e^{-jk_2(z-d)}+E_{20}^- e^{jk_2(z-d)}], \quad \boldsymbol{H}_2=\boldsymbol{e}_y \frac{1}{\eta_2}[E_{20}^+ e^{-jk_2(z-d)}-E_{20}^- e^{jk_2(z-d)}]$$

区域 3($z \geqslant d$)中的合成波：

$$\boldsymbol{E}_3=\boldsymbol{e}_x E_{30}^+ e^{-jk_3(z-d)}, \quad \boldsymbol{H}_3=\boldsymbol{e}_y \frac{1}{\eta_3} E_{30}^+ e^{-jk_3(z-d)}$$

在 $z=0$ 处的分界面上应用电场和磁场的切向分量的连续性边界条件，有

$$\begin{cases} E_{10}^+ + E_{10}^- = E_{20}^+ e^{jk_2 d} + E_{20}^- e^{-jk_2 d} \\ \dfrac{1}{\eta_1}(E_{10}^+ - E_{10}^-) = \dfrac{1}{\eta_2}(E_{20}^+ e^{jk_2 d} - E_{20}^- e^{-jk_2 d}) \end{cases} \tag{7-34}$$

在 $z=d$ 处的分界面上应用电场和磁场的切向分量的连续性边界条件，有

$$\begin{cases} E_{20}^+ + E_{20}^- = E_{30}^+ \\ \dfrac{1}{\eta_2}(E_{20}^+ - E_{20}^-) = \dfrac{E_{30}^+}{\eta_3} \end{cases} \tag{7-35}$$

由式(7-35)得到 $z=d$ 处的分界面的反射系数和传输系数为

$$R_2=\frac{E_{20}^-}{E_{20}^+}=\frac{\eta_3-\eta_2}{\eta_3+\eta_2}, \quad T_2=\frac{E_{30}^+}{E_{20}^+}=\frac{2\eta_3}{\eta_2+\eta_3} \tag{7-36}$$

由式(7-34)和式(7-36)得到 $z=0$ 处的分界面的反射系数和传输系数为

$$R_1=\frac{E_{10}^-}{E_{10}^+}=\frac{\eta_{ef}-\eta_1}{\eta_{ef}+\eta_1}, \quad T_1=\frac{E_{20}^+}{E_{10}^+}=\frac{1+R_1}{e^{jk_2 d}+R_2 e^{-jk_2 d}} \tag{7-37}$$

其中，$\eta_{ef}=\eta_2 \dfrac{\eta_3+j\eta_2\tan(k_2 d)}{\eta_2+j\eta_3\tan(k_2 d)}$为等效波阻抗。

根据上述反射系数和传输系数可以求出各个区域中的合成波。对于媒质层数大于 3 的情况可以做类似的分析。

由式(7-37)可以得出媒质 1 中无反射的条件为

$$\eta_{ef}=\eta_1=\eta_2\frac{\eta_3+j\eta_2\tan(k_2d)}{\eta_2+j\eta_3\tan(k_2d)}=\eta_2\frac{\eta_3\cos(k_2d)+j\eta_2\sin(k_2d)}{\eta_2\cos(k_2d)+j\eta_3\sin(k_2d)}$$

使上式中的实部和虚部分别相等，有

$$\eta_1\cos(k_2d)=\eta_3\cos(k_2d)$$

$$\eta_1\eta_3\sin(k_2d)=\eta_2^2\sin(k_2d)$$

(1) 如果 $\eta_1=\eta_3\neq\eta_2$，则由上式得 $\sin(k_2d)=0$，即

$$d=n\frac{\lambda_2}{2},\quad n=0,1,2,\cdots$$

故此时当媒质 2 中介质的厚度等于其中半波长的整数倍时，媒质 1 无反射，其最小厚度为$\frac{\lambda_2}{2}$。

(2) 如果 $\eta_1\neq\eta_3$，则 $\cos(k_2d)=0$，即

$$d=(2n+1)\frac{\lambda_2}{4},\quad n=0,1,2,\cdots$$

$$\eta_2=\sqrt{\eta_1\eta_3}$$

故此时当媒质 2 的波阻抗等于媒质 1 和媒质 3 中波阻抗的几何平均值，并且媒质 2 介质厚度等于其 1/4 波长的奇数倍时，媒质 1 无反射，其最小厚度为$\frac{\lambda_2}{4}$。

7.2 典型例题解析

【例题 7-1】 空气中一均匀平面波的电场为

$$\boldsymbol{E}^+=\boldsymbol{e}_xE_{x0}\sin(\omega t-\beta z)-\boldsymbol{e}_yE_{y0}\cos(\omega t-\beta z)$$

设该波垂直入射到边界为 $z=0$ 的无限大理想导体边界上。试求：

(1) 反射波的电场 $\boldsymbol{E}^-$；

(2) $z<0$ 区域的总磁场；

(3) 理想导体边界上的感应电流密度。

解：(1) 电磁波垂直入射到理想导体边界时反射系数为-1，沿$-z$ 轴方向传播，故

$$\boldsymbol{E}^-=-\boldsymbol{e}_xE_{x0}\sin(\omega t+\beta z)+\boldsymbol{e}_yE_{y0}\cos(\omega t+\beta z)$$

(2) 入射波的磁场为

$$\boldsymbol{H}^+=\boldsymbol{e}_z\times\frac{\boldsymbol{E}^+}{\eta_0}=\boldsymbol{e}_y\frac{E_{x0}}{\eta_0}\sin(\omega t-\beta z)+\boldsymbol{e}_x\frac{E_{y0}}{\eta_0}\cos(\omega t-\beta z)$$

反射波的磁场为

$$\boldsymbol{H}^-=-\boldsymbol{e}_z\times\frac{\boldsymbol{E}^-}{\eta_0}=\boldsymbol{e}_y\frac{E_{x0}}{\eta_0}\sin(\omega t+\beta z)+\boldsymbol{e}_x\frac{E_{y0}}{\eta_0}\cos(\omega t+\beta z)$$

故总磁场为

$$\boldsymbol{H}=\boldsymbol{H}^++\boldsymbol{H}^-=2\boldsymbol{e}_y\frac{E_{z0}}{\eta_0}\cos(\beta z)\sin\omega t+2\boldsymbol{e}_x\frac{E_{y0}}{\eta_0}\cos(\beta z)\cos\omega t$$

其中，$\eta_0=120\pi$ 为真空中的波阻抗。

(3) $\boldsymbol{J}_s=-\boldsymbol{e}_z\times\boldsymbol{H}|_{z=0}=2\boldsymbol{e}_x\dfrac{E_{x0}}{\eta_0}\sin(\omega t)-\boldsymbol{e}_y 2\dfrac{E_{y0}}{\eta_0}\cos(\omega t)$

【例题 7-2】 一均匀平面波从理想介质 1(ε_1,μ_0)垂直入射到理想介质 2(ε_2,μ_0)的分界面上。试求：

(1) 当入射波能量的 36%被反射时，两种介质的相对介电常数之比；

(2) 当入射波能量的 84%被透射时，两种介质的相对介电常数之比。

解：(1) 因为反射波能量密度与入射波能量密度的关系为 $\boldsymbol{S}_{av}^-=R^2\boldsymbol{S}_{av}^+$，由题意可知

$$R=\frac{\eta_2-\eta_1}{\eta_2+\eta_1}=\frac{\sqrt{\varepsilon_1}-\sqrt{\varepsilon_2}}{\sqrt{\varepsilon_1}+\sqrt{\varepsilon_2}}=0.6$$

因此，两种介质的相对介电常数之比为

$$\frac{\varepsilon_{r2}}{\varepsilon_{r1}}=\frac{\varepsilon_2}{\varepsilon_1}=\left(\frac{1-R}{1+R}\right)^2=\frac{1}{16}$$

(2) $T=\dfrac{2\eta_2}{\eta_2+\eta_1}$，而透射波能量密度与入射波能量密度的关系为 $\boldsymbol{S}_{av}^T=\dfrac{\eta_1}{\eta_2}T^2\boldsymbol{S}_{av}^+$，因此由题意可知

$$\frac{\eta_1}{\eta_2}\left(\frac{2\eta_2}{\eta_2+\eta_1}\right)^2=\frac{4\eta_1\eta_2}{(\eta_2+\eta_1)^2}=0.84$$

即

$$\frac{4\sqrt{\dfrac{\varepsilon_2}{\varepsilon_1}}}{\left(\sqrt{\dfrac{\varepsilon_2}{\varepsilon_1}}+1\right)^2}=0.84$$

因此

$$\frac{\varepsilon_{r2}}{\varepsilon_{r1}}=\frac{\varepsilon_2}{\varepsilon_1}=\frac{49}{9}$$

或者

$$\frac{\varepsilon_{r2}}{\varepsilon_{r1}}=\frac{\varepsilon_2}{\varepsilon_1}=\frac{9}{49}$$

【例题 7-3】 圆极化波从空气(ε_0,μ_0)斜射到某种玻璃($3\varepsilon_0,\mu_0$)的边界面上，设该入射波的坡印亭矢量均值的大小为 1mW/m^2，且反射波中只有线极化波存在，并已知平行极化波斜入射时的反射系数为

$$R_P=\frac{\eta_2\cos\theta_T-\eta_1\cos\theta_i}{\eta_2\cos\theta_T+\eta_1\cos\theta_i}=\frac{-\left(\dfrac{\varepsilon_2}{\varepsilon_1}\right)\cos\theta_i+\sqrt{\left(\dfrac{\varepsilon_2}{\varepsilon_1}\right)-\sin^2\theta_i}}{\left(\dfrac{\varepsilon_2}{\varepsilon_1}\right)\cos\theta_i+\sqrt{\left(\dfrac{\varepsilon_2}{\varepsilon_1}\right)-\sin^2\theta_i}}$$

垂直极化波斜入射时的反射系数为

$$R_N=\frac{\eta_2\cos\theta_i-\eta_1\cos\theta_T}{\eta_2\cos\theta_i+\eta_1\cos\theta_T}=\frac{\cos\theta_i-\sqrt{\left(\frac{\varepsilon_2}{\varepsilon_1}\right)-\sin^2\theta_i}}{\cos\theta_i+\sqrt{\left(\frac{\varepsilon_2}{\varepsilon_1}\right)-\sin^2\theta_i}}$$

试求:

(1) 入射角;

(2) 反射波坡印亭矢量均值的大小;

(3) 折射波的极化类型。

解:由于圆极化波可以分解为平行极化波和垂直极化波的叠加,在以布儒斯特角入射时,平行极化波全折射,此时反射波中只有垂直极化波,即线极化波。

(1) 入射角为

$$\theta_i=\theta_B=\arctan\sqrt{\frac{\varepsilon_2}{\varepsilon_1}}=\arctan\sqrt{3}=60°$$

(2) 由于 $\sqrt{\frac{\varepsilon_2}{\varepsilon_1}}=\sqrt{3}$,$\theta_i=60°$,根据直极化波斜入射时的反射系数,得

$$R_N=\frac{\cos\theta_i-\sqrt{\left(\frac{\varepsilon_2}{\varepsilon_1}\right)-\sin^2\theta_i}}{\cos\theta_i+\sqrt{\left(\frac{\varepsilon_2}{\varepsilon_1}\right)-\sin^2\theta_i}}\approx-\frac{1}{2}$$

圆极化波分解为平行极化波和垂直极化波时,两种线极化波的能量相等,而反射波中只有垂直极化波,因此

$$\frac{1}{2}\frac{1}{\eta_1}(E_{0(N)}^{+})^2=\frac{1}{2}\times10^{-3}\,\mathrm{W/m^2}$$

故反射波坡印亭矢量均值的大小为

$$\boldsymbol{S}_{av}^{-}=R_N^2\frac{1}{2}\frac{1}{\eta_1}(E_{0(N)}^{+})^2=\frac{1}{8}\times10^{-3}\,\mathrm{W/m^2}$$

(3) 由于垂直分量部分反射,部分透射,而平行分量全透射,则垂直分量和平行分量幅度不相等,故折射波为椭圆极化波。

【例题 7-4】 TEM 波由空气斜射到边界为 $z=0$ 的无限大理想导体边界上。已知入射波电场为 $\boldsymbol{E}^{+}=\boldsymbol{e}_y\mathrm{e}^{\mathrm{j}(\omega t-3x-4z)}$,试求:

(1) TEM 波的工作频率;

(2) 入射角;

(3) 合成波电场的表达式。

解:(1) 由题意可知 $\boldsymbol{k}\cdot\boldsymbol{r}=3x+4z$,所以 $\boldsymbol{k}=3\boldsymbol{e}_x+4\boldsymbol{e}_z$,因此

$$k=\sqrt{3^2+4^2}=5$$

又根据

$$k=\omega\sqrt{\varepsilon_0\mu_0}=\frac{2\pi f}{c}$$

因此,TEM 的工作频率为

$$f=\frac{kc}{2\pi}\approx 2.39\times 10^{8}\,\text{Hz}$$

（2）入射角为

$$\theta_{\mathrm{i}}=\arctan\frac{k_x}{k_z}=\arctan\frac{3}{4}\approx 36.87^{\circ}$$

（3）由于 $\omega=2\pi f=1.5\times 10^{9}$，TEM 波向理想导体边界入射时反射系数为 -1，因此反射波的电场为

$$\boldsymbol{E}^{-}=-\boldsymbol{e}_y\mathrm{e}^{\mathrm{j}(1.5\times 10^{9}t-3x+4z)}$$

故合成波的电场为

$$\boldsymbol{E}=\boldsymbol{E}^{+}+\boldsymbol{E}^{-}=\boldsymbol{e}_y\mathrm{e}^{\mathrm{j}(1.5\times 10^{9}t-3x-4z)}-\boldsymbol{e}_y\mathrm{e}^{\mathrm{j}(1.5\times 10^{9}t-3x+4z)}=-\boldsymbol{e}_y\mathrm{j}2\sin 4z\,\mathrm{e}^{\mathrm{j}(1.5\times 10^{9}t-3x)}$$

即

$$\boldsymbol{E}=\boldsymbol{e}_y 2\sin 4z\sin(1.5\times 10^{9}t-3x)$$

【例题 7-5】 一均匀平面波由空气垂直入射到边界为 $x=0$ 的无限大理想介质($\varepsilon_0\varepsilon_r$，$\mu_0$)边界上。已知入射波电场为

$$\boldsymbol{E}^{+}=E_0(\boldsymbol{e}_y+\mathrm{j}\boldsymbol{e}_z)\mathrm{e}^{-\mathrm{j}kx}$$

并且 $\mu_0=4\pi\times 10^{-7}\,\text{H/m}$。

（1）若入射波的电场幅度为 $E_0=1.5\times 10^{-3}\,\text{V/m}$，反射波的磁场幅度为 $H_0^{-}=1.326\times 10^{-6}\,\text{A/m}$，则相对介电常数为多少？

（2）求反射波的电场强度。

（3）求折射波的磁场强度。

解：（1）根据题意，理想介质的磁导率为 μ_0，故平面波由光疏媒质入射到光密媒质，因此 $\eta_1=\eta_0>\eta_2$，故

$$R=\frac{\eta_2-\eta_1}{\eta_2+\eta_1}<0$$

由于 $|R|=\left|\frac{E_0^{-}}{E_0}\right|=\frac{\eta_0 H_0^{-}}{E_0}=\frac{0.5\times 10^{-3}}{1.5\times 10^{-3}}=\frac{1}{3}$，因此取

$$R=\frac{\eta_2-\eta_1}{\eta_2+\eta_1}=-\frac{1}{3}$$

即 $\eta_2=\eta_1/2=\eta_0/2$，因此

$$\sqrt{\frac{\mu_0}{\varepsilon_0\varepsilon_r}}=\frac{1}{2}\eta_0$$

所以

$$\varepsilon_r=4$$

（2）反射波的幅度为

$$\boldsymbol{E}^{-}=R\boldsymbol{E}^{+}=-\frac{1}{3}E_0$$

考虑到反射波沿 $-x$ 方向传播，因此

$$\boldsymbol{E}^{-}=-\frac{1}{3}E_0(\boldsymbol{e}_y+\mathrm{j}\boldsymbol{e}_z)\mathrm{e}^{\mathrm{j}kx}$$

(3) 由于 $\eta_2=\sqrt{\frac{\mu_0}{4\varepsilon_0}}=60\pi$,因此传输系数为

$$T=\frac{2\eta_2}{\eta_2+\eta_1}=\frac{2}{3}$$

则折射波电场幅度为

$$\boldsymbol{E}^{T}=T\boldsymbol{E}^{+}=\frac{2}{3}E_0$$

考虑到 $k_2=\omega\sqrt{4\varepsilon_0\mu_0}=2k$,因此折射波电场强度为

$$\boldsymbol{E}^{T}=\frac{2}{3}E_0(\boldsymbol{e}_y+\mathrm{j}\boldsymbol{e}_z)\mathrm{e}^{-\mathrm{j}2kx}$$

故折射波磁场强度为

$$\boldsymbol{H}^{T}=\boldsymbol{e}_x\times\frac{\boldsymbol{E}^{T}}{\eta_2}=\frac{1}{90\pi}E_0(\boldsymbol{e}_z-\mathrm{j}\boldsymbol{e}_y)\mathrm{e}^{-\mathrm{j}2kx}$$

【例题 7-6】 均匀平面波从空气沿 $+z$ 方向垂直入射到理想导体表面,在 $z=0$ 处的电场强度为 $\boldsymbol{E}=\boldsymbol{e}_x100\cos(3\times10^9\pi t)$。试求:

(1) 入射波、反射波的电场与磁场的复数形式;

(2) 空气中合成电场与磁场的复数形式;

(3) 理想导体表面的电流密度。

解:(1) 平面波在空气中的传播常数为

$$k=\omega\sqrt{\mu_0\varepsilon_0}=3\times10^9\pi\sqrt{4\pi\times10^{-7}\times\frac{1}{36\pi}\times10^{-9}}=10\pi$$

因此,入射电场与磁场分别为

$$\boldsymbol{E}^{+}=\boldsymbol{e}_x100\mathrm{e}^{-\mathrm{j}10\pi z}$$

$$\boldsymbol{H}^{+}=\frac{1}{\eta_0}\boldsymbol{e}_z\times\boldsymbol{E}^{+}=\frac{1}{\eta_0}\boldsymbol{e}_z\times\boldsymbol{e}_x100\mathrm{e}^{-\mathrm{j}10\pi z}=\frac{5}{6\pi}\boldsymbol{e}_y\mathrm{e}^{-\mathrm{j}10\pi z}$$

当平面波垂直入射到理想导体表面时发生全反射,反射系数 $R=-1$,反射波沿 $-z$ 方向,因此反射波的电场与磁场分别为

$$\boldsymbol{E}^{-}=-\boldsymbol{e}_x100\mathrm{e}^{\mathrm{j}10\pi z}$$

$$\boldsymbol{H}^{-}=-\frac{1}{\eta_0}\boldsymbol{e}_z\times\boldsymbol{E}^{-}=-\frac{1}{\eta_0}\boldsymbol{e}_z\times(-\boldsymbol{e}_x100\mathrm{e}^{\mathrm{j}10\pi z})=\frac{5}{6\pi}\boldsymbol{e}_y\mathrm{e}^{\mathrm{j}10\pi z}$$

(2) 空气中合成电场与磁场的复数形式分别为

$$\boldsymbol{E}=\boldsymbol{E}^{+}+\boldsymbol{E}^{-}=\boldsymbol{e}_x100\mathrm{e}^{-\mathrm{j}10\pi z}-\boldsymbol{e}_x100\mathrm{e}^{\mathrm{j}10\pi z}=-\boldsymbol{e}_x200\mathrm{j}\sin(10\pi z)$$

$$\boldsymbol{H}=\boldsymbol{H}^{+}+\boldsymbol{H}^{-}=\frac{5}{6\pi}\boldsymbol{e}_y\mathrm{e}^{-\mathrm{j}10\pi z}+\frac{5}{6\pi}\boldsymbol{e}_y\mathrm{e}^{\mathrm{j}10\pi z}=\boldsymbol{e}_y\frac{5}{3\pi}\cos(10\pi z)$$

(3) 理想导体表面的电流密度为

$$\boldsymbol{J}_{\mathrm{s}}=-\boldsymbol{e}_z\times\boldsymbol{H}\,|_{z=0}=\boldsymbol{e}_x\frac{5}{3\pi}$$

【例题 7-7】 设频率为 300MHz 的均匀平面波从空气沿 $+z$ 方向垂直入射到理想介质表面，已知介质的磁导率 $\mu_r=1$，入射电场强度大小为 6mV/m，电场极化方向为 $\boldsymbol{e}_y$。设反射系数的大小为 0.5，且在两种介质的表面形成电场波节点。试求：

（1）理想介质的相对介电常数；

（2）反射波电场和磁场的复数形式；

（3）折射波电场和磁场的复数形式；

（4）空气中电磁场的平均坡印亭矢量。

解：（1）根据题意，平面波由光疏媒质入射到光密媒质，因此 $\eta_1=\eta_0>\eta_2$，且在介质表面形成波节，故

$$R=\frac{\eta_2-\eta_1}{\eta_2+\eta_1}=-\frac{1}{2}$$

因此

$$\eta_2=\eta_1/3=\eta_0/3=40\pi$$

所以

$$\varepsilon_r=9$$

（2）根据空气中平面波的传播常数

$$k=\omega\sqrt{\mu_0\varepsilon_0}=2\pi\times3\times10^8\sqrt{4\pi\times10^{-7}\times\frac{1}{36\pi}\times10^{-9}}=2\pi\text{rad/s}$$

则入射电场与磁场分别为

$$\boldsymbol{E}^+=\boldsymbol{e}_y6\times10^{-3}\mathrm{e}^{-\mathrm{j}2\pi z}\ \mathrm{V/m}$$

$$\boldsymbol{H}^+=\frac{1}{\eta_0}\boldsymbol{e}_z\times\boldsymbol{E}^+=\frac{1}{\eta_0}\boldsymbol{e}_z\times\boldsymbol{e}_y6\times10^{-3}\mathrm{e}^{-\mathrm{j}2\pi z}=-\frac{1}{20\pi}\times10^{-3}\boldsymbol{e}_x\mathrm{e}^{-\mathrm{j}2\pi z}\ \mathrm{A/m}$$

反射波沿 $-z$ 方向传播，其电场与磁场分别为

$$\boldsymbol{E}^-=\boldsymbol{e}_y6\times10^{-3}R\mathrm{e}^{\mathrm{j}2\pi z}=-\boldsymbol{e}_y3\times10^{-3}\mathrm{e}^{\mathrm{j}2\pi z}\ \mathrm{V/m}$$

$$\boldsymbol{H}^-=-\frac{1}{\eta_0}\boldsymbol{e}_z\times\boldsymbol{E}^-=-\frac{1}{\eta_0}\boldsymbol{e}_z\times(-\boldsymbol{e}_y3\times10^{-3}\mathrm{e}^{\mathrm{j}2\pi z})=-\frac{1}{40\pi}\times10^{-3}\boldsymbol{e}_x\mathrm{e}^{\mathrm{j}2\pi z}\ \mathrm{A/m}$$

（3）理想介质中的传播常数为

$$k=\omega\sqrt{\mu_0\varepsilon_0\varepsilon_r}=2\pi\times3\times10^8\sqrt{4\pi\times10^{-7}\times\frac{1}{36\pi}\times10^{-9}\times9}=6\pi\text{rad/s}$$

透射系数为

$$T=\frac{2\eta_2}{\eta_2+\eta_1}=\frac{1}{2}$$

因此，折射波的电场和磁场的复数形式分别为

$$\boldsymbol{E}^T=\boldsymbol{e}_y6\times10^{-3}T\mathrm{e}^{-\mathrm{j}6\pi z}=\boldsymbol{e}_y3\times10^{-3}\mathrm{e}^{-\mathrm{j}6\pi z}\ \mathrm{V/m}$$

$$\boldsymbol{H}^T=\frac{1}{\eta_2}\boldsymbol{e}_z\times\boldsymbol{E}^T=\frac{1}{40\pi}\boldsymbol{e}_z\times\boldsymbol{e}_y3\times10^{-3}\mathrm{e}^{-\mathrm{j}6\pi z}=-\frac{3}{40\pi}\times10^{-3}\boldsymbol{e}_x\mathrm{e}^{-\mathrm{j}6\pi z}\ \mathrm{A/m}$$

（4）空气中的合成电场与磁场为

$$\boldsymbol{E}=\boldsymbol{E}^++\boldsymbol{E}^-=\boldsymbol{e}_y6\times10^{-3}\mathrm{e}^{-\mathrm{j}2\pi z}-\boldsymbol{e}_y3\times10^{-3}\mathrm{e}^{\mathrm{j}2\pi z}\ \mathrm{V/m}$$

$$\boldsymbol{H}=\boldsymbol{H}^{+}+\boldsymbol{H}^{-}=-\frac{1}{20\pi}\times 10^{-3}\boldsymbol{e}_x \mathrm{e}^{-\mathrm{j}2\pi z}-\frac{1}{40\pi}\times 10^{-3}\boldsymbol{e}_x \mathrm{e}^{\mathrm{j}2\pi z}\ \mathrm{A/m}$$

因此,电磁场的平均坡印亭矢量为

$$\begin{aligned}\boldsymbol{S}_{\mathrm{av}}&=\frac{1}{2}\mathrm{Re}(\boldsymbol{E}\times\boldsymbol{H}^{*})\\&=\frac{1}{2}\mathrm{Re}\left[\boldsymbol{e}_y(6\times 10^{-3}\mathrm{e}^{-\mathrm{j}2\pi z}-3\times 10^{-3}\mathrm{e}^{\mathrm{j}2\pi z})\times\boldsymbol{e}_x\left(-\frac{1}{20\pi}\times 10^{-3}\mathrm{e}^{\mathrm{j}2\pi z}-\frac{1}{40\pi}\times 10^{-3}\mathrm{e}^{-\mathrm{j}2\pi z}\right)\right]\\&=\boldsymbol{e}_z\frac{9}{80\pi}\times 10^{-6}\ \mathrm{W/m^2}\end{aligned}$$

【例题 7-8】 平面电磁波垂直入射到金属表面上,试证明透入金属的电磁能量全部转化为焦耳热。

证明：设金属为良导体,则 $\beta=\alpha=\sqrt{\pi f\mu\sigma}$,又波阻抗为

$$\eta^{e}=\sqrt{\frac{\mu}{\varepsilon^{e}}}\approx\sqrt{\frac{\omega\mu}{\sigma}}\mathrm{e}^{\mathrm{j}45^{\circ}}=\sqrt{\frac{\pi f\mu}{\sigma}}+\mathrm{j}\sqrt{\frac{\pi f\mu}{\sigma}}=\frac{\alpha}{\sigma}+\mathrm{j}\frac{\beta}{\sigma}$$

因此,可设电场和磁场分别为

$$\boldsymbol{E}=\boldsymbol{e}_x E_0\mathrm{e}^{-(1+\mathrm{j})\alpha z},\quad \boldsymbol{H}=\boldsymbol{e}_y\frac{\sigma E_0}{\alpha(1+\mathrm{j})}\mathrm{e}^{-(1+\mathrm{j})\alpha z}$$

$$\boldsymbol{S}_{\mathrm{av}}=\frac{1}{2}\mathrm{Re}(\boldsymbol{E}\times\boldsymbol{H}^{*})=\frac{1}{2}\mathrm{Re}(\boldsymbol{e}_x E_x\times\boldsymbol{e}_y H_y^{*})=\frac{\sigma}{4\alpha}E_0^2\mathrm{e}^{-2\alpha z}\boldsymbol{e}_x$$

当 $z=0$ 时

$$\boldsymbol{S}_{\mathrm{av}}\big|_{z=0}=\frac{\sigma}{4\alpha}E_0^2\boldsymbol{e}_z$$

导体内部垂直于入射方向单位面积引起的焦耳热损耗为

$$P_{\mathrm{L}}=\frac{1}{2}\iiint_V\sigma|E|^2\mathrm{d}V=\frac{1}{2}\int_0^{\infty}\sigma E_0^2\mathrm{e}^{-2\alpha z}\mathrm{d}z=\frac{\sigma}{4\alpha}E_0^2$$

由于

$$P_{\mathrm{L}}=\boldsymbol{S}_{\mathrm{av}}\big|_{z=0}$$

因此,透入金属的电磁能量全部转化为焦耳热。

【例题 7-9】 一圆极化平面电磁波由空气垂直投射到一介质板($4\varepsilon_0,\mu_0$)上,已知入射电场为

$$\boldsymbol{E}=(\boldsymbol{e}_y+\mathrm{j}\boldsymbol{e}_z)E_0\mathrm{e}^{-\mathrm{j}\beta x}$$

试求反射波和折射波的电场,并讨论其极化类型。

解：反射系数和传输系数分别为

$$R=\frac{\eta_2-\eta_1}{\eta_2+\eta_1}=\frac{\eta_0/2-\eta_0}{\eta_0/2+\eta_0}=-\frac{1}{3},\quad T=\frac{\eta_0}{\eta_0/2+\eta_0}=\frac{2}{3}$$

因此,反射波和折射波的电场分别为

$$\boldsymbol{E}^{-}=-\frac{1}{3}(\boldsymbol{e}_y+\mathrm{j}\boldsymbol{e}_z)E_0\mathrm{e}^{\mathrm{j}\beta x}$$

$$\boldsymbol{E}^{T}=\frac{2}{3}(\boldsymbol{e}_y+\mathrm{j}\boldsymbol{e}_z)E_0\mathrm{e}^{-\mathrm{j}\beta x}$$

显然，对于反射波为右旋圆极化波，折射波为左旋圆极化波。

【例题 7-10】 在自由空间中，一均匀平面波垂直入射到半无限大理想介质的表面上，已知在自由空间中合成波的驻波比为 3，介质内传输的波长为自由空间的波长的 1/6。求介质的相对磁导率和相对介电常数。

解：根据反射系数与驻波比的关系，得

$$|R|=\frac{S-1}{S+1}=\frac{1}{2}$$

设介质表面的电场为波节点，则

$$R=-\frac{1}{2}$$

因此

$$\frac{\eta_2-\eta_0}{\eta_2+\eta_0}=-\frac{1}{2}$$

所以

$$\eta_2=\frac{1}{3}\eta_0$$

而 $\eta_2=\sqrt{\frac{\mu_r}{\varepsilon_r}}\eta_0$，故有

$$\frac{\mu_r}{\varepsilon_r}=\frac{1}{9}$$

又根据 $\lambda=\frac{\lambda_0}{\sqrt{\varepsilon_r\mu_r}}=\frac{1}{6}\lambda_0$，得

$$\varepsilon_r\mu_r=36$$

因此，解得

$$\varepsilon_r=18,\quad \mu_r=2$$

如果设介质表面的电场为波腹点，则

$$R=\frac{1}{2}$$

同理解得

$$\varepsilon_r=2,\quad \mu_r=18$$

【例题 7-11】 设有两种无耗非磁性媒质，均匀平面波自媒质 1 垂直入射到其边界上。如果：(1) 反射波电场振幅为入射波的 1/3；

(2) 反射波的平均功率密度的大小为入射波的 1/3；

(3) 媒质 1 中的合成电场的最小值为最大值的 1/3，且分界面处为电场波节。

试分别分析上述情况下两种介质折射率的比值。

解：对于无耗非磁性媒质，折射率 $n_1=\sqrt{\varepsilon_{r1}}$，$n_2=\sqrt{\varepsilon_{r2}}$。反射系数 R 为实数。由于

$$R=\frac{\eta_2-\eta_1}{\eta_2+\eta_1}=\frac{\sqrt{\varepsilon_1}-\sqrt{\varepsilon_2}}{\sqrt{\varepsilon_1}+\sqrt{\varepsilon_2}}=\frac{n_1-n_2}{n_1+n_2}=\frac{\dfrac{n_1}{n_2}-1}{\dfrac{n_1}{n_2}+1}$$

因此

$$\frac{n_1}{n_2}=\frac{1+R}{1-R}$$

(1) 当分界面处为电场波节时,则

$$R=-1/3$$

故有

$$\frac{n_1}{n_2}=\frac{1+R}{1-R}=\frac{1}{2}$$

当分界面处为电场波腹时,则 $R=1/3$。

故有

$$\frac{n_1}{n_2}=\frac{1+R}{1-R}=2$$

(2) 由题意知,$R^2=\left|\frac{S_{avr}}{S_{avi}}\right|=1/3$,因此

$$R=\pm 1/\sqrt{3}$$

当分界面处为电场波节时,则

$$R=-1/\sqrt{3}$$

故有

$$\frac{n_1}{n_2}=\frac{1+R}{1-R}=2-\sqrt{3}$$

当分界面处为电场波腹时,则

$$R=1/\sqrt{3}$$

故有

$$\frac{n_1}{n_2}=\frac{1+R}{1-R}=2+\sqrt{3}$$

(3) 考虑到分界面处为电场波节,则

$$R<0$$

$$\left|\frac{E_{\min}}{E_{\max}}\right|=\frac{1-|R|}{1+|R|}=\frac{1}{3}$$

所以

$$R=-1/2$$

故有

$$\frac{n_1}{n_2}=\frac{1+R}{1-R}=\frac{1}{3}$$

【例题 7-12】 一均匀平面波由空气斜入射至理想导体表面,如图 7-7 所示。入射电场强度为 $\boldsymbol{E}_{\mathrm{i}}=(\boldsymbol{e}_x-\boldsymbol{e}_z+\boldsymbol{e}_y\mathrm{j}\sqrt{2})E_0\mathrm{e}^{-\mathrm{j}(\pi x+az)}$。试求:

(1) 常数 a,波长 λ,入射波传播方向单位矢量及入射角 θ_1;

(2) 反射波电场和磁场;

(3) 入射波和反射波各是什么极化波？

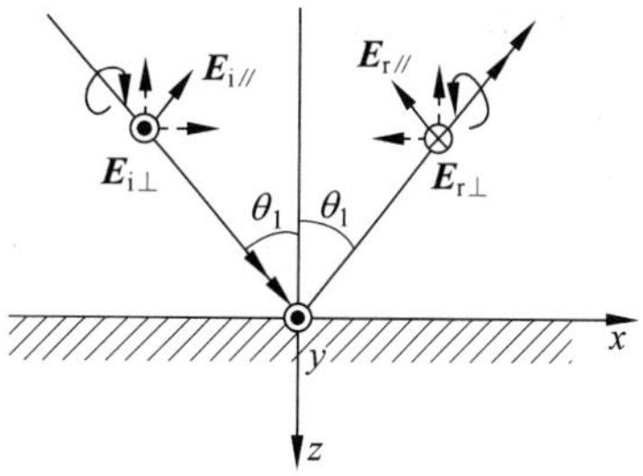

图 7-7　例题 7-12 图

解：(1) 由题意可知，$\boldsymbol{k}\cdot\boldsymbol{r}=\pi x+az$，因此

$$\boldsymbol{k}_i=\boldsymbol{e}_x\pi+\boldsymbol{e}_z a$$

根据平面波的性质，电场矢量与传播方向垂直，因此

$$(\boldsymbol{e}_x-\boldsymbol{e}_z+\boldsymbol{e}_y \mathrm{j}\sqrt{2})\cdot(\boldsymbol{e}_x\pi+\boldsymbol{e}_z a)=0$$

故有 $\pi-a=0$，即 $a=\pi$。

波数为

$$k_i=\sqrt{k_{ix}^2+k_{iz}^2}=\sqrt{\pi^2+\pi^2}=\pi\sqrt{2}=\frac{2\pi}{\lambda}$$

所以

$$\lambda=\sqrt{2}=1.414\text{m}$$

故入射波传播矢量为

$$\boldsymbol{e}_i=\frac{\boldsymbol{k}_i}{k_i}=\frac{\boldsymbol{e}_x\pi+\boldsymbol{e}_z\pi}{\pi\sqrt{2}}=(\boldsymbol{e}_x+\boldsymbol{e}_z)\frac{1}{\sqrt{2}}$$

由于 $\arctan\theta_1=1$，因此入射角为 $\theta_1=45°$。

(2) 反射波传播方向单位矢量及波数为

$$\boldsymbol{e}_r=\boldsymbol{e}_x\sin\theta_1-\boldsymbol{e}_z\cos\theta_1=(\boldsymbol{e}_x-\boldsymbol{e}_z)\frac{1}{\sqrt{2}}$$

$$k_r=k_i=\pi\sqrt{2}$$

故反射波传播矢量为

$$\boldsymbol{k}_r=\boldsymbol{e}_r k_r=(\boldsymbol{e}_x-\boldsymbol{e}_z)\pi$$

结合图 7-7，注意平行极化波反射波的 x 方向分量与入射波的 x 方向分量参考方向相反。相应的反射波电场也可以分为垂直极化波和平行极化波两部分：

$$\boldsymbol{E}_{r\perp}=\boldsymbol{e}_y E_{r0\perp}\,\mathrm{e}^{-\mathrm{j}\boldsymbol{k}_r\cdot\boldsymbol{r}}=\boldsymbol{e}_y(-E_{i0\perp})\mathrm{e}^{-\mathrm{j}(x-z)\pi}=-\boldsymbol{e}_y\mathrm{j}\sqrt{2}E_0\mathrm{e}^{-\mathrm{j}(x-z)\pi}$$

$$\boldsymbol{E}_{r//}=-(\boldsymbol{e}_x+\boldsymbol{e}_z)E_{i0//}^{+}\,\mathrm{e}^{-\mathrm{j}\boldsymbol{k}_r\cdot\boldsymbol{r}}=-(\boldsymbol{e}_x+\boldsymbol{e}_z)E_0\mathrm{e}^{-\mathrm{j}(x-z)\pi}$$

因此，反射波合成电场为

$$\boldsymbol{E}_r=\boldsymbol{E}_{r\perp}+\boldsymbol{E}_{r//}=-(\boldsymbol{e}_x+\boldsymbol{e}_z+\boldsymbol{e}_y\mathrm{j}\sqrt{2})E_0\mathrm{e}^{-\mathrm{j}(x-z)\pi}$$

磁场为

$$\boldsymbol{H}_r=\frac{1}{\eta_0}\boldsymbol{e}_r\times\boldsymbol{E}_r=[\boldsymbol{e}_y\sqrt{2}-(\boldsymbol{e}_x+\boldsymbol{e}_z)\mathrm{j}]\frac{E_0}{377}\mathrm{e}^{-\mathrm{j}(x-z)\pi}$$

(3) 参看图 7-7，入射波的垂直分量（y 分量）超前平行分量 90°且大小相等（均为 $\sqrt{2}E_0$），当四指由垂直分量转向平行分量，拇指指向波的传播方向时为左手螺旋关系，故为左旋圆极化波（判断时可利用相位超前分量追赶落后分量法则，即追赶法）；同理，反射波的垂直分量（y 分量）超前平行分量 90°，且大小相等（均为 $\sqrt{2}E_0$），结合图 7-7 并注意到括号前的负号，它们与传播方向为右手螺旋关系，故是右旋圆极化波。可见，经导体平面反射后，圆极化波的旋向改变了。

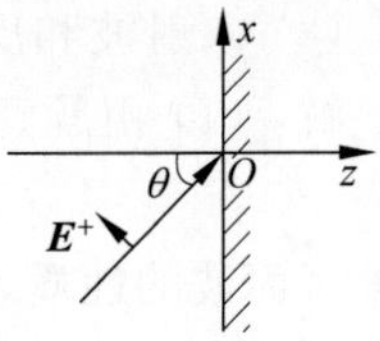

图 7-8 例题 7-13 图

【例题 7-13】 一频率为 300MHz 的平行极化波从自由空间斜入射到理想介质($4\varepsilon_0$,μ_0)的表面上。如果入射线与分界面法线的夹角为 60°,如图 7-8 所示,入射波电场的振幅为 E_0,试求:

(1) 入射波电场与磁场的表达式;

(2) 反射系数与透射系数。

解:

$$k_1=\omega\sqrt{\mu_0\varepsilon_0}=2\pi\times3\times10^8\sqrt{4\pi\times10^{-7}\times\frac{1}{36\pi}\times10^{-9}}=2\pi$$

$$k_2=\omega\sqrt{4\mu_0\varepsilon_0}=4\pi\times3\times10^8\sqrt{4\pi\times10^{-7}\times\frac{1}{36\pi}\times10^{-9}}=4\pi$$

$$\eta_1=\sqrt{\frac{\mu_0}{\varepsilon_0}}=120\pi,\quad \eta_2=\sqrt{\frac{\mu_0}{4\varepsilon_0}}=60\pi$$

入射电磁波的传播方向为

$$\boldsymbol{k}_1=\boldsymbol{e}_x k_1\sin60^\circ+\boldsymbol{e}_z k_1\cos60^\circ=\boldsymbol{e}_x\sqrt{3}\pi+\boldsymbol{e}_z\pi$$

电场矢量的方向为

$$\boldsymbol{e}_{\mathrm{i}}=\boldsymbol{e}_x\cos60^\circ-\boldsymbol{e}_z\sin60^\circ=\boldsymbol{e}_x\frac{1}{2}-\boldsymbol{e}_z\frac{\sqrt{3}}{2}$$

(1) 入射波电场与磁场的表达式分别为

$$\boldsymbol{E}^+=\boldsymbol{e}_{\mathrm{i}}E_0\mathrm{e}^{-\mathrm{j}\boldsymbol{k}_1\cdot\boldsymbol{r}}=\left(\boldsymbol{e}_x\frac{1}{2}-\boldsymbol{e}_z\frac{\sqrt{3}}{2}\right)E_0\mathrm{e}^{-\mathrm{j}(\boldsymbol{e}_x\sqrt{3}\pi x+\boldsymbol{e}_z\pi z)}$$

$$\boldsymbol{H}^+=\frac{1}{\eta_1}\frac{\boldsymbol{k}_1}{k_1}\times\boldsymbol{E}^+=\frac{1}{120\pi}\left(\boldsymbol{e}_x\frac{\sqrt{3}}{2}+\boldsymbol{e}_z\frac{1}{2}\right)\times\left(\boldsymbol{e}_x\frac{1}{2}-\boldsymbol{e}_z\frac{\sqrt{3}}{2}\right)E_0\mathrm{e}^{-\mathrm{j}(\boldsymbol{e}_x\sqrt{3}\pi x+\boldsymbol{e}_z\pi z)}$$

$$=\boldsymbol{e}_y\frac{E_0}{120\pi}\mathrm{e}^{-\mathrm{j}(\boldsymbol{e}_x\sqrt{3}\pi x+\boldsymbol{e}_z\pi z)}$$

(2) 根据折射定律$\sqrt{\mu_1\varepsilon_1}\sin\theta_{\mathrm{i}}=\sqrt{\mu_2\varepsilon_2}\sin\theta_{\mathrm{T}}$,得

$$\sin\theta_{\mathrm{T}}=\sin\theta_{\mathrm{i}}\frac{\sqrt{\varepsilon_1}}{\sqrt{\varepsilon_2}}=\frac{\sqrt{3}}{4}$$

$$\theta_{\mathrm{T}}=25.66^\circ$$

因此,反射系数与透射系数分别为

$$R_{\mathrm{P}}=\frac{-\eta_1\cos\theta_{\mathrm{i}}+\eta_2\cos\theta_{\mathrm{T}}}{\eta_1\cos\theta_{\mathrm{i}}+\eta_2\cos\theta_{\mathrm{T}}}=0.052$$

$$T_{\mathrm{P}}=\frac{2\eta_2\cos\theta_{\mathrm{i}}}{\eta_1\cos\theta_{\mathrm{i}}+\eta_2\cos\theta_{\mathrm{T}}}=0.526$$

【例题 7-14】 一左旋圆极化均匀平面波由介质 1 斜入射到介质 2 中。设 $\mu_1=\mu_2$,试分析:

(1) $\varepsilon_1>\varepsilon_2$ 及 $\varepsilon_1<\varepsilon_2$ 两种情况下反射波和透射波的极化情况;

(2) 当 $\varepsilon_2=4\varepsilon_1$ 时,欲使反射波为线极化波,则入射角为多大?

已知，平行极化波的反射系数和透射系数分别为 $R_P=\dfrac{\tan(\theta_1-\theta_2)}{\tan(\theta_1+\theta_2)}$；$T_P=\dfrac{2\cos\theta_1\sin\theta_2}{\sin(\theta_1+\theta_2)\cos(\theta_1-\theta_2)}$；垂直极化波的反射系数和透射系数分别为 $R_N=-\dfrac{\sin(\theta_1-\theta_2)}{\sin(\theta_1+\theta_2)}$，$T_N=\dfrac{2\cos\theta_1\sin\theta_2}{\sin(\theta_1+\theta_2)}$。

解：如图 7-9 所示。

(1) 设左旋圆极化波表示为 $\boldsymbol{E}_i=(\cos\theta_1\boldsymbol{e}_x-\sin\theta_1\boldsymbol{e}_z+j\boldsymbol{e}_y)E_0e^{-jk_1(\cos\theta_1 z+\sin\theta_1 x)}$。当 $\varepsilon_1>\varepsilon_2$ 时，$\theta_1<\theta_2$，所以

$$R_P=\frac{\tan(\theta_1-\theta_2)}{\tan(\theta_1+\theta_2)}<0$$

$$R_N=-\frac{\sin(\theta_1-\theta_2)}{\sin(\theta_1+\theta_2)}>0$$

$$T_P=\frac{2\cos\theta_1\sin\theta_2}{\sin(\theta_1+\theta_2)\cos(\theta_1-\theta_2)}>0$$

$$T_N=\frac{2\cos\theta_1\sin\theta_2}{\sin(\theta_1+\theta_2)}>0,\quad T_N\neq T_P,\quad R_N\neq R_P$$

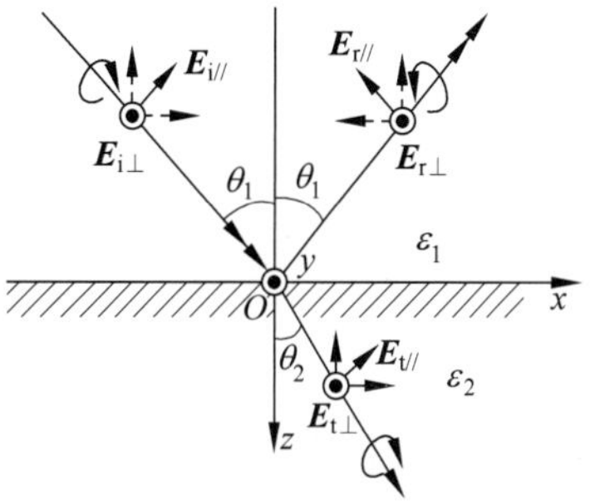

图 7-9　例题 7-14 图

结合图 7-9，注意反射波 x 分量的参考方向与入射波的相反。

因此

$$\boldsymbol{E}_r=(|R_P|\cos\theta_1\boldsymbol{e}_x+|R_P|\sin\theta_1\boldsymbol{e}_z+|R_N|j\boldsymbol{e}_y)E_0e^{-jk_1(-\cos\theta_1 z+\sin\theta_1 x)}$$

$$\boldsymbol{E}_t=(|T_P|\cos\theta_1\boldsymbol{e}_x-|T_P|\sin\theta_1\boldsymbol{e}_z+|T_N|j\boldsymbol{e}_y)E_0e^{-jk_2(\cos\theta_2 z+\sin\theta_2 x)}$$

可见，反射波的垂直分量（y 分量）超前平行分量 90°，且大小不等，结合图 7-9 并注意此时平行分量（xOz 平面）的方向与参考方向相反，而垂直分量与参考方向一致，垂直分量、平行分量与传播方向呈右手螺旋关系，故是右旋椭圆极化波。而透射波的旋向与入射波相同，为左旋椭圆极化波。

当 $\varepsilon_1<\varepsilon_2$ 时，$\theta_1>\theta_2$，所以

$$R_P>0,\quad R_N<0,\quad T_P>0,\quad T_N>0,\quad T_N\neq T_P,\quad R_N\neq R_P$$

结合图示，注意反射波 x 分量的参考方向与入射波的相反。因此

$$\boldsymbol{E}_r=-(|R_P|\cos\theta_1\boldsymbol{e}_x+|R_P|\sin\theta_1\boldsymbol{e}_z+|R_N|j\boldsymbol{e}_y)E_0e^{-jk_1(-\cos\theta_1 z+\sin\theta_1 x)}$$

$$\boldsymbol{E}_t=(|T_P|\cos\theta_1\boldsymbol{e}_x-|T_P|\sin\theta_1\boldsymbol{e}_z+|T_N|j\boldsymbol{e}_y)E_0e^{-jk_2(\cos\theta_2 z+\sin\theta_2 x)}$$

可见，反射波的垂直分量（y 分量）超前平行分量 90°，且大小不等，结合图示，垂直分量、平行分量与传播方向为右手螺旋关系，故是右旋椭圆极化波。而透射波的旋向与入射波相同，为左旋椭圆极化波。

(2) 当 $\varepsilon_2=4\varepsilon_1$ 时，欲使反射波为线极化波，则入射角为布儒斯特角，即

$$\theta_1=\theta_B=\arctan\sqrt{\frac{\varepsilon_2}{\varepsilon_1}}=\arctan 2=63.4°$$

【例题 7-15】　设均匀平面波的电场为 $\boldsymbol{E}=\boldsymbol{e}_x 10e^{-j6z}$，角频率 $\omega=1.8\times10^9$ rad/s。当该

波由空气垂直入射到 $\varepsilon_r=2.5$,损耗角正切为 0.5 的有耗介质分界面上($z=0$)。求:

(1) 反射波和折射波的电场与磁场的瞬时表达式;

(2) 空气中及有耗媒质中的平均坡印亭矢量。

解:(1) 入射波的电场和磁场分别表示为

$$\boldsymbol{E}^{+}=\boldsymbol{e}_x 10\mathrm{e}^{-\mathrm{j}6z}$$

$$\boldsymbol{H}^{+}=\boldsymbol{e}_y \frac{1}{12\pi}\mathrm{e}^{-\mathrm{j}6z}$$

设反射波的电场和磁场的形式为

$$\boldsymbol{E}^{-}=\boldsymbol{e}_x E_0^{-}\mathrm{e}^{\mathrm{j}6z}$$

$$\boldsymbol{H}^{-}=-\boldsymbol{e}_y \frac{\boldsymbol{E}_0^{-}}{120\pi}\mathrm{e}^{\mathrm{j}6z}$$

由于有耗媒质的复介电常数为

$$\varepsilon^{\mathrm{e}}=\varepsilon\left(1-\mathrm{j}\frac{\sigma}{\omega\varepsilon}\right)=2.5\sqrt{1.25}\,\varepsilon_0\mathrm{e}^{-\mathrm{j}0.4636}$$

因此,其传播常数和波阻抗为

$$k^{\mathrm{e}}=\omega\sqrt{\mu_0\varepsilon^{\mathrm{e}}}=9.76-\mathrm{j}2.30=\beta-\mathrm{j}\alpha$$

$$\eta^{\mathrm{e}}=\sqrt{\frac{\mu_0}{\varepsilon^{\mathrm{e}}}}=225.5\mathrm{e}^{\mathrm{j}13.2825^\circ}$$

因此,折射波的电场和磁场可以分别表示为

$$\boldsymbol{E}^{T}=\boldsymbol{e}_x E_0^{T}\mathrm{e}^{-2.30z}\mathrm{e}^{-\mathrm{j}9.76z}$$

$$\boldsymbol{H}^{T}=\boldsymbol{e}_y \frac{E_0^{T}}{225.5}\mathrm{e}^{-2.30z}\mathrm{e}^{-\mathrm{j}(9.76z+13.28^\circ)}$$

因为有耗介质的电导率有限,因此分界面的面电流密度为零,利用在 $z=0$ 分界面上电场和磁场的连续性,故有

$$10+\boldsymbol{E}_0^{-}=\boldsymbol{E}_0^{T}$$

$$\frac{1}{12\pi}-\frac{E_0^{-}}{120\pi}=\frac{E_0^{T}}{225.5}\mathrm{e}^{-\mathrm{j}13.2825^\circ}$$

解得

$$E_0^{-}=2.77\mathrm{e}^{\mathrm{j}156.8^\circ},\quad E_0^{T}=7.53\mathrm{e}^{\mathrm{j}8.3^\circ}$$

于是,反射波和折射波的电场与磁场的瞬时表达式为

$$\boldsymbol{E}^{-}=\boldsymbol{e}_x 2.77\cos(1.8\times10^9 t+6z+156.8^\circ)$$

$$\boldsymbol{E}^{T}=\boldsymbol{e}_x 7.53\mathrm{e}^{-2.30z}\cos(1.8\times10^9 t-9.76z+8.3^\circ)$$

$$\boldsymbol{H}^{-}=\boldsymbol{e}_y 0.0073\cos(1.8\times10^9 t+6z+23.2^\circ)$$

$$\boldsymbol{H}^{T}=\boldsymbol{e}_y 0.0334\mathrm{e}^{-2.30z}\cos(1.8\times10^9 t-9.76z-5^\circ)$$

(2) 空气及有耗媒质中波的平均坡印亭矢量分别为

$$\boldsymbol{S}_{\mathrm{av1}}=\frac{1}{2}\mathrm{Re}[(\boldsymbol{E}^{+}+\boldsymbol{E}^{-})\times(\boldsymbol{H}^{+}+\boldsymbol{H}^{-})^{*}]=\boldsymbol{e}_z 0.122$$

$$\boldsymbol{S}_{av2}=\frac{1}{2}\text{Re}(\boldsymbol{E}^{T}\times\boldsymbol{H}^{T*})=\boldsymbol{e}_z 0.122\text{e}^{-4.6z}$$

【例题 7-16】 均匀平面波自空气入射到理想导体表面($z=0$),已知入射波电场为 $\boldsymbol{E}^{+}=5(\boldsymbol{e}_x+\sqrt{3}\boldsymbol{e}_z)\text{e}^{\text{j}6(\sqrt{3}x-z)}\text{V/m}$。试求:

(1) 反射波的电场和磁场;

(2) 理想导体表面的面电荷密度和面电流密度。

解:(1) 根据题意,入射波为平行极化波,磁场矢量方向为 $\boldsymbol{e}_y$。单位波矢量为

$$\boldsymbol{k}_{\text{i}}=\frac{6(-\sqrt{3}\boldsymbol{e}_x+\boldsymbol{e}_z)}{12}=-\frac{\sqrt{3}}{2}\boldsymbol{e}_x+\frac{1}{2}\boldsymbol{e}_z$$

如图 7-10 所示,反射波波矢量方向为

$$-6\sqrt{3}\boldsymbol{e}_x-6\boldsymbol{e}_z$$

设反射波磁场矢量沿 $\boldsymbol{e}_y$ 方向,根据电场、磁场及传播方向之间的右手螺旋关系,则反射波为

$$\boldsymbol{E}^{-}=5(-\boldsymbol{e}_x+\sqrt{3}\boldsymbol{e}_z)\text{e}^{\text{j}6(\sqrt{3}x+z)}\text{V/m}$$

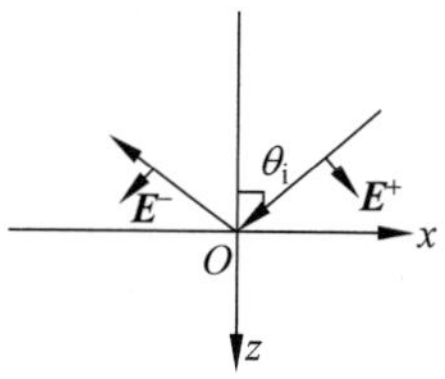

图 7-10 例题 7-16 图

(2) 入射磁场与反射磁场分别为

$$\boldsymbol{H}^{+}=\frac{1}{120\pi}\left(-\frac{\sqrt{3}}{2}\boldsymbol{e}_x+\frac{1}{2}\boldsymbol{e}_z\right)\times5(\boldsymbol{e}_x+\sqrt{3}\boldsymbol{e}_z)\text{e}^{\text{j}6(\sqrt{3}x-z)}=\boldsymbol{e}_y\frac{1}{12\pi}\text{e}^{\text{j}6(\sqrt{3}x-z)}\text{A/m}$$

$$\boldsymbol{H}^{-}=\frac{1}{120\pi}\left(-\frac{\sqrt{3}}{2}\boldsymbol{e}_x-\frac{1}{2}\boldsymbol{e}_z\right)\times5(-\boldsymbol{e}_x+\sqrt{3}\boldsymbol{e}_z)\text{e}^{\text{j}6(\sqrt{3}x+z)}=\boldsymbol{e}_y\frac{1}{12\pi}\text{e}^{\text{j}6(\sqrt{3}x+z)}\text{A/m}$$

因此,合成磁场为

$$\boldsymbol{H}=\boldsymbol{H}^{+}+\boldsymbol{H}^{-}=\boldsymbol{e}_y\frac{1}{12\pi}\text{e}^{\text{j}6(\sqrt{3}x-z)}+\boldsymbol{e}_y\frac{1}{12\pi}\text{e}^{\text{j}6(\sqrt{3}x+z)}\text{A/m}$$

合成电场为

$$\boldsymbol{E}=\boldsymbol{E}^{+}+\boldsymbol{E}^{-}=5(\boldsymbol{e}_x+\sqrt{3}\boldsymbol{e}_z)\text{e}^{\text{j}6(\sqrt{3}x-z)}+5(-\boldsymbol{e}_x+\sqrt{3}\boldsymbol{e}_z)\text{e}^{\text{j}6(\sqrt{3}x+z)}\text{V/m}$$

故面电荷密度为

$$\rho_{\text{s}}=-\boldsymbol{e}_z\cdot\varepsilon_0(\boldsymbol{E}^{+}+\boldsymbol{E}^{-})\big|_{z=0}=-10\sqrt{3}\,\text{e}^{\text{j}6\sqrt{3}x}\text{C/m}^2$$

面电流密度为

$$\boldsymbol{J}_{\text{s}}=-\boldsymbol{e}_z\times\boldsymbol{H}=-\boldsymbol{e}_z\times\boldsymbol{e}_y\frac{1}{12\pi}(\text{e}^{6\text{j}(\sqrt{3}x-z)}+\text{e}^{\text{j}6(\sqrt{3}x+z)})\big|_{z=0}=\boldsymbol{e}_x\frac{1}{6\pi}\text{e}^{\text{j}6\sqrt{3}x}\text{A/m}$$

【例题 7-17】 在空气中,有一平均功率密度为 10mW/m^2 波长极短的圆极化波,斜入射到截面为等边三角形的长柱状棱镜的侧面上,波的传播方向与棱镜的轴线垂直,如图 7-11 所示。已知棱镜的材料参数为 $\varepsilon_r=4,\mu_r=1,\sigma=0$,$AB$ 面为反射面,BC 面涂以吸收材料。试求:

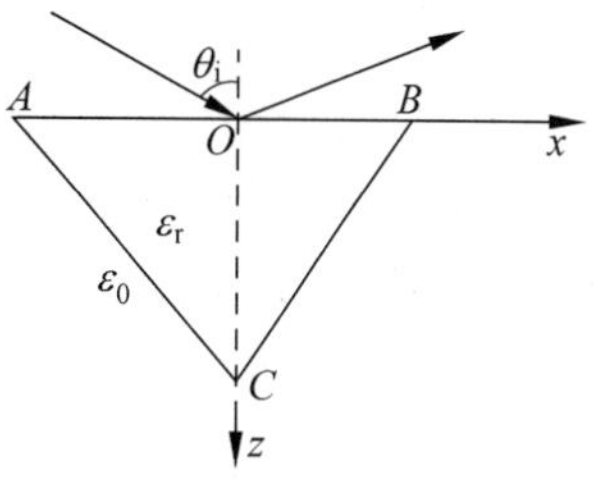

图 7-11 例题 7-17 图

(1) 若使圆极化波经 AB 面反射后成为线极化波,求入射角;

(2) 反射后线极化波的平均功率密度;

(3) 经 AB 面进入棱镜的波的极化形式;

(4) 如果使得透射波被 BC 面上的吸收层无反射地吸收,

则应如何选择吸收材料的本征阻抗?

解:由于平面波波长极短,故可以认为波长远小于棱镜尺寸,在入射分界面上可以应用反射、折射定律。

(1) 圆极化波可以分解为平行极化分量和垂直极化分量的合成,当平面波以布儒斯特角入射时,平行极化分量全透射,此时反射波只有垂直极化分量,为线极化波。因此入射角为

$$\theta_{\mathrm{i}}=\theta_{\mathrm{B}}=\arctan\sqrt{\frac{\varepsilon_2}{\varepsilon_1}}=\arctan 2=63.43^{\circ}$$

(2) 对于入射的圆极化波,其平均功率密度可以表示为

$$S_{\mathrm{iav}}=\frac{|E_{\mathrm{i0}}|^2}{2\eta_0}=10$$

由于$|E_{\mathrm{i0}}|^2=|E_{\mathrm{i0}\perp}|^2+|E_{\mathrm{i0}\parallel}|^2$,故

$$\boldsymbol{S}_{\mathrm{iav}}=\frac{|E_{\mathrm{i0}\perp}|^2}{\eta_0}=10\mathrm{mW/m^2}$$

而垂直极化波的反射系数为

$$R_{\perp}=\frac{\eta_2\cos\theta_{\mathrm{i}}-\eta_1\cos\theta_{\mathrm{T}}}{\eta_2\cos\theta_{\mathrm{i}}+\eta_1\cos\theta_{\mathrm{T}}}=\frac{\cos\theta_{\mathrm{B}}-\sqrt{\left(\frac{\varepsilon_2}{\varepsilon_1}\right)-\sin^2\theta_{\mathrm{B}}}}{\cos\theta_{\mathrm{B}}+\sqrt{\left(\frac{\varepsilon_2}{\varepsilon_1}\right)-\sin^2\theta_{\mathrm{B}}}}=-\frac{3}{5}$$

于是,垂直极化分量的反射波的平均功率密度为

$$\boldsymbol{S}_{\mathrm{rav}}=\frac{|E_{\mathrm{r0}}|^2}{2\eta_0}=\frac{|R_{\perp}E_{\mathrm{i0}\perp}|^2}{2\eta_0}=\frac{1}{2}|R_{\perp}|^2S_{\mathrm{iav}}=\frac{1}{2}\times\frac{9}{25}\times 10\mathrm{mW/m^2}=1.8\mathrm{mW/m^2}$$

(3) 当圆极化平面波以布儒斯特角入射时,平行极化分量全透射,垂直分量部分反射,部分透射,故透射波为椭圆极化波。

(4) 为使得透射波被 BC 面上的吸收层无反射地吸收,则应选择吸收材料的本征阻抗等于棱镜的本征阻抗,即

$$\eta=\sqrt{\frac{\mu_0}{\varepsilon_{\mathrm{r}}\varepsilon_0}}=\frac{\eta_0}{2}\approx 188.5\Omega$$

【例题 7-18】 证明:(1) 垂直极化波和平行极化波的反射系数可以分别表示为

$$R_{\mathrm{N}}=\frac{\mu_2k_{\mathrm{iz}}-\mu_1k_{\mathrm{tz}}}{\mu_2k_{\mathrm{iz}}+\mu_1k_{\mathrm{tz}}},\quad R_{\mathrm{P}}=\frac{-\varepsilon_2k_{\mathrm{iz}}+\varepsilon_1k_{\mathrm{tz}}}{\varepsilon_2k_{\mathrm{iz}}+\varepsilon_1k_{\mathrm{tz}}}$$

其中,$k_{\mathrm{iz}}=k_{\mathrm{i}}\cos\theta_{\mathrm{i}}=\omega\sqrt{\mu_1\varepsilon_1}\cos\theta_{\mathrm{i}}$,$k_{\mathrm{it}}=k_{\mathrm{t}}\cos\theta_{\mathrm{T}}=\omega\sqrt{\mu_2\varepsilon_2}\cos\theta_{\mathrm{T}}$。

(2) 垂直极化波从介质($\mu_1=\mu_0,\varepsilon_1=\varepsilon_0$)斜入射到磁性材料($\mu_2=\mu_0\mu_{\mathrm{r}},\varepsilon_2=\varepsilon_0$)中时,也存在一个无反射的布儒斯特角。

证明:(1) 根据题意

$$R_{\mathrm{N}}=\frac{\mu_2k_{\mathrm{iz}}-\mu_1k_{\mathrm{tz}}}{\mu_2k_{\mathrm{iz}}+\mu_1k_{\mathrm{tz}}}=\frac{\mu_2\omega\sqrt{\mu_1\varepsilon_1}\cos\theta_{\mathrm{i}}-\mu_1\omega\sqrt{\mu_2\varepsilon_2}\cos\theta_{\mathrm{T}}}{\mu_2\omega\sqrt{\mu_1\varepsilon_1}\cos\theta_{\mathrm{i}}+\mu_1\omega\sqrt{\mu_2\varepsilon_2}\cos\theta_{\mathrm{T}}}$$

$$=\frac{\sqrt{\mu_1\varepsilon_1}\cos\theta_i-\mu_1\sqrt{\varepsilon_2/\mu_2}\cos\theta_T}{\sqrt{\mu_1\varepsilon_1}\cos\theta_i+\mu_1\sqrt{\varepsilon_2/\mu_2}\cos\theta_T}=\frac{\sqrt{\varepsilon_1/\mu_1}\cos\theta_i-\sqrt{\varepsilon_2/\mu_2}\cos\theta_T}{\sqrt{\varepsilon_1/\mu_1}\cos\theta_i+\sqrt{\varepsilon_2/\mu_2}\cos\theta_T}$$

$$=\frac{\cos\theta_i/\eta_1-\cos\theta_T/\eta_2}{\cos\theta_i/\eta_1+\cos\theta_T/\eta_2}=\frac{\eta_2\cos\theta_i-\eta_1\cos\theta_T}{\eta_2\cos\theta_i+\eta_1\cos\theta_T}$$

$$R_P=\frac{-\varepsilon_2k_{iz}+\varepsilon_1k_{tz}}{\varepsilon_2k_{iz}+\varepsilon_1k_{tz}}=\frac{-\varepsilon_2\omega\sqrt{\mu_1\varepsilon_1}\cos\theta_i+\varepsilon_1\omega\sqrt{\mu_2\varepsilon_2}\cos\theta_T}{\varepsilon_2\omega\sqrt{\mu_1\varepsilon_1}\cos\theta_i+\varepsilon_1\omega\sqrt{\mu_2\varepsilon_2}\cos\theta_T}$$

$$=\frac{-\sqrt{\mu_1\varepsilon_1}\cos\theta_i+\varepsilon_1\sqrt{\mu_2/\varepsilon_2}\cos\theta_T}{\sqrt{\mu_1\varepsilon_1}\cos\theta_i+\varepsilon_1\sqrt{\mu_2/\varepsilon_2}\cos\theta_T}$$

$$=\frac{-\sqrt{\mu_1/\varepsilon_1}\cos\theta_i+\sqrt{\mu_2/\varepsilon_2}\cos\theta_T}{\sqrt{\mu_1/\varepsilon_1}\cos\theta_i+\sqrt{\mu_2/\varepsilon_2}\cos\theta_T}=\frac{-\eta_1\cos\theta_i+\eta_2\cos\theta_T}{\eta_1\cos\theta_i+\eta_2\cos\theta_T}$$

得证。

(2) 对于垂直极化波从介质斜入射到磁性材料时，设入射角为 θ_B，当反射系数为零时，$R_N=0$，由于 $\varepsilon_1=\varepsilon_2=\varepsilon_0$，$\mu_1=\mu_0$，$\mu_2=\mu_0\mu_r$，根据 $\mu_2\omega\sqrt{\mu_1\varepsilon_1}\cos\theta_B=\mu_1\omega\sqrt{\mu_2\varepsilon_2}\cos\theta_T$，得

$$\mu_0\mu_r\sqrt{\mu_0\varepsilon_0}\cos\theta_B=\mu_0\sqrt{\mu_0\mu_r\varepsilon_0}\cos\theta_T$$

即

$$\sqrt{\mu_r}\cos\theta_B=\cos\theta_T$$

根据折射定律

$$\sin\theta_T=\sqrt{\frac{\mu_1\varepsilon_1}{\mu_2\varepsilon_2}}\sin\theta_i=\sqrt{\frac{\mu_0\varepsilon_0}{\mu_0\mu_r\varepsilon_0}}\sin\theta_i=\frac{1}{\sqrt{\mu_r}}\sin\theta_i$$

因此

$$\sqrt{\mu_r}\cos\theta_B=\cos\theta_T=\sqrt{1-\frac{1}{\mu_r}\sin^2\theta_i}=\sqrt{1-\frac{1}{\mu_r}\sin^2\theta_B}$$

于是

$$\mu_r(1-\sin^2\theta_B)=1-\frac{1}{\mu_r}\sin^2\theta_B$$

即

$$\sin\theta_B=\sqrt{\frac{\mu_r}{1+\mu_r}}$$

可见，垂直极化波从介质斜入射到磁性材料中时，存在一个无发射的布儒斯特角，即

$$\theta_B=\arcsin\sqrt{\frac{\mu_r}{1+\mu_r}}$$

【例题 7-19】 证明：在下面两种情况下，对应于分界面上无反射的条件是布儒斯特角与折射角之和等于 $\pi/2$。

(1) 垂直极化波，$\varepsilon_1=\varepsilon_2$，但是 $\mu_1\neq\mu_2$；

(2) 平行极化波，$\mu_1=\mu_2$，但是 $\varepsilon_1\neq\varepsilon_2$。

证明：(1) 根据垂直极化波的表达式 $R_N=\dfrac{\mu_2k_{iz}-\mu_1k_{tz}}{\mu_2k_{iz}+\mu_1k_{tz}}$，当 $R_N=0$ 时

$$\mu_2 k_{iz}=\mu_1 k_{tz}$$

设入射角为 θ_B,则

$$\mu_2\omega\sqrt{\mu_1\varepsilon_1}\cos\theta_B=\mu_1\omega\sqrt{\mu_1\varepsilon_2}\cos\theta_T$$

由于 $\varepsilon_1=\varepsilon_2,\mu_1\neq\mu_2$,故有

$$\sqrt{\mu_2}\cos\theta_B=\sqrt{\mu_1}\cos\theta_T$$

根据折射定律,得

$$\sin\theta_T=\sqrt{\frac{\mu_1\varepsilon_1}{\mu_2\varepsilon_2}}\sin\theta_i=\sqrt{\frac{\mu_1}{\mu_2}}\sin\theta_B$$

联立以上两式,得

$$\sin\theta_B=\cos\theta_T$$

因此

$$\theta_B+\theta_T=\pi/2$$

(2) 由 $R_P=\dfrac{-\varepsilon_2 k_{iz}+\varepsilon_1 k_{tz}}{\varepsilon_2 k_{iz}+\varepsilon_1 k_{tz}}=0$,得

$$\varepsilon_2\omega\sqrt{\mu_1\varepsilon_1}\cos\theta_i=\varepsilon_1\omega\sqrt{\mu_2\varepsilon_2}\cos\theta_T$$

由于 $\mu_1=\mu_2,\varepsilon_1\neq\varepsilon_2$,则

$$\sqrt{\varepsilon_2}\cos\theta_i=\sqrt{\varepsilon_1}\cos\theta_T$$

根据折射定律,得

$$\sin\theta_T=\sqrt{\frac{\mu_1\varepsilon_1}{\mu_2\varepsilon_2}}\sin\theta_i=\sqrt{\frac{\varepsilon_1}{\varepsilon_2}}\sin\theta_B$$

联立以上两式,得

$$\sin\theta_B=\cos\theta_T$$

因此

$$\theta_B+\theta_T=\pi/2$$

【例题 7-20】 证明:电磁波垂直入射到两种无耗媒质的交界面上时,若其反射系数与折射系数的大小相等,则其驻波比为 3。

证明:当电磁波垂直入射到两种无耗媒质的交界面,反射系数与折射系数的大小相等时

$$|R|=\left|\frac{\eta_2-\eta_1}{\eta_2+\eta_1}\right|=T=\frac{2\eta_2}{\eta_2+\eta_1}$$

因此

$$\eta_2=3\eta_1$$

此时

$$|R|=\left|\frac{\eta_2-\eta_1}{\eta_2+\eta_1}\right|=\frac{1}{2}$$

故驻波比为

$$S=\frac{1+|R|}{1-|R|}=\frac{1+1/2}{1-1/2}=3$$

【例题 7-21】 图 7-12 所示为隐身飞机的原理示意图。在表示机身的理想导体表面覆盖一层厚度 $d_3=\lambda_3/4$ 的理想介质膜，又在介质膜上涂一层厚度为 d_2 的极薄层良导体材料，其中各媒质的电磁参数依次为 ε_0,μ_0；$\varepsilon_2,\mu_2,\sigma_2$；$\varepsilon_3,\mu_3$；$\varepsilon_4,\mu_4$。试确定消除电磁波从良导体表面上反射的条件。

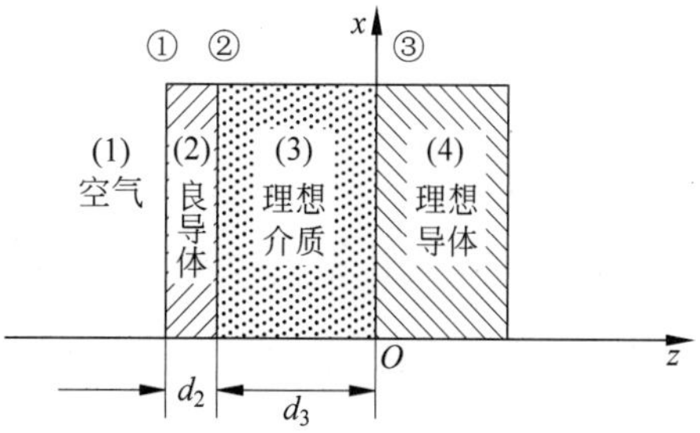

图 7-12　例题 7-21 图

解：媒质 1 空气的波阻抗为 $\eta_1=\sqrt{\dfrac{\mu_1}{\varepsilon_1}}=\sqrt{\dfrac{\mu_0}{\varepsilon_0}}$，媒质 2 良导体的波阻抗为 $\eta_{2c}=\sqrt{\dfrac{\omega\mu_2}{\sigma_2}}e^{j45^\circ}$，媒质 3 理想介质的波阻抗为 $\eta_1=\sqrt{\dfrac{\mu_3}{\varepsilon_3}}$，媒质 4 理想导体的波阻抗为 $\eta_4=\sqrt{\dfrac{\omega\mu_4}{\sigma_4}}e^{j45^\circ}=0$。①区和②区的等效波阻抗为

$$\eta_{ef2}=\eta_3\frac{\eta_4+j\eta_3\tan(\beta_3d_3)}{\eta_3+j\eta_4\tan(\beta_3d_3)}=j\eta_3\tan(\beta_3d_3)$$

$$\eta_{ef1}=\eta_{2c}\frac{\eta_{ef2}+\eta_{2c}\tanh\gamma_2d_2}{\eta_{2c}+\eta_{ef2}\tanh\gamma_2d_2}$$

当良导体表面无反射时，$R_1=\dfrac{\eta_{ef1}-\eta_1}{\eta_{ef1}+\eta_1}=0$，即 $\eta_{ef1}=\eta_1=\eta_0$。由于 $d_3=\dfrac{\lambda_3}{4}$，则 $\eta_{ef2}=j\eta_3\tan(\beta_3d_3)=j\eta_3\tan\left(\dfrac{2\pi\lambda_3}{\lambda_3 4}\right)=\infty$，因此

$$\eta_{ef1}=\eta_{2c}\frac{\eta_{ef2}+\eta_{2c}\tanh\gamma_2d_2}{\eta_{2c}+\eta_{ef2}\tanh\gamma_2d_2}=\frac{\eta_{2c}}{\tanh\gamma_2d_2}$$

又考虑到良导体薄层厚度很小，故双曲正切函数 $\tanh\gamma_2d_2\approx\gamma_2d_2$，于是

$$\eta_{ef1}\approx\frac{\eta_{2c}}{\gamma_2d_2}=\frac{1}{\sigma_2d_2}$$

根据 $\eta_{ef1}=\eta_1=\eta_0$，得

$$\frac{1}{\sigma_2d_2}=\eta_0$$

则

$$d_2=\frac{1}{\sigma_2\eta_0}=\frac{1}{377\sigma_2}=\frac{2.65\times10^{-3}}{\sigma_2}$$

即飞机隐身，电磁波从良导体表面无反射的条件为 $d_3=\dfrac{\lambda_3}{4}$，$d_2=\dfrac{2.65\times10^{-3}}{\sigma_2}$。

【例题 7-22】 最简单的天线罩是单层介质板。如果已知介质板的介电常数 $\varepsilon=2.8\varepsilon_0$，问：介质的厚度应为多少时，方可使 3GHz 电磁波在垂直入射于板面时没有反射；当频率为 3.1GHz 及 2.9GHz 时，反射增大多少？

解：天线罩示意图如图 7-13 所示，要实现无反射，必须使 2 区在 $z=d$ 处的输入阻抗等于1区的特征阻抗，而2区的终端阻抗则应等于3区的特征阻抗。

2区的输入阻抗为

$$Z_{in}=\eta_2\frac{\eta_0\cos\beta_2 d+j\eta_2\sin\beta_2 d}{\eta_2\cos\beta_2 d+j\eta_0\sin\beta_2 d}$$

欲使 $Z_{in}=\eta_2=\eta_0$，必须使 $\beta_2 d=\pi$，则

$$d=\frac{\pi}{\beta_2}=\frac{\lambda_2}{2}=\frac{1}{2}\frac{\lambda_0}{\sqrt{\varepsilon_{r2}}}=\frac{1}{2}\times\frac{0.1}{\sqrt{2.8}}\text{m}=0.03\text{m}$$

即介质厚度 $\frac{\lambda_2}{2}=0.03\text{m}$ 时就可达到没有反射。

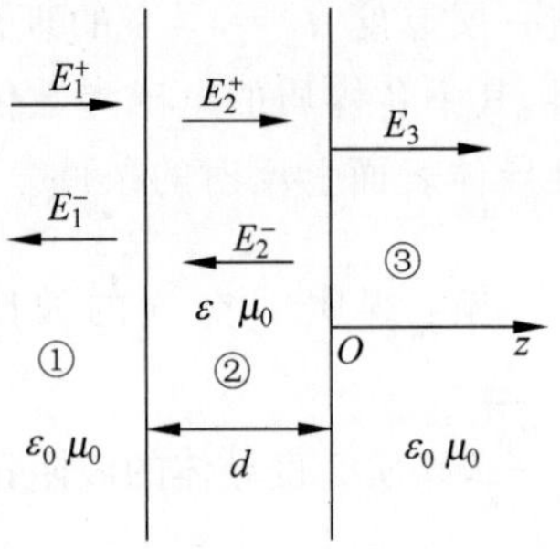

图 7-13 例题 7-22 图

当 $f=3.1\text{GHz}=3.1\times10^9\text{Hz}$ 时

$$\beta_2=\omega\sqrt{\mu_0\varepsilon_2}=2\pi\times3.1\times10^9\sqrt{\mu_0\times2.8\varepsilon_0}=34.5\pi$$

即

$$\beta_2 d=34.5\pi\times0.03=1.035\pi$$

$$\cos\beta_2 d=\cos1.035\pi=-0.99$$

$$\sin\beta_2 d=\sin1.035\pi=-0.11$$

而

$$\eta_2=\sqrt{\frac{\mu_0}{\varepsilon_2}}=\sqrt{\frac{\mu_0}{2.8\varepsilon_0}}=\frac{1}{1.67}\eta_0$$

故此时的输入阻抗为

$$\boldsymbol{Z}_{in}=\frac{1}{1.67}\eta_0\frac{-0.99-j\frac{1}{1.67}0.11}{-\frac{1}{1.67}0.99-j0.11}=0.6\eta_0\frac{0.99+j0.066}{0.593+j0.11}=(0.983-j0.116)\eta_0$$

相应的反射系数为

$$|R|=\left|\frac{\boldsymbol{Z}_{in}-\eta_0}{\boldsymbol{Z}_{in}+\eta_0}\right|=\left|\frac{(0.983-j0.116)-1}{(0.983-j0.116)+1}\right|=\left|\frac{-j0.116}{1.983-j0.116}\right|\approx0.058$$

即当频率偏移到3.1GHz时，反射要增大5.8%。

同样，当频率偏移到2.9GHz时，也可计算出反射要增大5.8%。

【例题 7-23】 均匀平面波的电场强度为 $\boldsymbol{E}_i=\boldsymbol{e}_x10e^{-j6z}$，该波从空气垂直入射到有损耗介质($\varepsilon_r=2.5$，损耗角正切为0.5)的分界面($z=0$)上。

(1) 求 $\boldsymbol{E}_r(z,t)$、$\boldsymbol{H}_r(z,t)$、$\boldsymbol{E}_t(z,t)$ 和 $\boldsymbol{H}_t(z,t)$ 的瞬时表示式；

(2) 求空气中及有损耗媒介中的时间平均坡印亭矢量。

解：(1) 由题意知，空气(媒质1)中

$$\beta_1=6\text{rad/m}$$

$$\omega=\beta_1 c=6\times3\times10^8\text{rad/s}=1.8\times10^9\text{rad/s}$$

在有损耗媒质(媒质2)中

$$\tan\delta_c=\frac{\sigma_2}{\omega\varepsilon_2}=0.5$$

$$\alpha_2=\omega\sqrt{\frac{\mu_2\varepsilon_2}{2}}\left[\sqrt{1+\left(\frac{\sigma_2}{\omega\varepsilon_2}\right)^2}-1\right]^{\frac{1}{2}}=2.29\text{Np/m}$$

$$\beta_2=\omega\sqrt{\frac{\mu_2\varepsilon_2}{2}}\left[\sqrt{1-\left(\frac{\sigma_2}{\omega\varepsilon_2}\right)^2}+1\right]^{\frac{1}{2}}=9.76\text{rad/m}$$

$$\eta_c=\eta_2/\sqrt{1-\mathrm{j}\frac{\sigma_2}{\omega\varepsilon_2}}=225\mathrm{e}^{\mathrm{j}13.3^\circ}$$

故

$$\boldsymbol{E}_t=\boldsymbol{e}_x\boldsymbol{E}_{t0}\mathrm{e}^{-\alpha_2 z}\mathrm{e}^{-\mathrm{j}\beta_2 z}=\boldsymbol{e}_x\boldsymbol{E}_{t0}\mathrm{e}^{-2.29z}\mathrm{e}^{-\mathrm{j}9.76z}$$

$$\boldsymbol{H}_t=\frac{1}{\eta_c}\boldsymbol{e}_z\times\boldsymbol{E}_t=\boldsymbol{e}_y\frac{\boldsymbol{E}_{t0}}{225}\mathrm{e}^{-\mathrm{j}13.3^\circ}\mathrm{e}^{-2.29z}\mathrm{e}^{-\mathrm{j}9.76z}$$

又由已知的 $\boldsymbol{E}_i=\boldsymbol{e}_x 10\mathrm{e}^{-\mathrm{j}6z}$，得

$$\boldsymbol{H}_i=\boldsymbol{e}_y\frac{10}{120\pi}\mathrm{e}^{-\mathrm{j}6z}$$

设 $\boldsymbol{E}_r=\boldsymbol{e}_x\boldsymbol{E}_{r0}\mathrm{e}^{\mathrm{j}6z}$，则

$$\boldsymbol{H}_r=-\boldsymbol{e}_y\frac{\boldsymbol{E}_{r0}}{120\pi}\mathrm{e}^{\mathrm{j}6z}$$

根据分界面($z=0$)上的边界条件，得

$$10+\boldsymbol{E}_{r0}=\boldsymbol{E}_{t0}$$

$$(10-\boldsymbol{E}_{r0})\frac{1}{120\pi}=\frac{\boldsymbol{E}_{t0}\mathrm{e}^{-\mathrm{j}13.3^\circ}}{225}$$

由以上两式解出

$$\boldsymbol{E}_{r0}=2.77\mathrm{e}^{\mathrm{j}157^\circ},\quad \boldsymbol{E}_{t0}=7.53\mathrm{e}^{\mathrm{j}8.3^\circ}$$

则

$$\boldsymbol{E}_r(z,t)=\boldsymbol{e}_x 2.77\cos(1.8\times10^9+6z+157^\circ)$$

$$\boldsymbol{H}_r(z,t)=-\boldsymbol{e}_y 7.35\times10^{-3}\cos(1.8\times10^9 t+6z+157^\circ)$$

$$\boldsymbol{E}_t(z,t)=-\boldsymbol{e}_y 7.53\mathrm{e}^{-2.29z}\cos(1.8\times10^9 t-9.76z+8.3^\circ)$$

$$\boldsymbol{H}_t(z,t)=-\boldsymbol{e}_y 0.033\mathrm{e}^{-2.29z}\cos(1.8\times10^9 t-9.76z-5^\circ)$$

(2) 空气中及有损耗媒介中的时间平均坡印亭矢量分别为

$$\boldsymbol{S}_{av1}=\boldsymbol{e}_z\left(\frac{1}{2}\cdot\frac{10^2}{120\pi}-\frac{1}{2}\cdot\frac{2.77^2}{120\pi}\right)=\boldsymbol{e}_z 0.122$$

$$\boldsymbol{S}_{av2}=\boldsymbol{e}_z\frac{1}{2}\cdot\frac{7.53^2}{225}\cos13.3^\circ\mathrm{e}^{-4.58z}=\boldsymbol{e}_z 0.122\mathrm{e}^{-4.58z}$$

【例题 7-24】 一个线极化平面波从自由空间投射到 $\varepsilon_r=4,\mu_r=1$ 的介质分界面，如果入射波的电场与入射面的夹角为 45°。试求：

(1) 入射角 θ_i 等于多少时，反射波只有垂直极化波；

(2) 此时反射波的平均功率流密度是入射波的百分之几？

解：(1) 由题设条件知

$$\varepsilon_1=\varepsilon_0,\quad \mu_1=\mu_0,\quad \varepsilon_2=\varepsilon_r\varepsilon_0=4\varepsilon_0,\quad \mu_2=\mu_0$$

故布儒斯特角为

$$\theta_B=\arctan\sqrt{\left(\frac{\varepsilon_2}{\varepsilon_1}\right)}=\arctan 2=63.4°$$

则知,当 $\theta_i=\theta_B=63.4°$时,反射波就只有垂直极化波。

(2) 由题设条件求出入射波电场的垂直极化分量为 $E_{iN}=E_i\cos 45°=\frac{E_i}{\sqrt{2}}$,而垂直极化波的反射系数为

$$R_N=\frac{\cos\theta_i-\sqrt{(\varepsilon_2/\varepsilon_1)-\sin^2\theta_i}}{\cos\theta_i+\sqrt{(\varepsilon_2/\varepsilon_1)-\sin^2\theta_i}}=\frac{\cos 63.4°-\sqrt{4-(\sin 63.4°)^2}}{\cos 63.4°+\sqrt{4-(\sin 63.4°)^2}}=-0.6$$

故反射波的平均功率密度流为

$$\boldsymbol{S}_{rav}=\frac{E_{i\perp}^2}{2\eta_1}R_\perp^2=\frac{(E_i\cos 45°)^2}{2\eta_1}(-0.6)^2=\frac{E_i^2}{2\eta_1}\times 0.18$$

入射波的平均功率密度流为

$$P_{iav}=\frac{E_i^2}{2\eta_1}$$

可见,反射波的平均功率流密度是入射波的18%。

【例题 7-25】 对于在 θ_B 角附近入射的平行极化波,反射波中 E_x 的相位与入射波中 E_x 的相位之间相差多大?对于在 $z<0$ 的半空间的驻波有什么影响?

解:当 $\theta=\theta_B=\arcsin\left(\sqrt{\frac{\varepsilon_2}{\varepsilon_1+\varepsilon_2}}\right)$时,平行极化波的反射系数 $R_{/\!/}=0$,则 $E_x^-=0$。

$$R_P=\frac{-\frac{\varepsilon_2}{\varepsilon_1}\cos\theta+\sqrt{\frac{\varepsilon_2}{\varepsilon_1}-\sin^2\theta}}{\frac{\varepsilon_2}{\varepsilon_1}\cos\theta+\sqrt{\frac{\varepsilon_2}{\varepsilon_1}-\sin^2\theta}}$$

当 $\theta<\theta_B$ 时,R 为实数,E_x^- 和 E_x^+ 相同。

当 $\theta>\theta_B$ 时,R 为复数,考虑 θ 在 θ_B 附近,有

$$\frac{\varepsilon_2}{\varepsilon_1}\cos\theta\approx\sqrt{\sin^2\theta-\frac{\varepsilon_2}{\varepsilon_1}}$$

则

$$R_P=\frac{E_x^-}{E_x^+}\approx-\frac{1\mp j}{1\pm j}=\pm j$$

可见,E_x^- 和 E_x^+ 有 $\pi/2$ 的相位差,这将影响到驻波的最大值(或最小值)的位置。

【例题 7-26】 定义电场反射系数为反射波电场幅度与入射波电场幅度的比值,则表征垂直极化波和平行极化波的菲涅耳公式可以表示为

$$\left(\frac{E_0'}{E_0}\right)_N=\frac{n_1\cos\theta-n_2\cos\theta''}{n_1\cos\theta+n_2\cos\theta''},\quad \left(\frac{E_0'}{E_0}\right)_P=\frac{n_2\cos\theta-n_1\cos\theta''}{n_2\cos\theta+n_1\cos\theta''}$$

当有一线极化波经介质面全反射后:

（1）试证明反射波电场 $\boldsymbol{E}$ 的平行分量 E'_{0P} 和垂直分量 E'_{0N} 之间的相位差为

$$\tan\frac{\phi}{2}=\frac{\cos\theta\sqrt{\sin^2\theta-n_{21}^2}}{\sin^2\theta}$$

其中，$n_{21}=\sqrt{\dfrac{\varepsilon_2}{\varepsilon_1}}$ 是相对折射率。试问：

（2）在什么条件下反射波是线极化的？

（3）在什么条件下，其反射波又是圆极化的？

解：（1）设入射角为 θ，折射角为 θ''，θ_C 为临界角，则由菲涅耳公式

$$\left(\frac{E'_0}{E_0}\right)_N=\frac{n_1\cos\theta-n_2\cos\theta''}{n_1\cos\theta+n_2\cos\theta''},\quad \left(\frac{E'_0}{E_0}\right)_P=\frac{n_2\cos\theta-n_1\cos\theta''}{n_2\cos\theta+n_1\cos\theta''}$$

和折射定律 $\dfrac{\sin\theta}{\sin\theta''}=\dfrac{n_2}{n_1}=n_{21}=\sin^2\theta_C$，垂直分量的反射系数为

$$\left(\frac{E'_0}{E_0}\right)_N=\frac{\cos\theta+\mathrm{j}\sqrt{\sin^2\theta-\sin^2\theta_C}}{\cos\theta-\mathrm{j}\sqrt{\sin^2\theta-\sin^2\theta_C}}=\mathrm{e}^{\mathrm{j}\phi_N}$$

于是

$$\tan\frac{\phi_N}{2}=\frac{\sqrt{\sin^2\theta-\sin^2\theta_C}}{\cos\theta}$$

同理，平行分量的反射系数为

$$\left(\frac{E'_0}{E_0}\right)_P=\frac{\cos\theta+\mathrm{j}\dfrac{1}{\sin\theta_C}\sqrt{\dfrac{\sin^2\theta}{\sin^2\theta_C}-1}}{\cos\theta-\mathrm{j}\dfrac{1}{\sin\theta_C}\sqrt{\dfrac{\sin^2\theta}{\sin^2\theta_C}-1}}=\mathrm{e}^{\mathrm{j}\phi_P}$$

$$\tan\frac{\phi_P}{2}=\frac{\sqrt{\sin^2\theta-\sin^2\theta_C}}{n_{21}^2\cos\theta}$$

因此

$$\tan\frac{\phi}{2}=\tan\frac{\phi_P-\phi_N}{2}=\frac{\tan\dfrac{\phi_P}{2}-\tan\dfrac{\phi_N}{2}}{1+\tan\dfrac{\phi_P}{2}\tan\dfrac{\phi_N}{2}}=\frac{\cos\theta\sqrt{\sin^2\theta-n_{21}^2}}{\sin^2\theta}$$

（2）当 $\phi=\phi_P-\phi_N=0$ 时，即 $\cos\theta=0$（掠入射），或当 $\theta=\arcsin\dfrac{n_2}{n_1}$ 时，也就是说，在掠入射 $\left(\dfrac{\pi}{2}\right)$ 和临界角 $\left(\arcsin\dfrac{n_2}{n_1}\right)$ 入射时，反射波是线极化的。

（3）当 $\phi=\phi_P-\phi_N=\dfrac{\pi}{2}$ 时，亦即 $\sin^2\theta=\cos\theta\sqrt{\sin^2\theta-n_{21}^2}$，此外，如果 $|E'_{0P}|=|E'_{0N}|$，即 $E_{0/\!/}=E_{0\perp}$ 时，反射波则是圆极化的。

在一般情况下，$\phi_P\neq\phi_N$，故反射波为椭圆极化。

7.3 主教材习题解答

【7-1】 均匀平面波由空气垂直入射到 $z=0$ 的理想导体表面，已知入射波电场的表达式为 $\boldsymbol{E}=50\cos(\omega t-\beta z)\boldsymbol{e}_x$。试写出：

(1) 入射波磁场的表达式；

(2) 反射波电场的表达式；

(3) 合成波电场的表达式。

解：(1) 入射波沿 z 轴正方向传播，电场强度沿 $\boldsymbol{e}_x$ 方向，因此磁场强度应该沿 $\boldsymbol{e}_y$ 方向。另外，空气中波阻抗为 120π，因此入射波磁场为

$$H^+=\frac{50}{120\pi}\cos(\omega t-\beta z)\boldsymbol{e}_y$$

(2) 垂直入射到理想导体表面，反射波电场相位发生 180°的变化，传播方向也从正 z 轴方向变成负 z 轴方向，因此反射波电场表达式为

$$\boldsymbol{E}^-=-50\cos(\omega t+\beta z)\boldsymbol{e}_x$$

(3) 空气中的入射波和反射波矢量叠加形成合成电场，即

$$\boldsymbol{E}=50\cos(\omega t-\beta z)\boldsymbol{e}_x-50\cos(\omega t+\beta z)\boldsymbol{e}_x=100\sin(\omega t)\sin(\beta z)\boldsymbol{e}_x$$

【7-2】 均匀平面波 $\boldsymbol{E}=E_0(\boldsymbol{e}_x-\mathrm{j}\boldsymbol{e}_y)\mathrm{e}^{-\mathrm{j}\beta z}$ 由空气垂直入射到 $z=0$ 位置处的理想导体表面。

(1) 写出反射波和合成波电场的表达式。

(2) 判断入射波和反射波的极化方式。

(3) 计算理想导体表面的电流密度。

解：(1) 垂直入射到理想导体表面，反射波电场相位发生 180°的变化，传播方向也从正 z 轴方向变成负 z 轴方向，因此反射波电场表达式为

$$\boldsymbol{E}^-=-E_0(\boldsymbol{e}_x-\mathrm{j}\boldsymbol{e}_y)\mathrm{e}^{\mathrm{j}\beta z}$$

空气中的入射波和反射波矢量叠加形成合成电场，即

$$\begin{aligned}\boldsymbol{E}&=E_0(\boldsymbol{e}_x-\mathrm{j}\boldsymbol{e}_y)\mathrm{e}^{-\mathrm{j}\beta z}-E_0(\boldsymbol{e}_x-\mathrm{j}\boldsymbol{e}_y)\mathrm{e}^{\mathrm{j}\beta z}\\&=E_0(\boldsymbol{e}_x-\mathrm{j}\boldsymbol{e}_y)(\mathrm{e}^{-\mathrm{j}\beta z}-\mathrm{e}^{\mathrm{j}\beta z})=-2E_0\sin\beta z(\mathrm{j}\boldsymbol{e}_x+\boldsymbol{e}_y)\end{aligned}$$

(2) 入射波沿 z 轴正方向传播，x 分量超前 y 分量 90°，两分量幅度相等，因此入射波属于右旋圆极化波；反射波沿负 z 轴方向传播，x 分量超前 y 分量 90°，两分量幅度相等，因此入射波属于左旋圆极化波。

(3) 根据入射波电场和反射波电场可分别计算出入射波、反射波的磁场强度为

$$\boldsymbol{H}^+=\frac{E_0}{120\pi}\boldsymbol{e}_z\times(\boldsymbol{e}_x-\mathrm{j}\boldsymbol{e}_y)\mathrm{e}^{-\mathrm{j}\beta z}=\frac{E_0}{120\pi}(\mathrm{j}\boldsymbol{e}_x+\boldsymbol{e}_y)\mathrm{e}^{-\mathrm{j}\beta z}$$

$$\boldsymbol{H}^-=-\frac{E_0}{120\pi}(-\boldsymbol{e}_z)\times(\boldsymbol{e}_x-\mathrm{j}\boldsymbol{e}_y)\mathrm{e}^{\mathrm{j}\beta z}=\frac{E_0}{120\pi}(\mathrm{j}\boldsymbol{e}_x+\boldsymbol{e}_y)\mathrm{e}^{\mathrm{j}\beta z}$$

分界面($z=0$)处合成波的磁场表达式为

$$\boldsymbol{H}=\frac{E_0}{60\pi}(\mathrm{j}\boldsymbol{e}_x+\boldsymbol{e}_y)$$

根据理想导体表面的边界条件，可得

$$\boldsymbol{J}_s = -\boldsymbol{e}_z \times \boldsymbol{H} = -\frac{E_0}{60\pi}(-\boldsymbol{e}_x + \mathrm{j}\boldsymbol{e}_y) = \frac{E_0}{60\pi}(\boldsymbol{e}_x - \mathrm{j}\boldsymbol{e}_y)$$

【7-3】 自由空间中 $z=0$ 位置处放置了一个无限大的理想导体板。如果在 $z>0$ 区域中的电场强度为 $\boldsymbol{E}=\boldsymbol{e}_y\sin(4\pi z)\cos(15\pi\times10^8 t-\beta x)$。试求：

(1) 上述表达式中相位常数 β；

(2) 反射波电场的表达式。

解：(1) 如题所述，波在自由空间中传播的传播常数为

$$k=\omega\sqrt{\mu\varepsilon}=5\pi$$

因此，由 $\beta^2=k^2-(4\pi)^2$ 得到电场表达式中的相位常数

$$\beta=\pm 3\pi$$

(2) 根据三角函数的性质，有

$$\begin{aligned}\boldsymbol{E} &= \boldsymbol{e}_y\sin(4\pi z)\cos(15\pi\times10^8 t-\beta x)\\ &= \frac{1}{2}[\sin(15\pi\times10^8 t-\beta x+4\pi z)-\sin(15\pi\times10^8 t-\beta x-4\pi z)]\boldsymbol{e}_y\end{aligned}$$

显然，上式中括弧内两个正弦函数代表了入射和反射波。根据题意不难判断其中的反射波，即反射波电场表达式为

$$\boldsymbol{E}^- = -\frac{1}{2}\sin(15\pi\times10^8 t-\beta x-4\pi z)\boldsymbol{e}_y$$

【7-4】 角频率为 60Mrad/m 的均匀平面波在理想介质($\mu_r=1,\varepsilon_r=9$)中沿正 z 轴方向传播，当其传播到 $z=0$ 处时垂直入射到介质与空气的交界面。如果入射波电场的幅度为 1V/m，试计算空气和介质中的功率流密度。

解：介质中的波阻抗为

$$\eta_1=\sqrt{\frac{\mu}{\varepsilon}}=40\pi\Omega$$

因此，入射波的功率流密度为

$$\boldsymbol{S}_{\mathrm{av}}^{+}=\boldsymbol{e}_z\frac{1}{2}\frac{1^2}{40\pi}=\boldsymbol{e}_z\frac{1}{80\pi}$$

对介质和空气构成的交界面而言，其反射系数为

$$R=\frac{\eta_2-\eta_1}{\eta_2+\eta_1}=\frac{120\pi-40\pi}{40\pi+120\pi}=\frac{1}{2}$$

因此，反射波的功率流密度为

$$\boldsymbol{S}_{\mathrm{av}}^{-}=-\boldsymbol{e}_z R^2\boldsymbol{S}_{\mathrm{av}}^{+}=-\boldsymbol{e}_z\frac{1}{80\pi}\cdot\frac{1}{4}=-\boldsymbol{e}_z\frac{1}{320\pi}$$

根据能量守恒，写出折射波功率流密度为

$$\boldsymbol{S}_{\mathrm{av}}^{T}=\boldsymbol{e}_z(\boldsymbol{S}_{\mathrm{av}}^{+}-\boldsymbol{S}_{\mathrm{av}}^{-})=\boldsymbol{e}_z\frac{1}{80\pi}\cdot\frac{3}{4}=\boldsymbol{e}_z\frac{3}{320\pi}$$

【7-5】 某均匀平面波从理想介质 1 垂直入射到与理想介质 2 的分界面上。若两种介质的相对磁导率都等于 1。试计算：

(1) 入射波功率的10%被反射时,两种介质的相对介电常数之比;

(2) 入射波功率的10%进入介质2时,两种介质的相对介电常数之比。

解:(1) 根据题意,有

$$0.1=R^2=\left(\frac{\eta_2-\eta_1}{\eta_2+\eta_1}\right)^2=\left(\frac{\sqrt{\varepsilon_{r1}}-\sqrt{\varepsilon_{r2}}}{\sqrt{\varepsilon_{r1}}+\sqrt{\varepsilon_{r2}}}\right)^2$$

求解可得

$$\frac{\varepsilon_{r1}}{\varepsilon_{r2}}=3.7 \text{ 或者 } 0.27$$

(2) 根据题意,有

$$0.9=R^2=\left(\frac{\eta_2-\eta_1}{\eta_2+\eta_1}\right)^2=\left(\frac{\sqrt{\varepsilon_{r1}}-\sqrt{\varepsilon_{r2}}}{\sqrt{\varepsilon_{r1}}+\sqrt{\varepsilon_{r2}}}\right)^2$$

求解可得

$$\frac{\varepsilon_{r1}}{\varepsilon_{r2}}=1442 \text{ 或者 } 6.935\times10^{-4}$$

【7-6】 电场强度为$\boldsymbol{E}^+=\boldsymbol{e}_x E_0\sin(\omega t-\beta_1 z)$V/m的均匀平面波由空气垂直入射到与玻璃($\varepsilon_r=4,\mu_r=1$)的交界面上($z=0$处)。试求:

(1) 反射波电场和磁场的瞬时值表达式;

(2) 折射波电场和磁场的表达式。

解:(1) 均匀平面波由空气垂直入射到玻璃,其反射系数为

$$R=\frac{\eta_2-\eta_1}{\eta_2+\eta_1}=-\frac{1}{3}$$

因此,反射波电场的表达式为

$$\boldsymbol{E}^-=-\boldsymbol{e}_x\frac{E_0}{3}\sin(\omega t+\beta_1 z)\text{V/m}$$

对于反射波而言,其沿$-\boldsymbol{e}_z$方向传播,因此有

$$\boldsymbol{H}^-=\frac{1}{120\pi}(-\boldsymbol{e}_z)\times\boldsymbol{E}^-=\boldsymbol{e}_y\frac{E_0}{360\pi}\sin(\omega t+\beta_1 z)\text{A/m}$$

(2) 均匀平面波由空气垂直入射到玻璃,其折射系数为

$$T=\frac{2\eta_2}{\eta_2+\eta_1}=\frac{2}{3}$$

波在玻璃中传播的相位常数和波阻抗分别为

$$\beta_2=\omega\sqrt{\mu_2\varepsilon_2}=2\beta_1$$

$$\eta_2=\sqrt{\mu_2/\varepsilon_2}=60\pi\Omega$$

因此,折射波电场的表达式为

$$\boldsymbol{E}^T=\boldsymbol{e}_x\frac{2E_0}{3}\sin(\omega t-2\beta_1 z)\text{V/m}$$

对于折射波而言,其沿$\boldsymbol{e}_z$方向传播,因此有

$$\boldsymbol{H}^{T}=\frac{1}{60\pi}\boldsymbol{e}_{z}\times\boldsymbol{E}^{T}=\boldsymbol{e}_{y}\frac{E_{0}}{90\pi}\sin(\omega t-2\beta_{1}z)\mathrm{A/m}$$

【7-7】 如果将上题中入射波电场的表达式替换为 $\boldsymbol{E}^{+}=E_{0}(\boldsymbol{e}_{x}+\mathrm{j}\boldsymbol{e}_{y})\mathrm{e}^{-\mathrm{j}\beta z}$，其他条件不变。

(1) 试写出反射波和折射波电场的表达式。

(2) 判断入射波、反射波和折射波各自的极化情况。

解：(1) 如题 7-6 所述，其反射和折射系数分别为

$$R=-\frac{1}{3},\quad T=\frac{2}{3}$$

折射波在玻璃中传播的相位常数为

$$\beta_{2}=\omega\sqrt{\mu_{2}\varepsilon_{2}}=2\beta_{1}$$

因此，反射波和折射波电场的表达式为

$$\boldsymbol{E}^{-}=-\frac{E_{0}}{3}(\boldsymbol{e}_{x}+\mathrm{j}\boldsymbol{e}_{y})\mathrm{e}^{\mathrm{j}\beta z}$$

$$\boldsymbol{E}^{T}=\frac{2E_{0}}{3}(\boldsymbol{e}_{x}+\mathrm{j}\boldsymbol{e}_{y})\mathrm{e}^{-\mathrm{j}2\beta z}$$

(2) 根据上述结论，利用追赶法，不难判断各波的极化方式，即入射波为左旋圆极化；反射波为右旋圆极化；折射波为左旋圆极化。

【7-8】 平面波由空气垂直入射到某理想介质($\mu_{\mathrm{r}}=1$)表面，若要求反射系数和传输系数的大小相等。试求：

(1) ε_{r}；

(2) 若入射波的能量流密度大小为 $\boldsymbol{S}_{\mathrm{av}}^{+}=1\mathrm{mW/m^{2}}$，求反射波和折射波的 $\boldsymbol{S}_{\mathrm{av}}^{-}$ 和 $\boldsymbol{S}_{\mathrm{av}}^{T}$。

解：(1) 平面波由空气垂直入射到某理想介质($\mu_{\mathrm{r}}=1$)表面，反射和折射系数为

$$R=\frac{\dfrac{1}{\sqrt{\varepsilon_{\mathrm{r}}}}-1}{\dfrac{1}{\sqrt{\varepsilon_{\mathrm{r}}}}+1}=\frac{1-\sqrt{\varepsilon_{\mathrm{r}}}}{1+\sqrt{\varepsilon_{\mathrm{r}}}},\quad T=1+R=\frac{2}{1+\sqrt{\varepsilon_{\mathrm{r}}}}$$

如果要求 $R=T$，则无解；如果要求 $R=-T$，则

$$\varepsilon_{\mathrm{r}}=9$$

(2) 将上述结果代入反射系数的表达式，则

$$R=\frac{\dfrac{1}{\sqrt{\varepsilon_{\mathrm{r}}}}-1}{\dfrac{1}{\sqrt{\varepsilon_{\mathrm{r}}}}+1}=\frac{1-\sqrt{\varepsilon_{\mathrm{r}}}}{1+\sqrt{\varepsilon_{\mathrm{r}}}}=-\frac{1}{2}$$

因此，有坡印亭矢量大小如下：

$$\boldsymbol{S}_{\mathrm{av}}^{-}=R^{2}S_{\mathrm{av}}^{+}=\frac{1}{4}\mathrm{mW/m^{2}},\quad \boldsymbol{S}_{\mathrm{av}}^{T}=S_{\mathrm{av}}^{+}-S_{\mathrm{av}}^{-}=\frac{3}{4}\mathrm{mW/m^{2}}$$

【7-9】 某均匀平面波由空气斜射到理想导体表面($z=0$ 处的平面)。已知入射波电场的表达式为 $\boldsymbol{E}^{+}=\boldsymbol{e}_{y}E_{0}\mathrm{e}^{-\mathrm{j}\pi(3x-4z)}\mathrm{V/m}$。试计算：

(1) 工作频率；

(2) 入射角；

(3) 反射波和合成波电场的表达式。

解：(1) 根据入射波电场表达式可知，其波矢量为

$$\boldsymbol{k}=3\pi\boldsymbol{e}_x-4\pi\boldsymbol{e}_z$$

因此，相位常数应该等于上述波矢量的模值，即

$$\beta=|\boldsymbol{k}|=5\pi\text{rad/m}$$

根据 $\beta=5\pi=\omega\sqrt{\mu\varepsilon}$，得到入射波的频率为

$$f=\frac{\beta}{2\pi\sqrt{\mu\varepsilon}}=7.5\times10^8\,\text{Hz}$$

(2) 根据入射波的波矢量，可得入射角正切

$$\tan\theta=\frac{3}{4}$$

即入射角为

$$\theta=36.9^\circ$$

(3) 反射波电场的表达式为

$$\boldsymbol{E}^-=-\boldsymbol{e}_yE_0\mathrm{e}^{-\mathrm{j}\pi(3x+4z)}\,\text{V/m}$$

合成波电场的表达式为

$$\boldsymbol{E}=\boldsymbol{e}_yE_0\mathrm{e}^{-\mathrm{j}\pi(3x-4z)}-\boldsymbol{e}_yE_0\mathrm{e}^{-\mathrm{j}\pi(3x+4z)}=\boldsymbol{e}_y\mathrm{j}2E_0\sin4\pi z\mathrm{e}^{-\mathrm{j}3\pi x}\,\text{V/m}$$

【7-10】 某均匀平面波从空气斜入射到理想介质($\varepsilon_r=3,\mu_r=1$)表面，入射角为60°。如果入射波电场的幅度为1V/m，试分别计算垂直极化和平行极化波情况下反射波、折射波的电场振幅。

解：将题目给定的参数代入相关表达式，可得

$$R_\text{P}=\frac{-\varepsilon_r\cos\theta+\sqrt{\varepsilon_r-\sin^2\theta}}{\varepsilon_r\cos\theta+\sqrt{\varepsilon_r-\sin^2\theta}}=0,\quad T_\text{P}=1+R_\text{P}=1$$

$$R_\text{N}=\frac{\cos\theta-\sqrt{\varepsilon_r-\sin^2\theta}}{\cos\theta+\sqrt{\varepsilon_r-\sin^2\theta}}=-\frac{1}{2},\quad T_\text{N}=1+R_\text{N}=\frac{1}{2}$$

显然，平行极化波的反射波电场幅度为0，垂直极化波的反射波电场幅度为0.5V/m。另外，根据反射、折射定理可知

$$\theta_\text{i}=\theta_\text{r}=60^\circ,\quad \frac{\sin\theta_\text{T}}{\sin\theta_\text{i}}=\frac{\sqrt{\varepsilon_1}}{\sqrt{\varepsilon_2}}$$

故有

$$\sin\theta_\text{T}=0.5$$

即折射角为

$$\theta_\text{T}=30^\circ$$

因此，根据介质分界面两侧的边界条件，有如下等式成立：

$$E_\text{P}^T\cos\theta_\text{T}=E_\text{P}^+\cos\theta_\text{i}+E_\text{P}^-\cos\theta_\text{r}$$

即

$$E_{\mathrm{P}}^{T}\cos 30^{\circ}=\cos 60^{\circ}+R\cos 60^{\circ}=\cos 60^{\circ}$$

显然,平行极化波的折射波电场幅度为

$$E_{\mathrm{P}}^{T}=\frac{\sqrt{3}}{3}\mathrm{V/m}$$

同理,对垂直极化波而言,根据

$$E_{\mathrm{N}}^{T}=E_{\mathrm{N}}^{+}+E_{\mathrm{N}}^{-}$$

得到折射波的电场幅度为

$$E_{\mathrm{P}}^{T}=1+R=0.5\mathrm{V/m}$$

【7-11】 均匀平面波从空气斜入射到位于 $z=0$ 的某理想介质($\mu_{\mathrm{r}}=1$、$\varepsilon_{\mathrm{r}}=2.25$)表面,如果入射波电场的表达式为

$$\boldsymbol{E}=50\cos(3\times10^{8}t-0.766z+0.643y)\boldsymbol{e}_{x}$$

试计算:

(1) 入射角;

(2) 反射波和折射波的相速度;

(3) 反射波和折射波电场强度的表达式;

(4) 入射波、反射波和折射波的平均功率流密度。

解:(1) 根据入射波电场的表达式可知,入射角正切为

$$\tan\theta=\frac{0.643}{0.766}$$

故入射角为

$$\theta=40^{\circ}$$

(2) 对于反射波而言,其所处媒质和入射波一致,因此

$$v_{\mathrm{p}}^{-}=v_{\mathrm{p}}^{+}=\frac{\omega}{\beta}=\frac{1}{\sqrt{\mu_{0}\varepsilon_{0}}}=3\times10^{8}\mathrm{m/s}$$

对于折射波而言,介质参数决定了其相速度为

$$v_{\mathrm{p}}^{T}=\frac{1}{\sqrt{\mu\varepsilon}}=\frac{3\times10^{8}}{1.5}\mathrm{m/s}=2\times10^{8}\mathrm{m/s}$$

(3) 入射波属于垂直极化,因此其反射和折射系数如下:

$$R_{\mathrm{N}}=\frac{\cos\theta-\sqrt{\varepsilon_{\mathrm{r}}-\sin^{2}\theta}}{\cos\theta+\sqrt{\varepsilon_{\mathrm{r}}-\sin^{2}\theta}}=-0.278,\quad T_{\mathrm{N}}=1+R_{\mathrm{N}}=0.722$$

对反射波而言,其反射角等于入射角,因此反射波电场的表达式为

$$\begin{aligned}\boldsymbol{E}^{-}&=-0.278\times50\times\cos(3\times10^{8}t+0.766z+0.643y)\boldsymbol{e}_{x}\\&=-13.9\times\cos(3\times10^{8}t+0.766z+0.643y)\boldsymbol{e}_{x}\end{aligned}$$

对折射波而言,折射角需要根据折射定理而定,即

$$\frac{\sin\theta_{\mathrm{T}}}{\sin\theta_{\mathrm{i}}}=\frac{\sqrt{\varepsilon_{1}}}{\sqrt{\varepsilon_{2}}}$$

故有

$$\sin\theta_T = \frac{\sin 40^\circ}{1.5} = 0.429$$

因而

$$\cos\theta_T = 0.903$$

对于折射波而言，其相位常数也会发生变化，即

$$\beta_2 = \omega\sqrt{\mu_2\varepsilon_2} = 1.5\text{rad/m}$$

因此，折射波电场的表达式为

$$\begin{aligned}\boldsymbol{E}^T &= 0.722\times 50\times\cos(3\times 10^8 t - 0.903\times 1.5z + 0.429\times 1.5y)\boldsymbol{e}_x\\ &= 36.1\times\cos(3\times 10^8 t - 1.355z + 0.643y)\boldsymbol{e}_x\end{aligned}$$

(4) 对于入射波和反射波而言，其波阻抗都等于 120π，则其功率流密度分别为

$$\boldsymbol{S}_{\text{av}}^+ = (0.766\boldsymbol{e}_z - 0.643\boldsymbol{e}_y)\times\frac{1}{2}\times\frac{50^2}{120\pi} = 2.54\boldsymbol{e}_z - 2.13\boldsymbol{e}_y$$

$$\boldsymbol{S}_{\text{av}}^- = (-0.766\boldsymbol{e}_z - 0.643\boldsymbol{e}_y)\times\frac{1}{2}\times\frac{(50\times 0.278)^2}{120\pi} = -0.19\boldsymbol{e}_z - 0.17\boldsymbol{e}_y$$

对折射波而言，其波阻抗为

$$\eta_2 = \sqrt{\mu_2/\varepsilon_2} = 80\pi\Omega$$

因此，折射波的功率流密度可以表示为

$$\boldsymbol{S}_{\text{av}}^T = (0.903\boldsymbol{e}_z - 0.429\boldsymbol{e}_y)\times\frac{1}{2}\times\frac{36.1^2}{80\pi} = 2.35\boldsymbol{e}_z - 1.12\boldsymbol{e}_y$$

【7-12】 如果仅将上题中的理想介质替换为理想导体，而其他条件保持不变。试计算：

(1) 反射波和合成波电场的表达式；

(2) 理想导体表面的电流密度。

解：(1) 既然是理想导体，那么其反射波电场的表达式可表示为

$$\boldsymbol{E}^- = -50\cos(3\times 10^8 t + 0.766z + 0.643y)\boldsymbol{e}_x$$

合成电场为

$$\boldsymbol{E} = \boldsymbol{E}^- + \boldsymbol{E}^+ = 100\sin(3\times 10^8 t + 0.643y)\sin(0.766z)\boldsymbol{e}_x$$

(2) 根据入射波、反射波的电场可写出对应的磁场表达式，即

$$\begin{aligned}\boldsymbol{H}^+ &= \frac{1}{\eta}\boldsymbol{e}\times\boldsymbol{E}^+ = \frac{50}{120\pi}(0.766\boldsymbol{e}_z - 0.643\boldsymbol{e}_y)\times\boldsymbol{e}_x\cos(3\times 10^8 t - 0.766z + 0.643y)\\ &= (0.0853\boldsymbol{e}_z + 0.1016\boldsymbol{e}_y)\cos(3\times 10^8 t - 0.766z + 0.643y)\end{aligned}$$

同理，反射波磁场可表示为

$$\boldsymbol{H}^- = (-0.0853\boldsymbol{e}_z + 0.1016\boldsymbol{e}_y)\cos(3\times 10^8 t + 0.766z + 0.643y)$$

分界面处的合成波磁场可表示为

$$\boldsymbol{H}|_{z=0} = \boldsymbol{H}^+|_{z=0} + \boldsymbol{H}^-|_{z=0} = 0.2032\boldsymbol{e}_y\cos(3\times 10^8 t + 0.643y)$$

根据边界条件可知

$$\boldsymbol{J} = (-\boldsymbol{e}_z)\times\boldsymbol{H}|_{z=0} = 0.2032\boldsymbol{e}_x\cos(3\times 10^8 t + 0.643y)$$

【7-13】 垂直极化波从纯水下以入射角 20°投射到与空气的分界面上。已知纯水的电磁参数为 $\varepsilon_r = 81$，$\mu_r = 1$。试求：

(1) 临界角；

(2) 在空气中传播的波在离开水面一个波长高度后的振幅衰减量为多少分贝？

解：(1) 临界角为

$$\theta_c = \arcsin\sqrt{\frac{\varepsilon_2}{\varepsilon_1}} = \arcsin\frac{1}{9} = 6.38^\circ$$

(2) 由折射定律可知

$$\sin\theta_T = \sin\theta_i\sqrt{\frac{\varepsilon_1}{\varepsilon_2}}$$

即

$$\cos\theta_T = \sqrt{1-\sin^2\theta_T} = -j\sqrt{\frac{\varepsilon_1}{\varepsilon_2}\sin^2\theta_i - 1}$$

将其代入折射波的相位表达式中，可得

$$e^{-j\beta_2(x\sin\theta_T + z\cos\theta_T)} = e^{-j\beta_2 x\sin\theta_T} e^{-\beta_2 z\sqrt{\frac{\varepsilon_1}{\varepsilon_2}\sin^2\theta_i - 1}}$$

将相关参数代入上式中的衰减项并将距离 z 取为一个波长，则

$$e^{-\beta_2 z\sqrt{\frac{\varepsilon_1}{\varepsilon_2}\sin^2\theta_i - 1}} = e^{-\beta_2\lambda 2.9} = e^{-2\pi\times 2.9}$$

其衰减的分贝值为

$$2\pi\times 2.9\times 8.686 = 158.8\text{dB}$$

【7-14】 线极化波从自由空间斜入射到某介质($\varepsilon_r = 4, \mu_r = 1$)表面，如果入射波的电场强度与入射面的夹角为 45°，试求反射波为垂直极化波时所对应的入射角。

解：入射波中的水平极化分量发生全折射的时候会出现反射波中仅含垂直极化波的情形，因此入射角为

$$\theta = \arctan\sqrt{\frac{\varepsilon_2}{\varepsilon_1}} = \arctan 2 = 63.4^\circ$$

【7-15】 某均匀平面波从媒质($\varepsilon_r = 4, \mu_r = 1$)入射到与空气构成的分界面上。求：

(1) 若发生全反射，其入射角应该是多大？

(2) 若入射波是圆极化波，且只希望反射波是单一的线极化波，则入射角应该是多大？

解：(1) 临界角为

$$\theta = \arcsin\sqrt{\frac{\varepsilon_2}{\varepsilon_1}} = \arcsin\frac{1}{2} = 30^\circ$$

入射角大于临界角会发生全反射。

(2) 发生全折射的时候会出现这种现象，其对应的布儒斯特角为

$$\theta = \arctan\sqrt{\frac{\varepsilon_2}{\varepsilon_1}} = \arctan\frac{1}{2} = 26.6^\circ$$

7.4 典型考研试题解析

【考研题 7-1】 (西安电子科技大学 2007 年)有一电场强度矢量为 $\boldsymbol{E}(r) = 10(\boldsymbol{e}_x - j\boldsymbol{e}_y)$

$e^{-j2\pi z}$ 的均匀平面电磁波由空气垂直入射到相对介电常数为 $\varepsilon_r=2.25$，相对磁导率为 $\mu_r=1$ 的理想介质，其界面为 $z=0$ 的无限大平面。试求：

(1) 反射波的极化状态；

(2) 反射波的磁场振幅；

(3) 透射波的磁场振幅。

解：(1) 空气及介质的波阻抗为

$$\eta_1=120\pi,\quad \eta_2=\sqrt{\frac{\mu_0}{2.25\varepsilon_0}}=80\pi$$

因此，反射系数为

$$R=\frac{\eta_2-\eta_1}{\eta_2+\eta_1}=-\frac{1}{5}$$

反射波沿 $-z$ 轴方向传播，故反射波电场为

$$\boldsymbol{E}_r=-\frac{1}{5}\times 10(\boldsymbol{e}_x-j\boldsymbol{e}_y)e^{j2\pi z}=-2(\boldsymbol{e}_x-j\boldsymbol{e}_y)e^{j2\pi z}$$

反射波为左旋圆极化波。

(2) 根据反射波电场的振幅 $2\sqrt{2}\,V/m$，反射波的磁场振幅为

$$H_{rm}=\frac{E_{rm}}{\eta_1}=\frac{\sqrt{2}}{60\pi}$$

(3) 透射系数为

$$R=\frac{2\eta_2}{\eta_2+\eta_1}=\frac{4}{5}$$

透射波沿 z 轴方向传播，故透射波电场为

$$\boldsymbol{E}_t=\frac{4}{5}\times 10(\boldsymbol{e}_x-j\boldsymbol{e}_y)e^{-j2\pi z}=8(\boldsymbol{e}_x-j\boldsymbol{e}_y)e^{-j2\pi z}$$

故透射波的磁场振幅为

$$H_{tm}=\frac{E_{tm}}{\eta_2}=\frac{\sqrt{2}}{10\pi}$$

【考研题 7-2】 (电子科技大学 2006 年)$z<0$ 的半空间为空气，$z>0$ 的半空间为理想介质($\varepsilon=\varepsilon_r\varepsilon_0,\mu=\mu_0,\sigma=0$)。当均匀平面波从空气垂直入射到介质表面上时，在空气中 $z=-0.25$m 处测得合成波电场振幅最大值 $|\boldsymbol{E}|_{max}=10V/m$，在空气中 $z=-0.5$m 处测得合成波电场振幅最小值 $|\boldsymbol{E}|_{min}=5V/m$。试求电磁波的频率 f 和介质的相对介电常数 ε_r。

解：当均匀平面波从空气垂直入射到介质表面上时，在空气中形成行驻波，电场的最大值和最小值的间距为$\frac{\lambda}{4}$。因此波长为

$$\lambda=|4\times(-0.5+0.25)|\ m=1m$$

故波的频率为

$$f=\frac{c}{\lambda}=3\times 10^8\,Hz$$

又根据

$$S=\frac{|\boldsymbol{E}_{\max}|}{|\boldsymbol{E}_{\min}|}=\frac{1+|R|}{1-|R|}=2$$

所以

$$|R|=\frac{S-1}{S+1}=\frac{1}{3}$$

根据题意,在介质表面合成波电场振幅取得最小值,故 $R=-\frac{1}{3}$。

由

$$R=\frac{\eta_2-\eta_0}{\eta_2+\eta_0}=\frac{1/\sqrt{\varepsilon_r}-1}{1/\sqrt{\varepsilon_r}-1}=-\frac{1}{3}$$

解得 $\varepsilon_r=4$。

【考研题 7-3】 (西安电子科技大学 2006 年)电场复矢量振幅为 $\boldsymbol{E}_i(r)=5(\boldsymbol{e}_x-j\boldsymbol{e}_y)e^{-j\pi z}$ 的均匀平面波由 $\mu_r=1,\varepsilon_r=9$ 的理想介质垂直射向空气,若分界面为 $z=0$ 的无限大平面。

(1) 试说明入射波的极化状态。

(2) 试求反射波电场的复矢量振幅 $\boldsymbol{E}_r(r)$。

(3) 试求当入射角 θ_i 为何值时,反射波为线极化波?

(4) 试求当入射角 θ_i 为何值时,进入空气的平均功率的 z 分量为零。

解:(1) 平面波沿 z 方向传播,$\boldsymbol{e}_x$ 分量超前 $\boldsymbol{e}_y$ 分量 90°,并且两分量幅度相等,故为右旋圆极化波。

(2) 根据题意

$$\eta_1=\frac{1}{3}\eta_0=40\pi,\quad \eta_2=\eta_0=120\pi$$

故反射系数为

$$R=\frac{\eta_2-\eta_1}{\eta_2+\eta_1}=\frac{1}{2}$$

反射波沿 $-z$ 方向传播,因此反射波电场振幅的大小为 2.5V/m,复矢量振幅为

$$\boldsymbol{E}_r(r)=2.5(\boldsymbol{e}_x-j\boldsymbol{e}_y)e^{j\pi z}$$

(3) 圆极化波可以分解为平行极化波和垂直极化波的叠加,当以布儒斯特角入射时,平行极化波全折射,此时反射波中只有垂直极化波,即线极化波。故入射角为

$$\theta_i=\theta_B=\arctan\sqrt{\frac{\varepsilon_2}{\varepsilon_1}}=\arctan\frac{1}{3}=18.4°$$

(4) 当波由光密媒质入射到光疏媒质时发生全反射,此时没有电磁功率进入空气。故此时入射角大于或等于临界角,即

$$\theta_i\geqslant\theta_c=\arcsin\sqrt{\frac{\varepsilon_2}{\varepsilon_1}}=\arcsin\frac{1}{3}=19.5°$$

【考研题 7-4】 (北京邮电大学 2004 年)简谐变化的均匀平面波由空气投射到 $z=0$ 处的理想导体表面上,已知入射电场为 $\boldsymbol{E}^i=\boldsymbol{e}_y 10e^{j(\omega t-6x-8z)}$ 。试求:

(1) 入射角;

(2) 该波的频率及波长;

(3) 写出入射波电场、磁场的瞬时表达式；

(4) 写出反射波电场、磁场的表达式；

(5) 写出合成波电场、磁场的表达式。

解：(1) 由题意可知，$\boldsymbol{k}\cdot\boldsymbol{r}=6x+8z$，所以

$$\boldsymbol{k}=6\boldsymbol{e}_x+8\boldsymbol{e}_z$$

故波矢量的单位矢量为

$$\boldsymbol{e}_k=\frac{3}{5}\boldsymbol{e}_x+\frac{4}{5}\boldsymbol{e}_z$$

因此入射角为

$$\theta_{\mathrm{i}}=\arctan\frac{6}{8}=36.87°$$

(2) 由 $\boldsymbol{k}=6\boldsymbol{e}_x+8\boldsymbol{e}_z$ 得 $k=10$，因此波长及频率分别为

$$\lambda=\frac{2\pi}{k}=\frac{\pi}{5}=0.628\mathrm{m}$$

$$f=\frac{c}{\lambda}=3\times10^8\times\frac{5}{\pi}=477.7\mathrm{MHz}$$

(3) 入射波电场、磁场的瞬时表达式分别为

$$\boldsymbol{E}_{\mathrm{i}}=\boldsymbol{e}_y10\cos(3\times10^9t-6x-8z)\mathrm{V/m}$$

$$\boldsymbol{H}_{\mathrm{i}}=\frac{1}{\eta_0}\boldsymbol{e}_k\times\boldsymbol{E}_{\mathrm{i}}=\frac{1}{\eta_0}\left(\frac{3}{5}\boldsymbol{e}_x+\frac{4}{5}\boldsymbol{e}_z\right)\times\boldsymbol{e}_y10\cos(3\times10^9t-6x-8z)$$

$$=-\boldsymbol{e}_x\frac{1}{15\pi}\cos(3\times10^9-6x-8z)+\frac{1}{20\pi}\boldsymbol{e}_z\cos(3\times10^9-6x-8z)\mathrm{A/m}$$

(4) 根据题意，反射波的波数 $k=10$，传播方向为

$$\boldsymbol{e}_{\mathrm{r}}=\frac{3}{5}\boldsymbol{e}_x-\frac{4}{5}\boldsymbol{e}_z$$

因此，反射波的波矢量为

$$\boldsymbol{k}_{\mathrm{r}}=6\boldsymbol{e}_x-8\boldsymbol{e}_z$$

故反射波的电场为

$$\boldsymbol{E}_{\mathrm{r}}=-\boldsymbol{e}_y10\mathrm{e}^{\mathrm{j}(\omega t-6x+8z)}\mathrm{V/m}$$

反射波的磁场为

$$\boldsymbol{H}_{\mathrm{r}}=\frac{1}{\eta_0}\boldsymbol{e}_{\mathrm{r}}\times\boldsymbol{E}_{\mathrm{r}}=\frac{1}{\eta_0}\left(\frac{3}{5}\boldsymbol{e}_x-\frac{4}{5}\boldsymbol{e}_z\right)\times(-\boldsymbol{e}_y10\mathrm{e}^{\mathrm{j}(3\times10^9t-6x+8z)})$$

$$=-\boldsymbol{e}_x\frac{1}{15\pi}\mathrm{e}^{\mathrm{j}(3\times10^9t-6x+8z)}-\frac{1}{20\pi}\boldsymbol{e}_z\mathrm{e}^{\mathrm{j}(3\times10^9t-6x+8z)}\mathrm{A/m}$$

(5) 合成波电场、磁场的表达式分别为

$$\boldsymbol{E}_{\mathrm{i}}+\boldsymbol{E}_{\mathrm{r}}=\boldsymbol{e}_y10\mathrm{e}^{\mathrm{j}(\omega t-6x-8z)}-\boldsymbol{e}_y10\mathrm{e}^{\mathrm{j}(\omega t-6x+8z)}=-\mathrm{j}20\boldsymbol{e}_y\sin(8z)\mathrm{e}^{\mathrm{j}(\omega t-6x)}\mathrm{V/m}$$

$$\boldsymbol{H}=\boldsymbol{H}_{\mathrm{i}}+\boldsymbol{H}_{\mathrm{r}}$$

$$=-\boldsymbol{e}_x\frac{1}{15\pi}\mathrm{e}^{\mathrm{j}(3\times10^9t-6x-8z)}+\boldsymbol{e}_z\frac{1}{20\pi}\mathrm{e}^{\mathrm{j}(3\times10^9t-6x-8z)}-$$

$$\boldsymbol{e}_x \frac{1}{15\pi}\mathrm{e}^{\mathrm{j}(3\times10^9 t-6x+8z)} - \boldsymbol{e}_z \frac{1}{20\pi}\mathrm{e}^{\mathrm{j}(3\times10^9 t-6x+8z)}$$

$$=-\boldsymbol{e}_x \frac{2}{15\pi}\cos(8z)\mathrm{e}^{\mathrm{j}(3\times10^9 t-6x)} - \boldsymbol{e}_z \frac{\mathrm{j}}{10\pi}\sin(8z)\mathrm{e}^{\mathrm{j}(3\times10^9 t-6x)}\ \mathrm{A/m}$$

【考研题 7-5】 （国防科技大学 2003 年）无限大的自由空间充满两种均匀介质，它们以 $z=0$ 平面为分界面，坐标系如图 7-14 所示。其中，媒质 1 的介电常数、磁导率、电导率分别为 $2\varepsilon_0$、μ_0、0；媒质 2 的介电常数、磁导率、电导率分别为 ε_0、μ_0、0。现在有一均匀平面波 $\boldsymbol{E}(r)=\boldsymbol{e}_y E_0 \mathrm{e}^{-\mathrm{j}\boldsymbol{k}_\mathrm{i}\cdot\boldsymbol{r}}$ 沿入射角 θ_i 方向由媒质 1 向媒质 2 入射，电磁波的角频率是 ω，$\boldsymbol{r}$ 是位置矢量，E_0 为正实常数。试求：

(1) 入射波波矢量 $\boldsymbol{k}_\mathrm{i}$ 的表达式；

(2) 入射波磁场的复数表达式和瞬时表达式；

(3) 入射波的瞬时能流密度和平均能流密度；

(4) 反射波和折射波的传播矢量；

(5) 反射波和折射波电场的复数表达式；

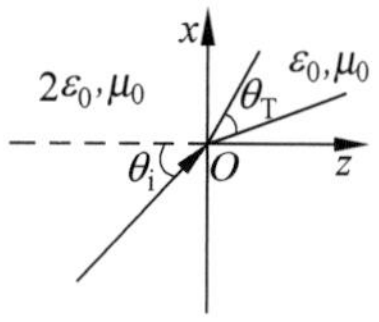

图 7-14　考研题 7-5 图

(6) 当入射角 θ_i 变化时，在什么情况下，电磁波会在分界面处发生全反射？

解：(1) 由题意可知，入射波在媒质 1 中的波矢量大小为

$$k_\mathrm{i}=\omega\sqrt{2\varepsilon_0\mu_0}$$

因此，结合图示，波矢量为

$$\boldsymbol{k}_\mathrm{i}=\omega\sqrt{2\varepsilon_0\mu_0}\sin\theta_\mathrm{i}\boldsymbol{e}_x+\omega\sqrt{2\varepsilon_0\mu_0}\cos\theta_\mathrm{i}\boldsymbol{e}_z$$

(2) 单位波矢量为

$$\boldsymbol{e}_{k_\mathrm{i}}=\sin\theta_\mathrm{i}\boldsymbol{e}_x+\cos\theta_\mathrm{i}\boldsymbol{e}_z$$

由于 $\eta_1=\dfrac{\eta_0}{\sqrt{2}}$，$\eta_2=\eta_0=\dfrac{\sqrt{\mu_0}}{\sqrt{\varepsilon_0}}$，因此入射磁场的复数形式为

$$\boldsymbol{H}_\mathrm{i}=\frac{1}{\eta_1}\boldsymbol{e}_{k_\mathrm{i}}\times\boldsymbol{E}_\mathrm{i}=\frac{1}{\eta_1}(\sin\theta_\mathrm{i}\boldsymbol{e}_x+\cos\theta_\mathrm{i}\boldsymbol{e}_z)\times\boldsymbol{e}_y E_0\mathrm{e}^{-\mathrm{j}\boldsymbol{k}_\mathrm{i}\cdot\boldsymbol{r}}$$

$$=-\boldsymbol{e}_x\frac{\sqrt{2}}{\eta_0}\cos\theta_\mathrm{i}E_0\mathrm{e}^{-\mathrm{j}\boldsymbol{k}_\mathrm{i}\cdot\boldsymbol{r}}+\boldsymbol{e}_z\frac{\sqrt{2}}{\eta_0}\sin\theta_\mathrm{i}E_0\mathrm{e}^{-\mathrm{j}\boldsymbol{k}_\mathrm{i}\cdot\boldsymbol{r}}$$

入射磁场的瞬时值形式为

$$\boldsymbol{H}_\mathrm{i}=\frac{\sqrt{2}}{\eta_0}E_0\cos(\omega t-\omega\sqrt{2\varepsilon_0\mu_0}\sin\theta_\mathrm{i}x-\omega\sqrt{2\varepsilon_0\mu_0}\cos\theta_\mathrm{i}z)(-\boldsymbol{e}_x\cos\theta_\mathrm{i}+\boldsymbol{e}_z\sin\theta_\mathrm{i})$$

(3) 入射波的瞬时能流密度

$$\boldsymbol{S}=\boldsymbol{E}_\mathrm{i}\times\boldsymbol{H}_\mathrm{i}=\frac{\sqrt{2}}{\eta_0}E_0^2\cos^2(\omega t-\omega\sqrt{2\varepsilon_0\mu_0}\sin\theta_\mathrm{i}x-\omega\sqrt{2\varepsilon_0\mu_0}\cos\theta_\mathrm{i}z)(\boldsymbol{e}_x\sin\theta_\mathrm{i}+\boldsymbol{e}_z\cos\theta_\mathrm{i})$$

入射波的平均能流密度

$$\boldsymbol{S}_\mathrm{av}=\frac{1}{2}\mathrm{Re}[\boldsymbol{E}_\mathrm{i}\times\boldsymbol{H}_\mathrm{i}^*]=\frac{\sqrt{2}}{2\eta_0}E_0^2(\boldsymbol{e}_x\sin\theta_\mathrm{i}+\boldsymbol{e}_z\cos\theta_\mathrm{i})$$

(4) 对于反射波，$\theta_\mathrm{r}=\theta_\mathrm{i}$，结合图示，其传播矢量为

$$\boldsymbol{k}_{\mathrm{r}}=\boldsymbol{e}_x k_1\sin\theta_{\mathrm{r}}-\boldsymbol{e}_z k_1\cos\theta_{\mathrm{r}}=\boldsymbol{e}_x\omega\sqrt{2\varepsilon_0\mu_0}\sin\theta_{\mathrm{i}}-\boldsymbol{e}_z\omega\sqrt{2\varepsilon_0\mu_0}\cos\theta_{\mathrm{i}}$$

对于折射波，$\theta_{\mathrm{T}}=\arcsin\left(\dfrac{n_1}{n_2}\sin\theta_{\mathrm{i}}\right)=\arcsin(\sqrt{2}\sin\theta_{\mathrm{i}})$，结合图 7-14 可知，其传播矢量为

$$\boldsymbol{k}_{\mathrm{t}}=\boldsymbol{e}_x k_2\sin\theta_{\mathrm{T}}+\boldsymbol{e}_z k_2\cos\theta_{\mathrm{T}}=\boldsymbol{e}_x\omega\sqrt{\varepsilon_0\mu_0}\sin\theta_{\mathrm{T}}+\boldsymbol{e}_z\omega\sqrt{\varepsilon_0\mu_0}\cos\theta_{\mathrm{T}}$$

(5) 由题意可知，该波为垂直极化波，其反射系数和传输系数为

$$R=\frac{\cos\theta_{\mathrm{i}}-\sqrt{\left(\dfrac{\varepsilon_2}{\varepsilon_1}\right)-\cos^2\theta_{\mathrm{i}}}}{\cos\theta_{\mathrm{i}}+\sqrt{\left(\dfrac{\varepsilon_2}{\varepsilon_1}\right)-\sin^2\theta_{\mathrm{i}}}}=\frac{\cos\theta_{\mathrm{i}}-\sqrt{\left(\dfrac{1}{2}\right)-\sin^2\theta_{\mathrm{i}}}}{\cos\theta_{\mathrm{i}}+\sqrt{\left(\dfrac{1}{2}\right)-\sin^2\theta_{\mathrm{i}}}}$$

$$T=\frac{2\cos\theta_{\mathrm{i}}}{\cos\theta_{\mathrm{i}}+\sqrt{\left(\dfrac{\varepsilon_2}{\varepsilon_1}\right)-\sin^2\theta_{\mathrm{i}}}}=\frac{2\cos\theta_{\mathrm{i}}}{\cos\theta_{\mathrm{i}}+\sqrt{\left(\dfrac{1}{2}\right)-\sin^2\theta_{\mathrm{i}}}}$$

因此，反射波和折射波电场的复数表达式分别为

$$\boldsymbol{E}_{\mathrm{r}}=\boldsymbol{e}_y RE_0\mathrm{e}^{-\mathrm{j}\boldsymbol{k}_{\mathrm{r}}\cdot\boldsymbol{r}}=\boldsymbol{e}_y RE_0\mathrm{e}^{-\mathrm{j}(\omega\sqrt{2\varepsilon_0\mu_0}\sin\theta_{\mathrm{i}}x-\omega\sqrt{2\varepsilon_0\mu_0}\cos\theta_{\mathrm{i}}z)}$$

$$\boldsymbol{E}_{\mathrm{t}}=\boldsymbol{e}_y TE_0\mathrm{e}^{-\mathrm{j}\boldsymbol{k}_{\mathrm{t}}\cdot\boldsymbol{r}}=\boldsymbol{e}_y TE_0\mathrm{e}^{-\mathrm{j}(\omega\sqrt{\varepsilon_0\mu_0}\sin\theta_{\mathrm{T}}x+\omega\sqrt{\varepsilon_0\mu_0}\cos\theta_{\mathrm{T}}z)}$$

(6) 此时入射角大于或等于临界角，即

$$\theta_{\mathrm{i}}\geqslant\arcsin\sqrt{\frac{1}{2}}=45°$$

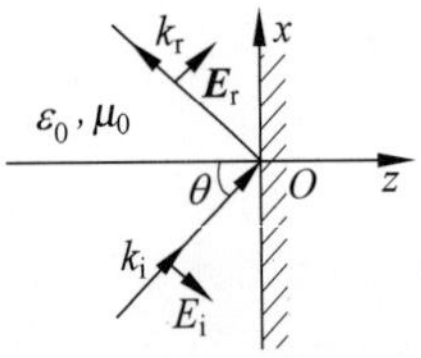

图 7-15 考研题 7-6 图

【考研题 7-6】 (清华大学 2001 年)有一电磁波从空气斜射到位于 $z=0$ 的无限大理想导体平面上，投射角如图 7-15 所示，电场复矢量表达式为

$$\boldsymbol{E}_{\mathrm{i}}=E_0(-\boldsymbol{e}_x\mathrm{j}\cos\theta+\boldsymbol{e}_y+\boldsymbol{e}_z\mathrm{j}\sin\theta)\mathrm{e}^{-\mathrm{j}(k_x x+k_z z)}$$

求：

(1) 此电磁波是什么极化？

(2) 投射波磁场的表达式。

(3) $z<0$ 区域反射波电场的表达式。

(4) 反射波是什么极化？

(5) $z=0$ 导体平面上的面电荷密度时域表示式。

解：(1) 将入射波的电场矢量表示在图中，可知电场平行极化分量 $-\boldsymbol{e}_x\mathrm{j}\cos\theta+\boldsymbol{e}_z\mathrm{j}\sin\theta$ 的相位超前垂直极化分量 $+\boldsymbol{e}_y$ 的相位 90°。它们和传播方向之间符合左手螺旋关系，并且幅度相等，因此为左旋圆极化波。

(2) 波数为 $k=\omega\sqrt{\varepsilon_0\mu_0}$，故入射波矢量为

$$\boldsymbol{k}_{\mathrm{i}}=\boldsymbol{e}_x k\sin\theta+\boldsymbol{e}_z k\cos\theta=\boldsymbol{e}_x\omega\sqrt{\varepsilon_0\mu_0}\sin\theta+\boldsymbol{e}_z\omega\sqrt{\varepsilon_0\mu_0}\cos\theta$$

入射波传播方向单位矢量为

$$\boldsymbol{e}_{k_{\mathrm{i}}}=\boldsymbol{e}_x\sin\theta+\boldsymbol{e}_z\cos\theta$$

因此，电场矢量为

$$\boldsymbol{E}_{\mathrm{i}}=E_0(-\boldsymbol{e}_x\mathrm{j}\cos\theta+\boldsymbol{e}_y+\boldsymbol{e}_z\mathrm{j}\sin\theta)\mathrm{e}^{-\mathrm{j}(\omega\sqrt{\varepsilon_0\mu_0}\sin\theta x+\omega\sqrt{\varepsilon_0\mu_0}\cos\theta z)}$$

故磁场矢量为

$$\begin{aligned}\boldsymbol{H}_{\mathrm{i}} &= \frac{1}{\eta_0}\boldsymbol{e}_{k_{\mathrm{i}}} \times \boldsymbol{E}_{\mathrm{i}} \\ &= \frac{1}{120\pi}(\boldsymbol{e}_x \sin\theta + \boldsymbol{e}_z \cos\theta) \times E_0(-\boldsymbol{e}_x \mathrm{j}\cos\theta + \boldsymbol{e}_y + \boldsymbol{e}_z \mathrm{j}\sin\theta)\mathrm{e}^{-\mathrm{j}(\omega\sqrt{\varepsilon_0\mu_0}\sin\theta x + \omega\sqrt{\varepsilon_0\mu_0}\cos\theta z)} \\ &= \frac{E_0}{120\pi}(-\boldsymbol{e}_x\cos\theta - \mathrm{j}\boldsymbol{e}_y + \boldsymbol{e}_z\sin\theta)\mathrm{e}^{-\mathrm{j}(\omega\sqrt{\varepsilon_0\mu_0}\sin\theta x + \omega\sqrt{\varepsilon_0\mu_0}\cos\theta z)}\end{aligned}$$

(3) 平面波入射到理想导体表面发生全反射。根据图 7-15 所示，反射波矢量为

$$\boldsymbol{k}_{\mathrm{r}} = \boldsymbol{e}_x k\sin\theta - \boldsymbol{e}_z k\cos\theta = \boldsymbol{e}_x \omega\sqrt{\varepsilon_0\mu_0}\sin\theta - \boldsymbol{e}_z\omega\sqrt{\varepsilon_0\mu_0}\cos\theta$$

根据电场矢量、磁场矢量及传播方向之间的右手螺旋关系，给出电场矢量的参考方向。结合图示，将电场矢量分为平行极化分量和垂直极化分量两部分。垂直极化波反射系数为 -1，平行极化分量中切向分量的反射系数为 -1，法向分量的反射系数为 1，结合图示，故在 $z<0$ 区域反射波电场为

$$\boldsymbol{E}_{\mathrm{r}} = E_0(\boldsymbol{e}_x\mathrm{j}\cos\theta - \boldsymbol{e}_y + \boldsymbol{e}_z\mathrm{j}\sin\theta)\mathrm{e}^{-\mathrm{j}(\omega\sqrt{\varepsilon_0\mu_0}\sin\theta x - \omega\sqrt{\varepsilon_0\mu_0}\cos\theta z)}$$

(4) 电场平行极化分量 $\boldsymbol{e}_x\mathrm{j}\cos\theta + \boldsymbol{e}_z\mathrm{j}\sin\theta$ 的相位超前垂直极化分量 $-\boldsymbol{e}_y$ 的相位 90°。它们和传播方向之间符合右手螺旋关系，并且幅度相等，因此为右旋圆极化波。

(5) 在 $z=0$ 处，合成场为

$$\boldsymbol{E} = \boldsymbol{E}_{\mathrm{i}} + \boldsymbol{E}_{\mathrm{r}} = \boldsymbol{e}_z 2\mathrm{j}\sin\theta E_0 \mathrm{e}^{-\mathrm{j}\omega\sqrt{\varepsilon_0\mu_0}\sin\theta x}$$

因此，$z=0$ 导体平面上的面电荷密度为

$$\rho_{\mathrm{s}} = \boldsymbol{D}\cdot(-\boldsymbol{e}_z) = -\varepsilon_0 2\mathrm{j}\sin\theta E_0\mathrm{e}^{-\mathrm{j}\omega\sqrt{\varepsilon_0\mu_0}\sin\theta x}$$

其时域表达式为

$$\rho_{\mathrm{s}} = 2\varepsilon_0 E_0 \sin\theta\sin(\omega t - \omega\sqrt{\varepsilon_0\mu_0}\sin\theta x)$$

【考研题 7-7】 (北京理工大学 2005 年)频率为 10^9 Hz 的平面电磁波从 $z<0$ 的电介质区域($4\varepsilon_0,\mu_0$)垂直投射到 $z>0$ 的真空区域。求电介质区域的驻波比 ρ 和电场及磁场振幅最大点和最小点的位置。

解：设入射波的方向沿 z 方向，电场的复数形式为

$$\boldsymbol{E}_{\mathrm{i}} = \boldsymbol{e}_x E_{0i}\mathrm{e}^{-\mathrm{j}k_1 z}$$

则入射波的磁场为

$$\boldsymbol{H}_{\mathrm{i}} = \boldsymbol{e}_y\frac{E_{0i}}{\eta_1}\mathrm{e}^{-\mathrm{j}k_1 z}$$

其中

$$k_1 = \omega\sqrt{4\varepsilon_0\mu_0} = 2\omega\sqrt{\varepsilon_0\mu_0} = \frac{4\pi f}{c} = \frac{40\pi}{3}, \quad \eta_1 = \sqrt{\frac{\mu_0}{4\varepsilon_0}} = \frac{\eta_0}{2} = 60\pi$$

反射系数为

$$R = \frac{\eta_0 - \eta_1}{\eta_0 + \eta_1} = \frac{1}{3}$$

故驻波比为

$$\rho=\frac{1+|R|}{1-|R|}=\frac{1+\frac{1}{3}}{1-\frac{1}{3}}=2$$

反射波的电场表示为

$$\boldsymbol{E}_{\mathrm{r}}=\boldsymbol{e}_x RE_{0i}\mathrm{e}^{\mathrm{j}k_1 z}=\boldsymbol{e}_x\frac{E_{0i}}{3}\mathrm{e}^{\mathrm{j}k_1 z}$$

故电介质区域的合成电场为

$$\begin{aligned}\boldsymbol{E}=\boldsymbol{E}_{\mathrm{i}}+\boldsymbol{E}_{\mathrm{r}}&=\boldsymbol{e}_x E_{0i}\mathrm{e}^{-\mathrm{j}k_1 z}+\boldsymbol{e}_x\frac{E_{0i}}{3}\mathrm{e}^{\mathrm{j}k_1 z}=\boldsymbol{e}_x\frac{E_{0i}}{3}(3\mathrm{e}^{-\mathrm{j}k_1 z}+\mathrm{e}^{\mathrm{j}k_1 z})\\&=\boldsymbol{e}_x\frac{E_{0i}}{3}(4\cos k_1 z-\mathrm{j}2\sin k_1 z)\end{aligned}$$

合成电场的振幅为

$$|\boldsymbol{E}|=\frac{E_{0i}}{3}|4\cos k_1 z-\mathrm{j}2\sin k_1 z|=\frac{2E_{0i}}{3}\sqrt{3\cos^2 k_1 z+1}$$

可以看出,当 $k_1 z=n\pi$,即 $z=\frac{n\pi}{k_1}=\frac{3}{40}n$,$n=0,1,2,\cdots$时电场振幅最大;当 $k_1 z=\frac{\pi}{2}(2n+1)$,即 $z=(2n+1)\frac{\pi}{k_1 2}=(2n+1)\frac{3}{80}$,$n=0,1,2,\cdots$时电场振幅最小,且呈周期性变化,周期为$\frac{3}{40}$。

电介质区域的合成磁场为

$$\boldsymbol{H}=\boldsymbol{e}_y\frac{E_{0i}}{\eta_1}\mathrm{e}^{-\mathrm{j}k_1 z}-\boldsymbol{e}_y\frac{E_{0i}}{3\eta_1}\mathrm{e}^{\mathrm{j}k_1 z}=\boldsymbol{e}_y\frac{E_{0i}}{3\eta_1}(2\cos k_1 z-\mathrm{j}4\sin k_1 z)$$

合成磁场的振幅为

$$H=\frac{E_{0i}}{3\eta_1}|2\cos k_1 z-4\mathrm{j}\sin k_1 z|=\frac{3E_{0i}}{3\eta_1}\sqrt{3\sin^2 k_1 z+1}$$

可以看出,当 $k_1 z=n\pi$,即 $z=\frac{n\pi}{k_1}=\frac{3}{40}n$,$n=0,1,2,\cdots$时磁场振幅最小;当 $k_1 z=\frac{\pi}{2}(2n+1)$,即 $z=(2n+1)\frac{\pi}{k_1 2}=(2n+1)\frac{3}{80}$,$n=0,1,2,\cdots$时磁场振幅最大,且呈周期性变化,周期为$\frac{3}{40}$。

【考研题 7-8】 (北京邮电大学 2007 年)电场强度为 $E_x=E_0\sin\omega\left(t-\frac{z}{v_1}\right)$的平面波,由空气垂直入射到与玻璃($\varepsilon_{\mathrm{r}}=4$,$\mu_{\mathrm{r}}=1$)的交界面上($z=0$ 处平面),试求:

(1) 反射系数 R;

(2) 折射系数 T;

(3) 反射波电场 $\boldsymbol{E}^-$、磁场 $\boldsymbol{H}^-$;

(4) 折射波电场 $\boldsymbol{E}^T$、磁场 $\boldsymbol{H}^T$。

解：空气中的波阻抗为 $\eta_1=\eta_0=120\pi$，玻璃中的波阻抗 $\eta_2=\sqrt{\dfrac{\mu_0}{4\varepsilon_0}}=\dfrac{\eta_0}{2}=60\pi$。

（1）反射系数：$R=\dfrac{\eta_2-\eta_1}{\eta_2+\eta_1}=-\dfrac{1}{3}$。

（2）折射系数：$T=\dfrac{2\eta_2}{\eta_2+\eta_1}=\dfrac{2}{3}$。

（3）在空气中，反射波沿 $-z$ 方向传播，$\eta_1=\eta_0=120\pi$，因此反射波电场为

$$\boldsymbol{E}^-=\boldsymbol{e}_x RE_0\sin\omega\left(t+\frac{z}{v_1}\right)=-\boldsymbol{e}_x\ \frac{1}{3}E_0\sin\omega\left(t+\frac{z}{v_1}\right)$$

反射波磁场为

$$H^-=\frac{1}{\eta_0}(-\boldsymbol{e}_z)\times\boldsymbol{E}^-=\frac{1}{\eta_0}(-\boldsymbol{e}_z)\times(-\boldsymbol{e}_x)\ \frac{1}{3}E_0\sin\omega\left(t+\frac{z}{v_1}\right)=\boldsymbol{e}_y\ \frac{1}{3\eta_0}E_0\sin\omega\left(t+\frac{z}{v_1}\right)$$

（4）在玻璃中，折射波沿 z 方向传播，$\eta_2=60\pi$，因此折射波电场为

$$\boldsymbol{E}^T=\boldsymbol{e}_x TE_0\sin\omega\left(t-\frac{z}{v_1}\right)=\boldsymbol{e}_x\ \frac{2}{3}E_0\sin\omega\left(t-\frac{z}{v_1}\right)$$

折射波磁场为

$$\boldsymbol{H}^T=\frac{1}{\eta_2}(\boldsymbol{e}_z)\times\boldsymbol{E}^T=\frac{1}{\eta_2}(\boldsymbol{e}_z)\times\boldsymbol{e}_x\ \frac{2}{3}E_0\sin\omega\left(t-\frac{z}{v_1}\right)=\boldsymbol{e}_y\ \frac{2}{3\eta_0}E_0\sin\omega\left(t-\frac{z}{v_1}\right)$$

【考研题 7-9】（北京邮电大学 2006 年）平面波由空气斜射到理想导体表面（Oxy 平面），已知入射波电场为

$$E_y^{\mathrm{i}}=E_0\mathrm{e}^{\mathrm{j}(6\times10^9t-5.24x-19.30z)}$$

试求：（1）入射角；

（2）入射波功率密度的平均值 $\boldsymbol{S}_{\mathrm{av}}^{\mathrm{i}}$；

（3）沿 x 方向的相速度 $\boldsymbol{v}_{\mathrm{p}(x)}$；

（4）合成波电场的表达式；

（5）沿 z 方向功率密度的平均值 $\boldsymbol{S}_{\mathrm{av}(z)}$。

解：（1）由题意可知，$\boldsymbol{k}_{\mathrm{i}}\cdot\boldsymbol{r}=5.24x+19.30z$，所以 $\boldsymbol{k}_{\mathrm{i}}=5.24\boldsymbol{e}_x+19.30\boldsymbol{e}_z$，大小为 $k_{\mathrm{i}}=20$，传播方向的单位矢量为

$$\boldsymbol{e}_{k_{\mathrm{i}}}=0.262\boldsymbol{e}_x+0.965\boldsymbol{e}_z$$

因此入射角为

$$\theta_{\mathrm{i}}=\arctan\left(\frac{5.24}{19.30}\right)=15.19^\circ$$

（2）入射波磁场为

$$\boldsymbol{H}^{\mathrm{i}}=\frac{1}{\eta_0}(\boldsymbol{e}_{k_{\mathrm{i}}})\times\boldsymbol{E}^{\mathrm{i}}=\frac{1}{\eta_0}(0.262\boldsymbol{e}_x+0.965\boldsymbol{e}_z)\times\boldsymbol{e}_yE_0\mathrm{e}^{\mathrm{j}(6\times10^9t-5.24x-19.30z)}$$

$$=(-\boldsymbol{e}_x2.56\times10^{-3}+\boldsymbol{e}_z6.95\times10^{-4})E_0\mathrm{e}^{\mathrm{j}(6\times10^9t-5.24x-19.30z)}$$

故入射波功率密度的平均值

$$\boldsymbol{S}_{\mathrm{av}}^{\mathrm{i}}=\frac{1}{2}\mathrm{Re}[\boldsymbol{E}\times\boldsymbol{H}^*]$$

$$=\frac{1}{2}\mathrm{Re}[\boldsymbol{e}_y E_0 \mathrm{e}^{-\mathrm{j}(5.24x+19.30z)} \times (-\boldsymbol{e}_x 2.56\times 10^{-3}+\boldsymbol{e}_z 6.95\times 10^{-4})E_0 \mathrm{e}^{\mathrm{j}(5.24x+19.30z)}]$$

$$=E_0^2[(\boldsymbol{e}_x 3.475\times 10^{-4}+\boldsymbol{e}_z 1.28\times 10^{-3})E_0]$$

(3) 由题意可知，$k_x=5.24$，因此沿 x 方向的相速度为

$$v_{\mathrm{p}(x)}=\frac{\omega}{k_x}=\frac{6\times 10^9}{5.24}\mathrm{m/s}=1.145\times 10^9\mathrm{m/s}$$

(4) 由于反射系数为 $R=-1$，考虑到反射波的波矢量为

$$\boldsymbol{k}_{\mathrm{r}}=5.24\boldsymbol{e}_x-19.30\boldsymbol{e}_z$$

因此，反射电场为

$$\boldsymbol{E}_{\mathrm{r}}=-\boldsymbol{e}_y E_0 \mathrm{e}^{\mathrm{j}(6\times 10^9 t-5.24x+19.30z)}$$

合成场为

$$\boldsymbol{E}=\boldsymbol{E}_{\mathrm{i}}+\boldsymbol{E}_{\mathrm{r}}=\boldsymbol{e}_y E_0 \mathrm{e}^{\mathrm{j}(6\times 10^9 t-5.24x-19.30z)}-\boldsymbol{e}_y E_0 \mathrm{e}^{\mathrm{j}(6\times 10^9 t-5.24x+19.30z)}$$

$$=-\boldsymbol{e}_y \mathrm{j}2E_0 \mathrm{e}^{\mathrm{j}(6\times 10^9 t-5.24x)}\sin(19.30z)$$

(5) 反射磁场为

$$\boldsymbol{H}_{\mathrm{r}}=\frac{1}{\eta_0}(0.262\boldsymbol{e}_x-0.965\boldsymbol{e}_z)\times \boldsymbol{E}_{\mathrm{r}}$$

$$=\frac{1}{120\pi}(0.262\boldsymbol{e}_x-0.965\boldsymbol{e}_z)\times[-\boldsymbol{e}_y E_0 \mathrm{e}^{\mathrm{j}(6\times 10^9 t-5.24x+19.30z)}]$$

$$=-E_0 \mathrm{e}^{\mathrm{j}(6\times 10^9 t-5.24x+19.30z)}(2.56\times 10^{-3}\boldsymbol{e}_x+6.95\times 10^{-4}\boldsymbol{e}_z)$$

故合成磁场为

$$\boldsymbol{H}=\boldsymbol{H}_{\mathrm{i}}+\boldsymbol{H}_{\mathrm{r}}$$

$$=E_0 \mathrm{e}^{\mathrm{j}(6\times 10^9 t-5.24x)}[(-2.56\times 10^{-3}\boldsymbol{e}_x+6.95\times 10^{-4}\boldsymbol{e}_z)\mathrm{e}^{-\mathrm{j}19.30z}-(2.56\times 10^{-3}\boldsymbol{e}_x+6.95\times 10^{-4}\boldsymbol{e}_z)\mathrm{e}^{\mathrm{j}19.30z}]$$

$$=-E_0 \mathrm{e}^{\mathrm{j}(6\times 10^9 t-5.24x)}[\boldsymbol{e}_x 5.12\times 10^{-3}\cos(19.30z)+\boldsymbol{e}_z \mathrm{j}1.39\times 10^{-3}\sin(19.30z)]$$

因此，合成电场和磁场在 z 方向上均为驻波，故在 z 方向的功率密度平均值为零。

【考研题 7-10】 (北京交通大学 2005 年)一均匀平面波由空气垂直入射到相对介电常数 $\varepsilon_{\mathrm{r}}=4$，相对磁导率 $\mu_{\mathrm{r}}=1$，电导率为零的介质中。设介质分界面为 $z=0$ 平面，已知透射波电场为 $\boldsymbol{E}_{\mathrm{t}}=\boldsymbol{e}_x 2\mathrm{e}^{-\mathrm{j}2\pi z}$，求空气中的电场和磁场。

解：由题意知，空气中的波沿 z 方向传播。在空气中波阻抗 $\eta_1=\eta_0=120\pi$，介质中的波阻抗

$$\eta_2=\sqrt{\frac{\mu_0}{4\varepsilon_0}}=\frac{\eta_0}{2}=60\pi$$

故反射系数与传输系数为

$$R=\frac{\eta_2-\eta_1}{\eta_2+\eta_1}=-\frac{1}{3}$$

$$T=\frac{2\eta_2}{\eta_2+\eta_1}=\frac{2}{3}$$

因此，根据透射波电场的表示式 $\boldsymbol{E}_t=\boldsymbol{e}_x 2\mathrm{e}^{-\mathrm{j}2\pi z}$ 可知，入射波电场为

$$\boldsymbol{E}_i=\boldsymbol{e}_x 3\mathrm{e}^{-\mathrm{j}2\pi z}$$

反射波沿 $-z$ 方向传播，故反射电场为

$$\boldsymbol{E}_r=\boldsymbol{e}_x R 3\mathrm{e}^{\mathrm{j}2\pi z}=-\boldsymbol{e}_x \mathrm{e}^{\mathrm{j}2\pi z}$$

入射磁场和反射磁场为

$$\boldsymbol{H}_i=\boldsymbol{e}_y \frac{1}{40\pi}\mathrm{e}^{-\mathrm{j}2\pi z}$$

$$\boldsymbol{H}_r=\boldsymbol{e}_y \frac{1}{120\pi}\mathrm{e}^{\mathrm{j}2\pi z}$$

故空气中的合成电场和磁场为

$$\boldsymbol{E}=\boldsymbol{E}_i+\boldsymbol{E}_r=\boldsymbol{e}_x(3\mathrm{e}^{-\mathrm{j}2\pi z}-\mathrm{e}^{\mathrm{j}2\pi z})$$

$$\boldsymbol{H}=\boldsymbol{H}_i+\boldsymbol{H}_r=\boldsymbol{e}_y \frac{1}{40\pi}\mathrm{e}^{-\mathrm{j}2\pi z}+\boldsymbol{e}_y \frac{1}{120\pi}\mathrm{e}^{\mathrm{j}2\pi z}$$

【考研题 7-11】（北京邮电大学 2002 年）如图 7-16 所示，一垂直极化波斜射到介质分界面，且 $\varepsilon_1 \gg \varepsilon_2$。

（1）写出折射波电场 $\boldsymbol{E}_y^T$ 的表示式（与 x,z,t 的关系式）。

（2）当 $\theta_i \gg \theta_c$ 时，$\boldsymbol{E}_y^T$ 中与 z 相关的项发生什么变化（用数学式表示出来），意义是什么？

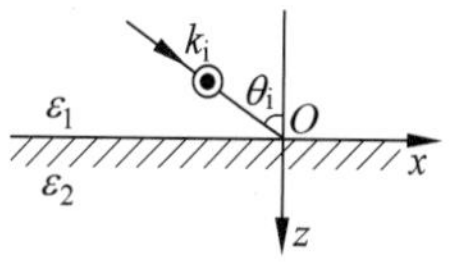

图 7-16　考研题 7-11 图

解：（1）根据图示，折射波电场 $\boldsymbol{E}_y^T$ 的表示式为

$$\boldsymbol{E}_y^T=\boldsymbol{e}_y E_0^T \mathrm{e}^{\mathrm{j}(\omega t-k_2 x\sin\theta_T-k_2 z\cos\theta_T)}$$

其中，E_0^T 为振幅，$k_2=\omega\sqrt{\mu_2\varepsilon_2}$ 为波数，θ_T 为折射角。

（2）因为

$$\cos\theta_T=\sqrt{1-\sin^2\theta_T}=\sqrt{1-\frac{\varepsilon_1}{\varepsilon_2}\sin^2\theta_i}=\pm\mathrm{j}\sqrt{\frac{\varepsilon_1}{\varepsilon_2}\sin^2\theta_i-1}$$

而当满足 $\theta_i \gg \theta_c=\arcsin\sqrt{\frac{\varepsilon_2}{\varepsilon_1}}$ 时，$\sqrt{\frac{\varepsilon_1}{\varepsilon_2}\sin^2\theta_i-1}>0$，此时 $\cos\theta_T$ 为虚数。因此 $\boldsymbol{E}_y^T$ 中与 z 相关的项为

$$\boldsymbol{E}_y^T \propto \boldsymbol{e}_y E_0^T \mathrm{e}^{-k_2 z\sqrt{\frac{\varepsilon_1}{\varepsilon_2}\sin^2\theta_i-1}}$$

可见，$\boldsymbol{E}_y^T$ 沿 z 方向是幅度按照指数衰减的，而相位不变化。这种波为非均匀平面波的形式，能量注意集中在分界面附近，称为表面波。

【考研题 7-12】（电子科技大学 2002 年）已知某电磁场为

$$\boldsymbol{E}=E_0\boldsymbol{e}_x\cos(\omega t-kz)$$

其中，波数 k 为实常数。

（1）简要说明此电磁波及其传播媒介的主要特点。

（2）写出电场的复数表示式。

（3）当此波入射到位于 $z=0$ 平面上的理想导体板时，求出反射波的电场。

（4）当这个理想导体板绕 x 轴旋转 $\theta(0<\theta<\pi/2)$ 时，求出反射电场。

解：(1) 该波是沿 z 方向传播的均匀平面波，电场振幅为 E_0，角频率为 ω，波数为 k，波长为 $\lambda=\dfrac{2\pi}{k}$。

(2) 电场的复数表示式为

$$\boldsymbol{E}=E_0\boldsymbol{e}_x\mathrm{e}^{-\mathrm{j}kz}$$

(3) 该波沿 z 方向垂直入射到理想导体表面，反射系数为 -1，故反射波的电场

$$\boldsymbol{E}=-E_0\boldsymbol{e}_x\mathrm{e}^{\mathrm{j}kz}$$

瞬时值表达式为

$$\boldsymbol{E}=-E_0\boldsymbol{e}_x\cos(\omega t+kz)$$

(4) 设理想导体板绕 x 轴旋转 $\theta(0<\theta<\pi/2)$ 时，法向 $(-\boldsymbol{e}_z)$ 向 z 轴方向旋转，则入射角为 θ，故反射波传播方向与 z 轴的夹角为 $\pi-2\theta$，如图 7-17 所示。

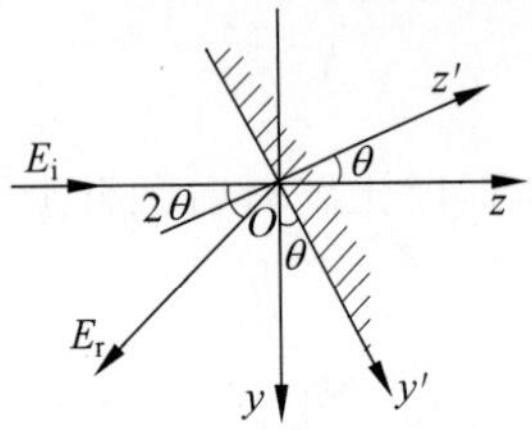

图 7-17 考研题 7-12 图

因此，反射波的波矢量为

$$\boldsymbol{k}_r=\boldsymbol{e}_zk\cos(\pi-2\theta)+\boldsymbol{e}_yk\sin(\pi-2\theta)=-\boldsymbol{e}_zk\cos(2\theta)+\boldsymbol{e}_yk\sin(2\theta)$$

显然，入射面为 yOz 平面，此时入射波为垂直极化波，故反射电场为

$$\boldsymbol{E}_r=-E_0\boldsymbol{e}_x\mathrm{e}^{-\mathrm{j}\boldsymbol{k}_r\cdot\boldsymbol{r}}=-E_0\boldsymbol{e}_x\mathrm{e}^{-\mathrm{j}(-kz\cos2\theta+ky\sin2\theta)}$$

瞬时值表达式为

$$\boldsymbol{E}_r=-E_0\boldsymbol{e}_x\cos(\omega t+\boldsymbol{e}_zkz\cos2\theta-ky\sin2\theta)$$

【考研题 7-13】 (北京邮电大学 2008 年)TEM 波由空气斜射到理想导体表面($z=0$ 处的平面)，入射波磁场为 $\boldsymbol{H}^+=\boldsymbol{e}_yH_0\mathrm{e}^{\mathrm{j}(\omega t-kx\sin\theta-kz\cos\theta)}$。试求：

(1) 入射波的电场 $\boldsymbol{E}^+$；

(2) 合成波磁场的表示式；

(3) 合成波电场的表示式；

(4) 合成波的坡印亭矢量沿 x 方向分量的均值；

(5) 合成波的坡印亭矢量沿 z 方向分量的均值。

解：(1) 由题意可知，$\boldsymbol{k}\cdot\boldsymbol{r}=kx\sin\theta-kz\cos\theta$，因此波的传播单位矢量为 $\boldsymbol{e}_{k_i}=\boldsymbol{e}_x\sin\theta+\boldsymbol{e}_z\cos\theta$，故入射波的电场为

$$\begin{aligned}\boldsymbol{E}^+&=\eta_0\boldsymbol{H}^+\times\boldsymbol{e}_{k_i}=\boldsymbol{e}_y\eta_0H_0\mathrm{e}^{\mathrm{j}(\omega t-kx\sin\theta-kz\cos\theta)}\times(\boldsymbol{e}_x\sin\theta+\boldsymbol{e}_z\cos\theta)\\&=\eta_0H_0\mathrm{e}^{\mathrm{j}(\omega t-kx\sin\theta-kz\cos\theta)}(\boldsymbol{e}_x\cos\theta-\boldsymbol{e}_z\sin\theta)\end{aligned}$$

(2) 反射角等于入射角，根据题意反射波的波矢量为

$$\boldsymbol{k}_r=\boldsymbol{e}_xk\sin\theta-\boldsymbol{e}_zk\cos\theta$$

TEM 波斜射到理想导体表面时，切向分量反射系数为 -1，法向反射系数为 1，故反射波电场为

$$\boldsymbol{E}^-=-(\cos\theta\boldsymbol{e}_x+\sin\theta\boldsymbol{e}_z)\eta_0H_0\mathrm{e}^{\mathrm{j}(\omega t-kx\sin\theta+kz\cos\theta)}$$

反射波磁场为

$$\begin{aligned}\boldsymbol{H}^-&=\frac{1}{\eta_0}\boldsymbol{e}_{k^-}\times\boldsymbol{E}^-=(\sin\theta\boldsymbol{e}_x-\boldsymbol{e}_z\cos\theta)\times(-\cos\theta\boldsymbol{e}_x-\sin\theta\boldsymbol{e}_z)H_0\mathrm{e}^{\mathrm{j}(\omega t-kx\sin\theta+kz\cos\theta)}\\&=\boldsymbol{e}_yH_0\mathrm{e}^{\mathrm{j}(\omega t-kx\sin\theta+kz\cos\theta)}\end{aligned}$$

故合成磁场为

$$\begin{aligned}\boldsymbol{H}&=\boldsymbol{H}^{+}+\boldsymbol{H}^{-}=\boldsymbol{e}_{y}H_{0}\mathrm{e}^{\mathrm{j}(\omega t-kx\sin\theta-kz\cos\theta)}+\boldsymbol{e}_{y}H_{0}\mathrm{e}^{\mathrm{j}(\omega t-kx\sin\theta+kz\cos\theta)}\\&=\boldsymbol{e}_{y}2H_{0}\cos(kz\cos\theta)\mathrm{e}^{\mathrm{j}(\omega t-kx\sin\theta)}\end{aligned}$$

(3) 合成波电场为

$$\begin{aligned}\boldsymbol{E}&=\boldsymbol{E}^{+}+\boldsymbol{E}^{-}\\&=\eta_{0}H_{0}(\cos\theta\boldsymbol{e}_{x}-\sin\theta\boldsymbol{e}_{z})\mathrm{e}^{\mathrm{j}(\omega t-kx\sin\theta-kz\cos\theta)}-(\cos\theta\boldsymbol{e}_{x}+\sin\theta\boldsymbol{e}_{z})\eta_{0}H_{0}\mathrm{e}^{\mathrm{j}(\omega t-kx\sin\theta+kz\cos\theta)}\\&=-2\eta_{0}H_{0}\mathrm{e}^{\mathrm{j}(\omega t-kx\sin\theta)}[\mathrm{j}\cos\theta\sin(kz\cos\theta)\boldsymbol{e}_{x}+\sin\theta\cos(kz\cos\theta)\boldsymbol{e}_{z}]\end{aligned}$$

(4) 由(3)可知，合成波在 z 方向上为驻波，在 x 方向上为行波。合成波的坡印亭矢量沿 x 方向分量的均值为

$$\begin{aligned}\boldsymbol{S}_{\mathrm{av}(x)}&=\frac{1}{2}\mathrm{Re}[\boldsymbol{e}_{z}E_{z}\times\boldsymbol{e}_{y}H_{y}^{*}]\\&=\frac{1}{2}\mathrm{Re}[-2\eta_{0}H_{0}\mathrm{e}^{\mathrm{j}(\omega t-kx\sin\theta)}\sin\theta\cos(kz\cos\theta)\boldsymbol{e}_{z}\times\boldsymbol{e}_{y}2H_{0}\cos(kz\cos\theta)\mathrm{e}^{-\mathrm{j}(\omega t-kx\sin\theta)}]\\&=\boldsymbol{e}_{x}2\eta_{0}H_{0}^{2}\sin\theta\cos^{2}(kz\cos\theta)\end{aligned}$$

(5) 合成波的坡印亭矢量沿 z 方向分量的均值为零，即

$$\begin{aligned}\boldsymbol{S}_{\mathrm{av}(z)}&=\frac{1}{2}\mathrm{Re}[\boldsymbol{e}_{x}E_{x}\times\boldsymbol{e}_{y}H_{y}^{*}]\\&=\frac{1}{2}\mathrm{Re}[-2\mathrm{j}\eta_{0}H_{0}\mathrm{e}^{\mathrm{j}(\omega t-kx\sin\theta)}\cos\theta\sin(kz\cos\theta)\boldsymbol{e}_{x}\times\boldsymbol{e}_{y}2H_{0}\cos(kz\cos\theta)\mathrm{e}^{-\mathrm{j}(\omega t-kx\sin\theta)}]=0\end{aligned}$$

【考研题 7-14】 (北京邮电大学 2009 年)一均匀平面波垂直入射到位于 $z=0$ 的理想导体表面上，已知电磁波电场强度的复数形式为

$$\boldsymbol{E}(z)=\boldsymbol{e}_{x}E_{0}\mathrm{e}^{-\mathrm{j}kz}$$

试求：

(1) 反射波的电场；

(2) 判断反射波的极化方式；

(3) 总的磁场的瞬时表示式；

(4) 导体表面的感应电流。

解：(1) 平面波垂直入射到理想导体表面上时发生全反射，反射系数 $R=-1$，由题意可知，入射波沿 z 方向，故反射波沿 $-z$ 方向。反射波的电场为

$$\boldsymbol{E}_{\mathrm{r}}(z)=-\boldsymbol{e}_{x}E_{0}\mathrm{e}^{\mathrm{j}kz}$$

(2) 反射波为线极化波。

(3) 入射波磁场和反射波磁场分别为

$$\boldsymbol{H}_{\mathrm{i}}(z)=\boldsymbol{e}_{y}\frac{E_{0}}{\eta_{0}}\mathrm{e}^{-\mathrm{j}kz},\quad\boldsymbol{H}_{\mathrm{r}}(z)=\boldsymbol{e}_{y}\frac{E_{0}}{\eta_{0}}\mathrm{e}^{\mathrm{j}kz}$$

故总的磁场为

$$\boldsymbol{H}(z)=\boldsymbol{H}_{\mathrm{i}}(z)+\boldsymbol{H}_{\mathrm{r}}(z)=\boldsymbol{e}_{y}\frac{E_{0}}{\eta_{0}}\mathrm{e}^{-\mathrm{j}kz}+\boldsymbol{e}_{y}\frac{E_{0}}{\eta_{0}}\mathrm{e}^{\mathrm{j}kz}=\boldsymbol{e}_{y}\frac{2E_{0}}{\eta_{0}}\cos kz$$

其瞬时表示式为

$$\boldsymbol{H}(z,t)=\boldsymbol{e}_{y}\frac{2E_{0}}{\eta_{0}}\cos kz\cos\omega t$$

(4) 导体表面的感应电流为

$$\boldsymbol{J}_s = -\boldsymbol{e}_z \times \boldsymbol{H}(z,t)\big|_{z=0} = -\boldsymbol{e}_z \times \boldsymbol{e}_y \frac{2E_0}{\eta_0}\cos\omega t = \boldsymbol{e}_x \frac{2E_0}{\eta_0}\cos\omega t$$

【考研题 7-15】 (北京邮电大学 2010 年)一均匀平面波电场强度为

$$\boldsymbol{E}^+ = E_0(\boldsymbol{e}_x + \mathrm{j}\boldsymbol{e}_y)\mathrm{e}^{-\mathrm{j}kz}$$

由空气垂直入射到 $z=0$ 处的理想导体分界面上。试求:

(1) 反射波的电场强度 $\boldsymbol{E}^-$ 和磁场强度 $\boldsymbol{H}^-$;

(2) 合成波的电场和磁场;

(3) 入射波、反射波的极化情况。

解:均匀平面波垂直入射到理想导体分界面上发生全反射,反射系数 $R=-1$。

(1) 由题意可知,入射波沿 z 方向传播,则反射波沿 $-z$ 方向传播,其电场强度为

$$\boldsymbol{E}^- = -E_0(\boldsymbol{e}_x + \mathrm{j}\boldsymbol{e}_y)\mathrm{e}^{\mathrm{j}kz}$$

反射波磁场强度为

$$\boldsymbol{H}^- = \frac{1}{\eta_0}(-\boldsymbol{e}_z)\times\boldsymbol{E}^- = \frac{1}{\eta_0}\boldsymbol{e}_z \times E_0(\boldsymbol{e}_x + \mathrm{j}\boldsymbol{e}_y)\mathrm{e}^{\mathrm{j}kz} = \frac{1}{\eta_0}E_0(\boldsymbol{e}_y - \mathrm{j}\boldsymbol{e}_x)\mathrm{e}^{\mathrm{j}kz}$$

(2) 合成波的电场为

$$\begin{aligned}\boldsymbol{E} &= \boldsymbol{E}^+ + \boldsymbol{E}^- = E_0(\boldsymbol{e}_x + \mathrm{j}\boldsymbol{e}_y)\mathrm{e}^{-\mathrm{j}kz} - E_0(\boldsymbol{e}_x + \mathrm{j}\boldsymbol{e}_y)\mathrm{e}^{\mathrm{j}kz}\\ &= -\mathrm{j}2E_0\sin(kz)\boldsymbol{e}_x + 2E_0\sin(kz)\boldsymbol{e}_y\end{aligned}$$

入射波磁场为

$$\boldsymbol{H}^+ = \frac{1}{\eta_0}\boldsymbol{e}_z \times \boldsymbol{E}^+ = \frac{1}{\eta_0}\boldsymbol{e}_z \times E_0(\boldsymbol{e}_x + \mathrm{j}\boldsymbol{e}_y)\mathrm{e}^{-\mathrm{j}kz} = \frac{1}{\eta_0}E_0(\boldsymbol{e}_y - \mathrm{j}\boldsymbol{e}_x)\mathrm{e}^{-\mathrm{j}kz}$$

因此,合成波的磁场为

$$\begin{aligned}\boldsymbol{H} &= \boldsymbol{H}^+ + \boldsymbol{H}^- = \frac{1}{\eta_0}E_0(\boldsymbol{e}_y - \mathrm{j}\boldsymbol{e}_x)\mathrm{e}^{-\mathrm{j}kz} + \frac{1}{\eta_0}E_0(\boldsymbol{e}_y - \mathrm{j}\boldsymbol{e}_x)\mathrm{e}^{\mathrm{j}kz}\\ &= \frac{2}{\eta_0}E_0(-\mathrm{j}\boldsymbol{e}_x\cos kz + \boldsymbol{e}_y\cos kz)\end{aligned}$$

(3) 入射波电场的 $\boldsymbol{e}_y$ 分量相位超前 $\boldsymbol{e}_x$ 分量 90°,与传播方向 $\boldsymbol{e}_z$ 之间呈左手螺旋关系,幅度相等,故为左旋圆极化波;反射波电场的 $\boldsymbol{e}_y$ 分量相位超前 $\boldsymbol{e}_x$ 分量 90°,与传播方向 $-\boldsymbol{e}_z$ 之间呈右手螺旋关系,幅度相等,故为右旋圆极化波。

【考研题 7-16】 (北京邮电大学 2011 年)垂直极化波由空气入射到 $x=0$ 的理想导体平面上,其电场强度为 $\boldsymbol{E}^+ = \boldsymbol{e}_y 20\mathrm{e}^{\mathrm{j}(4x-2z)}$。求:

(1) 入射波方向 $\boldsymbol{e}_{k_\mathrm{i}}$;

(2) 入射角 θ_i;

(3) 金属平面上的面电流密度。

解:(1) 由题意可知,波矢量为 $\boldsymbol{k}_\mathrm{i} = -4\boldsymbol{e}_x + 2\boldsymbol{e}_z$,波矢量的方向即入射波方向,因此

$$\boldsymbol{e}_{k_\mathrm{i}} = -\frac{2}{\sqrt{5}}\boldsymbol{e}_x + \frac{1}{\sqrt{5}}\boldsymbol{e}_z$$

(2) 入射角 θ_i 为

$$\theta_\mathrm{i} = \arctan\left(\frac{1}{2}\right) \approx 26.25°$$

(3) 垂直极化波入射到理想导体平面上发生全反射，反射系数 $R=-1$，反射波波矢量为 $\boldsymbol{k}_r=4\boldsymbol{e}_x+2\boldsymbol{e}_z$，故反射波电场强度 $\boldsymbol{E}^-$ 为

$$\boldsymbol{E}^-=-\boldsymbol{e}_y 20\mathrm{e}^{\mathrm{j}(-4x-2z)}$$

故反射波磁场强度 $\boldsymbol{H}^-$ 为

$$\boldsymbol{H}^-=\frac{1}{\eta_0}\boldsymbol{e}_{k_r}\times\boldsymbol{E}^-=\frac{1}{120\pi}\left(\frac{2}{\sqrt{5}}\boldsymbol{e}_x+\frac{1}{\sqrt{5}}\boldsymbol{e}_z\right)\times(-\boldsymbol{e}_y)20\mathrm{e}^{\mathrm{j}(-4x-2z)}$$

$$=\left(\frac{1}{\sqrt{5}}\boldsymbol{e}_x-\frac{2}{\sqrt{5}}\boldsymbol{e}_z\right)\frac{1}{6\pi}\mathrm{e}^{\mathrm{j}(-4x-2z)}$$

入射波磁场为

$$\boldsymbol{H}^+=\frac{1}{\eta_0}\boldsymbol{e}_{k_i}\times\boldsymbol{E}^+=\frac{1}{120\pi}\left(-\frac{2}{\sqrt{5}}\boldsymbol{e}_x+\frac{1}{\sqrt{5}}\boldsymbol{e}_z\right)\times(\boldsymbol{e}_y)20\mathrm{e}^{\mathrm{j}(4x-2z)}$$

$$=\left(-\frac{1}{\sqrt{5}}\boldsymbol{e}_x-\frac{2}{\sqrt{5}}\boldsymbol{e}_z\right)\frac{1}{6\pi}\mathrm{e}^{\mathrm{j}(4x-2z)}$$

故合成磁场为

$$\boldsymbol{H}=\boldsymbol{H}^++\boldsymbol{H}^-=\left(-\frac{1}{\sqrt{5}}\boldsymbol{e}_x-\frac{2}{\sqrt{5}}\boldsymbol{e}_z\right)\frac{1}{6\pi}\mathrm{e}^{\mathrm{j}(4x-2z)}+\left(\frac{1}{\sqrt{5}}\boldsymbol{e}_x-\frac{2}{\sqrt{5}}\boldsymbol{e}_z\right)\frac{1}{6\pi}\mathrm{e}^{\mathrm{j}(-4x-2z)}$$

$$=-\frac{1}{3\pi}\mathrm{e}^{-\mathrm{j}2z}\left(\mathrm{j}\boldsymbol{e}_x\frac{1}{\sqrt{5}}\sin4x+\boldsymbol{e}_z\frac{2}{\sqrt{5}}\cos4x\right)$$

因此，金属平面上的面电流密度为

$$\boldsymbol{J}_s=\boldsymbol{e}_x\times\boldsymbol{H}\mid_{x=0}=\boldsymbol{e}_x\times\left(-\boldsymbol{e}_z\frac{1}{3\pi}\cdot\frac{2}{\sqrt{5}}\mathrm{e}^{-2\mathrm{j}z}\right)=\boldsymbol{e}_y\frac{2}{3\sqrt{5}\pi}\mathrm{e}^{-2\mathrm{j}z}$$

【考研题 7-17】 (北京邮电大学 2013 年)空气中有一块无限大介质板，介电常数和磁导率分别为 ε、μ_0，厚度为 1m。介质板左侧，即区域 1，有一线极化波入射，入射角为 θ_i，电场方向指向纸平面内(如图 7-18 所示)。试求：

(1) 电磁波在区域 1 中的反射系数 Γ 和区域 3 中的传输系数 T；

(2) 波在区域 1 中不产生反射的条件。

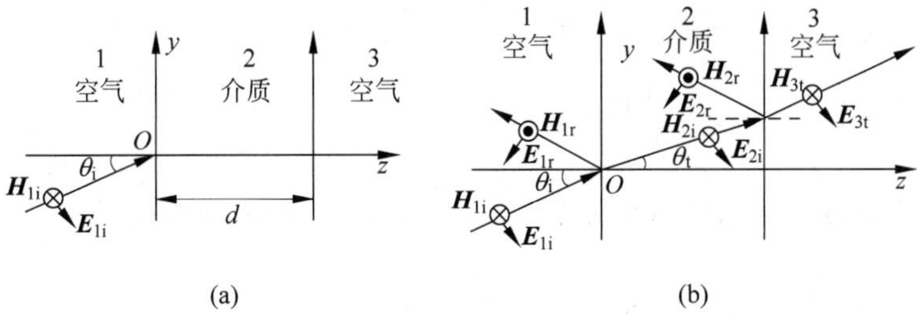

图 7-18　考研题 7-17 图

解：由于媒质 1 和媒质 3 均为空气，根据折射定律，由媒质 2 透射到媒质 3 中的折射角为 θ_i。在媒质 1 和媒质 3 中的波阻抗为 $\eta_1=\sqrt{\dfrac{\mu_0}{\varepsilon_0}}$；传播方向单位矢量为 $\boldsymbol{e}_{k_i}=\boldsymbol{e}_y\sin\theta_i+$

$\boldsymbol{e}_z\cos\theta_{\rm i}$；在媒质 2 中的波阻抗为 $\eta_2=\sqrt{\dfrac{\mu_0}{\varepsilon}}$，传播方向单位矢量为 $\boldsymbol{e}_{k_{\rm t}}=\boldsymbol{e}_y\sin\theta_{\rm T}+\boldsymbol{e}_z\cos\theta_{\rm T}$。

(1) 设媒质中的磁场强度为

$$\boldsymbol{H}_{1\rm i}=\boldsymbol{e}_x\frac{1}{\eta_1}E_{1\rm i0}\,{\rm e}^{-{\rm j}k_1(y\sin\theta_{\rm i}+z\cos\theta_{\rm i})}$$

则，结合图示 3 个区域中的电场和磁场分别为

$$\boldsymbol{E}_{1\rm i}=(-\boldsymbol{e}_y\cos\theta_{\rm i}+\boldsymbol{e}_z\sin\theta_{\rm i})E_{1\rm i0}\,{\rm e}^{-{\rm j}k_1(y\sin\theta_{\rm i}+z\cos\theta_{\rm i})}$$

$$\boldsymbol{E}_{1\rm r}=(-\boldsymbol{e}_y\cos\theta_{\rm i}-\boldsymbol{e}_z\sin\theta_{\rm i})E_{1\rm r0}\,{\rm e}^{-{\rm j}k_1(y\sin\theta_{\rm i}-z\cos\theta_{\rm i})}$$

$$\boldsymbol{H}_{1\rm r}=-\boldsymbol{e}_x\frac{1}{\eta_1}E_{1r0}\,{\rm e}^{-{\rm j}k_1(y\sin\theta_{\rm i}-z\cos\theta_{\rm i})}$$

$$\boldsymbol{E}_{2\rm i}=(-\boldsymbol{e}_y\cos\theta_{\rm T}+e_z\sin\theta_{\rm T})E_{2\rm i0}\,{\rm e}^{-{\rm j}k_2[y\sin\theta_{\rm T}+(z-d)\cos\theta_{\rm T}]}$$

$$\boldsymbol{H}_{2\rm i}=\boldsymbol{e}_x\frac{1}{\eta_2}E_{2\rm i0}\,{\rm e}^{-{\rm j}k_2[y\sin\theta_{\rm T}+(z-d)\cos\theta_{\rm T}]}$$

$$\boldsymbol{E}_{2\rm r}=(-\boldsymbol{e}_y\cos\theta_{\rm T}-\boldsymbol{e}_z\sin\theta_{\rm T})E_{2\rm r0}\,{\rm e}^{-{\rm j}k_2[y\sin\theta_{\rm T}-(z-d)\cos\theta_{\rm T}]}$$

$$\boldsymbol{H}_{2\rm r}=-\boldsymbol{e}_x\frac{1}{\eta_2}E_{2\rm r0}\,{\rm e}^{-{\rm j}k_2[y\sin\theta_{\rm T}-(z-d)\cos\theta_{\rm T}]}$$

$$\boldsymbol{E}_{3\rm t}=(-\boldsymbol{e}_y\cos\theta_{\rm i}+\boldsymbol{e}_z\sin\theta_{\rm i})E_{3\rm t0}\,{\rm e}^{-{\rm j}k_1[y\sin\theta_{\rm T}+(z-d)\cos\theta_{\rm T}]}$$

$$\boldsymbol{H}_{3\rm t}=\boldsymbol{e}_x\frac{1}{\eta_1}E_{3\rm t0}\,{\rm e}^{-{\rm j}k_1[y\sin\theta_{\rm T}+(z-d)\cos\theta_{\rm T}]}$$

其中，$k_1=\omega\sqrt{\varepsilon_0\mu_0}$，$k_2=\omega\sqrt{\varepsilon\mu_0}$。

在 $z=0$ 和 $z=d$ 两个分界面上应用边界条件，即切向电场和切向磁场的连续性，并令 $y=0$，得

$$\begin{cases}-E_{1\rm i0}\cos\theta_{\rm i}-E_{1\rm r0}\cos\theta_{\rm i}=-\cos\theta_{\rm i}E_{2\rm i0}\,{\rm e}^{{\rm j}k_2d\cos\theta_{\rm T}}-\cos\theta_{\rm T}E_{2\rm r0}\,{\rm e}^{-{\rm j}k_2d\cos\theta_{\rm T}}\\ \dfrac{1}{\eta_1}E_{1\rm i0}-\dfrac{1}{\eta_1}E_{1\rm r0}=\dfrac{1}{\eta_2}E_{2\rm i0}\,{\rm e}^{{\rm j}k_2d\cos\theta_{\rm T}}-\dfrac{1}{\eta_2}E_{2r0}\,{\rm e}^{-{\rm j}k_2d\cos\theta_{\rm T}}\end{cases}\tag{7-38}$$

$$\begin{cases}-\boldsymbol{e}_y\cos\theta_{\rm T}E_{2\rm i0}-\boldsymbol{e}_y\cos\theta_{\rm T}E_{2\rm r0}=-\boldsymbol{e}_y\cos\theta_{\rm i}E_{3\rm t0}\\ \dfrac{1}{\eta_2}E_{2\rm i0}-\dfrac{1}{\eta_2}E_{2\rm r0}=\dfrac{1}{\eta_1}E_{3\rm t0}\end{cases}\tag{7-39}$$

设电磁波在区域 1 中的反射系数 $\Gamma=\dfrac{E_{1\rm r0}}{E_{1\rm i0}}$，区域 3 中的传输系数 $T=\dfrac{E_{3\rm t0}}{E_{1\rm i0}}$；并令区域 2 中的反射系数 $\Gamma_2=\dfrac{E_{2\rm r0}}{E_{2\rm i0}}$，传输系数 $T_2=\dfrac{E_{2\rm i0}}{E_{1\rm i0}}$，则由式(7-39)得

$$\Gamma_2=\frac{\eta_1\cos\theta_{\rm i}-\eta_2\cos\theta_{\rm T}}{\eta_2\cos\theta_{\rm T}+\eta_1\cos\theta_{\rm i}}$$

并有

$$\frac{E_{2\rm r0}}{E_{1\rm i0}}=T_2\Gamma_2$$

将以上两式代入式(7-38),并整理得

$$\Gamma=\frac{E_{1r0}}{E_{1i0}}=\frac{[(\eta_2\cos\theta_T)^2-(\eta_1\cos\theta_i)^2](e^{-j2k_2d\cos\theta_T}-1)}{(\eta_2\cos\theta_T+\eta_1\cos\theta_i)^2-(\eta_2\cos\theta_T-\eta_1\cos\theta_i)^2e^{-j2k_2d\cos\theta_T}}$$

将$\dfrac{E_{2r0}}{E_{1i0}}=T_2\Gamma_2$,$\Gamma_2=\dfrac{\eta_1\cos\theta_i-\eta_2\cos\theta_T}{\eta_2\cos\theta_T+\eta_1\cos\theta_i}$代入式(7-39),并整理得

$$T=\frac{E_{3t0}}{E_{1i0}}=\frac{4\eta_1\eta_2\cos\theta_T\cos\theta_i e^{-j2k_2d\cos\theta_T}}{(\eta_2\cos\theta_T+\eta_1\cos\theta_i)^2-(\eta_2\cos\theta_T-\eta_1\cos\theta_i)^2e^{-j2k_2d\cos\theta_T}}$$

(2) 波在区域1中不产生反射的条件为$\Gamma=0$,即

$$(\eta_2\cos\theta_T)^2=(\eta_1\cos\theta_i)^2$$

根据折射定律$\dfrac{\sin\theta_i}{\sin\theta_T}=\sqrt{\dfrac{\varepsilon}{\varepsilon_0}}$,该角对应为布儒斯特角:

$$\tan\theta_i=\sqrt{\frac{\varepsilon}{\varepsilon_0}}$$

另外,如果$e^{j2k_2d\cos\theta_T}=1$,即$k_2d\cos\theta_T=n\pi(n=1,2,3,\cdots)$,即通过选择介质板的厚度也可以达到无反射。

【考研题 7-18】 (北京邮电大学2012年)试证明:布儒斯特角θ_B(对平行极化波)与折射角θ_T具有$\theta_B+\theta_T=90°$的关系,并且临界角θ_C总大于布儒斯特角θ_B。

证明:对平行极化波布儒斯特角为

$$\theta_B=\arctan\sqrt{\frac{\varepsilon_2}{\varepsilon_1}}$$

因此

$$\sin\theta_B=\sqrt{\frac{\varepsilon_2}{\varepsilon_1+\varepsilon_2}},\quad \cos\theta_B=\sqrt{\frac{\varepsilon_1}{\varepsilon_1+\varepsilon_2}}$$

由折射定律,得

$$\sqrt{\varepsilon_1}\sin\theta_B=\sqrt{\varepsilon_2}\sin\theta_T$$

故有

$$\sin\theta_T=\frac{\sqrt{\varepsilon_1}}{\sqrt{\varepsilon_2}}\sin\theta_B=\frac{\sqrt{\varepsilon_1}}{\sqrt{\varepsilon_2}}\cdot\sqrt{\frac{\varepsilon_2}{\varepsilon_1+\varepsilon_2}}=\sqrt{\frac{\varepsilon_1}{\varepsilon_1+\varepsilon_2}}=\cos\theta_B$$

因而

$$\theta_B+\theta_T=90°$$

临界角为$\theta_C=\arcsin\sqrt{\dfrac{\varepsilon_2}{\varepsilon_1}}$,故

$$\sin\theta_C=\sqrt{\frac{\varepsilon_2}{\varepsilon_1}}$$

而$\sin\theta_B=\sqrt{\dfrac{\varepsilon_2}{\varepsilon_1+\varepsilon_2}}$,因此

$$\sin\theta_C>\sin\theta_B$$

即 $\theta_C > \theta_B$，临界角 θ_C 总大于布儒斯特角 θ_B。

【考研题 7-19】 (北京邮电大学 2016 年)一均匀平面波由空气垂直入射到相对介电常数 $\varepsilon_r=4$，相对磁导率 $\mu_r=1$，电导率为零的介质中。设介质分界面为 $z=0$ 平面，已知透射波电场为 $\boldsymbol{E}_t=\boldsymbol{e}_x 2e^{-j2\pi z}$，试求：

(1) 空气中的电场和磁场；

(2) 空气中的电磁波沿 z 方向的平均功率密度，在 z 方向上属于什么性质的波？

解：(1) 由题意知，空气中的波沿 z 方向传播。在空气中波阻抗 $\eta_1=\eta_0=120\pi$，介质中的波阻抗为

$$\eta_2=\sqrt{\frac{\mu_0}{4\varepsilon_0}}=\frac{\eta_0}{2}=60\pi$$

故反射系数与传输系数为

$$R=\frac{\eta_2-\eta_1}{\eta_2+\eta_1}=-\frac{1}{3},\quad T=\frac{2\eta_2}{\eta_2+\eta_1}=\frac{2}{3}$$

因此，根据透射波电场的表示式 $\boldsymbol{E}_t=\boldsymbol{e}_x 2e^{-j2\pi z}$ 可知，入射波电场为

$$\boldsymbol{E}_i=\boldsymbol{e}_x 3e^{-j2\pi z}$$

反射波沿 $-z$ 方向传播，故反射电场为

$$\boldsymbol{E}_r=\boldsymbol{e}_x R3e^{j2\pi z}=-\boldsymbol{e}_x e^{j2\pi z}$$

由此得到入射磁场和反射磁场分别为

$$\boldsymbol{H}_i=\boldsymbol{e}_y\frac{1}{40\pi}e^{-j2\pi z},\quad \boldsymbol{H}_r=\boldsymbol{e}_y\frac{1}{120\pi}e^{j2\pi z}$$

故空气中的合成电场和磁场为

$$\boldsymbol{E}=\boldsymbol{E}_i+\boldsymbol{E}_r=\boldsymbol{e}_x(3e^{-j2\pi z}-e^{j2\pi z})$$

$$\boldsymbol{H}=\boldsymbol{H}_i+\boldsymbol{H}_r=\boldsymbol{e}_y\left(\frac{1}{40\pi}e^{-j2\pi z}+\frac{1}{120\pi}e^{j2\pi z}\right)$$

(2) 空气中的电磁波沿 z 方向的平均功率密度为

$$\boldsymbol{S}=\frac{1}{2}\mathrm{Re}[\boldsymbol{E}\times\boldsymbol{H}^*]=\frac{1}{2}\mathrm{Re}\left\{\boldsymbol{e}_x(3e^{-j2\pi z}-e^{j2\pi z})\times\left[\boldsymbol{e}_y\left(\frac{1}{40\pi}e^{-j2\pi z}+\frac{1}{120\pi}e^{j2\pi z}\right)\right]^*\right\}$$

$$=\boldsymbol{e}_z\frac{1}{30\pi}$$

由电场的表达式可知，空气中在 z 方向上电磁波为行驻波。

【考研题 7-20】 (西安电子科技大学 2012 年)均匀平面电磁波由空气入射到理想导体表面($z=0$)，已知入射波电场为 $\boldsymbol{E}_i=5(\boldsymbol{e}_x+\boldsymbol{e}_z\sqrt{3})e^{j6(\sqrt{3}x-z)}$(V/m)。试求：

(1) 反射波电场和磁场；

(2) 理想导体表面的面电荷密度和面电流密度。

解：(1) 根据入射波电场的表达式可知，入射波波矢量为 $\boldsymbol{k}_i=-6(\sqrt{3}\boldsymbol{e}_x-\boldsymbol{e}_z)$，导体分界面在 $z=0$ 处，反射角等于入射角，因此反射波波矢量及传播方向单位矢量分别为

$$\boldsymbol{k}_r=-6(\sqrt{3}\boldsymbol{e}_x+\boldsymbol{e}_z),\quad \boldsymbol{e}_{kr}=-\frac{1}{2}(\sqrt{3}\boldsymbol{e}_x+\boldsymbol{e}_z)$$

电磁波入射到理想导体表面时，切向分量($\boldsymbol{e}_x$ 方向)反射系数为 -1，法向分量($\boldsymbol{e}_z$ 方向)反

射系数为 1,因此反射波的电场为

$$\boldsymbol{E}_{\mathrm{r}}=5(-\boldsymbol{e}_x+\boldsymbol{e}_z\sqrt{3})\mathrm{e}^{\mathrm{j}6(\sqrt{3}x+z)}\ \mathrm{V/m}$$

反射波磁场为

$$\boldsymbol{H}_{\mathrm{r}}=\frac{\boldsymbol{e}_{\mathrm{kr}}\times\boldsymbol{E}_{\mathrm{r}}}{\eta_0}=\boldsymbol{e}_y\frac{1}{12\pi}\mathrm{e}^{\mathrm{j}6(\sqrt{3}x+z)}\ \mathrm{A/m}$$

(2) 导体表面的面电荷密度

$$\rho_{\mathrm{s}}=\boldsymbol{e}_{\mathrm{n}}\cdot D=\boldsymbol{e}_{\mathrm{n}}\cdot\varepsilon_0(\boldsymbol{E}_{\mathrm{i}}+\boldsymbol{E}_{\mathrm{r}})_{z=0}=-\boldsymbol{e}_z\cdot\varepsilon_0(\boldsymbol{e}_z 10\sqrt{3})\mathrm{e}^{\mathrm{j}6\sqrt{3}x}=-10\sqrt{3}\varepsilon_0\mathrm{e}^{\mathrm{j}6\sqrt{3}x}\ \mathrm{C/m^2}$$

由于

$$\boldsymbol{H}_{\mathrm{i}}=\frac{\boldsymbol{e}_{\mathrm{ki}}\times\boldsymbol{E}_{\mathrm{i}}}{\eta_0}=\boldsymbol{e}_y\frac{1}{12\pi}\mathrm{e}^{\mathrm{j}6(\sqrt{3}x-z)}$$

所以,导体表面的面电流密度为

$$\boldsymbol{J}_{\mathrm{s}}=\boldsymbol{e}_{\mathrm{n}}\times(\boldsymbol{H}_{\mathrm{i}}+\boldsymbol{H}_{\mathrm{r}})_{z=0}=\boldsymbol{e}_x\frac{1}{6\pi}\mathrm{e}^{\mathrm{j}6\sqrt{3}x}\ \mathrm{A/m}$$

第 8 章 导行电磁波

CHAPTER 8

8.1 内容提要及学习要点

本章主要掌握导行电磁波的分析方法，深刻理解导波场横向分量与纵向分量的关系、导波的分类及其性质，能够利用分离变量法分析波导的电磁场分布。掌握双线传输线、同轴线的特性参数及工作参数，掌握矩形波导中的导波模式、传输参数及其特点。深刻理解截止频率、截止波长、波导波长、波阻抗等概念，理解矩形波导中的场分布、场图及管壁电流分布，理解模式简并的含义，掌握单模区及多模区的划分及性质，了解圆波导、谐振腔的性质。

8.1.1 导行电磁波及其导行系统

在传输线中传输的电磁波简称导波。传输线既可以传输、连接信号，又可以成为电容、电感、变压器、谐振电路、滤波器、天线等元件。

传输线的主要指标有：①损耗，来源于导体、介质、辐射、模式转换；②色散和单模工作频带宽度，取决于传输线的结构；③制造成本。

1. 导波的一般分析方法

先求出场纵向分量，然后由场纵向分量导出其余的场横向分量。

2. 导波场横向分量与场纵向分量关系

设导波的传播方向(纵向)为 z 方向，传播无衰减，传输线横截面不变，则

$$\begin{cases} \boldsymbol{E}(x,y,z)=\boldsymbol{E}_0(x,y)\,\mathrm{e}^{-\gamma z} \\ \boldsymbol{H}(x,y,z)=\boldsymbol{H}_0(x,y)\,\mathrm{e}^{-\gamma z} \end{cases} \tag{8-1}$$

其中，$\gamma=\alpha+\mathrm{j}\beta$ 为传播常数，$\boldsymbol{E}_0(x,y)$、$\boldsymbol{H}_0(x,y)$ 分别为波导系统中横截面的电场和磁场分布。将式(8-1)代入直角坐标系中的波动方程，简化后可得

$$\begin{cases} \nabla_T^2\boldsymbol{E}+k_c^2\boldsymbol{E}=0 \\ \nabla_T^2\boldsymbol{H}+k_c^2\boldsymbol{H}=0 \end{cases} \tag{8-2}$$

其中，$k_c^2=\gamma^2+k^2$，$k=\omega\sqrt{\mu\varepsilon}$。将式(8-1)代入麦克斯韦方程组的两个旋度方程，在直角坐标系中展开后可得横向场分量与场纵向场分量的关系：

$$
\begin{cases}
H_x = \dfrac{1}{k_c^2}\left(j\omega\varepsilon\dfrac{\partial E_z}{\partial y} - \gamma\dfrac{\partial H_z}{\partial x}\right) \\
H_y = \dfrac{-1}{k_c^2}\left(j\omega\varepsilon\dfrac{\partial E_z}{\partial x} + \gamma\dfrac{\partial H_z}{\partial_y}\right) \\
E_x = \dfrac{-1}{k_c^2}\left(j\omega\mu\dfrac{\partial H_z}{\partial y} + \gamma\dfrac{\partial E_z}{\partial x}\right) \\
E_y = \dfrac{1}{k_c^2}\left(j\omega\mu\dfrac{\partial H_z}{\partial x} - \gamma\dfrac{\partial E_z}{\partial y}\right)
\end{cases}
\tag{8-3}
$$

在圆柱坐标系里也能导出类似的关系式。

由纵向场分量导出横向场分量方法的好处为：①简化计算，即将 6 个分量的求解简化为两个分量的求解，纵向场分量相当于位函数；②便于波型分类。

3. 导波波型的分类

(1) TE 波(横电波或 H 波)：$\boldsymbol{E}_z=0$，电磁场只有 5 个分量。

(2) TM 波(横磁波或 E 波)：$\boldsymbol{H}_z=0$，电磁场只有 5 个分量。

(3) TEM 波：$\boldsymbol{E}_z=0$ 和 $\boldsymbol{H}_z=0$，电磁场只有 4 个分量。

对 TEM 波，欲使横向场存在，由式(8-3)可知，必须 $k_c=0$，故由式(8-2)有

$$
\nabla_T^2\boldsymbol{E}=0,\quad \nabla_T^2\boldsymbol{H}=0 \tag{8-4}
$$

可见，TEM 波的电磁场在横截面上的分布满足拉普拉斯方程，因此 TEM 波的电磁场在横截面上的特性与静电场、静磁场一样。同时

$$
\omega^2\mu\varepsilon=k^2=k_z^2 \tag{8-5}
$$

即，TEM 波的传输常数(波数)与相应自由空间的均匀平面波的传输常数(波数)一样。故 TEM 波存在的条件为：要有两个以上导体；传输线中的媒质是均匀媒质。

(4) 混合模：电磁场 6 个分量都有。

4. 波阻抗-导波电磁场横向分量之间的关系

在均匀平面波中，横向电场与横向磁场幅度之比值称为波阻抗，它仅仅与媒质参数有关。在导波情况下，波阻抗不仅与波导填充的媒质参数有关，还与导波频率有关，而且不同的波型，波阻抗也不同。波阻抗具有阻抗的量纲。

(1) TE 波的波阻抗

$$
Z_{TE}=\frac{E_x}{H_y}=-\frac{E_y}{H_x}=\frac{j\omega\mu}{\gamma} \tag{8-6}
$$

$\dfrac{E_y}{H_x}$为负值是因为导波传播方向是 $+z$ 方向，不是 $-z$ 方向。

(2) TM 波的波阻抗

$$
Z_{TM}=\frac{E_x}{H_y}=-\frac{E_y}{H_x}=\frac{\gamma}{j\omega\varepsilon} \tag{8-7}
$$

(3) TEM 波的波阻抗

$$\begin{cases} Z_{\text{TEM}} = \dfrac{E_x}{H_y} = \dfrac{\omega\mu}{k_z} = \dfrac{k_z}{\omega\varepsilon} = \sqrt{\dfrac{\mu}{\varepsilon}} \\ \dfrac{E_y}{H_x} = -Z_{\text{TEM}} \end{cases} \tag{8-8}$$

(4) 混合模。

混合模需要分解后再分析。

8.1.2 双线传输线

1. 电报方程

$$\begin{cases} \dfrac{\mathrm{d}^2 I}{\mathrm{d}z^2} + k^2 I = 0 \\ \dfrac{\mathrm{d}^2 U}{\mathrm{d}z^2} + k^2 U = 0 \end{cases} \tag{8-9}$$

其中，$k=\omega\sqrt{L_0C_0}$。式(8-9)称为传输线上的电压和电流波动方程。对于双导体平行线，$L_0 \approx \dfrac{\mu}{\pi}\ln\left(\dfrac{2D}{d}\right)$，$C_0 \approx \dfrac{\pi\varepsilon}{\ln(2D/d)}$，此时 $k=\omega\sqrt{L_0C_0}=\omega\sqrt{\mu\varepsilon}$。

双线传输线上的电压和电流以波动的形式传播，其相速度为

$$v_{\mathrm{p}} = \frac{\omega}{k} = \frac{1}{\sqrt{\mu\varepsilon}} = \frac{1}{\sqrt{L_0C_0}} \tag{8-10}$$

波长为

$$\lambda_{\mathrm{p}} = \frac{v_{\mathrm{p}}}{f} = \frac{1}{f\sqrt{\mu\varepsilon}} \tag{8-11}$$

2. 特性阻抗

传输线的特性阻抗 Z_C 为其上的行波电压与行波电流之比。

$$Z_C = \frac{U^+}{I^+} = -\frac{U^-}{I^-} = \frac{\omega L_0}{k} = \sqrt{\frac{L_0}{C_0}} \approx 120\sqrt{\frac{\mu_{\mathrm{r}}}{\varepsilon_{\mathrm{r}}}}\ln\left(\frac{2D}{d}\right) \tag{8-12}$$

3. 反射系数

双线传输线上某点的反射系数定义为在该点的反射波电压(或者电流)与入射波电压(或者电流)之比。$Z=0$ 处的反射系数为

$$\Gamma_L = \frac{U_L^-}{U_L^+} = \frac{Z_L - Z_C}{Z_L + Z_C} \tag{8-13}$$

通常取负载处为坐标原点，从负载指向波源端 $Z=-l$ 处的反射系数，故通常记为

$$\Gamma(-l) = \Gamma_L \mathrm{e}^{-\mathrm{j}2kl}$$

特性阻抗与反射系数的关系又可以表示为

$$Z_C = Z_L \frac{1-\Gamma_L}{1+\Gamma_L} \tag{8-14}$$

考虑到从负载指向波源端 $Z=-l$ 处，电压与电流的复数形式通常记为

$$\begin{cases} U = U_0^+ e^{jkl}[1+\Gamma(-l)] \\ I = \dfrac{U_0^+}{Z_C} e^{jkl}[1-\Gamma(-l)] \end{cases} \tag{8-15}$$

由于反射波的存在，传输线沿线电压和电流的振幅是变化的，有最大值和最小值。当电压最大时电流最小，或反之；相邻最大值之间的距离为 $\lambda/2$，相邻最大值与最小值之间的距离为 $\lambda/4$。由以上公式可得电压最大值和电流最小值为

$$\begin{cases} U_{\max} = |U_0^+|[1+|\Gamma(z)|] \\ I_{\min} = \dfrac{|U_0^+|}{Z_C}[1-|\Gamma(z)|] \end{cases} \tag{8-16}$$

4. 驻波系数

传输线上的电压最大值与电压最小值之比称为电压驻波系数或者电压驻波比。

$$S = \frac{U_{\max}}{U_{\min}} = \frac{|U^+|+|U^-|}{|U^+|-|U^-|} = \frac{1+|\Gamma(z)|}{1-|\Gamma(z)|} \tag{8-17}$$

5. 输入阻抗

传输线某点的输入阻抗为在该点沿向负载方向看去的电压和电流的比值，距离终端为 l 处的输入阻抗为

$$Z_{in} = Z_C \frac{e^{jkl} + \Gamma_L e^{-jkl}}{e^{jkl} - \Gamma_L e^{-jkl}} = Z_C \frac{Z_L + jZ_C \tan(kl)}{Z_C + jZ_L \tan(kl)} \tag{8-18}$$

又可以表示为

$$Z_L = Z_C \frac{Z_{in} - jZ_C \tan(kl)}{Z_C - jZ_{in} \tan(kl)} \tag{8-19}$$

在电压最大值处输入阻抗最大并为纯阻性。最大输入阻抗为

$$Z_{in}|_{\max} = Z_C \frac{1+|\Gamma(z)|}{1-|\Gamma(z)|} = Z_C \cdot S \tag{8-20}$$

在电压最小值处输入阻抗最小并为纯阻性，最小输入阻抗为

$$Z_{in}|_{\min} = Z_C \frac{1-|\Gamma(z)|}{1+|\Gamma(z)|} = Z_C \cdot \frac{1}{S} \tag{8-21}$$

工程上，可以利用最大输入阻抗或者最小输入阻抗计算终端负载值，即

$$Z_L = Z_C \frac{Z_{in} - jZ_C \tan(kl)}{Z_C - jZ_{in} \tan(kl)} \tag{8-22}$$

(1) 终端负载等于特性阻抗，即 $Z_L = Z_C$ 时

$$Z_{in} = Z_C \tag{8-23}$$

称为传输线匹配。

(2) 终端短路，即 $Z_L = 0$ 时

$$Z_{in} = jZ_C \tan(kl) = jZ_C \tan\frac{2\pi}{\lambda}l = jX \tag{8-24}$$

输入阻抗具有纯电抗性质。当 $0<l<\lambda/4$ 时，$0<X<\infty$，输入阻抗呈感性；当 $\lambda/4<l<\lambda/2$ 时，$-\infty<X<0$，输入阻抗呈容性。

(3) 当终端开路,即 $Z_L=\infty$ 时

$$Z_{\text{in}}=-\mathrm{j}Z_C\cot(kl)=-\mathrm{j}Z_C\cot\frac{2\pi}{\lambda}l=\mathrm{j}X \tag{8-25}$$

输入阻抗具有纯电抗性质。当 $0<l<\lambda/4$ 时,$-\infty<X<0$,输入阻抗呈容性;当 $\lambda/4<l<\lambda/2$ 时,$0<X<\infty$,输入阻抗呈感性。

(4) 当 $l=\lambda/4$ 时

$$Z_{\text{in}}=\frac{Z_C^2}{Z_L} \tag{8-26}$$

输入阻抗与 Z_L 互为倒数关系,称为 $\lambda/4$ 阻抗变换器。

(5) 当 $l=\lambda/2$ 或 $l=n\lambda/2$ 时

$$Z_{\text{in}}=Z_L \tag{8-27}$$

传输线上的阻抗分布具有 $\lambda/2$ 的周期性,称为 $\lambda/2$ 阻抗的还原性。

8.1.3 同轴传输线

1. 同轴线的传输参数

特性阻抗 Z_C 为

$$Z_C=\frac{U}{I}=\frac{\eta}{2\pi}\ln\frac{b}{a}=\frac{60}{\sqrt{\varepsilon_r}}\ln\frac{b}{a} \tag{8-28}$$

同轴线的相移常数 β 和相速度 v_p 分别为

$$\begin{aligned}\beta&=k=\omega\sqrt{\mu\varepsilon}\\ v_p&=\frac{\omega}{\beta}=\frac{c}{\sqrt{\varepsilon_r}}\end{aligned} \tag{8-29}$$

其波导波长(相波长)为

$$\lambda_g=\frac{2\pi}{\beta}=\frac{v_p}{f}=\frac{\lambda}{\sqrt{\varepsilon_r}} \tag{8-30}$$

2. 同轴线的传输功率及衰减

同轴线的传输功率为

$$P=\frac{1}{2}\mathrm{Re}\left[\int_S(\boldsymbol{E}\times\boldsymbol{H}^*)\mathrm{d}S\right]=\frac{\pi}{\eta}|E_0|^2\ln\frac{b}{a}=\frac{1}{2}\frac{2\pi}{\eta}\frac{|U_0|^2}{\ln\frac{b}{a}}=\frac{1}{2}\frac{|U_0|^2}{Z_C} \tag{8-31}$$

同轴线的衰减由导体损耗引起的衰减 α_c 和介质引起的衰减 α_d 两部分构成。

$$\begin{cases}\alpha_c=\dfrac{R_S}{2\eta}\dfrac{\dfrac{1}{a}+\dfrac{1}{b}}{\ln(b/a)}\\[2ex] \alpha_d=\dfrac{\pi\sqrt{\varepsilon_r}}{\lambda_0}\tan\delta\end{cases} \tag{8-32}$$

其中,$R_S=(\pi f\mu/\sigma)^{1/2}$ 为导体的表面电阻,$\tan\delta$ 为同轴线填充介质的损耗角正切。

3. 工作波长与同轴线尺寸的关系

$$\lambda>\lambda_c(H_{11})\approx\pi(a+b) \tag{8-33}$$

可见，同轴线主模要求具有“低通”特性。

8.1.4 矩形波导中的导波

矩形波导不能存在 TEM 波，它的尺度一般与工作波长相当。可以利用分离变量法分析波导中的导波模式，注意运用电场和磁场的边界条件。

1. 矩形波导中的导波模式

波导中的导波在横截面上的分布呈驻波状态，m、n 值分别代表沿 x 方向、y 方向的驻波个数。导波表示式中 m、n 值的不同，导波场的分布也不同，每种场分布(m、n 值)代表一个电磁场导波的模式。实际波导里导波有什么模式存在，不仅取决于波导本身，也取决于波导激励或耦合的情况，例如波导-同轴转换。

2. 矩形波导的传播特性

矩形波导中的电磁波沿传播方向的分布规律是 $e^{j\omega t-\gamma z}$，因此导波的传播特性取决于传播常数 γ，而 γ 又取决于波导的横向尺寸和传播模式。

$$k_c^2=k^2+\gamma^2=k_x^2+k_y^2=\left(\frac{m\pi}{a}\right)^2+\left(\frac{n\pi}{b}\right)^2 \tag{8-34}$$

(1) 如果频率高，有 $k>k_c$，则 $\gamma^2=k_c^2-k^2$，$\gamma=j\beta$，β 为实数，导波在波导中传播无衰减。

(2) 如果频率低，有 $k<k_c$，则 $\gamma=a$(a 为实数)，则矩形波导中的电磁波沿传播方向衰减，这种现象称为截止。

两者情况之间的临界状态 $k=k_c$ 下的波长称为截止波长 λ_c，频率称为截止频率 f_c，波数称为截止波数 k_c。

$$k_c=\sqrt{\left(\frac{m\pi}{a}\right)^2+\left(\frac{n\pi}{b}\right)^2} \tag{8-35}$$

它只与矩形波导尺寸和模式参数有关，与介质参数无关。

波导的截止波长：

$$\lambda_c=\frac{2\pi}{k_c} \tag{8-36}$$

对于矩形波导，截止波长为

$$\lambda_c=\frac{2\pi}{k_c}=\frac{2\pi}{\sqrt{\left(\frac{m\pi}{a}\right)^2+\left(\frac{n\pi}{b}\right)^2}} \tag{8-37}$$

它只与矩形波导尺寸和模式参数有关，与介质参数无关。这个结论也适合其他结构的金属波导。

波导的截止频率：

$$f_c=\frac{k_c}{2\pi\sqrt{\mu\varepsilon}} \tag{8-38}$$

矩形波导的截止频率为

$$f_c=\frac{k_c}{2\pi\sqrt{\mu\varepsilon}}=\frac{1}{2\pi\sqrt{\mu\varepsilon}}\sqrt{\left(\frac{m\pi}{a}\right)^2+\left(\frac{n\pi}{b}\right)^2} \tag{8-39}$$

它不但与矩形波导尺寸和模式参数有关,而且与介质参数也有关。

截止参数的意义：截止波长、截止频率和截止波数都与电磁波的工作频率 f 无关,它们反映了波导本身的特性。一个具体电磁波在波导中的传播特性,取决于该电磁波的工作频率、波导的截止频率等波导结构参数。可分为两种情况：工作频率大于截止频率,即 $f>f_c$,满足这些条件的电磁波模式可以在波导中传播(波导具有"高通"特性)；工作频率小于截止频率,即 $f\leqslant f_c$,满足这些条件的电磁波模式不能在波导中传播。

3. 模式简并

TM_{mn} 与 TE_{mn} 模式截止波长、相速度等传播特性完全一样,但两者的场分布不一样,称为模式简并。一般要避免这种现象发生,方法是在结构上抑制。

4. 波导工作方式——主模与高次模

主模：截止波长最长的模。

根据 $\lambda_{cmn}=\dfrac{2\pi}{\sqrt{\left(\dfrac{m\pi}{a}\right)^2+\left(\dfrac{n\pi}{b}\right)^2}}$,设 $b<a/2$,即 $a>2b$,则波长分别为 b、$2b$、a、$2a$ 时,对应的模式分别为 TE_{02}、TE_{01}、TE_{20}、TE_{10}。故有如下的模式区域对应关系：

$$b\ <\ 2b\ <\ a\ <\ 2a$$

$$TE_{02}\quad TE_{01}\quad TE_{20}\quad TE_{10}$$

多模区 ¦单模区 ¦截止区

由此得到各区域的范围,即

单模区：$a<\lambda<2a$,即 $\dfrac{\lambda}{2}<a<\lambda$。

多模区：$0<\lambda<a$。

截止区：$\lambda\geqslant 2a$。

该方法称为不等式判别法。对于 $a<2b$ 的情况可以此类推。按截止波长从长到短的顺序,把所有模从低到高堆积起来形成模式分布图,如图 8-1 所示。

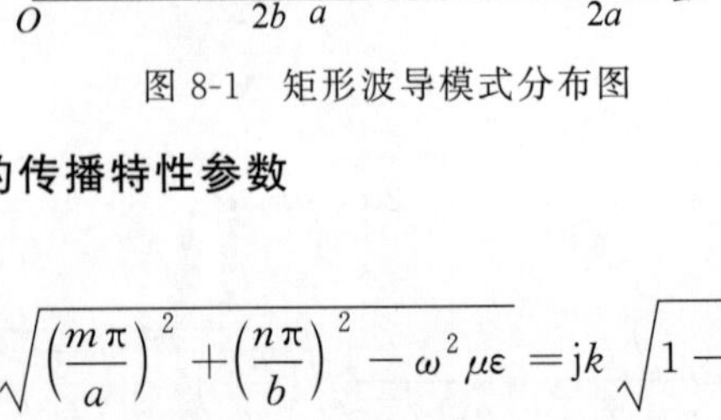

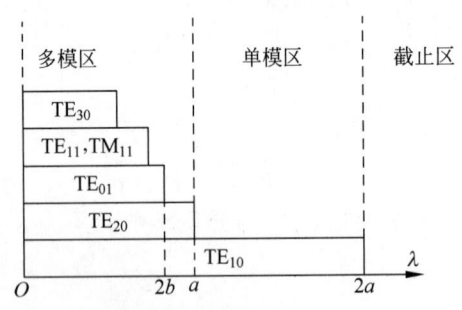

图 8-1 矩形波导模式分布图

5. 矩形波导中导波的传播特性参数

传播常数为

$$\gamma=\sqrt{\left(\frac{m\pi}{a}\right)^2+\left(\frac{n\pi}{b}\right)^2-\omega^2\mu\varepsilon}=\mathrm{j}k\sqrt{1-\left(\frac{f_c}{f}\right)^2}\tag{8-40}$$

相移常数为

$$\beta=\frac{\gamma}{\mathrm{j}}=k\sqrt{1-\left(\frac{f_{\mathrm{c}}}{f}\right)^{2}}=k\sqrt{1-\left(\frac{\lambda}{\lambda_{\mathrm{c}}}\right)^{2}} \tag{8-41}$$

波导波长为

$$\lambda_{\mathrm{g}}=\frac{2\pi}{\beta}=\frac{\lambda}{\sqrt{1-\left(\frac{f_{\mathrm{c}}}{f}\right)^{2}}}=\frac{\lambda}{\sqrt{1-\left(\frac{\lambda}{\lambda_{\mathrm{c}}}\right)^{2}}} \tag{8-42}$$

相速度为

$$v_{\mathrm{p}}=\frac{\omega}{\beta}=\frac{v}{\sqrt{1-\left(\frac{f_{\mathrm{c}}}{f}\right)^{2}}}=\frac{v}{\sqrt{1-\left(\frac{\lambda}{\lambda_{\mathrm{c}}}\right)^{2}}} \tag{8-43}$$

可见，TM 波和 TE 波的传播速度随频率变化，表现出色散特性。

TM 模和 TE 模的波阻抗 Z_{TM}、Z_{TE} 分别为

$$\left.\begin{aligned}Z_{\mathrm{TM}}&=\frac{E_{x}}{H_{y}}=-\frac{E_{y}}{H_{x}}=\frac{\gamma}{\mathrm{j}\omega\varepsilon}=\eta\sqrt{1-\left(\frac{f_{\mathrm{c}}}{f}\right)^{2}}=\eta\sqrt{1-\left(\frac{\lambda}{\lambda_{\mathrm{c}}}\right)^{2}}\\Z_{\mathrm{TE}}&=\frac{E_{x}}{H_{y}}=-\frac{E_{y}}{H_{x}}=\frac{\mathrm{j}\omega\mu}{\gamma}=\frac{\eta}{\sqrt{1-\left(\frac{f_{\mathrm{c}}}{f}\right)^{2}}}=\frac{\eta}{\sqrt{1-\left(\frac{\lambda}{\lambda_{\mathrm{c}}}\right)^{2}}}\end{aligned}\right\} \tag{8-44}$$

注意：应深刻理解波导截止波长、波导波长及工作波长的概念及含义。首先应把握频率是决定信号的本质，无论在真空、介质或者波导中传输，波长都可能发生变化，但频率是保持不变的。再就是，与相移常数相关联的是波导波长，而不是波长。

截止波长由波导的形状决定，由于波导具有“高通”特性，在波导中能够满足传输最低要求的最大波长（对应的最低频率为截止频率）称为截止波长，即

$$\lambda_{cmn}=\frac{2\pi}{\sqrt{\left(\frac{m\pi}{a}\right)^{2}+\left(\frac{n\pi}{b}\right)^{2}}} \tag{8-45}$$

波导波长是指在波导内，沿着传播方向，某个模式的电磁波相位相差 2π 的两点之间的距离，与波导中传播的电磁波模式有关，即

$$\lambda_{\mathrm{g}}=\frac{2\pi}{\beta}=\frac{\lambda}{\sqrt{1-\left(\frac{f_{\mathrm{c}}}{f}\right)^{2}}}=\frac{\lambda}{\sqrt{1-\left(\frac{\lambda}{\lambda_{\mathrm{c}}}\right)^{2}}} \tag{8-46}$$

工作波长即为频率为 f 的平面电磁波在无界空间中传播时的波长，即

$$\lambda=\frac{v}{f} \tag{8-47}$$

可以看出，$\lambda_{\mathrm{g}}>\lambda$。但是，当电磁波处于截止状态时，波导波长就失去了意义。

6. 矩形波导中的场分布（场结构）

波导中的场分布通常指波导中的电场线、磁感线和电流线的分布，即关于场的形象描述（场的可视化）。方法是由波导中的电磁场表示式出发，画出电场线、磁感线和电流线。

波导内部只有位移电流：

$$\boldsymbol{J}_{\mathrm{d}}=\frac{\partial \boldsymbol{D}}{\partial t}=\mathrm{j}\omega\varepsilon\boldsymbol{E} \tag{8-48}$$

故只要把电场线图沿传播方向 z 向前移动 $\lambda_g/4$ 即位移电流分布图。

波导内壁上的表面电流：

$$\boldsymbol{J}_l=\boldsymbol{e}_{\mathrm{n}}\times\boldsymbol{H} \tag{8-49}$$

画场分布时注意：

(1) $(H/E)_{mn}$ 中的 m 代表波导 x 方向该模式的驻波数(也就是半波长数)，n 代表波导 y 方向该模式的驻波数(也就是半波长数)。

(2) $(H/E)_{mn}$ 模式的场分布可以由 $(H/E)_{11}$ 的场分布组合出。

(3) 同时注意场分量与 x、y 坐标的函数关系以及各个场分量之间的相位关系。

(4) 电场线、磁感线关系：有 $\pi/2$ 相位，电场线与磁感线不再环绕；在波导中不一定要成环。

7. 波导中的传输功率与导波的衰减

1) 波导最大传输功率

不考虑波导的介质损耗和导体损耗，并设为行波状态，则波导各个横截面上的传输功率一样，为波导横截面上轴向平均坡印亭矢量的面积分。

$$\begin{aligned}P&=\frac{1}{2}\mathrm{Re}\iint_S(\boldsymbol{E}_{\mathrm{t}}\times\boldsymbol{H}_{\mathrm{t}}^*)\cdot\mathrm{d}\boldsymbol{S}=\frac{1}{2Z}\iint_S|E_{\mathrm{t}}|^2\mathrm{d}S=\frac{Z}{2}\iint_S|H_{\mathrm{t}}|^2\mathrm{d}S\\&=\frac{1}{2}\int_0^a\int_0^b(E_xH_y-E_yH_x)\mathrm{d}x\,\mathrm{d}y\end{aligned} \tag{8-50}$$

对矩形波导中的传输主模 TE_{10} 模，平均功率为

$$P=\frac{1}{2}\mathrm{Re}\left[\int_0^a\int_0^b E_yH_x^*\,\mathrm{d}x\,\mathrm{d}y\right]=\frac{1}{2Z_{\mathrm{TE}}}\int_0^a\int_0^b E_{10}^2\sin^2\frac{\pi x}{a}\mathrm{d}x\,\mathrm{d}y=\frac{ab}{4Z_{\mathrm{TE}}}E_{10}^2 \tag{8-51}$$

因此，传输主模 TE_{10} 模时的功率容量为

$$P_{\mathrm{br}}=\frac{ab}{4Z_{\mathrm{TE}}}E_{\mathrm{br}}^2 \tag{8-52}$$

2) 影响波导最大传输功率的因素

(1) 波导的最大传输功率正比于波导横截面面积，而且越接近截止状态，最大传输功率就越小。

(2) 潮湿：潮湿会减小 E_{br}，从而减小最大传输功率。

(3) 驻波：驻波越大，最大传输功率越小。

(4) 波导内部表面平整度：越粗糙，最大传输功率越小。

综上因素，一般实际波导最大传输功率只有理论值的 30%～50%。

3) 导波的衰减

导波的衰减来源于波导内壁的导体损耗和内部介质的介质损耗。考虑损耗后波导中的传输功率可以写成

$$P=P_0\mathrm{e}^{-2\alpha z} \tag{8-53}$$

其中，P_0 为 $z=0$ 处的功率。单位长度的功率损耗为

$$P_L=\left|\frac{\mathrm{d}P}{\mathrm{d}z}\right|=2\alpha P \tag{8-54}$$

对于 4 个矩形波导管壁，波导单位长度的功率损耗 P_L 还可以表示成

$$P_L = 2\left[\int_0^a \frac{1}{2} \mid J_1 \mid^2 R_s \mathrm{d}x\right] + 2\left[\int_0^b \frac{1}{2} \mid J_2 \mid^2 R_s \mathrm{d}y\right] \tag{8-55}$$

所以衰减系数 α 为

$$\alpha = \frac{P_L}{2P} \tag{8-56}$$

影响衰减的因素：波导材料的电导率；工作频率；波导内壁的光滑度；波导的尺寸；填充媒质的损耗；工作模式。

8.1.5 导波的驻波及谐振腔

腔体长度 l 和波导波长 λ_g 的关系为

$$l = p\frac{\lambda_g}{2}, \quad p = 1, 2, \cdots \tag{8-57}$$

其中，$\beta = \frac{2\pi}{\lambda_g} = 2\pi\frac{p}{2l} = \frac{p\pi}{l}$。

谐振腔的主要参数：

1）谐振频率或谐振波长

表示有哪些频率的电磁波有可能在谐振腔中存在并且谐振。它不是或者不一定是电磁波的工作频率。前者与谐振腔的形状、大小和其中的媒质常数有关，而且每个具体的谐振腔的谐振频率（及谐振模式）有无数个。

$$f_0 = \frac{1}{2\pi\sqrt{\mu\varepsilon}}\left[\left(\frac{p\pi}{l}\right)^2 + \left(\frac{2\pi}{\lambda_c}\right)^2\right]^{1/2} \tag{8-58}$$

2）谐振腔的品质因数 Q 值

表示谐振腔中电磁波谐振可以持续的次数，反映了谐振腔的频率选择性。其定义为

$$Q = 2\pi\frac{W}{W_T} \tag{8-59}$$

其中，W 为谐振腔内的平均电磁储能；W_T 为谐振腔一个周期时间内所损耗的能量，它包括谐振腔本身的能量损耗 W_0 及在一个周期内输出的能量 W_E。

谐振腔接有负载时，谐振腔品质因数会下降。但如果外界有能量耦合进谐振腔（谐振腔接有源）时，W_E 为负，Q 也为负，谐振腔品质因数会增加。

3）矩形谐振腔

TE_{101} 模的谐振频率为

$$f_0 = \frac{c\sqrt{a^2 + l^2}}{2al} \tag{8-60}$$

谐振波长为

$$\lambda_0 = \frac{2al}{\sqrt{a^2 + l^2}} \tag{8-61}$$

品质因数为

$$Q_0 = \frac{abl}{\delta}\frac{a^2 + l^2}{2b(a^3 + l^3) + al(a^2 + l^2)} \tag{8-62}$$

8.2 典型例题解析

【例题 8-1】 一均匀无耗传输线的特性阻抗为 50Ω,设坐标原点位于终端负载处,负载指向电源端。在 $z=0$ 处接有 100Ω 的负载,试求:

(1) 负载的反射系数;

(2) 在距离负载 0.2λ、0.5λ 处的反射系数与输入阻抗。

解:(1) 负载的反射系数为

$$\Gamma_L=\frac{Z_L-Z_C}{Z_L+Z_C}=\frac{100-50}{100+50}=\frac{1}{3}$$

(2) 根据传输线上任一点的反射系数及输入阻抗的表达式

$$\Gamma(z)=\Gamma_L \mathrm{e}^{-\mathrm{j}2kz}$$

$$Z_{\text{in}}=Z_C\frac{1+\Gamma_L}{1-\Gamma_L}$$

可得距离负载 0.2λ、0.5λ 处的反射系数分别为 $\frac{1}{3}\mathrm{e}^{-\mathrm{j}0.8\pi}$、$\frac{1}{3}$。输入阻抗分别为 29.43∠−23.79°Ω、100Ω。

【例题 8-2】 无耗均匀传输线的长度为 25m,线间填充介质的相对介电常数为 4,相对磁导率为 1,传输线的特性阻抗为 300Ω。设电源电压为 100V,频率为 3MHz,内阻为 200Ω。终端接负载后测得驻波比为 1.5,且终端为电压最小值。试求:

(1) 该传输线上电磁波的相速度和波长;

(2) 负载的值及其所吸收的功率;

(3) 波腹点的电压幅度。

解:(1) 电磁波的相速度为

$$v_{\mathrm{p}}=\frac{\omega}{k}=\frac{1}{\sqrt{4\varepsilon_0\mu_0}}=\frac{c}{2}=1.5\times10^8\ \mathrm{m/s}$$

波长为

$$\lambda_{\mathrm{p}}=\frac{v_{\mathrm{p}}}{f}=\frac{1.5\times10^8}{3\times10^6}\mathrm{m}=50\mathrm{m}$$

(2) 终端为电压最小值。而在电压最小处输入阻抗最小并为纯阻性。

$$Z_{\text{in}}\big|_{\min}=Z_C\cdot\frac{1}{S}=\frac{300}{1.5}\Omega=200\Omega$$

由于传输线长度为 λ/2,故此时负载的值为

$$R_L=Z_C\frac{Z_{\text{in}}-\mathrm{j}Z_C\tan\pi}{Z_C-\mathrm{j}Z_{\text{in}}\tan\pi}=200\Omega$$

由于电源电压为 100V,内阻为 200Ω,故负载的电压幅度为

$$U_L=U_{\text{in}}=\frac{200}{200+200}100\mathrm{V}=50\mathrm{V}$$

因此,负载的吸收功率为

$$P_L=\frac{U_L^2}{2R_L}=\frac{25}{4}\text{W}$$

(3) 反射系数为

$$|\Gamma|=\frac{S-1}{S+1}=0.2$$

而电压最小值为

$$U_{\min}=|U_0^+|[1-|\Gamma|]=50\text{V}$$

因此

$$U_0^+=\frac{50}{0.8}=62.5\text{V}$$

故波腹点的电压幅度为

$$U_{\max}=|U_0^+|[1+|\Gamma|]=75\text{V}$$

【例题 8-3】 某特性阻抗为 300Ω 的双线传输线，终端接有负载 $Z_L=200+\text{j}50\Omega$。设信号源的频率为 5kHz，今采用串联电容的方法达到负载阻抗匹配，试求：串联电容的大小及其距离终端负载的距离。

解：距离终端为 l 处的输入阻抗为

$$Z_{\text{in}}=Z_C\frac{Z_L+\text{j}Z_C\tan(kl)}{Z_C+\text{j}Z_L\tan(kl)}=300\frac{4+\text{j}[1+6\tan(kl)]}{6-\tan(kl)+\text{j}4\tan(kl)}$$

因此，为了达到负载阻抗匹配，输入阻抗的实部应为 300Ω，因此

$$l=0.098\lambda$$

此时

$$Z_{\text{in}}=300+\text{j}136.9\Omega$$

为了达到匹配，串联的电容容抗为 $X_C=-136.9$，即电容为

$$C=\frac{1}{2\pi\times5000\times136.9}=2.3\times10^{-6}\text{F}$$

串联电容距离终端 $l=0.098\lambda$ 处。

【例题 8-4】 一根 75Ω 的无损传输线，终端接有负载 $Z_L=R_L+\text{j}X_L$。

(1) 欲使线上的电压驻波比为 3，则 R_L 与 X_L 之间有什么关系？

(2) 若 $R_L=150\Omega$，求 X_L；

(3) 求在(2)的情况下，距离负载最近的电压波节点的位置。

解：(1) 因为

$$|\Gamma|=\frac{S-1}{S+1}=\frac{3-1}{3+1}=\frac{1}{2}$$

而 $\Gamma_L=\dfrac{Z_L-Z_C}{Z_L+Z_C}$，所以有

$$|\Gamma_L|=\sqrt{\frac{(R_L-Z_C)^2+X_L^2}{(R_L+Z_C)^2+X_L^2}}=\frac{1}{2}$$

即

$$4(R_L-Z_C)^2+4X_L^2=(R_L+Z_C)^2+X_L^2$$

因此，R_L 与 X_L 之间的关系为

$$X_L=\pm Z_C\sqrt{-\left(\frac{R_L}{Z_C}\right)^2+\frac{10}{3}\frac{R_L}{Z_C}-1}=\pm 75\sqrt{-\left(\frac{R_L}{75}\right)^2+\frac{2R_L}{45}-1}$$

(2) 将 $R_L=150\Omega$ 代入，即得

$$X_L=\pm 75\sqrt{-\left(\frac{150}{75}\right)^2+\frac{300}{45}-1}\,\Omega=\pm 96.82\Omega$$

(3) 终端反射系数为

$$\Gamma_L=\frac{Z_L-Z_C}{Z_L+Z_C}=\frac{R_L-Z_C+\mathrm{j}X_L}{R_L+Z_C+\mathrm{j}X_L}=0.4375+\mathrm{j}0.242=0.5\mathrm{e}^{\mathrm{j}\theta}$$

其中，$\theta=\arctan\left(\frac{0.242}{0.4375}\right)\approx 29°$。

传输线上的电压为

$$U=U_0^+\mathrm{e}^{\mathrm{j}kl}\left[1+\Gamma_L\mathrm{e}^{-\mathrm{j}2kl}\right]$$

所以

$$|U|=|U_0^+|\,|\left[1+|\Gamma_L|\mathrm{e}^{-\mathrm{j}(2kl-\theta)}\right]|=|U_0^+|\left[\sqrt{1+|\Gamma_L|^2+2|\Gamma_L|\cos(2kl-\theta)}\right]$$

设波节点出现的位置为 l，则

$$\cos(2kl-\theta)=-1$$

即

$$\frac{4\times 180°}{\lambda}l-29°=180°$$

所以波节点出现的位置为

$$l=0.29\lambda$$

【例题 8-5】 一特性阻抗为 100Ω 的无损传输线，长为 $\lambda/8$，终端接有负载 $Z_\mathrm{L}=200+\mathrm{j}300\ \Omega$。设始端信号源的电压为 500V，内阻为 100Ω。试求：

(1) 传输线始端的电压和电流；

(2) 负载吸收的平均功率；

(3) 终端电压。

解：(1) 输入端阻抗为

$$Z_{\mathrm{in}}=Z_C\frac{Z_L+\mathrm{j}Z_C\tan(kl)}{Z_C+\mathrm{j}Z_L\tan(kl)}=100\frac{200+\mathrm{j}300+\mathrm{j}100\tan\left(\frac{\pi}{4}\right)}{100+\mathrm{j}(200+\mathrm{j}300)\tan\left(\frac{\pi}{4}\right)}=50(1-\mathrm{j}3)\Omega$$

故传输线始端的电压和电流分别为

$$U_{\mathrm{in}}=\frac{Z_{\mathrm{in}}}{Z_{\mathrm{in}}+R_{\mathrm{s}}}U_{\mathrm{s}}=372.7\angle-26.56°\mathrm{V}$$

$$I_{\mathrm{in}}=\frac{U_{\mathrm{s}}}{Z_{\mathrm{in}}+R_{\mathrm{s}}}=2.357\angle 45°\mathrm{A}$$

(2) 终端负载的反射系数为

$$\Gamma_L=\frac{Z_L-Z_C}{Z_L+Z_C}=\frac{2+\mathrm{j}}{3}$$

所以，由 $U_{in}=U_0^+ e^{jkl}[1+\Gamma_L e^{-j2kl}]$ 得

$$U_0^+=-25\sqrt{2}(1+j7)$$

故负载吸收的平均功率为

$$P_L=\frac{|U_0^+|^2}{2Z_C}[1-|\Gamma_L|^2]=138.89\text{W}$$

(3) 终端电压为 $l=0$ 处的电压，即

$$U_L=U_0^+[1+\Gamma_L]=424.9\angle-86.8^\circ\text{V}$$

【例题 8-6】 已知一无损传输线。

(1) 当负载阻抗 $Z_L=40-j30\Omega$ 时，线上驻波比最小，则线的特性阻抗为多少？

(2) 求出该最小驻波比及相应的电压反射系数。

(3) 确定距离负载最近的电压最小点位置。

解：(1) 因为

$$|\Gamma_L|=\left|\frac{Z_L-Z_C}{Z_L+Z_C}\right|=\sqrt{\frac{(R_L-Z_C)^2+X_L^2}{(R_L+Z_C)^2+X_L^2}}$$

令 $\frac{d|\Gamma_L|}{dZ_C}=0$，得

$$Z_C^2=R_L^2+X_L^2=40^2+30^2$$

所以特性阻抗为

$$Z_C=50\Omega$$

(2) 将 $Z_C=50, Z_L=40-j30$ 代入

$$|\Gamma_L|=\sqrt{\frac{(R_L-Z_C)^2+X_L^2}{(R_L+Z_C)^2+X_L^2}}$$

得 $|\Gamma_L|=\frac{1}{3}$。

因此，驻波比为

$$S=\frac{1+|\Gamma(z)|}{1-|\Gamma(z)|}=2$$

终端反射系数为

$$\Gamma_L=\frac{Z_L-Z_C}{Z_L+Z_C}=\frac{R_L-Z_C+jX_L}{R_L+Z_C+jX_L}=0.333e^{j\theta}$$

其中，$\theta\approx90^\circ$。

(3) 根据线上电压的表示式

$$|U|=|U_0^+|\,|[1+|\Gamma_L|e^{-j(2kl-\theta)}]|=|U_0^+|(\sqrt{1+|\Gamma_L|^2+2|\Gamma_L|\cos(2kl-\theta)})$$

故波节点出现的位置为

$$\cos(2kl-\theta)=-1$$

即

$$\frac{4\times180^\circ}{\lambda}l+90^\circ=180^\circ$$

所以距离负载最近的电压最小点位置为

$$l=0.125\lambda$$

【例题 8-7】 一特性阻抗为 500Ω 的无损传输线。

(1) 当终端短路时,测得始端的阻抗为 250Ω 的感抗,求该传输线的长度。

(2) 如果该线的终端为开路,长度又如何?

解:(1) 终端短路时的输入阻抗为

$$Z_{in}=jZ_C\tan(kl)=jZ_C\tan\frac{2\pi}{\lambda}l$$

即

$$j500\tan\frac{2\pi}{\lambda}l=j250$$

故传输线的长度为

$$l=0.074\lambda$$

(2) 终端开路时的输入阻抗为

$$Z_{in}=-jZ_C\cot(kl)=-jZ_C\cot\frac{2\pi}{\lambda}l$$

即

$$-j500\cot\frac{2\pi}{\lambda}l=j250$$

故传输线的长度为

$$l=0.324\lambda$$

【例题 8-8】 一特性阻抗为 50Ω 的无损传输线,终端接未知负载 Z_L,实验测得的各项数据如图 8-2 所示。试求:

(1) 驻波系数。

(2) 反射系数。

(3) 负载阻抗 Z_L。

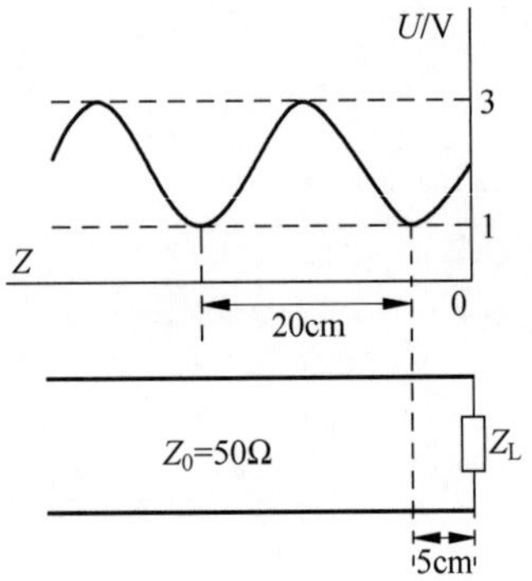

图 8-2 例题 8-8 图

解:(1) 由电压最大值和最小值,求得驻波系数为

$$S=\frac{U_{max}}{U_{min}}=\frac{3}{1}=3$$

(2) 反射系数为

$$|\Gamma|=\frac{S-1}{S+1}=\frac{3-1}{3+1}=\frac{1}{2}$$

(3) 在电压最小处,输入阻抗为纯电阻,则

$$Z_{in}|_{min}=Z_C\frac{1-|\Gamma(z)|}{1+|\Gamma(z)|}=Z_C\cdot\frac{1}{S}=50\times\frac{1}{3}\Omega=\frac{50}{3}\Omega$$

根据图 8-2 所示,相邻两最小值间的距离为 20cm,故波长为 $\lambda=40$cm。而第一最小值距离负载 5cm,即 $\lambda/8$,故终端负载值可由下式获得:

$$Z_L=Z_C\frac{Z_{in}-jZ_C\tan(kl)}{Z_C-jZ_{in}\tan(kl)}=50\frac{\frac{50}{3}-j50\tan\left(\frac{2\pi}{\lambda}\cdot\frac{\lambda}{8}\right)}{50-j\frac{50}{3}\tan\left(\frac{2\pi}{\lambda}\cdot\frac{\lambda}{8}\right)}=30-j40\Omega$$

【例题 8-9】 一填充聚乙烯($\varepsilon_r=2.2,\mu_r=1.0$)的软同轴线,已知外导体半径为

7.5mm，其特性阻抗为50Ω。试确定其内导体半径；如果要求该同轴线只传输TEM波，则其最高工作频率为多少？

解：由 $Z_C=\frac{60}{\sqrt{\varepsilon_r}}\ln\frac{b}{a}$，得

$$\frac{b}{a}=e^{\frac{5}{6}\sqrt{2.2}}=3.44$$

因此同轴线的内导体半径为

$$a\approx 2.18\text{mm}$$

如果同轴线只传输TEM波，则其最小工作波长为

$$\lambda>\pi(a+b)=30.411\text{mm}$$

其对应的最高工作频率为

$$f=\frac{v}{\lambda}<\frac{1}{\sqrt{2.2\varepsilon_0\mu_0}\lambda_{\min}}=6.7\times10^9\ \text{Hz}$$

【例题8-10】 某发射机工作波长范围为10～20cm，用同轴线作为馈线，要求损耗最小，试设计同轴线尺寸。

解：设同轴线内外导体半径为 a、b，则

$$a+b<\frac{\lambda_{\min}}{\pi}=\frac{10}{\pi}=3.18\text{cm}$$

为满足损耗最小的要求，则

$$b/a=3.6\text{cm}$$

由以上条件可得 $a=0.69\text{cm}$，$b=2.49\text{cm}$。

【例题8-11】 空气填充的理想矩形波导，其尺寸为 $a\times b=2.5\text{cm}\times1.0\text{cm}$。试求：

(1) 其单模传输的频率范围；

(2) 设单模传输的频率为 f_0，其波导波长及阻抗为多少？

解：(1) 由于 $a>2b$，根据

$$\lambda_{cmn}=\frac{2\pi}{\sqrt{\left(\frac{m\pi}{a}\right)^2+\left(\frac{n\pi}{b}\right)^2}}$$

可知，最低模式为 TE_{10} 模，因此其单模传输的条件为

$$a<\lambda<2a$$

即

$$\frac{c}{2a}<f<\frac{c}{a}$$

故频率范围为6～12GHz。

(2) 单模传输的情况下，截止波长为 $\lambda_c=2a$，故波导波长为

$$\lambda_g=\frac{2\pi}{\beta}=\frac{c/f_0}{\sqrt{1-\left(\frac{c}{2af_0}\right)^2}}$$

阻抗为

$$Z_{TE}=\frac{\eta_0}{\sqrt{1-\left(\frac{c}{2af_0}\right)^2}}=\frac{120\pi}{\sqrt{1-\left(\frac{c}{2af_0}\right)^2}}$$

【例题 8-12】 空气填充的理想矩形波导,其尺寸为 $a\times b=7\text{mm}\times 4\text{mm}$,电磁波的工作频率为 30GHz。

(1) 试求该电磁波能否在波导中传输?

(2) 若能传输,求波导波长、波速度及基模状态下的波阻抗。

(3) 若波导长度为 50mm,求电磁波传输后的相移。

解:电磁波的波长为

$$\lambda=\frac{c}{f}=10\text{mm}$$

(1) 根据

$$\lambda_{\text{cmn}}=\frac{2\pi}{\sqrt{\left(\frac{m\pi}{a}\right)^2+\left(\frac{n\pi}{b}\right)^2}}$$

得 TE_{10} 模的截止波长为

$$\lambda_{cTE_{10}}=2a=14\text{mm}$$

由于电磁波的波长小于截止波长,故该电磁波能够在波导中传播。

(2) 波导波长为

$$\lambda_g=\frac{2\pi}{\beta}=\frac{\lambda}{\sqrt{1-\left(\frac{\lambda}{\lambda_c}\right)^2}}=\frac{10}{\sqrt{1-\left(\frac{10}{14}\right)^2}}\text{mm}\approx 14.3\text{mm}$$

波的相速度为

$$v_p=\frac{\omega}{\beta}=\frac{c}{\sqrt{1-\left(\frac{\lambda}{\lambda_c}\right)^2}}=1.43c$$

波阻抗为

$$Z_{TE}=\frac{\eta}{\sqrt{1-\left(\frac{\lambda}{\lambda_c}\right)^2}}=\frac{120\pi}{\sqrt{1-\left(\frac{10}{14}\right)^2}}\approx 529\Omega$$

(3) 相移常数为

$$\beta=k\sqrt{1-\left(\frac{\lambda}{\lambda_c}\right)^2}\approx 0.7k$$

故电磁波传输后的相移为

$$\Delta\varphi=\beta l=0.7kl=0.7\times\frac{2\pi}{10}\times 50=7\pi$$

【例题 8-13】 矩形波导中的 v_p、v_g、λ_c 和 λ_g 有何区别与联系?它们与哪些因素有关?证明:$v_p\cdot v_g=\left(\frac{c}{\sqrt{\varepsilon_r}}\right)^2$。

解:(1) v_p 为相速度

$$v_p=\frac{\omega}{\beta}=\frac{v}{\sqrt{1-\left(\frac{\lambda}{\lambda_c}\right)^2}}=\frac{c/\sqrt{\varepsilon_r}}{\sqrt{1-\left(\frac{\lambda}{\lambda_c}\right)^2}}$$

其可能大于媒质中的光速，与波导的口面尺寸、电磁波的频率、波导中填充的媒质有关。

(2) v_g 为群速度

$$v_g=\frac{c}{\sqrt{\varepsilon_r}}\sqrt{1-\left(\frac{\lambda}{\lambda_c}\right)^2}$$

其小于媒质中的光速，与波导的口面尺寸、电磁波的频率、波导中填充的媒质有关。

(3) λ_c 为截止波长

$$\lambda_c=\frac{2\pi}{\sqrt{\left(\frac{m\pi}{a}\right)^2+\left(\frac{n\pi}{b}\right)^2}}$$

与传输模式、波导的界面尺寸有关。

(4) λ_g 为波导波长

$$\lambda_g=\frac{2\pi}{\beta}=\frac{\lambda}{\sqrt{1-\left(\frac{\lambda}{\lambda_c}\right)^2}}$$

与传输的电磁波模式、工作波长、截止波长有关。

(5) 因为 $\beta=\sqrt{k^2-k_c^2}=\sqrt{\left(\frac{\omega}{v}\right)^2-\left(\frac{2\pi}{\lambda_c}\right)^2}$，故有

$$v_g=\frac{d\omega}{d\beta}=\frac{1}{d\beta/d\omega}$$

因此

$$v_g=\frac{c}{\sqrt{\varepsilon_r}}\sqrt{1-\left(\frac{\lambda}{\lambda_c}\right)^2}$$

所以

$$v_p\cdot v_g=\left(\frac{c}{\sqrt{\varepsilon_r}}\right)^2$$

【例题 8-14】 有一内充空气、截面尺寸为 $a\times b(a\geqslant 2b)$ 的矩形波导，要求以 TE_{10} 模单模方式传输工作频率为 3GHz 的电磁波，要求工作频率至少高于主模截止频率的 30%，低于次高模截止频率的 30%。

(1) 设计 a、b 尺寸。

(2) 根据设计尺寸，计算工作频率时的波导波长和波阻抗。

解：空气中电磁波的工作波长为 $\lambda=\frac{v}{f}=\frac{3\times10^8}{3\times10^9}\text{m}=10\text{cm}$。

(1) 主模为 TE_{10}，则截止波长为 $2a$，截止频率为

$$f_{cTE_{10}}=\frac{1}{2a\sqrt{\mu\varepsilon}}$$

次高模为 TE_{02}，截止波长为 a，截止频率为

$$f_{cTE_{20}}=\frac{1}{a\sqrt{\mu\varepsilon}}$$

按照题意

$$0.7f_{cTE_{10}}\geqslant f\geqslant 1.3f_{cTE_{20}}$$

得到

$$\frac{0.7}{a}\geqslant\frac{1}{\lambda}\geqslant\frac{1.3}{2a}$$

于是 $$6.5\leqslant a\leqslant 7$$

取 $a=6.8$cm,按照 $a\geqslant 2b$ 的要求,则可取 $b=3.4$cm。

(2) 波导波长和阻抗分别为

$$\lambda_g=\frac{\lambda}{\sqrt{1-(\lambda/2a)^2}}=14.75\text{cm}$$

$$Z_{TE_{10}}=\frac{\eta_0}{\sqrt{1-(\lambda/2a)^2}}=556.2\Omega$$

【例题 8-15】 空气填充的矩形波导中传输工作频率为 3GHz 的电磁波,相速度 $v_p=1.25\times3\times10^8$ m/s。传播的电场为

$$E_x=E_z=0$$

$$E_y=40\sin\left(\frac{\pi}{a}x\right)e^{-j\beta z}$$

(1) 求波导管壁上纵向表面电流密度的最大值。

(2) 若该波导的负载不匹配,则波导中将出现驻波,试确定电场的两个相邻最小点之间的距离。

(3) 求波导的横截面尺寸。

解:(1) 由题意可知,波导中传播的是 TE_{10} 模式。相速度及波阻抗分别为

$$v_p=\frac{c}{\sqrt{1-\left(\frac{\lambda}{\lambda_c}\right)^2}}=\frac{c}{\sqrt{1-\left(\frac{\lambda}{2a}\right)^2}}$$

$$Z_{TE_{10}}=\frac{\eta_0}{\sqrt{1-(\lambda/\lambda_c)^2}}=\frac{\eta_0}{\sqrt{1-(\lambda/2a)^2}}=\eta_0\frac{v_p}{c}$$

而

$$Z_{TE}=\frac{E_x}{H_y}=-\frac{E_y}{H_x}$$

因此

$$H_y=0$$

$$H_x=-\frac{E_y}{Z_{TE_{10}}}=-E_y\Big/\left(\eta_0\frac{v_p}{c}\right)=-84.9\times10^{-3}\sin\left(\frac{\pi}{a}x\right)e^{-j\beta z}$$

故波导管壁上纵向表面电流密度为

$$J_{sz}\big|_{x=0,a}=\pm H_y=0$$

$$J_{sz}\big|_{y=0,b}=\mp H_x=\pm 84.9\times 10^{-3}\sin\left(\frac{\pi}{a}x\right)e^{-j\beta z}$$

其最大值为 84.9×10^{-3} A/m。

(2) 空气中电磁波的工作波长为

$$\lambda=\frac{v}{f}=\frac{3\times10^8}{3\times10^9}\text{m}=10\text{cm}$$

在负载不匹配时电场的两个相邻最小点之间的距离为

$$d=\frac{\lambda_g}{2}=\frac{\lambda}{2\sqrt{1-(\lambda/2a)^2}}=\frac{\lambda}{2\sqrt{1-(\lambda/2a)^2}}=6.25\text{cm}$$

(3) 由 $\dfrac{Z_{TE_{10}}}{\eta_0}=\dfrac{1}{\sqrt{1-(\lambda/\lambda_c)^2}}=\dfrac{v_p}{c}$，得

$$a=8.33\text{cm}$$

取 $b=a/2=4.165$cm。

【例题 8-16】 空气填充的理想矩形波导，其尺寸为 $a\times b=6\text{cm}\times3\text{cm}$，电磁波的工作频率为 3GHz，试求该波导能承受的最大功率。

解：频率为 3GHz 所对应的工作波长为

$$\lambda=\frac{v}{f}=\frac{3\times10^8}{3\times10^9}\text{m}=10\text{cm}$$

传输主模 TE_{10} 模时的波阻抗及功率容量分别为

$$Z_{TE_{10}}=\frac{\eta_0}{\sqrt{1-(\lambda/2a)^2}}$$

$$P_{br}=\frac{ab}{4Z_{TE}}E_{br}^2$$

对于空气填充波导，空气的击穿场强为 30kV/cm，$\eta_0=120\pi$，故

$$P_{br}=0.6ab\sqrt{1-\left(\frac{\lambda}{2a}\right)^2}=5.97\text{MW}$$

【例题 8-17】 有一介质($\varepsilon_r=4,\mu_r=1.0$)填充的矩形波导，其尺寸为 $a\times b=2.286\text{cm}\times1.016\text{cm}$，设电磁波的工作频率为 10GHz 的 TE_{10} 模。

(1) 试求相位常数及阻抗。

(2) 若工作频率降低到 5GHz，填充介质为空气，试求 TE_{10} 模的衰减常数和阻抗，并计算场幅度衰减到 e^{-1} 时的距离。

解：(1) 频率为 10GHz 所对应的工作波长为

$$\lambda=\frac{v}{f}=\frac{3\times10^8}{10\sqrt{\varepsilon_r}\times10^9}=1.5\text{cm}$$

TE_{10} 模的截止波长为 $\lambda_c=2a=4.572$cm，故相移常数为

$$\beta=k\sqrt{1-\left(\frac{\lambda}{\lambda_c}\right)^2}=\frac{2\pi}{\lambda}\sqrt{1-\left(\frac{\lambda}{2a}\right)^2}=\frac{2\pi}{1.5}\sqrt{1-\left(\frac{1.5}{4.572}\right)^2}=3.95\text{rad/s}$$

波导阻抗为

$$Z_{\mathrm{TE}_{10}}=\frac{\eta}{\sqrt{1-(\lambda/\lambda_{\mathrm{c}})^2}}=\frac{\eta_0}{2\sqrt{1-(\lambda/2a)^2}}=\frac{377}{2\sqrt{1-(1.5/4.572)^2}}\Omega=200\Omega$$

(2) 频率为5GHz在空气中所对应的工作波长为

$$\lambda=\frac{c}{f}=\frac{3\times10^8}{5\times10^9}\mathrm{m}=6\mathrm{cm}$$

TE_{10} 模的截止波长为 $\lambda_{\mathrm{c}}=2a=4.572\mathrm{cm}$，由于工作波长大于截止波长，故该电磁波在波导中不能传播。

阻抗为

$$Z_{\mathrm{TE}_{10}}=\frac{\eta_0}{\sqrt{1-(\lambda/2a)^2}}=\frac{377}{\sqrt{1-(6/4.572)^2}}=-\mathrm{j}443.6\Omega$$

衰减常数为

$$\alpha=\gamma=\sqrt{k_{\mathrm{c}}^2-k^2}=\sqrt{\left(\frac{m\pi}{a}\right)^2+\left(\frac{n\pi}{b}\right)^2-\omega^2\mu_0\varepsilon_0}=\frac{2\pi f}{c}\sqrt{\frac{f_{\mathrm{c}}^2}{f^2}-1}$$

$$=\frac{2\pi f}{c}\sqrt{\frac{\lambda^2}{\lambda_{\mathrm{c}}^2}-1}=90\mathrm{Np/m}^{①}$$

此时电场幅度呈衰减状态，即

$$E_{\mathrm{m}}(z)=E_{\mathrm{m0}}(z)\mathrm{e}^{-\alpha z}$$

故电场幅度降低原来的 e^{-1} 时传播的距离为

$$d=\frac{1}{\alpha}\approx0.011\mathrm{m}$$

【例题 8-18】 一空气填充的矩形波导，其宽边与窄边之比为 2∶1。假设以 TE_{10} 模传输 1kW 的平均功率，并且电磁波的群速度为 $0.6c$，要求磁场纵向分量的幅度不超过 100A/m，试确定波导的尺寸。

解：TE_{10} 模的截止波长为 $\lambda_{\mathrm{c}}=2a$。群速度为

$$v_{\mathrm{g}}=c\sqrt{1-\left(\frac{\lambda}{\lambda_{\mathrm{c}}}\right)^2}=0.6c$$

故

$$\lambda=0.8\lambda_{\mathrm{c}}=1.6a$$

波导的阻抗为

$$Z_{\mathrm{TE}_{10}}=\frac{\eta_0}{\sqrt{1-(\lambda/2a)^2}}=\frac{377}{\sqrt{1-(1.6a/2a)^2}}=628\Omega$$

TE_{10} 模存在 E_y、H_x，由于

$$E_y=-\frac{\mathrm{j}\omega\mu}{k_{\mathrm{c}}^2}\left(\frac{\pi}{a}\right)H_0\sin\left(\frac{\pi}{a}x\right)\mathrm{e}^{-\gamma z},\quad k_{\mathrm{c}}^2=\left(\frac{\pi}{a}\right)^2$$

所以，电场振幅为

---

① 1Np = 8.686dB。

$$E_{m}=\omega\mu_{0}\frac{a}{\pi}H_{0}=\frac{2\pi c}{\lambda}\mu_{0}\frac{a}{\pi}H_{0}=\frac{2c}{1.6}\mu_{0}H_{0}$$

而电磁波的功率为

$$P_{av}=\frac{ab}{4Z_{TE}}E_{m}^{2}=\frac{2b^{2}}{Z_{TE}}\left(\frac{2c\mu_{0}H_{0}}{1.6}\right)^{2}=1\times10^{3}$$

取 $H_0=100\text{A/m}$，则 $b=2.379\text{cm}$，$a=4.758\text{cm}$。

【例题 8-19】 已知矩形波导中 TM 模的纵向电场为

$$E_{z}=E_{0}\sin\left(\frac{\pi}{3}x\right)\sin\left(\frac{\pi}{3}y\right)\mathrm{e}^{-\mathrm{j}\beta z}$$

式中，x、y、z 的单位均为 cm。如果这是 TM_{32} 模，求该波导的尺寸。

解：设矩形波导的尺寸为 $a\times b$，对于 TM_{32} 模，由

$$E_{z}=E_{0}\sin\left(\frac{3\pi}{a}x\right)\sin\left(\frac{2\pi}{b}y\right)\mathrm{e}^{-\gamma z}$$

和 $E_{z}=E_{0}\sin\left(\frac{\pi}{3}x\right)\sin\left(\frac{\pi}{3}y\right)\mathrm{e}^{-\mathrm{j}\beta z}$ 比较，得

$$\frac{3\pi}{a}=\frac{\pi}{3},\quad \frac{2\pi}{b}=\frac{\pi}{3}$$

故有 $a=9$，$b=6$。

波导尺寸为

$$a\times b=9\text{cm}\times6\text{cm}$$

【例题 8-20】 某雷达采用矩形波导作为馈线，传输 TE_{10} 模。要求在最大波长和最小波长时传输功率相差不到一倍，试计算最大波长、最小波长，以及波导尺寸。

解：根据 $\lambda_{cmn}=\dfrac{2\pi}{\sqrt{\left(\dfrac{m\pi}{a}\right)^{2}+\left(\dfrac{n\pi}{b}\right)^{2}}}$，传输 TE_{10} 模应满足的关系为

单模区

$$\begin{cases}\lambda_{c}(TE_{20})\\ \lambda_{c}(TE_{01})\end{cases}<\lambda<\lambda_{c}(TE_{10})$$

即

$$\begin{cases}a\\ 2b\end{cases}<\lambda<2a$$

其中，如果 $a>2b$，则取 a；否则，取 $2b$。

实际中，在考虑高次模、损耗即传输功率等条件下，一般取 $a=0.7\lambda$，$b=(0.4\sim0.5)a$。从而波长的范围为 $1.05a\leqslant\lambda\leqslant1.6a$。

传输主模 TE_{10} 模时的波阻抗及功率容量分别为

$$Z_{TE_{10}}=\frac{\eta_{0}}{\sqrt{1-(\lambda/2a)^{2}}}$$

$$P_{br}=\frac{ab}{4Z_{TE}}E_{br}^{2}=\frac{ab}{4\eta_{0}}E_{br}^{2}\sqrt{1-(\lambda/2a)^{2}}$$

由题意，当 $\lambda_{min}=1.05a$，$\lambda_{max}=1.6a$ 时

$$\frac{P_{br}(\lambda_{min})}{P_{br}(\lambda_{max})}=\frac{0.85}{0.6}<2$$

因此，可取 $a=2cm$，$b=(0.8\sim1.0)cm$。

最小和最大波长为 $\lambda_{min}=2.1cm$，$\lambda_{max}=3.2cm$。

【例题 8-21】 一空气填充的圆波导传输 TE_{10} 模，已知 $\lambda/\lambda_c=0.9$，$f_0=5GHz$。求：

(1) 波导波长 λ_g 和相移常数 β；

(2) 若波导半径扩大一倍，则 β 如何变化？

解：电磁波的波长为

$$\lambda=\frac{c}{f}=\frac{3\times10^8}{5\times10^9}m=6cm$$

(1) 波导波长为

$$\lambda_g=\frac{\lambda}{\sqrt{1-\left(\frac{\lambda}{\lambda_c}\right)^2}}=\frac{6}{\sqrt{1-0.9^2}}cm=13.8cm$$

相移常数为

$$\beta=\frac{2\pi}{\lambda_g}=0.46cm^{-1}$$

(2) 若波导半径扩大一倍，则截止波长变为 λ_c'，因此 $\lambda/\lambda_c'=0.45$，此时

$$\lambda_g'=\frac{\lambda}{\sqrt{1-\left(\frac{\lambda}{\lambda_c'}\right)^2}}=\frac{6}{\sqrt{1-0.45^2}}cm=6.72cm$$

相移常数为

$$\beta=\frac{2\pi}{\lambda_g'}=0.93cm^{-1}$$

【例题 8-22】 试证明：工作波长 λ、波导波长 λ_g、截止波长 λ_c 之间满足如下关系：

$$\lambda=\frac{\lambda_g\lambda_c}{\sqrt{\lambda_g^2+\lambda_c^2}}$$

证明：

$$\lambda=\frac{2\pi}{k}=\frac{2\pi}{\sqrt{\beta^2+k_c^2}}=\frac{2\pi}{\sqrt{\left(\frac{2\pi}{\lambda_g}\right)^2+\left(\frac{2\pi}{\lambda_c}\right)^2}}=\frac{\lambda_g\lambda_c}{\sqrt{\lambda_g^2+\lambda_c^2}}$$

【例题 8-23】 一尺寸为 $a=2b=2.5cm$ 的空气矩形波导传输的调制波为

$$(1+m\cos\omega_m t)\cos\omega t$$

其中，$f_m=20kHz$，$f=10GHz$。求该波导的长度为多少时，上边频与下边频有 180°的相位差。

解：由于 $(1+m\cos\omega_m t)\cos\omega t=\cos\omega t+\frac{1}{2}m\cos(\omega+\omega_m)t+\frac{1}{2}m\cos(\omega-\omega_m)t$，故上边频为 $\omega_上=\omega+\omega_m$，下边频为 $\omega_下=\omega-\omega_m$。

该矩形波导传输 TE_{10} 模时的截止波长为 $\lambda_{cTE_{10}}=2a=5\text{cm}$，$TE_{20}$ 模时的截止波长为 $\lambda_{cTE_{20}}=a=2.5\text{cm}$，而 $f=10\text{GHz}$ 波的波长为 3cm，故该波可以在波导中以 TE_{10} 模传播。此时相速度为

$$v_p=\frac{\omega}{\beta}=\frac{c}{\sqrt{1-\left(\frac{\lambda}{\lambda_c}\right)^2}}=\frac{3\times10^8}{\sqrt{1-\left(\frac{3}{5}\right)^2}}\text{m/s}=3.75\times10^8\text{m/s}$$

根据题意，$(\beta_{上}-\beta_{下})l=\pi$，即

$$(\omega_{上}/v_p-\omega_{下}/v_p)l=\pi$$

因此

$$l=\frac{\pi}{\omega_{上}/v_p-\omega_{下}/v_p}=\frac{v_p}{4f_m}=4687.5\text{m}$$

【例题 8-24】 一空气填充的矩形波导，$a=2.3\text{cm}$，$b=1.0\text{cm}$。若用探针激励其 TE_{10} 模工作，信号源的频率为 $9.375\times10^9\text{Hz}$。问：距离探针多远处，波导中的电磁波可视为纯 TE_{10} 模？设高次模的振幅小于激励源处的 10^{-3} 时可忽略不计。

解：因为 $a=2.3>2b=2$，根据

$$\lambda_{cmn}=\frac{2\pi}{\sqrt{\left(\frac{m\pi}{a}\right)^2+\left(\frac{n\pi}{b}\right)^2}}$$

与 TE_{10} 模最近的是 TE_{20} 模。TE_{20} 模的截止波长为 $\lambda_{cTE_{20}}=a$。

该高次模的衰减常数为

$$\alpha_{TE_{20}}=\gamma=\sqrt{k_c^2-k^2}=\sqrt{\left(\frac{m\pi}{a}\right)^2+\left(\frac{n\pi}{b}\right)^2-\omega^2\mu_0\varepsilon_0}=\frac{2\pi f}{c}\sqrt{\frac{f_c^2}{f^2}-1}$$

$$=\frac{2\pi f}{c}\sqrt{\frac{\lambda^2}{\lambda_{cTE_{20}}^2}-1}=189.8\text{Np/m}$$

设传输 l 的距离时，TE_{20} 模衰减为原来的 10^{-3}，即

$$e^{-\alpha_{TE_{20}}l}=10^{-3}$$

因此

$$l=\frac{3\ln10}{\alpha_{TE_{20}}}=3.64\text{m}$$

【例题 8-25】 设空气填充的矩形谐振腔的尺 $a=3\text{cm}$，$b=3\text{cm}$，$l=4\text{cm}$。试求：

(1) TE_{101} 模式的谐振频率；

(2) 如果谐振腔填充 $\varepsilon_r=4$，$\mu_r=1$ 的介质，则谐振频率又如何？

解：(1) 对于 TE_{101} 模式，谐振频率为

$$f_0=\frac{c\sqrt{a^2+l^2}}{2al}=\frac{3\times10^8\sqrt{9+16}}{2\times9\times16}\text{Hz}=6.25\times10^9\text{Hz}$$

(2) 当谐振腔填充 $\varepsilon_r=4$，$\mu_r=1$ 的介质时

$$f_0'=\frac{v\sqrt{a^2+l^2}}{2al}=\frac{c\sqrt{a^2+l^2}}{\sqrt{\varepsilon_r}2al}=\frac{3\times10^8\sqrt{9+16}}{2\times2\times9\times16}\text{Hz}=3.125\times10^9\text{Hz}$$

【例题 8-26】 为什么一般矩形波导测量线的纵向槽开在波导宽壁的中线上？

解：一般在矩形波导中传输的电磁波是 TE_{10} 模。而 TE_{10} 模在波导壁面上的电流分布是在波导宽壁的中线上只有纵向电流。因而沿波导宽壁的中线开槽不会切断壁电流而影响波导内的场分布，也不会引起电磁波由开槽处向波导外辐射电磁波能量。因此，一般矩形波导测量线的纵向槽开在波导宽壁的中线上。

【例题 8-27】 为了使真空方形波导中只能以 TE_{10}、TE_{01}、TE_{11} 和 TM_{11} 等模式传播频率为 15GHz 的微波。问：波导管边长 a 应设计在什么范围？

解：因为 TE_{11} 或 TM_{11} 波在边长为 a 的方波导中传播的截止频率为

$$f_{c11}=\frac{c}{\sqrt{2}a}$$

而 TE_{12} 波的截止频率为

$$f_{c12}=\frac{c\sqrt{5}}{2a}$$

现要求 $f_{c12}>f>f_{c11}$，由 $f>f_{c11}$，可得

$$a>\frac{c}{\sqrt{2}f}=\sqrt{2}\times10^{-2}\,\mathrm{m}$$

由 $f<f_{c12}$，可得

$$a<\frac{c\sqrt{5}}{2f}=\sqrt{5}\times10^{-2}\,\mathrm{m}$$

故应取

$$\sqrt{2}\,\mathrm{cm}<a<\sqrt{5}\,\mathrm{cm}$$

【例题 8-28】 已知在 2cm×2cm 的方形波导管中，传播频率为 15GHz 的 TE_{10} 波。

(1) 试求传播矢量 $\boldsymbol{k}$。

(2) 写出电磁场各分量的表达式。

(3) 求波导波长。

(4) 求电磁波的相速度和群速度。

解：(1) 已知方形波导的边长为 $a=2\times10^{-2}\,\mathrm{m}$，电磁波模式为 TE_{10}，因而波矢量 $\boldsymbol{k}$ 的各分量为

$$k_x=\frac{m\pi}{a}=\frac{\pi}{2\times10^{-2}}=50\pi$$

$$k_y=\frac{n\pi}{a}=0$$

$$k_z=\sqrt{\frac{\omega^2}{c^2}-k_x^2-k_y^2}=\sqrt{\left(\frac{2\pi\times15\times10^9}{3\times10^8}\right)^2-(50\pi)^2}=86.6\pi$$

(2) TE_{10} 波场分量为

$$E_x=E_z=0$$

$$E_y=A_2\sin k_x x\,\mathrm{e}^{\mathrm{j}(\omega t-k_z z)}$$

$$H_x=-\frac{k_z}{\omega\mu_0}A_2\sin k_x x\,\mathrm{e}^{\mathrm{j}(\omega t-k_z z)}$$

$$H_y=0,\quad H_z=\frac{\mathrm{j}}{\omega\mu_0}k_xA_2\cos k_x x\mathrm{e}^{\mathrm{j}(\omega t-k_x z)}$$

(3) 导波波长为

$$\lambda_g=\frac{2\pi}{k_z}=\frac{2\pi}{86.6\pi}=0.023\mathrm{m}$$

该电磁波在自由空间中的波长为

$$\lambda_0=\frac{2\pi}{k_0}=\frac{2\pi c}{\omega}=0.02\mathrm{m}$$

可见,$\lambda_g>\lambda_0$。

(4) 相速度和群速度分别为

$$v_p=\frac{\omega}{k_z}=f\lambda_g=15\times10^9\times0.023\mathrm{m/s}=3.45\times10^8\mathrm{m/s}$$

$$v_g=\frac{c^2}{v_p}=\frac{(3\times10^8)^2}{3.45\times10^8}\mathrm{m/s}=2.61\times10^8\mathrm{m/s}$$

注意,$v_p>c$,但 $v_g<c$,且恒有 $v_pv_g=c^2$。

【例题 8-29】 试推导波导中当媒质的电导率 $\sigma\neq0$ 时,由介质引起的电磁波的衰减 α_d,并证明对于 TEM 波,$\alpha_d=\frac{\omega\sqrt{\mu\varepsilon}}{2}\left(\frac{\varepsilon''}{\varepsilon'}\right)$。

证明:波导中电磁波的传播常数为

$$\gamma=\alpha+\mathrm{j}\beta=\sqrt{k_c^2-k^2}$$

式中

$$k_c=\frac{2\pi}{\lambda_c},\quad k=\omega\sqrt{\mu\varepsilon_e}$$

当介质有损耗时,复介电常数表示为

$$\varepsilon_e=\varepsilon'-\mathrm{j}\varepsilon''=\varepsilon'\left(1-\mathrm{j}\frac{\varepsilon''}{\varepsilon'}\right)=\varepsilon\left(1-\mathrm{j}\frac{\sigma}{\omega\varepsilon}\right)=\varepsilon(1-\mathrm{j}\tan\delta)$$

式中,$\tan\delta=\frac{\varepsilon''}{\varepsilon'}=\frac{\sigma}{\omega\varepsilon}$,这里 $\varepsilon'=\varepsilon$。

于是,有

$$\gamma=\alpha+\mathrm{j}\beta=\sqrt{\left(\frac{2\pi}{\lambda_c}\right)^2-\omega^2\mu\varepsilon(1-\mathrm{j}\tan\delta)}$$

$$=\sqrt{\left(\frac{2\pi}{\lambda_c}\right)^2-\left(\frac{2\pi}{\lambda}\right)^2(1-\mathrm{j}\tan\delta)}=\mathrm{j}\frac{2\pi}{\lambda}\left[\left(1-\left(\frac{\lambda}{\lambda_c}\right)^2\right)-\mathrm{j}\tan\delta\right]^{\frac{1}{2}}$$

$$\approx\mathrm{j}\frac{2\pi}{\lambda_g}\left[1-\mathrm{j}\frac{\tan\delta}{2\left[1-\left(\frac{\lambda}{\lambda_c}\right)^2\right]}\right]=\frac{2\pi\tan\delta}{2\left[1-\left(\frac{\lambda}{\lambda_c}\right)^2\right]\lambda_g}+\mathrm{j}\frac{2\pi}{\lambda_g}$$

故有

$$\beta=\frac{2\pi}{\lambda_g}$$

$$\alpha=\frac{2\pi\tan\delta}{2\left[1-\left(\frac{\lambda}{\lambda_c}\right)^2\right]\lambda_g}=\frac{\pi}{\lambda_g}\cdot\left(\frac{\lambda_g}{\lambda}\right)^2\tan\delta=\alpha_d$$

此式就是由 $\sigma\neq0$ 的介质引起的电磁波的损耗。

又由于 $\lambda_g=\dfrac{\lambda}{\sqrt{1-\left(\frac{\lambda}{\lambda_c}\right)^2}}$，对于 TEM 波，由于 $\lambda_c=\infty$，故 $\lambda_g=\lambda$。

此时

$$\alpha_d=\frac{\pi}{\lambda}\tan\delta=\frac{1}{2}\cdot\frac{2\pi}{\lambda}\cdot\tan\delta=\frac{\omega\sqrt{\mu\varepsilon}}{2}\cdot\tan\delta=\frac{\omega\sqrt{\mu\varepsilon}}{2}\left(\frac{\varepsilon''}{\varepsilon'}\right)$$

【例题 8-30】 一个矩形均匀波导，边长分别为 a、b，且 $a>b$，$b=1\text{cm}$，填充的理想介质满足 $\mu=\mu_0$，$\varepsilon=2\varepsilon_0$。已知该波导中 TE_{10} 模的相移常数是 100rad/m，若波导工作频率为 9GHz，且只有 TE_{10} 模式传播，试计算波导尺寸 a。

解：TE_{10} 模的相位传播常数的计算公式为

$$\beta=k\sqrt{1-(\lambda/2a)^2}$$

为求解 a，需要求出工作波长(以及 k)。由于工作波长

$$\lambda=\frac{c}{f}=\frac{1}{\sqrt{\mu_0 2\varepsilon_0}\,f}=\frac{3\times10^8}{\sqrt{2}\times9\times10^9}\approx0.0236\text{m}$$

因此，$k=\dfrac{2\pi}{\lambda}=\dfrac{2\pi}{0.0236}\approx266.44\text{rad/m}$。

将上述结果代入计算传播常数的公式，可得

$$a=\frac{\lambda}{2\sqrt{1-\left(\frac{\beta}{k}\right)^2}}=\frac{0.0236}{2\times\sqrt{1-\left(\frac{100}{266.44}\right)^2}}\approx0.0127\text{m}=1.27\text{cm}$$

8.3 主教材习题解答

【8-1】 设双线传输线的填充介质为聚丙烯($\varepsilon_r=2.25$)，若忽略传输损耗。问：

(1) 对于特性阻抗为 300Ω 的双线传输线，当导体半径为 $d=0.6\text{mm}$ 时，线间距离应为多少？

(2) 对于特性阻抗为 50Ω 的同轴线，若内导体半径为 0.6mm，则其外导体半径为多少？

解：(1) 已知双线传输线的特性阻抗为

$$Z_C=\sqrt{\frac{L_0}{C_0}}=\frac{120}{\sqrt{\varepsilon_r}}\ln\frac{D}{d}=300\Omega$$

所以

$$\ln\frac{D}{d}=\frac{300}{120}\times\sqrt{2.25}=3.75$$

则线间距为

$$D=42.5\times0.6\text{mm}=25.5\text{mm}$$

(2) 已知同轴线的特性阻抗为

$$Z_C=\sqrt{\frac{L_0}{C_0}}=\frac{60}{\sqrt{\varepsilon_r}}\ln\frac{b}{a}=50\Omega$$

则

$$\ln\frac{b}{a}=1.25$$

所以

$$b=3.49\times0.6=2.09\text{mm}$$

【8-2】 设无损传输线的特性阻抗为 100Ω,负载阻抗为 50−j50Ω,试求其终端反射系数、驻波比及距离负载 0.15λ 处的输入阻抗。

解：终端反射系数为

$$\Gamma_L=\frac{Z_L-Z_0}{Z_L+Z_0}=\frac{50-\text{j}50-100}{50-\text{j}50+100}=-\frac{1+\text{j}}{3-\text{j}}=-\frac{1+2\text{j}}{5}$$

驻波比为

$$S=\frac{1+|\Gamma_L|}{1-|\Gamma_L|}=\frac{1+\sqrt{5}/5}{1-\sqrt{5}/5}=2.618$$

距离负载 0.15λ 处的输入阻抗为

$$Z_{\text{in}}(d)=Z_0\frac{Z_L+\text{j}Z_0\tan(\beta d)}{Z_0+\text{j}Z_L\tan(\beta d)}=100\times\frac{50-\text{j}50+\text{j}100\tan\left(\frac{2\pi}{\lambda}\times0.15\lambda\right)}{100+\text{j}(50-\text{j}50)\tan\left(\frac{2\pi}{\lambda}\times0.15\lambda\right)}$$

$$=43.55+\text{j}34.16$$

【8-3】 一特性阻抗为 50Ω、长为 2m 的无耗传输线,工作频率为 200MHz,终端阻抗为 40+j30Ω,求其输入阻抗。

解：输入阻抗为

$$Z_{\text{in}}=Z_0\frac{Z_L+\text{j}Z_0\tan(\beta z)}{Z_0+\text{j}Z_L\tan(\beta z)}$$

由于

$$\lambda=\frac{c}{f}=1.5,\beta z=2\pi/\lambda\times2=8\pi/3,\quad \tan(8\pi/3)=-1.732$$

得

$$Z_{\text{in}}=(26.32-\text{j}9.87)\Omega$$

【8-4】 长度为 15cm(小于 λ/4)的低损耗传输线,在开路时测得其输入阻抗为 −j54.6Ω,短路时输入阻抗为 j103Ω,求传输线的特性阻抗及传播常数。

解：低损耗传输线的输入阻抗 Z_{in} 的一般表达式为

$$Z_{\text{in}}=Z_C\frac{Z_L\text{ch}\gamma l+Z_C\text{sh}\gamma l}{Z_C\text{ch}\gamma l+Z_L\text{sh}\gamma l}$$

在开路时的输入阻抗 $Z_{\text{in}(0)}$ 为

$$Z_{\text{in}(0)}=Z_C\frac{\text{ch}\gamma l}{\text{sh}\gamma l}=Z_C\text{cth}\gamma l$$

在短路时的输入阻抗 $Z_{in(s)}$ 为

$$Z_{in(s)} = Z_C \frac{\text{sh}\gamma l}{\text{ch}\gamma l} = Z_C \text{th}\gamma l$$

因此

$$Z_{in(0)} Z_{in(s)} = Z_C^2$$

所以

$$Z_C = \sqrt{Z_{in(0)} Z_{in(s)}} = \sqrt{-j54.6 \times j103} = 74.99\Omega$$

传播常数 γ 为

$$\gamma = \frac{1}{l}\text{arcth}\sqrt{\frac{Z_{in(s)}}{Z_{in(0)}}} = \frac{1}{0.15}\text{arcth}\sqrt{\frac{j103}{-j54.6}} = j6.28\text{rad/m}$$

【8-5】 设双线传输线的半径为 a,线间距为 D,双线间为空气介质,证明其特性阻抗为 $120\ln\left(\frac{2D}{d}\right)$。

证明:由于 $D \gg a$,所以双线传输线的分布电感为

$$L_0 = \frac{\mu_0}{\pi}\ln\frac{2D}{d}$$

双线传输线的分布电容为

$$C_0 = \frac{\pi\varepsilon_0}{\ln\frac{2D}{d}}$$

因此其特性阻抗为

$$Z_C = \sqrt{\frac{L_0}{C_0}} = 120\ln\frac{2D}{d}$$

【8-6】 在特性阻抗为 200Ω 的无耗传输线上,测得负载处为电压驻波最小点,$|V|_{min} = 8V$,距离负载 $\lambda/4$ 处为电压驻波最大点,$|V|_{max} = 10V$,试求负载的特性阻抗及负载吸收的功率。

解:传输线上任一点的输入阻抗和反射系数的关系为

$$Z_{in}(d) = Z_0 \frac{1+\Gamma(d)}{1-\Gamma(d)}$$

在电压最小点处 $\Gamma(d) = -|\Gamma_L|$,将其代入上式可得

$$Z_{min}(d) = Z_0 \frac{1-|\Gamma_L|}{1+|\Gamma_L|}$$

再由驻波比表达式

$$S = \frac{1+|\Gamma_L|}{1-|\Gamma_L|}$$

得

$$Z_{min}(d) = Z_0 \frac{1-|\Gamma_L|}{1+|\Gamma_L|} = \frac{Z_0}{S}$$

由题中给出的条件可得

$$S=\frac{|V|_{max}}{|V|_{min}}=\frac{10}{8}=1.25$$

则

$$Z_L=Z_{min}=\frac{Z_0}{S}=\frac{200}{1.25}\Omega=160\Omega$$

$$P_L=\frac{1}{2}\frac{|V|_{min}^2}{Z_{min}}=\frac{1}{2}\cdot\frac{64}{160}\mathrm{W}=0.2\mathrm{W}$$

【8-7】 无损传输线的特性阻抗为 125Ω，第一个电压最大点距离负载 15cm，驻波比为 5，工作波长为 80cm，求其负载阻抗。

解：$\beta=2\pi/\lambda$，$Z_{in}(d)=Z_{max}=Z_0S=125\Omega\times5=625\Omega$，$d=15\text{cm}$，

$$Z_L=Z_0\frac{Z_{in}(d)-\mathrm{j}Z_0\tan(\beta d)}{Z_0-\mathrm{j}Z_{in}(d)\tan(\beta d)}=125\times\frac{625-\mathrm{j}125\tan\left(\frac{2\pi}{\lambda}\times15\right)}{125-\mathrm{j}625\tan\left(\frac{2\pi}{\lambda}\times15\right)}$$

$$=(29.0897+\mathrm{j}49.3668)\Omega$$

【8-8】 设无损传输线的特性阻抗为 500Ω，当终端负载短路时测得某一短路参考位置为 d_0；当端接负载 Z_L 时测得电压驻波比为 2.4，此时电压最小点位于 d_0 电源端 0.208λ 处，试求该负载阻抗。

解：因为接 Z_L 时，$S=2.4$，$\beta=2\pi/\lambda$，d_0 处为等效负载点，故 $d_{min}=0.208\lambda$。

$$Z_{in}(d)=Z_0\frac{Z_L+\mathrm{j}Z_0\tan(\beta d)}{Z_0+\mathrm{j}Z_L\tan(\beta d)}$$

$$Z_L=Z_0\frac{1-\mathrm{j}S\tan(\beta d_{min})}{S-\mathrm{j}\tan(\beta d_{min})}=500\frac{1-\mathrm{j}2.4\tan(2\pi\times0.208)}{2.4-\mathrm{j}\tan(2\pi\times0.208)}$$

$$=(906.32-\mathrm{j}452.75)\Omega$$

【8-9】 利用特性阻抗为 50Ω 的终端短路线来实现 300Ω 的感抗，传输线的长度为多少？若要获得 300Ω 的容抗，则该传输线又应为多长？

解：理想传输线终端短路时的输入阻抗为

$$Z_{in}=\mathrm{j}Z_C\tan\frac{2\pi}{\lambda}l$$

（1）要求 Z_{in} 为感性，即

$$Z_{in}=\mathrm{j}300=\mathrm{j}50\tan\frac{2\pi}{\lambda}l$$

即

$$\tan\frac{2\pi}{\lambda}l=6$$

由于 $\tan kl$ 为周期性函数，所以又有

$$\tan\frac{2\pi}{\lambda}\left(l+\frac{n\lambda}{2}\right)=6,\quad n=0,1,2,\cdots$$

若取 $n=0$，则

$$\tan\frac{2\pi}{\lambda}l=6,\quad \frac{2\pi}{\lambda}l=0.44743\pi$$

所以

$$l=0.2237\lambda,\quad l<\lambda/4$$

(2) 如果 Z_{in} 为容性,即

$$Z_{in}=-j300=j50\tan\frac{2\pi}{\lambda}l$$

即

$$\tan\frac{2\pi}{\lambda}l=-6$$

仍取周期函数的 $n=0$,又 $\tan kl$ 为负,则 kl 应在第二象限,所以

$$kl=\frac{2\pi}{\lambda}l=\pi-0.44743\pi=0.55257\pi$$

即

$$l=0.2763\lambda,\quad \lambda/2>l>\lambda/4$$

【8-10】 设理想传输线的负载阻抗为 40－j30Ω,如果使得线上的驻波比最小,则特性阻抗应选择为多少?并求出此时的最小驻波比及电压反射系数。

解:求 $|R|$ 及其极值,从而求解 Z_C。

反射系数为

$$|R|=\frac{|Z_L-Z_C|}{|Z_L+Z_C|}=\left[\frac{(R_L-Z_C)^2+X_L^2}{(R_L+Z_C)^2+X_L^2}\right]^{1/2}$$

然后求出 $|R|$ 的极值,解出 Z_C。令

$$\frac{(R_L-Z_C)^2+X_L^2}{(R_L+Z_C)^2+X_L^2}=N$$

并由 $\frac{dN}{dZ_C}=0$ 得

$$\frac{dN}{dZ_C}=-2\frac{(R_L-Z_C)^2+X_L^2}{[(R_L+Z_C)^2+X_L^2]^2}(R_L+Z_C)-\frac{2(R_L-Z_C)}{(R_L+Z_C)^2+X_L^2}=0$$

得

$$Z_C^2=R_L^2+X_L^2=40^2+(-30)^2$$

所以

$$Z_C=50\Omega$$

将 Z_C、R_L、X_L 代入反射系数公式,得

$$R_{min}=\left[\frac{(R_L-Z_0)^2+X_L^2}{(R_L+Z_0)^2+X_L^2}\right]^{1/2}=\frac{1}{3}$$

最小的驻波比为

$$S_{min}=\frac{1+|R|_{min}}{1-|R|_{min}}=2$$

【8-11】 有一段特性阻抗为 500Ω 的无损传输线,当终端短路时测得始端的输入阻抗为 j250 Ω 的感抗。求:

(1) 该传输线的最小长度;

(2) 如果该传输线的终端开路,输入阻抗仍为 j250Ω,则其长度又为多少?

解:(1) 终端为短路时,Z_{in} 为

$$Z_{in}=Z_C\frac{Z_L+jZ_C\tan kl}{Z_C+jZ_L\tan kl}=jZ_C\tan kl=j250$$

则

$$\tan kl=\frac{250}{500}=0.5$$

所以

$$kl=\arctan 0.5=26.565^\circ$$

故传输线长度为

$$l=\frac{26.565^\circ}{k}=\frac{26.565^\circ}{360^\circ}\lambda=0.07379\lambda$$

(2) 终端为开路时,Z_{in} 为

$$Z_{in}=-jZ_C\cot kl=j250$$

所以

$$\cot kl=-\frac{250}{500}=-0.5$$

故

$$kl=116.57^\circ$$

则传输长度为

$$l=\frac{116.57^\circ}{360^\circ}\lambda=0.3238\lambda$$

【8-12】 已知在频率为 1GHz 时传输线的分布参数为 $R_0=10.4\Omega/\text{m}$,$C_0=8.35\times10^{-12}\text{F/m}$,$L_0=1.33\times10^{-6}\text{H/m}$,$G_0=0.8\times10^{-6}\text{S/m}$,求传输线的特性阻抗、衰减常数、相移常数、传输线上的波长及相速度。

解:传输线的特征阻抗为

$$Z_0=\sqrt{\frac{R_0+j\omega L_0}{G_0+j\omega C_0}}=\frac{91.41466\angle 44.964^\circ}{0.2290515\angle 44.99956}=399.1\angle-0.0356^\circ$$
$$=399.1-j0.248\approx 399.1\Omega$$

由于 $R_0\ll\omega L_0$,$G_0\ll\omega C_0$,于是衰减常数近似为

$$\alpha\approx\frac{R_0}{2Z_C}+\frac{C_0Z_C}{2}=0.0132\text{Np/m}$$

相位常数近似为

$$\beta=\omega\sqrt{L_0C_0}=20.944\text{rad/m}$$

波长和相速度为

$$\lambda=\frac{2\pi}{\beta}\approx 0.2999993\text{m}\approx 0.3\text{m}$$

$$v_p=\frac{\omega}{\beta}=f\cdot\lambda\approx 3\times10^8\text{m/s}$$

【8-13】 一无损均匀传输线在分别接有不同负载时，线上均为驻波分布。试说明当第一个电压波节点分别位于如下位置时，各负载的特点。

(1) 负载端；

(2) 离负载端 $\lambda/4$ 处；

(3) 负载和 $\lambda/4$ 距离之间；

(4) $\lambda/4$ 和 $\lambda/2$ 之间。

解：(1) 为终端短路状态：此时负载位置恰为电流波腹点，电压波节点。

(2) 为终端开路状态：此时负载位置恰为电流波节点，电压波腹点，则第一个电压波节点离负载端 $\lambda/4$。

(3) 当 $U_{\min}$ 位于负载和 $\lambda/4$ 距离之间的 l 处时，其电压波腹点应在负载之后的 l' 处。而相邻波腹与波节之间的距离为 $\lambda/4$，即

$$l'+l=\frac{\lambda}{4}$$

$$l'=\frac{\lambda}{4}-l,\quad l'<\frac{\lambda}{4}$$

则此时从负载处往后看(终端开路的一段线)的 Z_{in}，即 Z_L 为容性负载

$$Z_L=-\mathrm{j}Z_C\cot kl'$$

(4) 当 $U_{\min}$ 位于 $\lambda/2$ 和 $\lambda/4$ 距离之间的 l 处时，其另一个电压波节点则在负载之后的 l' 处。而两相邻波节点间的距离为 $\lambda/2$。即 $l'+l=\lambda/2$，又因为

$$\lambda/4<l<\lambda/2$$

所以

$$l'=(\lambda/2-l)<\lambda/4$$

则此时从负载往后看(终端短路的一段线)的 Z_{in}，即 Z_L 为感性负载：

$$Z_L=\mathrm{j}Z_C\tan kl'$$

【8-14】 一个 200MHz 的源通过一根 300Ω 的双线传输线对输入阻抗为 73Ω 的偶极子天线馈电。设计一根四分之一波长的双传输线(线间距为 2cm，周围为空气)，以使得天线与 300Ω 的传输线匹配。

解：平行双线传输线的特性阻抗为

$$Z_{01}=120\ln\frac{2D}{d}\Omega$$

而四分之一波阻抗变换器的特性阻抗应满足

$$Z_{01}=\sqrt{Z_0R_L}=\sqrt{300\times 73}\,\Omega=147.99\Omega$$

故得

$$147.99=120\ln\frac{2\times 2\times 10^{-2}}{d}$$

得构成 $\lambda/4$ 阻抗变换器的双导线的线径为

$$d=\frac{2\times 2\times 10^{-2}}{3.43}\text{cm}=1.165\text{cm}$$

导线的长度为

$$l=\frac{\lambda}{4}=\frac{1.5}{4}\mathrm{m}=0.375\mathrm{m}$$

【8-15】 一特性阻抗为 $Z_{C1}=50\Omega$ 的无损均匀传输线，其中填充介质的电参数为 ε_r，$\mu_r=1$，其终端接有特性阻抗为 Z_{C2} 的半无限长无损均匀传输线，工作频率为 f，测得驻波比为 3.0，波速为 10^8 m/s，且相邻的电压最小值分别位于离连接处 15cm 和 25cm 处。试求：

(1) 介质的 ε_r。

(2) 工作频率。

(3) 半无限长线的特性阻抗。

解：(1) 由已测得的速度 v 求 ε_r。

因为

$$v=\frac{c}{\sqrt{\varepsilon_r}}=\frac{3\times10^8}{\sqrt{\varepsilon_r}}=10^8\mathrm{m/s}$$

所以

$$\varepsilon_r=9$$

(2) 由波长求频率 f。

因为

$$\lambda_g/2=25\mathrm{cm}-15\mathrm{cm}=10\mathrm{cm}\quad（相邻波节点间的距离为半波长）$$

所以

$$\lambda_g=20\mathrm{cm}$$

即

$$f=\frac{v}{\lambda_g}=\frac{10^8}{0.2}\mathrm{MHz}=500\mathrm{MHz}$$

或者

$$f=\frac{c}{\lambda_0}=\frac{c}{\lambda_g\sqrt{\varepsilon_r}}=\frac{3\times10^8}{0.2\times3}\mathrm{MHz}=\frac{3\times10^8}{0.6}\mathrm{MHz}=500\mathrm{MHz}$$

(3) 因为无损耗，所以 Z_{C2} 应为实数(纯阻性负载)。因为是半无限长，则 $Z_{C1}=50\Omega$ 的传输线的终端所接的这条线(特性阻抗位 Z_{C2})只有入射波而无反射波，则 Z_{C2} 恰为第一条线的负载 Z_L，即

$$Z_L=Z_{C2}$$

因为

$$S=\frac{1+|R|}{1-|R|}$$

所以

$$|R|=\frac{S-1}{S+1}=\frac{3-1}{3+1}=\frac{1}{2}$$

又知

$$R=\frac{Z_L-Z_{C1}}{Z_L+Z_{C1}}=\frac{Z_{C2}-50}{Z_{C2}+50}=\frac{1}{2}$$

所以

$$Z_{C2}=150\Omega$$

【8-16】 有一空气填充的同轴线,其内、外导体半径分别为3.5mm和8mm。设空气的击穿场强为30kV/cm,同轴线传输TEM波,问其能够传输的最大功率是多少。

解:同轴线内的电场强度为

$$E_r=\frac{U_0}{r\ln\frac{b}{a}}$$

可知最大场强发生在$r=a$处,并令此电场等于E_{br},即

$$|E_{max}|=\frac{U_{0(b)}}{a\ln\frac{b}{a}}=E_{br}$$

式中,E_{br}为空气的击穿场强,则电缆能够承受的最大电压$U_{0(b)}$为

$$U_{0(b)}=E_{br}\cdot a\ln\frac{b}{a}$$

$U_{0(b)}$与电缆的最大传输功率的关系为

$$P_{max}=\frac{1}{2}\cdot\frac{U_{0(b)}^2}{Z_C}$$

证明如下:

$$P_{max}=\iint_S \boldsymbol{S}_{av}\cdot d\boldsymbol{S}=\iint_S S_{av}dS=\iint_S \frac{1}{2}E_{r0}\cdot H_{\phi0}dS=\iint_S \frac{1}{2}\frac{E_{r0}^2}{\eta_0}dS$$

$$=\int_a^b \frac{1}{2}\left(\frac{U_{0(b)}}{r\ln\frac{b}{a}}\right)^2\frac{1}{\eta_0}\cdot 2\pi r\,dr=\frac{1}{2}\cdot\frac{U_{0(b)}^2}{Z_C}$$

式中

$$Z_C=60\ln\frac{b}{a}\approx 49.6\Omega$$

代入具体数据后得

$$P_{max}\approx 759.5kW$$

【8-17】 同轴线的内、外导体半径分别为5mm和15mm,其内部填充介质的介电常数为$\varepsilon_r=1.5$,$\mu_r=1.0$。求其特性阻抗。

解:同轴线的特性阻抗为

$$Z=60\sqrt{\frac{\mu_r}{\varepsilon_r}}\ln\frac{b}{a}$$

将$a=5mm$,$b=15mm$,$\varepsilon_r=1.5$,$\mu_r=1$代入,得

$$Z=60\sqrt{\frac{\mu_r}{\varepsilon_r}}\ln\frac{b}{a}=\frac{60}{1.22}\ln 3=54\Omega$$

【8-18】 矩形波导尺寸为50mm×25mm,中间为空气,当$f=5GHz$的电磁波在其中传播时,求传导的模式有哪些,并给出其对应的波长。如果填充$\varepsilon_r=4$,$\mu_r=1$的介质,又有哪些传导模式?

解：当 $f=5\text{GHz}$ 时，空气中的波长为

$$\lambda_0=\frac{v}{f}=\frac{3\times10^8}{5\times10^9}\text{m}=0.06\text{m}=60\text{mm}$$

介质 $\varepsilon_r=4$ 中的波长为

$$\lambda_1=\frac{\lambda_0}{\sqrt{\varepsilon_r}}=\frac{60}{\sqrt{4}}\text{mm}=30\text{mm}$$

不同模式的截止波长为

$$\lambda_{C,\text{TE}_{10}}=2a=100\text{mm}$$

$$\lambda_{C,\text{TE}_{20}}=a=50\text{mm}$$

$$\lambda_{C,\text{TE}_{01}}=2b=50\text{mm}$$

$$\lambda_{C,\text{TE}_{02}}=b=25\text{mm}$$

$$\lambda_{C,{\text{TE}_{11} \atop \text{TM}_{11}}}=\frac{2}{\sqrt{\frac{1}{a^2}+\frac{1}{b^2}}}=44.72\text{mm}$$

$$\lambda_{C,\text{TE}_{30}}=2a/3=33.33\text{mm}$$

$$\lambda_{C,\text{TE}_{03}}=2b/3=19.4\text{mm}$$

$$\lambda_{C,{\text{TE}_{21} \atop \text{TM}_{21}}}=\frac{2}{\sqrt{\frac{4}{a^2}+\frac{1}{b^2}}}=35.4\text{mm}$$

$$\lambda_{C,{\text{TE}_{31} \atop \text{TM}_{31}}}=\frac{2}{\sqrt{\frac{9}{a^2}+\frac{1}{b^2}}}=27.73\text{mm}$$

$$\lambda_{C,{\text{TE}_{12} \atop \text{TM}_{12}}}=\frac{2}{\sqrt{\frac{1}{a^2}+\frac{4}{b^2}}}=24.3\text{mm}$$

$$\lambda_{C,{\text{TE}_{22} \atop \text{TM}_{22}}}=\frac{2}{\sqrt{\frac{4}{a^2}+\frac{4}{b^2}}}=22.36\text{mm}$$

因为满足 $\lambda<\lambda_C$ 条件的模式是传导模式，比较可见，当矩形波导空气填充时仅 TE_{10} 模式是传导模式。

如果波导中填满 $\varepsilon_r=4$ 且 $\mu_r=1$ 的介质，传导模式为 TE_{10}、TE_{20}、TE_{01}、TE_{11}、TM_{11}、TE_{21}、TM_{21}、TE_{30} 模式。

【8-19】 矩形波导尺寸为 30mm×15mm，中间为空气，求单模传输的频率范围。

解：单模传输时，波长和波导尺寸的关系为

$$a<\lambda<2a,\quad a<c/f<2a$$

由此得

$$f_1\geqslant c/(2a)=5\text{GHz},\quad f_2\leqslant c/a=10\text{GHz}$$

故单模传输的频率范围为 5～10GHz。

【8-20】 频率为30GHz的电磁波在空气填充的矩形波导中单模传播，当终端短路时，波导中形成驻波，相邻电场波节点的距离为7.15mm，求波导的宽边尺寸。

解：由 $f=30\text{GHz}$ 得

$$\lambda=\frac{c}{f}=10\text{mm}$$

由相邻电场波节点距离 $d=7.15\text{mm}$ 得波导波长为

$$\lambda_g=2d=14.3\text{mm}$$

根据 $\lambda_g=\lambda/\sqrt{1-[\lambda/(2a)]^2}$ 得矩形波导宽边尺寸为

$$a=\frac{1}{2}\frac{\lambda}{\sqrt{1-\left(\frac{\lambda}{\lambda_g}\right)^2}}=7\text{mm}$$

【8-21】 频率为 $f_1=3997\text{MHz}$，$f_2=4003\text{MHz}$ 的电磁波在空气填充的矩形波导 58.2mm×7mm 中单模传输，设传播了1000m，求两种信号的群延时差是多少。

解：频率 $f_1=3997\text{MHz}$ 对应的波长为 $\lambda_1=c/f_1=0.07506\text{m}$；

频率 $f_2=4003\text{MHz}$ 对应的波长为 $\lambda_2=c/f_2=0.07494\text{m}$。

矩形波导 58.2mm×7mm 中单模传输的截止波长为 $\lambda_C=2a=0.1164\text{m}$，群速度为

$$v_g=\frac{1}{\frac{\mathrm{d}k_z}{\mathrm{d}\omega}}=c\sqrt{1-\left(\frac{\lambda}{\lambda_C}\right)^2}$$

则两种不同频率的群时延差是

$$\Delta t=\frac{L}{v_{g1}}-\frac{L}{v_{g2}}=\frac{L}{c}\left(\frac{1}{\sqrt{1-\left(\frac{\lambda_1}{\lambda_C}\right)^2}}-\frac{1}{\sqrt{1-\left(\frac{\lambda_2}{\lambda_C}\right)^2}}\right)$$

$$=33.3\times10^{-6}\,[1.3084-1.3069]=0.0507\times10^{-6}\,\text{s}$$

【8-22】 设计一矩形波导，使频率在(30±0.5)GHz之间的电磁波能单模传输，并至少在两边留有10%的保护带。

解：$f_1=30-0.5=29.5\text{GHz}$，$f_2=30+0.5=30.5\text{GHz}$。

设 TE_{10} 波截止频率为 f_{C1}，TE_{20} 波截止频率为 f_{C2}，则

$$f_1\geqslant f_{C1}(1+0.1)=\frac{c}{2a}\times1.1$$

$$f_2\leqslant f_{C2}(1-0.1)=\frac{c}{a}\times0.9$$

由上式可得，a 的取值范围为

$$a\geqslant\frac{1.1\times c}{2f_1}=\frac{3.3\times10^8}{2\times29.5\times10^9}\text{m}=5.593\text{mm}$$

$$a\leqslant\frac{0.9\times c}{f_2}=\frac{2.7\times10^8}{30.5\times10^9}\text{m}=8.8524\text{mm}$$

故选择 $a=7\text{mm}$，$b=3\text{mm}$，可满足要求。

【8-23】 矩形波导的截面尺寸为 $a\times b$，传输 TE_{01} 模式。已知其电场强度为 $E_x=$

$E_0\sin(\pi y/b)e^{j(\omega t-\beta z)}$。求：

(1) H_y；

(2) $\boldsymbol{e}_z$ 方向的功率密度；

(3) TE_{01} 模的传输功率。

解：(1) 由题意，$E_y=0$，$E_z=0$，利用麦克斯韦方程得

$$-\mu\frac{\partial H_y}{\partial t}=\frac{\partial E_x}{\partial z}$$

即

$$-j\omega\mu H_y=-j\beta E_x$$

得

$$H_y=\frac{\beta}{\omega\mu}E_x=\frac{\beta}{\omega\mu}E_0\sin\left(\frac{\pi}{b}y\right)e^{j(\omega t-\beta z)}$$

(2) $\boldsymbol{e}_z$ 方向的功率密度

$$\begin{aligned}\boldsymbol{S}_{av}&=\frac{1}{2}\mathrm{Re}(\boldsymbol{E}\times\boldsymbol{H}^*)\\&=\boldsymbol{e}_z\frac{1}{2}\mathrm{Re}\left[E_0\sin\left(\frac{\pi}{b}y\right)e^{j(\omega t-\beta z)}\cdot\frac{\beta}{\omega\mu}(E_0)^*\sin\left(\frac{\pi}{b}y\right)e^{-j(\omega t-\beta z)}\right]\\&=\boldsymbol{e}_z\frac{1}{2}|E_0|^2\frac{\beta}{\omega\mu}\sin^2\left(\frac{\pi}{b}y\right)\end{aligned}$$

(3) TE_{01} 模的传输功率 P 由前面的分析可知，只需考虑 $\boldsymbol{e}_z$ 方向。

$$P=\int\boldsymbol{S}_{av}\cdot d\boldsymbol{S}=\int_0^a\int_0^b\frac{1}{2}|E_0|^2\frac{\beta}{\omega\mu}\sin^2\left(\frac{\pi}{b}y\right)dy\,dx=\frac{ab}{4}\frac{\beta}{\omega\mu}|E_0|^2$$

【8-24】 已知在 2cm×2cm 的方形中空波导管中传播频率为 10GHz 的 TE_{10} 模。

(1) 求传播矢量。

(2) 写出电磁场各分量的表达式。

(3) 求波导波长。

(4) 求电磁波的相速度和群速度。

解：(1) 方形波导，$a=b=0.02\mathrm{m}$，波矢 $\boldsymbol{k}$ 的各分量为

$$k_x=\frac{m\pi}{a}=50\pi\,\mathrm{rad/m}$$

$$k_y=\frac{n\pi}{b}=0\,\mathrm{rad/m}$$

$$k_z=\sqrt{\omega^2\mu_0\varepsilon_0-k_x^2-k_y^2}=\sqrt{\frac{\omega^2}{c^2}-k_x^2-k_y^2}=\sqrt{\left(\frac{2\pi}{\lambda_0}\right)^2-k_x^2-k_y^2}\approx 44\pi\,\mathrm{rad/m}$$

(2) TE_{10} 波场分量。

直接可以写出

$$E_x=E_z=0,\quad E_y=E_0\sin(k_xx)e^{j(\omega t-k_zz)}$$

通过麦克斯韦方程可以求出磁场的各个分量：

$$H_x=-\frac{k_z}{\omega\mu_0}E_0\sin(k_xx)e^{j(\omega t-k_zz)}$$

$$H_y=0$$

$$H_z=\frac{\mathrm{j}k_x}{\omega\mu_0}E_0\cos(k_x x)\,\mathrm{e}^{\mathrm{j}(\omega t-k_z z)}$$

(3) 波导波长

$$\lambda_g=\frac{2\pi}{k_z}=0.045\mathrm{m}$$

该电磁波在自由空间中的波长为

$$\lambda_0=\frac{2\pi}{k_0}=0.03\mathrm{m}$$

不难看出,$\lambda_g>\lambda_0$。

(4) 相速和群速

$$\beta=k_z,\quad v_p=\frac{\omega}{k_z}=f\lambda_g=4.5\times10^8\mathrm{m/s}$$

利用公式

$$v_p\cdot v_g=c^2$$

得

$$v_g=\frac{c^2}{v_p}=0.67\times10^8\mathrm{m/s}$$

【8-25】 证明矩形波导中 TE_{10} 模的衰减常数为

$$\alpha=\frac{R_s}{\eta b\sqrt{1-\left(\frac{\lambda}{2a}\right)^2}}\left[1+2\frac{b}{a}\left(\frac{\lambda}{2a}\right)^2\right]$$

其中,R_s 为表面电阻。

证明：TE_{10} 模在单位长度矩形波导上的导体损耗为

$$P_L=2\left[\int_0^a\frac{1}{2}|J_1|^2R_s\mathrm{d}x\right]+2\left[\int_0^b\frac{1}{2}|J_2|^2R_s\mathrm{d}y\right]$$

$$=R_s\left[\int_0^a|J_1|^2\mathrm{d}x+\int_0^b|J_2|^2\mathrm{d}y\right]$$

而根据 TE_{10} 模的场分量可知：

$$|J_1|^2_{y=0}=(H_x^2+H_z^2)_{y=0}=\left(\frac{\beta}{\omega\mu}\right)^2\cdot E_0^2\cdot\sin^2\left(\frac{\pi x}{a}\right)+\left(\frac{\pi}{\omega\mu a}\right)^2\cdot E_0^2\cdot\cos^2\left(\frac{\pi x}{a}\right)$$

$$|J_2|^2_{x=0}=(H_z^2)_{x=0}=\left[\left(\frac{\pi}{\omega\mu a}\right)^2\cdot E_0^2\cdot\cos^2\left(\frac{\pi x}{a}\right)\right]_{x=0}=\left(\frac{\pi}{\omega\mu a}\right)^2\cdot E_0^2$$

因此

$$P_L=R_s\left\{\frac{a}{2}\left[\left(\frac{\beta}{\omega\mu}\right)^2\cdot E_0^2+\left(\frac{\pi}{\omega\mu a}\right)^2\cdot E_0^2\right]+b\left(\frac{\pi}{\omega\mu a}\right)^2\cdot E_0^2\right\}$$

$$=R_sE_0^2\left\{\frac{a}{2}\left(\frac{\beta}{\omega\mu}\right)^2+\left(\frac{\pi}{\omega\mu a}\right)^2\left(\frac{a}{2}+b\right)\right\}$$

因为矩形波导在传输主模 TE_{10} 模时的平均功率为

$$P=\frac{1}{2}\mathrm{Re}\left[\int_0^a\int_0^bE_yH_x^*\,\mathrm{d}x\mathrm{d}y\right]=\frac{1}{2Z_{TE}}\int_0^a\int_0^bE_{10}^2\sin^2\frac{\pi x}{a}\mathrm{d}x\mathrm{d}y=\frac{ab}{4Z_{TE}}E_{10}^2$$

其中，$Z_{\mathrm{TE}}=\dfrac{\omega\mu}{\beta}$，因此矩形波导中 TE_{10} 模的衰减常数为

$$\alpha=\frac{P_{\mathrm{L}}}{2P}=\frac{R_{\mathrm{s}}}{\eta b\sqrt{1-\left(\dfrac{\lambda}{2a}\right)^2}}\left[1+2\frac{b}{a}\left(\frac{\lambda}{2a}\right)^2\right]$$

【8-26】 求半径为 a 的圆柱形金属波导中 TE_{0n} 模的传输功率。

解：

$$P=\frac{1}{2Z_{\mathrm{TE}}}\int_0^{2\pi}\int_0^a(|E_r|^2+|E_\phi|^2)r\mathrm{d}r\mathrm{d}\phi$$

对于圆柱形波导中的 TE_{0n} 模，有

$$|E_r|=0$$

$$|E_\phi|=\frac{\omega\mu}{k_{\mathrm{c}}}H_0J'_m(k_{\mathrm{c}}r)=E_{\phi m}J'_m(k_{\mathrm{c}}r)$$

对于 TE_{0n} 波，$m=0$，得

$$J'_0(k_{\mathrm{c}}r)=J_{-1}(k_{\mathrm{c}}r)=J_1(k_{c}r)$$

所以传输功率

$$P=\frac{2\pi}{2Z_{\mathrm{TE}}}E_{\phi m}^2\int_0^aJ_1^2(k_{\mathrm{c}}r)r\mathrm{d}r$$

由于

$$\int_0^aJ_1^2(k_{\mathrm{c}}r)r\mathrm{d}r=\frac{a^2}{2}J_0^2(k_{\mathrm{c}}a)$$

则 TE_{0n} 波的传输功率为

$$P=\frac{\pi a^2}{2Z_{\mathrm{TE}}}E_{\phi m}^2J_0^2(k_{\mathrm{c}}a)$$

【8-27】 用尺寸为 40mm×20mm 的矩形波导制作的一个谐振腔，使其谐振于 TE_{101} 模，谐振频率为 5GHz，求谐振腔的长度。

解： 由 $f=5\mathrm{GHz}$，$\lambda=\dfrac{c}{f}=60\mathrm{mm}$。而谐振于 TE_{101} 模的矩形谐振腔长度是波导主模 TE_{10} 波导波长的一半，即

$$d=\frac{\lambda_{\mathrm{g}}}{2}=\frac{\lambda/2}{\sqrt{1-\left(\dfrac{\lambda}{2a}\right)^2}}=\frac{30}{\sqrt{1-\left(\dfrac{60}{80}\right)^2}}\mathrm{mm}=45.36\mathrm{mm}$$

【8-28】 理想电导体制作的谐振腔，腔内填充低损耗的介质，介质参数为 μ、ε、σ，求谐振腔的 Q 值。

解： 谐振腔由理想导电体制作，腔内填充低损耗的介质，因此谐振腔中只有介质损耗。设谐振腔中的电场为 $\boldsymbol{E}(x,y,z)$，则谐振腔中的能量为

$$W=W_{\mathrm{e}}+W_{\mathrm{m}}=W_{\mathrm{emax}}=2\overline{W}_{\mathrm{e}}=2\iiint\frac{1}{2}\varepsilon|\boldsymbol{E}|^2\mathrm{d}V=\varepsilon\iiint|\boldsymbol{E}|^2\mathrm{d}V$$

谐振腔中的损耗功率为

$$P=\iiint\sigma|\boldsymbol{E}|^2\mathrm{d}V=\sigma\iiint|\boldsymbol{E}|^2\mathrm{d}V$$

谐振腔的 Q 值为

$$Q=\omega\frac{W}{P}=\omega\frac{\varepsilon\iiint|\boldsymbol{E}|^2\mathrm{d}V}{\sigma\iiint|\boldsymbol{E}|^2\mathrm{d}V}=\frac{\omega\varepsilon}{\sigma}$$

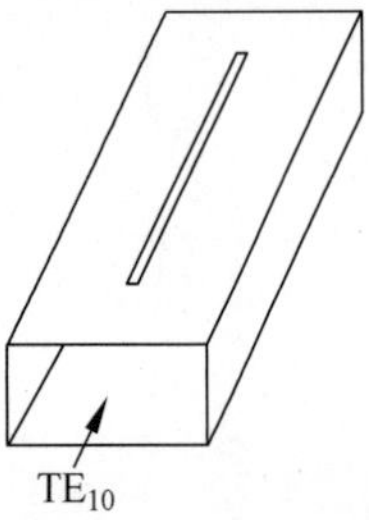

图 8-3 习题 8-29 图

【8-29】 试绘图说明当矩形波导中传输 TE_{10} 波时，在哪些地方开槽才不会影响电磁波的传输。

解：为了不影响电磁波的传输，所开的槽不应将管壁电流切断。根据 TE_{10} 模的管壁电流分布，开槽位置如图 8-3 所示。

【8-30】 空气同轴线的内、外导体半径分别为 10mm 和 40mm。试求：

(1) TE_{11}、TM_{01} 两种高次模的截止波长；

(2) 若工作波长为 10cm，求 TEM 模和 TE_{11} 模的相速度。

解：(1)

$$\lambda_{cTM_{01}}\approx 2(b-a)=2\times(40\text{mm}-10\text{mm})=60\text{mm}$$

$$\lambda_{cTE_{11}}\approx \pi(b+a)=2\times(40\text{mm}+10\text{mm})=100\text{mm}$$

(2) TEM 模的相速度为

$$v_{\text{pTEM}}=\frac{c}{\sqrt{\varepsilon_r}}=3\times10^8$$

由于工作波长 $\lambda=10\text{cm}$，截止波长 $\lambda_{CTE_{11}}\approx100\text{mm}$，由波传输条件 $\lambda<\lambda_C$ 可知，空气同轴线中不能传输 TE_{11} 模。

8.4 典型考研试题解析

【考研题 8-1】 (国防科技大学 2004 年)一均匀无耗双导体传输线，特性阻抗为 Z_C，终端负载是 Z_0。试求：

(1) 当 Z_0 变化时，传输线上会出现哪几种工作状态？其中对应于 $Z_0=Z_C$ 时的工作状态有什么基本特点；

(2) 叙述用单支节进行阻抗匹配的原理；

(3) 当 $Z_0=R\neq Z_C$ 且 R 为实数时，证明通过接一段 $\lambda/4$ 长的传输线，可以使传输线达到匹配工作状态；

(4) 如果 $Z_0=50+\text{j}100\Omega$，$Z_C=50\Omega$，测出相邻的波腹和波节之间的距离是 2.5cm，试求传输线上任一点的反射系数、传输线上的驻波系数和行波系数，距离终端第一个波腹点和第一个波节点的位置；

(5) 针对上述(4)的情况，欲采用 $\lambda/4$ 长的阻抗变换段进行匹配，是否可行？如果不可行，说明理由；如果可行，试求出该 $\lambda/4$ 阻抗变换段的接入位置和特性阻抗。

解：(1) 当 Z_0 变化时，传输线上会出现行波、行驻波和纯驻波 3 种工作状态。当 $Z_0=Z_C$ 时，为行波状态，有如下特点：

①沿线各点电压、电流的振幅不变；②相位沿传输方向连续、线性滞后；③线上无反射

波；④沿线各点的输入阻抗等于特性阻抗。

(2) 支节匹配器的原理是利用在传输线上并接或串接终端短路或开路的支节线，产生新的反射波抵消原来的反射波，从而达到匹配。如图 8-4(a)所示，用单支节进行阻抗匹配的原理为：

①在主传输线上找出距离负载为 d 的位置，使该处的输入导纳为 $Y_1=Y_C+\mathrm{j}B_1$；②在 d 处，并联一短路支节，调节支节长度，使其在 d 处的输入导纳为 $Y_2=-\mathrm{j}B_1$；③并联支节后，主传输线上 d 处的输入导纳为 $Y_{in}=Y_1+Y_2=Y_C$，此时即可达到反射系数为零，达到匹配。

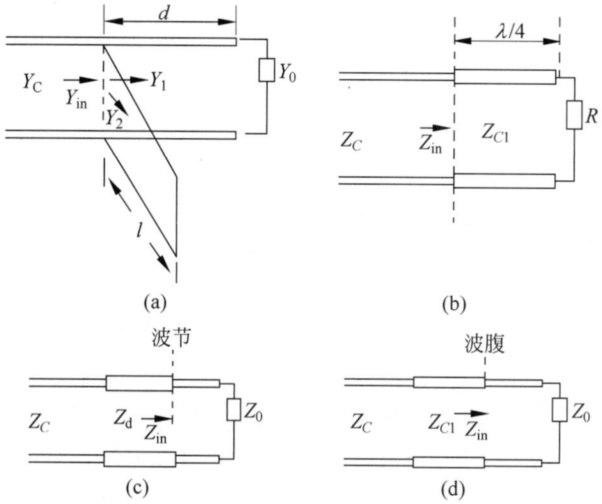

图 8-4　考研题 8-1 图

(3) 设 $\lambda/4$ 长的传输线的特性阻抗为 Z_{C1}，如图 8-4(b)所示。

在 Z_0 与主传输线之间接一段 $\lambda/4$ 长的传输线段后，输入阻抗为

$$Z_{in}=Z_{C1}\frac{R+\mathrm{j}Z_{C1}\tan(\pi/4)}{Z_{C1}+\mathrm{j}R\tan(\pi/4)}=\frac{Z_{C1}^2}{R}$$

显然，当 $Z_{C1}^2=Z_CR$ 时，$Z_{in}=Z_C$，可以使传输线达到匹配工作状态。

(4) 由题意可知，$\lambda_g/4=2.5\text{cm}$，故 $\lambda_g=10\text{cm}$，则

$$\Gamma_L=\frac{Z_0-Z_C}{Z_0+Z_C}=\frac{\sqrt{2}}{2}\mathrm{e}^{\mathrm{j}\frac{\pi}{4}}$$

故任一点的反射系数为

$$\Gamma(l)=\Gamma_L\mathrm{e}^{-\mathrm{j}\frac{4\pi}{\lambda_g}l}=\frac{\sqrt{2}}{2}\mathrm{e}^{\mathrm{j}\left(\frac{\pi}{4}-0.4\pi l\right)}$$

其中，l 的单位为 cm。

驻波系数为

$$S=\frac{1+|\Gamma(z)|}{1-|\Gamma(z)|}=\frac{1+|\Gamma_L|}{1-|\Gamma_L|}=3+2\sqrt{2}$$

行波系数为

$$K=\frac{1}{S}=3-2\sqrt{2}$$

由 $\frac{\pi}{4}-0.4\pi l=0$ 得第一个波腹点的位置为

$$l_{\max}=0.625\text{cm}$$

由 $\frac{\pi}{4}-0.4\pi l=-\pi$ 得第一个波节点的位置为

$$l_{\max}=3.125\text{cm}$$

(5) 可在波节点或者波腹点接入 $\lambda/4$ 长的阻抗变换段进行匹配,如图 8-4(c)、(d)所示。

在波节点:$Z_{\text{in}}=KZ_C=(3-2\sqrt{2})Z_C$。

阻抗变换段的特性阻抗为

$$Z_{C1}=\sqrt{Z_C Z_{\text{in}}}=\sqrt{(3-2\sqrt{2})}\,Z_C$$

在波腹点:

$$Z_{\text{in}}=SZ_C=(3+2\sqrt{2})Z_C$$

阻抗变换段的特性阻抗为

$$Z_{C1}=\sqrt{Z_C Z_{\text{in}}}=\sqrt{(3+2\sqrt{2})}\,Z_C$$

【考研题 8-2】 (国防科技大学 2003 年)一均匀、无耗双导体传输线,其特性阻抗为 $Z_C=50\Omega$,终端负载阻抗为 Z_L,工作波长为 1.0cm。

(1) 如果 $Z_L=50\Omega$,传输线工作在什么状态?该工作状态有哪些特点?

(2) 如果 $Z_L=25\Omega$,传输线工作在什么状态?求出传输线上任一点的反射系数、传输线上的驻波系数和行波系数。

(3) 什么是阻抗匹配?有哪几种方式?

解:(1) 传输线工作在行波状态。有如下特点:

①沿线各点电压、电流的振幅不变;②电压、电流同相,相位沿传输方向连续、线性滞后;③线上无反射波;④沿线各点的输入阻抗等于特性阻抗。

(2) 传输线工作在行驻波状态。

$$\Gamma_L=\frac{Z_L-Z_C}{Z_L+Z_C}=-\frac{1}{3}$$

故任一点的反射系数为

$$\Gamma(l)=\Gamma_L\text{e}^{-\text{j}\frac{4\pi}{\lambda}l}=\frac{1}{3}\text{e}^{\text{j}(\pi-4\pi l)}$$

驻波系数为

$$S=\frac{1+|\Gamma(z)|}{1-|\Gamma(z)|}=\frac{1+1/3}{1-1/3}=2$$

行波系数为

$$K=\frac{1}{S}=\frac{1}{2}$$

(3) 当负载与特性阻抗相等时,称为传输线的阻抗匹配,此时线上只有入射波,没有反射波。最常用的阻抗匹配网络有 $\lambda/4$ 变换器、支节匹配器、阶梯阻抗变换和渐变线变换器等。

【考研题 8-3】 (北京邮电大学 2002 年)内外导体半径为 a、b 的填充空气介质的铜材同轴电缆,传输 TEM 波,其电流为

$$I = I_0 e^{j(\omega t - kz)}$$

试求：(1) 功率密度平均值 $\boldsymbol{S}_{av}$；

(2) 传输功率 P；

(3) 每单位长度的损耗功率 P_L；

(4) 衰减常数 α。

解：(1) 根据安培环路定理 $\oint_c \boldsymbol{H} \cdot d\boldsymbol{l} = I$，得

$$H_\phi = \frac{I}{2\pi r} = \frac{I_0}{2\pi r} e^{j(\omega t - kz)}$$

故电场为

$$\boldsymbol{E} = \frac{\nabla \times \boldsymbol{H}}{j\omega\varepsilon_0} = \frac{1}{j\omega\varepsilon_0}\frac{1}{r}\begin{vmatrix} \boldsymbol{e}_r & r\boldsymbol{e}_\phi & \boldsymbol{e}_z \\ \dfrac{\partial}{\partial r} & \dfrac{\partial}{\partial \varphi} & \dfrac{\partial}{\partial z} \\ 0 & rH_\phi & 0 \end{vmatrix} = \boldsymbol{e}_r \frac{k}{\omega\varepsilon_0}\frac{I_0}{2\pi r} e^{j(\omega t - kz)} = \boldsymbol{e}_r \sqrt{\frac{\mu_0}{\varepsilon_0}} H_\phi$$

所以，功率密度平均值为

$$\boldsymbol{S}_{av} = \frac{1}{2}\mathrm{Re}(\boldsymbol{E} \times \boldsymbol{H}^*) = \frac{1}{2}\mathrm{Re}\left(\boldsymbol{e}_r \sqrt{\frac{\mu_0}{\varepsilon_0}} H_\phi \times \boldsymbol{e}_\phi H_\phi\right) = \frac{1}{2}\eta_0 \left(\frac{I_0}{2\pi r}\right)^2 \boldsymbol{e}_z$$

(2) 传输功率为

$$P = \iint_S \boldsymbol{S}_{av} d\boldsymbol{S} = \int_a^b S_{av} 2\pi r\, dr = 30 I_0^2 \ln\left(\frac{b}{a}\right)$$

(3) 单位长度内导体表面产生的损耗功率为

$$P_L|_{r=a} = \frac{1}{2}|\boldsymbol{J}_s|^2 R_s \times 2\pi a = \frac{1}{2} R_s H_\phi^2|_{r=a} \times 2\pi a = \frac{I_0^2}{4\pi a} R_s$$

单位长度外导体表面产生的损耗功率为

$$P_L|_{r=b} = \frac{1}{2}|\boldsymbol{J}_s|^2 R_s \times 2\pi b = \frac{1}{2} R_s H_\phi^2|_{r=b} \times 2\pi b = \frac{I_0^2}{4\pi b} R_s$$

其中，$R_s = (\pi f \mu / \sigma)^{1/2}$ 为导体的表面电阻。

(4) 衰减常数 α

$$\alpha = \frac{P_L}{2P} = \frac{R_s}{2\eta_0}\frac{\dfrac{1}{a}+\dfrac{1}{b}}{\ln(b/a)} = \frac{R_s}{240\pi}\frac{\dfrac{1}{a}+\dfrac{1}{b}}{\ln(b/a)}$$

【考研题 8-4】 (西安交通大学 2006 年)一同轴电缆如图 8-5(a)所示，内外导体半径分别为 $R_1 = 0.6\text{mm}$，$R_2 = 3.92\text{mm}$，且内外导体均可被看作理想导体。内外导体间的电介质为聚乙烯($\varepsilon_r = 2.25$，$\mu_r = 1$)。若长度为半波长的这种同轴电缆，终端开路，始端加一频率为 100MHz，电压为 $\dot{U}_s = 10\angle 0°\text{V}$ 的电压源，如图 8-5(b)所示。试求：

(1) 此同轴电缆的特性阻抗；

(2) 电磁波在此同轴电缆中传播的相速度和相位常数；

(3) 距离终端 $\lambda/4$ 处的电压和电流相量，以及终端电压的瞬时表达式。

解：(1) 同轴电缆的特性阻抗为

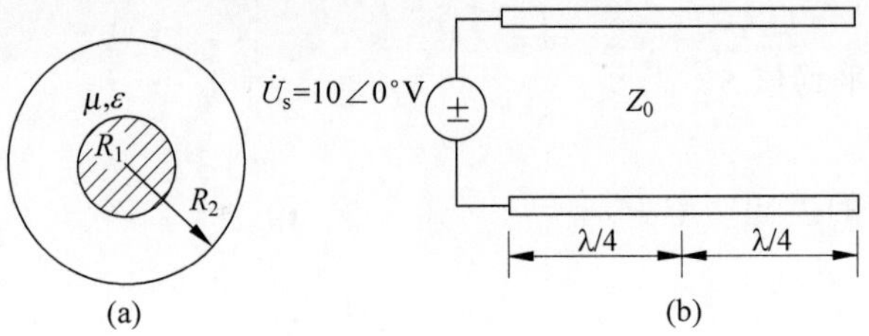

图 8-5 考研题 8-4 图

$$Z_C = \frac{U}{I} = \frac{\eta}{2\pi}\ln\frac{R_2}{R_1} = \frac{60}{\sqrt{\varepsilon_r}}\ln\frac{R_2}{R_1} = 75.08\Omega$$

(2) 同轴电缆的主模为 TEM 波，相速度为

$$v_p = \frac{c}{\sqrt{\varepsilon_r}} = \frac{3\times10^8}{\sqrt{2.25}}\text{m/s} = 2\times10^8\text{m/s}$$

相位常数为

$$\beta = k = \omega\sqrt{\mu\varepsilon} = 2\pi f\sqrt{2.25\mu_0\varepsilon} = \pi\text{rad/s}$$

(3) 距离终端 $\lambda/4$ 处为电压波节点，故电压为零，电流为最大值

$$I_{\max} = \frac{\dot{U}_s}{Z_0} = \frac{2}{15}\angle 0°\text{A}$$

终端电压的瞬时表达式为

$$u(0,t) = 10\sqrt{2}\cos 10^8 t\,\text{V}$$

【考研题 8-5】 (北京理工大学 2005 年)一矩形波导管的宽边尺寸为 25mm、窄边尺寸为 10mm，其中一段填充空气，另一段填充相对介电常数为 2.25 的电介质。

(1) 求此波导可实现单模传输的频率范围。

(2) 当一频率为 7.5GHz 的电磁波从空气段入射到介质段时，求反射波与折射波场量各为多大？空气波导段内的驻波系数为多少？

解：(1) 先求满足单模传输的条件。因为 $a=25\text{mm}>2b=20\text{mm}$，故根据

$$\lambda_{cmn} = \frac{2\pi}{\sqrt{\left(\frac{m\pi}{a}\right)^2+\left(\frac{n\pi}{b}\right)^2}}$$

传输 TE_{10} 模应满足的关系为

$$a<\lambda<2a$$

即

$$25\text{mm}<\lambda<50\text{mm}$$

由于 $c=\lambda f$，所以对于空气段，单模传输的频率范围为

$$6\times10^9\text{Hz}<f<12\times10^{10}\text{Hz}$$

由于 $v=\frac{c}{\sqrt{\varepsilon_r}}=\frac{c}{\sqrt{2.25}}=2\times10^8$，$v=\lambda f$，所以对于介质段，单模传输的频率范围为

$$4\times10^9\text{Hz}<f<8\times10^{10}\text{Hz}$$

(2) 频率为 7.5GHz 的电磁波，在空气中的波长为 0.04m，在相对介电常数为 2.25 的

电介质中波长为 2/75m。

对于空气段的波阻抗为

$$Z_2=\frac{\eta_0}{\sqrt{1-\left(\frac{\lambda_0}{2a}\right)^2}}=\frac{120\pi}{\sqrt{1-\left(\frac{0.04}{0.05}\right)^2}}=200\pi$$

对于介质段的波阻抗为

$$Z_2=\frac{\eta_0/\sqrt{\varepsilon_r}}{\sqrt{1-\left(\frac{\lambda_0}{2a}\right)^2}}=\frac{120\pi/\sqrt{2.25}}{\sqrt{1-\left(\frac{1}{0.05}\times\frac{2}{75}\right)^2}}=94.57\pi$$

故反射系数为

$$\Gamma=\frac{Z_2-Z_1}{Z_2+Z_1}=\frac{94.57\pi-200\pi}{94.57\pi+200\pi}\approx-0.358$$

传输系数为

$$T=1+\Gamma=0.642$$

设入射波场量为 1,则反射波场量为−0.358,传输波场量为 0.642。

空气波导段内的驻波系数为

$$S=\frac{1+|\Gamma|}{1-|\Gamma|}=\frac{1.538}{0.642}\approx 2.4$$

【考研题 8-6】 (北京邮电大学 2006 年)矩形波导中的 TE_{10} 模,其磁场有 H_x、H_z 两个分量,若给定 $H_z=H_0\cos\left(\frac{\pi}{a}x\right)e^{j(\omega t-\beta z)}$,试求:

(1) H_x;

(2) 在 $H_x=H_z$ 处,TE_{10} 模的磁场是什么极化波?

(3) 写出参量 E_y/H_x。

解:(1) 根据 $\nabla\cdot\boldsymbol{B}=0$,由于 $H_y=0$,则有

$$\frac{\partial H_z}{\partial z}+\frac{\partial H_x}{\partial x}=0$$

因此

$$\frac{\partial H_x}{\partial x}=-\frac{\partial H_z}{\partial z}=j\beta H_0\cos\left(\frac{\pi}{a}x\right)e^{j(\omega t-\beta z)}$$

对上式两边积分,取交变场的积分常数为零,得

$$H_x=j\beta\frac{a}{\pi}H_0\sin\left(\frac{\pi}{a}x\right)e^{j(\omega t-\beta z)}$$

(2) 在 $H_x=H_z$ 处,由于幅度相等,场矢量垂直,相位相差 90°,故为圆极化波。

(3) 根据麦克斯韦方程,

$$\boldsymbol{E}=\frac{\nabla\times\boldsymbol{H}}{j\omega\varepsilon}=\frac{1}{j\omega\varepsilon}\begin{vmatrix}\boldsymbol{e}_x & \boldsymbol{e}_y & \boldsymbol{e}_z\\ \frac{\partial}{\partial x} & \frac{\partial}{\partial y} & \frac{\partial}{\partial z}\\ H_x & 0 & H_z\end{vmatrix}=\boldsymbol{e}_y\frac{1}{j\omega\varepsilon}\left[\frac{\partial H_x}{\partial z}-\frac{\partial H_z}{\partial x}\right]$$

$$=\boldsymbol{e}_y H_0 \sin\left(\frac{\pi}{a}x\right) \mathrm{e}^{\mathrm{j}(\omega t-\beta z)} \left[\beta^2 \frac{a}{\pi}-\frac{\pi}{a}\right]$$

所以

$$\frac{E_y}{H_x}=\frac{\beta^2 \frac{a}{\pi}-\frac{\pi}{a}}{\mathrm{j}\beta \frac{a}{\pi}}=-\mathrm{j}\left(\beta-\frac{\pi^2}{\beta a^2}\right)$$

【考研题 8-7】 (北京邮电大学 2004 年)横截面尺寸为 $a\times b$ 的矩形波导中填充介电常数为 $\varepsilon=\varepsilon_0\varepsilon_r$ 的介质,试求该波导中传播 TE_{10} 模的波时的截止频率 f_c 及相速度 v_p。

解:对于 TE_{10} 模,$m=1,n=0$,因此截止频率为

$$f_c=\frac{k_c}{2\pi\sqrt{\mu\varepsilon}}=\frac{1}{2\pi\sqrt{\mu\varepsilon}}\sqrt{\left(\frac{m\pi}{a}\right)^2+\left(\frac{n\pi}{b}\right)^2}=\frac{c}{2a\sqrt{\varepsilon_r}}$$

其中,c 为光速。

相速度 v_p 为

$$v_p=\frac{v}{\sqrt{1-\left(\frac{\lambda}{\lambda_c}\right)^2}}=\frac{c/\sqrt{\varepsilon_r}}{\sqrt{1-\left(\frac{\lambda_0/\sqrt{\varepsilon_r}}{2a}\right)^2}}$$

其中,λ_0 为真空中的波长。

【考研题 8-8】 (国防科技大学 2004 年)有一矩形金属波导,宽边尺寸为 a,窄边尺寸为 b,工作波长是 λ,中间的介质是空气,尺寸限制只有主模可以在其中传播。

(1) 该矩形金属波导的主模是什么模,写出其截止波数、截止波长、波导波长、相速度和波阻抗。

(2) 什么是色散现象,它对信号的主要影响是什么?矩形金属波导是否存在色散现象。

(3) 如果在该矩形波导的宽边放置一理想金属膜片,试定性分析金属膜片的性质,画出其等效电路。

解:(1) 主模是 TE_{10} 模。截止波数和截止波长为

$$k_c=\frac{\pi}{a},\quad \lambda_C=2a$$

波导波长为

$$\lambda_g=\frac{\lambda}{\sqrt{1-\left(\frac{\lambda}{\lambda_C}\right)^2}}=\frac{\lambda}{\sqrt{1-\left(\frac{\lambda}{2a}\right)^2}}$$

相速度为

$$v_p=\frac{c}{\sqrt{1-\left(\frac{\lambda}{2a}\right)^2}}$$

波阻抗为

$$Z_{TE}=\frac{120\pi}{\sqrt{1-\left(\frac{\lambda}{2a}\right)^2}}$$

(2) 波导中电磁波的相速度随着频率变化的现象称为色散。它使信号在传播过程中发生畸变、失真。矩形波导中存在色散现象。

(3) 在矩形波导的宽边放置一理想金属膜片时，根据边界条件，在膜片附近产生了纵向电场分量，如图 8-6(a)所示。这些纵向分量为 TM 模，为高次模，不能传播，存在于膜片附近，并随着与膜片距离的增加而减小。这些 TM 模，存储电磁能量，并以存储电场能为主，故可等效为一个电容，其等效电路如图 8-6(b)所示。

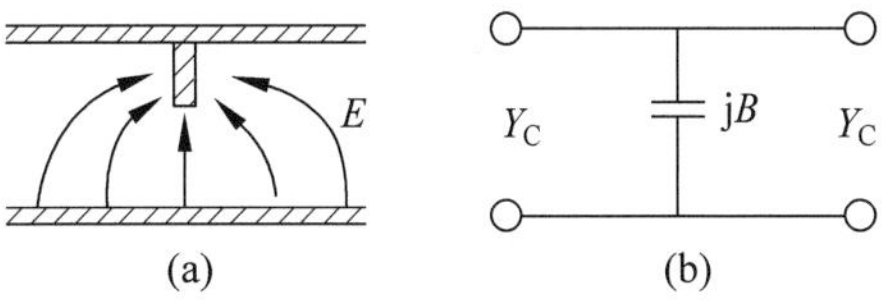

图 8-6 考研题 8-8 图

【考研题 8-9】 (北京邮电大学 2006 年)矩形波导中的传输模，沿波导的横向(x，y 方向)为驻波分布，沿纵向(z 方向)为行波。试指出下面所给出的 TM 模场量的表示式中，时间相位关系及空间分布规律上所出现的错误(其中纵向电场 E_z 是无误的，以其作为参考)。

$$E_z \propto \sin\left(\frac{m\pi}{a}x\right)\sin\left(\frac{n\pi}{b}y\right)e^{j(\omega t-\beta z)}$$

$$E_x \propto j\cos\left(\frac{m\pi}{a}x\right)\cos\left(\frac{n\pi}{b}y\right)e^{j(\omega t-\beta z)}$$

$$E_y \propto j\sin\left(\frac{m\pi}{a}x\right)\sin\left(\frac{n\pi}{b}y\right)e^{j(\omega t-\beta z)}$$

$$H_x \propto \sin\left(\frac{m\pi}{a}x\right)\cos\left(\frac{n\pi}{b}y\right)e^{j(\omega t-\beta z)}$$

$$H_y \propto \cos\left(\frac{m\pi}{a}x\right)\sin\left(\frac{n\pi}{b}y\right)e^{j(\omega t-\beta z)}$$

解：对于 TM 模，由于 $H_z=0$，故横向分量可由 E_z 表示如下：

$$\begin{cases} H_x = \dfrac{j\omega\varepsilon}{k_c^2}\dfrac{\partial E_z}{\partial y} \\ H_y = \dfrac{-j\omega\varepsilon}{k_c^2}\dfrac{\partial E_z}{\partial x} \\ E_x = \dfrac{-\gamma}{k_c^2}\dfrac{\partial E_z}{\partial x} \\ E_y = \dfrac{-\gamma}{k_c^2}\dfrac{\partial E_z}{\partial y} \end{cases}$$

由此得到横向场量的表示式：

$$\begin{cases} E_x = -\dfrac{\gamma}{k_c^2}\left(\dfrac{m\pi}{a}\right)E_0\cos\left(\dfrac{m\pi}{a}x\right)\sin\left(\dfrac{n\pi}{b}y\right)e^{j(\omega t-\beta z)} \\ E_y = -\dfrac{\gamma}{k_c^2}\left(\dfrac{n\pi}{b}\right)E_0\sin\left(\dfrac{m\pi}{a}x\right)\cos\left(\dfrac{n\pi}{b}y\right)e^{j(\omega t-\beta z)} \\ H_x = \dfrac{j\omega\varepsilon}{k_c^2}\left(\dfrac{n\pi}{b}\right)E_0\sin\left(\dfrac{m\pi}{a}x\right)\cos\left(\dfrac{n\pi}{b}y\right)e^{j(\omega t-\beta z)} \\ H_y = \dfrac{-j\omega\varepsilon}{k_c^2}\left(\dfrac{m\pi}{a}\right)E_0\cos\left(\dfrac{m\pi}{a}x\right)\sin\left(\dfrac{n\pi}{b}y\right)e^{j(\omega t-\beta z)} \end{cases}$$

根据题意，由此对比可以看出，E_x、E_y 在时间相位关系上差了 $-90°$ 的相位，在 y 方向上的分布差了 90°的相位；H_x、H_y 在时间相位关系上差了 $\pm 90°$ 的相位。即

$$E_x \propto \cos\left(\frac{m\pi}{a}x\right)\sin\left(\frac{n\pi}{b}y\right)\mathrm{e}^{\mathrm{j}(\omega t-\beta z)}$$

$$E_y \propto \sin\left(\frac{m\pi}{a}x\right)\cos\left(\frac{n\pi}{b}y\right)\mathrm{e}^{\mathrm{j}(\omega t-\beta z)}$$

$$H_x \propto \mathrm{j}\sin\left(\frac{m\pi}{a}x\right)\cos\left(\frac{n\pi}{b}y\right)\mathrm{e}^{\mathrm{j}(\omega t-\beta z)}$$

$$H_y \propto \mathrm{j}\cos\left(\frac{m\pi}{a}x\right)\sin\left(\frac{n\pi}{b}y\right)\mathrm{e}^{\mathrm{j}(\omega t-\beta z)}$$

【考研题 8-10】（北京邮电大学 2002 年）矩形波导（沿 x，y 的横断面尺寸为 $a\times b$），填充空气介质，传输 TE_{10} 模，已知其电场强度为

$$E_y = E_0\sin\left(\frac{\pi}{a}x\right)\mathrm{e}^{\mathrm{j}(\omega t-\beta z)}$$

且工作频率为 $f=4\mathrm{GHz}$，$a=5\mathrm{cm}$。试求：

(1) H_x，H_z。

(2) x 为何值时，磁场为圆极化？

解：(1) 根据麦克斯韦第二方程

$$\boldsymbol{H}=\frac{\nabla\times\boldsymbol{E}}{-\mathrm{j}\omega\mu_0}=\frac{1}{-\mathrm{j}\omega\mu_0}\begin{vmatrix}\boldsymbol{e}_x & \boldsymbol{e}_y & \boldsymbol{e}_z\\ \dfrac{\partial}{\partial x} & \dfrac{\partial}{\partial y} & \dfrac{\partial}{\partial z}\\ 0 & E_y & 0\end{vmatrix}$$

$$=\frac{1}{-\mathrm{j}\omega\mu_0}E_0\mathrm{e}^{\mathrm{j}(\omega t-\beta z)}\left[\mathrm{j}\beta\sin\left(\frac{\pi}{a}x\right)\boldsymbol{e}_x+\boldsymbol{e}_z\frac{\pi}{a}\cos\left(\frac{\pi}{a}x\right)\right]$$

故

$$H_x=-\frac{\beta}{\omega\mu_0}E_0\sin\left(\frac{\pi}{a}x\right)\mathrm{e}^{\mathrm{j}(\omega t-\beta z)}$$

$$H_z=\mathrm{j}\frac{\pi}{a\omega\mu_0}E_0\cos\left(\frac{\pi}{a}x\right)\mathrm{e}^{\mathrm{j}(\omega t-\beta z)}$$

(2) 如果磁场为圆极化，则 H_x、H_z 在上述形式中垂直、有 90°的相位差的基础上，还要幅度相等。

由于 $f=4\mathrm{GHz}$，$\lambda=c/f=7.5\mathrm{cm}$，$a=5\mathrm{cm}$，

$$\beta=k\sqrt{1-\left(\frac{\lambda}{\lambda_c}\right)^2}=2\pi f\sqrt{\mu_0\varepsilon_0}\sqrt{1-\left(\frac{\lambda}{2a}\right)^2}$$

利用上述 H_x、H_z 的表达式，此时求出的两个位置为

$$x_1=1.35\mathrm{cm},\quad x_2=3.65\mathrm{cm}$$

【考研题 8-11】（北京理工大学 2000 年）一宽、窄边分别为 a 和 b 的理想导体壁矩形波导内为真空，当此波导传输工作频率为 $f=3\times10^9$ Hz 的 TE_{10} 模的波时，其电场复矢量为

$$\boldsymbol{E}_y=E_0\sin\left(\frac{\pi}{a}x\right)\mathrm{e}^{-\mathrm{j}\beta_{10}z}$$

其中，E_0 为实数，$\beta_{10}=\sqrt{\omega^2\mu\varepsilon-\left(\frac{\pi}{a}\right)^2}$。试求：

(1) 磁场复矢量的表达式；

(2) 波导窄壁 $x=a$ 上的表面电流密度 $\boldsymbol{J}_s$。

(3) 波导宽边的最小允许尺寸。

解：(1) 根据麦克斯韦第二方程得

$$\boldsymbol{H}=\frac{\nabla\times\boldsymbol{E}}{-\mathrm{j}\omega\mu_0}=\frac{1}{-\mathrm{j}\omega\mu_0}\begin{vmatrix}\boldsymbol{e}_x & \boldsymbol{e}_y & \boldsymbol{e}_z\\ \frac{\partial}{\partial x} & \frac{\partial}{\partial y} & \frac{\partial}{\partial z}\\ 0 & E_y & 0\end{vmatrix}=\frac{E_0}{\omega\mu_0}\mathrm{e}^{-\mathrm{j}\beta_{10}z}\left[-\beta_{10}\sin\left(\frac{\pi}{a}x\right)\boldsymbol{e}_x+\boldsymbol{e}_z\mathrm{j}\frac{\pi}{a}\cos\left(\frac{\pi}{a}x\right)\right]$$

(2) 波导窄壁 $x=a$ 上的表面电流密度

$$\boldsymbol{J}_s\big|_{x=a}=-\boldsymbol{e}_x\times H\big|_{x=a}=-\boldsymbol{e}_x\times\frac{E_0}{\omega\mu_0}\mathrm{e}^{-\mathrm{j}\beta_{10}z}\left(-\boldsymbol{e}_z\mathrm{j}\frac{\pi}{a}\right)=\boldsymbol{e}_y\frac{\pi E_0}{\mathrm{j}a\omega\mu_0}\mathrm{e}^{-\mathrm{j}\beta_{10}z}$$

(3) 因为 $\beta_{10}=\sqrt{\omega^2\mu\varepsilon-\left(\frac{\pi}{a}\right)^2}>0$，所以

$$a>\frac{\pi}{\omega\sqrt{\mu\varepsilon}}=\frac{\pi}{\omega\sqrt{\mu_0\varepsilon_0}}=\frac{\pi\times3\times10^8}{2\pi\times3\times10^9}\mathrm{m}=5\mathrm{cm}$$

【考研题 8-12】 （北京邮电大学 2007 年）已知空气填充的矩形波导中 TM 模的纵向电场为

$$\boldsymbol{E}_z=E_0\sin\left(\frac{\pi}{3}x\right)\sin\left(\frac{\pi}{3}y\right)\cos(\omega t-\sqrt{2}\pi z/3)$$

式中，x、y、z 的单位均为 cm。试求：

(1) 该模式的 k_x、k_y、β、k。

(2) 该模式的截止波长 λ_C、波导波长 λ_g。

(3) 如果这是 TM_{32} 模，求该波导的尺寸。

解：(1) 由 $E_z=E_0\sin\left(\frac{\pi}{3}x\right)\sin\left(\frac{\pi}{3}y\right)\cos(\omega t-\sqrt{2}\pi z/3)$的表达式可知

$$k_x=\frac{\pi}{3},\quad k_y=\frac{\pi}{3},\quad \beta=\sqrt{2}\pi/3$$

由于

$$k_c^2=k^2+\gamma^2=k_x^2+k_y^2=2\left(\frac{\pi}{3}\right)^2,\quad \gamma=\mathrm{j}\beta$$

所以
$$k^2=k_c^2+\beta^2=2\left(\frac{\pi}{3}\right)^2+(\sqrt{2}\pi/3)^2=\frac{4\pi^2}{9}$$

即
$$k=\frac{2\pi}{3}$$

(2) 截止波数为

$$k_c=\sqrt{k_x^2+k_y^2}=\frac{\sqrt{2}}{3}\pi$$

故截止波长为

$$\lambda_C=\frac{2\pi}{k_c}=3\sqrt{2}\,\pi\text{cm}$$

波导波长为

$$\lambda_g=\frac{2\pi}{\beta}=\frac{2\pi}{\sqrt{2}\,\pi/3}=3\sqrt{2}\,\text{cm}$$

(3) 设矩形波导的尺寸为 $a\times b$,对于 TM_{32} 模,由

$$E_z=E_0\sin\left(\frac{3\pi}{a}x\right)\sin\left(\frac{2\pi}{b}y\right)e^{-\gamma z}$$

和

$$E_z=E_0\sin\left(\frac{\pi}{3}x\right)\sin\left(\frac{\pi}{3}y\right)e^{-j\beta z}$$

比较得

$$\frac{3\pi}{a}=\frac{\pi}{3},\quad \frac{2\pi}{b}=\frac{\pi}{3}$$

故有 $a=9,b=6$,波导尺寸为

$$a\times b=9\times 6\text{cm}^2$$

【考研题 8-13】 (西安交通大学 2003 年)矩形波导尺寸为 22.86mm×10.16mm,填充空气。

(1) 求单模传输的频率范围。

(2) 频率为 13GHz 的电磁波在此矩形波导传输时,计算有哪几个模式是传导模。

(3) 当此波导终端短路时,波导中形成的驻波相邻波节的距离是 23mm,求电磁波的频率。

(4) 将此矩形波导两端短路形成一个矩形谐振腔,使频率为 10GHz 的波谐振于 TE_{101} 模,求矩形谐振腔的长度。

解:(1) 先求满足单模传输的条件。因为 $a=22.86\text{mm}>2b=20.32\text{mm}$,故根据

$$\lambda_{cmn}=\frac{2\pi}{\sqrt{\left(\frac{m\pi}{a}\right)^2+\left(\frac{n\pi}{b}\right)^2}}$$

传输 TE_{10} 模应满足的关系为

$$a<\lambda<2a$$

即

$$22.86\text{mm}<\lambda<45.72\text{mm}$$

由于 $c=\lambda f$,所以单模传输的频率范围为

$$6.56\times 10^9\,\text{Hz}<f<1.31\times 10^{10}\,\text{Hz}$$

(2) $f=13\text{GHz}$ 的电磁波对应的波长为

$$\lambda=\frac{3\times 10^8}{13\times 10^9}\text{m}=23.1\text{mm}$$

由于 $\lambda_{cTE10}=45.72\text{mm},\lambda_{cTE20}=22.86\text{mm}$,因此 $f=13\text{GHz}$ 的 TE_{10} 模是传导模。

(3) 因驻波相邻波节的距离是 23mm,故导波波长为 46mm。因此,由

$$\lambda_g = \frac{\lambda}{\sqrt{1-\left(\frac{\lambda}{\lambda_c}\right)^2}} = \frac{\lambda}{\sqrt{1-\left(\frac{\lambda}{2a}\right)^2}}$$

得电磁波波长为

$$\lambda = 32.43\text{mm}$$

故频率为

$$f = \frac{3\times10^8}{32.43\times10^{-3}}\text{Hz} = 9.25\times10^9\text{Hz}$$

(4) 由谐振频率的表达式

$$f_0 = \frac{c\sqrt{a^2+l^2}}{2al} = \frac{3\times10^8\sqrt{0.02286^2+l^2}}{2\times0.02286\times l} = 10\times10^9\text{Hz}$$

得矩形谐振腔的长度为

$$l = 0.0199\text{m} = 19.9\text{mm}$$

【考研题 8-14】 (南京航空航天大学 2008 年)矩形波导($a>b$)传播 TE_{mn} 模式中的最低次模式是什么？采用这种模式传播的优点有哪些？试用文字描述该电磁场的特点。

解：根据 $\lambda_{cmn} = \dfrac{2\pi}{\sqrt{\left(\frac{m\pi}{a}\right)^2+\left(\frac{n\pi}{b}\right)^2}}$，该波导传输的最低次模式是 TE_{10} 模式。这种模式传播的优点有：①可以通过设计波导尺寸实现单模传输；②在截止波长相同时，传输 TE_{10} 模所要求的波导尺寸最小，便于应用并节省材料；③TE_{10} 模和 TE_{20} 模之间的距离大于其他高次模之间的距离，故 TE_{10} 模可在大于 1.5∶1 的波段上传播；④单方向极化；⑤对于一定比值 a/b，在给定的工作频率下 TE_{10} 模具有更小的衰减。

这种模式电磁场的特点：

$$H_x = \mathrm{j}k_z\frac{a}{\pi}H_0\sin\left(\frac{\pi}{a}x\right)$$

$$H_z = H_0\cos\left(\frac{\pi}{a}x\right)$$

$$E_y = -\mathrm{j}\omega\mu\frac{a}{\pi}H_0\sin\left(\frac{\pi}{a}x\right)$$

$$E_z = E_x = 0$$

【考研题 8-15】 (南京航空航天大学 2008 年)

(1) 推导长为 a、宽度为 b 的矩形波导中 TM_{mn} 模的波的纵向电场表达式。

(2) 如果矩形波导的 $a=0.02286\text{m}$，$b=0.01016\text{m}$，填充空气，求 TE_{10} 模式的截止波长、截止频率。

(3) 此时频率为 10GHz 的 TE_{10} 波能否传播？若可以，求其相移常数、波导波长、相速度、波阻抗。

解：(1) 在均匀波导系统中，设 $E_z(x,y,z)=E_z(x,y)\mathrm{e}^{-\gamma z}$，代入 $\nabla^2E_z+k^2E_z=0$ 得

$$\frac{\partial^2}{\partial x^2}E_z(x,y)+\frac{\partial^2}{\partial y^2}E_z(x,y)+k_c^2E_z(x,y)=0$$

式中，$k_c^2=\gamma^2+k^2$。设 $E_z(x,y,z)=X(x)Y(y)e^{-\gamma z}$，应用分离变量法，有

$$\frac{1}{X}\frac{d^2X}{dx^2}=-k_x^2$$

$$\frac{1}{Y}\frac{d^2Y}{dy^2}=-k_y^2$$

其中，$k_c^2=k_x^2+k_y^2$ 称为截止波数。通解的形式为

$$X=c_1\cos k_x x+c_2\sin k_x x$$

$$Y=c_3\cos k_y y+c_4\sin k_y y$$

利用矩形波导在传输 TM 波时的边界条件

$$E_z\big|_{x=0}=0,\quad E_z\big|_{y=0}=0$$

因此

$$E_z=c_2c_4\sin k_x x\sin k_y y=E_0\sin k_x x\sin k_y y e^{-\gamma z}$$

再利用边界条件

$$E_z\big|_{x=a}=0,\quad E_z\big|_{y=b}=0$$

得到

$$E_z(x,y,z)=E_0\sin\left(\frac{m\pi}{a}x\right)\sin\left(\frac{n\pi}{b}y\right)e^{-\gamma z}$$

(2) 根据 $\lambda_{cmn}=\dfrac{2\pi}{\sqrt{\left(\dfrac{m\pi}{a}\right)^2+\left(\dfrac{n\pi}{b}\right)^2}}$ 得 $k_c=\dfrac{\pi}{a}$，因此

$$\lambda_{cTE_{10}}=\frac{2\pi}{k_c}=2a$$

$$f_c=\frac{k_c}{2\pi\sqrt{\mu\varepsilon}}=\frac{c}{2a}=6.56\text{GHz}$$

(3) $f=10\text{GHz}>6.5\text{GHz}$，故该频率的电磁波可以在波导中传播。

波长为 $\lambda=c/f=0.03\text{m}$，故相移常数为

$$\beta=k\sqrt{1-\left(\frac{\lambda}{\lambda_c}\right)^2}=\frac{2\pi}{\lambda}\sqrt{1-\left(\frac{\lambda}{2a}\right)^2}=\frac{2\pi}{0.03}\sqrt{1-\left(\frac{0.03}{0.04572}\right)^2}=158.04\text{rad/s}$$

波导波长为

$$\lambda_g=\frac{2\pi}{\beta}=0.03974\text{m}$$

相速度为

$$v_p=\frac{2\pi f}{\beta}=3.975\times10^8\text{m/s}$$

波阻抗为

$$Z_{TE}=\frac{120\pi}{\sqrt{1-\left(\dfrac{\lambda}{2a}\right)^2}}\approx499.4\Omega$$

【考研题 8-16】 (北京邮电大学 2005 年)频率为 10GHz 的 TE_{10} 波在 2cm×2cm 的矩

形波导中传输，试求：

（1）相移常数 β；

（2）已知其电场为 $E_y=E_0\sin(k_x x)\mathrm{e}^{\mathrm{j}(\omega t-\beta z)}$ 时，磁场 H_x、H_z 的表达式；

（3）波导波长 λ_g，群速度 v_g。

解：（1）对于工作频率为 $f=10^{10}\,\mathrm{Hz}$ 的 TE_{10} 波，由于 $c=\lambda f$，故电磁波的波长为 0.03m。故相移常数 β 为

$$\beta=k\sqrt{1-\left(\frac{\lambda}{\lambda_c}\right)^2}=\frac{2\pi}{\lambda}\sqrt{1-\left(\frac{\lambda}{2a}\right)^2}=\frac{2\pi}{0.03}\sqrt{1-\left(\frac{0.03}{0.04}\right)^2}\approx 138.46\,\mathrm{rad/s}$$

（2）根据麦克斯韦第二方程，得

$$\boldsymbol{H}=\frac{\nabla\times\boldsymbol{E}}{-\mathrm{j}\omega\mu}=\frac{1}{-\mathrm{j}\omega\mu}\begin{vmatrix}\boldsymbol{e}_x & \boldsymbol{e}_y & \boldsymbol{e}_z\\ \dfrac{\partial}{\partial x} & \dfrac{\partial}{\partial y} & \dfrac{\partial}{\partial z}\\ 0 & E_y & 0\end{vmatrix}=\frac{E_0}{-\mathrm{j}\omega\mu}\mathrm{e}^{\mathrm{j}(\omega t-\beta z)}[\mathrm{j}\beta\sin(k_x x)\boldsymbol{e}_x+\boldsymbol{e}_z k_x\cos(k_x x)]$$

因此

$$H_x=-\frac{E_0\beta}{\omega\mu}\mathrm{e}^{\mathrm{j}(\omega t-\beta z)}\sin(k_x x)\boldsymbol{e}_x$$

$$H_z=\frac{\mathrm{j}E_0 k_x}{\omega\mu}\mathrm{e}^{\mathrm{j}(\omega t-\beta z)}\cos(k_x x)\boldsymbol{e}_z$$

（3）波导波长 λ_g，群速度 v_g 为

$$\lambda_g=\frac{2\pi}{\beta}=\frac{2\pi}{138.46}=0.0454\,\mathrm{m}$$

相速度 $v_p=\dfrac{\omega}{\beta}$，而 $v_p\cdot v_g=\left(\dfrac{c}{\sqrt{\varepsilon_r}}\right)^2$。

故群速度为

$$v_g=\frac{\beta c^2}{\omega\varepsilon_r}$$

【考研题 8-17】（北京理工大学 2005 年）矩形波导管的宽边为 a、窄边为 $b=a/2$，管壁为理想导体，内部为真空，电场复矢量为

$$\boldsymbol{E}_y=E_0\mathrm{e}^{-\mathrm{j}\frac{\pi}{2}}\sin\left(\frac{m\pi}{a}x\right)\mathrm{e}^{-\mathrm{j}\beta z}$$

（1）写出磁场强度的瞬时表达式。

（2）求坡印亭矢量的平均值。

（3）求波导窄壁 $x=a$ 上的表面电流密度 $\boldsymbol{J}_s$。

（4）若利用该波导管传输工作频率为 $f=10^{10}\,\mathrm{Hz}$ 的 TE_{10} 波，确定 a 的取值范围。

解：（1）根据麦克斯韦第二方程，得

$$\boldsymbol{H}=\frac{\nabla\times\boldsymbol{E}}{-\mathrm{j}\omega\mu_0}=\frac{1}{-\mathrm{j}\omega\mu_0}\begin{vmatrix}\boldsymbol{e}_x & \boldsymbol{e}_y & \boldsymbol{e}_z\\ \dfrac{\partial}{\partial x} & \dfrac{\partial}{\partial y} & \dfrac{\partial}{\partial z}\\ 0 & E_y & 0\end{vmatrix}$$

$$=\frac{E_0}{-\mathrm{j}\omega\mu_0}\mathrm{e}^{-\mathrm{j}\frac{\pi}{2}}\mathrm{e}^{-\mathrm{j}\beta z}\left[\mathrm{j}\beta\sin\left(\frac{m\pi}{a}x\right)\boldsymbol{e}_x+\boldsymbol{e}_z\frac{m\pi}{a}\cos\left(\frac{m\pi}{a}x\right)\right]$$

所以,磁场强度的瞬时表达式为

$$\boldsymbol{H}(r,t)=\frac{\mathrm{j}\beta E_0}{\omega\mu_0}\sin\left(\frac{m\pi}{a}x\right)\cos(\omega t-\beta z)\boldsymbol{e}_x+\boldsymbol{e}_z\frac{E_0}{\omega\mu_0}\frac{m\pi}{a}\cos\left(\frac{m\pi}{a}x\right)\cos(\omega t-\beta z)$$

(2) 坡印亭矢量的平均值为

$$P=\frac{1}{2}\mathrm{Re}[\boldsymbol{E}\times\boldsymbol{H}^*]$$

$$=\frac{1}{2}\mathrm{Re}\left\{E_0\mathrm{e}^{-\mathrm{j}\frac{\pi}{2}}\sin\left(\frac{m\pi}{a}x\right)\mathrm{e}^{-\mathrm{j}\beta z}\boldsymbol{e}_y\times\frac{E_0}{\omega\mu_0}\mathrm{e}^{\mathrm{j}\beta z}\left[-\mathrm{j}\beta\sin\left(\frac{m\pi}{a}x\right)\boldsymbol{e}_x+\boldsymbol{e}_z\frac{m\pi}{a}\cos\left(\frac{m\pi}{a}x\right)\right]\right\}$$

$$=\boldsymbol{e}_z\frac{\beta E_0^2}{2\omega\mu_0}\sin^2\left(\frac{m\pi}{a}x\right)$$

(3) 波导窄壁 $x=a$ 上的表面电流密度为

$$\boldsymbol{J}_s|_{x=a}=-\boldsymbol{e}_x\times\boldsymbol{H}|_{x=a}=-\boldsymbol{e}_x\times\boldsymbol{e}_z\frac{E_0}{\omega\mu_0}\frac{m\pi}{a}\cos\left(\frac{m\pi}{a}a\right)\cos(\omega t-\beta z)$$

$$=\boldsymbol{e}_y\frac{E_0}{\omega\mu_0}\frac{m\pi}{a}\cos(m\pi)\cos(\omega t-\beta z),m=1,2,3,\cdots$$

(4) 因为 $a=2b$,故

根据 $\lambda_{cmn}=\dfrac{2\pi}{\sqrt{\left(\frac{m\pi}{a}\right)^2+\left(\frac{n\pi}{b}\right)^2}}$,传输 TE_{10} 模应满足的关系为

$$a<\lambda<2a$$

对于工作频率为 $f=10^{10}\,\mathrm{Hz}$ 的 TE_{10} 波,由于 $c=\lambda f$,故电磁波的波长为 0.03m。因此

$$0.015\mathrm{m}<a<0.03\mathrm{m}$$

【考研题 8-18】 (北京邮电大学 2003 年)利用分离变量法求解矩形波导(横断面尺寸 $a\times b$)中的波动方程时,得到了分离方程 $k_x^2+k_y^2-\beta^2=k^2$。

(1) 试由此方程求出 λ_C 的表示式。

(2) 当工作频率远小于截止频率 f_c 时,证明 β 近似等于一常数。

解:(1) 由 $k_x^2+k_y^2-\beta^2=k^2$ 可知

$$k_c=\sqrt{k_x^2+k_y^2}$$

因此

$$\lambda_C=\frac{2\pi}{k_c}=\frac{2\pi}{\sqrt{k_x^2+k_y^2}}$$

(2) 由于 $f_c=\dfrac{k_c}{2\pi\sqrt{\mu\varepsilon}}$,故有

$$\beta=\sqrt{k_c^2-k^2}=\sqrt{4\pi^2\mu\varepsilon f_c^2-4\pi^2f^2\mu\varepsilon}=2\pi\sqrt{\mu\varepsilon}f_c\sqrt{1-(f/f_c)^2}$$

故当工作频率 f 远小于截止频率 f_c 时,

$$\beta\approx2\pi\sqrt{\mu\varepsilon}f_c=\frac{2\pi}{\lambda_C}$$

β 近似为一常数。

【考研题 8-19】 (北京邮电大学 2009 年)2.5cm×2.5cm 的方形中空波导管传播频率为 10GHz 的 TE_{10} 波,求:

(1) 传播矢量 $\boldsymbol{k}$。

(2) 波导波长。

(3) 电磁波的相速度和群速度。

解:(1) 对于 TE_{10} 波,由 $k_c=\sqrt{\left(\frac{m\pi}{a}\right)^2+\left(\frac{n\pi}{b}\right)^2}$ 得

$$k_{cTE_{10}}=\frac{\pi}{a},\quad \lambda_c=\frac{2\pi}{k_c}=2a$$

在真空中根据 $c=\lambda f$,频率为 10GHz 的电磁波的波长为 $\lambda=0.03\text{m}$。

由于传播常数为

$$\gamma=\sqrt{k_c^2-\omega^2\mu\varepsilon}=\sqrt{\left(\frac{\pi}{a}\right)^2-\left(\frac{2\pi}{\lambda}\right)^2}$$

$$=\text{j}\pi\sqrt{\left(\frac{2}{3\times10^{-2}}\right)^2-\left(\frac{1}{2.5\times10^{-2}}\right)^2}=\text{j}\,\frac{8}{15}\pi\times10^2\,\text{rad/s}$$

设波导的纵向为 z 方向,因此传播矢量为

$$\boldsymbol{k}=\boldsymbol{e}_z\,\frac{8}{15}\pi\times10^2$$

(2) 波导波长为

$$\lambda_g=\frac{2\pi}{\beta}=\frac{\lambda}{\sqrt{1-\left(\frac{\lambda}{\lambda_c}\right)^2}}=\frac{0.03}{\sqrt{1-\left(\frac{0.03}{0.05}\right)^2}}=\frac{3}{80}\text{m}$$

(3) 波的相速度为

$$v_p=\frac{\omega}{\beta}=\frac{c}{\sqrt{1-\left(\frac{\lambda}{\lambda_c}\right)^2}}=\frac{c}{\sqrt{1-\left(\frac{\lambda}{2a}\right)^2}}=\frac{3}{8}\times10^9\,\text{m/s}$$

群速度为

$$v_g=c\sqrt{1-\left(\frac{\lambda}{\lambda_c}\right)^2}=c\sqrt{1-\left(\frac{\lambda}{2a}\right)^2}=2.4\times10^8\,\text{m/s}$$

【考研题 8-20】 (北京邮电大学 2010 年)理想的空心矩形波导 $a=6\text{cm}$,$b=2\text{cm}$。求:

(1) TE_{10} 模的截止波长。

(2) 只传输 TE_{10} 模所需要的频率范围。

(3) $f=5\text{GHz}$ 时的波在波导中可能存在的传播模式。各种模式的波导波长、相移常数。

解:(1) 对于 TE_{10} 波,由 $k_c=\sqrt{\left(\frac{m\pi}{a}\right)^2+\left(\frac{n\pi}{b}\right)^2}$ 得

$$k_{c_{10}}=\frac{\pi}{a}$$

故 TE_{10} 模的截止波长为

$$\lambda_{C10}=\frac{2\pi}{k_{c10}}=2a=12\text{cm}$$

(2) 因为 $a=6\text{cm}>2b=4\text{cm}$，所以 TE_{10} 模的高次模为 TE_{20} 模，则只传输 TE_{10} 模应满足的关系为

$$a<\lambda<2a$$

即

$$6\text{cm}<\lambda<12\text{cm}$$

根据 $c=\lambda f$，相应的频率范围为

$$2.5\times10^9\,\text{Hz}<\lambda<5\times10^9\,\text{Hz}$$

(3) $f=5\text{GHz}$ 的波对应的波长为

$$\lambda=c/f=6\text{cm}$$

与 TE_{10} 模最近的是 TE_{20} 模。TE_{20} 模的截止波长为 $\lambda_{C20}=a=6\text{cm}$。由于 $f=5\text{GHz}$ 的波的波长等于 λ_{C20}，故不能传播 TE_{20} 模及更高模次的波。

因此，故 $f=5\text{GHz}$ 时的波传播模式可能为 TE_{10} 模，其波导波长为

$$\lambda_{g10}=\frac{\lambda}{\sqrt{1-\left(\frac{\lambda}{\lambda_{C10}}\right)^2}}=\frac{0.06}{\sqrt{1-\left(\frac{0.06}{0.12}\right)^2}}\text{cm}=6.93\text{cm}$$

相移常数为

$$\beta_{10}=k\sqrt{1-\left(\frac{\lambda}{\lambda_C}\right)^2}=\frac{2\pi}{\lambda}\sqrt{1-\left(\frac{\lambda}{2a}\right)^2}=\frac{2\pi}{0.06}\sqrt{1-\left(\frac{0.06}{0.12}\right)^2}\approx 90.64\text{rad/s}$$

【考研题 8-21】 (北京理工大学 2007 年)当矩形波导管内填充相对电容率 ε_r 的电介质时，与同尺寸真空波导管相比，指出最低工作频率 f 和最大工作波长及 TE_{10} 模的波单模工作带宽与同尺寸真空波导管的差别。

解：一般矩形波导管的最低工作模式为 TE_{10} 模。根据截止波长的表达式

$$\lambda_{Cmn}=\frac{2\pi}{\sqrt{\left(\frac{m\pi}{a}\right)^2+\left(\frac{n\pi}{b}\right)^2}}$$

可知，截止波长与波导管填充的介质无关。根据截止频率的表达式

$$f_c=\frac{k_c}{2\pi\sqrt{\mu\varepsilon}}=\frac{1}{2\pi\sqrt{\mu\varepsilon}}\sqrt{\left(\frac{m\pi}{a}\right)^2+\left(\frac{n\pi}{b}\right)^2}$$

可知截止频率与波导管填充的介质有关。

因此，与同尺寸真空波导管相比，当矩形波导管内填充相对电容率 ε_r 的电介质时，最低工作频率 f 降低，最大工作波长不变。从而速度降低。

由于 $\lambda_{C10}=2a$，$\lambda_{C20}=a$，TE_{10} 波的带宽为

$$f_{C20}-f_{C10}=\frac{v}{a}-\frac{v}{2a}=\frac{v}{a}<\frac{c}{a}$$

因此，与同尺寸真空波导管相比带宽变窄。

【考研题 8-22】 (北京邮电大学 2012 年)已知矩形波导的截面尺寸为 $a\times b=23\text{mm}\times$

10mm，试求当工作波长 $\lambda=10\text{mm}$ 和 $\lambda=30\text{mm}$ 时，波导中能传输哪些模式？

解：波导具有“高通”特性，即传输的模式满足

$$\lambda<(\lambda_C)_{\min}，\text{或者 } f>(f_c)_{\min}$$

对于矩形波导截止波长为

$$\lambda_C=\frac{2\pi}{\sqrt{\left(\frac{m\pi}{a}\right)^2+\left(\frac{n\pi}{b}\right)^2}}$$

则

$$\lambda<(\lambda_C)_{\min}=\frac{2\pi}{\sqrt{\left(\frac{m\pi}{a}\right)^2+\left(\frac{n\pi}{b}\right)^2}}$$

(1) 由于 $a=23\text{mm}$，$b=10\text{mm}$，当 $\lambda=10\text{mm}$ 时，由上式得

$$\left(\frac{m}{23}\right)^2+\left(\frac{n}{10}\right)^2<0.04$$

能够满足传输条件的模式为：

① 当 $m=0$ 时，$n<2$，故传输波型为 TE_{01}；

② 当 $m=1$ 时，$n<1.95$，故传输波型为 TE_{11}、TM_{11}、TE_{10}；

③ 当 $m=2$ 时，$n<1.8$，故传输波型为 TE_{21}、TM_{21}、TE_{20}；

④ 当 $m=3$ 时，$n<1.5$，故传输波型为 TE_{31}、TM_{31}、TE_{30}；

⑤ 当 $m=4$ 时，$n<0.95$，故传输波型为 TE_{40}；

⑥ 当 $m=5$ 时，n 无解，无传输波型存在。

故能传输上述 11 种波型。

(2) $a=23\text{mm}$，$b=10\text{mm}$，当 $\lambda=30\text{mm}$ 时，由上式得

$$\left(\frac{m}{23}\right)^2+\left(\frac{n}{10}\right)^2<\frac{4}{900}$$

能够满足传输条件的模式为：

① 当 $m=0$ 时，$n<0.67$，故无传输波型存在；

② 当 $m=1$ 时，$n<0.5$，故传输波型为 TE_{10}；

③ 当 $m=2$ 时，n 无解，无传输波型存在。

故只能传输 TE_{10} 波型。

【考研题 8-23】 （北京邮电大学 2013 年）尺寸为 $a\times b=25\text{mm}\times12\text{mm}$ 的真空矩形波导管，信号源频率为 10GHz，计算 TE_{10}、TE_{01}、TE_{11}、TM_{11} 4 种波型的截止波长 λ_C，判断该波导管能传输哪些波型，并计算出可传输波型的波导波长 λ_g，相位常数 β 和相速度 v_p。

解：矩形波导截止波长为

$$\lambda_C=\frac{2}{\sqrt{\left(\frac{m}{a}\right)^2+\left(\frac{n}{b}\right)^2}}$$

(1) TE_{10}、TE_{01}、TE_{11}、TM_{11} 4 种波型的截止波长分别为

$$\lambda_{C,TE_{10}}=\frac{2}{\sqrt{\left(\frac{1}{a}\right)^2}}=2a=50\text{mm}$$

$$\lambda_{C,\mathrm{TE}_{01}}=\frac{2}{\sqrt{\left(\frac{1}{b}\right)^2}}=2b=24\mathrm{mm}$$

$$\lambda_{C,\mathrm{TE}_{11}}=\lambda_{C,\mathrm{TM}_{11}}=\frac{2}{\sqrt{\left(\frac{1}{a}\right)^2+\left(\frac{1}{b}\right)^2}}=\frac{2}{\sqrt{\left(\frac{1}{25}\right)^2+\left(\frac{1}{12}\right)^2}}\mathrm{mm}=21.64\mathrm{mm}$$

(2) 波导具有“高通”特性，其传输的模式满足

$$\lambda<(\lambda_C)_{\min}$$

或者

$$f>(f_C)_{\min}$$

当信号源频率为 10GHz，波长为 $\lambda=30\mathrm{mm}$，由于 $a=25\mathrm{mm}$，$b=12\mathrm{mm}$，根据

$$\lambda<(\lambda_C)_{\min}=\frac{2\pi}{\sqrt{\left(\frac{m\pi}{a}\right)^2+\left(\frac{n\pi}{b}\right)^2}}$$

得

$$\left(\frac{m}{25}\right)^2+\left(\frac{n}{12}\right)^2<\frac{4}{900}$$

① 当 $m=0$ 时，$n<0.8$，故无传输波型存在。

② 当 $m=1$ 时，$n<0.64$，故传输波型为 TE_{10}。

③ 当 $m=2$ 时，n 无解，无传输波型存在。

故只能传输 TE_{10} 波型。对于该波型的波导波长为

$$\lambda_g=\frac{\lambda}{\sqrt{1-\left(\frac{\lambda}{\lambda_C}\right)^2}}=\frac{30}{\sqrt{1-\left(\frac{30}{50}\right)^2}}\mathrm{mm}=37.5\mathrm{mm}$$

相移常数为

$$\beta=\frac{2\pi}{\lambda_g}=\frac{6.28}{37.5\times10^{-3}}\mathrm{rad/m}=167.47\mathrm{rad/m}$$

相速度为

$$v_p=\frac{\omega}{\beta}=\frac{2\pi\times10^{10}}{167.47}=3.75\times10^8\mathrm{m/s}$$

【考研题 8-24】 (北京邮电大学 2014 年)已知有 23mm×10mm 的矩形中空波导管，证明能传播频率为 10GHz 的 TE_{10} 波。(1)试求传播矢量 $\boldsymbol{k}$；(2)写出电磁场各分量的表达式；(3)求波导波长；(4)求电磁波的相速度和群速度。

解：对于 TE_{10} 波，由 $k_c=\sqrt{\left(\frac{m\pi}{a}\right)^2+\left(\frac{n\pi}{b}\right)^2}$，$m=1$，$n=0$ 得

$$k_{c\mathrm{TE}_{10}}=\frac{\pi}{a},\quad \lambda_C=\frac{2\pi}{k_c}=2a=46\mathrm{mm}$$

在真空中根据 $c=\lambda f$，频率为 10GHz 的电磁波的波长为 $\lambda=0.03\mathrm{m}=30\mathrm{mm}$。

由于 $\lambda<\lambda_c$，因此矩形中空波导管能传播频率为 10GHz 的 TE_{10} 波。

(1) 由于传播常数为

$$\gamma=\sqrt{k_c^2-\omega^2\mu\varepsilon}=\sqrt{\left(\frac{\pi}{a}\right)^2-\left(\frac{2\pi}{\lambda}\right)^2}=\mathrm{j}\pi\sqrt{\left(\frac{2}{3\times10^{-2}}\right)^2-\left(\frac{1}{2.3\times10^{-2}}\right)^2}=\mathrm{j}1.6\times10^2$$

设波导的纵向为 z 方向，因此传播矢量为

$$\boldsymbol{k}=\boldsymbol{e}_z 1.6\times10^2$$

(2) TE_{10} 波电磁场各分量的表达式为

$E_{x\mathrm{TE}_{10}}=0$

$$E_{y\mathrm{TE}_{10}}=-\frac{\mathrm{j}\omega\mu}{k_c^2}\left(\frac{\pi}{a}\right)H_0\sin\left(\frac{\pi}{a}x\right)\mathrm{e}^{-\gamma z}=-\mathrm{j}H_0\cdot1.8\pi\times10^2\sin(4.35\pi x)\,\mathrm{e}^{-\mathrm{j}1.6\times10^2 z}$$

$$H_{x\mathrm{TE}_{10}}=\frac{\gamma}{k_c^2}\left(\frac{\pi}{a}\right)H_0\sin\left(\frac{\pi}{a}x\right)\mathrm{e}^{-\gamma z}=\mathrm{j}1.17\cdot H_0\sin(4.35\pi x)\,\mathrm{e}^{-\mathrm{j}1.6\times10^2 z}$$

$H_{y\mathrm{TE}_{10}}=0$

(3) 波导波长

$$\lambda_g=\frac{2\pi}{\beta}=\frac{\lambda}{\sqrt{1-\left(\frac{\lambda}{\lambda_C}\right)^2}}=\frac{0.03}{\sqrt{1-\left(\frac{0.03}{0.046}\right)^2}}\mathrm{m}=0.04\mathrm{m}$$

(4) 电磁波的相速度和群速度

$$v_p=\frac{\omega}{\beta}=\frac{c}{\sqrt{1-\left(\frac{\lambda}{\lambda_C}\right)^2}}=\frac{c}{\sqrt{1-\left(\frac{\lambda}{2a}\right)^2}}=3.95\times10^8\mathrm{m/s}$$

群速度为

$$v_g=c\sqrt{1-\left(\frac{\lambda}{\lambda_C}\right)^2}=c\sqrt{1-\left(\frac{\lambda}{2a}\right)^2}=2.28\times10^8\mathrm{m/s}$$

【考研题 8-25】 (北京邮电大学 2016 年)设有介质($\varepsilon_r=4,\mu_r=1.0$)填充和空气填充的两个均匀矩形波导，其尺寸为 $a\times b=2.4\mathrm{cm}\times1.0\mathrm{cm}$，设电磁波的工作频率为 5GHz。

(1) TE_{10} 模能够在哪个波导中传播？试计算此时的相位常数及波导阻抗。

(2) TE_{10} 模不能在哪个波导中传播？试计算此时 TE_{10} 模的衰减常数，并计算场幅度衰减到 e^{-1} 时的距离。

解：频率为 5GHz 的电磁波在介质中所对应的工作波长为

$$\lambda_1=\frac{v}{f}=\frac{3\times10^8}{5\sqrt{\varepsilon_r}\times10^9}\mathrm{m}=3.0\mathrm{cm}$$

频率为 5GHz 的电磁波在空气中所对应的工作波长为

$$\lambda_2=\frac{v}{f}=\frac{3\times10^8}{5\times10^9}\mathrm{m}=6.0\mathrm{cm}$$

因为

$$k_c=\sqrt{\left(\frac{m\pi}{a}\right)^2+\left(\frac{n\pi}{b}\right)^2}$$

则 TE_{10} 模的截止波长为

$$\lambda_C=\frac{2\pi}{k_c}=2a=4.8\mathrm{cm}$$

(1) 由于 $\lambda_1<\lambda_C$，因此 5GHz 电磁波的 TE_{10} 模能够在介质波导中传播。相移常数为

$$\beta=k\sqrt{1-\left(\frac{\lambda}{\lambda_C}\right)^2}=\frac{2\pi}{\lambda}\sqrt{1-\left(\frac{\lambda}{2a}\right)^2}=\frac{2\pi}{3.0}\sqrt{1-\left(\frac{3.0}{4.8}\right)^2}=1.63\text{rad/s}$$

波导阻抗为

$$Z_{TE_{10}}=\frac{\eta}{\sqrt{1-(\lambda/\lambda_C)^2}}=\frac{\eta_0}{2\sqrt{1-(\lambda/2a)^2}}=\frac{377}{2\sqrt{1-\left(\frac{3.0}{4.8}\right)^2}}=241.67\Omega$$

(2) 由于 $\lambda_2>\lambda_C$，因此 5GHz 电磁波的 TE_{10} 模不能在空气波导中传播。

阻抗为

$$Z_{TE_{10}}=\frac{\eta_0}{\sqrt{1-(\lambda/2a)^2}}=\frac{377}{\sqrt{1-(6/4.8)^2}}=-j502.67\Omega$$

衰减常数为

$$\alpha=\gamma=\frac{2\pi}{\lambda}\sqrt{\frac{\lambda^2}{\lambda_C^2}-1}=\frac{2\pi}{0.06}\sqrt{(6/4.8)^2-1}=78.5\text{Np/m}$$

此时电场幅度呈衰减状态，即

$$E_m(z)=E_{m0}(z)e^{-\alpha z}$$

故电场幅度降低原来的 e^{-1} 时传播的距离为

$$d=\frac{1}{\alpha}\approx 0.0127\text{m}$$

【考研题 8-26】 (北京邮电大学 2021 年)矩形波导(填充 μ_0、ε_0)内尺寸为 $a\times b$。已知电场 $\boldsymbol{E}=\boldsymbol{e}_yE_0\sin\left(\frac{\pi}{a}x\right)e^{-j\beta z}$，其中 $\beta=\frac{2\pi}{\lambda_g}=\frac{2\pi}{\lambda}\sqrt{1-\left(\frac{\lambda}{2a}\right)^2}$。

(1) 求出波导中的磁场 $\boldsymbol{H}$。

(2) 定性地画出波导中电磁场的“小巢”立体分布。

(3) 该波导中的电磁波为什么模式？写出波导传输功率 P。

解：(1) 根据麦克斯韦第二方程 $\nabla\times\boldsymbol{E}=-j\omega\mu\boldsymbol{H}$，得

$$\boldsymbol{H}=\frac{j}{\omega\mu_0}\nabla\times\boldsymbol{E}=-\frac{\beta}{\omega\mu_0}E_0\sin\left(\frac{\pi}{a}x\right)e^{-j\beta z}\boldsymbol{e}_x+j\frac{E_0}{\omega\mu_0}\cdot\frac{\pi}{a}\cos\left(\frac{\pi}{a}x\right)e^{-j\beta z}\boldsymbol{e}_z$$

(2) 此为 TE_{10} 模，波导场结构如图 8-7 所示。

(3) TE_{10} 模的平均传输功率为

$$P=\frac{1}{2}\text{Re}\left[\int_0^a\int_0^b E_yH_x^*\,dx\,dy\right]$$
$$=\frac{1}{2Z_{TE}}\int_0^a\int_0^b E_{10}^2\sin^2\frac{\pi x}{a}dx\,dy$$
$$=\frac{ab}{4Z_{TE}}E_0^2$$

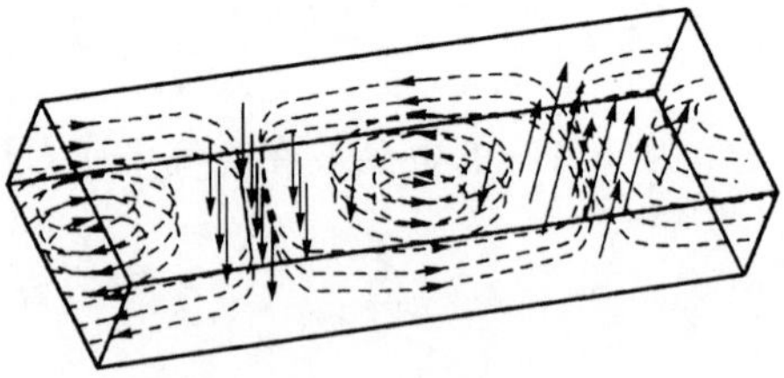

图 8-7 TE_{10} 模的电磁场分布

其中，$Z_{TE}=\frac{\eta}{\sqrt{1-\left(\frac{\lambda}{2a}\right)^2}}$。

第 9 章 电磁辐射

CHAPTER 9

9.1 内容提要及学习要点

本章主要理解电磁辐射的物理过程及特点，理解滞后位的含义，掌握利用矢量磁位计算电偶极子的辐射场，深刻理解近区场和远区场的划分及特性；掌握电偶极子的辐射功率、辐射电阻、方向性函数与方向图、波瓣宽度、方向性系数、增益等的分析、计算与绘制。理解磁偶极子的辐射原理及特点，理解对偶原理，掌握对称振子天线的特点，掌握电偶极子的镜像及其空间辐射场的计算，熟悉天线的基本参数及特点。

9.1.1 滞后位

场点 $\boldsymbol{r}$ 处 t 时刻的标量电位和矢量磁位是由 $t'=t-\dfrac{|\boldsymbol{r}-\boldsymbol{r}'|}{v}$ 时刻的源产生的，即

$$\varphi(\boldsymbol{r},t)=\frac{1}{4\pi\varepsilon}\int_{V'}\frac{\rho\left(\boldsymbol{r}',t-\dfrac{|\boldsymbol{r}-\boldsymbol{r}'|}{v}\right)}{|\boldsymbol{r}-\boldsymbol{r}'|}\mathrm{d}V' \tag{9-1}$$

$$\boldsymbol{A}(\boldsymbol{r},t)=\frac{\mu}{4\pi}\int_{V'}\frac{\boldsymbol{J}\left(\boldsymbol{r}',t-\dfrac{|\boldsymbol{r}-\boldsymbol{r}'|}{v}\right)}{|\boldsymbol{r}-\boldsymbol{r}'|}\mathrm{d}V' \tag{9-2}$$

观察点的位场变化滞后于源的变化，所推迟的时间恰好是源的变动传播到观察点所需要的时间，该现象称为滞后现象。滞后位的复数形式如下：

$$\varphi(\boldsymbol{r})=\frac{1}{4\pi\varepsilon}\int_{V'}\frac{\rho(\boldsymbol{r}')\mathrm{e}^{-\mathrm{j}k|\boldsymbol{r}-\boldsymbol{r}'|}}{|\boldsymbol{r}-\boldsymbol{r}'|}\mathrm{d}V' \tag{9-3}$$

$$\boldsymbol{A}(\boldsymbol{r})=\frac{\mu}{4\pi}\int_{V'}\frac{\boldsymbol{J}(\boldsymbol{r}')\mathrm{e}^{-\mathrm{j}k|\boldsymbol{r}-\boldsymbol{r}'|}}{|\boldsymbol{r}-\boldsymbol{r}'|}\mathrm{d}V' \tag{9-4}$$

9.1.2 电偶极子的辐射

电偶极子(电流元)的推迟矢量磁位的复数表示为

$$\boldsymbol{A}=\boldsymbol{e}_z\frac{\mu_0 Il}{4\pi}\left(\frac{\mathrm{e}^{-\mathrm{j}kr}}{r}\right) \tag{9-5}$$

磁场为

$$\begin{cases} H_r = 0 \\ H_\theta = 0 \\ H_\phi = \dfrac{Ilk^2}{4\pi}\left[\dfrac{\mathrm{j}}{kr} + \dfrac{1}{(kr)^2}\right]\sin\theta\,\mathrm{e}^{-\mathrm{j}kr} \end{cases} \tag{9-6}$$

电场为

$$\begin{cases} E_\mathrm{r} = \dfrac{2Ilk^3\cos\theta}{4\pi\omega\varepsilon_0}\left[\dfrac{1}{(kr)^2} - \dfrac{\mathrm{j}}{(kr)^3}\right]\mathrm{e}^{-\mathrm{j}kr} \\ E_\theta = \dfrac{Ilk^3\sin\theta}{4\pi\omega\varepsilon_0}\left[\dfrac{\mathrm{j}}{kr} + \dfrac{1}{(kr)^2} - \dfrac{\mathrm{j}}{(kr)^3}\right]\mathrm{e}^{-\mathrm{j}kr} \\ E_\phi = 0 \end{cases} \tag{9-7}$$

1）近区场

近区场的条件：$r \ll \lambda$，即 $kr \ll 1$，故 $\dfrac{1}{kr} \leqslant \dfrac{1}{(kr)^2} \leqslant \dfrac{1}{(kr)^3}$，且 $\mathrm{e}^{-\mathrm{j}kr} \approx 1$

$$E_\mathrm{r} = -\mathrm{j}\,\frac{Il\cos\theta}{2\pi\omega\varepsilon_0 r^3} \tag{9-8}$$

$$E_\theta = -\mathrm{j}\,\frac{Il\sin\theta}{4\pi\omega\varepsilon_0 r^3} \tag{9-9}$$

$$H_\phi = \frac{Il\sin\theta}{4\pi r^2} \tag{9-10}$$

其他场分量为零。电偶极子的近区场电场滞后于磁场 90°，没有电磁功率向外输出，又称为准静态场或似稳场、感应场。场随距离的增大而迅速减小。

2）远区场

远区场的条件：$r \gg \lambda$，即 $kr \gg 1$，故 $\dfrac{1}{kr} \gg \dfrac{1}{(kr)^2} \gg \dfrac{1}{(kr)^3}$

$$E_\theta = \mathrm{j}\,\frac{Ilk^2\sin\theta}{4\pi\omega\varepsilon_0 r}\cdot\mathrm{e}^{-\mathrm{j}kr} = \mathrm{j}\,\frac{Il\sin\theta}{2\lambda r}\left(\frac{k}{\omega\varepsilon}\right)\cdot\mathrm{e}^{-\mathrm{j}kr} = \mathrm{j}\,\frac{Il\eta_0\sin\theta}{2\lambda r}\cdot\mathrm{e}^{-\mathrm{j}kr} \tag{9-11}$$

$$H_\phi = \mathrm{j}\,\frac{Ilk\sin\theta}{4\pi r}\cdot\mathrm{e}^{-\mathrm{j}kr} = \mathrm{j}\,\frac{Il\sin\theta}{2\lambda r}\cdot\mathrm{e}^{-\mathrm{j}kr} \tag{9-12}$$

其他场分量为零。远区场的特点：

远区场是横电磁波（TEM 波），$\dfrac{E_\theta}{H_\phi} = \eta_0 = 120\pi\Omega$；远区场的幅度与源的距离 r 成反比；远区场是辐射场；远区场是非均匀球面波；远区场分布有方向性。

远区场的平均坡印亭矢量为

$$\boldsymbol{S}_\mathrm{av} = \frac{1}{2}\mathrm{Re}[\boldsymbol{E}\times\boldsymbol{H}^*] = \boldsymbol{e}_r\,\frac{1}{2}\mathrm{Re}[E_\theta H_\phi^*] = \boldsymbol{e}_r\,\frac{E_\theta^2}{2\eta_0} \tag{9-13}$$

远区场与矢量位的关系：

$$E_\theta = -\mathrm{j}\omega A_\theta \tag{9-14}$$

由以上分析可知，当电场和磁场的相位差为 90°时，表示电磁能量的振荡，此时无电磁能量的传播，对应于近区场的情况；而当电场和磁场同相位时，表示电磁能量的传播，对应于远区场的情况。

3）方向性函数（或称方向性因子）

$$F(\theta,\phi)=\frac{|E(\theta,\phi)|}{E_{\max}} \tag{9-15}$$

对于电偶极子的辐射场的方向性函数

$$F(\theta,\phi)=F(\theta)=|\sin\theta| \tag{9-16}$$

4）电偶极子的辐射功率及辐射电阻

辐射功率为

$$P_{\mathrm{r}}=\oint_S \boldsymbol{e}_r \frac{1}{2}\mathrm{Re}[E_\theta H_\phi^*]\cdot \mathrm{d}\boldsymbol{S}=40\pi^2 I^2\left(\frac{l}{\lambda}\right)^2 \tag{9-17}$$

辐射电阻为

$$R_{\mathrm{r}}=80\pi^2\left(\frac{l}{\lambda}\right)^2 \tag{9-18}$$

注意，式(9-17)及式(9-18)表示的电偶极子的辐射功率和辐射电阻是在空气介质中得到的，此时，$\eta_0=120\pi$；如果电偶极子所处的媒质参数发生变化，在计算电偶极子的辐射功率和辐射电阻时还应考虑介质阻抗和波长的变化。

5）电偶极子的镜像

不同放置时电偶极子在理想导体表面上的镜像如图 9-1 所示。这时，空间的总辐射场为电偶极子产生的辐射与其镜像产生的场的叠加。注意，在电偶极子垂直放置并紧贴导体平面的情况下，电场强度为电偶极子单独存在时的 2 倍，由于只存在上半空间辐射，其辐射功率及辐射电阻也为单独偶极子存在时的 2 倍，而不是 4 倍。

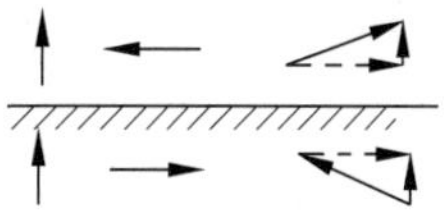

图 9-1　电偶极子的镜像

9.1.3　磁偶极子的辐射

电偶极子和磁偶极子产生的电磁场具有对称性。

磁偶极矩：

$$\boldsymbol{m}=\mu_0 \boldsymbol{S} i \tag{9-19}$$

磁偶极子的远区场($kr\gg 1$)为

$$E_\phi=\frac{ISk^2}{4\pi r}\eta_0\sin\theta\cdot \mathrm{e}^{-\mathrm{j}kr}=\frac{\pi IS}{\lambda^2 r}\eta_0\sin\theta\cdot \mathrm{e}^{-\mathrm{j}kr} \tag{9-20}$$

$$H_\theta=-\frac{ISk^2}{4\pi r}\sin\theta\cdot \mathrm{e}^{-\mathrm{j}kr}=-\frac{\pi IS}{\lambda^2 r}\sin\theta\cdot \mathrm{e}^{-\mathrm{j}kr} \tag{9-21}$$

并且，$E_{\mathrm{r}}=E_\theta=0$，$H_r=H_\phi=0$。

磁偶极子的辐射功率为

$$P_{\mathrm{r}}=160\pi^4 I^2\left(\frac{S}{\lambda^2}\right)^2 \tag{9-22}$$

空气中磁偶极子的辐射电阻为

$$R_{\mathrm{r}}=20\pi^2 a^4\left(\frac{2\pi}{\lambda}\right)^4=320\pi^6\left(\frac{a}{\lambda}\right)^4 \tag{9-23}$$

9.1.4 电与磁的对偶原理

引入磁荷和磁流的概念后，麦克斯韦方程组就以对称的形式出现，即

$$\nabla \times \boldsymbol{H} = \varepsilon \frac{\partial \boldsymbol{E}}{\partial t} + \boldsymbol{J}_{\mathrm{e}} \tag{9-24}$$

$$\nabla \times \boldsymbol{E} = -\boldsymbol{J}_{\mathrm{m}} - \frac{\partial \boldsymbol{B}}{\partial t} \tag{9-25}$$

$$\nabla \cdot \boldsymbol{B} = \rho_{\mathrm{m}} \tag{9-26}$$

$$\nabla \cdot \boldsymbol{D} = \rho_{\mathrm{e}} \tag{9-27}$$

式中，下标 m 表示“磁量”；下标 e 表示“电量”；$\boldsymbol{J}_{\mathrm{m}}$ 为磁流密度；ρ_{m} 为磁荷密度。

对偶量为

$$\boldsymbol{E}_{\mathrm{e}} \to \boldsymbol{H}_{\mathrm{m}},\quad \boldsymbol{H}_{\mathrm{e}} \to -\boldsymbol{E}_{\mathrm{m}},\quad \boldsymbol{J}_{\mathrm{e}} \to \boldsymbol{J}_{\mathrm{m}},\quad \rho_{\mathrm{e}} \to \rho_{\mathrm{m}},\quad \mu \to \varepsilon,\quad \varepsilon \to \mu$$

电流、电荷的边界条件为

$$\begin{cases} \boldsymbol{e}_{\mathrm{n}} \times (\boldsymbol{E}_{1\mathrm{e}} - \boldsymbol{E}_{2\mathrm{e}}) = 0 \\ \boldsymbol{e}_{\mathrm{n}} \times (\boldsymbol{H}_{1\mathrm{e}} - \boldsymbol{H}_{2\mathrm{e}}) = \boldsymbol{J}_{\mathrm{s}} \\ \boldsymbol{e}_{\mathrm{n}} \cdot (\boldsymbol{D}_{1\mathrm{e}} - \boldsymbol{D}_{2\mathrm{e}}) = \rho_{\mathrm{s}} \\ \boldsymbol{e}_{\mathrm{n}} \cdot (\boldsymbol{B}_{1\mathrm{e}} - \boldsymbol{B}_{2\mathrm{e}}) = 0 \end{cases} \tag{9-28}$$

磁荷、磁流的边界条件为

$$\begin{cases} \boldsymbol{e}_{\mathrm{n}} \times (\boldsymbol{H}_{1\mathrm{m}} - \boldsymbol{H}_{2\mathrm{m}}) = 0 \\ \boldsymbol{e}_{\mathrm{n}} \times (\boldsymbol{E}_{1\mathrm{m}} - \boldsymbol{E}_{2\mathrm{m}}) = -\boldsymbol{J}_{\mathrm{ms}} \\ \boldsymbol{e}_{\mathrm{n}} \cdot (\boldsymbol{B}_{1\mathrm{m}} - \boldsymbol{B}_{2\mathrm{m}}) = \rho_{\mathrm{ms}} \\ \boldsymbol{e}_{\mathrm{n}} \cdot (\boldsymbol{D}_{1\mathrm{m}} - \boldsymbol{D}_{2\mathrm{m}}) = 0 \end{cases} \tag{9-29}$$

9.1.5 对称振子天线

1. 电流分布

$$I(z) = I_0 \sin\left[k\left(\frac{l}{2} - |z'|\right)\right] = \begin{cases} I_0 \sin\left[k\left(\frac{l}{2} - z'\right)\right], & 0 < z' < \frac{l}{2} \\ I_0 \sin\left[k\left(\frac{l}{2} + z'\right)\right], & -\frac{l}{2} < z' < 0 \end{cases} \tag{9-30}$$

2. 远区场

$$E_\theta = \int_{-l/2}^{l/2} \mathrm{j}\eta_0 \frac{I(z')\mathrm{d}z'\sin\theta}{2\lambda R} \cdot \mathrm{e}^{-\mathrm{j}kR} = \mathrm{j}\frac{60I_0}{r}\mathrm{e}^{-\mathrm{j}kr}\left[\frac{\cos\left(k\frac{l}{2}\cdot\cos\theta\right) - \cos\left(k\frac{l}{2}\right)}{\sin\theta}\right] \tag{9-31}$$

$H_\phi = E_\theta / \eta_0$

3. 方向性函数

$$F(\theta,\phi) = \frac{\cos\left(k\frac{l}{2}\cdot\cos\theta\right) - \cos\left(k\frac{l}{2}\right)}{\sin\theta} \tag{9-32}$$

9.1.6 天线的基本参数

掌握方向图、输入阻抗、驻波比、极化方式、增益、效率、前后比及带宽概念及相应计算，具体概念见主教材。

注意方向性函数与方向性系数之间的关系。

在辐射相同的条件下，天线在最大辐射方向上远区某点的功率密度与理想无方向性天线在同一点的功率密度之比，为天线的方向性系数。即

$$D=\left.\frac{S_{\max}}{S_0}\right|_{P_r,r} \tag{9-33}$$

又可以表示为

$$D=\left.\frac{|\boldsymbol{E}_{\max}|^2}{|\boldsymbol{E}_0|^2}\right|_{P_r,r} \tag{9-34}$$

也可以表示为在天线最大辐射方向上，某点电场强度相等的条件下，理想的无方向性天线的辐射功率与某天线的辐射功率之比，即

$$D=\left.\frac{P_{r0}}{P_r}\right|_{E_r,r} \tag{9-35}$$

而方向性函数(或称方向性因子)为

$$F(\theta,\phi)=\frac{|E(\theta,\phi)|}{E_{\max}} \tag{9-36}$$

方向性系数 D 与方向性函数 $F(\theta,\phi)$ 之间的关系为

$$D=\frac{4\pi}{\int_{\pi}^{2\pi}\int_{\pi}^{\pi}F^2(\theta,\phi)\sin\theta\mathrm{d}\theta\mathrm{d}\phi} \tag{9-37}$$

增益与方向性系数之间的关系为

$$G=D\eta_A \tag{9-38}$$

其中，η_A 为天线的辐射效率。

注意，方向性系数针对“辐射功率”而增益针对“输入功率”。

9.2 典型例题解析

【例题 9-1】 试证明在电偶极子远区场的情况下，$E_\theta=-\mathrm{j}\omega A_\theta$。

证明：在真空中，电偶极子的推迟矢量磁位为

$$\boldsymbol{A}=\boldsymbol{e}_z\frac{\mu_0 Il}{4\pi}\left(\frac{\mathrm{e}^{-\mathrm{j}kr}}{r}\right)=\boldsymbol{e}_r\frac{\mu_0 Il\cos\theta}{4\pi}\left(\frac{\mathrm{e}^{-\mathrm{j}kr}}{r}\right)-\boldsymbol{e}_\theta\frac{\mu_0 Il\sin\theta}{4\pi}\left(\frac{\mathrm{e}^{-\mathrm{j}kr}}{r}\right)$$

因此

$$\begin{aligned}-\mathrm{j}\omega A_\theta&=\mathrm{j}\omega\frac{\mu_0 Il\sin\theta}{4\pi}\left(\frac{\mathrm{e}^{-\mathrm{j}kr}}{r}\right)=\mathrm{j}\frac{k}{\sqrt{\mu_0\varepsilon_0}}\frac{\mu_0 Il\sin\theta}{4\pi}\left(\frac{\mathrm{e}^{-\mathrm{j}kr}}{r}\right)\\&=\mathrm{j}\frac{k\eta_0 Il\sin\theta}{4\pi}\left(\frac{\mathrm{e}^{-\mathrm{j}kr}}{r}\right)=\mathrm{j}\frac{\eta_0 Il\sin\theta}{2\lambda}\left(\frac{\mathrm{e}^{-\mathrm{j}kr}}{r}\right)\end{aligned}$$

而在远区场，电场强度为

$$E_\theta = \mathrm{j}\frac{Il\eta_0\sin\theta}{2\lambda r}\cdot \mathrm{e}^{-\mathrm{j}kr}$$

故有

$$E_\theta = -\mathrm{j}\omega A_\theta$$

【例题 9-2】 试证明：

（1）方向性函数与方向性系数之间的关系为

$$D=\frac{4\pi}{\int_0^{2\pi}\int_0^{\pi}F^2(\theta,\phi)\sin\theta\mathrm{d}\theta\mathrm{d}\phi}$$

（2）方向性系数的表达式 $D=\left.\frac{P_{\mathrm{r}0}}{P_{\mathrm{r}}}\right|_{E_{\mathrm{r}},r}$ 与 $D=\left.\frac{|\boldsymbol{E}_{\max}|^2}{|\boldsymbol{E}_0|^2}\right|_{P_{\mathrm{r}},r}$ 是等效的。

证明：（1）由方向性系数的定义可知

$$D=\left.\frac{S_{\max}}{S_0}\right|_{P_{\mathrm{r}},r}=\left.\frac{\frac{1}{2}\frac{|E_{\max}|^2}{\eta_0}}{\frac{1}{2}\frac{|E_0|^2}{\eta_0}}\right|_{P_{\mathrm{r}},r}=\left.\frac{|E_{\max}|^2}{|E_0|^2}\right|_{P_{\mathrm{r}},r}$$

对于半径为 r 的球面，天线的辐射功率为

$$P_{\mathrm{r}}=\frac{1}{2}\oint_S \boldsymbol{e}_r\mathrm{Re}[E_\theta H_\phi^*]\cdot\mathrm{d}\boldsymbol{S}=\frac{1}{2\eta_0}\oint_S E_\theta^2\mathrm{d}S=\frac{r^2|E_{\max}|^2}{240\pi}\int_0^{2\pi}\int_0^{\pi}F^2(\theta,\phi)\sin\theta\mathrm{d}\theta\mathrm{d}\phi$$

对于理想的无方向性天线，其在各个方向上的辐射相同，故其在半径为 r 的球面上的辐射功率为

$$P_{\mathrm{r}0}=4\pi r^2S_0=4\pi r^2\cdot\frac{|E_0|^2}{2\eta_0}=\frac{|E_0|^2}{60}r^2$$

由于在同一半径为 r 的球面上辐射功率相等，即 $P_{\mathrm{r}}=P_{\mathrm{r}0}$，因此由以上两式得

$$D=\left.\frac{|E_{\max}|^2}{|E_0|^2}\right|_{P_{\mathrm{r}},r}=\frac{4\pi}{\int_0^{2\pi}\int_\pi^{\pi}F^2(\theta,\phi)\sin\theta\mathrm{d}\theta\mathrm{d}\phi}$$

（2）设在天线最大辐射方向上，在某点的电场强度和无方向性天线相等，即都为 $\boldsymbol{E}$，则对于半径为 r 的球面，天线的辐射功率为

$$P_{\mathrm{r}}=\frac{1}{2}\oint_S \boldsymbol{e}_r\mathrm{Re}[E_\theta H_\phi^*]\cdot\mathrm{d}\boldsymbol{S}=\frac{1}{2\eta_0}\oint_S E_\theta^2\mathrm{d}S=\frac{r^2|\boldsymbol{E}|^2}{240\pi}\int_0^{2\pi}\int_0^{\pi}F^2(\theta,\phi)\sin\theta\mathrm{d}\theta\mathrm{d}\phi$$

对于理想的无方向性天线，在半径为 r 的球面上的辐射功率为

$$P_{\mathrm{r}0}=4\pi r^2S_0=4\pi r^2\cdot\frac{|\boldsymbol{E}|^2}{2\eta_0}=\frac{|\boldsymbol{E}|^2}{60}r^2$$

因此

$$\left.\frac{P_{\mathrm{r}0}}{P_{\mathrm{r}}}\right|_{E_{\mathrm{r}},r}=\left(\frac{|\boldsymbol{E}|^2}{60}r^2\right)\Big/\left(\frac{r^2|\boldsymbol{E}|^2}{240\pi}\int_0^{2\pi}\int_0^{\pi}F^2(\theta,\phi)\sin\theta\mathrm{d}\theta\mathrm{d}\phi\right)$$

$$=\frac{4\pi}{\int_0^{2\pi}\int_0^{\pi}F^2(\theta,\phi)\sin\theta\mathrm{d}\theta\mathrm{d}\phi}=D$$

故表达式 $D=\left.\frac{P_{r0}}{P_r}\right|_{E_r,r}$ 与 $D=\left.\frac{|\boldsymbol{E}_{max}|^2}{|\boldsymbol{E}_0|^2}\right|_{P_r,r}$ 是等效的。

【例题 9-3】 有一无方向性天线，辐射功率为 100W，试计算 $r=10$km 远处 M 点的辐射场强值。若改为方向系数为 $D=100$ 的强方向性天线，其最大辐射方向对准点 M，再求 M 点的场强值。

解：(1) 辐射功率为 100W 的无方向性天线，在半径为 r 的球面上产生的功率密度为

$$S_0=\frac{P_0}{4\pi r^2}$$

无方向性天线的功率密度可以表示为

$$S=\frac{|\boldsymbol{E}_0|^2}{2\eta_0}=\frac{|\boldsymbol{E}_0|^2}{240\pi}$$

令 $S_0=S$，$r=10^4$ m 得该处的场强为

$$|\boldsymbol{E}_0|=\sqrt{\frac{60P_0}{r^2}}=7.75\text{mV/m}$$

(2) 根据 $D=\left.\frac{|\boldsymbol{E}_{max}|^2}{|\boldsymbol{E}_0|^2}\right|_{P_r,r}$，辐射功率不变的情况下，辐射点处的场强与 $\sqrt{D}$ 成正比，因此，对方向系数为 $D=100$ 的方向性天线，在点 M 的场强为

$$|\boldsymbol{E}_M|=\sqrt{\frac{60P_0}{r^2}D}=77.75\text{mV/m}$$

【例题 9-4】 有一位于 xOy 平面的很细的矩形小环，环的中心与坐标原点重合，环的两边尺寸分别为 a、b，并与 x 轴和 y 轴平行，环上的电流为 $i=I_0\cos(kz)$，假设 $a\ll\lambda$，试求：

(1) 小环的辐射电阻；

(2) 两主平面方向图。

解：设矩形小环沿 y 轴方向的两个边产生的矢量磁位为 A_y，如图 9-2(a)所示。

$$A_y=\frac{\mu_0}{4\pi}\int I_0\cos(\omega t)\left(\frac{e^{-jkr_1}}{r_1}-\frac{e^{-jkr_2}}{r_2}\right)dy'$$

其中

$$r_1=\sqrt{(r\sin\theta\cos\phi-a/2)^2+(r\sin\theta\sin\phi-y')^2+(r\cos\theta)^2}$$

$$r_2=\sqrt{(r\sin\theta\cos\phi+a/2)^2+(r\sin\theta\sin\phi-y')^2+(r\cos\theta)^2}$$

由于 $r\gg a$，$r\gg b$，故有

$$\frac{e^{-jkr_1}}{r_1}\approx\frac{1}{r}e^{-jkr\left[1-\frac{1}{r}\cos\theta\left(\frac{a}{2}\cos\phi+y'\sin\phi\right)\right]},\quad \frac{e^{-jkr_2}}{r_2}\approx\frac{1}{r}e^{-jkr\left[1-\frac{1}{r}\cos\theta\left(y'\sin\phi-\frac{a}{2}\cos\phi\right)\right]}$$

所以

$$A_y=\frac{jab\mu_0I_0\cos(\omega t)}{4\pi}\frac{e^{-jkr}}{r}k\sin\theta\cos\phi$$

同理，沿 x 轴方向的两个边产生的矢量磁位为

$$A_x=-\frac{jab\mu_0I_0\cos(\omega t)}{4\pi}\frac{e^{-jkr}}{r}k\sin\theta\sin\phi$$

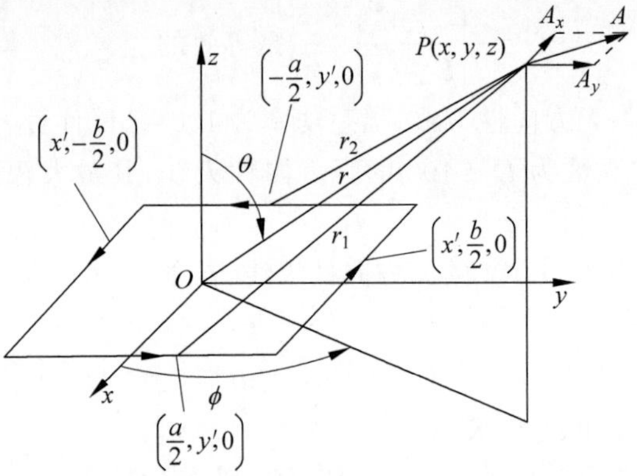

(a)

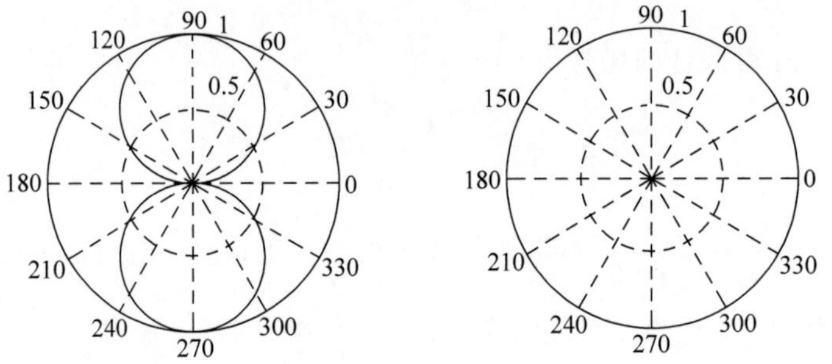

矩形小环的E面方向图　　矩形小环的H面方向图

(b)

图 9-2　例题 9-4 图

因此

$$\mathbf{A}=-\frac{\mathrm{j}ab\mu_0 I_0\cos(\omega t)}{4\pi}\frac{\mathrm{e}^{-\mathrm{j}kr}}{r}k\sin\theta\sin\phi\boldsymbol{e}_x+\frac{\mathrm{j}ab\mu_0 I_0\cos(\omega t)}{4\pi}\frac{\mathrm{e}^{-\mathrm{j}kr}}{r}k\sin\theta\cos\phi\boldsymbol{e}_y$$

$$=\frac{\mathrm{j}ab\mu_0 I_0\cos(\omega t)}{4\pi}\frac{\mathrm{e}^{-\mathrm{j}kr}}{r}k\sin\theta\boldsymbol{e}_\phi$$

令 $p_{\mathrm{m}}=ab\mu_0 I_0\cos(\omega t)$，则辐射场为

$$E_\phi=-\mathrm{j}\omega A_\phi=\frac{\omega\mu_0 p_{\mathrm{m}}k}{4\pi r}\sin\theta\mathrm{e}^{-\mathrm{j}kr}=\frac{\omega\mu_0 p_{\mathrm{m}}}{2\lambda r}\sin\theta\mathrm{e}^{-\mathrm{j}kr}$$

$$H_\theta=-\frac{1}{\eta}\frac{\omega\mu_0 p_{\mathrm{m}}}{2\lambda r}\sin\theta\mathrm{e}^{-\mathrm{j}kr}$$

由以上电场和磁场画出的矩形小环的方向图如图 9-2(b)所示。可见，矩形小环与圆形小环的辐射场相同。

【例题 9-5】 画出中心馈电长度为 λ 的振子的 E 面方向图。

解：该全波振子的方向性函数为

$$F(\theta)=\frac{\cos(\pi\cos\theta)+1}{\sin\theta}$$

由此给出的方向图如图 9-3 所示。

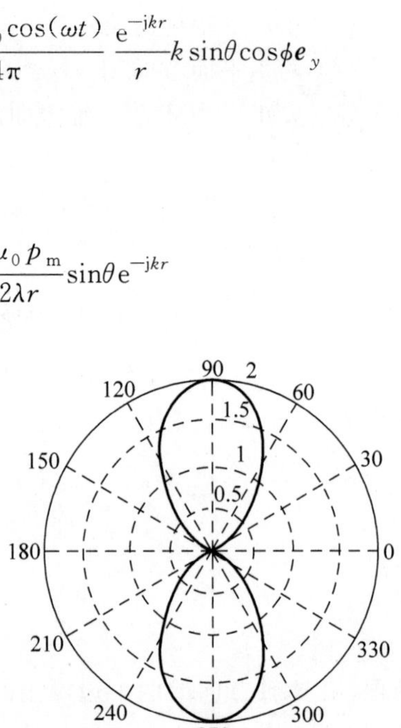

图 9-3　例题 9-5 图

【例题 9-6】 设在空气中一个电偶极子的辐射功率为 10W。试求：

(1) 与电偶极子轴线成 45°角方向、距此电偶极子 50km 处(远场区)的电场和磁场的振幅；

(2) 如果该电偶极子上的电流为 2A,试求电偶极子的辐射电阻。

解：(1) 根据电偶极子的辐射功率表示式得

$$P_{\mathrm{r}}=40\pi^2 I^2\left(\frac{l}{\lambda}\right)^2=10$$

因此

$$I\frac{l}{\lambda}=\frac{1}{2\pi}=0.159$$

由此得到距此电偶极子 50km 处(远场区)的电场振幅为

$$E_\theta=\frac{Il\eta_0\sin\theta}{2\lambda r}=\frac{1}{2\pi}\cdot\frac{120\pi\sin45^\circ}{2\times50\times10^3}\approx4.241\times10^{-4}\,\mathrm{V/m}$$

远场区为 TEM 波,故磁场振幅为

$$H_\phi=\frac{E_\theta}{\eta_0}\approx1.125\times10^{-6}\,\mathrm{A/m}$$

(2) 由 $I\frac{l}{\lambda}=\frac{1}{2\pi}=0.159$ 得

$$\frac{l}{\lambda}=\frac{1}{4\pi}$$

因此,辐射电阻为

$$R_{\mathrm{r}}=\frac{2P}{I^2}=80\pi^2\left(\frac{l}{\lambda}\right)^2=80\pi^2\times\frac{1}{16\pi^2}=5\Omega$$

【例题 9-7】 已知在自由空间中,一电偶极子 $I\mathrm{d}l$ 在其最大辐射方向上,距离电偶极子 r 处的远区点 P 所产生的电场强度振幅值为 100mV/m。试求：

(1) 点 P 处的磁场强度的振幅和平均坡印亭矢量；

(2) 在与电偶极子轴线夹角为 30°的方向上,与点 P 的距离相同的一点处的电场强度、磁场强度的振幅和平均坡印亭矢量。

解：(1) 对于远场区为 TEM 波,故磁场强度为

$$H_\phi=\frac{E_\theta}{\eta_0}=\frac{100}{120\pi}\approx0.625\,\mathrm{mA/m}$$

平均坡印亭矢量为

$$\boldsymbol{S}_{\mathrm{av}}=\frac{1}{2}\mathrm{Re}[\boldsymbol{E}\times\boldsymbol{H}^*]=\boldsymbol{e}_r\frac{1}{2}\mathrm{Re}[E_\theta H_\phi^*]=\boldsymbol{e}_r\frac{E_\theta^2}{2\eta_0}=\boldsymbol{e}_r1.325\times10^{-5}\,\mathrm{W/m^2}$$

(2) 根据电偶极子远区辐射场的表示式

$$E_\theta=\frac{I\mathrm{d}l\eta_0\sin\theta}{2\lambda r}$$

当 $\theta=90^\circ$时,辐射最大值为$\frac{I\mathrm{d}l\eta_0}{2\lambda r}=100\mathrm{mV/m}$。故在与电偶极子轴线夹角为 30°的方向上与点 P 的距离相同的一点处的电场强度为

$$E'_\theta=\frac{I\,\mathrm{d}l\eta_0\sin30^\circ}{2\lambda r}=100\times\frac{1}{2}=50\mathrm{mV/m}$$

磁场强度为

$$H'_\phi=\frac{E'_\theta}{\eta_0}=\frac{50}{120\pi}\approx0.1327\mathrm{mA/m}$$

平均坡印亭矢量为

$$\boldsymbol{S}_{\mathrm{av}}=\boldsymbol{e}_r\frac{1}{2}\mathrm{Re}[E'_\theta H'^*_\phi]=\boldsymbol{e}_r\frac{E'^2_\theta}{2\eta_0}=\boldsymbol{e}_r3.3\times10^{-3}\mathrm{mW/m^2}$$

【例题 9-8】 已知在自由空间中,设一电偶极子 $I\mathrm{d}l$ 的轴线沿 z 方向,在与其轴线垂直的方向上,距离电偶极子 1km 处的远区辐射电场强度为 $100\mu\mathrm{V/m}$。

(1) 当将此电偶极子垂直放置在一无限大理想导体地面的上方(与理想导体平面无限靠近但不接触),求在与 z 轴夹角为 60°的方向上,在 xOz 平面内距离电偶极子 2km 处的辐射电场强度。

(2) 当将此电偶极子水平放置在一无限大理想导体地面的上方(与理想导体平面无限靠近但不接触),求在与 z 轴夹角为 30°的方向上,在 xOz 平面内距离电偶极子 2km 处的辐射电场强度。

解:自由空间中,电偶极子远区辐射场为

$$E_\theta=\frac{I\,\mathrm{d}l\eta_0\sin\theta}{2\lambda r}$$

根据题意,有

$$\frac{I\,\mathrm{d}l\eta_0}{2\lambda}=r\times100\times10^{-6}=1\times10^3\times100\times10^{-6}=0.1\mathrm{V/m}$$

(1) 将电偶极子垂直放置在无限大理想导体地面的上方时,地面的影响可以用其镜像来代替,并与原电偶极子同相。此时,在上半空间产生的场相当于一个 $2I\mathrm{d}l$ 的电偶极子产生的场。因此

$$E_\theta=\frac{2I\,\mathrm{d}l\eta_0\sin\theta}{2\lambda r}=0.1\times2\times\frac{\sin60^\circ}{2\times10^3}=50\sqrt{3}\times10^{-6}\approx86.6\mu\mathrm{V/m}$$

(2) 水平放置在无限大理想导体地面上的电偶极子与其镜像电流反相,由于两个反相电流无限靠近,故它们在上半空间产生的电场为零。

【例题 9-9】 试求在距离电偶极子多远的地方,其电磁场公式中与 r 成反比的项的大小等于与 r^2 成反比的项。

解:根据电偶极子的辐射电场

$$E_\theta=\frac{Ilk^3\sin\theta}{4\pi\omega\varepsilon_0}\left[\frac{\mathrm{j}}{kr}+\frac{1}{(kr)^2}-\frac{\mathrm{j}}{(kr)^3}\right]\mathrm{e}^{-\mathrm{j}kr}$$

其与 r 成反比的项及与 r^2 成反比的项分别为

$$E_{1\theta}=\frac{Ilk^3\sin\theta}{4\pi\omega\varepsilon_0}\frac{\mathrm{j}}{kr},\quad E_{2\theta}=\frac{Ilk^3\sin\theta}{4\pi\omega\varepsilon_0}\frac{1}{(kr)^2}$$

欲使 $|E_{1\theta}|=|E_{2\theta}|$,则

$$r=\frac{1}{k}=\frac{\lambda}{2\pi}$$

【例题 9-10】 设一电偶极子在与其轴线垂直的方向上，距离电偶极子 100km 处的远区辐射电场强度为 $100\mu V/m$，试求电偶极子所辐射的功率。

解：根据电偶极子远区辐射场的表示式

$$E_\theta=\frac{I\mathrm{d}l\eta_0\sin\theta}{2\lambda r}$$

当 $\theta=90°$时，辐射最大值为

$$\frac{I\mathrm{d}l\eta_0}{2\lambda r}=100\times10^{-6}$$

所以

$$\frac{I\mathrm{d}l}{\lambda}=\frac{200\times10^{-6}r}{\eta_0}$$

电偶极子所辐射的功率为

$$P_{\mathrm{r}}=40\pi^2\left(\frac{I\mathrm{d}l}{\lambda}\right)^2=40\pi^2\left(\frac{200\times10^{-6}r}{\eta_0}\right)^2=40\pi^2\left(\frac{200\times10^{-6}\times100\times10^3}{120\pi}\right)^2=1.1\mathrm{W}$$

【例题 9-11】 空气中两个完全相同的电偶极子相互垂直放置，其上电流幅度相等，相位相差 $\pi/3$，即 $I_1=I_0\mathrm{e}^{-\mathrm{j}\pi/3}$，$I_2=I_0$，如图 9-4 所示。如果已知 x 轴上 M 点（远区）的坡印亭矢量大小为 $S_{1\mathrm{av}}=1\mathrm{mW/m^2}$，求 xOy 平面上 N 点（$ON=OM$）的平均坡印亭矢量。

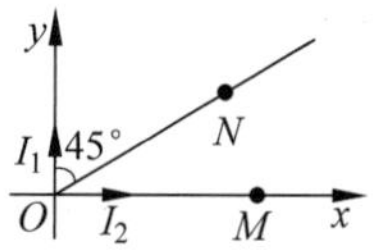

图 9-4　例题 9-11 图

解：电偶极子远区辐射场的表示式为

$$E_\theta=\frac{I\mathrm{d}l\eta_0\sin\theta}{2\lambda r}$$

因此，M 点对应 $\theta=90°$，故其处的坡印亭矢量 $\boldsymbol{S}_{1\mathrm{av}}$ 仅由 I_1 产生。

$$\boldsymbol{S}_{1\mathrm{av}}=\boldsymbol{e}_r\frac{E_\theta^2}{2\eta_0}=\frac{\eta_0}{8r^2}\left(\frac{I_1\mathrm{d}l}{\lambda}\right)^2\boldsymbol{e}_r=1.0\times10^{-3}\boldsymbol{e}_r\,\mathrm{W/m^2}$$

在 N 点，辐射场有两个偶极子产生，即

$$E_{1\theta}=\mathrm{j}\frac{I_0\mathrm{e}^{-\mathrm{j}\pi/3}\mathrm{d}l\eta_0\sin\theta}{2\lambda r}\cdot\mathrm{e}^{-\mathrm{j}kr}$$

$$E_{2\theta}=-\mathrm{j}\frac{I_0\mathrm{d}l\eta_0\sin\left(\frac{\pi}{2}-\theta\right)}{2\lambda r}\cdot\mathrm{e}^{-\mathrm{j}kr}$$

故 N 点的合成场为

$$\begin{aligned}\boldsymbol{E}&=\boldsymbol{e}_\theta(E_{1\theta}+E_{2\theta})=\mathrm{j}\frac{I_0\mathrm{d}l\eta_0}{2\lambda r}\mathrm{e}^{-\mathrm{j}kr}(\mathrm{e}^{-\mathrm{j}\pi/3}\sin\theta-\cos\theta)\boldsymbol{e}_\theta\\&=\boldsymbol{e}_\theta\mathrm{j}\frac{I_0\mathrm{d}l\eta_0}{2\lambda r}\mathrm{e}^{-\mathrm{j}kr}\left(\cos\frac{\pi}{3}\sin45°-\mathrm{j}\sin\frac{\pi}{3}\sin45°-\cos45°\right)\end{aligned}$$

$$=\boldsymbol{e}_\theta \mathrm{j}\frac{I_0 \mathrm{d}l\eta_0}{2\sqrt{2}\lambda r}\mathrm{e}^{-\mathrm{j}\left(kr-\frac{4\pi}{3}\right)}\ \mathrm{V/m}$$

因此

$$\boldsymbol{S}_{2\mathrm{av}}=\boldsymbol{e}_r\ \frac{1}{2}\mathrm{Re}[EH^*]=\boldsymbol{e}_r\ \frac{E^2}{2\eta_0}=\boldsymbol{e}_r\ \frac{1}{2\eta_0}\left(\frac{I_0 \mathrm{d}l\eta_0}{2\sqrt{2}\lambda r}\right)^2$$

$$=\boldsymbol{e}_r\ \frac{1}{2}\cdot\frac{\eta_0}{8r^2}\left(\frac{I_0\mathrm{d}l}{\lambda}\right)^2=0.5\times10^{-3}\boldsymbol{e}_r\,\mathrm{W/m^2}$$

【例题 9-12】 设有两个电偶极子都沿 z 轴方向放置，间距为 d，其电偶极矩 $\boldsymbol{p}$ 的方向相同，振幅都为 p_0。已知两电偶极子的频率相同，相位相差 $\frac{\pi}{2}$。

(1) 如果 d 与波长相近，求远区的电场和磁场及平均能流密度。

(2) 如果 $d\ll\lambda$，求远区的电场和磁场，平均能流密度及辐射功率。

解：(1) 设两个电偶极子的电偶极矩的复数形式分别为

$$\boldsymbol{p}_1=\boldsymbol{e}_z p_0,\quad \boldsymbol{p}_2=\boldsymbol{e}_z p_0 \mathrm{e}^{\mathrm{j}\frac{\pi}{2}}$$

由于 $I=\mathrm{j}\omega q$，所以 $p=q\mathrm{d}l=\frac{I}{\mathrm{j}\omega}\mathrm{d}l$，即

$$\frac{I\mathrm{d}l}{\omega}=\mathrm{j}p$$

代入电偶极子电场的表达式 $E_\theta=\mathrm{j}\ \frac{I\mathrm{d}lk^2\sin\theta}{4\pi\omega\varepsilon_0 r}\cdot\mathrm{e}^{-\mathrm{j}kr}$，得

$$E_\theta=-\frac{k^2 p\sin\theta}{4\pi\varepsilon_0 r}\cdot\mathrm{e}^{-\mathrm{j}kr}$$

在远区场，$r_1=r-\frac{d}{2}\cos\theta$，$r_2=r+\frac{d}{2}\cos\theta$，因此两个电偶极子的场分别为

$$E_{1\theta}=-\frac{k^2 p_1\sin\theta}{4\pi\varepsilon_0 r}\cdot\mathrm{e}^{-\mathrm{j}kr_1}=-\frac{k^2 p_0\sin\theta}{4\pi\varepsilon_0 r}\cdot\mathrm{e}^{-\mathrm{j}k\left(r-\frac{d}{2}\cos\theta\right)}$$

$$E_{2\theta}=-\frac{k^2 p_2\sin\theta}{4\pi\varepsilon_0 r}\cdot\mathrm{e}^{-\mathrm{j}kr_2}=-\mathrm{j}\ \frac{k^2 p_0\sin\theta}{4\pi\varepsilon_0 r}\cdot\mathrm{e}^{-\mathrm{j}k\left(r+\frac{d}{2}\cos\theta\right)}$$

故合成电场为

$$E_\theta=E_{1\theta}+E_{2\theta}=-\frac{k^2 p_0\sin\theta}{4\pi\varepsilon_0 r}\cdot\mathrm{e}^{-\mathrm{j}k\left(r-\frac{d}{2}\cos\theta\right)}-\mathrm{j}\ \frac{k^2 p_0\sin\theta}{4\pi\varepsilon_0 r}\cdot\mathrm{e}^{-\mathrm{j}k\left(r+\frac{d}{2}\cos\theta\right)}$$

$$=-\frac{k^2 p_0\sin\theta}{4\pi\varepsilon_0 r}\mathrm{e}^{-\mathrm{j}kr}\mathrm{e}^{\mathrm{j}\frac{\pi}{4}}\left(\mathrm{e}^{\mathrm{j}\left(k\frac{d}{2}\cos\theta-\frac{\pi}{4}\right)}+\mathrm{e}^{-\mathrm{j}\left(k\frac{d}{2}\cos\theta-\frac{\pi}{4}\right)}\right)$$

$$=-\frac{k^2 p_0\sin\theta}{2\pi\varepsilon_0 r}\mathrm{e}^{-\mathrm{j}\left(kr-\frac{\pi}{4}\right)}\cos\left(k\ \frac{d}{2}\cos\theta-\frac{\pi}{4}\right)$$

故合成磁场为

$$H_\phi=\frac{E_\theta}{\eta_0}=-\frac{k^2 p_0\sin\theta}{2\pi\sqrt{\varepsilon_0\mu_0}r}\mathrm{e}^{-\mathrm{j}\left(kr-\frac{\pi}{4}\right)}\cos\left(k\ \frac{d}{2}\cos\theta-\frac{\pi}{4}\right)$$

因此,平均能流密度为

$$\boldsymbol{S}_{\text{av}} = \boldsymbol{e}_r \frac{1}{2}\text{Re}[E_\theta H_\phi^*] = \boldsymbol{e}_r \frac{E_\theta^2}{2\eta_0} = \boldsymbol{e}_r \frac{\mu_0 p_0^2 \omega^4 \sqrt{\varepsilon_0 \mu_0}}{8\pi^2 r^2}\sin^2\theta\cos^2\left(k\frac{d}{2}\cos\theta - \frac{\pi}{4}\right)$$

(2) 如果 $d \ll \lambda$,则 $kd \approx 0$,因此

$$E_\theta = -\frac{k^2 p_0 \sin\theta}{2\pi\varepsilon_0 r}\text{e}^{-\text{j}\left(kr - \frac{\pi}{4}\right)}\cos\left(k\frac{d}{2}\cos\theta - \frac{\pi}{4}\right) = -\frac{\sqrt{2}k^2 p_0 \sin\theta}{4\pi\varepsilon_0 r}\text{e}^{-\text{j}\left(kr - \frac{\pi}{4}\right)}$$

$$H_\phi = -\frac{k^2 p_0 \sin\theta}{2\pi\sqrt{\varepsilon_0\mu_0}r}\text{e}^{-\text{j}\left(kr - \frac{\pi}{4}\right)}\cos\left(k\frac{d}{2}\cos\theta - \frac{\pi}{4}\right) = -\frac{\sqrt{2}k^2 p_0 \sin\theta}{4\pi\sqrt{\varepsilon_0\mu_0}r}\text{e}^{-\text{j}\left(kr - \frac{\pi}{4}\right)}$$

$$\boldsymbol{S}_{\text{av}} = \boldsymbol{e}_r \frac{\mu_0 p_0^2 \omega^4 \sqrt{\varepsilon_0\mu_0}}{8\pi^2 r^2}\sin^2\theta\cos^2\left(k\frac{d}{2}\cos\theta - \frac{\pi}{4}\right) = \boldsymbol{e}_r \frac{\mu_0 p_0^2 \omega^4 \sqrt{\varepsilon_0\mu_0}}{16\pi^2 r^2}\sin^2\theta$$

辐射功率为

$$P = \int_0^{2\pi}\int_0^{\pi}\boldsymbol{S}_{\text{av}} \cdot r^2 \sin\theta \text{d}\theta \text{d}\phi \boldsymbol{e}_r = \int_0^{2\pi}\int_0^{\pi}\frac{\mu_0 p_0^2 \omega^4 \sqrt{\varepsilon_0\mu_0}}{16\pi^2 r^2}\sin^2\theta r^2 \sin\theta \text{d}\theta \text{d}\phi = \frac{\mu_0 p_0^2 \omega^4 \sqrt{\varepsilon_0\mu_0}}{6\pi r}$$

【例题 9-13】 自然空间中有一半径为 $a = 1\text{m}$ 的电流环,载有频率为 5MHz、电流强度为 1A 的电流。试求其在远区产生的电场强度、磁场强度、方向因子、半功率波瓣宽度、辐射功率、辐射电阻和增益等。

解:由题意,根据频率为 5MHz,则电流的波长为 $\lambda = 60\text{m} \gg a$,故该电流环为一磁偶极子天线。其在远区产生的电场强度为

$$E_\phi = \frac{\pi IS}{\lambda^2 r}\eta_0 \sin\theta \cdot \text{e}^{-\text{j}kr} = \frac{\pi I \pi a^2}{\lambda^2 r}\eta_0 \sin\theta \cdot \text{e}^{-\text{j}kr}$$

$$= \frac{\pi^3}{30r}\sin\theta \cdot \text{e}^{-\text{j}kr} = \frac{1.03}{r}\sin\theta \cdot \text{e}^{-\text{j}kr}\ \text{V/m}$$

远区磁场强度为

$$H_\theta = -\frac{E_\phi}{\eta_0} = -\frac{2.74 \times 10^{-3}}{r}\sin\theta \cdot \text{e}^{-\text{j}kr}\ \text{A/m}$$

由电场的表达式可知,方向因子为

$$F(\theta,\phi) = \frac{E_\phi}{|E_\phi|_{\max}} = \sin\theta$$

令 $F(\theta,\phi) = \sin\theta = \frac{\sqrt{2}}{2}$,则 $\theta = 45°$,故半功率波瓣宽度为

$$2\theta_{0.5} = 2(90° - \theta) = 90°$$

辐射功率为

$$P = \int_0^{2\pi}\int_0^{\pi}\frac{|E_\phi|^2}{2\eta_0}r^2\sin\theta \text{d}\theta \text{d}\phi = \frac{1}{240\pi}\int_0^{2\pi}\int_0^{\pi}\frac{1.03^2}{r^2}r^2\sin^2\theta \text{d}\theta \text{d}\phi = 0.0118\text{W}$$

辐射电阻为

$$R_{\text{r}} = \frac{2P}{I} = 0.0236\Omega$$

设辐射效率为 1,则增益为

$$G=D=\frac{4\pi}{\int_0^{2\pi}\int_0^{\pi}F^2(\theta,\phi)\sin\theta\mathrm{d}\theta\mathrm{d}\phi}=\frac{4\pi}{\int_0^{2\pi}\int_0^{\pi}\sin^3\theta\mathrm{d}\theta\mathrm{d}\phi}=1.5$$

【例题 9-14】 如图 9-5 所示，一电偶极子紧贴于(不接触)无限大理想导体表面上方，与导体平面的夹角为 20°，已知激励源的频率为 3GHz，其在 $\theta=60°$方向上，距离电偶极子 10m 处产生的电场强度为 3mV/m，试求该电偶极子在 $\theta=30°$方向上，距离其 20m 处产生的电场强度的振幅。

解：该电偶极子可以分解为平行于地面的分量和垂直于地面的分量之和。由于电偶极子紧贴地面，并且前者的镜像电流与其电流反向，故前者及其镜像电流产生的场在空间抵消；而垂直于地面的分量，其镜像电流与原电流同相，此时相当于一个长度为 $2\mathrm{d}l\sin20°$ 的电偶极子在空间产生的场，此也即总场。

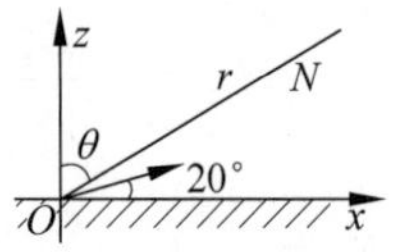

图 9-5　例题 9-14 图

频率为 3GHz 的电磁波波长为 0.1m，故所考察的点为远区的场点。该电偶极子在远区产生的场的大小为

$$E_\theta=\frac{2I\mathrm{d}l\eta_0\sin20°}{2\lambda r}\sin\theta$$

根据在 $\theta=60°$方向上，距离电偶极子 10m 处产生的电场强度为 3mV/m，得

$$\frac{2I\mathrm{d}l\eta_0\sin20°}{2\lambda\times10}\sin60°=3\times10^{-3}$$

所以

$$\frac{2I\mathrm{d}l\eta_0\sin20°}{2\lambda}=3.46\times10^{-2}$$

因此，电偶极子在 $\theta=30°$方向上，距离其 20m 处产生的电场强度为

$$|E_\theta|=\frac{2I\mathrm{d}l\eta_0\sin20°}{2\lambda r}\sin30°=\frac{2I\mathrm{d}l\eta_0\sin20°}{2\lambda}\cdot\frac{\sin30°}{20}=8.65\times10^{-4}\,\mathrm{V/m}$$

【例题 9-15】 电偶极子沿 z 轴方向放置，处于一磁偶极子的圆心处，并且与一位于 xOy 平面的无限大理想导体平面无限接近。已知其在上半自由空间产生的辐射功率为 100mW，试求其在 $\theta=30°$方向上，距离电偶极子 10m 处产生的电场强度的大小。

解：由于磁偶极子的镜像电流与其电流反相，故其在空间产生的场相互抵消，为零。上半自由空间产生的辐射由电偶极子及其镜像所产生。

电偶极子及其镜像在远区辐射场同相叠加，即

$$E_\theta=\frac{2I\mathrm{d}l\eta_0\sin\theta}{2\lambda r}$$

由于只在上半空间辐射，故电偶极子的辐射功率及辐射电阻为单独偶极子存在时的 2 倍，辐射功率为

$$P_\mathrm{r}=80\pi^2\left(I\frac{\mathrm{d}l}{\lambda}\right)^2=0.1\mathrm{W}$$

故

$$I\frac{\mathrm{d}l}{\lambda}=\sqrt{\frac{0.1}{80\pi^2}}=\frac{1}{20\sqrt{2}\pi}$$

所以，在 $\theta=30°$ 方向上，距离电偶极子 10m 处产生的电场强度的大小为

$$E_\theta=\frac{2I\mathrm{d}l\eta_0\sin\theta}{2\lambda r}=\frac{2}{20\sqrt{2}\pi}\frac{120\pi}{2\times 10}\sin30°\approx 0.1732\mathrm{V/m}$$

【例题 9-16】 一个半波振子天线的等效阻抗为 $Z_L=60+\mathrm{j}20\Omega$，与特性阻抗为 50Ω 的同轴线连接，为了达到阻抗匹配，今串联一电容。试求该串联电容的容抗数值和位置。如果用串联电感匹配，情况又如何？

解：设串联电容处距离天线为 l，则该处的输入阻抗为

$$Z_{\mathrm{in}}=50\frac{60+\mathrm{j}20+\mathrm{j}50\tan(kl)}{50+\mathrm{j}(60+\mathrm{j}20)\tan(kl)}=R_{\mathrm{in}}+\mathrm{j}X_{\mathrm{in}}$$

显然，为了达到阻抗匹配，则

$$R_{\mathrm{in}}=50,\quad X_{\mathrm{in}}+X_C=0$$

根据 $R_{\mathrm{in}}=50$，得

$$\tan(kl)=2.2247\quad 或\quad \tan(kl)=-0.2247$$

由此得到

$$Z_{\mathrm{in}}=50-\mathrm{j}20.4\quad 或\quad Z_{\mathrm{in}}=50+\mathrm{j}20.4$$

当串联电容时，由于容抗为 -20.4，故取 $\tan(kl)=-0.2247$，由此得

$$l=\frac{\pi-\arctan(0.2247)}{2\pi}\lambda=0.4648\lambda$$

如果用串联电感匹配，则感抗为 20.4，$\tan(kl)=2.2247$，由此得

$$l=\frac{\arctan(2.2247)}{2\pi}\lambda=0.1828\lambda$$

【例题 9-17】 一电偶极矩大小为 p_0 的电偶极子，位于 xOy 平面内的坐标原点，并以均匀角速度 ω 绕通过其中心的 z 轴移动，求它在空间远处所产生的辐射场、平均能流密度和功率。

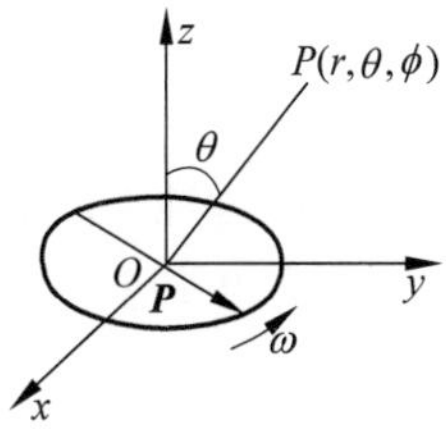

图 9-6　例题 9-17 图

解：如图 9-6 所示，旋转的电偶极矩可写成

$$\boldsymbol{P}=P_0(\boldsymbol{e}_x-\mathrm{j}\boldsymbol{e}_y)\mathrm{e}^{\mathrm{j}\omega t}$$

将上式转为球坐标系的表达式，因

$$\boldsymbol{e}_x=\boldsymbol{e}_r\sin\theta\cos\phi+\boldsymbol{e}_\theta\cos\theta\cos\varphi-\boldsymbol{e}_\phi\sin\phi$$

$$\boldsymbol{e}_y=\boldsymbol{e}_r\sin\theta\sin\phi+\boldsymbol{e}_\theta\cos\theta\sin\phi+\boldsymbol{e}_\phi\cos\phi$$

所以

$$\begin{aligned}\boldsymbol{e}_x-\mathrm{j}\boldsymbol{e}_y&=\boldsymbol{e}_r\sin\theta(\cos\phi-\mathrm{j}\sin\phi)+\boldsymbol{e}_\theta\cos\theta(\cos\phi-\mathrm{j}\sin\phi)-\boldsymbol{e}_\phi(\sin\phi+\mathrm{j}\cos\phi)\\&=\mathrm{e}^{-\mathrm{j}\phi}(\boldsymbol{e}_r\sin\theta+\boldsymbol{e}_\theta\cos\theta-\mathrm{j}\boldsymbol{e}_\phi)\end{aligned}$$

由以上两式得

$$\boldsymbol{p}=p_0\mathrm{e}^{-\mathrm{j}\phi}(\boldsymbol{e}_r\sin\theta+\boldsymbol{e}_\theta\cos\theta-\mathrm{j}\boldsymbol{e}_\phi)\mathrm{e}^{\mathrm{j}kr}$$

代入电偶极辐射场的公式，即得旋转电偶极子的辐射场为

$$\boldsymbol{E}=\frac{\mu_0\omega ck}{4\pi r}(\boldsymbol{e}_\mathrm{n}\times\boldsymbol{p})\times\boldsymbol{e}_\mathrm{n}\mathrm{e}^{-\mathrm{j}kr}=\frac{\mu_0\omega ck}{4\pi r}(\boldsymbol{e}_r\times\boldsymbol{p})\times\boldsymbol{e}_r\mathrm{e}^{-\mathrm{j}kr}=\frac{\mu_0\omega ck}{4\pi r}\mathrm{e}^{-\mathrm{j}kr}[\boldsymbol{p}-(\boldsymbol{p}\cdot\boldsymbol{e}_r)\boldsymbol{e}_r]$$

$$=\frac{\mu_0\omega ck}{4\pi r}\mathrm{e}^{-\mathrm{j}kr}[\,p_0\mathrm{e}^{-\mathrm{j}\phi}(\boldsymbol{e}_r\sin\theta+\boldsymbol{e}_\theta\cos\theta-\mathrm{j}\boldsymbol{e}_\phi)-\boldsymbol{e}_r p_0\sin\theta\mathrm{e}^{-\mathrm{j}\phi}\,]$$

$$=\frac{\mu_0\omega ck}{4\pi r}\mathrm{e}^{-\mathrm{j}(kr+\phi)}(\boldsymbol{e}_\theta\cos\theta-\mathrm{j}\boldsymbol{e}_\phi)=\frac{\omega^2 p_0}{4\pi\varepsilon_0 rc^3}\mathrm{e}^{-\mathrm{j}(kr+\phi)}(\boldsymbol{e}_\theta\cos\theta-\mathrm{j}\boldsymbol{e}_\phi)$$

$$\boldsymbol{B}=\frac{1}{c}\boldsymbol{e}_r\times\boldsymbol{E}=\frac{\omega^2 p_0}{4\pi\varepsilon_0 rc^3}\mathrm{e}^{-\mathrm{j}(kr+\phi)}(\mathrm{j}\boldsymbol{e}_\theta+\boldsymbol{e}_\phi\cos\theta)$$

辐射平均能流密度为

$$\boldsymbol{S}=\frac{1}{2}\mathrm{Re}[\boldsymbol{E}\times\boldsymbol{H}^*]=\frac{1}{2\mu_0}\mathrm{Re}[\boldsymbol{E}\times\boldsymbol{B}^*]=\boldsymbol{e}_r\,\frac{\omega^4 p_0^2}{32\pi^2 c^3 r^2}(1+\cos^2\theta)$$

平均辐射功率为

$$P=\oint_A\boldsymbol{S}\cdot\mathrm{d}\boldsymbol{A}=\frac{\omega^4 p_0^2}{32\pi^2 c^3}\int_0^\pi\int_0^{2\pi}\frac{1+\cos^2\theta}{r^2}r^2\sin\theta\mathrm{d}\theta\mathrm{d}\phi$$

$$=\frac{\omega^4 p_0^2}{32\pi^2 c^3}\cdot 2\pi\left[\int_0^\pi\sin\theta\mathrm{d}\theta+\int_0^\pi\cos^2\theta\sin\theta\mathrm{d}\theta\right]$$

$$=\frac{\omega^4 p_0^2}{16\pi c^3}\left[-\cos\theta\,\Big|_0^\pi+\left(-\frac{\cos^3\theta}{3}\right)\Big|_0^\pi\right]$$

$$=\frac{\omega^4 p_0^2}{16\pi c^3}\left(2+\frac{2}{3}\right)=\frac{\omega^4 p_0^2}{6\pi c^3}$$

【例题 9-18】 一根载有电流的直导线：

(1) 当电流频率很高时，它是否能够看作天线？为什么？

(2) 随着电流频率的降低，该直导线的阻抗性质如何变化？在频率为零时的阻抗的性质如何？

答：(1) 根据麦克斯韦方程，当电流频率很高时，该载流直导线可以发射电磁波，因此可以作为天线。

(2) 当频率降低时，它的阻抗呈现电感—电容—电阻等元件的组合特性，在频率为零时，阻抗变为纯电阻。

【例题 9-19】 已知电偶极子(Il)的辐射场为

$$\begin{cases}E_\mathrm{r}=60Ilk^2\cos\theta\left[\dfrac{1}{(kr)^2}-\dfrac{\mathrm{j}}{(kr)^3}\right]\mathrm{e}^{-\mathrm{j}kr}\\ E_\theta=30Ilk^2\sin\theta\left[\dfrac{\mathrm{j}}{kr}+\dfrac{1}{(kr)^2}-\dfrac{\mathrm{j}}{(kr)^3}\right]\mathrm{e}^{-\mathrm{j}kr}\\ H_\phi=\dfrac{Ilk^2}{4\pi}\sin\theta\left[\dfrac{\mathrm{j}}{kr}+\dfrac{1}{(kr)^2}\right]\mathrm{e}^{-\mathrm{j}kr}\end{cases}$$

(1) 试给出近区场的近似表达式。

(2) 试从距离、频率、相位、能量等方面分析近区场的特点。

解：(1) 由于近区场 $kr\ll1$，指数项 $kr\approx0$，因此在电场和磁场的表达式中，高阶项起主要作用。故近区场的近似表达式为

$$E_r = -\mathrm{j}\,\frac{60Il}{kr^3}\cos\theta$$

$$E_\theta = -\mathrm{j}\,\frac{30Il}{kr^3}\sin\theta$$

$$H_\phi = \frac{Il}{4\pi r^2}\sin\theta$$

(2) 近区场的特点有：

- 电场$\sim 1/r^3$，磁场$\sim 1/r^2$；
- 电场$\sim 1/f$，磁场与 f 无关；
- 电场与磁场存在 $\pi/2$ 的相位差；
- 近区场为感应场，发生能量相互转换时，能量振荡，但是能量不会向外传输。感应场又称为似稳场。

【例题 9-20】 已知电偶极子(Il)的辐射场为

$$\begin{cases} E_r = 60Ilk^2\cos\theta\left[\dfrac{1}{(kr)^2} - \dfrac{\mathrm{j}}{(kr)^3}\right]\mathrm{e}^{-\mathrm{j}kr} \\ E_\theta = 30Ilk^2\sin\theta\left[\dfrac{\mathrm{j}}{kr} + \dfrac{1}{(kr)^2} - \dfrac{\mathrm{j}}{(kr)^3}\right]\mathrm{e}^{-\mathrm{j}kr} \\ H_\phi = \dfrac{Ilk^2}{4\pi}\sin\theta\left[\dfrac{\mathrm{j}}{kr} + \dfrac{1}{(kr)^2}\right]\mathrm{e}^{-\mathrm{j}kr} \end{cases}$$

(1) 试给出远区场的近似表达式。

(2) 试从距离、频率、相位、能量等方面分析远区场的特点。

解：(1) 由于远区场 $kr \gg 1$，因此电场和磁场的表达式中低阶项起主要作用。故远区场的近似表达式为

$$E_\theta = \mathrm{j}\,\frac{30kIl}{r}\sin\theta\,\mathrm{e}^{-\mathrm{j}kr}$$

$$H_\phi = \mathrm{j}\,\frac{kIl}{4\pi r}\sin\theta\,\mathrm{e}^{-\mathrm{j}kr}$$

(2) 远区场的特点有：

- 电场$\sim 1/r$，磁场$\sim 1/r$；
- 电场$\sim f$，磁场$\sim f$；
- 电场与磁场同相位；
- 远区场为辐射场，有电磁能量向外辐射。

【例题 9-21】 在自由空间中，长度为 1cm 的电偶极子所产生的辐射电磁波的波长为 2m。如果将该电偶极子放入另一种无限大的理想电介质中($\mu_r = 1$)，其他条件不变，其辐射电磁波的波长变为 1m。已知，电偶极子的辐射功率 $P_r = 40\pi^2 I^2\left(\dfrac{l}{\lambda}\right)^2$。试求：

(1) 该电偶极子所产生的辐射电磁波的频率；

(2) 无限大理想电介质的本征阻抗；

(3) 该电偶极子在自由空间中的辐射电阻；

(4) 该电偶极子在无限大理想介质中的辐射电阻。

解：(1) 自由空间中

$$f=\frac{c}{\lambda}=\frac{3\times10^8}{2}=150\text{MHz}$$

(2) 由于频率保持不变，则理想电介质中

$$f=\frac{c}{\sqrt{\varepsilon_r}\lambda_1}=\frac{3\times10^8}{\sqrt{\varepsilon_r}\times1}=150\text{MHz}$$

可得 $\varepsilon_r=4$，则理想电介质的本征阻抗

$$\eta=\sqrt{\frac{\mu_0\mu_r}{\varepsilon_0\varepsilon_r}}=\eta_0\sqrt{\frac{\mu_r}{\varepsilon_r}}=\frac{1}{2}\eta_0=60\pi\approx188.4\Omega$$

(3) 自由空间辐射电阻

$$R_r=80\pi^2\left(\frac{l}{\lambda}\right)^2=80\times3.14^2\times\left(\frac{0.01}{2}\right)^2=0.0197\Omega$$

(4) 由于理想电介质中 $\eta=\frac{1}{2}\eta_0$，则辐射电阻变为

$$R_r=\frac{1}{2}\times80\pi^2\left(\frac{l}{\lambda_1}\right)^2=40\times3.14^2\times\left(\frac{0.01}{1}\right)^2=0.0394\Omega$$

9.3 主教材习题解答

【9-1】 已知电偶极矩的矢量磁位为 $\boldsymbol{A}=\mathrm{j}\frac{\omega\mu_0\boldsymbol{P}}{4\pi r}\mathrm{e}^{-\mathrm{j}kr}$，其中 $\boldsymbol{P}$ 为常矢量，求其所产生的磁场的表达式。

解：已知矢量磁位

$$\boldsymbol{A}=\mathrm{j}\frac{\mu_0\omega\boldsymbol{P}}{4\pi r}\mathrm{e}^{-\mathrm{j}kr}$$

因 $\boldsymbol{B}=\nabla\times\boldsymbol{A}$，利用恒等式 $\nabla\times(\mu\boldsymbol{F})=\mu\nabla\times\boldsymbol{F}+\nabla\mu\times\boldsymbol{F}$，有

$$\boldsymbol{B}=\mathrm{j}\frac{\mu_0\omega}{4\pi}\nabla\times\left(\left(\frac{\mathrm{e}^{-\mathrm{j}kr}}{r}\right)\boldsymbol{P}\right)=\mathrm{j}\frac{\mu_0\omega}{4\pi}\left[\nabla\left(\frac{\mathrm{e}^{-\mathrm{j}kr}}{r}\right)\times\boldsymbol{P}+\left(\frac{\mathrm{e}^{-\mathrm{j}kr}}{r}\right)\nabla\times\boldsymbol{P}\right]$$

考虑到 $\boldsymbol{P}$ 为常矢量，$\nabla\times\boldsymbol{P}=0$，上式变为

$$\boldsymbol{B}=\mathrm{j}\frac{\mu_0\omega}{4\pi}\left[\mathrm{e}^{-\mathrm{j}kr}\nabla\left(\frac{1}{r}\right)+\frac{1}{r}\nabla(\mathrm{e}^{-\mathrm{j}kr})\right]\times\boldsymbol{P}=\mathrm{j}\frac{\mu_0\omega}{4\pi}\left[\frac{-\mathrm{e}^{-\mathrm{j}kr}}{r^2}\boldsymbol{e}_r-\mathrm{j}\frac{k\,\mathrm{e}^{-\mathrm{j}kr}}{r}\boldsymbol{e}_r\right]\times\boldsymbol{P}$$

$$=\frac{\mu_0\omega k^2}{4\pi}\left(\frac{1}{kr}-\frac{\mathrm{j}}{(kr)^2}\right)\mathrm{e}^{-\mathrm{j}kr}(\boldsymbol{e}_r\times\boldsymbol{P})$$

【9-2】 设电偶极子天线的轴线沿东西方向放置，在远处正南方有一移动接收机能够收到最大电场强度。当接收机以电偶极子天线为中心在地面做圆周移动时，电场逐渐减小。问当电场强度减小到最大值的 $1/\sqrt{2}$ 时，接收机偏离正南多少度？

解：电偶极子天线的辐射场为

$$\boldsymbol{E}=\boldsymbol{e}_\theta\mathrm{j}\frac{Il\sin\theta}{2\lambda r}\sqrt{\frac{\mu_0}{\varepsilon_0}}\mathrm{e}^{-\mathrm{j}kr}$$

由辐射场公式和题给的条件可知，当接收台停在正南方时，$\theta=\pi/2$，且电场的最大值为

$$|\boldsymbol{E}|_{\max}=\frac{Il}{2\lambda r}\sqrt{\frac{\mu_0}{\varepsilon_0}}$$

设当电场强度减小到最大值的$\sqrt{1/2}$时，电台的位置偏离了正南θ度，则有

$$|\boldsymbol{E}|=\frac{1}{\sqrt{2}}|\boldsymbol{E}|_{\max}$$

即

$$\frac{Il}{2\lambda r}\sqrt{\frac{\mu_0}{\varepsilon_0}}\,|\sin\theta|=\frac{1}{\sqrt{2}}\,\frac{Il}{2\lambda r}\sqrt{\frac{\mu_0}{\varepsilon_0}}$$

则

$$\sin\theta=\pm\frac{\sqrt{2}}{2}$$

$$\theta=\pm\frac{\pi}{4}=\pm45^\circ$$

【9-3】 假设在上题中接收机不动。(1)如果电偶极子天线在原地水平面内绕中心旋转，试讨论结果如何；(2)如果接收机天线也是电偶极子天线，试讨论收、发两天线的相对方向对测量结果的影响。

解：如果接收机不动，将天线在水平面内绕中心旋转，接收到的场强将按$f(\theta)=\sin\theta$的规律变化，由最大值($\theta=90^\circ$)逐渐减小到零($\theta=180^\circ$)，再逐渐增大到最大值($\theta=270^\circ$)，又逐渐减小到零($\theta=360^\circ$)。如果继续旋转天线，接收机收到的电场强度将逐渐由零变到最大，随着天线的不断旋转，接收机收到的电场强度将周而复始地变化。

如果接收机也是电偶极子天线，只有收发天线相互平行时，接收机才能收到最大电场强度；当收发天线相互垂直时，接收机收到的电场强度为零；当接收天线呈任意角度时，接收机收到的电场强度介于最大值和零之间。

【9-4】 如图9-7所示，半波天线上的电流分布为$I(z)=I_0\cos(kz)$，$-l/2<z<l/2$。

(1) 试证明，当$r\gg l$时，$A_z=\dfrac{\mu_0 I_0}{2\pi kr}e^{-jkr}\ \dfrac{\cos(\pi/2\cdot\cos\theta)}{\sin^2\theta}$；

(2) 试求远区的电场和磁场。

(3) 方向性函数。

(4) 求远区的平均坡印亭矢量。

(5) 已知$\displaystyle\int_0^{\pi/2}\frac{\cos(\pi/2\cdot\cos\theta)}{\sin^2\theta}d\theta=0.609$，求辐射电阻。

(6) 试求方向性系数。

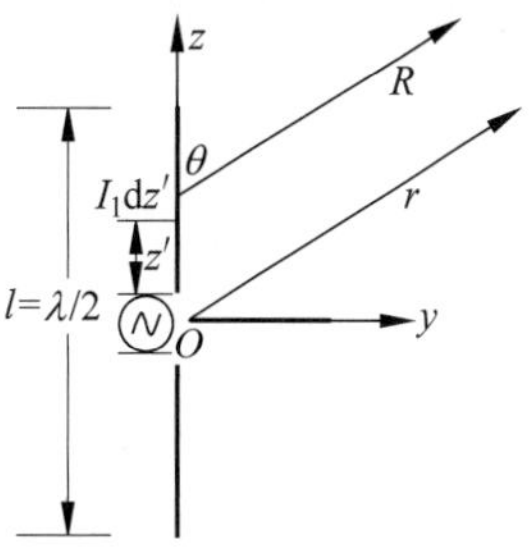

图9-7　习题9-4图

解：(1) 沿z方向的电流I_z在空间任意一点$P(r,\theta)$产生的矢量磁位为

$$\boldsymbol{A}_z(r,\theta)=\frac{\mu_0}{4\pi}\int_{-\frac{l}{2}}^{\frac{l}{2}}\frac{I_z}{r}e^{-jkr}dz$$

假设$r\gg l$，则在$z>0$及$z<0$段有

$$r_1\approx r-z\cos\theta$$

$$r_2 \approx r + z\cos\theta$$

$$\frac{1}{r_1} \approx \frac{1}{r_2} \approx \frac{1}{r}$$

则矢量位可表示为

$$\begin{aligned}
\boldsymbol{A}_z(r,\theta) &= \frac{\mu_0}{4\pi}\left[\int_{-\frac{l}{2}}^{0} \frac{I_z \mathrm{e}^{-\mathrm{j}kr_2}}{r_2}\mathrm{d}z + \int_{0}^{\frac{l}{2}} \frac{I_z \mathrm{e}^{-\mathrm{j}kr_1}}{r_1}\mathrm{d}z\right] \\
&= \frac{\mu_0}{4\pi}\left[\int_{-\frac{l}{2}}^{0} \frac{I_0\cos(kz)\mathrm{e}^{-\mathrm{j}k(r+z\cos\theta)}}{r}\mathrm{d}z + \int_{0}^{\frac{l}{2}} \frac{I_0\cos(kz)\mathrm{e}^{-\mathrm{j}k(r-z\cos\theta)}}{r}\mathrm{d}z\right] \\
&= \frac{\mu_0 I_0}{4\pi r}\mathrm{e}^{-\mathrm{j}kr}\left[\int_{-\frac{l}{2}}^{0}\cos(kz)\mathrm{e}^{-\mathrm{j}kz\cos\theta}\mathrm{d}z + \int_{0}^{\frac{l}{2}}\cos(kz)\mathrm{e}^{-\mathrm{j}kz\cos\theta}\mathrm{d}z\right] \\
&= \frac{\mu_0 I_0}{4\pi r}\mathrm{e}^{-\mathrm{j}kr}\int_{0}^{\frac{l}{2}}\cos(kz)(\mathrm{e}^{+\mathrm{j}kz\cos\theta} + \mathrm{e}^{-\mathrm{j}kz\cos\theta})\mathrm{d}z \\
&= \frac{\mu_0 I_0}{4\pi r}\mathrm{e}^{-\mathrm{j}kr}\int_{0}^{\frac{l}{2}}\{\cos[kz(1+\cos\theta)] + \cos[kz(1-\cos\theta)]\}\mathrm{d}z \\
&= \frac{\mu_0 I_0}{2k\pi r}\mathrm{e}^{-\mathrm{j}kr}\frac{\cos\left(\frac{\pi}{2}\cos\theta\right)}{\sin^2\theta}
\end{aligned}$$

(2) P 点的矢量位在球坐标系中的 3 个分量为

$$A_r = A_z\cos\theta$$

$$A_\theta = -A_z\sin\theta$$

$$A_\phi = 0$$

P 点的磁场强度为

$$\boldsymbol{H} = \frac{1}{\mu_0}\nabla\times\boldsymbol{A} = \frac{1}{\mu_0}\begin{vmatrix} \dfrac{\boldsymbol{e}_r}{r^2\sin\theta} & \dfrac{\boldsymbol{e}_\theta}{r\sin\theta} & \dfrac{\boldsymbol{e}_\phi}{r} \\ \dfrac{\partial}{\partial r} & \dfrac{\partial}{\partial\theta} & \dfrac{\partial}{\partial\phi} \\ A_r & rA_\theta & r\sin\theta A_\phi \end{vmatrix}$$

因此可写出磁场强度的各分量为

$$H_\phi = \frac{1}{\mu_0 r}\frac{\partial}{\partial r}[-rA_z\sin\theta] = \mathrm{j}\frac{I_0}{2\pi r}\mathrm{e}^{-\mathrm{j}kr}\frac{\cos\left(\frac{\pi}{2}\cos\theta\right)}{\sin\theta}$$

$$H_r = H_\theta = 0$$

注意,此处略去含$\frac{l}{r^2}$的高阶小项。

由麦克斯韦方程,P 点的电场强度为

$$\boldsymbol{E} = \frac{1}{\mathrm{j}\omega\varepsilon_0}\nabla\times\boldsymbol{H} = \frac{1}{\mathrm{j}\omega\varepsilon_0}\begin{vmatrix} \dfrac{\boldsymbol{e}_r}{r^2\sin\theta} & \dfrac{\boldsymbol{e}_\theta}{r\sin\theta} & \dfrac{\boldsymbol{e}_\phi}{r} \\ \dfrac{\partial}{\partial r} & \dfrac{\partial}{\partial\theta} & \dfrac{\partial}{\partial\phi} \\ H_r & rH_\theta & r\sin\theta H_\phi \end{vmatrix}$$

因此电场强度的各分量为

$$E_{\theta}=\eta_0 H_{\phi}=\mathrm{j}\frac{\eta_0 I_0}{2\pi r}\mathrm{e}^{-\mathrm{j}kr}\frac{\cos\left(\frac{\pi}{2}\cos\theta\right)}{\sin\theta}$$

$$E_r=E_{\phi}=0$$

(3) 半波天线方向性函数

$$F(\theta)=\frac{\cos\left(\frac{\pi}{2}\cos\theta\right)}{\sin\theta}$$

(4) 平均坡印亭矢量为

$$\boldsymbol{S}_{\mathrm{av}}=\frac{1}{2}\mathrm{Re}[\boldsymbol{E}\times\boldsymbol{H}^*]=\boldsymbol{e}_r\frac{\eta_0 I_0^2}{8\pi^2 r^2}\frac{\cos^2\left(\frac{\pi}{2}\cos\theta\right)}{\sin^2\theta}$$

(5) 辐射功率为

$$P_{\mathrm{r}}=\oiint_S \boldsymbol{S}_{\mathrm{av}}\cdot\mathrm{d}\boldsymbol{S}=\int_0^{2\pi}\int_0^{\pi}\frac{\eta_0 I_0^2}{8\pi^2 r^2}\frac{\cos^2\left(\frac{\pi}{2}\cos\theta\right)}{\sin^2\theta}r^2\sin\theta\mathrm{d}\theta\mathrm{d}\phi$$

$$=\frac{\eta_0 I_0^2}{4\pi}\int_0^{\pi}\frac{\cos^2\left(\frac{\pi}{2}\cos\theta\right)}{\sin\theta}\mathrm{d}\theta=\frac{1}{2}I_0^2 R_{\mathrm{r}}$$

则

$$R_{\mathrm{r}}=\frac{\eta_0}{2\pi}\int_0^{\pi}\frac{\cos^2\left(\frac{\pi}{2}\cos\theta\right)}{\sin\theta}\mathrm{d}\theta=\frac{2\eta_0}{2\pi}\int_0^{\frac{\pi}{2}}\frac{\cos^2\left(\frac{\pi}{2}\cos\theta\right)}{\sin\theta}\mathrm{d}\theta$$

根据题目的已知条件

$$\int_0^{\frac{\pi}{2}}\frac{\cos^2\left(\frac{\pi}{2}\cos\theta\right)}{\sin\theta}\mathrm{d}\theta=0.609$$

得出

$$R_{\mathrm{r}}=\frac{\eta_0}{\pi}\times 0.609=73.08\Omega$$

(6) 天线的方向性系数

$D=P_0/P_{\mathrm{r}}$ (最大辐射方向考察点电场强度相等)

P_0 为理想无方向性天线的辐射功率,有

$$P_0=4\pi r^2|S|=4\pi r^2\frac{|E|_{\max}^2}{2\eta_0}$$

$$=\frac{4\pi r^2}{2\eta_0}\left|\mathrm{j}\frac{\eta_0 I_0}{2\pi r}\mathrm{e}^{-\mathrm{j}kr}\frac{\cos\left(\frac{\pi}{2}\cos\frac{\pi}{2}\right)}{\sin\frac{\pi}{2}}\right|^2$$

$$=\frac{4\pi r^2}{2\eta_0}\frac{\eta_0^2 I_0^2}{4\pi^2 r^2}=\frac{\eta_0 I_0^2}{2\pi}$$

前面已经求出

$$P_r=\frac{\eta_0 I_0^2}{4\pi}\int_0^{\pi}\frac{\cos^2\left(\frac{\pi}{2}\cos\theta\right)}{\sin\theta}d\theta=0.609\frac{\eta_0 I_0^2}{2\pi}$$

则

$$D=P_0/P_r=1/0.609=1.64$$

【9-5】 半波天线的电流振幅为1A,试求离开天线1km处的最大电场强度。

解:半波天线的辐射电场强度为

$$E_\theta=\frac{\eta_0 I_0}{2\pi r}e^{-jkr}\frac{\cos\left(\frac{\pi}{2}\cos\theta\right)}{\sin\theta}$$

由上式可见,在$r=1$km处,当$\theta=\pi/2$时,电场强度取得最大值,则

$$|E_\theta|_{max}=\frac{\eta_0 I_0}{2\pi r}=\frac{120\pi\times 1}{2\pi\times 10^3}=0.06\text{V/m}$$

【9-6】 求半波天线的主瓣宽度。

解:半波天线方向性函数

$$F(\theta)=\frac{\cos\left(\frac{\pi}{2}\cos\theta\right)}{\sin\theta}$$

根据主瓣宽度的定义,可以求得半功率点时所对应的θ角,即

$$F(\theta)=\frac{\cos\left(\frac{\pi}{2}\cos\theta\right)}{\sin\theta}=\frac{1}{\sqrt{2}}$$

解得

$$\theta=51^\circ$$

因此主瓣宽度为

$$2\theta_{0.5}=2(90^\circ-\theta)=78^\circ$$

【9-7】 已知某天线的辐射功率为100W,方向性系数为3,试求:

(1) $r=10$km处,最大辐射方向上的电场强度大小。

(2) 若保持辐射功率不变,要使$r_2=20$km处的场强等于$r_1=10$km处的场强,应选用方向性系数D等于多大的天线?

解:(1) 无方向性天线的辐射功率为

$$P_{r0}=\frac{E_0^2}{2\eta_0}\times 4\pi r^2=\frac{E_0^2}{2\times 120\pi}\times 4\pi r^2$$

其中,$\eta_0=120\pi$,则离天线r处的电场强度

$$E_0^2=60\frac{P_{r0}}{r^2}$$

根据方向性系数的定义可得 $P_r=P_{r0}$ 时，有方向性天线最大辐射方向上的电场为

$$E_{max}^2=DE_0^2=60\frac{DP_r}{r^2}$$

则在 $r=10$km 处

$$E_{max}=\sqrt{60\times\frac{3\times100}{(10^4)^2}}=1.342\times10^{-2}\text{V/m}$$

(2) 保持辐射功率不变，使 $r=20$km 与原来 $r=10$km 处的场强相等，需要满足

$$\sqrt{60\times\frac{D'P_r}{(2\times10^4)^2}}=\sqrt{60\times\frac{3\times P_r}{(10^4)^2}}$$

$$D'=12$$

即应选用方向性系数为 12 的天线。

【9-8】 已知波源的频率为 1MHz，求线长为 1m 的导线的辐射电阻。

(1) 设导线为直线段。

(2) 设导线弯成环形状。

解：(1) 若为直线段，导线长度为 1m，波源的波长为

$$\lambda=\frac{v_0}{f}=\frac{3\times10^8}{10^6}=300\text{m}$$

可见导线的线长远小于波长，所以可将该直导线看作电偶极子天线，辐射电阻为

$$R_r=80\pi^2\left(\frac{\mathrm{d}l}{\lambda}\right)^2=8.8\times10^{-3}\Omega$$

(2) 若导线为环形，导线周长为 1m，环形天线可以看作磁偶极子天线，辐射电阻为

$$R_r=320\pi^6\left(\frac{a}{\lambda}\right)^4$$

其中

$$a=1/2\pi$$

则

$$R_r=2.44\times10^{-8}\Omega$$

【9-9】 为了在垂直于电偶极子轴线的方向上，距离其 100km 处得到电场强度的有效值大小为 100μV/m，则电偶极子的辐射功率至少为多少？

解：电偶极子的辐射场为

$$E_\theta=\mathrm{j}\frac{Ilk}{2\lambda r\omega\varepsilon}\mathrm{e}^{-\mathrm{j}kr}\sin\theta$$

可见 $\theta=\pi/2$ 时，电场达到最大值

$$|E_{\frac{\pi}{2}}|=\frac{Ilk}{2\lambda r\omega\varepsilon}=\eta\frac{Il}{2\lambda r}$$

则有

$$\frac{Il}{\lambda}=\frac{2r|E_{\frac{\pi}{2}}|}{\eta}$$

在此 $r=10^5$m，$|E_{\frac{\pi}{2}}|\geqslant\sqrt{2}\times10^{-4}$V/m，则

$$\frac{Il}{\lambda} \geqslant \frac{2\times 10^5 \times \sqrt{2} \times 10^{-4}}{\eta_0} = \frac{20\sqrt{2}}{\eta_0}$$

辐射功率

$$P = 40\pi^2 I^2 \left(\frac{l}{\lambda}\right)^2 = 40\pi^2 \left(\frac{Il}{\lambda}\right)^2$$

则有

$$P \geqslant 40\pi^2 \frac{800}{\eta_0^2}$$

即

$$P \geqslant 2.22\text{W}$$

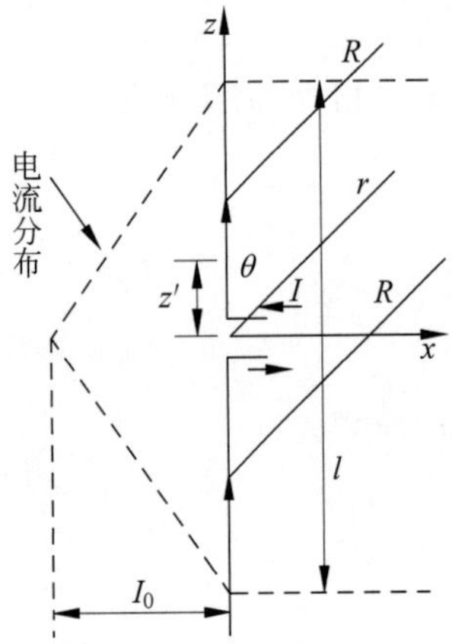

图 9-8　习题 9-10 图

【9-10】 一个比波长甚短的短天线，中心馈电，且中心为电流的最大值 I_0，到两端线性减小，到端点为零。如图 9-8 所示。若有另一个相同尺寸的天线，其上电流为均匀分布，并且等于 I_0。试证明前者天线的辐射功率和辐射电阻仅为后者的四分之一。

证明：在短天线上取一积分元 $\mathrm{d}z'(z'\ll\lambda)$，其上的电流为 $I(z')$。该积分元可视为电偶极子，其远区场为

$$\mathrm{d}E_\theta = \mathrm{j}\eta_0 \frac{I(z')\mathrm{d}z'}{2\lambda R}\sin\theta \mathrm{e}^{-\mathrm{j}kR}$$

则短天线在空间产生的总场为

$$E_\theta = \mathrm{j}\eta_0 \int_{-l/2}^{l/2} \frac{I(z')}{2\lambda R}\sin\theta \mathrm{e}^{-\mathrm{j}kR}\mathrm{d}z'$$

在远场区，$r \gg z'$，并且天线的长度远小于波长，故 $R\approx r$，因此

$$E_\theta = \frac{\mathrm{j}\eta_0}{2\lambda r}\sin\theta \mathrm{e}^{-\mathrm{j}kr}\int_{-l/2}^{l/2} I(z')\mathrm{d}z'$$

电场的平均值为

$$\bar{E}_\theta = \frac{\mathrm{j}\eta_0 l}{2\lambda r}\sin\theta \mathrm{e}^{-\mathrm{j}kr}\ \frac{1}{l}\int_{-l/2}^{l/2} I(z')\mathrm{d}z' = \frac{\mathrm{j}\eta_0 l}{2\lambda r}\sin\theta \mathrm{e}^{-\mathrm{j}kr}\bar{I}$$

其中，短天线上电流的平均值为 $\bar{I}$。

根据图 9-8 可知，短天线上电流的平均值为最大值的一半，即 $\bar{I} = \frac{1}{2}I_0$。因此，E_θ、H_ϕ 的幅度均比电流为 I_0 均匀分布时的偶极子减少 1/2，于是功率密度减小到 1/4，因而，短天线的辐射功率仅为后者的 1/4。根据 $P_\mathrm{r} = \frac{1}{2}I^2 R_\mathrm{r}$，在输入端口电流相等的情况下，前者的辐射电阻也降到后者的 1/4，即 $R'_\mathrm{r} = \frac{1}{4}R_\mathrm{r} = 20\pi^2 (l/\lambda)^2$。

【9-11】 一个电偶极子和一个小电流圆环同时放置在坐标原点，如果满足条件 $I_1 l = kI_2 \pi a^2$，其中 l 为电偶极子的长度、a 为小电流圆环的半径，$k = \omega\sqrt{\mu_0\varepsilon_0}$。

(1) 证明：在远区任一点的电磁场是圆极化波。

(2) 该极化波是左旋还是右旋?

解:(1) 证明:这是一个远区场问题,电偶极子的辐射场为

$$\begin{cases} E_\theta = \mathrm{j}\dfrac{k\eta_0(I_1\mathrm{d}l)}{4\pi r}\sin\theta \mathrm{e}^{-\mathrm{j}kr} \\ H_\phi = \mathrm{j}\dfrac{k(I_1\mathrm{d}l)}{4\pi r}\sin\theta \mathrm{e}^{-\mathrm{j}kr} \end{cases}$$

小电流圆环(磁偶极子)的辐射场为

$$\begin{cases} H_\theta = -\dfrac{km^2}{4\pi r}\sin\theta \mathrm{e}^{-\mathrm{j}kr} \\ E_\phi = -\dfrac{\mu_0\omega km}{4\pi r}\sin\theta \mathrm{e}^{-\mathrm{j}kr} \end{cases}$$

式中,$m=I_2\pi a^2$。远区电磁场为该电偶极子的辐射场和小电流圆环的辐射场的叠加。合成波电场为

$$\boldsymbol{E}=\boldsymbol{e}_\theta E_\theta+\boldsymbol{e}_\phi E_\phi$$

由已知条件可得

$$I_1\mathrm{d}l=kI_2\pi a^2$$

代入电偶极子辐射场,可得

$$E_\theta=\mathrm{j}\frac{k^2\eta_0 m}{4\pi r}\sin\theta \mathrm{e}^{-\mathrm{j}kr}=\mathrm{j}E_0\sin\theta\frac{\mathrm{e}^{-\mathrm{j}kr}}{r}$$

式中

$$E_0=\frac{k^2\eta_0 m}{4\pi}=\frac{k^2 I_2\pi a^2}{4\pi}\sqrt{\frac{\mu_0}{\varepsilon_0}}$$

而 E_ϕ 的幅度项可做如下变化:

$$\frac{\mu_0\omega km}{4\pi}=\frac{\mu_0\omega k^2 m}{4\pi\omega\sqrt{\mu_0\varepsilon_0}}=\frac{k^2\eta_0 m}{4\pi}=E_0$$

代入小电流圆环的辐射场,可得

$$E_\phi=E_0\sin\theta\frac{\mathrm{e}^{-\mathrm{j}kr}}{r}$$

因此合成波的电场为

$$\boldsymbol{E}=E_0\sin\theta(\mathrm{j}\boldsymbol{e}_\theta+\boldsymbol{e}_\phi)\frac{\mathrm{e}^{-\mathrm{j}kr}}{r}=\mathrm{j}\frac{E_0\sin\theta}{r}(\boldsymbol{e}_\theta-\mathrm{j}\boldsymbol{e}_\phi)\mathrm{e}^{-\mathrm{j}kr}=\frac{E_0\sin\theta}{r}(\boldsymbol{e}_\theta-\mathrm{j}\boldsymbol{e}_\phi)\mathrm{e}^{-\mathrm{j}\left(kr-\frac{\pi}{2}\right)}$$

由此可见,远区电场 $\boldsymbol{E}$ 的两个正交分量都与传播的方向垂直,在任意时刻的相差恒为 $\pi/2$,且幅度相等,因此是圆极化波。

(2) 按照右手法则,判定为右旋圆极化波。

【9-12】 电偶极子 Il 的一端与地面无限靠近。当电偶极子与地面的夹角为 30°时,测得天线的发射功率为 100mW。如果天线与地面垂直放置,求天线的发射功率。

解:采用镜像法。在水平方向,元天线电流与其镜像任意时刻的电流方向相反,所以抵消。在垂直方向电流元的分量方向是平行的,同时互相叠加;总的“合成天线”表现为垂直于地面的,等效长度设为 $\mathrm{d}l^*$,有

$$\mathrm{d}l^{*}=2(\mathrm{d}l\sin\theta)$$

式中,θ 是天线与地面的夹角,对于该题有 $\theta=30°$,所以

$$\mathrm{d}l^{*}=2(\mathrm{d}l\sin 30°)=\mathrm{d}l$$

根据镜像法,倾斜放置时长度为 $\mathrm{d}l$ 的元天线的辐射功率等效于没有地面时,一个长度为 $\mathrm{d}l^{*}$ 的元天线的辐射平均功率密度对半个空间的积分(因为地面及其以下不会产生电磁辐射,或者说积分空间不能包括“镜像”所在的空间)。

这样,一个长度为 $\mathrm{d}l$ 的倾斜放置的元天线辐射功率是

$$\frac{1}{2}P_0=\frac{1}{2}\cdot\left(40\pi^2\left(\frac{I\mathrm{d}l^{*}}{\lambda}\right)^2\right)=2\sin^2\theta\cdot\left(40\pi^2\left(\frac{I\mathrm{d}l}{\lambda}\right)^2\right)$$

$\theta=30°$时,天线辐射功率 $P_1=100\mathrm{mW}$,所以

$$P_1=2\sin^2(30°)\cdot\left(40\pi^2\left(\frac{I\mathrm{d}l}{\lambda}\right)^2\right)=\frac{1}{2}\cdot\left(40\pi^2\left(\frac{I\mathrm{d}l}{\lambda}\right)^2\right)=100\mathrm{mW}$$

所以

$$40\pi^2\left(\frac{I\mathrm{d}l}{\lambda}\right)^2=200\mathrm{mW}$$

当天线垂直于地面时,$\theta=90°$,代入以上两式得

$$P_2=2\sin^2(90°)\cdot\left(40\pi^2\left(\frac{I\mathrm{d}l}{\lambda}\right)^2\right)=2\times 200\mathrm{mW}=400\mathrm{mW}$$

所以当该天线垂直于地面放置时,辐射功率为 400mW,是倾斜放置时的 4 倍。对于一般倾斜 θ 角度,垂直时,辐射功率变为原来的 $1/\sin^2\theta$ 倍。

【9-13】 高度为 $2h$ 的短对称线上的电流分布为 $I(z)=I_0\left(1-\frac{|z|}{h}\right)$,且同相。

(1) 求其辐射场。

(2) 给出其方向性函数。

解:(1) 取圆柱坐标系,天线沿 z 轴,坐标原点在天线中点。首先在 z' 处取电流元 $I(z')\mathrm{d}z'$,在场点 $\boldsymbol{r}$ 处的辐射电场为

$$\mathrm{d}\boldsymbol{E}=\boldsymbol{e}_{\theta}\mathrm{j}\eta_0\frac{I(z')\mathrm{d}z'}{2\lambda R}\sin\theta\mathrm{e}^{-\mathrm{j}kR}$$

式中,R 是电流元到场点的距离,θ 是 R 与 z 轴的夹角。当 $r\gg h$ 时,可以近似认为 R 线和 r 线平行,因此可近似取

$$R\approx r-z'\cos\theta$$

$$\frac{1}{R}\approx\frac{1}{r}$$

代入辐射电场表达式,得

$$\mathrm{d}\boldsymbol{E}=\boldsymbol{e}_{\theta}\mathrm{j}\eta_0\frac{I(z')\mathrm{e}^{-\mathrm{j}kr}\mathrm{d}z'}{2\lambda r}\sin\theta\mathrm{e}^{-\mathrm{j}kz'\cos\theta}$$

将 $I(z')=I_0\left(1-\frac{|z'|}{h}\right)$代入上式,对辐射场沿电流积分,得

$$\boldsymbol{E}=\boldsymbol{e}_{\theta}\mathrm{j}\eta_0\frac{I_0\mathrm{e}^{-\mathrm{j}kr}}{2\lambda r}\sin\theta\left[\int_0^h\left(1-\frac{z'}{h}\right)\mathrm{e}^{-\mathrm{j}kz'\cos\theta}\mathrm{d}z'+\int_{-h}^0\left(1+\frac{z'}{h}\right)\mathrm{e}^{-\mathrm{j}kz'\cos\theta}\mathrm{d}z'\right]$$

$$=\boldsymbol{e}_\theta \mathrm{j}\eta_0 \frac{I_0 \mathrm{e}^{-\mathrm{j}kr}}{2\lambda r}\sin\theta\int_0^h\left(1-\frac{z'}{h}\right)\cos(kz'\cos\theta)\mathrm{d}z'$$

积分后，辐射电场结果为

$$\boldsymbol{E}=\boldsymbol{e}_\theta \mathrm{j}\eta_0 \frac{I_0 h\mathrm{e}^{-\mathrm{j}kr}}{2\lambda r}\sin\theta\left[\frac{1-\cos(kh\cos\theta)}{(kh\cos\theta)^2}\right]$$

（2）方向性函数为

$$f(\theta,\phi)=\sin\theta\left[\frac{1-\cos(kh\cos\theta)}{(kh\cos\theta)^2}\right]$$

【9-14】 利用对偶原理，求在无限大理想导体平面上方垂直放置的磁流元的镜像。

解：电流元的辐射磁场为

$$H_\phi=\mathrm{j}\frac{Il\mathrm{e}^{-\mathrm{j}kr}}{2\lambda r}\sin\theta$$

根据对偶原理，磁流元的辐射电场为

$$E_\phi=-\mathrm{j}\frac{I^{\mathrm{m}}l\mathrm{e}^{-\mathrm{j}kr}}{2\lambda r}\sin\theta$$

在无限大的理想导电面上方垂直放置的磁流元在理想导电面上的电场是切向分量，为了使理想导电面上电场的切向分量为零，镜像磁流元在镜像位置垂直放置，并大小相同、方向相反。

【9-15】 证明：在无限大理想导体平面上平行放置的电流元与其具有相反相位的镜像电流元，在对称面上的总辐射场的切向分量为零。

证明：设电流元在对称面上某点的辐射电场为

$$\boldsymbol{E}_1=Z\frac{I(\boldsymbol{l}\times\boldsymbol{R}_1)\times\boldsymbol{R}_1}{2\lambda R_1^3}\mathrm{e}^{-\mathrm{j}kR_1}$$

电流元的镜像在对称面上某点的辐射电场为

$$\boldsymbol{E}_2=Z\frac{I(\boldsymbol{l}\times\boldsymbol{R}_2)\times\boldsymbol{R}_2}{2\lambda R_2^3}\mathrm{e}^{-\mathrm{j}kR_2}$$

距离矢量可以表示为

$$\boldsymbol{R}_1=-\boldsymbol{e}_zR\cos\theta+\boldsymbol{e}_xR\sin\theta\cos\phi+\boldsymbol{e}_yR\sin\theta\sin\phi$$

$$\boldsymbol{R}_2=\boldsymbol{e}_zR\cos\theta+\boldsymbol{e}_xR\sin\theta\cos\phi+\boldsymbol{e}_yR\sin\theta\sin\phi$$

其中，$\boldsymbol{e}_z$ 是对称面的法线方向，$\boldsymbol{e}_l=\boldsymbol{e}_x$ 是对称面和电流元平行的方向，则有

$$\boldsymbol{e}_l\times\boldsymbol{R}_1=\boldsymbol{e}_x\times(-\boldsymbol{e}_zR\cos\theta+\boldsymbol{e}_xR\sin\theta\cos\phi+\boldsymbol{e}_yR\sin\theta\sin\phi)$$

$$=\boldsymbol{e}_yR\cos\theta+\boldsymbol{e}_zR\sin\theta\sin\phi$$

$$(\boldsymbol{e}_l\times\boldsymbol{R}_1)\times\boldsymbol{R}_1=R(\boldsymbol{e}_y\cos\theta+\boldsymbol{e}_z\sin\theta\sin\phi)\times R(-\boldsymbol{e}_z\cos\theta+\boldsymbol{e}_x\sin\theta\cos\varphi+\boldsymbol{e}_y\sin\theta\sin\phi)$$

$$=R^2(-\boldsymbol{e}_x\cos^2\theta-\boldsymbol{e}_z\cos\theta\sin\theta\cos\phi+\boldsymbol{e}_y\sin^2\theta\sin\phi\cos\phi-\boldsymbol{e}_x\sin^2\theta\sin^2\phi)$$

$$\boldsymbol{e}_l\times\boldsymbol{R}_2=\boldsymbol{e}_x\times(\boldsymbol{e}_zR\cos\theta+\boldsymbol{e}_xR\sin\theta\cos\phi+\boldsymbol{e}_yR\sin\theta\sin\phi)$$

$$=-R\boldsymbol{e}_y\cos\theta+\boldsymbol{e}_zR\sin\theta\sin\phi$$

$$(\boldsymbol{e}_l\times\boldsymbol{R}_2)\times\boldsymbol{R}_2=R(-\boldsymbol{e}_y\cos\theta+\boldsymbol{e}_z\sin\theta\sin\phi)\times R(\boldsymbol{e}_z\cos\theta+\boldsymbol{e}_x\sin\theta\cos\phi+\boldsymbol{e}_y\sin\theta\sin\phi)$$

$$=R^2(-\boldsymbol{e}_x\cos^2\theta+\boldsymbol{e}_z\cos\theta\sin\theta\cos\phi+\boldsymbol{e}_y\sin^2\theta\sin\phi\cos\phi-\boldsymbol{e}_x\sin^2\theta\sin^2\phi)$$

$$R_1 = R_2 = R$$

总辐射电场为

$$\boldsymbol{E} = Z\frac{Il\mathrm{e}^{-\mathrm{j}kR}}{2\lambda R^3}[(\boldsymbol{e}_l \times \boldsymbol{R}_1)\times\boldsymbol{R}_1 - (\boldsymbol{e}_l \times \boldsymbol{R}_2)\times\boldsymbol{R}_2] = \boldsymbol{e}_z Z\frac{Il\mathrm{e}^{-\mathrm{j}kR}}{\lambda R}\cos\theta\sin\theta\cos\phi$$

可见总辐射电场只有法向分量，即切向分量为零。

9.4 典型考研试题解析

【考研题 9-1】 (北京邮电大学 2004 年)已知电偶极子($\mathrm{d}l$)的发射功率为 100W，求离开电偶极子距离为 50km 处(远区)的电场及磁场。

解：根据电偶极子的辐射功率，得

$$P_{\mathrm{r}} = 40\pi^2\left(\frac{I\mathrm{d}l}{\lambda}\right)^2 = 100$$

故有

$$I\frac{\mathrm{d}l}{\lambda} = \frac{5}{\sqrt{10\pi}} \approx 0.5$$

电偶极子远区辐射电场的表示式为

$$E_\theta = \mathrm{j}\frac{I\mathrm{d}l\eta_0\sin\theta}{2\lambda r}\cdot\mathrm{e}^{\mathrm{j}(\omega t - kr)} = \mathrm{j}\frac{5}{\sqrt{10}\,\pi}\frac{120\pi\sin\theta}{2\times 50\times 10^3}\cdot\mathrm{e}^{\mathrm{j}(\omega t - 50\times 10^3 k)}$$

$$= \mathrm{j}1.885\times 10^{-3}\sin\theta\mathrm{e}^{\mathrm{j}(\omega t - 50\times 10^3 k)}\ \mathrm{V/m}$$

电偶极子远区辐射磁场的表示式为

$$H_\phi = \frac{E_\theta}{\eta_0} = \mathrm{j}5\times 10^{-6}\sin\theta\mathrm{e}^{\mathrm{j}(\omega t - 50\times 10^3 k)}\ \mathrm{A/m}$$

【考研题 9-2】 (北京邮电大学 2003 年)如图 9-9 所示，电偶极子($\mathrm{d}l$)与地面平行，距离地面高度为 $h=\lambda/4$，求远区点 P(在 y 轴上)的功率密度平均值 $\boldsymbol{S}_{\mathrm{av}}$。(已知单个电偶极子的 $E_\theta = \mathrm{j}\dfrac{I\mathrm{d}l\eta_0\sin\theta}{2\lambda r}\cdot\mathrm{e}^{\mathrm{j}(\omega t - kr)}$)

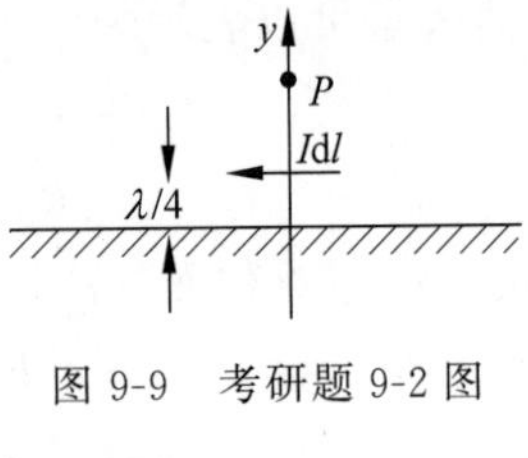

图 9-9　考研题 9-2 图

解：水平放置的电偶极子的镜像电流与原电流反相。由于电偶极子与地面的距离为 $h=\lambda/4$，故原天线与镜像天线之间的距离为 $\lambda/2$。考虑到两电流反相带来的 180°相位差及 $\lambda/2$ 的行程差，故有 360°的相位累计，因此，两天线在点 P 的场同相叠加。由于点 P 是远区，故合成场为单个电偶极子($\mathrm{d}l$)产生的场的 2 倍，即

$$E_\theta = \mathrm{j}\frac{I\mathrm{d}l\eta_0\sin\theta}{\lambda r}\cdot\mathrm{e}^{\mathrm{j}(\omega t - kr)}$$

由于电偶极子的远区场为 TEM 波，$\eta_0 = E_\theta/H_\phi$，则磁场为

$$H_\phi = E_\theta/\eta_0 = \mathrm{j}\frac{I\mathrm{d}l\sin\theta}{\lambda r}\cdot\mathrm{e}^{\mathrm{j}(\omega t - kr)}$$

故远区点 P 的功率密度平均值 $\boldsymbol{S}_{\mathrm{av}}$ 为

$$\boldsymbol{S}_{\mathrm{av}}=\boldsymbol{e}_r\frac{1}{2}\mathrm{Re}[E_\theta H_\phi^*]=\boldsymbol{e}_r\frac{\eta_0}{2}\left(\frac{I\mathrm{d}l\sin\theta}{\lambda r}\right)^2$$

由于点 P 在 y 轴上，$\theta=90°$，故

$$\boldsymbol{S}_{\mathrm{av}}=\boldsymbol{e}_r 60\pi\left(\frac{I\mathrm{d}l}{\lambda r}\right)^2$$

【考研题 9-3】（北京邮电大学 2002 年）已知空气中的电偶极子 $I\mathrm{d}l$ 的辐射功率为 40W，求远区点 $P(r=1\mathrm{km},\theta=90°)$ 的功率密度的平均值 $\boldsymbol{S}_{\mathrm{av}}$。已知电偶极子的远区磁场为 $H_\phi=\mathrm{j}\dfrac{I\mathrm{d}l\sin\theta}{2\lambda r}\cdot \mathrm{e}^{\mathrm{j}(\omega t-kr)}$。

解：由于电偶极子的远区场为 TEM 波，$\eta_0=E_\theta/H_\phi$，则电场为

$$E_\theta=\mathrm{j}\frac{I\mathrm{d}l\eta_0\sin\theta}{2\lambda r}\cdot \mathrm{e}^{\mathrm{j}(\omega t-kr)}$$

故其辐射功率为

$$\begin{aligned}P_{\mathrm{r}}&=\oiint_S\boldsymbol{S}_{\mathrm{av}}\cdot\mathrm{d}\boldsymbol{S}=\oiint_S\boldsymbol{e}_r\frac{1}{2}\mathrm{Re}[E_\theta H_\phi^*]\cdot\mathrm{d}\boldsymbol{S}=\int_0^{2\pi}\int_0^{\pi}\boldsymbol{e}_r\frac{1}{2}\eta_0\left(\frac{I\mathrm{d}l}{2\lambda r}\sin\theta\right)^2\cdot\boldsymbol{e}_r r^2\sin\theta\mathrm{d}\theta\mathrm{d}\phi\\&=\int_0^{2\pi}\mathrm{d}\phi\int_0^{\pi}\frac{15\pi(I\mathrm{d}l)^2}{\lambda^2}\sin^3\theta\mathrm{d}\theta=40\pi^2\left(\frac{I\mathrm{d}l}{\lambda}\right)^2\end{aligned}$$

根据题意，$P_{\mathrm{r}}=40\pi^2\left(\dfrac{I\mathrm{d}l}{\lambda}\right)^2=40$，因此

$$\left(\frac{I\mathrm{d}l}{\lambda}\right)^2=\frac{1}{\pi^2}$$

而远区场的功率密度的平均值为

$$\boldsymbol{S}_{\mathrm{av}}=\frac{1}{2}\mathrm{Re}[\boldsymbol{E}\times\boldsymbol{H}^*]=\boldsymbol{e}_r\frac{1}{2}\mathrm{Re}[E_\theta H_\phi^*]=\boldsymbol{e}_r\frac{E_\theta^2}{2\eta_0}=\frac{\eta_0}{2}\left(\frac{I\mathrm{d}l\sin\theta}{2\lambda r}\right)^2=\frac{\eta_0\sin^2\theta}{8r^2}\left(\frac{I\mathrm{d}l}{\lambda}\right)^2\mathrm{W/m^2}$$

故在点 $P(r=1\mathrm{km},\theta=90°)$ 的功率密度的平均值为

$$\boldsymbol{S}_{\mathrm{av}}=\frac{\eta_0\sin^2\theta}{8r^2}\left(\frac{I\mathrm{d}l}{\lambda}\right)^2=\frac{120\pi}{8\times10^3}\times\frac{1}{\pi^2}=4.777\times10^{-3}\mathrm{W/m^2}$$

【考研题 9-4】（武汉大学 2000 年）电偶极子和小电流环（磁偶极子）是两种应用极其广泛的电磁波辐射器，已知电偶极子远区辐射场为

$$E_\theta=\mathrm{j}\frac{Il\sin\theta}{2\lambda r}\sqrt{\frac{\mu_0}{\varepsilon_0}}\cdot\mathrm{e}^{\mathrm{j}(\omega t-kr)},\quad H_\phi=\mathrm{j}\frac{Il\sin\theta}{2\lambda r}\cdot\mathrm{e}^{\mathrm{j}(\omega t-kr)}$$

请根据对偶原理，写出小电流环远区辐射场表达式。如果电偶极子和小电流环的长度相等，电流相等，电偶极子和小电流环的辐射能力哪个强？并说明这一差别的物理原因。

解：根据对偶原理，对偶量为

$$\boldsymbol{E}_{\mathrm{e}}\rightarrow\boldsymbol{H}_{\mathrm{m}},\quad \boldsymbol{H}_{\mathrm{e}}\rightarrow-\boldsymbol{E}_{\mathrm{m}},\quad \boldsymbol{I}_{\mathrm{e}}\rightarrow\boldsymbol{I}_{\mathrm{m}},\quad \rho_{\mathrm{e}}\rightarrow\rho_{\mathrm{m}},\quad \mu\rightarrow\varepsilon,\quad \varepsilon\rightarrow\mu$$

可得小电流环远区辐射场表达式为

$$E_{\mathrm{m}\phi}=-\mathrm{j}\frac{I_{\mathrm{m}}l\sin\theta}{2\lambda r}\cdot\mathrm{e}^{\mathrm{j}(\omega t-kr)}$$

$$H_{m\theta}=\mathrm{j}\frac{I_m l\sin\theta}{2\lambda r}\sqrt{\frac{\varepsilon_0}{\mu_0}}\cdot e^{\mathrm{j}(\omega t-kr)}=\mathrm{j}\frac{I_m l\sin\theta}{2\lambda r\eta_0}\cdot e^{\mathrm{j}(\omega t-kr)}$$

电偶极子的辐射电阻为

$$R_{er}=80\pi^2\left(\frac{l}{\lambda}\right)^2$$

磁偶极子的辐射电阻为

$$R_{mr}=20\pi^2 a^4\left(\frac{2\pi}{\lambda}\right)^4=320\pi^6\left(\frac{a}{\lambda}\right)^4$$

根据题意，$a=\frac{l}{2\pi}$，因此

$$R_{mr}=20\pi^2\left(\frac{l}{\lambda}\right)^4$$

由于 $l\ll\lambda$，因此 $R_{mr}<R_{er}$，故电偶极子的辐射能力比小电流环的辐射能力强。从物理结构来看，由于小电流环的电流方向不一致，导致其产生的辐射场部分抵消，故削弱了整个辐射场。

【考研题 9-5】 (西安电子科技大学 2000 年)已知某天线在 z 轴方向产生的远区电场如下(时间因子为 $e^{\mathrm{j}\omega t}$)：$\boldsymbol{E}=C\frac{e^{-\mathrm{j}kz}}{2}\frac{\boldsymbol{e}_x-\mathrm{j}\boldsymbol{e}_y}{\sqrt{2}}$。

(1) 试说明该电场的极化特性。

(2) 设用此天线分别接收平面电磁波：

$$\boldsymbol{E}_1=E_0 e^{\mathrm{j}kz}\frac{\boldsymbol{e}_x-\mathrm{j}\boldsymbol{e}_y}{\sqrt{2}},\quad \boldsymbol{E}_2=E_0 e^{\mathrm{j}kz}\frac{\boldsymbol{e}_x+\mathrm{j}\boldsymbol{e}_y}{\sqrt{2}},\quad \boldsymbol{E}_3=E_0 e^{\mathrm{j}kz}(\boldsymbol{e}_x\cos\alpha+\boldsymbol{e}_y\sin\alpha)$$

3 种情况下天线接收到的功率分别为 P_1、P_2、P_3，求：P_1/P_2，P_3/P_2 的值。

解：(1) 由题意可知，电磁波的传播方向为沿 z 轴方向。$\boldsymbol{E}_x$ 与 $\boldsymbol{E}_y$ 振幅相等，但是 $\boldsymbol{E}_x$ 超前 $\boldsymbol{E}_y$ 90°。因此，$\boldsymbol{E}_x$、$\boldsymbol{E}_y$ 与传播方向呈右手螺旋关系，故为右旋圆极化波。

(2) $\boldsymbol{E}_1=E_0 e^{\mathrm{j}kz}\frac{\boldsymbol{e}_x-\mathrm{j}\boldsymbol{e}_y}{\sqrt{2}}$的传播方向沿 $-z$ 轴，故为左旋圆极化波，而天线辐射的是右旋圆极化波，故该天线不能接收 $\boldsymbol{E}_1$，$P_1=0$。

$\boldsymbol{E}_2=E_0 e^{\mathrm{j}kz}\frac{\boldsymbol{e}_x+\mathrm{j}\boldsymbol{e}_y}{\sqrt{2}}$的传播方向沿 $-z$ 轴，故为右旋圆极化波，天线能接收 $\boldsymbol{E}_2$，$P_2\neq 0$。

所以

$$P_1/P_2=0$$

$\boldsymbol{E}_3=E_0 e^{\mathrm{j}kz}(\boldsymbol{e}_x\cos\alpha+\boldsymbol{e}_y\sin\alpha)$的传播方向沿 $-z$ 轴，$\boldsymbol{E}_x$ 与 $\boldsymbol{E}_y$ 同相，为线极化波。而线极化波可以分解为功率相等的右旋圆极化波和左旋圆极化波，其中的右旋圆极化波可以被天线接收，而左旋圆极化波不能被天线接收。因此

$$P_3/P_2=\frac{1}{2}$$

【考研题 9-6】 (北京理工大学 2002 年)已知原点处有一电偶极子天线产生的磁矢位为

$$\boldsymbol{A}=A_z\boldsymbol{e}_z=\boldsymbol{e}_z\frac{\mu_0 I\,\mathrm{d}l}{4\pi}\left(\frac{e^{-\mathrm{j}kr}}{r}\right)$$

求空间任意点的电场 $\boldsymbol{E}$ 和磁场 $\boldsymbol{H}$ 表达式。当 $r \gg \dfrac{\lambda}{2\pi}$ 时称为远区，写出远区的电场和磁场表达式，并简要说明它的特点。

解：(1) 根据 $\boldsymbol{A}$ 的表达式，则磁场为

$$\boldsymbol{H}=\frac{1}{\mu_0}\nabla\times\boldsymbol{A}=\boldsymbol{e}_\phi\frac{1}{\mu_0 r}\left[\frac{\partial}{\partial r}(rA_\theta)-\frac{\partial A_r}{\partial\theta}\right]=\boldsymbol{e}_\phi\frac{I\mathrm{d}lk^2}{4\pi}\left[\frac{\mathrm{j}}{kr}+\frac{1}{(kr)^2}\right]\sin\theta\cdot\mathrm{e}^{-\mathrm{j}kr}$$

根据麦克斯韦方程，电场为

$$\boldsymbol{E}=\frac{1}{\mathrm{j}\omega\varepsilon_0}\nabla\times\boldsymbol{H}=\frac{\mathrm{e}^{-\mathrm{j}kr}}{\mathrm{j}\omega\varepsilon_0}\left[\boldsymbol{e}_r\frac{1}{r\sin\theta}\frac{\partial}{\partial\theta}(H_\phi\sin\theta)-\boldsymbol{e}_\theta\frac{1}{r}\frac{\partial}{\partial r}(rH_\phi)\right]$$

$$=\frac{2I\mathrm{d}lk^3}{4\pi\omega\varepsilon_0}\left\{\cos\theta\left[\frac{1}{(kr)^2}-\frac{\mathrm{j}}{(kr)^3}\right]\mathrm{e}^{-\mathrm{j}kr}\boldsymbol{e}_r+\frac{1}{2}\sin\theta\left[\frac{\mathrm{j}}{kr}+\frac{1}{(kr)^2}-\frac{\mathrm{j}}{(kr)^3}\right]\mathrm{e}^{-\mathrm{j}kr}\boldsymbol{e}_\theta\right\}$$

(2) 当 $r\gg\dfrac{\lambda}{2\pi}$ 时，远区的电场和磁场表达式只剩下 $\dfrac{1}{kr}$ 项，即

$$E_\theta=\mathrm{j}\frac{I\mathrm{d}lk^2\sin\theta}{4\pi\omega\varepsilon_0 r}\cdot\mathrm{e}^{-\mathrm{j}kr}$$

$$H_\phi=\mathrm{j}\frac{I\mathrm{d}lk\sin\theta}{4\pi r}\cdot\mathrm{e}^{-\mathrm{j}kr}$$

远区场的特点：

① 远区场是横电磁波(TEM 波)，传播方向沿 $\boldsymbol{e}_r$ 方向，真空中的速度为光速；

② 真空中的波阻抗 $\dfrac{E_\theta}{H_\phi}=\eta_0=120\pi\Omega$；

③ 等相位面为球面，电磁波为非均匀球面波；

④ 远区场的幅度与源的距离 r 成反比；

⑤ 远区场是辐射场，电场和磁场的平均能量密度相等；

⑥ 远区场的分布有方向性。

【考研题 9-7】 (北京理工大学 2002 年)电偶极子天线在真空中的远区辐射磁场表达式为

$$H=\boldsymbol{e}_\phi\mathrm{j}\frac{H_0\sin\theta}{r}\cdot\mathrm{e}^{-\mathrm{j}kr}$$

求远区辐射电场的表达式和天线波瓣宽度 $2\theta_{0.5}$。此时 $\boldsymbol{E}$ 和 $\boldsymbol{H}$ 不严格满足麦克斯韦方程组，请说明原因。

解：电偶极子 $I\mathrm{d}l$ 在真空中产生的远区辐射磁场为

$$H_\phi=\mathrm{j}\frac{I\mathrm{d}lk\sin\theta}{4\pi r}\cdot\mathrm{e}^{-\mathrm{j}kr}$$

将 $H=\boldsymbol{e}_\phi\mathrm{j}\dfrac{H_0\sin\theta}{r}\cdot\mathrm{e}^{-\mathrm{j}kr}$ 与上式比较，显然

$$H_0=\frac{I\mathrm{d}lk}{4\pi}=\frac{I\mathrm{d}l}{2\lambda}$$

将 $H_0=\dfrac{I\mathrm{d}lk}{4\pi}=\dfrac{I\mathrm{d}l}{2\lambda}$ 代入远区辐射电场的表达式

$$E_\theta=\mathrm{j}\frac{I\mathrm{d}lk^2\sin\theta}{4\pi\omega\varepsilon_0 r}\cdot\mathrm{e}^{-\mathrm{j}kr}$$

得

$$E_\theta = \mathrm{j}\frac{k\sin\theta}{\omega\varepsilon_0 r}H_0 \cdot \mathrm{e}^{-\mathrm{j}kr} = \mathrm{j}\frac{\sin\theta}{r}\eta_0 H_0 \cdot \mathrm{e}^{-\mathrm{j}kr}$$

由上式可知,天线的方向性函数为

$$F(\theta) = \sin\theta$$

当$|F(\theta)| = \frac{1}{\sqrt{2}}$时,$\theta = 45°$,因此,天线波瓣宽度 $2\theta_{0.5}$ 为

$$2\theta_{0.5} = 2(90° - 45°) = 90°$$

E 和 **H** 不严格满足麦克斯韦方程组的原因如下:在远区场,根据 $r \gg \frac{\lambda}{2\pi}$时的近似,远区的电场和磁场表达式只剩下$\frac{1}{kr}$项,其他分量与 E_θ、H_ϕ 相比被忽略了,因此导致 **E** 和 **H** 不严格满足麦克斯韦方程组。

【考研题 9-8】 (山东大学 2001 年)试说明电偶极子辐射在空间产生 TM 波,可以近似为 TEM 波。

解:电偶极子天线产生的磁矢位为

$$\boldsymbol{A} = \boldsymbol{e}_z \frac{\mu_0 I \mathrm{d}l}{4\pi}\left(\frac{\mathrm{e}^{-\mathrm{j}kr}}{r}\right)$$

根据 **A** 的表达式,则磁场为

$$\boldsymbol{H} = \frac{1}{\mu_0}\nabla\times\boldsymbol{A} = \boldsymbol{e}_\phi \frac{1}{\mu_0 r}\left[\frac{\partial}{\partial r}(rA_\theta) - \frac{\partial A_r}{\partial\theta}\right] = \boldsymbol{e}_\phi \frac{I\mathrm{d}lk^2}{4\pi}\left[\frac{\mathrm{j}}{kr} + \frac{1}{(kr)^2}\right]\sin\theta \cdot \mathrm{e}^{-\mathrm{j}kr}$$

根据麦克斯韦方程,电场为

$$\begin{aligned}\boldsymbol{E} &= \frac{1}{\mathrm{j}\omega\varepsilon_0}\nabla\times\boldsymbol{H} = \frac{\mathrm{e}^{-\mathrm{j}kr}}{\mathrm{j}\omega\varepsilon_0}\left[\boldsymbol{e}_r \frac{1}{r\sin\theta}\frac{\partial}{\partial\theta}(H_\phi\sin\theta) - \boldsymbol{e}_\theta \frac{1}{r}\frac{\partial}{\partial r}(rH_\phi)\right] \\ &= \frac{2I\mathrm{d}lk^3}{4\pi\omega\varepsilon_0}\left\{\cos\theta\left[\frac{1}{(kr)^2} - \frac{\mathrm{j}}{(kr)^3}\right]\mathrm{e}^{-\mathrm{j}kr}\boldsymbol{e}_r + \frac{1}{2}\sin\theta\left[\frac{\mathrm{j}}{kr} + \frac{1}{(kr)^2} - \frac{\mathrm{j}}{(kr)^3}\right]\mathrm{e}^{-\mathrm{j}kr}\boldsymbol{e}_\theta\right\}\end{aligned}$$

由上式可见,波的传播方向为 $\boldsymbol{e}_r$,$H_r = 0$,$E_r \neq 0$,故该场为 TM 波。而当 $r \gg \frac{\lambda}{2\pi}$时,远区的电场和磁场表达式只剩下$\frac{1}{kr}$项,即

$$E_\theta = \mathrm{j}\frac{I\mathrm{d}lk^2\sin\theta}{4\pi\omega\varepsilon_0 r} \cdot \mathrm{e}^{-\mathrm{j}kr}, \quad H_\phi = \mathrm{j}\frac{I\mathrm{d}lk\sin\theta}{4\pi r} \cdot \mathrm{e}^{-\mathrm{j}kr}$$

由于电场、磁场及传播方向相互垂直,故可以近似为 TEM 波。

【考研题 9-9】 (北京理工大学 2003 年)已知长度为 dl 赫兹偶极子天线和半径为 a 的元天线(磁偶极子天线)的辐射场分别如下:

赫兹偶极子天线:

$$\boldsymbol{E} = \boldsymbol{e}_\theta \mathrm{j}\frac{\omega^2\mu_0 p}{4\pi r}\sin\theta \cdot \mathrm{e}^{-\mathrm{j}kr} \quad \left(p = \frac{I\mathrm{d}l}{\omega}\right)$$

磁偶极子天线:

$$\boldsymbol{E} = \boldsymbol{e}_\phi \frac{\eta_0 mk^2}{4\pi r}\sin\theta \cdot \mathrm{e}^{-\mathrm{j}kr} \quad (m = \pi a^2, k^2 = \omega^2\mu\varepsilon, \eta_0 = \sqrt{\mu_0/\varepsilon_0})$$

(1) 试求各自的磁场表达式。

(2) 若赫兹偶极子的长度 dl 等于磁偶极子的周长 l,试比较它们的增益、辐射电阻和辐射功率$\left(已知\int_0^{\pi}\sin^3\theta\,d\theta=\frac{4}{3}\right)$。

解:(1) 远区场为 TEM 波,波阻抗为 η_0,电磁波的传播方向与电场、磁场矢量之间成右手螺旋关系,因此赫兹偶极子和磁偶极子的磁场表达式分别为

$$\boldsymbol{H}_{\mathrm{e}}=\boldsymbol{e}_{\phi}\,\mathrm{j}\,\frac{\omega^2\mu_0 p}{4\pi\eta_0 r}\sin\theta\cdot\mathrm{e}^{-\mathrm{j}kr},\quad \boldsymbol{H}_{\mathrm{m}}=\boldsymbol{e}_{\phi}\,\frac{mk^2}{4\pi r}\sin\theta\cdot\mathrm{e}^{-\mathrm{j}kr}$$

(2) 由上述电磁场的表达式可知,赫兹偶极子和磁偶极子的方向性函数均为

$$F(\theta)=\sin\theta$$

故它们的增益相等。

赫兹偶极子的辐射功率为

$$P_{\mathrm{re}}=\oint\!\!\!\oint_S \boldsymbol{e}_r\,\frac{1}{2}\mathrm{Re}[E_\theta H_\phi^*]\cdot\mathrm{d}\boldsymbol{S}=40\pi^2 I^2\left(\frac{\mathrm{d}l}{\lambda}\right)^2$$

磁偶极子的辐射功率为

$$P_{\mathrm{m}}=\oint\!\!\!\oint_S \boldsymbol{e}_r\,\frac{1}{2}\mathrm{Re}[E_\phi H_\theta^*]\cdot\mathrm{d}\boldsymbol{S}=160\pi^4 I^2\left(\frac{\pi a^2}{\lambda^2}\right)^2$$

由题意,$\mathrm{d}l=2\pi a$,因此赫兹偶极子和磁偶极子的辐射功率之比为

$$\frac{P_{\mathrm{re}}}{P_{\mathrm{rm}}}=\frac{\lambda_2}{\pi^2 a^2}$$

赫兹偶极子和磁偶极子的辐射电阻之比为

$$\frac{R_{\mathrm{re}}}{R_{\mathrm{rm}}}=\frac{\lambda^2}{\pi^2 a^2}$$

【考研题 9-10】 (西北工业大学 2002 年)两个相距为 $\lambda/2$ 的半波振子天线平行放置。今要求它们的最大辐射方向在偏离轴线 $\pm60°$ 的方向上,试求两个半波振子天线馈电电流相位差是多少?

解:两个半波振子天线馈电电流相位差满足 $\cos\phi=-\frac{\beta}{kd}$ 时,由它们组成的天线阵的最大辐射方向 ϕ_m 取决于相邻阵元之间的电流相位差 β,即

$$\beta=-kd\cos\phi=-\frac{2\pi}{\lambda}\frac{\lambda}{2}\cos60°=-\frac{\pi}{2}$$

【考研题 9-11】 (北京邮电大学 2006 年)电偶极子 $I\mathrm{d}l$ 无限靠近地面放置,试计算电偶极子与地面夹角 α 等于多少时,该系统的辐射功率恰为无限空间的电偶极子辐射功率的 1.7 倍。

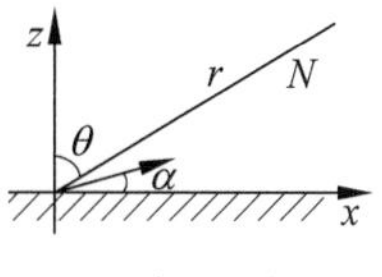

图 9-10 考研题 9-11 图

解:如图 9-10 所示,电偶极子可以分解为平行于地面的分量和垂直于地面的分量之和。由于电偶极子紧贴地面,并且前者的镜像电流与其电流反向,故前者及其镜像电流产生的场在空间抵消;而垂直于地面的分量,其镜像电流与其电流同相,此时相当于一个长度为 $2I\mathrm{d}l\sin\alpha$ 的电偶极子在空间产生的场,此也即总

场，即

$$E_\theta=\frac{2I\,\mathrm{d}l\sin\alpha}{2\lambda r}\eta_0\sin\theta$$

因此，在上半空间的辐射功率为

$$P_{1\mathrm{r}}=\frac{1}{2}\oiint_S \boldsymbol{e}_r\,\mathrm{Re}[E_\theta H_\phi^*]\cdot\mathrm{d}\boldsymbol{S}=\frac{1}{2\eta_0}\oiint_S E_\theta^2\mathrm{d}S=\frac{1}{2\eta_0}\int_0^{2\pi}\mathrm{d}\phi\int_0^{\pi/2}\left(\frac{2I\,\mathrm{d}l\sin\alpha}{2\lambda r}\eta_0\sin\theta\right)^2 r^2\sin\theta\,\mathrm{d}\theta$$

$$=\frac{\eta_0}{2}\left(\frac{I\,\mathrm{d}l\sin\alpha}{\lambda}\right)^2\int_0^{2\pi}\mathrm{d}\phi\int_0^{\pi/2}\sin^3\theta\,\mathrm{d}\theta=80\pi^2\left(\frac{I\,\mathrm{d}l\sin\alpha}{\lambda}\right)^2$$

无限空间的电偶极子远区辐射场的表示式为

$$P_{2\mathrm{r}}=\oiint_S \boldsymbol{e}_r\,\frac{1}{2}\mathrm{Re}[E_\theta H_\phi^*]\cdot\mathrm{d}\boldsymbol{S}=40\pi^2\left(\frac{I\,\mathrm{d}l}{\lambda}\right)^2$$

令 $P_{1\mathrm{r}}=1.7P_{2\mathrm{r}}$，得

$$2\sin^2\alpha=1.7$$

即

$$\alpha=\arcsin(\sqrt{1.7/2})\approx 67.21^\circ$$

【考研题 9-12】 （西北工业大学 2001 年）一电偶极子垂直放置于无限大导电平板上方，与导电板相距 $\lambda/4$，设电偶极子沿 z 轴方向放置。试求：

（1）远区的辐射电场和辐射磁场的表达式。

（2）该天线的方向性函数。

（3）最大方向上的平均坡印亭矢量。

解：（1）设电偶极子为 $I\mathrm{d}l$，其镜像与原电流同相，根据电偶极子的远区辐射电场：$E_\theta=\mathrm{j}\,\dfrac{I\,\mathrm{d}l\eta_0\sin\theta}{2\lambda r}\cdot\mathrm{e}^{\mathrm{j}(\omega t-kr)}$，$\eta_0=\sqrt{\dfrac{\varepsilon_0}{\mu_0}}$，得电偶极子及其镜像的辐射电场为

$$E_{1\theta}=\mathrm{j}\,\frac{I\,\mathrm{d}l\eta_0\sin\theta}{2\lambda r}\cdot\mathrm{e}^{-\mathrm{j}kr_1}$$

$$E_{2\theta}=\mathrm{j}\,\frac{I\,\mathrm{d}l\eta_0\sin\theta}{2\lambda r}\cdot\mathrm{e}^{-\mathrm{j}kr_2}$$

其中，在远区场，$r_1\approx r-\dfrac{d}{2}\cos\theta$，$r_2\approx r+\dfrac{d}{2}\cos\theta$，$d=\lambda/2$。故合成电场为

$$E_\theta=E_{1\theta}+E_{2\theta}=\mathrm{j}\,\frac{I\,\mathrm{d}l\eta_0\sin\theta}{2\lambda r}\cdot\mathrm{e}^{-\mathrm{j}kr_1}+\mathrm{j}\,\frac{I\,\mathrm{d}l\eta_0\sin\theta}{2\lambda r}\cdot\mathrm{e}^{-\mathrm{j}kr_2}$$

$$=\mathrm{j}\,\frac{I\,\mathrm{d}l\eta_0\sin\theta}{2\lambda r}\left[\mathrm{e}^{-\mathrm{j}k\left(r-\frac{d}{2}\cos\theta\right)}+\mathrm{e}^{-\mathrm{j}k\left(r+\frac{d}{2}\cos\theta\right)}\right]$$

$$=\mathrm{j}\,\frac{I\,\mathrm{d}l\eta_0\sin\theta}{2\lambda r}\mathrm{e}^{-\mathrm{j}kr}\left(\mathrm{e}^{\mathrm{j}k\frac{d}{2}\cos\theta}+\mathrm{e}^{-\mathrm{j}k\frac{d}{2}\cos\theta}\right)$$

$$=\mathrm{j}\,\frac{I\,\mathrm{d}l\eta_0\sin\theta}{\lambda r}\mathrm{e}^{-\mathrm{j}kr}\cos\left(k\,\frac{d}{2}\cos\theta\right)$$

$$=\mathrm{j}\,\frac{I\,\mathrm{d}l\eta_0\sin\theta}{\lambda r}\mathrm{e}^{-\mathrm{j}kr}\cos\left(\frac{\pi}{2}\cos\theta\right)$$

故合成磁场为

$$H_{\phi}=\frac{E_{\theta}}{\eta_0}=\mathrm{j}\,\frac{I\mathrm{d}l\sin\theta}{\lambda r}\mathrm{e}^{-\mathrm{j}kr}\cos\left(\frac{\pi}{2}\cos\theta\right)$$

(2) 由以上电场的表示式，得该天线的方向性函数为

$$F(\theta)=\frac{E_{\theta}}{|E_{\theta}|_{\max}}=\cos\left(\frac{\pi}{2}\cos\theta\right)\sin\theta$$

(3) 当 $\theta=\frac{\pi}{2}$时，辐射功率最大，故平均坡印亭矢量为

$$\boldsymbol{S}_{\mathrm{av}}=\boldsymbol{e}_r\,\frac{1}{2}\mathrm{Re}[E_{\theta}H_{\phi}^{*}]=\boldsymbol{e}_r\,\frac{E_{\theta}^2}{2\eta_0}=\frac{1}{2\eta_0}\left(\frac{I\mathrm{d}l\eta_0}{\lambda r}\right)^2=\frac{\eta_0}{2r^2}\left(\frac{I\mathrm{d}l}{\lambda}\right)^2$$

【考研题 9-13】 (北京邮电大学 2008 年)电偶极子 $I\mathrm{d}l$ 的矢量磁位为

$$\boldsymbol{A}=\boldsymbol{e}_z\,\frac{\mu_0 I\mathrm{d}l}{4\pi r}\mathrm{e}^{\mathrm{j}(\omega t-kr)}$$

试求：(1) 电偶极子的磁场表示式。

(2) 远场区磁场及电场的表示式。

(3) 电偶极子的辐射功率。

解：(1) 根据 $\boldsymbol{A}$ 的表达式，则磁场为

$$\boldsymbol{H}=\frac{1}{\mu_0}\nabla\times\boldsymbol{A}=\boldsymbol{e}_{\phi}\,\frac{1}{\mu_0 r}\left[\frac{\partial}{\partial r}(rA_{\theta})-\frac{\partial A_r}{\partial\theta}\right]=\boldsymbol{e}_{\phi}\,\frac{I\mathrm{d}lk^2}{4\pi}\left[\frac{\mathrm{j}}{kr}+\frac{1}{(kr)^2}\right]\sin\theta\cdot\mathrm{e}^{\mathrm{j}(\omega t-kr)}$$

(2) 根据麦克斯韦方程，电场为

$$\boldsymbol{E}=\frac{1}{\mathrm{j}\omega\varepsilon_0}\nabla\times\boldsymbol{H}=\frac{\mathrm{e}^{\mathrm{j}(\omega t-kr)}}{\mathrm{j}\omega\varepsilon_0}\left[\boldsymbol{e}_r\,\frac{1}{r\sin\theta}\frac{\partial}{\partial\theta}(H_{\phi}\sin\theta)-\boldsymbol{e}_{\theta}\,\frac{1}{r}\frac{\partial}{\partial r}(rH_{\phi})\right]$$

$$=\frac{2I\mathrm{d}lk^3}{4\pi\omega\varepsilon_0}\mathrm{e}^{\mathrm{j}(\omega t-kr)}\left\{\cos\theta\left[\frac{1}{(kr)^2}-\frac{\mathrm{j}}{(kr)^3}\right]\boldsymbol{e}_r+\frac{1}{2}\sin\theta\left[\frac{\mathrm{j}}{kr}+\frac{1}{(kr)^2}-\frac{\mathrm{j}}{(kr)^3}\right]\boldsymbol{e}_{\theta}\right\}$$

在远场区，当 $r\gg\frac{\lambda}{2\pi}$时，远区的电场和磁场表达式只剩下$\frac{1}{kr}$项，即

$$E_{\theta}=\mathrm{j}\,\frac{I\mathrm{d}lk^2\sin\theta}{4\pi\omega\varepsilon_0 r}\cdot\mathrm{e}^{\mathrm{j}(\omega t-kr)}=\mathrm{j}\,\frac{Il\sin\theta}{2\lambda r}\eta_0\cdot\mathrm{e}^{\mathrm{j}(\omega t-kr)}$$

$$H_{\phi}=\mathrm{j}\,\frac{I\mathrm{d}lk\sin\theta}{4\pi r}\cdot\mathrm{e}^{-\mathrm{j}kr}=\mathrm{j}\,\frac{Il\sin\theta}{2\lambda r}\cdot\mathrm{e}^{\mathrm{j}(\omega t-kr)}$$

(3) 电偶极子的辐射功率为

$$P_{\mathrm{r}}=\frac{1}{2}\oiint_S\boldsymbol{e}_r\mathrm{Re}[E_{\theta}H_{\phi}^{*}]\cdot\mathrm{d}\boldsymbol{S}=\frac{1}{2\eta_0}\oiint_S E_{\theta}^2\mathrm{d}S$$

$$=\frac{1}{2\eta_0}\int_0^{2\pi}\int_0^{\pi}\left(\frac{I\mathrm{d}l}{2\lambda r}\eta_0\sin\theta\right)^2r^2\sin\theta\mathrm{d}\theta\mathrm{d}\phi$$

$$=\frac{\eta_0}{2}\left(\frac{I\mathrm{d}l}{2\lambda}\right)^2\int_0^{2\pi}\mathrm{d}\phi\int_0^{\pi}\sin^3\theta\mathrm{d}\theta=40\pi^2\left(\frac{I\mathrm{d}l}{\lambda}\right)^2$$

【考研题 9-14】 (北京邮电大学 2009 年)已知一电偶极子 $I\mathrm{d}l$ 在其最大辐射方向上，距离电偶极子 r 处的远区 P 点所产生的电场强度振幅值为 $60\pi\mathrm{mV/m}$。求：

(1) 在 P 点的磁场强度和平均坡印亭矢量。

(2) 在与电偶极子轴线的夹角为 30°的方向上,与上面点的距离相同的一点处电偶极子所产生的电场强度、磁场强度和平均坡印亭矢量值。

解:电偶极子 $I\mathrm{d}l$ 在远区产生的电场表达式为

$$E_\theta = \mathrm{j}\frac{I\mathrm{d}l\eta_0\sin\theta}{2\lambda r}\cdot \mathrm{e}^{-\mathrm{j}kr}$$

(1) 由于在远区电磁场为 TEM 波,$\dfrac{E_\theta}{H_\phi}=\eta_0$,$\eta_0=\sqrt{\dfrac{\varepsilon_\theta}{\mu_0}}$。依据题意,在最大辐射方向上 $\theta=90°$,故有

$$E_{0\theta}=\frac{I\mathrm{d}l\eta_0}{2\lambda r}\sin 90°=\frac{I\mathrm{d}l\,60\pi}{\lambda r}=60\pi\times10^{-3}$$

所以

$$\frac{I\mathrm{d}l}{\lambda r}=1\times10^{-3}$$

因此 P 点的磁场强度为

$$H_\phi=\frac{E_\theta}{\eta_0}=\mathrm{j}\frac{I\mathrm{d}l\sin 90°}{2\lambda r}\cdot \mathrm{e}^{\mathrm{j}(\omega t-kr)}=\mathrm{j}5\times10^{-4}\cdot \mathrm{e}^{-\mathrm{j}kr}$$

其幅度为 $H_{0\phi}=0.5\mathrm{mA/m}$。

P 点的平均坡印亭矢量为

$$\boldsymbol{S}_{\mathrm{av}}=\frac{1}{2}\mathrm{Re}[\boldsymbol{E}\times\boldsymbol{H}^*]=\boldsymbol{e}_r\,\frac{1}{2}\mathrm{Re}[E_\theta H_\phi^*]=\boldsymbol{e}_r\,\frac{E_\theta^2}{2\eta_0}$$

$$=\boldsymbol{e}_r\,\frac{(60\pi\times10^{-3})^2}{2\eta_0}=\boldsymbol{e}_r\,0.047\mathrm{mW/m^2}$$

(2) 在与电偶极子轴线的夹角为 30°的方向上,距离电偶极子 r 处的电场强度为

$$E_\theta=\mathrm{j}\frac{I\mathrm{d}l\eta_0\sin\theta}{2\lambda r}\cdot \mathrm{e}^{-\mathrm{j}kr}=\mathrm{j}\,\frac{1}{2}\times10^{-3}\times120\pi\times\sin 30°\cdot \mathrm{e}^{-\mathrm{j}kr}$$

$$=\mathrm{j}30\pi\times10^{-3}\cdot \mathrm{e}^{-\mathrm{j}kr}\,\mathrm{V/m}$$

其幅度为

$$E_{0\theta}=30\pi\mathrm{mV/m}$$

磁场强度为

$$H_\phi=\frac{E_\theta}{\eta_0}=\mathrm{j}2.5\times10^{-4}\cdot \mathrm{e}^{-\mathrm{j}kr}$$

其幅度为

$$H_{0\phi}=0.25\mathrm{mA/m}$$

平均坡印亭矢量的值为

$$|\boldsymbol{S}_{\mathrm{av}}|=\frac{E_\theta^2}{2\eta_0}=\frac{1}{2\eta_0}(30\pi\times10^{-3})^2=0.01175\mathrm{mW/m^2}$$

【考研题 9-15】 (北京邮电大学 2010 年)两个电偶极子 1、2 长度相等为 l,分别在坐标原点沿 x 轴和 y 轴放置,如图 9-11 所示,其上电流分别为 $\boldsymbol{I}_1=I_0\boldsymbol{e}_x$ 和 $\boldsymbol{I}_2=\mathrm{j}I_0\boldsymbol{e}_y$。若在远区坐标为$(0,0,a)$点处,电偶极子 1 所产生的电场为 $\boldsymbol{E}_1(z=a)=E_0\boldsymbol{e}_x$,分别计算坐标为(0,0,

$2a$)、$(0,0,-2a)$和$(2a,0,0)$的点处两电偶极子所产生的总场并说明波在以上各种位置的极化。

解：根据电偶极子 Il 在远区产生的电场幅度表达式

$$E_\theta = \mathrm{j}\,\frac{I\,\mathrm{d}l\eta_0\sin\theta}{2\lambda r}$$

可见，电场幅度与 r 成反比。

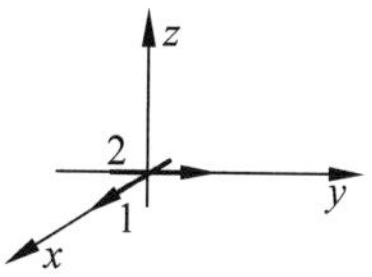

图 9-11　考研题 9-15 图

(1) 由于在$(0,0,a)$处，电偶极子 1 所产生的电场为

$$\boldsymbol{E}_1(z=a)=E_0\boldsymbol{e}_x$$

因此，电偶极子 1 在$(0,0,2a)$处所产生的电场为

$$\boldsymbol{E}_1(z=2a)=\frac{E_0}{2}\boldsymbol{e}_x$$

由于电偶极子 2 的相位比电偶极子 1 超前 90°，故电偶极子 2 在$(0,0,2a)$处产生的电场为

$$\boldsymbol{E}_2(z=2a)=\mathrm{j}\,\frac{E_0}{2}\boldsymbol{e}_y$$

故两个电偶极子在$(0,0,2a)$处产生的总电场为

$$\boldsymbol{E}(z=2a)=\boldsymbol{E}_1+\boldsymbol{E}_2=\frac{E_0}{2}\boldsymbol{e}_x+\mathrm{j}\,\frac{E_0}{2}\boldsymbol{e}_y$$

由于 $\boldsymbol{e}_y$ 方向的分量超前 $\boldsymbol{e}_x$ 方向的分量 90°，并且两者幅度相等，则沿 z 方向为左旋圆极化波。

(2) 在$(0,0,-2a)$处，由于 $\theta=90°$，电偶极子 1 所产生的电场为

$$\boldsymbol{E}_1(z=-2a)=\frac{E_0}{2}\boldsymbol{e}_x$$

由于电偶极子 2 的相位比电偶极子 1 超前 90°，故电偶极子 2 在$(0,0,-2a)$处产生的电场为

$$\boldsymbol{E}_2(z=-2a)=\mathrm{j}\,\frac{E_0}{2}\boldsymbol{e}_y$$

故两个电偶极子在$(0,0,-2a)$处产生的总电场为

$$\boldsymbol{E}(z=-2a)=\boldsymbol{E}_1+\boldsymbol{E}_2=\frac{E_0}{2}\boldsymbol{e}_x+\mathrm{j}\,\frac{E_0}{2}\boldsymbol{e}_y$$

由于 $\boldsymbol{e}_y$ 方向的分量超前 $\boldsymbol{e}_x$ 方向的分量 90°，并且两者幅度相等，则沿 $-z$ 方向为右旋圆极化波。

(3) 在$(2a,0,0)$点处，由于 $\theta=0°$，电偶极子 1 所产生的电场为零。此时总场为电偶极子 1 所产生的电场，即

$$\boldsymbol{E}(x=2a)=\boldsymbol{E}_2=\mathrm{j}\,\frac{E_0}{2}\boldsymbol{e}_y$$

此时为线极化波。

【考研题 9-16】 （北京邮电大学 2011 年）已知 $r=10\mathrm{km}$ 处，电偶极子的辐射波在 $\theta=90°$方向上的电场强度的幅值为 30mV/m。试求在 $r=20\mathrm{km}$ 处，$\theta=0°$、30°、90°的电、磁场强

度的幅度值及总辐射功率 P_r,其中 θ 为射线与振子轴的夹角。

解:在 $r=10\text{km}$ 处可以认为是远区,自由空间中电偶极子的远区辐射电场和磁场分别为

$$E_\theta=\mathrm{j}\frac{I\mathrm{d}l\eta_0\sin\theta}{2\lambda r}\cdot \mathrm{e}^{-\mathrm{j}kr},\quad H_\phi=\frac{E_\theta}{\eta_0}=\mathrm{j}\frac{I\mathrm{d}l\sin\theta}{2\lambda r}\cdot \mathrm{e}^{-\mathrm{j}kr}$$

根据题意,在 $r=10\text{km}$ 处,$\theta=90°$方向上的电场强度的幅值为 30mV/m,即

$$E_\theta=\frac{I\mathrm{d}l\eta_0\sin 90°}{2\lambda r}=\frac{120\pi I\mathrm{d}l}{2\lambda\times 10\times 10^3}=30\times 10^{-3}$$

所以

$$\frac{I\mathrm{d}l}{\lambda}=\frac{5}{\pi}$$

(1) 当 $\theta=0°$时,$\sin\theta=0$,故电场、磁场及辐射功率均为零。

(2) $r=20\text{km}$ 处,当 $\theta=30°$时,电、磁场强度的幅度值分别为

$$E_\theta=\frac{I\mathrm{d}l\eta_0\sin 30°}{2\lambda r}=\frac{5}{\pi}\times\frac{120\pi}{2\times 20\times 10^3}\times\frac{1}{2}=7.5\times 10^{-3}\,\text{V/m}=7.5\text{mV/m}$$

$$H_\phi=\frac{E_\theta}{\eta_0}=19.894\mu\text{A/m}$$

总辐射功率 P_r 为

$$P_{2r}=\oint_S \boldsymbol{e}_r\,\frac{1}{2}\mathrm{Re}[E_\theta H_\phi^*]\cdot \mathrm{d}\boldsymbol{S}=40\pi^2\left(\frac{I\mathrm{d}l}{\lambda}\right)^2=40\pi^2\times\left(\frac{5}{\pi}\right)^2=1000\text{W}$$

(3) $r=20\text{km}$ 处,当 $\theta=90°$时,电、磁场强度的幅度值分别为

$$E_\theta=\frac{I\mathrm{d}l\eta_0\sin 90°}{2\lambda r}=\frac{5}{\pi}\times\frac{120\pi}{2\times 20\times 10^3}=15\times 10^{-3}\,\text{V/m}=15\text{mV/m}$$

$$H_\phi=\frac{E_\theta}{\eta_0}=39.79\mu\text{A/m}$$

总辐射功率 P_r 为

$$P_{2r}=\oint_S \boldsymbol{e}_r\,\frac{1}{2}\mathrm{Re}[E_\theta H_\phi^*]\cdot \mathrm{d}\boldsymbol{S}=40\pi^2\left(\frac{I\mathrm{d}l}{\lambda}\right)^2=40\pi^2\times\left(\frac{5}{\pi}\right)^2=1000\text{W}$$

【考研题 9-17】 (电子科技大学 2003 年)图 9-12 为一个天线阵模型。

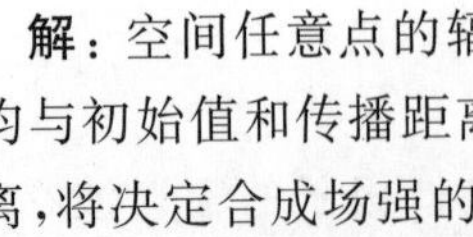

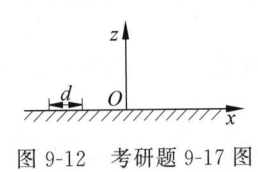

图 9-12 考研题 9-17 图

它由多个方向相同、等间隔排列在一条直线上的相同偶极子天线(元天线)组成,而空间任意点的辐射场(即天线方向图)则是这些偶极子辐射场的相位和。应用场强的合成与电磁波传播距离和相位的关系,定性分析当各个偶极子相位发生变化时方向图的变化情况。如果希望偶极子排列方向(z 方向)为最大辐射方向,各偶极子的相位应如何调整?

解:空间任意点的辐射场是由来自不同元天线到达该点的电磁场的合成,而场强与相位均与初始值和传播距离有关,因此,各元天线的电流振幅、相位及辐射场到达场点的传播距离,将决定合成场强的幅度与相位。当改变各元天线的相位时,空间各点的合成场将随之发生变化,故将引起天线阵列方向图和主瓣的改变。如果有规律地改变各元天线的相位,则

最大辐射方向也将发生有规律的变化，可以由此形成方向图扫描。

如果希望偶极子排列方向（z 方向）为最大辐射方向，可以根据各偶极子的间距，适当调整各元天线的相位差，由此使得各元天线的辐射场在 z 方向同相叠加，由此达到辐射最大值。例如，当各元天线的距离为 $\lambda/2$ 时，相位差可以调整为 π。

【考研题 9-18】 （北京大学 1999 年）位于坐标原点的电偶极子的电矩为 $\boldsymbol{P}$，它以匀角速度 ω 绕其中心的 z 轴在 xOy 平面内转动。求它的辐射场 $\boldsymbol{E}$ 和 $\boldsymbol{H}$，辐射能流密度的平均值和辐射总功率的平均值。

解：设电偶极子的电矩为

$$P(t) = qa\,\mathrm{e}^{\mathrm{j}\omega t}$$

其方向在 $\boldsymbol{e}_r$ 方向，电偶极子旋转即电荷运动产生的电流为

$$i(t) = \frac{\mathrm{d}P(t)}{\mathrm{d}t} = \mathrm{j}\omega qa\,\mathrm{e}^{\mathrm{j}\omega t}$$

其复数形式为

$$I = \mathrm{j}\omega qa$$

由于一个圆环电流相当于一个磁偶极子，其磁矩为 $\boldsymbol{P}_{\mathrm{m}} = \boldsymbol{e}_z \boldsymbol{I}\pi a^2$，由对偶原理，等效磁流为

$$I_{\mathrm{m}} = \mathrm{j}\omega P_{\mathrm{m}} = \mathrm{j}\omega I\pi a^2 = -\omega^2 P\pi a^2$$

则等效的磁流元为

$$I_{\mathrm{m}}\mathrm{d}\boldsymbol{l} = -\omega^2 P\pi a^2 \mathrm{d}z\boldsymbol{e}_z$$

根据电流源产生的电场和磁场的表示式

$$E_\theta = \mathrm{j}\,\frac{I\,\mathrm{d}l\eta_0 \sin\theta}{2\lambda r}\cdot \mathrm{e}^{-\mathrm{j}kr}$$

$$H_\phi = \mathrm{j}\,\frac{I\,\mathrm{d}l \sin\theta}{2\lambda r}\cdot \mathrm{e}^{-\mathrm{j}kr}$$

根据对偶原理，在磁流元 $I_{\mathrm{m}}\mathrm{d}\boldsymbol{l}$ 所产生的辐射场为

$$E_\phi = -\mathrm{j}\,\frac{I_{\mathrm{m}}\mathrm{d}z}{2\lambda r}\sin\theta\cdot \mathrm{e}^{-\mathrm{j}kr}$$

$$H_\theta = \mathrm{j}\,\frac{I_{\mathrm{m}}\mathrm{d}z}{2\lambda r\eta_0}\sin\theta\cdot \mathrm{e}^{-\mathrm{j}kr}$$

因此，辐射能流密度的平均值为

$$S_{\mathrm{rm}} = \frac{1}{2}\mathrm{Re}\left[E_\phi H_\theta^*\right] = \frac{1}{\eta_0}\left(\frac{I_{\mathrm{m}}\mathrm{d}z}{2\lambda}\right)^2\left(\frac{\sin\theta}{r}\right)^2$$

辐射的总功率为

$$P_{\mathrm{rm}} = \oiint_S \boldsymbol{e}_r\,\frac{1}{2}\mathrm{Re}\left[E_\phi H_\theta^*\right]\cdot \mathrm{d}\boldsymbol{S} = \frac{1}{\eta_0}\left(\frac{I_{\mathrm{m}}\mathrm{d}z}{\lambda}\right)^2\left(\frac{2\pi}{3}\right)$$

将 $I_{\mathrm{m}}\mathrm{d}z = -\omega^2 P\pi a^2\mathrm{d}z$ 代入以上公式，即得辐射的电场和磁场为

$$E_\phi = \mathrm{j}\,\frac{\omega^2 P\pi a^2\mathrm{d}z}{2\lambda r}\sin\theta\cdot \mathrm{e}^{-\mathrm{j}kr}$$

$$H_\theta = -\mathrm{j}\,\frac{\omega^2 P\pi a^2\mathrm{d}z}{2\lambda r\eta_0}\sin\theta\cdot \mathrm{e}^{-\mathrm{j}kr}$$

辐射能流密度的平均值为

$$S_{rm}=\frac{1}{2}\mathrm{Re}[E_\phi H_\theta^*]=\frac{1}{\eta_0}\left(\frac{\omega^2 P\pi a^2 \mathrm{d}z}{2\lambda}\right)^2\left(\frac{\sin\theta}{r}\right)^2$$

辐射的总功率为

$$P_{rm}=\frac{1}{\eta_0}\left(\frac{\omega^2 P\pi a^2 \mathrm{d}z}{\lambda}\right)^2\left(\frac{2\pi}{3}\right)$$

【考研题 9-19】 (北京邮电大学 2015 年)设在空气中一个电偶极子的辐射功率是 10W,试求:

(1) 与电偶极子轴线成 45°角方向,据此电偶极子 50km 处(远场区)的电场和磁场的振幅。

(2) 如果该电偶极子上的电流峰值为 2A,试求电偶极子的辐射电阻。

解:根据电偶极子的辐射功率,得

$$P_r=40\pi^2\left(I\frac{l}{\lambda}\right)^2=10$$

故有

$$I\frac{l}{\lambda}=\frac{1}{2\pi}$$

根据电偶极子远区辐射电场和磁场的表示式

$$E_\theta=\mathrm{j}\frac{Il\eta_0\sin\theta}{2\lambda r}\cdot \mathrm{e}^{-\mathrm{j}kr},\quad H_\phi=\mathrm{j}\frac{Il\sin\theta}{2\lambda r}\cdot \mathrm{e}^{-\mathrm{j}kr}$$

因此,在 45°角方向,据电偶极子 50km 处的电场和磁场幅度为

$$E_\theta=\frac{Il\eta_0\sin\theta}{2\lambda r}=\frac{120\pi}{2\times50\times10^3}\frac{1}{2\pi}\sin45°\approx4.23\times10^{-4}\,\mathrm{V/m}$$

$$H_\phi=\frac{E_\theta}{\eta_0}=1.13\times10^{-6}\,\mathrm{A/m}$$

【考研题 9-20】 (北京邮电大学 2021 年)已知天线的辐射功率为 P_r,方向系数为 D。

(1) 试给出自由空间中距离天线 r 处辐射场大小的表达式。

(2) 若距离增加一倍,天线辐射功率不变,辐射场的大小不变,则天线方向系数需增加多少分贝?

解:(1) 距离天线 r 处辐射场的大小为

$$|E|=\frac{\sqrt{60P_rD}}{r}$$

(2) 在距离增加一倍,天线辐射功率不变,辐射场的大小不变时,有

$$|E_1|=\frac{\sqrt{60P_rD_1}}{r}=|E_2|=\frac{\sqrt{60P_rD_2}}{2r}$$

因此

$$D_2=4D_1$$

即

$$10\lg\frac{D_2}{D_1}=6\mathrm{dB}$$

附　　录

本附录提供主教材对应的微课视频，请扫码查看。

0 绪论微视频	第 1 章-1.1 节微视频	第 1 章-1.2 节微视频	第 1 章-1.3 节微视频
第 1 章-1.4 节微视频	第 1 章-1.5 节微视频	第 1 章-1.6～1.9 节微视频	第 2 章 2.1 节微视频
第 2 章 2.2 节微视频	第 2 章 2.3 节微视频	第 2 章 2.4 节微视频	第 2 章 2.5 节微视频
第 2 章 2.6 节微视频	第 2 章 2.7 节微视频	第 2 章 2.8 节微视频	第 2 章 2.9 节微视频
第二章 2.10 节微视频	第 2 章 2.11.1～11.2 节微视频	第 2 章 2.11.3～2.11.4 节微视频	第 3 章 3.1 节微视频
第 3 章 3.2 节微视频	第 3 章 3.3 节微视频	第 3 章 3.4 节微视频	第 3 章 3.5 节微视频

第 3 章 3.6 节微视频

第 4 章 4.1 节微视频

第 4 章 4.2 节微视频

第 4 章 4.3 节微视频

第 5 章 5.1 节微视频

第 5 章 5.2 节微视频

第 5 章 5.3 节微视频

第 5 章 5.4 节微视频

第 5 章 5.5～5.6 节微视频

第 6 章 6.1 节微视频

第 6 章 6.2 节微视频

第 6 章 6.3.1～6.3.2 节微视频

第 6 章 6.3.3 节微视频

第 6 章 6.3.4 节微视频

第 6 章习题微视频

第 7 章 7.1 节微视频

第 7 章 7.2 节微视频

第 7 章 7.3 节微视频

第 7 章 7.4 节微视频

第 8 章 8.1 节微视频

第 8 章 8.3 节微视频

第 9 章 9.1 节微视频

第 9 章 9.2 节微视频

第 9 章 9.4 节微视频

第 9 章 9.6 节微视频

参考文献

[1] 张洪欣，沈远茂，韩宇南．电磁场与电磁波[M]．3版．北京：清华大学出版社，2022.

[2] 谢处方，饶克谨．电磁场与电磁波[M]．4版．北京：高等教育出版社，2006.

[3] 沈熙宁．电磁场与电磁波[M]．北京：科学出版社，2007.

[4] 焦其祥．电磁场与电磁波[M]．2版．北京：科学出版社，2010.

[5] 曹伟，徐立勤．电磁场与电磁波理论[M]．2版．北京：科学出版社，2010.

[6] 焦其祥．电磁场与电磁波习题精解[M]．北京：科学出版社，2004.

[7] 冯恩信，张安学．电磁场与电磁波学习辅导[M]．西安：西安交通大学出版社，2007.

[8] 邹澎．电磁场与电磁波教学指导——习题解答与实验[M]．北京：清华大学出版社，2009.

[9] 马冰然．电磁场与电磁波学习指导与习题详解[M]．广州：华南理工大学出版社，2010.

[10] 杨显清，王园．电磁场与电磁波教学指导书[M]．北京：高等教育出版社，2006.

[11] 胡冰，崔正勤．电磁场理论基础——概念题解与自测[M]．北京：北京理工大学出版社，2010.

[12] 海欣．电磁场与电磁波学习与考研指导[M]．北京：国防工业出版社，2008.

[13] Kraus J D，Marhefka R J．天线[M]．章文勋，译．3版．北京：电子工业出版社，2011.

[14] 马西奎，刘补生，邱捷，等．电磁场要点与解题[M]．西安：西安交通大学出版社，2006.

[15] 金圣才．电磁场与电磁波名校考研真题详解[M]．北京：中国水利水电出版社，2010.

[16] 郭辉萍，刘学观．电磁场与电磁波学习指导[M]．3版．西安：西安电子科技大学出版社，2011.

[17] 路宏敏．电磁场与电磁波基础学习与考研指导[M]．2版．北京：科学出版社，2016.

[18] 焦其祥．电磁场与电磁波名师大课堂[M]．北京：科学出版社，2006.

[19] 赵家升．电磁场与电磁波常见题型解析及模拟题[M]．西安：西北工业大学出版社，2004.

[20] 赞恩．电磁场理论解题方法[M]．吕继尧，罗澄侯，译．北京：人民邮电出版社，1987.

[21] 耿效辙．电动力学学习提要与习题详解[M]．济南：山东教育出版社，1989.

[22] 周希郎．电磁场理论与微波技术基础解题指导[M]．南京：东南大学出版社，2005.

[23] 刘岚，黄秋元，胡耀祖，等．电磁场与电磁波理论基础学习指导与习题解答[M]．武汉：武汉理工大学出版社，2009.

[24] 余恒清．电磁场与电磁波解题指南[M]．北京：国防工业出版社，2001.